FLORE DE FRANCE,

OU

DESCRIPTION

DES PLANTES QUI CROISSENT NATURELLEMENT EN FRANCE ET EN CORSE

PAR

M. GRENIER,

DOCTEUR EN MÉDECINE ET ÈS SCIENCES, PROFESSEUR A LA FACULTÉ DES SCIENCES
ET A L'ÉCOLE DE MÉDECINE DE BESANÇON ;

ET

M. GODRON,

DOCTEUR EN MÉDECINE ET ÈS SCIENCES, RECTEUR DE L'ACADÉMIE DE L'HÉRAULT,
CHEVALIER DE LA LÉGION D'HONNEUR, ETC.

TOME DEUXIÈME.

Première et deuxième parties

—

A PARIS,

CHEZ J.-B. BAILLIÈRE,

Libraire de l'Académie nationale de médecine, 19, rue [illegible]

A LONDRES, CHEZ H. BAILLIÈRE, 219, REGENT-STREET.

A BESANÇON,

CHEZ DODIVERS ET C^E, SUCCESS^S DE L. DE SAINTE-AGATHE,

IMPRIMEURS-LIBRAIRES, ÉDITEURS.

1850-1852.

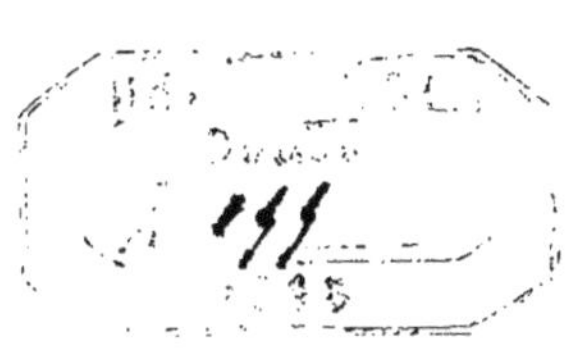

FLORE DE FRANCE.

II.

Besançon, imprimerie de Sainte-Agathe.

FLORE
DE FRANCE,

OU

DESCRIPTION

DES PLANTES QUI CROISSENT NATURELLEMENT EN FRANCE ET EN CORSE,

PAR

M. GRENIER,

DOCTEUR EN MÉDECINE ET ÈS SCIENCES, PROFESSEUR A LA FACULTÉ DES SCIENCES
ET A L'ÉCOLE DE MÉDECINE DE BESANÇON;

ET

M. GODRON,

DOCTEUR EN MÉDECINE ET ÈS SCIENCES, PROFESSEUR A L'ÉCOLE DE MÉDECINE DE NANCY.

TOME DEUXIÈME.

A PARIS,

CHEZ J.-B. BAILLIÈRE,

Libraire de l'Académie nationale de Médecine, 19, rue Hautefeuille;

A LONDRES, CHEZ H. BAILLIÈRE, 219, REGENT-STREET.

A BESANÇON,

CHEZ DE SAINTE-AGATHE AÎNÉ, IMPRIMEUR-ÉDITEUR.

1850.

FLORE DE FRANCE.

LIX. ARALIACÉES.

(Araliaceæ Juss. dict. sc. nat. 2, p. 348.) (1)

Fleurs hermaphrodites, régulières. Calice persistant ou marcescent, composé de 5 sépales réunis à la base en tube soudé à l'ovaire et à limbe très-court, entier ou à 5 dents. Corolle à 5-10 pétales insérés sur le disque épigyne, libres et à préfloraison valvaire. Etamines 5-10, insérées avec les pétales sur le disque au sommet du tube calicinal; filets courts, libres; anthères introrses, s'ouvrant en long. Ovaire soudé avec le calice et surmonté par un disque épigyne, composé de 5 carpelles et rarement moins, à 5 loges ou moins par avortement. Ovules solitaires, suspendus au sommet de chaque loge, réfléchis (anatropes). Styles en nombre égal à celui des loges, libres ou soudés; stigmates simples. Fruit bacciforme ou drupacé, couronné par le limbe du calice, ou par les cicatrices résultant de la chute de ses lobes, à 5 loges ou moins par avortement. Graines solitaires dans chaque loge, suspendues. Embryon logé dans un albumen ample et charnu; radicule supère et rapprochée du hile. —Arbres, arbrisseaux ou herbes vivaces, souvent sarmenteux-grimpants. Feuilles pétiolées, simples, entières ou palmatilobées. Fleurs en ombelle, ou bien en corymbes terminaux. Stipules nulles. — Cette famille diffère des Ombellifères par son fruit dont les éléments carpiques ne se séparent pas; des Cornées par ses pyrènes cartilagineuses et non osseuses; des Caprifoliacées par ses corolles polypétales.

HEDERA. (L. gen. 258.)

Calice à tube soudé avec l'ovaire, à limbe très-étroit entier ou 5-denté. Pétales 5-10, libres, étalés. Etamines 5-10. Styles 5-10, libres ou soudés en colonne. Fruit bacciforme, à 5-10 loges ou moins par avortement; loges à une seule graine.

H. Helix *L. sp.* 292; *DC. fl. fr.* 4, *p.* 278; *Dub. bot.* 244; *Lois. gall.* 1, 138. *Ic. Dod. pempt.* 408. — Fleurs en ombelle subglobuleuse, simple, pédonculée, à rayons nombreux et

(1) Auctore Grenier.

couverts de poils étoilés. Pétales lancéolés, pubescents, d'un jaune verdâtre, très-étalés, munis d'une nervure saillante. Anthères échancrées à la base. Style court. Baie globuleuse, noire, ou dorée (*H. chrysocarpa Req. mss.*), charnue, coriace, surmontée par le limbe du calice et les styles persistants. Feuilles éparses, persistant pendant l'hiver, d'un vert foncé, luisantes, coriaces, toutes pétiolées; les caulinaires cordiformes à la base, à 3–5 lobes triangulaires-acuminés, le terminal plus grand; celles des rameaux fleuris entières, ovales-elliptiques, longuement acuminées. Tige rameuse, ligneuse, sarmenteuse-grimpante et atteignant parfois le sommet des plus grands arbres, produisant par une de ses faces un grand nombre de radicelles adventives au moyen desquelles elle s'accroche aux arbres et aux murailles. — Fleurs verdâtres. Dans les lieux ombragés des bois, la plante ne produit que des tiges stériles, grêles, étalées à terre; les feuilles sont souvent veinées de blanc à la face supérieure.

Hab. La France et la Corse, sur les rochers et dans les bois. ♄ Septembre.

LX. CORNÉES.

(CORNEÆ D C. prod. 4, p. 271.) (1)

Le fruit est une drupe renfermant un noyau osseux, bi-triloculaire, quelquefois uniloculaire par avortement. Les autres caractères sont les mêmes que ceux de la famille des Araliacées.

CORNUS. (L. gen. 149.)

Calice à tube soudé avec l'ovaire, à limbe très-court, quadridenté. Corolle à 4 pétales. Etamines 4. Styles réunis. Fruit drupacé, à noyau osseux, biloculaire, à loges contenant une seule graine.

C. MAS *L. sp.* 171; *Lam. ill. tab.* 74, *f.* 1; *D C. fl. fr.* 4, *p.* 277; *Dub. bot.* 244; *Lois. gall.* 1, *p.* 96. *Ic. Clus. hist. p.* 12; *Math. comm.* 235. *Schultz, exsic. n*[os] 277 *et* 277 *bis.* — Fleurs *jaunes,* paraissant *avant* les feuilles, en ombelle *simple*, petite, brièvement pédonculée, *munie d'un involucre* à 4 folioles concaves, ovales, obtuses, égalant presque l'ombelle; celle-ci à 8–10 rayons courts, couverts de poils simples, appliqués. Pétales lancéolés, aigus, réfléchis. Drupe elliptique, atteignant 2 centimètres de longueur, ombiliquée au sommet, rouge à la maturité, acidulée et comestible. Feuilles opposées, brièvement pétiolées, elliptiques, acuminées, finement pubescentes et plus pâles en dessous, à nervures parallèles-convergentes. — Arbrisseau, ou arbre peu élevé, à branches grisâtres, à rameaux pubescents.

Hab. Haies et bois des terrains calcaires. ♄ Fl. mars-avril; fr. septembre.

(1) Auctore Grenier.

C. SANGUINEA *L. sp.* 171; *DC. fl. fr.* 4, *p.* 278; *Dub. bot.* 244; *Lois. gall.* 1, *p.* 96. *Ic. Dod. pempt.* 770; *Lob. ic. p.* 169, *f.* 2; *Math. comm.* 236. — Fleurs *blanches*, paraissant *après* les feuilles, en *cyme composée*, terminale, assez longuement pédonculée, *sans involucre;* pétales oblongs-lancéolés, pubescents extérieurement, très-étalés. Drupe globuleuse, de la grosseur d'un pois, couronnée par le limbe du calice, noire, ponctuée de blanc, amère et non comestible. Feuilles opposées, pétiolées, elliptiques, acuminées, à nervures parallèles-convergentes, finement pubérulentes et plus pâles en dessous.— Arbuste rameux dépassant à peine un mètre de hauteur; rameaux pubescents, rougissant fortement au printemps; feuilles devenant rouges à l'automne.

Hab. Haies, bois, coteaux de France et de Corse. ♄ Fl. mai-juin; fr. sept.

LXI. LORANTHACÉES.

(LORANTHEÆ Juss. et Rich. ann. mus. 12, p. 292.) (1)

Fleurs régulières, unisexuelles. Fleur mâle: calice charnu-coriace, soudé en tube à la base et terminé par un limbe 2-3-4-partite, à préfloraison valvaire; corolle nulle; étamines 4, à anthères sessiles et soudées aux sépales, introrses, s'ouvrant par plusieurs pores. Fleur femelle: calice soudé avec l'ovaire, à limbe obscurément 4-denté; corolle à 4 pétales squamiformes, insérés au sommet du tube calicinal, à préfloraison valvaire. Ovaire soudé au calice, à un seul carpelle, à une loge contenant un seul ovule accompagné de deux autres ovules très-rudimentaires. Celui-ci réduit au nucelle (*Griffith, Decaisne*), dressé au fond de la loge, droit (orthotrope). Fruit bacciforme-mucilagineux, uniloculaire, à une seule graine. Celle-ci dressée, dépourvue d'enveloppes propres. Albumen charnu. Embryon unique, parfois multiple, logé dans une cavité pratiquée à la surface de l'albumen; cotylédons souvent soudés; radicule courte, grosse, opposée au hile. — Ces caractères se rapportent spécialement aux espèces d'Europe. Plantes toujours vertes, parasites sur les végétaux ligneux, contenant un suc visqueux; à tiges polychotomes, à rameaux articulés. Feuilles opposées, simples, parfois squamiformes; stipules nulles (2).

---

(1) Auctore Grenier.

(2) C'est avec un vif regret que nous nous sommes vus forcés de renoncer à l'heureuse idée, qui nous avait été suggérée par le savant membre de l'Institut M. Decaisne, de rapprocher les Loranthacées des Santalacées. Il est certain que l'organisation dans ces deux familles, et surtout la structure de l'ovule, militent puissamment en faveur de leur rapprochement dans un nouvel arrangement des familles; mais l'obligation que nous nous sommes imposée, dans l'intérêt des praticiens, de respecter la classification si généralement admise de M. De Candolle, ne nous a pas permis de donner suite à une transposition qui ne pouvait se faire sans entraîner de trop larges remaniements dans cette classification.

VISCUM. (Tournef. inst. tab. 380.)

Fleurs monoïques et dioïques. Fleur mâle : calice à limbe 4-fide. Corolle nulle. Etamines 4, à anthères sessiles, soudées aux divisions du calice, à cellules nombreuses, s'ouvrant par plusieurs pores. Fleur femelle : calice soudé avec l'ovaire, à limbe très-court, *obscurément quadridenté ;* corolle *à 4 pétales* squamiformes, charnus, élargis à la base. Fruit sessile, bacciforme, à une graine; sarcocarpe blanc, mucilagineux ; endocarpe vert, appliqué sur la graine. Albumen et embryon colorés en vert.

V. ALBUM *L. sp.* 1451 ; *DC. fl. fr.* 4, *p.* 273; *Dub. bot.* 246; *Lois. gall.* 2, *p.* 346. *Ic. Fuchs. hist. p.* 329 ; *Math. comm.* 2, *p.* 161 ; *Gærtn. fruct.* 1, *p.* 131, *tab.* 27.—Fleurs en petites têtes sessiles, terminales ou axillaires. Baies globuleuses, blanches, presque transparentes, contenant un suc visqueux. Feuilles épaisses, coriaces, oblongues, obtuses, attenuées et subcanaliculées à la base, à 3-5 nervures faibles. Tiges de 2-5 décimètres, arrondies, d'un vert-jaunâtre, à ramifications articulées, divergentes et formant une touffe subglobuleuse.

Hab. Sur les arbres dicotylédonés et principalement sur les pommiers et poiriers. Observée sur le *Pinus sylvestris* dans la vallée du Quayras (*Gren.*), et sur les peupliers à Nancy (*Godr.*). ♄ Fl. mars-avril ; fr. août-novembre.

ARCEUTOBIUM. (Bieb. taur.-cauc. 3, p. 629.)

Fleurs dioïques. Fleurs mâles sessiles, à calice charnu, tripartite et rarement 2-4-partite ; corolle nulle ; anthères en nombre égal aux divisions du calice, sur lesquelles elles sont soudées, *uniloculaires, s'ouvrant transversalement par une fente ;* un rudiment d'ovaire glanduleux, bi-trilobé. Fleurs femelles courtement pédicellées, à calice formé d'un tube ovale, comprimé, soudé avec l'ovaire, et d'un limbe *bidenté ;* corolle *nulle ;* stigmate sessile ; fruit bacciforme, à une graine, *s'ouvrant avec élasticité et projetant sa graine* (comme le *Momordica Elaterium L.*).

A. OXYCEDRI *Bieb. l. c.; Viscum Oxycedri DC. fl. fr.* 4, *p.* 274 ; *Dub. bot.* 246 ; *Lois. gall.* 2, *p.* 346 ; *Requien, ann. sc. nat.* 1843, *vol.* 20, *p.* 381 ; *Reinaud de Fontvert, ann. sc. nat.* 1846, *vol.* 6, *p.* 129. *Ic. Clus. hist.* 39. — Fleurs 1-3, axillaires et terminales. Fleurs mâles sessiles sur le dernier article très-court du rameau simulant un court pédoncule ; sépales obovés et subcuculliformes au sommet, portant à leur centre une anthère sessile ; celle-ci s'ouvrant par une fente et offrant après l'anthèse la forme d'une capsule circulairement ouverte. Fleurs femelles formées de deux sépales, ou plutôt de deux lèvres courtes entre lesquelles apparaît le sommet de l'ovaire surmonté du stigmate sessile. Fruit d'abord sessile, puis pédicellé, ovoïde, long d'environ 2 millimètres sur un millimètre de large ; la moitié inférieure qui contient la graine unique est cylindrique, lisse, coriace, transparente et d'un vert pâle; deux lignes longitudinales et opposées indiquent les commissures des sépales; la partie supérieure du fruit, en forme de bonnet échancré au sommet, est pulpeuse, opaque, d'un vert plus foncé et blanchissant par la dessiccation. A la maturité (c'est-à-dire 14 mois après sa floraison) le fruit se sépare subitement et avec élasticité du pédoncule, et la graine est lancée parfois à un mètre de distance hors du péricarpe qui reste vide. La graine en s'échappant est enveloppée d'une couche visqueuse provenant du sarcocarpe, et qui lui sert à se fixer sur les plantes voisines. Feuilles opposées et réduites à de petites écailles qui, à leurs aisselles, produisent les rameaux ou les fleurs. Tiges de 2-8 centimètres, formant des touffes très-serrées, glabres, plusieurs fois dichotomes, et assez semblables à de petits exemplaires de *Salicornia herbacea L.*

Hab. Sur le *Juniperus Oxycedri* et *J. communis*, à 12 kilomèt. de Sisteron, dans la commune de Château-Arnoux, au lieu dit *Quartier de Piétrus*, et sur le territoire de Montfort; sur la commune d'*Augès*, plus près de Forcalquier. ♄ Septembre.

LXII. CAPRIFOLIACÉES.

(Caprifoliaceæ A. Rich. dict. class. 5, p. 172.) (1)

Fleurs hermaphrodites, régulières ou irrégulières. Calice soudé inférieurement en tube adhérent à l'ovaire, à limbe très-court, divisé en 2-3-5 dents. Corolle insérée au sommet du tube calicinal, gamopétale, 5-fide et rarement 4-fide, à préfloraison imbricative. Etamines 5 et rarement 4, libres, insérées sur le tube de la corolle, en nombre égal à celui des pétales et alternes avec eux, ou bien en nombre double mais à anthères uniloculaires. Ovaire à 3-5 loges uni-pluri-ovulées. Ovules suspendus, réfléchis (anatropes). Fruit bacciforme, à 3-5 loges contenant une ou plusieurs graines, ou quelquefois uniloculaire par la destruction des cloisons. Embryon logé dans un albumen charnu ou corné. —Plantes herbacées ou formant des arbrisseaux plus ou moins élevés, quelquefois sarmenteux-volubiles. Feuilles opposées.

Trib. 1. SAMBUCINEÆ *A. Rich. l. c.* — Corolle *régulière, en roue.* Ovaire à *loges uni-ovulées.* Stigmates 3-5, sessiles ou portés par des styles distincts. Graines à raphé introrse.

ADOXA. (L. gen. 501.)

Calice à limbe 2-3-lobé, étalé, accrescent. Corolle rotacée, à tube très-court, à limbe 4-5-partite. Etamines 4-5 ; *filets divisés dans*

(1) Auctore Grenier.

toute leur longueur et portant au sommet un des sachets ou une moitié de l'anthère, et simulant ainsi 4-5 paires d'étamines à anthères uniloculaires, insérées deux à deux entre les divisions de la corolle. Styles 4-5. Fruit bacciforme, présentant au sommet 2-3 appendices triangulaires (lobes accrus du calice), à 4-5 loges ou moins par avortement, renfermant chacune une seule graine.

A. Moschatellina *L. sp.* 527; *DC. fl. fr.* 4, *p.* 382; *Dub. bot.* 212; *Lois. gall.* 1, *p.* 286. *Ic. Lob. ic.* 676, *f.* 2, *et adv. p.* 300. *Schultz, exsicc. cent.* 3, *n°* 78. — Fleurs 4-5, sessiles, réunies en un capitule porté par un long pédoncule terminal et courbé à la maturité. Dents du calice obtuses, de moitié plus courtes que la corolle. Baie verdâtre. Graines entourées d'une aile membraneuse. Feuilles d'un vert gai, luisantes en dessous, ternati-biternatiséquées, à segments obtus, entiers ou incisés, mucronulés; 1-3 feuilles radicales longuement pétiolées égalant presque la tige qui porte vers son milieu deux feuilles opposées. Tige herbacée, de 10-15 centimètres, dressée, glabre, quadrangulaire, simple, pourvue d'écailles à la base. Souche blanche, horizontale, rampante, donnant naissance à des bulbes écailleuses qui émettent les tiges florales, et de longs rhizomes filiformes portant une ou plusieurs bulbes rudimentaires. — Fleurs verdâtres, à odeur musquée; la terminale ayant une division de moins au calice et à la corolle, et 8 demi-étamines. Fruit surmonté par les sépales et les styles persistants.

Hab. Alsace; Vosges; Lorraine; Jura; Dauphiné, jusqu'au Villars-d'Arène, sous le Lautaret; tout le centre de la France; Bourgogne; Auvergne; Paris; Normandie; Bretagne; parait manquer dans le bassin sous-pyrénéen pour reparaître dans les Pyrénées centrales. Cette espèce est également très rare dans la région méditerranéenne. Revest près de Toulon (*Robert*). ♃ Mars-avril.

SAMBUCUS. (Tournef. inst. t. 376; Lin. gen. 372.)

Calice à limbe 5-lobé. Corolle rotacée, à 5 lobes à la fin réfléchis. Etamines 5. Style *nul; trois stigmates sessiles.* Baie à 3-5 loges, ou uniloculaire par destruction des cloisons, à 3-5 graines.

S. Ebulus *L. sp.* 385; *DC. fl. fr.* 4, *p.* 276; *Dub. bot.* 244; *Lois. gall.* 1, *p.* 220. *Ic. Fuchs. hist.* 65; *Lob. obs.* 589; *Math. comm. p.* 608. *Billot, exsicc. n°* 136. — Fleurs en cyme dressée, plane, pédonculée; les premières divisions du pédoncule *ternées; toutes les fleurs pédicellées.* Baies globuleuses, noires. Feuilles pennatiséquées, à 5-9 segments brièvement pétiolulés, lancéolés-acuminés, dentés-en-scie; stipules inégales, *foliacées,* lancéolées, dentées. Tige verte, *herbacée,* de 8-15 décimètres, glabre ou un peu pubescente, cannelée, dressée, rameuse. Racine rampante. — Plante fétide; fleurs blanches, quelquefois rougeâtres en dehors.

Hab. Bords des chemins et des fossés, lieux incultes. ♃ Fl. juin-juillet; fr. septembre-octobre.

S. nigra *L. sp.* 385; *DC. fl. fr.* 4, *p.* 276; *Dub. bot.* 244; *Lois. gall.* 1, *p.* 220. *Ic. Math. comm.* 606; *Dod. pempt.* 832. *Schultz, exsicc. n°* 137. — Fleurs *en cyme* très-fournie, d'abord dressée, puis penchée, plane, pédonculée; les premières divisions du pédoncule *quinées;* fleurs *latérales sessiles;* les terminales pédicellées. Baies globuleuses, noires, rarement vertes ou blanches. Feuilles pennatiséquées, à 5–7 segments pétiolulés, ovales-lancéolés, longuement acuminés, inégalement dentés-en-scie; stipules *nulles ou très-petites.* Tige *ligneuse,* formant un arbuste et même un arbre dont le tronc peut atteindre 3–4 mètres de hauteur sur 20 à 25 centimètres de diamètre; rameaux à moelle blanche très-abondante, à écorce grisâtre-verruqueuse.—Fleurs d'un blanc-jaunâtre, très-odorantes.

β. *laciniata.* Feuilles à segments pennatiséqués et à lobes sublinéaires et étroitement incisés-dentés.

Hab. Les haies et le voisinage des habitations; la var. β. cult. ♄ Fl. juin; fr. septembre.

S. racemosa *L. sp.* 386; *DC. fl. fr.* 4, *p.* 277; *Dub. bot.* 244; *Lois. gall.* 1, *p.* 220. *Ic. Math. comm.* 605; *Trag. p.* 1000; *Jacq. ic. rar.* 1, *tab.* 59. *Schultz, exsicc. n°* 656.—Fleurs en *thyrse ou en panicule ovoïde, compacte,* dressée même à la maturité, pédonculée; fleurs *toutes pédicellées,* divariquées. Baies globuleuses, *rouges.* Feuilles pennatiséquées, composées de 3–7 segments pétiolulés, ovales-lancéolés, acuminés, finement dentés; stipules *nulles ou très-petites;* deux verrues à la base des pétioles. Tige *ligneuse,* formant un arbuste de 2–4 mètres de haut; rameaux à moelle de couleur *fauve,* à écorce verruqueuse.— Fleurs blanchâtres; grappe de fruits d'un rouge écarlate.

Hab. Cette plante habite spécialement la zone comprise entre la région des vignes et celle des sapins, et pénètre plus ou moins dans chacune de ces deux régions. Elle est souvent cultivée dans les bosquets. ♄ Fl. avril-mai; fr. août-septembre.

VIBURNUM. (L. gen. 370.)

Calice à limbe 5-lobé. Corolle rotacée ou rotacée-campanulée, à 5 lobes. Etamines 5. Stigmates 3, sessiles. Fruit bacciforme, *uniloculaire et à une graine* (par avortement).

V. Tinus *L. sp.* 383; *DC. fl. fr.* 4, *p.* 274; *Dub. bot.* 245. *Ic. Tourn. inst.* 3, *tab.* 377; *Clus. hist.* 1, *p.* 49.— Fleurs à lobes *égaux,* en cyme serrée, terminale, courtement pédonculée, à rameaux pubescents et couverts de petites glandes noirâtres; bractées petites, lancéolées, situées à la naissance de la cyme et sous ses divisions, et simulant des involucres et des involucelles. Dents du calice ovales-aiguës. Corolle rotacée-campanulée, 4 fois plus longue que le calice, à segments arrondis-obtus, *égaux.* Baies subglobuleuses, d'un bleu-noir à la maturité. Graine *ovoïde,* marquée de deux sillons opposés, non cornée. Feuilles brièvement pétiolées, *ovales-aiguës, très-entières,* coriaces, ciliées, pubescentes ou hérissées, rarement glabres (*V. lucidum Mill.*), glanduleuses en dessous; stipules nulles. — Arbuste rameux de 1-2 mètres, à feuilles persistantes en hiver; fleurs blanches, parfois rosées extérieurement, presque inodores.

Hab. Bas Languedoc; Pyrénées-Orientales; presque toute la région des oliviers en Provence; Corse. ♄ Fl. de février en été; fr. août.

V. Lantana *L. sp.* 384; *DC. fl. fr.* 4, *p.* 275; *Dub. bot.* 245; *V. tomentosum Lam. fl. fr.* 3, *p.* 363. *Ic. Math. comm.* 196; *Tourn. inst.* 3, *tab.* 377. *Schultz, exsicc. n°* 246.— Fleurs à divisions *égales*, en cyme serrée, pédonculée, à rameaux tomenteux. Dents du calice ovales, *obtuses*, persistantes. Corolle rotacée-campanulée, 4 fois plus longue que le calice, à segments arrondis-obtus, *égaux*. Baies ovales, *comprimées*, vertes, puis rouges, à la fin noires. Graine *cornée*, ovale, *très-comprimée, parcourue sur chaque face par deux sillons* qui forment une ellipse. Feuilles pétiolées, ovales, *obtuses, dentées, en cœur* à la base, plus pâles en dessous et fortement veinées, tomenteuses sur les nervures, munies de poils en étoile dans leurs intervalles; stipules nulles. — Arbuste rameux, de 1-2 mètres; fleurs blanches, odorantes.

Hab. Les baies et les collines. ♄ Fl. mai; fr. juillet-août.

V. Opulus *L. sp.* 384; *DC. fl. fr.* 4, *p.* 275; *Dub. bot.* 245; *Lois. gall.* 1, *p.* 220; *V. lobatum Lam. fl. fr.* 3, *p.* 363; *Opulus glandulosus Mœnch. meth.* 505. *Ic. Math. comm.* 607; *Dod. pempt.* 834. — Fleurs à divisions *inégales*, en cyme lâche, plane, pédonculée, à rameaux *glabres*. Calice à dents ovales-obtuses, très-petites. Corolles de la circonférence très-grandes, *irrégulières* à la manière de celles des *Iberis, planes*, blanches, stériles; celles du centre plus petites, *campanulées*, d'un blanc-jaunâtre, *régulières*. Baies globuleuses, *non comprimées*, succulentes, d'un rouge vif. Graine *ovoïde*, presque en cœur à la base, *non sillonnée*. Feuilles presque glabres en dessus, plus ou moins pubescentes en dessous, à pétiole portant surtout dans la moitié supérieure des glandes cupuliformes; limbe à 3-5 lobes profonds acuminés-dentés, arrondis ou un peu en cœur à la base; stipules sétacées. — Arbuste rameux, de 2-3 mètres; fleurs blanches, souvent pleines et en cyme sphériques dans les bosquets.

Hab. Bois et taillis. ♄ Fl. juin; fr. septembre.

Trib. 2. CAPRIFOLIEÆ *A. Rich. l. c.*— Corolle *tubuleuse-infundibuliforme ou campanulée, à limbe bilabié ou 5-fide*. Ovaire à *loges pluriovulées*. Style indivis, à stigmate trilobé.

LONICERA. (L. gen. 253.)

Calice à limbe 5-denté. Corolle tubuleuse, ou irrégulièrement campanulée, à limbe divisé en deux lèvres, la supérieure 4-lobée, l'inférieure entière. Etamines 5. Style filiforme, à stigmate 3-lobé. Fruit bacciforme, succulent, à 3 loges dont chacune contient 2-3 graines, ou uniloculaire par la destruction des cloisons.

Sect. 1. Caprifolium *L. l. c.* — Fleurs en têtes terminales et en faux verticilles; tiges volubiles.

L. implexa *Ait. hort. Kew.* 1, *p.* 131; *L. balearica Viv. cors. p.* 4; *DC. fl. fr.* 5, *p.* 499; *Dub. bot.* 245; *Lois. gall.* 1, *p.* 138. *Ic. Dod. pempt.* 406? *f. dext.*—Fleurs verticillées en tête terminale, sessile au centre d'un plateau formé par les deux feuilles florales soudées-perfoliées, et formant souvent au-dessous un faux verticille. Calice à dents courtes, obtuses. Corolle pubescente, à tube plus long que le limbe; lèvre supérieure à 4 lobes obtus, dépassant souvent les 2/3 de la longueur du tube; lèvre inf. plus longue, entière. Style ordinairement hérissé. Baies ovales, non soudées, d'un rouge écarlate. Feuilles *persistantes, très-coriaces,* oblongues, luisantes en dessus, glauques en dessous, entières; celle des rameaux fleuris d'autant plus largement soudées qu'elles sont plus voisines du sommet; celles des rameaux stériles presque sessiles. Tige sarmenteuse, *glabre* même sur les jeunes rameaux.— Fleurs purpurines ou jaunâtres, odorantes. Cette espèce diffère du *L. Caprifolium* par ses feuilles bien plus coriaces, plus épaisses et persistantes, oblongues et non suborbiculaires; par ses fleurs de 1/3 plus petites, à lèvre supérieure divisée en quatre lobes qui atteignent presque les 2/3 de leur longueur; par les rameaux très-glabres et souvent glauques.

Hab. Bords de la Méditerranée, et presque toute la région des oliviers; la Corse. ♄ Fl. mai-juin; fr. août.

L. Caprifolium *L. sp.* 246; *DC. fl. fr.* 4, *p.* 270; *Dub. bot.* 245; *Lam. ill. tab.* 150, *f.* 1; *Lois. gall.* 1, *p.* 138; *L. pallida Host. aust.* 1, *p.* 298; *Mut. fl. fr.* 2, *p.* 72. *Ic. Dod. pempt.* 406?; *Lob. hist.* 357?. *Schultz, exsicc. nos* 247 *et* 1070.—Fleurs verticillées en tête terminale, *sessile* au centre d'un plateau formé par les deux feuilles florales soudées-perfoliées, et souvent munies sous le capitule d'un faux verticille. Calice à dents courtes, obtuses. Corolle pubescente, à tube plus long que le limbe, à lèvre supérieure à 4 lobes obtus, atteignant *à peine* 1/3 *de la longueur* de la corolle; lèvre inférieure plus étroite, oblongue, entière. Style glabre. Baies ovales, non soudées, d'un rouge écarlate. Feuilles *caduques*, un peu coriaces, glauques en dessous, entières, *elliptiques-suborbiculaires;* celles des rameaux fleuris d'autant plus longuement soudées qu'elles se rapprochent plus du sommet; celles des rameaux stériles *munies d'un pétiole qui dépasse souvent* 1/4 *de leur longueur*. Tiges sarmenteuses, volubiles, *pubescentes* sur les jeunes rameaux. — Fleurs purpurines, ou d'un blanc-jaunâtre (*L. pallida*), odorantes.

Hab. Bois du calcaire jurassique d'Alsace et de Lorraine, Nancy, Metz, etc.; souvent cultivé. ♄ Mai-juin.

L. etrusca *Santi, viagg.* 1, *p.* 113, *tab.* 1; *DC. fl. fr.* 5, *p.* 500; *Dub. bot.* 245; *Lois. gall.* 1, *p.* 139; *L. Periclymenum Gouan, hort.* 101. *Schultz, exsicc. n°* 248.— Fleurs verticillées en tête *longuement pédonculée.* Calice à dents courtes, subaiguës. Corolle glabre, à tube plus long que le limbe; lèvre supérieure divisée en quatre lobes obtus, les 2 latéraux égalant moitié de la longueur de la fleur; lèvre inférieure étroite, entière. Style glabre. Baies ovales, d'un rouge vif. Feuilles caduques, un peu coriaces, glauques et ordinairement pubescentes en dessous, entières, obovées; celles des rameaux fleuris d'abord courtement pétiolées, puis sessiles et enfin perfoliées. Tiges sarmenteuses, à rameaux souvent *pubescents-hérissés.* — Fleurs purpurines et jaunâtres, odorantes.

Hab. Toute la région méditerranéenne; Prats-de-Mollo, Perpignan, Narbonne, Montpellier, Marseille, Toulon; remonte en Auvergne jusqu'à Clermont (*Lecoq et Lamotte*), le long des bords du Rhône jusqu'au-delà de Lyon et Belley, et le long de la Durance jusqu'à Gap; la Corse. ♄ Juin-août.

L. Periclymenum *L. sp.* 247; *DC. fl. fr.* 4, *p.* 270; *Dub. bot.* 245; *Lois. gall.* 1, *p.* 139. *Ic. Dod. pempt.* 406; *Lob. hist.* 358; *Black. tab.* 25.— Fleurs verticillées en tête *longuement pédonculée.* Calice à dents lancéolées-aiguës. Corolle pubescente, à tube plus long que le limbe, à lèvre supérieure divisée en 4 lobes atteignant 1/3 de la longeur de la fleur; lèvre inférieure étroite, entière. Style glabre. Baies ovales, d'un rouge vif. Feuilles caduques, *ovales-lancéolées, aiguës,* parfois sinuées-incisées, brièvement pétiolées; les supérieures *sessiles, jamais perfoliées.* Tiges sarmenteuses, à rameaux pubescents au sommet. — Fleurs d'un jaune-rougeâtre, odorantes.

Hab. Les bois et les haies. ♄ Juin-août.

Sect. 2. Xylosteum *L. l. c.* — Fleurs géminées sur des pédoncules axillaires; arbrisseaux dressés, non volubiles.

a. *Deux baies distinctes.*

L. Xylosteum *L. sp.* 248; *DC. fl. fr.* 4, *p.* 271; *Dub. bot.* 245; *Lois. gall.* 1, *p.* 139. *Ic. Duham. arbr.* 2, *tab.* 54; *Dod. pempt.* 407. — Fleurs très-velues, *égalant* le pédoncule velu; bractées *linéaires, plus longues que l'ovaire.* Calice à dents courtes, obtuses, persistantes. Tube de la corolle bossu à la base, plus court que le limbe; lèvre supérieure obovée-tronquée, à 4 lobes obtus; lèvre inférieure plus étroite, entière. Filets des étamines et styles velus. Baies globuleuses, déprimées, soudées à la base, rouges. Feuilles caduques, molles, velues, blanchâtres en dessous, entières, *ovales,* toutes pétiolées. Arbrisseau à tige dressée, de 1-2 mètres, rameuse. — Plante d'un vert pâle; fleurs petites, d'un blanc-jaunâtre.

Hab. Haies et buissons, bords des bois. ♄ Mai-juin.

L. NIGRA *L. sp.* 247; *DC. fl. fr.* 4, *p.* 271; *Dub. bot.* 245; *Lois. gall.* 1, *p.* 139. *Ic. Jacq. aust. tab.* 314. *Schultz, exsicc. n^os^* 32 *et* 453. — Fleurs glabrescentes, 3-4 *fois plus courtes* que le pédoncule grêle et glabre; bractées *ovales, plus courtes* que l'ovaire. Calice à dents courtes, persistantes. Tube de la corolle fortement gibbeux à la base, gros et plus court que le limbe; lèvre supérieure obovée-tronquée, à 4 lobes obtus; lèvre inférieure plus étroite et entière. Filets des étamines et style poilus à la base. Baies ovoïdes, couronnées par les dents persistantes du calice, soudées à la base, *noires*. Feuilles molles, *oblongues-elliptiques*, tout à fait glabres lors de leur entier développement, pubescentes en dessous sur les nervures dans leur jeunesse. Arbuste à tiges dressées, de 1 mètre et plus, rameuses. — Corolles blanches intérieur[t] et rosées extérieur[t].

Hab. Escarpements des hautes Vosges; région supérieure de la chaîne jurassique, et ne descendant pas au-desous de la région moyenne des sapins; mont Pilat près de Lyon; haute Auvergne; Cévennes; Alpes et Pyrénées. ♄ Mai-juin.

L. PYRENAICA *L. sp.* 248; *DC. fl. fr.* 4, *p.* 272; *Dub. bot.* 246; *Duham. ed.* 2, *vol.* 1, *p.* 53, *tab.* 15. — Fleurs *glabres, presque régulières*, à peu près de la longueur du pédoncule glabre; bractées *lancéolées-aiguës*, un peu *plus courtes* que l'ovaire. Calice à dents lancéolées, persistantes. Tube de la corolle *campanulé*, velu intérieurement et à peine gibbeux à la base, *plus long* que le limbe glabre sur les faces; celui-ci divisé *en* 5 *lobes à peu près égaux*. Etamines glabres. Style velu à la base. Baies globuleuses, soudées par la base, rouges. Feuilles caduques, un peu coriaces, glabres, oblongues, entières, atténuées *en un très-court pétiole*. Tige dressée, atteignant à peine un mètre, rameuse. — Plante d'un vert-glauque, à bois fragile; fleurs blanches à peine rosées, odorantes.

Hab. Région alpine de la chaîne des Pyrénées, de Pratz-de-Mollo aux Eaux-Bonnes; Tour-de-Mir; Pont-de-Lafons, Pech-de-Bugarac, Pic-de-Gard, Port-de-Vieille, Saint-Mamet, Esquierry, Pic-de-l'Hiéris, Saint-Béat, mont Laid, etc. ♄ Juin.

b. *Baies soudées en une seule.*

L. ALPIGENA *L. sp.* 248; *DC. fl. fr.* 4, *p.* 272; *Dub. bot.* 246; *Lois. gall.* 1, *p.* 139. *Ic. Duham. arbr. ed.* 2, *vol.* 1, *p.* 54, *tab.* 16. — Fleurs *bilabiées*, pubescentes, 3-4 *fois plus courtes* que le pédoncule glabre; bractées linéaires, 2-3 fois plus longues que l'ovaire. Tube de la corolle *court*, gibbeux à la base; limbe bilabié, lèvre supérieure bi-dentée, lèvre inférieure étroite et entière. Filets des étamines et style hérissés. Baie ovoïde, *rouge*. Feuilles épaisses, grandes et dépassant souvent un décimètre, ovales-oblongues, *acuminées*, entières, brièvement pétiolées, pubescentes en-dessus. Tige dressée, rameuse, d'un mètre environ de hauteur. — Fleurs d'un blanc-rosé.

Hab. La zone subalpine du Jura et de l'Auvergne; Alpes et Pyr.; manque dans les Vosges. ♄ Mai-juin.

L. cærulea *L. sp.* 249; *D C. fl. fr.* 4, *p.* 272; *Dub. bot.* 246; *Lois. gall.* 1, *p.* 139. *Ic. Duham. arbr. ed.* 2, *vol.* 1, *p.* 54, *tab.* 17. — Fleurs *presque régulières*, campanulées, velues, 5-6 *fois plus longues* que le pédoncule pubescent; bractées linéaires, deux fois plus longues que l'ovaire. Corolle à tube égalant moitié de la longueur de la fleur, fortement gibbeux à la base, cylindrique, puis s'évasant en un limbe presque régulier, subcampanulé, et à 5 lobes. Filets des étamines pubescents inférieurement. Style glabre. Baies globuleuses, d'un *bleu-noir*. Feuilles de 2-3 centimètres, brièvement pétiolées. Tige dressée, brunâtre, rameuse, atteignant rarement un mètre. — Fleurs jaunâtres.

Hab. Les plus hautes vallées du Jura, val de Joux; Alpes et Pyrénées. ♄ Avril-mai.

ESPÈCE EXCLUE.

Linnæa borealis *L. sp.* 880. — Cette plante n'existe ni en Alsace ni dans les Cévennes, où elle a été indiquée.

LXIII. RUBIACÉES.

(Rubiaceæ Juss. gen. 196, part.) (1)

Fleurs hermaphrodites et rarement unisexuelles par avortement, régulières. Calice à 4–5, plus rarement 2–3–6 sépales soudés à la base en tube; celui-ci adhérent à l'ovaire; limbe court ou presque nul, caduque ou persistant. Corolle gamopétale insérée sur le tube calicinal, 4–5–6–fide et très-rarement 3–fide, rotacée, infundibuliforme ou campanulée, caduque, à préfloraison valvaire. Etamines insérées sur le tube et en nombre égal à celui des divisions de la corolle avec lesquelles elles alternent; anthères biloculaires, introrses. Ovaire adhérent au calice, formé de 2 carpelles, rarement plus, ou d'un seul par avortement; carpelles à 2 loges, très-rarement à une seule, ou à un plus grand nombre; loges uni-pluri-ovulées. Ovule dressé (atrope), réfléchi (anatrope) ou plié (amphitrope); Styles 2, soudés ou presque libres. Fruit sec, plus rarement charnu, bi-pluri-loculaire, à loges à une seule graine, didyme et composé (dans nos espèces) de deux carpelles subglobuleux, contenant chacun une seule graine, indéhiscents, se séparant ordin[t] à la maturité; plus rarement le fruit est réduit à un seul carpelle par avortement. Graines ordinairement dressées. Embryon logé dans un albumen corné; radicule rapprochée du hile.— Plantes herbacées ou suffruticuleuses, articulées; feuilles entières, sessiles, verticillées.

(1) Auctore Grenier.

RUBIA. (L. gen. 127.)

Calice à limbe presque nul, obscurément denté. Corolle *rotacée-plane*, à limbe 4-5-fide. Etamines subexsertes. Fruit *charnu*, formé de deux carpelles *bacciformes*, et n'offrant plus à la maturité de vestiges du limbe calicinal.

R. PEREGRINA *L. sp.* 158; *DC. fl. fr.* 4, *p.* 267; *Dub. bot.* 247; *Lois. gall.* 1, *p.* 116; *Coss. et Germ. fl. par.* 365. *Ic. Lam. ill. tab.* 60, *f.* 2; *Morison, s.* 9, *tab.* 21, *f.* 8.— Fleurs en grappes axillaires, opposées et terminales, pédonculées, trichotomes; pédicelles étalés. Corolle à divisions brusquement cuspidées. Anthères *suborbiculaires*. Stigmate *en tête*. Baies noires, de la grosseur d'un pois. Feuilles verticillées par 4-6, très-variables dans leurs formes, obovées, oblongues ou lancéolées, coriaces, luisantes, uninerviées, mucronées, à bords et à nervure dorsale fortem[t] denticulés-épineux, *à réseau des nervures paraissant à peine* à la face inférieure. Tiges de 3-15 décimèt., glabres, aiguillonnées-accrochantes, parfois presque lisses, diffuses, rameuses, couchées et grimpantes, quadrangulaires, *à partie inférieure persistante*. Racine longue, rampante. — Fleurs jaunâtres.

α. *latifolia*. Feuilles largement ovales, oblongues ou obovées. *R. lucida L. syst. nat.* 12, *p.* 732; *Viv. cors. p.* 2; *DC. fl. fr.* 4, *p.* 268; *Dub. bot.* 247; *Lois. gall.* 1, *p.* 116!

β. *intermedia*. Feuilles ovales ou ovales-lancéolées. *R. peregrina L. et omnium ferè auct.*

γ. *angustifolia*. Feuilles étroitement lancéolées ou sublinéaires. *R. longifolia Poir. suppl.* 2, *p.* 703; *DC. prod.* 4, *p.* 589; *R. Requienii Dub. bot.* 247; *Req. exsicc.!*; *R. angustifolia L. mant. p.* 39; *Lois. gall.* 1, *p.* 216. Malgré l'autorité de Linné et de De Candolle, nous avons réuni cette plante au *R. peregrina*, n'ayant pu constater entre elles d'autres différences que celle des feuilles, caractère qui ne nous a pas semblé suffisant pour constituer une espèce. Peut-être qu'étudiées sur le vif, ces deux plantes donneront des caractères différentiels plus importants?

Hab. Corse; toute la région des oliviers de Nice à Perpignan; remonte dans l'ouest jusqu'au-delà de Paris, et par les bords du Rhône jusqu'au-delà de Lyon; Mâcon (*Parceval*); var. γ Corse, Vico (*Req.!*). ♃ Mai-juillet.

R. TINCTORUM *L. sp.* 158; *DC. fl. fr.* 4, *p.* 267; *Dub. bot.* 247; *Lois. gall.* 1, *p.* 115. *Ic. Lob. obs.* 463; *Fuchs, hist.* 280; *Math. comm.* 2, *p.* 271; *Morison, sec.* 9, *tab.* 21, *f.* 1. — Cette espèce diffère de la précédente par ses anthères *linéaires-oblongues;* ses stigmates *en massue;* ses feuilles *à réseau des nervures saillant à la face inférieure;* par ses tiges *entièrement annuelles, et dont la base n'est pas ligneuse-persistante.*

Hab. Tout le Midi, et se retrouve subspontanée dans presque toute la France; elle est cultivée à Montpellier, à Avignon, en Alsace. ♃ Mai-juin.

GALIUM. (L. gen. 125.)

Calice à limbe presque nul, obscurément denté. Corolle *rotacée-plane*, à limbe quadrifide. Fruit *sec*, à 2 carpelles *subglobuleux*, se séparant à la maturité, et n'offrant plus de vestiges du limbe du calice (1).

§ 1. Feuilles trinerviées.

Sect. 1. Cruciata *Tourn. inst.* 115. — Inflorescence *axillaire*; fleurs polygames; pédoncules *recourbés* après la floraison et cachant les fruits sous les feuilles.

G. cruciata Scop. G. vernum Scop.

Sect. 2. Platygalium *Koch. syn.* 364. — Inflorescence *en panicule* terminale; fleurs hermaphrodites; pédoncules fructifères *dressés*.

G. rotundifolium L. G. ellipticum Willd. G. boreale L.

§ 2. Feuilles uninerviées.

A. *Plantes vivaces.*

Sect. 3. Asperulopsis *Nob.* — Corolle munie d'un *tube saillant;* le reste comme dans la section suivante.

G. glaucum L.

Sect. 4. Eugalium *Koch. syn.* 364. — Inflorescence en cyme ou en panicule terminale; fleurs hermaphrodites; corolle rotacée, *dépourvue de tube;* pédicelles fructifères dressés. Tiges glabres ou pubescentes, mais *dépourvues d'aiguillons réfléchis.*

a. *Fleurs jaunes ou jaunâtres.*

G. arenarium Lois.
G. verum L.
G. decolorans Nob.
G. eminens Nob.
G. approximatum Nob.
G. ambiguum Nob.

b. *Fleurs blanches ou rouges.*

1. *Tiges dressées ou ascendantes; fleurs en panicule pyramidale dressée.*

G. purpureum L.
G. sylvaticum L.
G. lævigatum L.
G. maritimum L.
G. elatum Thuill.
G. neglectum Le Gall.
G. erectum Huds.
G. Bernardi Nob.
G. corrudæfolium Vill.
G. cinereum All.
G. venustum Jord.

(1) Il nous sera souvent impossible de tenir un compte exact des synonymes de nos devanciers, attendu que souvent une de leurs espèces correspond à plusieurs et même à tout un groupe des nôtres. Ainsi le *G. obliquum Vill.* répond à nos six espèces du groupe du *G. myrianthum*, bien que Villars ait eu probablement plus particulièrement en vue les *G. myrianthum* et *G. alpicola*. Ajoutons que M. Jordan, dans sa docte monographie de nos espèces, a jeté un jour tout nouveau sur une foule d'espèces inaperçues jusqu'à lui, et que ses descriptions, faites avec une précision qui ne laisse rien à désirer, ont servi de base à notre travail. M. Jordan a fait, selon nous, pour le genre *Galium* ce que Weihe a fait pour le genre *Rubus*.

2. *Tiges grêles, décombantes; panicule étalée-diffuse.*

* *Fleurs rouges.*

G. rubrum L.
G. corsicum Spr.
G. Prostii Jord.
G. rubidum Jord.

** *Fleurs blanches ou blanchâtres.*

n. *Lobes de la corolle aristés.*

G. myrianthum Jord.
G. luteolum Jord.
G. leucophæum Nob.
G. alpicola Jord.
G. brachypodum Jord.
G. lætum Jord.

nn. *Lobes de la corolle aigus ou mutiques.*

G. collinum Jord.
G. scabridum Jord.
G. Timeroyi Jord.
G. implexum Jord.
G. Fleuroti Jord.
G. intertextum Jord.
G. papillosum Lap.
G. sylvestre Poll.
G. commutatum Jord.
G. montanum Vill. (G. læve Thuill.).
G. argenteum Vill.
G. Lapeyrousianum Jord.
G. anisophyllon Vill.
G. tenue Vill.
G. pusillum L.
G. cæspitosum Ram.
G. pyrenaïcum Gouan.
G. helveticum Weig.
G. megalospermum Vill. (Villarsii Req.)
G. commeterrhizon Lap.
G. saxatile L.

Sect. 5. Aparinoides *Jord. l. c.* — Inflorescence en panicule terminale; fleurs hermaphrodites; pédicelles fructifères dressés; tiges plus ou moins *pourvues d'aiguillons réfléchis.*

G. palustre L.
G. elongatum Presl.
G. debile Desv. (G. constrictum Chaub.)
G. uliginosum L.

B. *Plantes annuelles.*

Sect. 6. Aparine *Nob.* — Inflorescence paniculée ou axillaire; tiges plus ou moins pourvues d'aiguillons réfléchis: racine annuelle.

a. *Fleurs paniculées.*

G. setaceum Lam.
G. divaricatum Lam.
G. parisiense L.
G. decipiens Jord.
G. tenellum Jord.

b. *Fleurs axillaires; pédoncules multiflores.*

G. aparine L.
G. spurium L.
G. tricorne With.
G. saccharatum All.

c. *Fleurs axillaires; pédoncules uniflores.*

G. minutulum Jord.
G. verticillatum Danth.
G. murale All.

§ 1. Feuilles trinerviées.

Sect. 1. Cruciata *Tournef. inst.* 115. — Inflorescence *axillaire;* fleurs polygames; pédoncules *recourbés* après l'anthèse et cachant les fruits sous les feuilles *trinerviées.*

G. Cruciata *Scop. carn.* 1, *p.* 100; *DC. fl. fr.* 4, *p.* 250; *Dub. bot.* 247; *Lois. gall.* 1, *p.* 108; *Coss. et Germ. fl. par.* 361, *tab.* 22, *A; Valantia cruciata L. sp.* 1491; *Vaillantia cruciata Lam. ill. tab.* 843, *f.* 1. *Ic. Dod. pempt.* 353; *Lob. obs.* 467, *f.* 3. — Fleurs 3-8, polygames, en cymes axillaires, bien plus courtes que les feuilles; pédoncules hérissés, *munis de bractées* lancéolées; fleur terminale des rameaux hermaphrodite et fertile; les latérales mâles et stériles. Divisions de la corolle ovales, brièvement acuminées. Etamines dressées, puis réfléchies dans les sinus des lobes de la corolle. Fruits gros, glabres, lisses. Feuilles hispides et très-rarement glabres, longuement ciliées, quaternées, ovales-elliptiques, obtuses, veinées en réseau, à trois nervures dont les deux latérales bien moins visibles que la médiane, très-étalées puis réfléchies. Tige de 2-9 décim., quadrangulaires, sillonnées, simples, dressées ou ascendantes-diffuses, *hérissées* ainsi que les feuilles de *longs poils blancs* étalés. — Plante d'un vert-jaunâtre; fl. jaunes.

Hab. Haies, buissons, prés, bois, dans presque toute la France; Corse. ♃ Avril-mai.

G. vernum *Scop. carn.* 1, *p.* 99, *tab.* 2; *DC. fl. fr.* 4, *p.* 350; *Dub. bot.* 347; *Valantia glabra L. sp.* 1491. *Ic. J. B. hist.* 3, *p.* 717, *f.* 2. — Fleurs 2-7, polygames, en cymes axillaires plus courtes et parfois presque aussi longues que les feuilles; pédoncules *dépourvus de bractées;* fleurs presque toutes fertiles. Divisions de la corolle lancéolées-acuminées. Etamines d'abord dressées, puis réfléchies entre les sinus de la corolle. Fruits glabres et lisses. Feuilles glabres ou pubescentes, ciliées, quaternées, à 3 nervures, ovales-arrondies, oblongues ou lancéolées sur la même tige. Celle-ci de 1-3 décimètres, tétragone, dressée ou décombante, simple, glabre ou pubescente. Racine grêle et rampante. — Fleurs jaunes. Cette plante présente tous les états depuis la pubescence complète, jusqu'à l'absence totale de poils.

α. *Bauhini.* Feuilles ovales; fleurs jaunes. *G. Bauhini R. S. syst.* 3, *p.* 218; *Lois. gall.* 1, *p.* 108.

β. *Halleri.* Feuilles plus étroites; fleurs d'un jaune pâle. *G. Halleri R. S. l. c.; Lois. l. c.; G. Scopoli Vill. Dauph.* 1, *p.* 304; *G. nitidum Laterr. fl. bord. ed.* 4, *p.* 223 (1846); *Valantia glabra Vill. Dauph.* 2, *p.* 334; *Thore chl. land.* 411; *Vaillantia crebrifolia St.-Am. agen. p.* 424.

Hab. Ouest, Bordeaux, forêt de Caune dans le Tarn, Dax, Bayonne; Basses-Pyrénées, Eaux-Bonnes; Pyrénées centrales, Barrèges, Pic-de-l'Héris, port de Vieille, Crabère, Endretlis, Bernadouse; Pyrénées-Orientales, Prats-de-Mollo, Canigou, mont Louis, Eynes, etc.; Alpes, mont Genèvre (*Vill.*); Corse. ♃ Juin-juillet.

Sect. 2. Platygalium *Koch, syn.* 364. — Inflorescence *en panicule* terminale; fleurs hermaphrodites; pédoncules fructifères dressés; feuilles *trinerviées.*

G. rotundifolium *L. sp.* 156; *DC. fl. fr.* 4, *p.* 266; *Dub. bot.* 251; *Lois. gall.* 1, *p.* 114; *Asperula lævigata* β. *Lam. dict.* 1, *p.* 298. *Ic. Barr. f.* 323; *Morison, s.* 9, *tab.* 21, *f.* 4.—Fleurs en panicule terminale, rameuse-trichotome, *très-lâche, étalée.* Fruits hérissés d'aiguillons crochus au sommet. Feuilles d'un vert gai, verticillées par quatre, *ovales ou ovales-arrondies*, brièvement pétiolées, non cuspidées, à 3 nervures ordinairement pourvues, ainsi que les bords, de poils blancs, raides, allongés, dirigés en bas; les verticilles inférieurs rapprochés. Tige de 2–4 décimètres, *grêle,* fragile, dressée, simple, glabre ou pubescente. — Fleurs blanches.

Hab. Forêts des montagnes de grès et de granit de la chaîne des Vosges depuis Sarrebourg jusqu'à Giromagny; chaîne du Jura dans la région des sapins; le Bugey; descend jusqu'à Lyon; Dauphiné, St.-Nizier, Champ-Rousse, Grande-Chartreuse près de Grenoble, etc.; Auvergne; Haute-Loire (*Lecoq et Lamotte!*); Pyrénées, Madres, Salvanaire, val d'Eynes, Llaurenti, Capsir, port de Vieille; montagnes de la Corse. ♃ Mai-juin.

G. ellipticum *Willd. en. sp.* 1813; *G. Barrelieri Salzm. bot. Zeit.* 1821, *p.* 107; *Dub. bot.* 251; *Lois. gall.* 1, *p.* 114; *G. ovalifolium Schott in Isis* 1818, *p.* 821. *Ic. Barr. tab.* 324; *Bocc. Sicil. tab.* 6, *f.* 1; *Morison, s.* 9, *tab.* 21, *f.* 5.—Cette espèce que beaucoup d'auteurs réunissent à la précédente en diffère par les caractères suivants: panicule plus rameuse, plus irrégulière, et à fleurs plus nombreuses; pédoncules et pédicelles *capillaires,* beaucoup plus tenus que dans le *G. rotundifolium* (ce caractère suffirait à lui seul pour faire distinguer les deux espèces); feuilles plus nettement *sessiles*, et couvertes *de longs poils;* tiges *moins grêles* et plus rameuses, *hérissées de longs poils horizontaux.* Enfin la station des deux plantes est un caractère qui doit aussi être signalé.

Hab. Toulon? (*Auzandre*); basses montagnes de Corse, Bastia, Ajaccio, etc. ♃ Mai-juin.

G. boreale *L. sp.* 156; *DC. fl. fr.* 4, *p.* 265, *et* 5, *p.* 498; *Dub. bot.* 251; *Lois. gall.* 1, *p.* 114. *Ic. J. B. hist.* 3, *p.* 716, *cap.* 6. *Schultz, exsicc. cent.* 3, *n°* 80.— Fleurs en cyme terminale, formant un thyrse *très-serré,* à rameaux opposés et dressés. Fruits hérissés, rarement glabres. Feuilles d'un vert gai, un peu coriaces, verticillées par quatre, *linéaires-elliptiques*, obtuses, un peu hérissées sur les bords réfléchis, munies de 3 nervures glabres. Tige de 2–4 décimètres, quadrangulaire, raide, dressée, très-feuillée, un peu rameuse, glabre ou pubescente. — Fleurs blanches.

α. *genuina.* Fruits hispides. *G. nervosum* α. *Lam. fl. fr.* 3, *p.* 378. *Schultz, exsicc. n°* 380.

β. *scabrum.* Fruits scabres.

γ. *glabrum*. Fruits glabres et rugueux. *G. rubioïdes var.* β. *D C. fl. fr.* 4, *p.* 253; *G. orbibracteatum Chaub. in St.-Am. Agen. tab.* 1; *G. hyssopifolium Hoffm. d. fl.* 1, *p.* 71; *Lois. gall.* 1, *p.* 108; *G. rubioïdes Poll. pal.* 1, *p.* 150 (*non L.*); *Noulet, fl. s. pyr.* 301.

Hab. Prés humides des montagnes; sur le grès vosgien à Bitche; Strasbourg, Colmar; Vosges au Honneck; toute la région des sapins de la chaîne du Jura; Alpes et Pyrénées; Toulouse; Agen; Bordeaux; Pauillac; la Vienne; Auvergne; Troyes; Semur. Nous n'avons pas vu cette plante dans la région des oliviers. ♃ Juillet-août.

§ 2. Feuilles uninerviées.

A. *Plantes vivaces.*

Sect. 3. Asperulopsis *Gren. et Godr.* — Corolle munie d'un tube saillant, le reste comme dans la section suivante.

G. glaucum *L. sp.* 156; *D C. fl. fr.* 4, *p.* 252; *Lois. gall.* 1, *p.* 112; *Dub. bot.* 249; *G. campanulatum Vill. Dauph.* 2, *p.* 326. *Ic. Jacq. aust. tab.* 81; *Asperula galioïdes M. B. fl. taur. cauc.* 1, *p.* 101; *DC. prod.* 4, *p.* 585. *Schultz, exsicc. cent. n°* 279.—Fleurs en panicules corymbiformes, terminales et axillaires au sommet des rameaux, longuement pédicellées. Corolle à limbe plane et à diamètre d'ordinaire plus long que le tube. Fruit glabre, lisse. Feuilles 6–8 par verticille, raides, linéaires, glabres, mucronées, roulées sur les bords munis d'aiguillons, à nervure dorsale prononcée. Tige de 5–7 décimètres, rameuse, dressée, obscurément anguleuse, glabre ou pubérulente à la base. Racine sublignеuse, rameuse. — Plante glauque; fleurs blanches.

Hab. Fréjus, Toulon, Marseille; Dauphiné, St.-Paul-de-Varces, Séguret, Gap, Grenoble; Lyon; Ardèche; Dijon, Plombières; Ingersheim et Rouffac en Alsace; coteaux pierreux de la Limagne; Gannat, Mont-Libe et St.-Priest-d'Andelot dans l'Allier; Puy-Crouel en Auvergne; la Vienne; Pyrénées-Orientales, Prades, Villefranche, Bancs-de-l'Aze, Carcanet; Toulouse, etc. ♃ Juillet.

Sect. 4. Eugalium *Koch, syn.* 364. — Inflorescence en cyme ou en panicule terminale; fleurs hermaphrodites; pédicelles fructifères dressés. Tiges glabres ou hérissées, mais dépourvues d'aiguillons réfléchis.

a. *Fleurs jaunes.*

G. arenarium *Lois. gall. ed.* 1, *p.* 85, *et ed.* 2, *t.* 1, *p.* 110; *DC. fl. fr.* 5, *p.* 495; *Dub. bot.* 248; *G. hierosolymitanum Thore, chl. land.* 40 (*non L.*); *G. megalospermum* β. *DC. fl. fr.* 4, *p.* 249. *Schultz, exsicc. n°* 868.— Fleurs en petites cymes à l'extrémité des rameaux, et formant une *panicule courte et subspiciforme;* pédicelles gros et courts, divariqués. Lobes de la corolle *subaigus.* Fruits *lisses, glabres, gros* (volume au moins double de celui du *G. verum*). Feuilles verticillées par 6–10, rapprochées, *charnues, linéaires-lancéolées* (2-5 millimètres de longueur), mucronées, un peu roulées en dessous par les bords, hérissées de petits aiguillons ascendants, glabres, luisantes et lisses sur les deux faces, à nervure inférieure saillante. Tiges de 1-2 décimètres, lisses, *tétragones, couchées-étalées* sur le sable, très-rameuses, glabres. Racine *très-longuement rampante* (1-8 décimètres), rougeâtre, cylindrique et de même dimension dans toute sa longueur. — Plante noircissant par la dessiccation; fleurs d'un beau jaune.

Hab. Sables des bords de l'Océan, de Bayonne à Brest. ♃ Juin-septembre.

G. VERUM *L. sp.* 155; *DC. fl. fr.* 4, *p.* 248; *Dub. bot.* 248; *Coss. et Germ. fl. par.* 362, *tab.* 22, *B; G. luteum Lam. fl. fr.* 3, *p.* 381. *Ic. Cam. epit.* 868; *Dod. pempt.* 355.—Fleurs en panicule oblongue, très-rameuse et très-serrée; pédicelles fructifères très-étalés. Lobes de la corolle obtus, brièvement apiculés. Fruits lisses, glabres ou velus. Feuilles verticillées par 8-12 (de 1-3 centim.), raides, *étroitement linéaires,* souvent presque sétacées, luisantes et souvent rudes en dessus, blanchâtres et *brièvement pubescentes en dessous,* réfléchies par les bords et canaliculées, munies d'une nervure saillante. Tiges de 2-5 décimètres, arrondies, *obscurément anguleuses,* raides et dressées, étalées et presque couchées dans les sables maritimes (*G. verum* γ. *littorale Brébis. fl. Norm.* 1836), rameuses au sommet. — Plante d'un vert foncé, noircissant par la dessiccation, glabre (*G. glabrum Req. mss.*), ou pubescente; fleurs d'un jaune foncé, odorantes.

Hab. Prairies, haies, collines, depuis les bords de la Méditerranée jusqu'au sommet des Alpes, du nord au midi, de l'est à l'ouest. ♃ Juin-septembre.

ESPÈCES HYBRIDES?

G. DECOLORANS *Nobis; G. ochroleucum Rochel, bann. tab.* 8, *f.* 20, (*non Kit.*); *G. vero-mollugo Wallr. Sched. hybr.* 64; *Bluff et Fing. comp. germ.* 1, *p.* 250; *DC. prod.* 4, *p.* 603 (*non Lecoq et Lam.*); *G. verum* β. *R. S. syst.* 3, *p.* 255; *G. vero-elatum? Nob.* — Cette plante a été considérée comme espèce, comme hybride et comme variété. Selon Wallroth, elle a pour mère *G. verum,* et pour père *G. Mollugo* (*G. elatum*). C'est avec le *G. verum* qu'elle a une intime ressemblance. Elle en diffère par ses fleurs d'un *blanc-jaunâtre,* et par la *teinte verte* que conservent toutes ses parties *après la dessiccation.* Elle se distingue du *G. elatum* par les mêmes caractères que le *G. verum.*

Hab. Çà et là aux mêmes lieux que ses deux congénères; Morteau, dans le Doubs (*Grenier*). ♃ Juin-juillet.

G. EMINENS *Nob.; G. verum* β. *altissimum Lecoq et Lamotte, cat.* 1848, *p.* 209; *G. vero-erectum? Nob.*— Cette plante a le port du *G. verum.* Elle en diffère par la panicule *grêle et allongée, non compacte;* par ses fleurs *presque une fois plus grandes,* et d'un jaune plus pâle; par ses feuilles dont les inférieures *sont aussi larges que celles du G. erectum.* Elle noircit par la dessiccation, et n'a de rapport avec le *G. erectum* que par la panicule et la dimension des fleurs.

Hab. Puy-de-Dôme, sur les bords de l'Allier (*Lecoq et Lamotte*). ♃ Juillet.

G. approximatum *Nob.; G. vero-mollugo Lecoq et Lamotte! cat.* 1848, *p.* 209; *G. erecto-verum? Nob.*—Cette plante a les tiges, les feuilles, et la panicule dressée du *G. erectum*, dont elle diffère par les fleurs *jaunâtres* et *d'un tiers plus petites.* Elle n'a que des rapports éloignés avec le *G. verum*, dont elle se distingue par sa panicule plus maigre, ses corolles plus pâles, plus petites et à lobes très-distinctement *mucronés.* Elle ne noircit pas par la dessiccation.

Hab. Vallée de Messiac, Dienne dans le Cantal (*Lecoq et Lamotte!*). ♃ Juillet.

G. ambiguum *Nob.; G. vero-erectum Lecoq et Lamotte mss.! G. elato-verum? Nob.* — Le port de cette plante rappelle celui du *G. Mollugo*, dont elle s'éloigne par ses fleurs *jaunâtres, plus nombreuses et de moitié plus petites.* Elle ne saurait se confondre avec le *G. verum* dont elle ne se rapproche que par la teinte jaunâtre et la petitesse de la corolle. Les lobes des corolles sont mucronés, et les parties vertes ne noircissent pas par la dessiccation.

Hab. Le Cantal (*Pailloux!, Lecoq et Lamotte!*). ♃ Août.

b. *Fleurs blanches ou rouges.*

1. *Tiges dressées ou ascendantes; panicule pyramidale, dressée.*

G. purpureum *L. sp.* 156; *Dub. bot.* 248; *Lois. gall.* 1, *p.* 112; *G. rubrum DC. fl. fr.* 4, *p.* 251. *Ic. J. B. hist.* 3, *p.* 721, *f. sup.*—Fleurs nombreuses, *d'un rouge de sang*, très-petites (leur diamètre n'atteint pas 2 millimètres), en panicule longue, étroite, très-rameuse, à rameaux dressés; bractées linéaires et semblables aux feuilles, égalant les pédicelles; ceux-ci courts, de la longueur du fruit, *penchés à la floraison*, redressés à la maturité. Lobes de la corolle acuminés et infléchis. Fruits glabres et rugueux. Feuilles verticillées par 8-10, *linéaires, très-étroites*, mucronées, bi-sillonnées et à nervures saillantes en dessous, denticulées-ciliées aux bords et sur la nervure. Tige de 1-3 décimètres, quadrangulaire, pubescente, dressée, très-rameuse.

Hab. La Provence, Seillans (*Gér.*), Grasse (*Duval, Girody*), Antibes (*Req.*), Entrevaux dans les Basses-Alpes (*Jordan*). ♃ août.

G. sylvaticum *L. sp.* 155; *DC. fl. fr.* 4, *p.* 252; *Dub. bot.* 249; *Lois. gall.* 1, *p.* 112; *Jord. obs.* 3ᵉ *fragm.* 1846, *p.* 97. *Ic. J. B. hist.* 3, *p.* 716, *f. inf.* — Fleurs blanches, en panicule lâche, très-divisée, très-ample, rameuse-trichotome, à rameaux grêles; bractées *lancéolées-acuminées;* pédicelles capillaires, plus longs que les bractées, penchés avant la floraison; lobes de la corolle *aigus.* Fruits un peu ridés. Feuilles verticillées par 8, plus ou moins *glauques* ainsi que le restant de la plante, *oblongues-lancéolées, obtuses,* brièvement mucronées, minces, veinées, pourvues sur les bords et sur la nervure dorsale de petits aiguillons appliqués et dirigés en haut. Tige lisse, arrondie, renflée aux nœuds, dressée, très-rameuse. — Plante d'un vert tendre, plus ou moins glauque, glabre ou pubescente, atteignant 1 mètre de hauteur.

α. *lugdunense.* Feuilles courtes, rétrécies à la base, à peine glauques en dessus, très-glauques en dessous.

β. *juranum.* Feuilles allongées, glauques-pruineuses sur les deux faces, ainsi que la tige arrondie même à la base ; lobes de la corolle plus obtus ; fruit plus gros.

γ. *pyrenaïcum.* Feuilles allongées, lancéolées, noircissant un peu par la dessiccation ; pédicelles fructifères divariqués.

δ. *atrovirens.* Feuilles petites ; panicule à rameaux dressés ; plante noircissant par la dessiccation. *G. atrovirens Lap. abr. pyr. suppl.* 22 ; *Jord. l. c.*

Hab. Bois et jeunes coupes. Var. α. Vosges ; Alsace ; Lorraine ; Lyon ; Puy-de-Dôme, etc. Var. β. le Jura, le Doubs et le Bugey. Var. γ. Pyrénées, Pic-de-l'Hiéris, Bagnères-de-Bigorre (*Jord.*). Var. δ. vallée d'Aspe (*Jord.*). ♃ Juin-juillet.

G. LÆVIGATUM *L. sp.* 1667 ; *Vill. Dauph.* 2, *p.* 327 (*Corolle fortement aristée*) ; *Jord. l. c. p.* 97 ; *G. aristatum L. syst. ed.* 13, *vol.* 2, *p.* 118 ; *Lois. gall.* 1, *p.* 111 ; *G. linifolium Lam. dict.* 2, *p.* 578 ; *DC. fl. fr.* 4, *p.* 252 ; *Dub. bot.* 249 ; *Lois. gall.* 1, *p.* 112. *Ic. Barr. f.* 356 *et* 583 ; *Boc. mus. tab.* 75. — Cette espèce diffère de la précédente par sa panicule moins ample, moins lâche et plus dressée ; par ses bractées lancéolées-linéaires ; par ses pédicelles *toujours dressés ;* par sa corolle plus grande, à lobes *acuminés-mucronés ;* par ses fruits plus petits ; par ses feuilles étroites, *insensiblement atténuées-acuminées* au sommet ; par sa taille d'au moins moitié moins élevée. — Plante à teinte glauque comme la précédente.

α. *genuinum.* Panicule apauvrie et dressée ; feuilles verticillées par 8-10 ; tige à peine anguleuse.

β. *aristatum.* Panicule ample, à rameaux subdivariqués ; feuilles verticillées par 7-8 ; tige quadrangulaire. *G. aristatum DC. fl. fr.* 4, *p.* 255.

Hab. Bois élevés des montagnes du Dauphiné et de la Provence, Rabou près de Gap, Varces, Boscodon près d'Embrun, St.-Nizier et mont Rachet près de Grenoble, le Champsaur ; mont Ventoux ; Villefranche et la Trancade ? (*Lap.*). ♃ Juillet-août.

G. MARITIMUM *L. mant.* 38 ; *DC. fl. fr.* 4, *p.* 265 ; *Dub. bot.* 250 ; *Lois. gall.* 1, *p.* 114 ; *G. villosum Lam. dict.* 2, *p.* 582. *Ic. Barr. f.* 81 ; *Bocc. mus. tab.* 86. — Fleurs très-nombreuses, petites (2 millimètres de diamètre), *rouges, velues en dehors,* disposées en longue panicule très-rameuse, à rameaux étalés et même recourbés; bractées *ovales*, dépassant souvent les pédicelles; ceux-ci à peine plus longs que le fruit, divariqués. Lobes de la corolle longuement acuminés. Fruits *hérissés de longs poils*. Feuilles verticillées par 6, quaternées, puis opposées vers le haut, *hérissées*, lancéolées-linéaires, mucronées, réfléchies sur les bords et canaliculées en dessous. Tiges de 3-6 décimètres, subtétragones ou presque arrondies, *couvertes, ainsi que toute la plante, de poils étalés*, grisâtres et un peu raides.

Hab. Pyrénées-Orientales, Perpignan et les vallées qui de là montent au sommet de la chaîne, Prats-de-Mollo, Prades, Olette et jusque sous Mont-Louis et le Llaurenti; Narbonne; Montpellier; Marseille; St.-Chinian (Hérault) dans les Cévennes (*Sagot*). ♃ Juillet-août.

G. ELATUM *Thuill. fl. par.* 76; *Jord. l. c.* 103; *G. Mollugo Coss. et Germ. fl. par.* 362, *tab.* 22, *C; G. Mollugo* β. *Lois. gall.* 1, *p.* 112; *G. sylvaticum Vill. Dauph.* 2, *p.* 317; *G. Mollugo L. sp.* 155 (*part.*); *DC. fl. fr.* 4, *p.* 254. *Ic. Dod. pempt.* 351, *f. sup.*; *Lob. obs. p.* 466, *f. sin.*; *Clus. hist.* 2, *p.* 176, *f. sup.*— Fleurs très-nombreuses, de 3 millimètr. de diamètre, d'un *blanc sale*, en panicule *très-ample, à rameaux étalés*; pédicelles fructifères *courts* et souvent à peine plus longs que le fruit, toujours *très-divariqués* et même réfléchis. Corolles à lobes apiculés et étalés. Anthères ovales. Fruit petit, rond, chagriné. Feuilles verticillées par 6-8, assez courtes (1-2 centimètres de longueur sur 3-5 millimètres de largeur), *obovées ou oblongues-lancéolées*, obtuses, mucronées, à nervure dorsale peu saillante, un peu transparentes. Tiges de 10-15 décimètres, ne s'élevant qu'en s'appuyant sur les plantes voisines, et tout à fait tombantes lorsqu'elles ne sont pas soutenues, *renflées* aux nœuds, tétragones, lisses, rarement velues, rameuses, à rameaux *divariqués*. Souche grêle, rameuse, radicante. — Fleurs d'un tiers plus petites que celles du *G. erectum*; il en est de même pour le fruit, il fleurit un mois plus tard.

β. *umbrosum*. Panicule appauvrie; feuilles plus grandes, papyracées. *G. insubricum Gaud. helv.* 1, *p.* 421; *Koch, syn.* 365.

Hab. Haies, bois de toute la France. ♃ Juillet-août.

G. NEGLECTUM *Le Gall, fl. Morb. inéd.* — Fleurs d'un blanc sale ou jaunâtres, disposées en panicule *oblongue, étroite* et dressée; pédicelles fructifères *dressés*. Lobes de la corolle *ovales-aigus, peu ou pas apiculés*. Fruit glabre, à peine rugueux. Feuilles 7-10 par verticille, longues d'environ 1 centimètre, oblongues-lancéolées, ou lancéolées-linéaires, mucronées, ordinairement glabres, quelquefois poilues surtout vers le bas de la tige, à bords scabres et un peu roulés en dessous, à nervure dorsale fine et peu saillante. Tige de 3-7 décimètres, tétragone, luisante, pubescente surtout inférieurement, couchée d'abord, puis ascendante, à nœuds un peu renflés. Racine *longuement rampante.* — Plante d'un vert obscur, noircissant un peu par la dessiccation. Son aspect est celui d'un *G. elatum* de petite taille ; mais sa panicule étroite, ses pédicelles dressés, sa corolle à lobes non apiculés, enfin la couleur noire qu'elle prend par la dessiccation forment un ensemble de caractères qui ne permettent pas de la considérer comme une simple variété maritime de cette espèce.

Hab. Sables maritimes de Lorient, du Croisic, de Quiberon. ♃ Juin.

G. erectum *Huds. angl.* 68; *DC. fl. fr.* 4, *p.* 255; *Dub. bot.* 249; *Lois. gall.* 1, *p.* 111; *Jord. l. c. p.* 104; *G. album Vill. Dauph.* 2, *p.* 318; *G. Mollugo L. sp.* 155 (*part.*); *Lois. gall.* 1, *p.* 112; *G. lucidum Koch, syn.* 366 (*excl. syn.*). *Ic. Fuchs., hist.* 281; *Lob. obs. p.* 465, *f. inf.* — Fleurs moins nombreuses que dans le *G. elatum*, de 4 milimètres de diamètre, et plus, *blanches*, en panicule *étroite et à rameaux étalés-dressés ;* pédicelles fructifères longs, *dressés, jamais divariqués* à angle droit. Corolle à lobes apiculés, très-étalés, et *renversés* après l'anthèse. Anthères oblongues. Fruit assez gros, arrondi, faiblement chagriné. Feuilles verticillées par 8, *oblongues ou linéaires*, un peu élargies et subaiguës au sommet, mucronées, à nervure dorsale fine et très-saillante à la base, non transparentes. Tige de 3-6 décimètres, *dressée*, lisse et rarement velue, rameuse, à rameaux *dressés*. Souche forte, rameuse, radicante.

β. *rigidum*. Tiges raides ; feuilles linéaires et luisantes. *G. rigidum Vill. Dauph.* 2, *p.* 319 ; *G. lucidum plur. auct.* (*non All.*) ; *G. provinciale Lam. dict.* 2, *p.* 581 (*part.*).

Hab. Les prés, les bois, les collines, etc.; var. β. hautes régions des Alpes, et collines sèches de la plaine et du midi, Narbonne (*Delort*), et probablement toute la région méditeranéenne. ♃ Mai-juin.

Obs. — Sous le nom de G. *Mollugo* nous avons reçu de Suède le *G. erectum Huds.* Le G. *insubricum Gaud.*, qui n'est qu'une forme du *G. elatum Thuill.* se trouvant aussi en Suède, il parait certain que Linné a confondu les deux espèces en une seule; c'est pourquoi nous avons cru devoir abandonner le nom linnéen.

G. Bernardi *Gren. et Godr.* — Fleurs *rouges*, en panicule *étroite, oblongue*, à rameaux *courts*, égalant à peine les entre-nœuds; pédicelles un peu grêles, courts, *étalés-dressés*, égalant environ le diamètre de la corolle, ou deux fois celui du fruit. Corolle à lobes étalés, lancéolés, longuement mucronés. Fruit noir, chagriné à la loupe. Feuilles verticillées par 7-8, *oblongues-linéaires*, *ou lancéolées-linéaires*, vertes, glabres, non luisantes, peu épaisses, à bords ciliés-serrulés et un peu roulés en dessous, à nervure dorsale *très-large*, occupant au moins la moitié de la largeur de la feuille et prolongée jusqu'au sommet mucroné. Tiges de 2-3 décimètres, quadrangulaires, peu nombreuses sur la souche, courbées à la base, puis ascendantes, glabres. Souche dure, subligneuse, rameuse. — Cette plante a surtout des rapports avec le *G. erectum* dont elle a le port. Elle en diffère par la couleur de ses fleurs réunies en petites têtes plus serrées et portées par des pédicelles bien plus courts; par sa corolle à lobes étalés et non renversés après l'anthèse; par les rameaux de la panicule plus courts et plus dressés; par la nervure des feuilles bien plus forte; par sa taille moins élevée. Les rameaux et les pédicelles dressés et non divariqués, la couleur des fleurs plus grandes et moins nombreuses, ne permettent pas de le confondre avec le *G. elatum*. La nervure des feuilles rapproche cette espèce du *G. corrudæfolium*, et sur le frais elle se comporte peut-être comme dans ce dernier; mais dans le *G. Bernardi*, les feuilles plus larges, plus minces, plus molles, toujours plus ou moins oblongues, étalées et réfléchies, non ascendantes ni dirigées du même côté, et bien moins mucronées; la panicule égale et non unilatérale; la teinte vert-clair de la plante; enfin la couleur des fleurs font que ces deux plantes n'ont presque entre elles que les rapports du genre.

Hab. Corse, glacière de Bastia (*Bernard*); le Niolo? (*Jordan*). ♃ Juillet.

G. CORRUDÆFOLIUM *Vill. prosp. Dauph. p.* 20, *et fl. Dauph.* 2, *p.* 320; *Jord. l. c. p.* 107-113; *G. tenuifolium DC. fl. fr.* 4, *p.* 256; *Dub. bot.* 249; *Lois. gall.* 1, *p.* 111 (*non All. ex Jord. l. c.* 110); *G. lucidum All. ped.* 1, *p.* 5, *n°* 21, *tab.* 77, *f.* 2; *G. provinciale Lam. dict.* 2, *p.* 581 (*part.*)? — Fleurs blanchâtres, en panicule étroite, *à la fin unilatérale, à rameaux tous dressés;* pédicelles *courts, dressés* et non divariqués. Corolle à lobes lancéolés, étalés et mucronés. Fruit noir, chagriné, de 1 1/2 à 2 millimètres de diamètre. Feuilles verticillées par 6, courtes (de 1 à 2 centimètres au plus), ordinairement dressées, un peu courbées en dessus, *linaires-subulées, épaisses*, brièvement acuminées, à nervure dorsale *très-large et déprimée* sur le frais, tandis que le limbe renflé de chaque côté n'est point enroulé sur les bords ciliés-serrulés, glabres, luisantes un peu argentées, d'un vert foncé, noircissant parfois un peu par la dessiccation. Tiges de 3-5 décimètres, nombreuses sur la même souche, dressées, un peu arquées surtout à la base, *très-rigides*, quadrangulaires, lisses et glabres, ou finement pubescentes à la base. Souche grosse, dure et ligneuse. — Plante très-luisante, d'un vert sombre.

Hab. Lieux secs, collines arides et rochers dans tout le midi de la France; remonte les bords du Rhône jusqu'à Lyon, et la Durance jusqu'à Gap et Guillestre. ♃ Juin-juillet.

G. CINEREUM *All. ped.* 1, *p.* 6, *tab.* 77, *f.* 4; *Lois. gall.* 1, *p.* 112; *Jord. l. c. p.* 114; *G. pallidum Presl. fl. sic. pr.* 60; *Guss. syn. sic.* 1, *p.* 184. — Fleurs en panicule *large*, à rameaux *étalés-dressés;* pédicelles *grêles*, assez longs, égalant 2-5 fois la longeur du fruit, dressés. Corolle très-blanche, à lobes étalés et mucronés. Fruit noirâtre à la maturité, lisse, de 1 1/2 à 2 millimètres de diamètre.

Feuilles verticillées par 6, étalées, linéaires, rarement un peu élargies au sommet, peu épaisses, à nervure dorsale mince et un peu saillante, aristées, ciliées-serrulées, glabres, *d'un vert très-glauque* sur les deux faces. Tiges de 3-4 décimètres, nombreuses sur la même souche ; les stériles courtes étalées et diffuses ; les florales couchées-ascendantes à la base, puis dressées, souvent *flexueuses et non rigides, obscurément quadrangulaires, très-glabres et glauques.* Souche dure, un peu ligneuse.—Toute la plante a un aspect glauque qui rappelle le *Galium glaucum*, et qui ne permet pas de la confondre avec les espèces voisines. Elle se distingue en outre du *G. corrudæfolium* par ses tiges moins raides, sa panicule bien plus étalée, ses pédicelles plus grêles et plus longs.

Hab. Lieux secs et rocailleux des terrains calcaires aux environs de Toulon et de Luc (Var), et des terrains primitifs à Hyères et Bormes (dép. du Var); Corse (*Jord.*); Bastia (*Bernard*). ♃ Juin-juillet.

G. venustum *Jord. obs.* 3e *fragm.* 1846, *p.* 117. — Fleurs en panicule très-fournie, à rameaux dressés, les inférieurs un peu étalés flexueux ; pédicelles fructifères dressés-étalés et filiformes, assez semblables à ceux du *G. erectum.* Corolle d'un rose tendre, à lobes ovales-elliptiques, *mutiques* ou très-brièvement mucronés. Fruit grisâtre, à peine chagriné, petit. Feuilles verticillées par 6-8, très-étalées, linéaires, très-aiguës, un peu plus larges et plus courtes dans le bas de la tige, à nervure dorsale *mince*, finement aristées, serrulées aux bords, d'un vert clair, un peu luisantes et glabres. Tiges de 2-3 décimètres, assez nombreuses, dressées, flexueuses, *faibles*, quadrangulaires, lisses et luisantes. Souche grêle, à rhizome un peu traçant. — Cette plante a des rapports avec les *G. erectum, cinereum* et *Bernardi*, et elle s'en éloigne par ses tiges bien plus grêles, à angles plus saillants, par sa panicule grêle, ses fleurs roses, sa corolle presque mutique. Elle diffère du *G. corsicum* par sa panicule non diffuse, ses pédicelles non divariqués, sa corolle presque mutique, ses feuilles à bords munis d'aiguillons ascendants.

Hab. Montagnes du Niolo en Corse, dans les pâturages (*Jord.*) ♃ Juin-juillet.

2. *Tiges grêles, décombantes : panicule étalée-diffuse.*

* *Fleurs rouges.*

G. rubrum *L. sp.* 156; *Jord. l. c. p.* 120. *G. purpureum D C. fl. fr.* 4. *p.* 251 (*part.*). *Ic. Clus. hist.* 2, 175; *Morison, sect.* 9, *tab.* 22, *f.* 3.— Panicule ovale-oblongue, à rameaux étalés ; pédicelles fructifères divergents, à peine plus longs que le fruit. Corolle *d'un rouge vineux très-intense*, *grande* (3 millimètres de diamètre), à lobes ovales et terminés par une pointe égalant *à peine le* 1/3 *de la longueur du lobe.* Fruit noirâtre, faiblement chagriné. Feuilles intermédiaires verticillées par 8, étalées, linéaires, un peu élargies au sommet vers le bas de la tige, mucronées, à nervure dorsale très-saillante et mince, finement aiguillonnées-ciliées, d'un vert clair, glabres et luisantes. Tiges de 2–3 décimètres, longuement étalées-couchées à la base. — La couleur et la grande dimension de la corolle séparent nettement cette espèce des suivantes dont les fleurs sont de moitié plus petites et d'un rouge bien moins foncé ; les fleurs sont aussi bien moins nombreuses.

Hab. La Corse (*Soleir.*) ! ♃ Juin.

G. corsicum *Spreng. syst.* 4, *pars* 2, *p.* 39; *Jord. l. c. p.* 119; *G. nudiflorum Viv. app. cors. p.* 2 ; *G. Soleirolii Lois. not. p.* 7; *D C. prod.* 4, *p.* 610. — Panicule ovale, assez fournie, à rameaux écartés–divergents ; pédicelles fructifères très-divergents, un peu plus longs que le fruit. Fleurs nombreuses, à corolle *d'un rouge briqueté-livide*, petite (1 1/2 à 2 millimètres), à lobes ovales, terminés par une arête longue, *et égalant au moins* 1/2 *de leur longueur*. Fruits bruns et très-finement chagrinés. Feuilles *verticillés par* 4-6, les inférieures obovées, les intermédiaires *elliptiques-oblongues*, étalées ou ascendantes, veinuleuses, à nervure dorsale mince et saillante, *presque obtuses* et terminées par une *arête courte* et souvent presque nulle, munies aux bords de petits aiguillons dont les uns sont ascendants et les autres réfléchis, d'un vert pâle, glabres ou plus souvent hispides. Tiges de 1–2 décimètres, très-grêles, très–nombreuses et formant des touffes très–denses, couchées à la base, redressées, à 4 angles saillants, hérissées de poils dirigés en bas, rarement glabres. Souche grêle, cespiteuse.

β. *pallescens.* Fleurs blanchâtres. *G. campestre Dub. bot.* 248 (*non Willd.*) ; *G. Morisii Spreng. syst. l. c. p.* 338 ; *G. mediterraneum D C. prod.* 4, *p.* 596.

Hab. Corse, dans toute la région montagneuse, Bastia, mont Coscione, etc. ♃ Juin-juillet.

G. Prostii *Jord. obs. sept.* 1846, *p.* 123 ; *G. purpureum* β. *DC. fl. fr.* 5, *p.* 496; *G. rubrum* β. *pilosum Dub. bot.* 248. — Cette espèce, par la couleur et la dimension de ses fleurs, n'a de rapport qu'avec les *G. corsicum* et *G. rubidum*. Elle diffère du dernier par sa panicule plus serrée, à rameaux plus courts, à pédoncules et pédicelles plus épais, à fleurs plus nombreuses, plus rapprochées ; par ses feuilles plus étalées et souvent même réfléchies, verticillées *par* 8–10, et rarement par 8, *larges, oblongues ou ovales–lancéolées,* moins acuminées, *velues jusque dans la panicule ;* par ses tiges plus décidément *velues,* rameuses presque dès la base et formant ainsi une panicule plus ample ; les fleurs sont de mêmes dimensions. Le *G. corsicum* s'éloigne du *G. Prostii* par sa taille bien moins élevée ; par ses feuilles *de moitié moins nombreuses* à chaque verticille, étalées, proportionnellement *plus larges et plus obtuses.*

Hab. Environs de Mende, dans la Lozère. ♃ Juin.

G. rubidum *Jord. l. c. p.* 121; *G. purpureum DC. fl. fr.* 4, *p.* 251 (*part.*); *G. rubrum Dub. bot.* 248 (*excl. var.* β.). — Panicule ovale, un peu lâche, à rameaux dressés-étalés ; pédicelles fructifères *capillaires*, très-étalés et divergents. Fleurs nombreuses, à corolle rougeâtre, petite comme dans le *G. corsicum*, à lobes ovales, terminés en pointe sétacée plus longue que moitié de leur longueur. Fruit brun, petit, à peine chagriné. Feuilles verticillées par *huit*, dressées ou étalées, *linéaires*, *fortement acuminées-mucronées*, à nervure dorsale fine et saillante surtout à la base, munies aux bords d'aiguillons courts et souvent réfléchis, d'un vert grisâtre, glabres ou quelquefois velues vers le bas de la tige. Tiges de 2-4 décimètres, diffuses à la base, redressées, à angles saillants et luisants, glabres, ou pubescentes inférieurement et plus rarement velues. Souche grêle. Racine filiforme. — Cette plante a le faciès du *G. commutatum Jord.* dont elle n'a au reste aucun caractère. Elle diffère du *G. corsicum* par sa tige de moitié plus élevée, ses feuilles plus nombreuses, plus étroites, bien plus acuminées ; par sa panicule plus ample et moins fournie. Enfin cette plante est presque glabre, tandis que le *G. corsicum* est ordinairement très-velu dans toutes ses parties.

Hab. Le Var, Grasse (*Girody*); Toulon, Hyères, Bormes (*Jordan*); Marseille (*Castagne*); Digne (*Roffavier*). ♃ Juin.

** *Fleurs blanches ou blanchâtres.*

α. *Lobes de la corolle aristés.*

G. myrianthum *Jord. l. c. p.* 126; *G. obliquum Vill. Dauph.* 2, *p.* 320-320 *bis* (*part.*); *G. mucronatum Lam. dict.* 2, *p.* 581 (*part.*). — Panicule ample, ovale-oblongue ; rameaux dressés-étalés, *très-divisés et à fleurs très-nombreuses ;* pédicelles fructifères *courts*, étalés, égalant à peine deux fois le diamètre du fruit. Corolle petite, d'un blanc-jaunâtre, à lobes étalés-réfléchis, terminés par une pointe sétacée, égale à la moitié de leur longueur. Fruit grisâtre, chagriné, assez gros (double de celui des trois précédents et atteignant près de 2 millimètres de diamètre). Feuilles verticillées par 9-12, d'un vert-jaunâtre, dressées-étalées, *linéaires-lancéolées-oblongues ou lancéolées-oblongues*, mucronées, à nervure dorsale saillante, *mollement velues inférieurement*, et presque glabres vers le haut de la tige. Celle-ci de 2-4 décimètres, velue ou glabre. Souche grêle, à stolons radicants. — Diffère du *G. Prostii* par sa panicule plus divisée, à fleurs plus nombreuses et d'un blanc-jaunâtre ; par son fruit plus gros, et ses feuilles plus dressées. Ces mêmes caractères, et en outre la largeur de ses feuilles, le distinguent bien du *G. rubidum*, avec lequel il a moins de rapport qu'avec le *G. Prostii.*

Hab. Basses montagnes de l'Ain, Nantua (*Bernard*); Le Bugey; Lyon; Grande-Chartreuse (*Jordan*); St.-Nizier et Pont-de-Claix près de Grenoble (*Verlot*). ♃ Juin-juillet.

G. luteolum *Jord. l. c. p.* 128. — Cette espèce diffère du *G. myrianthum* par ses tiges plus diffuses, plus grêles, plus glabres, plus luisantes, à feuilles plus étalées, *moins nombreuses* et verticillées *par six ou huit*, à nervure dorsale plus forte et plus saillante; par sa panicule *oblique* plus développée d'un côté, plus simple, moins fournie, moins rameuse, à rameaux plus développés d'un côté que de l'autre, moins divisés et portant beaucoup moins de fleurs; elle en diffère en outre par ses fleurs plus distantes, à corolle d'un blanc plus jaunâtre, un peu plus grande, à lobes un peu plus longuement aristés; par son fruit *du tiers plus petit;* par ses pédicelles *égalant* 2-4 *fois le diamètre du fruit,* caractère qui à première vue la distingue des espèces suivantes, et qui ne lui est commun qu'avec le *G. leucophæum.*

Hab. Gap et St. Genis-le-Désole (Hautes-Alpes), col de l'Arche (*Jord.*); col de Vars (*Grenier*). ♃ Juillet.

G. leucophæum *Gren. et Godr.*—Panicule irrégulière, ovale-oblongue, très-allongée et commençant presque au bas de la tige; rameaux étalés vers le bas de la panicule, *étalés-dressés* vers le haut, plus allongés et plus nombreux d'un côté, à divisions peu nombreuses et à corymbes terminaux *peu fournis* et divariqués; pédicelles fructifères étalés et divariqués, *longs et égalant* 2-4 *fois le diamètre du fruit.* Corolle à peu près de la grandeur de celle du *G. luteolum* (3 millimètres), d'un blanc-jaunâtre, à lobes étalés, terminés par une pointe égale au tiers de leur longueur. Fruit noirâtre, chagriné, d'un tiers plus gros que celui du *G. luteolum* (1 millimètre). Feuilles verticillées par 6-8, étalées, oblongues-linéaires, mucronées, un peu roulées sur les bords, à nervure dorsale *forte,* saillante et blanchâtre, d'un vert-grisâtre et *longuement pubescentes* presque jusqu'au sommet de la panicule. Tiges faibles, de 2 décimètres, diffuses, redressées, très-rameuses et paniculées presque dès la base, à angles saillants et discolores, plus ou moins hispides dans toutes les parties, à poils longs et très-étalés. Souche grêle. — L'aspect de cette plante est exactement celle du *G. alpicola,* avec lequel M. Jordan l'a confondue. Il en diffère par les pédicelles allongés qui n'ont d'analogie qu'avec ceux du *G. luteolum;* par les fleurs bien moins nombreuses; par les rameaux de l'inflorescence à demi-dressés et non étalés; par sa pubescence plus abondante. Les longs poils dont cette plante est hérissée, ses fruits plus gros, ses corolles moins longuement aristées, ses feuilles à nervure plus prononcée ne permettent pas de la confondre avec le *G. luteolum.*

Hab. Dauphiné, entre Ville-Vallouise et l'Echauda (*Grenier*). ♃ Juillet-août.

G. alpicola *Jord. l. c. p.* 131; *G. obliquum Vill. l. c.* (*part.*). — Panicule *étroite, pyramidale;* rameaux *courts, étalés à angle droit,* à divisions nombreuses formant de petits corymbes bien fournis et diffus; pédicelles fructifères *divergents et très courts.*

Corolle petite, d'un blanc sale, à arête égale au tiers des lobes. Fruit grisâtre, très-finement chagriné, médiocre. Feuilles verticillées par 8-9, *étalées ou réfléchies,* linéaires, mucronées, à nervure un peu saillante, bordées d'aiguillons, dont les sup. dirigés en haut et les inf. en bas, *pubescentes* et rarement glabrescentes, d'un *vert-cendré.* Tiges de 2-3 décimèt., diffuses, redressées, à angles fins et saillants, ordinairement *pubescentes-hispides,* glabrescentes vers le haut. Souche grêle. — Sa taille moins élevée, sa panicule étroite, ses rameaux courts, sa pubescence générale ne permettent pas de le confondre avec les espèces précédentes. Ses pédicelles très courts, ses fleurs très rapprochées et sa panicule étroite l'éloignent des *G. luteolum* et *leucophæum.*

Hab. Alpes du Dauphiné, Lautaret, Briançon, col de l'Arche (*Jord.*); mont Genèvre, la Grave, l'Echauda, Rabou près de Gap, vallée du Quayras, Guillestre, etc. (*Grenier*). ♃ Juillet-août.

G. BRACHYPODUM *Jord. l. c. p.* 130. — Panicule *très-ample, largement ovale;* rameaux distants, très étalés, *longs et flexueux,* à corymbes terminaux petits, assez bien fournis, et un peu divariqués; pédicelles fructifères étalés et subdivariqués, *très courts.* Corolle petite (2 millimètres), d'un blanc sale, à lobes étalés, terminés par une arête égale au 1/3 de leur longueur. Fruit brunâtre, chagriné, un peu petit, égalant environ la longueur du pédicelle. Feuilles verticillées par *huit, étalées ou réfléchies,* oblongues-linéaires, à nervure saillante sur le sec, non saillante sur le frais (*Jord.*), à bords presque lisses, d'un vert pâle, glabres ou subpubescentes. Tiges de 2-3 *décimètres,* inclinées-ascendantes, flexueuses, pubescentes à la base, glabres dans le haut. Souche grêle. — Cette espèce diffère du *G. myrianthum* par sa panicule plus ample, le nombre de ses feuilles dont la nervure est aussi différente ; par sa tige plus géniculée, à nœuds plus renflés, à angles plus saillants et plus discolores. La brièveté de ses pédicelles ne permet pas de la confondre avec les *G. luteolum* et *G. leucophæum.* Par sa panicule et sa pubescence bien moindre il se sépare nettement du *G. alpicola.*

Hab. Gap, Embrun, Guillestre, Barcelonnette (*Jordan*); Rabou, au-dessus du lac de Séguret (*Grenier*). ♃ Juillet.

G. LÆTUM *Jord. l. c. p.* 133.— Panicule ovale-oblongue ; rameaux dressés-étalés, terminés par de petits corymbes un peu diffus; pédicelles fructifères courts, étalés-divariqués. Corolle *blanche,* à arêtes égales au tiers des lobes. Fruit de grosseur moyenne, granulé. Feuilles verticillées par 8-9, *étalées* et non réfléchies, *très glabres,* ou à peine un peu hispides au bas de la plante, linéaires, mucronées, à nervure épaisse et saillante, d'un *vert très-clair, un peu luisantes.* Tiges de 2-3 décimètres, grêles, à angles saillants, fines, luisantes, lisses, glabres ou seulement pubescentes à la base. Souche grêle. — Par ses pédoncules courts et divariqués, il se distingue des *G. luteolum* et *G. leucophæum;* par sa taille moins élevée, par ses verticilles à feuilles moins nombreuses, par ses fleurs blanches à lobes non réfléchis et plus courtement acuminés, par l'absence de poils, et la teinte d'un vert-clair et pâle de toutes ses parties, elle s'éloigne du *G. myrianthum ;* sa teinte et l'absence presque totale de pubescence le séparent du *G. alpicola;* sa taille moins élevée, sa tige et ses divisions bien plus grêles, sa teinte ne permettent pas de le confondre avec le *G. brachypodum.*

Hab. Castellane, Sisteron (*Jord.*), source de Vaucluse (*Grenier*). ♃ Juillet.

nn. *Lobes de la corolle aigus ou mutiques.*

G. collinum *Jord. l. c. p.* 135. — Panicule diffuse, ovale-oblongue ; rameaux allongés, dressés-étalés, terminés en corymbes *très-fournis et diffus ;* pédicelles courts et un peu plus longs que le diamètre du fruit, étalés. Corolle petite, blanche, à lobes courtement acuminés. Fruit grisâtre, chagriné. Feuilles verticillées par 8-10, très étalées et rarement réfléchies, étroitement lancéolées-linéaires, aiguës-mucronées, d'un *vert clair et un peu cendré,* presque toujours *finement pubescentes,* à nervure dorsale peu saillante sur le frais. Tiges de 1-2 décimètres, diffuses, *obscurément quadrangulaires,* couvertes d'une pubescence fine, courte, et comme pulvérulente. Souche sans stolons radicants.

Hab. Collines sèches du Gard, Alais ; de l'Ardèche, Tournon ; de la Drôme, Valence (*Jord.*); Uzès (*Gren.*). ♃ Juin.

G. scabridum *Jord. l. c. p.* 136. — Panicule diffuse, elliptique ; rameaux dressés-étalés, *courts,* les inférieurs souvent avortés, à fleurs très-nombreuses et rapprochées ; pédicelles fructifères très-courts, étalés. Corolle petite, blanchâtre, à lobes terminés par une pointe courte. Fruit petit, brun, chagriné. Feuilles verticillées par 8-10, étalées, linéaires, aiguës-mucronées, *glabres,* à nervure dorsale forte et saillante sur le frais, *à bords et à face supérieure hérissés de petits aiguillons* étalés ou réfléchis, *luisantes et d'un vert-jaunâtre.* Tiges de 1-2 décimètres au plus, en touffes lâches, grêles, souvent stériles, radicantes inférieurement, à angles *très-gros et saillants,* un peu rudes, glabres et luisantes. Souche à stolons radicants. — Plante jaunâtre, scabre, glabre et luisante. Parfaitement distincte du *G. collinum* par sa couleur jaunâtre, ses feuilles scabres, glabres et luisantes, à nervure plus forte, et par ses tiges moins élevées, à angles plus saillants.

Hab. Vienne (Isère); Laragne (Hautes-Alpes); Lyon (*Jord.*); Gap (*Gren.*). ♃ Juin-juillet.

G. Timeroyi *Jord. l. c. p.* 138, *pl.* 6. *f. A; G. supinum Timeroy in litt.* (*non Lam.*). — Panicule diffuse, irrégulièrement ovale ou ovale-oblongue ; rameaux dressés-étalés, souvent tous déjetés d'un seul côté ; pédicelles fructifères filiformes, courts et *très-étalés.* Corolle très-petite, blanchâtre, à lobes terminés pas une pointe courte. Fruit petit, brun-grisâtre, légèrement chagriné. Feuilles 9-11 par verticille, presque dressées, linéaires, aiguës-mucronées, à *nervure non saillante sur le frais,* relevée sur le sec, à bords munis de quelques aiguillons dirigés en bas, d'un vert-jaunâtre, *toujours glabres,* luisantes. Tiges de 2-3 décimètres, nombreuses, diffuses, ascendantes, flexueuses, filiformes, non radicantes, *lisses et glabres,* à angles assez saillants. Souche grêle. — Plante toujours glabre et jaunâtre, ne changeant pas de couleur par la dessiccation. Elle diffère du *G. collinum* par sa teinte jaunâtre; par ses feuilles glabres, à nervure large et non saillante sur le frais; par ses tiges glabres à angles plus saillants. Elle se rapproche davantage du *G. scabridum,* dont elle se distingue par sa panicule plus ample, plus étalée, à rameaux inférieurs plus allongés et non avortés; par ses fleurs plus jaunâtres; par ses feuilles moins rudes, sans aiguillons sur la face supérieure, à nervure dorsale épaisse et non saillante à l'état frais, souvent plus nombreuses encore (9-11 par verticille) et plus étalées; par ses tiges plus étalées, plus nombreuses sur la souche, nullement radicantes.

Hab. Lyon, Nîmes (*Jord.*); Haute-Vienne (*Lamy*); Lussac (*Boreau*); Avignon, Montpellier (*Gren.*). ♃ Juin.

G. implexum *Jord. l. c. p.* 141. — Cette espèce tient le milieu entre les *G. Timeroyi* et *G. scabridum.* Elle diffère du premier par ses pédicelles moins étalés, son *fruit plus gros;* par ses feuilles très-étalées et même réfléchies, bien moins nombreuses, de *six à neuf* par verticille, à nervure *plus saillante,* à bords *lisses,* jaunâtres et *brunissant un peu* par la dessiccation; par ses tiges plus relevées et bien plus entrelacées, *très-fréquemment pubescentes, ainsi que les tiges,* ce qui n'arrive jamais au *G. Timeroyi.* Elle se distingue du *G. scabridum* par sa panicule ample, à rameaux inférieurs allongés; par sa corolle à lobes aigus et dépourvus de petite pointe; par son fruit plus gros; par ses feuilles moins nombreuses (6-9 par verticille) à bords et faces lisses, pubescentes ou glabres; par ses tiges plus nombreuses, couchées-diffuses et inextricables, non radicantes, à pubescence fine et courte, quelquefois entièrement glabres.

Hab. Collines calcaires aux environs de Nîmes, Alais, Valence, Lyon (*Jord.*); Gap (*Gren.*). ♃ Juin-juillet.

G. Fleuroti *Jordan, mss.*— Panicule diffuse, ovale; rameaux dressés-étalés; pédicelles *gros, courts,* à peine plus longs que le fruit; *dressés* à peine étalés, *nombreux et subombelliformes,* de sorte que les fruits forment de petits paquets distincts à l'extrémité de chaque rameau. Corolle un peu plus grande que celle du *G. Timeroyi* (3 millimètres environ), blanchâtre, à lobes lancéolés, courtement acuminés. Fruit noirâtre, médiocre, presque lisse. Feuilles 7-8 par verticille, ordinairement *réfléchies,* courtes, linéaires-lancéolées, acuminées, *noircissant* par la dessiccation, à nervure très-large et peu saillante, *munie sur les bords et sur les faces de nom-*

breux poils raides-étalés, rendant la plante un peu scabre au toucher. Tiges de 1-2 décim., nombreuses, en touffes épaisses, étalées-ascendantes, non radicantes, lisses et luisantes, plus ou moins hispides inférieurement, à angles prononcés. Souche et racines assez fortes.

Hab. Côte-d'Or, environs de Saulieu, vallon de la Coquille près d'Etalante (*Fleurot*). ♃ Juin.

G. INTERTEXTUM *Jord. l. c. p.* 142.— Panicule ample, ovale, diffuse ; rameaux nombreux, très-divariqués, parfois réfléchis ; pédicelles fructifères 3-4 *fois* aussi longs que le fruit, *dressés, un peu étalés,* non divariqués. Corolle *très-blanche,* à lobes presque mutiques. Fruit de grosseur moyenne, grisâtre, peu chagriné. Feuilles 7-9, étalées ou réfléchies, courtes (1 centimètre), linéaires, mucronées, à nervure *épaisse et assez saillante,* à bords ordinairement munis de petits aiguillons ascendants, d'un *vert-blanchâtre,* glabres, *couvertes à la face supérieure de petits rudiments d'aiguillons simulant de très-petites papilles saillantes, un peu scabres, luisantes, blanches-subargentées.* Tiges très-nombreuses, de 1-2 décimètres, minces, dressées-étalées, assez raides, souvent géniculées, à angles saillants, lisses, luisantes et glabres, quelquefois papilloso-scabres inférieurement, à entre-nœuds courts et dépassant à peine 2 fois la longueur des feuilles. Souche compacte, sans stolons radicants. — L'aspect luisant et un peu glauque, subargenté, et les papilles des feuilles ne permettent pas de confondre cette plante avec les précédentes.

Hab. Serres et Laragne dans les Hautes-Alpes (*Jord.*); La Bérarde dans l'Isère (*Gren.*); Billoc dans les Basses-Alpes; Montpellier (*Grenier*). ♃ Juillet-août.

G. PAPILLOSUM *Lap. abr. pyr.* 66 ; *Jord. l. c. p.* 144.— Panicule *très-ample , commençant à la base de la tige;* rameaux *très-longs*, drèssés-étalés, terminés par de petits corymbes lâches et peu fournis ; pédicelles fructifères dressés-subétalés, 2-3 fois plus longs que le fruit. Corolle petite, très-blanche, à lobes presque mutiques. Fruit brunâtre, finement chagriné. Feuilles 8-10 par verticille, *longues* (2 centimètres), linéaires, un peu élargies, mucronées, étalées ou réfléchies, à nervure dorsale *forte et saillante,* à bords rudes et munis de petits aiguillons étalés, d'un *vert-blanchâtre,* souvent rudes ou hispidules sur la face supérieure, *couvertes de petites papilles blanches-nacrées très-brillantes*, surtout sur les feuilles anciennes. Tiges rameuses-paniculées dès la base, étalées-redressées, à entre-nœuds *très-longs* et à angles saillants, luisantes, lisses ou rudes, glabres ou pubescentes inférieurement, ainsi que les feuilles. — Plante bien distincte par sa panicule, ses longs rameaux, son aspect blanchâtre-luisant, la longueur de ses feuilles et de ses entre-nœuds, et surtout par les papilles des feuilles.

Hab. Pyrénées-Orientales, dans les pâturages secs, la Trancade-d'Ambouilla près de Villefranche (*Jord. Lap.*), Fonds-de-Comps, Llaurenti, Amsur, Orlu, Saleix, Cagire, Pales-de-Bouts, mont de St.-Mamet (*Lap.*). ♃ Juin.

G. SYLVESTRE *Poll. pal.* 1, *p.* 151 (1776); *Jord. l. c. p.* 145; *G. Bocconi DC. fl. fr.* 4, *p.* 257 *(non All.); Lois. gall.* 1, *p.* 110; *Dub. bot.* 249 *(part.); G. nitidulum Thuill. par. ed.* 2, *p.* 76; *G. umbellatum var.* β. *Lam. dict.* 2, *p.* 579. *Ic. Bocc. mus. tab.* 101; *Coss. et Germ. tab.* 22, *D.*—Panicule étalée; rameaux dressés-étalés, distants, peu nombreux, terminés par de petits corymbes dressés, *à fleurs rapprochées;* pédicelles fructifères dressés-étalés. Corolle blanche, à lobes aigus. Fruit gris-brun, légèrement chagriné. Feuilles 7-8 par verticille, minces, étalées, linéaires-lancéolées et linéaires, à nervure dorsale *fine et saillante,* mucronées, à bords munis ou dépourvus de petits aiguillons, *pubescentes* au moins dans le bas des tiges. Celles-ci de 2-3 décimètres, grêles, diffuses, ascendantes, à angles très-fins, glabres et *pubescentes* au moins *à la base.* Souche grêle. — Cette plante, par sa teinte d'un vert un peu grisâtre, par sa panicule moins ample, et formée de petits corymbes plus denses, par ses feuilles plus minces, à nervure fine, se distingue facilement des 2 précédentes.

Hab. Lyon et tout le nord de la France (*Jord.*); Besançon (*Gren.*); Haguenau (*Billot*). ♃ Juin.

G. COMMUTATUM *Jord. l. c. p.* 149; *G. supinum Boreau, fl. cent. ed.* 2 (1849), *p.* 251; *Lam. dict.* 2, *p.* 579? — Cette espèce a été confondue avec le *G. sylvestre,* mais sans tenir compte des autres différences, le caractère de la nervure, si important dans ce genre, ne permet pas de les réunir. M. Jordan a donné de ces deux espèces, que j'ai souvent observées, une diagnose différentielle si exacte que je ne puis mieux faire que de la reproduire : « Fleurs plus nombreuses et *moins ramassées;* corolle plus petite, à lobes plus visiblement mucronés, à ombilic plus déprimé, ce qui lui donne une forme moins rotacée; anthères d'un jaune plus pâle, moins arrondies; stigmates de moitié plus petits; feuilles 7-8 par verticille, d'un beau vert-clair, *plus étroites,* plus courtes, *bien plus épaisses, à nervure nullement saillante sur le frais,* et dans cet état paraissant occuper plus de la moitié du limbe, ordinairement très-glabres; tiges *lisses et luisantes,* plus redressées et plus basses que dans le *G. sylvestre, presque toujours glabres.* » *Jord. l. c.*

Hab. Lyon dans les pâturages secs et les bois (*Jord.*); Besançon (*Gren.*); Haguenau (*Billot*); Puy-de-Dôme et mont Dore (*Lecoq et Lamotte*). ♃ Juin.

OBS. — La plante du Puy-de-Dôme et du mont Dore, qui a servi de type à M. Boreau pour établir son *G. supinum*, d'après les échantillons reçus de MM. Lecoq et Lamotte, n'a paru à M. Jordan et à moi qu'un *G. commutatum.* En effet la plante d'Auvergne a la même inflorescence que cette dernière espèce; elle est également glabre, et les feuilles inférieures dépourvues de poils portent parfois sur les bords quelques petits aiguillons recourbés en arrière. Il nous a donc été impossible de déterminer avec certitude quelle est l'espèce que Lamarck a désignée sous le nom de *G. supinum.*

G. MONTANUM *Vill. Dauph.* 2, *p.* 317 *bis, tab.* 7 (1787); *G. læve Thuill. par. ed.* 1 (1790), *et ed.* 2, *p.* 77 (1799); *Lois. gall.* 1, *p.* 111 (*excl. var.*); *D C. fl. fr.* 4, *p.* 256 (*part.*); *Dub. bot.* 248 (*part.*); *G. umbellatum Lam. dict.* 2, *p.* 579 (*excl. var.* β.) — Panicule appauvrie; rameaux dressés-étalés, terminés par des *corymbes lâches et pauciflores;* pédicelles fructifères *dressés-subétalés*. Corolle très-blanche, à lobes courtement apiculés. Fruit d'un gris-noirâtre, un peu chagriné, gros (2 millimètres et plus). Feuilles 6-7 par verticille, très-étalées ou réfléchies, linéaires ou lancéolées-linéaires, mucronées, minces, à nervure dorsale *fine et saillante*, ciliées ou lisses, ordinairement glabres, d'un beau vert-clair. Tiges de 1-2 décimètres, diffuses-redressées, *très-lisses et glabres,* souvent peu nombreuses, mais formant, dans les débris mouvants, d'énormes touffes très-compactes et de 2-3 décimètres de diamètre. Souche et racines grêles. — Cette plante se distingue des *G. sylvestre* et *G. commutatum* par sa panicule pauciflore, à pédicelles dressés, plus allongés et plus épais; par ses fleurs plus grandes et ses fruits plus gros, par ses feuilles moins nombreuses, moins épaisses, bien moins aiguës et plus atténuées à la base; par ses anthères plus pâles que celles du *G. sylvestre,* et plus grosses que celles du *G. commutatum;* par ses stigmates plus larges et plus rapprochés que dans le dernier.

Hab. Lyon, France centrale, Pyrénées (*Jord.*); Besançon, Pontarlier et Mont-d'Or dans le Doubs; Rabou près de Gap (*Gren.*); Auvergne (*Lecoq et Lamotte*). ♃ Juin.

G. argenteum *Vill. Dauph.* 2, *p.* 318 *bis*, *tab.* 7; *Jord. l. c.* 152. — Panicule ovale, faiblement étalée, raide; rameaux étalés-dressés, terminés par de petits corymbes lâches et peu fournis; pédicelles fructifères dressés-subétalés. Corolle blanche, à lobes acuminés, sans arête. Fruit roussâtre, chagriné faiblement. Feuilles 6-8 par verticille, étalées, linéaires ou linéaires-lancéolées, fermes, à nervure dorsale très-saillante à l'état frais, à bords souvent rudes et munis de petits aiguillons, glabres, d'un vert-clair et blanchâtre, *couvertes de petites glandes d'un jaune clair subargenté.* Tiges en touffes lâches, dressées-étalées dès la base, *raides, un peu flexueuses, genouillées* aux angles, jamais diffuses, à angles *saillants et argentés*, luisantes, glabres, papilleuses comme les feuilles et *d'un vert encore plus pâle.* — Cette espèce diffère des précédentes par sa couleur, ses glandes, sa tige plus raide et géniculée, enfin par ses feuilles plus longues et plus étroites.

Hab. Hautes Alpes, le Grand-Son de la Grande-Chartreuse, Bourg-d'Oysans (*Vill.*); Lautaret, mont Aurouse et Rabou près de Gap (*Jord.*); mont Vizo (*Gren.*). ♃ Juillet-août.

G. lapeyrousianum *Jord. l. c. p.* 154; *G. pusillum Lap. abr. p.* 63 (*non L.*). — Panicule *petite et courte;* rameaux courts, *serrés, à pédoncules courts et rapprochés-dressés, peu nombreux, et comme en ombelle au sommet des rameaux qui n'occupent que le haut de la tige.* Corolle blanchâtre, à lobes à peine acuminés. Fruit à peine chagriné. Feuilles 7-9 par verticille, dressées-étalées, lancéolées-linéaires, mucronées, à nervure dorsale un peu saillante, à bords ciliés-aiguillonnés, mollement pubescentes et rarement glabres, d'un vert un peu pâle et un peu terne, presque semblables à celles du *G. sylvestre.* Tiges de 1-2 décimètres un peu couchées à la base, puis redressées, fermes, à angles *peu saillants,* pubescentes et rarement glabres inférieurement. Souche grêle.— Cette plante a le feuillage du *G. sylvestre,* mais sa panicule l'en sépare nettement ainsi que des *G. læve, G. commutatum* et *G. argenteum.*

Hab. Hautes-Pyrénées, Barèges, Ereslid, pic du Midi, Gavarnie, etc. (*Jord.*), Esquierry (*Salle*). ♃ Juillet.

G. ANISOPHYLLON *Vill. Dauph.* 2, *p.* 317 *bis, pl.* 7. *Jord. l. c. p.* 156; *G. sylvestre,* β. *alpestre Gaud. helv.* 1, *p.* 429; *G. Bocconi All. ped.* 1, *p.* 6. *n.* 24 (*ex loc. nat.*); *G. sudeticum Tausch. fl. vol.* 18, *p.* 347. — Panicule ovale, faiblement étalée; rameaux dressés-étalés, *atteignant presque tous la même hauteur,* terminés en petits corymbes à fleurs rapprochées; pédicelles dressés un peu étalés. Corolle blanche, à lobes courtement acuminés. Anthères *presque blanches,* jaunes dans les autres espèces. Fruit à peine chagriné. Feuilles ordinairem[t] 6, quelquefois 8 par verticille, dont souvent deux plus petites, mucronées, à peine ciliées-rudes, à nervure dorsale *fine et visible* seulement sur le sec, d'un *beau vert, noircissant* très-sensiblement par la dessiccation, *très-glabres.* Tiges de 1-2 décimètres, redressées, rigidules, *glabres et très-lisses,* à angles assez saillants. Souche grêle, un peu radicante.— Distinct du *G. lapeyrousianum* par la teinte noirâtre qu'il prend en séchant; par sa panicule plus ample et moins dense; par sa nervure dorsale moins visible, et par l'absence de pubescence sur les feuilles et sur la partie inférieure des tiges.

Hab. Alpes du Dauphiné, mont Fleuri, Grande-Chartreuse et Grandson près de Grenoble, le Campsaur (*Vill.*); montagnes de Gap (*Jord.*). ♃ Juillet.

G. TENUE *Vill. Dauph.* 2, *p.* 322, *pl.* 7; *Jord. l. c. p.* 159, *pl.* 6, *f. C.*—Panicule ovale-oblongue, *racémiforme,* déjetée d'un côté; rameaux *dressés-subétalés, inégaux;* les infér. souvent plus courts et presque avortés; tous terminés par de petits corymbes *dressés,* irréguliers et inégaux; pédicelles fructifères dressés. Corolle blanche, à lobes aigus. Fruit d'un roux-verdâtre, presque lisses. Feuilles 6 à 6, rarement plus, de 6-8 millimètres de longueur, dressées-étalées, linéaires, mucronées, un peu épaisses, à nervure dorsale large et un peu saillante à la base, très-lisses aux bords, d'un vert-clair, et un peu *luisantes-blanchâtres* par la présence de petites papilles (ce qui le rapproche du *G. argenteum*), très-glabres. Tiges grêles, dépassant rarement un décimètre, couchées et radicantes inférieurement, redressées, rigidules, à angles *fins et de même couleur que les tiges,* très-lisses et très-glabres. — Très-distinct du *G. argenteum* par sa tige plus petite et faiblement anguleuse, par sa panicule oblique, racémiforme, à rameaux inégaux. Par ces mêmes caractères, il se distingue du *G. anisophyllon*, qui a de plus les feuilles plus inégales, moins luisantes, moins longuement mucronées, moins fortement nerviées et qui prennent en séchant une teinte noirâtre.

β. *Jussiæi*. Tiges plus courtes, plus ramassées et formant des gazons; feuilles 7-9 par verticille, convexes des deux côtés, à nervure très-obscure (forme des Alpes granitiques. *Jord.*). *G. Jussiæi Vill. Dauph.* 2, *p.* 323, *pl.* 7.

Hab. Alpes du Dauphiné, Grandson à la Grande-Chartreuse; Briançon, Lautaret (*Vill.*); le Bugey au mont Colombier (*Jord.*); Doubs au mont Suchet, (*Gren.*). Var. β. mont Dauphin, le Briançonnais, le Quayras (*Vill.*); Bourg-d'Oysans, Lautaret (*Jord.*). ♃ Juin-juillet.

G. PUSILLUM *L. sp.* 154; *Vill. Dauph.* 2, *p.* 224, *pl.* 8; *Gouan, herb.* 16; *Lois. gall.* 1, *p.* 111; *G. pumilum Lam. dict.* 2, *p.* 580, *et ill. tab.* 60, *f.* 2; *Jord. l. c. p.* 163, *pl.* 6, *f. D; DC. fl. fr.* 4, *p.* 260; *Dub. bot.* 248; *G. cæspitosum Lam. ill. n°* 1369. *Gér. gall.-prov.* 226, *n°* 4.—Panicule courte, *subombelliforme;* rameaux ascendants, terminés par de petits corymbes dressés-étalés; pédicelles dressés-étalés. Corolle blanche, à lobes aigus. Fruit d'un brun-verdâtre, presque lisse. Feuilles 7 par verticille, *linéaires-sétacées,* ou très-étroitement lancéolées-linéaires, de 2-5 millimètres de longueur, étalées, à nervure dorsale épaisse et très-saillante, *longuement aristées,* à bords *munis de petits aiguillons* étalés ou recourbés, ordinairement *hispides*. Tiges de 3-7 centimètres, couchées-redressées, à angles *très-fins et concolores* avec la tige, nombreuses et formant de larges gazons. — Plante d'un vert un peu luisant, souvent hispide dans toutes ses parties ou au moins dans sa partie inférieure. Ses tiges plus grêles, ses feuilles bien plus étroites et plus acuminées, son aspect luisant-subargenté, sa pubescence ne permettent pas de le confondre avec le *G. tenue*.

β. *hypnoïdes*. Feuilles plus rigides, plus longues, plus fortement acuminées, à nervure plus saillante et plus large, à bords presque toujours lisses, ainsi que le reste de la plante; tiges plus serrées et plus raides; plante à aspect jaunâtre. *G. hypnoïdes Vill. l. c. p.* 223.

Hab. Les montagnes du midi, Marseille, Toulon; les Alpines dans le Gard (*de Pouzolz*). Var. β. mont Ventoux; mont Sainte-Victoire; source de Vaucluse (*Gren.*). ♃ Juillet.

G. CÆSPITOSUM *Ram. ann. sc. nat.* 1826, *p.* 155; *Lois. gall.* 1, *p.* 110.—Fleurs en petite cyme *formée par des pédoncules uniflores et dépassant à peine les feuilles.* Corolle blanche, à lobes lancéolés. Fruit chagriné, noir. Feuilles 6-8 par verticille, linéaires, un peu élargies, de 4-7 millimètr. de longueur, acuminées-aristées, un peu épaisses, à l'état frais, minces à l'état sec, à nervure dorsale fine et à peine saillante, glabres, luisantes, d'un beau vert et *devenant roussâtres ou noirâtres par la dessiccation.* Tiges de 2-6 centimètres, couchées et formant des *touffes basses, molles et très-serrées.*

Hab. Hautes-Pyrénées, montagnes de Gaube, port de Cambiel, mont Né, Tourmalet, Houle-de-Marboré, Costa-Bona, Estive-de-Luz, port de Bouchero, pic du Midi de Bigorre; vallée d'Aspe (*Bernard*). ♃ Juillet.

G. PYRENAICUM *Gouan, ill. p.* 5, *tab.* 1, *f.* 4; *Lin. f. suppl.* 121; *D C. fl. fr.* 4, *p.* 260; *Dub. bot.* 248; *Lois. gall.* 1, *p.* 110; *G. muscoïdes Lam. dict.* 2, *p.* 580. — Fleurs *naissant à l'aisselle des deux derniers verticilles,* et portées par des *pédoncules uniflores, plus courts que* les feuilles. Corolle blanche, à lobes lancéolés. Fruit noir, finement chagriné. Feuilles verticillées par 6, très-longuement acuminées-aristées, à nervure dorsale fine et saillante, glabres, luisantes, *jaunissant par la dessiccation.* Tiges de 2-4 centimètres, couchées-redressées, formant des touffes rigidules et très-serrées.— Cette plante, sans s'élever plus que le *G. cæspitosum,* a cependant toutes ses parties un peu plus fortes. De plus ses pédoncules toujours uniflores et plus courts que les feuilles, et sa teinte jaunâtre ne permettent pas de les confondre.

Hab. Toute la crête de la chaine pyrénéenne, depuis Mont-Louis jusqu'aux Eaux-Bonnes. ♃ Juin-juillet.

G. HELVETICUM *Weigg. obs. bot. p.* 24; *Koch, syn.* 368; *G. saxatile Lam. dict.* 2, *p.* 580 (*non L.*); *Vill. Dauph.* 2, *p.* 325; *D C. fl. fr.* 4, *p.* 261; *Dub. bot.* 250; *Lois. gall.* 1, *p.* 109; *Juss. act. par.* 1714, *tab.* 15, *f.* 1. — Fleurs en *petites ombelles, qui ordinairement ne dépassent pas les feuilles.* Corolle d'un blanc-jaunâtre, à lobes lancéolés. Fruit gros (2 millimètres), brunâtre, presque lisse. Feuilles 7-8 par verticille, *oblongues-lancéolées,* planes, *distinctement charnues, brièvement mucronées ou mutiques,* à nervure dorsale *à peine visible* (*foliis enerviis auct.*), à bords ciliés par de petits aiguillons étalés. Tiges très-rameuses, *étalées* sur le sol et *rampantes,* très-glabres. — Plante jaunissant un peu lorsqu'elle provient des Alpes granitiques, et noircissant un peu lorsqu'elle vient des Alpes calcaires.

β. *elongatum.* Tiges en touffes lâches, allongées; pédoncules très-allongés, formant une panicule très-appauvrie, à fleurs très-écartées.

Hab. Hautes Alpes du Dauphiné, montagnes de Grenoble et jusqu'au polygone où il est amené par le Drac, mont Aurouse près de Gap, col du Devoluy, le Noyer, le Champsaur, Lautaret, glacier du Bec, col de l'Echauda, mont de Lans, mont Vizo, col de l'Arche, etc. Nous n'avons pas vu cette plante dans les Pyrénées. ♃ Juillet-août.

G. MEGALOSPERMUM *Vill. Dauph.* 2, *p.* 319 *bis* (*non All.?*); *D C. fl. fr.* 4, *p.* 249 (*excl. var.* β.); *G. Villarsii Req. Vaucl. p.* 250; *D C. fl. fr.* 5, *p.* 497; *Lois. gall.* 1, *p.* 109; *Dub. bot.* 250. — Fleurs disposées au sommet des rameaux en *ombelles courtes et compactes,* composées de 2-3 *pédoncules inégaux uni-triflores,* et ordinairement à peine plus longs que les feuilles qui les entourent. Corolle blanche, grande (3-4 millimètres), à lobes elliptiques. Fruit lisse, *gros* (3 millimètres). Feuilles verticillées par 6, lisses, glabres, *très-charnues*, à nervure *peu ou pas visible*, plus courtes sous la panicule, *calleuses-aiguës* à l'extrémité. Tiges très-rameuses, étalées à terre, longuement rampantes, redressées, fragiles, très-lisses, à entre-nœuds s'allongeant ordinairement beaucoup sous la panicule. Souche très-rampante et un peu ligneuse. — Plante glabre, noircissant un peu par la dessiccation, surtout dans les parties jeunes et vertes.

Hab. Hauts sommets calcaires du Dauphiné et de la Provence, la Moucherolle près de Grenoble (*Clément*), mont Aurouse près Gap; le Glandaz près Die (Drôme), Pyerègue-au-Noyer, mont Ventoux. ♃ Juillet-août.

Obs. — M. Requien dit que sa plante diffère de celle d'Allioni par ses feuilles lisses, non serrulées et non terminées en pointe, et par ses fleurs blanches et non jaunes. Mais Allioni a sans doute décrit sa plante à l'état sec, et alors les fleurs ont dû lui paraître jaunâtres (*pallide lutei*); les feuilles, dont la marge cartilagineuse se crispe, ont déterminé les expressions de « *acuminata, ambitu serrulata.* » L'identité de station est une raison de plus pour croire à l'identité des deux espèces. Enfin, si ce n'est pas la plante d'Allioni, c'est indubitablement celle de Villars, et alors elle doit conserver le nom de *G. megalospermum Vill.* (*non All.?*), la plante d'Allioni restant comme espèce douteuse, dont le nom ne tombe provisoirement sur aucune espèce connue, et ne peut plus déterminer l'abandon de celui de Villars, qui conserve la priorité.

G. COMETERRHIZON *Lap. abr. suppl. p.* 154; *G. suaveolens Lap. suppl. p.* 23.—Cette espèce, réunie à la précédente par presque tous les auteurs, s'en distingue aux caractères suivants : fleurs en *cyme plus serrée et unique* au sommet de chaque rameau; tandis que dans le *G. megalospermum*, chaque rameau forme en s'allongeant plusieurs petites cymes distinctes simulant une ombelle; pédicelles plus *gros*, plus décidément *obconiques* et *plus courts* que les feuilles; corolles blanches intérieurement, et *rosées extérieurement*, très-odorantes, de moitié plus petites; fruit *de moitié plus petit;* feuilles plus courtes, *obtuses*, et s'allongeant plutôt que de se raccourcir en approchant de la panicule; tiges très-allongées, encore plus couchées-rampantes, plus longuement dénudées à la base et plus fragiles, à entre-nœuds ne s'allongeant pas sous la panicule, ce qui change entièrement l'aspect de la plante. Souche grêle, à racines très-fines et très-nombreuses. — Cette plante par la dessiccation noircit plus que le *G. megalospermum*, qui quelquefois garde presque sa teinte verte.

Hab. Pyrénées-Orientales, sommets de la vallée d'Eynes, port de Plan, Riou-Majou dans la vallée d'Aure, port de Canau. ♃ Septembre.

G. SAXATILE *L. fl. suec. ed.* 2, *p.* 463; *Koch, syn.* 366; *Fries, nov. succ.* 21; *G. hercynicum Weigg. obs.* 25; *D C. fl. fr.* 4, *p.* 261, *et ic. rar. t.* 25; *Dub. bot.* 250; *Lois. gall.* 1, *p.* 109; *Coss. et Germ. fl. par.* 363, *tab.* 22, *F. Schultz, exsicc. cent.* 1, *n°* 40. — Fleurs en panicule formée de petites grappes rameusestrichotomes; pédicelles étalés-dressés. Lobes de la corolle aigus. Fruits *entièrement couverts de tubercules visibles à l'œil nu.* Feuilles verticillées par 6, mucronées; les inférieures *obovées-arrondies*, en verticilles rapprochés; les supérieures *oblongues-lancéolées*, en verticilles écartés ; toutes minces, à nervure fine, et munies aux bords d'un rang d'aiguillons dirigés en avant. Tiges lisses, quadrangulaires, émettant à la base beaucoup de rameaux stériles, *couchés*, formant gazon; les rameaux fleuris seuls redressés. — Plante glabre, noircissant un peu par la dessiccation ; fleurs blanches.

Hab. Toute la chaîne des Vosges, sur le grès et le granit; Longwy (*Hollandre*); Haguenau (*Billot*); manque dans le Jura; Bourgogne, Saulieu (*Fleurot*); Pilat, Iseron et St.-Bonnet-le-Froid près de Lyon; Pyrénées, Ariége, Gèdre, Pla-Guillem, Val-d'Eynes, Llaurenti, Très-Seignous, Crabère, Bonneu, Pic-de-Lhiéris, etc.; l'ouest, Dordogne (*Desmoulins*), Vire, Vannes, Nantes, etc.; le centre de la France, Nièvre, Allier, Creuse, Haute-Vienne, etc. ♃ Juin-août.

Sect. 5. Aparinoides *Jord. l. c. p.* 168.— Inflorescence en panicule terminale; fleurs hermaphrodites; pédicelles fructifères dressés; tiges plus ou moins pourvues d'aiguillons réfléchis.

G. palustre *L. sp.* 153; *DC. fl. fr.* 4, *p.* 254 (*part.*); *Dub. bot.* 249 (*part.*); *Lois. gall.* 1, *p.* 109 (*part.*); *Coss. et Germ. fl. par.* 363, *tab.* 23, *A. Ic. fl. dan. tab.* 423.— Panicule diffuse, grêle, allongée, lâche et peu fournie; rameaux d'abord dressés, puis étalés, et même renversés, terminés par de petites grappes d'abord dressées, puis *diffuses-divariquées;* pédicelles fructifères *écartés à angle droit.* Corolle blanche, à lobes ovales. Anthères purpurines. Fruit brun, petit, finement chagriné. Feuilles 4-5 par verticille, étalées, courtes (1 à 1 1/2 centimètres), linéaires-oblongues, plus larges au sommet, obtuses, mutiques, à nervure très-mince, aiguillonnées-rudes sur les bords, lisses et très-glabres sur les faces, d'un vert-clair, noircissant par la dessiccation. Tiges grêles, très-nombreuses, diffuses, couchées et un peu rampantes à la base, quadrangulaires, un peu rudes sur les angles et rarement lisses. Souche très-grêle, rameuse et radicante. — Plante de 2-4 décimètres.

β. *rupicola Desmoul.* — Tige lisse, non accrochante; feuilles dépourvues d'aiguillons même sur les bords, oblongues-spatulées. Plante grêle, pendante à la voûte des rochers et aux parois des falaises. *G. palustre* β. *rupicola Desm. cat. Dord.* 1840, *p.* 77, *et suppl.* 1849, *p.* 164; *G. rupicola Boreau, fl. cent. ed.* 2, 1849, *p.* 253.

Hab. Lieux marécageux, bords des fossés et des ruisseaux. Dans toute la France depuis la région des oliviers jusqu'à de grandes hauteurs dans les Alpes; se retrouve aux bords du lac de Séguret au-dessus d'Embrun (Hautes-Alpes). ♃ Mai-juillet.

G. elongatum *Presl. fl. sic.* 1, *p.* 59, *et delic. prog. p.* 119; *Rœm. et Sch. syst. veg. mant. ad vol.* 3, *p.* 179; *Guss. syn. sic.* 1, *p.* 183; *Jord. l. c. p.* 170; *G. maximum Moris, stirp. sard. el.* 1, *p.* 55. *Ic. Engl. bot. tab.* 1857; *fl. dan. tab.* 423.— Cette espèce, confondue avec la précédente par presque tous les auteurs, en diffère par les caractères suivants : panicule plus ample, plus ferme, à rameaux *étalés et jamais déjetés;* corolle presque du double *plus grande* (environ 4 millimètres) ; fruits du double *plus gros* (2 millimètres), fortement chagrinés, et d'un brun légèrement purpurin ; feuilles plus grandes et plus allongées (2-4 centimètres), elliptiques-linéaires, verticillées par 4-6, à nervure plus saillante, à bords souvent très-rudes et munis de *deux rangs d'aiguillons* tournés les uns en haut et les autres en bas ; tiges faibles, mais bien *plus épaisses et plus allongées,* atteignant de 3 à 10 décimètres, plus longuement rampantes, et en touffes bien *moins denses ;* souche très-radicante et moins grêle. — Cette espèce, de 3 semaines au moins plus tardive que la précédente, se reconnaît en outre à ses dimensions bien plus considérables, qui à toutes les époques ne permettent aucune confusion.

Hab. Marais et lieux humides avec le précédent, dans toute la France; commun dans la région méditerranéenne ; nous ne l'avons pas vu monter dans la région alpine. ♃ Juillet-août.

G. debile *Desv. obs. pl. ang. p.* 134 (1818); *G. constrictum Chaub. fl. agen. p.* 67, *pl.* 2 (1821); *G. uliginosum Mérat, fl. par.* 2, *p.* 220 (1821) (*non L.*) *; G. constrictum et G. debile Desm. cat. Dord.* 1849, *p.* 174. — Panicule ascendante, peu fournie ; rameaux étalés-dressés, allongés, 8-10 fois plus longs que les bractées courtes et linéaires-lancéolées ; pédicelles *ascendants, très-courts, à peine aussi longs que le fruit.* Corolle blanche, purpurine en dessous, à limbe un peu concave, à lobes ovales, aigus. Fruits agglomérés-contigus, noirs, *tuberculeux même avant la maturité.* Feuilles verticillées par *six* inférieurement, inégales, 4 à 4 sur les rameaux, *linéaires, très-étroites,* mutiques ou submucronées, légèrement rudes aux bords par la présence de très-petits aiguillons ascendants, et un peu roulées en dessous. Tiges grêles, de 2-4 décimètres, *droites, fermes,* quadrangulaires, munies de légères aspérités et parfois lisses. — Cette plante a le *facies* de l'*Asperula cynanchica L.* et noircit fortement par la dessiccation.

β. *congestum.* Fleurs des petits corymbes terminaux plus nombreuses ; fruits un peu plus gros ; feuilles plus longues, déjà réfléchies au moment de la floraison, tandis que dans le *G. debile* type elles ne se réfléchissent que bien plus tard ; tige plus longue, plus robuste. *G. congestum Jord. l. c. p.* 172.

Hab. Environs d'Agen ; Mont-de-Marsan (*Perris*), et probablement presque toutes les Landes ; Angers (*Desv.*). Var. β. Hyères (*Jord.*). ♃ Juin-août.

G. uliginosum *L. sp.* 153; *DC. fl. fr.* 4, *p.* 259; *Koch, syn.* 363; *Dub. bot.* 250; *Lois. gall.* 1, *p.* 109; *Coss. et Germ. fl. par.* 363, *tab.* 23, *B; G. spinulosum Mérat, fl. par.* 2, *p.* 220.—Panicule grêle, lâche, allongée, formée de petites grappes portées par des pédoncules égalant 2-4 fois la longueur des bractées ; pédicelles *divariqués.* Corolle blanche, à lobes ovales, aigus. Anthères jaunes.

Fruits petits, chagrinés-scabres. Feuilles d'un *vert-gai*, 6-7 par verticille, *linéaires-lancéolées, aiguës-cuspidées*, un peu atténuées à la base, nues en dessus, à nervure mince et non hérissée, munies aux bords de petits aiguillons *courbés en bas*, et d'une deuxième rangée d'aiguillons *dirigés en haut*. Tiges faibles, de 2-5 décimètres, quadrangulaires et fortement hérissées sur les angles.— Ne noircit pas par la dessiccation.

Hab. Marais et prés humides. ♃ Mai-août.

B. *Plantes annuelles.*

Sect. 6. Aparine *Nob.* — Inflorescence paniculée ou axillaire; tiges plus ou moins pourvues d'aiguillons réfléchis; racine *annuelle.*

a. *Fleurs paniculées.*

G. setaceum *Lam. dict.* 2, *p.* 584; *DC. fl. fr.* 5, *p.* 498; *Dub. bot.* 250; *Lois. gall.* 1, *p.* 113; *G. capillare Cav. ic. tab.* 191, *f.* 1; *G. microcarpum Vahl, symb.* 2, *p.* 30 (*ex DC.*); *Lap. abr.* 67. —Panicule *large, obovée;* rameaux allongés, *ascendants,* terminés par de petites grappes étalées, à ramifications naissant à l'aisselle d'une *longue bractée qui les dépasse* souvent et simule une arête plus large que les pédicelles et les pédoncules; ceux-ci étalés-dressés, tout à fait capillaires, égalant environ 2 fois la longueur du fruit. Corolle très-petite, rougeâtre, à lobes ovales, mutiques, dressés (sur le sec), de la longueur de l'ovaire. Fruit très-petit, très-rarement glabre, *couvert de longues soies étalées,* un peu recourbées au sommet et égales au diamètre du fruit dont l'aspect est *blanchâtre.* Feuilles 6-8 par verticille; les inférieures lancéolées-linéaires, les autres *linéaires-sétacées;* toutes ciliées-scabres aux bords, courtement mucronées, à nervure dorsale très-fine. Tiges de 1/2 à 2 décimètres, dressées, très-grêles, scabres, quadrangulaires, rameuses parfois dès la base ou seulement vers le sommet. Racine grêle. — Plante extrêmement grêle dans toute ses parties, ne noircissant pas par la dessiccation.

Hab. Le midi de la France, Salon (*Req.*), Toulon (*Rob.*), Aix, Arles, etc. Cambredaze et val d'Eynes (*ex Lap.*) sont des localités très-douteuses. ① Mai.

G. divaricatum *Lam. dict.* 2, *p.* 580; *DC. fl. fr.* 4, *p.* 259, *et ic. rar. tab.* 24; *Dub. bot.* 248; *Lois. gall.* 1, *p.* 113; *Jord. l. c.* 137. *Schultz, exsicc. cent.* 7, n° 660.—Panicule *ovale, très-ample,* à rameaux *allongés, très-rameux, étalés,* un peu dressés, *filiformes,* terminés par de petites grappes *éparses paraissant nues* par l'allongement des ramifications inclinées en bas et 5-7 fois plus longues que les bractées; pédicelles fructifères *courts,* à peine plus longs que le fruit. Corolle très-petite, à peine rougeâtre. Fruit brun, à peine chagriné, *glabre,* très-rarement hispide. Feuilles *sept* par verticille, *d'abord dressées, puis étalées* et non réfléchies, à nervures fines, fortement acuminées, aiguillonnées aux bords, brunissant par la dessiccation, ainsi que les autres parties de la plante. Tiges très-grêles, dressées, fermes, ordinairement solitaires, un peu scabres au bas, et lisses supérieurement, rameuses presque dès la base. — La forme de la panicule, l'allongement des rameaux et de leurs divisions, la ténuité de toutes les parties ne permettent pas de confondre cette plante avec les deux suivantes. Elle se distingue également du *G. setaceum* par sa panicule, par ses fruits grabres ou courtement hispides, et surtout par les bractées très-courtes des dernières ramifications.

Hab. Paris?; Lyon; Bourges; la Provence et le Languedoc; Corse. (I) Mai-juin.

G. parisiense *L. sp.* 157; *Jord. l. c. p.* 175. *Ic. Bar. tab.* 58. —Panicule *étroite, oblongue,* peu fournie; rameaux *courts,* étalés, à peine dressés, terminés par de petites grappes feuillées et penchées, à trois divisions inégales; pédicelles fructifères dressés-étalés, un peu plus longs que le fruit. Corolle très-petite, un peu rougeâtre sur les bords, à lobes étalés, elliptiques, aigus, de la longueur de l'ovaire. Styles écartés. Fruit brun, très-petit, à peine chagriné, glabre ou plus rarement hérissé de poils un peu courbés au sommet. Feuilles *six* et rarement 7 par verticille, *d'abord étalées, puis réfléchies,* linéaires, aiguës, mucronées, à nervure dorsale fine, munie ainsi que les bords de petits aiguillons ascendants, d'un vert-clair et un peu jaunâtre, mais ne noircissant pas par la dessiccation. Tiges de 1-3 décimètres, grêles, solitaires ou nombreuses, simples ou rameuses, dressées, un peu flexueuses, quadrangulaires, rudes par la présence de petits aiguillons dirigés en bas, émettant des rameaux florifères presque dès la base. Racine grêle.

α. *nudum.* Fruit glabre. *G. parisiense Lam. dict.* 2, *p.* 584; *G. anglicum Huds.* 69; *Dub. bot.* 248; *Lois. gall.* 1, *p.* 110; *DC. fl. fr.* 4, *p.* 258; *Coss. et Germ. fl. par.* 363, *tab.* 23, *C* 1-4. *Schultz, exsicc. cent.* 7, *n°* 659.

β. *vestitum.* Fruit velu ou hérissé. *G. parisiense Lois. gall.* 1, *p.* 113; *G. litigiosum DC. fl. fr.* 4, *p.* 263, *et ic. rar. tab.* 26 (*ex loc. nat. Genève*); *Dub. bot.* 250.

Hab. Champs et collines sèches de presque toute la France; la var. β. est plus spéciale à la région des oliviers. (I) Juin-juillet.

Obs. — Il est évident que De Candolle, décrivant son *G. litigiosum* sur un échantillon de Genève, n'a eu en vue que la plante dont nous venons de parler. Toutefois il a plus tard confondu cette forme avec une plante commune dans le Midi, à fruits également velus, et que M. Jordan a nommée *G. decipiens*. Ayant constaté ce fait dans l'herbier de l'illustre auteur de la *Flore française*, nous n'avons plus eu de doute sur la nécessité de conserver à la plante méridionale le nom créé par M. Jordan.

G. decipiens *Jord. obs. sept.* 1846, *p.* 178. — Cette espèce est très-voisine du *G. parisiense,* dont elle diffère par les caractères suivants : pédicelles plus longs; fruits plus gros, presque toujours *hispides*, à poils plus distinctement oncinulés; corolle d'un tiers plus grande, le plus souvent hispidule extérieurem[1]; anthères pâles et livides ; styles *dressés*, à disque du stigmate du double plus large; feuilles *plus larges*, plus courtement mucronées, *noircissant bien davantage* par la dessiccation, verticillées ordinairement par *sept*. Tiges *diffuses*, *du double* plus allongées et plus robustes, à rameaux moins étalés et à divisions moins écartées.

Hab. Toulon, Tarascon, Montpellier, Cette, Narbonne, Port-Vendres, etc. Ne parait pas s'éloigner de la zône méditerranéenne. (I) Juillet.

G. tenellum *Jord. l. c. p.* 180. — « Panicule *très-grêle, pauciflore* à rameaux *capillaires*, très-nombreux, dressés-étalés, fléchis en dehors, peu divisés, terminés par 3-4 fleurs ; pédicelles fructifères, étalés, *allongés* (atteignant un centimètre), *capillaires*, Corolle d'un blanc-jaunâtre, très-petite, à lobes ovales, aigus, étalés, égalant à peine l'ovaire. Fruit très-petit, *couvert de poils blancs*, oncinulés et plus courts que la moitié de son diamètre (ou glabres?). Feuilles verticillées par *six*, étalées, puis réfléchies, *ovales ou lancéolées-elliptiques*, mucronées, *très-minces*, *papyracées*, veinuleuses, à nervure dorsale fine et un peu saillante vers le bas, à bords munis d'aiguillons allongés très-aigus dressés-étalés, d'un vert clair, noircissant très-légèrement par la dessiccation. Tiges très-grêles et très-faibles, simples ou ramifiées dès la base, *diffuses*, ascendantes, très-flexueuses, *filiformes*, à verticilles de feuilles très écartées vers le haut, quadrangulaires, rudes, parsemées, ainsi que les pédoncules et souvent les pédicelles, d'aiguillons assez allongés, très-aigus et dirigés en bas. Racine annuelle, très-grêle.— Plante de 1-2 décimètres, glabre et très-menue. » (*Jordan, l. c.*) Ne connaissant cette remarquable espèce que par l'échantillon que M. Jordan a bien voulu me communiquer, j'ai cru convenable de transcrire ici sa description. Cette espèce diffère en outre du *G. divaricatum* par ses pédicelles bien plus allongés et munis d'aiguillons; par ses feuilles beaucoup plus larges, verticillées par six; par ses tiges bien plus grêles, diffuses, pauciflores et munies d'aiguillons plus longs et bien plus nombreux. Ces mêmes caractères suffisent également pour la distinguer des *G. parisiense* et *G. decipiens*. Son port rappelle celui du *G. tenerum Schl.*

Hab. Collines des terrains primitifs aux environs d'Antibes (*Jordan*). (I) Juin.

b. *Fleurs axillaires.*

* *Pédoncules multiflores, droits après l'anthèse.*

G. Aparine *L. sp.* 157; *DC. fl. fr.* 4, *p.* 263 ; *Dub. bot.* 250 (*part.*); *G. intermedium Mérat, fl. par.* 2, *p.* 234; *Aparine hispida Mœnch, meth.* 648. *Ic. Bull. herb. tab.* 315; *Dod. pempt.* 350 ; *Coss. et Germ. fl. par. tab.* 23, *D* 1-2. — Fleurs en petites grappes axillaires, à pédoncules *droits et plus longs* que les feuilles ; pédicelles divariqués. Corolle moins large que le fruit développé. Fruit *de 4-5 millimètres* de diamètre, *hérissé* de poils crochus et *tuberculeux* à la base, rarement glabre (*G. intermedium Mérat*). Feuilles verticillées par 6-8, *lancéolées-linéaires,* oblongues, atténuées à la base, cuspidées, plus ou moins hérissées en dessus d'aiguillons dirigés vers le sommet, pourvues sur les bords et la nervure dorsale d'aiguillons plus forts et dirigés en bas. Tige quadrangulaire, très-rameuse, ascendante, armée sur les angles d'aiguillons courbés en bas; articulations *gonflées et velues.* — Fleurs blanches ou verdâtres. Plante dépassant souvent un mètre, et se soutenant en s'appuyant sur les buissons voisins.

Hab. Haies et buissons. Ⓘ Juin-septembre.

G. SPURIUM *L. sp.* 154; *D C. fl. fr.* 4, *p.* 262; *Dub. bot.* 250; *Lois. gall.* 1, *p.* 113. — Cette espèce se reproduisant invariablement de graines, sans perdre aucun de ses caractères spécifiques, ne saurait être confondue avec le *G. Aparine,* ainsi que l'ont admis un grand nombre d'auteurs. Elle se distingue de cette dernière espèce aux caractères suivants : fruit 3-4 *fois plus petit,* noirâtre, *chagriné* et non tuberculeux, glabre, quelquefois hérissé de soies *non tuberculeuses* à la base ; feuilles *étroitement* lancéolées-linéaires, excepté dans la var. γ.; tige *de 1-4 décim., non renflée ni hispide* aux nœuds.

α. *genuina.* Fruits glabres; tiges non hispides au-dessus des nœuds; feuilles sublinéaires. *Coss. et Germ. fl. par. tab.* 23, *D* 5-6.

β. *Vaillantii.* Fruits hispides; tiges glabres au-dessus des nœuds; feuilles sublinéaires. *G. Vaillantii D C. fl. fr.* 4, *p.* 263; *G. infestum W. K. pl. hung.* 3, *t.* 202. *Ic. Vaill. bot. tab.* 4, *f.* 4; *Coss. et Germ. fl. par. tab.* 23, *D* 3-4.

γ. *tenerum.* Fruits hispides; tiges quelquefois un peu hispides au-dessus des nœuds; feuilles obovées, atténuées à la base. *G. tenerum Schl. in Gaud. helv.* 1, *p.* 442. *Schultz, exsicc. cent.* 2, *n°* 31.

Hab. Champs et lieux incultes. Var. β. forêts du grès vosgien à Bitche (*Schultz*). Ⓘ Juin-septembre.

** *Pédoncules multiflores, recourbés après l'anthèse.*

G. TRICORNE *With. brit. ed.* 2, *p.* 153; *D C. fl. fr.* 4, *p.* 262; *Dub. bot.* 250; *Lois. gall.* 1, *p.* 113; *Valantia triflora Lam. fl. fr.* 3, *p.* 384. *Ic. Vaill. tab.* 4, *f.* 3, *a; Coss. et Germ. fl. par. ill. tab.* 23, *f. E.* — Fleurs *hermaphrodites;* grappes bi-triflores, axillaires et recourbées, *plus courtes que les feuilles.* Fruits *tuberculeux,* de 5-6 millimètres de diamètre. Feuilles verticillées par 6-8, linéaires-oblongues, nues en dessus, fortement cuspidées, munies aux bords et sur la nervure dorsale d'aiguillons recourbés. Tige de 1-3 décimètres, quadrangulaire, presque simple, *ascendante,* armée sur les angles, ainsi que sur les pédicelles, d'aiguillons courbés en bas. — Fleurs blanches.

β. *microcarpa Godr.* Fruits de moitié plus petits.

Hab. Moissons, champs argileux et calcaires. Ⓘ Juillet-septembre.

G. SACCHARATUM *All. ped.* 1, *p.* 39; *DC. fl. fr.* 4, *p.* 262; *Dub. bot.* 250; *Lois. gall.* 1, *p.* 113; *Valantia Aparine L. sp.* 1491. *Ic. Vaill. bot. tab.* 4, *f.* 3, *b.*—Fleurs *polygames;* grappes latérales triflores, ne dépassant pas les feuilles et recourbées après l'anthèse ; les deux fleurs latérales *mâles et stériles,* penchées après la floraison; la centrale *hermaphrodite* et fertile. Fruits gros (5-6 millimètres), solitaires, couverts de *tubercules mamelonnés-coniques*, très-saillants. Feuilles verticillées par 6-7, linéaires-lancéolées et quelquefois obovées, mucronées, bordées de petits aiguillons non recourbés et *dirigés en haut*. Tige de 1-3 décimètres, faible, *tombante* et étalée à terre, rameuse, munie d'aiguillons recourbés en bas. — Fleurs blanchâtres.

Hab. Le Var, Fréjus! (*Perreymond*), Toulon! (*Robert.*). Bien que cette espèce figure dans les flores de plusieurs départements, nous n'avons vu d'exemplaires authentiques que des deux localités citées. (1) Mai-juin.

*** *Pédoncules uniflores, dressés ou recourbés.*

G. MINUTULUM *Jord. obs.* 1846, *p.* 182, *pl.* 6, *f. E.* 1 *à* 5.—Fleurs axillaires, plus courtes que les feuilles; pédicelles *solitaires ou géminés* à chaque verticille, dressés-étalés, à la fin étalés horizontalement, égalant à peine le diamètre du fruit. Corolle très-petite, d'un *blanc-sale,* à lobes ovales-oblongs, subaigus, à peine aussi longs que l'ovaire. Fruit obové-arrondi, tout hérissé d'aiguillons blancs, raides, subtuberculeux à la base, *crochus* au sommet, égalant son diamètre. Feuilles verticillées par 4, *étalées, ovales-elliptiques,* courtement pétiolées, aiguës, cuspidées, minces, veinuleuses, munies aux bords de petits aiguillons distants et dirigés en haut, à nervure dorsale fine, d'un vert-clair et devenant noirâtres par la dessiccation. Tiges *capillaires, de 1-4 centimètres,* nombreuses, ascendantes-dressées, simples ou rameuses à la base, quadrangulaires, pourvues d'aiguillons étalés et dirigés en bas. Racine très-grêle.

Hab. Le Var, à l'île de Porquerolle près d'Hyères, vers la pointe orientale de l'île; elle croît en quantité autour des blocs granitiques et à l'entrée des grottes où elle forme souvent de petits gazons (*Jordan*). (1) Juin.

G. VERTICILLATUM *Danth. in Lam. dict.* 2, *p.* 585; *DC. fl. fr.* 5, *p.* 498; *Lois. not.* 33, *tab.* 2; *Dub. bot.* 250; *G. verticilliflorum Pourr. chl. n°* 508. — Fleurs axillaires, plus courtes que les feuilles; pédicelles uniflores, *deux-cinq* par verticille, toujours dressés, plus courts que le diamètre du fruit. Corolle très-petite, un peu en coupe, jaunâtre, *hispidule extérieurement,* à lobes ovales, mutiques, plus courts que l'ovaire. Fruit *ovoïde,* hérissé d'aiguillons raides, non oncinulés, un peu plus courts que son diamètre. Feuilles verticillées par 4-5-6, *lancéolées-oblongues,* aiguës, *réfléchies jusque contre la tige,* ciliées d'aiguillons ascendants, cuspidées, d'un vert un peu jaunâtre. Tiges *de 1-2 décimètres, épaisses* (pour la dimension de la plante), *dressées*, nombreuses, rameuses seulement au collet de la racine; rameaux serrés et *très-allongés*, tétragones et *très-finement rudes-hispides*. Racine simple, petite.

Hab. La Provence, Aix, Avignon, Vaucluse, Toulon, Marseille; Languedoc et Pyrénées-Orientales (*Benth.*). ⓘ Avril-mai.

G. MURALE *All. ped.* 1, *p.* 8, *tab.* 77, *f.* 1; *DC. fl. fr.* 4, *p.* 264; *Dub. bot.* 250; *Jord. l. c. pl.* 6, *F; G. minimum Roem. et Sch. syst.* 3, *p.* 262; *G. fragile Pourr. chl. n°* 512; *Sherardia muralis L. sp.* 149; *Valantia filiformis Ten. syll. p.* 70; *Callipeltis muralis Moris, sard.* 2, *p.* 309; *Aspera nutans Mœnch, meth.* 641. — Fleurs solitaires, géminées ou ternées sur un court pédoncule *extra-axillaire* (terminal), dressé pendant l'anthèse, puis réfléchi, formant un long épi simple et feuillé. Corolle à lobes mutiques, incurvés. Fruit *subcylindrique*, hérissé, surtout au sommet, de longs poils raides, étalés. Feuilles obovées, oblongues, ou oblongues-lancéolées, un peu atténuées en pétiole, aiguës, mucronulées, glabres ou hérissées sur les faces et sur les bords, quaternées inférieurement, puis opposées, et parfois solitaires au sommet des rameaux. Tiges grêles, rameuses, cespiteuses, étalées, tétragones, hispides ou glabres, de 1/2 à 2 décimètres, à rameaux étalés. — Fleurs jaunâtres.

Hab. La Provence, depuis le pied du mont Ventoux jusqu'à Fréjus, Toulon, Marseille, etc.; port Juvénal (*Req.*). Nous ne l'avons pas vu du Languedoc. ♃ Avril-mai.

VAILLANTIA. (DC. fl. fr. 4, p. 266.)

Fleurs polygames, les deux latérales mâles, la centrale hermaphrodite. Corolle *rotacée, trifide* dans les fleurs mâles, *quadrifide* dans les fleurs hermaphrodites. Etamines subincluses. Fruit *à* 3 *cornes*, formé *par* 3 *ovaires soudés, couronné par les dents calicinales*, d'abord biovulé, ne contenant ordinairement qu'une graine à la maturité.

V. MURALIS *L. sp.* 1490; *DC. fl. fr.* 4, *p.* 266; *Dub. bot.* 247; *Lois. gall.* 1, *p.* 115. *Ic. Colum. ecph.* 297; *Morison, hist. s.* 9, *tab.* 21, *f.* 2. — Fleurs en petits corymbes bi-triflores, à pédoncule très-court, naissant à l'aisselle des feuilles et formant une longue grappe simple et feuillée. Limbe du calice à 5 divisions sétacées, inégales, et dont la longueur égale presque celle du fruit. Celui-ci bi-tricorné, formé par la soudure de toutes les fleurs; chaque corne étant surmontée par les dents de son calice persistant. Feuilles épaisses, uninerviées, obovées, obtuses. Tige de 5-12 centimètres, simple ou rameuse, ascendante, glabre ou hérissée surtout au sommet. Racine simple, grêle. — Fleurs d'un jaune-verdâtre.

Hab. De Nice à Perpignan, toute la région des oliviers; la Corse, Bonifacio, etc. ⓘ Juin.

ASPERULA. (L. gen. 121.)

Calice à limbe très-court, quadridenté. Corolle tubuleuse-campanulée ou *infundibuliforme, à tube allongé,* à limbe *étalé,* quadrifide. Etamines subexsertes. Fruit sec, formé de deux carpelles globuleux, ne conservant pas de vestige du limbe calcinal.

Sect. 1. GALIOÏDEÆ DC. *prod.* 4, *p.* 585. — Plantes vivaces, fleurs tubuleuses-campanulées.

A. ODORATA *L. sp.* 150; *D C. fl. fr.* 4, *p.* 245; *Dub. bot.* 251; *Lois. gall.* 1, *p.* 106. *Ic. Dod. pempt.* 352; *Clus. hist.* 2, *p.* 175; *Lob. obs.* 464, *f. inf.*—Fleurs en corymbe terminal, à divisions longuement pédonculées. Corolle à limbe presque égal au tube. Fruit hérissé d'aiguillons blancs, crochus, noirs au sommet. Feuilles minces, luisantes, glabres, ponctuées en dessus, à une nervure, rudes sur les bords, brièvement cuspidées, verticillées par 6-8, avec une couronne de poils sous chaque verticille; les inférieures obovées; les supérieures lancéolées. Tige dressée, tétragone, simple, glabre. Racine longuement rampante, émettant souvent des stolons. — Plante vivante inodore, devenant très odorante par la dessiccation; fleurs blanches.

Hab. Bois et taillis de presque toute la France; manque dans la région méditerranéenne et en Corse. ♃ Mai-juin.

Sect. 2. CYNANCHICEÆ *DC. l. c. p.* 582. — Plantes vivaces; fleurs tubuleuses-infundibuliformes.

a. *Feuilles linéaires.*

A. CYNANCHICA *L. sp.* 151; *DC. fl. fr.* 4, *p.* 246, *et* 5, *p.* 495; *Dub. bot.* 251; *Lois. gall.* 1, *p.* 107; *A. multiflora Lap. abr. p.* 62, *et herb.! Ic. J. B. hist.* 3, *p.* 723. — Fleurs subsessiles, disposées en cyme ou en corymbe terminant la tige ou les rameaux; bractées lancéolées-linéaires, mucronées. Corolle *rugoso-papilleuse* extérieurement, à limbe presque égal au tube. Fruit *couvert de papilles tuberculeuses.* Feuilles verticillées par 4, plus rarement par 5-6, étroitement linéaires, aiguës ou cuspidées, lisses ou un peu rudes sur les bords. Tiges nombreuses, diffuses, très-rameuses, lisses, tétragones. Souche épaisse, rameuse, ligneuse. — Plante glabre ou pubescente dans le bas; fleurs roses extérieurement; feuilles tantôt toutes linéaires, tantôt plus larges, plus courtes et lancéolées, presque ovales inférieurement.

β. *densiflora.* Fleurs plus nombreuses; tiges plus courtes, plus ramassées et plus étalées.

Hab. Collines arides de toute la France. Var. β. dans les sables de l'Océan et de la Méditerranée. ♃ Juin-juillet.

A. TINCTORIA *L. sp.* 150; *DC. fl. fr.* 4, *p.* 245; *Dub. bot.* 251; *Lois. gall.* 1, *p.* 107; *Lap. abr.* 62, *et herb.! Ic. Tabern. hist.* 433, *tab.* 733, *f.* 1. *Schultz, exsicc. cent.* 7, n° 657. — Cette espèce diffère de la précédente par les caractères suivants : bractées *ovales-aiguës, mutiques;* corolle souvent *à 3 lobes, glabre;* fruit *lisse;* tiges fermes, bien qu'un peu plus grêles, *dressées*, presque solitaires; racine *rampante*.

β. *adhærens*. Corolle ordinairement trifide. *A. pyrenaïca L. sp.* 151; *Lap. abr.* 62, *et herb.! Lois. gall.* 1, *p.* 107; *A. saxatilis Lam. ill. n°* 139.

Hab. Paris; Vosges; Pyrénées-Orientales (*Lap.*); Esquierry (*Grenier*). ♃ Juin-juillet.

A. LONGIFLORA *W. K. hung. rar.* 2, *p.* 162, *tab.* 150; *Lois. gall.* 1, *p.* 107; *Koch, syn.* 359. — Cette espèce est très-voisine des deux précédentes. Elle diffère de la première par ses corolles *glabres et lisses*, bien qu'un peu papilleuses à la loupe; par le tube de la corolle qui *égale trois fois la longueur du limbe;* par son fruit à papilles moins saillantes; enfin par ses tiges bien moins nombreuses et moins diffuses. Elle diffère de l'*A. tinctoria*, par la longueur du tube de la corolle; par ses bractées *lancéolées-subulées, cuspidées;* par son fruit *rugueux-papilleux;* par ses tiges étalées et non dressées; enfin par ses racines *non rampantes*.

Hab. Vallée de l'Ubaye près de Grande-Sereine, dans les Hautes-Alpes (*Puiseux*); La Bérarde dans l'Isère (*Clément*); Abriès au sommet de la vallée du Quayras (*Grenier*); l'Estérel dans le Var (*Perreymond*). ♃ Juillet-août.

A. HIRTA *Ram. bull. ph.* 131, *tab.* 9, *f.* 1–2–3; *DC. fl. fr.* 4, *p.* 244; *Dub. bot.* 251; *Lois. gall.* 1, *p.* 107.—Fleurs en cyme terminale, courtement pédonculées ou presque sessiles. Corolle à tube un peu plus long que le limbe. Fruit lisse, noir, luisant. Feuilles verticillées par *six*, *plus longues* que les entre-nœuds, linéaires-sublancéolées, *hérissées sur la nervure dorsale et sur les bords de longs cils raides*. Tiges nombreuses, de 8–10 centimètres, grêles, droites, ascendantes, quadrangulaires, gazonnantes. Racine grêle. — Fleurs d'un blanc-rosé; plante hérissée.

Hab. Pyrénées dans les fentes de rochers, Pic-de-Gard, Cagire, Pic-de-Lhieris, Cau-d'Espade, Tourmalet, les Cougous, Endretlis, Casau-d'Estiba, Pen-de-Branda, port de Pinède, Prades, Houle-de-Marboré, les Eaux-Bonnes, etc. ♃ Juin-juillet.

b. *Feuilles ovales ou lancéolées.*

A. LÆVIGATA *L. mant.* 38; *DC. fl. fr.* 4, *p.* 246; *Dub. bot.* 251; *Lois. gall.* 1, *p.* 107; *Galium rotundifolium* β. *L. sp.* 156. — Fleurs hermaphrodites, en *panicule à rameaux plusieurs fois dichotomes* et étalés; pédicelles très-courts. Corolle petite (3 millimètres), à tube un peu dilaté et égalant le limbe. Etamines *incluses;* anthères *ovales, presque sessiles à l'entrée de la gorge* de la corolle. Fruit rugueux et glabre. Feuilles verticillées par quatre, de 1-2 centimètres de longueur, largement elliptiques, et à peine une fois aussi longues que larges, *bien plus courtes* que les entre-nœuds, lisses, *glabres*, un peu rudes sur les bords, munies *d'une seule* *nervure* longitudinale. Tiges de 3-5 décimètres, très-grêles, rameuses, étalées, *glabres*, tétragones. Racine grêle. — Fleurs blanches. Port du *Galium rotundifolium*.

Hab. Narbonne (*Pourr. Vill.*); Rabou près de Gap (*Chaix*); Lyon (*Roffavier*); Fréjus (*Perreymond*); Corse, Ajaccio, Bastia, etc. ♃ Juin.

A. TAURINA *L. sp.* 150; *DC. fl. fr.* 4, *p.* 245; *Dub. bot.* 251; *Lois. gall.* 1, *p.* 107; *A. trinervia Lam. fl. fr.* 3, *p.* 376. *Ic. Lob. obs.* 465, *f.* 1; *Morison, sect.* 9, *tab.* 21, *f.* 1.—Fleurs *polygames;* les unes hermaphrodites, les autres mâles par avortement; toutes sessiles, rapprochées *en capitule* au sommet des rameaux, *entourées d'une collerette* de bractées ovales ou lancéolées, inégales, dont les intérieures plus étroites sont *bordées de longs cils raides* et dont les extérieures plus longues *dépassent ordinairement les fleurs.* Corolle à tube plus long que le limbe. Etamines *exsertes*, à anthères *sublinéaires*, portées par de *très-longs* filets. Fruit lisse. Feuilles verticillées par 4, ovales lancéolées ou lancéolées, de 4-5 centimètres de longueur, sur 1 à 1 1/2 de largeur, acuminées, finement pubescentes et ciliées, *à trois nervures.* Tiges de 3-4 décimètres, droites, robustes, simples ou rameuses, à rameaux divariqués, parfois un peu pubescentes, tétragones. Racine rampante. — Fleurs blanches ou blanchâtres, odorantes.

Hab. Alpes du Dauphiné, Lautaret, Bourg-d'Oysans, le Quayras, Orcières, Chaudun et les Beaux près de Gap; Luz de la Croix-Haute, dans la Drôme (*Clément*); Sisteron; le Molard près de Belley, dans l'Ain; Verune et Pignau près de Montpellier? (*Gouan*). ♃ Avril-mai.

Sect. 3. SHERARDIANEÆ *D C. l. c. p.* 581.— Plantes annuelles; corolle tubuleuse-infundibuliforme.

A. ARVENSIS *L. sp.* 150; *DC. fl. fr.* 4, *p.* 244; *Dub. bot.* 251; *Lois. gall.* 1, *p.* 106. *Ic. Dod. pempt.* 352; *Lob. obs.* 465, *f.* 2. *Schultz, exsicc. cent. n°* 454.— Fleurs très-brièvement pédicellées, réunies en capitule au sommet des rameaux, et entourées de bractées inégales en forme d'involucre dont les folioles extérieures linéaires, obtuses et longuement ciliées dépassent le capitule. Corolle lisse, à tube 4-fide, aussi long que le limbe. Fruit gros, lisse. Feuilles un peu rudes sur les bords, et souvent sur la face inférieure; les inférieures opposées, obovées, souvent émarginées; les autres verticillées par 6-8, linéaires, atténuées à la base, ordinairement obtuses. Tige arrondie, dressée, sub-anguleuse, glabre ou un peu hérissée, rameuse-dichotome. Racine longue, verticale— Fleurs bleues.

Hab. Champs cultivés de toute la France, de Nice à Perpignan, de Marseille à Metz, etc.; la Corse. ① Mai-juin.

SHERARDIA. (L. gen. 120.)

Calice à limbe formé de *six dents profondes* qui s'acroissent après la floraison. Corolle *infundibuliforme, à tube allongé*, à limbe quadrifide, étalé. Etamines exsertes. Fruit sec formé de deux carpelles *surmontés* chacun par *trois dents du calice.*

S. arvensis *L. sp.* 149; *DC. fl. fr.* 4, *p.* 243; *Dub. bot.* 251. *Lam. ill. tab.* 61. — Fleurs 4-8 au sommet des rameaux, presque sessiles, formant un capitule au centre d'un involucre glabre, composé de folioles étalées et soudées à la base. Dents du calice subulées, dressées, ciliées de poils raides. Lobes de la corolle oblongs, un peu plus courts que le tube. Fruit hérissé d'aiguillons courts, appliqués. Feuilles étalées, glabres en dessous, hérissées-scabres en dessus et aux bords; les inférieures opposées, oblongues-obovées, obtuses; les moyennes verticillées par 4, spatulées, longuement acuminées; les supérieures verticillées par 6, linéaires-lancéolées. Tiges de 2-4 décimètres, nombreuses, couchées, tétragones, glabres ou un peu hérissées, très-scabres, rameuses. Racine verticale, fibreuse. — Fleurs lilas, quelquefois blanches.

Hab. Partout dans les moissons; Corse. ① ou ② Juin-septembre.

CRUCIANELLA. (L. gen. 126.)

Fleurs hermaphrodites, *entourées à la base de 2-3 bractées en forme d'involucre ou mieux de calice.* Limbe du calice nul. Corolle infundibuliforme, à tube allongé, à limbe divisé en 4-5 lobes connivents et ordinairement prolongés en pointe sétacée, infléchie. Fruit sec, formé de deux carpelles oblongs.—Fleurs en épis denses (dans nos espèces), ou en capitules.

a. *Souche et tiges ligneuses, vivaces.*

C. maritima *L. sp.* 158; *DC. fl. fr.* 4, *p.* 248; *Dub. bot.* 252; *Lois. gall.* 1, *p.* 115; *Rubeola maritima Mœnch, meth.* 526. *Ic. Clus. hist.* 2, *p.* 176, *f.* 2; *Dod. pempt.* 353; *Lob. adv.* 357. — Fleurs disposées en épis denses, ovales ou lancéolés (1-4 centimètres) à l'extrémité des rameaux, et brièvement pédonculés; bractées trois, une extérieure et deux intérieures; la première ovale, plus large que les feuilles, aiguë, mucronnée, blanche-membraneuse aux bords, ciliée-denticulée, 5-6 fois plus longue que l'ovaire; les intérieures comprimées en carène et soudées jusqu'au milieu en un pseudo-calice qui embrasse la fleur solitaire. Corolle à tube une fois plus long que les bractées, à limbe dix fois plus court que le tube, et à 5 divisions terminées par un appendice infléchi, mais étalé la nuit. Style bifide, plus court que le tube; anthères linéaires. Fruit oblong. Feuilles dures, coriaces, de 6-10 millimètres, lancéolées, mucronées, glauques-blanchâtres, blanches-cartilagineuses et scabres aux bords, verticillées par 4, imbriquées inférieurement. Tiges de 1-3 décimètres, fruticuleuses, étalées, blanchâtres, à rameaux courts, lisses, ou un peu scabres au sommet. Racine ligneuse, rameuse, rouge, longue et rampante. — Fleurs jaunes.

Hab. Bords de la Méditerranée, Fréjus, Toulon, Aigues-Mortes, Montpellier, Cette, Agde, Perpignan, Collioure, etc.; Corse, Bastia, etc. ♄ Juin.

b. *Tiges herbacées; racine annuelle.*

C. latifolia *L. sp.* 158; *DC. fl. fr.* 4, *p.* 247; *Dub. bot.* 252; *Lois. gall.* 1, *p.* 115. *Ic. Barr. tab.* 520, 549; *Clus. hist.* 2, 177.— Fleurs disposées à l'extrémité des rameaux en épis linéaires, très-longs (1–2 décimètres), longuement pédonculés. Bractées trois, une extérieure et deux intérieures; les extérieures opposées deux à deux par paires décussées, lancéolées-acuminées, vertes sur le dos, blanches-membraneuses et ciliées aux bords, *soudées dans leur moitié inférieure et formant une gaine* qui se déchire après l'anthèse; les deux bractées intérieures lancéolées-linéaires, membraneuses et ciliées aux bords, égalant les extérieures et entourant les fleurs sessiles et solitaires. Corolle à tube plus long que les bractées, à limbe très-court et à 4 divisions terminées en arête infléchie ou contournée, presque de même longueur que les divisions. Fruit oblong. Feuilles vertes, glabres, ordinairem[t] un peu rudes aux bords, verticillées par 4-5; les inférieures obovées ou oblongues; les supérieures lancéolées-linéaires. Tiges de 2–4 décimètres, simples ou rameuses-divariquées, ascendantes, scabres. Racine grêle.

β. *monspeliaca.* Feuilles inférieures obovées, oblongues ou lancéolées, 5–6 par verticille. *C. monspeliaca L. sp.* 158; *D C. fl. fr.* 4, *p.* 147; *Dub. bot.* 252; *Lois. gall.* 1, *p.* 115. *Ic. J. B. hist.* 3, *p.* 721, *f.* 3; *Chæbr. sciagr.* 548, *f.* 2.

Hab. Lieux stériles du Midi; toute la Provence, Toulon, Marseille, etc.; remonte le Rhône jusqu'à Vienne en Dauphiné; Languedoc, Montpellier, etc.; Montauban (*D C.*). (1) Juin.

C. angustifolia *L. sp.* 157; *D C. fl. fr.* 4, *p.* 247; *Dub. bot.* 252; *Lois. gall.* 1, *p.* 115; *Rubeola linearifolia Mœnch, meth.* 525. *Ic. Barr. tab.* 550; *Gærtn. tab.* 24. *Schultz, exsicc. cent.* 7, *n°* 658. — Cette espèce diffère de la précédente par ses épis *quadrangulaires, bien plus courts* (2–7 centimètres), et plus larges; par ses bractées extérieures *libres et jamais soudées, carénées,* à nervure dorsale *plus saillante,* d'un vert plus gai; par ses feuilles *toutes linéaires,* même celles de la base qui, bien qu'un peu plus larges, restent cependant au plus *linéaires-lancéolées;* par ses tiges plus courtes, *lisses* ou à peine scabres sur les angles. — Plante d'un vert plus clair et un peu glauque.

Hab. Lieux secs du Midi, Grasse, Toulon, Marseille, Avignon, remonte jusqu'à Lyon et Montbrison; Nimes, Montpellier, Narbonne; Pyrénées-Orientales, Perpignan, monte jusqu'à Prats-de-Mollo et Olette, et sur le revers du port de Bénasque; Toulouse; Agen; Peyredeire dans la Haute-Loire (*Bernard*); commune dans le plateau central de la France (*Lecoq et Lamotte*); etc.; Corse. (1) Juin.

ESPÈCES EXCLUES.

Asperula hexaphylla *All.* — Cette plante des Alpes de Tende, n'a point encore été trouvée dans les Alpes françaises.

Asperula deficiens *Viv.* — Plante de l'île de *Tavolara* en

Sardaigne, où elle a été signalée par Viviani. Les recherches des botanistes n'ont pas encore constaté sa présence en Corse.

Vaillantia hispida *L.* — Cette plante, n'ayant été indiquée par Mutel que dans les environs de Nice, ne peut prendre rang parmi les espèces françaises.

LXIV. VALÉRIANÉES.

(Valerianeæ DC. fl. fr. 4, p. 416.) (1)

Fleurs hermaphrodites, rarement unisexuelles par avortement, plus ou moins irrégulières. Calice gamosépale, à tube soudé avec l'ovaire; à limbe muni de 3-10 dents, rarem[t] d'une seule, quelquefois nul, régulier ou irrégulier, dressé et s'accroissant souvent après la floraison; ou à limbe roulé en dedans avant et pendant la floraison, et divisé en lanières sétiformes, plumeuses qui se déroulent après l'anthèse. Corolle gamopétale, insérée sur un disque épigyne, tubuleux, infundibuliforme, à tube régulier, gibbeux ou prolongé à la base en éperon; à limbe ordinairem[t] à 5 lobes presque égaux et obtus, plus rarement 3-4-lobé ou bilabié, à préfloraison imbricative. Etamines 1-3, plus rarement 4-5, insérées sur la moitié inférieure du tube de la corolle. Filets distincts. Anthères biloculaires, introrses. Ovaire soudé au tube du calice, triloculaire (par la soudure de trois carpelles), à une seule loge fertile uni-ovulée. Ovule suspendu au sommet de la loge, réfléchi (anatrope). Style simple, filiforme. Stigmate simple, ou 2-3-fide. Fruit sec, indéhiscent, à une seule graine, uniloculaire par oblitération de deux loges, ou à 3 loges dont deux stériles, couronné par les dents ou l'aigrette du calice. Graine suspendue. Albumen nul. Embryon dressé. Radicule supère, rapprochée du hile. — Plantes annuelles ou vivaces, herbacées, souvent pourvues de rhizomes odorants. Feuilles radicales fasciculées; les caulinaires opposées; stipules nulles. Fleurs disposées en cymes corymbiformes, ou solitaires dans les bifurcations de la tige et rapprochées en glomérules ou en cymes à l'extrémité des rameaux.

CENTRANTHUS. (DC. fl. fr. 4, p. 238.)

Calice à limbe *roulé* en dedans pendant la floraison et se déroulant en aigrette à la maturité. Corolle tubuleuse, infundibuliforme, à 4-5 lobes, à *tube prolongé en éperon à la base* Etamine *une.* Fruit uniloculaire, couronné par une aigrette à soies plumeuses. — Fleurs en cymes axillaires et terminales, rapprochées de manière à former un corymbe. Les espèces de la deuxième division diffèrent des *Valeriana* par la présence d'une seule étamine, et par la corolle gibbeuse non à la base, mais près de la gorge.

(1) Auctore Grenier (excepto gen. Valerianellâ).

a. *Eperon égalant environ l'ovaire, ou plus long.*

C. angustifolius *DC. fl. fr.* 4, *p.* 239; *Dub. bot.* 253; *Lois. gall.* 1, *p.* 2; *Valeriana angustifolia Cav. ic.* 4, *tab.* 353; *All. ped.* 1, *p.* 1; *V. rubra* β. *L. sp.* 44; *V. monandra Vill. Dauph.* 2, *p.* 280. *Ic. Morison, hist.* 3, *p.* 107, *s.* 7, *tab.* 14, *f.* 16.—Corolle à éperon *égalant* ou dépassant un peu l'ovaire, et presque de moitié plus court que le tube; limbe à 5 lobes égaux. Feuilles *linéaires-lancéolées ou linéaires,* très-entières, subperfoliées. Tiges de 3–7 décimètres, simples ou rameuses, lisses, fistuleuses.—Plante glabre et glauque; fleurs roses, rarement blanches.

Hab. Débris mouvants des montagnes; toute la chaîne des monts Jura, jusqu'à la hauteur de la région des sapins; Alpes; Bourgogne; Saône-et-Loire; le midi, Vaucluse, le Gard, etc.; Pyrénées, etc. ♃ Mai-juillet.

C. ruber *DC. fl. fr.* 4, *p.* 239; *Lois. gall.* 1, *p.* 2; *C. latifolius Dufr. val. p.* 38; *Dub. bot.* 253; *Valeriana rubra* α. *L. sp.* 44. *Ic. Lam. ill. tab.* 24, *f.* 2; *Morison, hist.* 3, *s.* 7, *tab.* 14, *n°* 15. —Corolle à éperon *une fois plus long* que l'ovaire, et beaucoup plus court que le tube; limbe à 5 lobes égaux. Feuilles *ovales ou ovales-lancéolées*, pétiolées vers le bas, sessiles vers le haut de la tige, entières ou quelquefois denticulées. Tiges de 3–5 décimètres, simples ou rameuses, lisses, fistuleuses.—Plante glauque et glabre; fleurs rosées, rarement blanches.

Hab. Le midi de la France; çà et là particulièrement sur les vieux murs et dans le voisinage des habitations où cette plante est souvent cultivée sur presque tous les points de la France. ♃ Mai-août.

b. *Eperon réduit à une gibbosité située sous la gorge de la corolle.*

C. nervosus *Moris, el. sard.* 2, *p.* 4, *et fl. sard.* 2, *p.* 322, *tab.* 78, *ic.* 2; *DC. prod.* 4, *p.* 632; *Mut. fl. fr.* 2, *p.* 93; *Valeriana trinervis Viv. fl. cors.* 3, *et add. fl. ital.* 67; *Dub. bot. app.* 1030. —Corolle à éperon remplacé par une courte gibbosité placée au-dessous de la gorge et non loin du milieu du tube; celui-ci un peu plus long que le limbe à 5 divisions presque égales. Feuilles *ovales, entières,* multinerviées et veinuleuses-réticulées, courtement pétiolées; les supérieures *lancéolées et sessiles.* Tiges de 2-4 décimètres, simples ou rameuses, striées, fistuleuses.—Plante glauque et glabre; fleurs blanches-rosées.

Hab. Corse, montagnes de la Trinité près de Bonifacio. ♃ Mai-juin.

C. calcitrapa *Dufr. val.* 39; *DC. fl. fr.* 5, *p.* 492; *Dub. bot.* 253; *Lois. gall.* 1, *p.* 2; *Valeriana calcitrapa L. sp.* 44; *DC. fl. fr.* 4, *p.* 238. *Ic. Clus. hist.* 2, *p.* 54, *f.* 2.—Corolle très-brièvement gibbeuse sous la gorge, à tube plus long que le limbe à 5 lobes lancéolés. Feuilles radicales et même caulinaires inférieures *lyrées-pennatifides,* à divisions incisées ou dentées, la terminale plus grande; feuilles supérieures *pennatifides*, à lobes entiers, puis simples ou entières tout à fait au sommet. Tige de 1-3 décimètres, simple ou rameuse dès la base, finement striée, fistuleuse.—Plante glabre ; fleurs nombreuses, très-rapprochées sur les rameaux dichotomes, distiques, dressées et unilatérales, naissant à l'aisselle des bractées lancéolées-linéaires. Cette inflorescence est la même que celle du *C. nervosus*, bien que plus prononcée.

Hab. Lieux pierreux et arides de tout le midi de la France; remonte par le Rhône jusqu'à Nantua (Ain) ; Corse. ♃ Mai-juin.

VALERIANA. (L. gen. 44.)

Calice à limbe *roulé* en dedans pendant la floraison, muni de divisions sétiformes-plumeuses, se déroulant en aigrette à la maturité. Corolle tubuleuse, infundibuliforme, à 5 lobes, à tube *régulier ou bossu à la base.* Etamines *trois*. Fruit uniloculaire, couronné par une *aigrette plumeuse.* — Fleurs en cymes axillaires et terminales, rapprochées en corymbes ; fruit comprimé, portant 3 côtes filiformes sur la face un peu convexe, et une seule sur la face opposée presque plane.

a. *Fleurs toutes hermaphrodites.*

V. officinalis *L. sp.* 45; *Lam. ill.* 1, *p.* 92, *tab.* 24; *DC. fl. fr.* 4, *p.* 233 ; *Dub. bot.* 254; *Lois. gall.* 1, *p.* 23. *Ic. Lob. obs.* 411, *f. inf. sin.; Fuchs, hist.* 857. — Fleurs hermaphrodites, en corymbe trichotome, ample, étalé ; bractéoles lancéolées-linéaires, acuminées, scarieuses et ciliées aux bords. Stigmate trifide. Fruit glabre, ovale-allongé, comprimé. Feuilles *toutes pennatiséquées, à* 15-21 *segments* un peu pubescents, incisés-dentés ou entiers à nervures saillantes. Tige de 10-15 décimètres, *sillonnée*, dressée, simple, fistuleuse. Rhizome tronqué, avec ou sans stolons, pourvu d'un grand nombre de fibres, très-odorant.—Plante velue à la base, à fleurs rougeâtres rarement blanches, odorantes.

Hab. Bois humides, bords des eaux, des fossés et des ruisseaux de presque toute la France. Paraît manquer dans la région des oliviers. ♃ Juillet-août.

V. Phu *L. sp.* 45; *DC. fl. fr.* 4, *p.* 234; *Dub. bot.* 254; *Lois. gall.* 1, *p.* 23. *Ic. Lob. obs.* 411, *f. sup.; Fuchs, hist.* 856 ; *Math. comm. p.* 36. — Fleurs hermaphrodites, en corymbe trichotome, étroit, resserré ; bractéoles lancéolées-linéaires, acuminées, non scarieuses aux bords. Stigmate trifide. Fruit glabre, ovale-allongé, comprimé. Feuilles radicales *ovales-oblongues, entières ou incisées*, très-longuement pétiolées ; les caulinaires *pennatiséquées et formées de* 2-3 *paires de segments entiers*, à nervures très-peu saillantes. Tige de 7-12 décimètres, dressée, *lisse*, presque simple, fistuleuse. Rizhome tronqué, *dépourvu de stolons*, odorant. — Plante glabre, un peu glauque et d'un vert pâle ; à fleurs blanches ou rosées, odorantes. Fruits d'un tiers plus grands et bractées d'un tiers plus courtes que dans l'espèce précédente.

Hab. Dans le voisinage des habitations, Saint-Eynard près de Grenoble; Agen; Bordeaux, etc. Mais dans toutes ces localités, la plante ne nous semble que subspontanée. ♃ Mai-juin.

V. PYRENAICA *L. sp.* 46; *D C. fl. fr.* 4, *p.* 234; *Dub. bot.* 254; *Lois. gall.* 1, *p.* 23. *Ic. Buxb. cent.* 2, *p.* 19, *tab.* 11. — Fleurs hermaphrodites, en corymbe trichotome; bractéoles *sétacées*, ciliées et poilues à la base, à peine scarieuse. Stigmate *entier* ou faiblement échancré. Fruit glabre, ovale-oblong, comprimé. Feuilles grandes, *cordiformes*, fortement et inégalement dentées en scie, longuement pétiolées, hérissées sur les nervures et surtout à la base des pétioles de longs poils blanchâtres; les caulinaires *ternées*, à folioles latérales très-petites, très-rarement nulles, la terminale très-grande. Tige de 7-12 décimètres, simple, dressée, fistuleuse, cannelée. Rhizome gros, rameux, sans stolons, odorant. — Plante d'un vert sombre; fleurs purpurines.

Hab. Toute la chaîne des Pyrénées, de Mont-Louis aux Eaux-Bonnes; Madres, Salvanaire, Llaurenti, Bac-de-Bolcaire, bois des Angles et d'Ascou, l'Hospitalet, Artigous-de-Castelet, Sissoy, Luchon, sous le port de Bénasque dans le bois de l'hospice, moulin de Serre à Barèges, Gavarnie aux bords des ruisseaux, forêt de Gabas, etc. ♃ Juin-juillet.

b. *Fleurs dioïques ou polygames.*

V. DIOICA *L. sp.* 44; *D C. fl. fr.* 4, *p.* 238; *Dub. bot.* 254; *Lois. gall.* 1, *p.* 23. *Ic. Lob. obs.* 411, *f. inf. dext.; Math. comm.* 38. — Fleurs dioïques, en corymbe trichotome; les femelles plus petites, en corymbe plus serré; bractéoles linéaires-aiguës, scarieuses aux bords. Stigmate bi-trifide. Fruit ovale, glabre. Feuilles inférieures, et surtout celles des fascicules stériles, longuement pétiolées, à limbe *ovale ou elliptique, entier;* les supérieures pennatiséquées, à 3-5 paires de segments linéaires, le terminal plus grand. Tige de 1-4 décimètres, dressée, simple, glabre, excepté aux nœuds. Racine grêle, *stolonifère, longuement rampante.* — Fleurs rougeâtres.

Hab. Prairies humides, plus ordinairement dans les terrains siliceux. Nous ne connaissons cette espèce ni dans la région méditerranéenne, ni dans les Pyrénées. Elle abonde dans l'ouest, le centre de la France, l'est et le nord. ♃ Mai-juin.

V. TUBEROSA *L. sp.* 46; *D C. fl. fr.* 4, *p.* 235; *Dub. bot.* 254; *Lois. gall.* 1, *p.* 24. *Ic. Morison, hist.* 3, *s.* 7, *tab.* 15, *f.* 20, 21; *Math. comm. p.* 32.—Fleurs polygames, en corymbe trichotome, un peu serré; bractéoles linéaires, un peu scarieuses. Stigmate bi-trifide. Fruit ovale, comprimé, *hérissé sur* les 2 *faces* de poils formant 4 lignes sur la face dorsale le long des côtes filiformes. Feuilles inférieures pétiolées, à limbe ovale ou elliptique, entier; les supérieures pennatiséquées, à 3-4 paires de segments linéaires, le terminal plus grand. Tige de 1-2 décimètres, dressée, simple, glabre. Racine *grosse, tubéreuse*, ne produisant ni stolons, ni tiges ou souches ligneuses et persistantes. — Fleurs roses.

Hab. Hyères; Toulon; Aix; Sisteron; Gap; Grenoble; Briançon; Montpellier; Pont-du-Gard; Nîmes; Narbonne; Pyrénées, Pic-de-Bigorre, Raze, plaine de Béret vers les sources de la Garonne, Roumiga et mont Aneou, bout de la vallée d'Assau; la Lozère; Côte-d'Or, Gevrey près de Dijon, etc. ♃ Mai.

V. globulariæfolia *Ram. in DC. fl. fr.* 4, *p.* 236 (1805); *Dub. bot.* 254; *V. heterophylla Lois. gall. ed.* 1 (1806), *p.* 21, *et ed.* 2, *v.* 1, *p.* 24, *tab.* 2; *V. glauca Lap. abr.* 19; *Saponaria bellidifolia Lap. abr.* 239, *et herb.! (ex Serres).* — Fleurs en corymbe serré; bractéoles lancéolées-linéaires, scarieuses aux bords, ciliées de quelques longs poils, et *dépassant l'ovaire, ainsi que le fruit* à la maturité. Fruit mûr *subtétragone;* face dorsale presque plane et longée par une côte filiforme; face opposée creusée de deux sillons séparés par une côte filiforme et relevés de deux bords saillants qui concourent à former les deux faces latérales plus étroites que les autres. Feuilles radicales plus courtes que les autres, simples, à limbe orbiculaire ou ovale, à pétiole court; les caulinaires inférieures plus allongées, elliptiques ou lancéolées; les moyennes pennatiséquées, formées de deux paires de folioles sublinéaires, et d'une terminale plus grande. Tige de 1-2 décimètres, simple, dressée, glabre. Racine forte, *émettant plusieurs souches ligneuses et étalées* qui produisent les tiges florales à leur sommet. — Fleurs roses. Cette plante a l'aspect de la *V. tuberosa*, mais elle s'en distingue à première vue par sa racine, ses souches, ainsi que par ses bractées bien plus longues.

Hab. Toute la chaîne des Pyrénées de Mont-Louis aux Eaux-Bonnes, Llaurenti, Font-de-Comps, mont Corbison, cataractes de l'Adour, piquette d'Endretlis, Peu-de-Branda, Tuquerouy, houle du Marboré, Madres, Costaboua, Jisole, Crabère, Castelet, Esquierry, Labatsec, vallée d'Aspe, Anouillasse près des Eaux-Bonnes, etc. ♃ Juin-août.

V. tripteris *L. sp.* 45; *D C. fl. fr.* 4, *p.* 234; *Dub. bot.* 254; *Lois. gall.* 1, *p.*24. *Ic. Barr. tab.*742; *C.B. prod. p.*86; *Morison, hist.* 3, *s.* 7, *tab.* 14, *n°* 10.—Fleurs polygames, en corymbe trichotome; bractéoles longues, linéaires, scarieuses. Stigmate bi-trilobé. Fruit ovale, comprimé, glabre. Feuilles d'un *vert cendré et un peu glauque;* celles des rejets stériles ovales, dentées, en cœur à la base, longuement pétiolées; les radicales arrondies, courtement pétiolées; les caulinaires *ternées,* rarement simples (*V. intermedia Vahl*), les deux segments latéraux plus petits, le terminal plus grand et incisé ou denté. Tige de 2 décimètres, dressée, simple, glabre. Stolons nuls. Racine forte, allongée, émettant plusieurs souches ligneuses et étalées qui produisent à leur sommet les tiges florifères. — Fleurs roses ou blanches.

β. *intermedia*. Feuilles caulinaires indivises. *V. intermedia Vahl. en.* 2, *p.* 9.

Hab. Alpes de Grenoble, Lautaret, etc.; toute la chaine du Jura dans la région des sapins et un peu au-dessous; Vosges; mont Pilat; Puy-de-Dôme; monts Dore; Cantal; Cévennes; Pyrénées, particulièrement la partie orientale de la chaîne. ♃ Mai-juillet.

V. MONTANA *L. sp.* 45; *DC. fl. fr.* 4, *p.* 235; *Dub. bot.* 254; *Lois. gall.* 1, *p.* 23; *V. rotundifolia Vill. Dauph.* 2, *p.* 283; *V. montana, saxatilis, Phu Lap. abr. p.* 18-20. *Ic. Morison, h.* 3, *s.* 7, *tab.* 15, *n°* 11; *C. B. prod.* 87, *f. sin.* — Fleurs en corymbe terminal trichotome; bractéoles lancéolées-linéaires, herbacées. Fruit ovale, comprimé, glabre. Feuilles d'un *vert gai et luisant;* celles des rejets longuement pétiolées, ovales-arrondies, plus ou moins en cœur à la base, entières ou denticulées; les radicales plus courtement pétiolées, plus arrondies, à limbe plus décurrent sur le pétiole; les caulinaires *ovales ou lancéolées,* acuminées en cœur à la base, sessiles, entières, dentées ou parfois incisées, et même ternées comme dans la *V. tripteris*. Tiges de 2-3 décimètres, simples, dressées, glabres ou pubescentes à la base. Stolons nuls. Racine forte, émettant plusieurs souches ligneuses qui produisent à leur sommet les tiges florales.— Fleurs roses. Il n'est pas possible de confondre les individus à feuilles caulinaires entières ou dentées avec la *V. tripteris*. Mais il est parfois très-difficile de distinguer ceux à feuilles ternées. Toutefois les tiges plus fortes, plus élevées, et surtout les feuilles radicales plus arrondies à la base, luisantes, et d'un vert plus clair ne laissent pas de doute à l'état vivant, et permettent encore de les distinguer sur le sec.

β. *ambigua*. Feuilles caulinaires ternées.

Hab. Toute la chaine du Jura, dans la région des sapins; mont Pilat; Alpes; Pyrénées. Cette plante manque dans l'Auvergne (*Lecoq et Lamotte*), et dans tout le centre de la France (*Boreau*, 1849), ainsi que dans les Vosges (*Godron*). ♃ Juin-juillet.

V. SALIUNCA *All. ped.* 1, *p.* 3, *tab.* 70, *f.* 2; *DC. fl. fr.* 5, *p.* 492; *Dub. bot.* 254; *Lois gall.* 1, *p.* 24; *V celtica Vill. Dauph.* 2, *p.* 285; *V. supina DC. fl. fr.* 4, *p.* 237 (*non L.*). *Ic. Dalech. lugd.* 982. — Fleurs *en cyme serrée et simulant un capitule*, rarement en cyme trichotome distincte; bractéoles lancéolées-linéaires, plus courtes que les fruits, scarieuses et ciliées-poilues aux bords. Fruit *ovoïde*, un peu comprimé, glabre, à trois côtes très-fines sur la face supérieure, gros (6-7 millimètres de long sur 2-2 1/2 millimètres de large). Feuilles des rejets et les radicales *ovales-oblongues* et même émarginées, *très-entières*, bordées d'une étroite marge cartilagineuse, très-glabres; 1-2 paires de feuilles caulinaires *linéaires*, *entières* ou quelquefois munies à la base d'une dent allongée. Tige de 5-12 centimètres, simple, glabre, dressée. Stolons nuls. Racine grosse, très-allongée, émettant un grand nombre de souches subligneuses, terminées par des rosettes qui de leur centre produisent les tiges florales. — Fleurs roses. Cette plante a de grands rapports avec la *V. globulariæfolia;* mais ses bractées bien plus courtes, et poilues-ciliées; ses fruits glabres du double plus gros, à nervures bien plus fines; ses feuilles caulinaires entières ne permettent pas de confusion. La racine, ainsi que les caractères précités la séparent de la *V. tuberosa.*

Hab. Sommets élevés des Alpes du Dauphiné, Grande-Chartreuse, Bourg-d'Oysans, Pallctes-de la-Cou, le Champsaur, montagne des Hayes près de Briançon, le Lautaret au Galibier, Col-de-l'Echauda, mont Aurouse près de Gap, mont Ventoux. ♃ Juillet-août.

VALERIANELLA. (Poll. pal. 1, p. 29.) (1)

Calice à limbe régulier ou irrégulier, quelquefois presque nul, *non enroulé* pendant la floraison. Corolle infundibuliforme, à tube presque régulier, sans éperon ni gibbosité. Etamines 3, rarement 2. Fruit couronné par le limbe du calice qui tantôt s'accroît et tantôt reste stationnaire après la floraison. — Fleurs solitaires dans les angles des bifurcations de la tige, et rapprochées au sommet des rameaux en cymes ou glomérules compactes munis de bractées. Plantes annuelles, à tiges dichotomes.

A. *Loges stériles du fruit contiguës ou réunies.*

Sect. 1. Locustæ *DC. prodr. 4, p.* 625. — Fruit mûr à loges stériles contiguës, distinctes, ou réunies par l'oblitération de la cloison, plus grandes que la loge fertile; péricarpe épaissi en une masse spongieuse sur le dos de la loge fertile (2).

V. olitoria *Poll. pal.* 1, *p.* 30; *DC. fl. fr.* 4, *p.* 240; *Dufr. val. p.* 56, *tab.* 3, *f.* 8; *Soy.-Will. précis soc. Nancy*, 1829-1832, *p.* 68, *tab.* 1, *f.* 1; *arch. de bot.* 2, *p.* 162, *tab.* 20, *f.* 1; *Valeriana Locusta* α. *olitoria L. sp.* 47; *Lam. fl. fr.* 3, *p.* 360; *Valeriana olitoria Willd. sp.* 1, *p.* 182; *Fedia olitoria Vahl, enum.* 2, *p.* 19 (*non Gærtn.*); *Fedia Locusta Rchb. icon.* 1, *p.* 48, *tab.* 60, *f.* 121 *et* 122 (*malæ*). *Ic. Morison, umb. tab. gen. f.* 58 *et* 59. *Vaill. mém. de l'Ac. des sc.* 1722, *tab.* 14, *f.* 21; *DC. mém. val. tab.* 3, *f.* 2. *Schultz, exsicc.* 251! — Fleurs en corymbes serrés, planes, à rameaux divariqués; bractées étalées, linéaires-spatulées, arrondies au sommet, ciliées, scarieuses vers la base. Limbe du calice oblitéré. Fruit glabre ou rarement brièvement pubescent, irrégulièrement arrondi, comprimé, un peu ridé transversalement, muni d'un sillon sur le bord ventral et sur chaque face de deux petites côtes dont l'une répond à la loge fertile; loges stériles grandes, séparées par une cloison mince, incomplète et qui s'oblitère souvent tout-à-fait; péricarpe épaissi en une masse spongieuse sur le dos de

(1) Auctore Soyer-Willemet.

(2) Je citerai à chaque section toutes les espèces qui y appartiennent et que j'ai pu examiner: *olitoria Poll.* (*radiata DC.*); *gibbosa DC.*

la loge fertile. Feuilles ciliées ; les inférieures oblongues-spatulées, obtuses, entières; les supérieures plus étroites, plus aiguës, souvent dentées vers leur base. Tige un peu anguleuse, brièvement hérissée et rude sur les angles, rameuse-dichotome ; rameaux très-étalés.

Hab. Lieux cultivés; commun dans toute la France. (I) Mars-mai.

Sect. 2. SELENOCOELÆ *DC. prodr. 4, p.* 629. — Fruit mûr à loges stériles contiguës, séparées par une cloison complète, plus grandes que la loge fertile et dont la section transversale représente une demi-lune; péricarpe non épaissi sur le dos (1).

V. CARINATA *Lois. not.* 149 ; *Dufr. val. p.* 56, *tab.* 2 ; *DC. fl. fr.* 5, *p.* 492 ; *Soy.-Will. préc. l. c. p.* 73, *f.* 12 ; *arch. l. c. p.* 166, *f.* 12 ; *Fedia carinata Rchb. icon.* 1, *p.* 51, *tab.* 61, *f.* 123. *Ic. Morison, hist. s.* 7, *tab.* 16, *f.* 31 ; *DC. mém. val. tab.* 3, *f.* 10. *Rchb. exsic.* 573! (2) ; *Schultz, exsicc.* 1 *cent. n°* 41 *et* 252 ! — Fleurs en corymbes serrés, planes, à rameaux divariqués; bractées étalées, linéaires-oblongues, obtuses, ciliées. Limbe du calice oblitéré. Fruit glabre ou rarement pubescent, oblong, presque tétragone, profondément canaliculé sur une des faces, muni sur la face opposée d'une côte filiforme et sur les deux faces latérales d'une petite côte et d'un sillon dont l'un des bords est saillant; loges stériles grandes, séparées par une cloison complète; péricarpe non épaissi ni spongieux sur le dos de la loge fertile. Feuilles entières, plus ou moins ciliées sur les bords et sur la nervure dorsale; les inférieures spatulées, obtuses; les supérieures linéaires-oblongues, obtuses. Tige un peu anguleuse, ordinairement velue sur les angles, rameuse-dichotome ; rameaux étalés.

Hab. Lieux cultivés; moins commun que le précédent. (I) Avril-mai.

Sect. 3. PLATYCOELÆ *DC. prodr. 4, p.* 627 (*ex parte*). — Fruit mûr à loges stériles contiguës, séparées par une cloison complète, plus grandes que la loge fertile, et dont la section transversale n'est pas semi-lunaire; péricarpe non épaissi (3).

V. AURICULA *DC.! fl. fr.* 5, *p.* 492; *Lois. gall.* 1, *p.* 26; *DC.! prodr.* 4, *p.* 627 ; *Rchb. fl. excurs. p.* 198 ; *Soy.-Will. préc. l. c. p.* 70, *f.* 7 ; *arch. l. c. p.* 164, *f.* 7. *Koch! syn.* 373 ; *V. dentata Dufr. valer. p.* 57, *tab.* 3, *f.* 5 (*mala*); *DC.! prodr.* 4, *p.* 627;

(1) Cette section sera probablement réunie un jour à la suivante; car elle est tout à fait artificielle : *carinata Lois.* ; *plagiostephana F. et M.* ; *cymbæcarpa C. A. M.* ; *szovitsiana F. et M.* ; *chlorodonta Durieu* ; *platyloba Dufr.* ; *Kotschyi Boiss.*

(2) C'est du *carinata* qui a été distribué, sous le nom de *V. turgida Stev.*, dans la centurie publiée dernièrement par M. Stéven lui-même, sans doute par inadvertence. Je ne connais pas le *turgida* ni le *costata*. Le *V. exscapa Stev.* est le *Hohenackeria bupleurifolia*.

(3) *Auricula DC.* ; *pumila DC.* ; *gracilis F. et M.* ; *brachystephana Steud.* — Nous plaçons ensuite une section qui n'a pas de représentants en France, les TRIGONOCOELÆ : *Fagopyrum Walp.* (*radiata Betck.* ; *triquetra Hochst. et Steud.*).

V. rimosa Bast.! journ. bot. 1814, *t.* 1, *p.* 20; *Valeriana Locusta* δ. *dentata L. sp.* 48; *Fedia olitoria Gærtn. fruct.* 2, *p.* 36, *tab.* 86, *excl. syn. L.* (*non Vahl.*); *Fedia Auricula Mert. et Koch, deutsch. fl.* 1, *p.* 400; *Gaud. helv.* 1, *p.* 84, *tab.* 1. *Ic. Riv. monop.* 6, *f. sin.* (1); *Morison, hist. s.* 7, *tab.* 16, *f.* 37 *et umbell. tab. gen. f.* 60 *et* 61; *Vaill. l. c. f.* 18, 19, 20; *DC. mém. valer. tab.* 3, *f.* 6; *Rchb. icon. tab.* 63, *f.* 128 *et* 129. *Rchb. exsicc.* 10! *Schultz, exsicc.* 456! — Fleurs en petits corymbes planes, peu serrés, portés sur des pédoncules fins, à rameaux divariqués; bractées étalées, linéaires, acutiuscules, un peu scarieuses aux bords. Limbe du calice *saillant*, quoique petit et étroit, *tronqué obliquement*, ordinairement obtus au sommet, muni de 2-4 très-petites dents à la base de la troncature. Fruit glabre ou très-rarement pubescent, ovoïde-globuleux, ventru, muni sur la face ventrale d'un sillon longitudinal, et sur la face dorsale, ainsi que sur les faces latérales, *de 3 côtes filiformes;* loges stériles plus grandes que la loge fertile. Feuilles brièvement ciliées et rudes aux bords; les inférieures oblongues-spatulées, entières; les supérieures plus étroites, entières ou plus souvent dentées ou incisées à la base. Tige faiblement anguleuse, un peu rude sur les angles, rameuse-dichotome au sommet; rameaux étalés.

Hab. Moissons; commun dans le nord et le centre de la France, rare dans le midi. ① Juillet-août.

Obs. — Je regarde maintenant cette plante comme le *Valeriana locusta* δ. *dentata* de Linné. En effet, le botaniste suédois établit cette variété sur le n° 215 de Haller (*Hist.*, *ou Enum.* 666), avec citation du *Locusta major* de Rivin (*monop. tab.* 6). Induit en erreur autrefois par tous les botanistes suisses et allemands, j'avais pris ce n° 215 pour la variété glabre du *Valerianella Morisonii* (mon *dentata vera*), en en excluant toutefois le syn. de Rivin, que, comme je le fais encore aujourd'hui, je rapportais alors à l'*Auricula*. Mais l'examen que j'ai pu faire des figures citées par Haller (*Morison, umbell. tab. gen., f.* 60 *et* 61; *Rivin, t.* 6; *Vaillant, mém. de l'Ac. des scienc.* 1722, *tab.* 14, *f.* 18, 19 *et* 20), qui appartiennent toutes à l'*Auricula*, excepté celle de Columna (*Ecph.*, 209. *f. inf.*), qui représente le *Morisonii*, mais qui est mauvaise; cet examen, dis je, me prouve que De Candolle a eu raison dans le Prodome, sauf cependant le double emploi de ses *V. dentata* et *Auricula*, qui sont de la même espèce, comme je le disais en 1851 dans ma lettre à Guillemin (*bulletin de Férussac, sciences naturelles, XXV, p.* 95), et comme je m'en suis assuré depuis par la vue de graines extraites de l'herbier du célèbre auteur du Prodome. Si, contre l'usage, je préfère le nom d'*Auricula*, c'est qu'on est habitué à nommer ainsi cette espèce, et que le nom de *dentata* est trop universellement appliqué à une autre.

V. pumila *DC. fl. fr.* 4, *p.* 242, *et* 5, *p.* 494; *Dufr. val. p.* 57, *tab.* 3, *f.* 7; *Soy.-Will. préc. l. c. p.* 71, *f.* 8; *arch. l. c. p.* 165, *f.* 8; *Bertol. fl. ital.* 1, *p.* 190; *Guss. syn.* 1, *p.* 30; *V. membranacea Lois. not.* 150 *et fl. gall.* 1, *p.* 26; *Rchb. fl. excurs.* 198; *Valeriana Locusta* η. *mutica L. sp.* 1676; *Valeriana pumila Willd. sp.* 1,

(1) Le fruit qui est à droite est de l'*olitoria*. Rivin a copié dans Morison et appliqué à son *Locusta major* les folios 59 et 60 de la table générale des Ombellifères, qui appartiennent à deux espèces!

p. 184; *Fedia sphærocarpa Guss. pl. rar. p.* 14, *tab.* 4, *f.* 1. *Ic. Morison, hist. sect.* 7, *tab.* 16, *f.* 32, *et umbell. tab. gen. f.* 50 *et* 51; *Rchb. icon. tab.* 113, *f.* 223. *Schultz, exsicc.* 661! — Fleurs en petits corymbes planes, un peu lâches, portés sur des pédoncules fins, à rameaux divariqués; bractées étalées, lancéolées, aiguës, largement scarieuses aux bords, velues sur la nervure dorsale et fortement ciliées. Limbe du calice *très-court, à peine visible à l'œil nu, et présentant trois petites dentelures obtuses dont la médiane un peu plus longue.* Fruit glabre ou pubescent sur les angles, subglobuleux, convexe sur le dos *muni de deux sillons longitudinaux qui séparent cette face en trois parties presque égales, dont la médiane plus saillante et presque carénée vers le sommet;* face ventrale presque plane avec un profond sillon longitudinal au milieu; loges stériles plus grandes que la loge fertile. Feuilles brièvement ciliées et rudes aux bords, généralement plus allongées et plus étroites que dans les espèces précédentes; les inférieures linéaires-oblongues, entières; les supérieures linéaires-lancéolées, acuminées, souvent dentées et même profondément incisées à leur base. Tige finement pubérulente et un peu rude, rameuse-dichotome au sommet; rameaux étalés.

Hab. Moissons; Lyon; Avignon; Aix, Salon, Fréjus, Toulon; St.-Ambroix; Montpellier; Narbonne; Corse, à Ajaccio. ① Mai.

Sect. 4. Cornigeræ *Nob.* — Fruit mûr à loges stériles contiguës, séparées par une cloison complète, beaucoup plus petites que la loge fertile; péricarpe non épaissi (1).

V. echinata *DC. fl. fr.* 4, *p.* 242; *Dufr. valer. p.* 61, *tab.* 3, *f.* 10; *Soy.-Will. préc. l. c. p.* 68, *f.* 2; *arch. l. c. p.* 162, *f.* 2; *Bertol. fl. ital.* 1, *p.* 184; *Host, fl. austr.* 1, *p.* 39; *Koch, syn.* 372; *Valeriana echinata L. sp.* 47; *Willd. sp.* 1, *p.* 182; *Fedia echinata Vahl, enum.* 2, *p.* 19; *Pollin. fl. ver.* 1, *p.* 43; *Ten. syll.* 22. *Ic. Columm. Esphr.*, 206; *Morison, hist. sect.* 7, *tab.* 16, *f.* 28, *et umbell. tab. gen. f.* 48; *Vaill. l. c. f.* 17; *Rchb. icon. tab.* 68, *f.* 137. — Fleurs en petits corymbes planes, serrés, portés sur des pédoncules fortement épaissis; bractées dressées, peu nombreuses, lancéolées, souvent obtuses, à peine scarieuses aux bords, glabres, mais denticulées-ciliées, égalant les fruits. Limbe du calice formé par trois pointes coniques et épaisses à la base, subulées au sommet, arquées en dehors, la médiane plus épaisse et bien plus longue. Fruit glabre, oblong, obtusément trigone, muni de trois sillons correspondant aux commissures des divisions du calice. Feuilles glabres; les inférieures spatulées; les supérieures lancéolées, toujours sinuées-dentées ou incisées. Tige glabre et lisse, assez épaisse, rameuse-dichotome souvent dès la base; branches inférieures très-étalés; rameaux supérieurs dressés.

Hab. Moissons de la région méditerranéenne; Fréjus, Toulon, Marseille; Montaud près de Salon, Aix; Nîmes, Montpellier. ② Avril-mai.

(1) *Echinata DC.; Soyeri Buching.*

B. *Loges stériles du fruit non contiguës.*

Sect. 5. Siphonocoelæ *Nob.* — Fruit mûr à loges stériles non contiguës, mais convergentes à la base et simulant un siphon, plus petites que la loge fertile, souvent même extrêmement petites (1).

a. *Limbe du calice non nervié en réseau.*

V. puberula *D C. prod. 4, p.* 627; *Bertol. fl. ital.* 1, *p.* 189; *Guss. syn.* 1, *p.* 29; *V. microcarpa Soy.-Will. préc. l. c. p.* 70; *arch. l. c. p.* 164, *f.* 6 (*non Lois.*); *Fedia puberula Bertol. in Guss. prodr.* 1, *p.* 27; *Fedia microcarpa Rchb. icon.* 2, *p.* 6, *tab.* 114, *f.* 224. *Soleir. exsicc.* 2051! — Fleurs en petits corymbes planes et serrés; bractées *dressées*, très-rapprochées, élargies à la base, puis linéaires, aiguës, scarieuses, mais non ciliées aux bords, *plus longues que les fruits.* Limbe du calice très-court, non nervié en réseau, plus étroit et beaucoup plus court que le fruit, *tronqué obliquement, entier, arrondi au sommet, non cilié et circonscrivant une aire presque orbiculaire.* Fruit très-petit, couvert de poils extrêmement courts et appliqués, ou plutôt finement scabre, *ovoïde, un peu ventru à la base,* convexe sur le dos muni d'une côte à peine visible, et de chaque côté d'une petite côte plus saillante, pourvu sur la face ventrale d'un bourrelet en forme de siphon, circonscrivant une dépression ovale, plane-convexe et divisée en deux parties égales par une petite nervure longitudinale. Feuilles non ciliées; les inférieures oblongues-spatulées; les supérieures linéaires-lancéolées, souvent dentées ou même incisées à leur base. Tige glabre et lisse, rameuse-dichotome; rameaux étalés.

Hab. Montpellier; Grasse, Toulon, Hières; Corse, Ajaccio, Santa-Nonza, Bonifacio. ② Avril-mai.

V. microcarpa *Lois. not.* 151, *et fl. gall.* 1, *p.* 26, *excl. syn. L.* (*non Soy.-Will.*); *V. mixta D C.! prod.* 4, *p.* 627; *Bertol.! fl. ital.* 1, *p.* 188; *Guss. syn.* 1, *p.* 29 (*non Dufr.*); *Fedia microcarpa Guss. prodr.* 1, *p.* 27 (*non Rchb.*). — Fleurs en corymbes très-petits, planes et serrés; bractées *appliquées*, très-rapprochées, hastées, aiguës, scarieuses et finement ciliées aux bords, *plus longues que les fruits.* Limbe du calice petit, non nervié en réseau, beaucoup plus étroit et trois fois plus court que le fruit, *tronqué très-obliquement, entier ou dentelé, aigu au sommet, cilié et circonscrivant une aire oblongue.* Fruit petit, couvert de poils arqués,

(1) Au nom de *Psilocœlæ*, adopté par De Candolle, je substitue celui de *Siphonocœlæ*, qui m'a été proposé par M. Godron, parce que les loges stériles, quoique de même forme dans les trois dernières espèces que dans les autres qui composent cette division, sont cependant plus larges; ce qui les avait fait placer par De Candolle parmi les *Platycœlæ Abyssinica Fresen*; *puberula D C.*; *microcarpa Lois.*; *Morisonii D C.*; *truncata D C.*; *eriocarpa Desv.*; *oxyryncha F. et M.*; *diodon Boiss.*; *sclerocarpa F. et M.*; *uncinata Dufr.*; *coronata D C. fl. fr.*; *discoïdea Lois.*; *hirsutissima Link*; *vesicaria Mœnch.*

un peu étalés et assez longs, plus rarement glabre, *ovoïde-conique*, convexe avec une côte filiforme sur le dos muni de chaque côté d'une côte plus saillante, pourvu sur la face ventrale d'un bourrelet en forme de siphon, circonscrivant une dépression ovale et plane-convexe. Feuilles glabres ou presque glabres; les inférieures linéaires-oblongues, obtuses; les supérieures souvent dentées à leur base. Tige rameuse-dichotome au sommet; rameaux étalés.

Hab. Toulon, Montaud près de Salon. ② Avril-mai.

Obs. Si Loiseleur avait consulté les fig. 56 et 57 de la planche générale des Ombellifères de Morison, il n'aurait pas cité ce syn. (et par conséquent la f. 55 de la pl. 16, 7e section) pour son *Valerianella microcarpa* (notice 151).

V. Morisonii *DC. prodr.* 4, *p.* 627; *V. dentata Koch et Ziz. cat.* 17; *Rchb. fl. excurs.* 198; *Soy.-Will. préc. l. c. p.* 69, *f.* 4 *et* 5; *arch. l. c. p.* 163, *f.* 4 *et* 5; *Godr. fl. lorr.* 1, *p.* 321; *Koch, syn.* 372 (*excl. syn. L.*) *non DC.*; *V. mixta Dufr. val. p.* 58, *tab.* 3, *f.* 6 (*excl. syn. Lois.*); *V. pubescens Mérat, fl. par. ed.* 3, *t.* 2, *p.* 224; *Valeriana mixta L. sp.* 48; *Fedia dentata Wallr. sched.* 23; *Gaud. helv.* 1, *p.* 85 (*exclus. syn. plur.*); *Fedia mixta Vahl, l. c. p.* 21; *Fedia Morisonii Spreng. pug.* 1, *p.* 4. *Ic. Columm. ecphr.* 209 (*f. inf. sed mala*); *Morison, hist. sect.* 7, *tab.* 16, *f.* 35, *et umbell. tab. gen. f.* 56 *et* 57; *Rchb. icon. tab.* 62, *f.* 124, 125, 126 *et* 127 (*malæ*). *Rchb. exsicc.* 182!; *Schultz, exsicc.* 253! — Fleurs en petits corymbes planes et peu serrés; bractées *étalées*, peu nombreuses, linéaires, aiguës, scarieuses et finement ciliées sur les bords, *un peu plus courtes que les fruits mûrs*. Limbe du calice petit, mais saillant, non nervié en réseau, beaucoup plus étroit et 2 fois plus court que le fruit, *tronqué très-obliquement, dentelé, aigu au sommet*. Fruit glabre ou velu, *ovoïde-conique*, convexe avec une côte filiforme sur le dos, muni de chaque côté d'une côte plus saillante, pourvu sur la face ventrale d'un bourrelet en forme de siphon, circonscrivant une dépression ovale-oblongue, plane-convexe, divisée en 2 parties égales par une petite nervure longitudinale. Feuilles brièvement ciliées et rudes sur les bords; les inférieures oblongues, entières; les supérieures linéaires, quelquefois dentées à leur base. Tige un peu anguleuse, rude sur les angles, rameuse-dichotome au sommet; rameaux étalés.

Hab. Moissons; très commun dans le nord de la France; moins commun dans le centre; rare dans le midi. ① Juillet-août.

Obs. Comme en 1831, je persiste à regarder le *Valeriana mixta L.* comme syn. du *Valerianella Morisonii*. Linné (*sp.* 48) a fondé son espèce sur celle de Sauvage (*Monsp.* 275), si on en sépare toutefois les fragments du *Centranthus Calcitrapa* qui y étaient mêlés (voir *Dufresne, Valer.* 59; *De Candolle, prodr.* 4, *p.* 627). Or, Linné et Sauvage citent l'un et l'autre pour unique syn. le *Valerianella semine umbilicato hirsuto minore Moris.* (*umbell. tab. gen. f.* 56 *et* 57; *hist. sect.* 7. *t.* 16. *f.* 35), précisément la plante sur laquelle Sprengel et De Candolle ont fondé le *Morisonii*. *Vahl* (*En.* 2, *p.* 21) ne laisse aucun doute à cet égard, et ne cite, pour son *Fedia mixta*, que ces deux fig. de Morison. Remarquez que la plante de Morison a été cueillie en Picardie (*umbell. p.* 55. *l.* 7), et n'est pas par conséquent une espèce essentiellement méridionale. Toutes ces considérations prouvent suffisamment, je pense, qu'il ne peut être question du *V. microcarpa Lois.*, que je ne connais, en France, qu'à Toulon et à Salon. Comme Dufresne (*l. c.*) déclare que sa plante est absolument la même que celle de Vahl, il faut en conclure qu'il s'agit encore du *V. Morisonii*. J'aurais donc restitué à notre espèce le nom de *V. mixta*, si ce nom, appliqué par De Candolle à une toute autre plante, n'eût été une source d'erreurs que j'ai voulu éviter.

b. *Limbe du calice nervié en réseau.*

V. truncata *DC. prodr.* 4, *p.* 627; *Fedia truncata Rchb. icon.* 2, *p.* 7, *tab.* 115, *f.* 225 (1). — Fleurs en petits *corymbes planes* et serrés; bractées *dressées*, très-rapprochées, hastées, aiguës, scarieuses et ciliées aux bords, plus courtes que les fruits mûrs. Limbe du calice nervié en réseau, *aussi large et presque aussi long que le fruit, tronqué très-obliquement et formant un appendice en forme d'oreille*, entier ou presque entier, obtus ou apiculé. Fruit très-petit, brièvement velu, *ovoïde, convexe et faiblement nervié en réseau sur le dos*, bordé de chaque côté d'une côte saillante, pourvu sur la face ventrale d'un bourrelet simulant un siphon et circonscrivant une dépression ovale, plane-convexe et dépourvue de nervure longitudinale. Feuilles rudes-hispides sur les bords et sur la nervure dorsale; les inférieures oblongues-obovées, entières; les supérieures linéaires-oblongues, quelquefois un peu dentées à la base. Tige un peu anguleuse, rude-hispide sur les angles, rameuse-dichotome ordinairement dès la base; rameaux étalés.

Hab. Provence, à Montaud près de Salon (*Castagne, in herb. Godr.*). ①.

V. eriocarpa *Desv. journ. bot.* 2, *p.* 314, *tab.* 11, *f.* 2; *Lois. not.* 149, *tab.* 3, *f.* 2; *Dufr. val. p.* 59, *tab.* 3, *f.* 4; *DC. fl. fr.* 5, *p.* 493; *Soy.-Will. préc. l. c. p.* 69, *f.* 3; *arch. l. c. p.* 162, *f.* 3; *Bertol. fl. ital.* 1, *p.* 186; *Fedia eriocarpa Rchb. icon.* 1, *p.* 54, *tab.* 65, *f.* 132; *Fedia rugulosa Spreng.! pug.* 2, *p.* 2; *Fedia campanulata Presl. fl. sic.* 1, *p.* 28. *Ic. Morison, umbell. tab. gen. f.* 54 *et* 55; *DC. mem. val. tab.* 3, *f.* 5. *Schultz, exsicc.* 455 *et* 455 *bis!* — Fleurs en *corymbes planes* et serrés; bractées *dressées*, rapprochées, hastées, aiguës, scarieuses et finement ciliées sur les bords, égalant presque les fruits mûrs. Limbe du calice nervié en réseau, *aussi large et aussi long que le fruit mûr, évasé, formant une couronne complète, tronqué obliquement, mais bien moins que dans l'espèce précédente*, denticulé. Fruit assez gros, ordinairement velu, rarement glabre, *ovoïde, convexe et nervié en réseau sur le dos*, bordé de chaque côté d'une côte saillante, pourvu sur la face ventrale d'un bourrelet simulant un siphon et circonscrivant une dépression ovale, plane-convexe, divisée en 2 parties égales par une nervure longitudinale. Feuilles brièvement ciliées; les inférieures oblongues-obovées, entières; les supérieures plus

(1) C'est le n° 2025 Rchb. exsicc. (sub *V. puberula*), si j'en juge par les misérables échantillons que j'en ai reçus.

étroites, souvent munies de 2 petites dents à leur base. Tige un peu anguleuse, rude-hispide sur les angles, rameuse-dichotome au sommet ; rameaux divariqués.

Hab. Moissons, vignes ; dans presque toute la France, mais plus commun dans le midi. (I) Avril-mai.

V. coronata *DC. fl. fr.* 4, *p.* 241 (*non DC. prodr.*); *Dufr. val. p.* 60, *tab.* 3, *f.* 2 (*mala*); *Rchb. fl. excurs.* 199 ; *Soy.-Will. préc. l. c. p.* 71, *f.* 9 ; *arch. l. c. p.* 165, *f.* 9 ; *Koch, syn.* 373 ; *V. hamata Bast.! in DC. fl. fr.* 5, *p.* 494, *et prodr.* 4, *p.* 628 ! ; *Bertol. fl. ital.* 1, *p.* 191; *Guss. syn.* 1, *p.* 28 ; *Valeriana Locusta* γ. *coronata L. sp.* 48 ; *Valeriana coronata Willd. sp.* 1, *p.* 184; *Fedia coronata Vahl, enum.* 2, *p.* 20 ; *Guss. prodr.* 1, *p.* 25. *Ic. Columm. ecphr.* 209 (*f. sup.*); *Morison, hist. sect.* 7, *tab.* 16, *f.* 30 ; *Rchb. icon. tab.* 66, *f.* 133, 134, 135 ; *DC. mém. val. tab.* 3, *t.* 7. *Schultz, exsicc.* 662 ! — Fleurs en *capitules petits, subglobuleux* à la maturité, serrés ; bractées *appliquées*, très-rapprochées, lancéolées, aiguës, scarieuses aux bords, finement et longuement ciliées, plus courtes que les fruits mûrs. Limbe du calice grand, nervié en réseau, *plus large que le fruit* et l'égalant en longueur, glabre sur les deux faces, *cyathiforme, divisé en* 6 *lobes dressés, triangulaires, terminés par une arête crochue au sommet.* Fruit velu, ovoïde, *convexe sur le dos parcouru par une côte filiforme*, bordé de chaque côté d'une côte plus saillante, pourvu sur la face ventrale d'un bourrelet simulant un siphon et circonscrivant une dépression oblongue, concave. Feuilles ciliées ; les inférieures oblongues ; les supérieures linéaires ou linéaires-lancéolées, très-souvent dentées et même profondément pennatifides à la base. Tige grêle, élancée, rude-hispide sur les angles, rameuse-dichotome au sommet ; rameaux étalés.

Hab. Moissons ; commun dans tout le Midi jusqu'à Lyon ; se retrouve dans la vallée de la Loire et de ses affluents, à Orléans, Blois, Tours, Bourges, Poitiers, Saumur, Angers ; Beaufort ; environs de Paris, à Etampes, Chantilly, Saint-Maur, Compiègne, à Verberie, Levignen, Gesvres, le Duché (*Questier*), etc. (I) Juin-août.

Obs. Le *Valerianella coronata* de la Flore française de De Candolle (*4, p.* 241) appartient bien à notre espèce ; la preuve, c'est que, dans le supplément (*p.* 494, *lig.* 1re), lorsqu'il veut en distinguer le *V. discoidea*, il dit que « celui-ci a la couronne en disque ou en roue, et non redressée en forme de cloche. » Comment se fait-il que, dans le Prodome, il ait confondu les deux espèces ? Car les var. α. et β. de son *V. coronata* (*Prodr.* 4, *p.* 628) sont bien certainement du *discoïdea* : j'en ai les preuves dans mon herbier comme dans ses descriptions. S'il avait consulté le *Mantissa altera* de Linné, p. 319, la phrase : « *Locusta* ε. *discoïdeæ seminum corona hypocrateriformis*, 10 *s.* 12 *dentata, acuminibus retrorsùm uncinatis,* » ne lui eût laissé aucun doute : le plus ou le moins de découpures à la couronne ne fait rien à l'affaire. Quant au *V. hamata Bast.*, j'ai déjà dit (*Précis des trav. de la soc. de Nancy*, 1829-1832, p. 72, ou 6 du tiré à part ; *Archives de Bot.* 2, *p.* 165) que son établissement est dû à ce que, les anciennes fig. du *coronata* (celles de Columna, de Dufresne) ne représentant pas les divisions calicinales terminées par des crochets, quand Bastard les a aperçus, il a cru avoir découvert une nouvelle espèce, qu'il a dénommée d'après ce caractère.

V. discoidea *Lois. not.* 148 ; *Dufr. val. p.* 59, *tab.* 3, *f.* 3 (*mala*); *DC. fl. fr.* 5, *p.* 493 ; *Soy.-Will. préc. l. c. p.* 72, *f.* 10 ; *arch. l. c. p.* 165, *f.* 10; *V. coronata DC. prodr.* 4, *p.* 628 α. *et* β.! (*non DC. fl. fr.*); *Bertol. fl. ital.* 1, *p.* 192 ; *Guss. syn.* 1, *p.* 28 (*non Dufr. nec Soy.-Will.*); *Valeriana Locusta* ζ. *discoïdea L. sp.* 48 *et Mant.* 319 ; *Valeriana discoïdea Willd. sp.* 1, *p.* 184 ; *Fedia coronata Gærtn. fruct.* 2, *p.* 37, *tab.* 86 (*excl. syn. L.*); *Fedia discoïdea Vahl, enum.* 2, *p.* 21 ; *Fedia sicula Guss. prodr.* 1, *p.* 25. *Ic. Morison, hist. sect.* 7, *tab.* 16, *f.* 29 ; *Vaill. l. c. f.* 22 *et* 23. *Rchb. icon. tab.* 116, *f.* 226 (*mala*). *Soleir. exsicc.* 2045 ! — Se distingue de l'espèce précédente par les caractères suivants : limbe du calice velu sur les deux faces, plus long que le fruit, *concave et presque rotacé, divisé en 6 lobes très-étalés, souvent bifides, tous également terminés par une arête longue et crochue au sommet;* fruit plus court, ovoïde-obconique, à dépression de la face ventrale orbiculaire ou ovale ; tige plus courte et plus trapue, souvent rameuse dès la base ; rameaux plus étalés.

Hab. Moissons de la région méditerranéenne, Grasse, Hyères, Toulon, Marseille, Montpellier, Cette, Narbonne, etc.; Corse, à Saint-Florent. ① Mai-juin.

V. vesicaria *Mœnch, méth.* 493 ; *DC. fl. fr.* 4, *p.* 241 ; *Dufr. val.* 60, *tab.* 3, *f.* 9 (*mala*); *Rchb. fl. excurs.* 198; *Soy.-Will. préc. l. c.* 72, *f.* 11 ; *arch. l. c. p.* 166, *f.* 11 ; *Bertol. fl. ital.* 1, *p.* 194 ; *Guss. syn.* 1, *p.* 31 ; *Valeriana Locusta* β. *vesicaria L. sp.* 47 *et Mant.* 319 ; *Valeriana vesicaria Willd. sp.* 1, *p.* 183; *Fedia vesicaria Vahl. enum.* 2, *p.* 20. *Ic. Vaill. l. c. f.* 24 ; *Rchb. icon. tab.* 70, *f.* 139 (*mediocr.*); *DC. mém. val. tab.* 3, *f.* 8; *Sibth. et Sm. fl. græc. tab.* 34.— Fleurs en *capitules subglobuleux* à la maturité; bractées *étalées*, peu nombreuses, lancéolées, aiguës, ciliées, plus courtes que les fruits mûrs. Limbe du calice *très-grand, vésiculeux, globuleux*, finement nervié en réseau, pubescent, *plus large et plus long que le fruit, ouvert au sommet ; bord de l'ouverture muni de* 6 *dents triangulaires à la base, subulées au sommet, fléchies en dedans.* Fruit velu, court, *ovoïde-obconique*, muni sur la face ventrale d'un bourrelet simulant un siphon et circonscrivant une dépression de forme orbiculaire. Feuilles finement ciliées ; les inférieures oblongues, sinuées-dentées ; les supérieures bien plus petites, linéaires, incisées à leur base. Tige finement pubescente, rameuse-dichotome dès la base ; rameaux très-étalés.

Hab. Marseille ! ① Mai-juin.

ESPÈCES EXCLUES.

Valeriana celtica *L. sp.* 46.— Cette espèce, qui croît sur les Alpes de Savoie et particulièrement au Mont-Cenis, n'a point encore été trouvée dans les Alpes de France qui touchent à ces dernières. Lapeyrouse n'a décrit sous ce nom que la *V. montana.*

Valeriana saxatilis *L. sp.* 45. — Cette espèce des Alpes de Suisse et d'Allemagne n'appartient pas à nos Alpes françaises.

Fedia Cornucopiæ *Gærtn. fruct. t.* 86, *f.* 3. — Cette plante, indiquée par Mutel aux environs de Nice, se retrouvera peut-être dans le Var; mais jusqu'à ce moment elle n'appartient point à la flore de France.

LXV. DIPSACÉES.

(Dipsaceæ D C. fl. fr. 4, p. 221.) (1)

Fleurs hermaphrodites, plus ou moins irrégulières, munies chacune d'un involucelle gamophylle (calice extérieur), sessiles et réunies en capitule dense sur un réceptacle commun entouré d'un involucre polyphylle. Réceptacle plus ou moins conique, nu ou couvert de paillettes scarieuses ou herbacées. Involucelle caliciforme, gamophylle, turbiné, marqué extérieurement de pores ou de côtes saillantes, terminé par un limbe scarieux, entier ou lobé, rarement presque nul, contenant dans sa cavité sans y adhérer, la partie fructifère du calice. Celui-ci gamosépale, à tube plus ou moins adhérent à l'ovaire, et rétréci au-dessus de lui en un col étroit, brusquement élargi au sommet en un limbe persistant, accrescent, entier, lobé, ou réduit à des arêtes. Corolle gamopétale, insérée au-dessus du tube du calice, 4-5-fide, à divisions plus ou moins inégales, tubuleuses-infundibuliformes, à préfloraison imbricative. Etamines 4, insérées sur le tube de la corolle; anthères libres, bilobées, introrses. Ovaire adhérent au calice, uniovulé; stigmate entier ou bilobé. Ovule suspendu, réfléchi (anatrope); style filiforme. Fruit sec, couronné par le limbe du calice, uniloculaire, à une graine, indéhiscent, renfermé dans l'involucelle persistant. Graine suspendue, soudée au péricarpe. Embryon droit dans un albumen charnu; radicule rapprochée du hile. — Feuilles opposées.

DIPSACUS. (Tournef. inst. 265.)

Involucre général polyphylle, à folioles *épineuses et aiguillonnées, plus longues* que les paillettes du réceptacle. Celui-ci chargé de paillettes coriaces, terminées par de longues pointes. Involucelle *tétragone*, à 8 sillons, couronné par 4 dents courtes, quelquefois nulles. Calice à limbe *subtétragone*, cyathiforme, tronqué ou lobé, cilié. Corolle 4-fide. Stigmate simple, longitudinal. — Plantes bisannuelles, à tiges armées d'aiguillons.

D. sylvestris *Mill. dict.* 2; *DC. fl. fr.* 4, *p.* 222; *Dub. bot.* 258; *Lois. gall.* 1, *p.* 101; *D. sylvestris var.* α. *L. sp.* 140; *Ic. Dod. pempt.* 723, *f dext.; Morison, h.* 3, *s.* 7, *tab.* 36, *f.* 3; *Fuchs, hist.* 225; *Lob. obs.* 487, *f.* 3.—Capitules ovoïdes, dressés;

(1) Auctore Grenier.

involucre à folioles linéaires-aiguës, *ascendantes,* pourvues d'aiguillons, et d'une côte dorsale très-épaisse, saillante; paillettes *droites et non recourbées au sommet,* scarieuses, coriaces, concaves, oblongues-obovées, brusquement terminées en une longue pointe subulée-ciliée dépassant la corolle; involucelle pubescent, à limbe peu distinct, à tube tétragone, appliqué sur le calice. Celui-ci resserré en tube mince, puis dilaté en un limbe velu, tétragone, caduc. Fruit oblong. Feuilles coriaces, épineuses sur la nervure médiane, inégalement crénelées; les radicales oblongues, brièvement pétiolées, étalées sur la terre; les caulinaires *oblongues-lancéolées,* rarement pennatifides, soudées-perfoliées à la base en un godet évasé, *glabres ou à peine aiguillonnées aux bords.* Tige de 1 mètre et plus, dressée, sillonnée, épineuse, peu rameuse. — Plante glabre, à fleurs lilas.

Hab. Lieux incultes, bords des champs, des chemins, des fossés en France et en Corse. (1) Juillet-août.

D. laciniatus *L. sp.* 141; *DC. fl. fr.* 4, *p.* 222; *Dub. bot.* 257; *Lois. gall.* 1, *p.* 102. *Ic. Morison, h.* 3, *s.* 7, *tab.* 36, *f.* 4. — Espèce voisine du *D. sylvestris;* elle s'en distingue par ce qui suit: Feuilles *ciliées par des soies,* et non par des aiguillons; feuilles caulinaires-moyennes *toujours pennatifides;* tige à *aiguillons moins forts;* fleurs *toujours blanchâtres.*

Hab. Alsace, Haguenau, Strasbourg, Colmar, Rouffach, etc.; Côte-d'Or; Jura, Dole, Arbois, etc.; Dauphiné, Grenoble; Saône-et-Loire; Auvergne; Bretagne; Toulouse; Agen; Montauban. (2) Juillet.

D. ferox *Lois. gall. ed.* 1, *p.* 719, *et ed.* 2, *vol.* 1, *p.* 102, *tab.* 3; *DC. fl. fr.* 5, *p.* 487; *Dub. bot.* 258. — Cette espèce diffère du *D sylvestris* par ses capitules *globuleux,* plus courts et non ovoïdes; par les folioles de son involucre *étalées;* par les paillettes du sommet du capitule *transformées en longues folioles semblables à celles de l'involucre;* par ses feuilles *couvertes* sur les deux faces d'*aiguillons forts,* nombreux et d'un jaune-paille foncé; par ses tiges *plus courtes* (20-30 centimètres), hérissées d'aiguillons plus forts et extrêmement abondants. — Fleurs blanchâtres ou bleuâtres. Cette plante varie en outre par ses feuilles radicales crénelées ou lobées, et par les caulinaires libres ou perfoliées, crénelées ou pennatifides.

Hab. La Corse, Ajaccio, Sartène, Nonza, Corté, etc. (2) Juin-juillet.

D. Fullonum *Mill. dict.* 1; *DC. fl. fr.* 4, *p.* 222; *Dub. bot.* 258; *Lois. gall.* 1, *p.* 101. *Ic. Lob. obs.* 487, *f. sup.; Morison, s.* 7, *tab.* 36, *f.* 1; *Dod. pempt.* 723, *f. sin. sup.* — Cette plante est voisine des trois précédentes, et surtout du *D. sylvestris.* Elle se distingue aux caractères suivants: folioles de l'involucre lancéolées-linéaires, *inermes,* étalées, dépassant à peine les fleurs et *plus courtes* que le capitule; paillettes oblongues, *acuminées-recourbées,* égalant les corolles; feuilles caulinaires *toujours en-*

tières, presque entièrement dépourvues d'aiguillons, même sur la nervure médiane, à bords lisses ou finement ciliés dans les feuilles radicales. — Fleurs lilas.

Hab. Cultivé dans le nord et le midi de la France pour l'usage des manufactures de draps ; subspontané dans ces deux régions. ② Juillet-août.

CEPHALARIA. (Schrad. ind. sem. Gott. 1814.)

Involucre général polyphylle, composé de folioles *simples, non épineuses*, dépourvues d'aiguillons, *plus courtes* que les paillettes du réceptacle, ou les égalant quelquefois. Réceptacle à paillettes dures et terminées en pointe épineuse. Involucelle *tétragone*, à 8 sillons, couronné par 4–8 dents. Calice à limbe subtétragone, cyathiforme. Corolle quadrifide. Stigmate longitudinal. — Plante à tiges sans aiguillons, et ne différant du *Dipsacus* que par leur involucre plus court que les paillettes.

a. *Racine annuelle ou bisannuelle.*

C. pilosa *Nob ; C. appendiculata Schrad. cat. gött.* 1814; *Dipsacus pilosus L. hort. ups.* 25, *et sp.* 141 ; *D C. fl. fr.* 4, *p.* 223; *Dub. bot.* 257; *Lois. gall.* 1, *p.* 102; *Lam ill. tab.* 56, *f.* 2. *Ic. Dod. pempt.* 723, *f. inf.; Math. comm.* 2, *p.* 26 ; *Lob. obs.* 487, *f. inf. sin.* — Capitules globuleux, *penchés* au moment de la floraison, puis dressés; involucre à folioles herbacées, longuement ciliées, *lancéolées-acuminées*, étalées, puis réfléchies ; paillettes dressées, scarieuses, concaves, obovées, puis brusquement surmontées d'une pointe subulée et longuement ciliée, *aussi longues que les fleurs ;* involucelle glabre à la maturité, à limbe *multidenticulé, non cilié*, et n'atteignant pas la base du tube calicinal. Calice resserré en col étroit, puis dilaté en limbe velu. Corolle à lobes égaux. Anthères d'un pourpre noir. Fruit oblong-obové, atténué à la base. Feuilles ovales ou ovales-acuminées, crénelées, pourvues à la base du limbe très grand *d'une paire de segments;* les radicales grandes (2-3 décimètres), longuement pétiolées, hérissées de poils raides. Tige dressée, *sillonnée*, très-rameuse, hérissée à la base, *spinuleuse* au sommet. Racine grosse, bisannuelle. — Fleurs blanches. Nous n'avons pas admis le nom spécifique de Schrader pour conserver la priorité à celui de Linné.

Hab. Maine-et-Loire; Sarthe ; Paris; Lorraine; Alsace ; Bourgogne ; Jura; Besançon ; Mâcon ; Lyon ; tout le centre de la France; Agen ; basses montagnes des Pyrénées centrales. Manque dans la région méditerranéenne. ① Juillet-septembre.

C. syriaca *Schrad. cat. gött.* 1814; *Dub. bot.* 257 ; *Coult. dips.* 25, *tab.* 1, *f.* 7; *Scabiosa syriaca L. sp.* 141 ; *DC. fl. fr.* 5, *p.* 487. *Ic. Morison, hist.* 3, *s.* 7, *tab.* 14, *f.* 14; *Clus. hist. lib.* 4, *p.* 4, *f. dext.* — Capitules dressés ; involucre à *folioles semblables aux paillettes ;* celles-ci coriaces, obovées, surmontées par une pointe longuement acuminée, égalant leur limbe, atteignant ou dépassant un peu le sommet des graines; involucelle hérissé, surmonté par un limbe à 4-8 *dents inégales*, dont les plus longues *dépassent* le limbe velu du calice. Corolle à lobes égaux. Anthères exsertes, lancéolées, purpurines. Fruit prismatique-quadrangulaire, un peu atténué à la base, à 8 côtes. Feuilles *simples, lancéolées*, dentées au bas et au milieu de la tige; les supérieures entières, pubescentes surtout vers le haut de la plante. Tige de 2-4 décimètres, striée, pubescente-hérissée. Racine simple, annuelle. — Fleurs bleuâtres.

Hab. Dans les champs cultivés, à Nîmes. ♃ Juin.

C. TRANSYLVANICA *Schrad. l. c.; Coult. dips.* 25, *tab.* 1, *f.* 6; *Scabiosa transylvanica L. sp.* 141; *Lois. gall.* 1, *p.* 103; *Mut. fl. fr.* 2, *p.* 105; *All. ped. tab.* 48. *Ic. Morison, h.* 3, *s.* 6, *tab.* 13, *f.* 12.— Capitules dressés; involucre à folioles semblables aux paillettes; celles-ci ovales, acuminées-aristées, à arête plus courte que le limbe, concaves, à carène dorsale verte ou purpurescente, blanchâtres-scarieuses et ciliées aux bords, plus courtes que les fleurs, plus longues que les graines; involucelle hérissé, couronné par un limbe à 8 dents *courtes, égales*, et qui *n'atteignent pas* la base du limbe velu du calice. Corolle à lobes extérieurs bien plus grands que les intérieurs. Anthères lancéolées, exsertes, purpurines. Fruit prismatique-quadrangulaire, à peine atténué à la base, à 8 côtes. Feuilles radicales simples, ovales ou lancéolées, atténuées en pétiole, dentées-en-scie; les caulinaires *pennatiséquées*, à segments lancéolés-acuminés ou sublinéaires, le terminal plus grand; toutes un peu coriaces, plus ou moins poilues-scabres, ciliées. Tige de 2-5 décimètres, grêle, striée, dressée, plus ou moins poilue-scabre, rameuse. Racine grêle, simple, annuelle. — Fleurs d'un bleu pâle légèrement purpurin.

Hab. Grasse! (*Perreymond*); Toulon à la Garde et dans les champs! (*Robert*). ① Septembre.

b. *Racine vivace.*

C. ALPINA *Schrad. cat. gött.* 1814; *Dub. bot.* 257; *Scabiosa alpina L. sp.* 141; *D C. fl. fr.* 4, *p.* 224; *Lois. gall.* 1, *p.* 103. *Ic. Lob. adv.* 223. — Capitules un peu penchés; involucre à folioles *herbacées*, et du reste semblables aux paillettes; celles-ci coriaces, ovales-lancéolées, aiguës, *velues-soyeuses*, un peu plus courtes que la corolle; involucelle hérissé, surmonté d'un limbe à 8 dents sétacées, dressées, longues (4-5 millimètres), et *enveloppant tout le limbe velu du calice.* Corolle à lobes égaux. Anthères linéaires, brunes. Fruit prismatique-quadrangulaire, un peu atténué du sommet à la base, à 8 côtes. Feuilles pubescentes; les radicales simples, elliptiques-oblongues, décurrentes sur le pétiole; les caulinaires pennatiséquées, à segments lancéolés, dont le terminal plus grand, dentés-en-scie, scabres. Tige de 1 mètre et plus, solitaire, dressée, arrondie, *sillonnée,* poilue, rameuse. Racine fusiforme-rameuse.— Fleurs jaunes.

Hab. Le haut Jura sous le sommet de la Dole, dans le vallon d'Ardran sous le Reculet ; Dauphiné, St.-Eynard en allant de St-Imier à la Grande-Chartreuse, Villard-de-Laus, le Devoluy, la Grangette près de Gap; Pyr., Canigou ? (*Tournef.*). ♃ Juillet-août.

C. LEUCANTHA *Schrad. l. c.; Dub. bot.* 257 ; *Scabiosa leucantha L. sp.* 142; *DC. fl. fr.* 4, *p.* 225; *Lois. gall.* 1, *p.* 204 ; *Moris, sard.* 2, *p.* 326. *Ic. Lob. obs.* 291, *f. dext.; Clus. hist. lib.* 4, *f.* 1. — Capitules globuleux, dressés ; involucre formé d'écailles dressées, *en tout semblables* aux paillettes ; celles-ci de moitié plus courtes que la fleur, dressées, scarieuses, pubérulentes, concaves, ovales ; involucelle hérissé à la maturité, à limbe *multidenté et cilié, atteignant* la base du limbe calicinal. Calice à col presque nul, à limbe velu. Corolle à lobes extérieurs un peu plus grands. Anthères blanches. Fruit prismatique-quadrangulaire, non atténué à la base, à 8 côtes. Feuilles radicales simples, ovales, dentées-en-scie, n'existant plus à l'époque de la floraison ; les caulinaires pennatiséquées, à segments dentés ou pennatifides, lancéolés ou linéaires, le terminal plus grand. Tiges dressées, *lisses,* rameuses, *très nombreuses* sur la même souche. Celle-ci grosse, *fruticuleuse et rameuse.* — Plante glabre, poilue ou hérissée ; fleurs blanchâtres.

β. *simplex.* Feuilles lancéolées, dentées-en-scie. — *Scabiosa mediterranea Viv.! cors. app.* 1. *p.* 1 (*ex Moris*).

Hab. Côteaux et lieux pierreux de tout le midi, de Nice à Collioure, remonte dans les Pyr.-Or. jusqu'à Olette, se retrouve dans les Basses-Pyrénées au-delà de Bayonne, remonte dans les Alpes jusqu'au-delà de Gap ; var. β. environs de Toulon et de Marseille. ♃ Juillet-août.

KNAUTIA. (Coult. dips. 28.)

Involucre général composé de folioles simples. Réceptacle *hérissé de soies et dépourvu de paillettes.* Involucelle brièvement stipité, *comprimé-anguleux, non sillonné, à 4 fossettes,* et couronné par 4 dents dont deux plus courtes. Calice à limbe cyathiforme, à 6-8 arêtes dressées, inégales. Corolle 4-5-fide. Stigmate émarginé-bifide. — Plantes herbacées.

K. HYBRIDA *Coult. dips.* 30; *Dub. bot.* 257; *Scabiosa hybrida All. auct. p.* 9; *DC. fl. fr.* 4, *p.* 227; *S. lyrata Lam. ill. n°* 1310. *Ic. Lob. t.* 537, *fig. sin.* — Capitules presque *planes.* Involucre à 10-12 folioles lancéolées, acuminées, ciliées, presque *une fois aussi longues* que les fruits ; fleurs de la circonférence rayonnantes. Involucelle hérissé, *surmonté de 2-4 dents* sétacées, aussi longues que le limbe du calice qu'elles entourent. Celui-ci cupuliforme, presque glabre et couronné par des poils blancs-argentés presque aussi longs que lui. Corolle d'un rose pâle, pubescente extérieurement. Fruit primastique-quadrangulaire, comprimé. Feuilles poilues-scabres ; les inférieures ovales-oblongues, obtuses, atténuées en pétiole, dentées; les caulinaires lyrées ou pennatiséquées; les supérieures sublinéaires. Tige de 3-5 décimètres, poilue-scabre, avec quelques poils glanduleux au sommet. Racine grêle, *annuelle*.

β. *integrifolia*. Feuilles toutes simples, plus ou moins dentées. *Scabiosa integrifolia L. sp.* 142; *Lois. gall.* 1, *p.* 103. *Ic. Lob. obs.* 291, *f. inf.*

Hab. Dans les moissons de la région méditerranéenne; Fréjus; Toulon; Avignon; Aix; Montpellier; Narbonne; etc.; Corse, Bastia, Bonifacio, etc. ① Mai-juin.

K. arvensis *Koch, syn. ed.* 2, *p.* 376; *Dub. bot.* 257 (*part.*); *Scabiosa arvensis L. sp.* 142; *D C. fl. fr.* 4, *p.* 226. *Ic. Fuchs, hist.* 716. *Les auteurs dont les synonymes suivent ont réuni cette plante et les deux suivantes en une seule espèce. K. arvensis Coult. mém. acad. Genève, t.* 1, 1re *part. p.* 41 (1823); *K. communis Godr. fl. lorr.* 1, *p.* 322 (1843); *K. vulgaris Döll. Rhein. fl.* 379 (1843); *K. variabilis F. Schultz, arch. Fr. et All.* 67 (1844), *et fl. Pfalz.* 215 (1846); *Scabiosa variabilis F. Schultz, in Mut. fl. fr.* 2, *p.* 99 (1835), *et in Hol. fl. Mos. sppl.* 12 (1836); *S. polymorpha Schmidt fl. Bohem.* 3, *p.* 77.—Capitules hémisphériques, un peu aplanis en dessus, portés par de longs pédoncules étalés, munis de poils courts et tomenteux, entremêlés de poils plus longs également simples. Involucre à folioles ovales-lancéolées ou lancéolées-aiguës. Fleurs de la circonférence *très-rayonnantes*. Involucelle poilu, rétréci au sommet en un bord quadrangulaire saillant et denticulé. Limbe du calice *sessile ou subsessile* dans la cupule que forme le sommet de l'involucelle, divisé jusqu'à la base en 8 dents lancéolées, aristées, sétacées, égalant les *deux tiers* de la longueur du fruit (plus épaisses, plus distinctement denticulées et de 1/3 plus longues que dans les 2 espèces suivantes). Fruit poilu, tétragone-comprimé, *ovale-élargi* (2 1/2 à 3 millimètres de large sur 5 millimètres de long), couvert au sommet de papilles visibles à la loupe. Feuilles *d'un vert terne et blanchâtre;* les inférieures très-variables, ovales-lancéolées, dentées, incisées ou pennatiséquées; les caulinaires pennatifides, à lobes lancéolés, entiers, le terminal plus grand et parfois denté-en-scie. Tige de 5-10 décimèt., fistuleuse, rameuse supérieurement. — Plante ordinairement poilue, à poils tantôt simples, tantôt assis sur une glande noirâtre et entremêlés de poils plus petits, parfois très-nombreux, donnant à la plante un aspect soyeux; fleurs lilacées.

Hab. Champs, collines, et bords des chemins. ♃ Juillet-août.

K. dipsacifolia *Host, aust.* 1, *p.* 191; *K. sylvatica Dub. bot.* 257 (*part.*); *Scabiosa sylvatica L. sp.* 142. *Schultz, exsicc. cent.* 1, *n°* 42, *et cent.* 3, *n°* 42 *bis.* — Capitules presque hémisphériques, portés par de longs pédoncules étalés munis de poils courts et tomenteux entremêlés de poils plus longs et simples. Involucre à folioles ovales-lancéolées, subacuminées. Fleurs de la circonférence peu rayonnantes. Involucelle poilu, rétréci au sommet en un bord quadrangulaire, saillant et denticulé. Limbe du calice *très-distinctement pédicellé*, divisé presque jusqu'à la base en 8 dents lancéolées, acuminées, aristées, très-fines, égalant *la moitié* de la longueur du fruit. Celui-ci poilu, tétragone-comprimé, *ovale-resserré* (2 millimètres de large sur 5 millimètres de long). Feuilles d'un vert très-clair (comme celles du *Dipsacus pilosus L.*), lancéolées-acuminées, atténuées à la base, régulièrement dentées-en-scie, à dents peu profondes et parfois nulles, à veinules *plus nombreuses, plus entrelacées et plus saillantes* que dans la précédente. Tige de 5 à 10 décimètres, arrondie, fistuleuse, rameuse supérieurement. — Plante glabre ou poilue, à poils simples ou implantés sur une glande noirâtre; fleurs purpurines ou lilacées.

Hab. Bois et lieux ombragés des basses montagnes et de la région des sapins; Alsace; Vosges; Jura; Alpes; centre de la France; Pyrénées, etc. ♃ Juillet-août.

K. LONGIFOLIA *Koch, syn.* 376; *Scabiosa longifolia W. K. hung. tab.* 5; *D C. fl. fr.* 5, *p.* 488; *Dub. bot.* 257 (*excl. var.* β.); *Sc. sylvatica* β. *D C. prod.* 4, *p.* 651. — Capitules un peu aplanis en dessus, portés par de longs pédoncules tomenteux et nombreux, à poils courts quelques-uns rarement glanduleux, entremêlés de poils plus longs. Involucre à folioles ovales-lancéolées, subacuminées. Fleurs de la circonférence *peu ou pas rayonnantes*. Involucelle *très-peu reserré* au sommet denticulé. Limbe du calice courtement mais distinctement *pédicellé* vu à la loupe, divisé presque jusqu'à la base en 8 dents *sublinéaires-aristées*, égalant à peine *le tiers* de la longueur du fruit. Celui-ci poilu, tétragone-comprimé, *étroitement elliptique* (moins de 2 millimètres de large sur 5 millimètres de long). Feuilles d'un *vert un peu noirâtre et luisant, toutes étroitement lancéolées ou lancéolées-linéaires*, entières ou régulièrement et peu profondément dentées-en-scie. Tige de 3-5 décimètres, arrondie, fistuleuse, presque toujours *glabre inférieurement ainsi que les feuilles*, peu rameuse. — Fleurs lilacées. Cette plante dans la région la plus froide de nos monts Jura était en pleine fleur à la fin de juin, époque à laquelle les *K. dipsacifolia* et *arvensis* ne commençaient point encore à fleurir dans la région bien plus chaude de la plaine et des vignes.

Hab. Prairies humides et tourbeuses dans la haute région des sapins; Jura, Pontarlier, la Brevine, le Bélieu, etc.; mont Pilat près de Lyon; le Forez; Auvergne; Pyrénées; etc. ♃ Juin-juillet.

K. TIMEROYI *Jord. cat. j. bot. Dijon*, 1848, *p.* 25. — Capitules subhémisphériques, portés par de longs pédoncules munis de poils courts et *glanduleux*, entremêlés de quelques poils longs et simples. Involucre à folioles lancéolées-aiguës. Corolles de la circonférence rayonnantes. Involucelle poilu, rétréci au sommet en un bord denticulé. Limbe du calice *sessile*, divisé jusqu'au-delà du milieu en 8 dents ovales-lancéolées, longuement aristées, *égalant* presque la longueur du fruit. Corolle à lobes *oblongs-obtus*, à tube trois fois aussi long que le calice. Fruit poilu, tétragone-comprimé, *étroitement ovale-oblong* (à peine 2 millimètres de large sur 5 millimètres de long), *plus aminci* à la base qu'au sommet. Feuilles d'un *vert obscur* et un peu pâle; les radicales ovales-oblongues, acuminées, atténuées en *long pétiole*, entières, crénelées, incisées ou pennatiséquées, à lobes étalés, obtus, entiers ou dentés; les caulinaires sessiles, pennatifides à lobes linéaires, le terminal plus grand. Tige de 4-6 décimètres, velue surtout inférieurement, rameuse au sommet. Souche petite, subligneuse, bi-tri-annuelle. — Fleurs d'un pourpre-lilas. Cette plante a le port du *K. arvensis*, mais plus grêle. Elle en diffère par ses capitules d'un tiers plus petits, par ses fleurs pourprées, moins grandes, à tube moins long et plus grêle; par ses fruits d'un tiers plus étroits; par ses pédoncules glanduleux, enfin par sa teinte d'un vert plus clair.

Hab. Collines calcaires des environs de Lyon; Morestel et Belley (*Jord.*); Crémieux (*Timeroy*). ② Juillet.

K. MOLLIS *Jord. cat. j. bot. Dijon*, 1848, *p.* 25. — Capitules subhémisphériques, portés par de longs pédoncules munis de nombreux poils courts et *glanduleux*, entremêlés de beaucoup d'autres poils longs et simples. Involucre à folioles ovales-lancéolées, aiguës. Fleurs de la circonférence rayonnantes. Involucelle poilu, un peu rétréci au sommet denticulé. Limbe du calice *très-distinctement pédicellé* et ombiliqué, divisé jusqu'au-delà du milieu en 8 dents lancéolées-linéaires, longuement aristées, égalant les 2/3 de la longueur du fruit; arête 2 fois aussi longue que le limbe calicinal. Corolle à lobes *oblongs-spatulés*, à tube égalant environ 4 fois la longueur du calice. Fruit poilu, tétragone-comprimé, étroitement ovale-oblong. Feuilles *longuement et mollement pubescentes* et presque soyeuses; les radicales oblongues-lancéolées, *courtement pétiolées*, entières, dentées, incisées ou pennatiséquées à lobes distants, lancéolés-oblongs ou sublinéaires-oblongs, subaigus; les caulinaires sessiles, pennatifides à lobes linéaires, ainsi que les supérieures *dilatées et parfaitement arrondies à la base*. Tige de 3-5 décimètres, mollement velue par de longs poils mous et soyeux, pauciflore, marquée surtout inférieurement de *côtes fines* qui en rendent la coupe hexagone. Souche grosse, dure, ligneuse, *vivace*. — Fleurs purpurines. Cette belle et remarquable espèce est bien distincte du *K. Timeroyi* par le limbe pédicellé du calice à dents plus étroites; par les feuilles plus mollement poilues-soyeuses, et dont les supérieures sont parfaitement dilatées-arrondies à la base; par la floraison plus précoce. La racine nous a paru vivace. Ses feuilles découpées, ses pétioles moins longs, les poils glanduleux des pétioles l'éloignent de *K. sylvatica*. Ces mêmes caractères et le limbe pédicellé du calice le distinguent de *K. longifolia*. Enfin ses courts pétioles, sa pubescence, son calice pédicellé ne permettent pas de le confondre avec *K. arvensis*. Les pédoncules sont toujours plus épais et les folioles de l'involucre plus grandes que dans les autres espèces.

Hab. Bords des bois et collines sèches des montagnes du Dauphiné; environs de Gap (*Jord.*); Rabou sous le bois Mondet (*B. Blanc.*); Briançon (*Jord.*) ♃ (*Gren.*); ②? (*Jord.*) Juin-juillet.

K. collina (*sub Scabiosa.*) *Req. in Guer. Vaucl. ed.* 2, *p.* 248; *D C. fl. fr.* 5, *p.* 487; *Lois. gall.* 1, *p.* 102; *K. arvensis* β. *collina Dub. bot.* 257. — Capitules subhémisphériques, portés par de longs pédoncules munis de nombreux poils courts et *glanduleux*, presque entièrement dépourvus de longs poils simples. Involucre à folioles ovales-lancéolées. Fleurs de la circonférence rayonnantes. Involucelle poilu, rétréci et denticulé au sommet. limbe du calice *très-distinctement pédicellé*, muni de poils rares et courts, divisé presque jusqu'à la base en 8 dents lancéolées-linéaires, longuement aristées, à arête égalant 3 fois le limbe. Lobes de la corolle oblongs, obtus. Feuilles *courtement pubescentes*, *presque tomenteuses;* les radicales oblongues, très-obtuses, courtement pétiolées, plus ou moins dentées ou incisées; les autres pennatifides à lobes obtus; les supérieures faiblement dilatées-arrondies à la base. Souche grosse, dure, ligneuse, vivace. — Fleurs purpurines. Cette plante se rapproche surtout de la *K. mollis*, dont elle diffère au premier aspect par sa villosité formée par des poils bien plus courts et presque tomenteux, par ses feuilles plus obtuses, et dont les supérieures bien moins arrondies-dilatées à la base.

Hab. La Provence, Toulon, Marseille, Avignon, Castellane (*Jord.*), Sisteron, Laragne, Gap (*Grenier*), etc. ♃ Juillet.

SCABIOSA. (Lin. gen. 115, part.)

Involucre général composé de plusieurs folioles. Réceptacle hérissé ou glabre, *garni de paillettes*. Involucelle sessile, *cylindrique*, *creusé de* 8 *sillons* profonds, à 4-8 fossettes, *dépourvu d'arêtes*, *terminé par un limbe scarieux-campanulé ou cyathiforme*. Calice à limbe atténué en long stipe linéaire, épanoui en 5 arêtes étalées. Corolle 4-5-fide. Stigmate émarginé. — Plantes vivaces, herbacées.

Sect. 1. Asterocephalus *Coult. dips.* 33. — Tube de l'involucelle *arrondi et dépourvu de plis à la base*, creusé de fossettes au sommet; à couronne grande, membraneuse. Corolle 5-fide.

Sc. graminifolia *L. sp.* 143; *D C. fl. fr.* 4, *p.* 232; *Dub. bot.* 255; *Lois. gall.* 1, *p.* 106. *Ic. Morison, sect.* 6, *tab.* 13, *f.* 36. — Involucre à folioles lancéolées, ascendantes à la maturité. Involucelle fructifère très-velu sur le tube, muni à son sommet de 8 fossettes, presque une fois plus long que le limbe; celui-ci scarieux-plissé, campanulé, érodé au sommet, égal aux arêtes du calice. Corolles 5-fides; les extérieures rayonnantes; toutes à poils dirigés en bas. Réceptacle petit, subsphérique, muni de bractées *lancéolées-aiguës*, un peu plus longues que les graines. Feuilles *linéaires, très-entières, argentées-soyeuses*. Tiges de 1-2 décimètres, nues avec 1-2 paires de feuilles à la base. Souche *vivace, rameuse*.— Plante pubescente, soyeuse-argentée ; fleurs d'un violet pâle.

Hab. Montagnes du Dauphiné; Rabou, la Grangette, mont Aurouse, et col Bayard près de Gap; Guillestre et Combes-du-Quayras ; St.-Eynard près de Grenoble; Villard-d'Arène; Barcelonnette; etc. ♃ Juillet-août.

Sc. stellata *L. sp.* 144 ; *DC. fl. fr.* 4, *p.* 231, *et* 5, *p.* 491 ; *Dub. bot.* 255 ; *Lois. gall.* 1, *p.* 105 ; *Sc. monspeliensis Jacq. rar.* 1, *tab.* 24 ; *Dub. bot.* 255; *Coult. dips.* 34; *Sc. simplex DC. fl. fr.* 4, *p.* 231 ; *Lois. gall.* 1, *p* 105; *Desf. atl.* 1, *p.* 125, *tab.* 39? *Ic. Dod. pempt.* 122, *f.* 4 ; *Clus. hist.* 2, *p.* 1 ; *Lob. obs.* 292, *f.* 1.—Involucre à folioles lancéolées-sublinéaires, poilues, réfléchies à la maturité. Involucelle fructifère à tube hérissé de longs poils qui atteignent la base de la couronne, et recouvrent les huit fossettes creusées à son sommet ; couronne scarieuse, plissée, campanulée, érodée, égalant environ deux fois la longueur du tube, et *un peu plus courte que les arêtes du calice*. Corolles 5-fides, à poils ascendants ; les extérieures rayonnantes. Réceptacle *subglobuleux*, petit et portant quelques paillettes *larges, elliptiques*, subscarieuses. Feuilles radicales oblongues-spatulées, atténuées en pétiole, dentées ou incisées ; les caulinaires pennatiséquées à segments lancéolés ou linéaires, entiers ou dentés, à lobe terminal plus grand et denté ou incisé-denté. Tige de 1-4 décimètres, simple (*Sc. simplex DC.*), ou rameuse, très-feuillée. Racine *annuelle*. — Plante poilue ou hérissée, très-variable pour la taille et la découpure des feuilles ; fleurs bleuâtres.

Hab. Gréoux, Sistéron ; Avignon ; Fréjus ; Toulon ; Marseille ; Montpellier ; Collioure (*Lap.*). ① Mai-juin.

Obs. — Nous n'avons point adopté le nom de *Sc. monspeliensis DC.* parce que tous les synonymes de Baubin et de Linné, ainsi que les figures citées, se rapportent ou ne peut pas plus exactement à notre plante de Provence. La plante décrite dans le Prodrome sous le nom de *Sc. stellata* reprendrait le nom de *Sc. rotata Bieb.* Cette dernière espèce n'a point été, à notre connaissance, trouvée en France, sinon peut-être au port Juvénal, où elle aurait été apportée avec les laines étrangères.

Sc. ucranica *L. sp.* 144 ; *DC. fl. fr.* 4, *p.* 230, *et* 5, *p.* 490 ; *Dub. bot.* 255 ; *Lois. gall.* 1, *p.* 106 ; *Mut. fl. fr.* 2, *p.* 102, *tab.* 26 ; *Sc. Gmelini St.-Hil. bul. phil.* n° 61, *p.* 149, *tab.* 3; *Sc. alba Scop. insubr.* 3, *tab.* 16; *Sc. eburnea fl. græc.* 106; *Sc. argentea Desf. ann. mus.* 9, *tab.* 24. *Ic. Gmel. sib.* 2, *tab.* 87. *Schultz, exsicc.* n° 458!— Involucre à folioles étroitement lancéolées-linéaires, ciliées, étalées ou réfléchies à la maturité. Involucelle fructifère à tube velu dans la moitié inférieure, cylindrique, glabre et muni de 8 fossettes dans sa moitié supérieure, un peu plus court que le limbe; celui-ci scarieux, campanulé, érodé au bord, égalant *environ* 1/4 *de la longueur* des arêtes du calice. Corolles extérieures rayonnantes. Réceptacle *cylin-*

drique, chargé de paillettes subscarieuses, *linéaires-acuminées*, égalant le fruit. Feuilles radicales simples et *n'existant plus* au moment de la floraison; les caulinaires *pennatiséquées, à segments linéaires-aigus, entiers*. Tiges de 6-12 décimètres, nombreuses raides, rameuses supérieurement, à rameaux grêles et ascendants. Souche *cespiteuse, vivace, sublignеuse*.—Plante pubescente-hérissée; fleurs d'un blanc-jaunâtre ou bleuâtre.

Hab. Blois; Malesherbes. ♃ Juillet-septembre.

Sect. 2. VIDUA *Coult. l. c.* — Involucelle à tube parcouru dans toute sa longueur par 8 côtes, à limbe court, *spongieux et infléchi*; tube calicinal *muni d'une gaîne*; arêtes partant d'un limbe étroit *longuement stipité*.

Sc. maritima *L. sp.* 144; *DC. fl. fr.* 5, *p.* 490; *Dub. bot.* 256; *Lois. gall.* 1, *p.* 104; *Vill. Dauph.* 2, *p.* 295; *Moris, sard.* 2, *p.* 328; *Sc. grandiflora Scop. del. insubr.* 3, *p.* 29, *tab.* 14; *Sc. ambigua Tenor, syll.* 63; *Sc. acutiflora Rchb. cent.* 4, *tab.* 326, *f.* 506; *Sc. calyptocarpa St.-Am. fl. agen.* 60; *Sc. setifera Lam. ill. n°* 1321; *Poir. dict.* 6, *p.* 723. *Schultz, exsicc. n°* 869! — Capitules planes lors de la floraison, ovoïdes ou oblongs à la maturité. Involucre à folioles lancéolées-oblongues, à la fin réfléchies. Involucelle fructifère à tube ovale, creusé de 8 cannelures formées par les côtes, plus ou moins pubescent, marqué à son sommet de 8 fossettes peu profondes; à limbe formé de deux lames, l'externe en coupe scarieuse infléchie dans la cavité, l'interne embrassant en forme de gaîne le tube allongé filiforme du calice dont le limbe s'épanouit en 5 arêtes sétacées. Corolles 5-fides; les extérieures rayonnantes. Réceptacle subcylindrique et conique, couvert de paillettes linéaires et ciliées. Feuilles radicales et caulinaires inférieures oblongues-spatulées, pétiolées, dentées ou incisées; les caulinaires pennatiséquées, à divisions très-variables, obovées, oblongues, lancéolées ou linéaires incisées, dentées, ou entières, à lobe terminal plus grand. Tige de 1 à 12 décimètres, simple ou rameuse, à rameaux étalés. Racine annuelle. — Plante très-variable pour la taille, la pubescence, la couleur et la grandeur des fleurs; celles-ci roses, blanches, ou d'un pourpre foncé.

β. *atropurpurea*. Fleurs très-grandes, d'un pourpre plus ou moins foncé. *Sc. atropurpurea L. sp.* 144; *D C. fl. fr.* 4, *p.* 231; *Dub. bot.* 255; *Lois. gall.* 1, *p.* 105. *Ic Clus. hist.* 2, *p.* 3; *Morison, sect.* 6, *tab.* 14, *n°* 26.

Hab. La Provence, depuis les bords de la mer jusqu'au-delà de Montélimart; le Languedoc, en s'étendant des bords de la mer à Toulouse, Bayonne, Agen, etc. ① Juin-juillet.

OBS. — L'impossibilité de trouver des caractères suffisants pour séparer les *Sc. maritima* et *Sc. atropurpurea* nous a fait adopter l'opinion de Coulter, Moris, Bertoloni et autres botanistes qui ont réuni ces deux plantes. La grandeur et la couleur des fleurs constituant leurs principales différences, il nous a semblé que la culture que subit depuis de longues années la *Sc. atropurpurea* suffisait pour expliquer ces différences. Pubescence du fruit, longueur relative des parties qui le composent, côtes, lobes et limbe de l'involucelle, gaine de la base du col calicinal, longueur de ce col, soies du calice, toutes ces parties présentent une trop grande similitude, pour qu'il soit possible d'établir deux espèces.

Sect. 3. Sclerostemma *Koch, syn.* 378. — Involucelle parcouru dans toute sa longueur par 8 sillons, à couronne *membraneuse* ; calice à limbe *sessile*, à 5 arêtes, ou moins par avortement.

Sc. columbaria *L. sp.* 143; *DC. fl. fr.* 4, *p.* 228; *Dub. bot.* 256; *Lois. gall.* 1, *p.* 104; *Koch, syn.* 378. *Ic. Clus. hist.* 2, *p.* 2, *f. dext.*; *Lob. obs.* 290, *f. dext.*; *Dod. pempt.* 122, *f. inf. sin. Billot, exsicc. n°* 254 ! — Capitules globuleux ou ovoïdes à la maturité. Involucre à folioles linéaires-lancéolées, sur un seul rang, plus courtes que les fleurs. Paillettes du réceptacle étroitement lancéolées, un peu élargies et ciliées au sommet, égalant l'involucelle. Celui-ci un peu velu, à tube cylindrique égal au calice, à limbe scarieux-érodé, formant une coupe au fond de laquelle le limbe subsessile du calice étale ses 5 dents sétacées, dépourvues de nervure sur leur face supérieure et 3-4 fois aussi longues que la couronne de l'involucelle. Corolles 5-fides, très-inégales, rayonnantes à la circonférence. Fruit obové. Feuilles inférieures spatulées, ovales ou elliptiques, crénelées, pétiolées ; les supérieures pennatiséquées, à segments linéaires, entiers ou incisés, le terminal plus grand. Tige de 3-7 décimètres, dressée, raide, ordinairement munie surtout vers le haut de poils dirigés en bas. — Fleurs d'un bleu clair.

β. *vestita*. Plante blanche argentée-soyeuse. *Sc. pyrenaïca All. ped. tab.* 26, *f.* 1 !; *DC. fl. fr.* 4, *p.* 229 (*part.*).

Hab. Prairies et collines de la plaine et des montagnes ; var. β. Alpes du Dauphiné, col de Tende (*Reuter*). ♃ Juin-septembre.

Obs. — Dans les prés fertiles la plante fleurit et fructifie en juin ; puis elle redonne une seconde fois des fleurs en août et en septembre, surtout si elle a été fauchée. Dans les prés secs et sur les collines, elle ne fleurit qu'une fois en août et en septembre. J'avais, d'après cela, pensé qu'il y avait là deux espèces confondues ; mon ami, M. Timeroy, de Lyon, était également de cet avis. Mais deux années d'observations suivies sur des milliers d'individus n'ont pu me laisser aucun doute sur l'unité d'espèce, malgré cette singulière variante dans la production des fleurs.

Sc. ochroleuca *L. sp.* 146; *DC. fl. fr.* 4, *p.* 230. — Ainsi que beaucoup d'auteurs l'ont pensé, cette plante pourrait bien n'être qu'une variété de la précédente. Elle en diffère seulement par ses fleurs *jaunes;* par les soies du calice d'*un tiers plus courtes ;* et par sa racine moins décidément vivace.

Hab. Toulon ! (*Robert*) ? ♃ Juillet.

Sc. affinis *Gren. et Godr.* — Cette espèce fait partie des espèces voisines de la *Sc. columbaria*, et dans les vallées alpines et subalpines elle remplace souvent cette dernière. On la distingue aux caractères suivants : capitules fructifères exactement *globuleux;* arêtes du calice *sans nervures*, plus courtes que celles de la *Sc. co-*

lumbaria, et plus longues que celles de la *Sc. gramuntia;* pédoncules *très-longs et divariqués;* feuilles *bipennatiséquées, même les supérieures*, à segments sublinéaires bien plus courts que dans les deux espèces précitées; tige courte (1 décimètre) comme dans la *Sc. lucida*, rarement uniflore, se divisant ordinairement en rameaux *très-divergents* donnant naissance aux pédoncules terminés par les capitules d'un tiers plus petits que ceux des espèces voisines. — Par la culture cette plante prend un curieux aspect. La tige sans s'allonger beaucoup se ramifie subitement en 25–30 pédoncules terminés par autant de capitules; et le point d'où naît cette espèce de corymbe est couvert de feuilles très-raprochées, bi-pennatiséquées, à segments lancéolés et plus larges que ceux des feuilles caulinaires situées au-dessous; les capitules sont plus petits que dans l'état normal.

Hab. Vallées alpines et subalpines du Dauphiné; descend à Grenoble, et même à Lyon (*Timeroy*); elle se plaît sur les grèves, et entraînée par les eaux on la retrouve au loin sur les bords des torrents. ♃ Juillet-août.

Sc. lucida *Vill. Dauph.* 2, *p.* 293; *DC. fl. fr.* 4, *p.* 228; *Dub. bot.* 256; *Lois. gall.* 1, *p.* 104; *Sc. stricta W. K. hung. tab.* 138.— Souvent confondue avec la *Sc. columbaria*, cette espèce s'en distingue aux caractères suivants: tige toujours courte (1-2 décimètres), portant plusieurs paires de feuilles *très-rapprochées*, ordinairement glabres et *luisantes;* les inférieures lancéolées, dentées ou incisées, puis les suivantes pennatiséquées à lobes lancéolés; pédoncules bien plus longs (2-3 décimètres), comparés à la longueur de la plante, peu nombreux, 1–3 rarement plus; soies du calice un peu *élargies à la base* et pourvues *d'une nervure saillante à la face interne*.

β. *mollis*. Feuilles mollement pubescentes.

γ. *sericea*. Feuilles pubescentes, soyeuses-argentées. —*Sc. holosericea DC. fl. fr.* 5, *p.* 489; *Dub. bot.* 256.

Hab. Hautes Vosges; haut Jura, Mont-d'Or, Suchet, la Dôle, le Reculet, etc.; les monts Dores; Alpes; Pyrénées; var. γ, Alpes du Dauphiné, col de l'Arche (*Gren.*); Pyrénées, pic de Bigorre, Esquierry, etc. ♃ Août.

Sc. gramuntia *L. sp.* 143; *DC. fl. fr.* 5, *p.* 488; *Lois. gall.* 1, *p.* 104; *Koch, syn.* 378. — Cette espèce est bien distincte de la *Sc. columbaria*, et de toutes les espèces précédentes, par les soies du calice qui ordinairement *dépassent à peine le limbe de l'involucelle*, qui quelquefois même sont presque nulles, et qui atteignent au plus deux fois la longueur de la couronne. Ses feuilles sont de plus bien plus découpées, bi-tripennatiséquées comme dans la *Sc. affinis*, mais les lobes sont plus allongés.

α. *agrestis*. Plante glabrescente ou légèrement pubescente. *Sc. agrestis W. K. hung tab.* 204.

β. *mollis*. Feuilles inférieures couvertes d'un duvet lâche et mollement tomenteux. *Sc. mollis Willd. en. suppl. p.* 7; *Sc. gracilis*

Roem. et Sch. syst. 3, *p.* 64 ; *Sc. Columnæ Ten. nap.* 2, *p.* 29, *tab.* 7, *et syll.* 586 ; *Mut. fl. fr.* 2, *p.* 103.

γ. *tomentosa*. Plante couverte d'un duvet fin, serré, court, blanc, argenté-soyeux. *Sc. pyrenaïca All. ped.* 1, *p.* 140, *t.* 25. *f.* 2 (*part.*)? ; *D C. fl. fr.* 4, *p.* 229 (*part. excl. descript. fructus qui ad Sc. maritimam spectat*) ; *Dub. bot.* 256 ; *Sc. mollissima D C. fl. fr.* 5, *p.* 490 (*part.*) ; *Sc. cinerea Lam. ill. n.* 1319.

Hab. Région méditerranéenne ; remonte la Durance jusqu'à Gap, et le Rhône jusqu'à Lyon ; se retrouve à Mont-Louis (Pyrénées-Orientales). ♃ Juillet-août.

Sc. suaveolens *Desf. cat. par.* 110 ; *D C. fl. fr.* 4, *p.* 229 ; *Dub. bot.* 256 ; *Lois. gall.* 1, *p.* 105 ; *Sc. canescens W. K. hung. tab.* 53. *Ic. Tabern. tab.* 160. *Schultz, exsicc. n°* 457.—Capitules devenant ovales à la maturité. Involucre à folioles lancéolées, acuminées, sur 2-3 rangs, 2 fois plus courtes que les fleurs. Paillettes du réceptacle *lancéolées*, élargies et ciliées au sommet, plus longues que l'involucelle. Celui-ci très-velu, presque tétragone, à limbe scarieux, étalé, *denté*, formant une coupe au centre de laquelle le limbe sessile du calice étale ses 5 dents blanchâtres, sétacées, sans nervure, *aussi longues que le tube et une fois plus longues que la couronne de l'involucelle*. Corolles très-inégales, 4-5-fides ; les extérieures rayonnantes. Fruits fusiformes. Feuilles des rosettes stériles, ainsi que celles de la base des tiges, étroitement oblongues ou lancéolées, *très-entières* ; les caulinaires *toutes pennatiséquées*, à segments égaux, linéaires, *jamais dentés*. Tige de 2-4 décimètres, dressée, raide, peu rameuse, brièvement pubescente. Racine rameuse. — Se distingue en outre de la *Sc. columbaria* et des espèces voisines par ses pédoncules plus courts ; ses capitules plus petits ; ses fleurs odorantes ; les soies du calice un peu plus longues que celles de la *Sc. gramuntia*. Fleurs d'un violet pâle.

Hab. Escarpements des hautes Vosges ; Alsace, Colmar ; Côte-d'Or ; Fontainebleau ; Romans aux bords du Rhône ; Lyon aux Balmes viennoises. ♃ Juillet-septembre.

Sc. rutæfolia *Vahl, symb.* 2, *p.* 29 ; *Bertol. fl. ital.* 2, *p.* 65 ; *Sc. urceolata Desf. atl.* 1, *p.* 122 ; *Dub. bot.* 256 ; *Sc. divaricata Lam. ill. n°* 1311. *Ic. Bocc. ital.* 52 ; *Morison, s.* 6, *tab.* 13, *f.* 24. — Capitules en toupie à la floraison et subglobuleux à la maturité. Involucre *gamophylle*, cupuliforme, et à peine urcéolé, un peu plus court que les fleurs, soudé dans sa moitié inférieure, divisé supérieurement en 6-8 lobes lancéolés-linéaires, alternativement grands et petits. Paillettes du réceptacle ovales-lancéolées, aiguës, carénées, glabres, dépassant un peu l'involucelle. Celui-ci à tube distinctement *tétragone* à la maturité, hérissé sur les angles, plus ou moins pubescent sur les faces planes et parcourues dans leur milieu par une côte fine et portant deux fossettes à leur sommet ; à limbe scarieux, égalant à peine le quart de la longueur du tube ; celui-ci cyathiforme, obscurément à 4 lobes érodés. Calice à limbe très-petit, sessile, prolongé en 5 arêtes sétacées, 1-2 fois plus longues que la couronne de l'involucelle, rarement plus courtes que lui. Corolles 5-fides, presque toutes égales, à peine rayonnantes. Feuilles glabres ou pubescentes; les radicales charnues, linéaires-oblongues, entières, dentées ou incisées, n'existant plus à la floraison ; les caulinaires pennatiséquées à segments linéaires, obtus, un peu élargis au sommet, entiers ou rarement dentés, le terminal souvent bi-trifide. Tige de 3-5 décimèt., glabre ou pubescente dans le bas, rameuse, à rameaux divariqués. Souche subligneuse, rameuse. — Fleurs rosées.

Hab. Corse, Bastia, Bonifacio. ♃ Juillet.

Sc. Succisa *L. sp.* 142 ; *D C. fl. fr.* 4, *p.* 226 ; *Dub. bot.* 256; *Lois. gall.* 1, *p.* 103 ; *Succisa pratensis Mœnch, meth.* 489 ; *Koch, syn.* 377. *Ic. Morison, s.* 6, *tab.* 13, *f.* 7 ; *Fuchs, hist.* 715 ; *Math. comm.* 571. — Capitules hémisphériques, puis globuleux à la maturité. Involucre à folioles lancéolées, sur 2-3 rangs et plus courtes que les fleurs. Paillettes ciliées, lancéolées, acuminées, filiformes à la base, plus longues que le tube de l'involucelle. Celui-ci un peu velu à la maturité, à limbe court, divisé *en 4 dents herbacées et dressées.* Calice à limbe très-petit, couronné par 5 dents sétacées, de moitié plus courtes que le tube et une fois plus longues que la couronne de l'involucelle. Corolles *toutes égales*, 4-fides. Fruit oblong, à 8 sillons. Feuilles inférieures oblongues, *très-entières*, ordinairement glabres, quelquefois très-poilues et plus arrondies ; les supérieures *lancéolées*, souvent dentées. Tige dressée, raide, plus ou moins pubescente vers le haut. Racine tronquée, noirâtre. — Fleurs violettes ou roses, rarement blanches.

Hab. Terrains humides, tourbeux ou argileux ; les bois, etc. ♃ Août-septembre.

ESPÈCE EXCLUE.

Scabiosa (**Cephalaria**) **centauroides** *Lam.* — Cette espèce a été indiquée en Provence par Desfontaines, sans doute par confusion avec le *Sc. leucantha*, car elle n'a pas été retrouvée.

LXVI. SYNANTHÉRÉES.

(Synanthereæ C. Rich. in Marth. cat. hort. bot. 1801, p. 85.) (1)

Fleurs hermaphrodites, unisexuelles ou neutres par avortement, réunies en capitule (*calathide*), sessiles sur un réceptacle commun, entourées d'un involucre commun (*péricline*). Calice gamosépale, à tube adhérent à l'ovaire, à limbe nul, ou membraneux, ou formé d'écailles, d'arêtes, ou d'une aigrette de poils. Corolle insérée sur

(1) Auctore Godron (exceptis Chichoraceis).

la gorge du calice, gamopétale, tantôt régulière, tubuleuse, à limbe divisé en 4-5 dents à estivation valvaire et bordées par une nervure; tantôt irrégulière et prolongée en languette; le tube de la corolle muni de 5 nervures qui aboutissent aux sinus du limbe. Etamines au nombre de 4-5, insérées sur le tube de la corolle et alternes avec ses divisions; filets libres, articulés sous le sommet; anthères biloculaires, soudées en tube, s'ouvrant à la face interne par deux fentes longitudinales, à connectif ordinairement prolongé en appendice au sommet. Style unique, filiforme, quelquefois renflé à sa partie supérieure, bifide; branches planes en dedans, où elles portent vers leurs bords deux lignes distinctes ou confluentes de papilles stigmatiques, munies ordinairement en dehors ou au sommet de poils raides et courts (*poils collecteurs*). Ovaire unique, infère, uniloculaire, uniovulé, réfléchi (anatrope). Le fruit est un akène indéhiscent, prolongé ou non prolongé en bec supérieurement, nu au sommet ou surmonté par le limbe du calice. Graine dressée, ordinairement soudée avec le péricarpe. Albumen nul; embryon droit; radicule dirigée vers le hile.

Sous-famille I. TUBULIFLORES.

(TUBULIFLORÆ Endl gen. 356.)

Calathides à fleurs toutes ou au moins celles du centre régulières, à corolle tubuleuse et à 4-5 dents.

DIV. 1. **CORYMBIFERÆ** *Juss. gen.* 177. — Fleurs du centre hermaphrodites, à corolle tubuleuse, régulières; fleurs de la circonférence femelles, quelquefois stériles, à corolle rarement tubuleuse, mais le plus souvent fendue en long et disposée en languette. Style non articulé et non renflé en nœud vers le sommet.

§ 1. ANTHÈRES DÉPOURVUES D'APPENDICES FILIFORMES A LEUR BASE.

A. *Réceptacle dépourvu d'écailles.*

TRIB. 1. ADENOSTYLEÆ. — Calathides homogames. Style à branches demi-cylindriques ou cylindriques. Akènes cylindriques, pourvus de côtes et d'une aigrette poilue.

EUPATORIUM L. **ADENOSTYLES CASS.**

TRIB. 2. TUSSILAGINEÆ. — Calathides hétérogames ou presque dioïques. Style à branches demi-cylindriques ou cylindriques. Akènes cylindriques, pourvus de côtes et d'une aigrette poilue.

HOMOGYNE CASS. **PETASITES TOURNEF.** **TUSSILAGO L.**

Trib. 3. ERIGERINEÆ. — Calathides hétérogames ou homogames. Style à branches comprimées, arrondies au sommet non pénicillé. Akènes comprimés, rarement cylindriques, ordinairement pourvus de côtes et toujours d'une aigrette poilue.

SOLIDAGO L. — LINOSYRIS LOB. — PHAGNALON CASS. — CONYZA LESS. — ERIGERON L. — STENACTIS NÉES. — ASTER NÉES. — BELLIDIASTRUM MICH.

Trib. 4. BELLIEÆ. — Calathides hétérogames. Style à branches comprimées, arrondies au sommet non pénicillé. Akènes comprimés, sans côtes; aigrette formée de poils alternant avec des écailles.

BELLIUM L.

Trib. 5. BELLIDEÆ. — Calathides hétérogames. Style à branches comprimées, arrondies au sommet non pénicillé. Akènes comprimés, sans côtes; aigrette nulle.

BELLIS L.

Trib. 6. SENECIONEÆ. — Calathides hétérogames, rarement homogames. Style à branches pénicillées au sommet tronqué ou prolongé en cône au-delà du faisceau de poils. Akènes cylindriques, munis de côtes; aigrette poilue.

DORONICUM L. — ARONICUM NECK. — ARNICA L. — SENECIO LESS. — LIGULARIA CASS.

Trib. 7. ARTEMISIEÆ. — Calathides homogames ou hétérogames. Styles à branches pénicillées au sommet tronqué ou prolongé en cône au-delà du faisceau de poils. Akènes cylindriques, pourvus ou dépourvus de côtes; aigrette nulle.

ARTEMISIA L. — TANACETUM LESS. — PLAGIUS L'HÉR.

Trib. 8. CHRYSANTHEMEÆ. — Calathides hétérogames. Style à branches pénicillées au sommet tronqué ou prolongé en cône au-delà du faisceau de poils. Akènes cylindriques ou trigones, munis de côtes; aigrette nulle.

LEUCANTHEMUM TOURNEF. — CHRYSANTHEMUM TOURNEF. — PINARDIA LESS. — NANANTHEA D C. — MATRICARIA L.

B. *Réceptacle garni d'écailles.*

Trib. 9. CHAMOMILLEÆ. — Calathides hétérogames. Style à branches pénicillées au sommet tronqué ou prolongé en cône au-delà du faisceau de poils. Akènes de forme variée, ordinairement pourvus de côtes; aigrette nulle.

CHAMOMILLA GODR. — COTA GAY. — ANTHEMIS CASS. — ANACYCLUS PERS. — DIOTIS DESF. — SANTOLINA TOURNEF. — ACHILLEA L.

Trib. 10. BIDENTIDEÆ. — Calathides hétérogames. Styles à branches pénicillées au sommet tronqué ou prolongé en cône au-delà du faisceau de poils. Akènes comprimés ou tétragones, armés de 1-5 arêtes au sommet.

BIDENS L. KERNERIA MŒNCH.

§ 2. Anthères pourvues a leur base de deux appendices filiformes.

A. *Réceptacle pourvu d'écailles dans toute son étendue.*

Trib. 11. BUPHTHALMEÆ. — Calathides hétérogames. Styles à branches comprimées, arrondies et pubescentes au sommet. Akènes dissemblables, munis d'une couronne membraneuse lacérée.

BUPHTHALMUM L. ASTERISCUS TOURNEF.

B. *Réceptacle nu ou pourvu d'écailles seulement à la circonférence.*

Trib. 12. INULEÆ.— Calathides ordinairement hétérogames. Style à branches linéaires, comprimées, arrondies et pubescentes au sommet. Akènes cylindriques ou tétragones, munis ou dépourvus de côtes ; aigrette poilue. Réceptacle entièrement nu.

CORVISARTIA MÉRAT. PULICARIA GÆRTN. JASONIA DC.
INULA GÆRTN. CUPULARIA NOB.

Trib. 13. GNAPHALIEÆ. — Calathides homogames ou hétérogames. Style à branches linéaires, comprimées, arrondies au sommet. Akènes cylindriques ou comprimés, sans côtes ; aigrette poilue Réceptacle nu ou pourvu d'écailles à la circonférence.

HELICHRYSUM DC. ANTENNARIA BROWN. FILAGO TOURNEF.
GNAPHALIUM DON. LEONTOPODIUM BROWN. LOGFIA CASS.

Trib. 14. TARCHONANTHEÆ. — Calathides hétérogames. Style à branches linéaires, comprimées, arrondies au sommet. Akènes comprimés, dépourvus de côtes et d'aigrette. Réceptacle nu ou pourvu d'écailles à sa circonférence.

MICROPUS L. EVAX GÆRTN.

Trib. 15. RELHANIEÆ. — Calathides homogames ou hétérogames. Style à branches linéaires, un peu comprimées, obtuses et glabres au sommet. Akènes cylindriques, pourvus de côtes ; aigrette nulle. Réceptacle nu.

CARPESIUM L.

Trib. 16. CALENDULEÆ. — Calathides hétérogames. Style à branches courtes, épaisses, convexes et velues extérieurement. Akènes rostrés ; aigrette nulle. Réceptacle nu.

CALENDULA NECK.

§ 1. Anthères dépourvues d'appendices a leur base.

A. *Réceptacle dépourvu d'écailles.*

Trib. 1. ADENOSTYLEÆ *D C. prodr.* 5, *p.* 126. — Calathides homogames. Fleurs toutes hermaphrodites, à corolle tubuleuse, régulière. Anthères arrondies à la base. Style à branches demi-cylindriques ou cylindriques. Akènes cylindriques, munis de côtes; aigrette poilue.

EUPATORIUM. (L. gen. 935.)

Péricline simple, cylindrique, à folioles peu nombreuses, imbriquées. Fleurs toutes tubuleuses, hermaphrodites. Corolle à tube allongé, *insensiblement dilaté de la base au sommet,* à limbe quinquefide. Anthères arrondies à la base. Style à branches allongées, pubescentes, cylindracées au sommet, obtuses, arquées, convergentes par le haut, munies dans leur partie inférieure seulement de deux bourrelets stigmatiques étroits et *distincts.* Akènes oblongs-obconiques, munis de côtes; aigrette formée de poils dentelés, disposés *sur un seul rang.* Réceptacle plane, nu.— Feuilles le plus souvent opposées.

E. cannabinum *L. sp.* 1173; *DC. fl. fr.* 4, *p.* 129. *Ic. fl. dan. tab.* 745. — Calathides en grappe corymbiforme, très-rameuse et compacte. Péricline à folioles très-inégales, caduques, un peu concaves, obtuses; les extérieures ovales; les intérieures linéaires-oblongues, largement scarieuses et plus ou moins colorées en rose au sommet. Fleurs purpurines ou blanches, ordinairement au nombre de 5 dans chaque calathide. Corolle glanduleuse. Anthères prolongées au sommet en un appendice lancéolé, obtus, égalant les dents de la corolle. Style hérissé à la base. Akènes à la fin noirs, munis de glandes résineuses, brillantes et de 5 côtes saillantes; aigrette blanche, *plus longue que l'akène.* Feuilles opposées, toutes brièvement pétiolées, glanduleuses en dessous, à peine ponctuées-pellucides, rarement entières et lancéolées acuminées, le plus souvent palmatilobées à 3-5 lobes lancéolés, *acuminés,* dentés; dents aiguës. Tige dressée, raide, un peu anguleuse, striée, simple ou peu rameuse.— Plante de 6-10 décimètres, plus ou moins couverte de poils mous, articulés, crépus.

Hab. Bois humides, bords des ruisseaux. ♃ Juin-août.

E. corsicum *Requien, in Lois. nouv. not. p.* 36 *et gall.* 2, *p.* 223; *E. cannabinum Moris, fl. sard.* 2, *p.* 344 (*ex parte*). *Soleir. exsicc.* 2471! — Se distingue du précédent par ses calathides plus petites; par sa corolle à limbe plus étalé; par l'appendice des anthères ovale, plus obtus, plus court que les dents de la corolle; par l'aigrette *égalant l'akène;* par ses feuilles moins velues, évidemment ponctuées-pellucides, munies en dessous de glandes plus grosses et bien plus nombreuses; les feuilles sont tantôt toutes entières, ovales-lancéolées, non acuminées, tantôt en partie entières, en partie trifides ou tripartites (*E. Soleirolii Lois. l. c.*), à segments bien moins allongés, plus ovales, *non acuminés*, bordés de dents plus courtes et obtuses. Il s'en sépare en outre par sa tige très-rameuse, à rameaux grêles, très-étalés, souvent pourvus au sommet de petites feuilles alternes et non dentées.

Hab. Lieux humides, en Corse, Bastia, Corte, Vico, Ajaccio. ♃ Juillet.

ADENOSTYLES. (Cass. dict. sc. nat. 1, suppl. 59.)

Périclipe simple, à folioles peu nombreuses et disposées sur un seul rang. Fleurs toutes tubuleuses et hermaphrodites. Corolle à tube *brusquement dilaté en cloche au sommet*, à limbe quadrifide. Quatre étamines; anthères arrondies à la base. Style à branches arquées en dehors, demi-cylindriques, munies de deux bourrelets stigmatiques larges et *confluents au sommet*. Akènes cylindriques, atténués aux deux extrémités, munis de côtes; aigrette formée de poils brièvement ciliés, disposés *sur plusieurs rangs*. Réceptacle plane, nu. — Feuilles caulinaires alternes.

A. ALBIFRONS *Rchb. fl. excurs. p.* 278; *Koch, syn.* 382; *A. albida Cass. l. c.; Godr. fl. lorr.* 2, *p.* 4; *Cacalia albifrons L. f. suppl.* 353; *Gaud. helv.* 5, *p.* 215; *Cacalia hirsuta Vill. Dauph.* 3, *p.* 172; *Cacalia Alliariæ Gouan, illustr. p.* 65; *Cacalia tomentosa Jacq. austr. tab.* 235 (*non Vill. nec Thunb.*); *Cacalia Petasites Lam. dict.* 1, *p.* 531; *DC. fl. fr.* 4, *p.* 127. *Rchb. exsicc.* 2163! — Calathides en grappe corymbiforme compacte et plane; pédicelles munis vers le sommet de 1-3 petites bractéoles aiguës qui simulent un calicule. Péricline cylindrique, à 3-6 folioles oblongues, obtuses, étroitement appliquées. Fleurs *au nombre de* 3-6 dans chaque calathide. Akènes bruns, glabres; aigrette blanche, fragile. Réceptacle étroit, tuberculeux. Feuilles vertes en dessus, *blanchâtres et cotonneuses en dessous;* les radicales très-grandes, pétiolées, réniformes, profondément en cœur à la base, *inégalement et fortement dentées;* les caulinaires *de même forme*, mais plus petites, pourvues d'un pétiole plus court et embrassant ordinairement la tige par deux appendices foliacés arrondis; la base du limbe présente dans toutes au fond de l'échancrure un prolongement cunéiforme bordé par 2 nervures latérales. Tige dressée, *rameuse*. Souche oblique, brune, écailleuse, munie de très-longues fibres radicales. — Plante de 6-10 décimètr.; fleurs purpurines, plus rarement blanches.

Hab. Bords des torrents et rochers humides des montagnes; chaîne des Vosges et du Jura; Alpes du Dauphiné; chaîne du Forez et du Cantal; monts Dore; Puy-de-Dôme; Lozère; Pyrénées; montagnes de Corse. ♃ Juillet-août.

A. alpina *Bluff et Fing. comp. fl. germ.* 2, *p.* 329; *Koch, syn.* 382; *A. viridis Cass. l. c.; A. glabra D C. prodr.* 5, *p.* 203; *Cacalia alpina Jacq. austr. tab.* 234; *D C. fl. fr.* 4, *p.* 127; *Gaud. helv.* 5, *p.* 213; *Cacalia glabra Vill. Dauph.* 3, *p.* 170; *Cacalia alliariæfolia Lam. dict.* 1, *p.* 532; *Bertol. amœnit. ital. p.* 405; *Tussilago Cacalia Scop. carn.* 2, *p.* 156. *Rchb. exsicc.* 443! — Se distingue du précédent aux caractères suivants : feuilles plus petites, un peu plus épaisses, *glabres sur les deux faces, luisantes et élégamment veinées en dessous,* moins brusquement décroissantes, à limbe *réniforme-triangulaire*, profondément en cœur à la base qui se prolonge moins évidemment en coin sur le pétiole et le plus souvent même semble tronquée; les dents qui bordent les feuilles sont *simples et égales;* le pétiole des feuilles caulinaires est rarement auriculé à la base; la tige est *simple,* plus flexueuse; la taille beaucoup plus petite. — Fleurs purpurines, rarement blanches.

Hab. Pâturages des montagnes: chaîne du Jura; Alpes du Dauphiné; mont Ventoux. ♃ Juillet-août.

A. leucophylla *Rchb. fl. exc.* 278; *Koch, syn.* 382; *A. candidissima Cass. l. c.; Cacalia tomentosa Vill. Dauph.* 3, *p.* 171 (*non Thunb. nec Jacq.*); *Cacalia leucophylla Willd. sp.* 3, *p.* 1736; *D C. fl. fr.* 4, *p.* 128; *Gaud. helv.* 5, *p.* 216. — Calathides plus grandes que dans les espèces précédentes, en grappe corymbiforme compacte et *globuleuse;* pédicelles munis vers le sommet de 2-3 bractéoles subulées, qui simulent un calicule. Péricline tomenteux, évasé au sommet, à 6-8 folioles lancéolées. Fleurs *au nombre de* 15-20 dans chaque calathide. Akènes bruns, glabres; aigrette blanche, fragile; réceptacle convexe, tuberculeux. Feuilles *blanches-cotonneuses* des deux côtés, ou plus rarement glabres et vertes en dessus seulement (*A. hybrida D C. prodr.* 5, *p.* 204); les radicales proportionnément petites, réniformes, profondément en cœur à la base, fortement et *inégalement dentées;* les caulinaires moyennes à *limbe presque triangulaire, acuminées en une pointe triangulaire et non dentée*, à pétiole rarement et brièvement auriculé; la base du limbe présente dans toutes au fond de l'échancrure un prolongement cunéiforme, bordé par deux nervures latérales. Tige dressée, flexueuse, *simple.* Souche brune, écailleuse, munie de fibres radicales peu allongées. — Plante de 2-6 décimètres, blanche-tomenteuse; fleurs purpurines.

Hab. Hautes Alpes du Dauphiné, Lautaret, Revel près de Grenoble, Villars-d'Arène, montagnes de l'Oursine, sous les glaciers de la Bérarde, mont Vizo, etc. ♃ Juillet-août.

Trib. 2. TUSSILAGINEÆ *Less. syn.* 158. — Calathides hétérogames, ou presque dioïques. Corolle des fleurs femelles à tube filiforme, à limbe tronqué obliquement ou étendu en languette; corolle des fleurs hermaphrodites tubuleuse, régulière. Anthères échancrées à la base en deux lobes arrondis. Styles à branches demi-cylindriques ou cylindriques. Akènes cylindriques, pourvus de côtes et d'une aigrette poilue.

HOMOGYNE. (Cass. dict. sc. nat. 21, p. 412.)

Plantes *hétérogames*. Péricline à folioles très-inégales, disposées sur 2–3 rangs. 1° Fleurs hermaphrodites placées au centre, à corolle tubuleuse-campanulée, quinquefide; anthères non appendiculées à la base. 2° Fleurs femelles peu nombreuses, formant *un seul rang* à la circonférence, *à corolle filiforme, obliquement tronquée* et à peine dentée. Styles conformes, profondément divisés en deux branches demi-cylindriques. Akènes cylindriques, atténués aux deux bouts, munis de côtes; aigrette formée de poils disposés sur plusieurs rangs et à peine ciliés. Réceptacle plane et nu. — Calathides solitaires et terminales.

H. ALPINA *Cass. l. c.; DC. prodr.* 5, *p.* 205; *Koch, syn.* 383; *Tussilago alpina L. sp.* 1213; *Vill. Dauph.* 3, *p.* 174; *DC. fl. fr.* 4, *p.* 158; *Gaud. helv.* 5, *p.* 272. *Ic. Jacq. austr. tab.* 246; *Lam. illustr. tab.* 674, *f.* 7. *Rchb. exsicc.* 444! — Calathide solitaire et terminale, dressée. Péricline évasé, à folioles très-inégales; les intérieures linéaires-lancéolées, obtuses, purpurines, scarieuses aux bords; les extérieures plus petites, linéaires, aiguës, lâches. Corolle à lobes allongés, linéaires, obtus. Anthères exsertes. Akènes calleux à la base, de moitié plus courts que l'aigrette blanche. Feuilles presque toutes radicales, paraissant avec les fleurs, vertes et luisantes en dessus, plus ou moins velues en dessous, mais jamais blanches, un peu épaisses, pétiolées, à limbe orbiculaire, sinué-crénelé, profondément fendu à la base en deux lobes arrondis, contigus ou se recouvrant; feuilles caulinaires au nombre de 2–3 et placées vers la base de la tige, munies d'un pétiole largement dilaté et embrassant à sa base; 1–2 feuilles squammiformes placées au-dessus. Tige à la fin dressée, simple, longuement nue supérieurement. Souche grêle, longuement rampante. — Plante de 1–3 décimètres; fleurs blanches ou purpurines.

Hab. Pâturages humides des montagnes; Jura, la Dôle, le Suchet; mont Dore; Alpes du Dauphiné, Grande-Chartreuse, mont Vizo, etc.; Pyrénées, Canigou, St.-Sauveur, Nouvielle, Esquierry, Bagnères-de-Luchon, Labatsec, mont Lizey, etc. ♃ Juillet-août.

PETASITES. (Tournef. inst. 451, tab. 258.)

Plantes *presque dioïques*, tantôt à calathides présentant au centre de nombreuses fleurs hermaphrodites et à la circonférence quelques fleurs femelles disposées sur un seul rang; tantôt à calathides offrant à leur centre 1–5 fleurs hermaphrodites, entourées de *plusieurs rangs* de fleurs femelles. Péricline à folioles imbriquées, très-inégales, disposées sur 2–3 rangs. 1° Fleurs hermaphrodites stériles, à corolles tubuleuses-campanulées, régulières;

2° fleurs femelles fertiles, *à corolles filiformes et tronquées obliquement au sommet, ou brièvement ligulées.* Style à branches demi-cylindriques, ovales ou linéaires, obtuses, couvertes de papilles stigmatiques sur toute leur surface. Akènes cylindriques, atténués aux deux extrémités, munis de côtes; aigrette formée de poils à peine ciliés et disposés sur plusieurs rangs. Réceptacle plane, alvéolé. — Calathides nombreuses, disposées en thyrse; feuilles alternes.

Sect. 1. EUPETASITES *Nob.*— Corolles des fleurs femelles tronquées obliquement au sommet.

P. OFFICINALIS *Mœnch, meth.* 568; *Koch, syn.* 383; *P. vulgaris Desf. atl.* 2, *p.* 270; *D C. prodr.* 5, *p.* 206; *Tussilago Petasites Hoppe! tasch. p.* 35; *D C. fl. fr.* 4, *p.* 158. Pl. hermaphrodita: *Tussilago Petasites L. sp.* 1215; *Lam. illustr. tab.* 674, *f.* 1 *et* 2. Pl. fœmina: *Tussilago hybrida L. sp.* 1214; *Vill. Dauph.* 3, *p.* 181; *Schkuhr. handb. tab.* 242.—Calathides de la plante hermaphrodite *sessiles,* ou les inférieures brièvement pédonculées, disposées en thyrse ovale, serré et pourvu de bractées *larges, ovales et lancéolées;* calathides de la plante femelle plus petites, portées sur des pédoncules beaucoup plus longs et souvent rameux, disposées en thyrse oblong et pourvu de bractées étroites. Péricline à folioles brunes; les intérieures oblongues, scarieuses et violettes sur les bords; les extérieures un peu plus courtes et beaucoup plus étroites. Style des fleurs hermaphrodites à branches *courtes et ovales.* Feuilles radicales paraissant après les fleurs, très-grandes, longuement pétiolées, vertes et à la fin glabres en dessus, blanches-tomenteuses en dessous, à limbe réniforme, inégalement denté, profondément échancré à la base qui présente deux lobes arrondis, *saillants vers l'échancrure, mais non contigus;* le fond de l'échancrure *bordé par une nervure;* feuilles caulinaires squammiformes, dressées, demi-embrassantes, purpurines, beaucoup plus larges et moins nombreuses dans la plante hermaphrodite que dans la plante femelle. Tige simple, dressée, un peu laineuse. Souche épaisse, charnue, rampante. — Plante de 3-5 décimètres; fleurs roses ou purpurines.

Hab. Prairies humides, bords des rivières; commun dans presque toute la France. ♃ Mars-avril.

P. ALBUS *Gærtn. fruct.* 2, *p.* 406; *D C. prodr.* 5, *p.* 207; *Koch, syn.* 384; *Tussilago alba D C. fl. fr.* 4, *p.* 159; *Gaud. helv.* 5, *p.* 276. Pl. hermaphrodita: *Tussilago alba L. sp.* 1214; *Vill. Dauph.* 3, *p.* 178; *Sturm, deutsch. fl. helft* 21, *tab.* 10; *Rchb. exsicc.* 446! Pl. fœmina: *Tussilago ramosa Hoppe! tasch. p.* 35; *Sturm, l. c. tab.* 11; *Rchb. exsicc.* 1529! — Se distingue du précédent par les caractères suivants: calathides de la plante hermaphrodite *toutes pédonculées,* disposées en thyrse ovale, peu serré et pourvu de bractées nombreuses *linéaires acuminées;* feuilles radicales moins grandes, plus fortement tomenteuses et blanches en dessous, à limbe orbiculaire, anguleux et denté-mucroné, profondément échancré à la base qui présente deux lobes *parallèles et presque contigus ;* le fond de l'échancrure *non bordé par une nervure, mais par le parenchyme ;* fleurs blanches.

Hab. Bords des ruisseaux dans les montagnes ; Vosges granitiques, Hohneck, Rotabac, ballon de Soultz, etc. ; Jura, la Dôle, le Suchet, Salins, Vaudoncourt, le Larmont près de Pontarlier ; mont Colombier ; commun dans les Alpes du Dauphiné ; mont Mézin ; chaîne du Forez et du Cantal, mont Dore. ♃ Avril-mai.

P. niveus *Baumg. fl. transilv.* 3, *p.* 94 ; *Cass. dict. sc. nat.* 39, *p.* 202 ; *D C. prodr.* 5, *p.* 207 ; *Koch, syn.* 384 ; *Tussilago nivea Vill. act. soc. hist. nat. par.* 1, *p.* 73 ; *D C. fl. fr.* 4, *p.* 159 ; *Gaud. helv.* 5, *p.* 279. Pl. hermaphrodita : *Tussilago frigida Vill. Dauph.* 3, *p.* 175 (*non L.*) ; *Sturm, deutsch. fl. helft* 21, *tab.* 12 ; *Rchb. exsicc.* 596 ! Pl. fœmina : *Tussilago paradoxa Retz, obs.* 2, *p.* 24, *tab.* 3 ; *Sturm* ; *l. c. tab.* 13. — Calathides de la plante hermaphrodite *toutes pédonculées*, en thyrse ovale, assez compacte, pourvu de bractées *lancéolées, acuminées*, aussi longues que les pédoncules ; calathides de la plante femelle portées sur des pédoncules beaucoup plus longs que les bractées, disposées en thyrse oblong et lâche. Péricline évasé, campanulé, à folioles rougeâtres ; les intérieures linéaires-oblongues, obtuses, scarieuses aux bords ; les extérieures plus courtes et plus étroites. Style des fleurs hermaphrodites à branches *allongées, linéaires-lancéolées.* Feuilles radicales commençant à se développer pendant la floraison, tomenteuses et d'un blanc de neige en dessous, aranéeuses et à la fin glabrescentes en dessus, longuement pétiolées, à limbe réniforme-triangulaire, inégalement sinué-denté, largement échancré à la base qui présente deux lobes *divergents*, entiers ou anguleux ; le fond de l'échancrure *bordé par une nervure ;* feuilles caulinaires squammiformes, beaucoup plus larges et beaucoup plus rapprochées dans la plante hermaphrodite que dans la plante femelle. Tige simple, dressée, un peu laineuse. — Plante de 2-6 décim. ; fleurs blanches ou d'un rose pâle.

Hab. Bords des ruisseaux dans les montagnes ; Alpes du Dauphiné, Lautaret sur le Galibier, Col-de-l'Arc et Saint-Nizier près de Grenoble, Manival, mont Aurouse, etc. ; Pyrénées élevées, vallée de Cambasque, Bénasque. ♃ Avril-mai.

Sect. 2. Nardosmia *Cass. dict. sc. nat.* 34, *p.* 186. — Corolle des fleurs femelles brièvement ligulée.

P. fragrans *Presl, fl. sicul.* 1, *p.* 28 ; *Nardosmia fragrans Rchb. fl. exc. p.* 280 ; *D C. prodr.* 5, *p.* 205 ; *Moris. fl. sard.* 2, *p.* 346 ; *Nardosmia denticulata Cass. l. c. ; Cacalia alliariæfolia Poir. voy. Barb.* 2, *p.* 236 ; *Tussilago fragrans Vill. act. soc. hist. nat. par.* 1, *p.* 72, *tab.* 12 ; *D C. fl. fr.* 5, *p.* 471 ; *Guss. syn.* 2, *p.* 497. — Calathides brièvement pédonculées, disposées en thyrse ovale ou ovale-oblong, pourvues de bractées lancéolées acuminées. Péricline à folioles brunes ou verdâtres ; les intérieures linéaires-lancéolées, aiguës, foliacées ; les extérieures plus courtes et beaucoup plus étroites. Style des fleurs hermaphrodites à branches courtes et aiguës. Feuilles radicales naissant pendant ou après l'anthèse, pétiolées, glabres en dessus, pubescentes et vertes en dessous, aranéeuses sur le pétiole, à limbe orbiculaire-en-cœur, bordé de petites dents cartilagineuses, échancré à la base, qui présente deux lobes arrondis et écartés ; le fond de l'échancrure bordé par une nervure ; feuilles caulinaires tantôt squammiformes, tantôt pourvues d'un limbe réniforme non échancré à la base et d'un pétiole qui se dilate inférieuremt en une gaîne membraneuse et embrassante. Tige dressée, simple. Souche rampante, émettant des jets souterrains. — Plante de 2 décimètres ; fleurs d'un blanc-rosé, à odeur de vanille.

Hab. Prés humides, bords des ruisseaux ; Canigou (*Pourret*) ; mont Pilat (*Villars*); Moissac (*Lagrèze-Fossat*); Saint-Jean-Pied-de-Port; Sisteron; Agen; se retrouve bien plus au nord, en Lorraine à Pixerecourt près de Nancy et à Herbevillers près de Vic. ♃ Décembre-mars.

TUSSILAGO. (L. gen. 952.)

Plantes *hétérogames*. Péricline à folioles appliquées, disposées sur deux rangs. 1° Fleurs hermaphrodites peu nombreuses, placées au centre, stériles, à corolle tubuleuse. 2° Fleurs femelles fertiles, placées *sur plusieurs rangs, à corolle ligulée*. Styles à branches courtes, dressées, demi-cylindriques, obtuses, couvertes de papilles stigmatiques sur toute leur surface. Akènes cylindriques, atténués aux deux bouts, munis de côtes ; aigrette formée de poils à peine ciliés. Réceptacle plane, alvéolé. — Calathides solitaires et terminales.

T. Farfara *L. sp.* 1214 ; *DC. fl. fr.* 4, *p.* 157 ; *Tussilago vulgaris Lam. fl. fr.* 2, *p.* 71. *Ic. fl. dan. tab.* 595. — Calathide penchée avant l'anthèse, dressée au moment de la floraison, penchée de nouveau à la maturité. Péricline cylindrique, un peu épaissi à la base, à folioles scarieuses et violettes sur les bords, obtuses, munies souvent de 1-2 dents sur les côtés ; les folioles extérieures un peu plus courtes et de moitié plus étroites. Corolle des fleurs femelles en languette très-étroite, étalée, une fois plus longue que les fleurs du disque. Akènes bruns, glabres, deux fois plus courts que l'aigrette blanche-soyeuse. Feuilles radicales paraissant après que les fleurs sont détruites, grandes, un peu épaisses, pétiolées, vertes en dessus, blanches-tomenteuses en dessous, à limbe orbiculaire, anguleux et denté sur les bords, échancré en cœur à la base ; feuilles caulinaires squammiformes, ovales-lancéolées, rapprochées, dressées, demi-embrassantes, ordinairement violettes. Tige simple, dressée, un peu laineuse. Souche épaisse, charnue. — Plante de 1-2 décimètres ; fleurs jaunes.

Hab. Lieux argileux et humides ; commun dans toute la France. ♃ Mars-avril.

TRIB. 3. ERIGERINEÆ *Godr. et Gren.*— Calathides hétérogames ou rarement homogames. Fleurs de la circonférence ordinairement femelles, à corolle tantôt ligulée, tantôt filiforme et tronquée obliquement au sommet; les fleurs du disque, ou plus rarement toutes les fleurs, hermaphrodites, à corolle tubuleuse, régulière. Anthères arrondies à la base. Styles à branches linéaires, comprimées, arrondies au sommet, pubescentes, mais non pénicillées. Akènes comprimés d'avant en arrière, ou plus rarement cylindriques, ordinairement dépourvus de côtes; aigrette poilue.

SOLIDAGO. (L. gen. 955.)

Péricline ovoïde, à plusieurs rangs de folioles imbriquées. Fleurs de la circonférence femelles, *ligulées, sur un seul rang;* celles du disque hermaprodites, à corolle tubuleuse et à 5 dents. Akènes *cylindriques,* atténués aux 2 extrémités, *munis de côtes;* aigrettes *conformes,* à poils brièvement ciliés et disposés sur un seul rang. Réceptacle plane, *alvéolé; alvéoles bordées d'une membrane dentée.* — Feuilles alternes.

S. VIRGA-AUREA *L. sp.* 1235; *DC. prodr.* 5, *p.* 338; *Koch, syn.* 389. *Ic. fl. dan. tab.*663, *et Engl. bot. tab.* 301.—Calathides ordinairement nombreuses, *étalées, éparses,* disposées au sommet de la tige et des rameaux en grappes oblongues et feuillées, à rameaux *étalés-dressés.* Péricline à folioles très-inégales, lâches, linéaires-lancéolées, scarieuses sur les bords, d'un vert-jaunâtre sur le dos. Fleurs du rayon à languette elliptique-oblongue et dépassant le péricline. Akènes jaunâtres, velus, munis de côtes fines. Feuilles presque toutes pétiolées, un peu fermes, rudes sur les bords; les radicales ovales ou largement elliptiques, obtuses, *dentées;* les caulinaires lancéolées, aiguës, *presque entières.* Tige dressée, un peu flexueuse, ordinairement rameuse au sommet. — Plante de 2-6 décimètres, brièvement velue ou glabre; fleurs jaunes.

α. *vulgaris Koch, syn.* 389. Calathides de moyenne grandeur, en grappe oblongue, composée; pédicelles munis de bractéoles éparses; feuilles caulinaires lancéolées, pubescentes en desous.

β. *reticulata D C. prodr.* 5, *p.* 338. Calathides bien plus petites, agglomérées au sommet des rameaux et formant une grappe pyramidale; pédicelles très-courts, couverts de bractéoles imbriquées; feuilles caulinaires lancéolées, pubescentes en dessous, réticulées-rugueuses. *S. reticulata Lapey. abr. pyr. p.* 520 *et fl. pyr. tab.* 181.

γ. *minuta Gaud. helv.* 5, *p.* 316. Calathides du double plus grandes que dans la var. α., en grappe simple; pédicelles munis de 1-2 bractéoles; feuilles caulinaires étroitement lancéolées, pubescentes sur les deux faces. *S. minuta Vill. Dauph.* 3, *p.* 224.

δ. *nudiflora D C. prodr.* 5, *p.* 339. Calathides petites, en grappe composée, lâche ; pédicelles nus à la base, couvert de bractéoles au sommet ; feuilles caulinaires ovales, brusquement contractées en pétiole, glabres. *S. nudiflora Viv. fl. cors. p.* 15, *et diagn. ad calc. fl. lib. p.* 68 ; *S. Virga-aurea var. latifolia Koch, syn.* 390, *et Moris, fl. sard.* 2, *p.* 355.

Hab. La var. α. commune dans les bois montagneux de toute la France ; la var. β. à Toulon ; la var. γ. dans les hautes Alpes du Dauphiné ; la var. δ. en Corse. ♃ Juin-août.

S. GLABRA *Desf. cat. ed.* 3, *p.* 402 ; *DC. prodr.* 5, *p.* 331 ; *S. serotina Ait. kew. ed.* 1, *t.* 3, *p.* 211 ; *Balb. fl. lyon. p.* 399 ; *Dub. bot.* 1030. — Calathides petites, *dressées, unilatérales,* formant une grappe compacte, pyramidale, à rameaux *très-étalés et arqués en dehors.* Péricline à folioles très-inégales, lâches, linéaires, scarieuses aux bords, glabres, d'un vert-jaunâtre ; les extérieures se confondant avec les bractéoles rapprochées. Fleurs du rayon à corolle en languette courte, linéaire-oblongue. Akènes velus, munis de côtes fines. Feuilles glabres, un peu fermes, rudes sur les bords, trinerviées, lancéolées ou linéaires-lancéolées, acuminées, atténuées en un court pétiole, *bordées vers leur milieu de dents aiguës.* Tiges dressées, droites, raides, très feuillées. — Plante de 1 mètre, glabre ; fleurs jaunes.

Hab. Originaire de l'Amérique septentrionale ; s'est complétement naturalisé dans les îles du Rhône près de Lyon et de Valence, sur les bords de l'Isère près de Grenoble ; sur les rives du Gardon près d'Anduze. ♃ Août.

S. LITHOSPERMIFOLIA *Willd. enum.* 891 ; *DC. prodr.* 5, *p.* 339 ; *Lecoq. et Lam. cat. auv. p.* 219. — Calathides petites, *presque unilatérales,* formant une grappe compacte, pyramidale, à rameaux *étalés-dressés.* Péricline à folioles très-inégales, lâches, linéaires, scarieuses aux bords, glabres, d'un vert-jaunâtre ; les extérieures ne se confondant pas avec les bractéoles. Fleurs du rayon à corolle en languette linéaire, allongée. Akènes velus, munis de côtes fines. Feuilles pubescentes, rudes sur les bords et sur les faces, trinerviées, lancéolées, acuminées, atténuées à la base et presque sessiles, *très-entières.* Tiges dressées, très-feuillées. — Plante de 1 mètre, pubescente ; fleurs jaunes.

Hab. Originaire de l'Amérique septentrionale ; s'est naturalisé au bois de Chadieu et sur les bords de l'Allier à Chignat (Puy-de-Dôme). ♃ Août-septembre.

LINOSYRIS. (Lob. hist. 225.)

Péricline hémisphérique, à 2-3 rangs de folioles imbriquées. Fleurs *toutes hermaphrodites,* à corolle tubuleuse, quinquefide. Akènes oblongs, *comprimés, sans côtes ;* aigrettes *conformes,* formées de 2 rangs de poils brièvement ciliés. Réceptacle plane, *alvéolé ; alvéoles bordées d'une membrane dentée.* — Feuilles alternes.

L. vulgaris *DC. prodr.* 5, *p.* 352 ; *Koch, syn.* 384 ; *Chrysocoma Linosyris L. sp.* 1178 ; *Vill. Dauph.* 3, *p.* 188 ; *All. ped.* 1, *p.* 174, *tab.* 11, *f.* 2 ; *DC. fl. fr.* 4. *p.* 141 ; *Dub. bot.* 264 ; *Lois. gall.* 2, *p.* 223 ; *Gaud. helv.* 5, *p.* 218 ; *Crinitaria Linosyris Less. syn.* 195. — Calathides en grappe corymbiforme, simple ou composée ; pédicelles munis de bractéoles qui se confondent avec les folioles du péricline. Celles-ci inégales, linéaires, acuminées, étalées ou arquées au sommet. Corolles jaunes, à segments linéaires-lancéolés, étalés. Akènes blanchâtres, linéaires-oblongs, comprimés, velus ; aigrette blanche ou fauve. Feuilles éparses, dressées ou étalées, linéaires, atténuées aux 2 extrémités, calleuses au sommet, ponctuées à la face supérieure, rudes sur les bords et à la face inférieure. Tiges dressées, grêles, très-feuillées, simples. — Plante de 1-5 décimètres, glabre.

Hab. Bords des bois montagneux, collines ; Alsace à Turkheim, Ingersheim, Rouffach, Westhallen ; Gevrey près de Dijon, Beaune ; Lyon ; Dauphiné, Grenoble, Saint-Marcellin, Briançon, Die, etc. ; Grasse ; commun dans la Lozère et dans le Gard ; Pyrénées-Orientales ; Toulouse ; Montauban ; Moissac ; dans quelques localités de Lot-et-Garonne, de la Gironde, de la Charente-Inférieure, de l'Allier, du Puy-de-Dôme, de la Nièvre, du Cher ; Orléans, Fontainebleau, Nemours, Larocheguyon, Mantes ; Beaulieu ; Ancenis, Bel-Iile, etc. ♃ Août-septembre.

PHAGNALON. (Cass. bull. phil. 1819, p. 174.)

Péricline ovoïde ou campanulé, à plusieurs rangs de folioles scarieuses, imbriquées. Fleurs de la circonférence femelles, fertiles ou stériles, diposées *sur plusieurs rangs, à corolle filiforme ;* celles du disque hermaphrodites, à corolle tubuleuse, à 5 dents. Akènes *cylindriques,* arrondis au sommet, *dépourvus de côtes ;* aigrettes *conformes,* à poils brièvement ciliés et disposés sur un seul rang. Réceptacle plane, *nu.* — Feuilles alternes.

P. sordidum *DC. prodr.* 5, *p.* 396 ; *Moris, fl. sard.* 2, *p.* 377 ; *Boiss. voy. Esp.* 305 ; *P. tricephalon Cass. dict.* 39, *p.* 401 ; *Gnaphalium sordidum L. sp.* 1193 ; *Vill. Dauph.* 3, *p.* 188 ; *Gnaphalium conyzoïdeum Lam. fl. fr.* 2, *p.* 63 ; *Conyza sordida L. mant.* 466 ; *Desf. atl.* 2, *p.* 269 ; *DC. fl. fr.* 4, *p.* 140 ; *Salis, fl. od. bot. Zeit.* 1834, *p.* 29. *Ic. Barr. icon. tab.* 277 *et* 368. — Calathides très-brièvement pédicellées ou sessiles, solitaires, géminées ou ternées au sommet d'un pédoncule commun grêle et muni sous la calathide de 2-3 bractéoles, qui se confondent presque avec les folioles du péricline. Celles-ci très-inégales, *toutes étroitement appliquées,* glabres, scarieuses, luisantes, fauves au sommet, d'un jaune sale à la base ; les extérieures ovales, obtusiuscules ; les intérieures linéaires-oblongues, *aiguës.* Akènes très-petits, velus. Feuilles tomenteuses sur les deux faces, toutes étroites et linéaires, entières, roulées en dessous par les bords. Tiges frutescentes à la base, dressées, très-rameuses ; rameaux grêles, blancs-tomenteux. — Plante de 2-4 décimètres, couverte d'un tomentum, qui à la fin se détache par flocons ; fleurs jaunâtres.

Hab. Rochers et vieux murs du Midi ; Fréjus, Toulon, Marseille, Miramas ; Vaucluse ; Valence ; Tournon dans l'Ardèche ; Mende ; Saint-Ambroix et Anduze dans le Gard ; Ganges, Montpellier, Cette ; Narbonne, Perpignan, Prades, Olette ; Cazarille près de Bagnères-de-Luchon ; Corse, à Corte. ♃ Mai-juin.

P. saxatile *Cass. bull. phil.* 1819, *p.* 174 ; *DC. prodr.* 5, *p.* 396 ; *P. subdentatum Cass. dict.* 39, *p.* 400 ; *Conyza saxatilis L. sp.* 1206 ; *DC. fl. fr.* 4, *p.* 140 ; *Dub. bot.* 267 ; *Lois.! gall.* 2, *p.* 228 ; *Salis, fl. od. bot. Zeit.* 1834, *p.* 29 ; *Guss. syn.* 2, *p.* 499 (*non Sibth. et Sm.*). *Ic. Bocc. mus. tab.* 104. *Soleir. exsicc.* 2442 ! — Calathides beaucoup plus grandes que dans le précédent, toujours solitaires au sommet d'un pédoncule grêle, nu, perdant facilement son duvet laineux. Folioles du péricline très-inégales, glabres, scarieuses, luisantes, fauves au sommet, d'un jaune sale ; les extérieures ovales ou lancéolées, brièvement acuminées, aiguës, *étalées ou réfléchies ;* les intérieures linéaires-oblongues, *aiguës.* Akènes très-petits, velus. Feuilles aranéeuses en dessus, blanches-tomenteuses en dessous ; les inférieures linéaires-lancéolées, souvent dentées ou onduleuses aux bords ; les supérieures étroites, linéaires, atténuées à la base, roulées en dessous par les bords. Tiges frutescentes à la base, dressées, très-rameuses ; rameaux dressés, blancs-tomenteux. — Plante de 2-4 décimètres, couverte d'un tomentum, qui se détache à la fin par flocons ; fleurs jaunes.

Hab. Rochers du midi ; Provence, Fréjus, Hyères, Toulon, Marseille ; Pyrénées-Orientales, le Boulou, Prats-de-Mollo, Arles, Prades, Villefranche, Olette, etc. ; Corse, Ajaccio, Bastia, Calvi. ♃ Juin-août.

P. Tenorii *Presl, fl. sic.* 1, *p.* 29 (1826) ; *P. rupestre DC. prodr.* 5, *p.* 396 (1836) ; *Moris, fl. sard.* 2, *p.* 375 ; *Boiss. voy. Esp.* 305 ; *Conyza rupestris Desf. atl.* 2, *p.* 268 ; *Tenore, fl. nap.* 2, *p.* 215 (*non L. ex Guss.*) ; *Conyza saxatilis Sibth. et Sm. fl. græc. prodr.* 2, *p.* 173 (*non L.*) ; *Conyza geminiflora Tenore! cat. hort. neap. app. alt.* 1819, *p.* 75 ; *Conyza Tenorii Spreng. pl. minus cognit. pug.* 1, *p.* 55. *Ic Sibth. et Sm. fl. græc.* 9, *tab.* 862 ; *Tenore, fl. nap. tab.* 77. — Calathides solitaires sur des pédoncules souvent géminés, grêles, nus et perdant facilement leur duvet laineux. Folioles du péricline très-inégales, *toutes appliquées,* glabres, scarieuses, luisantes, fauves et brunes, *toutes arrondies au sommet ;* les extérieures ovales, les intérieures linéaires-oblongues. Akènes très-petits, velus. Feuilles aranéeuses en dessus, blanches-tomenteuses en dessous, souvent dentées et onduleuses aux bords ; les inférieures oblongues, atténuées à la base ; les supérieures linéaires-lancéolées, aiguës, demi-embrassantes. Tiges frutescentes et couchées à la base, très-rameuses ; rameaux ascendants, blancs-tomenteux. — Plante de 1-2 décimètres, plus trapue que les précédentes, couverte d'un tomentum blanc ; fleurs jaunes.

Hab. Corse (*Moris*). ♃ Juin-août.

CONYZA. (Less. syn. 203.)

Péricline hémisphérique, à plusieurs rangs de folioles imbriquées. Fleurs de la circonférence femelles, nombreuses, *sur plusieurs rangs*, à corolle *filiforme, tronquée ou à 2-3 dents;* fleurs du disque hermaphrodites, peu nombreuses, à corolle tubuleuse et à 5 dents. Akènes linéaires, atténués à la base, *comprimés, sans côtes;* aigrettes *conformes*, formées de poils brièvement ciliés et disposés sur un seul rang. Réceptacle plane ou convexe, *ponctué ou fibrillifère.* — Feuilles alternes.

C. AMBIGUA *DC. fl. fr.* 5, *p.* 468; *Dub. bot.* 266; *Lois. gall.* 2, *p.* 228; *Salis, fl. od. bot. Zeit.* 1834, *p.* 29; *Boiss. voy. Esp.* 304; *Erigeron crispum Pourr. act. Toul.* 3. *p.* 318; *Erigeron linifolium Willd. sp.* 3, *p.* 1955; *Erigeron drœbachense Sav. bot. etr.* 4, *p.* 81 (*non Mill.*); *Dimorphantes ambigua Presl, fl. sic.* 1, *p.* 28; *Eschenbachia ambigua Moris, fl. sard.* 2, *p.* 372. *Durieu, pl. astur. exsicç.* 295! — Calathides petites, formant une grappe oblongue au sommet de la tige et de chaque rameau; pédoncules filiformes, étalés, axillaires. Péricline à folioles inégales, linéaires, acuminées; les extérieures vertes, velues sur le dos; les intérieures scarieuses aux bords. Akènes munis de quelques poils épars; aigrette fauve. Feuilles d'un vert cendré, pubescentes sur les deux faces, uninerviées, mucronées; les inférieures lancéolées, longuement atténuées en pétiole, munies de chaque côté de 1-2 fortes dents; les caulinaires aiguës, atténuées aux deux extrémités. Tige dressée, simple ou rameuse au sommet; rameaux dépassant l'axe primaire, ce qui donne à l'ensemble des fleurs l'apparence d'un corymbe. Racine pivotante, flexueuse. — Plante de 2-4 décimètres, velue; fleurs blanches.

Hab. Lieux cultivés du Midi, Cannes, Grasse; Nîmes, Montpellier; Narbonne, Perpignan; Toulouse, Castres, Castelnaudary, Carcassonne; Corse, à Bastia. ① Juillet-août.

ERIGERON. (L. gen. 951.)

Péricline hémisphérique, à plusieurs rangs de folioles imbriquées. Fleurs de la circonférence femelles, *sur plusieurs rangs, toutes à corolle ligulée ou les intérieures seulement à corolle tubuleuse* et filiforme; fleurs du disque hermaphrodites ou mâles, à corolle tubuleuse, ordinairement à 5 dents. Akènes linéaires-oblongs, *comprimés, sans côtes;* aigrettes *conformes*, formées de poils brièvement ciliés et disposés sur un seul rang. Réceptacle un peu convexe, *alvéolé, nu.* — Feuilles alternes.

E. CANADENSIS *L. sp.* 1210; *DC. fl. fr.* 4, *p.* 144; *E. paniculatum Lam. fl. fr.* 2, *p.* 141. *Ic. Engl. bot. tab.* 2019. — Calathides très-petites, *en grappe pyramidale* composée, fournie et un peu feuillée. Péricline presque glabre, à folioles *lâches,* linéaires-lancéolées, scarieuses sur les bords. Fleurs de la circonférence femelles, *toutes à languette* d'un blanc sale ou rosé, courte, dressée et dépassant à peine le péricline; fleurs du disque jaunes. Akènes velus, jaunâtres; aigrette blanche, fragile, peu fournie. Feuilles pubescentes et rudes, bordées de cils raides, linéaires-lancéolées, atténuées au deux bouts, presque entières; les radicales plus courtes, obtuses, détruites au moment de la floraison. Tige dressée, raide, rameuse seulement au sommet. — Plante de 3-10 décimètres, rude, couverte de poils articulés et épaissis à la base.

Hab. Originaire d'Amérique, est répandu dans toute la France. ① Juillet-septembre.

E. acris *L. sp.* 1211; *DC. fl. fr.* 4, *p.* 142. *Ic. Lam. illust. tab.* 681, *f.* 1; *Engl. bot. tab.* 1158. — Calathides ordinairement solitaires au sommet des rameaux et formant une *grappe corymbiforme* lâche, simple ou composée, à rameaux plus ou moins velus, *non glanduleux*, grêles, allongés et pourvus de bractéoles subulées. Péricline pubescent ou velu, à folioles *appliquées*, inégales, linéaires, acuminées-subulées. Fleurs de la circonférence à languette d'un rouge-bleuâtre, étroite, dressée, dépassant beaucoup le péricline et quelquefois l'aigrette (*E. murale Lapey. abr. pyr. suppl. p.* 133); fleurs femelles internes *tubuleuses;* celles du disque jaunes. Akènes velus, jaunâtres, avec une ligne orangée sur les bords; aigrette fragile, fournie, tantôt blanche (*E. corymbosus Wallr. in Linnæa*, 14, *p.* 642) ou rousse (*E. serotinus Weih. in Rchb. fl. exc.* 239), deux fois plus longue que l'akène. Feuilles rudes, non glanduleuses; les radicales nombreuses, obtuses, atténuées en pétiole ailé, toujours bien plus grandes que les caulinaires; les caulinaires supérieures petites, sessiles, linéaires-oblongues, souvent un peu ondulées. Tige dressée, souvent rougeâtre, rameuse seulement au sommet. — Plante de 1-3 décimètres, rude, couverte de poils courts, articulés, épaissis à la base.

Hab. Lieux stériles; commun dans toute la France. ② Juin-août.

E. drœbachensis *Mill. fl. dan. tab.* 874; *Koch! syn.* 388; *E. angulosus Gaud. helv.* 5, *p.* 265; *E. elongatus Ledeb. fl. altaïc.* 4, *p.* 92. *Rchb. exsicc.* 1654! — Se distingue du précédent, dont il est très-voisin, par sa grappe flexueuse, à rameaux plus fins; par ses feuilles *du double plus longues et plus étroites*, glabres sur les faces, un peu ciliées, insensiblement décroissantes depuis la racine jusqu'à la grappe; par ses tiges glabres; par son port plus grêle.

Hab. Hautes-Alpes du Dauphiné, Grenoble, la Grave, mont Vizo; sables du Rhin. ② Août.

E. Villarsii *Bell. app. ad fl. ped. p.* 38, *tab.* 9; *DC. fl. fr.* 4, *p.* 143; *Dub. bot.* 265; *Lois. gall.* 2, *p.* 237; *Gaud. helv.* 5, *p.* 269; *Koch, syn.* 389; *E. atticum Vill. Dauph.* 3, *p.* 237. *Rchb. exsicc.* 589! — Calathides grandes, ordinairement au nombre de

3-7, solitaires au sommet des rameaux, formant *une grappe corymbiforme* lâche, à branches bien plus épaisses que dans l'*E. acris*, nues ou presque nues, *glanduleuses et visqueuses;* plus rarement la tige ne porte qu'une seule calathide. Péricline visqueux, à folioles peu inégales, *lâches*, linéaires, acuminées-subulées. Fleurs de la circonférence à languette lilas, étroite, étalée, plus longue que l'aigrette; fleurs femelles internes *tubuleuses;* fleurs du disque jaunes. Akènes velus, jaunâtres, avec une ligne orangée sur les bords; aigrette rousse, une fois plus longue que l'akène. Feuilles un peu rudes, hérissées de poils raides très-courts et glanduleux au sommet; les inférieures nombreuses, allongées, oblongues-lancéolées, mucronées, longuement atténuées en pétiole ailé, munies de 3-5 nervures saillantes; les caulinaires supérieures sessiles, linéaires-lancéolées. Tige dressée, anguleuse, rameuse seulement au sommet. — Plante de 1-4 décimètres, hérissée de poils courts et glanduleux et souvent en outre de poils longs, subulés, articulés.

Hab. Hautes Alpes du Dauphiné et de la Provence, Lautaret, Taillefer, Guillestre, Col-de-l'Arche, Briançon, mont Seuze près de Gap, mont Vizo, Colmars. ♃ Juillet-août.

E. alpinus *L. sp.* 1211; *Vill. Dauph.* 3, *p.* 236; *Lois. gall.* 2, *p.* 238; *Gaud. helv.* 5, *p.* 265; *Koch, fl. od. bot. Zeit.* 1835, *p.* 157, *et syn. p.* 389. *Ic. Sturm. deutsch. fl. helft*, 38, *tab.* 11. *Rchb. exsicc.* 588! — Calathides tantôt uniques au sommet des tiges, tantôt au nombre de 2-5 *solitaires à l'extrémité des rameaux;* ceux-ci allongés, velus, *non glanduleux*. Péricline non glanduleux, velu ou plus rarement glabre, à folioles peu inégales, *étalées dans leur moitié supérieure*, linéaires, acuminées, très-aiguës. Fleurs de la circonférence à languette purpurine ou rarement blanche, étroite, étalée, bien plus longue que l'aigrette; fleurs femelles internes nombreuses, *tubuleuses;* celles du centre jaunes, plus courtes que l'aigrette. Akènes velus, jaunâtres; aigrette d'un blanc sale ou fauve, à peine plus longue que l'akène. Feuilles velues sur les faces, rarement glabres, toujours ciliées; les inférieures oblongues-obovées, *mucronulées*, atténuées en un long pétiole ailé; les caulinaires supérieures beaucoup plus petites, écartées, sessiles, demi-embrassantes, linéaires-lancéolées. Tige dressée, simple ou rameuse. — Plante de 5-20 centimètres, plus ou moins couverte de poils subulés, articulés.

Hab. Jura, la Dole, le Reculet; hautes Alpes du Dauphiné, Revel près de Grenoble, les Boyards, Lautaret, Col-de-l'Echauda, mont Vizo; monts Dore, Pic-de-Sancy et de Cacadique, Val-d'Enfer; Pyrénées, Canigou, Mont-Louis, Tourmalet, port de Bénasque, Gavarnie, Castanez, Pic-du-Midi, Barrèges, mont Laid, mont de Beost, etc. ♃ Juillet-août.

E. glabratus *Hoppe et Hornsch. in Bluff et Fing. fl. germ.* 2, *p.* 364; *Gaud. helv.* 5, *p.* 268; *Koch, fl. od. bot. Zeit.* 1835, *p.* 157, *et syn. p.* 339. *Rchb. exsicc.* 1655! — Son port le rapproche de l'*E. alpinus*, mais il s'en distingue nettement par ses fleurs femelles *toutes ligulées,* à languette d'une teinte plus pâle ; par ses fleurs *tubuleuses toutes hermaphrodites,* à corolle égalant l'aigrette; par ses feuilles plus étroites. Il se sépare de l'*E. uniflorus* par ses fleurs ligulées plus allongées; par son péricline *glabre ou peu velu,* à folioles plus étroites; par sa tige plus élevée, souvent rameuse et munie de plusieurs calathides.

Hab. Jura, la Dôle; hautes Alpes du Dauphiné, mont Seuze près de Gap, mont Vizo. ♃ Juillet-août.

E. UNIFLORUS *L. sp.* 1211; *Vill. Dauph.* 3, *p.* 235; *Lois. gall.* 2, *p.* 238; *Gaud. helv.* 5, *p.* 267; *Koch, fl. od. bot. Zeit.* 1835, *p.* 157, *et syn. p.* 389; *E. alpinum var.* γ. *DC. fl. fr.* 4, *p.* 142. *Ic. L. fl. lapp. tab.* 9, *f.* 3. *Rchb. exsicc.* 973! — Calathide *toujours unique et solitaire* au sommet de la tige. Péricline *non glanduleux, très-velu-laineux,* à folioles peu inégales, *étalées dans leur moitié supérieure,* linéaires-lancéolées, aiguës. Fleurs de la circonférence en languette blanche ou rosée, étroite, étalée, plus courte que dans l'*E. alpinus,* mais dépassant l'aigrette ; *point de fleurs femelles tubuleuses;* celles du centre jaunes, égalant ou dépassant l'aigrette. Akènes velus, jaunâtres; aigrette d'un blanc sale ou fauve, à peine plus longue que l'akène. Feuilles velues ou glabrescentes sur les faces, toujours ciliées; les inférieures oblongues ou linéaires-oblongues, arrondies et *non mucronées* au sommet, longuement atténuées en pétiole ailé; les supérieures sessiles, linéaires ou linéaires-lancéolées. Tige naine, toujours simple.— Plante de 3-10 centimètres, plus ou moins munie de poils articulés.

Hab. Hautes Alpes du Dauphiné, Revel et Champrousse près de Grenoble, Taillefer, Lautaret, Galibier, Gap, Briançon, mont Vizo; Pyrénées, Cambredasses, Val-d'Eynes, Gavarnie, Esquierry, etc. ♃ Juillet-août.

STENACTIS. (Nees, ast. 273.)

Péricline hémisphérique, à 2-3 rangs de folioles imbriquées. Fleurs de la circonférence femelles, *sur un seul rang, toutes à corolle en languette étroite;* celles du disque hermaphrodites, à corolle tubuleuse et à 5 dents. Akènes oblongs, *comprimés, sans côtes;* aigrettes *dissemblables;* celles des akènes de la circonférence formées de poils courts et disposés sur un seul rang; aigrette des akènes du disque à deux rangs de poils, dont l'extérieur très-court. Réceptacle nu, *tuberculeux, non bordé d'une membrane dentée.*— Feuilles alternes.

S. ANNUA *Nees, ast.* 273; *DC. prodr.* 5, *p.* 298; *S. dubia Cass. dict.* 37, *p.* 485; *S. bellidiflora Braun, in Koch, syn.* 387; *Aster annuus L. sp.* 1229; *Vill. Dauph.* 3, *p.* 222; *DC. fl. fr.* 4, *p.* 146; *Diplopappus annuus Bluff et Fing. fl. germ.* 2, *p.* 368; *Diplopappus dubius Gaud. helv.* 5, *p.* 314; *Pulicaria annua Gærtn. fruct.* 2, *p.* 462; *Erigeron annuum Pers. syn.* 2, *p.* 431; *Erigeron bellidioïdes Spenn. fl. frib.* 536. *Ic. fl. dan. tab.* 486. *Rchb.*

exsicc. 1331 ! — Calathides nombreuses, disposées en grappe corymbiforme. Péricline à folioles presque égales, appliquées, lancéolées, très-aiguës, scarieuses sur les bords. Fleurs ligulées nombreuses, à languette blanche, plus longue que le péricline ; celles du disque jaunes. Akènes très-petits, blanchâtres, pubescents ; aigrette blanche. Feuilles d'un vert gai ; les radicales obovées, longuement atténuées en pétiole, munies de dents saillantes et écartées; feuilles caulinaires supérieures lancéolées, mucronées, très-entières. Tige dressée, très-feuillée, rameuse au sommet. — Plante de 5-12 décimètres, plus ou moins couverte de poils articulés.

Hab. Originaire de l'Amérique; s'est naturalisé complétement en Alsace sur les bords du Rhin, à Haguenau, Strasbourg, Huningue; sur les bords de la Moselle près de Rémich ; à Grenoble. ② Juillet-août.

ASTER. (Nees, ast. 16.)

Péricline hémisphérique, à plusieurs rangs de folioles imbriquées. Fleurs de la circonférence femelles, fertiles ou stériles, disposées *sur un seul rang*, à corolle ligulée ; fleurs du disque hermaphrodites, à corolle tubuleuse et à 5 dents. Akènes oblongs, *comprimés, sans côtes ;* aigrettes *conformes*, formées de poils presque égaux, brièvement ciliés, disposés sur plusieurs rangs. Réceptacle plane, *alvéolé ; alvéoles plus ou moins bordées d'une membrane dentée.* — Feuilles alternes.

Sect. 1. AMELLUS *Adans. fam.* 2, *p.* 125.— Fleurs ligulées fertiles, munies d'un style et de stigmates développés.

A. alpinus *L. sp.* 1226 ; *Vill. Dauph.* 3, *p.* 220 ; *DC. fl. fr.* 4, *p.* 144; *Nees, ast. p.* 26 ; *Gaud. helv.* 5, *p.* 310; *Koch, syn.* 385. *Ic. Jacq. austr. tab.* 88. *Rchb. exsicc.* 1657 ! — Calathide grande, *toujours solitaire au sommet de la tige.* Péricline à folioles égales, *lâches*, lancéolées, *apiculées*, scarieuses et purpurines au sommet, ordinairement velues sur le dos et ciliées. Fleurs ligulées violettes ou plus rarement blanches; celles du disque jaunes. Akènes velus ; aigrette d'un blanc sale. Feuilles *non charnues*, très-entières, un peu rudes au toucher, *trinerviées*, ordinairement pubescentes, quelquefois très-velues (*A. hirsutus Host*, *fl. austr.* 2, *p.* 485), rarement presque glabres, mais toujours ciliées ; les radicales spatulées ou oblongues, obtuses, atténuées en pétiole ailé ; les caulinaires décroissantes, linéaires ou linéaires-oblongues, *atténuées à la base.* Tiges dressées, simples, peu feuillées, fistuleuses et un peu épaissies sous la fleur. Souche rameuse, dure, ligneuse, émettant des fibres radicales simples et allongées.— Plante de 1-2 décimètres, plus ou moins couverte de poils articulés.

Hab. Rochers et pâturages alpins ; Jura, la Dôle, le Reculet, Saut-du-Doubs; commun dans les hautes Alpes du Dauphiné, dans la chaîne des Cévennes et du Vigan, dans les Pyrénées. ♃ Juillet-septembre.

A. PYRENÆUS *D C. fl. fr.* 4, *p.* 146; *Lapey. abr. pyr.* 519, *et fl. pyr. tab.* 180; *Dub. bot.* 265; *Lois. gall.* 2, *p.* 242; *Benth. cat. pyr.* 62; *A. sibiricus Lam. dict.* 1, *p.* 305 (*non L.*); *A. pyrenæus præcox flore cæruleo majori Tournef. inst.* 482.—Calathides solitaires ou disposées au nombre de 3-5 au sommet de la tige et *formant un corymbe* court et simple. Péricline à folioles peu inégales, *lâches*, linéaires-lancéolées, *acuminées en une pointe longue et très-aiguë*, brièvement pubescentes-glanduleuses sur le dos, longuement ciliées; les extérieures à pointe fortement arquée en dehors. Fleurs ligulées d'un bleu un peu lilas; celles du disque jaunes. Akènes fauves, brièvement velus; aigrette rousse. Feuilles un peu fermes, mais *non charnues*, *trinerviées*, rudes au toucher, hérissées sur les deux faces de petits poils raides insérés sur des glandes; feuilles caulinaires oblongues-lancéolées, aiguës, *demi-embrassantes*, bordées dans leur moitié supérieure de quelques dents aiguës et étalées. Tige dressée, simple, très-feuillée. — Plante de 4-8 décimètres, velue et rude au toucher.

Hab. Hautes-Pyrénées, Esquierry, Médassoles, montagne de Merdenson. ♃ Août-septembre.

A. AMELLUS *L. sp.* 1226; *Poll. pal.* 3, *p.* 461; *Vill. Dauph.* 3, *p.* 221; *D C. fl. fr.* 4, *p.* 145, *et* 5, *p.* 469; *Gaud. helv.* 5, *p.* 311; *Nees, ast.* 44; *Koch, syn.* 385; *A. amelloïdes Rœm. arch.* 2, *p.* 298; *Amellus officinalis Gatt. fl. Montauban, p.* 147. *Ic. Jacq. austr. tab.* 435.— Calathides *en corymbe* simple ou presque simple, lâche, étalé, *peu feuillé*. Péricline à folioles inégales, ciliées; les extérieures atténuées à la base, *élargies et arrondies au sommet, arquées en dehors;* les intérieures plus étroites, scarieuses et purpurines sur les bords. Fleurs ligulées bleues, rarement blanches; celles du disque jaunes. Akènes brunâtres, mollement velus; aigrette jaunâtre ou rousse. Feuilles *non charnues*, mais un peu coriaces, ordinairement entières, rudes sur les faces et sur les bords, *trinerviées*, ovales-lancéolées, *atténuées à la base;* les inférieures plus larges, obtuses, ordinairement détruites au moment de la floraison. Tige dressée, ferme, très-feuillée, souvent rougeâtre. Souche courte, dure, noueuse, rameuse, émettant des fibres radicales simples et longues. — Plante de 3-5 décimètres, plus ou moins velue.

Hab. Coteaux calcaires de l'Alsace, de la Lorraine; Langres; Dijon; chaîne du Jura; Lyon; Alpes du Dauphiné; montagnes de la Lozère; Pyrénées-Orientales; collines calcaires de l'Auvergne; Verneil, Gannat et Saint-Pourçain dans l'Allier; Tournon dans le Lot-et-Garonne; Nemours; çà et là dans le département de la Marne. ♃ Août-octobre.

A. TRIPOLIUM *L. sp.* 1226; *D C. fl. fr.* 4, *p.* 145; *Moris, fl. sard.* 2, *p.* 354; *Guss. syn.* 2, *p.* 506; *Koch, syn.* 385; *A. palustris Lam. fl. fr.* 2, *p.* 143; *Tripolium vulgare Nees, ast.* 153. *Ic. fl. dan. tab.* 615; *Engl. bot. tab.* 87. — Calathides disposées au sommet des rameaux *en grappes corymbiformes*, simples ou presque simples, *non feuillées;* pédoncules munis de 2-3 bractéoles sous les calathides. Péricline à folioles très-inégales ; les extérieures ovales, *obtuses, étroitement appliquées,* scarieuses et un peu rougeâtres sur les bords ; les intérieures plus longues et plus étroites. Fleurs ligulées violettes, plus rarement blanches; celles du disque jaunes. Akènes jaunâtres, entourés à la base d'une couronne de poils et munis sur les faces de poils longs disséminés ; aigrette blanche-soyeuse. Feuilles *charnues,* rudes sur les bords, lisses sur les faces, entières ou un peu dentées ; les inférieures elliptiques-obtuses, *trinerviées,* longuement pétiolées; les caulinaires moyennes et supérieures linéaires-lancéolées, *atténuées aux deux extrémités.* Tige dressée, peu feuillée, souvent rameuse dès la base. — Plante de 2-6 décimètres, glabre. Calathides quelquefois discoïdes.

Hab. Lieux humides du littoral de l'Océan et de la Méditerranée ; marais salants de la Lorraine, Vic, Moyenvic ; Marsal, Dieuze, Sarralbe, Cochereu, Rosbruck, Forbach. ② Août-septembre.

A. brumalis *Nees, ast.* 70; *DC. prodr.* 5, *p.* 236; *Koch, syn.* 385; *A. Novi-Belgii Willd. sp.* 3, *p.* 2048; *Godr. fl. lorr.* 2, *p.* 25 (*non L.*). — Calathides solitaires au sommet des rameaux, formant par leur réunion *une grappe pyramidale oblongue, très-feuillée,* simple ou plus rarement composée. Péricline à folioles égales, toutes linéaires, *aiguës et mucronées,* très-étroitement scarieuses et ciliolées sur les bords ; les extérieures *étalées dès la base.* Fleurs ligulées blanches ou violettes; celles du disque jaunes. Akènes velus ; aigrette d'un blanc sale. Feuilles vertes, *non charnues, trinerviées,* lisses sur les faces, rudes sur les bords, lancéolées acuminées, *embrassant la tige par deux oreilles arrondies ;* les inférieures munies çà et là vers leur milieu de quelques dents aiguës et étalées ; les raméales entières. Tiges dressées, très-feuillées. — Plante de 8-12 décimètres, presque glabre.

Hab. Originaire d'Amérique, s'est naturalisé au bord de nos rivières et de nos marais ; Nancy, Lunéville, Blamont, Sarrebourg, Sarreguemines ; Pontarlier ; Lyon ; la Teste-de-Buch, etc. ♃ Août-septembre.

A. Novi-Belgii *L. sp.* 1251; *DC. prodr.* 5, *p.* 238 ; *Koch, syn.* 386 (*non Willd.*); *A. serotinus Willd. sp.* 3, *p.* 2049. — Se distingue du précédent par ses calathides rapprochées au sommet des rameaux, formant une *grappe très-rameuse, large, corymbiforme;* par ses feuilles généralement moins larges, *demi-embrassantes, non auriculées;* les inférieures à dents plus petites et appliquées. Se sépare de l'espèce suivante par son péricline à folioles plus égales et dont les extérieures sont étalées dès la base ; par ses feuilles *trinerviées ;* se distingue de tous les deux par ses feuilles raméales rapidement décroissantes et dont les supérieures se confondent presque avec les folioles de l'involucre.

Hab. Originaire d'Amérique ; s'est naturalisé à Langres, à Dijon, dans les îles du Rhône à Lyon, du Cher, et dans les îles du Rhin près de Strasbourg. ♃ Août-septembre.

A. salignus *Willd. sp.* 3, *p.* 2040; *DC. fl. fr.* 5, *p.* 470; *Nees, ast.* 90; *Koch, syn.* 386. *Rchb. exicc.* 2531! — Calathides rapprochées en corymbe au sommet des rameaux, formant par leur réunion *une panicule large,* composée. Péricline à folioles inégales, linéaires, *aiguës,* ciliolées; les extérieures *appliquées, ne s'étalant qu'à leur sommet.* Fleurs ligulées blanches et à la fin lilas; celles du disque jaunes. Akènes velus; aigrette d'un blanc sale. Feuilles d'un vert gai, *non charnues, uninerviées,* lisses sur les faces, rudes en dessus vers les bords, linéaires-lancéolées, acuminées; les caulinaires inférieures *non embrassantes,* atténuées à la base, pourvues çà et là vers leur milieu de quelques dents petites et étalées; les feuilles raméales écartées, petites et entières. Tiges dressées, feuillées, rameuses. — Plante de 8-12 décimètres, presque glabre.

Hab. Originaire d'Amérique, s'est naturalisé dans les fossés des fortifications de Strasbourg. ♃ Août-septembre.

Sect. 2. Galatella *Cass. dict.* 57, *p.* 463. — Fleurs ligulées stériles, à styles et à stigmates nuls ou rudimentaires.

A. acris *L. sp.* 1228; *Vill. Dauph.* 3, *p.* 222; *DC. fl. fr.* 4, *p.* 146, *et* 5, *p.* 469; *Dub. bot.* 265; *Lois. gall.* 2, *p.* 243; *Soy.-Will.! obs. p.* 93 (*non Willd.*); *A. sedifolius L. sp. ed.* 1, *p.* 874; *Gouan, hort.* 442; *A. hyssopifolius Cav. icon.* 3, *p.* 17, *tab.* 232 (*non L.*); *Galatella punctata DC.! prodr.* 5, *p.* 255 (*non Cass. nec Nees*); *Galatella hyssopifolia Nees! ast.* 160. *Ic. Lob. icon. tab.* 349, *f.* 2; *Garid. Aix, tab.* 11. — Calathides en corymbe composé, large, compacte, à rameaux et pédoncules chargés de petites bractées. Péricline à folioles très-inégales, appliquées; les extérieures vertes, lancéolées, à peine scarieuses aux bords; les intérieures linéaires-oblongues, largement scarieuses et purpurines sur les bords. Fleurs ligulées d'un bleu lilas; celles du disque jaunes. Akènes velus; aigrette d'un blanc sale. Feuilles fermes et raides, *fortement ponctuées,* rudes sur les bords, linéaires, atténuées aux deux extrémités, presque mucronées; les inférieures *munies de trois nervures dont les latérales peu visibles;* les feuilles supérieures *uninerviées;* les raméales nombreuses, petites, linéaires-subulées. Tiges dressées, droites, raides, striées et rudes au toucher, très-feuillées avec de petits faisceaux de feuilles aux aisselles des feuilles principales. — Plante de 3-5 décimètres, glabre.

Hab. Région des oliviers; Fréjus, Toulon, Marseille, Montaud près de Salon, Aix; Sisteron, Montélimart; Digne; Chartreuse de Valbonne près le Pont-St.-Esprit; Avignon; pont du Gard, Aiguemortes; Montpellier; Narbonne, Perpignan. ♃ Juillet-août.

A. trinervis *Desf. cat.* 122; *Soy.-Will.! obs. p.* 94; *A. acris Willd. sp.* 3, *p.* 2023 (*non L.*); *A. acris* β. *trinervis Pers. syn.* 2, *p.* 442; *Galatella rigida Cass. dict.* 18, *p.* 58; *DC. prodr.* 5, *p.* 256; *Galatella acris Nees! ast.* 171. *Endress, pl. pyr. exsicc. unio itin.* 1829! — Se distingue du précédent par ses rameaux et ses pédoncules bien moins chargés de bractées ; par ses feuilles proportionnément plus longues, *non ponctuées, toutes munies en dessous de trois nervures saillantes et presque égales ;* par l'absence de faisceaux de petites feuilles à l'aisselle des feuilles principales, si ce n'est toutefois au voisinage du corymbe ; par sa taille plus élevée ; par son port plus robuste et plus raide.

Hab. Saint-Enimie et gorges du Tarn près de Mende, Florac ; Pyrénées-Orientales à la Trancade d'Ambouilla. ♃ Juillet-août.

BELLIDIASTRUM. (Micheli, nov. gen. tab. 29.)

Périclinc campanulé, à 1-2 rangs de folioles. Fleurs de la circonférence femelles, *ligulées,* placées *sur deux rangs ;* celles du disque hermaphrodites, tubuleuses, à 5 dents. Akènes oblongs, *comprimés, bordés, sans côtes ;* aigrettes *conformes,* à poils brièvement ciliés et disposés sur deux rangs. Réceptacle conique, *nu,* ponctué. — Feuilles naissant toutes de la souche.

B. Michelii *Cass. dict. suppl.* 4, *p.* 70 ; *DC. prodr.* 5, *p.* 226 ; *Dub. bot.* 266 ; *Koch, syn.* 387 ; *B. montanum Bluff et Fing. fl. germ.* 2, *p.* 358 ; *Doronicum Bellidiastrum L. sp.* 1247 ; *Jacq. austr. tab.* 400 ; *Arnica Bellidiastrum Vill. Dauph.* 3, *p.* 212 ; *DC. fl. fr.* 4, *p.* 176 ; *Bertol. amœnit. ital.* 410 ; *Aster Bellidiastrum Scop. carn.* 2, *p.* 168 ; *Margarita Bellidiastrum Gaud. helv.* 5, *p.* 336. *Rchb. exsicc.* 432 ! — Calathide solitaire et terminale. Péricline à folioles égales, linéaires-lancéolées, pubescentes sur le dos, placées sur deux rangs. Fleurs ligulées nombreuses, à languette blanche ou purpurine, linéaire, étalée, une fois plus longue que le péricline. Akènes petits, jaunâtres, hispidules au sommet ; aigrette blanche. Feuilles naissant toutes de la souche, minces, pubescentes, obovées ou spatulées, lâchement dentées-en-scie ou sinuées-dentées, atténuées en un pétiole allongé. Tige simple, dressée, nue, velue. Souche oblique, noueuse, tronquée, munie de fibres radicales longues et dures. — Plante de 1-3 déc., velue.

Hab. Jura, aux sources de la Loue, de l'Orbe et du Dessoubre ; Pontarlier ; Alpes du Dauphiné, mont Sappey et Saint-Eynard près de Grenoble, Manival, Lautaret, mont Colombier ; Grasse ; monts Dore. ♃ Juin-juillet.

Trib. 4. BELLIEÆ *DC. prod.* 5, *p.* 302. — Calathides hétérogames. Fleurs de la circonférence femelles, à corolle ligulée ; celles du disque hermaphrodites, à corolle tubuleuse, régulière. Anthères arrondies à la base. Style à branches linéaires, comprimées, arrondies au sommet, non pénicillées. Akènes comprimés d'avant en arrière, marginés, munis ou dépourvus de côtes ; aigrette formée d'écailles alternant avec des poils.

BELLIUM. (L. mant. 157.)

Péricline hémisphérique, à folioles placées sur deux rangs. Fleurs de la circonférence femelles, ligulées, sur un seul rang ; fleurs du disque hermaphrodites, à corolle tubuleuse, à 4-5 dents. Akènes obovés, comprimés, marginés, dépourvus de côtes; aigrettes conformes, toutes formées de 4-10 écailles membraneuses et d'autant de poils. Réceptacle ovoïde-conique, nu.

B. BELLIDIOIDES *L. mant.* 285; *DC. fl. fr.* 4, *p.* 923, *et* 5, *p.* 475; *Lois. gall.* 2, *p.* 250; *Viv. fl. ital. fragm.* 1, *p.* 7, *tab.* 10, *f.* 1; *Moris, fl. sard.* 2, *p.* 351 (*non Desf.*); *B. nivale Requien, ann. sc. nat. sér.* 1, *t.* 5, *p.* 383; *Salis, fl. od. bot. Zeit.* 1834, *p.* 29; *Bellis droseræfolia Gouan, illustr. p.* 69. *Ic. Bocc. mus. tab.* 107; *Lam. illustr. t.* 684. *Soleir. exsicc.* 21 *et* 2309! — Calathides solitaires et terminales. Péricline à folioles égales, vertes ou purpurines, lancéolées, munies de poils appliqués sur le dos, étroitement scarieuses et ordinairement ciliées au sommet. Fleurs ligulées nombreuses, à tube de la corolle pubescent, à languette linéaire, rosée, une fois plus longue que le péricline; fleurs du disque jaunes. Anthères incluses. Akènes orbiculaires-obovés; écailles de l'aigrette ovales-orbiculaires, souvent dentées au sommet, dépassées par les poils brièvement ciliés. Feuilles rapprochées en rosette à la base des tiges florifères et au sommet des stolons, un peu épaisses, vertes ou glauques, glabres ou munies de quelques poils épars, obovées ou spatulées, obtuses, entières, atténuées plus ou moins brusquement en un long pétiole. Tiges scapiformes, fines, dressées ou ascendantes, simples, velues, ordinairement nues, ou munies de 1-2 feuilles inférieurement. Souche grêle, courte, simple ou rameuse, émettant souvent des stolons filiformes, tantôt ascendants, tantôt couchés et radicants. — Plante de 3-10 centimètres.

Hab. Commun en Corse, depuis le littoral jusqu'à 1,800 mètres de hauteur, Bonifacio, Ajaccio, Vico, Bastia, Calvi, cap Corse, monts d'Oro, Coscione, Rotundo. ♃ Mai-juillet.

TRIB. 5. BELLIDEÆ *DC. prodr.* 5, *p.* 304. — Calathides hétérogames. Fleurs de la circonférence femelles, à corolle ligulée; fleurs du disque hermaphrodites, à corolle tubuleuse, régulière. Anthères arrondies à la base. Style à branches linéaires, comprimées, arrondies au sommet, non pénicillées. Akènes comprimés d'avant en arrière, marginés, dépourvus de côtes; aigrette nulle.

BELLIS. (L. gen. 962.)

Péricline hémisphérique, à folioles sur deux rangs. Fleurs de la circonférence femelles, ligulées, sur un seul rang; celles du disque hermaphrodites, à corolle tubuleuse, à 4-5 dents. Akènes obovés, comprimés, sans côtes et sans aigrette. Réceptacle conique, nu.

B. ANNUA *L. sp.* 1249; *DC. fl. fr.* 4, *p.* 186; *Desf. atl.* 2, *p.* 280; *Dub. bot.* 266; *Lois. gall.* 2, *p.* 250; *Salis, fl. od. bot. Zeit.* 1834, *p.* 29; *Moris, fl. sard.* 2, *p.* 348; *Guss. syn.* 2, *p.* 508; *Boiss. voy. Esp. p.* 302; *B. dentata DC. prodr.* 5, *p.* 304; *Bel-*

lium bellidioïdes Desf. *atl.* 2, *p.* 279 (*non L.*); *Bellium dentatum* Viv. *ann. bot.* 2, *p.* 182, *et fl. ital. fragm.* 1, *p.* 8, *tab.* 10, *f.* 2. Soleir. *exsicc.* 2306 *et* 2308! — Calathides solitaires au sommet des tiges et des rameaux. Péricline à folioles vertes, ovales, *obtuses*, ciliées au sommet. Fleurs ligulées nombreuses, barbues à la base, tout-à-fait blanches, ou rougeâtres en dessous, à languette étalée, linéaire, deux fois plus longue que le péricline; fleurs du disque jaunes. Akènes très-petits, obovés, finement velus. Feuilles *éparses sur la moitié inférieure de la tige* et des rameaux, minces et molles, *obovées-spatulées*, dentées ou crénelées, *atténuées en pétiole* large et cilié; les raméales plus étroites, oblongues-cunéiformes. Tige dressée ou ascendante, *ordinairement ramifiée dès la base*, à rameaux grêles et longuement nus au sommet. Racine *annuelle*, munie de fibres radicales fines, fasciculées. — Plante de 5-15 centimètres.

Hab. Grasse, Cannes, Fréjus, Hyères, Toulon, Marseille, Montpellier; la Brède près de Bordeaux; Corse, Ajaccio, Calvi, Bastia, Guagno, Porto-Vecchio. (1) Mars-juin.

B. PERENNIS L. *sp.* 1248; DC. *fl. fr.* 4, *p.* 185. *Ic.* Lam. *illustr. tab.* 677. — Calathide unique, solitaire au sommet de la tige. Péricline à folioles vertes, linéaires-lancéolées, *obtuses*. Fleurs ligulées nombreuses, souvent barbues à leur base, tout à fait blanches, ou rouges en dessous, à languette étalée, linéaire-oblongue, une fois plus longue que le péricline; fleurs du centre jaunes. Akènes obovés, finement velus. Feuilles *toutes rapprochées à la base de la tige et formant une rosette*, un peu épaisses, *obovées-spatulées*, superficiellement crénelées, *uninerviées, brusquement atténuées en pétiole*. Tige *toujours simple*, scapiforme. Souche *vivace*, courte, tronquée, brune, noueuse. — Plante de 1-2 décimètres, ordinairement couverte de poils blancs articulés.

Hab. Prés humides; commun dans toute la France. ♃ Toute l'année.

B. SYLVESTRIS Cyr. *pl. rar.* 2, *p.* 12, *tab.* 4; DC. *fl. fr.* 5, *p.* 478; Dub. *bot.* 266; Lois. *gall.* 2, *p.* 250; Ten. *syll.* 437; Moris, *fl. sard.* 2, *p.* 350; Guss. *syn.* 2, *p.* 507; Boiss. *voy. Esp.* 303. — Diffère du précédent par ses calathides plus grandes; par les folioles du péricline *presque aiguës*, d'un vert foncé; par les feuilles *oblongues-lancéolées, insensiblement atténuées en pétiole, trinerviées*.

Hab. Lieux herbeux de la région des oliviers; Fréjus, Hyères, Toulon, Marseille, Aix; Avignon; Nîmes, pont du Gard, Montpellier, Cette; Narbonne, Bagnols-sur-Mer, Perpignan; Corse, Bonifacio, Bastia. ♃ Août-septembre.

TRIB. 6. SENECIONEÆ Cass. *opusc. phyt.* 3, *p.* 69. — Calathides hétérogames ou rarement homogames. Fleurs de la circonférence femelles, à corolle ligulée; fleurs du disque, ou plus rarement toutes les fleurs hermaphrodites, à corolle tubuleuse, régulière.

Anthères arrondies à la base. Syle des fleurs du disque à branches linéaires, dont le sommet, pourvu d'un pinceau de poils, est tronqué, ou prolongé en cône au-delà du faisceau de poils. Akènes cylindriques, munis de côtes; aigrette poilue.

DORONICUM (L. gen. 959.)

Péricline étalé, à folioles *presque égales, imbriquées sur 2-3 rangs.* Fleurs du disque hermaphrodites, tubuleuses ; celles de la circonférence femelles, ligulées. Stigmates des fleurs du disque tronqués et surmontés d'une pointe velue. Akènes oblongs, munis de côtes; *ceux de la circonférence dépourvus d'aigrette ;* ceux du disque pourvus d'une aigrette *formée de poils disposés sur plusieurs rangs.* Réceptacle nu ou velu. — Feuilles alternes.

D. PLANTAGINEUM *L. sp.* 1247; *DC. fl. fr.* 4, *p.* 174 ; *Dub. bot.* 263; *Lois. gall.* 2, *p.* 249. *Ic. Lob. icon. tab.* 648. *Schultz, exsicc.* 879 ! — Calathide solitaire au sommet de la tige. Péricline à folioles velues et ciliées, linéaires, longuement acuminées-sétacées. Akènes velus; réceptacle *glabre.* Feuilles molles, glabres ou pubescentes, à nervures saillantes; feuilles radicales dressées, longuement pétiolées, *ovales,* sinuées-dentées, *un peu décurrentes sur le pétiole;* les caulinaires inférieures atténuées en pétiole ailé, *non auriculé à la base ;* les supérieures sessiles, demi-embrassantes, lancéolées. Tige dressée, grêle, simple, nue et pubescente-glanduleuse au sommet. Souche *rampante, épaissie çà et là, renflée en tubercule à la base de la tige, émettant des stolons souterrains.* — Plante de 4-8 décimètres ; fleurs jaunes.

Hab. Bois sablonneux ; environs de Paris, Vincennes, Bondy, Montmorency, Saint-Germain ; Malesherbes; Senlis; Dreux; Thury-en-Valois, Marolle, Pouilly-en-Vexin (*Questier*); forêt d'Orléans (*Aug. St.-Hil.*); Le Mans; Châteaugontier; Yvetot, St.-Lô ; Nantes, Baugé, Chaloché, Angers; bois de Fontevrault dans la Vienne ; pont du Gard. ♃ Avril-mai.

D. PARDALIANCHES *Willd. sp.* 3, *p.* 2113 ; *Scop. carn.* 2, *p.* 174; *Vill. Dauph.* 3, *p.* 205; *DC. fl. fr.* 4, *p.* 173 ; *Gaud. helv.* 5, *p.* 337 ; *Koch, syn.* 419 ; *D. cordatum Lam. fl. fr.* 2, *p.* 128 ; *D. procurrens Dumort.! fl. belg. prodr.* 66 ; *D. scorpioïdes Lapey. abr. pyr.* 526 *et auct. gall.* (*non Willd.*). *Ic. Jacq. austr. tab.* 350. — Calathides grandes, solitaires au sommet de la tige et des rameaux. Péricline à folioles pubescentes-glanduleuses et ciliées, lancéolées, acuminées-sétacées. Akènes de la circonférence glabres; ceux du disque velus; réceptacle *finement velu.* Feuilles molles, sinuées-dentelées; les radicales longuement pétiolées, *suborbiculaires, obtuses, profondément en cœur à la base ;* les caulinaires moyennes brusquement contractées en pétiole *embrassant la tige par deux oreilles arrondies;* feuilles supérieures ovales, sessiles, embrassantes. Tige dressée, striée, simple ou rameuse au sommet. Souche *rampante, tuberculeuse çà et là, émettant des stolons souterrains* *grêles et très-allongés.* — Plante d'un vert-pâle, brièvement velue, un peu glanduleuse au sommet; fleurs jaunes.

Hab. Bois montagneux; versant oriental des Vosges, à Sulzbach, Guebwiller, Munster; Jura, à Salins; Cluny; Lyon; Dauphiné, Grenoble, Gavet-en-Oisans, Embrun; Pyrénées, Canigou, Mont-Louis, houle de Marboré, Bagnères-de-Luchon, etc.; Toulouse; Moissac, Castel-Sarrazin; vallée de la Dordogne; monts Dore, Puy-de-Dôme; Creuse; Cantal; Forez; Chalonnes, Blaison, Saint-Aubin; Paris, Saint-Germain, Malesherbes. ♃ Mai-juin.

D. austriacum *Jacq. austr.* 2, *p.* 18, *tab.* 130; *DC. fl. fr.* 5, *p.* 475; *Dub. bot.* 265; *Lois. gall.* 2, *p.* 249; *Koch, syn.* 420; *Arnica austriaca Hoppe, ap. Sturm, h.* 38. *Rchb. exsicc.* 972! — Calathides en grappe corymbiforme; la calathide centrale brièvement pédonculée. Péricline à folioles velues et ciliées, linéaires-lancéolées, longuement acuminées-sétacées. Akènes de la circonférence glabres; ceux du disque velus; réceptacle *velu.* Feuilles molles, glabres ou pubescentes, denticulées; les radicales pétiolées, *en cœur, obtuses;* les caulinaires moyennes grandes, sessiles, lancéolées, acuminées, rétrécies au-dessus de la base, *embrassant la tige par deux oreilles arrondies* et dentées; les feuilles supérieures bractéiformes, non auriculées. Tige dressée, anguleuse, très-feuillée, rameuse. Souche *courte, prémorse, sans stolons.* — Plante de 6-9 décimètres, pubescente ou presque glabre; fleurs d'un jaune d'or.

Hab. Bois montagneux; Saulieu, Saint-Didier, Roches-en-Brénil, Saint-Léger-des-Fourches dans la Côte-d'Or; mont Pilat; mont Mezin; chaîne du Forez; Morvan; Cantal; monts Dore, Puy-de-Dôme; Ahun et Aubusson dans la Creuse; montagnes de la Lozère; Espérou; Pyrénées, Prats-de-Mollo, Mont-Louis, vallée d'Andorre, Llaurenti. ♃ Juin-août.

• ARONICUM. (Neck. elem. n° 49.)

Tous les akènes couronnés par une aigrette. Les autres caractères comme dans le genre *Doronicum.* — Feuilles alternes.

A. corsicum *DC. prodr.* 6, *p.* 319; *Arnica corsica Lois. gall. ed.* 1, *p.* 576, *tab.* 20; *DC. fl. fr.* 5, *p.* 475; *Dub. bot.* 264; *Salis, fl. od. bot. Zeit.* 1834, *p.* 29; *Doronicum corsicum Poir. dict. suppl.* 2, *p.* 517. *Soleir. exsicc.* 2303! — Calathides solitaires au sommet de la tige et des rameaux, *formant une grappe corymbiforme;* pédoncules courts, *non épaissis au sommet,* couverts de poils glanduleux. Péricline pubescent-glanduleux, à folioles lancéolées, acuminées, ciliées. Akènes munis de côtes et à la base d'un anneau calleux, pourvus de quelques poils. Feuilles molles, d'un vert-gai, oblongues-lancéolées, dentées, *atténuées à la base* et embrassant la tige par deux *oreilles arrondies et entières.* Tige dressée, sillonnée, fistuleuse, rameuse. — Plante de 6-9 décimètres, un peu pubescente, ressemblant par son port au *Doronicum austriacum;* fleurs d'un jaune-pâle.

Hab. Le long des ruisseaux des montagnes de la Corse, Haut-Tavignano, Pont-d'Estro dans le Niolo et gorges de la Rostonica sur Corté (*Bernard*), forêt d'Eitbone (*Léveillé*), Coscione (*Salle*), m^ts Rotundo et Grosso, Ghisoni, etc. ♃.

A. Doronicum *Rchb. fl. excurs.* 223; *D C. prodr.* 6, *p.* 319; *Gaud. helv.* 5, *p.* 334; *A. Clusii Koch, syn.* 421; *Arnica Doronicum Jacq. austr. tab.* 92; *Dub. bot.* 264; *Lois. gall.* 2, *p.* 248; *Arnica stiriaca Vill. Dauph.* 3, *p.* 210; *Arnica Clusii All. ped.* 1, *p.* 205, *tab.* 17, *f.* 1; *Doronicum hirsutum Lam. dict.* 2, *p.* 313; *Grammarthron biligulatum Cass. dict.* 19, *p.* 295. — Calathide *toujours solitaire* au sommet de la tige; pédoncule allongé, *épaissi au sommet*, couvert de longs poils aigus, articulés, à articles allongés. Péricline hérissé, à folioles linéaires-lancéolées, acuminées. Fleurs ligulées tridentées ou bifides. Akènes munis de côtes et à la base d'un anneau calleux, pourvus de quelques poils. Feuilles molles, vertes; les radicales entières ou à peine dentées, oblongues, obtuses, *atténuées en pétiole;* les caulinaires sessiles, demi-embrassantes, mais *non auriculées,* lancéolées, *dentées dans leur moitié inférieure, entières au sommet.* Tige dressée, fistuleuse, très-simple. — Plante de 1-3 décimètres, plus ou moins velue; fleurs jaunes.

Hab. Lieux humides dans les hautes Alpes du Dauphiné, Lautaret, mont Vizo, Col-Agniel, etc. ♃ Juillet-août.

A. scorpioides *D C. prodr.* 6, *p.* 319; *Koch, syn.* 421; *Arnica scorpioïdes L. sp.* 1246; *Vill. Dauph.* 3, *p.* 208; *Dub. bot.* 264; *Gaud. helv.* 5, *p.* 332; *Doronicum grandiflorum Lam. dict.* 2, *p.* 313; *Grammarthron scorpioïdes Cass. dict.* 19, *p.* 295. *Ic. Jacq. Austr. tab.* 349. *Rchb. exsicc.* 1150! *et Soleir. exsicc.* 2302! — Calathides 1-3, très-grandes, *solitaires au sommet de la tige et des rameaux;* pédoncules *fortement épaissis au sommet,* couverts de poils articulés, à articles courts. Péricline hérissé, à folioles linéaires-lancéolées, acuminées. Fleurs ligulées entières ou tridentées. Akènes munis de côtes et à la base d'un anneau calleux, pourvus de quelques poils. Feuilles d'un vert-pâle, toutes *anguleuses-dentées de la base au sommet;* les radicales longuement pétiolées, largement ovales, *tronquées ou échancrées à la base;* les caulinaires inférieures portées sur un pétiole court, plus ou moins ailé, embrassant la tige par *deux oreilles incisées-dentées;* les supérieures sessiles, amplexicaules. Tige dressée, anguleuse, fistuleuse, simple ou un peu rameuse. — Plante de 2-3 décimètres, plus ou moins velue, fétide; fleurs jaunes.

α. *genuinum.* Pédoncules munis de poils aigus, entremêlés de poils obtus et épaissis au sommet

β. *pyrenaïca Gay, in Endress. pl. pyr. exsicc. unio itin.* 1830! Pédoncules couverts de poils qui tous sont épaissis, obtus et colorés au sommet.

Hab. Hautes Alpes du Dauphiné, col de Larche près de Grenoble, Lautaret, sommet du Galibier, Grande-Chartreuse, Chaillol-le-Vieil, Gap, Briançon, col de l'Echauda, mont Aurouse; mont Ventoux; Pyrénées, Mont-Louis, Pic-du-Midi, Castanèse, port de Bénasque, houle de Marboré, Eaux-Bonnes, val de Galbe, etc.; Corse au mont Cinto. ♃ Juillet-août.

ARNICA. (L. gen. 958, excl. sp.)

Péricline campanulé, à folioles *égales, imbriquées sur deux rangs.* Fleurs du disque hermaphrodites, tubuleuses ; celles de la circonférence femelles, ligulées. Stigmates des fleurs du disque épaissis supérieurement, surmontés d'une pointe conique et pubescente. Akènes cylindriques, munis de côtes ; *tous pourvus d'une aigrette formée d'un seul rang de poils* raides et barbellés. Réceptacle nu. — Feuilles opposées, entières.

A. montana *L. sp.* 1245 ; *DC. fl. fr.* 4, *p.* 175 ; *Doronicum oppositifolium Lam. dict.* 2, *p.* 312. *Ic. fl. dan.* 53. *Rchb. exsicc.* 2421 ! — Calathides grandes, solitaires au sommet de la tige et des rameaux. Péricline à 16-18 folioles dressées, lancéolées, aiguës. Fleurs de la circonférence en languette oblongue, veinée, tridentée, étalée. Akènes bruns, hérissés ; aigrette blanche, égalant l'akène. Feuilles un peu fermes, sessiles, ciliées, pubescentes en dessus, ordinairement glabres en dessous, à 5 nervures ; feuilles radicales étalées en rosette ; 1-2 paires de feuilles caulinaires opposées, écartées. Tige dressée, raide, simple et uniflore, ou un peu rameuse au sommet et bi-triflore. — Plante de 2-6 décimètres, d'un vert pâle, pourvue vers le sommet de poils mous, articulés, glanduleux ; fleurs jaunes ou orangées.

α. *genuina.* Feuilles oblongues-obovées.

β. *angustifolia Dub.! bot.* 264. Feuilles lancéolées. Les pédoncules sont pourvus de bractées herbacées, alternes, écartées, qui se voient rarement dans la var. α. *Cineraria cernua Thore! chl.* 344. *Durieu, exsicc. astur.* n° 303 !

Hab. Pâturages des montagnes de grès, de basalte, de granit ; Vosges ; Saulieu dans la Côte-d'Or ; mont Pilat ; Dauphiné à Grenoble, Gap, Briançon ; mont Mezin ; chaîne du Forez ; Cantal ; monts Dore ; montagnes de la Lozère ; l'Espérou ; Pyrénées, Canigou, Bagnères-de-Luchon ; Esquierry, etc. ; se retrouve dans les plaines sablonneuses, Sologne, forêt d'Orléans, forêt de Haguenau, etc. La var. β. landes de Cérès près de Dax. ♃ Juin-juillet.

SENECIO. (Lessing, syn. 391.)

Péricline cylindrique ou campanulé, *formé d'un seul rang de folioles* soudées à leur base, *le plus souvent pourvu en dessous d'écailles accessoires plus courtes et disposées en forme de calicule.* Fleurs toutes hermaphrodites et tubuleuses, ou plus souvent les fleurs de la circonférence femelles et ligulées. Stigmates des fleurs du disque demi-cylindriques, tronqués, velus seulement au sommet. Akènes cylindriques, munis de côtes, *tous pourvus d'une aigrette formée de poils disposés sur plusieurs rangs.* Réceptacle muni de membranes dentées et formant des alvéoles caduques. — Feuilles alternes.

Sect. 1. EUSENECIO *Nob.* — Péricline cylindrique, muni d'un calicule. Fleurs ligulées nulles ou à languette très-courte et roulée en dehors. Feuilles pennatilobées.

S. VULGARIS *L. sp.* 1216. *Ic. engl. bot. tab.* 747. — Calathides petites, en grappes corymbiformes au sommet des tiges et des rameaux. Péricline cylindrique, à folioles *glabres*, linéaires, acuminées, blanches-scarieuses sur les bords, barbues et dentelées au sommet; écailles du calicule 8-10, appliquées, noires dans leur moitié supérieure, *quatre fois plus courtes* que le péricline. Fleurs ordinairement toutes tubuleuses; celles de la circonférence très-rarement ligulées (*S. denticulatus Nolte, nov. fl. hols. p.* 71, *non Mull.; S. lividus* β. *denticulatus D C.! prodr.* 5, *p.* 343). Akènes grisâtres ou bruns, à côtes *couvertes de poils courts appliqués.* Feuilles planes, un peu épaisses, sinuées-pennatilobées, à segments *égaux*, courts, anguleux, dentés; les inférieures pétiolées; les supérieures élargies à la base et embrassant la tige par deux oreilles. Tige dressée, rameuse, *molle.* Racine oblique, fibreuse. — Plante de 2-3 décimètres, glabre ou munie d'un duvet aranéeux; fleurs jaunes.

Hab. Lieux cultivés; commun. (1) Toute l'année.

S. VISCOSUS *L. sp.* 1217; *D C. fl. fr.* 4, *p.* 161. *Ic. Engl. bot. tab.* 32. *Rchb. exsicc.* 590! — Se distingue de l'espèce précédente aux caractères suivants : calathides beaucoup plus grosses, en grappe moins fournie; folioles du péricline *glanduleuses* sur le dos; écailles du calicule plus lâches, *de moitié plus courtes* que le péricline, vertes, à peine maculées au sommet; corolles de la circonférence en languette courte et roulée en dehors; akènes beaucoup plus grands, *glabres;* feuilles un peu roulées sur les bords; tige *de consistance ferme,* à rameaux plus étalés. — Plante de 1-2 décimètres, velue-glanduleuse, visqueuse, fétide; fleurs jaunes.

Hab. Lieux incultes, dans toute la France. (1) Juin-octobre.

S. SYLVATICUS *L. sp.* 1217; *Vill. Dauph.* 3, *p.* 229; *D C. fl. fr.* 4, *p.* 161; *S. lividus Nolte, nov. fl. hols. p.* 72 (*non L.*). *Ic. Engl. bot. tab.* 748. *Rchb. exsicc.* 591! — Calathides très-nombreuses, en grappe composée, corymbiforme, étalée. Péricline cylindrique, à folioles glabres ou un peu velues, *non glanduleuses,* linéaires, aiguës, blanches-scarieuses sur les bords, barbues au sommet; écailles du calicule 4-5, appliquées, sétacées, non maculées, *extrêmement courtes.* Fleurs de la circonférence en languette très-courte et roulée en dehors. Akènes petits, noirs, à côtes couvertes de *poils blancs, courts, appliqués.* Feuilles profondément pennatipartites, à segments étroits, dentés ou incisés, *alternativement plus petits et dentiformes;* les inférieures pétiolées; les supérieures embrassant la tige par deux oreilles incisées. Tige dressée, raide, *de consistance ferme,* très-rameuse au sommet. Racine dure, fibreuse. — Plante de 3–10 décimètres, odorante, ordinairement d'un vert-blanchâtre et couverte d'un duvet court; fleurs petites, jaunes. La forme naine est le *S. denticulatus Mull. fl. dan. tab.* 791)*non Nolte*).

Hab. Bois, dans presque toute la France. (I) Juillet-août.

S. LIVIDUS *L. sp.* 1216; *DC. fl. fr.* 5, *p.* 472; *Lois. gall.* 2, *p.* 239 (*non Nolte, nec Sm.*); *S. fœniculaceus Tenore, fl. nap.* 2, *p.* 216, *tab.* 78; *Salis, fl. od. bot. Zeit.* 1834, *p.* 28; *Guss. syn.* 2, *p.* 471; *Moris.! fl. sard.* 2, *p.* 422; *S. trilobus Sibth. et Sm. fl. græc.* 9, *p.* 54, *tab.* 869; *S. nebrodensis DC. fl. fr.* 4, *p.* 162 (*non L.*). *Soleir. exsicc.* 2323! — Calathides peu nombreuses, plus grandes que dans les espèces précédentes, disposées en corymbe lâche. Péricline cylindrique, à folioles glabres ou un peu velues-glanduleuses, linéaires, aiguës, blanches-scarieuses sur les bords, barbues et souvent maculées au sommet; écailles du calicule 4–5, appliquées, linéaires-sétacées, *quatre fois plus courtes* que le péricline. Fleurs de la circonférence en languette très-courte et roulée en dehors. Akènes noirs, à côtes *couvertes de poils blancs, courts, appliqués.* Feuilles planes, souvent rougeâtres en dessous, sinuées-dentées ou sinuées-pennatifides, à segments *égaux*, dentés; les inférieures obovées, atténuées en pétiole; les supérieures lancéolées, élargies à la base et embrassant la tige par deux oreilles. Tige dressée, simple ou rameuse, *de consistance ferme.* — Plante de 2–4 décimètres, à odeur de fenouil, plus ou moins couverte de poils articulés-glanduleux; fleurs jaunes.

α. *genuinus.* Plante presque glabre; calathides à 20–25 fleurs. *S. nebrodensis DC.! fl. fr.* 4, *p.* 162; *S. lividus* α. *DC.! prodr.* 6, *p.* 343.

β. *major.* Plante velue-glanduleuse, surtout sur les pédoncules; calathides plus grandes, à 30–40 fleurs. *S. fœniculaceus DC. l. c.*

Hab. Lieux sablonneux, bords des routes; la Teste-de-Buch; Millas et Notre-Dame-de-Consolation en Roussillon; Montaulieu dans l'Aude (*de Martrins*); Anduze et la Grand'Combe près Alais; Toulon, îles d'Hyères, Fréjus, Grasse, Cannes; Corse, à Ajaccio, val Asco, Quenza, Bastia, Calvi. (I) Avril-juin.

Sect. 2. JACOBÆA *Tournef. inst.* 456. — Péricline campanulé, muni d'un calicule. Fleurs de la circonférence ligulées, à languette exserte, étalée. Feuilles ordinairement pennatilobées.

a. *Feuilles vertes.*

S. LEUCANTHEMIFOLIUS *Poirr. voy. barb.* 2, *p.* 238; *Desf. atl.* 2, *p.* 271; *Moris, fl. sard.* 2, *p.* 423 (*excl. syn.*); *Guss. syn.* 2, *p.* 472; *S. humilis Desf. atl.* 2, *p.* 271, *tab.* 233; *Dub. bot.* 262; *Lois. gall.* 2, *p.* 239; *S. arenarius Salzm. pl. exsicc.* 1821 (*non Bieb.*). *Ic. Barr. ic. tab.* 261. *Soleir. exsicc.* 2334! — Calathides en corymbe *lâche et peu fourni;* pédoncules grêles et assez longs;

bractées éparses, petites, lancéolées, acuminées. Péricline campanulé, à folioles glabres, linéaires, aiguës, bordées de blanc, barbues et non maculées au sommet, *à la fin réfléchies;* écailles du calicule 2-3, lâches, étroites, souvent maculées au sommet. Akènes bruns, *pourvus de petits poils* épars, appliqués. Feuilles un peu épaisses, planes; les inférieures pétiolées, oblongues-spatulées, crénelées; les supérieures linéaires-spatulées, un peu velues à leur aisselle, dentées ou incisées-dentées vers le sommet, *non pennatifides,* sessiles, embrassant la tige par de courtes oreilles *entières.* Tiges couchées à la base, puis dressées, fistuleuses, rameuses; rameaux étalés. Racine *annuelle.* — Plante de 1-2 décimètres, glabre, inodore; fleurs jaunes. La forme grêle est le *S. humilis* β. *pedonculosus D C.! prodr.* 6, *p.* 344.

Hab. Toulon; Corse, Ajaccio, îles Sanguinaires, Bonifacio, Calvi, Saint-Florent, Porto-Vecchio. (1) Février-mars.

S. crassifolius *Willd. sp.* 3, *p.* 1982; *D C.! fl. fr.* 5, *p.* 472, *et prodr.* 6, *p.* 344 ; *Dub. bot.* 262; *Lois.! gall.* 2, *p.* 238; *Guss.! syn.* 2, *p.* 474; *Jacobæa maritima, senecionis folio crasso et lucido massiliensis Tournef. inst.* 486. *Ic. Barr. icon.* 261. — Voisin du *S. leucanthemifolius,* il s'en distingue toutefois aux caractères suivants : calathides du double plus grosses, en corymbe *plus fourni;* bractéoles plus rapprochées et plus nombreuses sous la calathide; pédoncules plus épais, plus longs; akènes d'un quart plus longs, plus atténués aux deux bouts, *couverts de poils blancs* plus nombreux et plus appliqués; feuilles plus grandes, *charnues, luisantes*, les inférieures atténuées en pétiole, *incisées ou lyrées,* à lobes obtus; les moyennes *pennatifides,* embrassant la tige par deux *larges oreilles entières;* tiges plus élevées, dressées dès la base, plus épaisses et plus rameuses; plante plus robuste, exhalant l'odeur de fenouil par la trituration.

Hab. Côtes de la Méditerranée; Marseille au lazaret et à l'anse de l'Ourse, Toulon, Fréjus. (1) Mars-avril.

S. gallicus *Chaix in Vill. Dauph.* 1, *p.* 371 *et* 3, *p.* 230; *D C.! prodr.* 6, *p.* 346 ; *Guss. syn.* 2, *p.* 477; *S. squalidus Willd. sp.* 3, *p.* 1991; *D C. fl. fr.* 4, *p.* 162; *Dub. bot.* 262; *Lois.! gall.* 2, *p.* 239 (*non L.*); *S. laxiflorus Viv.! fl. lib.* 55, *tab.* 11, *f.* 3; *S. exsquameus Brot. lusit.* 1, *p.* 388; *S. difficilis L. Dufour! ann. sc. nat. ser.* 1, *t.* 5, *p.* 429, *tab.* 11. *Ic. Barr. icon. tab.* 262, *f.* 2; *Bocc. sicul.* 76, *tab.* 41, *f.* 1. — Calathides petites, disposées en corymbe *lâche;* pédoncules grêles et assez longs; bractées petites, éparses, demi-embrassantes, lancéolées, brièvement acuminées. Péricline campanulé, à folioles glabres, linéaires, acuminées, bordées de blanc, barbues et souvent maculées au sommet, à la fin réfléchies; écailles du calicule 1-2. Akènes noirs, *couverts de petits poils* appliqués. Feuilles un peu épaisses, *pennatiséquées,* à segments entiers, dentés ou pennatifides, roulés en dessous par les bords, à rachis muni souvent de petits lobules écartés; les feuilles inférieures pétiolées; les supérieures sessiles, embrassant la tige par deux oreilles *incisées-dentées*. Tige dressée, rameuse. Racine *annuelle*. — Plante de 1-4 décimètres, glabre ou munie de poils articulés ; fleurs jaunes.

Hab. Lieux cultivés des provinces méridionales; Perpignan; Frontignan, Montpellier, Nimes, Saint-Ambroix, Alais, Anduze; Avignon; Aigues-Mortes; Marseille, Montaud près de Salon; Toulon, Hyères, Fréjus; Pont-St.-Esprit; Gap, Romans, Briançon, Embrun, Grenoble; Valence; Lyon; Corse, à Ajaccio. (I) Mai-juillet.

S. ADONIDIFOLIUS *Lois.! gall. ed.* 1, *p.* 566, *et ed.* 2, *t.* 2, *p.*239, *tab.* 19; *S. artemisiæfolius Pers. syn.* 2, *p.* 435; *DC. fl. fr.* 5, *p.* 472; *Dub. bot.* 262; *S. tenuifolius DC. fl. fr.* 4, *p.* 164 (*non Jacq.*); *S. abrotanifolius Gouan, hort. monsp.* 440; *Thuill. par.* 432; *Lam. fl. fr.* 2, *p.* 133; *Lapeyr. abr. pyr.* 515 (*non L.*). *Jacobæa foliis ferulaceis flore minore Tournef. inst.* 486. *Schultz, exsicc.* 675! — Calathides petites, nombreuses, en grappe corymbiforme *composée et dense;* bractées courtès, linéaires-acuminées, entières ou triséquées. Péricline ovoïde, glabre et luisant, brun, à folioles linéaires, aiguës, étroitement bordées de blanc, barbues au sommet, à la fin *courbées en gouttière et contractées sur les graines, conniventes, jamais réfléchies;* écailles du calicule 2-3, appliquées. Akènes *glabres*. Feuilles glabres, *bipennatiséquées*, à segments étroits, linéaires, entiers ou bi-trifides, *cuspidés;* les inférieures allongées, pétiolées, mais *munies sur les côtés du pétiole et jusqu'à sa base de petits lobes filiformes écartés* et d'autant plus courts qu'ils sont plus inférieurs; feuilles supérieures sessiles, à segments inférieurs rapprochés et embrassant la tige. Tige dressée, raide, ferme, striée, presque simple. Souche *rampante,* rameuse. — Plante de 4-8 décimètres, glabre; fleurs d'un jaune vif.

Hab. Principalement, si ce n'est toujours, sur les terrains siliceux; chaine des Pyrénées; montagnes du Vigan et de la Lozère; monts Dore et Puy-de-Dôme; Morvan et tous les départements du centre de la France jusqu'à Orléans et Paris; se retrouve dans l'est au mont Pilat près de Lyon et dans la Côte-d'Or, à Saulieu, à Arnay, à la Roche-en-Breuil. ♃ Juillet-août.

Obs. — Cette plante est peut-être le type d'un genre distinct.

S. AQUATICUS *Huds. angl.* 366; *DC. fl. fr.* 4, *p.* 165; *Koch, syn.* 428; *S. Jacobæa aquaticus Gaud. helv.* 5, *p.* 287. *Ic. engl. bot. tab.* 1131. *Rchb. exsicc.* 1435! — Calathides assez grandes, en corymbe; pédoncules épaissis au sommet, *étalés-dressés;* bractées linéaires, acuminées. Péricline hémisphérique, à folioles ovales, brièvement acuminées, glabres et vertes sur le dos, largement scarieuses sur les bords, pubescentes et faiblement maculées au sommet; écailles du calicule 1-2, très-petites, appliquées. Akènes grisâtres; *ceux de la circonférence glabres; ceux du disque munis de petits poils* courts fixés dans les sillons. Feuilles d'un vert-clair;

les inférieures pétiolées, ovales ou lancéolées, *inégalement dentées, ou lyrées* à lobe terminal grand et *rétréci au sommet;* les supérieures sessiles et auriculées, lyrées ou pennatipartites, à segments latéraux *obliques, linéaires ou oblongs, entiers ou presque entiers;* les oreilles de la base incisées. Tige dressée, simple à la base, rameuse au sommet; rameaux étalés-dressés. Racine *épaisse, globuleuse,* pourvue de fibres longues et dures. — Plante de 3-8 décimètres, glabre ou un peu aranéeuse, souvent rougeâtre en vieillissant; fleurs d'un jaune vif.

α. *genuinus.* Feuilles inférieures entières, dentées ou crénelées; les moyennes lyrées.

β. *pennatifidus.* Feuilles inférieures lyrées; les moyennes profondément divisées. *S. barbareæfolius Rchb. fl. exc.* 244 (*non Krock.*).

Hab. Prairies humides; dans toute la France. ② Juin-août.

S. erraticus *Bertol.! amœnit. ital.* 92; *DC.! prodr.* 6, *p.* 349; *Salis, fl. od. bot. Zeit.* 1834, *p.* 28; *Koch, syn.* 428; *S. barbareæfolius Krock. ex Wimm. fl. von. Schles. p.* 229 (*non Rchb.*).— Se distingue du précédent, dont il n'est peut-être qu'une variété, par ses calathides plus petites; par ses pédoncules et ses rameaux plus grêles, *divariqués;* par ses fleurs de la circonférence à languette plus courte; par ses feuilles plus minces, d'un vert foncé, et dont les inférieures sont *profondément lyrées,* à lobe terminal grand, *en cœur à la base, arrondi au sommet non rétréci;* par ses feuilles caulinaires dont les segments latéraux sont *étalés à angle droit, obovés-oblongs et dentés,* le segment terminal rhomboïdal.

Hab. Prairies humides des provinces méridionales, centrales et occidentales de la France, jusqu'à Valognes; Corse, à Bastia, Ajaccio. ② Juin-août.

S. Jacobæa *L. sp.* 1219; *Koch, syn.* 427; *S. neglectus Desv. obs.* 129 (*forma gracilis*). *Ic. engl. bot. tab.* 1130. — Calathides plus petites que dans le *S. aquaticus,* en corymbe composé; pédoncules *raides, dressés.* Péricline hémisphérique, à folioles linéaires-lancéolées, blanches-scarieuses sur les bords, pubescentes et maculées au sommet; écailles du calicule 1-2, très-courtes, appliquées. Akènes grisâtres; *ceux de la circonférence glabres; ceux du disque velus.* Feuilles molles; les inférieures pétiolées, obovées-oblongues, toujours *lyrées-pennatifides,* à lobe terminal irrégulièrement incisé-denté; les supérieures sessiles, auriculées, pennatipartites, à segments *divariqués, bi-trifides* et dentés, à lobules séparés par des sinus arrondis; oreilles de la base laciniées. Tige dressée, droite, arrondie, striée, ordinairement rougeâtre, rameuse au sommet; rameaux dressés. Racine épaisse, *cylindrique, oblique, tronquée,* pourvue de fibres longues. — Plante de 5-8 décimètres, glabre ou aranéeuse; fleurs d'un jaune vif.

Hab. Prairies sèches, haies, buissons; commun partout. ② Juin-août.

S. erucifolius *L. sp.* 1218; *Huds. angl.* 366; *Poll. pal.* 2, *p.* 456; *DC. fl. fr.* 4, *p.* 164. — Calathides en corymbe lâche; pédoncules *étalés-dressés*, munis de petites écailles. Péricline hémisphérique, à folioles obovées, longuement acuminées, glabres ou aranéeuses, blanches-scarieuses sur les bords; écailles du calicule nombreuses, appliquées, égalant la moitié du péricline. Akènes grisâtres, *tous également hérissés*. Feuilles un peu fermes, d'un vert-grisâtre et pubescentes, ou blanches en dessous (*S. cinerarioïdes Viv. ad calc. fl. lib.* 68, *non Rich.*), plus ou moins *pennatilobées*, à segments *obliques, parallèles*; les feuilles inférieures pétiolées; les supérieures sessiles, à segments inférieurs entiers et embrassant la tige comme par deux oreilles. Tige dressée, simple à la base, striée. Souche *rampante*. — Plante de 5-10 décimètres, pubescente et plus ou moins couverte d'un duvet aranéeux; fleurs jaunes.

α. *genuinus*. Feuilles pennatilobées, à segments lancéolés, dentés; le supérieur plus grand.

β. *tenuifolius DC.! fl. fr.* 5, *p.* 472. Feuilles bipennatilobées, à segments tous linéaires, entiers ou dentés. *S. tenuifolius Jacq. austr. tab.* 278 (*non DC.*).

Hab. Bois, haies; commun. ♃ Juin-août.

Obs. — D'après des échantillons recueillis par Fries en Scanie, dans la localité classique, et que possède le docteur Mougeot, la var. β. serait le véritable *S. erucifolius L. fl. suec.* 291.

b. *Feuilles blanches-tomenteuses.*

S. Cineraria *DC. prodr.* 6, *p.* 355; *Moris, fl. sard.* 2, *p.* 428; *S. maritimus Rchb. fl. excurs.* 244 (*non L. fil.*); *Cineraria maritima L. sp.* 1244; *Vill. Dauph.* 3, 225; *DC. fl. fr.* 4, *p.* 172; *Bertol. amœnit. ital.* 191; *Dub. bot.* 261; *Lois.! gall.* 2, *p.* 245; *Salis, fl. od. bot. Zeit.* 1834, *p.* 28; *Guss. syn.* 2, *p.* 479; *Cineraria ceratophylla Cyr. in Ten. sem. hort. neap.* 1825. *Ic. Lob. icon. tab.* 227, *f.* 2, *et Sibth. et Sm. fl. græc.* 9, *tab.* 871. — Calathides nombreuses, *en corymbe composé, dense, plane, à ramifications premières divariquées*. Péricline campanulé, blanc-tomenteux, à folioles lancéolées, acuminées, bordées de blanc; calicule à 3-5 écailles extrêmement courtes et presque perdues dans le duvet laineux. Fleurs 40 à 50, dont 10-12 en languette ovale. Akènes bruns, *glabres*. Feuilles épaisses, molles, blanches-tomenteuses en dessous, aranéeuses ou floconneuses en dessus, pétiolées, pennatipartites, à *segments presque égaux, bi-trifides, étalés, contractés dans leur moitié inférieure;* les feuilles inférieures moins divisées, seulement lyrées. Tige dressée, *suffrutescente à la base*, très-rameuse; rameaux très-feuillés à leur base. — Plante de 3-6 décimètres, blanche-tomenteuse; fleurs jaunes.

Hab. Rochers, surtout dans les régions maritimes; Port-Vendres, île Sainte-Lucie; Agde; Aigues-Mortes; fontaine de Vaucluse; Digne; Marseille, Toulon, Hyères, Cannes; Corse, à Bastia, îles Sanguinaires. ♄ Juin-juillet.

S. leucophyllus *DC. hort. monsp. p.* 144 *et fl. fr.* 5, *p.* 473; *Dub. bot.* 261; *Lois. gall.* 2, *p.* 240; *S. incanus Lapeyr. abr. pyr. p.* 515 (*non L. nec Scop.*); *S. palmatus Lapeyr. abr. pyr. suppl. p.* 134; *Jacobæa incana pyrenaïca saxatilis et latifolia Tourn. inst.* 486. — Calathides en *corymbe convexe*, *compacte*, *simple ou composé*, *à pédoncules presque contigus et courbés en dehors.* Péricline campanulé, blanc-laineux, à folioles contiguës, linéaires, acuminées, transparentes; calicule à 2-4 écailles très-étroites, de moitié moins longues que le péricline et presque cachées dans le duvet laineux. Fleurs nombreuses, dont 5-7 en languette oblongue. Akènes grisâtres, *pubescents.* Feuilles épaisses, molles, entièrement blanches-laineuses, pétiolées; celles de la base des tiges rapprochées, lyrées ou lyrées-pennatifides, à *segments inférieurs obovés, les moyens oblongs, les supérieurs confluents;* feuilles supérieures peu nombreuses, écartées, pennatipartites. Souche *très-rameuse, à divisions rampantes,* émettant des tiges fleuries, ascendantes, *herbacées,* presque simples, et produisant en outre des rosettes de feuilles. — Plante de 1-2 décimètres, blanche-laineuse; fleurs jaunes.

Hab. Pyrénées, Prats-de-Mollo, Canigou, Cambredases, Coullade-de-Nouri; mont Mezinc, dans l'Ardèche. ♃ Août-septembre.

S. incanus *L. sp.* 1219; *Vill. Dauph.* 3, *p.* 231; *DC. fl. fr.* 4, *p.* 165; *Gaud. helv.* 5, *p.* 291; *Koch, syn.* 429 (*non Scop. nec Lapeyr.*); *S. parviflorus All. ped.* 1, *p.* 200, *tab.* 38, *f.* 3. *Ic. Bocc. mus. tab.* 8. — Se distingue du précédent par son corymbe moins fourni, *encore plus convexe;* par ses calathides de moitié plus petites et renfermant un plus petit nombre de fleurs; par son péricline à folioles lâches, non contiguës et de moitié moins nombreuses (6 à 8); par ses fleurs rayonnantes à languette plus ovale; par ses akènes *glabres* et plus petits; par ses feuilles plus minces, couvertes d'un tomentum plus court et moins épais, toutes pennatifides et non lyrées, à segments des feuilles inférieures *tous obovés,* entiers ou crénelés au sommet, ceux des feuilles supérieures *tous linéaires;* par ses tiges plus grêles et moins élevées. — Plante de 3-10 centimètres, blanche-tomenteuse; fleurs jaunes.

Hab. Hautes Alpes du Dauphiné, Taillefer près de Grenoble, Lautaret, Sassenage, Chaillol-le-Vieil, Bourg-d'Oisans, Gap, mont Vizo, mont Aurouse, montagnes de Briançon. ♃ Juillet-août.

Sect. 5. Doria *Rchb. fl. exc.* 244. — Péricline campanulé, muni d'un calicule. Fleurs de la circonférence à languette exserte, étalée. Feuilles entières.

S. paludosus *L. sp.* 1220; *DC. fl. fr.* 4, *p.* 166. *Ic. engl. bot. tab.* 650. *Rchb. exsicc.* 1332! — Calathides peu nombreuses, en corymbe. Péricline *hémisphérique,* un peu laineux à la base, à 18-20 folioles *linéaires-aiguës,* velues au sommet; calicule à 8-12 écailles lâches, *plus courtes que le péricline. Dix à douze fleurs* *prolongées en languette* linéaire-oblongue. Akènes bruns, *glabres*, plus courts que l'aigrette et munis de côtes superficielles. Feuilles caulinaires *sessiles, non embrassantes*, dressées, un peu fermes, laineuses sur le dos, à la fin glabrescentes, linéaires-lancéolées, acuminées, dentées-en-scie; dents fines, acuminées, très-aiguës, *dirigées en avant;* feuilles radicales atténuées en pétiole. Tige dressée, raide, simple, sillonnée, fistuleuse. Souche *un peu rampante.* — Plante de 6-10 décimètres ; fleurs jaunes.

Hab. Bords des ruisseaux et des rivières, principalement dans les provinces de l'Est; Alsace, Strasbourg, Benfeld : Troyes; Gray; Limpré et Saulon dans la Côte-d'Or; marais de Saône dans le Doubs; Lyon; Grenoble; dans le centre de la France, à Bourges, environs de Paris au bord de la Seine et de la Marne; marais d'Haubourdin près de Lille (*Cussac*). ♃ Juillet-août.

S. saracenicus *L. sp.* 1221 (*ex parte*); *Gouan, hort. monsp.* 441 ; *Vill. Dauph.* 3, *p.* 233 ; *Pollich, pal.* 2, *p.* 460 ; *Scop. carn.* 2, *p.* 165 ; *Wallr. in Linnæa*, 14, *p.* 645 ; *Godr. fl. lorr.* 2, *p.* 10 (*non Koch, nec Rchb.*); *S. Fuchsii Gmel. bad.* 3, *p.* 444 ; *Koch, syn. ed.* 1, *p.* 390; *S. alpestris Gaud. helv.* 5, *p.* 296 ; *Solidago saracenica Fuchs. hist. p.* 728, *ic.* — Calathides nombreuses, en corymbe glabre, composé. Péricline *ovoïde-campanulé, plus long que large*, glabre, à 8-10 folioles *linéaires, un peu élargies et maculées de noir supérieurement, brusquement et brièvement acuminées;* calicule à 4-5 écailles lâches, subulées, *plus courtes que le péricline. Quatre à cinq fleurs prolongées en languette* linéaire-lancéolée. Akènes blanchâtres, *glabres*, plus courts que l'aigrette, munis de côtes superficielles. Feuilles *toutes pétiolées*, élégamment veinées, glabres ou pourvues sur les bords et en dessous de petits poils articulés, atténuées à la base, acuminées au sommet, dentées ; les dents petites, *étalées*, cartilagineuses sur les bords ; pétiole non ailé, donnant par sa base naissance à 3-5 côtes qui se prolongent sur la tige et dont les deux latérales sont les plus saillantes. Tige dressée, simple à la base, plus ou moins rameuse au sommet, moins anguleuse que dans les deux espèces suivantes, ordinairement purpurine. Souche *oblique, non rampante, émettant des bourgeons stoloniformes courts.* — Plante de 10-12 décimètres, d'un vert gai ; fleurs jaunes.

α. *ovatus DC. prodr.* 6, *p.* 353. Feuilles ovales-lancéolées. *S. ovatus Willd. sp.* 3, *p.* 2004.

β. *angustifolius Spenn. fl. frib.* 1, *p.* 525. Feuilles étroitement lancéolées. *S. salicifolius Wallr.! sched. p.* 478 (*non Pers.*).

Hab. Bois montagneux, surtout dans les terrains primitifs et secondaires. ♃ Juin-août.

Obs. — Ce n'est pas seulement d'après un simple synonyme que, dans la Flore de Lorraine, nous avons appliqué à cette plante le nom de *S. saracenicus* L. Nous avons établi notre opinion sur des considérations qui nous semblent plus importantes.

Il est évident, si l'on consulte les textes, que Linné, sous le nom de *S. saracenicus*, a confondu deux espèces distinctes : 1° l'une qu'il a cultivée dans le jardin d'Upsal, et qui se distingue nettement « *magnitudine et radice maximè reptante.* » Celle-ci croît dans les plaines, sur les bords des rivières, et de préférence dans les saussaies; c'est le *S. salicetorum* de la Flore de Lorraine. 2° L'autre, à laquelle s'applique non-seulement le synonyme de Fuchsius, mais tous les synonymes cités par Linné (moins celui du *Hortus upsaliensis*), à laquelle se rapportent en outre toutes les localités, sans exception, où Linné indique sa plante, par exemple : les montagnes de la Suisse et des environs de Montpellier, les hauts pics du Jura; le Rosberg près de Munster (chaîne des Vosges) et les fossés près de Strasbourg, où croît en abondance la plante de Fuchsius et où celle du jardin d'Upsal n'a jamais été rencontrée.

Or, s'il en est ainsi, à laquelle de ces deux espèces convient-il de conserver l'épithète de *Saracenicus?* Il nous a semblé que cette dénomination appartenait de droit à celle de ces deux plantes qui la première l'avait reçu. Or, c'est évidemment la plante de Fuchsius; c'est à cet auteur que Linné a emprunté cette dénomination, et c'est à elle que nous avons cru devoir l'attribuer; nous n'avons du reste fait en cela qu'imiter tous les contemporains de Linné, notamment Pollich, Gouan, Villars, Scopoli, etc., qui ont reconnu dans le *S. saracenicus* de Linné le *Solidago saracenica* de Fuchsius.

S. Jacquinianus *Rchb. fl. exc.* 245; *Godr. fl. lorr.* 2, *p.* 11; *S. nemorensis Jacq. austr.* 2, *p.* 50, *tab.* 184 (*optima*); *Gaud. helv.* 5, *p.* 299; *S. nemorensis* β. *odorus Koch, syn.* 430; *S. commutatus var. nemorensis Spenner, fl. frib.* 2, *p.* 526; *S. fontanus Wallr. in Linnæa,* 14, *p.* 647. *Rchb. exsicc.* 592! — Très-voisin du précédent, il s'en distingue par ce qui suit : péricline pubescent, à folioles plus allongées, plus étroites, *plus longuement et moins brusquement acuminées*; akènes *glabres,* égalant l'aigrette; feuilles généralement plus larges, plus inégalement dentées; les inférieures ovales, brusquement atténuées en pétiole ailé, donnant par sa base naissance à 3-5 côtes qui se prolongent sur la tige et dont la médiane est la plus saillante; feuilles supérieures *sessiles, embrassantes;* tige plus forte, plus anguleuse. Se distingue de l'espèce suivante par son corymbe moins serré; par ses bractées plus courtes; par ses fleurs d'un jaune vif, odorantes, et dont 4-5 sont en languette linéaire-lancéolée; par ses akènes plus courts.—Plante d'un aspect sombre, pubescente.

Hab. Bois montagneux; Vosges, Champ-du-Feu, Donon, ballon de Soultz, Rotabac, Hohneck, d'où il descend jusqu'à Gérardmer; Jura; Alpes du Dauphiné; chaîne des Cévennes; Pyrénées-Orientales, etc. ♃ Juillet-août.

Obs. — Il nous semble impossible de considérer cette plante comme une simple variété de la précédente. Elle est bien plus voisine du *S. Cacaliaster :* la disposition des côtes qui de la base des feuilles se prolongent sur la tige dans cette dernière espèce, caractère que nous devons à la sagacité de M. Koch, et qu'il a si bien décrit dans la deuxième édition du Synopsis, appartient également au *S. jacquinianus* et le sépare nettement de notre *S. saracenicus.*

S. Cacaliaster *Lam. fl. fr.* 2, *p.* 132; *DC.! hort. monsp.* 144; *Dub. bot.* 263; *Koch, syn.* 429; *Lecoq et Lamotte, cat. d'Auv.* 231; *S. croaticus Waldst. et Kit. rar. hung.* 2, *p.* 153, *tab.* 143; *Cacalia saracenica L. sp.* 1169; *Lois.! gall.* 2, *p.* 221. *Rchb. exsicc.* 1855! *et Schultz, exsicc.* 881! — Calathides nombreuses, en corymbe composé et compacte; bractées linéaires-subulées, très-allongées, brièvement ciliées. Péricline *ovoïde-campanulé, plus long que large*, pubescent, à folioles *linéaires-lancéolées;* calicule à 4-5 écailles lâches, très-étroites, *égalant le péricline.* Fleurs *toutes tubuleuses.* Akènes blanchâtres, *glabres*, égalant l'aigrette, munis de côtes superficielles. Feuilles élégamment veinées, glabres ou pourvues sur les bords et en dessous de petits poils articulés, lancéolées, acuminées, dentées-en-scie, à dents étalées, inégales, cartilagineuses sur les bords; les feuilles inférieures atténuées en pétiole ailé; les supérieures *sessiles, demi-embrassantes;* toutes donnant naissance par leur base à 5 côtes qui se prolongent sur la tige, et dont les 3 médianes sont les plus saillantes. Tige dressée, fortement anguleuse, simple ou rameuse au sommet. Souche *courte, oblique.* —Plante de 8-12 décimètres; fleurs d'un jaune pâle ou blanchâtres.

Hab. Bois et pâturages des monts Dômes, monts Dore; bois de Confolans près d'Aubusson dans la Creuse; montagnes d'Aubrac; commun dans la chaîne du Cantal et du Forez. ♃ Juillet-août.

S. salicetorum *Godr. fl. lorr.* 2, *p.* 11; *S. saracenicus Koch, syn. ed.* 1, *p.* 390! *Rchb. exsicc.* 436! *Schultz, exsicc.* 466! — Calathides nombreuses, disposées en corymbes au sommet des rameaux; bractées courtes. Péricline *campanulé, aussi long que large*, pubescent, à 12-15 folioles *linéaires, un peu élargies au sommet brusquement acuminé;* calicule à 4-5 écailles lâches, linéaires, *plus courtes que le péricline. Sept à huit fleurs prolongées en languette* elliptique, obtuse. Akènes blanchâtres, *glabres*, plus courts que l'aigrette, munis de côtes superficielles. Feuilles nombreuses et rapprochées, un peu consistantes, lancéolées, acuminées, pourvues de dents cartilagineuses *dirigées vers le sommet;* feuilles inférieures atténuées en pétiole ailé; les supérieures *sessiles, embrassantes.* Tige dressée, raide, épaisse, très-anguleuse, ordinairement très-rameuse au sommet et alors l'axe central paraît tronqué. Souche *longuement rampante, émettant des stolons souterrains très-allongés.*— Plante de 12-20 décimètres; fleurs jaunes.

Hab. Saussaies sur les bords et dans les îles de la Moselle, Liverdun dans l'île du Moulin, Frouard, Pont-à-Mousson, Jouy, Metz, etc. ♃ Juillet-août.

S. Doria *L. sp.* 1221; *Gouan, hort. monsp.* 440; *Vill. Dauph.* 3, *p.* 232; *DC. fl. fr.* 4, *p.* 167; *Koch, syn.* 431; *S. carnosus Lam. fl. fr.* 2, *p.* 131; *Alisma monspeliensium sivè Doria J. Bauh. hist.* 2, *p.* 1064. *Ic. Jacq. austr. tab.* 185. — Calathides petites, nombreuses, disposées en corymbe composé, dense; bractées courtes, acuminées, demi-embrassantes et presque en cœur à la base. Péricline *campanulé, un peu plus long que large*, pubescent à la base, à 10-12 folioles *linéaires-lancéolées;* calicule à 4-5 écailles inégales, appliquées, ciliées, *quatre fois plus courtes que le péricline. Quatre ou cinq fleurs en languette* courte, linéaire, étalée.

Akènes jaunâtres, un peu plus courts que l'aigrette, munis de côtes saillantes, et *de poils étalés* placés dans les sillons. Feuilles un peu épaisses, glabres, un peu glauques, finement crénelées; les inférieures grandes, ovales ou oblongues, obtuses, atténuées en un long pétiole ailé ; les moyennes *sessiles, embrassantes, à limbe un peu décurrent sur la tige ;* les supérieures petites, lancéolées, acuminées. Tige dressée, anguleuse, simple ou un peu rameuse au sommet. Souche courte, rameuse.— Plante de 10-15 déc., glabre ; fl. jaunes.

Hab. Pâturages et coteaux; Narbonne; Montpellier au bord du Lez; Fréjus; Beaucaire; Avignon, fontaine de Vaucluse; Embrun, Gap, Grenoble; Lyon. ♃ Juillet-août.

S. Tournefortii *Lapeyr. abr. pyr.* 516; *DC. fl. fr.* 5, *p.* 473; *Dub.! bot.* 263; *Benth. cat. pyr.* 121; *S. nemorensis* α. *Gouan, illust.* 68 (*non L.*); *S. persicæfolius Ramond, bull. phil. n°* 43, *p.* 146, *tab.* 11, *f.* 3; *DC. fl. fr.* 4, *p.* 166 (*non L.*); *Jacobæa pyrenaïca Persicæfolio Tournef. inst.* 486. — Calathides grandes, assez longuement pédonculées, solitaires ou au nombre de 2-12 au sommet de la tige, où elles forment un corymbe simple et lâche ; bractées courtes, peu nombreuses, éparses, linéaires-subulées. Péricline *hémisphérique*, pubescent, à folioles *linéaires-lancéolées, acuminées en une pointe fine* sphacélée; calicule à 3-6 écailles lâches, *plus courtes que le péricline. Dix à quatorze fleurs prolongées en languette* grande et étalée. Akènes *glabres*, égalant presque l'aigrette, munis de côtes superficielles. Feuilles un peu épaisses, lancéolées, non acuminées, mucronées, dentées, à dents inégales, *étalées*, cartilagineuses au sommet, séparées par des sinus arrondis; feuilles inférieures obtuses, longuement atténuées en pétiole ailé ; les supérieures aiguës, *sessiles, non embrassantes*. Tige dressée, simple, anguleuse. Souche courte, rameuse. — Plante de 3-6 décimètres, presque glabre; fleurs grandes, d'un jaune vif.

Hab. Pâturages humides des Pyrénées, Canigou, vallée d'Eynes, Llaurenti, pic du Midi, ports d'Oo, de Paillères, de Bénasque, Esquierry, Tourmalet, Col-d'Estaubé, etc. ♃ Juillet août.

S. Doronicum *L. sp.* 1222 ; *Vill. Dauph.* 3, *p.* 233; *Scop. carn.* 2, *p.* 163; *DC. fl. fr.* 4, *p.* 168 ; *Gaud. helv.* 5, *p.* 300; *Koch, syn.* 431 ; *Solidago Doronicum L. sp. ed.* 1, *p.* 880; *Cineraria cordifolia Lapeyr. abr. pyr.* 522; *Cineraria longifolia* β. *uniflora Lapeyr.! l. c. p.* 521 ; *Lepicaune tomentosa Lap. abr.* 481 (*excl. Arnott.*); *Arnica Doronicum Benth. cat. pyr.* 61 (*non Rchb.*). *Ic. Jacq. austr. app. tab.* 45. — Calathides les plus grandes du genre, solitaires ou 2-5 (*S. Barrelieri Gouan, illustr.* 68) au sommet de la tige, brièvement pédonculées ; bractées petites, écartées, linéaires-acuminées. Péricline *campanulé*, glabrescent ou blanc-tomenteux, à folioles *linéaires-lancéolées, aiguës*, sphacélées au sommet; calicule polyphylle, à écailles étroitement linéaires, *égalant ou dépassant le péricline. Douze à vingt fleurs* *prolongées en languette* grande, étalée. Akènes *glabres,* une fois plus courts que l'aigrette. Feuilles épaisses, coriaces, glabrescentes ou pourvues en dessous d'un duvet laineux (*Lepicaune tomentosa Lapeyr. abr. pyr.* 481), inégalement dentées ou sinuées-crénelées, à dents *étalées* et séparées par des sinus arrondis; les feuilles inférieures oblongues, *insensiblement atténuées en pétiole ailé ;* les supérieures lancéolées ou linéaires-lancéolées, *sessiles, demi-embrassantes.* Tige solitaire, dressée, médiocrement feuillée, un peu anguleuse vers le haut, ferme. Souche épaisse, rameuse. — Plante polymorphe, de 2-5 décimètres, pubescente ou tomenteuse ; fleurs d'un jaune vif ou orangées.

Hab. Pâturages des montagnes, lieux pierreux; Jura, la Dole; Alpes du Dauphiné, Lautaret, Grande-Chartreuse, Gap, mont Genèvre; Pré-des-Marmiers (Ain); Alpes de la Provence; chaînes du Forez, du Cantal; mont Dore; Pyrénées, Mont-Louis, Llaurenti, Eaux-Bonnes, Col-d'Arbas, Esquierry, etc. ♃ Juillet-août.

S. Gerardi *Godr. et Gren.; S. lanatus Lecoq et Lamotte, cat. Auv.* 232 (*non Scop.*)*; S. Doronicum* γ. *rotundifolius D C.! prodr.* 6, *p.* 357; *Ic. Gerard. gallo prov. tab.* 7. — Se distingue du *S. Doronicum* par sa calathide plus petite, toujours solitaire ; par son péricline à folioles linéaires, *longuement acuminées;* par son calicule à écailles plus larges, lancéolées et *bien plus courtes que le péricline ;* par ses corolles d'un jaune plus pâle ; par ses feuilles plus minces, moins coriaces, d'un vert sombre, opaques, couvertes à la face inférieure et quelquefois sur les deux faces, d'un duvet blanc aranéeux, qui se voit aussi sur le péricline ; par ses feuilles inférieures plus rapprochées, *spatulées, brusquement contractées en pétiole ;* par sa tige plus molle, toujours simple. Le *S. lanatus Scop.* (*Arnica lanigera Tenore!*) est voisin de cette espèce, mais s'en distingue nettement aux caractères suivants : péricline couvert d'un duvet laineux abondant ; écailles du calicule très-étroitement linéaires dès la base, presque subulées, égalant le péricline ; fleurs d'un jaune encore plus pâle ; feuilles molles, herbacées, transparentes, d'un vert pâle ; les inférieures longuement atténuées en pétiole.

Hab. Meude, à la Margueride, Causse-Mejean au-dessus de Monteil; serre du Bouquet près de Nîmes; mont Sainte-Victoire (*Castagne*) ; Toulon ; Prades dans les Pyrénées-Orientales. ♃ Juin.

Obs. Cette plante est tellement distincte des autres Seneçons qu'elle a été prise par plusieurs botanistes pour le *Serratula nudicaulis.*

Sect. 4. Cineraria *L. gen.* 957 (*non Lessing, nec DC.*). — Péricline campanulé, dépourvu de calicule. Fleurs de la circonférence ligulées ou toutes tubuleuses. Feuilles entières.

S. spathulæfolius *DC. prodr.* 6, *p.* 362; *S. nemorensis Poll. pal.* 2, *p.* 460 (*non L.*)*; Cineraria spathulæfolia Gmel. bad.* 3, *p.* 454; *Koch, fl. od. bot. Zeit.* 1823, *p.* 515, *et syn.* 424; *Gaud.*

helv. 5, *p.* 306; *Godr. fl. lorr.* 2, *p.* 12; *Cineraria lanceolata Lam. fl. fr.* 2, *p.* 125; *C. campestris DC. fl. fr.* 4, *p.* 169; *Lois. gall.* 2, *p.* 244 (*non Retz*); *Cineraria integrifolia Thuill. par.* 434; *Wallr. sched.* 474 (*non Jacq. nec Sm.*). *Ic. Rchb icon.* 240. *Rchb. exsicc.* 219! *Schultz, exsicc.* 288! — Calathides 3-12, en corymbe simple; pédoncules allongés, étalés. Péricline plus ou moins laineux, à folioles linéaires, brièvement acuminées, *brunes au sommet.* Fleurs d'un jaune plus ou moins vif; celles de la circonférence le plus souvent en languette. Akènes bruns, *hérissés* de petits poils étalés; aigrette *égalant le tube de la corolle.* Feuilles molles, munies sur les bords et en dessus de petits poils articulés non rudes et couvertes en outre, mais plus fortement à la face inférieure, d'un tomentum laineux fugace; les radicales *ovales-spatulées, tronquées et quelquefois presque en cœur à la base,* crénelées, munies d'un pétiole allongé et étroitement ailé; les médianes oblongues, atténuées à la base; les supérieures sessiles, oblongues-lancéolées ou linéaires, élargies à la base et un peu embrassantes. Tige dressée, droite, fistuleuse, simple. Souche courte, épaisse, brune, munie de fibres très-allongées. — Plante de 3-6 décimètres, plus ou moins blanche-laineuse; fleurs grandes.

Hab. Bois, coteaux, prairies, dans presque toute la France. ♃ Mai.

S. aurantiacus *DC. prodr.* 6, *p.* 361; *Cineraria aurantiaca Hoppe, taschenb. p.* 121; *DC. fl. fr.* 4, *p.* 170; *Koch, fl. od. bot. Zeit.* 1823, *p.* 519, *et syn.* 424; *Gaud. helv.* 5, *p.* 308; *Cineraria integrifolia, A. Vill. Dauph.* 3, *p.* 225; *Cineraria alpina All. ped.* 2, *p* 203, *tab.* 38, *f.* 2 (*non Willd.*). *Rchb. exsicc.* 1901! *Schultz, exsicc.* 880! — Calathides 2-7, en corymbe simple; pédoncules dressés, quelquefois tous très-courts. Péricline ordinairement peu ou pas laineux, à folioles linéaires, acuminées, *brunes dans toute leur longueur.* Fleurs odorantes, rouges, ou rarement jaunes; celles de la circonférence en languette, rarement toutes flosculeuses (*C. capitata Wahlenb. carp.* 271). Akènes bruns, *hérissés* de petits poils étalés; aigrette *égalant le tube de la corolle.* Feuilles molles, non rudes, vertes et presque glabres, ou fortement blanches-tomenteuses, ainsi que toute la plante (*C. capitata Koch, syn.* 1re *éd. p.* 385); les radicales entières ou sinuées-crénelées, *ovales, obtuses, non tronquées à la base, mais contractées en un pétiole* court, largement ailé, cunéiforme; les caulinaires moyennes lancéolées, atténuées à la base; les supérieures sessiles, linéaires ou linéaires-lancéolées, non élargies à la base. Tige dressée, droite, grêle, fistuleuse, simple. Souche courte, tronquée, munie de fibres simples. — Plante de 2-4 décimètres.

Hab. Alpes du Dauphiné, l'Arche, Seillac, Molines, mont Vizo, etc. ♃ Juin-juillet.

S. pyrenaicus *Godr. et Gren.; S. brachychætus* β. *discoïdeus D C.! prodr.* 6, *p.* 362. — Calathides 6-12, en corymbe simple; pédoncules allongés, étalés-dressés. Péricline plus ou moins laineux-floconneux, à folioles linéaires, acuminées, *non maculées au sommet*. Fleurs orangées, toutes tubuleuses (dans tous les échantillons que nous avons vus). Akènes bruns, *hérissés* de petits poils étalés; aigrette *égalant le tube de la corolle*. Feuilles plus fermes que dans le *S. spathulæfolius*, non rudes, fortement couvertes surtout en dessous d'un duvet laineux qui se détache par flocons; les radicales sinuées-dentées, *oblongues ou ovales-oblongues, atténuées en pétiole* allongé et largement ailé au sommet; les médianes très-allongées, linéaires-lancéolées, sessiles, demi-embrassantes; les supérieures linéaires. Tige dressée, droite, fistuleuse, simple. Souche brune, courte, munie de fibres nombreuses. — Plante de 3-5 décimètres, blanche-laineuse.

Hab. Pyrénées, Mont-Louis, mont Cagire, l'Héris, mont Laid, mont Darin et mont Bagès. ♃.

S. brachychætus *D C. prodr.* 6, *p.* 362 (*excl. var.* β.); *Cineraria longifolia Jacq. austr.* 2, *p.* 49, *tab.* 181; *Koch, fl. od. bot. Zeit*, 1823, *p.* 508, *et syn.* 423. *Rchb. exsicc.* 2528! — Se distingue du précédent aux caractères suivants : calathides presque toujours rayonnantes, à languettes étroites et nombreuses; folioles du péricline plus étroites et *brunes au sommet;* fleurs jaunes; aigrettes *les plus courtes de la section, atteignant le milieu du tube des corolles;* feuilles un peu rudes au toucher, ordinairement peu laineuses; les radicales dentées, *ovales-lancéolées, brusquement contractées en un long pétiole ailé;* les moyennes allongées, lancéolées, atténuées à la base.

Hab. Pyrénées occidentales, mont Harra entre Bidarray et Itsatsou. ♃ Mai-juin.

S. palustris *D C. prodr.* 6, *p.* 363; *Cineraria palustris L. sp.* 1243; *D C. fl. fr.* 4, *p.* 169; *Dub. bot.* 261; *Lois.! gall.* 2, *p.* 244. *Ic. fl. dan. tab.* 573 *et Engl. bot. tab.* 151. *Rchb. exsicc.* 2161! *Schultz, exsicc.* 464! — Calathides nombreuses, en corymbe *composé*, compacte. Péricline muni de poils mous, articulés, à folioles *fauves*, linéaires, acuminées. Fleurs d'un jaune pâle; celles de la circonférence rayonnantes. Akènes jaunâtres, *glabres*, pourvus de côtes saillantes; aigrette *égalant le tube de la corolle, s'accroissant beaucoup à la maturité*. Feuilles minces, glabres ou pubescentes et ciliées, planes ou onduleuses sur les bords; les radicales *largement lancéolées, atténuées en pétiole*, sinuées-dentées; les caulinaires sessiles, allongées, linéaires-lancéolées, demi-embrassantes. Tige dressée, droite, *très-feuillée jusque sous la grappe*, fortement sillonnée, simple, couverte de poils articulés étalés. — Plante de 6-8 décimètres, d'un vert pâle.

Hab. Marais; Saint-Omer, Blois. (1) Juin-juillet.

LIGULARIA. (Cass. Bull. soc. philomat. 1816, p. 198, nec alior.)

Péricline campanulé, à folioles *disposées sur un seul rang, présentant à sa base deux bractéoles opposées, allongées.* Fleurs du disque hermaphrodites, tubuleuses; celles de la circonférence femelles, ligulées ou bilabiées. Stigmates des fleurs du disque obtus, pubescents de la base au sommet muni d'une petite pointe conique. Akènes cylindriques, munis de côtes, *tous pourvus d'une aigrette formée de poils disposés sur plusieurs rangs.* Réceptacle nu.— Feuilles alternes.

L. sibirica *Cass. l. c.*; *D C. prodr.* 6, *p.* 515; *Koch! syn.* 425; *Cineraria sibirica L. sp.* 1242; *Gouan, ill. p.* 69; *D C. fl. fr.* 4, *p.* 168; *Dub. bot.* 261; *Lois. gall.* 2, *p.* 244; *Cineraria cacaliformis Lam. fl. fr.* 2, *p.* 124; *Hoppea sibirica Rchb. fl. excurs. p.* 240. *Ic. Waldst. et Kit. rar. hung. tab.* 16. *Rchb. exsicc.* 2160! — Calathides d'abord dressées, puis réfléchies, disposées en grappe simple, ovale ou oblongue, s'allongeant beaucoup à la maturité; pédoncules d'autant plus courts qu'ils sont placés plus haut, épaissis au sommet; bractées inférieures lancéolées-acuminées, les supérieures linéaires. Péricline comme tronqué à la base, à 7-9 folioles bordées de blanc, muni à sa base de 2 bractéoles opposées, étroitement linéaires, égalant les deux tiers du péricline. Akènes glabres, munis de côtes saillantes. Feuilles pubescentes en dessous, plus ou moins fortement dentées; les radicales grandes, longuement pétiolées, réniformes ou subsagittées, en cœur à la base, embrassant la tige par la base du pétiole; les caulinaires peu nombreuses; les supérieures sessiles sur une gaîne pétiolaire ou réduites à cette gaîne. Tige dressée, simple, anguleuse, purpurine inférieurement, pubescente au sommet. Souche courte, tronquée, munie d'un grand nombre de fibres radicales très-allongées.— Plante de 8-15 décim. fl. jaunes.

Hab. Prairies humides; Combe-Noire près de Dijon; Randanne et Eglise-Neuve dans le Puy-de-Dôme; Aurillac; montagnes d'Aubrac et de la Lozère; au Puy-Valador dans le Capsier (Pyrénées-Orientales). ♃ Août.

Trib. 7. ARTEMISIEÆ *Less. syn.* 263. — Calathides tantôt homogames, à fleurs toutes hermaphrodites, tantôt hétérogames, à fleurs de la circonférence femelles, à fleurs du disque hermaphrodites, toutes à corolle tubuleuse. Anthères arrondies à la base. Style des fleurs du disque à branches linéaires, dont le sommet, pourvu d'un pinceau de poils, est tronqué ou prolongé en cône au-delà du faisceau de poils. Akènes cylindriques, ou un peu comprimés, pourvus ou dépourvus de côtes; aigrette nulle.

ARTEMISIA. (L. gen. 945.)

Péricline ovoïde, oblong ou hémisphérique, à folioles imbriquées. Fleurs de la circonférence femelles, non ligulées, tridentées, sur un seul rang; celles du disque hermaphrodites ou stériles, tubuleuses, à tube cylindrique, à limbe à 5 dents. Akènes *sessiles*, obovés, comprimés, *dépourvus de côtes*, arrondis au sommet ; disque épigyne *plus étroit que l'akène*, *dépourvu de couronne*. Réceptacle plane ou convexe, dépourvu d'écailles, glabre ou velu. — Feuilles caulinaires alternes.

Sect. 1. EUARTEMISIA *Nob.* — Corolle insérée au sommet de l'ovaire ; stigmates filiformes, non épaissis ni ciliés au sommet.

a. *Réceptacle velu ; péricline hémisphérique ; fleurs du disque hermaphrodites.*

A. ABSINTHIUM *L. sp.* 1188 ; *DC. fl. fr.* 4, *p.* 189 ; *Gaud. helv.* 5, *p.* 224 ; *Koch, syn.* 401. *Ic. Absinthium vulgare Gærtn. fruct.* 2, *p.* 393, *tab.* 164. *Schultz, exsicc.* 1080 ! — Calathides brièvement pédicellées, penchées, en petites grappes unilatérales arquées et formant par leur réunion *une grande panicule feuillée*, *à rameaux étalés;* bractées entières ou trifides. Péricline hémisphérique, blanchâtre, à folioles extérieures *linéaires*, *scarieuses seulement au sommet;* les intérieures ovales, obtuses, largement scarieuses sur les bords, munies d'une ligne verte sur le dos. Corolle glabre, à tube obconique. Anthères prolongées au sommet en un appendice étroitement lancéolé. Akènes très-petits, obovés, glabres. Réceptacle couvert de longs poils. Feuilles *ponctuées*, finement pubescentes, d'un vert-blanchâtre en dessus, tout à fait blanches en dessous, ovales-arrondies dans leur pourtour, d'autant plus longuement pétiolées qu'elles sont plus inférieures, à pétiole *non auriculé;* les inférieures et celles des jets stériles tripennatiséquées ; toutes à segments entiers ou incisés, à lanières linéaires-oblongues, obtuses, non mucronées. Tiges *herbacées*, dressées, anguleuses, blanchâtres, *très-rameuses*. Souche dure, rameuse, émettant des jets stériles courts et très-feuillés. — Plante de 4-6 décimètres, pubescente, blanchâtre, amère et très-odorante.

Hab. Lieux incultes, rochers ; Troyes, Jura, Dauphiné, Provence, Corse, Cévennes, Narbonne, Pyrénées, Moissac, Montauban, Auvergne, vallée de Massiac dans le Cantal, Saint-Waast sur le littoral de la Manche (*Lebel*), etc. ♃ Juillet-août.

A. ARBORESCENS *L. sp.* 1188 ; *Desf. atl.* 2, *p.* 263 ; *DC. fl. fr.* 4, *p.* 190 ; *Lois. ! gall.* 2, *p.* 232 ; *Dub. bot.* 276 ; *Guss. syn.* 2, *p.* 456 ; *Moris, fl. sard.* 2, *p.* 391 ; *A. argentea Seb. et Maur. fl. rom.* 285 (*non L'hérit.*) ; *Absinthium arborescens Gærtn. fruct.* 2, *p.* 393. *Ic. Lob. icon. tab.* 753. *Soleir. exsicc.* 2245 ! — Calathides grandes, assez longuement pédicellées, d'abord penchées, puis dressées, en petites grappes simples lâches et unilatérales, formant par leur réunion *une grande panicule feuillée, à rameaux dressés;* bractées allongées, la plupart laciniées. Péricline simplement concave, blanc-pubescent, à folioles peu concaves ; les extérieures *linéaires-oblongues, scarieuses au sommet;* les intérieures ovales, largement scarieuses. Corolle glabre, à tube cylindrique. Anthères prolongées au sommet en un appendice petit et subulé. Akènes oblongs, cunéiformes, couverts de petites glandes jaunes. Réceptacle couvert de poils fauves. Feuilles *non ponctuées*, pubescentes, blanches-soyeuses sur les deux faces, ovales dans leur pourtour, d'autant plus longuement pétiolées qu'elles sont placées plus bas; les inférieures tripennatiséquées; toutes à lanières linéaires, obtuses, non mucronées. Tiges *ligneuses*, dressées, *très-rameuses*, à rameaux dressés, blancs, très-feuillés. — Plante de 6 à 10 décimètres, blanche-soyeuse, aromatique, mais peu amère.

Hab. Rochers maritimes; Hyères; Corse, Calvi, Ajaccio, Bonifacio, îles Sanguinaires. ♄ Juillet-août.

A. CAMPHORATA *Vill. prosp.* 31, *et Dauph.* 3, *p.* 242; *Lois. gall.* 2, *p.* 233; *Godr. fl. lorr. suppl.* 19 (*non Koch*); *A. corymbosa Lam. dict.* 1, *p.* 265; *D C. fl. fr* 4, *p.* 190; *Dub. bot.* 276; *A. subcanescens Willd. enum.* 861; *A. rupestris Scop. carn.* 2, *p.* 146 (*non L.*). *Rchb. exsicc.* 317! — Calathides pédicellées, penchées, en petites grappes spiciformes, lâches et dressées, formant par leur réunion *une panicule étroite et raide, à rameaux dressés;* bractées linéaires, entières, obtuses, plus longues que les calathides. Péricline hémisphérique, un peu laineux, à folioles presque égales, toutes concaves, *ovales*, obtuses, *largement scarieuses sur les bords*, munies d'une bande verte sur le dos. Corolle glabre, à tube obconique, glanduleux. Anthères prolongées au sommet en un appendice étroitement lancéolé. Akènes oblongs, atténués à la base, glabres. Réceptacle convexe, muni de poils crépus. Feuilles *ponctuées*, blanches-tomenteuses, ou pubescentes, ou vertes et glabres, largement ovales dans leur pourtour, toutes pétiolées, à pétiole *muni à la base de 2 oreilles dentiformes ou linéaires;* les feuilles inférieures bipennatiséquées; toutes à lanières linéaires, divariquées, un peu épaisses, aiguës ou obtuses, non mucronées, carénées en dessous, munies d'un léger sillon en dessus. Tiges *frutescentes à la base, très-rameuses*, à rameaux stériles couchés, à rameaux fleuris ascendants. — Plante de 5-7 décimètres, formant buisson, d'une odeur aromatique camphrée agréable.

Hab. Rochers calcaires; Alsace, Guebweiler et Westhalten près de Rouffach; Lorraine à St.-Mihiel; Dauphiné, mont Rachel et la Bastille près de Grenoble, Lautaret, Rabou près de Gap, etc.; Cévennes, Mende, Florac, Causse-Mejean; Pyrénées-Orientales, Villefranche, Olette, Trancade-d'Ambouilla; Auvergne, au Puy-St.-Romain, St-Maré dans l'Yonne (*Boreau*). ♄ Août-septembre.

A. INCANESCENS *Jord.! ann. soc. agr. Lyon; A. camphorata Koch syn.* 402; *Guss. syn.* 2, *p.* 457 (*non Vill.*); *A. camphorata* β. *garganica Tenore, syll.* 421; *A. saxatilis Rchb. fl. excurs.* 220 (*non Willd.*). *Rchb. exsicc.* 380! — Se distingue du précédent par ses pédicelles plus longs et ordinairement munis de plusieurs bractéoles; par son péricline plus évidemment anguleux, à folioles inégales, les extérieures *linéaires, entièrement herbacées*, les intérieures ovales et largement scarieuses; par l'appendice des anthères acuminé; par ses feuilles plus molles et généralement couvertes d'un tomentum blanc plus épais; par l'odeur désagréable de térébenthine que répand toute la plante. — Le réceptacle velu différencie cette plante de l'*A. saxatilis Willd.*

Hab. Coteaux et montagnes calcaires; Gap, Digne, Serres dans les Hautes-Alpes; Toulon. ♄ Août-septembre.

A. MUTELLINA *Vill. Dauph.* 3, *p.* 244, *tab.* 35; *DC. fl. fr.* 5, *p.* 476; *Gaud. helv.* 5, *p.* 227; *Lois. gall.* 2, *p.* 232; *Dub. bot.* 278; *Koch, syn.* 403; *A. rupestris All. ped.* 1, *p.* 169 (*non L.*); *A. glacialis Wulf. in Jacq. austr. app. p.* 46, *tab.* 3 (*non L.*); *Absinthium laxum Lam. fl. fr.* 2, *p.* 46. *Rchb. exsicc.* 827! — Calathides dressées; les inférieures solitaires, géminées ou ternées au sommet d'un long pédoncule dressé; les supérieures de plus en plus rapprochées et de plus en plus brièvement pédonculées, formant par leur réunion *une grappe plus longue que le reste de la tige, très-lâche*, feuillée; bractées inférieures semblables aux feuilles; les supérieures linéaires, entières ou à peine divisées. Péricline hémisphérique, anguleux, velu ou tomenteux, à folioles peu inégales, très-concaves, *lancéolées*, obtuses, toutes scarieuses sur les bords et munies d'une ligne brune. Corolle à tube obconique, glanduleux. Anthères terminés par un appendice lancéolé. Akènes obovés, munis de quelques poils au sommet. Réceptacle convexe, velu. Feuilles blanchâtres-soyeuses, pétiolées, à pétiole dilaté à la base, mais *non auriculé*, à segments bi-trifides ou entiers, à lanières linéaires ou linéaires-lancéolées, non mucronées; les feuilles supérieures à pétiole plus large, à *limbe cunéiforme et palmatifide*. Tiges *herbacées*, ascendantes, *simples*. Souche courte, rameuse, émettant des rosettes de feuilles. — Plante de 1-2 décimètres, velue-soyeuse, à odeur très-aromatique.

Hab. Alpes du Dauphiné, Revel près de Grenoble, Lautaret, mont de Lans, Briançon, col de Paga, mont Vizo, mont Aurouse; Alpes de la Provence, l'Arche, mont Lausanier; Pyrénées, vallée de Llo, pic du Midi, etc. ♃ Juillet-août.

A. GLACIALIS *L. sp.* 1187; *Vill. Dauph.* 3, *p.* 243; *All. ped.* 1, *p.* 169, *tab.* 8, *f.* 3; *DC. fl. fr.* 4, *p.* 191; *Gaud. helv.* 5, *p.* 226; *Koch, syn.* 403; *Absinthium congestum Lam. fl. fr.* 2, *p.* 46; *Absinthium glaciale Lam. ill. tab.* 695, *f.* 2. *Rchb. exsicc.* 1326! — Calathides dressées, subsessiles ou pédonculées, *agglomérées au nombre de 3 à 6 au sommet de la tige et formant une ombellule subglobuleuse terminale;* quelquefois on trouve au-dessous une ou plusieurs calathides axillaires, écartées et plus longuement pédonculées; bractées linéaires-lancéolées, plus courtes que les calathides. Péricline hémisphérique, tomenteux, à folioles peu inégales, concaves, *lancéolées*, obtuses, scarieuses et brunes sur les bords. Corolle à tube obconique, glanduleux. Anthères terminées par un appendice lancéolé. Akènes oblongs-obconiques, glabres. Réceptacle convexe, couvert de petits poils fauves. Feuilles d'un blanc-argenté, pétiolées, à pétiole étroit, et *souvent muni de chaque côté au-dessus de la base de 1-2-3 petits lobes linéaires, à limbe quinquepartite, à segments trifides*, à lanières étroites, atténuées à la base, non mucronées. Tiges *herbacées*, ascendantes, *simples*. Souche courte, rameuse, émettant de nombreuses rosettes de feuilles.—Plante de 5-15 centimètres, velue-soyeuse, gazonnante, à odeur agréable, aromatique.

Hab. Hautes Alpes du Dauphiné et de la Provence, Lautaret, Guillestre, Embrun, Briançon, mont Vizo, mont Aurouse, l'Arche; Mcrone dans les Alpes de la Provence; Pyrénées occidentales, Col-d'Arbas. ♃ Juillet-août.

b. *Réceptacle glabre; péricline hémisphérique ou ovoïde; fleurs du disque hermaphrodites et fertiles.*

A. VULGARIS *L. sp.* 1188; *DC. fl. fr.* 4, *p.* 195. *Ic. Lob. icon. tab.* 764, *f.* 2. — Calathides sessiles, à la fin dressées, agglomérées le long des rameaux, qui par leur réunion forment une longue grappe pyramidale; bractées petites, subulées. Péricline *ovoïde*, tomenteux, à folioles inégales, un peu concaves, munies d'une bande verte sur le dos; les extérieures lancéolées, aiguës; les intérieures oblongues, atténuées à la base, largement scarieuses aux bords et au sommet. Corolle *glabre*, à tube allongé, glanduleux. Anthères prolongées au sommet en un appendice subulé. Akènes oblongs, glabres. Réceptacle convexe, glabre. Feuilles *non ponctuées*, d'un vert foncé et glabres en dessus, blanches-tomenteuses en dessous, ovales dans leur pourtour; les inférieures pétiolées, pennatipartites, à segments décroissants vers la base, lancéolés, *mucronés*, entiers ou incisés et dont les supérieurs plus grands sont confluents; les moyennes et les supérieures *sessiles; toutes auriculées à la base*. Tiges *herbacées*, dressées, rougeâtres, striées, rameuses au sommet. Souche épaisse, ligneuse.—Plante de 7-10 décimètres, très-amère, odorante.

Hab. Collines incultes, bords des routes, dans toute la France. ♃ Juillet-septembre.

A. INSIPIDA *Vill. Dauph.* 3, *p.* 249, *tab.* 35; *DC. prodr.* 6, *p.* 110. — Calathides petites, pédicellées, penchées, en petites *grappes spiciformes unilatérales et dressées, formant par leur réunion une longue panicule étroite*. Péricline *hémisphérique*, velu, à folioles inégales; les extérieures herbacées, lancéolées; les autres ovales, très-obtuses, concaves; les intérieures scarieuses aux bords. Corolle *glabre*, à tube cylindrique, non glanduleux. Anthères prolongées au sommet en un appendice étroitement lancéolé. Akènes.... Réceptacle convexe, glabre. Feuilles *non ponctuées*, blanches-soyeuses, ovales-oblongues dans leur pourtour, bipennatiséquées, à lanières linéaires, allongées, obtusiuscules, *mucronées*, entières; les feuilles radicales longuement pétiolées; les caulinaires *d'autant moins pétiolées qu'elles sont placées plus haut, toutes auriculées à la base;* les florales *sessiles*. Tiges *herbacées*, dressées, rougeâtres, striées, simples. Souche rampante, épaisse, émettant de nombreuses rosettes de feuilles disposées en gazon.— Plante de 3-4 décimètres, entièrement blanche-soyeuse, sans odeur ni saveur sensibles.

Hab. Les hautes Alpes du Dauphiné, Gap, les Baux (*Vill.*), vallée de la Grave! (*Grenier*). ♃ Juillet.

A. SPICATA *Wulf. in Jacq. austr. app. p.* 46, *tab.* 34; *DC. fl. fr.* 4, *p.* 192; *Lois. gall.* 2, *p.* 232; *Gaud. helv.* 5, *p.* 229; *Koch, syn.* 403; *A. Boccone All. ped.* 1, *p.* 169, *tab.* 8, *f.* 2, *et tab.* 9, *f.* 1. *Rchb. exsicc.* 828! — Calathides sessiles, ou les intérieures brièvement pédonculées, dressées, *en grappe simple, spiciforme, étroite,* presque unilatérale et *un peu courbée au sommet,* aussi longue que le reste de la tige; bractées allongées, linéaires-oblongues, obtuses et entières, ou cunéiformes et trifides. Péricline *campanulé*, un peu velu, contenant de 12-15 fleurs, à folioles un peu inégales, concaves; les extérieures ovales; les intérieures oblongues-obovées; toutes largement scarieuses et noires sur les bords. Corolle *glabre*, à tube oblong, obconique. Anthères prolongées au sommet en un appendice lancéolé-acuminé. Akènes obovés-cunéiformes, glabres ou presque glabres. Réceptacle convexe, nu. Feuilles *non ponctuées*, velues, d'un vert-blanchâtre; les caulinaires inférieures et celles des rosettes stériles portées sur un pétiole large et *non auriculé à la base*, à limbe tripartite, à segments trifides ou entiers, à lanières assez larges, linéaires-oblongues, obtuses, *non mucronées;* les feuilles caulinaires moyennes et supérieures oblongues-cunéiformes, *sessiles*, pennatifides ou dentées. Tiges *herbacées, couchées à la base, puis ascendantes*, simples. Souche rameuse, à rameaux très-courts, émettant des rosettes de feuilles formant un gazon très-serré. — Plante de 5-15 centimètres, velue-soyeuse, à odeur d'absinthe.

Hab. Hautes Alpes du Dauphiné, Revel près de Grenoble, Lautaret, col du Galibier, Chaillol-le-Vieil, Embrun, mont Aurouse, mont Vizo, etc.; Pyrénées, Prats-de-Mollo, vallée d'Eynes, Llaurenti, vallée d'Aspe, col d'Estaubé, etc. ♃ Juillet-août.

A. VILLARSII *Godr. et Gren.; A. rupestris Vill. Dauph.* 3, *p.* 246; *Lam. dict.* 1, *p.* 263 (*non L.*).— Calathides deux fois plus grosses que celles de l'*A spicata, penchées;* les supérieures rapprochées et presque sessiles; les inférieures écartées et toujours pédonculées, quelquefois assez longuement, formant par leur réunion une grappe spiciforme *droite*, unilatérale, lâche à la base, aussi longue que le reste de la tige; bractées inférieures cunéiformes, trifides, les supérieures linéaires et entières. Péricline *hémisphérique*, largement arrondi et presque déprimé à la base, contenant 25-30 fleurs, couvert d'une laine blanche abondante, à folioles peu inégales, concaves, ovales-lancéolées, largement scarieuses et fauves sur les bords. Corolle *munie de longs poils épars*, à tube oblong-obconique. Akènes bruns, obovés-oblongs, munis de longs poils blancs. Réceptacle convexe, nu. Feuilles *non ponctuées*, blanches-soyeuses ; les caulinaires inférieures et celles des rosettes stériles portées sur un pétiole allongé, linéaire et *non auriculé à la base*, à limbe tripartite, à segments trifides, à lanières linéaires, aiguës, non mucronées ; les caulinaires moyennes oblongues-cunéiformes, sessiles, trifides ou pennatifides. Tiges *herbacées, un peu arquées à la base, puis dressées*, simples. Souche brune, rameuse, à rameaux assez longs et couchés, émettant des rosettes de feuilles formant gazon. — Plante de 1-3 décimètres, blanche-soyeuse.

Hab. Hautes Alpes du Dauphiné, Lautaret, la Pra, Revel près de Grenoble ; Pyrénées, Gavarnie, Pic-du-Midi. ♃ Juillet-août.

Obs. — L'*A. eriantha Tenor.* est voisin de cette espèce, mais s'en distingue par ses calathides dressées, toutes sessiles.

A. atrata *Lam. dict.* 1, *p.* 263 ; *A. tanacetifolia All. ped.* 1, *p.* 166, *tab.* 10, *f.* 3 *et tab.* 70, *f.* 2 ; *Vill. Dauph.* 3, *p.* 248 ; *DC. fl. fr.* 4, *p.* 193 ; *Lois. gall.* 2, *p.* 233 ; *Koch, syn.* 404 (*non L.*) ; *Absinthium tanacetifolium Gærtn. fruct.* 2, *p.* 393. — Calathides pédicellées, penchées, *en grappe très-étroite, simple ou composée à la base*, unilatérale ; bractées entières, linéaires, acuminées, dressées ; les inférieures dépassant les calathides, les supérieures très-courtes. Péricline *hémisphérique*, glabre ou plus rarement velu, à folioles toutes ovales, obtuses, peu concaves, largement scarieuses et brunes aux bords, munies d'une bande verte lancéolée sur le dos. Corolle *velue*, à tube obconique. Anthères prolongées au sommet en un appendice lancéolé, acuminé. Akènes oblongs, atténués à la base. Réceptacle convexe, nu. Feuilles *ponctuées*, d'un vert gai et glabres, ou d'un vert-blanchâtre et velues, ou les inférieures même quelquefois blanches-tomenteuses, *toutes pétiolées, à pétiole non auriculé*, ovales ou ovales-oblongues dans leur pourtour, bipennatipartites, à segments secondaires pennatifides, à lanières courtes, linéaires-lancéolées, *mucronées*, planes, sans nervure saillante. Tiges *herbacées*, dressées, simples ; les stériles courtes, formant gazon. Souche courte, brune, rameuse. — Plante de 2-3 décimètres, inodore.

Hab. Dauphiné, col du Lautaret, col d'Arsine. ♃ Juillet-août.

A. chamæmelifolia *Vill. prosp.* 32, *et Dauph.* 3, *p.* 250, *tab.* 35 ; *DC. fl. fr.* 4, *p.* 193 ; *Lois. gall.* 2, *p.* 234 ; *Dub. bot.* 277 ; *A. Lobelii All. ped.* 1, *p.* 166 (*excl. syn.*). *Schultz, exsicc.* 3e *cent.* 85 ! — Calathides pédicellées, penchées, en petites grappes spiciformes, unilatérales, dressées et formant par leur réunion *une panicule étroite*, raide, feuillée, à rameaux dépourvus de fleurs à la base ; bractées linéaires, entières ou les inférieures pennatipartites.

Péricline *hémisphérique*, finement pubescent ou glabre, à folioles inégales, peu concaves; les extérieures linéaires, obtuses, scarieuses seulement au sommet; les intérieures obovées, largement scarieuses aux bords et munies sur le dos d'une large bande brune. Corolle *glabre*, à tube obconique, glanduleux. Anthères prolongées au sommet en un appendice lancéolé. Akènes oblongs-cunéiformes, glabres. Réceptacle convexe, nu. Feuilles *non ponctuées*, d'un vert foncé, glabres ou plus rarement un peu velues, à rachis étroitement ailé, et portant entre les segments principaux quelques lobules linéaires; les caulinaires *toutes sessiles* et embrassant la tige par plusieurs segments; ces feuilles sont oblongues dans leur pourtour, tripennatiséquées, à lanières fines, presque filiformes, *cuspidées*, munies d'une côte médiane saillante sur les deux faces. Tiges *frutescentes inférieurement*, émettant des rameaux nombreux, raides, tous dressés dès la base, très-feuillés. — Plante de 3-5 décimètres, d'une odeur aromatique agréable.

Hab. Alpes du Dauphiné, Lautaret, mont Aurouse, Vars, mont Séuze, Rabou et la Grangette près de Gap. ♄ Juillet-août.

A. suavis *Jord.! cat. Dijon*, 1848, *p.* 18.—Calathides brièvement pédicellées, penchées, en petites grappes spiciformes dressées, formant par leur réunion *une panicule étroite*, à rameaux pourvus de fleurs jusqu'à la base; bractées linéaires, entières, dépassant de beaucoup les capitules. Péricline *hémisphérique*, aranéeux, à folioles inégales, un peu concaves; les extérieures lancéolées, obtusiuscules, étroitement scarieuses aux bords; les intérieures obovées, très-obtuses, atténuées en coin à la base, largement scarieuses aux bords; toutes pourvues d'une bande verte sur le dos. Corolle *glabre*, à tube obconique, glanduleux. Anthères prolongées au sommet en un appendice lancéolé. Akènes oblongs-cunéiformes, glabres. Réceptacle convexe, nu. Feuilles *ponctuées*, vertes et glabres, ou un peu blanchâtres et pubescentes, *toutes pétiolées*, *à pétiole ailé et auriculé à la base*; elles sont ovales-orbiculaires dans leur pourtour, bipennatiséquées ou les supérieures des rameaux fleuris simplement pennatiséquées, toutes à lanières linéaires, étalées, presque parallèles, obtuses, *non mucronées*, planes et munies en dessous et même en dessus d'une nervure médiane large. Tiges *frutescentes inférieurement*, à rameaux dressés, un peu courbés à la base. — Plante de 6-10 décimètres, à odeur très-suave.

Hab. Vienne en Dauphiné. ♄ Septembre.

A. nana *Gaud. helv.* 5, *p.* 231; *DC. prodr.* 6, *p.* 98; *Koch, syn. p.* 405; *A. helvetica Scheicher! cat. exsicc.* 1821. *Rchb. exsicc.* 826 *et* 1647 !— Calathides assez grosses, pédicellées, penchées, formant *une grappe* unilatérale, *presque simple*, *étroite*, aussi longue que la tige; les calathides inférieures longuement pédicellées et présentant souvent à l'aisselle de la bractée d'où elles naissent une seconde calathide portée sur un pédicelle court; bractées allongées dont les inférieures sont pennatiséquées. Péricline *hémisphérique*, glabre, à folioles peu inégales, ovales, concaves, largement scarieuses aux bords, vertes sur le dos. Corolle *glabre*, à tube obconique, non glanduleux. Anthères prolongées au sommet en un appendice acuminé. Akènes petits, glabres, obovés. Réceptacle convexe, nu. Feuilles *non ponctuées*, pubescentes et même soyeuses, *toutes pétiolées, à pétiole ailé, auriculé à la base;* les inférieures sont ovales orbiculaires dans leur pourtour, divisées en 4-5 segments trifides; les supérieures oblongues pennatiséquées; toutes à lanières linéaires-lancéolées, acuminées, *mucronées*, atténuées à la base. Tiges *herbacées*, ascendantes, simples. Souche courte, brune, écailleuse.—Plante de 10-15 centim., velue-soyeuse, presque sans odeur.

Hab. Hautes Alpes du Dauphiné, route du Lautaret avant d'arriver à la Grave, Villars-d'Arène! ♃ Juillet-août.

c. *Réceptacle glabre; péricline ovoïde ou oblong; fleurs du disque hermaphrodites et stériles.*

A. campestris *L. sp.* 1185; *Wallr. sched.* 456; *DC. prodr.* 6, *p.* 96; *Gaud. helv.* 5, *p.* 234; *Koch, syn.* 405.—Calathides brièvement pédicellées, dressées ou penchées, en petites grappes qui par leur réunion forment une grande panicule pyramidale, à rameaux allongés, *étalés, non visqueux;* bractées courtes, linéaires, entières. Péricline *ovoïde*, glabre et luisant, à folioles très-inégales, d'un vert-jaunâtre; les extérieures ovales; les intérieures oblongues, plus largement scarieuses aux bords. Corolle glabre, à tube non glanduleux. Anthères prolongées au sommet en un appendice *acuminé*. Akènes oblongs, glabres. Réceptacle nu. Feuilles non ponctuées, pubescentes et blanchâtres dans leur jeunesse, à la fin d'un vert-gai et glabres, ovales-orbiculaires dans leur pourtour, bipennatiséquées, à segments entiers ou bi-trifides, à lanières-linéaires, divariquées, mucronées; les feuilles inférieures et celles des rameaux stériles pétiolées; les caulinaires moyennes et supérieures sessiles. Tiges sous-frutescentes à la base, *couchées inférieurement, puis redressées*, très-rameuses.—Plante polymorphe, de 3-5 décimètres, presque sans odeur. La forme méridionale est le *A. occitanica Salzm.*

α. *genuina*. Feuilles à peine charnues, à lanières fines, carénées en dessous. *Schultz, exsicc.* 1re *cent.* 44!

β. *alpina DC. fl. fr.* 4, *p.* 194. Plante naine, à panicule à peine rameuse.

γ. *maritima Lloyd, fl. nant.* 135. Feuilles charnues, à lanières plus courtes, plus larges, convexes et non carénées en-dessous; jeunes pousses très-velues; capitules généralement plus gros. *A. crithmifolia DC. fl. fr.* 5, *p.* 478 (*non L.*).

Hab. La var. α. commune dans toute la France sur les sables siliceux. La var. β. dans les hautes Alpes du Dauphiné. La var. γ. sur les côtes de l'Ouest. ♃ Juillet-août.

A. **variabilis** *Tenore, fl. neap. prodr.* 5, *p.* 128, *et syll. p.* 420; *Bess. mém. Pétersb. sav. étrang.* 4, *p.* 466, *tab.* 6 *et* 7; *Walp. repert.* 6, *p.* 214; *A. procera Lapeyr. abr. pyr. p.* 503 (*non Willd.*). — Calathides pédicellées, dressées ou penchées, en grappes serrées qui par leur réunion forment une grande panicule pyramidale, à rameaux *dressés, non visqueux*. Péricline *ovoïde*, glabre, à folioles inégales; les extérieures vertes, ovales, très-obtuses, convexes sur le dos, très-étroitement scarieuses aux bords; les intérieures pâles, oblongues, largement scarieuses avec une nervure dorsale rougeâtre. Corolle glabre, à tube glanduleux. Anthères prolongées au sommet en un appendice *subulé*. Akènes oblongs, glabres. Feuilles non ponctuées, glabres, ovales dans leur pourtour, bipennatiséquées, à segments écartés, étalés et pennatifides, à lanières un peu charnues, linéaires, allongées, carénées, mucronées; les feuilles inférieures et celles des rameaux stériles pétiolées, les autres sessiles. Tiges *dressées dès la base*, ligneuses inférieurement, émettant des rameaux nombreux, raides, grêles, striés. — Plante de 5-7 décimètres, glabre. La forme naine est le *A. campestris var. erecta Endress, pl. pyr. unio itin.* 1831.

Hab. Pyrénées, Bénasque, Vieille dans la vallée d'Arrau. ♄ Juillet-août.

A. **glutinosa** *Gay, in. Bess. mém. Pétersb. sav. étr.* 4, *p.* 478, *tab.* 11; *DC. prodr.* 6, *p.* 95; *Walp. repert.* 6, *p.* 215; *A. campestris var. glutinosa Ten. syll.* 420. — Calathides petites, sessiles ou presque sessiles, dressées, en petites grappes serrées qui par leur réunion forment une grande panicule pyramidale, à rameaux *étalés et visqueux;* bractées courtes, linéaires, entières. Péricline *ellipsoïde-oblong*, glabre, à folioles très-inégales; les extérieures épaisses, vertes, ovales, très-obtuses, étroitement scarieuses sur les bords; les intérieures pâles, oblongues, largement scarieuses avec une nervure dorsale rougeâtre. Corolle glabre, à tube glanduleux. Anthères prolongées au sommet en un appendice petit et *étroitement lancéolé*. Akènes oblongs, glabres. Réceptacle nu. Feuilles non ponctuées, glabres, luisantes, ovales dans leur pourtour, bipennatiséquées, à segments pennatifides, à lanières linéaires, un peu épaisses, canaliculées, mucronées; les feuilles inférieures et celles des tiges stériles pétiolées, les autres sessiles. Tiges *dressées dès la base*, ligneuses inférieurement, émettant des rameaux nombreux, grêles, striés, rougeâtres. — Plante de 5-7 décimètres.

Hab. Côtes de la Méditerranée, Toulon, Marseille, Aigues-Mortes, Montpellier, Narbonne, etc. ♄ Août.

Obs. — L'*A. paniculata Lam.*, pour lequel notre plante a été prise par plusieurs botanistes, ne croît pas en France, et diffère de l'*A. glutinosa* par son péricline plus oblong et muni à sa base de nombreuses bractéoles imbriquées.

Sect. 2. SERIPHIDIUM *Bess. in bull. soc. mosc.* 1829 *et* 1834. — Corolle insérée très-obliquement sur l'ovaire; stigmates élargis au sommet en un disque cilié (1).

A. MARITIMA *L. sp.* 1186 ; *Willd. sp.* 3, *p.* 1833; *DC. fl. fr.* 4, *p.* 196; *A. maritima* α. *Lam. dict.* 1, *p.* 268 ; *Koch, syn.* 406 ; *Absinthium seriphium belgicum C. Bauh. pin.* 139. *Ic. fl. dan. tab.* 1655. — Calathides de moyenne grandeur, presque sessiles, penchées, éparses le long des rameaux ou en petites grappes spiciformes, formant par leur réunion une panicule lâche, feuillée, à *rameaux étalés, arqués et réfléchis au sommet;* bractées plus longues que les calathides, entières ou divisées à leur base. Péricline *ovoïde,* à folioles concaves, inégales; les extérieures tomenteuses, ovales, obtuses, herbacées, *très-étroitement scarieuses aux bords;* les intérieures oblongues, cunéiformes à la base, largement scarieuses aux bords. Fleurs 5-6 dans chaque calathide; corolle glabre, à tube obconique, glanduleux. Anthères prolongées au sommet en un appendice subulé. Stigmates étalés. Akènes bruns, glabres, obovés, à disque épigyne très-oblique. Réceptacle petit et glabre. Feuilles blanches-tomenteuses sur les deux faces, ovales dans leur pourtour, *bipennatiséquées,* à lanières linéaires, obtuses, non mucronées; les feuilles inférieures et celles des tiges stériles pétiolées, à pétiole dilaté à la base et demi-embrassant; les moyennes pourvues d'un pétiole auriculé ; les supérieures sessiles. Tiges *herbacées,* ascendantes. Souche rameuse, émettant des tiges stériles courtes et disposées en gazon. — Plante de 2-4 décimètres, blanches-tomenteuses, d'une odeur aromatique désagréable.

Hab. Sur les côtes de l'Océan, à Dunkerque, Dieppe, le Hâvre, Quineville, Trouville, Nantes, Sables-d'Olonne, etc. ♃ Septembre-octobre.

A. GALLICA *Willd. sp.* 3, *p.* 1834 ; *DC. fl. fr.* 4, *p.* 197, *et* 5, *p.* 479 ; *Lois. gall.* 2, *p.* 233; *Moris, fl. sard.* 2, *p.* 395 ; *A. maritima* β. *Lam. dict.* 1, *p.* 268 ; *Koch, syn.* 406 ; *A. palmata Lapeyr. abr. pyr.* 504, *et Lois.! gall.* 2, *p.* 233 (*non Lam.*); *Absinthium seriphium tenuifolium J. Bauh. hist.* 3, *p.* 177, *ic. Ic. fl. dan. tab.* 2119. — Se distingue du précédent par ses calathides plus petites, dressées, disposées le long des rameaux en petites grappes ou glomérules rapprochés, appliqués et formant par leur réunion *une panicule pyramidale très-fournie,* quelquefois même très-compacte (*A. densiflora Viv. fl. cors. prodr. app. alt. p.* 4, *tab.* 2 ; *A. inculta Salis, fl. od. bot. Zeit.* 1834, *p.* 31), *à rameaux étalés-dressés, non réfléchis;* par ses bractées plus courtes ; par son péricline étroit, *oblong,* à folioles bien plus inégales, les extérieures ovales et *entièrement herbacées,* les intérieures linéaires, courbées

(1) Cette section nous semble assez bien caractérisée pour constituer un genre distinct, qui prendrait le nom de *Seriphidium*.

en gouttière, scarieuses aux bords et à peine au sommet; par ses fleurs au nombre de 2-3 seulement dans chaque calathide ; par ses feuilles plus petites, à pétiole beaucoup plus grêle, à limbe proportionnément plus étroit, moins divisé, à lanières bien plus courtes; par la tige *sousfrutescente à la base.* — Plante généralement moins velue, amère et aromatique.

Hab. Commun sur les côtes de la Méditerranée, Toulon, Marseille, Istres, Aigues-Mortes, Arles, Montpellier, Cette, Narbonne; Corse, à Bonifacio; rivages de l'Océan à Bayonne. ♃ Août-septembre.

A. CÆRULESCENS *L. sp.* 1189; *DC. fl. fr.* 4, *p.* 195; *Tenore! syll.* 418; *Salis, fl. od. bot. Zeit.* 1834, *p.* 31; *Koch, syn.* 406; *A. palmata Lam. dict.* 1, *p.* 268 (*non Lapeyr.*); *Absinthium angustifolium Dod. pempt.* 26, *f.* 2 *et* 3. *Soleir. exsicc.* 124 *et Rchb. exsicc.* 969! — Calathides petites, brièvement pédicellées, dressées ou penchées, disposées en petites grappes spiciformes, formant par leur réunion *une panicule pyramidale serrée, à rameaux dressés;* bractées entières, linéaires, obtuses, atténuées à la base. Péricline *oblong,* à folioles concaves, très-inégales; les extérieures *entièrement herbacées,* pubescentes, ovales, obtuses; les intérieures oblongues, atténuées à la base, luisantes, largement scarieuses sur les bords, mais à peine au sommet. Fleurs 3 dans chaque calathide; corolle glabre, à tube allongé, glanduleux. Anthères prolongées au sommet en un appendice subulé. Stigmates dressés. Akènes glabres, obovés, à disque épigyne très-oblique. Réceptacle petit et glabre. Feuilles ponctuées, blanches-pubescentes, puis glabrescentes; celles des tiges fleuries *linéaires ou linéaires-lancéolées,* obtuses, atténuées et souvent auriculées à la base, *entières ou plus rarement trifides;* celles des tiges stériles incisées ou pennatifides, à limbe atténué en pétiole. Tiges *frutescentes à la base,* à rameaux raides, dressés. Souche noueuse, rameuse. — Plante de 4-6 décimètres.

Hab. Corse, Bastia, étang de Biguglia, Saint-Florent. ♄ Août-septembre.

A. ARRAGONENSIS *Lam. dict.* 1, *p.* 269; *DC. fl. fr.* 5, *p.* 479, *et prodr.* 6, *p.* 101; *A. herba-alba Asso, fl. arrag.* 117, *tab.* 8, *f.* 1 (*non Willd.*); *A. valentina Willd. sp.* 3, *p.* 1816. — Calathides petites, presque sessiles, dressées ou penchées, disposées en petites grappes formant par leur réunion *une panicule pyramidale à rameaux étalés;* bractées très-courtes, ovales, obtuses, entières. Péricline *obové,* à folioles très-inégales, concaves, obtuses; les extérieures très-petites, *herbacées,* pubescentes, un peu charnues, ovales; les intérieures luisantes, linéaires-oblongues, atténuées à la base, largement scarieuses aux bords et peu au sommet. Fleurs 3-4 dans chaque calathide; corolle glabre, à tube court brusquement contracté et glanduleux à la base. Anthères prolongées au sommet en un appendice subulé. Akènes très-petits, obovés, à disque épigyne très-oblique; réceptacle petit et glabre. Feuilles très-petites, souvent agglomérées, blanches-tomenteuses, puis glabrescentes; les inférieures pétiolées, à pétiole auriculé à la base, à limbe ovale dans son pourtour, *pennatiséqué, à segments trifides*, à lobules contigus, très-courts, obovés, obtus, un peu charnus; les feuilles supérieures sessiles, moins divisées. Tiges *frutescentes*, dressées, très-rameuses, à rameaux grêles et étalés. — Plante de 1-2 décimètres.

Hab. Pyrénées, vallée de Gistain!, port de Belatte (*Lapeyr.*). ♄.

TANACETUM. (Less. syn. 264.)

Péricline hémisphérique, à folioles imbriquées. Fleurs toutes tubuleuses; celles de la circonférence femelles, sur un seul rang, à limbe ordinairement tridenté; celles du disque hermaphrodites, à tube cylindrique, à limbe à 5 dents. Akènes *sessiles*, obconiques, *munis de côtes tout autour;* disque épigyne *de la largeur de l'akène, muni d'une couronne membraneuse régulière.* Réceptacle convexe, nu. — Feuilles caulinaires alternes.

T. vulgare *L. sp.* 1184; *DC. fl. fr.* 4, *p.* 189; *Koch, syn.* 407. *Ic. Engl. bot. tab.* 1229. — Calathides nombreuses, assez longuement pédonculées, en corymbe composé, dense, terminal. Péricline à peine ombiliqué à la base, à folioles inégales, toutes *obtuses*, largement scarieuses et lacérées au sommet. Akènes allongés, obconiques, lisses, munis de 5 côtes; disque épigyne pourvu d'une couronne membraneuse, courte, obscurément dentée. Feuilles ovales-oblongues dans leur pourtour, vertes, ponctuées-excavées, *pennatipartites*, à rachis denté, *à segments linéaires-lancéolés, pennatifides, à lobules très-aigus et finement dentés-en-scie* surtout à leur bord externe; les feuilles inférieures pétiolées; les moyennes et les supérieures sessiles, demi-embrassantes et auriculées. Tige dressée, sillonnée, ordinairement simple. Souche *courte, oblique, rameuse, nullement rampante.* — Plante de 8-12 décimètres, presque glabre, odorante; fleurs jaunes.

Hab. Lieux incultes, bords des routes; commun dans toute la France. ♃ Juin-août.

T. Audiberti *DC. prodr.* 6, *p.* 131; *Moris, fl. sard.* 2, *p.* 396, *tab.* 83; *Balsamita Audibertii Requien, ann. sc. nat. ser.* 1, *t.* 5, *p.* 382; *Dub. bot.* 279; *Lois. gall.* 2, *p.* 230; *Salis, fl. od. bot. Zeit.* 1834, *p.* 31. *Soleir. exsicc.* 158!—Calathides longuement pédonculées, en corymbe simple, lâche, terminal. Péricline à peine ombiliqué, à folioles inégales; les extérieures *lancéolées, aiguës;* les intérieures oblongues, obtuses, scarieuses au sommet. Akènes allongés, obconiques, lisses, munis de 5 côtes; disque épigyne pourvu d'une couronne membraneuse, courte, dentée. Feuilles ovales ou oblongues dans leur pourtour, d'un vert-gai en dessus, plus pâles en dessous, ponctuées-excavées et pubescentes sur les deux faces, la plupart *bipennatipartites, à lobules brièvement lancéolés, entiers ou dentés-en-scie;* les feuilles inférieures pétiolées; les supérieures sessiles, auriculées à la base. Tiges dressées ou ascendantes, striées, rameuses. Souche brune, rameuse, *rampante.* — Plante de 2-5 décimètres, pubescente; fleurs jaunes.

Hab. Escarpements des montagnes de la Corse, bergerie d'Astrogoni sous le mont Rotundo et gorges de la Restonica, Niolo. ♃ Juillet-août.

T. annuum *L. sp.* 1184; *Gouan, illustr. p.* 66; *D C. prodr.* 6, *p.* 131; *Balsamita annua D C. fl. fr.* 4, *p.* 187; *Dub. bot.* 279. *Ic. Clus. hist.* 1, *p.* 326, *f.* 1. *Welwitschii iter lusit. n°* 266! — Calathides petites, brièvement pédonculées, formant un petit corymbe dense et composé au sommet de la tige et de chaque rameau. Péricline non ombiliqué, à folioles très-inégales; les extérieures *lancéolées, acuminées, très-aiguës;* les intérieures oblongues, munies au sommet d'un appendice scarieux très-obtus, et simulant presque des rayons. Akènes obconiques, lisses, à 5 côtes; disque épigyne muni d'une couronne très-courte, membraneuse, entière. Feuilles ponctuées-excavées et pubescentes sur les deux faces; les radicales pétiolées, *bipennatiséquées,* à rachis denté; les caulinaires sessiles, pennatiséquées, embrassantes et auriculées à la base; toutes *à segments linaires, entiers ou trifides, mucronés.* Tige dressée, striée, très-feuillée, rameuse. Racine *annuelle, pivotante.* — Plante de 2-4 décimètres, pubescente; fleurs jaunes.

Hab. Lieux sablonneux de la région méditerranéenne, Napoule, Toulon, Tarascon, Beaucaire, Arles, Manduel (Gard), Montpellier, Bellegarde. ① Juillet-août.

T. Balsamita *L. sp.* 1184; *Vill. Dauph.* 3, *p.* 187; *Moris, fl. sard.* 2, *p.* 397; *Guss. syn.* 2, *p.* 455; *Koch, syn.* 407; *Balsamita major Desf. act. soc. hist. nat.* 1, *p.* 3; *Dub. bot.* 279; *Balsamita vulgaris Willd. sp.* 3, *p.* 1802; *Pyrethrum Tanacetum D C. prodr.* 6, *p.* 63. *Ic. iconogr. taurin.* 34, *tab.* 34. — Calathides petites, brièvement pédonculées, en corymbe composé terminal. Péricline ombiliqué, à folioles inégales; les extérieures *lancéolées;* les intérieures oblongues, toutes scarieuses et *obtuses* au sommet. Akènes allongés, obconiques, lisses, à 5 côtes peu saillantes; disque épigyne muni d'une couronne membraneuse, courte, dentée. Feuilles fermes, fortement ponctuées-excavées et couvertes sur les deux faces de poils appliqués, *toutes lancéolées, obtuses, entières et finement dentées-crénelées;* les supérieures sessiles et auriculées à la base; les moyennes et les inférieures atténuées en pétiole. Tige dressée, sillonnée, simple. Souche *rampante.*—Plante de 6-10 décimètres, odorante, munie de poils appliqués.

Hab. Dauphiné méridional (*Vill.*); bois d'Ouilly près de Matour (Saône-et-Loire); Reguéville sur les côtes de la Manche. ♃ Juillet-août.

PLAGIUS. (L'hérit. in D C. prodr. 6, p. 135.)

Péricline hémisphérique, à folioles imbriquées. Fleurs toutes tubuleuses, hermaphrodites, à tube cylindrique, à limbe à 5 dents. Akènes *portés sur un stipe* épais et calleux, obconiques, *munis de côtes tout autour;* disque épigyne *de la largeur de l'akène, muni d'une couronne membraneuse prolongée du côté interne.* Réceptacle plane, nu. — Feuilles caulinaires alternes.

P. AGERATIFOLIUS *L'hérit. in D C. prodr.* 6, *p.* 135; *Chrysanthemum flosculosum L. sp.* 1253; *Balsamita ageratifolia Desf. act. soc. hist. nat.* 1, *p.* 2; *Viv. fl. corsic. diagn.* 1, *p.* 14; *Dub. bot.* 279; *Salis, fl. od. bot. Zeit.* 1834, *p.* 31; *Moris, fl. sard.* 2, *p.* 398; *Balsamita corymbosa Salzm. fl. od. bot. Zeit.* 1821, *p.* 112. *Ic. iconogr. taurin.* 28, *tab.* 71. *Soleir. exsicc.* 2482! — Calathides disposées en grappe courte, simple, lâche, terminale. Péricline ombiliqué à la base, à folioles concaves, inégales; les extérieures lancéolées, scarieuses au sommet; les intérieures ovales, largement scarieuses et lacérées au sommet. Akènes oblongs-obconiques, lisses, noirs avec 10 côtes blanches, tous pourvus d'une couronne membraneuse fendue au côté externe, prolongée et dentée au côté interne. Feuilles coriaces, obovées, sessiles et auriculées à la base, dentées-en-scie, à dents mucronées. Tige dressée, sousfrutescente à la base, rameuse; rameaux allongés, très-feuillés. — Plante de 6-10 décimètres, glabre; fleurs jaunes.

Hab. La Corse, à Bastia, Cap-Corse. ♄ Juin-juillet.

TRIB. 8. CHRYSANTHEMEÆ *D C. prodr.* 6, *p.* 38. — Calathides hétérogames. Fleurs de la circonférence femelles, à corolle ligulée; celles du disque hermaphrodites, à corolle tubuleuse, régulière. Anthères arrondies à la base. Style des fleurs du disque à branches linéaires, dont le sommet, pourvu d'un pinceau de poils, est tronqué ou prolongé en cône au-delà du faisceau de poils. Akènes cylindriques ou trigones, munis de côtes; aigrette nulle.

LEUCANTHEMUM. (Tournef. inst. 492.)

Péricline un peu concave ou hémisphérique, à folioles imbriquées. Fleurs de la circonférence femelles, ligulées, sur un seul rang; fleurs du disque hermaphrodites, tubuleuses, *à tube comprimé-ailé,* à limbe à 5 dents. Akènes *conformes*, *obconiques*, tronqués au sommet, *munis de côtes tout autour;* disque épigyne aussi large que l'akène, le plus souvent muni dans les akènes de la circonférence et quelquefois dans tous d'une couronne membraneuse plus ou moins complète. Réceptacle plane-convexe, nu. — Feuilles caulinaires alternes.

Sect. 1. Euleucanthemum *Nob.* — Péricline un peu concave.

L. vulgare *Lam. fl. fr.* 2, *p.* 137 ; *DC. prod.* 6, *p.* 46 ; *Chrysanthemum Leucanthemum L. sp.* 1251 ; *DC. fl. fr.* 4, *p.* 178; *Koch, syn.* 416. *Ic. fl. dan. tab.* 994, *et Engl. bot. tab.* 601. — Péricline un peu concave, à la fin ombiliqué, à folioles inégales ; les extérieures lancéolées, étroitement scarieuses sur les bords, avec une bordure brune ; les intérieures dilatées au sommet largement scarieux et lacéré. Corolle de la circonférence en languette blanche, oblongue ; celles du centre jaunes, *à tube non prolongé sur l'ovaire.* Akènes noirâtres, munis de 10 côtes blanches, arrondis et *tous nus au sommet.* Feuilles non charnues ; les inférieures et celles des rosettes stériles *obovées-spatulées ou oblongues,* contractées en un long pétiole, à limbe crénelé ou plus rarement pennatifide ; les moyennes atténuées en pétiole denté à la base ; les supérieures sessiles, *oblongues ou linéaires, inégalement dentées-en-scie jusqu'à la base,* quelquefois pennatifides ; dents ou lobes étalés, non acuminés, *ceux de la base plus étroits, contigus et embrassant la tige.* Tige dressée, anguleuse, portant une ou plusieurs calathides disposées en corymbe simple. Souche noire, dure, rampante, rameuse. — Plante de 3-5 décimètres, polymorphe, tantôt glabre, tantôt velue. La forme naine, à calathides petites, à péricline largement bordé de noir est le *Ch. atratum Gaud. helv.* 5, *p.* 344 (*non L.*).

Hab. Prés, bois ; très-commun. ♃ Juin-juillet.

L. pallens *DC. prodr.* 6, *p.* 47 ; *Chrysanthemum pallens Gay, in Perreym. cat. Fréjus, p.* 91, *et ann. bot.* 1833, *t.* 2, *p.* 545; *Chrysanthemum montanum Perreym. cat. Fréjus, p.* 22 (*non L.*). — Péricline un peu concave, à la fin ombiliqué, à folioles inégales ; les extérieures lancéolées ; les intérieures obovées ; toutes pâles, largement scarieuses et laciniées au sommet. Corolle de la circonférence en languette blanche, oblongue ; celles du disque jaunes, à tube *se prolongeant sur la face externe de l'ovaire.* Akènes noirâtres, munis de 10 côtes blanches, arrondis au sommet ; ceux de la circonférence *pourvus d'une couronne membraneuse, bipartite,* à segments placés latéralement, dentés et égalant le tube de la corolle ; *ceux du disque sans couronne.* Feuilles non charnues ; les inférieures et celles des rosettes stériles *spatulées,* crénelées au sommet, atténuées en un pétiole grêle ; les moyennes oblongues-cunéiformes, dentées-en-scie dans leur moitié supérieure, atténuées en pétiole ailé muni à sa base de 2-3 paires de dents *non contiguës et qui n'embrassent pas la tige ; les dents de la base du pétiole petites et très-aiguës, celles du limbe plus grandes et d'autant plus larges qu'elles sont plus supérieures ;* feuilles supérieures *linéaires-oblongues,* sessiles, *entières au moins à la base.* Tiges dressées, anguleuses, souvent velues à la base, portant une ou plusieurs calathides disposées en corymbe simple. Souche oblique, dure, rameuse. — Plante de 3–4 décimètres.

Hab. Côteaux du midi ; l'Esterel près de Fréjus, Toulon ; Aix ; Gap ; Aubenas dans l'Ardèche ; Alais ; Narbonne ; Pyrénées-Orientales. ♃ Mai-juin.

L. maximum *DC. prod.* 6, *p.* 46 ; *Chrysanthemum maximum Ramond, bull. phil. n°* 42, *p.* 140 ; *DC. fl. fr.* 4, *p.* 178 ; *Dub. bot.* 272 ; *Ch. heterophyllum Willd. sp.* 3, *p.* 2142 ; *Gaud. helv.* 5, *p.* 343 ; *Ch. lanceolatum Pers. syn.* 2, *p.* 460 ; *Ch. montanum All. ped.* 1, *p.* 190, *tab.* 37, *f.* 2 (*non L.*) ; *Ch. montanum* β. *heterophyllum Koch, syn. p.* 417 ; *Ch. grandiflorum Lapeyr. abr. pyr. p.* 527, *et suppl. p.* 137 (*non DC.*) ; *Phalacrodiscus montanus Less. syn. p.* 254 ; *Bellis pyrenaïca latissimo folio flore maximo Dodart, Joncq. tab.* 65. — Péricline un peu concave, à la fin ombiliqué, à folioles inégales ; les extérieures lancéolées, scarieuses aux bords, avec une étroite bordure brune ; les intérieures linéaires-oblongues, largement scarieuses au sommet. Corolles de la circonférence en languette blanche, oblongue ; celles du disque jaunes, à tube *non prolongé sur l'ovaire.* Akènes noirâtres, munis de 10 côtes blanches, arrondis au sommet ; ceux de la circonférence *pourvus d'une demi-couronne dentée* et quelquefois d'une couronne complète ; *ceux du disque sans couronne.* Feuilles charnues et cassantes ; les inférieures *cunéiformes*, atténuées en un long pétiole, *munies de quelques dents au sommet seulement ;* les moyennes atténuées en un long pétiole ailé, *non denté à la base* ; les supérieures *linéaires-lancéolées*, aiguës, atténuées aux deux bouts, sessiles, *non embrassantes*, dentées ou presque entières ; *les dents des feuilles caulinaires égales*, longues, acuminées, mucronées, étalées-dressées. Tiges dressées, sillonnées, longuement nues au sommet, toujours simples et ne portant jamais qu'une calathide. Souche brune, dure, *oblique*, rameuse. — Plante atteignant jusqu'à 6 décimètres, glabre ou presque glabre. La calathide atteint quelquefois la grandeur de celle de l'*Aster sinensis*, et c'est cette forme qui représente le *Ch. grandiflorum Lapeyr.*

Hab. Prairies des montagnes ; Pyrénées, pic de Gard, pic de l'Hiéris, Canigou, Fonds-de-Comps, Prats-de-Mollo ; descend le long des torrents et se retrouve dans les sables de la Garonne et de l'Ariége ; Florac, Anduze ; mont Mounier ; Alpes du Dauphiné, Lautaret, Chamachaude, Rabou et Matachard près de Gap, mont Genèvre, etc. ; montagnes de Corse. ♃ Juin-juillet.

L. montanum *DC.! prodr.* 6, *p.* 48 ; *Chrysanthemum montanum L. sp.* 1252 ; *Gouan, hort. monsp.* 448 ; *Ch. montanum* γ. *saxicola Koch, syn.* 417 ; *Ch. gracilicaule L. Dufour, ann. gen. sc. phys. p.* 306 ; *Leucanthemum montanum minus Tournef. inst.* 492 ; *Bellis montana minor Magn. monsp.* 36. *Rchb. exsicc.* 1905! — Cette plante est pour ainsi dire la miniature de la précédente ; elle s'en distingue aux caractères suivants : calathides de beaucoup plus petites, ne dépassant pas la grandeur de celles de l'*Anthemis arvensis ;* akènes de la circonférence *pourvus d'une couronne complète et en-*

tière; feuilles non charnues, munies d'une bordure transparente plus évidente; les inférieures atténuées en un pétiole grêle; les caulinaires *linéaires-oblongues*, finement cuspidées, *bordées de dents inégales*, fines, mucronées, *d'autant plus saillantes et plus rapprochées qu'elles sont plus inférieures;* ces dents disparaissent peu à peu dans les feuilles supérieures, mais c'est le sommet de la feuille qu'elles abandonnent d'abord; elles persistent encore à la base, quelquefois même jusqu'aux feuilles les plus rapprochées de la calathide; tiges moins élevées, très-grêles, cespiteuses. Elle se sépare de l'espèce suivante, qui n'en est peut-être qu'une variété, par ses feuilles inférieures *spatulées-lancéolées*, dentées-en-scie et par les dents des feuilles caulinaires qui ne ressemblent jamais à des cils.

Hab. Coteaux calcaires du midi; Draguignan; Alais, Anduze, Florac; l'Esperou, pic Saint-Loup et Valmargue près de Montpellier; Saint-Antoine-de-Galamus dans les Corbières. ♃ Juin-juillet.

L. GRAMINIFOLIUM *Lam. fl. fr.* 2, *p.* 137; *Chrysanthemum graminifolium L. sp.* 1252; *Gouan, illustr. p.* 70, *et hort. monsp.* 448; *DC. fl. fr.* 4, *p.* 179; *Dub. bot.* 272; *Phalacrodiscus graminifolius Less. syn. p.* 254; *Leucanthemum graminifolio Tournef. inst.* 493; *Bellis montana gramineis foliis Magn. monsp.* 291 *et hort.* 31, *tab.* 31. *Ic. Jacq. obs.* 4, *tab.* 92. — Péricline un peu concave, à folioles inégales; les extérieures lancéolées, étroitement scarieuses et brunes aux bords; les intérieures linéaires-oblongues, largement scarieuses au sommet très-obtus et dentelé. Corolles de la circonférence en languette blanche, oblongue; celles du disque jaunes, *à tube non prolongé sur l'ovaire.* Akènes noirâtres, munis de 10 côtes blanches, arrondis au sommet; ceux de la circonférence *pourvus d'une couronne complète et dentée; ceux du disque sans couronne.* Feuilles non charnues, *toutes, même les radicales, linéaires et atténuées à la base;* les radicales et celles des rosettes stériles nombreuses, formant gazon; les caulinaires *très-étroites*, paraissant entières, mais ordinairement *pourvues au moins à leur base de dents subulées, en forme de cils, d'autant plus saillantes et plus rapprochées qu'elles sont plus inférieures;* ces dents disparaissent enfin complétement aux feuilles supérieures. Tiges nombreuses, dressées ou ascendantes, très-grêles, striées, simples et ne portant jamais qu'une calathide. Souche brune, rameuse, à divisions souvent allongées.—Plante de 1-2 décimètres, gazonnante, glabre.

Hab. Coteaux calcaires du midi; Grasse; Mende, Saint-Enimie, Florac, Alzon, Saint-Guilhem-du-Désert; Pyrénées-Orientales, Prades, Villefranche. ♃ Juin-juillet.

L. CORONOPIFOLIUM *Godr. et Gren.; Chrysanthemum coronopifolium Vill. Dauph.* 3, *p.* 201. — Péricline un peu concave, à la fin ombiliqué, à folioles peu inégales; les extérieures lancéolées; les intérieures oblongues, élargies au sommet et munies d'une large bordure scarieuse et brune. Corolles de la circonférence en languette blanche, elliptique; celles du disque jaunes, *à tube non prolongé sur l'ovaire*. Akènes munis de 10 côtes saillantes, arrondis au sommet; ceux de la circonférence *munis d'une couronne trifide*, fauve au sommet, plus longue que le tube de la corolle ou l'égalant; *ceux du disque avec une couronne plus courte*. Feuilles charnues, lisses, glabres; les inférieures *cunéiformes, incisées ou crénelées au sommet*, atténuées en un long pétiole ailé; les moyennes et les supérieures toutes longuement atténuées à la base, *dentées, pennatifides ou pennatipartites*, à dents ou lobes acuminés, très-étalés et souvent courbés en dehors, *d'autant plus courts et plus étroits qu'ils sont plus inférieurs*. Tiges dressées ou ascendantes, striées, simples et ne portant qu'une calathide. Souche grêle, rameuse, *longuement rampante*. — Plante de 1-3 décimètres, entièrement glabre.

α. *genuinum Nob.* Feuilles caulinaires lancéolées ou linéaires-lancéolées, dentées. *Chrysanthemum Halleri Sut. helv* 2, *p.* 193; *DC. fl. fr.* 4, *p.* 182; *Dub. bot.* 272; *Gaud. helv.* 5, *p.* 347; *Pyrethrum Hall. Willd. sp.* 3, *p.* 2152; *DC. prodr.* 6, *p.* 55; *Pyrethrum Barrelieri L. Dufour, in DC. prodr.* 6, *p.* 55; *Tanacetum atratum C. H. Schultz, Ueber die Tanacet. p.* 62. *Icon. Barr. ic. tab.* 438, *f.* 2. *Rchb. exsicc.* 1651!

β. *Ceratophylloïdes Nob.* Feuilles caulinaires pennatipartites, à segments supérieurs allongés, entiers ou bifides, à rachis linéaire. *Chrysanthemum ceratophylloïdes All. ped.* 1, *p.* 190, *tab.* 37, *f.* 1; *DC. fl. fr.* 4, *p.* 179; *Dub. bot.* 272; *Pyrethrum ceratophylloïdes Willd. enum. ber.* 2, *p.* 905; *Leucanthemum corsicum DC. prodr.* 6, *p.* 47; *Phalacrodiscus corsicus Less. syn. p.* 254. *Rchb. exsicc.* 2527!

Hab. Escarpements et bords des torrents; Alpes du Dauphiné, mont Vizo, col de Paya, Abriès-en-Quayras; Allos et l'Arche dans les Basses-Alpes; Pyrénées, pic de Monné; montagnes de Corse. ♃ Juillet-août.

L. PALMATUM *Lam. fl. fr.* 2, *p.* 138; *L. cebennense DC. prodr.* 6, *p.* 48; *Chrysanthemum monspeliense L. sp.* 1252; *Gouan, hort. monsp. p.* 448; *DC. cat. monsp.* 96 *et fl. fr.* 5, *p.* 476; *Dub. bot.* 272 (*non Schkuhr*); *Phalacrodiscus monspeliensis C. H. Schultz, Ueber die Tanacet. p.* 44. *Ic. Jacq. obs.* 4, *tab.* 93. — Péricline un peu concave, à la fin ombiliqué, à folioles inégales, étroites et étroitement bordées de brun; les intérieures linéaires-oblongues, munies d'une bordure scarieuse assez large au sommet obtus. Corolles de la circonférence en languette blanche, oblongue; celles du disque jaunes, *à tube brièvement prolongé sur le fruit du côté externe*. Akènes noirâtres, à 10 côtes blanches et saillantes, arrondis au sommet; ceux de la circonférence *munis d'une demi-couronne ovale, placée du côté interne* et n'égalant pas le tube de la corolle; *ceux du disque sans couronne*. Feuilles non charnues, glabres; les inférieures et celles des rameaux stériles portées sur un pétiole fin et non ailé, *pennatipartites;* les supérieures sessiles, *pennatipartites;* toutes à segments écartés, très-étalés, linéaires, entiers ou incisés. Tige dressée ou ascendante, rameuse au-dessus de la base, nue sous les rameaux; ceux-ci allongés, ordinairement simples. Souche brune, rameuse, *à divisions dressées.* — Plante de 2-4 décimètres, glabre.

Hab. Les montagnes de l'Ardèche, mont Gerbier, Entraigues et Aubenas; Saint-André et Florac dans la Lozère; Montoulieu dans l'Aude; Prats-de-Mollo dans les Pyrénées-Orientales; alluvions du Tarn à Moissac. ♃ Juin-juillet.

L. alpinum *Lam. fl. fr.* 2, *p.* 138; *Chrysanthemum alpinum L. sp.* 1253; *Vill. Dauph.* 3, *p.* 203; *Dub. bot.* 272; *Lois.! gall.* 2, *p.* 253; *Gaud. helv.* 5, *p.* 246; *Koch, syn.* 418; *Pyrethrum alpinum Willd. sp.* 3, *p.* 2153; *D C. fl. fr.* 4, *p.* 182; *Tanacetum alpinum C. H. Schultz, Ueber die Tanacet. p.* 61. *Ic. Sturm, deutsch. fl. heft.* 19, *tab.* 14. *Rchb. exsicc.* 431! — Péricline concave, non ombiliqué, à folioles peu inégales, toutes largement scarieuses et brunes sur les bords; les extérieures lancéolées, obtuses; les intérieures linéaires-oblongues. Corolles de la circonférence en languette blanche ou quelquefois rosée, oblongue; celles du disque jaunes, à tube *non prolongé à la base.* Akènes allongés, blanchâtres, munis de 5 côtes, arrondis au sommet; ceux de la circonférence *munis d'une couronne dentelée, fendue en dehors,* égalant le tube; *ceux du disque à couronne plus courte.* Feuilles glaucescentes, glabres ou velues et presque tomenteuses (*Ch. minimum Vill. Dauph.* 3, *p.* 202); les inférieures et celles des rosettes stériles nombreuses, formant gazon, ovales dans leur pourtour, brusquement contractées en pétiole étroitement ailé, *pennatifides,* à 5-7 segments linéaires, mucronulés, entiers; les caulinaires 2-4, écartées, petites, *linéaires, entières ou bi-tridentées.* Tiges ascendantes, finement striées, parfaitement simples, longuement nues au sommet. Souche grêle, rameuse, *rampante.* — Plante de 10-15 centimètres, gazonnante, glabre ou velue.

Hab. Les hautes Alpes du Dauphiné, Revel, Taillefer, col de l'Arche, Bourg-d'Oisans, Gap, Briançon, et sables des rivières qui en descendent; Pyrénées, Canigou, Cambredasses, val d'Eynès, Endretlis, Esquierry, pic du Midi, pic de Monné, etc. ♃ Juillet-août.

L. tomentosum *Godr. et Gren.; Chrysanthemum tomentosum Lois. gall.* 2, *p.* 253, *tab.* 18; *Dub. bot.* 271; *Salis, fl. od. bot. Zeit.* 1834, *p.* 30; *Pyrethrum tomentosum D C. fl. fr.* 5, *p.* 477, *et prodr.* 6, *p.* 54; *Less. syn.* 254 (*non Clairv.*); *Pyrethrum minimum D C. fl. fr.* 4, *p.* 924 (*non Vill.*). *Soleir. exsicc.* 2264! — Se distingue du *Ch. alpinum,* et surtout de sa variété velue, par les écailles du péricline plus inégales; les extérieures courtes, triangulaires, presque aiguës; les intérieures lancéolées; par les corolles de la circonférence en languette plus courte, elliptique; par les akènes de la circonférence *munis d'une couronne n'égalant que le* *tiers du tube de la corolle;* par ses feuilles formant des rosettes plus denses; les inférieures *cunéiformes à la base, crénelées ou obtusément lobées au sommet,* blanches-tomenteuses, à pétiole court, large, ailé, par ses tiges fleuries courtes, *aphylles ou pourvues d'une seule feuille linéaire;* par sa souche couverte des débris des anciennes feuilles, munie de fibres radicales plus longues et trois fois plus épaisses; par le tomentum blanc, serré, qui recouvre toutes les parties de la plante. Les corolles de la circonférence sont aussi quelquefois rosées.

Hab. Montagnes de Corse, mont Rotundo, mont d'Oro, mont de Cagno. ♃ Juillet-août.

Sect. 2. Parthenium *Nob.* Péricline hémisphérique.

L. corymbosum *Godr. et Gren.; Chrysanthemum corymbosum L. syn. nat. 2, p.* 562; *Vill. Dauph.* 3, *p.* 204; *Gaud. helv.* 5, *p.* 349; *Koch, syn.* 418; *Chrysanthemum corymbiferum L. sp.* 1251; *Poll.pal.* 2, *p.* 474; *Lois.! gall.* 2, *p.* 253; *Pyrethrum corymbosum Willd. sp.* 3, *p.* 2155; *DC. prodr.* 6, *p.* 57; *Matricaria inodora Lam. fl. fr.* 2, *p.* 136 (*non L.*); *Tanacetum corymbosum C. H. Schultz, Ueber die Tanac. p.* 57. *Ic. Jacq. austr. tab.* 379. — Calathides en corymbe au sommet de la tige. Péricline hémisphérique, *non ombiliqué,* à folioles inégales, étroitement bordées de brun; les intérieures élargies et largement scarieuses au sommet. Corolles de la circonférence en languette blanche, oblongue-elliptique; corolles du disque jaunes. Akènes allongés, blanchâtres, finement chagrinés, munis de 5 côtes saillantes; ceux de la circonférence pourvus d'une couronne membraneuse, fauve au sommet, dentelée, fendue à l'extérieur, égalant le tube de la corolle; akènes du disque plus brièvement couronnés. Feuilles luisantes et glabres en dessus, plus pâles et pubescentes en dessous, toutes pennatiséquées, à segments lancéolés, à lobes aigus et dentés-en-scie et dont les supérieurs sont un peu confluents; les feuilles inférieures portées sur un pétiole grêle; les caulinaires *sessiles, à segments décroissants vers le bas et dont les inférieurs petits et rapprochés embrassent la tige.* Celle-ci dressée, raide, anguleuse, *simple ou presque simple.* Souche brune, dure, *rampante,* munie de fibres radicales nombreuses. — Plante de 4-10 décimètres, presque glabre ou velue.

Hab. Coteaux calcaires; Pyrénées; Narbonne; Toulouse, Montauban, Moissac, Agen; Bordeaux; Auvergne; chaîne des Cévennes; Languedoc; Provence; Dauphiné; Lyon; Montbrison; Baune et Dijon; coteaux calcaires de l'Alsace; rare dans la Marne, aux environs de Paris et dans le centre de la France, etc. ♃ Juin-août.

L. Parthenium *Godr. et Gren.; Chrysanthemum Parthenium Pers. syn.* 2, *p.* 462; *Koch, syn.* 418; *Pyrethrum Parthenium Sm. brit.* 900; *DC. prodr.* 6, *p.* 58; *Matricaria Parthenium L. sp.* 1255; *Matricaria odorata Lam. fl. fr.* 2, *p.* 135; *Tanacetum Parthenium C.H. Schultz, Ueber die Tanac. p.* 55. *Ic. Bull. herb.*

tab. 203; *fl. dan. tab.* 674. — Calathides en corymbe très-lâche au sommet de la tige. Péricline hémisphérique, *à la fin ombiliqué,* à folioles inégales, munies d'une côte dorsale saillante; les extérieures lancéolées, aiguës, scarieuses sur les bords; les intérieures oblongues, obtuses, scarieuses et lacérées au sommet. Corolles de la circonférence en languette blanche, courte, obovée; celles du disque jaunes. Akènes bruns, non chagrinés, munis de 5-7 côtes blanches, tous pourvus d'une couronne membraneuse, très-courte, crénelée, étalée. Feuilles molles, *toutes pétiolées,* pennatiséquées, à segments pennatifides, les supérieurs confluents. Tige dressée, sillonnée, *très-rameuse.* Souche *non rampante.* — Plante de 3-5 décimètres, d'un vert gai, pubescente.

Hab. Vieux murs et graviers des rivières, dans une grande partie de la France. ♃ Juin-août.

CHRYSANTHEMUM (Tournef. inst. 491.)

Péricline concave, à folioles imbriquées. Fleurs de la circonférence femelles, ligulées, sur un seul rang; fleurs du disque hermaphrodites, tubuleuses, *à tube comprimé-ailé,* à limbe à 4-5 dents. Akènes *de deux formes;* ceux de la circonférence *triquètres,* avec les deux angles latéraux relevés en aile, l'angle interne obtus; ceux du disque *cylindriques, munis de côtes tout autour;* tous tronqués au sommet; disque épigyne aussi large que l'akène, pourvu ou dépourvu de couronne membraneuse. Réceptacle plane-convexe, nu. — Feuilles caulinaires alternes.

Ch. segetum *L. sp.* 1254; *Poll. pal.* 2, *p.* 478; *DC. fl. fr.* 4, *p.* 181; *Koch, syn.* 419; *Guss. syn.* 2, *p.* 484; *Xanthophthalenum segetum C. H. Schultz, Ueber die Tanacet., p.* 17. *Ic. Curtis, fl. lond.* 6, *tab.* 60. *Rchb. exsicc.* 2526! — Calathides grandes, portées sur des pédoncules striés et *épaissis au sommet.* Péricline ombiliqué, à folioles inégales, concaves, d'un vert-jaunâtre; les extérieures ovales, obtuses, étroitement scarieuses; les intérieures dilatées au sommet largement scarieux. Fleurs toutes jaunes; celles de la circonférence en languette oblongue, Akènes de la circonférence *aussi larges que longs;* ceux du disque turbinés, à 10 côtes égales; *tous dépourvus de couronne.* Feuilles d'un vert gai, un peu charnues, oblongues, élargies au sommet, profondément dentées ou plus souvent trifides et même pennatifides; les inférieures insensiblement atténuées en pétiole; les supérieures amplexicaules. Tige dressée, striée, simple ou rameuse. Racine verticale, presque simple. — Plante de 2-4 décimètres, glabre.

Hab. Moissons, dans presque toute la France. ① Juin-août.

Ch. Myconis *L. sp.* 1254; *Desf. fl. atl.* 2, *p.* 281; *DC. fl. fr.* 4, *p.* 180; *Salis, fl. od. bot. Zeit.* 1834, *p.* 31; *Pyrethrum Myconis Mœnch, suppl.* 287; *DC. prodr.* 6, *p.* 61; *Moris, fl. sard.* 2, *p.* 401; *Guss. syn.* 2, *p.* 483; *Coleostephus Myconis Cass. dict.*

41, *p.* 43. *Ic. Jacq. obs.* 4, *tab.* 94; *Iconogr. taurin.* 23, *tab.* 2, *f.* 2. — Calathides plus petites que dans l'espèce précédente, portées sur des pédoncules grêles, striés, *non épaissis au sommet.* Péricline ombiliqué, à folioles presque égales, linéaires-oblongues, obtuses, largement scarieuses au sommet, munies d'une ligne brune sur le dos. Fleurs toutes jaunes; celles de la circonférence en languette courte, obovée. Akènes de la circonférence *plus longs que larges, surmontés d'une couronne membraneuse, tubuleuse,* qui égale le tube de la corolle; ceux du disque cylindriques, à 10 côtes égales, *munis d'une couronne plus courte.* Feuilles toutes finement dentées en scie, jamais pennatifides; les inférieures obovées-cunéiformes, très-obtuses, atténuées en pétiole; les supérieures sessiles, amplexicaules, oblongues ou linéaires. Tige dressée, ordinairement très-rameuse. Racine rameuse. — Plante de 2-4 décimètres, glabre ou plus ou moins pourvue de poils cloisonnés.

Hab. Moissons de la région méditerranéenne; Cannes, Grasse, Fréjus, Hières, Toulon; Nîmes; Corse, à Bastia, Ajaccio. (1) Juillet-août.

PINARDIA. (Less. syn. 255.)

Péricline concave, à folioles imbriquées. Fleurs de la circonférence femelles, ligulées, sur un seul rang; fleurs du disque hermaphrodites, tubuleuses, *à tube comprimé-ailé,* à limbe à 4-5 dents. Akènes *de deux formes;* ceux de la circonférence *triquètres,* avec les 3 angles relevés en aile, striés sur les faces; ceux du disque *comprimés latéralement, munis de côtes tout autour et d'une aile saillante du côté interne;* disque épigyne aussi large que l'akène, dépourvu de couronne membraneuse. Réceptacle hémisphérique, nu. — Feuilles caulinaires alternes.

P. CORONARIA *Less. l. c.; Koch, syn.* 419; *Chrysanthemum coronarium L. sp.* 1254; *Desf. fl. atl.* 2, *p.* 283; *DC. prodr.* 6, *p.* 64; *Salis, fl. od. bot. Zeit.* 1834, *p.* 31; *Moris, fl. sard.* 2, *p.* 404; *Guss. syn.* 2, *p.* 484. *Ic. Lam. illustr. tab.* 678, *f.* 6; *Sibth. et Sm. fl. græc.* 9, *tab.* 877. *Soleir. exsicc.* 2275! — Calathides grandes, portées sur des pédoncules striés et à la fin épaissis au sommet. Péricline ombiliqué, à folioles inégales, obtuses; les extérieures ovales, carénées, étroitement scarieuses aux bords; les intérieures oblongues, terminées par une large membrane scarieuse. Fleurs toutes jaunes; celles de la circonférence en languette obovée. Akènes striés, avec de petites glandes brillantes entre les stries; ceux de la circonférence aussi larges que longs. Feuilles d'un vert gai, la plupart bipennatipartites, à rachis lobé-denté, à segments lancéolés, élargis vers le sommet, incisés-dentés, à dents mucronées; les feuilles inférieures pétiolées; les supérieures demi-embrassantes et auriculées. Tige dressée, rameuse, très-feuillée. — Plante de 3-6 décimètres, glabre.

Hab. Lazaret de Marseille (*Kralik*); Corse, Bonifacio, Bastia, Calvi, Ajaccio. (1) Juin-septembre.

NANANTHEA. (DC. prodr. 6, p. 45.)

Péricline concave, formé de 8 à 9 folioles presque égales et disposées sur 1 à 2 rangs. Fleurs 10-15; celles de la circonférence femelles, ligulées, sur un seul rang; celles du disque tubuleuses, *à tube cylindrique*, à limbe quadrifide. Akènes *conformes, obconiques, un peu comprimés*, arrondis au sommet, *munis de côtes tout autour;* disque épigyne petit, sans couronne. Réceptacle nu, presque plane. — Feuilles caulinaires alternes.

N. PERPUSILLA *DC. in Deless. ic. select.* 4, *p.* 20, *tab.* 45, *et prodr.* 6, *p.* 45; *Moris, fl. sard.* 2, *p.* 405; *Chrysanthemum perpusillum Lois.! in Desv. journ. bot.* 1809, *p.* 369, *tab.* 13, *f.* 3, *et fl. gall.* 2, *p.* 251, *tab.* 27; *DC. fl. fr.* 5, *p.* 477; *Dub. bot.* 271; *Salis, fl. od. bot. Zeit.* 1834, *p.* 30; *Cotula pygmæa Poir. dict. suppl.* 2, *p.* 371. *Soleir. exsicc.* 2295!— Calathides très-petites, hémisphériques, portées sur des pédoncules filiformes, terminaux, axillaires et quelquefois oppositifoliés. Péricline à folioles ovales ou obovées, très-obtuses, largement scarieuses sur les bords. Fleurs de la circonférence 4-10, en languette blanche, linéaire ou oblongue, exserte ou incluse ou toutes les fleurs tubuleuses; celles du disque jaunes, à tube court, à limbe à 4 lobes réfléchis et munis d'une fossette à leur base. Akènes très-petits, oblongs, atténués à la base, finement striés. Feuilles un peu charnues, ponctuées, toutes pétiolées, à pétiole un peu dilaté à la base; les unes rapprochées en rosette à la base des tiges, les autres éparses, la plupart à 3-5 segments oblongs ou obovés; quelques-unes simplement crénelées ou même entières. Tiges filiformes, quelquefois très-courtes, couchées, ascendantes ou dressées, peu rameuses. Racine formée de fibrilles capillaires. — Plante de 2-6 centimètres, glabre.

Hab. Iles Sanguinaires; île de Lavezzio près de Bonifacio. ① Avril-mai.

MATRICARIA. (L. gen. 967.)

Péricline concave, à folioles imbriquées. Fleurs de la circonférence femelles, ligulées, sur un seul rang; fleurs du disque hermaphrodites, tubuleuses, *à tube cylindrique*. Akènes *conformes, obconiques*, tronqués au sommet, *munis de* 3-5 *côtes sur la face interne, dépourvus de côtes sur le dos;* disque épigyne aussi large que l'akène, bordé d'une couronne membraneuse ordinairt très-courte. Réceptacle nu, s'allongeant en cône à la maturité.— Feuilles caulinaires alternes.

M. CHAMOMILLA *L. sp.* 1266; *DC. fl. fr.* 4, *p.* 184; *Koch, syn.* 416; *Guss. syn.* 2, *p.* 485; *Chamomilla officinalis C. Koch, Linnæa,* 17, *p.* 45; *Leucanthemum Chamæmelum Lam. fl. fr.* 2, *p.* 139. *Ic. Engl. bot. tab.* 1232. — Péricline à folioles peu inégales, oblongues, obtuses, jaunâtres, largement scarieuses et entières au sommet. Fleurs de la circonférence en languette blanche, elliptique-oblongue, réfléchie; celles du disque jaunes. Akènes jaunâtres, munis de 5 *côtes filiformes* sur la face interne, *lisses sur le dos, dépourvus de points glanduleux sous le sommet ;* disque épigyne *très-oblique,* muni d'un bord obtus ou quelquefois d'une couronne membraneuse et dentée (*M. coronata Gay, in Coss. et Germ. fl. par.* 400). Réceptacle longuement conique, aigu, *creux intérieurement.* Feuilles bipennatipartites, à segments fins, linéaires, allongés, écartés, étalés, *planes sur le dos,* très-brièvement mucronulés. Tiges dressées ou diffuses, très-rameuses, striées. Racine rameuse. — Plante de 2-4 décimètres, aromatique, verte et glabre. La forme grêle est le *M. suaveolens L. fl. suec.* 297 ; *Dub. bot.* 273 ; *Lois. gall.* 2, *p.* 254.

Hab. Moissons ; commun dans toute la France. (1) Avril-juillet.

M. INODORA *L. fl. suec.* 2, *p.* 765; *Vill. Dauph.* 3, *p.* 199 ; *Fries, nov. mant.* 3, *p.* 115 ; *Chrysanthemum inodorum L. sp.* 1253 ; *Pyrethrum inodorum Sm. brit.* 900 ; *DC. fl. fr.* 4, *p.* 184 ; *Chamomilla inodora C. Koch, Linnæa,* 17, *p.* 45 ; *Tripleurospermum inodorum C. H. Schultz, Ueber die Tanac. p.* 32. *Ic. Engl. bot. tab.* 676. — Péricline plane à la maturité, à folioles inégales; les extérieures lancéolées, étroitement scarieuses aux bords ; les intérieures dilatées et largement scarieuses au sommet; toutes obtuses, vertes-jaunâtres sur le dos et bordées de brun. Fleurs de la circonférence en languette blanche, elliptique-oblongue, à la fin réfléchie ; celles du disque jaunes. Akènes d'un brun-noirâtre, munis de 3 *côtes blanches et saillantes* sur la face interne, *rugueux sur le dos* et entre les côtes, pourvus sous le sommet de *deux glandes jaunâtres* qui deviennent noires à la maturité; disque épigyne *nullement oblique,* muni d'un bord aigu. Réceptacle allongé, obtus, *plein, une fois plus long que large.* Feuilles bipennatipartites, à segments fins, linéaires, allongés, écartés, étalés, *canaliculés sur le dos,* très-brièvement mucronulés. Tige dressée, rameuse, striée, souvent rougeâtre à la base. Racine verticale, rameuse. — Plante de 2-4 décimètres, presque inodore, verte et glabre.

Hab. Moissons : commun partout. (1) Juin-octobre.

M. MARITIMA *L. sp.* 1256; *Fries, nov. mant.* 3, *p.* 116; *Pyrethrum maritimum Sm. brit.* 2, *p.* 901 ; *DC. fl. fr.* 5, *p.* 477 ; *Chrysanthemum maritimum Pers. syn.* 2, *p.* 462 ; *Dub. bot.* 272 ; *Tripleurospermum maritimum Koch, syn.* 1026. *Ic. Engl. bot. tab.* 979. — Se distingue du précédent, dont il n'est peut être qu'une variété, par son péricline ombiliqué à la maturité ; par ses akènes plus gros ; par son réceptacle moins allongé et *dont la longueur ne dépasse pas la largeur ;* par ses feuilles dont les lanières sont *charnues, carénées en dessous ;* par ses tiges plus diffuses.

Hab. Sables des côtes de l'Océan depuis Dunkerque jusqu'à Bayonne. (1) Juillet-octobre.

B. *Réceptacle garni d'écailles.*

TRIB. 9. CHAMOMILLEÆ *Nob.* — Calathides hétérogames. Fleurs de la circonférence femelles, rarement neutres, à corolle ligulée; celles du disque hermaphrodites, à corolle tubuleuse, régulière. Anthères arrondies à la base. Style des fleurs du disque à branches linéaires, dont le sommet, pourvu d'un pinceau de poils, est tronqué ou prolongé en cône au-delà du faisceau de poils. Akènes de forme variée, ordinairement pourvus de côtes; aigrette nulle.

CHAMOMILLA. (Godr. fl. lorr. 2, p. 19, non Ch. Koch, nec Ch. H. Schultz.)

Péricline concave, à folioles imbriquées. Fleurs de la circonférence femelles, ligulées, sur un seul rang; fleurs du disque hermaphrodites, tubuleuses, à limbe à 5 dents égales, *à tube cylindrique, élargi à la base en une coiffe* régulière ou unilatérale qui enveloppe la partie supérieure de l'ovaire. Akènes très-caducs, *en massue, un peu comprimés, arrondis au sommet, muni de 3 côtes filiformes du côté interne, lisses ou très-finement striés en long sur le reste de la surface;* disque épigyne très-petit, plus ou moins oblique. Réceptacle *s'allongeant en cône* à la maturité, muni d'écailles dont les supérieures caduques. Feuilles caulinaires alternes.

OBS. — Du démembrement des *Anthemis* de Linné, Cassini a formé les genres *Maruta, Ormenis, Marcelia, Chamæmelum, Cladanthus,* ne laissant dans le genre *Anthemis* qu'une partie des espèces que Linné y avait placées.

Aucun de ces genres ne correspond à notre genre *Chamomilla,* qui renferme trois plantes appartenant à trois genres distincts de Cassini, ce qui nous a empêché d'adopter aucune des dénominations de cet auteur.

Dans la *Flore de Lorraine,* nous avons créé le genre *Chamomilla,* qui a pour type la *Camomille romaine,* et nous y joignons ici les *Anthemis mixta* et *fuscata,* qui, par les caractères importants que présentent les akènes et la corolle, forment un petit groupe nettement tranché.

La seule objection que la dénomination adoptée par nous puisse faire naître, c'est qu'il existe deux autres genres du même nom : 1° l'un de M. Ch.-H. Schultz (*Ueber die Tanaceteen, p.* 21), créé pour une plante du Cap, le *Matricaria glabrata DC.*, mais en 1844 seulement, c'est-à-dire un an après qu'avait paru le deuxième volume de la *Flore de Lorraine,* où déjà nous avions fait un genre *Chamomilla.* 2° M. Ch. Koch (*Linnæa,* 17, *p.* 45), qu'il ne faut pas confondre avec l'auteur du *Synopsis floræ germanicæ,* avait, il est vrai, avant nous et à notre insu, et suivant en cela une idée émise autrefois par L. de Jussieu (*Ann. du muséum, t.* 8, *p.* 172), formé un genre de même nom, où il avait placé les *Matricaria Chamomilla, courrantiana, inodora, præcox,* c'est-à-dire les types du genre *Matricaria,* tel que Linné et De Candolle l'ont conçu et tel que l'admettent tous les auteurs modernes. Le genre *Matricaria* ne pouvant sans raison perdre son nom, personne n'a pu admettre celui de *Chamomilla,* que M. Ch. Koch y a substitué.

Nous avons cru dès lors pouvoir conserver ici la dénomination que nous avions adoptée dans la *Flore de Lorraine.*

Sect. 1. ORMENIS *Gay, in Coss. et Germ. fl. par.* 597 — Péricline toujours appliqué.

CH. NOBILIS *Godr. fl. lorr.* 2, *p.* 19; *Anthemis nobilis L. sp.* 1260; *DC. fl. fr.* 4, *p.* 205; *Dub. bot.* 274; *Anthemis odorata Lam. fl. fr.* 2, *p.* 163; *Chamæmelum nobile All. ped.* 1, *p.* 185;

Ormenis nobilis Gay, l. c. Ic. Engl. bot. tab. 980. *Schultz, exsicc.* 878 ! — Péricline à folioles appliquées même à la maturité, velues, inégales ; les intérieures largement blanches-scarieuses sur les bords et au sommet. Fleurs de la circonférence fertiles, en languette blanche, à la fin réfléchie ; rarement toutes les fleurs tubuleuses (*Anthemis aurea Brot. phyt. lus.* 1, *p.* 394) ; celles du disque jaunes, à tube *embrassant complétement le sommet de l'ovaire, mais non appendiculé.* Akènes très-petits, verdâtres, obovés-en-coin, un peu comprimés, arrondis et non bordés au sommet très-peu oblique, muni de 3 côtes blanches sur la face interne, lisses sur le dos. Ecailles du réceptacle concaves, lancéolées, *obtuses*, largement scarieuses aux bords et souvent lacérées au sommet. Feuilles étroites, bipennatipartites, à segments nombreux, rapprochés, courts, très-fins. Tiges faibles, rameuses, souvent couchées.—Plante de 1-3 décimètres, aromatique, velue, d'un vert-blanchâtre.

Hab. Moissons ; commun dans l'ouest et le centre de la France ; plus rare dans l'est, Lyon, Salins, Dijon, Bains, Fléville près de Nancy. ♃ Juin-août.

Ch. **mixta** *Godr. et Gren.; Anthemis mixta L. sp.* 1260 ; *DC. fl. fr.* 4, *p.* 204 ; *Guss. syn.* 2, *p.* 493 ; *Salis, fl. od. bot. Zeit.* 1834, *p.* 31 ; *Anthemis coronopifolia Willd. sp.* 3, *p.* 2178 ; *Anthemis austriaca Lapeyr. abr. pyr.* 532 (*non Jacq.*) ; *Chamæmelum mixtum All. ped.* 1, *p.* 185 ; *Ormenis bicolor Cass. dict.* 36, *p.* 355 ; *Ormenis mixta DC. prodr.* 6, *p.* 18 ; *Boiss. voy. p.* 313 ; *Maruta mixta Moris, fl. sard.* 2, *p.* 416. *Ic. Mich. gen. p.* 32, *tab.* 30, *f.* 1. *Soleir. exsicc.* 80 ! *Schultz, exsicc.* 877 ! —Péricline à folioles appliquées même à la maturité, inégales, pubescentes ; les intérieures oblongues, largement blanches-scarieuses sur les bords et au sommet. Fleurs de la circonférence ordinairement stériles, en languette blanche, à la fin réfléchie ; celles du disque jaunes, à tube *embrassant le sommet de l'ovaire et se prolongeant obliquement sur lui du côté interne en un appendice allongé.* Akènes très-petits, verdâtres, obovés-en-coin, un peu comprimés, arrondis et non bordés au sommet oblique, munis de trois côtes sur la face interne, lisses sur le dos. Ecailles du réceptacle carénées et colorées sur le dos, linéaires-lancéolées, *aiguës ;* les supérieures caduques. Feuilles oblongues dans leur pourtour, pennati-bipennatipartites, à segments courts, un peu épais, cuspidés. Tige ordinairement rougeâtre, dressée, souvent rameuse dès la base ; rameaux très-étalés ou diffus. — Plante de 2-4 décimètres, odorante, pubescente.

Hab. Champs sablonneux et alluvions des rivières ; commun dans le midi et l'ouest de la France ; Corse. ① Mai-juin.

Sect. 2. Perideræa *Webb. it. hisp.* 57. — Péricline à la fin réfléchi.

Ch. **fuscata** *Godr. et Gren.; Anthemis fuscata Brot. phyt. lus.* 1, *p.* 15 ; *DC. fl. fr.* 5, *p.* 482 ; *Biv. sicul. pl. cent.* 2, *p.* 8, *tab.* 1 ; *Guss. syn.* 2, *p.* 493 ; *Anthemis fallax Willd. enum. suppl.*

p. 60; *Maruta fuscata DC. prodr.* 6, *p.* 14; *Moris, fl. sard.* 2, *p.* 415; *Peridercea fuscata Webb, it. hisp. p.* 38; *Boiss. voy. Esp.* 312. *Soleir. exsicc.* 2216! — Péricline à folioles réfléchies à la maturité, presque égales, lancéolées, obtuses, entières, bordées d'une large membrane scarieuse, séparée de la partie herbacée par une ligne brune ordinairement très-marquée. Fleurs de la circonférence stériles ou plus rarement fertiles, en languette blanche, à la fin réfléchie; celles du disque jaunes, à tube embrassant le sommet de l'ovaire. Akènes très-petits, verdâtres, obovés-en-coin, un peu comprimés, arrondis et non bordés au sommet très-peu oblique, munis de 3 côtes blanches du côté interne, finement striés en long sur le reste de la surface. Ecailles concaves, linéaires-oblongues, obtuses et souvent dentelées au sommet, largement bordées de brun; les supérieures caduques. Feuilles pennati-bipennatipartites, à segments courts et fins, cuspidés. Tiges dressées-étalées, rameuses. — Plante de 1–2 décimètres, d'un vert gai, glabre ou à peine pubescente.

Hab. Lieux inondés pendant l'hiver; Provence, Hyères, Toulon, Luc; Corse, à Algajola. ① Mars-juin.

ANTHEMIS. (L. gen. 645, ex parte.)

Péricline concave, à folioles imbriquées. Fleurs de la circonférence femelles, ligulées, sur un seul rang; fleurs du disque hermaphrodites, tubuleuses, *à tube comprimé*, à limbe à 5 dents égales. Akènes *obconiques, tronqués au sommet, munis de côtes tout autour;* disque épigyne aussi large que l'akène, plus ou moins évidemment bordé. Réceptacle *s'allongeant en cône* à la maturité, muni d'écailles persistantes. — Feuilles caulinaires alternes.

A. arvensis *L. sp.* 1261; *Koch, syn.* 414; *Moris, fl. sard.* 2, *p.* 410; *Gay, in Guss. syn.* 2, *p.* 870; *A. agrestis Wallr. sched.* 484; *Chamæmelum arvense All. ped.* 1, *p.* 186; *Godr. fl. lorr.* 2, *p.* 20. *Ic. Sturm, deutsch. fl. heft.* 1, *tab.* 19, *f.* 2. — Calathides portées sur des pédoncules striés. Péricline velu, à folioles presque égales, munies sur le dos d'une côte saillante verte, arrondies et dilatées au sommet largement scarieux et souvent laceré. Fleurs de la circonférence en languette blanche, elliptique, à la fin réfléchie; fleurs du disque jaunes, à tube dilaté à la base. Akènes mûrs *très-inégaux*, à 10 côtes *lisses* et égales; disque épigyne à la fin *ombiliqué* au centre, d'abord pourvu d'un *bord aigu qui se dilate ensuite en un bourrelet épais, ondulé-plissé,* plus gros et plus obtus dans les akènes de la circonférence. Ecailles du réceptacle persistantes, carénées, *lancéolées, brusquement acuminées en une pointe raide,* qui à la fin dépasse les fleurs du disque. Feuilles étroites, *non ponctuées,* bipennatipartites, à segments courts, linéaires, mucronés, rapprochés. Tige dressée, rameuse. Racine *annuelle*, rameuse. —

Plante de 1-3 décimètres, peu odorante, velue, d'un vert-blanchâtre.

α. *genuina*. Pédoncules non dilatés à la maturité. *A. arvensis DC. prodr.* 6, *p.* 6.

β. *incrassata Boiss. voy. Esp.* 894. Pédoncules à la fin très-épaissis, largement fistuleux; plante plus robuste. *A. incrassata Lois. not.* 129 (*non Link*); *A. diffusa Salzm. in DC. prodr.* 6, *p.* 5; *A. nicæensis Willd. sp.* 3, *p.* 2182.

Hab. Les moissons. La var. α. commune dans toute la France. La var. β. dans la région méditerranéenne; Narbonne; Montpellier; Nîmes; Arles, Salon, Marseille, Toulon, Fréjus; Corse à Aléria. ① Mai-septembre.

A. Cotula *L. sp.* 1261; *DC. fl. fr.* 4, *p.* 206; *Koch, syn.* 414; *Guss. syn.* 2, *p.* 493; *Gay, in Guss. syn.* 2, *p.* 871; *A. fœtida Lam. fl. fr.* 2, *p.* 164; *A. psorosperma Ten. syll.* 555; *Maruta Cotula DC. prodr.* 6, *p.* 13; *Maruta fœtida Cass. dict.* 29, *p.* 174; *Maruta vulgaris Bluff et Fing. comp. ed.* 1, *t.* 2, *p.* 392; *Chamæmelum Cotula All. ped.* 1, *p.* 186; *Godr. fl. lorr.* 2, *p.* 21. *Ic. fl. dan. tab.* 1179. *Rchb. exsicc.* 42, *et Soleir. exsicc.* 78! — Calathides portées sur des pédoncules striés, jamais épaissis à la maturité. Péricline ordinairement glabre, à folioles presque égales, munies sur le dos d'une côte verte peu saillante, obtuses, étroitement scarieuses sur les bords et au sommet. Fleurs de la circonférence stériles (*Maruta Cass.*), plus rarement fertiles, en languette blanche, elliptique, à la fin réfléchie; fleurs du disque jaunes, à tube dilaté à la base. Akènes mûrs brunâtres, à 10 côtes égales, *tuberculeuses;* disque épigyne *plane, muni d'un bord obtus*. Ecailles du réceptacle *étroites, linéaires-sétacées*, plus courtes que les corolles du disque, caduques et ne se montrant quelquefois qu'à la partie supérieure du réceptacle. Feuilles assez grandes, *non ponctuées*, bipennatipartites, à segments linéaires, allongés, mucronés, écartés, étalés. Tige dressée, très-rameuse. Racine *annuelle*, rameuse. — Plante de 2-4 décimètres, fétide, verte, ordinairement glabre.

Hab. Moissons; commun dans toute la France. ① Mai septembre.

Obs. — La partie dilatée du tube des corolles semble au premier abord se prolonger sur l'akène et envelopper son sommet, comme l'affirment quelques auteurs; mais ce n'est là qu'une apparence; elle ne dépasse pas le disque épigyne. Tout au contraire le bord inférieur du tube de la corolle se replie en dedans pour former une sorte de diaphragme percé au centre.

A. secundiramea *Biv. sicul. cent.* 2, *p.* 10, *tab.* 2; *DC. prodr.* 6, *p.* 10; *Ten. syll.* 440; *Guss. pl. rar.* 354, *et syn.* 2, *p.* 489; *Moris, fl. sard.* 2, *p.* 413; *Castagne, cat. Mars.* 74; *Gay in Guss. syn.* 2, *p.* 870; *A. maritima d'Urville, enum. p.* 114 (*non L. nec Sm.*). — Calathides portées sur des pédoncules striés, à la fin épaissis, souvent courbés sous la calathide. Péricline à folioles inégales, lancéolées, à sommet non dilaté et aigu, pourvues sur le dos d'une bande verte ou concolore, scarieuses sur les bords et au sommet. Fleurs de la circonférence en languette blanche, ovale, courte, réfléchie; fleurs du disque jaunes, à tube dilaté à la base. Akènes mûrs noirâtres, à 10 côtes égales, épaisses, *tuberculeuses;* disque épigyne à la fin *ombiliqué* au centre, pourvu *d'un bord aigu denté ou entier*. Ecailles du réceptacle carénées, *oblongues-lancéolées, aiguës*, atteignant presque à la hauteur des fleurs du disque. Feuilles un peu charnues, *ponctuées-excavées,* pennatipartites, à lobes courts, oblongs ou obovés, bi-trifides. Tiges couchées ou diffuses, *entièrement herbacées*, souvent radicantes à la base, très-rameuses; rameaux ordinairement dirigés du même côté. Racine *annuelle*. — Plante de 1-2 décimètres, un peu velue.

Hab. Régions maritimes; à Moutredon près de Marseille; Corse. (1) Mai-juillet.

A. MARITIMA *L. sp.* 1259; *Gouan, hort. monsp.* 451; *Desf. atl.* 2, *p.* 286; *DC. fl. fr.* 4, *p.* 203; *Salis, fl. od. bot. Zeit.* 1834, *p.* 31; *Moris, fl. sard.* 2, *p.* 411; *Gay, in Guss. syn.* 2, *p.* 869; *Chamæmelum maritimum Bauh. hist.* 3, *p.* 122, *ic.* — Calathides portées sur des pédoncules striés, légèrement épaissis au sommet. Péricline à folioles inégales, lancéolées, à sommet non dilaté et obtusiuscule, pourvues sur le dos d'une bande verte, scarieuses sur les bords et au sommet. Fleurs de la circonférence en languette blanche, elliptique ou oblongue; fleurs du disque jaunes, à tube dilaté à la base. Akènes mûrs blanchâtres, à 10 côtes peu saillantes, *finement chagrinées ainsi que les vallécules;* disque épigyne *ombiliqué* au centre, pourvu *d'un bord aigu et dentelé au côté interne*. Ecailles du réceptacle carénées, *oblongues-lancéolées, brusquement acuminées en une pointe raide et courte*, atteignant à peine à la hauteur des fleurs du disque. Feuilles étroites, un peu charnues, *ponctuées-excavées*, pennatipartites, à segments cunéiformes et dentés au sommet, ou lancéolés et entiers. Tiges nombreuses, couchées ou ascendantes, *suffrutescentes à la base*, rameuses. Racine *vivace*, munie de fibres longues. — Plante de 1-3 décimètres, peu velue.

Hab. Sables des côtes de la Méditerranée; Cette, Perols et Maguelonne près de Montpellier, Aigues-Mortes; Arles, Marseille, Toulon; Corse, à Bonifacio, Calvi, Bastia, Ajaccio. ♃ Mai-août.

A. MONTANA *L. sp.* 1261; *Guss. syn.* 2, *p.* 487; *Gay, in Guss. syn.* 2, *p.* 868. — Calathides portées sur des pédoncules striés, non épaissis au sommet, très-allongés. Péricline à folioles inégales; les extérieures lancéolées, aiguës; les intérieures obtuses, scarieuses au sommet et ciliées, toutes bordées de brun ou concolores. Fleurs de la circonférence en languette blanche, oblongue; fleurs du disque jaunes, glanduleuses, à tube non dilaté à la base. Akènes mûrs blanchâtres, à côtes peu saillantes, non chagrinées; disque épigyne muni d'un bord aigu. Ecailles du réceptacle carénées, linéaires-lancéolées, atténuées en une pointe courte, fine, brune, munie souvent de quelques dents à sa base, atteignant à la hauteur des fleurs du disque. Feuilles un peu charnues, pennatipartites, à 2-6 paires de segments bi-quinquefides, à lobules obtus et mutiques. Tiges nombreuses, ascendantes, simples, rarement rameuses, peu feuillées si ce n'est à la base. Souche vivace, rameuse. — Plante de 1-4 décimètres, polymorphe, tantôt velue et même blanche-tomenteuse, tantôt glabre (*A. petræa Ten.! syll.* 259 ; *A. styriaca Vest, syll. coc. Ratisb.* 1, *p.* 12).

α. *Linnæana Nob.* Calathides petites; péricline le plus souvent ombiliqué, pâle et très-velu; feuilles à segments plus étroits, plus longs, souvent entiers; tiges très-grêles, plus longuement nues au sommet. *A. montana vera Linnæi ex Gay* (*conf. Guss. syn.* 2, *p.* 868); *Lois.! gall.* 2, *p.* 257; *A. montana var. minor Guss. syn.* 2, *p.* 488; *A. saxatilis DC. syn. fl. gall.* 291; *A. alpina Gouan, fl. monsp.* 370, *n°* 7 (*ex loco natali*); *A. Gerardiana Jord.! ined. Ic. Gerard, fl. gallo-prov. tab.* 8.

β. *major Guss. l. c.* Calathides du double plus grandes; péricline ordinairement non ombiliqué, maculé de noir; feuilles à segments plus larges et plus courts; plante plus élevée et plus robuste. *A. montana DC. fl. fr.* 4, *p.* 207 (*non L.*); *A. montana var. major Guss. l. c.*; *A. Pyrethrum Gouan, hort.* 451 (*non L.*). *Ic. Column. phyt.* 2, *p.* 23, *tab.* 24.

Hab. Lieux rocailleux des montagnes et sables des rivières; Fréjus, Toulon, Vaucluse; l'Esperou et l'Hort-de-Dieu dans le Vigan; Cévennes, Florac, Barre; Pyrénées, Collioures, Canigou, Mont-Louis, val d'Eynes, Prats-de-Mollo, pic du Midi de Bigorre, Barréges; Auvergne, Cantal; alluvions de la Loire jusqu'à Nevers. ♃ Août-septembre.

Obs. — Les deux variétés, que nous venons de décrire, ont chacune un port tellement tranché, qu'il est possible qu'elles constituent en réalité deux espèces distinctes. Nous les aurions même considérées comme telles sans hésitation, et distingué la première de la seconde par son péricline fortement ombiliqué, si nous avions pu nous assurer de la constance de ce caractère.

COTA. (Gay, in Guss. syn. 2, p. 866.)

Péricline concave, à folioles imbriquées. Fleurs de la circonférence femelles, ligulées, sur un seul rang; fleurs du disque hermaphrodites, tubuleuses, à *tube comprimé-ailé*, à limbe à 5 dents égales. Akènes *tous tétragones-comprimés*, *atténués à la base*, *tronqués au sommet*, étroitement ailés ou non ailés sur les angles latéraux, *munis de* 5-10 *côtes faibles sur chacune des faces interne et externe*; disque épigyne aussi large que l'akène, entouré d'un bord aigu ou muni d'une petite couronne membraneuse. Réceptacle *convexe, ne s'allongeant pas en cône* à la maturité, muni d'écailles persistantes. — Feuilles caulinaires alternes.

C. **ALTISSIMA** *Gay, in Guss. syn.* 2, *p.* 867; *Anthemis altissima L. sp.* 1259; *Gouan, hort.* 450 ; *Vill. Dauph.* 3, *p.* 254; *DC. fl. fr.* 4, *p.* 203, *et* 5, *p.* 481; *Koch, syn.* 413 ; *Anthemis Cota Vill. Dauph.* 3, *p.* 253 ; *Lois. gall.* 2, *p.* 255 (*non Viv.*); *Anthemis* *peregrina D C. fl. fr.* 5, *p.* 482 (*non L*); *Chamæmelum Cota All. ped.* 1, *p.* 184. — Calathides portées sur des pédoncules striés, longs de 2-4 centimètres, à la fin *épaissis au sommet.* Péricline à folioles inégales, scarieuses sur les bords; les extérieures lancéolées, aiguës; les intérieures obtuses et plus scarieuses au sommet. Corolles de la circonférence en languette blanche, elliptique-oblongue, *un peu plus longue* que le péricline. Akènes bruns, *étroitement ailés,* munis sur chaque face de 10 côtes fines et au sommet d'une *bordure aiguë.* Ecailles du réceptacle *obovées-spatulées, brusquement contractées en une pointe raide, subulée, spiniforme, aussi longue que l'écaille* et dépassant les fleurs du disque. Feuilles bipennatipartites, à rachis large et *pourvu çà et là à la base des lobes de petites dents dirigées en dessous,* à segments petits, linéaires-lancéolés, dentés au sommet, les dents toutes *longuement cuspidées,* presque épineuses. Tige dressée, souvent rougeâtre, rameuse; rameaux étalés. Racine *annuelle.* — Plante de 6-12 décimètres, glabre ou peu velue.

Hab. Moissons, lieux stériles; Agen, Montauban, Moissac, Toulouse; Perpignan, Narbonne; Montpellier; Tresques, Bagnols, Alais, Anduze et Saint-Ambroix dans le Gard; Dauphiné méridional; Salon, Marseille, Toulon, Hyères, Fréjus; Corse, à Bastia. ① Mai-août.

C. **TINCTORIA** *Gay, in Guss. syn.* 2, *p.* 867; *Anthemis tinctoria L. sp.* 1263; *D C. fl. fr.* 4, *p.* 208; *Dub. bot.* 274; *Lois.! gall.* 2, *p.* 257; *Gaud. helv.* 5, *p.* 339; *Koch, syn.* 413; *Godr. fl. lorr.* 2, *p.* 21. *Ic. fl. dan. tab.* 741; *Engl. bot. tab.* 1472. *Rchb. exsicc.* 582! — Calathides portées sur des pédoncules striés, grêles, *non épaissis au sommet,* longs de 1 décimètre. Péricline velu, à folioles inégales; les extérieures lancéolées, aiguës, scarieuses aux bords, mais non au sommet; les intérieures lancéolées, obtuses, scarieuses au sommet longuement cilié. Corolles de la circonférence en languette jaune, obovée-oblongue, *plus courte que le péricline ou l'égalant;* plus rarement toutes les fleurs sont tubuleuses (*Chamæmelum discoïdeum All. ped.* 1, *p.* 190). Akènes blanchâtres, *étroitement ailés,* munis sur chaque face de 5 côtes fines et au sommet d'une *couronne membraneuse courte.* Ecailles du réceptacle *linéaires, insensiblement atténuées en une pointe raide* qui égale les fleurs du disque. Feuilles pennatipartites, à rachis large et pourvu entre les divisions principales *de petits lobes disposés dans le même plan,* à segments linéaires-oblongs, dentés-en-scie des deux côtés; toutes les dents *brièvement cuspidées.* Tiges dressées ou ascendantes, très-feuillées, rameuses. Souche *vivace,* courte, rameuse. — Plante de 4-6 décimètres, d'un vert-sombre ou un peu blanchâtre, plus ou moins velue.

Hab. Collines calcaires; Lorraine, à Hayange, Moyeuvre, Aumetz, Longwy, Maizières, Sierck; chaîne des Vosges, le Bonhomme, Kaisersberg, Sulzmatt; Alsace, à Rouffach, Ingersheim, Rothweill; Lyon, Vienne; Avignon, Toulon. La forme discoïde dans les Alpes de la Provence. ♃ Juin-août.

C. Triumfetti *Gay, in. Guss. syn.* 2, *p.* 867; *Anthemis Triumfetti All. misc. taur. conf. fl. ped.* 1, *p.* 187; *Sebast. et Maur. fl. rom. prodr.* 294; *Gaud. helv.* 5, *p.* 357; *Koch, syn.* 413; *Anthemis austriaca D C. fl. fr.* 4, *p.* 206 (*non Jacq.*); *Chamæmelum Triumfetti All. ped.* 1, *p.* 187; *Chrysanthemum coronarium Lap. abr. pyr.* 529; *Buphthalmum alpinum flore candido Triumf. obs.* 79. *Ic. Icon. taur.* 27, *tab.* 19. —Calathides portées sur des pédoncules striés, raides, *non épaissis au sommet*, longs de 1 décimètre et plus. Péricline velu, à folioles inégales; les extérieures lancéolées, acuminées, aiguës, scarieuses sur les bords, mais non au sommet; les intérieures linéaires-oblongues, obtuses, scarieuses au sommet denté et longuement cilié. Corolles de la circonférence en languette blanche, linéaire-oblongue, *une fois plus longue que le péricline.* Akènes jaunâtres, *étroitement ailés*, munis de 5 stries sur chaque face et au sommet d'une couronne membraneuse, un peu plus longue que dans l'espèce précédente. Ecailles du réceptacle *étroitement lancéolées, acuminées en une pointe raide, beaucoup plus courte que l'écaille* et atteignant à la hauteur des fleurs du disque. Feuilles bipennatipartites, à rachis large et pourvu entre les divisions principales *de petits lobes disposés dans le même plan*, à segments oblongs ou lancéolés, disposés comme les dents d'un peigne, un peu dentés surtout au bord externe; dents toutes *brièvement cuspidées.* Tige dressée, raide et droite, un peu rameuse au sommet. Souche *vivace*, courte, rameuse. — Plante de 8-12 décimètres, plus ou moins velue et souvent d'un vert-blanchâtre.

Hab. Bois des montagnes; Pyrénées-Orientales, Bellegarde, Prats-de-Mollo, Andorre, de Canillo à Salden; bois de Salehousse près du Vigan (*de Pouzolz*). ♃ Juillet-août.

ANACYCLUS. (Pers. syn. 2, p. 464.)

Péricline hémisphérique, à folioles imbriquées. Fleurs de la circonférence femelles ou stériles, ligulées, sur un seul rang; fleurs du disque hermaphrodites, tubuleuses, *à tube comprimé-ailé*, à limbe à 5 dents dont 2 plus longues et plus étroites. Akènes *tous planes-comprimés d'avant en arrière, lisses sur les faces, munis de chaque côté d'une aile membraneuse auriculée au sommet* et d'autant plus large qu'ils sont plus extérieurs, *tronqués au sommet;* disque épigyne aussi large que l'akène, souvent muni d'une demi-couronne membraneuse qui entoure son bord interne. Réceptacle *brièvement conique*, muni d'écailles adhérentes. — Feuilles caulinaires alternes.

A. clavatus *Pers. syn.* 2, *p.* 465; *D C. fl. fr.* 5, *p.* 481; *Moris, fl. sard.* 2, *p.* 408; *Guss. syn.* 2, *p.* 495; *A. tomentosus D C. fl. fr.* 5, *p.* 481; *Salis, fl. od. bot. Zeit.* 1834, *p.* 31; *A. pubescens Rchb. fl. excurs.* 2, *p.* 225; *Anthemis tomentosa Gouan, illustr. p.* 70; *Anthemis clavata Desf. atl.* 2, *p.* 287; *Anthemis pubescens*

Willd. sp. 3, *p.* 2177; *Anthemis biaristata D C. fl. fr.* 4, *p.* 204; *Chamæmelum tomentosum All. ped.* 1, *p.* 184. *Ic. Iconogr. taur.* 26, *tab.* 55. — Calathides assez grandes, portées sur des pédoncules finement striés, à la fin épaissis. Péricline à folioles plus ou moins velues, lancéolées aiguës ou les intérieures obtuses, *inappendiculées*, toutes étroitement scarieuses sur les bords et au sommet. Corolles de la circonférence en languette blanche, *exserte*, elliptique ; corolles du disque tubuleuses. Akènes très-comprimés, cunéiformes, munis sur les faces de linéoles éparses ; les akènes extérieurs munis de deux ailes membraneuses, larges et se prolongeant au-dessus du sommet en deux petites oreilles *dressées;* les akènes intérieurs sans ailes ; disque épigyne aussi large que le fruit, muni d'une demi-couronne dentée, mais seulement dans les akènes extérieurs. Ecailles du réceptacle un peu concaves, cunéiformes, à sommet court, triangulaire, obtus, ordinairement cilié. Feuilles bipennatipartites, à segments fins, aigus, mucronés ; les feuilles caulinaires sessiles, embrassant la tige par deux oreilles laciniées. Tiges dressées ou ascendantes, rameuses au sommet ; rameaux ordinairement divariqués. Racine pivotante.— Plante de 2-4 décimètres, verte ou d'un vert-blanchâtre, pubescente ou velue.

Hab. La région méditerranéenne ; Toulon ; Montpellier, Cette ; Narbonne, Perpignan, Prats-de-Mollo ; Corse, à Bonifacio. ① Juillet-août.

A. radiatus *Lois. gall. ed.* 1, *p.* 583 ; *D C. fl. fr.* 5, *p.* 481 ; *A. bicolor Pers. syn.* 2, *p.* 465 ; *Anthemis valentina L. sp.* 1262 ; *Lapeyr.! abr. pyr. p.* 533 ; *Welwitschii iter lusit. n°* 156 ! — Calathides assez grandes, portées sur des pédoncules striés, à la fin épaissis. Péricline à folioles velues, linéaires-oblongues, étroitement membraneuses sur les bords, *dilatées au sommet en un appendice scarieux*, arrondi et laceré. Corolles de la circonférence en languette *exserte*, oblongue, entièrement jaune ou purpurine en dessous (*A. purpurascens D C. fl. fr.* 5, *p.* 481) ; corolles du disque tubuleuses. Akènes très-comprimés, cunéiformes, munis sur les faces de linéoles éparses ; les extérieurs munis de deux ailes membraneuses, larges et se prolongeant au-dessus du sommet en deux oreilles saillantes et *dressées ;* les akènes intérieurs plus petits, sans ailes ; disque épigyne aussi large que le fruit, muni d'une demi-couronne dentée, mais seulement dans les akènes extérieurs. Ecailles du réceptacle planes, cunéiformes, à sommet court, triangulaire, très-aigu, non cilié. Feuilles bipennatipartites, à segments linéaires, aigus, mucronés ; les feuilles caulinaires sessiles, embrassant la tige par deux oreilles laciniées. Tige dressée, rameuse au sommet ; rameaux étalés. Racine pivotante. — Plante de 2-6 décimètres, plus ou moins velue.

Hab. Bayonne, Saint-Jean-Pied-de-Port ; Narbonne ; Montpellier ; Aigues-Mortes ; entre Nimes et Avignon ; Toulon, Hières, Fréjus ; Corse, à Bastia. ① Juillet-août.

A. VALENTINUS *L. sp.* 1258; *D C. fl. fr.* 4, *p.* 202; *Dub. bot.* 274; *Lois. gall.* 2, *p.* 254; *A. hirsutus Lam. fl. fr.* 2, *p.* 47. *Ic. Lam. illustr. tab.* 700, *f.* 1.— Calathides de grandeur moyenne, portées sur des pédoncules striés, à la fin épaissis. Péricline à folioles velues, toutes lancéolées, *inappendiculées*, étroitement scarieuses aux bords et au sommet. Corolles de la circonférence en languette jaune, très-courte, *ne dépassant pas ou dépassant à peine le péricline*, ce qui fait paraître la calathide discoïde; corolles du disque tubuleuses. Akènes très-comprimés, cunéiformes, dépourvus de linéoles sur les faces; les extérieurs munis de deux ailes larges, membraneuses et se prolongeant au-dessus du sommet en deux oreilles allongées, lancéolées, *divariquées*; les akènes intérieurs très-étroitement ailés; disque épigyne aussi large que le fruit, muni d'une demi-couronne saillante et dentée, mais seulement dans les akènes extérieurs. Ecailles du réceptacle planes, cunéiformes-spatulées, brièvement apiculées, munies de quelques poils à la pointe. Feuilles comme dans les deux espèces précédentes. Tige dressée, rameuse au sommet; rameaux étalés. Racine pivotante. — Plante de 2-3 décimètres, plus ou moins velue.

Hab. Perpignan, le Boulou. ① Juillet-août.

DIOTIS. (Desf. fl. atl. 2, p. 261, non Schreb.)

Péricline hémisphérique, à folioles imbriquées. Fleurs toutes hermaphrodites, tubuleuses, *à tube comprimé-ailé et prolongé à la base en 2 éperons obtus*, qui enveloppent presque entièrement l'ovaire et y adhèrent, à limbe à 5 dents. Akènes *ovoïdes-comprimés, arrondis au sommet*, non ailés, *à 5 côtes obtuses;* disque épigyne dépourvu de couronne. Réceptacle *convexe*, muni d'écailles.— Feuilles caulinaires alternes.

D. CANDIDISSIMA *Desf. l. c.; D C. fl. fr.* 4, *p.* 201; *Moris, fl. sard.* 2, *p.* 390; *Guss. syn.* 2, *p.* 453; *Athanasia maritima L. sp. ed.* 2, *p.* 1182; *Santolina maritima Sm. brit.* 2, *p.* 860; *Lapeyr.! abr. pyr. p.* 501; *Lois.! gall.* 2, *p.* 231; *Santolina tomentosa Lam. fl. fr.* 2, *p.* 41; *Otanthus maritimus Link et Hoffm. fl. port.* 2, *p.* 365. *Ic. Engl. bot.* 2, *tab.* 141; *Sibth. et Sm. fl. græc.* 9, *tab.* 850. — Calathides subglobuleuses, brièvement pédonculées, en corymbe composé. Péricline formé d'écailles concaves, ovales, obtuses. Akènes blanchâtres, avec les vallécules jaunes, étroites, glanduleuses. Feuilles nombreuses, rapprochées, sessiles, oblongues ou spatulées, crénelées ou entières, étalées, à la fin réfléchies. Tiges couchées ou ascendantes. Racine longue, épaisse, pivotante. — Plante de 1-5 décimètres, aromatique, entièrement couverte d'un tomentum épais, laineux, blanc; fleurs jaunes.

Hab. Sables maritimes des côtes de la Méditerranée et de l'Océan. ♃ Juin-juillet.

SANTOLINA. (Tournef. inst. 260.)

Péricline hémisphérique, à folioles imbriquées. Fleurs de la circonférence femelles, subligulées, sur un seul rang, celles du disque hermaphrodites, tubuleuses, *à tube comprimé-ailé et prolongé à la base en une coiffe* qui enveloppe le sommet de l'ovaire, à limbe à 5 dents. Akènes *tétragones-comprimés*, *tronqués au sommet*, atténués à la base, non ailés; disque épigyne aussi large que l'akène, dépourvu de couronne. Réceptacle *hémisphérique*, muni d'écailles.— Feuilles caulinaires alternes.

S. Chamæcyparissus *L. sp.* 1179; *D C. prodr.* 6, *p.* 35; *Moris, fl. sard.* 2, *p.* 388.— Calathides subglobuleuses, de grandeur variable, portées sur des pédoncules anguleux, un peu épaissis supérieurement, non tuberculeux. Péricline glabre ou pubescent, à folioles inégales; les extérieures *lancéolées, acuminées*, munies d'une côte dorsale saillante qui se prolonge sur le pédoncule; les intérieures concaves, oblongues, scarieuses au sommet obtus et lacéré. Corolles munies de petites glandes jaunes, à tube enveloppant le sommet de l'ovaire et se prolongeant du côté interne. Akènes tétragones, à angles latéraux plus saillants. Ecailles du réceptacle concaves, linéaires-oblongues, *glabres* et obtuses au sommet. Feuilles un peu charnues, plus ou moins velues, linéaires, pétiolées, à rachis épais, à limbe muni jusqu'au sommet *de dents ascendantes, obovées ou oblongues-obovées, arrondies au sommet*, à peine longues de 2 millimètres, écartées ou imbriquées, *disposées sur* 4-6 *rangs*. Tiges frutescentes, ascendantes, très-rameuses; les rameaux de l'année seuls feuillés, dressés, raides, striés, souvent unilatéraux, — Plante de 2-6 décimètres, extrêmement polymorphe, plus ou moins tomenteuse; fleurs jaunes.

α. *incana*. Feuilles et rameaux couverts d'un tomentum blanc et dense. *S. incana Lam. fl. fr.* 2, *p.* 43, *et illustr. tab.* 671, *f.* 3; *S. villosissima Poir. dict.* 6, *p.* 505.

β. *squarrosa D C. prodr.* 6, *p.* 35. Feuilles et rameaux moins velus, d'un vert-blanchâtre. *S. squarrosa Willd. sp.* 3, *p.* 1798; *S. ericoïdes Poir. dict.* 6, *p.* 104; *Guss. syn.* 2, *p.* 453.

Hab. Coteaux calcaires du midi, mont Gervi près Sisteron; Forcalquier, Aix, Salon, Toulon, Marseille, Avignon, Mornas; Beaucaire, Nîmes, Uzès; Sijean, Narbonne, Corbières près de Perpignan; Corse, à Corté, Bastia; se retrouve sur les côtes de l'Océan, à Nantes, à Vannes, etc. ♄ Juillet-août.

S. viridis *Willd. sp.* 3, *p.* 1798; *D C. fl. fr.* 4, *p.* 200; *Poir. dict.* 6, *p.* 504. — Se distingue de l'espèce précédente par ses pédoncules plus grêles, non épaissis, un peu tuberculeux sur les angles; par ses fleurs d'un jaune plus pâle; par ses feuilles bien plus étroites, entièrement glabres, ainsi que toute la plante, à *dents aiguës et mucronées;* par ses rameaux beaucoup plus grêles et plus allongés.

Hab. Bords du canal du Midi (*Grenier*). ♄ Juillet-août.

S. PECTINATA *Lag. nov. gen. et sp. p.* 25; *Benth. cat. pyr. p.* 117; *DC. prodr.* 6, *p.* 35. *Ic. Barr. iconogr. tab.* 422. — Calathides subglobuleuses, portées sur des pédoncules grêles, anguleux, non épaissis, non tuberculeux. Péricline pubescent, à folioles inégales, lancéolées, *obtuses, toutes terminées par un appendice scarieux* et munies d'une côte dorsale saillante. Corolles munies de petites glandes jaunes, à tube enveloppant le sommet de l'ovaire et se prolongeant du côté interne. Akènes tétragones, à angles latéraux plus saillants; écailles du réceptacle concaves, linéaires-oblongues, obtuses et *velues au sommet.* Feuilles un peu charnues, pubescentes, oblongues dans leur pourtour, pétiolées, *pennatipartites,* à segments écartés, longs de 3-5 millimètres, *linéaires, obtus, disposés dans un même plan ou plus rarement sur 4 rangs.* Tiges frutescentes, diffuses, très-rameuses; rameaux allongés, dressés ou ascendants. — Plante de 3 décimètres, pubescente; fleurs jaunes.

Hab. Pyrénées-Orientales, Saint-Andiol et Arles près de Prats-de-Mollo. ♄ Juillet-août.

ACHILLEA. (L. gen. 646.)

Péricline ovoïde ou hémisphérique, à folioles imbriquées. Fleurs de la circonférence femelles, ligulées, sur un seul rang; celles du disque hermaphrodites, tubuleuses, *à tube comprimé ailé,* à limbe à 5 dents. Akènes *oblongs-obovés, comprimés,* étroitement marginés, *lisses sur les faces;* disque épigyne dépourvu de couronne. Réceptacle *plane ou convexe,* couvert d'écailles. — Feuilles caulinaires alternes.

Sect. 1. Millefolium *Tournef. inst.* 1, *p.* 495. — Péricline ovoïde; languettes des corolles de la circonférence plus courtes que le péricline.

A. TOMENTOSA *L. sp.* 1264; *Vill. Dauph.* 3, *p.* 260; *DC. fl. fr.* 4, *p.* 210; *Lois. gall.* 2, *p.* 259; *Koch, syn.* 410 (*non Pall.*). *Ic. Curt. bot. magn. tab.* 498; *Clus. hist.* 1, *p.* 330, *f.* 2. *Rchb. exsicc.* 1649! — Calathides en corymbe petit et dense. Péricline ovoïde, à folioles velues, toutes ovales, concaves, à bordure scarieuse, fauve. Fleurs *jaunes.* Akènes très-petits, bruns sur les faces, blancs sur les bords, obovés-cunéiformes, comprimés, *arrondis au sommet.* Ecailles du réceptacle transparentes, oblongues-obovées, carénées, acuminées, aiguës. Feuilles d'un vert-blanchâtre; les caulinaires *linéaires-oblongues* dans leur pourtour, pennatiséquées, à *rachis assez large et entier,* à 20 segments environ de chaque côté, très-rapprochés, *décroissants de la base au sommet,* bi-tri-quinquepartites, ou entiers contigus et disposés comme les dents d'un peigne dans les feuilles supérieures, à lobules étroits, linéaires, mucronés. Tiges dressées ou ascendantes, fermes, raides, grêles, finement striées, simples. Souche courte, *non rampante, émettant* *des jets feuillés ascendants.* — Plante de 1-3 décimètres, très-velue.

Hab. Collines arides du Midi; Champs près de Grenoble, Sisteron, Tain dans la Drôme; Avignon, Beaucaire, Nîmes, Montaud près de Salon, Toulon, Grasse, etc. ♃ Mai-juin.

A. ODORATA *L. sp.* 1268; *DC. fl. fr.* 5, *p.* 486; *Koch, syn.* 412. *Ic. Jacq. coll.* 1, *p.* 259, *tab.* 21. *Rchb. exsicc.* 1904!; *Schultz, exsicc.* 672! — Calathides en corymbe composé. Péricline petit, ovoïde, à folioles velues, toutes oblongues, obtuses, concaves, à bordure scarieuse fauve. Fleurs *d'un blanc sale ou d'un blanc-jaunâtre.* Akènes très-petits, obovés-en-coin, comprimés, *arrondis au sommet,* bruns sur les faces, blancs sur les bords. Ecailles du réceptacle transparentes, un peu velues, lancéolées, aiguës, carénées, membraneuses et denticulées au sommet. Feuilles d'un vert cendré, velues; les caulinaires étroites, *oblongues dans leur pourtour,* bipennatipartites, à *rachis un peu ailé, entier,* à segments principaux au nombre de 10-15 de chaque côté, *presque égaux de la base au sommet,* à lanières linéaires, fortement mucronées, entières ou munies d'une seule dent. Tiges dressées ou ascendantes, sillonnées. Souche ligneuse, grêle, rameuse, *tortueuse-noueuse.* — Plante de 1-3 décimètres, velue.

Hab. La région méditerranéenne; Toulon, Marseille, Montaud près de Salon, Avignon, Nîmes, Montpellier, Cette, Narbonne; Pyrénées-Orientales, à Prades, Olette, Trancade-d'Ambouilla. ♃ Juillet-août.

A. MILLEFOLIUM *L. sp.* 1267. *Ic. fl. dan. tab.* 737. — Calathides en corymbe dense. Péricline ovoïde, à folioles plus ou moins pubescentes, ovales-oblongues, concaves, pourvues d'une bordure scarieuse étroite, pâle ou plus rarement d'un brun foncé (*A. sudetica Opitz*). Fleurs *blanches ou purpurines.* Akènes blanchâtres, oblongs-cunéiformes, comprimés, *tronqués au sommet.* Ecailles du réceptacle transparentes, linéaires-lancéolées, carénées, apiculées. Feuilles d'un vert gai, plus ou moins velues sur le dos; les caulinaires *linéaires-oblongues* dans leur pourtour, bipennatiséquées, à *rachis étroit, entier, non ailé,* à segments principaux au nombre de 20-24 de chaque côté, *presque égaux de la base au sommet,* dressés et *non disposés dans un même plan,* à lanières linéaires, mucronées. Tiges dressées, sillonnées, simples ou rameuses au sommet. Souche *rampante,* grêle, non noueuse, *émettant des stolons souterrains* rougeâtres. — Plante de 2-5 décimètres, plus ou moins velue, quelquefois presque laineuse (*A. Millefolium* γ. *lanata Koch, syn.* 410).

α. *genuina.* Feuilles à segments un peu écartés, tri-quinquefides, à lanières linéaires-lancéolées; calathides plus grandes.

β. *setacea Koch, syn.* 411. Feuilles à segments plus rapprochés, divisés en lanières plus nombreuses et plus fines; calathides de moitié plus petites. *A. setacea Waldst. et Kit. rar. hung. tab.* 80 ; *A. polyphylla Schleicher! cat.* 1821.

Hab. Lieux incultes, bords des bois. La var. α. commune dans toute la France. La var. β. dans les provinces méridionales. ♃ Juin-automne.

A. COMPACTA *Lam. dict.* 1, *p.* 27 (*non Willd. nec D C.*); *A. magna D C. prodr.* 6, *p.* 25 (*non L. nec alior.*); *A. stricta Schleicher! cat.* 1821. — Se distingue de l'*A. Millefolium* par ses calathides généralement plus grosses, plus nombreuses, en corymbe encore plus serré; par ses feuilles proportionnément plus larges, *oblongues-lancéolées dans leur pourtour, à rachis ailé* et 1–2 fois plus large; par son port plus robuste. Se sépare de l'*A. tanacetifolia* par ses feuilles plus petites, de moitié plus étroites, beaucoup plus finement divisées, à rachis bien plus étroit, présentant souvent une petite dent *simple* et subulée sous chacun des segments principaux, *du reste très-entier;* par ses segments plus nombreux, tous dressés et *non disposés dans un même plan,* à lanières entières ou incisées, mais non dentées-en-scie. Il se distingue en outre de tous les deux par les *segments inférieurs des feuilles caulinaires plus longs que les autres* et embrassant plus étroitement la tige.

Hab. Coteaux du midi; Dauphiné, au Lautaret; mont Monnier dans les Basses-Alpes; Fréjus, Toulon; mont Lozère. ♃ Juillet-août.

A. TANACETIFOLIA *All. ped.* 1, *p.* 183; *Vill. Dauph.* 3, *p.* 260; *D C. fl. fr.* 4, *p.* 214; *A. ambigua Pollin. fl. veron.* 2, *p.* 713; *A. magna Roch. bann. p.* 72, *tab.* 32, *f.* 68 *et* 69 (*non D C. nec. All.*). — Calathides en corymbe dense. Péricline ovoïde, à folioles pubescentes, toutes concaves, obtuses, munies d'une bordure scarieuse brune. Fleurs *purpurines, plus rarement blanches.* Akènes blanchâtres, oblongs-cunéiformes, comprimés, *tronqués au sommet.* Ecailles du réceptacle transparentes, lancéolées, carénées, munies d'une très-petite pointe subulée. Feuilles d'un vert gai; les caulinaires *lancéolées dans leur pourtour,* bipennatipartites, à *rachis ailé et entier* (si ce n'est sous les segments supérieurs où se voit souvent une petite dent simple), à segments principaux au nombre de 15–18 de chaque côté, tous *disposés dans un même plan,* pennatifides, à lobules linéaires, mucronés, *entiers ou munis d'une dent au bord externe;* les *segments inférieurs des feuilles caulinaires égalant la longueur des segments moyens.* Tiges dressées, sillonnées, simples. Souche *brièvement rampante,* émettant de courts stolons.—Plante de 5–8 décimètres, pubescente. Dans cette espèce, ainsi que dans la suivante, il existe très-fréquemment à l'aisselle des feuilles deux petites feuilles dressées, qui, avec les 2 segments inférieurs de la feuille-mère, semblent disposées en sautoir.

Hab. Alpes du Dauphiné, Lautaret. ♃ Juillet-août.

A. DENTIFERA *D C. fl. fr.* 5, *p.* 485; *A. magna All. ped.* 1, *p.* 184, *tab.* 53, *f.* 1; *Vill. Dauph.* 3, *p.* 259 (*non L. nec Willd.*).

— Calathides en corymbe dense. Péricline ovoïde, à folioles pubescentes, toutes concaves, obtuses, pourvues d'une bordure scarieuse brune. Fleurs *le plus souvent purpurines, rarement blanches.* Akènes blanchâtres, oblongs-cunéiformes, comprimés, *tronqués au sommet.* Ecailles du réceptacle transparentes, linéaires-lancéolées, carénées, acuminées en une pointe fine, brune, munie de quelques poils. Feuilles d'un vert gai ; les caulinaires *lancéolées dans leur pourtour*, pennatipartites, à rachis *large, ailé et denté dans toute sa longueur,* à segments principaux au nombre de 15-18 de chaque côté, tous *disposés dans un même plan,* pennatifides, à lobules lancéolés, *dentés-en-scie ainsi que les lobules dentiformes du rachis ;* les segments des feuilles caulinaires *décroissant vers la base et vers le sommet* Tiges dressées, sillonnées, simples ou rameuses au sommet. Souche *brièvement rampante,* non noueuse, émettant de courts stolons. — Plante de 5-8 décimètres, pubescente.

Hab. Alpes du Dauphiné et de la Provence; Lautaret, Vars près de Barcelonnette, mont Morgon près de Briançou, mont Monnier. ♃ Juillet-août.

A. nobilis *L. sp.* 1268 ; *Vill. Dauph.* 3, *p.* 357 ; *D C. fl. fr.* 4, *p.* 216 ; *Gaud. helv.* 5, *p.* 378 ; *Koch, syn.* 412. *Ic. Schkuhr, handd. tab.* 255. *Rchb. exsicc.* 44 ! *Schultz, exsicc.* 671 ! — Calathides en corymbe très-rameux. Péricline petit, ovoïde, à folioles velues, oblongues, obtuses, concaves, pourvues d'une bordure scarieuse blanche. Fleurs *blanches.* Akènes très-petits, obovés, cunéiformes, comprimés, *arrondis au sommet,* bruns sur les faces, blancs sur les bords. Ecailles du réceptacle transparentes, lancéolées, aiguës, carénées, membraneuses et dentelées au sommet. Feuilles étalées, d'un vert-grisâtre, couvertes de poils courts ; les caulinaires *ovales dans leur pourtour,* bipennatiséquées, à *rachis étroit et denté dans la moitié supérieure de la feuille,* à segments principaux au nombre de 6-8 de chaque côté, inégaux , dont *les inférieurs sont aussi longs que les moyens;* tous à lanières linéaires, *dentées-en-scie.* Tiges dressées, sillonnées, fermes, rameuses au sommet. Souche courte, dure, *non rampante,* ligneuse, rameuse. — Plante de 2-6 décimètres, brièvement velue.

Hab. Coteaux calcaires; Bourg-d'Oisans en Dauphiné; Digne et Seyne dans les Basses-Alpes ; Avignon, Montaud près de Salon ; Hyères, Toulon ; montagnes de la Lozère ; coteaux de l'Alsace, Guebweiler, Colmar, Mutzig, Vasselonne. ♃ Juillet-août.

A. ligustica *All. ped.* 1, *p.* 181, *tab.* 53, *f.* 2 ; *D C. fl. fr.* 4, *p.* 215 ; *Lois ! gall.* 2, *p.* 260 ; *Moris, fl. sard.* 2, *p.* 419 ; *Guss. syn.* 2, *p.* 496 ; *A. sicula Raf. prec. p.* 41. *Soleir. exsicc.* 2206 ! — Se distingue de l'*A. nobilis* par ses calathides généralement plus petites, portées sur des pédicelles plus grêles et plus longs ; par ses feuilles à *rachis beaucoup plus large, entier ou muni d'une seule dent subulée* sous les segments supérieurs, à lanières plus larges, moins nombreuses sur chaque segment, linéaires, aiguës, *entières ou munies de 1-2 dents*. Ses feuilles caulinaires *ovales dans leur pourtour* le séparent de toutes les autres espèces.

Hab. La Crau en Provence; Corse, Ajaccio, Corté, Bonifacio, Bastia, Calvi, mont Cagnu. ♃ Juin-juillet.

A. CHAMÆMELIFOLIA *Pourr. act. Toul.* 3, *p.* 305; *DC. fl. fr.* 4, *p.* 212; *Dub. bot.* 275; *Lois. gall.* 2, *p.* 258; *A. capillata, falcata et recurvifolia Lapeyr.! abr. pyr.* 534. — Calathides en corymbe très-rameux. Péricline ovoïde, à folioles à peine pubescentes, lancéolées ou oblongues, obtuses, munies d'une bordure fauve lacérée au sommet. Fleurs *blanches*. Akènes bruns sur les faces, blancs sur les bords, obovés-oblongs, *arrondis au sommet*. Ecailles du réceptacle transparentes, carénées, lancéolées, acuminées. Feuilles brièvement pubescentes; les caulinaires *toutes pétiolées*, souvent fasciculées aux nœuds, *ovales-oblongues dans leur pourtour*, pennatipartites, *à rachis assez large, entier*, à segments principaux au nombre de 6-7 de chaque côté, linéaires, *entiers, tous disposés dans un même plan; les segments inférieurs égalant les médians* en longueur. Tiges dressées, finement striées, simples ou rameuses. Souche rameuse, *non rampante*.—Plante de 2-4 décim., finement pubescente.

Hab. Rochers des Pyrénées-Orientales; Prats-de-Mollo, Arles-sur-Tech, le Vernet, Canigou, Villefranche, Olette, Fonds-de-Comps, vallée de Llo, vallée de Conat, etc. ♃ Juillet-août.

A. AGERATUM *L. sp.* 1264; *Gouan, hort. monsp.* 452; *Vill. Dauph.* 3, *p.* 256; *DC. fl. fr.* 4, *p.* 209; *Dub. bot.* 275; *Lois. gall.* 2, *p.* 257; *A viscosa Lam. fl. fr.* 2, *p.* 156. *Ic. Lob. icon. tab.* 489, *f.* 2. *Soleir. exsicc.* 2205! — Calathides en corymbe dense. Péricline ovoïde, à folioles un peu pubescentes, concaves, étroitement scarieuses et concolores sur les bords; les extérieures lancéolées, acuminées, aiguës; les intérieures oblongues. Fleurs *jaunes*. Akènes blanchâtres, obovés-cunéiformes, *arrondis au sommet*. Ecailles du réceptacle transparentes, carénées, lancéolées, aiguës. Feuilles caulinaires fasciculées aux nœuds, *oblongues*, obtuses, *atténuées en un pétiole court, dentées-en-scie*; les radicales obovées-oblongues, insensiblement atténuées en un pétiole allongé, incisées, à lobules *dentés-en-scie*. Tiges dressées, peu striées, simples ou rameuses. Souche ligneuse. — Plante de 2-5 décimètres, très-aromatique, glabre ou brièvement pubescente.

Hab. La région des oliviers; Orange, Avignon, Vaucluse, Salon, Toulon, Marseille, Arles; Bellegarde dans le Gard, Montpellier; Narbonne, Perpignan; Corse, Corté, Calvi, Saint-Florent. ♃ Juillet-août.

Sect. 2. PTARMICA *Tournef. inst.* 1, *p.* 496. — Péricline hémisphérique; languettes des corolles de la circonférence aussi longues que le péricline.

A. PTARMICA *L. sp.* 1266; *DC. fl. fr.* 4, *p.* 211; *Koch, syn.* 407; *Ptarmica vulgaris Clus. hist.* xij; *DC. prodr.* 6, *p.* 23.

Ic. fl. dan. tab. 643. — Calathides en corymbe composé, étalé. Péricline hémisphérique, velu, à folioles lancéolées, scarieuses et fauves aux bords. Fleurs blanches; celles de la circonférence ligulées au nombre de 8-12. Akènes cunéiformes, tronqués au sommet, bruns sur les faces, blancs et presque ailés sur les bords. Ecailles du réceptacle lancéolées, carénées, aiguës, lacérées et velues au sommet. Feuilles glabres, luisantes, *non ponctuées-excavées;* les caulinaires *sessiles,* 8-10 *fois plus longues que larges, linéaires-lancéolées ou linéaires, insensiblement atténuées en pointe à partir du milieu, dentées-en-scie,* à dents très-aiguës, mucronées, cartilagineuses sur les bords et finement denticulées au bord externe. Tiges *dressées dès la base,* raides, fermes, anguleuses, rameuses au sommet. Souche rampante. — Plante de 4-6 décimètres, presque glabre.

Hab. Prés humides; fossés; commun dans toute la France. ♃ Juin-août.

A. PYRENAICA *Sibth. in herb. L'hérit. ex D C. fl. fr.* 4, *p.* 211; *Ptarmica vulgaris* β. *pubescens D C. prodr.* 6, *p.* 23.— Calathides plus grosses et plus longuement pédicellées que dans l'espèce précédente, en corymbe pauciflore, simple ou presque simple. Péricline hémisphérique, velu, à folioles lancéolées, scarieuses et fauves aux bords. Fleurs blanches; celles de la circonférence ligulées, au nombre de 8-12. Akènes cunéiformes, tronqués au sommet, bruns sur les faces, blancs et presque ailés sur les bords. Ecailles du réceptacle lancéolées, aiguës, carénées, velues au sommet. Feuilles d'un vert pâle, *fortement ponctuées-excavées;* les caulinaires *sessiles,* 3-5 *fois plus longues que larges, lancéolées, atténuées en pointe à partir de leur quart supérieur, dentées-en-scie,* à dents cartilagineuses sur les bords et finement denticulées au bord externe. Tiges *couchées à la base,* puis dressées, raides, droites, très-feuillées, non anguleuses. — Plante de 2-4 décimètres, pubescente.

Hab. Pyrénées, vallée d'Eynes, Castanez, vallée de Gistain et probablement dans toute la chaîne. ♃ Août-septembre.

A. HERBA-ROTA *All. ped.* 1, *p.* 180, *tab.* 9, *f.* 3; *Vill. Dauph.* 3, *p.* 255; *D C. fl. fr.* 4, *p.* 210; *Dub. bot.* 275; *Lois. gall.* 2, *p.* 258; *A. cuneifolia Lam. dict.* 1, *p.* 28; *Ptarmica herba-rota D C. prodr.* 6, *p.* 22; *Herba-rota J. Bauh. hist.* 3, *p.* 144. *Rchb. exsicc.* 2342! — Calathides en corymbe petit, pauciflore, simple ou presque simple. Péricline campanulé, pubescent, à folioles lancéolées, obtuses, scarieuses et brunes sur les bords. Fleurs blanches; celles de la circonférence ligulées, au nombre de 5-6. Akènes cunéiformes, tronqués au sommet, bruns sur les faces, blancs et presque ailés sur les bords. Ecailles du réceptacle lancéolées, aiguës, carénées, denticulées au sommet. Feuilles d'un vert pâle, *ponctuées-excavées;* celles des tiges fleuries *sessiles, oblongues-cunéiformes, obtuses, bordées dans toute leur longueur de dents aiguës,* simples, un peu étalées; les feuilles des tiges non florifères obovées, longuement atténuées en pétiole, *dentées seulement au sommet*. Tiges nombreuses, *ascendantes*, simples. Souche grêle, ligneuse, très-rameuse, *rampante, émettant des stolons souterrains*.— Plante de 1-2 décimètres, glabre ou pubescente, formant gazon.

Hab. Hautes-Alpes du Dauphiné, mont Vizo. ♃ Juillet-août.

A. MACROPHYLLA *L. sp.* 1265; *Vill. Dauph.* 3, *p.* 259; *D C. fl. fr.* 4, *p.* 212; *Dub. bot.* 275; *Lois. gall.* 2, *p.* 259; *Gaud. helv.* 5, *p.* 366; *Koch, syn.*, 408; *Ptarmica macrophylla D C. prodr.* 6, *p.* 21. *Ic. Barr. icon.* 991; *Bocc. mus.* 2, *tab.* 110. *Rchb. exsicc.* 190! — Calathides en corymbe lâche, composé. Péricline hémisphérique, à folioles lancéolées ou oblongues, obtuses, scarieuses et brunes aux bords. Fleurs blanches; celles de la circonférence ligulées au nombre de 5-6. Akènes oblongs-cunéiformes, tronqués au sommet, blanchâtres. Ecailles du réceptacle lancéolées, carénées, obtusiuscules et dentelées au sommet. Feuilles grandes, *non ponctuées, molles*, pubescentes aux bords, d'un vert gai avec les nervures blanches; les caulinaires *sessiles, largement ovales dans leur pourtour, pennatipartites*, à segments *linéaires-lancéolés, acuminés, inégalement dentés en scie;* les segments supérieurs confluents, les inférieurs distincts et décroissants. Tige *dressée*, grêle, sillonnée, ordinairement simple. Souche dure, épaisse, *horizontale*. — Plante de 4-8 décimètres.

Hab. Hautes-Alpes du Dauphiné, Grande-Chartreuse, Revel près de Grenoble, Rabou près de Gap, mont Aurouse, etc. ♃ Juillet-août.

A. NANA *L. sp.* 1267; *Vill. Dauph.* 3, *p.* 257; *All. ped.* 1, *p.* 182, *tab.* 9, *f.* 2; *D C. fl. fr.* 4, *p.* 213; *Dub. bot.* 275; *Lois. gall.* 2, *p.* 259; *Gaud. helv.* 5, *p.* 372; *Koch, syn.* 409; *A. lanata Lam. fl. fr.* 3, *p.* 640 (*non Spreng.*); *Ptarmica nana D C. prodr.* 6, *p.* 21. *Rchb. exsicc.* 1430! — Calathides en corymbe simple, ombelliforme, pauciflore, dense, convexe. Péricline hémisphérique, velu, à folioles lancéolées, obtuses, largement scarieuses et brunes aux bords. Fleurs blanches; celles de la circonférence ligulées au nombre de 5-8. Akènes oblongs, tronqués au sommet, blanchâtres. Ecailles du réceptacle lancéolées, aiguës, longuement scarieuses et brunes au sommet denticulé. Feuilles blanches-tomenteuses, *oblongues ou linéaires-oblongues dans leur pourtour, pennatiséquées*, à segments parallèles, *linéaires, entiers ou dentés ou même incisés;* les feuilles inférieures pétiolées. Tiges *ascendantes*, simples. Souche grêle, très-rameuse, à *divisions longuement rampantes*.— Plante de 6-15 centimètres, fortement tomenteuse, gazonnante.

Hab. Hautes Alpes du Dauphiné, Taillefer, Lautaret, Galibier, Belledonne, Saint-Marcellin, Gap, col de Paga, mont Vizo, etc. ♃ Juillet-août.

Trib. 10. BIDENTIDEÆ *Less. syn.* 229. — Calathides hétérogames ou homogames. Fleurs de la circonférence ordinairement ligulées et neutres; celles du disque, et quelquefois toutes les fleurs, hermaphrodites, à corolle tubuleuse, régulière. Anthères échancrées à la base en deux lobes aigus. Style des fleurs du disque à branches linéaires, dont le sommet, pourvu d'un pinceau de poils, est tronqué ou prolongé en cône au-delà du faisceau de poils. Akènes comprimés ou tétragones, surmontés de 1-5 arêtes.

BIDENS. (L. gen. 952, excl. sp.)

Péricline hémisphérique, à 2 rangs de folioles; les extérieures herbacées, étalées ou réfléchies, ordinairement plus longues que les intérieures; celles-ci scarieuses. Fleurs toutes tubuleuses et hermaphrodites, ou celles de la circonférence ligulées, stériles, sur un seul rang. Akènes *oblongs-cunéiformes, élargis et tronqués au sommet, comprimés, dépourvus de podocarpe,* épineux sur les bords, munis d'une côte sur le dos, portant au sommet 1-3 arêtes, armées de 2-3 rangs de petites épines dirigées en bas. Réceptacle un peu convexe, alvéolé, muni d'écailles scarieuses. — Feuilles opposées.

B. tripartita *L. sp.* 1165; *DC. fl. fr.* 4, *p.* 219; *B. cannabina Lam. fl. fr.* 2, *p.* 44. *Ic. engl. bot. tab.* 1113.—Calathides *dressées*, solitaires au sommet des rameaux, portées sur des pédoncules épaissis supérieurement. Péricline à folioles externes inégales, herbacées, étalées, rudes sur les bords; les internes plus courtes, ovales-lancéolées, scarieuses, brunes sur le dos, jaunes sur les bords. Corolles jaunes, toutes tubuleuses. Akènes bruns, bordés de petites épines dirigées en bas, munis de 2-3 arêtes. Réceptacle plane, couvert d'écailles linéaires-lancéolées, veinées de jaune sur le dos. Feuilles presque glabres, ordinairement *tripartites,* à segments lancéolés, dentés-en-scie et dont le supérieur est le plus grand, quelquefois pennatifide; plus rarement les feuilles sont simples, *lancéolées,* dentées et cela seulement dans les échantillons nains; toutes les feuilles ont *un pétiole court et ailé.* Tige dressée, rameuse. — Plante de 1-5 décimètres, presque glabre.

Hab. Fossés, lieux humides; commun dans toute la France. ① Juin-octobre.

B. hirta *Jord. ined.; B. bullata Balbis! fl. lyon.* 1, *p.* 376 (*non L.*). *Schultz, exsicc.* 664! — Calathides *dressées,* terminales et axillaires vers le sommet des rameaux, portées sur des pédoncules un peu épaissis au sommet. Péricline à folioles externes grandes, inégales, herbacées, étalées, lancéolées, mucronées, ciliées; les internes beaucoup plus petites, scarieuses, d'un blanc-jaunâtre sur les bords, noires et veinées en long sur le dos. Corolles jaunes, toutes tubuleuses. Akènes bruns, bordés de petites épines dirigées en bas, munis de deux arêtes. Réceptacle plane, muni d'écailles scarieuses, linéaires, aiguës, veinées sur le dos. Feuilles un peu velues, *ovales, fortement dentées, toutes brusquement contractées en un pétiole ailé.* Tige dressée, courte et hérissée, rude, striée, rameuse. — Plante de 2-3 décimètres, hérissée.

Hab. Lyon, à la Verpillère, à la Tête-d'Or, à Pontchéri. (I) Août-septembre.

B. CERNUA *L. sp.* 1165 ; *DC. fl. fr.* 4, *p.* 219. *Ic. engl. bot. tab.* 1114. — Calathides *penchées*, solitaires au sommet des rameaux, portées sur des pédoncules épaissis au sommet. Péricline à folioles externes inégales, herbacées, étalées ou réfléchies, rudes sur les bords ; les internes plus courtes, largement ovales, scarieuses, jaunes, finement veinées de noir. Corolles jaunes, toutes tubuleuses ou celles de la circonférence terminées en languette (*Coreopsis Bidens L. sp.* 1281). Akènes bruns, munis de 3-4 arêtes, plus fortement atténués à la base, plus épais au sommet que dans l'espèce précédente et munis sur chaque face d'une côte plus saillante. Réceptacle un peu convexe, couvert d'écailles linéaires-oblongues, veinées de noir sur le dos. Feuilles *sessiles et un peu connées à leur base, longuement lancéolées, dentées.* Tige tantôt forte, élevée, rameuse, portant des calathides très-grandes ; tantôt naine, grêle, simple, à calathides fort petites (*B. minima L. sp.* 1165). — Plante de 1-6 décimètres, presque glabre.

Hab. Marais; bord des ruisseaux ; commun dans toute la France. (I) Juillet-octobre.

KERNERIA. (Mœnch, meth. 595.)

Péricline campanulé, à deux rangs de folioles ; les extérieures herbacées, ordinairement plus courtes que les intérieures ; celles-ci scarieuses. Fleurs toutes tubuleuses et hermaphrodites, ou celles de la circonférence ligulées, stériles, disposées sur un seul rang. Akènes *tétragones, non comprimés, atténués aux deux extrémités,* chagrinés et munis de côtes, *pourvus à la base d'un podocarpe court, blanc, discoïde, oblique,* et au sommet de 2-3 arêtes armées de petites épines dirigées en bas. Réceptacle un peu convexe, alvéolé, muni d'écailles scarieuses. — Feuilles opposées.

K. BIPINNATA *Godr. et Gren.; Bidens bipinnata L. sp.* 1166 ; *DC. fl. fr.* 5, *p.* 486 ; *Koch, syn.* 396. *Ic. Morison, hist. s.* 6, *tab.* 7, *f.* 23. — Calathides dressées, terminales et axillaires ; pédoncules grêles, allongés, non épaissis au sommet. Péricline à folioles inégales ; les externes plus courtes, linéaires, aiguës, ciliées, à la fin réfléchies ; les internes scarieuses, linéaires-lancéolées, jaunâtres sur les bords, veinées de noir sur le dos. Corolles jaunes ; celles du rayon en petit nombre, brièvement ligulées. Akènes grêles, noirs, exsertes, munis de côtes sur le dos et d'une seule sur la face interne, quelquefois bordés au sommet de quelques poils spiniformes dressés ; 2-3 arêtes nues à la base, munies au sommet d'épines réfléchies. Réceptacle plane, petit, muni d'écailles linéaires, jaunes, veinées de noir. Feuilles glabres ou un peu pubescentes, rudes sur les bords, toutes pétiolées, bipennatiséquées, à segments lancéolés, entiers ou dentés. Tige dressée, très-rameuse. — Plante de 3-5 décimètres.

Hab. Lieux cultivés et humides du Midi; bords des ruisseaux; Toulon, Anduze dans le Gard; le Vigan; Grammont près de Montpellier. ① Septembre.

§ 2. ANTHÈRES POURVUES A LEUR BASE DE DEUX APPENDICES FILIFORMES.

A. *Réceptacle pourvu d'écailles dans toute son étendue.*

TRIB. 11. BUPHTHALMEÆ *Less. syn.* 209. — Calathides hétérogames. Fleurs de la circonférence femelles, à corolle ligulée; celles du disque hermaphrodites, à corolle tubuleuse, régulière. Anthères pourvues à leur base de deux appendices filiformes. Style à branches linéaires, comprimées, arrondies et pubescentes au sommet. Akènes dissemblables; ceux de la circonférence triquètres, tous munis d'une couronne membraneuse lacérée.

BUPHTHALMUM. (L. gen. 977.)

Péricline hémisphérique, à plusieurs rangs de folioles imbriquées, *appliquées, presque égales.* Fleurs de la circonférence femelles, nombreuses, sur un seul rang, ligulées, à tube de la corolle *cylindrique;* celles du centre hermaphrodites, régulières. Anthères pourvues à leur base d'appendices très-courts. Akènes dissemblables; ceux du rayon plus grands, triquètres; ceux du disque oblongs-obconiques, carénés ou ailés à la face interne, bordés d'une membrane coroniforme, lacérée. Réceptacle muni d'écailles carénées. — Feuilles alternes.

B. SALICIFOLIUM *L. sp.* 1275; *Gouan, illustr.* 71; *Vill. Dauph.* 3, *p.* 262; *Dub. bot.* 271; *Lois. gall.* 2, *p.* 261; *Gaud. helv.* 5, *p.* 380. *Ic. Jacq. austr. tab.* 370. *Rchb. exsicc.* 1151! — Calathides grandes, solitaires au sommet de la tige et des rameaux; pédoncules allongés, épaissis et fistuleux au sommet. Péricline à folioles disposées sur trois rangs, velues, lancéolées, acuminées. Fleurs de la circonférence à languette linéaire-oblongue, dépassant beaucoup le péricline. Akènes glabres; ceux du rayon trigones, formant une pyramide renversée, lisses sur les faces, *tranchants et presque ailés* sur les angles, munis au sommet d'une courte bordure membraneuse dentelée; les akènes du disque plus étroits, oblongs-obconiques, fortement carénées sur la face interne. Réceptacle convexe, garni d'écailles scarieuses, linéaires, dentelées et longuement aristées au sommet, munies d'une côte dorsale un peu velue; les écailles externes presque aiguës sous l'arête; les internes *tron-*

quées. Feuilles d'un vert gai, minces, pubescentes et un peu rudes sur les deux faces, longuement ciliées, obscurément sinuées-dentées; les inférieures lancéolées, atténuées en un long pétiole; les supérieures sessiles, *linéaires-lancéolées.* Tige dressée, raide, simple ou un peu rameuse au sommet. — Plante de 3-6 décimètres; fleurs jaunes.

Hab. Prairies sèches, coteaux calcaires; Alsace, Benfeld, Winsenheim, Herbsheim, Ingersheim, Wettolsheim, etc.; Jura, à Champagnole; Côte-d'Or, à Châtillon-sur-Seine, à Leuglay, Voulaine, etc.; Dauphiné; à Roanne dans l'Allier. ♃ Juillet-août.

B. GRANDIFLORUM *L. sp.* 1275; *Gouan, illustr.* 72; *Vill. Dauph.* 3, *p.* 262; *Lois. gall.* 2, *p.* 261; *Gaud. helv.* 5, *p.* 381. *Ic. Morison, hist. s.* 6, *tab.* 7, *f.* 52.—Est très-voisin du précédent, dont il se distingue par les caractères suivants : Fleurs d'un jaune plus vif; akènes du rayon *ailés* sur les angles; écailles du réceptacle *toutes insensiblement atténuées en une arête moins longue, jamais tronquées;* feuilles toujours proportionnément plus longues et plus étroites; les supérieures *longuement acuminées;* tige moins ferme et plus rameuse.

Hab. Grenoble; mont Colombier (Ain). ♃ Juillet-août.

ASTERISCUS. (Mœnch, meth. 592.)

Péricline hémisphérique, ombiliqué à la base, à plusieurs rangs de folioles imbriquées; les externes *plus grandes, foliacées, étalées, rayonnantes;* les internes coriaces, au moins à la base, appliquées. Fleurs de la circonférence femelles, nombreuses, sur 1-2 rangs, ligulées, à tube de la corolle *triquètre;* celles du centre hermaphrodites, régulières. Anthères pourvues à leur base d'appendices allongés. Akènes dissemblables; ceux du rayon plus grands, triquètres; ceux du disque oblongs-obconiques, carénés à la face interne, bordés d'une membrane coroniforme et lacérée. Réceptacle muni d'écailles carénées. — Feuilles alternes.

A. MARITIMUS *Mœnch, meth.* 592; *DC. prodr.* 5, *p.* 486; *Boiss. voy. Esp.* 309; *Buphthalmum maritimum L. sp.* 1274; *Desf. atl.* 2, *p.* 290; *DC. fl. fr.* 4, *p.* 217; *Dub. bot.* 271; *Lois.! gall.* 2, *p.* 260; *Salis, fl. od. bot. Zeit.* 1834, *p.* 30; *Moris, fl. sard.* 2, *p.* 358; *Guss. syn.* 2, *p.* 506; *Nauplius maritimus Cass. dict.* 34, *p.* 274. *Ic. Bocc. mus. tab.* 129; *Barr. icon. tab.* 251. *Soleir. exsicc.* 2175! — Calathides solitaires au sommet des tiges, *munies en-dessous de* 1-2 *feuilles florales.* Péricline à folioles toutes foliacées au sommet, *brièvement cuspidées;* les externes velues, inégales, oblongues ou spatulées, égalant le rayon. Corolles glabres; celles du rayon à tube triquètre, ailé, à languette linéaire, étalée; celles du disque à tube dilaté à la base et au milieu. Akènes couverts de poils argentés, appliqués; les akènes du rayon *non ailés.* Réceptacle à écailles carénées, lancéolées, longuement acuminées. Feuilles d'un vert-pâle ou cendré, un peu épaisses, velues, ciliées, obovées ou oblongues, entières, *toutes atténuées en pétiole, non cuspidées.* Tiges dressées ou ascendantes, *simples,* très-feuillées jusqu'au sommet. Souche *ligneuse,* rameuse, à divisions écailleuses.—Plante de 8-15 centimètres, velue; fleurs jaunes.

Hab. Rochers et coteaux des bords de la Méditerranée; Toulon; Marseille à Montredon; Corse, à Bonifacio. ♃ Juillet-août.

A. aquaticus *Mœnch, meth.* 592; *DC. prodr.* 5, *p.* 486; *Buphthalmum aquaticum L. sp.* 1274; *Vill. Dauph.* 3, *p.* 261; *Desf. atl.* 2, *p.* 290; *DC. fl. fr.* 4, *p.* 217; *Dub. bot.* 271; *Lois. gall.* 2, *p.* 260; *Moris, fl. sard.* 2, *p.* 360; *Guss. syn.* 2, *p.* 505; *Nauplius aquaticus Cass. dict.* 34, *p.* 273. *Ic. Barrel. icon. tab.* 552; *Sibth. et Sm. fl. græc.* 9, *tab.* 899.— Calathides solitaires au sommet des tiges et des rameaux, *entourées à leur base de plusieurs feuilles florales.* Péricline à folioles externes linéaires-lancéolées, *non cuspidées,* étalées dans leur moitié supérieure, rayonnantes, dépassant le rayon; les folioles internes ovales, *obtuses,* non ou rarement foliacées au sommet. Corolles du rayon à tube triquêtre, non ailé, velu, à languette oblongue; corolles du disque glabres, à tube à peine dilaté à la base. Akènes couverts de poils argentés, appliqués; les akènes du rayon *non ailés.* Réceptacle à écailles carénées, tronquées au sommet. Feuilles d'un vert pâle, velues et ciliées, oblongues, *obtuses,* entières; les inférieures atténuées en pétiole; les supérieures *sessiles et demi-embrassantes.* Tiges dressées, striées, *se divisant ordinairement sous la calathide primaire, en* 1-3 *rameaux allongés,* très-étalés, qui quelquefois se subdivisent aussi et de la même manière. Racine *annuelle,* rameuse.— Plante de 1-2 décimètres, velue; fleurs jaunes.

Hab. Fossés, lieux humides de la région des oliviers; Grasse, Fréjus, Toulon, Marseille, Montaud près de Salon; Vaucluse; Orange; Vallon dans l'Ardèche; bords du Gardon, Nîmes, Montpellier, Cette; Pyrénées-Orientales. ① Juin-août.

A. spinosus *Godr. et Gren.; Buphthalmum spinosum L. sp.* 1274; *Vill. Dauph.* 3, *p.* 261; *Desf. atl.* 2, *p.* 290; *DC. fl. fr.* 4, *p.* 217; *Dub. bot.* 271; *Lois.! gall.* 2, *p.* 260; *Salis, fl. od. bot. Zeit.* 1834, *p.* 30; *Moris, fl. sard.* 2, *p.* 359; *Guss. syn.* 2, *p.* 505; *Buphthalmum astroïdeum Viv. fl. lyb. sp. p.* 57, *tab.* 25, *f.* 2; *Pallenis spinosa Cass. dict.* 37, *p.* 276; *Boiss. voy. Esp. p.* 309. *Ic. Barr. iconogr. tab.* 551. *Soleir. exsicc.* 2173! *Rchb. exsicc.* 2037! — Calathides *nues à la base, pédonculées,* solitaires au sommet de la tige et des rameaux. Péricline à folioles externes oblongues ou lancéolées, fortement nerviées, *cuspidées-épineuses* au sommet, étalées, rayonnantes, dépassant de beaucoup le rayon; les folioles internes ovales, *cuspidées,* non ou à peine foliacées au sommet. Corolles du rayon à tube triquêtre, ailé, velu, à languette courte, linéaire; corolles du disque glabres, à tube un peu dilaté à la base, ailé du côté interne. Akènes un peu velus ; ceux du rayon obovés, comprimés-triquètres, *avec les angles latéraux ailés* et ciliés, pourvus d'une couronne membraneuse dimidiée ; ceux du disque oblongs-obconiques. Feuilles d'un vert-pâle, velues et ciliées, oblongues ou lancéolées, sinuées-dentées ou entières, *cuspidées;* les inférieures atténuées à la base ; les supérieures *sessiles, demi-embrassantes,* presque auriculées. Tige dressée, striée, *rameuse au sommet;* rameaux étalés. Racine *bisannuelle,* rameuse. — Plante de 2–4 décimètres, velue ; fleurs jaunes.

Hab. Cultures et bords des chemins des provinces méridionales jusqu'à Valence, Alais et Saint-Ambroix dans le Gard, Montauban, Moissac, Lectoure, Agen, Bordeaux. ② Juin-août.

B. *Réceptacle nu ou pourvu d'écailles seulement à la circonférence.*

Trib. 12. INULEÆ *Cass. ann. sc. nat.* 1829, *p.* 20. — Calathides ordinairement hétérogames. Fleurs de la circonférence femelles, à corolle ligulée ; celles du disque, et plus rarement toutes, hermaphrodites, à corolle tubuleuse, régulière. Anthères pourvues à leur base de deux appendices filiformes. Stigmates obtus, non pénicillés. Akènes cylindriques ou rarement tétragones, munis ou dépourvus de côtes; aigrette poilue. Réceptacle entièrement nu.

CORVISARTIA. (Mérat, fl. par. éd. 2, t. 2, p. 261.)

Péricline hémisphérique, à folioles nombreuses, imbriquées; les externes foliacées, sur plusieurs rangs; les internes étroites, coriaces, sur un seul rang. Fleurs de la circonférence femelles, sur un seul rang, à corolle ligulée ; celles du disque hermaphrodites, tubuleuses, régulières. Anthères pourvues à la base de deux appendices filiformes. Akènes *tétragones, tronqués au sommet, munis de côtes fines tout autour;* aigrette *simple,* formée d'un seul rang de poils à peine ciliés. Réceptacle plane, superficiellement alvéolé.—Feuilles alternes.

C. **Helenium** *Merat, l. c.; Inula Helenium L. sp.* 1236; *DC. fl. fr.* 4, *p.* 148 ; *Aster Helenium Scop. carn.* 2, *p.* 171 ; *Aster officicinalis All. ped.* 1, *p.* 194. *Ic. fl. dan. tab.* 728.— Calathides grandes, solitaires au sommet des rameaux. Péricline à folioles externes trapézoïdales, tomenteuses sur le dos, étalées au sommet; les internes linéaires-spatulées. Fleurs du rayon nombreuses, en languette étalée, linéaire, plus longue que le péricline. Akènes bruns, glabres. Feuilles grandes, épaisses, dentées, vertes et un peu rudes en dessus, blanches-tomenteuses et fortement veinées en dessous ; les inférieures ovales-lancéolées, longuement atténuées en pétiole; les caulinaires ovales, en cœur-amplexicaules. Tige forte, dressée, rameuse. Souche brune, épaisse, charnue, rameuse, aromatique et amère.— Plante de 1 mètre, à feuilles simulant celles d'un *Verbascum;* fleurs jaunes.

Hab. Prairies humides; çà et là dans toute la France. ♃ Juin-août.

INULA. (L. gen. 956; excl. sp.)

Péricline hémisphérique, à plusieurs rangs de folioles imbriquées. Fleurs de la circonférence femelles ou stériles, sur un seul rang, à corolle ligulée ou quelquefois trifide; fleurs du disque hermaphrodites, tubuleuses, régulières. Anthères pourvues à la base de deux appendices filiformes. Akènes *cylindriques, tronqués ou faiblement atténués au sommet, munis de côtes tout autour;* aigrette *simple,* formée d'un seul rang de poils brièvement ciliés. Réceptacle plane, nu. — Feuilles alternes.

a. *Fleurs ligulées ne dépassant pas le péricline.*

I. Conyza *D C. prodr.* 5, *p.* 464; *Conyza squarrosa L. sp.* 1205; *D C. fl. fr.* 4, *p.* 139; *Conyza vulgaris Lam. fl. fr.* 2, *p.* 73. *Ic. Lam. illustr. tab.* 697, *f.* 1. — Calathides agglomérées au sommet des rameaux et formant par leur réunion une grappe corymbiforme compacte. Péricline à folioles inégales; les externes vertes ou purpurines, lancéolées, aiguës, réfléchies au sommet, *ciliées et brièvement velues;* les intérieures plus étroites, scarieuses, linéaires, aiguës, dressées, ciliées, rougeâtres au sommet. Akènes bruns, brièvement velus. Feuilles molles, pubescentes, elliptiques-lancéolées, à peine dentées; les inférieures pétiolées; les supérieures *sessiles, atténuées à la base.* Tige dressée, très-rameuse au sommet. — Plante de 6-9 décimètres, d'un vert pâle, un peu fétide.

Hab. Lieux arides, bois montagneux. ② Juin-août.

I. bifrons *L. sp.* 1236; *D C. fl. fr.* 4, *p.* 155; *Dub. bot.* 267; *Lois. gall.* 2, *p.* 248; *I. glomeriflora Lam. fl. fr.* 2, *p.* 150; *Aster bifrons All. ped.* 1, *p.* 197; *Conyza bifrons Gouan, hort.* 436; *Vill. Dauph.* 3, *p.* 185 (*non L.*). *Ic. Garid. Aix, tab.* 23. — Calathides petites, presque sessiles, agglomérées au sommet des rameaux, formant par leur réunion une grappe corymbiforme compacte. Péricline à folioles inégales, brièvement ciliées; les externes linéaires-lancéolées, aiguës, *glanduleuses et visqueuses* sur le dos, vertes et étalées au sommet; les internes linéaires, acuminées, blanchâtres et presque scarieuses. Akènes bruns, hérissés de très-petits poils sur les côtes. Feuilles vertes et minces, glanduleuses sur les deux faces, dentées, rudes et spinuleuses sur les bords; les caulinaires *embrassantes et décurrentes sur la tige,* ovales-oblongues, mucronées. Tige dressée, visqueuse. — Plante de 3-9 décimètres; fleurs jaunes.

Hab. Coteaux, bois; Dauphiné, bois de Vif près de Grenoble, Rabou, les Beaux et la Grangette près de Gap; Barcelonnette, Castellanne; Grasse, Beaucaire; Auvergne, Puy-Long, Cournon, Dallet, Corent, Gannat, etc. ② Juillet-août.

b. *Fleurs ligulées dépassant le péricline.*

I. SPIRÆIFOLIA *L. sp.* 1238; *I. squarrosa L. sp.* 1240; *Gouan, illustr.* 68; *D C. fl. fr.* 4, *p.* 150; *Dub. bot.* 267; *Lois. gall.* 2, *p.* 246; *Gaud. helv.* 5, *p.* 321; *Koch, syn.* 393; *I. Bubonion Jacq. austr. app. tab.* 19; *Lapey.! abr. pyr.* 523; *I. germanica Vill. Dauph.* 3, *p.* 219; *D C. fl. fr.* 4, *p.* 150 (*non L.*); *Aster Bubonium Scop. carn.* 2, *p.* 173, *tab.* 58. *Rchb. exsicc.* 584! — Calathides 3–20, terminant la tige et les rameaux et formant une grappe corymbiforme compacte, feuillée jusque sous le péricline; plus rarement une seule calathide terminale. Péricline à folioles *très-inégales*, étroitement appliquées par leur base, *étalées et courbées en dehors à leur sommet;* les externes vertes, glabres, lancéolées, brièvement acuminées, finement dentelées aux bords; les internes linéaires, aiguës, jaunâtres et presque scarieuses, brièvement ciliées. Fleurs du rayon à languette linéaire, étroite, fortement tridentée, jaune, ne dépassant pas de beaucoup le péricline. Akènes *glabres.* Feuilles *coriaces,* opaques, fortement réticulées-veinées, *glabres,* rudes sur les nervures, obtusément mucronées, entières ou faiblement sinuées-dentées, ciliées-spinuleuses; les caulinaires rapprochées, *oblongues,* plus ou moins larges, sessiles *et même demi-embrassantes.* Tige dressée, écailleuse à la base, simple, ferme, anguleuse, rude au toucher, presque cachée par les feuilles. — Plante de 4–6 décimètres; fleurs jaunes.

Hab. Collines du midi et de l'est de la France; Côte-d'Or, Dijon, Beaune; Lyon; Dauphiné, Grenoble et Tallard; Provence, Digne, Bagnols près de Fréjus, Toulon, Marseille, Aix, Salon; Beaucaire, Avignon; Chartreuse-de-Valbonne, Alais, Uzès, Tresques, Nîmes, Anduze, Saint-Ambroix; Lozère, à Sainte-Enimie près de Florac, gorges de la Jonte près de Meyrueis; Montpellier, Cette; Narbonne, Collioures; Corse, à Bastia. ♃ Juillet-août.

I. HIRTA *L. sp.* 1239; *Vill. Dauph.* 3, *p.* 218; *D C. fl. fr.* 4, *p.* 151; *Dub. bot.* 268; *Lois. gall.* 2, *p.* 247; *Gaud. helv.* 5, *p.* 322; *Koch, syn.* 393; *I. montana Poll. palat.* 3, *p.* 469 (*non L.*); *Aster hirtus Scop. carn.* 2, *p.* 173, *tab.* 58. *Ic. Jacq. austr. tab.* 358. *Rchb. exsicc.* 2038! — Calathide grande, le plus souvent unique et terminale; plus rarement 2–3 calathides latérales plus petites, terminant des rameaux. Péricline à folioles *toutes égales, dressées;* les externes vertes, foliacées, linéaires-lancéolées, aiguës, réticulées-veinées sur le dos, munies de poils articulés et tuberculeux à leur base; les folioles internes bien plus étroites, blanchâtres, presque scarieuses, linéaires, acuminées, brièvement ciliées. Fleurs du rayon à languette linéaire, jaune en dessus, striée de pourpre en dessous, beaucoup plus longue que le péricline. Akènes *glabres.* Feuilles *coriaces,* d'un vert gai, *velues et ciliées,* fortement réticulées-veinées, rudes au toucher, entières ou faiblement dentées; les caulinaires *lancéolées ou oblongues, arrondies et demi-embrassantes à la base.* Tige dressée, écailleuse à la base, simple, striée, feuillée, velue. — Plante de 3-5 décimètres, munie de poils articulés et tuberculeux à la base; fleurs jaunes.

Hab. Prés montagneux; Alsace, Winsenheim, Kastelwald; Lyon; Orange; Grasse; Fréjus; Orléans, Malesherbes, Nemours, Fontainebleau. ♃ Juin-août.

I. salicina *L. sp.* 1238; *Vill. Dauph.* 3, *p.* 217; *DC. fl. fr.* 4, *p.* 151; *Dub. bot.* 268; *Lois. gall.* 2, *p.* 247; *Koch, syn.* 393; *Aster salicinus Scop. carn.* 2, *p.* 172. *Ic. fl. dan. tab.* 786. *Rchb. exsicc.* 2158! — Calathides solitaires au sommet de la tige et des rameaux, formant par leur réunion une grappe corymbiforme; la calathide centrale plus grande. Péricline à folioles *inégales;* les externes herbacées, lancéolées, ciliées, indurées à la base, *réfléchies au sommet;* les internes plus étroites, dressées, linéaires, scarieuses, ciliées. Fleurs du rayon à languette linéaire, jaune, beaucoup plus longue que le péricline. Akènes *glabres.* Feuilles *fermes, mais plus minces* et moins réticulées-veinées que dans les deux espèces précédentes, *glabres ou munies de quelques poils en dessous,* luisantes, faiblement dentées, rudes sur les bords garnis de petits cils cartilagineux; les feuilles caulinaires étalées, *lancéolées, sessiles, arrondies à la base et demi-embrassantes.* Tige dressée, un peu rameuse au sommet. — Plante de 3-6 décimètres, d'un vert foncé, glabre ou presque glabre.

Hab. Bois montagneux; commun dans presque toute la France. ♃ Juin-août.

I. Vaillantii *Vill. Dauph.* 3, *p.* 216; *DC. fl. fr.* 4, *p.* 152; *Dub. bot.* 268; *Lois. gall.* 2, *p.* 247; *Gaud. helv.* 5, *p.* 325; *Koch, syn.* 394; *I. cinerea Lam. dict.* 3, *p.* 259; *Aster Vaillantii All. ped.* 1, *p.* 196. *Ic. Hall. helv. tab.* 2. *Rchb. exsicc.* 433! — Calathides rapprochées au sommet des rameaux, formant par leur réunion une grappe corymbiforme. Péricline à folioles *inégales;* les externes herbacées, cendrées et pubescentes sur le dos, lancéolées, *à sommet arqué en dehors;* les internes jaunâtres, presque scarieuses, linéaires, acuminées. Fleurs du rayon à languette étroite, jaune, beaucoup plus longue que le péricline. Akènes *glabres.* Feuilles vertes et finement pubescentes en dessus, *blanchâtres et brièvement tomenteuses en dessous,* faiblement réticulées-veinées, entières ou finement dentées-en-scie, un peu rudes sur les bords; les caulinaires *lancéolées,* aiguës, mucronées, *atténuées à la base* et les inférieures presque pétiolées. Tige dressée, ferme, pubescente, très-feuillée. — Plante de 4-6 décimètres; fleurs jaunes.

Hab. Bois humides, bords des ruisseaux; Alpes du Dauphiné, Grenoble, Grande-Chartreuse, Bourg-d'Oisans, Gap; Tournon dans l'Ardèche. ♃ Août-septembre.

I. crithmoides *L. sp.* 1240; *DC. fl. fr.* 4, *p.* 154; *Dub. bot.* 267; *Lois. gall.* 2, *p.* 247; *Limbarda tricuspis Cass. dict.* 26, *p.* 437; *Senecio crithmifolius Scop. carn.* 2, *p.* 163. *Ic. engl. bot.*

tab. 68. *Rchb. exsicc.* 1433! — Calathides en corymbe simple et lâche, portées sur des pédoncules allongés, épaissis au sommet et munis de petites bractéoles linéaires. Péricline à folioles *inégales*, glabres, *appliquées*, linéaires, acuminées; les externes herbacées; les internes scarieuses aux bords. Fleurs du rayon à languette linéaire, beaucoup plus longue que l'involucre. Akènes *velus*. Feuilles vertes et *glabres*, *charnues*, *linéaires*, obtuses; les inférieures souvent trifides ou tridentées; les supérieures entières, portant ordinairement à leur aisselle un faisceau de feuilles plus petites. Tiges *sous-frutescentes à la base*, dressées ou ascendantes, formant buisson, simples ou rameuses. — Plante de 3-9 décimètres, glabre; fleurs jaunes.

Hab. Lieux inondés des côtes de l'Océan et de la Méditerranée. ♃ Août-septembre.

I. **montana** *L. sp.* 1241; *Gouan, illustr.* 69; *Vill. Dauph.* 3, *p.* 219; *D C. fl. fr.* 4, *p.* 154; *Dub. bot.* 268; *Lois. gall.* 2, *p.* 247; *Gaud. helv.* 5, *p.* 326; *Koch, syn.* 394; *Guss. syn.* 2, *p.* 503; *Aster montanus All. ped.* 1, *p.* 195. *Ic. Garid. Aix, tab.* 10. — Calathide grande, solitaire au sommet de la tige; rarement 1-2 calathides latérales plus petites. Péricline à folioles *inégales;* les externes foliacées, blanches-tomenteuses sur le dos, linéaires-oblongues, obtusiuscules, dressées; les internes jaunâtres, presque scarieuses, linéaires, aiguës, pubescentes. Fleurs du rayon à languette jaune, linéaire, beaucoup plus longue que le péricline. Akènes *velus*. Feuilles entières ou obscurément dentées, faiblement réticulées-veinées, *couvertes en dessus et surtout en dessous de longs poils soyeux;* les inférieures *oblongues-lancéolées*, obtuses, atténuées en pétiole; les supérieures plus petites et plus étroites, sessiles. Tiges dressées ou ascendantes, simples, très-peu feuillées supérieurement. — Plante de 1-3 décimètres, plus ou moins velue et quelquefois laineuse; fleurs jaunes.

Hab. Coteaux arides; Côte-d'Or, à Plombières près de Dijon, Santenay, Beaune; Lyon; Dauphiné, à Champ près de Grenoble, Bourg-d'Oisans; Provence, Bagnols près de Fréjus, Toulon, Marseille, La Crau, Aix; Avignon; Nîmes, Anduze et Saint-Ambroix dans le Gard; Montpellier; Lozère, Mende, Florac, mont Vaillant; Pyrénées-Orientales; Montauban, Moissac; Tournon dans le Lot-et-Garonne; dans la Dordogne et la Gironde; Surgères et Sablonceaux dans la Charente-Inférieure (*Delalande*); Saint-Florent dans le Cher; Auvergne, Saint-Nectaire, Puy-de-Marman, le Grand-Périgual; etc. ♃ Juin-août.

I. **britannica** *L. sp.* 1237; *Vill. Dauph.* 3, *p.* 214; *D C. fl. fr.* 4, *p.* 149; *Gaud. helv.* 5, *p.* 319; *Koch, syn.* 394; *I. hirta Poll. palat.* 2, *p.* 467 (*non L.*). *Ic. fl. dan. tab.* 413. — Calathides assez grandes, en petit nombre, formant un corymbe lâche; plus rarement une seule calathide terminale. Péricline à folioles *égales*, étroites, linéaires, longuement acuminées; les externes *très-lâches*, velues sur le dos; les internes blanchâtres, ciliées. Fleurs du rayon à languette jaune, étroite, linéaire, *glabre*, plus longue que le péricline. Akènes *velus*. Feuilles *molles*, faiblement dentées, *un peu velues*, rudes sur les bords, *lancéolées*, dressées; les inférieures pétiolées; les supérieures sessiles, *amplexicaules*. Tige dressée, rameuse au sommet.—Plante de 3-6 décimètres, d'un vert sombre, plus ou moins pourvue de poils très-fins, longs, articulés, tuberculeux à la base; fleurs jaunes.

Hab. Bords des rivières, prés humides. Alsace, Haguenau, Strasbourg, Benfeld; Lorraine, bords de la Seille et fortifications de Metz; Côte-d'Or, à Talmay, Longvay, à Saulon-la-Rue, étang de Santenay; Lyon; Grenoble; Aigues-Mortes, Bellegarde et Manduel dans le Gard; Montpellier; Limagne d'Auvergne, Cœur, Maringues, Gannat, etc.; Châtellerault, Loudun; Luçon; vallées de la Loire, de l'Allier, du Cher, du Loiret; Noyon; Le Mans; commun aux environs de Paris; Châlons-sur-Marne, Ay, Vitry-le-Français. ♃ Juin-août.

I. HELENIOIDES *DC. fl. fr.* 5, *p.* 470; *Dub. bot.* 268; *Lois. gall.* 2, *p.* 246; *I. Oculus-Christi Lapeyr.! abr. pyr.* 522 (*non L.*). — Calathides grandes, au nombre de 2-3, formant un petit corymbe. Péricline à folioles *presque égales*, étroites, linéaires, acuminées; les externes herbacées, velues; les internes blanchâtres et ciliées. Fleurs du rayon à languette jaune, linéaire, *velue*, beaucoup plus longue que le péricline. Akènes *velus*. Feuilles *molles, couvertes sur les deux faces de poils mous*, obscurément dentées, *ovales-lancéolées*, aiguës; les inférieures atténuées en un pétiole ailé et embrassant; les supérieures sessiles, *amplexicaules*. Tige dressée, striée. — Plante de 3-5 décimètres, couverte de poils articulés, tuberculeux à la base; fleurs jaunes.

Hab. Pyrénées-Orientales, Prades, la Séo-d'Urgel, Estavar, Finestret, Rie, Billoc; les Corbières (*DC.*); pic Saint-Loup près de Montpellier. ♃ Juin.

PULICARIA. (Gærtn. fruct. 2, p. 461, tab. 173, f. 7.)

Péricline hémisphérique, à plusieurs rangs de folioles imbriquées. Fleurs de la circonférence femelles, sur un seul rang, à corolle ligulée; fleurs du disque hermaphrodites, tubuleuses, régulières. Anthères pourvues à la base de 2 appendices filiformes. Akènes *cylindriques, un peu atténués et presque arrondis au sommet, munis de côtes tout autour*; aigrette *double; l'extérieure très-courte, coroniforme, dentée ou fendue jusqu'à la base;* l'intérieure formée de poils peu nombreux et à peine ciliés. Réceptacle plane, superficiellement alvéolé. — Feuilles alternes.

P. ODORA *Rchb. fl. excurs. p.* 239; *Moris, fl. sard.* 2, *p.* 366; *Guss. syn.* 2, *p.* 501; *Boiss. voy. Esp.* 308; *Inula odora L. sp.* 1236; *DC. fl. fr.* 4, *p.* 148; *Dub. bot.* 268; *Lois. gall.* 2, *p.* 245; *Salis, fl. od. bot. Zeit.* 1834, *p.* 29. *Ic. Barr. icon. tab.* 1145. *Soleir. exsicc.* 2353! — Calathides solitaires au sommet de la tige et des rameaux; pédoncules *épaissis et nus au sommet*. Péricline à folioles inégales, très-étroites, ordinairement rougeâtres au sommet; les externes herbacées, linéaires, aiguës; les internes scarieuses, longuement acuminées, étalées au sommet. Fleurs du rayon nombreuses, à languette étroite, *étalée*, un peu glanduleuse en dessous, *beaucoup plus longue que le péricline*. Akènes blanchâtres, brièvement velus. Feuilles molles, pubescentes en dessus, velues-laineuses en dessous, la plupart sinuées-dentelées; les inférieures grandes, ovales ou oblongues; les supérieures oblongues-lancéolées, *demi-embrassantes, auriculées à la base*. Tige dressée, simple ou rameuse seulement au sommet. *Souche tuberculeuse*, écailleuse, odorante, émettant des fibres radicales longues et simples. — Plante de 2-4 décimètres, velue ou laineuse; fleurs jaunes.

Hab. Lieux maritimes du Midi; Grasse, Fréjus, Hyères, Toulon; Collioures, Port-Vendres, Bagnols-sur-Mer, Saint-Paul de Fenouillèdes; Corse, Bastia, Ajaccio, cap Corse, Bonifacio, Calvi, Porto-Vecchio, La Trinité. ♃ Juillet-août.

P. dysenterica *Gærtn. fruct.* 2, *p.* 461; *Inula dysenterica L. sp.* 1237; *DC. fl. fr.* 4, *p.* 149; *I. conyzæa Lam. fl. fr.* 2, *p.* 149; *Aster dysentericus All. ped.* 1, *p.* 196. *Ic. Engl. bot. tab.* 1115. — Calathides solitaires ou rapprochées au sommet des tiges et des rameaux; pédoncules *non épaissis au sommet, nus ou munis d'une bractéole*. Péricline à folioles inégales, étroites, linéaires-sétacées, velues et glanduleuses sur le dos, à pointe souvent violette, étalée, longuement ciliée. Fleurs du rayon nombreuses, à languette très-étroite, *étalée, dépassant manifestement le péricline*. Akènes bruns, velus. Feuilles molles, onduleuses, vertes et un peu rudes en dessus, d'un vert-blanchâtre et brièvement tomenteuses en dessous, obscurément dentées; les inférieures détruites au moment de la floraison; les moyennes et supérieures persistantes, lancéolées, échancrées à la base, et *embrassant la tige par deux grandes oreilles*. Tige dressée, rameuse au sommet. *Souche épaisse*, rameuse, émettant des turions souterrains rougeâtres et écailleux. — Plante de 2-5 décimètres; fleurs jaunes.

Hab. Fossés, marais; commun dans toute la France. ♃ Juin-août.

P. vulgaris *Gærtn. fruct.* 2, *p.* 461; *Inula Pulicaria L. sp.* 1238; *DC. fl. fr.* 4, *p.* 150; *Aster pulicarius All. ped.* 1, *p.* 197. *Ic. Engl. bot. tab.* 1196. — Calathides solitaires au sommet de la tige et des rameaux; pédoncules courts, *non épaissis au sommet, un peu feuillés*. Péricline à folioles inégales, étroites, linéaires-sétacées, velues sur le dos, à pointe souvent rougeâtre, étalée, longuement ciliée. Fleurs du rayon nombreuses, à languette *dressée et ne dépassant pas le péricline*. Akènes bruns, velus. Feuilles molles, onduleuses, entières ou à peine dentées, vertes et un peu rudes en dessus, velues et quelquefois blanchâtres en dessous; les inférieures atténuées en pétiole large; les supérieures lancéolées, *sessiles, arrondies à la base*. Tige dressée, rameuse au sommet; rameaux latéraux dépassant l'axe primaire. Racine *annuelle*, tortueuse, simple ou rameuse. — Plante de 1-2 décimètres, fétide, velue ; fleurs jaunes.

Hab. Prairies humides, lieux inondés pendant l'hiver; commun dans toute la France. (I) Juin-août.

P. sicula *Moris, fl. sard.* 2, *p.* 363 ; *Erigeron siculum L. sp.* 1210 ; *Inula chrysocomoïdes Poir. voy.* 2, *p.* 239 ; *Desf. atl.* 2, *p.* 275 ; *Conyza sicula Willd. sp.* 3, *p.* 1931 ; *DC. fl. fr.* 4, *p.* 139 ; *Dub. bot.* 267 ; *Lois. gall.* 2, *p.* 227 ; *Solidago pratensis Savi, fl. pis.* 2, *p.* 281 ; *Jasonia discoïdea Cass. dict.* 24, *p.* 201, *et* 39, *p.* 407; *Jasonia sicula DC. ann. sc. nat. ser.* 2, *t.* 2, *p.* 261 ; *Tubilium siculum Fisch. et Mey. cat. hort. petrop.* 1835. *Ic. Bocc. sic. tab.* 31, *f.* 4. —Calathides petites, disposées en petites grappes lâches au sommet des rameaux; pédoncules *grêles, un peu épaissis au sommet, munis de 1-2 bractéoles.* Péricline à folioles inégales, pubescentes ; les externes vertes, linéaires, aiguës, un peu étalées ; les internes appliquées, acuminées, un peu scarieuses aux bords, purpurines au sommet. Fleurs du rayon à languette très-courte, *dressée et ne dépassant pas le péricline.* Akènes blanchâtres, velus, munis d'une coronule membraneuse fendue jusqu'à la base, mais non toujours. Feuilles rudes et pubescentes en dessus, velues en dessous, entières ou obscurément dentées ; les inférieures oblongues-lancéolées, atténuées en pétiole ; les supérieures *sessiles, demi-embrassantes,* étroites, roulées en dessous par les bords. Tige rougeâtre, dressée, très-rameuse. Racine *annuelle*, simple ou rameuse. — Plante de 2-5 décimètres ; fleurs jaunes.

Hab. Fossés et marais du Midi ; Cannes, Grasse, Fréjus, Hyères, Toulon. Arles ; Aigues-Mortes, Bellegarde ; Narbonne ; Corse, à Bonifacio. (I) Août-octobre.

CUPULARIA. (Godr. et Gren. ined.)

Péricline campanulé, à plusieurs rangs de folioles imbriquées. Fleurs de la circonférence femelles, sur un seul rang, à corolle ligulée ; celles du disque hermaphrodites, tubuleuses, à 5 dents. Anthères munies à la base de deux appendices filiformes. Akènes *cylindriques-oblongs, dépourvus de côtes, contractés en col extrêmement court* au sommet ; aigrette *double*, *l'externe courte, membraneuse, disposée en forme de cupule très-finement crénelée* sur les bords ; l'interne formée d'un seul rang de poils brièvement ciliés. Réceptacle petit, plane, alvéolé ; alvéoles bordées d'une membrane dentée. — Feuilles alternes.

C. graveolens *Godr. et Gren.; Erigeron graveolens L. sp.* 1210 ; *Vill. Dauph.* 3, *p.* 239 ; *Lois. gall.* 2, *p.* 237 ; *Solidago graveolens Lam. fl. fr.* 2, *p.* 145 ; *DC. fl. fr.* 4, *p.* 156 ; *Dub. bot.* 265 ; *Inula graveolens Desf. atl.* 2, *p.* 275 ; *Koch, syn.* 395 ; *Moris, fl. sard.* 2, *p.* 368 ; *Guss. syn.* 2, *p.* 504. *Ic. Barr. icon. tab.* 370. *Rchb. exsicc.* 1224 ! — Calathides petites, brièvement pédonculées, terminales et axillaires tout le long de la tige et des rameaux, formant une grappe très-longue, pyramidale. Péricline à folioles inégales, linéaires, aiguës; les externes *herbacées*, glanduleuses sur le dos, ciliées, étalées-dressées; les internes scarieuses avec une bande verte sur le dos. Fleurs du rayon peu nombreuses, à languette courte, jaune ou violette, dépassant à peine le péricline. Akènes obovés-oblongs, blanchâtres, velus. Feuilles vertes, rudes au toucher, glanduleuses sur les deux faces, entières; les inférieures linéaires-oblongues, obtuses, atténuées à la base; les supérieures *sessiles, linéaires, aiguës*, étalées ou réfléchies. Tige dressée, striée, *herbacée dès la base*, divisée presque dès la base en rameaux grêles et étalés. — Plante de 2-5 décimètres, glanduleuse, exhalant une odeur forte. •

Hab. Lieux cultivés humides; Paris, tout l'ouest et le midi de la France; Dauphiné; Lyon; Roncourt-la-Ronce dans la Côte-d'Or; Corse. ① Août-septembre.

C. viscosa *Godr. et Gren.; Erigeron viscosum L. sp.* 1209; *Vill. Dauph.* 3, *p.* 240; *Lois. gall.* 2, *p.* 237; *Solidago viscosa Lam. fl. fr.* 2, *p.* 144; *Inula viscosa Ait Keiw. ed.* 1, *t.* 3, *p.* 223; *DC. fl. fr.* 4, *p.* 153; *Dub. bot.* 268; *Moris, fl. sard.* 2, *p.* 370; *Pulicaria viscosa Koch, syn.* 395. *Ic. Jacq. hort. vind.* 2, *tab.* 165. *Soleir. exsicc.* 2355! *et Rchb. exsicc.* 583! — Calathides pédonculées, terminales et axillaires, en grappe pyramidale, composée. Péricline à folioles très-inégales; les externes linéaires-lancéolées, aiguës, étalées-dressées, pubescentes et visqueuses sur le dos, *scarieuses aux bords;* les internes scarieuses, acuminées, ciliées au sommet. Fleurs du rayon peu nombreuses, à languette linéaire, dépassant le péricline. Akènes oblongs, blanchâtres, velus. Feuilles vertes et glanduleuses sur les faces, sinuées-dentées, rudes sur les bords; les caulinaires *lancéolées, mucronées, en cœur à la base et demi-embrassantes.* Tige dressée, raide, très-feuillée, *frutescente à la base*, rameuse au sommet. — Plante de 5-10 décimètres, glanduleuse et d'une odeur forte; fleurs jaunes.

Hab. Lieux incultes du Midi; Fréjus, Hyères, Toulon, Marseille, Salon; Avignon; Orange et le Buis en Dauphiné; Nîmes, Beaucaire, Aigues-Mortes, Montpellier; Narbonne, Perpignan, Prades, Villefranche; bords du canal du Midi au Malpas; Landes; Corse, à Calvi, Bastia. ♃ Août-septembre.

JASONIA. (D C. prodr. 5, p. 476.)

Péricline campanulé, à plusieurs rangs de folioles imbriquées. Fleurs tantôt toutes tubuleuses, hermaphrodites, régulières; tantôt celles de la circonférence femelles, sur un seul rang, à corolle ligulée. Anthères munies à la base de deux appendices filiformes. Akènes *cylindriques, atténués au sommet et à la base, munis de côtes tout autour*; aigrette *double, l'externe formée de poils très-courts*, l'interne formée de longs poils brièvement ciliés et disposés sur un seul rang. Réceptacle plane, nu. — Feuilles alternes.

J. glutinosa *DC. prodr.* 5, *p.* 476; *J. saxatilis Guss. syn.* 2, *p.* 452; *Erigeron glutinosum L. mant.* 112; *Lois. gall.* 2, *p.* 237; *Inula saxatilis Lam. fl. fr.* 2, *p.* 153; *Chrysocoma saxatilis DC. fl. fr.* 5, *p.* 468; *Dub. bot.* 264; *Chiliadenus camphoratus Cass. dict.* 34, *p.* 35; *Orsina camphorata Bertol. giorn. sc. nat. Bol.* 1829, *p.* 362. *Ic. Barr. icon. tab.* 158. — Calathides en grappe corymbiforme lâche. Péricline à folioles inégales, linéaires; les externes vertes et glanduleuses au sommet courbé en dehors, blanchâtres et pubescentes à la base; les internes aiguës, blanchâtres, pubescentes, ciliées surtout au sommet. Fleurs *toutes tubuleuses*. Akènes blanchâtres, velus, si ce n'est *au sommet glanduleux;* aigrette fauve. Feuilles un peu fermes, glanduleuses et un peu velues sur les deux faces, ordinairement un peu tordues sur elles-mêmes; les caulinaires sessiles, linéaires-lancéolées, *aiguës*. Tiges nombreuses, dressées, très-feuillées. Souche ligneuse, épaisse, *noueuse*. — Plante de 1-3 décimètres, un peu velue et visqueuse; fleurs jaunes.

Hab. Marseille, Toulon. ♃ Juillet-août.

J. tuberosa *DC. prodr.* 5, *p.* 476; *J. tuberosa Cass. dict.* 24, *p.* 201; *Erigeron tuberosum L. sp.* 1212; *Gouan, illustr.* 67; *Lois. gall.* 2, *p.* 238; *Inula tuberosa Lam. dict.* 3, *p.* 260; *DC. fl. fr.* 4, *p.* 153; *Dub. bot.* 267; *Aster punctatus Lapeyr. abr. pyr.* 513. *Ic. Lob. icon. tab.* 250, *f.* 3. — Calathides en grappe corymbiforme lâche. Péricline à folioles inégales, linéaires; les externes herbacées, étalées au sommet courbé en dehors; les internes scarieuses aux bords. Fleurs de la circonférence *ligulées*, peu nombreuses. Akènes bruns, velus, *non glanduleux au sommet;* aigrette fauve. Feuilles un peu fermes, étalées, glanduleuses sur les deux faces et souvent munies d'une ligne de poils sur la nervure dorsale, entières ou obscurément sinuées-dentées, toutes linéaires ou linéaires-lancéolées, *obtuses*. Tige dure et suffrutescente à la base, ferme, dressée, rameuse. Souche noire, ligneuse, *renflée en tubercule*. — Plante de 1-4 décimètres, glanduleuse; fleurs jaunes.

Hab. Rochers du Midi; Joyeuse dans l'Ardèche; Saint-Hippolyte près d'Avignon; Saint-Ambroix, Alais, Anduze, Bassège, Tresques dans le Gard; pics Saint-Loup et Saint-Jean-de-Védas près de Montpellier; Arques et Serres dans l'Aude; Pyrénées, à Prats-de-Mollo, vallée de Gistain. ♃ Juillet-août.

Trib. 13. GNAPHALIEÆ *Less. syn.* 269. — Fleurs tantôt toutes hermaphrodites, à corolle tubuleuse et à 5 dents; tantôt les fleurs de la circonférence femelles, à corolle filiforme, rarement ligulée. Anthères pourvues à leur base de deux appendices filiformes. Stigmates obtus, non pénicillés. Akènes cylindriques ou comprimés, dépourvues de côtes; aigrette poilue. Réceptacle nu, ou pourvu d'écailles seulement à la circonférence.

HELICHRYSUM. (D C. prodr. 6, p. 169.)

Péricline campanulé, à folioles scarieuses, imbriquées, planes, disposées sur plusieurs rangs, *non étalées en étoile* à la maturité. Calathides *hétérogames*. Fleurs toutes tubuleuses; celles de la circonférence femelles, peu nombreuses, sur *un seul rang*, *jamais entremêlées aux folioles de l'involucre*, à corolle filiforme, à 5 dents; fleurs du disque hermaphrodites. Style bifide; stigmates à peine épaissis au sommet. Akènes *cylindriques-oblongs;* aigrette formée de poils disposés sur un seul rang. Réceptacle plane, *nu*.—Feuilles alternes.

Sect. 1. STÆCHADINA *DC. prodr.* 6, *p.* 181. — Péricline jaune, non rayonnant.

H. ARENARIUM *DC. fl. fr.* 4, *p.* 132; *Koch, syn.* 401; *Gnaphalium arenarium L. sp.* 1195; *Lois. gall.* 2, *p.* 224; *Godr. fl. lorr.* 2, *p.* 38. *Ic. Barr. icon. tab.* 174; *fl. dan. tab.* 641. — Calathides pédonculées, disposées en *grappe corymbiforme*. Péricline *globuleux*, d'un jaune d'or, luisant, à folioles lâches, inégales; les extérieures ovales, obtuses, velues à la base, entièrement scarieuses; les intérieures *obovées-spatulées*, un peu coriaces inférieurement, laineuses sur les bords à la base, non glanduleuses. Akènes bruns, petits, tuberculeux. Feuilles blanches-laineuses, *planes;* les inférieures oblongues-obovées, longuement atténuées en pétiole; les supérieures insensiblement décroissantes, linéaires-lancéolées, aiguës. Tiges fleuries nombreuses, *entièrement herbacées*, raides, dressées, simples. Souche brune, courte, rameuse, écailleuse, émettant des jets stériles, courts, dressés. — Plante de 2-3 décimètres, blanche-laineuse.

Hab. Sables siliceux; Alsace, Strasbourg, Bischwiller, Haguenau; Lorraine, Bitche, Pont-à-Mousson, Saint-Avold, Rodemack; le long du Rhône à Lyon. ♃ Juillet-août.

H. DECUMBENS *Camb. fl. balear. p.* 99; *DC. prodr.* 6, *p.* 182; *Gnaphalium decumbens Lag. gen. et sp. p.* 28; *Gnaphalium rupestre Pourr. act. Toul.* 3, *p.* 320. — Calathides brièvement pédonculées et semblant même sessiles, plongées qu'elles sont dans un duvet laineux, formant un petit *corymbe globuleux*, dense, enveloppé à sa base par les feuilles supérieures. Péricline *ovoïde*, plus petit que dans l'*H. Stœchas*, d'un jaune d'or, luisant, à folioles presque égales, ovales-lancéolées, aiguës ou obtusiuscules; les extérieures presque entièrement scarieuses, laineuses à la base; les intérieures *oblongues-lancéolées*, coriaces inférieurement, velues et glanduleuses sur le dos. Akènes petits, bruns, munis de petites glandes brillantes. Feuilles linéaires, obtuses, *roulées en dessous par les bords*, uninerviées, blanches-laineuses en dessous, à la fin glabrescentes en dessus, longues de 1-1 1/2 centimètres, *inodores* lorsqu'on les froisse; celles des rameaux non florifères rapprochées, imbriquées; celles des rameaux fleuris plus écartées, égales. Tiges *ligneuses à la base,* décombantes, très-rameuses, à rameaux ternés, simples, dressés, feuillés jusqu'au sommet. — Plante de 1-2 décimètres, très-velue-laineuse.

Hab. Rochers des bords de la Méditerranée, Marseille, île Sainte-Lucie, Port-Vendres. ♄ Mai.

H. Stœchas *DC. fl. fr.* 4, *p.* 132; *Camb. fl. balear. p.* 100; *Dub. bot.* 270; *Gnaphalium Stœchas L. sp.* 1193; *Vill. Dauph.* 3, *p.* 189; *Lois. gall.* 2, *p.* 223; *Gnaphalium citrinum Lam. fl. fr.* 2, *p.* 62. *Ic. Barr. icon. tab.* 278, 409 *et* 410. — Calathides pédonculées, en *corymbe composé, convexe,* assez dense, muni de quelques bractéoles, mais non enveloppé de feuilles à sa base. Péricline *globuleux,* d'un jaune d'or, luisant, à folioles inégales, *dépourvues de glandes;* les extérieures lancéolées, acutiuscules, entièrement scarieuses, velues à la base; les intérieures *oblongues-spatulées,* coriaces à la base, scarieuses et *élargies au sommet,* velues sur le dos. Akènes petits, bruns, munis de petites glandes brillantes. Feuilles linéaires, obtuses, *roulées en dessous par les bords,* uninerviées, blanches-laineuses sur les deux faces, longues de 1-2 centimètres, *odorantes* lorsqu'on les froisse; celles des rameaux non florifères rapprochées, imbriquées; celles des rameaux fleuris d'autant plus lâches et plus petites qu'elles sont placées plus haut. Tiges *ligneuses à la base,* dressées ou étalées, très-rameuses. — Plante de 3-5 décimètres, velue-laineuse.

Hab. Coteaux secs; commun dans tout le midi jusqu'à Lyon, Toulouse, Montauban, Agen, Bergerac; remonte le long des côtes de l'Océan jusqu'à Nantes. ♄ Juin-juillet.

H. serotinum *Bois.! voy. Espagne, p.* 328. — Se distingue du précédent par ses calathides plus petites, d'un jaune moins vif, à folioles internes *linéaires-oblongues, non élargies au sommet, glanduleuses sur le dos.* Se sépare du suivant par ses calathides du double plus grosses, portées sur des pédicelles plus courts, plus épais, plus blancs, plus tomenteux, formant un *corymbe convexe* plus dense; par son péricline d'un jaune moins pâle, à folioles extérieures lancéolées, presque aiguës, velues, à folioles internes obtuses, velues sur le dos; par ses akènes non glanduleux. Il se distingue de tous les deux par son péricline *ovoïde;* par ses feuilles vertes et luisantes à la face supérieure, beaucoup plus allongées, courbées en dehors, atteignant jusqu'à 5 centimètres.

Hab. Rochers de la région méditerranéenne; Fréjus; la Lozère à Roche-blable près de Molines, vallée du Gardon; Saint-Chinian dans les basses Cévennes; Narbonne, île Sainte-Lucie, Perpignan, Collioures, le Boulou, Ille, Prades, Olette. ♄ Juin-juillet.

H. angustifolium *DC. fl. fr.* 5, *p.* 467, *et prodr.* 6, *p.* 183; *Salis, fl. od. bot. Zeit.* 1834, *p.* 30; *Moris, fl. sard.* 2, *p.* 385 (*excl. syn.*); *H. italicum Guss. syn.* 2, *p.* 469; *Gnaphalium italicum Roth, cat.* 1, *p.* 115; *Viv. fl. lyb. spec.* 55; *Gnaphalium angustifo-*

lium Lois.! gall. 2, *p.* 224 ; *Salzm. fl. od. bot. Zeit.* 1821, *p.* 111 (*non Lam.*); *Gnaphalium Stœchas Sibth. et Sm. fl. græc.* 9, *p.* 44, *tab.* 857 (*non L.*); *Elichrysum angustissimo folio Tournef. inst. p.* 450. *Rchb. exsicc.* 581 ; *Soleir. exsicc.* 2463 ! — Calathides petites, pédonculées, en *corymbe composé*, presque nu. Péricline *oblong*, d'un jaune pâle, à folioles très-inégales, scarieuses, concaves, appliquées; les extérieures ovales, obtuses, un peu laineuses à la base; les intérieures *linéaires-oblongues*, glanduleuses sur le dos, blanches-scarieuses et lacérées au sommet. Akènes très-petits, bruns, munis de petites glandes brillantes. Feuilles étroitement linéaires, obtuses, *roulées en dessous par les bords*, uninerviées, laineuses, à la fin glabrescentes en dessus, *odorantes* lorsqu'on les froisse; celles des rameaux non florifères plus courtes, rapprochées, réfléchies; celles des rameaux fleuris éparses, atteignant 2 centimètres. Tiges *ligneuses à la base*, dressées ou ascendantes, très-rameuses inférieurement, à rameaux grêles et raides. — Plante de 3-5 décimètres, velue-laineuse.

Hab. Montpellier; Corse, à Ajaccio, Corté, Bastia, Calvi. ♄ Mai-juillet.

H. microphyllum *Camb. fl. balear. p.* 100; *DC. prodr.* 6, *p.* 183; *Gnaphalium microphyllum Willd. sp.* 3, *p.* 1863 (*non Ten.*); *Elichrysum creticum foliis brevioribus et crispis, capitulis minoribus Tournef. coroll.* 33. — Calathides très-petites, brièvement pédonculées, en corymbe composé, *plane*, *ombelliforme*, dense, muni de bractéoles. Péricline *cylindrique-oblong*, d'un jaune pâle, à folioles étroitement imbriquées, toutes, même les extérieures, munies de nombreuses glandes dorées; les extérieures ovales, obtuses; les intérieures étroites, *linéaires*, glabres, coriaces à la base, scarieuses et lacérées au sommet. Akènes très-petits, bruns, glanduleux. Feuilles étroites, linéaires, obtuses, *roulées en dessous par les bords*, uninerviées, blanches-laineuses en dessous, glabrescentes en dessus, *odorantes* lorsqu'on les froisse, très-étalées ou réfléchies, rapprochées à la base des rameaux fleuris et au sommet des rameaux non florifères, atteignant un centimètre et souvent plus courtes. Tiges *ligneuses inférieurement*, étalées, blanchâtres, très-rameuses; rameaux grêles, dressés. — Plante de 1-2 décimètres, velue-laineuse.

Hab. Corse, Bonifacio. ♄ Mai-juillet.

Sect. 2. Xerochlena *DC. prodr.* 6, *p.* 187. — Péricline jaune, rayonnant.

H. fœtidum *Cass. dict. sc. nat.* 25, *p.* 469 ; *DC. prodr.* 6, *p.* 187; *Gnaphalium fœtidum L. sp.* 1197; *Anaxeton fœtidum Gærtn. fruct.* 2, *tab.* 166. *Ic. Lam. illustr. tab.* 692, *f.* 1. — Calathides grandes, pédonculées, en grappe large, composée, corymbiforme. Péricline hémisphérique, ombiliqué, à folioles glabres, non glanduleuses, presque entièrement scarieuses, d'un jaune pâle, luisantes, inégales; les extérieures ovales, aiguës; les intérieures lancéolées, atténuées à la base, dépassant les corolles. Akènes petits, bruns, finement tuberculeux. Feuilles d'un vert-sombre et finement glanduleuses en dessus, blanches-laineuses en dessous, fétides lorsqu'on les froisse ; les inférieures oblongues, atténuées en pétiole ; les caulinaires moyennes et supérieures lancéolées, aiguës, embrassant la tige par deux oreilles arrondies. Tiges herbacées, dressées, très-rameuses. — Plante de 1-2 mètres, velue-laineuse.

Hab. Originaire du cap de Bonne-Espérance; il s'est naturalisé sur plusieurs points de nos côtes, par exemple : aux environs de Brest; à la lande de Gofontaine, près de Tocqueville dans la presqu'île de la Manche (*Lebel*). ② Septembre.

Sect. 3. Virginea *DC. prodr,* 6, *p.* 177. — Péricline blanc, rayonnant.

H. frigidum *Willd. sp.* 3, *p.* 1908 ; *DC. prodr.* 6, *p.* 177 : *Lois. gall.* 2, *p.* 227 ; *Salis, fl. od. bot. Zeit.* 1834, *p.* 30 ; *Gnaphalium bellidiflorum Viv. fragm. p.* 16, *tab.* 19 ; *Xeranthemum frigidum Labill. syr. dec.* 2, *p.* 9, *tab.* 4. *Soleir. exsicc.* 2460 ! — Calathides solitaires au sommet des rameaux, entourées à la base par les feuilles raméales supérieures. Péricline hémisphérique, d'un blanc argenté, tomenteux à la base, à folioles peu inégales, lancéolées, aiguës ou obtusiuscules, rétrécies à la base, glabres, non glanduleuses, étalées en étoile et dépassant beaucoup les corolles. Akènes petits, couverts de poils appliqués. Feuilles petites, blanches-tomenteuses sur les deux faces, planes, linéaires-oblongues, obtuses, atténuées à la base, imbriquées et presque disposées sur 4 rangs le long des tiges non florifères. Tiges grêles, couchées, très-rameuses, formant un gazon épais ; rameaux fleuris ascendants, feuillés jusqu'au sommet. Souche dure, ligneuse, rameuse.—Plante de 5-10 centimètres, blanche-laineuse.

Hab. Rochers des hautes montagnes de Corse, jusqu'à 2,000 mètres d'élevation, monts Rotundo, d'Oro, Grosso, Patro, Treton, vallée de Mello, Niolo. ♃ Juin-juillet.

GNAPHALIUM. (Don, mém. Wern. soc. 5, p. 563.)

Péricline campanulé, à folioles scarieuses, imbriquées, planes, disposées sur plusieurs rangs, *étalées en étoile* à la maturité. Calathides *hétérogames.* Fleurs toutes tubuleuses ; celles de la circonférence femelles, *sur plusieurs rangs, jamais entremêlées aux folioles de l'involucre*, à corolle filiforme, dentelée au sommet ; fleurs du disque hermaphrodites. Style bifide ; stigmates obtus. Akènes *cylindriques-oblongs ;* aigrette formée de poils disposés sur un seul rang. Réceptacle plane, *nu.* — Feuilles alternes.

G. undulatum *L. sp.* 1197 ; *DC. prodr.* 6, *p.* 226 ; *Elichrysum decurrens Mœnch, meth.* 576 (*nec alior.*). *Ic. Dill. Elth. tab.* 108, *f.* 130. — Calathides petites, brièvement pédicellées, agglomérées au sommet des tiges et des rameaux et formant par leur réunion *une grande panicule corymbiforme.* Péricline campanulé, un peu laineux à la base, du reste glabre, à folioles inégales, lâches, scarieuses, d'un blanc-jaunâtre ; les extérieures ovales, les intérieures lancéolées. Akènes fauves, *glabres*, *très-finement chagrinés*. Feuilles vertes et rudes en dessus, blanches-laineuses en dessous, brièvement spinuleuses aux bords; les caulinaires linéaires-lancéolées, aiguës, mucronées, *décurrentes sur la tige*. Celle-ci dressée, très-rameuse supérieurement.

Hab. Originaire du cap de Bonne-Espérance. Plante naturalisée au bois de Flamanville et au bord de la mer près de Cherbourg (*Lejolis*). ①.

G. **LUTEO-ALBUM** *L. sp.* 1196 ; *DC. fl. fr.* 4, *p.* 133 ; *Koch, syn.* 400. *Ic. Sturm, deutsch. fl. helf.* 38, *tab.* 2. *Rchb. exsicc.* 829 ! — Calathides presque sessiles, entourées à leur base d'un tomentum laineux très-abondant, réunies au sommet de la tige et des rameaux en capitules serrés, non feuillés, qui par leur réunion forment *une grappe corymbiforme*. Péricline campanulé, glabre, à folioles peu inégales, appliquées, presque entièrement scarieuses, luisantes, d'un blanc sale, ovales ou oblongues, obtuses. Akènes petits, bruns, *très-finement tuberculeux, glabres*. Feuilles blanches-laineuses sur les deux faces, *uninerviées*, non spinuleuses aux bords; les caulinaires *toutes demi-embrassantes ;* les inférieures oblongues-obovées, obtuses; les supérieures linéaires, aiguës. Tige dressée, simple, plus rarement rameuse, presque nue au sommet. Racine *annuelle*, fibreuse. — Plante de 2-4 décimètres, blanche-laineuse.

Hab. Sables siliceux dans presque toute la France ; Corse. ① Juin-août.

G. **SYLVATICUM** *L. sp.* 1200 ; *Koch, syn.* 399 ; *G. rectum Sm. fl. brit.* 870 ; *Lois.! gall.* 2, *p.* 225. *Ic. Engl. bot. tab.* 124. — Calathides presque sessiles, un peu laineuses à leur base, agglomérées à l'aisselle des feuilles supérieures et formant *une longue grappe spiciforme*. Péricline campanulé, à folioles inégales, appliquées, scarieuses seulement au sommet, fauves ou brunes dans leur moitié supérieure ; les extérieures ovales ; les intérieures linéaires. Akènes grisâtres, *brièvement pubescents*. Feuilles blanches-tomenteuses en dessous, glabrescentes en dessus, *uninerviées*, non spinuleuses aux bords, non demi-embrassantes ; les inférieures allongées, linéaires-lancéolées, les autres *insensiblement décroissantes*, *toutes atténuées à la base*. Tige simple, raide, dressée, très-feuillée jusqu'au sommet, simple ou rameuse supérieurement. Souche *vivace* courte, dure, tronquée, émettant des jets stériles couchés, courts. — Plante de 2-5 décimètres, blanche-tomenteuse.

Hab. Comm. dans les bois montagneux de toute la France. ♃ Juin-septemb.

G. **NORVEGICUM** *Gunn. fl. norveg. p.* 105 ; *Koch, syn.* 399 ; *Godr. fl. lorr.* 2, *p.* 38 ; *G. sylvaticum Sm. fl. brit.* 869 (*non L.*); *G. fuscatum Pers. syn.* 2, *p.* 421 ; *G. fuscum Lam. dict.* 2, *p.* 757 (*non Scop.*) ; *G. medium Vill. prosp.* 31. *Ic. Sturm, deutsch, fl. helf.* 38, *tab.* 5. *Rchb. exsicc.* 222 ! — Diffère du précédent par ses calathides réunies en *grappe spiciforme* plus courte et plus dense ; par les folioles du péricline toujours brunes dans leur moitié supérieure, plus larges, les intérieures oblongues-elliptiques ; par les akènes plus gros ; par les feuilles caulinaires beaucoup moins nombreuses, longuement atténuées en pétiole ; les moyennes *munies de trois nervures,* linéaires-lancéolées, *plus larges que les inférieures ;* enfin par le tomentum plus épais qui recouvre toute la plante.

Hab. Escarpements des hautes Vosges, sur le granit, Hohneck, Rotabac, Ballons ; mont Mezin dans l'Ardèche ; Mont-Dore, pic de Sancy ; Cantal, Puy-Mary, pentes du Plomb ; Pyrénées-Orientales, Cambredases. ♃ Juillet-août.

G. uliginosum *L. sp.* 1200 ; *DC. fl. fr.* 4, *p.* 135 ; *G. ramosum Lam. fl. fr.* 2, *p.* 65. *Ic. fl. dan. tab.* 859. — Calathides sessiles, plongées par leur base dans un tomentum laineux très-abondant, réunies au sommet des rameaux *en capitules serrés et feuillés.* Péricline campanulé, à folioles inégales, lâches, scarieuses et glabres dans leur moitié supérieure ; celle-ci jaunâtre ou brune ; les extérieures ovales, obtuses ; les intérieures linéaires, aiguës. Akènes bruns, *finement hérissés.* Feuilles blanches-laineuses, quelquefois vertes et glabrescentes, *uninerviées,* linéaires-oblongues, *toutes longuement atténuées à la base.* Tige rameuse dès la base, à rameaux étalés, diffus, flexueux, feuillés jusqu'au sommet. Racine *annuelle,* fibreuse. — Plante de 1-2 décimètres.

Hab. Champs sablonneux et humides ; commun dans toute la France. ① Juin-août.

G. supinum *L. syst.* 3, *p.* 234 ; *Vill. Dauph.* 3, *p.* 192 ; *DC. fl. fr.* 4, *p.* 133 ; *Dub. bot.* 269 ; *Lois. gall.* 2, *p.* 225 ; *Koch, syn.* 399 ; *G. pusillum Hænk. sudet. p.* 93 ; *G. fuscum Scop. carn.* 2, *p.* 152, *tab.* 57 (*non Lam.*) ; *Omalotheca supina Cass. dict.* 56, *p.* 218. *Ic. Engl. bot. tab.* 1193 ; *Bocc. sicul. tab.* 20, *f.* 1. *Rchb. exsicc.* 1428, *et Soleir. exsicc.* 2445 ! — Calathides brièvement pédicellées, le plus souvent réunies au nombre de 3-12, et formant alors *une petite grappe spiciforme courbée au sommet ;* plus rarement une calathide solitaire occupe le sommet de la tige. Péricline campanulé, velu à la base, à folioles inégales, luisantes, largement scarieuses et brunes ou fauves sur les bords, munies d'une bande verte sur le dos ; les extérieures ovales, les intérieures lancéolées. Akènes fauves, *munis de très-petits poils épars.* Feuilles tomenteuses sur les deux faces, *uninerviées,* allongées, toutes linéaires ou linéaires-lancéolées, *atténuées à la base.* Tiges filiformes, couchées ou ascendantes, simples et peu feuillées. Souche *vivace,* brune, oblique, rameuse, émettant des stolons courts, couchés et formant gazon. — Plante de 3-8 centimètres, tomenteuse, blanche ou cendrée.

Hab. Hautes Alpes du Dauphiné, pic de Belledone et Revel près de Grenoble, Lautaret, Sept-Laus, Villars-d'Arène, Gap, Briançon ; monts Dore, pic de Sancy, Chaudefour, Val-d'Enfer ; Pyrénées, Canigou, vallée d'Eynes, port de la Picade, port de Paillères, Llaurenti, pic du Midi de Bigorre, Barréges, Bénasque, Baguères-de-Luchon, etc., Corse, m[t] Corona. ♃ Juillet-août.

ANTENNARIA. (R. Brown, in Lin. trans. 12, p. 122.)

Péricline campanulé, à folioles scarieuses au sommet, imbriquées, planes, disposées sur plusieurs rangs. Calathides *dioïques*. Fleurs toutes tubuleuses, *jamais entremêlées aux folioles du péricline;* les femelles à corolle filiforme; les mâles à corolle tubuleuse, à 5 dents. Style des fleurs femelles bifide, à stigmates obtus; style des fleurs mâles indivis, en massue. Akènes *cylindriques-oblongs;* aigrette des fleurs femelles formée d'un seul rang de poils capillaires; celle des fleurs mâles à poils épaissis supérieurement. Réceptacle convexe, *nu*, alvéolé.—Feuilles alternes.

A. carpatica *Bluff et Fing. fl. germ.* 2, *p.* 351; *DC. prodr.* 6, *p.* 269; *Gnaphalium carpaticum Wahlenb. fl. carp. p.* 258, *tab.* 3; *Koch, syn.* 400; *Gnaphalium alpinum Vill. Dauph.* 3, *p.* 191; *Lapey. abr. pyr. p.* 506; *DC. fl. fr.* 4, *p.* 138; *Dub. bot.* 270; *Lois! gall.* 2, *p.* 225; *Gaud. helv.* 5, *p.* 249 (*non L.*). *Ic. Sturm, deutsch. fl. helf.* 38, *tab.* 6. *Rchb. exsicc.* 225!— Calathides pédonculées, disposées en un petit corymbe simple et dense. Péricline campanulé, tomenteux à sa base, à folioles inégales, brunes ou livides sur le dos, blanches sur les bords et au sommet; les extérieures lancéolées, les intérieures linéaires-oblongues, aiguës. Akènes glabres et lisses. Feuilles d'un vert-cendré, tomenteuses sur les deux faces; les intérieures *obovées-lancéolées, aiguës*, longuement atténuées en pétiole, trinerviées; les autres décroissantes, les supérieures linéaires, acuminées. Tige dressée, simple. Souche courte, rameuse, à divisions dressées, terminées par des rosettes de feuilles; *stolons nuls*. —Plante de 5-15 centimètres, tomenteuse.

Hab. Hautes Alpes du Dauphiné, Grenoble, Lautaret, Sept-Laus, Chailol-le-Vieil, glaciers de la Bérarde, col de l'Echauda, mont Vizo, etc.; Pyrénées, Canigou, val d'Eynes, pic du Midi, Esquierry, Eaux-Bonnes, etc. ♃ Juill.-août.

A. dioica *Gærtn. fruct.* 2, *p.* 410, *tab.* 167, *f.* 3; *Gnaphalium dioïcum L. sp.* 1199; *DC. fl. fr.* 4, *p.* 137; *Koch, syn.* 400. *Ic. Sturm, deutsch. fl. helf.* 38, *tab.* 4. —Calathides plus ou moins pédonculées, disposées en corymbe simple ou composé, serré. Péricline campanulé, laineux à la base, à folioles inégales, luisantes, scarieuses et glabres dans leur moitié supérieure; blanches, plus larges, plus obtuses, plus courtes que les fleurs dans les calathides mâles; roses, ordinairement acuminées et souvent plus longues que les fleurs dans les calathides femelles. Akènes glabres et lisses. Feuilles blanches-tomenteuses en dessous, vertes et glabres en dessus; les caulinaires inférieures et celles des rameaux non florifères, *obovées-spatulées, très-obtuses, mucronulées*, atténuées en pétiole; les supérieures petites, linéaires, acuminées, dressées. Tige simple, dressée. Souche très-rameuse, émettant des *stolons grêles, couchés, radicants*, terminés par une rosette de feuilles. — Plante de 1-2 décimètres, blanche-tomenteuse.

Hab. Comm. sur les sables siliceux de presque toute la France. ♃ Mai-juin.

LEONTOPODIUM (R. Brown, in Lin. trans. 12, p. 124.)

Péricline hémisphérique, à folioles scarieuses au sommet, imbriquées, planes, disposées sur plusieurs rangs. Calathides *hétérogames; fleurs* toutes tubuleuses, *jamais entremêlées aux écailles du péricline;* celles de la circonférence femelles, *sur plusieurs rangs*, à corolle filiforme ; celles du disque hermaphrodites, stériles, à corolle tubuleuse, à 5 dents. Style des fleurs femelles bifide; celui des fleurs hermaphrodites indivis, en massue. Akènes *cylindriques-oblongs;* aigrette formée de poils sur un seul rang et *soudés en anneau à la base*, capillaires dans les fleurs femelles, épaissis supérieurement dans les fleurs hermaphrodites. Réceptacle plane, *nu.* — Feuilles alternes.

L. alpinum *Cass. dict. sc. nat.* 25, *p.* 474; *D C. prodr.* 6, *p.* 275; *L. umbellatum Bluff et Fing. fl. germ.* 2, *p.* 346; *Filago Leontopodium L. sp.* 1312; *Gnaphalium Leontopodium Scop. carn.* 2, *p.* 150; *Vill. Dauph.* 3, *p.* 191; *Dub. bot.* 270; *Lois. gall.* 2, *p.* 226; *Koch, syn.* 400; *Antennaria Leontopodium Gærtn. fruct.* 2, *p.* 410. *Ic. Jacq. austr. tab.* 86. *Rchb. exsicc.* 221, *et Schultz, exsicc.* 1079! — Calathides presque sessiles, formant un capitule corymbiforme dense, muni de 7-8 feuilles florales linéaires-oblongues, étalées en étoile, beaucoup plus longues que les calathides. Péricline plongé par sa base dans un tomentum laineux, à folioles un peu inégales, tomenteuses sur le dos, scarieuses glabres et noires au sommet, linéaires-lancéolées. Akènes munis de très-petits poils épars. Feuilles couvertes sur les deux faces, ou au moins sur la face inférieure, d'un tomentum laineux abondant et très-blanc; les inférieures lancéolées, insensiblement atténuées en pétiole; les supérieures sessiles, linéaires-olongues, dressées; toutes brièvement mucronées. Tige dressée, toujours simple. Souche brune, rameuse, à divisions dressées, écailleuses, terminées par une rosette de feuilles. —Plante de 1-3 décimètres, blanche-laineuse.

Hab. Pâturages escarpés des montagnes; hautes Alpes du Dauphiné, col du Lautaret, la Grave, mont Seuze près de Gap, Sisteron, Briançon; Pyrénées, vallée de Lectoure, port de Salcix, pic du midi de Bigorre, houle de Marboré, Brêche-de-Roland, Castanèze, Eaux-Bonnes, mont Cagire, etc.; Jura, la Dole, Reculet. ♃ Juillet-août.

FILAGO. (Tournef. inst. 259.)

Péricline ovoïde-pentagonal, à folioles concaves ou carénées, disposées sur 3-5 rangs, dont les intérieurés jouent le rôle d'écailles du réceptacle. Fleurs de la circonférence femelles, à corolle filiforme et à peine dentée, disposées *sur plusieurs rangs et placées à l'aisselle des écailles internes du péricline;* fleurs du centre hermaphrodites, peu nombreuses, à corolle tubuleuse, à 4-5 dents. Stigmates obtus. Akènes *tous libres, obovés, comprimés*, muni de petites papilles transparentes; aigrette fragile, caduque; celle des fleurs externes nulle ou dissemblable. Réceptacle tantôt long et presque filiforme, tantôt court, épaissi et aplani au sommet, *muni d'écailles à la circonférence, nu au centre.* — Feuilles alternes.

Sect. 1. GIFOLA *Cass. bull. phil.* 1819, *p.* 143. — Péricline à folioles cuspidées, opposées, disposées sur cinq rangs, ne s'étalant pas en étoile à la maturité. Réceptacle nu, filiforme.

F. SPATHULATA *Presl, delic. prag. p.* 93; *Jord.! obs. pl. France, frag.* 3, *p.* 199, *tab.* 7, *f. c.*; *F. Jussiæi Coss. et Germ.! ann. sc. nat. sér.* 2, *t.* 20, *p.* 284, *tab.* 13, *f. c.* 1-3; *Godr. fl. lorr.* 3, *p.* 230 ; *F. pyramidata Vill. Dauph.* 3, *p.* 194 (*non L.*); *F. pyramidata* β. *spathulata Parlat. pl. nov. p.* 10 ; *Guss. syn.* 2, *p.* 461; *F. germanica* δ. *spathulata DC. prodr.* 6, *p.* 247. — Calathides écartées l'une de l'autre à leur sommet, réunies au nombre de 12-15 en glomérules *hémisphériques*, serrés, placés au sommet ou sessiles dans la dichotomie des rameaux, munis en dessous de 3-4 feuilles florales étalées qui les dépassent ordinairement. Péricline *reposant sur un tomentum épais qui ne s'élève pas au-dessus de sa base*, ovoïde, *à* 5 *angles aigus* et séparés par des sinus profonds, à folioles presque égales, disposées sur 5 rangs et étroitement appliquées, elliptiques-oblongues, carénées, longuement acuminées-subulées, à pointe jaunâtre, étalée dans les folioles externes. Akènes bruns, finement glanduleux. Feuilles éparses, un peu étalées, planes, oblongues spatulées, obtuses, *toujours rétrécies à la base.* Tige dressée, ordinairement rameuse dès la base, dichotome, à rameaux flexueux, divariqués. — Plante de 1-3 décimètres, blanche-tomenteuse.

Hab. Moissons, surtout dans les terrains calcaires; commun dans toute la France. ① Juillet-août.

F. GERMANICA *L. sp.* 1311 ; *Vill. Dauph.* 3, *p.* 194; *Coss. et Germ. ann. sc. nat. sér.* 2, *t.* 20, *p.* 284, *tab.* 13, *f. D*, 1-3; *Gnaphalium germanicum Willd. sp.* 3, *p.* 1894. — Calathides peu écartées l'une de l'autre à leur sommet, réunies au nombre de 20-30 en glomérules *globuleux*, serrés, placés au sommet ou sessiles dans la dichotomie des rameaux, munis à leur base de plusieurs feuilles florales dressées et courtes. Péricline *plongé jusqu'au milieu de sa hauteur dans un tomentum épais*, ovoïde-obconique, *à* 5 *angles peu prononcés* et séparés par des sinus superficiels, à folioles presque égales, disposées sur 5 rangs, lâches, oblongues-lancéolées, pliées dans leur longueur, longuement acuminées-subulées, à pointe jaunâtre ou purpurine, dressée. Akènes bruns, finement glanduleux. Feuilles rapprochées, dressées, onduleuses sur les bords souvent roulés en dessous, oblongues-lancéolées, obtuses ou aiguës, mucronées; les caulinaires *non rétrécies à la base.* Tige dressée, simple inférieurement ou rameuse à la base, dichotome supérieurement, à rameaux dressés, peu étalés. — Plante de 1-3 décim., tomenteuse.

α. *lutescens*. Plante couverte d'un tomentum d'un blanc-jaunâtre ou verdâtre. *F. lutescens Jord.! obs. pl. France, fragm.* 3, *p.* 201, *tab.* 7, *f. B.*

β. *canescens*. Plante couverte d'un tomentum blanc. *F. canescens Jord.! l. c. tab.* 7, *f. A.*

Hab. Moissons, principalement dans les terrains siliceux; commun dans toute la France. (1) Juillet-août.

F. ERIOCEPHALA *Guss. pl. rar. p.* 344, *tab.* 69; *Jord.! obs. pl. France, f.* 3, *p.* 203, *tab.* 7, *f. D; F. lanuginosa Requien, in Benth. cat. pyr. p.* 79. — Se distingue du *F. germanica* par ses calathides plus petites, réunies au nombre de 40-60 en glomérules plus denses et *ovoïdes-globuleux;* par son péricline plus étroit, *entièrement plongé dans une laine épaisse, non anguleux*, presque cylindrique, à folioles concaves, mais non pliées, à pointe pâle, étalée en dehors dans les folioles externes; par ses akènes de moitié plus petits; par ses feuilles plus nombreuses, souvent presque imbriquées, planes ou à bord un peu roulés en dessous; par ses rameaux tous courbés à la base, puis dressés; par le tomentum abondant, grisâtre qui recouvre toute la plante; ce tomentum a souvent une teinte légèrement verdâtre sur les glomérules.

Hab. Iles d'Hyères (*Requien*). (1) Juillet.

Sect. 2. OGLIFA *Cass. l. c.* — Péricline à folioles non cuspidées, toutes, ou au moins les intérieures, alternes, disposées sur 3-4 rangs, s'étalant en étoile à la maturité. Réceptacle court, élargi et aplani au sommet.

F. ARVENSIS *L. sp.* 1312; *Vill. Dauph.* 3, *p.* 193; *Lam. fl. fr.* 2, *p.* 59; *Koch, syn.* 398; *Gnaphalium arvense Willd. sp.* 3, *p.* 1897; *DC. fl. fr.* 4, *p.* 136; *Oglifa arvensis Cass. bull. phil.* 1819, *p.* 143; *Godr. fl. lorr.* 2, *p.* 33; *Achariterium arvense Bluff et Fing. fl. germ.* 2, *p.* 346. *Ic. Sturm, deutsch. fl. helf.* 38, *tab.* 10. *Rchb. exsicc.* 1328! — Calathides brièvement pédicellées, enveloppées d'une laine épaisse, réunies au nombre de 2-7 en petits glomérules terminaux et latéraux, rapprochés au sommet des rameaux et formant des grappes spiciformes interrompues; feuilles florales *égalant les glomérules*. Péricline ovoïde, à folioles placées sur 2 rangs, concaves, *non carénées;* les folioles externes au nombre de 3-5, lâches, étroites, linéaires, aiguës, de moitié plus courtes que les intérieures; celles-ci *au nombre de huit*, étroitement scarieuses et glabres sur les bords, laineuses sur le dos presque jusqu'au sommet coloré. Akènes grisâtres, munis de petites papilles *sphériques*. Feuilles dressées, linéaires ou linéaires-lancéolées, aiguës, sessiles et *arrondies à la base*. Tige dressée, rameuse; rameaux nombreux, dressés, presque simples. — Plante de 2-3 décimètres, blanche, fortement laineuse.

Hab. Moissons des terrains siliceux; commun dans toute la France. (1) Juin-août.

F. NEGLECTA *DC. prodr.* 6, *p.* 248; *Gnaphalium neglectum Soy-Will.! mém. soc. Nancy*, 1835, *p.* 45, *ic.*; *Gnaphalium gallico-uliginosum Billot! in fl. od. bot. Zeit.* 1847; *Oglifa Soyerii Godr. fl. lorr.* 2, *p.* 34. *Schultz, exsicc.* 1078! — Calathides brièvement pédicellées, laineuses à leur base, réunies au nombre de 2–5 en petits glomérules terminaux et latéraux, rapprochés au sommet des rameaux et formant souvent des grappes spiciformes interrompues; feuilles florales larges, nombreuses, *beaucoup plus longues que les glomérules.* Péricline ovoïde, à folioles placées sur deux rangs, concaves, *non carénées;* les folioles externes au nombre de 5, appliquées, aussi longues que les intérieures; celles-ci *au nombre de douze à quinze,* linéaires, aiguës, largement scarieuses sur les bords, jaunâtres ou brunes et glabres dans leur tiers supérieur. Akènes grisâtres, munis de petites papilles *cylindriques.* Feuilles étalées, linéaires-lancéolées, acuminées, *atténuées à la base.* Tige dressée, rameuse au sommet; rameaux dressés-étalés. — Diffère en outre de la précédente espèce par les poils blancs, appliqués et non laineux qui recouvrent toute la plante; par ses calathides de moitié plus petites; par son port qui est celui du *Logfia gallica.*

Hab. Cultures à Badonvillers et à Pexonne (Meurthe), sur le grès bigarré. ① Août-septembre.

F. MINIMA *Fries, nov. p.* 268; *Koch, syn.* 398; *F. montana DC. prodr.* 6, *p.* 248; *Gnaphalium minimum Sm. brit.* 873; *Lois.! gall.* 2, *p.* 227; *Gnaphalium montanum Huds. fl. angl. p.* 362; *Lois.! gall.* 2, *p.* 226; *Xerotium montanum Bluff et Fing. fl. germ.* 2, *p.* 344; *Logfia lanceolata Cass. dict.* 27, *p.* 118. *Ic. Sturm, deutsch. fl. helf.* 38, *tab.* 9. *Rchb. exsicc.* 1327 *et* 2035! — Calathides sessiles, réunies au nombre de 3-5 en petits glomérules dont les uns sont terminaux, les autres latéraux ou placés dans les dichotomies, formant par leur réunion une panicule dichotome; feuilles florales *plus courtes que les glomérules.* Péricline ovoïde-pyramidal, à folioles placées sur 4 rangs, *carénées;* les folioles externes ovales, courtes; les internes plus longues, oblongues, *au nombre de cinq;* toutes velues sur le dos, scarieuses et jaunâtres au sommet obtus. Akènes grisâtres, munis de petites papilles *sphériques.* Feuilles appliquées, nombreuses, linéaires-lancéolées, aiguës. Tige raide, dressée, grêle, rameuse; rameaux étalés-dressés. — Plante de 1-2 décimètres, blanche, brièvement tomenteuse.

Hab. Moissons; commun dans toute la France. ① Juillet-août.

LOGFIA. (Cass. bull. phil. 1819, p. 145.)

Péricline ovoïde-pentagonal, à folioles concaves, disposées sur 3 rangs opposés, et dont les intérieures jouent le rôle d'écailles du réceptacle. Fleurs de la circonférence femelles, à corolle filiforme, disposées *sur deux rangs aux aisselles des folioles moyennes et internes du péricline;* celles du centre hermaphrodites, peu nombreuses, à corolle tubuleuse et à 4-5 dents. Stigmates obtus. Akènes *obovés, comprimés;* ceux du rang le plus extérieur *complétement enveloppés par les folioles moyennes du péricline, roulées chacune sur elle-même et soudées inférieurement* vers les bords; les autres akènes libres, munis de petites papilles transparentes; aigrette fragile, caduque. Réceptacle court, épaissi et aplani au sommet, *muni d'écailles à la circonférence, nu au centre.* — Feuilles alternes.

L. SUBULATA *Cass. dict.* 27, *p.* 116; *L. gallica Coss. et Germ. ann. sc. nat. sér.* 2, *t.* 20, *p.* 290, *tab.* 13, *f. A*, 1-11; *Filago gallica L. sp.* 1312; *Filago filiformis Lam. fl. fr.* 2, *p.* 61; *Gnaphalium gallicum Huds. fl. angl. p.* 361; *Xerotium gallicum Bluff. et Fing. fl. germ.* 2, *p.* 344. *Ic. Engl. bot. tab.* 2369. — Calathides sessiles, réunies au nombre de 3-5 en petits glomérules dont les uns sont terminaux, les autres latéraux ou placés dans les dichotomies; feuilles florales subulées, plus longues que les glomérules. Péricline à 5 angles saillants, obtus, à folioles lancéolées, obtuses, scarieuses et jaunâtres au sommet, s'étalant en étoile à la maturité. Akènes très-petits, grisâtres. Feuilles raides, dressées, linéaires-subulées. Tige dressée, rameuse-dichotome supérieurement; rameaux dressés-étalés. —Plante de 1-2 décimètres, blanche-tomenteuse.

Hab. Moissons des terrains siliceux; commun dans toute la France. ① Juin-août.

TRIB. 14. TARCHONANTHEÆ *Less. syn.* 205. — Fleurs de la circonférence femelles, à corolle filiforme; celles du disque hermaphrodites ou mâles, à corolle tubuleuse et à 5 dents. Anthères pourvues à leur base de deux appendices filiformes. Stigmates obtus, non pénicillés. Akènes comprimés, dépourvus de côtes et d'aigrette. Réceptacle nu ou pourvu d'écailles à sa circonférence.

MICROPUS. (L. gen. 996.)

Péricline globuleux, à 2 rangs de folioles; les extérieures lâches et planes; les intérieures au nombre de 4-8, coriaces, *courbées en capuchon, enveloppant les fleurs et les akènes de la circonférence et tombant avec eux.* Fleurs toutes tubuleuses; celles de la circonférence femelles, disposées *sur un seul rang,* en même nombre que les folioles internes du péricline, à corolle filiforme; fleurs du disque au nombre de 5-7, mâles, à corolle à 5 dents. Akènes obovés, comprimés; aigrette nulle. Réceptacle étroit, *nu.*

M. ERECTUS *L. sp.* 1313; *D C. fl. fr.* 4, *p.* 199; *Lag. gen. et sp. p.* 32; *Dub. bot.* 271; *Lois. gall.* 2, *p.* 235; *Koch, syn.* 390. *Ic. Lam. illustr. tab.* 694, *f.* 2. *Rchb. exsicc.* 1222! — Calathides enveloppées d'un *duvet laineux, court et appliqué,* sessiles et disposées en glomérules terminaux, latéraux et axillaires, entourés de feuilles florales nombreuses, étroites, obtusiuscules ou presque aiguës, *plus longues que les calathides*. Péricline à folioles externes molles, linéaires, glabres et jaunâtres à la face interne; les folioles intérieures au nombre de 6-8, disposées en casque comprimé latéralement, rostellé au sommet et donnant passage au style oblique à travers une fente étroite. Akènes grisâtres, un peu arqués. Feuilles sessiles, linéaires-lancéolées, obtuses, onduleuses aux bords. Tiges simples et dressées, ou plusieurs tiges partant de la racine et dont les latérales sont couchées et diffuses (*Filago multicaulis Lam. fl. fr.* 2, *p*. 59); rameaux *étalés*.— Plante de 1-2 décimètres, couverte d'un duvet blanc, court et laineux; port du *Filago spathulata*.

Hab. Coteaux arides surtout dans les terrains calcaires; Lorraine, Liverdun, Thiaucourt, Metz; Langres; Dijon, Beaune; Moissac; Lyon, Montbrison; Nyons, Gap; Fréjus, Toulon, Marseille, Nîmes; Mende; Cluny, Desize; Auvergne, Puy-de-Crouel, Limagne; assez commun dans la Nièvre, le Cher, l'Indre; Poitiers; Angers; Orléans; Nemours; Lardy, Malesherbes, Etampes. Pithiviers; Merry-sur-Yonne; Beauvais; Reims, etc. ① Juin-juillet.

M. BOMBYCINUS *Lag. gen. et sp. p*. 32; *DC. prodr*. 5, *p*. 460; *Ic. Barrel. obs. tab*. 296. — Se distingue du précédent par ses calathides enveloppées d'une *laine longue, abondante, enflée;* par ses glomérules plus gros et plus rapprochés, entourés de feuilles florales plus larges, plus obtuses, *ne dépassant pas les calathides;* par son péricline à folioles intérieures renfermant les akènes seulement au nombre de 4-5; par ses feuilles planes; par ses tiges, dont les latérales sont ascendantes, jamais diffuses; par ses rameaux *dressés;* par le duvet laineux plus fourni et plus long qui couvre toutes les parties de la plante.

Hab. Champs du Midi; Montaud près de Salon, la Crau (*Castagne*); Avignon, Narbonne. ① Juin.

EVAX (Gærtn. fruct. 2, p. 393, tab. 165.)

Péricline hémisphérique, à folioles *toutes planes*, appliquées, disposées sur 1-2 rangs. Fleurs toutes tubuleuses; celles de la circonférence femelles, nombreuses, placées *sur plusieurs rangs*, à tube de la corolle grêle, à limbe à 4 dents obtuses; quelques fleurs mâles au centre. Akènes *tous libres*, obovés, comprimés; aigrette nulle. Réceptacle allongé, conique, *muni d'écailles inférieurement*, nu au sommet.

E. PYGMÆA *Pers. syn*. 2, *p*. 422; *Koch, syn*. 390; *Guss. syn*. 2, *p*. 459; *Moris, fl. sard*. 2, *p*. 379; *E. umbellata Gærtn. fruct*. 2, *p*. 393, *tab*. 165; *Filago pygmæa L. sp*. 1311; *Lois.! gall*. 2, *p*. 235; *Dub. bot*. 270; *Salis, fl. od. bot. Zeit*. 1834, *p*. 30; *Filago acaulis All. ped*. 1, *p*. 171; *Gnaphalium pygmæum Lam. dict*. 2, *p*. 761; *Micropus pygmæus Desf. atl*. 2, *p*. 307; *DC. fl. fr*. 4, *p*. 199. *Ic. Lam. illustr. tab*. 694, *f*. 1. *Soleir. exsicc*. 2229! — Calathides ovoïdes, réunies au sommet de la tige et des rameaux, en glomérules entourés de feuilles florales obovées, très-obtuses, rayonnantes et dépassant les calathides. Péricline à folioles inégales, lancéolées, *toutes longuement acuminées,* appliquées par leur base, *étalées à angle droit à leur partie supérieure,* un peu velues sur le dos au-dessous de l'acumen, glabres, jaunes et luisantes au sommet. Ecailles du réceptacle *toutes acuminées.* Akènes munis de papilles et rudes principalement sur les bords. Feuilles blanches-tomenteuses sur les deux faces, obovées, obtuses, rapprochées, imbriquées, d'autant plus longues et plus larges qu'elles sont placées plus haut et se confondant ainsi avec les feuilles florales. Tige cachée par les feuilles, simple ou plus rarement rameuse dès la base. Racine grêle, flexueuse, rameuse. — Plante de 1-5 centimètres, blanche-tomenteuse.

Hab. Lieux inondés pendant l'hiver; Cannes, Toulon, Marseille, Montaud près de Salon, La Crau; Montpellier; Cette; Narbonne; Corse, Ajaccio, Porto-Vecchio, Bonifacio. (1) Juin-juillet.

E. ROTUNDATA *Moris! atti della terza riun. sc. ital.* 1841 *p.* 481, *et fl. sard.* 2, *p.* 380, *tab.* 81.—Calathides ovoïdes, réunies au sommet de la tige et des rameaux en glomérules entourés de feuilles florales orbiculaires, arrondies ou tronquées au sommet, rayonnantes et dépassant un peu les calathides. Péricline à folioles ovales-oblongues, toutes *brusquement et très-brièvement acuminées, entièrement appliquées,* plus ou moins laineuses sur le dos au-dessous de l'acumen, rousses au sommet. Ecailles internes du réceptacle obtuses, ou presque obtuses, *non acuminées.* Akènes beaucoup plus petits que dans l'espèce précédente, presque lisses. Feuilles blanches-tomenteuses sur les deux faces, obovées-cunéiformes, obtuses, tronquées ou émarginées au sommet, d'autant plus longues et plus larges qu'elles sont placées plus haut et se confondant avec les feuilles florales. Tige simple ou le plus souvent produisant de sa base des rameaux plus longs que l'axe primaire, couchés et étalés en cercle. Racine grêle, flexueuse, rameuse. — Plante de 1-3 centimètres, blanche-tomenteuse.

Hab. Sables maritimes; île de Lavezzio! (*Clément*), îles Sanguinaires! (*Requien*). (1) Mai-juin.

TRIB. 15. RELHANIEÆ *Less. syn.* 370. — Fleurs tantôt toutes hermaphrodites, à corolle tubuleuse et à 5 dents; tantôt les fleurs de la circonférence femelles et à corolle ligulée. Anthères pourvues à leur base de deux appendices filiformes. Stigmates linéaires, comprimés, obtus et glabres au sommet. Akènes cylindriques, pourvus de côtes; aigrette nulle. Réceptacle nu.

CARPESIUM. (L. gen. 948.)

Péricline hémisphérique, à folioles imbriquées, sur plusieurs rangs. Fleurs toutes tubuleuses; les extérieures femelles, disposées sur plusieurs rangs, à tube de la corolle plus grêle, à limbe ligulé;

fleurs du disque hermaphrodites, à limbe de la corolle à 5 dents. Akènes allongés, fusiformes, munis de petites côtes tout autour, contractés supérieurement en un col glanduleux court et qui porte au sommet un petit disque cupuliforme, mais pas d'aigrette. Réceptacle plane, ponctué, nu. — Feuilles alternes.

C. **CERNUUM** *L. sp.* 1203; *Vill. Dauph.* 3, *p.* 184; *D C. fl. fr.* 4, *p.* 187; *Dub. bot.* 271; *Lois. gall.* 2, *p.* 235; *Koch, syn.* 397. *Ic. Jacq. austr. tab.* 204. *Rchb. exsicc.* 1432! — Calathides penchées, tantôt toutes terminales, tantôt quelques-unes axillaires, portées sur des pédoncules épaissis et courbés au sommet. Péricline à folioles externes inégales, foliacées, lancéolées, réfléchies, souvent plus longues que les internes; les moyennes ovales, jaunâtres et appliquées à la base, vertes et étalées au sommet; les internes scarieuses, obtuses, entièrement appliquées. Feuilles molles, pubescentes, lancéolées, acuminées, aiguës, toutes atténuées à la base et presque pétiolées, sinuées-dentées. Tige dressée, velue, rameuse supérieurement; rameaux très-étalés. — Plante de 2-5 décimètres, velue; fleurs jaunes.

Hab. Alsace à Ostheim et à Ottmarsheim; Morestel près de Lyon; Grenoble et Saint-Marcellin; Prats-de-Mollo. ♃ Juillet-août.

Trib. 16. CALENDULEÆ *Less. syn.* 89. — Fleurs de la circonférence femelles, à corolle ligulée; celles du disque mâles, à corolle tubuleuse. Anthères pourvues à leur base de 2 appendices filiformes et courts. Styles à branches courtes, épaisses, divariquées, convexes et velues extérieurement. Akènes rostrés et ordinairement arqués; aigrette nulle. Réceptacle nu.

CALENDULA. (Neck. elem. nº 75.)

Péricline hémisphérique, à folioles distinctes, égales, disposées sur 2 rangs. Fleurs de la circonférence femelles, ligulées, fertiles, sur 2-3 rangs; fleurs du disque mâles. Akènes difformes, courbés en arc ou en cercle, armés de pointes sur le dos; aigrette nulle. Réceptacle tuberculeux. — Feuilles alternes.

C. **ARVENSIS** *L. sp.* 1303; *DC. fl. fr.* 4, *p.* 177; *C. ceratosperma Viv. fl. lyb. spec. p.* 59. *Ic. Bull. herb. tab.* 239. — Calathides solitaires au sommet des rameaux. Péricline à folioles d'un vert-pâle, pubescentes, lancéolées, acuminées. Fleurs d'un jaune-pâle; les extérieures à tube de la corolle couvert de poils articulés, à limbe oblong-elliptique, étalé, dépassant le péricline. Akènes blanchâtres, armés de pointes sur le dos, plus ou moins prolongés en aile sur les côtés et à la base de la face interne; les extérieurs plus grands, arqués, terminés en bec; les intérieurs roulés en cercle, tronqués au sommet. Feuilles oblongues-lancéolées, entières ou faiblement sinuées-dentées; les inférieures atténuées en un court pétiole; les supérieures arrondies à la base et demi-embrassantes. Tige dressée, rameuse, à rameaux étalés. — Plante de 1-3 décimètres, pubescente.

Hab. Vignes, lieux cultivés: commun en France, mais manque totalement dans quelques régions, par exemple, en Lorraine, dans le Doubs, etc. ① Juin-septembre.

ESPÈCES EXCLUES.

Doronicum scorpioides *Willd.* — Est indiqué dans les Pyrénées, où nous n'avons pu constater sa présence. Il y a peut-être eu confusion faite avec l'*Aronicum scorpioïdes*.

Senecio flabellatus *Viv.* (*S. delphinifolius Vahl*). — Mutel donne cette plante comme croissant en Corse, et cela en s'appuyant sur l'autorité de Viviani. Mais c'est à Castel-Sardo, c'est-à-dire en Sardaigne, que Viviani signale sa plante.

Senecio nebrodensis *L.* — Suivant Linné, ce seneçon existerait dans les Pyrénées.

Senecio abrotanifolius *L.*— Gérard le compte au nombre des plantes de Provence, mais sans doute par confusion avec le *S. adonidifolius*, que Gouan prenait pour le *S. abrotanifolius* de Linné. Il est vraisemblable, du reste, que Linné confondait ces deux plantes.

Senecio coronopifolius *Willd.*— Indiqué par Lapeyrouse dans les Pyrénées.

Senecio rotundifolius *Lapeyr.*— Nous est inconnu.

Senecio uniflorus *All.* (*Inula provincialis Gouan.*). — Indiqué par Pourret dans les Pyrénées-Orientales et par Gouan dans les Corbières près de Narbonne. N'y a pas été retrouvé.

Senecio lyratifolius *Rchb.* — **Senecio subalpinus** *Koch.* — Ces deux dernières espèces sont signalées par Mutel dans les Pyrénées; mais elles sont faites aux dépens du *Cineraria alpina* de Lapeyrouse, sur l'autorité duquel Mutel s'appuie.

Senecio ambiguus *DC.* (*Cineraria bicolor Willd.*). — Nous n'avons pas pu constater son existence en Corse.

Artemisia Sieversiana *Willd.* — Indiqué à Ajaccio par Loiseleur.

Artemisia paniculata *Lam.*—Plante d'Italie et d'Espagne, non encore rencontrée en France.

Artemisia laciniata *Willd.* — Mutel dit l'avoir recueilli sur le Lautaret avant d'arriver à la Cabanne. C'est précisément la localité ou Villars signale l'*A. tanacetifolia*.

Artemisia procera *Willd.* — Loiseleur l'indique dans les provinces méridionales, mais sans localité précise. La plante manque dans son herbier.

Artemisia pontica *L.* — Nous n'avons pas vu d'échantillon de cette espèce, recueilli en France.

Anthemis australis *Willd.* — C'est peut-être l'*A. incrassata Lois.* que Lapeyrouse indique, sous ce nom, dans les Pyrénées-Orientales.

Anthemis Pyrethrum *L.* — Est à l'Esperou près de Montpellier, suivant Gouan ; n'y a pas été retrouvé.

Cotula aurea *L.* — A été indiqué dans les provinces méridionales, mais sans localité précise.

Santolina rosmarinifolia *L.* — Plante de Provence, suivant Gérard ; n'y a pas été revue.

Achillea alpina *L.* — Indiqué par Pourret dans les Pyrénées-Orientales, mais sans doute par confusion avec l'*A. pyrenaïca.*

Achillea Clavennæ *L.* — N'existe pas dans les Cévennes.

Achillea atrata *L.* — Existe dans l'herbier de Villars, sous le nom d'*A. moschata;* mais rien ne prouve qu'il ait été recueilli par lui en Dauphiné.

Achillea moschata *Jacq.* — Il n'est pas à notre connaissance que cette plante soit réellement française.

Inula Oculus-christi *L.* — Plusieurs auteurs indiquent cette plante en France, Gouan à Montpellier, Villars à Nyons, Lamark en Provence, Lapeyrouse dans les Pyrénées. Le véritable *I. Oculus-christi* est une plante d'Autriche, qui, à ce que nous sachions, n'a pas encore été trouvée sur notre sol. Lapeyrouse a pris pour elle l'*I. helenioïdes;* De Candolle rapporte la plante de Lamark à l'*I. suaveolens,* dont nous n'avons pas non plus constaté la présence en France. Il nous semble vraisemblable que Gouan et Villars ont pris, pour l'*I. Oculus-christi,* soit le *Pulicaria odora,* soit même une forme de l'*I. britannica.* Il faut donc provisoirement rayer du catalogue des plantes françaises l'*I. Oculus-christi* et l'*I. suaveolens.*

Micropus supinus *Gouan.* — Gérard le signale entre Marseille et Toulon, Villars en Dauphiné, Lapeyrouse dans les Pyrénées. Nous ne l'avons pas vu de France.

Div. 2. **CYNAROCEPHALÆ** *Juss. gen.* 171 (1). — Fleurs toutes à corolle tubuleuse ; celles du centre hermaphrodites, régulières ; celles de la circonférence tantôt semblables à celles du centre, tantôt stériles et à corolle souvent plus grande. Style des fleurs hermaphrodites articulé et renflé en nœud vers le sommet.

(1) Auctore Godron.

§ 1. ANTHÈRES DÉPOURVUES D'APPENDICES FILIFORMES A LA BASE.

TRIB. 1. ECHINOPSIDEÆ. — Calathides uniflores, réunies en tête globuleuse sur un réceptacle commun. Etamines à filets soudés à la base, libres au sommet. Hile basilaire.

ECHINOPS L.

TRIB. 2. SILYBEÆ. — Calathides multiflores, non réunies sur un réceptacle commun. Etamines à filets complétement soudés. Hile basilaire. Aigrette poilue, caduque, à poils soudés en anneau à la base.

GALACTITES MŒNCH. TYRIMNUS CASS. SILYBUM VAILL.

TRIB. 3. CARDUINEÆ. — Calathides multiflores, non réunies sur un réceptacle commun. Etamines à filets libres. Hile basilaire. Aigrette poilue, caduque, à poils soudés en anneau à la base.

ONOPORDON VAILL.
CYNARA VAILL.
NOTOBASIS CASS.
PICNOMON LOB.
CIRSIUM TOURNEF.
CARDUUS GÆRTN.
CARDUNCELLUS ADANS.

TRIB. 4. CENTAURIEÆ. — Calathides multiflores, non réunies sur un réceptacle commun. Etamines à filets libres. Hile placé latéralement au-dessus de la base. Aigrette persistante, rarement caduque, formée le plus souvent de poils paléiformes et libres jusqu'à la base.

RHAPONTICUM D C.
CENTAUREA L.
MICROLONCHUS D C.
KENTROPHYLLUM NECK.
CNICUS VAILL.

TRIB. 5. CRUPINEÆ. — Calathides multiflores, non réunies sur un réceptacle commun. Etamines à filets libres. Hile basilaire. Aigrette persistante, formée de poils libres jusqu'à la base.

CRUPINA CASS. SERRATULA D C.

§ 2. ANTHÈRES POURVUES A LA BASE DE DEUX APPENDICES FILIFORMES.

TRIB. 6. CARLINEÆ. — Calathides multiflores. Etamines à filets libres, insérés sur la corolle. Hile basilaire. Aigrette poilue.

JURINEA CASS.
LEUZEA D C.
BERARDIA VILL.
SAUSSUREA D C.
STÆHELINA D C.
CHAMÆPEUCE ALP.
CARLINA TOURNEF.
ATRACTYLIS L.
LAPPA TOURNEF.

TRIB. 7. XERANTHEMEÆ. — Calathides multiflores. Etamines à filets complétement libres, non insérés sur la corolle. Hile basilaire. Aigrette persistante, paléiforme.

XERANTHEMUM TOURNEF.

§. 1. ANTHÈRES DÉPOURVUES D'APPENDICES FILIFORMES A LEUR BASE.

TRIB. 1. ECHINOPSIDEÆ *Less. in Linnæa*, 1831, *p.* 88. — Calathides uniflores, réunies en tête globuleuse sur un réceptacle commun. Etamines à filets soudés à la base, libres au sommet. Hile basilaire. Aigrette coroniforme.

ECHINOPS. (L. gen. 999.)

Péricline nombreux, oblongs-anguleux, entourés chacun à la base de poils paléacés ; écailles du péricline imbriquées, carénées, acuminées. Fleurs hermaphrodites, fertiles. Filets des étamines glabres. Akène cylindrique, couvert de poils soyeux ; disque épigyne non bordé ; aigrette caduque, très-courte, formée par une couronne de poils fimbriés, plus ou moins longuement soudés.

E. SPHÆROCEPHALUS *L. sp.* 1314 ; *Vill. Dauph.* 3, *p.* 264; *DC. fl. fr.* 4, *p.* 71 ; *Dub. bot.* 281; *Gaud. helv.* 5, *p.* 419; *Koch, syn.* 452; *E. multiflorus Lam. fl. fr.* 2, *p.* 2. *Ic. Lam. illustr. tab.* 719, *f.* 1. *Rchb. exsicc.* 1532! — Péricline pentagonal, muni à sa base de soies nombreuses *qui égalent la moitié de sa longueur*, à écailles presque égales, *pubescentes-glanduleuses*, carénées, ciliées-fimbriées vers leur milieu, rétrécies à la base, contractées au-dessus du milieu en une pointe subulée inerme. Akène allongé, atténué à la base, couvert de poils jaunes appliqués *dont les supérieurs ne dépassent pas l'aigrette ;* celle-ci formée de poils *soudés presque jusqu'au sommet et formant une cupule.* Feuilles presque molles, vertes et pubescentes en dessus, blanches ou grisâtres et aranéeuses en dessous, sinuées-pennatifides, à lobes triangulaires, dentés, ciliés-spinuleux, séparés par des sinus arrondis, à dents faiblement épineuses. Tige dressée, ferme, striée, entièrement couverte d'un duvet fin et glanduleux, rameuse au sommet. — Plante de 6-12 décimètres ; fleurs d'un bleu-pâle.

Hab. Lieux incultes; Dauphiné, la Grave, Rabou près de Gap; Mende; Mont-Louis; Libourne; environs de Poitiers; Pontiqué et Baugé en Anjou; Orléans. ♃ Juillet-août.

E. RITRO *L. sp.* 1314 ; *Vill. Dauph.* 3, *p.* 265; *DC. fl. fr.* 4, *p.* 71; *Dub. bot.* 281 ; *Koch, syn.* 452 ; *E. pauciflorus Lam. fl. fr.* 2, *p.* 2. *Ic. Mill. icon. tab.* 130. *Rchb. exsicc.* 1530! — Péricline pentagonal, muni à sa base de soies *qui égalent seulement le quart de sa longueur*, à écailles très-inégales, *glabres*, carénées, bleues au sommet, ciliées-fimbriées vers leur milieu, rétrécies à la base, atténuées dans leur moitié supérieure en une pointe subulée inerme. Akène allongé, atténué à la base, couvert de poils jaunes appliqués *dont les supérieurs dépassent l'aigrette;* celle-ci courte, formée de poils plumeux, *soudés seulement à leur base.* Feuilles coriaces, vertes, lisses et souvent un peu aranéeuses en dessus, blanches-cotonneuses en dessous, pennafides ou bipennatifides, à lobes lancéolés, dentés, épineux. Tige dressée, anguleuse, cotonneuse, rameuse au sommet, non glanduleuse. — Plante de 1-4 décimètres; fleurs d'un beau bleu.

Hab. Lieux arides, bords des routes; Vienne près de Lyon; Grenoble, Gap, la Grave; Avignon; mont Ventoux; Mende, Figeac, Sainte-Enimie, Alais, Anduze, St.-Ambroix; commun dans toute la région méditerranéenne, et dans les Pyrénées orientales; vallée de la Garonne. ♃ Juillet-août.

Trib. 2. SILYBEÆ *Less. syn. p.* 10 (*non Cass.*). — Calathides multiflores, non réunies sur un réceptacle commun. Etamines à filets complétement soudés. Hile basilaire. Aigrette poilue, caduque.

GALACTITES. (Mœnch, meth. 558.)

Péricline à écailles imbriquées, entières, prolongées en un acumen triquètre, spinuleux au sommet. Fleurs inégales; les marginales stériles, plus grandes, rayonnantes; les centrales hermaphrodites, fertiles. Filets des étamines soudés et papilleux; anthères munies au sommet d'un appendice courbé en crochet en dedans. Akènes *subcylindriques, comprimés latéralement à la base*, sans côtes, mais munis de 10 stries fines; hile basilaire; disque épigyne pourvu d'un bord entier, corné; aigrette caduque, formée de poils *longuement plumeux*, un peu épaissis au sommet, disposés sur plusieurs rangs et soudés en anneau à la base. Réceptacle muni de quelques fibrilles caduques.

G. tomentosa *Mœnch, meth.* 558; *DC. fl. fr.* 4, *p.* 110; *Dub. bot.* 289; *Salis, fl. od. bot. Zeit.* 1834, *p.* 33; *Moris, fl. sard.* 2, *p.* 459; *Guss. syn.* 2, *p.* 521; *Centaurea Galactites L. sp.* 1300; *Desf. atl.* 2, *p.* 303; *Cnicus Galactites Lois. gall. ed.* 1, *p.* 538; *Carduus Galactites Chaub. et Bor. expéd. Morée, p.* 242; *Calcitrapa Galactites Lam. fl. fr.* 2, *p.* 30. *Ic. Cav. icon. tab.* 231. *Welswitchi, pl. lusit. exsicc. n°* 413! — Calathides solitaires au sommet de la tige et des rameaux. Péricline ovoïde, aranéeux, à écailles externes triangulaires à la base, brusquement acuminées en un appendice étalé, fin, triquètre, canaliculé en dessus, denticulé et rude aux bords, épineux au sommet; écailles internes linéaires-lancéolées à la base, acuminées en une pointe plus longue et inerme. Fleurs purpurines; celles de la circonférence rayonnantes. Akènes subcylindriques, jaunâtres, luisants, glabres; hile très-petit, elliptique; aigrette blanche, longuement plumeuse, deux fois plus longue que la graine. Feuilles vertes, maculées de blanc et un peu aranéeuses en dessus, à la fin glabres, toujours blanches-tomenteuses en dessous, pennatipartites, à lobes lancéolés ou triangulaires, étalés, épineux; les feuilles caulinaires plus ou moins décurrentes sur la tige en une aile étroite, épineuse. Tige dressée, anguleuse, tomenteuse, rameuse. — Plante de 2-6 décimètres.

Hab. Lieux stériles du Midi; Fréjus, Hyères, Toulon, Marseille; Montpellier; Narbonne, Perpignan; assez commun dans la vallée du Tarn et dans celle de la Garonne; rare à Bordeaux; Corse, à Bastia. (2) Juillet-août.

TYRIMNUS. (Cass. dict. 41, p. 355.)

Péricline à écailles imbriquées, entières, terminées par une petite épine. Fleurs égales; les marginales ordinairement stériles, les centrales hermaphrodites, fertiles. Filets des étamines complétement soudés, un peu velus à la base; anthères munies au sommet d'un appendice linéaire-subulé. Akènes *oblongs, tétragones, comprimés;* hile basilaire, oblique; disque épigyne muni d'un bord entier; aigrette caduque, formée de poils fins, *lisses à la base, denticulés au sommet,* disposés sur plusieurs rangs et soudés en un anneau à la base. Réceptacle muni de fibrilles.

T. LEUCOGRAPHUS *Cass. dict.* 41, *p.* 355; *DC. prodr.* 6, *p.* 617; *Koch, syn.* 4458; *Carduus leucographus L. sp.* 1149; *DC. fl. fr.* 4, *p.* 78; *Cirsium maculatum Lam. fl. fr.* 2, *p.* 22 (*non Mœnch*). *Ic. All. ped. tab.* 73; *Jacq. hort. Vind.* 3, *tab.* 23. *Soleir. exsicc.* 2570! — Calathides un peu penchées, solitaires au sommet de la tige et des rameaux. Péricline hémisphérique, aranéeux, à écailles appliquées, lancéolées, acuminées, terminées par une épine. Fleurs purpurines; les lobes de la corolle dentelés au sommet. Akènes bruns, luisants, glabres, tétragones-comprimés, finement striés en long entre les angles; aigrette blanche, deux fois plus longue que la graine. Feuilles minces, vertes et maculées de blanc en dessus, blanchâtres et aranéeuses en dessous; les radicales obovées-oblongues; les caulinaires étroitement lancéolées, décurrentes sur la tige, toutes sinuées-dentées, brièvement épineuses. Tige dressée, grêle, très-feuillée inférieurement, un peu rameuse; rameaux très-allongés, dressés, longuement nus au sommet. Racine grêle, pivotante. — Plante de 3-5 décimètres.

Hab. Champs arides et lieux incultes de la région méditerranéenne; Draguignan, Grasse, Fréjus, Toulon, Marseille; Montpellier, Cette; Bangols-sur-Mer (*Reboul*); Corse, à Corté, Saint-Amanza, Calvi, Bastia. (2) Mai-juin.

SILYBUM. (Vaill. act. acad. Par. 1718, p. 172.)

Péricline à écailles imbriquées; les extérieures et les moyennes dilatées en un appendice foliacé, denté-épineux et longuement acuminé en une épine robuste; les intérieures entières, non appendiculées. Fleurs toutes égales, hermaphrodites, fertiles. Filets des étamines soudés, papilleux; anthères très-brièvement appendiculées au sommet. Akènes *obovés, comprimés latéralement,* sans côtes; hile basilaire; disque épigyne muni d'un bord entier et corné; aigrette caduque, formée de poils *denticulés,* disposés sur plusieurs rangs et soudés à leur base en anneau; *celui-ci muni à son bord supérieur d'une couronne de poils très-fins, lisses, courts et connivents.* Réceptacle charnu, muni de paléoles sétacées.

S. Marianum *Gærtn. fruct.* 2, *p.* 378, *tab.* 162, *f.* 2; *Dub. bot.* 283; *DC. prodr.* 6, *p.* 616; *Moris, fl. sard.* 2, *p.* 474; *Guss. syn.* 2, *p.* 438; *S. maculatum Mœnch, meth.* 555; *Carduus Marianus L. sp.* 1153; *Desf. fl. atl.* 2, *p.* 246; *DC. fl. fr.* 4, *p.* 78; *Lois. gall.* 2, *p.* 217; *Cirsium maculatum Scop. carn.* 2, *p.* 130; *Carthamus maculatus Lam. dict.* 1, *p.* 638. *Ic. Engl. bot. tab.* 976. — Calathides solitaires au sommet de la tige et des rameaux. Péricline globuleux, ventru à la base, déprimé à l'insertion du pédoncule; écailles larges, à base ovale étroitement appliquée, surmontées d'un appendice foliacé, étalé, triangulaire, acuminé, pourvu au sommet d'une forte épine et à la base de 4-6 épines plus faibles; les écailles intérieures dressées, non appendiculées. Akènes très-gros, noirs, luisants, finement chagrinés; disque épigyne muni au centre d'un prolongement court, cylindrique, épais, terminés par 5 petits mamelons; aigrette blanche-soyeuse. Feuilles grandes, lisses, vertes, mais ordinairement maculées de blanc le long des nervures, inégalement épineuses sur les bords; les inférieures atténuées à la base, sinuées-pennatifides, à segments larges, ovales, sinués-dentés; les supérieures ovales-lancéolées, embrassant la tige par 2 oreilles arrondies. Tige forte, dressée, sillonnée, non ailée, rameuse au sommet. — Plante glabre; fleurs purpurines.

Hab. Lieux incultes; çà et là dans toute la France, mais plus commun dans le Midi. ② Juillet-août.

Trib. 3. CARDUINEÆ *Less. syn. p.* 8. — Calathides multiflores, non réunies sur un réceptacle commun. Etamines à filets libres. Hile basilaire. Aigrette poilue, caduque, annulaire à la base.

ONOPORDON. (Vaill. act. acad. Par. 1718, p. 152.)

Péricline à écailles imbriquées, entières, terminées par un *acumen triquètre, épineux au sommet.* Fleurs toutes égales, hermaphrodites, fertiles. Filets des étamines libres et glabres; anthères échancrées à la base en 2 lobes aigus, munies au sommet d'un *appendice linéaire-subulé.* Akènes *obovés-subtétragones, comprimés latéralement, rugueux transversalement;* hile basilaire, oblique; disque épigyne petit, non bordé; aigrette caduque, formée de poils *ciliés, presque plumeux,* disposés sur plusieurs rangs et soudés en anneau à la base. Réceptacle *charnu, alvéolé; alvéoles bordées d'une membrane dentée.*

O. Acanthium *L. sp.* 1158; *DC. fl. fr.* 4, *p.* 74. *Ic. fl. dan.* 909. — Calathides grandes, solitaires à l'extrémité de la tige et des rameaux. Péricline globuleux, *aranéeux,* à écailles rudes aux bords, vertes, étroitement lancéolées, terminées par un acumen triquètre, *très-étalé* et armé au sommet d'une épine vulnérante. Fleurs purpurines, à corolle *glabre*. Akènes grisâtres, maculés de noir, ridés en travers, obscurément tétragones, un peu bossus près du hile ; celui-ci petit, *orbiculaire;* aigrette rousse, *une fois plus longue* que la graine. Feuilles grandes, blanchâtres-aranéeuses, ovales-oblongues, sinuées-anguleuses, dentées-épineuses ; les radicales atténuées en pétiole ; les caulinaires longues et décurrentes. Tige dressée, raide, rameuse au sommet, *munie jusqu'au sommet de 2-3 ailes larges, foliacées*, épineuses. — Plante de 5-15 décimètres.

Hab. Lieux incultes, bord des routes; commun dans toute la France. ② Juillet-août.

O. TAURICUM *Willd. sp.* 3, *p.* 1687; *Guss. syn.* 2, *p.* 437; *O. virens DC. fl. fr.* 5, *p.* 456; *Dub. bot.* 282; *Lois. gall.* 2, *p.* 218. *Ic. Sibth. et Sm. fl. græc. tab.* 833. — Calathides grandes, solitaires au sommet de la tige et des rameaux allongés. Péricline globuleux, *pubescent-glanduleux*, à écailles rudes aux bords, vertes ou rougeâtres, étroitement lancéolées, terminées par un acumen triquètre, *très-étalé*, épineux au sommet. Fleurs purpurines, à corolle *glabre*. Akènes bruns, ridés en travers, tétragones; hile. . . . ; aigrette d'un blanc sale, *deux fois plus longue* que la graine. Feuilles blanches-aranéeuses dans leur jeunesse, à la fin glabrescentes et vertes, lancéolées, irrégulièrement anguleuses, dentées, épineuses; les radicales très-grandes, pétiolées; les caulinaires longuement décurrentes. Tige dressée, pubescente, *munie jusqu'au sommet de* 2-3 *ailes foliacées* épineuses. — Plante de 3-5 décimètres.

Hab. Complétement naturalisé aux environs de Montpellier. ② Juillet-août.

O. ILLYRICUM *L. sp.* 1158; *Vill. Dauph.* 3, *p.* 26; *DC. fl. fr.* 4, *p.* 74; *Dub. bot.* 182; *Lois. gall.* 2, *p.* 218; *Guss. syn.* 2, *p.* 437; *O. elongatum Lam. fl. fr.* 2, *p.* 6; *O. horridum Viv. diagn. ad calc. fl. lyb.* 68, *et fl. cors. p.* 14; *Salis, fl. od. bot. Zeit.* 1834, *p.* 32. *Ic. Lam. illustr. tab.* 664; *Jacq. hort. Vind. tab.* 148. *Rchb. exsicc.* 1231! — Calathides grandes, solitaires au sommet de la tige et des rameaux très-courts. Péricline globuleux, *aranéeux à la base*, à écailles dures, coriaces, rudes aux bords, rougeâtres au sommet; les extérieures ovales-lancéolées, terminées par un acumen triquètre, *réfléchi* et épineux au sommet; les intérieures plus longuement acuminées, étalées. Fleurs purpurines, à corolle glanduleuse. Akènes bruns, ridés en travers, tétragones; hile *semi-lunaire, presque bilabié;* aigrette fauve, *une fois plus longue* que la graine. Feuilles plus ou moins blanches-tomenteuses, mais toujours plus fortement en dessous; les radicales pétiolées, lancéolées-oblongues dans leur pourtour, pennatifides, à lobes incisés-dentés, épineux; les caulinaires plus étroites, longuement décurrentes sur la tige. Tige dressée, ferme, *munie jusqu'au sommet d'ailes rapprochées, foliacées,* épineuses. — Plante de 3-15 décimètres.

Hab. Lieux stériles, bords des routes ; Lyon ; Montélimart, Die ; Avignon, Aix, Fréjus, Toulon, Marseille ; Nîmes, Montpellier ; Narbonne, Perpignan ; Corse, Corté, Bastia, Bonifacio, Saint-Florent. ② Juillet-août.

O. ACAULE *L. sp.* 1159 ; *DC. fl. fr.* 4, *p.* 75 ; *O. pyrenaïcum DC. fl. fr.* 5, *p.* 457 ; *Dub. bot.* 282 ; *O. acaulon Lapey. abr.* 496 ; *Lois. gall.* 2, *p.* 218. *Ic. Jacq icon. rar. tab.* 167. *Endress, pl. pyr. exsicc. unio itin.* 1829 ! — Calathides solitaires au sommet d'une tige très-courte et de rameaux eux-mêmes très-courts, ce qui fait paraître les calathides agrégées au centre de la rosette de feuilles. Péricline globuleux, *glabre,* à écailles rudes aux bords, vertes ou jaunâtres, étroitement lancéolées, terminées par un acumen triquètre, *étalé-dressé,* épineux et vulnérant au sommet. Fleurs blanches. Akènes noirs, tétragones, plissés en travers ; hile *ovale,* oblique ; aigrette d'un blanc sale, *six fois plus longue* que la graine. Feuilles presque toutes radicales, très-grandes, blanches-tomenteuses sur les deux faces, pennatifides, à lobes larges, triangulaires, dentés, épineux. Tige très-courte, épaissie à la base, tomenteuse, *non ailée,* émettant souvent de sa base 1-2 rameaux courts et ascendants. Racine pivotante. — Plante de 5-10 centimètres.

Hab. Pyrénées, Fonds-de-Comps, haut vallon d'Evol, Calarde, etc. ② Juillet.

CYNARA. (Vaill. act. acad. Par. 1718, p. 155.)

Péricline à écailles imbriquées, coriaces, entières, prolongées en un *acumen lancéolé, épineux au sommet.* Fleurs toutes égales, hermaphrodites, fertiles. Filets des étamines libres, papilleux ; anthères munies d'un *appendice terminal très-obtus.* Akènes *obovés, tétragones, un peu comprimés ;* aigrette caduque, formée de poils *plumeux,* disposés sur plusieurs rangs, soudés en anneau. Réceptacle *charnu, fibrillifère.*

C. CARDUNCULUS *L. sp.* 1159 ; *DC. fl. fr.* 4, *p.* 108 ; *Desf. atl.* 2, *p.* 248 ; *Boiss. voy. Esp.* 359 ; *C. sylvestris* α. *Lam. dict.* 1, *p.* 277 ; *C. scolymus* β. *Gouan, hort.* 425 ; *C. horrida Sibth. et Sm. fl. græc. prodr.* 2, *p.* 157 ; *Guss. syn.* 2, *p.* 436 ; *C. spinosissima Presl, delic. prag. p.* 109 ; *C. corsica Viv. diagn. ad. calc. fl. lyb. p.* 68 ; *C. humilis Viv. fl. cors. diagn. p.* 14 (*non Desf.*). *Ic. Sibth. et Sm. fl. græc. tab.* 834. — Calathides très-grandes, solitaires au sommet de la tige et des rameaux, souvent munies de 1-2 petites feuilles florales à la base. Péricline globuleux, à écailles coriaces, lancéolées, acuminées, terminées par une forte épine étalée ; les intérieures plus étroites, aiguës et simplement cuspidées. Fleurs bleues. Akènes obovés-cunéiformes, tétragones, mabrés de brun ; aigrette blanche, beaucoup plus longue que la graine. Feuilles blanches-aranéeuses en dessous, vertes et à la fin glabres en dessus, pennatipartites, à segments décurrents sur le rachis, pennatifides, à lobes triangulaires, munis à la base et au sommet d'une longue épine jaune subulée; le lobe terminal très-allongé, acuminé. Tige dressée, sillonnée, simple ou rameuse au sommet. — Plante de 2-6 décimèt.

Hab. Béziers, Agde; dans les Corbières; Toulouse (*Noulet*); Moissac (*Lagrèze-Fossat*); Corse. ♃ Juillet-août.

NOTOBASIS. (Cass. dict. 25, p. 225.)

Péricline entouré de feuilles florales pennatifides et épineuses, à écailles imbriquées, coriaces, entières, terminées par un *acumen triquètre, épineux au sommet*. Fleurs toutes égales; les marginales stériles; les centrales hermaphrodites, fertiles. Filets des étamines libres, velus; anthères munies au sommet d'un *appendice aigu*. Akènes gros, *obliques, obovés-lenticulaires, comprimés latéralement*, sans côtes; hile basilaire oblique; disque épigyne non bordé; aigrette caduque, formée de poils *plumeux*, placés sur deux rangs et soudés en anneau à la base. Réceptacle *à paillettes linéaires, libres*.

N. **SYRIACA** *Cass. dict.* 25, *p.* 225; *Boiss. voy. Esp.* 367; *Moris, fl. sard.* 2, *p.* 470; *Carduus syriacus L. sp.* 1153; *Desf. atl.* 2, *p.* 245; *Cirsium syriacum Gærtn. fruct.* 2, *p.* 383, *tab.* 163, *f.* 2; *Dub. bot.* 287; *Cirsium maculatum Mœnch, meth.* 557 (*non Lam.*); *Cnicus syriacus Willd. sp.* 3, *p.* 1683; *Viv. fl. cors. diagn. p.* 14; *Lois. gall.* 2, *p.* 201; *Cnicus obvallatus, Salzm. fl. od. bot. Zeit.* 1821, *p.* 107. *Ic. Sebast. et Maur. fl. rom. prodr. tab.* 8; *Sibth. et Sm. fl. græc. tab.* 831. *Soleir. exsicc.* 2572! — Calathides brièvement pédonculées, placées au sommet de la tige et aux aisselles des feuilles supérieures, entourées à la base de feuilles florales entières ou dentées, linéaires, longuement acuminées-épineuses, plus longues que les fleurs. Péricline ovoïde, aranéeux, à écailles jaunâtres, lancéolées, acuminées, un peu étalées au sommet, munies d'une nervure dorsale qui se prolonge en une petite épine terminale. Fleurs purpurines. Akènes bruns, glabres et lisses, largement arrondis au sommet; hile linéaire, oblique; aigrette blanche, une fois plus longue que la graine. Feuilles glabres, vertes luisantes et veinées de blanc en dessus, pubescentes en dessous, toutes anguleuses, dentées-épineuses; les inférieures oblongues, atténuées en pétiole; les supérieures lancéolées, sessiles, embrassant la tige par deux grandes oreilles arrondies et épineuses. Tige dressée, velue, sillonnée, simple ou rameuse. — Plante de 3-6 décimètres.

Hab. Corse, Bonifacio, Saint-Amanza, La Trinité. ① Mai-juin.

PICNOMON. (Lob. icon. 3, tab. 14, f. 2.)

Péricline entouré de feuilles florales dentées et épineuses, à écailles imbriquées, *munies au sommet d'une épine pennée*. Fleurs toutes égales, hermaphrodites, fertiles. Filets des étamines libres, velus;

anthères pourvues au sommet d'un *appendice subulé.* Akènes *oblongs, comprimés latéralement,* sans côtes; hile basilaire; disque épigyne muni d'un bord entier, épais, corné et d'un prolongement central pentagonal; aigrette caduque, formée de poils *plumeux,* non épaissis au sommet, disposés sur plusieurs rangs et soudés *en anneau pentagonal.* Réceptacle *fibrillifère.*

P. Acarna *Cass. dict.* 40, *p.* 188; *Boiss. voy.* 362; *Moris, fl. sard.* 2, *p.* 462; *Carduus Acarna L. sp. ed.* 1, *p.* 820; *Cnicus Acarna L. sp. ed.* 2, *p.* 1158; *Vill. Dauph.* 3, *p.* 35; *All. ped.* 1, *p.* 155; *Lois. gall.* 2, *p.* 201; *Cirsium Acarna Mœnch, suppl.* 226; *D C. fl. fr.* 4, *p.* 111; *Dub. bot.* 286. *Ic. Cav. icon.* 1, *tab.* 53. *Rchb. exsicc.* 1440! — Calathides brièvement pédonculées, solitaires ou agrégées au sommet de la tige et des rameaux, entourées de feuilles florales semblables aux feuilles supérieures et dépassant les fleurs. Péricline ovoïde-oblong, à écailles aranéeuses sur le dos, d'un jaune-pâle, linéaires, un peu atténuées à la base, obtuses au sommet prolongé en une épine pennée, grêle et molle. Fleurs purpurines. Akènes bruns, lisses; hile étroitement linéaire; aigrette blanche, quatre fois plus longue que la graine. Feuilles coriaces, blanches-aranéeuses sur les deux faces, linéaires-lancéolées, dentées-épineuses, ciliées-spinuleuses entre les dents; les caulinaires décurrentes sur la tige en un aile ciliolée. Tige dressée, rameuse, à rameaux divariqués. — Plante de 2-3 décimètres.

Hab. Lieux stériles du Midi; Vienne près de Lyon; Château-Arnoux près de Sisteron, Die; Avignon; la Ciotat, Fréjus, Toulon, Marseille, Salon, Aix, Beaucaire, Montpellier, Cette; Narbonne, Perpignan, le Boulou. ① Juin-juillet.

CIRSIUM. (Tournef. inst. 255.)

Péricline à écailles imbriquées, entières, non scarieuses aux bords, *ni appendiculées,* le plus souvent épineuses au sommet. Fleurs toutes égales, hermaphrodites, fertiles. Filets des étamines libres, velus; anthères munies au sommet d'un prolongement scarieux *linéaire-subulé.* Akènes *oblongs, comprimés latéralement,* dépourvus de côtes; hile basilaire; disque épigyne entouré d'un bord entier; aigrette caduque, formée de poils *longuement plumeux* si ce n'est au sommet visiblement épaissi, disposés sur plusieurs rangs et soudés à la base en anneau. Réceptacle couvert de *paléoles sétacées.*

Sect. 1. Eriolepis *Cass. dict.* 55, *p.* 172. — Fleurs toutes hermaphrodites et fertiles. Feuilles hérissées à la face supérieure de petites épines subulées.

a. *Feuilles décurrentes sur la tige.*

C. italicum *D C. hort. monsp.* 96; *Dub. bot.* 286; *Ten. syll.* 414; *Moris, fl. sard.* 2, *p.* 465; *Carduus italicus Savi, bot. etr.* 3, *p.* 140; *Cnicus italicus Seb. et Maur. fl. rom. prodr.* 282; *Bertol. amœn.* 213; *Lois. gall.* 2, *p.* 201; *Guss. syn.* 2, *p.* 443. *Ic. Moris, fl. sard. tab.* 87. *Soleir. exsicc.* 102. — Calathides terminales et axillaires, brièvement pédonculées, le plus souvent agrégées au sommet des rameaux, entourées à la base par des feuilles florales qui dépassent les fleurs. Péricline *ovoïde*, un peu aranéeux, à écailles appliquées, linéaires-oblongues, *obtuses*, *terminées par une épine* subulée et étalée, pourvues sur le dos et sous l'épine d'une petite *callosité oblongue et brune*. Corolle purpurine ou blanche. Akènes petits, jaunes, luisants, obovés. Feuilles vertes et hérissées de spinules en dessus, blanches-aranéeuses en dessous, un peu réfléchies par les bords, étroites, longuement acuminées, pennatifides, à segments écartés, bipartites, divariquées, à lobes tous terminés par une épine jaune ; les feuilles caulinaires *brièvement décurrentes en une aile qui se termine inférieurement par une oreille tronquée ou arrondie*. Tige dressée, striée, aranéeuse, rameuse, de 2-4 décim.

Hab. Corse, Calvi, Carghèse, Belgodère. ② Juin-juillet.

C. **LANCEOLATUM** *Scop. carn.* 2, *p.* 130 ; *DC. fl. fr.* 4, *p.* 111; *Carduus lanceolatus L. sp.* 1149 ; *Carduus vulgaris Savi, fl. pis.* 2, *p.* 241; *Cnicus lanceolatus Hoffm. fl. germ.* 2, *p.* 285 ; *Eriolepis lanceolata Cass. dict.* 41, *p.* 331. *Ic. engl. bot. tab.* 107. — Calathides solitaires au sommet de la tige et des rameaux, nues à la base ou pourvues de 2-3 feuilles florales qui ne dépassent pas les fleurs. Péricline *ovoïde*, un peu aranéeux, à écailles appliquées, munies au sommet *d'une nervure dorsale*, lancéolées, *acuminées en une longue pointe étalée-dressée, triquètre, épineuse au sommet*. Corolle purpurine. Akènes luisants, jaunâtres, oblongs-cunéiformes. Feuilles hérissées de spinules en dessus, rudes et plus ou moins munies en dessous de poils mous et articulés, planes sur les bords, pennatipartites ou pennatifides, à segments divisés en lobes inégaux, divariqués et dont le médian est longuement acuminé, tous terminés par une forte épine ; feuilles caulinaires *longuement décurrentes* en une aile large, sinuée-lobulée, épineuse. Tige forte, dressée, sillonnée, ailée, à rameaux allongés, dressés. — Plante de 10-15 décimètres.

α. *genuinum*. Feuilles vertes des deux côtés, pennatipartites, munies en dessus de spinules éparses.

β. *hypoleucum DC. prodr.* 6, *p.* 636. Feuilles blanches-aranéeuses en dessous, le plus souvent pennatifides, couvertes de spinules en dessus. *C. nemorale Rchb. fl. exc.* 286 *et exsicc.* 2429 !

Hab. Bords des routes, lieux incultes. La var. α. commune dans toute la France. La var. β. à Bayonne, Narbonne, île Rousse. ② Juin-septembre.

C. **CRINITUM** *Boiss. in DC. prodr.* 7, *p.* 305. — Cette plante est voisine du *C. lanceolatum*, mais s'en distingue néanmoins aux caractères suivants : calathides du double plus grandes ; péricline *globuleux*, à écailles *étalées et arquées en dehors au sommet ;* akènes à la fin bruns ; feuilles blanches-laineuses en dessous, armées d'épines plus longues et plus robustes.

Hab. Ile Sainte-Lucie, près de Narbonne ! (*Delort*). ② Juillet.

b. *Feuilles non décurrentes.*

C. **ECHINATUM** *DC. fl. fr.* 5, *p.* 465, *et prodr.* 6, *p.* 638 ; *Dub. bot.* 287; *Carduus echinatus Desf. atl.* 2, *p.* 247 ; *Cnicus echinatus Willd. sp.* 3, *p.* 1668 ; *Lois. gall.* 2, *p.* 202 ; *Guss. syn.* 2, *p.* 443. — Calathides rapprochées au sommet des tiges, formant par leur réunion un corymbe dense, entourées à la base de *feuilles florales qui égalent ou dépassent les fleurs.* Péricline ovoïde-conique, aranéeux, à écailles très-étroitement appliquées, *lisses sur les bords;* munies au sommet d'une nervure dorsale, lancéolées, *acuminées en une pointe plus courte qu'elles, triquètre, épineuse au sommet et fortement arquée en dehors.* Corolle purpurine. Akènes luisants, fauves, marbrés de linéoles noires, obovés. Feuilles coriaces, d'un vert foncé et fortement hérissées-spinuleuses en dessus, blanches-aranéeuses en dessous, réfléchies par les bords, pennatipartites, à segments profondément bilobés, à lobes divariqués, tous terminés par une forte épine jaunâtre ; les radicales petites, pétiolées ; les caulinaires très-rapprochées, sessiles, demi-embrassantes et auriculées à la base. Tige dressée, sillonnée, blanche-laineuse, rameuse au sommet ; rameaux courts, dressés.— Plante de 2-3 décimèt., trapue.

Hab. Ile Sainte-Lucie, près de Narbonne. ♃ Juillet-août.

C. **FEROX** *DC. fl. fr.* 4, *p.* 120, *et prodr.* 6, *p.* 637; *Dub. bot.* 287; *Carduus ferox Lam. dict.* 1, *p.* 703; *Vill. Dauph.* 3, *p.* 2 ; *Carduus Bonjarti Savi, fl. pis.* 2, *p.* 243 ; *Cnicus ferox L. mant.* 109 ; *Gouan, illustr.* 63 ; *All. ped.* 1, *p.* 155, *tab.* 50 ; *Lois. gall.* 2, *p.* 201 ; *Eriolepis ferox Cass. dict.* 50, *p.* 470. — Calathides rapprochées au sommet de la tige et formant un corymbe par leur réunion, entourées de *feuilles florales qui dépassent les fleurs.* Péricline ovoïde, déprimé à la base, un peu aranéeux, à écailles appliquées, *rudes sur les bords,* carénées sur le dos, linéaires-lancéolées, *acuminées en une longue pointe sétacée, étalée, spinescente au sommet, mais non vulnérante.* Corolle blanche, rarement purpurine. Akènes oblongs, luisants, fauves, marbrés de linéoles noires, Feuilles coriaces, d'un vert pâle et hérissées-spinuleuses en dessus, blanches-laineuses en dessous, réfléchies par les bords, pennatipartites, à segments écartés, profondément bilobés, à lobes divariqués dont le terminal très-allongé, tous terminés par une épine jaunâtre, robuste ; feuilles radicales grandes, pétiolées ; les caulinaires rapprochées, sessiles, demi-embrassantes et auriculées. Tige dressée, sillonnée, un peu aranéeuse, très rameuse au sommet. — Plante de 6-10 décimètres, très-épineuse.

Hab. Coteaux du Midi ; Dauphiné, Gap, Grenoble ; Provence, Grasse, Bagnols près de Fréjus, Toulon, Marseille ; Tournon dans l'Ardèche ; Anduze et Sauve dans les Cévennes ; Manduel près de Nîmes, pic Saint-Loup près de Montpellier ; Pyrénées-Orientales. ② Juillet-août.

C. **ODONTOLEPIS** *Boiss.! in DC. prodr.* 7, *p.* 305.—Calathides très-grandes, solitaires au sommet des rameaux, toujours *entourées* *à la base de* 8-10 *feuilles florales appliquées et dépassant les fleurs.* Péricline globuleux, déprimé à la base, fortement aranéeux, à écailles appliquées, *rudes sur les bords*, obtusément carénées, linéaires-lancéolées, *longuement acuminées en une pointe étalée-dressée, étroitement linéaire, dilatée sous l'épine terminale faible ; partie dilatée cartilagineuse et dentelée aux bords.* Corolle blanche ou purpurine. Akènes. . . . Feuilles coriaces, d'un vert-pâle et hérissées-spinuleuses en dessus, cendrées et un peu aranéeuses en dessous, réfléchies sur les bords, pennatipartites, à segments profondément bilobés, à lobes acuminés, divariqués, le terminal très-allongé, tous terminés par une très-forte épine jaunâtre ; feuilles radicales très-grandes, pétiolées ; les caulinaires sessiles, demi-embrassantes et auriculées. Tige robuste, dressée, sillonnée, velue, très-rameuse. — Plante de 10-12 décimètres, ayant le port du *C. ferox*, mais plus voisine, par ses caractères, du *C. eriophorum.*

Hab. Collioures. ②.

C. **ERIOPHORUM** *Scop. carn.* 2, *p.* 130 ; *DC. fl. fr.* 4, *p.* 120 ; *Carduus eriophorus L. sp.* 1153 ; *Vill. Dauph.* 3, *p.* 2 ; *Cnicus eriophorus Hoffm. fl. germ.* 2, *p.* 286. *Ic. Jacq. austr. tab.* 171. — Calathides ordinairement très-grandes, solitaires au sommet des rameaux, dépourvues ou plus rarement munies à leur base de quelques *feuilles florales qui ne dépassent pas les fleurs.* Péricline globuleux, fortement aranéeux, plus rarement glabre (*C. spathulatum Gaud. helv.* 5, *p.* 202), à écailles appliquées, *rudes sur les bords*, obtusément carénées, linéaires-lancéolées, *longuement acuminées en une pointe brune ou verte, très-étalée, étroitement linéaire, dilatée et quelquefois spatulée sous l'épine terminale faible ; la partie dilatée non dentée.* Corolle purpurine, rarement blanche. Akènes oblongs, luisants, fauves, marbrés de linéoles noires. Feuilles fermes, vertes et hérissées-spinuleuses en dessus, blanches-laineuses en dessous, réfléchies sur les bords, pennatipartites, à segments profondément bilobés, à lobes divariqués, le terminal très-allongé, tous terminés par une épine jaunâtre ; feuilles radicales très-grandes, pétiolées ; les caulinaires sessiles, demi-embrassantes, auriculées. Tige robuste, dressée, sillonnée, velue, très-rameuse. — Plante de 10-15 décimètres.

Hab. Lieux incultes des terrains calcaires, dans presque toute la France. ② Juillet-août.

Sect. 2. ONOTROPHE *Cass. dict* 56, *p.* 145. — Fleurs toutes hermaphrodites et fertiles. Feuilles non hérissées-spinuleuses en dessus.

a. *Feuilles décurrentes.*

1. *Écailles du péricline munies d'une épine qui les égale en longueur.*

C. **POLYANTHEMUM** *DC. prodr.* 6, *p.* 641 ; *C. palustri affine Salis, fl. od. bot. Zeit.* 1834, *p.* 32 ; *Cnicus polyanthemus Bertol. amœnit. ital. p.* 41 ; *Cnicus pungens Seb. et Maur. fl. rom. prodr.*

p. 281, *tab.* 7; *Guss. syn.* 2, *p.* 442; *Orthocentron glomeratum Cass. dict.* 36, *p.* 481. — Calathides très-brièvement pédonculées, très-petites, agglomérées au sommet de la tige et des rameaux et formant de petites grappes courtes. Péricline ovoïde, non déprimé à la base, un peu aranéeux, à écailles appliquées, non rudes aux bords, planes, munies d'une tache noire sous l'épine, mais dépourvues de callosité; les extérieures et moyennes ovales-oblongues, contractées en une épine triquètre, subulée au sommet, piquante, rude aux bords, étalée, égalant le reste de l'écaille ou plus longue; les intérieures linéaires, acuminées, scarieuses et mutiques au sommet. Corolle purpurine. Akènes. . . . . . . Feuilles d'un vert-cendré et papilleuses en dessus, blanchâtres et tomenteuses en dessous, pennatifides, à segments lancéolés, bi-trilobés, à lobes brièvement dentés-spinuleux aux bords, terminés par une épine piquante; les inférieures grandes, atténuées en pétiole ailé; les caulinaires décurrentes. Tige dressée, ferme, sillonnée, aranéeuse, ailée, rameuse au sommet. — Plante de 1 mètre.

Hab. Lieux aquatiques; Corse, étang de Bigùglia près de Bastia, où il a été vu d'abord par M. Salis et retrouvé en 1845 par M. Bernard. ♃ Juin-juillet.

2. *Ecailles du péricline munies d'une épine bien plus courte qu'elles.*

C. PALUSTRE *Scop. carn.* 2, *p.* 128; *DC. fl. fr.* 4, *p.* 111; *Carduus palustris L. sp.* 1151; *Cnicus palustris Hoffm. fl. germ.* 2. *p.* 127. *Ic. engl. bot. tab.* 974. — Calathides sessiles ou plus rarement pédonculées, petites, agglomérées au sommet de la tige et des rameaux, formant un corymbe par leur réunion. Péricline ovoïde, non déprimé à la base, un peu aranéeux, à écailles appliquées, *non rudes aux bords*, munies sur le dos et sous le sommet d'une *callosité oblongue, noire et saillante;* les extérieures *ovales-lancéolées, obtusiuscules*, terminées par une petite épine étalée; les intérieures linéaires, acuminées, scarieuses et purpurines au sommet. Corolle purpurine. Akènes linéaires-oblongs, blanchâtres. Feuilles fermes, d'un vert-foncé, plus ou moins velues sur les 2 faces, souvent aranéeuses en dessous, inégalement ciliées-spinuleuses sur les bords, *pennatipartites*, à segments étroits, *bi-trifides*, à lobes étalés, tous terminés par une petite épine; les radicales atténuées en pétiole ailé et spinuleux; les caulinaires *longuement décurrentes.* Tige dressée, raide, fortement sillonnée, ailée, ordinairement très-rameuse au sommet. Racine *bisannuelle*, munie de fibres radicales fines, *stolons nuls.* — Plante de 3-12 décimètres.

α. *genuinum.* Plante robuste, à rameaux ailés jusque sous les calathides.

β. *torphaceum Nob.* Plante grêle, à rameaux non ailés sous les calathides. *C. Chailleti Gaud. helv.* 5, *p.* 182; *Carduus Chailleti Godr. fl. lorr.* 2, *p.* 42.

Hab. Lieux humides; commun dans toute la France; la var. β. dans les tourbières. ② Juillet-août.

≍ **C. PALUSTRI-MONSPESSULANUM** *Godr. et Gren.* — Calathides petites, sessiles ou brièvement pédonculées, rapprochées au sommet de la tige. Péricline ovoïde, un peu aranéeux, à écailles appliquées, *non rudes aux bords*, munies sur le dos et sous le sommet d'une *callosité noire, oblongue et saillante;* les extérieures *oblongues, obtusiuscules*, terminées par une épine assez saillante et étalée; les intérieures linéaires, terminées par une pointe molle, scarieuse, purpurine. Corolle purpurine. Akènes. . . . . Feuilles pubescentes et vertes sur les deux faces, *sinuées-dentées*, bordées de soies épineuses assez longues, inégales et très rapprochées; les feuilles radicales nombreuses, atténuées en pétiole ailé et épineux; les caulinaires *longuement décurrentes*. Tige dressée, grêle, sillonnée, presque entièrement *couverte par les ailes foliacées et très-épineuses* qui descendent des feuilles. — Plante de 2-3 décimètres.

Hab. Vallée d'Eynes dans les Pyrénées-Orientales. ② ou ♃ Septembre.

C. MONSPESSULANUM *All. ped.* 1, *p.* 152; *DC. fl. fr.* 4, *p.* 112; *Dub. bot.* 286; *C. compactum Lam. fl. fr.* 2, *p.* 24; *Carduus monspessulanus L. sp.* 1152; *Gouan, hort. monsp.* 422; *Vill. Dauph.* 3, *p.* 18; *Cnicus monspessulanus Willd. sp.* 3, *p.* 1666; *Lois. gall.* 2, *p.* 200. *Ic. Lob. icon. tab.* 581, *f.* 2. *Endress, exsicc. unio itin.* 1830. — Calathides petites, rapprochées au sommet de la tige et des rameaux, nues à la base, formant un corymbe par leur réunion. Péricline ovoïde-globuleux, non déprimé à la base, un peu pubescent, à écailles appliquées, *rudes aux bords*, munies sur le dos et sous le sommet d'une *tache noire, linéaire et non saillante, lancéolées, aiguës;* les extérieures terminées par une très-courte épine étalée; les intérieures prolongées en une pointe scarieuse, noire, très-aiguë, denticulée, dressée. Corolle purpurine. Akènes petits, oblongs, fauves, luisants. Feuilles tantôt vertes et glabres, tantôt blanches-tomenteuses (*Carduus pyrenaïcus Gouan, ill.* 63), *faiblement sinuées-dentées*, bordées de soies épineuses assez longues, inégales et rapprochées; feuilles radicales lancéolées, atténuées en pétiole ailé et spinuleux aux bords; les caulinaires oblongues-lancéolées, aiguës, sessiles, décurrentes. Tige dressée, grêle, anguleuse, ailée, pubescente, rameuse au sommet. Souche vivace, épaisse, *émettant des stolons souterrains*. — Plante de 12-15 décimètres.

Hab. Bords des ruisseaux. Alpes du Dauphiné, Grenoble, la Garde près de Gap, Briançon; Provence, Fréjus, Toulon, Marseille; bords du Lès près de Montpellier; Narbonne; toute la chaîne des Pyrénées, Saint-Paul de Fenouillèdes, Villefranche. val de Carol près de Mont-Louis, Bagnères-de-Luchon, Barréges, Saint-Béat, vallée d'Aspe, etc. ♃ Juillet-août.

≍ **C. ANGLICO-PALUSTRE** *Godr. et Gren.; C. uliginosum Delastre, fl. de la Vienne, p.* 235, *tab.* 3 (*non Bieb.*); *C. spurium Delastre! ann. sc. nat.* 2ᵉ *sér. t.* 18, *p.* 149. — Calathides petites, solitaires au sommet de la tige et des rameaux, dépourvues de feuilles florales à la base, mais munies un peu plus bas de 1-2 petites bractées linéaires, spinuleuses au sommet et à la base. Péricline ovoïde, non déprimé à la base, un peu aranéeux, à écailles appliquées, *non rudes aux bords*, mais brièvement ciliées, brunes dans leur moitié supérieure, munies sur le dos et sous le sommet d'une *callosité oblongue, noire et saillante, toutes acuminées* et terminées par une courte épine étalée. Corolle purpurine. Akènes obovés, blanchâtres. Feuilles vertes, un peu rudes et pubescentes en dessus, souvent blanches-aranéeuses en dessous, planes, inégalement ciliées-spinuleuses, toutes *pennatifides ou pennatipartites*, à segments très-étalés, oblongs ou lancéolés, *bi-trifides*, à lobes divariqués, tous terminés par une petite épine; les inférieures atténuées en pétiole ailé et spinuleux; les supérieures sessiles, toutes *demi-décurrentes* en une aile étroite dentée-spinuleuse. Tige dressée, droite, raide, striée-anguleuse, pubescente, presque nue au sommet, rameuse; rameaux dressés, grêles, allongés, aranéeux. Racine bisannuelle, tronquée, à fibres radicales longues et filiformes. — Plante de 6-10 décimèt.

Hab. Prés humides; Mourmelon-le-Grand entre Châlons-sur-Marne et Reims (*de Lambertye*); environs de Loudun, de Gien, de Châtellerault (*Delastre*). ② Juillet-août.

× **C. PALUSTRI-BULBOSUM** *D C. prodr.* 6, *p.* 646; *Nægeli, Cirs. der Schw. p.* 154, *et in Koch, syn. p.* 997; *C. pratense D C. fl. fr.* 4, *p.* 113; *Loret et Duret, fl. Côte-d'Or*, 1, *p.* 523; *C. Kochianum Löhr, fl. od. bot. Zeit.* 1842, *p.* 2; *Koch, Taschenb.* 293; *Schultz, fl. der Pfalz*, 249; *C. laciniatum Döll, rhein. fl.* 508; *Carduus glomeratus Lam. fl. fr.* 2, *p.* 20; *Cnicus palustri-tuberosus Schiede, de pl. hybr.* 56. *Schultz exsicc.* 678 !— Calathides petites, solitaires au sommet des tiges et des rameaux, dépourvues de feuilles florales à la base, mais munies un peu plus bas de quelques bractéoles linéaires, spinuleuses seulement au sommet. Péricline ovoïde, non déprimé à la base, un peu aranéeux, à écailles appliquées, *non rudes aux bords*, mais brièvement ciliées, brunes dans leur moitié supérieure, munies sur le dos et sous le sommet d'une *callosité oblongue, noire et visqueuse;* les extérieures petites, *oblongues, obtusiuscules*; les intérieures linéaires, acuminées; toutes terminées par une très-courte épine étalée. Corolle purpurine. Akènes obovés-cunéiformes, blanchâtres. Feuilles vertes et pubescentes sur les deux faces, mais plus pâles en dessous, planes, inégalement ciliées-spinuleuses, toutes *pennatifides ou pennatipartites*, à segments très-étalés, oblongs ou lancéolés, *bi-trifides*, à lobes divariqués, tous terminés par une petite épine; les inférieures atténuées en pétiole ailé et spinuleux; les moyennes et les supérieures sessiles, *demi-décurrentes* sur la tige en une aile étroite et dentée-spinuleuse. Tige dressée, droite, pubescente, anguleuse-striée, presque nue au sommet, très-rameuse; rameaux dressés, grêles, allongés, aranéeux. Souche *vivace*, épaisse, brune, munie de fibres radicales simples, allongées, un peu épaisses.— Plante de 6-10 décimètres. Ressemble beaucoup par son port au *C. anglico-palustre;* mais celui-ci s'en distingue par les écailles externes du péricline bien plus longues, acuminées et très-aiguës ; par ses feuilles blanches en dessous ; par sa racine bisannuelle à fibres radicales bien plus fines.

Hab. Prairies ; Strasbourg, Benfeld ; fontaine de Jouvence. ♃ Juill.-août.

⨯ **C. palustri-erisithales** *Nægeli, in Koch, syn.* 999 ; *Lecoq et Lamotte! cat. auv.* 234. — Calathides petites, sessiles ou brièvement pédonculées, agrégées au sommet des tiges et des rameaux, ou les inférieures un peu écartées et axillaires, formant une grappe courte, dense au sommet, dépourvues de feuilles florales à leur base. Péricline globuleux, très-brièvement pubescent, à écailles appliquées, mais un peu étalées au sommet, *rudes sur les bords*, un peu dentelées vers le sommet, toutes munies sur le dos et sous le sommet d'une *callosité oblongue, noire, luisante et visqueuse ;* les extérieures *lancéolées, obtusiuscules*, terminées par une très-courte épine étalée ; les intérieures linéaires, acuminées, aiguës et scarieuses au sommet. Corolle purpurine. Akènes obovés-cunéiformes, blanchâtres. Feuilles minces, vertes, un peu pubescentes et quelquefois faiblement aranéeuses en dessous, planes, *pennatipartites*, à segments oblongs-lancéolés, *dentés ou lobulés, mais non trifides* au sommet, étalés horizontalement, ciliés-spinuleux sur les bords ; les radicales pétiolées ; les caulinaires *demi-décurrentes* en une aile large, sinuée-lobée, spinuleuse. Tige dressée, pubescente, striée, très-rameuse ; rameaux étalés-dressés, presque nus. Souche *vivace*. — Plante de 10 décimètres.

Hab. Montagnes d'Aubrac, monts Dore, Cantal. ♃ Juillet-août.

⨯ **C. palustri-oleraceum** *Nægeli, in Koch, syn.* 999 ; *C. hybridum Koch! in D C. fl. fr.* 5, *p.* 463 ; *Carduus hybridus Godr. fl. lorr.* 3, *p.* 231 ; *Cnicus paludosus Lois. gall.* 1re *éd. p.* 542 ; *Cnicus palustri-oleraceus Schiede, de pl. hybr.* 63.— Calathides sessiles ou brièvement pédonculées, plus grosses que dans le *C. palustre* et plus petites que dans le *C. oleraceum*, rapprochées en corymbe au sommet des rameaux, nues ou pourvues à la base de 1-2 très-petites feuilles florales. Péricline ovoïde, à écailles appliquées, aranéeuses aux bords, pourvues sur le dos et sous le sommet d'une *nervure saillante noire ou brune ;* les extérieures *lancéolées, aiguës*, terminées par une épine étalée ; les intérieures linéaires, scarieuses au sommet. Corolle jaunâtre, lavée de violet. Akènes linéaires-oblongs, blanchâtres. Feuilles molles et planes, d'un vert-pâle, pubescentes, inégalement ciliées-spinuleuses sur les bords, *pennatipartites*, à segments larges, aigus, anguleux, étalés, souvent bifides au sommet ; les caulinaires inférieures *demi-décurrentes ;* les supérieures à peine décurrentes. Tige dressée, velue, fortement sillonnée. Souche *vivace*. — Plante de 10–12 décimètres.

Hab. Prairies humides ; Strasbourg ; Bitche ; Orbais dans la Marne (*de Lambertye*) ; Chaumont (Oise), Thury-en-Valois, Faverolle près de Villers-Cotterel (*Questier*), Morfontaine près de Senlis. ♃ Juillet-août.

b. *Feuilles non décurrentes.*

C. OLERACEUM *Scop. carn.* 2, *p.* 124; *DC. fl. fr.* 4, *p.* 114; *Carduus oleraceus Vill. Dauph.* 3, *p.* 21; *Carduus acanthifolius Lam. dict.* 1, *p.* 703; *Cnicus oleraceus L. sp.* 1156; *Cnicus pratensis Lam. fl. fr.* 2, *p.* 14. *Ic. fl. dan. tab.* 860. — Calathides sessiles ou brièvement pédonculées, *agglomérées* au sommet de la tige et des rameaux, entourées de *feuilles florales grandes, ovales-lancéolées, ciliées-spinuleuses, décolorées, jaunâtres et dépassant les fleurs.* Péricline ovoïde-oblong, *non déprimé à la base,* à écailles molles, pâles, *étalées au sommet,* rudes aux bords, munies dans leur moitié supérieure d'une *faible nervure dorsale;* les extérieures lancéolées, acuminées, terminées par *une épine molle;* les intérieures linéaires, acuminées, scarieuses au sommet. Corolle jaune, très-rarement purpurine, à limbe plus long que le tube. Akènes oblongs, luisants, blanchâtres, avec quelques stries noires. Feuilles molles, d'un vert-pâle, inégalement ciliées-spinuleuses, ordinairement glabres; les radicales très-grandes, pétiolées, quelquefois entières, plus souvent pennatifides ou pennatipartites, à segments *lancéolés, dentés, très-étalés;* les caulinaires sessiles, *embrassantes, auriculées,* pennatifides ou dentées; les raméales sessiles, lancéolées. Tige dressée, raide, fragile et molle, sillonnée, *feuillée jusqu'au sommet.* Souche vivace, *à fibres radicales minces et simples.* — Plante de 8 à 12 décimètres.

Hab. Prés humides, bords des rivières; commun dans toute la France. ♃ Juillet-août.

⨯ **C. RIVULARI-OLERACEUM** *Nægeli, in Koch, syn.* 1009; *C. erucagineum DC. fl. fr.* 4, *p.* 115 (*quoad plantam Chailleti; excl. syn. Vill.*); *Gaud. helv.* 5, *p.* 187; *C. præmorsum Michl. fl. od. bot. Zeit.* 1820, *p.* 317; *Koch, syn. ed.* 1, *p.* 397; *Cnicus oleraceo-rivularis Schiede, de pl. hybr.* 58. — Calathides sessiles ou plus ou moins pédonculées, agrégées ou solitaires au sommet de la tige et des rameaux, munies à leur base de 1-2 *feuilles florales vertes, linéaires-lancéolées, spinuleuses, égalant les fleurs ou plus courtes.* Péricline ovoïde, glabre, à écailles *un peu étalées au sommet,* non rudes aux bords, mais très-brièvement ciliées, brunes et munies dans leur moitié supérieure *d'une nervure dorsale;* les extérieures lancéolées, acuminées, très-aiguës, terminées par une très-courte épine; les intérieures linéaires, longuement acuminées, décolorées et mucronées au sommet. Corolle d'un blanc-jaunâtre, *à limbe plus long que le tube.* Akènes obovés, blanchâtres. Feuilles grandes, glabres ou presque glabres, d'un vert gai en dessus, plus pâles en dessous, planes, inégalement ciliées-spinuleuses, dentées ou lyrées-pennatifides, à *segments rapprochés, étalés, lancéolés, un peu dentés,* les supérieurs confluents; les feuilles inférieures contractées en pétiole ailé, *dilaté à la base et embrassant la tige par deux grandes oreilles arrondies et dentées-spinuleuses;* les supérieures sessiles, embrassantes et auriculées. Tige dressée, fistuleuse, sillonnée-anguleuse, glabre ou pubescente, peu feuillée et rameuse au sommet; rameaux dressés, tomenteux sous les calathides. Souche vivace, épaisse, *munie de fibres radicales filiformes.* — Plante de 6-8 décimètres. Port du *C. Erisithales.*

Hab. Prés humides de la chaîne du Jura, Pontarlier, près de Mouthe, de Métabief et de Foncines; Gap. ♃ Juillet-août.

≍ **C. OLERACEO-RIVULARE** *Nægeli, in Koch, syn.* 1009; *C. semipectinatum Schleicher! in Koch, syn. ed.* 1, *p.* 396 (*non DC.*). — Très-voisin du précédent, il s'en distingue aux caractères suivants : péricline plus oblong, moins campanulé, à écailles très-finement pubescentes, *appliquées même au sommet;* feuilles bractéales égalant les fleurs; port plus semblable à celui du *C. oleraceum.*

Hab. Prairies de la chaîne du Jura, avec le précédent. ♃ Juillet-août.

C. ERISITHALES *Scop. carn.* 2, *p.* 125; *Gaud. helv.* 5, *p.* 189; *Koch, syn. ed.* 2, *p.* 455 *et* 994; *C. glutinosum Lam. fl. fr.* 2, *p.* 27; *DC. fl. fr.* 5, *p.* 464; *C. ochroleucum DC. fl. fr.* 4, *p.* 115 (*excl. var.* β.); *Carduus Erisithales Lam. dict.* 1, *p.* 704; *Cnicus Erisithales L. sp.* 1157. *Ic. Jacq. austr. tab.* 310. *Rchb. exsicc.* 1670 *et* 2430! — Calathides *penchées,* solitaires ou agrégées au sommet de la tige et des rameaux, entièrement *dépourvues de feuilles florales.* Péricline globuleux, *déprimé à la base,* glabre, à écailles *très-étalées et même réfléchies dans leur moitié supérieure,* rudes sur les bords, toutes pourvues sur le dos et sous le sommet d'une *callosité oblongue, noire, luisante, glutineuse;* les extérieures linéaires, aiguës, terminées par une *très-courte épine;* les internes linéaires, acuminées, terminées par une pointe molle. Corolle jaunâtre, rarement purpurine, à limbe plus long que le tube. Akènes obovés, blanchâtres. Feuilles grandes, d'un vert-foncé en dessus, plus pâles en dessous, pubescentes sur les deux faces, bordées de cils spinuleux inégaux et ascendants, toutes pennatipartites, *à segments oblongs ou lancéolés, acuminés, dentés, décurrents par le haut, étalés à angle droit* et les inférieurs même inclinés en bas; les feuilles inférieures contractées en pétiole ailé, denté-spinuleux, *dilaté à sa base en deux grandes oreilles dentées;* feuilles supérieures sessiles, également auriculées. Tige dressée, sillonnée, pubescente, *peu feuillée et rameuse au sommet;* rameaux dressés, grêles. Souche courte, épaisse, noire, *munie de fibres radicales épaisses.* — Plante de 5-7 décimètres.

Hab. Forêts des montagnes; le Mont-d'Or et la Dole dans le Jura; chaîne du Forez; mont Mezin; montagnes d'Aubrac dans la Lozère; Cantal; Auvergne. ♃ Juillet-août.

≍ **C. BULBOSO-OLERACEUM** *Nægeli in Koch, syn.* 1007, *C. pallens DC. prodr.* 6, *p.* 647; *C. inerme Rchb. fl. exc.* 287;

C. Braunii Schultz, fl. der Pfalz, p. 250; *Cnicus Lachenalii Gmel. fl. bad.* 2, *p.* 380. *Ic. Lachen. act. helv.* 4, *tab.* 16. *Schultz, exsicc.* 1085! — Calathides assez grandes, *solitaires* au sommet de la tige et des rameaux, munies à leur base de 1-2 petites *feuilles florales linéaires, aiguës, entières et spinuleuses aux bords, plus courtes que les fleurs.* Péricline ovoïde-globuleux, *non déprimé à la base,* un peu aranéeux, à écailles *étalées au sommet,* non rudes aux bords, mais brièvement ciliées, verdâtres au sommet, munies dans leur moitié supérieure d'une *faible nervure dorsale,* toutes linéaires, acuminées, très-aiguës et terminées par une épine grêle et courte. Corolle blanche ou d'un blanc-jaunâtre, *à limbe plus long que le tube.* Akènes oblongs, blanchâtres. Feuilles un peu fermes, d'un vert-pâle, pubescentes sur les deux faces, planes, pennatifides ou pennatipartites, à segments très-étalés et quelquefois même un peu courbés vers le bas, lancéolés, dentés et quelquefois bifides, inégalement ciliés-spinuleux ; les feuilles radicales atténuées en pétiole largement ailé et cilié-spinuleux ; les caulinaires peu nombreuses, toutes sessiles, toutes *dilatées à leur base, demi-embrassantes et auriculées.* Tige dressée, sillonnée, pubescente, rameuse dans sa moitié supérieure ; rameaux allongés, peu feuillés, dressés, aranéeux. Souche épaisse, brune, tronquée, munie de *fibres radicales allongées, un peu épaisses, mais cylindriques.*—Plante de 5-7 décimèt.

Hab. Prairies humides ; Strasbourg, Benfeld, Huningue. ♃ Juillet-août.

C. bulbosum *DC. fl. fr.* 4, *p.* 118 ; *Wallr. sched.* 445 (*excl. var.* β.); *Dub. bot.* 287; *Gaud. helv.* 5, *p.* 197 ; *Koch, syn.* 456 ; *C. tuberosum All. ped.* 1, *p.* 151 (*non Dillen.*); *Carduus tuberosus Vill. Dauph.* 3, *p.* 16; *Poll. pal.* 2, *p.* 420; *Carduus spurius Hoffm. germ.* 2, *p.* 438 ; *Cnicus tuberosus Willd. sp.* 3, *p.* 1680. *Ic. engl. bot. tab.* 2562. *Rchb. exsicc.* 229!—Calathides de moyenne grandeur, *solitaires* au sommet de la tige et des rameaux, *jamais agrégées, dépourvues de feuilles florales* à leur base. Péricline ovoïde-globuleux, *déprimé à la base,* un peu aranéeux, à écailles rudes aux bords, brunes au sommet, *appliquées, munies d'une faible nervure dorsale,* très-inégales ; les extérieures très-courtes, lancéolées, obtusiuscules, *munies de trois stries sous le sommet,* et terminées par une *très-courte spinule;* les intérieures linéaires, aiguës. Corolle purpurine, *à limbe plus long que le tube.* Akènes ovales, blanchâtres. Feuilles vertes, un peu rudes et pubescentes en dessus, cendrées et un peu aranéeuses en dessous, planes, pennatifides ou pennatipartites (*C. dissectum Lam. fl. fr.* 2, *p.* 27), *à segments bi-trifides, à lobes divergents,* ciliés-spinuleux ; les radicales atténuées en pétiole ; les caulinaires peu nombreuses, oblongues-lancéolées, *non rétrécies au dessus de la base, demi-embrassantes, non auriculées.* Tige dressée, ferme, fortement sillonnée, pubescente, le plus souvent rameuse dès le milieu ; rameaux *très-allongés, dressés, presque nus,* quelquefois au nombre de 4-10 (*C. ramosum Nægeli, Cirs. der Schw. p.* 73).

Souche courte, épaisse, oblique, *munie de fibres radicales la plupart fortement épaissies sous leur origine et formant une tubérosité fusiforme ; pas de stolons.* — Plante de 3-5 décimètres, polymorphe.

Hab. Prairies; Alsace, Strasbourg, Colmar, Herlisheim, Siegolsheim, etc.; commun dans la chaîne du Jura; Dijon, Jouvence; Lyon; Dauphiné, à Manival, à la Grangette et à Rabou près de Gap; dans le Gard à Saint-Ambroix, Anduze; dans la Lozère à Mende, Florac, Monteils; à Sauret près de Montpellier; dans la Limagne d'Auvergne, à Cœur, à Marmillat; à Bayonne, Riberac; Châtellerault, Loudun; Angers; Nantes; Orléans; Falaise, etc. ♃ Juillet-août.

C. **anglicum** *Lob. icon. tab.* 583, *f.* 1; *DC. fl. fr.* 4, *p.* 118, *et* 5, *p.* 465; *Dub. bot.* 287; *Koch, syn.* 456; *Carduus anglicus Lam. dict.* 1, *p.* 705; *Carduus pratensis Huds. angl.* 353; *Sm. brit.* 854 (*non Lam.*); *Carduus dissectus Vill. Dauph.* 3, *p.* 15 (*non L.*); *Cnicus pratensis Willd. sp.* 3, *p.* 1672; *Lois. gall.* 2, *p.* 202. *Ic. Engl. bot. tab.* 177. — Calathide ordinairement unique et *solitaire* au sommet de la tige, plus rarement 1-2 calathides latérales rapprochées de la calathide terminale, toutes *dépourvues de feuilles florales.* Péricline ovoïde, *non déprimé à la base*, blanchâtre-aranéeux, à écailles *appliquées*, rudes aux bords, brunes au sommet, *munies d'une faible nervure dorsale et dépourvues de stries au sommet*, toutes linéaires-lancéolées, aiguës, terminées par une *courte spinule.* Corolle purpurine, *à limbe plus long que le tube.* Akènes ovales, blanchâtres. Feuilles d'un vert-pâle, un peu rudes et pubescentes en dessus, blanches-tomenteuses en dessous, planes, inégalement dentées ou sinuées-lobulées, *à lobes bi-tridentés*, ciliés-spinuleux; les radicales atténuées en pétiole; les caulinaires au nombre de 2-3, oblongues-lancéolées, *rétrécies au-dessus de la base, demi-embrassantes, non auriculées.* Tige dressée, le plus souvent parfaitement simple, sillonnée, laineuse, *longuement nue au sommet.* Souche brune, rampante, *munie de fibres radicales simples, filiformes ou un peu épaissies au-dessous de leur origine, émettant des stolons souterrains* grêles et quelquefois de petites tiges épigées, stoloniformes, munies d'écailles et de feuilles rudimentaires et néanmoins florifères au sommet. — Plante de 3-5 décimètres.

Hab. Prairies; vallées des Vosges, Bruyères, Grandrupt, Brouvelieures, etc.; Saulieu dans la Côte-d'Or; vallée du Rhône, à Orange, Montélimart; Pyrénées; commun dans toute la France occidentale, aux environs de Paris et en Champagne. ♃ Juillet-août.

C. **rivulare** *Link, enum. hort. ber.* 2, *p.* 301; *Koch, syn.* 455; *C. tricephalodes DC. fl. fr.* 4, *p.* 116 (*excl. var.* β.); *Dub. bot.* 288; *Gaud. helv.* 5, *p.* 193; *Carduus tricephalodes Lam. dict.* 1, *p.* 704; *Carduus Erisithales Vill. Dauph.* 3, *p.* 20 (*non Scop.*); *Carduus rivularis Jacq. austr.* 1, *p.* 57, *tab.* 91; *Cnicus rivularis Willd. sp.* 3, *p.* 1676. — Calathides ordinairement au nombre de 2-4, *agrégées* au sommet de la tige et dont les latérales sont de moitié plus petites et sessiles à l'aisselle d'une petite bractée linéaire et très-entière ; plus rarement il n'y a qu'une seule calathide. Péricline globuleux, *déprimé à la base*, à écailles *appliquées*, un peu étalées au sommet, glabres sur le dos, finement ciliées, pourvues sur le dos et sous le sommet d'une *callosité noire, oblongue, visqueuse;* les extérieures beaucoup plus courtes, lancéolées, très-aiguës, terminées par une *très-courte spinule;* les intérieures linéaires, acuminées, brunes au sommet. Corolle purpurine, *à limbe plus long que le tube*. Akènes oblongs, jaunâtres. Feuilles d'un vert-foncé en dessus, un peu plus pâles et pubescentes en dessous, finement et inégalement ciliées-spinuleuses, tantôt simplement incisées-dentées, tantôt pennatifides ou même pennatipartites, *à segments lancéolés-oblongs, dentelés, très-étalés* et dont les supérieurs sont ordinairement confluents; les feuilles inférieures atténuées en pétiole ailé et spinuleux, dilatés et embrassant à la base; les supérieures sessiles et *élargies à la base en deux oreilles embrassantes.* Tige dressée, anguleuse-sillonnée, pubescente, ordinairement simple, aranéeuse et *presque nue dans sa moitié supérieure.* Souche épaisse, brune, oblique, *munie de fibres radicales nombreuses et fines; stolons nuls.* —Plante de 8-12 décimètres.

Hab. Prés humides; toute la chaîne du Jura; Alpes du Dauphiné; mont Mézin; le Puy; vallée de Dienne dans le Cantal; Mende, montagnes d'Aubrac; lac d'Estais et vallée d'Aspe dans les Basses-Pyrénées. ♃ Juin-juillet.

C. spinosissimum *Scop. carn.* 2, *p.* 129; *DC. fl. fr.* 4, *p.* 113 (*ex parte*); *Dub. bot.* 286; *Gaud. helv.* 5, *p.* 191 (*non Benth.*); *Carduus spinosissimus Vill. Dauph.* 3, *p.* 11; *Carduus comosus Lam. dict.* 1, *p.* 703; *Cnicus spinosissimus L. sp.* 1157; (*non Lapeyr. nec Forsk.*); *Carthamus involucratus Lam. fl. fr.* 2, *p.* 12. *Ic. Hall. helv. tab.* 5. *Rchb. exsicc.* 840! — Calathides sessiles ou à peine pédonculées, *agrégées* au sommet de la tige, entourées à leur base de *feuilles florales nombreuses, pâles, décolorées, lancéolées, longuement acuminées, pennatifides, épineuses, dépassant de beaucoup les fleurs.* Péricline ovoïde, *non déprimé à la base*, à écailles pâles, appliquées, lancéolées, ciliées, terminées par une épine *triquètre, jaunâtre, un peu étalée, rude sur les bords, plus longue que l'écaille* qui la porte. Corolle blanchâtre, *à limbe une fois plus long que le tube.* Akènes oblongs-cunéiformes, blanchâtres. Feuilles toutes étroitement lancéolées, vertes en dessus, un peu plus pâles en dessous, pubescentes sur les deux faces, pennatifides, *à segments lobés, à lobes divariqués,* ciliés-spinuleux sur les bords, terminés par une épine jaunâtre, fine, mais vulnérante; les feuilles inférieures atténuées en un pétiole ailé, denté-épineux; les moyennes et les supérieures sessiles, *embrassant la tige par deux oreilles arrondies et très-épineuses.* Tige dressée, pubescente, simple, *très-feuillée surtout au sommet.* Souche épaisse, brune, émettant des fibres radicales fortes et allongées. — Plante de 1-4 décimètres.

Hab. Bords des ruisseaux; hautes Alpes du Dauphiné, Grande-Chartreuse, Lautaret, col de l'Arche, col de Paga, Gap, etc. ♃ Juillet-août.

C. glabrum *D C. fl. fr.* 4, *p.* 463; *Dub. bot.* 286; *C. spinosissimum Benth. cat. pyr. p.* 72 (*non Scop.*); *Carduus glaber Steud. nom. bot. ed.* 1, *p.* 152; *Cnicus spinosissimus Lap. abr. pyr.* 496 (*non L.*). *Endress, pl. pyr. exsicc. unio itin.* 1831. — Calathides quelquefois solitaires au sommet de la tige et des rameaux, plus souvent agrégées au sommet de la tige et brièvement pédonculées, entourées de *feuilles florales nombreuses, herbacées, linéaires-lancéolées, dentées, très-épineuses, dépassant de beaucoup les fleurs.* Péricline ovoïde, *non déprimé à la base*, à écailles jaunâtres, appliquées, finement ciliées, lancéolées ou linéaires-lancéolées, terminées par une *épine triquètre, noirâtre à la base, jaune au sommet, un peu étalée, rude sur les bords, plus courte que l'écaille.* Corolle blanchâtre, *à limbe égalant le tube.* Akènes. . . . . . Feuilles coriaces, d'un vert-pâle, concolores et glabres sur les deux faces, linéaires-lancéolées, pennatifides, *à segments lobés, à lobes courts, divariqués*, ciliés-épineux sur les bords, terminés par une épine jaune, allongée, robuste ; les feuilles inférieures atténuées en pétiole ailé, denté-épineux ; les moyennes et les supérieures *sessiles, atténuées à la base, non embrassantes, ni auriculées.* Tige dressée, épaisse, glabre, simple ou peu rameuse au sommet, très-feuillée jusque sous les calathides. Souche. . . . . — Plante de 1-3 décimètres.

Hab. Bords des torrents dans les Hautes-Pyrénées, vallée de Venasque, Esquierry, torrent de Castanèze, Marboré. ♃ Juin-août.

≍ **C. glabro-monspessulanum** *Gay! in Bull. Feruss. sc. nat.* 7 (1826), *p.* 209 *et D C. prodr.* 6, *p.* 645. — Calathides *agrégées* au sommet de la tige, ou quelques-unes solitaires au sommet des rameaux, *nues* ou munies à leur base de 2-3 *feuilles florales herbacées, linéaires, aiguës, épineuses, beaucoup plus courtes que les fleurs.* Péricline ovoïde, non *déprimé à la base*, à écailles *appliquées*, jaunâtres à la base, fauves au sommet, lancéolées ou linéaires-lancéolées, terminées par une épine jaune, étalée, *plus courte que l'écaille.* Corolle purpurine, *à limbe plus long que le tube.* Akènes.... Feuilles un peu coriaces, d'un vert-pâle, glabres sur les deux faces, linéaires-lancéolées, sinuées-dentées ou pennatifides, *à segments anguleux, dentés*, ciliés-spinuleux aux bords, à lobules terminés par une épine allongée, fine, jaunâtre ; les feuilles inférieures insensiblement atténuées en pétiole ailé et épineux ; les moyennes et les supérieures *sessiles, non atténuées à la base, embrassantes et à peine décurrentes.* Tige forte, dressée, sillonnée, glabre, rameuse, *peu feuillée au sommet.* Souche épaisse. — Plante de 5-6 décimètres.

Hab. Pyrénées (*Gay*). ♃.

Obs. Les graines qui ont produit cette plante au jardin du Luxembourg, ayant été recueillies dans les Pyrénées par M. Gay, sur le *C. glabrum*, elle devrait recevoir, d'après la nomenclature de Schiede, adoptée par MM. Koch et Nægeli, le nom de *C. monspessulano-glabrum*.

⋊ C. **SPINOSISSIMO-HETEROPHYLLUM** *Godr. et Gren.*; *C. ambiguum* γ. *albidum D C. prodr.* 6, *p.* 653; *C. controversum* β. *albidum D C. l. c.; Carduus autareticus Vill. Dauph.* 3, *p.* 12, *tab.* 19; *Cnicus autareticus Lois. gall. ed.* 1, *p.* 540.— Calathides solitaires, géminées ou agrégées au sommet des tiges, sessiles ou brièvement pédonculées, munies chacune d'une *bractée linéaire, longuement acuminée-spinuleuse, plus courte que les fleurs.* Péricline ovoïde, *non déprimé à la base,* glabre, à écailles *un peu étalées au sommet,* jaunâtres, munies dans leur moitié supérieure d'une *nervure dorsale faible* et brune, finement ciliées aux bords, lancéolées ou linéaires-lancéolées, toutes acuminées en une *pointe plane, scarieuse, denticulée* aux bords. Corolle d'un blanc-jaunâtre, *à limbe plus long que le tube.* Akènes oblongs, blanchâtres. Feuilles étroitement lancéolées, vertes, glabres et lisses en dessus, blanches-aranéeuses en dessous, sinuées-pennatifides ou sinuées-dentées, *à lobes ascendants, lancéolés,* souvent munis d'un lobule à la base du bord supérieur, régulièrement ciliés-spinuleux aux bords, terminés par une épine fine et jaunâtre; les feuilles inférieures atténuées en pétiole ailé, denté-spinuleux; les moyennes et les supérieures *sessiles et embrassant la tige par deux oreilles arrondies, dentées-spinuleuses.* Tige assez épaisse, dressée, fistuleuse, sillonnée, un peu aranéeuse, simple ou à peine rameuse au sommet, très-feuillée, si ce n'est au sommet où elle est blanche-laineuse et *presque nue.* Souche vivace à divisions grêles, couchées, un peu rampantes, munies de *fibres radicales filiformes.* — Plante de 3-5 décimètres.

Hab. Hautes Alpes du Dauphiné, Lautaret, Villars-d'Arène. ♃ Juillet-août.

⋊ C. **HETEROPHYLLO-SPINOSISSIMUM** *Nægeli, in Koch, syn.* 1006; *C. Cervini Koch, syn. ed.* 1, *p.* 399; *C. ambiguum D C. fl. fr.* 4, *p.* 116 (*non All.*); *C. purpureum All. ped.* 1, *p.* 150, *tab.* 36; *Gaud. helv.* 5, *p.* 192; *Carduus hastatus Lam. dict.* 1, *p.* 704. — Se distingue du précédent aux caractères suivants: calathides ordinairement agrégées en nombre moindre, naissant à l'aisselle de *bractées foliacées, lancéolées, acuminées, dentées-spinuleuses et plus longues que les fleurs;* péricline globuleux et se rapprochant bien plus pour sa forme et pour sa grosseur de celui du *C. heterophyllum,* à écailles appliquées, plus larges à la base, brunes sur le dos, terminées par une pointe scarieuse plus longue et plus évidemment dentelée; corolle purpurine au sommet; feuilles à lobes terminés par des épines plus longues; *tige très-feuillée jusque sous les calathides.*

Hab. Alpes du Dauphiné. ♃ Juillet-août.

C. **HETEROPHYLLUM** *All. ped.* 1, *p.* 152, *tab.* 34; *D C. fl. fr.* 4, *p.* 117; *Dub. bot.* 288; *Gaud. helv.* 5, *p.* 195; *Koch, syn.* 456 *et* 993; *Carduus heterophyllus L. sp.* 1154; *Vill. Dauph.* 3, *p.* 19; *Carduus polymorphus Lapey.! act. Toul.* 1, *p.* 217, *tab.* 19

et 20 ; *Cnicus heterophyllus Willd. sp.* 3, *p.* 1673; *Lois. gall.* 2, *p.* 202; *Cnicus ambiguus Lois.! gall. ed.* 1, *p.* 540. *Ic. Hall. helv. tab.* 7; *fl. danica, tab.* 109.— Calathides grandes, solitaires ou très-rarement agrégées au sommet de la tige et des rameaux, complétement *dépourvues de feuilles florales* à leur base. Péricline ovoïde-globuleux, *déprimé à la base,* à écailles *appliquées,* très-finement pubescentes sur le dos, rudes aux bords, brunes au sommet, munies dans leur moitié supérieure d'une *faible nervure dorsale;* les extérieures courtes, linéaires-lancéolées, obtusiuscules, terminées par une très-courte épine *subulée;* les intérieures linéaires, acuminées, en une pointe molle et scarieuse. Corolle purpurine, *à limbe un peu plus court que le tube.* Akènes petits, obovés, pâles. Feuilles un peu fermes, glabres et d'un vert-foncé en dessus, blanches-tomenteuses en dessous, bordées de cils spinuleux ascendants; les inférieures lancéolées, dentées-en-scie, atténuées en pétiole largement ailé et élargi à sa base; les caulinaires moyennes lancéolées, acuminées, *sessiles, dilatées et auriculées à la base,* tantôt simplement dentées, tantôt pennatifides (*C. helenioïdes All. ped.* 1, *p.* 152, *tab.* 13), *à lobes acuminés, ascendants;* les caulinaires supérieures plus petites, finement dentées, embrassantes, auriculées. Tige dressée, épaisse, fistuleuse, aranéeuse et *nue vers le sommet,* simple ou peu rameuse; rameaux courts, dressés. Souche vivace, rampante (*suivant Smith*). — Plante de 10–15 décimètres.

Hab. Hautes Alpes du Dauphiné, Lautaret, Villars-d'Arène; Pyrénées occidentales. ♃ Juin-juillet.

× C. **HETEROPHYLLO-ACAULE** *Nægeli, in Koch, syn.* 1004; *C. alpestre Nægeli, Cirs. der Schw. p.* 84; *Carduus mollis Vill. Dauph.* 3, *p.* 17 (*non Gouan*). — Calathides grandes, *solitaires* au sommet de la tige et des rameaux, *nues* à la base ou munies de 1–2 *feuilles florales linéaires, plus courtes que les fleurs.* Péricline globuleux, *déprimé à la base,* à écailles *appliquées,* glabres sur le dos, brièvement ciliées, brunes ou violettes au sommet, munies dans leur moitié supérieure d'une *faible nervure dorsale;* les extérieures courtes, lancéolées, obtusiuscules, terminées par une *courte spinule;* les intérieures linéaires, acuminées en une pointe molle et scarieuse. Corolle purpurine, *à limbe un peu plus court que le tube.* Akènes...... Feuilles un peu fermes, vertes et glabres en-dessus, glauques et pubescentes en dessous, ou un peu aranéeuses, *toutes atténuées à la base,* pennatifides, *à segments dentés ou bifides,* ciliés-spinuleux, terminés par une spinule plus grande. Tige dressée, courte, très-feuillée inférieurement, ordinairement un peu rameuse; rameaux aussi longs ou plus longs que la tige, aranéeux, *munis de* 1–2 *feuilles* linéaires-lancéolées. Souche vivace, *à fibres radicales non épaissies.* — Plante de 10–15 centimètres, ayant le port du *C. acaule var. caulescens,* s'en rapprochant par la forme des feuilles, et du *C. heterophyllum* par la forme des calathides.

Hab. Hautes Alpes du Dauphiné, Lautaret. ♃ Juin-juillet.

C. acaule *All. ped.* 1, *p.* 153; *DC. fl. fr.* 4, *p.* 119; *C. Allionii Spenn. fl. frib.* 1079; *Carduus acaulis L. sp.* 1156; *Cnicus acaulis Hoffm. fl. germ.* 2, *p.* 130. *Ic. engl. bot. tab.* 171. — Calathides *solitaires*, ordinairement portées par des pédoncules courts, partant de la souche, et munis de 4-5 bractéoles linéaires, vertes, inégales; plus rarement la calathide termine une tige feuillée (*Carduus Roseni Vill. Dauph.* 3, *p.* 14, *tab.* 21). Péricline ovoïde, *non déprimé à la base,* glabre, à écailles *appliquées,* brièvement ciliées, non rudes aux bords, d'un vert-jaunâtre, munies dans leur moitié supérieure d'une *faible nervure dorsale;* les extérieures courtes, lancéolées, aiguës, terminées par une *courte spinule;* les intérieures linéaires, aiguës, scarieuses au sommet. Corolle purpurine, *à limbe plus court que le tube.* Akènes oblongs, blanchâtres. Feuilles fermes, vertes et glabres en dessus, pubescentes en dessous sur les nervures, ordinairement toutes radicales et disposées en rosette, *toutes pétiolées,* pennatifides ou pennatipartites, à segments *étalés, larges, trilobés,* ciliés-spinuleux, à lobules terminés par une spinule plus longue. Tige *presque nulle, et plus rarement développée et feuillée.* Souche vivace, *à fibres radicales non épaissies.*— Plante de 5-15 centimètres.

Hab. Lieux incultes, dans toute la France. ♃ Juin-août.

⤫ **C. bulboso-acaule** *Nægeli, in Koch, syn. p.* 1003; *C. medium All. ped.* 1, *p.* 149, *tab.* 29, *f.* 2 (*pessima*); *C. zizianum Koch, syn. ed.* 1, *p.* 398; *Carduus pumilus Vill. Dauph.* 3, *p.* 17, *tab.* 20; *Cnicus acauli-tuberosus Schiede, de pl. hybr. p.* 61. — Calathide assez grande, *solitaire* au sommet de la tige; quelquefois 1-3 calathides terminant des rameaux; *feuilles florales nulles.* Péricline ovoïde, *non déprimé à la base,* à écailles *appliquées,* ciliées, non rudes aux bords; les extérieures et les moyennes lancéolées, obtusiuscules, *munies de trois stries sous le sommet,* terminées par une courte spinule; les intérieures linéaires-lancéolées, aiguës, purpurines au sommet. Corolle purpurine, *à limbe plus long que le tube.* Akènes obovés, blanchâtres. Feuilles coriaces, pubescentes sur les nervures, non aranéeuses, pennatifides, à segments trifides, à lobes divariqués, ciliés-spinuleux et terminés par une épine jaunâtre; les inférieures atténuées en pétiole court, étroitement ailé, spinuleux; les supérieures *sessiles, atténuées à la base, non embrassantes.* Tige dressée, striée, pubescente, ordinairement simple, quelquefois un peu rameuse, *nue et blanche-aranéeuse dans sa moitié supérieure.* Souche vivace, brune, oblique, tronquée, munie de fibres radicales très-longues, simples, *épaisses, mais cylindriques, non fusiformes.* — Plante de 1-2 décimètres.

Hab. Alpes du Dauphiné, col de l'Arche, Rabou près de Gap, entre la Roche-Arnauds et Matacharre; Pyrénées, à Renneb-les-Bains. ♃ Juillet-août.

⤫ **C. oleraceo-acaule** *Hampe, in Linnæa,* 1837, *p.* 1; *Nægeli, Cirs. der Schw. p.* 120 *et in Koch, syn.* 1010; *C. rigens*

Wallr. sched. 446 ; *Gaud. helv.* 5, *p.* 185 ; *C. tataricum D C. fl. fr.* 4, *p.* 114 (*non Wimm. et Grab.*) ; *C. decoloratum Koch, syn. ed.* 1, *p.* 398 ; *C. bipontinum Schultz! archiv. p.* 34 ; *Carduus rigens Godr. fl. lorr.* 2, *p.* 40 (*non Lachen*) ; *Cnicus acauli-oleraceus Schiede, de pl. hybr. p.* 46. *Rchb. exsicc.* 1671 ! — Calathides assez grandes, *solitaires* au sommet de la tige et des rameaux, entourées à la base de *trois feuilles florales inégales, vertes, linéaires, dentelées-épineuses, égalant les fleurs ou plus courtes.* Péricline ovoïde-globuleux, *non déprimé à la base*, un peu aranéeux, à écailles *étalées au sommet*, brièvement ciliées, d'un vert-pâle, munies dans leur moitié supérieure d'une *faible nervure dorsale ;* les extérieures lancéolées, aiguës, terminées par une très-courte épine ; les intérieures linéaires, acuminées, terminées par une pointe molle. Corolle d'un blanc-jaunâtre, *à limbe plus long que le tube.* Akènes oblongs, blanchâtres. Feuilles minces, mais un peu fermes, vertes, un peu pubescentes en dessous, planes, pennatifides ou pennatipartites, à segments étalés, ovales, bi-trilobés, dentés, inégalement ciliés-spinuleux ; les caulinaires inférieures atténuées en pétiole cilié-spinuleux ; les supérieures *sessiles, arrondies à la base, non embrassantes.* Tige dressée, ferme, sillonnée, pubescente, rameuse au sommet ; rameaux dressés et *peu feuillés.* Souche vivace, brune, munie de *fibres radicales grêles.* — Plante de 1-6 décimètres.

Hab. Prairies ; Strasbourg, Bouxweiller, Huningue, le Champ-du-Feu et vallée de la Zinzel ; Nancy, Mirecourt ; Jura ; Reims. ♃ Juillet-août.

⨯ **C. anglico-acaule** *Godr. et Gren.* — Calathide unique, *solitaire* au sommet de la tige, souvent munie à la base de 1-3 *feuilles florales linéaires, spinuleuses, plus courtes que les fleurs.* Péricline ovoïde, *non déprimé à la base*, un peu aranéeux, à écailles *appliquées*, non rudes aux bords, mais brièvement ciliées, brunes ou purpurines au sommet, munies dans leur moitié supérieure d'une *faible nervure dorsale*, toutes linéaires, acuminées, terminées par une petite épine. Corolle purpurine, *à limbe égalant le tube.* Akènes...... Feuilles vertes et pubescentes en dessus, cendrées et un peu aranéeuses en dessous, pennatifides ou pennatipartites, à segments bi-trilobés, à lobes divariqués, ciliés-spinuleux, terminés par une épine plus forte ; les feuilles sont la plupart rapprochées à la base de la tige et atténuées en pétiole ailé et spinuleux ; le reste de la tige en porte une ou deux écartées, *sessiles, un peu embrassantes.* Tige dressée, sillonnée, pubescente et aranéeuse, simple et *presque nue dans ses trois quarts supérieurs.* Souche oblique, munie de fibres radicales, les unes filiformes, les autres *épaisses et fusiformes.* — Plante de 10-15 centimètres, ayant les feuilles du *C. acaule* et les calathides du *C. anglicum.*

Hab. Pau ; Espelette dans le pays basque (*Bernard*). ♃ Juillet-août.

Sect. 3. Cephalonoplos *Neck. elem.* 1, *p.* 68.— **Fleurs unisexuelles dans chaque calathide. Feuilles non hérissées-épineuses à la face supérieure.**

C. arvense *Scop. carn.* 2, *p.* 126; *Lam. fl. fr.* 2, *p.* 26; *DC. fl. fr.* 4, *p.* 119; *Serratula arvensis L. sp.* 1149. *Ic. Engl. bot. tab.* 975. — Calathides sessiles ou brièvement pédonculées, agglomérées au sommet des rameaux, dépourvues de feuilles florales. Péricline ovoïde, à écailles appliquées, aranéeuses aux bords, brunes au sommet, munies dans leur moitié supérieure d'une nervure dorsale saillante; les extérieures et les moyennes lancéolées, aiguës, terminées par une petite épine; les intérieures linéaires, terminées par une pointe scarieuse. Corolle purpurine ou blanche, à limbe deux à trois fois plus court que le tube. Akènes linéaires-oblongs, bruns. Feuilles fermes, d'un vert-gai en dessus, souvent blanchâtres et aranéeuses en dessous, inégalement épineuses, sinuées-dentées ou sinuées-pennatifides, à lobes divariqués; les caulinaires sessiles. Tige dressée, sillonnée, non ailée, très-rameuse au sommet.

Hab. **Moissons, bords des routes; commun dans toute la France.** ♃ **Juillet-août.**

CARDUUS. (Gærtn. fruct. 2, p. 377, tab. 162.)

Diffère du genre *Cirsium* par les poils de l'aigrette *finement denticulés et non plumeux.*

a. *Péricline ovoïde-oblong, à écailles munies sur le dos de très-petites glandes dorées; calathides très-caduques.*

C. tenuiflorus *Curt. lond. fasc.* 6, *p.* 55; *Sm. brit.* 2, *p.* 829; *DC. fl. fr.* 4, *p.* 79; *Koch, syn.* 459; *C. microcephalus Gaud. helv.* 5, *p.* 168; *C. acanthoïdes Thuill.! fl. par.* 417; *Dubois, fl. Orléans, n°* 863 (*non L. nec Lois.*). *Ic. Engl. bot.* 412. *Schultz, exsicc.* 681! — Calathides petites, *sessiles ou très-brièvement pédonculées, aggrégées en assez grand nombre* au sommet de la tige et des rameaux, et *formant de petits corymbes denses,* munis de quelques feuilles florales plus courtes que les fleurs et dont les épines sont courtes, faibles et peu nombreuses; il existe quelquefois d'autres calathides solitaires et sessiles aux aisselles des feuilles supérieures. Péricline *cylindrique-oblong,* un peu aranéeux, à écailles externes et moyennes d'un vert-pâle, *blanches et étroitement scarieuses aux bords,* planes et dépourvues de nervure dorsale dans leur moitié inférieure, acuminées en une pointe triquètre, lisse aux bords, canaliculée en dessus, brièvement épineuse au sommet, arquée-étalée en dehors, aussi longue que le reste de l'écaille; écailles internes linéaires, *longuement et finement acuminées,* très-aiguës, dressées, scarieuses au sommet, *dépassant les corolles.* Fleurs purpurines au nombre de 15-20 dans chaque calathide; corolle à *limbe égalant le tube.* Akènes fauves, luisants, munis de stries longitudinales très-apparentes, finement chagrinées; disque à mamelon central arrondi, non anguleux. Feuilles pubescentes, d'un vert-cendré et quelquefois veinées de blanc en dessus, aranéeuses et souvent blanchâtres en dessous, sinuées-pennatifides, à segments triangulaires et palmatilobés, à lobules divariqués, ciliés-spinuleux aux bords, tous terminés par une très-courte épine subulée; feuilles caulinaires décurrentes en ailes sinuées-lobées, épineuses. Tige dressée, simple ou rameuse, sillonnée, aranéeuse; rameaux *ailés jusque sous les calathides*. — Plante de 3-10 décimètres.

Hab. Bords des routes, décombres; commun dans tout l'ouest, le centre et le midi de la France; rare dans l'est, Reims, Chaltrait; Commercy; Lyon. (1) ou (2) Juin-août.

C. pycnocephalus *L. sp.* 1151; *Jacq. hort. Vind. p.* 17, *tab.* 44; *D C. fl. fr.* 4, *p.* 79; *Koch, syn.* 458; *Guss. syn.* 2, *p.* 440. *Rchb. exsicc.* 1859, *et Soleir. exsicc.* 2557! — Se distingue du précédent par ses calathides plus grandes, *solitaires ou plus souvent agrégées, mais seulement au nombre de 2-3 sur des pédoncules assez longs et nus au sommet*, le plus souvent dépourvues de feuilles florales; par son péricline *ovoïde-oblong*, à écailles externes moins étalées, *non scarieuses aux bords*, moins brusquement acuminées en une pointe triquètre, à peine canaliculée en dessus, rude sur le dos et sur les bords; par les écailles internes *brièvement acuminées, plus courtes que les fleurs;* par les akènes visqueux et se collant aux paillettes du réceptacle, plus gros, grisâtres; par les rameaux plus allongés, munis d'ailes très-étroites, interrompues.

Hab. Lieux incultes, bords des routes; assez rare dans l'ouest de la France, Le Mans, Rouen, Nantes, Angers; plus commun dans le midi, Lyon, Avignon, Anduze, Mende, Narbonne, Perpignan, Montpellier, Marseille, Toulon, Hyères; Corse, à Bonifacio et à Calvi. (1) ou (2) juillet-août.

C. sardous *D C. prodr.* 6, *p.* 626; *Moris, fl. sard.* 2, *p.* 478, *tab.* 89; *C. litigiosus Moris, stirp. sard. elench.* 1, *p.* 26 (*non Nocc. et Balb.*); *C. fasciculiflorus Mut. fl. fr.* 2, *p.* 185 (*non Viv.*). *Soleir. exsicc.* 2556! — Calathides assez petites, *sessiles ou très-brièvement pédonculées, la plupart agrégées au sommet de la tige en une grappe courte et dense*, entremêlées d'épines nombreuses et longues qui partent des feuilles florales et des ailes de la tige; d'autres calathides sont écartées de la grappe terminale, solitaires et sessiles à l'aisselle des feuilles supérieures. Péricline *ovoïde-oblong*, un peu aranéeux, à écailles externes et moyennes d'un vert-jaunâtre, planes et dépourvues de nervure dorsale dans leur moitié inférieure, lancéolées, insensiblement acuminées en une pointe triquètre, rude aux bords et non sur le dos, fortement canaliculée en dessus, épineuse au sommet, un peu étalée-arquée en dehors, aussi longue que le reste de l'écaille; écailles internes dressées, scarieuses au sommet, *brièvement acuminées et très-aiguës, égalant les corolles.* Fleurs purpurines au nombre de 12 à 15 dans chaque calathide; corolle à *limbe plus long que le tube*. Akènes grisâtres, luisants, munis de stries longitudinales fines mais très-visibles, non ridés ni chagrinés; disque à mamelon central arrondi, non anguleux. Feuilles aranéeuses et d'un vert-cendré en dessus, fortement blanches-tomenteuses en dessous, un peu fermes, pennatifides, à segments triangulaires et palmatilobés, à lobules divariqués, ciliés-spinuleux aux bords, terminés par une longue et forte épine jaune; feuilles caulinaires décurrentes en ailes larges, sinuées-lobées, très-épineuses. Tige dressée, simple ou rameuse, sillonnée, aranéeuse, fortement ailée jusqu'au sommet et surtout au sommet.— Plante de 3-6 décimètres, très-épineuse.

Hab. Corse, Santa-Monza (*Req.*), St.-Florent, Corté. ② ? Juin-juillet.

b. *Péricline ovoïde ou globuleux, à écailles non glanduleuses; calathides non caduques.*

C. CEPHALANTHUS *Viv. fl. cors. diagn.* 14; *Lois. gall.* 2, *p.* 217; *D C. prodr.* 6, *p.* 625; *Salis, fl. od. bot. Zeit.* 1834, *p.* 32; *Moris, fl. sard.* 2, *p.* 479, *tab.* 90. *Soleir. exsicc.* 8! — Calathides assez petites, *sessiles ou très-brièvement pédonculées, agrégées en corymbe dense et très-fourni* au sommet de la tige et des rameaux, entremêlées de feuilles florales dont les épines, bien plus longues et plus robustes que celles des autres feuilles, *dépassent de beaucoup les fleurs;* quelquefois 1-2 calathides seulement sont solitaires, dressées et presque sessiles à l'aisselle des feuilles supérieures. Péricline ovoïde, aranéeux, à écailles externes et moyennes d'un vert-pâle, appliquées, planes et dépourvues de nervure dorsale dans leur moitié inférieure, assez larges, *lancéolées,* terminées par une épine à peine étalée et plus courte que le reste de l'écaille; écailles internes linéaires, aiguës ou obtusiuscules, non acuminées, scarieuses et blanches ou purpurines au sommet, plus courtes que les corolles. Fleurs d'un pourpre vif, au nombre de 30-60 dans chaque calathide; corolle à limbe un peu plus long que la corolle. Akènes petits, grisâtres, obscurément chagrinés, à stries longitudinales peu visibles; disque à mamelon central pentagonal, à 5 lobules profonds. Feuilles vertes et pubescentes en dessus, plus pâles et un peu aranéeuses en dessous surtout sur les nervures qui sont saillantes, *toutes pennatifides,* à segments triangulaires et palmatilobés, à lobes divariqués, peu ciliés-spinuleux aux bords, mais terminés par une épine jaune et vulnérante; feuilles caulinaires décurrentes en ailes étroites, sinuées-lobées, épineuses. Tige dressée, très-rameuse, aranéeuse, anguleuse-sillonnée, ailée, mais faiblement au sommet où les ailes sont interrompues; rameaux étalés-dressés, tomenteux au sommet. — Plante de 2-10 décimètres.

Hab. Corse, Sartène, Calvi, îles de Lavezzio et de Cavallo, îles Sanguinaires. ② Avril-mai.

Obs. — Nous avons cité le synonyme de De Candolle sans observations, bien que M. Moris, dans son excellente *Flore de Sardaigne,* ne le cite qu'en ajoutant: *exclusis specim. corsicis Soleirol ad C. sardoum spectantibus.* M. Moris a raison quant au *Carduus* distribué par Soleirol sous le n° 2556. Mais, sous le n° 8, cet infatigable explorateur de la Corse a donné un autre *Carduus*, que je trouve dans les quatre exemplaires de sa collection que j'ai à ma disposition, et qui est véritablement le *C. cephalanthus*. Je suis du reste certain de bien connaître le *C. cephalanthus Moris*, ayant sous les yeux un échantillon de l'île d'Ilva, étiqueté par P. Savi, plante citée avec certitude par M. Moris.

C. fasciculiflorus *Viv. fl. cors. diagn. app.* 1, *p.* 6, *et app. alt. p.* 8, *t.* 1; *DC. prodr.* 6, *p.* 625; *Moris, fl. sard.* 2, *p.* 480; *C. Morisii Balb. in Moris, stirp. sard. elench.* 1, *p.* 26. — Calathides petites, *sessiles ou très-brièvement pédonculées*, rarement solitaires à l'aisselle des feuilles supérieures, ordinairement toutes *agrégées au sommet de la tige et des rameaux en une grappe oblongue et dense*, entremêlée de feuilles florales dont les épines subulées et assez longues *dépassent le plus souvent les fleurs*. Péricline ovoïde, très-finement pubescent, non aranéeux, à écailles externes et moyennes *appliquées*, vertes, planes et dépourvues de nervure dorsale dans leur moitié inférieure, blanches-scarieuses aux bords finement denticulés, *linéaires-lancéolées, non acuminées*, terminées par une courte épine; écailles internes linéaires, aiguës, mucronulées, égalant les corolles ou plus courtes. Fleurs blanches, au nombre de 30–50 dans chaque calathide; corolle très-fine, à limbe plus court que le tube. Akènes très-petits, luisants, munis de stries longitudinales apparentes, obscurément chagrinées. Feuilles vertes et pubescentes sur les deux faces, *pennatifides*, à segments triangulaires et palmatilobés, à lobes divariqués, ciliés-spinuleux aux bords, terminés par une épine assez longue, fine, subulée ; feuilles caulinaires décurrentes en ailes crépues, étroites, sinuées-lobées, très-épineuses. Tige dressée, pubescente, sillonnée, fortement ailée et très-épineuse jusque sous les calathides. — Plante de 3-8 décimètres.

Hab. Corse, à Vignola et à Para (*Viviani, confirm. Moris*). ② Mai-juin.

C. Personata *Jacq. austr.* 4, *p.* 25, *tab.* 348 ; *DC. fl. fr.* 4, *p.* 84; *Gaud. helv.* 5, *p.* 175; *Godr. fl. lorr.* 2, *p.* 43 ; *Koch, syn.* 460; *C. arctioïdes Vill. Dauph.* 3, *p.* 22; *Arctium Personata L. sp.* 1144 ; *Cirsium lappaceum Lam. fl. fr.* 2, *p.* 24. *Ic. Hall. helv. tab.* 3. *Rchb. exsicc.* 837 ! — Calathides petites, *sessiles et agrégées* au sommet de la tige et des rameaux *très-faiblement ailés presque jusqu'au sommet*, munies de feuilles florales *très-petites et peu visibles*, formant par leur réunion une *grande panicule corymbiforme*, Péricline globuleux, glabre, à écailles brunes ou violettes ; les extérieures et les moyennes dépourvues de nervure dorsale à la base, très-étroites, linéaires-oblongues, *acuminées en une pointe fine et plane, étalée arquée en dehors*, égalant le reste de l'écaille et terminée par une spinule molle ; écailles internes scarieuses, arquées seulement au sommet, plus courtes que les corolles. Fleurs purpurines, nombreuses ; corolle à limbe égalant le tube. Akènes bruns, obscurément chagrinés, à stries peu visibles ; disque à mamelon central conique, tronqué, non anguleux. Feuilles *molles*, vertes en dessus, blanches-tomenteuses en dessous, bordées de cils spinuleux très-abondants ; les inférieures pétiolées, *lyrées-pennatifides*, à segments oblongs, incisés-dentés ; les supérieures *lancéolées*, acuminées, dentées, décurrentes en ailes très-étroites, non crépues, spinuleuses. Tige dressée, striée, un peu aranéeuse, étroitement rameuse au sommet ; rameaux allongés, étalés-dressés. — Plante de 1-2 mètr.

Hab. Lieux humides des montagnes ; hautes Vosges, Rotabac, Hohneck, Rosberg, ballon de Saint-Maurice ; Jura, Pontarlier, Charmauvillers, forges de Laval, Mont-Colombier, etc. ; commun en Dauphiné, Grande-Chartreuse, Gap ; monts Dore ; vallée de Dienne dans le Cantal. ♃ ! Juillet-août.

C. crispus *L. sp.* 1150 ; *Vill. Dauph.* 3, *p.* 9 ; *DC. fl. fr.* 4, *p.* 81. *Ic. fl. dan. tab.* 621. *Rchb. exsicc.* 1668! *Fries, herb. norm.* 11, *n°* 4! — Calathides petites, *dresséeses, ssiles ou brièvement pédonculées*, ordinairement *agrégées et plus rarement solitaires* au sommet de la tige et des rameaux *ailés jusqu'au sommet*, munies de feuilles florales *très-petites*. Péricline globuleux ou ovoïde, glabre ou un peu aranéeux, à écailles vertes ; les extérieures et les moyennes dépourvues de nervure dorsale à la base, très-étroites, *oblongues, acuminées en une pointe fine et plane, étalée-dressée*, plus longue que le reste de l'écaille et terminée par une spinule molle ; écailles internes dressées, scarieuses et acuminées au sommet, égalant presque les corolles. Fleurs purpurines ou blanches, nombreuses ; corolle à limbe un peu plus long que le tube. Akènes grisâtres, luisants, petits, finement chagrinés, à stries longitudinales visibles ; disque à mamelon central *conique, saillant, non anguleux*. Feuilles ordinairement d'un vert foncé en dessus, velues ou tomenteuses en dessous, ondulées et ciliées-spinuleuses sur les bords, *toutes sinuées-pennatifides*, à segments larges, trilobés, dentés, à dents terminées par une spinule plus longue ; les caulinaires décurrentes en ailes crépues, lobulées, épineuses. Tige dressée, striée, fortement ailée, ordinairement très-rameuse au sommet ; rameaux allongés, étalés-dressés, ailés jusque sous les calathides. — Plante de 5-12 décimètr., extrêmement polymorphe.

α. *genuinus*. Péricline globuleux ; feuilles blanches-tomenteuses en dessous. *C. crispus Koch! syn. p.* 460.

β. *polyanthemos Godr. fl. lorr.* 2, *p.* 44. Péricline ovoïde ; feuilles vertes des deux côtés, pubescentes sur les nervures. *C. polyanthemos Koch, syn. ed.* 1, *p.* 401 ; *C. multiflorus Gaud. helv.* 5, *p.* 166.

γ. *litigiosus Nob.* Péricline globuleux ; feuilles d'un vert moins foncé, concolores sur les deux faces, glabres en dessus, pubescentes en dessous sur les nervures ; calathides moins agrégées. *C. acanthoïdes Koch! syn. p.* 459 (*non L. nec Lois.*) ; *C. polyacanthos Schreb. lips.* 15 ; *Fries, herb. norm.* 11, *n°* 3!

Hab. Autour des habitations, bords des routes. Rare dans l'ouest, le centre et le midi de la France ; commun dans le nord et l'est. La var. β. commune dans la chaîne du Jura et sur la formation jurassique de la Lorraine. ⓶ juillet-août.

C. acanthoides *L. sp.* 1150; *Godr. fl. lorr.* 2, *p.* 44 (*non Koch, nec Lois.*); *C. polyanthemos Dœll, reinische fl.* 505 (*non L. nec Koch*). — Cette plante tient le milieu entre la précédente et la suivante. Elle se distingue du *C. crispus*, dont elle a le feuillage et le port, par ses calathides deux fois plus grosses, *presque toujours solitaires, rarement géminées ou ternées;* par les écailles du péricline plus larges, plus fermes, *étalées dans leur moitié supérieure et pourvues d'une épine vulnérante;* par le disque épigyne pourvu au centre d'un mamelon saillant, pyramidal, à 5 *angles;* par ses feuilles d'un vert-gai, presque glabres, armées d'épines plus fortes. Elle se sépare du *C. nutans* par ses *calathides dressées*, deux fois moins grosses; par les écailles du péricline beaucoup plus étroites, *non sensiblement contractées, sous l'acumen;* par le mamelon du disque épigyne plus saillant et plus étroit; par les feuilles plus écartées, munies d'épines plus faibles et moins longues; par sa tige plus élevée, plus grêle, plus rameuse au sommet; par ses rameaux plus allongés, *ailés-interrompus jusqu'au sommet.*

Hab. Strasbourg, Nancy, Lyon, Paris. ② Juillet-août.

Obs. — Malgré l'autorité imposante de M. Koch, je n'ai pu reconnaître le *C. acanthoïdes* de Linné, dans la plante que j'ai rapportée comme variété γ. au *C. crispus*, mais bien dans celle que je viens de décrire. En effet notre plante est réellement intermédiaire aux *C. crispus* et *nutans*, auxquels Linné compare son *C. acanthoïdes* dans le *Species plantarum* et entre lesquels il le place. A elle s'appliquent parfaitement ces paroles du *Flora suecica* (*ed.* 2, *p.* 280) : *Flores minores quam in C. nutante, majores quam in C. crispo.* De plus Linné, comparant, dans le *Species plantarum* (*p.* 1150), le *C. crispus* au *C. acanthoïdes*, dit du premier : *Calycum squamæ..... non pungentes ut antecedentis* (*C. acanthoïdis*), ce qui convient à notre plante, et non à celle de M. Koch, qui a les écailles du péricline terminées par des spinules qui ne méritent certainement pas l'épithète de *pungentes*. Enfin, dans les *Amœnitates* (5, *p.* 50), Linné émet l'idée que le *C. acanthoïdes* n'est peut-être qu'une hybride des *C. nutans* et *crispus* : et nous pensons que notre plante est le produit de la fécondation du *C. crispus* par le *C. nutans*. Si notre opinion se confirme, le *C. acanthoïdes* devrait recevoir le nom de *C. nutanti-crispus*, d'après la nomenclature de Schiede, que nous avons adoptée.

C. nutans *L. sp.* 1150; *DC. fl. fr.* 4, *p.* 80; *C. macrocephalus St.-Am. fl. agen.* 338 (*non Desf.*). *Ic. fl. dan. tab.* 675.— Calathides grandes, *penchées, solitaires, très-rarement géminées* sur des pédoncules *longuement nus et tomenteux au sommet, dépourvues de feuilles florales.* Péricline subglobuleux, déprimé à la base, aranéeux, à écailles externes et moyennes vertes, dépourvues de nervure dorsale à la base, *contractées et pliées au-dessous du milieu et prolongées en une pointe linéaire-lancéolée, rude aux bords, très-étalée,* plus longue que le reste de l'écaille, *carénée au sommet* et terminée par une épine vulnérante; écailles internes acuminées, scarieuses et purpurines au sommet arqué en dehors, plus courtes que les corolles et terminées par une épine très-fine. Fleurs odorantes, purpurines ou rarement blanches; corolle à limbe égalant le tube. Akènes fauves, luisants, munis de stries longitudinales très-apparentes, chagrinés seulement le long des stries; disque à mamelon central *déprimé, pentagonal,* à 5 lobes. Feuilles vertes, pubescentes surtout en dessous, ciliées-spinuleuses aux bords, *toutes profondément pennatifides,* à segments très-étalés, trilobés, dentés, à dents terminées par une épine vulnérante; les feuilles caulinaires décurrentes en ailes étroites, dentées, fortement épineuses. Tige dressée, striée, aranéeuse, ailée, simple ou rameuse, plus ou moins longuement nue au sommet, ainsi que les rameaux.— Plante de 2-6 décimètres.

Hab. Lieux incultes, bords des routes. Commun dans presque toute la France. ② Juillet-août.

C. nigrescens *Vill. prosp.* 30, *et Dauph.* 3, *p.* 5, *tab.* 20 (*excl. syn.*); *Jord.! obs. pl. France, fragm.* 3, *p.* 214, *tab.* 8, *f. B; C. recurvatus Jord. in litt.* 1849. — Calathides assez grandes, *dressées, solitaires sur des pédoncules blancs-tomenteux, le plus souvent ailés jusqu'au sommet, plus rarement brièvement dénudés.* Péricline subglobuleux, déprimé à la base, glabre ou pubescent, à écailles vertes, *toutes allongées même les inférieures, linéaires, acuminées, carénées,* terminées par une épine assez longue, fine et non vulnérante, *toutes arquées en dehors et réfléchies.* Fleurs d'un pourpre pâle. Akènes grisâtres, luisants, munis de stries longitudinales très-apparentes, finement et élégamment chagrinés; disque à mamelon central saillant, à peine sensiblement anguleux. Feuilles fermes, d'un vert très-foncé et tirant quelquefois sur le pourpre, pubescentes en dessus, plus ou moins aranéeuses en dessous, pennatifides, à segments ovales, onduleux, dentés, ciliés-spinuleux sur les bords, à dents divariquées, terminées par une épine subulée et vulnérante; les feuilles caulinaires décurrentes en ailes étroites, crépues, lobulées, épineuses. Tige dressée, sillonnée, aranéeuse, ailée, très-rameuse; rameaux étalés-dressés.— Plante de 3-5 décimètres.

Hab. Champs et lieux arides; Alpes du Dauphiné et de la Provence, Gap, Sisteron, Castellane, Colmars, mont Ventoux, Avignon, Toulon, Marseille; se retrouve en Languedoc à Montpellier, à Cette, etc. ② Juin-juillet.

C. vivariensis *Jord.! obs. pl. France, fragm.* 3, *p.* 212, *tab.* 8, *f. A; C. nigrescens Lecoq et Lam. cat. auverg.* 236 (*non Vill.*). — Calathides *à la fin penchées, solitaires sur des pédoncules tomenteux et longuement nus au sommet.* Péricline ovoïde-globuleux, déprimé à la base, très-finement pubescent, à écailles ordinairement purpurines, étroites, *carénées seulement au sommet, linéaires, acuminées,* terminées par une très courte épine non vulnérante, *toutes arquées en dehors à leur sommet;* les externes *très-courtes,* les suivantes de plus en plus longues. Fleurs d'un pourpre vif. Akènes jaunâtres, luisants, très-finement chagrinés et munis de stries longitudinales peu visibles; disque à mamelon central petit, conique, obtusément mais manifestement anguleux. Feuilles fermes, d'un vert-foncé, munies de poils épars sur les 2 faces, pennatifides, à segments ovales, très-étalés, dentés, ciliés-spinuleux aux bords, à dents divariquées, terminées par une épine subulée non vulnérante ; feuilles caulinaires décurrentes en ailes étroites, crépues, lobulées, spinuleuses. Tige dressée, pubescente, peu aranéeuse, ailée, rameuse ; rameaux allongés, dressés. — Plante de 3-5 décimètres. Confondue par les auteurs français avec le *C. nigrescens Vill.*, et parfaitement distinguée par M. Jordan. Elle a le péricline moins gros, plus ovoïde, à écailles bien plus étroites, plus inégales, toutes courbées en arc, mais seulement au sommet, tandis que dans le *C. nigrescens* les infér. et les moyennes se courbent dès le milieu. Les akènes sont plus courts proportionnt dans le *C. vivariensis* ; les feuill. sont moins épineuses.

Hab. Lieux incultes ; montagnes de l'Ardèche à Tournon, Aubenas, Burzet, les Vans ; de la Lozère, Florac, Villefort, Vialas, etc. ; du Gard, Alais, le Vigan, Saint-Jean-du-Gard ; du Cantal, vallée de Massiac à Murat ; des Pyrénées-Orientales, Prades, Olette, Fondspédrouse. (2) Juillet-août.

C. HAMULOSUS *Ehrh. beitr.* 7, *p.* 164 ; *Koch! syn. p.* 460 ; *Willd. sp.* 3, *p.* 1650 ; *Host, fl. austr.* 2, *p.* 437 ; *C. spinigerus Jord.! obs. pl. France, fragm.* 3, *p.* 215, *tab.* 8, *f. C* ; *C. acanthoïdes Lois.! gall.* 2, *p.* 216 (*non L. nec Koch*). *Ic. Waldst. et Kit. pl. rar. hung. tab.* 233. *Rchb. exsicc.* 2538 ! — Calathides assez grandes, *dressées ou un peu inclinées, solitaires sur des pédoncules allongés, tomenteux, longuement nus au sommet.* Péricline globuleux, aranéeux ou glabre, à écailles jaunes à la base, vertes ou purpurines au sommet, *presque planes*, munies dans toute leur longueur d'une forte nervure dorsale, *linéaires-lancéolées, longuement acuminées*, terminées par une épine assez longue, subulée, piquante ; les extérieures assez longues, *étalées-dressées, ainsi que les moyennes ;* les intérieures scarieuses et jaunes au *sommet courbé-réfléchi.* Fleurs d'un pourpre vif. Akènes fauves, luisants, très-finement chagrinés, munis de stries longitudinales peu visibles ; disque à mamelon central conique, obtusément anguleux. Feuilles d'un vert-gai, pubescentes en dessus, fortement aranéeuses en dessous, étroites, sinuées-pennatifides, à segments nombreux, ovales, très-étalés, dentés, ciliés-spinuleux aux bords, à dents divariquées, terminées par une épine subulée piquante ; feuilles caulinaires décurrentes en ailes étroites, crépues, lobulées, épineuses, interrompues dans la moitié supérieure de la plante. Tige dressée, pubescente, ailée, rameuse ; rameaux allongés, dressés. — Plante de 3-5 décimètres.

Hab. Lieux stériles du midi ; Sisteron et vallée de l'Arche ; Aix, Toulon ; Cévennes ; Montpellier ; Narbonne ; Grau d'Olette et Mont-Louis dans les Pyrénées-Orientales. (2) Juin-juillet.

OBS. Nous ne connaissons pas la plante de Hongrie ; mais nous avons sous les yeux des échantillons, recueillis en Dauphiné, que M. Koch a vus et qu'il a étiquetés de sa main *C. hamulosus Ehrh.*, en ajoutant : *Convenit exactè cum speciminibus hungaricis.*

C. SANCTÆ-BALMÆ *Lois. nouv. not.* 34 *et fl. gall.* 2, *p.* 216 ; *Jord.! obs. pl. France, fragm.* 3, *p.* 217 ; *C. arenarius D. C. fl. fr.* 5, *p.* 457 (*non Desf.*) ; *C. litigiosus Nocc. et Balb. fl. ticin.* 2, *p.* 99, *tab.* 12 (*non Moris*); *C. Candollei Moretti, pl. ital. dec.* 2, *p.* 10 ; *D C. prodr.* 6, *p.* 625.— Calathides de moyenne grandeur, *sessiles ou brièvement pédonculées, le plus souvent agrégées au nombre de 3-4 sur des pédoncules étroitement ailés jusqu'au sommet;* quelques-unes sont souvent solitaires sur les pédoncules inférieurs quelquefois très-courts. Péricline ovoïde, un peu aranéeux à la base, à écailles d'un vert-foncé ou purpurines, munies dans toute leur longueur d'une nervure dorsale saillante, étroites, *linéaires, acuminées en une pointe triquètre,* épineuse au sommet, mais non vulnérante ; les extérieures *appliquées,* les moyennes *étalées-dressées,* les internes scarieuses et faiblement arquées en dehors au sommet. Fleurs d'un pourpre vif. Akènes grisâtres, luisants, très-finement chagrinés et munis de stries longitudinales peu visibles ; disque à mamelon central pentagonal. Feuilles vertes, fortement aranéeuses en dessous et quelquefois en dessus, sinuées-dentées ou sinuées-pennatifides, à segments ovales, dentés, ciliés-spinuleux aux bords, à dents divariquées, terminées par une épine très-fine, longue et peu piquante ; feuilles caulinaires décurrentes sur la tige en ailes très-étroites, lobulées, spinuleuses, interrompues dans la moitié supérieure de la plante. Tige dressée, striée, aranéeuse, ailée, simple ou rameuse au sommet; rameaux dressés, tomenteux, munis de quelques feuilles très-petites. — Plante de 4-6 décimètres.

Hab. Alpes du Dauphiné et de la Provence, Sisteron, Digne, Castellane, Entrevaux, Sainte-Baume près de Toulon. ② Juin.

Obs. Nous possédons cette espèce de la Sainte-Baume, localité classique de la plante de Loiseleur, et de Castellane, localité classique du *C. arenarius D C.* Ces deux plantes sont identiques.

C. aurosicus *Vill. Dauph.* 3, *p.* 7, *tab.* 20 ; *Lois. gall.* 2, *p.* 217 ; *Mutel, fl. dauph.* 2, *p.* 258 ; *C. podacantha D C. fl. fr.* 4, *p.* 80 ; *Dub. bot.* 283 (*non Curt.*).— Calathides *dressées, brièvement pédonculées, ordinairement rapprochées au sommet de la tige et des rameaux et formant un corymbe par leur réunion.* Péricline ovoïde-globuleux, un peu aranéeux, à écailles d'un vert-jaunâtre, *très-allongées même les inférieures, presque égales,* planes et sans nervure dorsale à la base, *lancéolées, toutes acuminées en une longue pointe triquètre, droite, dressée,* un peu lâche, fortement épineuse et vulnérante au sommet. Fleurs blanches, roses ou purpurines. Akènes grisâtres, luisants, chagrinés, munis de stries longitudinales apparentes; disque à mamelon central pentagonal. Feuilles *vertes,* glabres ou pubescentes, un peu coriaces, profondément pennatifides, à segments divariqués, lancéolés, dentés, armés d'épines nombreuses, longues, très-acérées, dirigées dans tous les sens; feuilles caulinaires décurrentes sur la tige en ailes étroites, sinuées-lobulées, très-épineuses. Tiges dressées, sillonnées, aranéeuses, ailées, rameuses au sommet ; rameaux courts, blancs-tomenteux. — Plante de 1-3 décimètres.

Hab. Mont Aurouse en Dauphiné. ② Juillet-août.

C. **carlinæfolius** *Lam. dict.* 1, *p.* 699; *D C. fl. fr.* 4, *p.* 82; *Dub. bot.* 284 (*non Gaud.*). — Calathides assez grandes, *dressées, solitaires ou géminées sur des pédoncules courts, nus seulement sous les fleurs.* Péricline globuleux, finement pubescent, à écailles externes et moyennes vertes, planes à la base, mais *canaliculées en dedans sous le sommet,* munies dans toute leur longueur d'une forte nervure dorsale, *linéaires, acuminées, très-aiguës, étalées dans leur moitié supérieure,* terminées par une épine courte et piquante; écailles internes linéaires longuement acuminées en une pointe fine et molle, purpurine et un peu étalée au sommet, égalant les corolles. Fleurs purpurines; corolle à limbe égalant le tube. Akènes fauves, luisants, striés en long, chagrinés; disque à mamelon central un peu anguleux. Feuilles coriaces, *vertes et glabres des deux côtés,* nombreuses et rapprochées, pennatipartites, à segments très-étalés, presque réfléchis, égaux, un peu écartés, profondément palmatilobés, à lobes lancéolés, acuminés, dentés, bordés d'épines fortes et longues et à peine entremêlées çà et là d'une spinule; feuilles caulinaires décurrentes en ailes profondément divisées, crépues, très-épineuses. Tige dressée, glabre, sillonnée, simple ou un peu rameuse au sommet. — Plante de 2-4 décimètres. Très-voisine des variétés du *C. defloratus* à feuilles profondément divisées, elle s'en distingue par ses pédoncules courts; par les écailles du péricline plus étalées, acuminées, carénées au sommet et terminées par une épine moins courte et plus robuste; par ses feuilles non glauques en dessous, plus coriaces, armées d'épines bien plus nombreuses et plus longues.

Hab. Hautes Alpes du Dauphiné, la Garde et mont Seuse près de Gap, mont Aurouse; mont Ventoux; Pyrénées, vallée d'Eynes. ♃ Juillet-août.

C. **defloratus** *L. sp.* 1152; *D C. fl. fr.* 4, *p.* 81; *Gaud. helv.* 5, *p.* 170; *Koch! syn.* 461; *C. cirsioïdes Vill. Dauph.* 3, *p.* 12; *C. carlinæfolius Gaud. helv.* 5, *p.* 172 (*non Lam.*); *Cirsium defloratum Scop. carn.* 2, *p.* 127; *Cirsium pauciflorum Lam. fl. fr.* 2, *p.* 22. *Ic. Jacq. austr. tab.* 89.— Calathides assez grandes, *d'abord dressées, puis penchées, solitaires au sommet de longs pédoncules nus.* Péricline globuleux, finement pubescent, à écailles externes et moyennes *très-inégales,* vertes, planes, munies d'une nervure dorsale qui parcourt presque toute leur étendue, *linéaires, obtusiuscules, non acuminées, étalées-dressées à partir de leur milieu,* terminées par une spinule extrêmement courte; écailles internes purpurines et scarieuses au sommet, dressées, acuminées, plus courtes que les corolles. Fleurs d'un pourpre vif, rarement blanches; corolle à limbe plus long que le tube. Akènes fauves, luisants, à peine striés en long, élégamment chagrinés; disque à mamelon central obtusément pentagonal. Feuilles glabres et d'un vert-foncé en dessus, *d'un vert-glauque en dessous,* un peu fermes, lancéolées ou oblongues-lancéolées, spinuleuses aux bords, tantôt sinuées-dentées, mais plus souvent (en France) sinuées-pennatifides, à segments étalés, un peu écartés, lancéolés, dentés ou bi-trifides, à dents étalées et terminées par une très-courte épine ; feuilles caulinaires décurrentes en ailes étroites (dans la plante française), lobulées, crépues, spinuleuses. Tige dressée, anguleuse-sillonnée, simple ou peu rameuse. — Plante de 2-4 décimètres.

Hab. Formation jurassique de la Côte-d'Or, au val de Suzon près de Dijon; commun dans toute la chaîne du Jura, val de Lo et de Moutier, Poupet, Censeau, Brise-Poutot sur Pont-de-Roide, Pontarlier, Mont-d'Or, mont Colombier, Nantua, etc.; Alpes du Dauphiné, Lautaret, Saint-Nizier et Grande-Chartreuse près de Grenoble, Villars-d'Arène, Gap, etc.; Pyrénées, Baguères-de-Luchon, vallée du Lis, vallée d'Asios, etc.; rives de la Garonne à Toulouse, sans doute par suite de transport de graines des Pyrénées. ♃ Juillet-août.

C. medius *Gouan, illustr. p.* 62, *tab.* 24; *DC. fl. fr.* 4, *p.* 82; *Lois.! gall.* 2, *p.* 216; *Benth. cat. pyr. p.* 66; *Cirsium inclinatum Lam. fl. fr.* 2, *p.* 22; *Cnicus Gouani Willd. sp.* 3, *p.* 1665; *Cnicus Argemone Lapey. abr. pyr.* 493.— Se distingue du *C. defloratus* par son péricline à écailles moins inégales, *longuement acuminées en une pointe très-aiguë, étroite, carénée sur le dos;* par ses feuilles velues en dessous sur les nervures, plus profondément divisées et souvent même pennatipartites à segments plus nombreux, contigus et se recouvrant même par leurs divisions, bordés de spinules bien plus nombreuses, divisés en 3-5 lobes étalés et dont le médian est du double plus long que les latéraux. Il se sépare du *C. carlinæfolius* par ses *longs pédoncules nus, égalant la moitié ou le tiers de la longueur de la tige;* par les écailles du péricline terminées par une épine beaucoup plus courte, subulée; par ses corolles à limbe plus long que le tube; par ses feuilles bordées de spinules nombreuses, à lobes *non acuminés*, non terminés par une longue et forte épine. Il se distingue de tous les deux par son *pédoncule courbé en arc dans son tiers supérieur*, ce qui rend la calathide réfléchie.

Hab. Pyr., Prats-de-Mollo, Barréges, Cauterets, Eaux-Bonnes. ♃ Juillet.

C. carlinoides *Gouan, illustr. p.* 62, *tab.* 23; *DC. fl. fr.* 4, *p.* 83; *Cirsium paniculatum Lam. fl. fr.* 2, *p.* 25; *Carlina pyrenaïca L. sp.* 1161. *Endress, pl. pyr. exsicc. unio itin.* 1829. — Calathides de moyenne grandeur, *dressées sur des pédoncules courts et ailés presque jusqu'au sommet*, agrégées au sommet de la tige et des rameaux et *formant un large corymbe.* Péricline ovoïde-globuleux, aranéeux, à écailles peu inégales, dressées-étalées; les extérieures et les moyennes vertes, planes, munies dans toute leur longueur *d'une nervure dorsale saillante, linéaires, longuement acuminées, très-aiguës*, terminées par une épine piquante et assez longue; écailles internes scarieuses, blanches et molles au sommet. Fleurs purpurines, rarement blanches; corolle à limbe un peu plus long que le tube. Akènes bruns, luisants, striés en long, chagrinés; disque à mamelon central petit, un peu anguleux. Feuilles très-allongées et assez étroites, aranéeuses et d'un vert-cendré en dessus, *blanches-tomenteuses en dessous*, profondément pennatifides, à segments écartés, étalés, palmatilobés, à 4-5 lobes un peu dentés-spinuleux, terminés par une longue épine vulnérante; feuilles caulinaires décurrentes en ailes sinuées-lobées, dentées et très-épineuses. Tige dressée, sillonnée-anguleuse, blanche-tomenteuse, très-rameuse dans sa moitié supérieure; rameaux étalés. — Plante de 2-5 décim.

Hab. Pyrénées, vallée d'Eynes, port de la Picade, port de Plan, Castanèze, Tourmalet, Arise, Cauterets, Maladetta, etc. ♃ Juillet-août.

CARDUNCELLUS. (Adans. fam. 2, p. 116.)

Péricline à écailles imbriquées, les extérieures plus ou moins foliacées et épineuses, les autres coriaces, *les intérieures munies au sommet d'un appendice scarieux.* Fleurs toutes égales, hermaphrodites, fertiles. Filets des étamines libres, mais munis vers leur milieu de poils visqueux, entremêlés et agglutinés; anthères appendiculées au sommet. Akènes *tétragones;* hile basilaire, oblique; disque épigyne muni d'une bordure superficiellement dentée; aigrette caduque, formée de poils *brièvement plumeux,* disposés sur plusieurs rangs, soudés à leur base en un court anneau. Réceptacle *à paillettes courtes, sétacées.*

C. **MITISSIMUS** *DC. fl. fr. 4, p. 73; Lois. gall. 2, p. 207; Carthamus mitissimus L. sp. 1164; Gouan, ill. p. 64; Carthamus Carduncellus St.-Am. fl. agen. p. 341 (non L.); Onobroma mitissimum Spreng. syst. 3, p. 392.* — Calathide solitaire et terminale. Péricline ovoïde-campanulé, un peu laineux à la base, à écailles *toutes munies de nervures fines et parallèles;* les extérieures élargies et jaunâtres à la base, atténuées dans leur moitié supérieure qui est verte, entière ou un peu divisée, *appliquée,* souvent spinuleuse aux bords, mais toujours terminée par une *spinule molle;* les écailles internes terminées par un appendice scarieux, suborbiculaire, brun à la base, plus ou moins lacéré. Fleurs bleues. Akènes fauves, glabres, épais, *brièvement obovés-tétragones,* atténués à la base, *lisses le long des angles;* hile petit, en losange; aigrette blanche, *huit fois plus longue que l'akène.* Feuilles d'un vert-pâle, non coriaces, un peu velues, toutes ou presque toutes radicales, nombreuses, pétiolées, formant rosette; les plus extérieures souvent entières, dentées; les autres pennatipartites, à segments linéaires ou lancéolés, un peu décurrents sur le rachis, entiers, dentés ou incisés, à divisions toutes terminées par une *spinule non vulnérante.* Tige simple, dressée ou ascendante, aphylle ou munie de 1-2 feuilles, quelquefois presque nulle (*Carthamus humilis Lam. dict. 1, p. 638*). Souche brune, rameuse, à divisions courtes. — Plante de 5-15 centimètres.

Hab. Coteaux calcaires; Mende, Florac; Saint-Ambroix, Alais, Anduze, Campestre près du Vigan; dans les Pyrénées, à Saint-Béat (*Herb. de madame Ricard*); Gissac dans l'Aveyron; Montauban, Lauzerte, Moissac; Auch, Mirande, Tournon près d'Agen; Manzac et Riberac dans la Dordogne; Bordeaux; Surgères dans la Charente-Inférieure; environs de Poitiers, Loudun, Montmorillon, Lussac dans le Berri; Issoudun, Châteauneuf, Bourges, Vierzon, etc.; Nevers; Orléans, Malesherbes; Lardy près de Paris. ♃ Juin-juillet.

C. monspeliensium *All. ped.* 1, *p.* 154; *DC. fl. fr.* 4, *p.* 73; *Lois. gall.* 2, *p.* 207; *Carthamus Carduncellus L. sp.* 1164; *Gouan, illustr.* 65; *Vill. Dauph.* 3, *p.* 36; *Cnicus longifolius Lam. fl. fr.* 2, *p.* 13; *Onobroma monspeliense Spreng. syst.* 3, *p.* 393. *Ic. Lob. icon.* 2, *p.* 20, *f.* 1.— Calathide solitaire et terminale, plus petite que dans l'espèce précédente. Péricline ovoïde, glabre même à la base, à écailles extérieures à base ovale, jaunâtre, *non nerviée*, munies d'un long appendice foliacé, *étalé*, sinué-denté ou sinué-pennatifide, épineux sur les bords et pourvu d'une nervure dorsale saillante qui se termine par une *épine vulnérante;* les écailles internes munies au sommet d'un appendice scarieux, ovale, déchiré. Fleurs bleues. Akènes fauves, glabres, *oblongs-tétragones,* atténués à la base, *irrégulièrement ponctués-excavés le long des angles;* hile petit, ovale; aigrette blanche, *quatre fois plus longue que l'akène.* Feuilles d'un vert-pâle, coriaces, glabres ou pubescentes, fortement nerviées, toutes pennatipartites, à segments lancéolés ou linéaires, tous dentés ou incisés, à divisions toutes terminées par une *épine vulnérante;* les feuilles radicales en rosette; les caulinaires peu nombreuses ou nulles. Tige dressée, simple, quelquefois presque nulle. Souche brune, à divisions grêles, émettant de courts stolons. — Plante de 5-20 centimètres.

Hab. Coteaux calcaires; la Garde et Charance près de Gap, Sisteron, Digne; mont Ventoux, Sainte-Baume près de Toulon; Montferrier et pic Saint-Loup près de Montpellier. ♃ Juin-juillet.

Trib. 4. CENTAURIEÆ *DC. diss. p.* 23 (*ex parte*). — Calathides multiflores, non réunies sur un réceptacle commun. Etamines à filets libres. Hile placé latéralement au-dessus de la base de l'akène. Aigrette persistante, rarement caduque, formée de poils ordinairement paléiformes.

RHAPONTICUM. (D C. prodr. 6, p. 663.)

Péricline à écailles imbriquées, *scarieuses sur les bords ou se terminant par un appendice large et scarieux.* Fleurs toutes égales, hermaphrodites et fertiles. Filets des étamines libres, papilleux. Akènes obovés, *comprimés latéralement, munis d'une petite côte sur chaque face;* hile latéral, muni d'un bord calleux; disque épigyne *muni d'un bord court, entier,* irrégulièrement plissé en dedans, aigrette persistante, simple, formée de *poils denticulés,* fragiles, disposés sur plusieurs rangs, *la série interne la plus longue, formée de poils étalés.* Réceptacle muni de paillettes linéaires-sétacées.

Sect. 1. Stemmacantha *Cass. dict.* 41, *p.* 320. — Ecailles du péricline acuminées, très-aiguës, scarieuses seulement aux bords.

R. cynaroides *Less. syn. p.* 6; *DC. prodr.* 6, *p.* 663; *Cnicus centauroïdes L. sp.* 1157; *Cnicus inermis Willd. sp.* 3, *p.* 1672; *Cnicus Cynara Lam. fl. fr.* 2, *p.* 14; *Serratula cynaroïdes*

DC. fl. fr. 4, *p.* 87 ; *Dub. bot.* 285; *Lois.! gall.* 2, *p.* 220; *Stemmacantha cynaroïdes Cass. dict.* 50, *p.* 460. *Ic. Morison, hist.* 17, *tab.* 25, *f.* 2. — Calathides très-grandes, solitaires au sommet de la tige et des rameaux. Péricline hémisphérique, déprimé à la base, à écailles très-nombreuses, lancéolées, acuminées, brunes et un peu pubescentes sur le dos, scarieuses blanches et lacérées sur les bords. Fleurs purpurines. Akènes bruns, ovales, lisses; aigrette quatre fois plus longue que la graine. Feuilles vertes et presque glabres en dessus, blanches-tomenteuses en dessous; les inférieures très-grandes, pétiolées, pennatipartites, à segments lancéolés, dentés et dont les supérieurs sont décurrents sur le rachis; feuilles supérieures sessiles, oblongues-lancéolées, incisées-dentées. Tige dressée, ferme, fortement sillonnée, simple ou munie de 1–2 rameaux au sommet. — Plante de 1 mètre.

Hab. Escarpements des Pyr. centr., Esquierry, port de Paillères, pic d'Endretlis, m^t de Mezarie; les Eaux-Bonnes, au m^t Laid (*Gren.*), etc. ♃ Août-sept.

Sect. 2. Eurhaponticum *DC. l. c.*— Ecailles extérieures du péricline se dilatant en un appendice large, orbiculaire, entièrement scarieux, à la fin laceré.

R. helenifolium *Godr. et Gren.; Centaurea Rhapontica Vill. Dauph.* 3, *p.* 44 (*ex parte*); *Rhaponticum folio Helenii incano Bauh. pin.* 117; *Centaurium majus folio Helenii Tournef. inst.* 449.—Calathides très-grandes, solitaires au sommet de la tige et des rameaux. Péricline hémisphérique, déprimé à la base, à écailles très-nombreuses, striées et finement pubescentes sur le dos, cachées par leurs appendices; ceux-ci très-grands, ovales, minces, scarieux, blanchâtres, concaves, lâches, *glabres même sur les bords*, fendus. Fleurs purpurines. Akènes oblongs-obovés, *lisses*, bruns avec quatre lignes blanches longitudinales, blancs autour de l'ombilic; aigrette fauve, fragile, un peu plus longue que la graine. Feuilles fermes, vertes et un peu rudes en dessus, blanches-tomenteuses en dessous; les radicales très-grandes, longuement pétiolées, *ovales*, aiguës, échancrées à la base mais à limbe un peu décurrent sur le pétiole, dentées, rarement lyrées à la base; les caulinaires assez nombreuses, *également espacées tout le long de la tige;* les inférieures contractées en pétiole; les supérieures *sessiles*. Tige très-robuste, dressée, striée, souvent rameuse au sommet; rameaux dressés. — Plante de 10–15 décimètres.

Hab. Hautes Alpes du Dauphiné et de la Provence, Villars-d'Arène, la Garde près de Gap, mont Aurouse, Briançon, Seyne, etc. ♃ Juillet-août.

R. scariosum *Lam. fl. fr.* 2, *p.* 38 ; *Centaurea Rhapontica Vill. Dauph.* 3, *p.* 44 (*ex parte*); *Gaud. helv.* 5, *p.* 409; *Serratula Rhaponticum DC. fl. fr.* 4, *p.* 87 ; *Koch, syn.* 466; *Rhaponticum angustifolium incanum Bauh. pin.* 117; *Centaurium majus folio Helenii angustiore Tournef. inst.* 449. *Ic. Lob. icon.* 288, *f.* 2. — Calathide grande, solitaire au sommet de la tige. Péricline hémisphérique, déprimé à la base, à écailles très-nombreuses, striées et finement pubescentes sur le dos, cachées par leurs appendices; ceux-ci grands, orbiculaires, scarieux, fauves, concaves, lâches, peu fendus, *presque laineux aux bords.* Fleurs purpurines. Akènes oblongs-obovés, *finement chagrinés,* bruns par le haut, blancs par le bas; aigrette d'un blanc-sale, fragile, simplement plus longue que la graine. Feuilles vertes et un peu rudes en dessus, tomenteuses et d'un blanc-grisâtre en dessous; les radicales pétiolées, *lancéolées,* aiguës, arrondies ou un peu échancrées à la base, finement dentées; les caulinaires *rapprochées vers le bas de la tige, toutes pétiolées,* souvent lyrées à la base. Tige dressée, striée, toujours simple et *longuement nue au sommet.* — Plante de 4-6 décimètres, à calathide moins grosse, à feuilles bien moins grandes et proportionnément plus étroites, à port bien moins robuste que dans l'espèce précédente.

Hab. Revel près de Grenoble. ♃ Juillet-août.

CENTAUREA (L. gen. 984).

Périclinè à écailles imbriquées, *munies d'un appendice terminal tantôt scarieux et mutique, tantôt corné et épineux.* Fleurs rarement toutes égales, hermaphrodites et fertiles; celles de la circonférence ordinairement plus grandes, stériles et rayonnantes. Filets des étamines libres, papilleux. Akènes oblongs, *comprimés latéralement, lisses et dépourvus de côtes;* hile placé latéralement au-dessus de la base; disque épigyne *muni d'un bord entier;* aigrette *nulle ou formée de poils paléiformes denticulés,* persistants, libres jusqu'à la base et disposés sur plusieurs rangs; *la série interne formée de poils plus courts, connivents.* Réceptacle couvert de paillettes sétacées.

Sect. 1. Jacea *Cass. dict.* 14, *p.* 36. — Périclinè muni d'appendices distincts, non décurrents sur l'écaille, scarieux, entiers, fendus, frangés ou ciliés. Akènes pourvus ou dépourvus d'aigrette; ombilic ovale, non barbu.

a. *Appendices du périclinè appliqués ou arqués en dehors, non réfléchis.*

1. *Akènes sans aigrette.*

C. amara *L. sp.* 1292; *Thuill. par.* 445; *D C.! prodr.* 6, *p.* 569; *Guss. syn.* 2, *p.* 513; *Koch, syn.* 469; *C. serotina Boreau, fl. du centre de la France, éd.* 2, *t.* 2, *p.* 293; *Jacea supina Lam. fl. fr.* 2, *p.* 53; *Rhaponticum serotinum Dubois, fl. Orl. n°* 875. *Ic. Bocc. mus. tab.* 17. *Rchb. exsicc.* 577! — Calathides toujours solitaires au sommet de la tige et des rameaux, entourées de quelques feuilles florales. Périclinè ovoïde, à écailles imbriquées, entièrement cachées par leurs appendices; ceux-ci *appliqués, concaves, orbiculaires,* plus larges que l'écaille, scarieux, tantôt blancs (*C. alba Lois.! gall.* 2, *p.* 209), tantôt fauves, tantôt bruns, luisants, *entiers ou souvent fendus.* Fleurs de la circonférence ordinairement stériles et brièvement rayonnantes. Akènes blanchâtres, un peu pubescents, obovés-oblongs, dépourvus d'aigrette; ombilic ovale, non barbu. Feuilles fermes et rudes, mucronées, vertes ou blanchâtres-laineuses; les inférieures pétiolées, lancéolées ou linéaires-lancéolées, entières, dentées ou pennatifides; les supérieures sessiles, *linéaires*, munies de deux petites dents à leur base. Tiges ascendantes ou dressées, sillonnées, ordinairement rameuses dès leur milieu; rameaux *grêles, raides, allongés, étalés.*— Plante de 1-10 décimètres, extrêmement polymorphe; fleurs purpurines. Cette espèce est très-voisine de la suivante, mais s'en distingue néanmoins, non-seulement par les caractères que nous avons indiqués, mais aussi par son port bien tranché, par ses feuilles caulinaires bien plus étroites, enfin par l'*époque constamment tardive de sa floraison, même dans nos provinces méridionales.*

Hab. Lieux secs, dans toute la France. ♃ Août-octobre.

Obs.— A l'exemple de Thuillier et de De Candolle, nous considérons cette plante comme étant le *C. amara* L. Mais nous devons faire observer que Linné paraît n'avoir connu qu'une forme naine à tiges décombantes. Cette forme est commune à Montpellier, où Linné l'indique et où nous l'avons observée. Mais nous ne pouvons la séparer des formes à tiges dressées et plus élevées qui se voient dans les mêmes lieux et que de nombreux intermédiaires réunissent à la forme linnéenne.

C. JACEA *L. sp.* 1293; *D C.! fl. fr.* 4, *p.* 91; *Cyanus Jacea fl. Wett.* 3, *p.* 172. *Ic. fl. dan. tab.* 519. — Calathides solitaires ou géminées au sommet de la tige et des rameaux, entourées de quelques feuilles florales. Péricline globuleux, à écailles imbriquées, entièrement cachées par leurs appendices; ceux-ci *appliqués, concaves, orbiculaires,* plus larges que l'écaille, scarieux, bruns, *frangés, au moins les inférieurs.* Fleurs de la circonférence ordinairement stériles et rayonnantes. Akènes blanchâtres, un peu pubescents, obovés-oblongs, dépourvus d'aigrette; ombilic ovale, non barbu. Feuilles fermes, rudes, constamment vertes; les inférieures pétiolées, lancéolées, sinuées-dentées ou sinuées-pennatifides; les supérieures sessiles, *oblongues-lancéolées,* entières ou munies vers la base de quelques dents plus ou moins saillantes. Tige dressée, ferme, anguleuse, rameuse seulement au sommet; rameaux ordinairement *courts, épais, dressés.*— Plante de 2-6 décimètres; fleurs purpurines, rarement blanches.

Hab. Prairies du nord et du centre de la France; rare dans le midi. ♃ Mai-juin.

C. NIGRESCENS *Willd.! sp.* 3, *p.* 2288 (*non D C. nec Gaud.*). *Schultz, exsicc.* 467! — Intermédiaire entre les *C. Jacea et nigra,* il se distingue du premier par les appendices du péricline *lancéolés ou ovales, bordés de cils* un peu plus longs que la largeur de l'appendice et par conséquent beaucoup plus courts que dans le *C. nigra.* Il se sépare de ce dernier par ses calathides plus petites; par les appendices du péricline beaucoup moins grands et ne couvrant pas ordinairement entièrement les écailles; par ses akènes *dépourvus* *d'aigrette,* mais quelquefois munis de cils rudimentaires. Les appendices du péricline *dressés, non acuminés, ni arqués en dehors,* ne permettent pas de le confondre avec le *C. microptilon,* dont il se rapproche par le port. Fleurs de la circonférence le plus souvent rayonnantes, plus rarement toutes tubuleuses (*C. decipiens Thuill. par. p.* 445). Les feuilles varient comme dans les espèces voisines.

Hab. Paris, Nancy, Sarrebourg; Colmar; Mâcon; Montpellier; Toulouse; Napoléon-Vendée; Lizieux, etc. ♃ Juillet.

Obs.— Trois plantes distinctes ont reçu le nom de *C. nigrescens*: 1° celle de Willdenow, que nous venons de décrire; 2° celle du Prodrome de De Candolle, qui n'est pour nous qu'une variété du *C. nigra*; 3° enfin le *C. nigrescens* de Gaudin (*excl. var.* β.), espèce bien distincte des deux précédentes, que Schleicher a distribuée autrefois sous le nom de *C. transalpina*. Cette dernière n'a pas encore été trouvée en France.

C. microptilon *Godr. et Gren.; C. vulgaris* δ. *microptilon Godr. fl. lorr.* 2, *p.* 54; *C. nigrescens* β. *intermedia Gaud. helv.* 5, *p.* 397.— Calathides de moyenne grandeur, solitaires au sommet de la tige et des rameaux, entourées de quelques feuilles florales. Péricline ovoïde, à écailles imbriquées, *non cachées par les appendices;* ceux-ci *arqués en dehors, planes, lancéolés, acuminés,* plus étroits que l'écaille, scarieux, bruns, bordé de cils brièvement plumeux et un peu plus longs que la largeur de l'appendice. Fleurs ordinairement toutes fertiles et tubuleuses, plus rarement stériles et rayonnantes. Akènes petits, grisâtres, pubescents, obovés, atténués à la base, dépourvus d'aigrette; ombilic ovale, non barbu. Feuilles fermes, rudes, mucronées, vertes ou blanches-laineuses; les inférieures pétiolées, plus ou moins profondément sinuées-lyrées, ou simplement sinuées; les supérieures sessiles, *linéaires,* acuminées, entières ou dentées à la base. Tige élancée, dressée, anguleuse, très-rameuse dans sa moitié supérieure; rameaux grêles, *allongés, raides, étalés-dressés.*— Plante de 4-10 décim.; fleurs purpurines.

Hab. Bords des bois et des routes; Bellevue et Lardy près de Paris; Metz, Pommerieux, Thionville, Hayange; Pont-à-Mousson, Nancy; Lille (*Cussac*); Mulhouse; Montbéliard; Montpellier; Saint-Jean-Pied-de-Port; etc. ♃ Août-septembre.

Obs. — On s'étonnera peut-être de nous voir séparer toutes les plantes précédentes, comme espèces distinctes, nous qui, dans notre Flore de Lorraine, les avions réunies comme variétés d'une même espèce, et y avions de plus joint le *C. nigra*. Mais depuis cette époque, nous les avons, tous les ans, observées avec soin dans leur lieu natal, et nous avons trouvé ces formes bien constantes, faciles à distinguer au premier coup d'œil, et nous avons de plus constaté des différences très-notables dans l'époque de leur floraison. On ne peut attribuer leurs différences à la nature du sol; car on les trouve souvent ensemble dans les mêmes lieux. Le *C. nigra* seul nous a paru exclusif aux terrains silicieux, mais se rencontre du reste dans des stations très-diverses. Dans notre premier travail sur ces plantes, nous n'avions pas attaché assez d'importance, comme caractère spécifique, à la forme des appendices du péricline, et cependant c'est principalement sur les modifications de cet organe que De Candolle a établi les différentes sections du genre *Centaurea*. Nous avons dû ici restituer à ces caractères toute leur valeur.

2. *Akènes pourvus d'une aigrette.*

C. **Debeauxii** *Godr. et Gren.*—Calathides bien plus petites que dans les espèces voisines, solitaires au sommet de la tige et des rameaux, entourées de petites feuilles florales. Péricline ovoïde, à écailles imbriquées, *non cachées par leurs appendices;* ceux-ci *un peu étalés,* planes, étroits, *linéaires-lancéolés, acuminés,* bruns, bordés de cils brièvement plumeux et trois ou quatre fois plus longs que la largeur de l'appendice. Fleurs toutes fertiles et tubuleuses. Akènes petits, grisâtres, oblongs-obovés, à peine comprimés, un peu pubescents; ombilic non barbu, ovale, mais échancré latéralement depuis le milieu jusqu'au sommet qui est aigu; aigrette égalant le sixième de la longueur de la graine. Feuilles d'*un vert-grisâtre,* un peu rudes, mucronées, étroites, linéaires-lancéolées, sinuées-dentées ou sinuées-pennatifides; les supérieures *linéaires,* entières. Tige grêle et ferme, *dressée,* anguleuse, très-rameuse dans sa moitié supérieure; rameaux étalés-dressés.— Plante de 4 décimètres; fleurs purpurines. Par les longs cils des appendices du péricline, par les akènes pourvus d'aigrette, cette plante se rapproche du *C. nigra;* mais elle s'en éloigne beaucoup par ses calathides six fois plus petites; par les appendices du péricline proportionnément plus étroits, non appliqués et ne recouvrant pas complétement les écailles; par la petitesse et la forme de ses akènes; par son ombilic; enfin par son port qui la rapprocherait plutôt du *C. microptilon.* Elle se distingue de celui-ci par ses calathides encore plus petites; par les appendices du péricline moins évidemment arqués en dehors, bordés de cils plus longs; par ses akènes beaucoup moins atténués à la base et surmontés par une aigrette.

Hab. Coteaux secs. Agen (*Debeaux*). ♃ Septembre.

C. **nigra** *L. sp.* 1288; *D C.! fl. fr.* 4, *p.* 91; *Koch, syn.* 471 (*non Lam.*); *Jacea nigra Cass. dict.* 24, *p.* 90; *Cyanus niger Gærtn. fruct.* 2, *p.* 382, *tab.* 161; *Rhaponticum ciliatum Lam. fl. fr.* 2, *p.* 39. *Ic. fl. dan. tab.* 906; *Fries, herb. norm.* 13, *n°* 5! — Calathides grandes, solitaires au sommet de la tige et des rameaux, entourées de quelques feuilles florales. Péricline globuleux, à écailles imbriquées, *entièrement cachées par les appendices;* ceux-ci dressés, *appliqués, ovales-lancéolés,* noirs ou bruns, bordés de cils brièvement plumeux et trois fois plus longs que la largeur de l'appendice. Fleurs ordinairement toutes fertiles et tubuleuses, plus rarement les fleurs de la circonférence sont stériles et rayonnantes (*C. nigrescens D C.! prodr.* 6, *p.* 571, *non Willd. nec Gaud.; C. phrygia Lapey. abr. pyr.* 537, *non L.; C. Endressi Hochst. et Steud.! in Endr. pl. pyr. exsicc. unio itin.* 1831). Akènes grisâtres, oblongs, pubescents; ombilic ovale, un peu prolongé en pointe à la base, non barbu; aigrette égalant le sixième de la longueur de la graine. Feuilles un peu rudes, *vertes*, finement mucronées; les inférieures ovales ou lancéolées, atténuées en pétiole, plus ou moins fortement sinuées-dentées ; les supérieures *sessiles, oblongues-lancéolées.* Tige *dressée,* ferme, anguleuse, rameuse supérieurement ; rameaux étalés-dressés. — Plante de 3-8 décimètres ; fleurs purpurines, rarement blanches.

Hab. Prairies, bois des terrains siliceux ; commun dans toute la France ; la forme à calathides rayonnantes dans les Pyrénées, à Esquierry, Bagnères de Luchon, les Eaux-Bonnes. ♃ Juillet-août.

≍ **C. NIGRO-SOLSTITIALIS** *Godr. et Gren.; C. mutabilis St.-Am.! mem. mus.* 1, *p.* 477, *tab.* 24, *et fl. agen. p.* 361, *bouq. tab.* 6 ; *D C.! prodr.* 6, *p.* 572 ; *Dub. bot.* 290 ; *Lois. gall.* 2, *p.* 209. — Calathides assez grandes, solitaires au sommet de la tige et des rameaux. Péricline globuleux, à écailles imbriquées, pubescentes-laineuses sur le dos, *non cachées par leurs appendices;* ceux-ci *appliqués,* planes, *ovales ou elliptiques,* jaunâtres, bordés de cils brièvement plumeux et une ou deux fois plus longs que la largeur de l'appendice ; *le cil terminal dépassant les autres, plus épais, plus raide, spiniforme.* Fleurs de la circonférence rayonnantes. Akènes avortés, mais pourvus d'aigrette. Feuilles *d'un vert cendré, pubescentes-laineuses,* rudes sur les bords ; les inférieures grandes, pétiolées, ordinairement lyrées ; les caulinaires supérieures entières ou un peu sinuées-dentées à leur base, *linéaires-lancéolées,* mucronées, *sessiles* et quelques-unes même souvent décurrentes sur la tige. Celle-ci *dressée,* anguleuse, cotonneuse, très-rameuse ; rameaux grêles, élancés, étalés. — Plante de 6-10 décimètres ; fleurs d'abord entièrement jaunes, puis celles de la circonférence devenant d'un pourpre clair.

Hab. Agen. ♃ Août.

OBS. Cette plante est certainement une hybride des *C. nigra et solstitialis* : elle nous présente des points de contact très-étroits avec ces deux espèces ; ses feuilles raméales tantôt simplement sessiles, tantôt décurrentes, et cela sur le même pied, prouvent qu'elle n'a pas dans ses caractères la même fixité que les espèces légitimes, ce que confirme du reste la singulière variation de couleur des fleurs ; de plus, ses ovaires avortent, comme cela a lieu le plus souvent dans les hybrides, et comme De Candolle l'a constaté pour le *C. hybrida All.*; enfin, elle n'a été vue que deux fois aux environs d'Agen, ce qui prouve qu'elle est une production accidentelle, que l'hybridité seule peut expliquer.

C. PROCUMBENS *Balb.! misc. alt.* 31, *tab.* 1 ; *D C.! prodr.* 6, *p.* 572 (*non Habl. nec Jord.*). — Calathides de moyenne grandeur, solitaires au sommet de la tige et des rameaux, entourées de quelques feuilles florales. Péricline globuleux, à écailles imbriquées, *non cachées par des appendices;* ceux-ci *arqués en dehors,* mais non réfléchis, planes, *lancéolés, acuminés-sétacés,* bruns, bordés de cils finement plumeux et deux fois plus longs que la largeur de l'appendice. Fleurs de la circonférence stériles, rayonnantes. Akènes grisâtres, oblongs, finement pubescents ; ombilic non barbu, ovale, mais un peu prolongé en pointe vers la base ; aigrette égalant à peine le huitième de la longueur de la graine. Feuilles *couvertes d'un tomentum blanc, laineux, persistant*, onduleuses, fermes, non rudes; les radicales longuement atténuées en pétiole, obovées, obtuses, mucronulées, entières ou munies de chaque côté de 3-4 petites dents cachées dans le tomentum; les caulinaires inférieures très-étalées, rapprochées, sinuées-lyrées; les supérieures ordinairement entières, *ovales-en-cœur, embrassantes*, obtuses avec un petit mucron épais. Tiges *couchées*, striées, rameuses; rameaux divariqués. — Plante de 1-2 décimètres, blanche-laineuse; fleurs purpurines.

Hab. Corse (*Ph. Thomas, in herb. Mougeot*). ♃ Juin.

b. *Appendices du péricline réfléchis.*

C. JORDANIANA *Godr. et Gren.; C. procumbens Jord.! obs. 5, p. 57* (*non Balb.*). — Cette plante tient le milieu entre les *C. procumbens et pectinata*. Elle se distingue du premier par les écailles du péricline, dont l'appendice est bien plus long, évidemment réfléchi et bordé de cils bien plus nombreux et plus longs; par ses feuilles non ondulées, encore plus blanches. Elle se sépare du second par son péricline moins resserré au sommet, à écailles tomenteuses, munies d'un appendice de même forme, mais beaucoup moins allongé et *égalant à peine la longueur de leur écaille;* par ses feuilles obtuses, entièrement *couvertes d'un tomentum blanc-laineux persistant;* par ses tiges courtes, grêles et *couchées*. Elle se distingue enfin de tous les deux par ses calathides beaucoup plus petites, et par ses feuilles caulinaires supérieures oblongues, entières ou sinuées-dentées, *atténuées à la base, non embrassantes ni auriculées.* — Plante de 6-10 centimètres. Je n'ai pas vu les corolles, qui étaient tombées, sur les échantillons que M. Jordan a eu l'obligeance de nous communiquer.

Hab. Annot, dans les Basses-Alpes. ♃ Juillet.

C. PECTINATA *L. sp.* 1287; *Gouan, illustr.* 72; *Vill. Dauph.* 3, *p.* 48; *D C. fl. fr.* 4, *p.* 93. *Ic. Rchb. pl. crit. tab.* 642. — Calathides de moyenne grandeur, solitaires au sommet de la tige et des rameaux, entourées de feuilles florales. Péricline ovoïde, à écailles imbriquées; appendices scarieux, *deux fois plus longs que l'écaille,* fauves ou bruns, lancéolés, très-longuement acuminés-sétacés, recourbés et réfléchis, bordés de longs cils finement plumeux. Fleurs ordinairement toutes tubuleuses, plus rarement celles de la circonférence brièvement rayonnantes. Akènes grisâtres, oblongs, un peu pubescents; ombilic non barbu, ovale, mais un peu prolongé en pointe vers la base; aigrette égalant à peine le septième de la longueur de la graine. Feuilles *d'un vert-grisâtre*, un peu rudes, fermes, *cotonneuses, puis glabrescentes;* les inférieures pétiolées, lyrées; les supérieures sessiles, *embrassantes, auriculées*, étalées ou réfléchies, ovales ou oblongues, aiguës, entières, dentées ou pennatifides, à lobes tous terminés par une pointe fine. Tiges *ascendantes*, striées, *simples ou rameuses;* rameaux très-étalés. Souche courte, brune, ligneuse, rameuse, émettant des fibres radicales peu nombreuses, épaisses et très-allongées.—Plante de 1-4 décimètres; fleurs purpurines.

Hab. Lieux arides du Midi; Orange, Montélimart, le Buis (Vill.); Tournon, Entraigues et mont Gerbier dans l'Ardèche; le Puy et gorges de Peyredeyre dans la Haute-Loire; Mende, Florac et toute la chaîne des Cévennes; Uzès, Nîmes, Alais et Anduze dans le Gard; Aigues-Mortes; Montpellier, Cette; Narbonne à Fondlaurier et à Pinedeb-de-Fontfroide, mont de Salfore dans les Albères; Pyrénées-Orientales, à Prats-de-Mollo, à Villefranche, à la Grau-d'Olette, à Fontpédrouse, etc. ♃ Juillet-août.

C. uniflora *L. mant.* 118; *Gouan, illustr.* 72; *Vill. Dauph.* 3, *p.* 50; *All. ped.* 1, *p.* 158; *DC. fl. fr.* 4, *p.* 93; *Lois.* 2, *p.* 210. *Ic. Bocc. mus.* 20, *tab.* 2; *Rchb. pl. crit. tab.* 374. — Calathide grande, solitaire au sommet de la tige, entourée par quelques feuilles florales. Péricline globuleux, à écailles imbriquées; celles de la série interne munies d'un appendice scarieux, ovale, denté, non recouvert par les appendices de la série suivante; toutes les autres écailles pourvues d'un appendice noir ou fauve, lancéolé, longuement acuminé-sétacé, courbé en dehors et réfléchi, bordé de longs cils plumeux, étalés-arqués, bruns ou blonds. Fleurs de la circonférence stériles, rayonnantes. Akènes grisâtres, pubescents, oblongs; ombilic non barbu, ovale-en-losange; aigrette fauve, égalant presque la moitié de la longueur de la graine. Feuilles *blanches-cotonneuses sur les deux faces*, non rudes aux bords, entières ou superficiellement sinuées-dentées; les inférieures oblongues-lancéolées, atténuées en un long pétiole ailé; les supérieures sessiles, lancéolées, acuminées, *arrondies à la base, non tronquées, ni auriculées;* toutes terminées par une pointe fine. Tiges dressées, élancées, parfaitement *simples et ne portant jamais qu'une seule calathide*, cotonneuses et faiblement striées, très-feuillées dans leur moitié supérieure. Souche brune, un peu rampante, rameuse, émettant des fibres radicales fines et de courts stolons. — Plante de 1-4 décimètres, blanchâtre; fleurs purpurines, rarement blanches (avec le péricline blanchâtre).

Hab. Hautes Alpes du Dauphiné et de la Provence; Lautaret, col d'Arcine, mont Seuse près de Gap, mont Vizo, mont Genèvre, col de Paga, Embrun, Guillestre, Colmars, etc. ♃ Juillet-août.

C. nervosa *Willd. En. hort. berol.* 2, *p.* 925; *Koch, syn.* 471; *C. phrygia Vill.! Dauph.* 3, *p.* 49; *DC. fl. fr.* 4, *p.* 92; *Lois. gall.* 2, *p.* 210; *Dub. bot.* 290 (*non L.*); *Jacea plumosa Lam. fl. fr.* 2, *p.* 51. *Ic. Rchb. pl. crit. tab.* 554, *et exsicc.* 216!—Calathide grande, solitaire au sommet de la tige, entourée à la base par quelques feuilles florales. Péricline globuleux, à écailles imbriquées;

celles de la série interne munies d'un appendice scarieux, ovale, obtus, recouvert par les appendices de la série suivante; toutes les autres écailles pourvues d'un appendice brun ou noir, lancéolé, longuement acuminé-sétacé, courbé en dehors et réfléchi, bordé de longs cils plumeux, étalés-arqués, bruns ou blonds. Fleurs de la circonférence stériles, rayonnantes. Akènes fauves, pubescents, oblongs; ombilic non barbu, ovale-en-losange; aigrette six fois plus courte que la graine. Feuilles d'un *vert-grisâtre*, un peu fermes, rudes aux bords, parsemées en dessus de petites glandes dorées, munies de poils très-courts et épars, entremêlés d'un duvet cotonneux peu abondant; les inférieures lancéolées ou oblongues-lancéolées, sinuées-dentées, atténuées en pétiole; les moyennes et les supérieures sessiles, linéaires-lancéolées, élargies et *tronquées ou même auriculées à la base,* plus ou moins fortement dentées, et quelquefois pennatifides dans leur moitié inférieure; toutes terminées par une pointe fine. Tiges nombreuses, rapprochées, dressées, striées, cotonneuses, feuillées jusqu'au sommet, *simples et ne portant jamais qu'une seule calathide.* Souche brune, épaisse, ligneuse, noueuse, émettant des fibres fines et pas de stolons.—Plante de 1-4 décimètres, d'un vert pâle; fleurs purpurines.

Hab. Hautes Alpes du Dauphiné; Revel et Champrouse près de Grenoble, Lautaret, mont de Lans et mont Prageuil, Bourg-d'Oisans, mont Vizo, Embrun, Briançon, etc. ♃ Juillet-août.

Obs. Malgré l'assertion contraire de quelques auteurs, je n'ai trouvé dans aucune graine mûre l'aigrette égalant l'akène; mais cela est vrai, si l'on examine l'ovaire pendant la floraison.

C. **Ferdinandi** *Gren. cat. graines de Grenoble*, 1847, *p.* 20; *C. phrygia adscendens Moritzi! Die Pflanzen Graubündens, tab.* 4; *C. ambigua Thomas, cat.* 1818, *ex parte* (*non Guss.*).— Très-voisin du *C. nervosa*, il s'en distingue aux caractères suivants: calathides généralement moins grandes; péricline à écailles internes terminées par un appendice scarieux, pâle, lancéolé, denté, non recouvert par les appendices de la série suivante; aigrette proportionnément plus longue; feuilles caulinaires moins élargies à leur base; tiges *couchées-ascendantes*, *rameuses*, à rameaux allongés et portant chacune une calathide.

Hab. Hautes Alpes du Dauphiné, la Bérarde. ♃ Août.

Sect. 2. Melanoloma *Cass. dict.* 29, *p.* 472. — Péricline muni d'appendices distincts, ciliés au sommet seulement, s'étendant sur les deux bords et sur toute la longueur de l'écaille, en une bande noire scarieuse et entière. Akènes tous pourvus d'aigrettes; ombilic cruciforme, non barbu.

C. **pullata** *L. sp.* 1288; *Gouan, hort. monsp.* 458; *Vill. Dauph.* 3, *p.* 51; *DC. fl. fr.* 4, *p.* 94; *Willd. sp.* 3, *p.* 2313; *Jacea involucrata Lam. fl. fr.* 2, *p.* 54; *Cyanus pullatus Gærtn. fruct.* 2, *p.* 383. *Ic. Lob. icon. tab.* 542, *f.* 2; *Rchb. pl. crit. tab.* 373. — Calathides grandes, entourées et souvent dépassées par les feuilles florales, solitaires au sommet de la tige (quelquefois très-raccourcie) et des rameaux. Péricline ovoïde, à écailles imbriquées, très-inégales et d'autant plus longues qu'elles sont plus intérieures, planes, lancéolées, longuement atténuées au sommet, d'un vert pâle et sans nervures sur le dos, bordées d'une bande noire irrégulièrement crénelée ; appendices petits, lancéolés, bordés de cils fins, peu nombreux, blonds, allongés. Fleurs de la circonférence grandes, rayonnantes, bleues, purpurines ou blanches. Akènes blanchâtres, un peu pubescents, oblongs, atténués à la base ; ombilic déprimé, noir, formant une petite croix ; aigrette blanche, égalant les deux tiers de la longueur de la graine. Feuilles d'un vert-cendré, munies de poils fins articulés ; les radicales en rosette appliquée sur la terre, pétiolées, lancéolées ou oblongues, sinuées-dentées ou lyrées ; les caulinaires nulles ou peu nombreuses. Tige tantôt presque nulle, de telle sorte que la calathide semble reposer sur la rosette de feuilles (*Melanoloma pullata Cass. dict.* 29, *p.* 473), tantôt allongée, simple ou un peu rameuse (*Melanoloma excelsior Cass. l. c.*). Racine bisannuelle, très-allongée, un peu épaisse, pivotante. — Plante de 5-20 centimètres.

Hab. Montpellier ; Pellestres dans les Pyrénées-Orientales ; et, suivant Villars, Valence et Montélimart. ② Mai-juin.

Sect. 3. CYANUS *Desp. dict. sc. nat.* 4, *p.* 481. — Péricline muni d'appendices appliqués, scarieux, longuement décurrents sur les bords de l'écaille, mais non jusqu'à la base, et dentés-ciliés dans toute leur longueur. Akènes munis d'aigrette ; ombilic barbu, orbiculaire, elliptique ou oblong.

C. MONTANA *L. sp.* 1289 ; *Poll. pal.* 2, *p.* 492 ; *Vill. Dauph.* 3, *p.* 51 (*excl. var.* β.) ; *Koch, syn.* 472 ; *Jacea alata Lam. fl. fr.* 2, *p.* 53. *Ic. Jacq. austr. tab.* 371. *Rchb. exsicc.* 824 ! — Calathides grandes, solitaires au sommet de la tige et des rameaux. Péricline ovoïde, à écailles imbriquées, d'un vert jaunâtre, munies d'une large bordure noire incisée-ciliée ; cils planes, rapprochés, *noirs, égalant la largeur de la bordure.* Fleurs de la circonférence très-grandes, rayonnantes, bleues ; celles du disque purpurines. Akènes gros, grisâtres, pubescents, oblongs-obovés ; ombilic fortement barbu, en losange prolongé vers la base de l'akène ; aigrette blanche ou fauve, *cinq fois plus courte que la graine.* Feuilles molles, *blanchâtres-aranéeuses* sur les deux faces, puis glabrescentes ; les inférieures *lancéolées*, rétrécies en un large pétiole ailé ; les moyennes et les supérieures acuminées, sessiles et *longuement décurrentes d'une feuille à l'autre.* Tige dressée, simple ou un peu rameuse, *fortement ailée.* Souche allongée, munie de longues fibres radicales assez épaisses ; *stolons souterrains grêles*, longs de 2-3 décimètres, terminés par une rosette de feuilles courtes et presque obtuses. — Plante de 2-4 décimètres, d'un vert-blanchâtre.

α. *genuina Nob.* Feuilles caulinaires planes, entières, lancéolées.

β. *pyrenaïca Nob.* Feuilles caulinaires planes, entières, linéaires-lancéolées, presque aussi étroites que dans le *C. lugdunensis;* calathides plus petites.

γ. *undulata Nob.* Feuilles ondulées sur les bords et sinuées.

Hab. Bois des montagnes. La var. α., chaîne des Vosges sur le granit et sur le grès, Bitche, Champ-du-Feu, Hohneck, Ballons, etc.; coteaux calcaires de la Lorraine, Maron et Fonds-de-Morvaux près de Nancy; Lezeville dans la Haute-Marne; Dijon, Beaune; Jura, Pontarlier, Morteau, Mont-d'Or, Suchet; Pierre-sur-Haute (Loire); Alpes du Dauphiné, Grande-Chartreuse, Lautaret, mont Vizo, mont Scuse près de Gap, l'Echauda, Mezelet sur Guillestre, etc.; mont Mezin dans l'Ardèche; montagnes de la Lozère; Aubusson dans la Creuse; Auvergne, Puy-de-Dôme; pic de Sancy, etc.; Thury-en-Valois (*Questier*); environs de Rocroy. La var. β. dans les Pyrénées, Esquierry, Lhiéris, col de Tortès, etc. La var. γ. à Nantua (*Bernard*). ♃ Juillet-août.

C. **lugdunensis** *Jord.! obs.* 5, *p.* 49, *tab.* 3, *f. A; C. montana* β. *Vill. Dauph.* 3, *p.* 31 (*ex parte*); *Cyanus montanus lugdunensis folio angustissimo viridi dentato Tournef. herb.* — Calathides moins grandes que dans l'espèce précédente, solitaires au sommet de la tige et des rameaux. Péricline ovoïde, à écailles imbriquées, d'un vert-pâle, munies d'une large bordure d'un brun-noirâtre, incisée-ciliée; cils planes, rapprochés, *bruns, plus longs que la largeur de la bordure.* Fleurs de la circonférence grandes, rayonnantes, bleues; celles du disque purpurines. Akènes grisâtres, pubescents, oblongs-obovés; ombilic fortement barbu, elliptique; aigrette fauve, *deux fois plus courte que la graine.* Feuilles dressées, un peu ondulées, faiblement sinuées-dentées, *vertes,* un peu aranéeuses aux bords, parsemées sur les faces de poils courts et arqués; les inférieures *linéaires-lancéolées, acuminées,* insensiblement atténuées en pétiole ailé; les moyennes et les supérieures sessiles *étroitement et brièvement décurrentes.* Tige grêle, dressée, flexueuse, fortement anguleuse, *à peine ailée au sommet,* simple ou peu rameuse. Souche courte, oblique, noueuse, munie de longues fibres radicales un peu épaisses; *pas de stolons.* — Plante de 3-5 décimètres, verte.

Hab. Lyon, à Couzon et à la Pape; Nantua (*Bernard*). ♃ Juin.

C. **semidecurrens** *Jord.! obs.* 5, *p.* 52, *tab.* 3, *f. B; C. montana* β. *Vill. Dauph.* 3, *p.* 31 (*ex parte*). — Calathides de grandeur moyenne, solitaires ou géminées au sommet de la tige et des rameaux. Péricline ovoïde-globuleux, à écailles imbriquées, larges, d'un vert-pâle, munies d'une bordure étroite, noire ou brune, incisée-ciliée; cils planes, *pâles,* courts et cependant *plus longs que la largeur de la bordure.* Fleurs de la circonférence grandes, rayonnantes, bleues; celles du disque purpurines. Akènes grisâtres, pubescents, oblongs; ombilic barbu, elliptique; aigrette fauve, *cinq fois plus courte que la graine.* Feuilles un peu fermes, onduleuses, *d'abord blanches-aranéeuses, à la fin presque vertes,* munies sur les faces de petits poils arqués; les inférieures *oblongues-lancéolées, aiguës,* insensiblement atténuées en un large pétiole ailé, entières ou plus souvent sinuées et offrant 1-2 grosses dents de chaque côté; les moyennes et les supérieures lancéolées, brièvement acuminées, entières ou à peine sinuées, *brièvement décurrentes, mais jamais d'une feuille à l'autre.* Tige dressée, ordinairement rameuse, anguleuse, *ailée seulement sous l'insertion des feuilles.* Souche munie de longues fibres radicales assez épaisses; *stolons souterrains grêles,* terminés par une rosette de feuilles. — Plante moins élancée que le *C. montana* dont elle se distingue en outre par ses calathides plus petites; par son péricline plus globuleux, à écailles plus courtes, plus élargies à la base, munies d'une bordure bien plus étroite et de cils courts et pâles; par ses akènes plus petits et par ses feuilles moins molles.

Hab. Environs de Gap et de Sisteron, Saint-Genlès près de Serres. ♃ Juin.

C. axillaris *Willd. sp.* 3, *p.* 2290 (*exclud. syn. omn.*); *Host, fl. austr.* 2, *p.* 518; *Gren. disc. à l'ac. de Besançon, p.* 25; *C. stricta W. et K. rar. hung.* 2, *p.* 194, *tab.* 178. — Calathides grandes, solitaires au sommet de la tige et des rameaux. Péricline ovoïde, à écailles imbriquées, lâchement appliquées, pubescentes, d'un vert-jaunâtre, munies d'une bordure étroite, brune ou fauve, incisée-ciliée; cils planes, *blancs au sommet, fauves à la base, plus longs que la largeur de la bordure.* Fleurs de la circonférence grandes, rayonnantes, bleues; celles du disque purpurines. Akènes grisâtres, glabres, obovés-oblongs; ombilic barbu, elliptique; aigrette rousse, *dix fois plus courte que la graine.* Feuilles fermes, planes, *blanchâtres-cotonneuses* sur les faces; les inférieures sinuées-dentées, atténuées en pétiole; les moyennes et les supérieures entières, oblongues-lancéolées ou linéaires-lancéolées, acuminées en une pointe fine, *longuement décurrentes sur la tige d'une feuille à l'autre.* Tige dressée, simple ou rameuse, ferme, anguleuse et ailée. Souche allongée, rameuse, munie de fibres radicales longues et assez épaisses; *stolons souterrains allongés.* — Plante de 2-3 décimètres, blanchâtre-cotonneuse.

Hab. Hautes Alpes du Dauphiné, mont Vizo, val d'Agnel dans le Quayras; vallée de la Bérarde, Saint-Christophe en Oisans (*Grenier*). ♃ Juillet-août.

C. seusana *Chaix in Vill. Dauph.* 3, *p.* 52 (*non Gaud.*); *C. variegata Lam. dict.* 1, *p.* 668; *C. axillaris Lois. gall.* 2, *p.* 210 (*non Willd.*); *Jacea graminifolia Lam. fl. fr.* 3, *p.* 638. *Ic. Barr. icon. tab.* 389. — Calathides solitaires au sommet des tiges. Péricline ovoïde, à écailles imbriquées, lâchement appliquées, d'un vert-pâle, munies d'une large bordure brune incisée-ciliée; cils planes, linéaires, acuminés, *d'un blanc argentin brillant, deux fois plus longs que la largeur de la bordure.* Fleurs de la circonférence grandes, rayonnantes, d'un beau bleu; celles du disque purpurines. Akènes blanchâtres, très-finement pubescents, oblongs-obovés;

ombilic barbu, elliptique-oblong; aigrette fauve, *six fois plus courte que la graine*. Feuilles un peu fermes, planes, *blanchâtres et cotonneuses* sur les faces, toutes étroites, *linéaires ou linéaires-lancéolées, aiguës;* les inférieures atténuées en pétiole et souvent sinuées-dentées; les moyennes et les supérieures toujours entières, *non décurrentes*. Tige dressée, très-grêle, cotonneuse, simple, *ni ailée ni anguleuse*. Souche allongée très-grêle, lisse, émettant çà et là des fibres radicales fines et allongées; *stolons souterrains très-longs*. — Plante de 1-3 décimètres, blanche-cotonneuse.

Hab. Alpes du Dauphiné et de la Provence; mont Seuse et mont Aurouse près de Gap; mont Ventoux. ♃ Juin-juillet.

Obs. — Le *C. seusana Gaud.* est une plante bien différente de celle de Villars, dont elle se distingue nettement par ses calathides multiples et rapprochées au sommet des tiges; par son péricline à écailles plus larges, plus ovales, munies d'une bordure plus étroite, de cils beaucoup plus courts et moins brillants; par ses feuilles longuement décurrentes, la plupart sinuées-dentées et même pennatifides; par sa tige plus raide, anguleuse, ailée. La plante de Gaudin me semble être le *C. Triumfetti All. ped.* 1, *p.* 158.

C. **Cyanus** *L. sp.* 1289; *Jacea segetum Lam. fl. fr.* 2, *p.* 54; *Cyanus arvensis Mœnch, meth.* 561; *Cyanus vulgaris Cass. dict.* 50, *p.* 241. *Ic. Bull. herb. tab.* 221. — Calathides solitaires au sommet de la tige et des rameaux. Péricline ovoïde, à écailles imbriquées, pubescentes et d'un vert-pâle sur le dos, entourées d'une bordure étroite, blanche ou brune, scarieuse, régulièrement dentée-ciliée; cils *planes*, linéaires, acuminés, *argentés du moins au sommet*, fléchis en dehors. Fleurs de la circonférence grandes, rayonnantes, bleues, plus rarement roses ou blanches; celles du disque purpurines. Akènes blanchâtres, pubescents, oblongs; ombilic barbu, linéaire-oblong, atténué à la base; aigrette fauve, *égalant presque la graine*. Feuilles molles, *d'un vert gai ou blanchâtre;* les inférieures pennatipartites, à segments linéaires-lancéolés, dont le terminal très-allongé; les supérieures sessiles, *non décurrentes*, linéaires, entières, terminées par une pointe fine. Tige dressée, striée, *non ailée*, rameuse; rameaux grêles, allongés, dressés. Racine *bisannuelle, pivotante*. — Plante de 3-10 décimètres.

Hab. Moissons; commun dans toute la France. ② Juin-juillet.

C. **Scabiosa** *L. sp.* 1291; *D C. fl. fr.* 4, *p.* 97; *C. sylvatica Pourr. act. Toul.* 3, *p.* 308; *Jacea Scabiosa Lam. fl. fr.* 2, *p.* 51. *Ic. Engl. bot. tab.* 56. — Calathides assez grandes, solitaires au sommet de la tige et des rameaux. Péricline globuleux, ordinairement glabre, à écailles imbriquées, d'un jaune-verdâtre ou fauves, munies d'une large bordure noire et ciliée *qui ne cache pas entièrement la partie verte des écailles;* cils flexueux, un peu plumeux, *subulés et blanchâtres au sommet, égalant la largeur de la bordure*. Fleurs de la circonférence rayonnantes. Akènes à la fin noirs, pubescents, luisants, oblongs; ombilic barbu, largement obové, un peu prolongé en pointe à la base; aigrette rousse, *égalant presque la graine*.

Feuilles *d'un vert-foncé*, fermes, un peu rudes; les inférieures longuement pétiolées, tantôt entières, elliptiques-lancéolées et plus ou moins dentées, tantôt lyrées, à lobes ovales, tantôt enfin pennatipartites, à segments *divariqués*, lancéolés incisés-dentés ou linéaires et entiers; feuilles supérieures sessiles, *non décurrentes*, pennatipartites ou seulement divisées à la base, embrassant la tige par les deux lobes inférieurs. Tige ferme, dressée, anguleuse, *non ailée*, rameuse au sommet; rameaux étalés-dressés. *Souche ligneuse*, à divisions assez longues et rampantes. — Plante de 2-8 décimètres, variant beaucoup quant à la forme de ses feuilles et réunissant quelquefois toutes les formes sur un même pied (*C. variifolia Lois.! not. p.* 130); fleurs purpurines, rarement blanches.

Hab. Lieux stériles, bords des champs; commun dans toute la France. ♃ Juillet-août.

C. KOTSCHYANA *Heuff. in Koch, syn. p.* 473.— Se distingue du précédent par ses calathides du double plus grandes; par les écailles du péricline bien plus lâches, munies d'une bordure noire encore plus large et *couvrant complétement la partie verte des écailles*, bordées de cils plus longs, plus fins, *d'un blanc-argentin*, le cil terminal plus ferme, *presque épineux;* par ses fleurs d'un violet plus vif; par ses akènes plus allongés; par ses feuilles d'un vert plus pâle, à nervures plus saillantes, à segments plus allongés, acuminés, *étalés-dressés*, non divariqués, plus finement et plus longuement mucronés; par sa souche à divisions plus courtes, dressées ou ascendantes, couvertes des débris des anciennes feuilles. Les feuilles sont ordinairement pennatipartites, mais on trouve quelquefois aussi des individus à feuilles toutes entières et lancéolées; cette dernière forme ne serait-elle pas le *C. menteyerica Chaix in Vill.* 1, *p.* 365, *et* 3, *p.* 48 (*C. Villarsii Mut. fl. fr.* 2, *p.* 175)?

Hab. Hautes Alpes du Dauphiné, mont Vizo, mont Seuse, la Grangette près de Gap. ♃ Août.

Sect. 4. CHEIROLOPHUS *Cass. dict.* 50, *p.* 250. — Péricline muni d'appendices petits, triangulaires, appliqués, scarieux, non décurrents sur les bords de l'écaille, ciliés. Akènes pourvus d'une aigrette, si ce n'est ceux de la circonférence; ombilic non barbu, transversal, présentant 4 lobes ascendants séparés par des sinus aigus.

C. SEMPERVIRENS *L. sp.* 1291; *Willd. sp.* 3, *p.* 2296; *D C. prodr.* 6, *p.* 577; *Cheirolophus lanceolatus Cass. dict.* 51, *p.* 56. *Ic. Bocc. sic. tab.* 39, *f.* 3. — Calathides solitaires au sommet de la tige et des rameaux, non entourées de feuilles florales. Péricline ovoïde, à écailles imbriquées, jaunâtres, amincies sur les bords, terminées par un petit appendice fauve et bordé de 5-7 cils subulés, *dont le terminal est plus long.* Fleurs purpurines, toutes égales. Akènes fauves, marbrés de brun, luisants, oblongs, atténués à la base; aigrette peu fournie et caduque aux akènes du disque. Feuilles vertes, un peu rudes, parsemées de petits poils très-courts; les inférieures *hastées;* les moyennes et les supérieures lancéolées, aiguës, apiculées, entières ou sinuées-dentées, toutes atténuées à leur base souvent munie de 2 petits lobes qui simulent des stipules. Tige frutescente à la base, dressée, pubescente, striée, très-rameuse ; rameaux *feuillés,* étalés-dressés.

Hab. Baou de quatre heures près de Toulon (*Auzendre*). ♄.

C. INTYBACEA *Lam. dict.* 1, *p.* 671 ; *D C. fl. fr.* 4, *p.* 98 ; *Dub. bot.* 290 ; *Lois. gall.* 2, *p.* 211 ; *Cheirolophus pinnatifidus Cass. dict.* 51, *p.* 56. *Ic. Barr. icon. tab.* 1229. — Calathides solitaires au sommet de la tige et des rameaux, non entourées de feuilles florales. Péricline globuleux-conique, pubescent à la base, à écailles imbriquées, d'un vert jaunâtre, amincies sur les bords, terminées par un appendice fauve et bordé de 7-11 cils subulés et *égaux.* Fleurs purpurines, rarement blanches (*C. leucantha Pourr. act. Toul.* 3, *p.* 308), toutes égales. Akènes fauves, marbrés de brun, luisants, oblongs, atténués à la base, un peu arqués latéralement ; aigrette peu fournie et caduque aux akènes du disque et les égalant. Feuilles d'un vert pâle, lisses, un peu fermes, glabres ; les inférieures pétiolées, *lyrées-pennatipartites,* à lobes étroits, entiers, mucronés ; les supérieures sessiles, linéaires-lancéolées, atténuées à la base, entières ou lobées à leur base, à lobes inférieurs simulant des stipules. Tige frutescente à la base, épaisse, dressée, émettant des rameaux élancés, striés, étalés-dressés, *nus au sommet* un peu épaissi. — Plante de 4-10 décimètres.

Hab. Région méditerranéenne ; Montredon près de Marseille ; la Clappe, île Sainte-Lucie et île de Lante près de Narbonne ; Casas de Pena près de Perpignan. ♄ Juillet-août.

Sect. 5. ACROLOPHUS *Cass. dict.* 50, *p.* 253. Péricline muni d'appendices scarieux, appliqués, triangulaires, très-brièvement décurrents sur les bords de l'écaille, ciliés. Akènes tous pourvus d'une aigrette ; ombilic non barbu, orbiculaire ou ovale.

C. CORYMBOSA *Pourr. act Toul.* 3, *p.* 310 ; *Jord.! obs.* 5, *p.* 59, *tab.* 4, *f. C.*— Calathides assez grosses, solitaires au sommet des rameaux, *formant un corymbe irrégulier, très-rameux,* assez dense et très-étalé. Péricline ovoïde, *arrondi à la base,* à écailles imbriquées, toutes à découvert, fortement nerviées sur le dos, munies d'un appendice noir-brun, un peu étalé, triangulaire, acuminé en une pointe *non vulnérante, plus courte que les cils;* ceux-ci flexueux, très-fragiles, bruns, plus longs que la largeur de l'appendice. Fleurs purpurines ; celles de la circonférence rayonnantes. Akènes noirs, luisants, oblongs ; ombilic petit, orbiculaire, non barbu ; aigrette blanche-soyeuse, *égalant la graine.* Feuilles d'un vert-pâle, rudes, fortement ponctuées ; les radicales très-nombreuses et étroitement imbriquées sur la base de la tige, bipennatipartites, à lobes linéaires mucronés ; les caulinaires rapprochées, pennatipartites, à lobes étroits, linéaires, *roulés par les bords.* Tige dressée, ferme et raide, striée, épaissie et *presque ligneuse à sa base*, très-rameuse dès son milieu et quelquefois dès sa base ; rameaux très-étalés et ramifiés eux-mêmes supérieurement. Racine *épaisse, pivotante, bisannuelle.* — Plante de 1-2 décimètres, se distinguant en outre du *C. maculosa*, avec lequel on l'a confondu, par ses calathides ordinairement plus grandes ; par ses akènes du double plus gros, couronnés par une aigrette proportionnément plus longue ; par ses rameaux moins élancés et par son port plus trapu.

Hab. Fentes des rochers, dans les escarpements de la Clappe près de Narbonne ② Juin.

C. MACULOSA *Lam.! dict.* 1, *p.* 669; *DC.! fl. fr.* 4, *p.* 96 (*excl. syn. Pourr.*); *Jord.! obs.* 5, *p.* 61, *tab.* 4, *f. D*; *C. paniculata Poll. pal.* 2, *p.* 495; *Koch, syn. ed.* 1, *p.* 413; *Bieb. fl. taur. n°* 1805; *C. Biebersteinii DC. prodr.* 6, *p.* 583. *Ic. Jacq. austr. tab.* 320. *Rchb. exsicc.* 825! — Calathides solitaires au sommet des rameaux, *formant une grande panicule étalée, très-rameuse.* Péricline ovoïde-conique, *arrondi à la base*, à écailles imbriquées, toutes à découvert, fortement nerviées sur le dos, munies d'un appendice noir-brun, un peu étalé, triangulaire, acuminé en une pointe *non vulnérante, plus courte que les cils;* ceux-ci flexueux, pâles et presque argentés au sommet, fléchis en dehors, plus longs que la largeur de l'appendice. Fleurs purpurines, plus rarement roses, ou blanches (avec le péricline pâle) ; celles de la circonférence rayonnantes. Akènes petits, grisâtres, finement pubescents, oblongs ; ombilic ovale, superficiellement lobulé, non barbu ; aigrette blanche, *égalant presque la moitié de la longueur de la graine.* Feuilles vertes ou d'un vert-blanchâtre, rudes, ponctuées ; les radicales en rosette, bipennatipartites, à lobes très-étalés, linéaires ou oblongs, mucronés ; les caulinaires écartées, moins divisées, à lobes linéaires et *roulés par les bords.* Tige dressée, anguleuse, *non épaissie, ni ligneuse à la base*, très-rameuse dans sa moitié supérieure ; rameaux étalés. Racine *grêle, pivotante, bisannuelle.* — Plante de 2-8 décimètres, d'un vert-grisâtre.

Hab. Coteaux, bords des routes et des rivières ; Alsace, bords du Rhin à Strasbourg, Colmar, Rouffach, Mulhouse, Huningue ; Lyon ; Guillestre en Dauphiné ; commun dans la Haute-Loire, l'Ardèche, la Lozère, le Vigan ; Clermont-Ferrand, Puy-de-Crouel et coteaux de la Limagne d'Auvergne ; se retrouve dans le centre de la France, amené par les eaux des rivières, par exemple sur les bords de la Loire au Puy, à Nevers, Orléans, Blois, Tours ; et sur les bords de l'Allier à Vichy, Moulins, etc. ② Juillet-août.

C. CÆRULESCENS *Willd. sp.* 3, *p.* 2319 ; *DC. prodr.* 6, *p.* 583 ; *Jord.! obs.* 5, *p*, 62, *tab.* 4, *f. E.* — Calathides solitaires au sommet des rameaux, *formant une panicule simple ou rameuse*, étalée-dressée. Péricline ovoïde-globuleux, *arrondi à la base*, à écailles imbriquées, toutes à découvert, à peine nerviées, munies d'un appendice brun, triangulaire, acuminé en une pointe *fine, raide, un peu piquante, plus longue que les cils;* ceux-ci pâles au sommet, raides, plus longs que la largeur de l'appendice. Fleurs purpurines; celles de la circonférence rayonnantes. Akènes grisâtres, finement pubescents, oblongs, atténués à la base; ombilic non barbu, suborbiculaire, mais échancré des deux côtés depuis le milieu jusqu'au sommet qui est aigu; aigrette blanche, *égalant le quart de la longueur de la graine.* Feuilles vertes, ponctuées, rudes; les radicales bipennatipartites, à lobes étalés; les caulinaires moins divisées, à lobes linéaires ou linéaires-lancéolés, *planes,* allongés, mucronés. Tige dressée, anguleuse, rameuse dès le milieu; rameaux étalés-dressés. Racine *pivotante, bisannuelle.* — Plante de 3-5 décimètres.

Hab. Collioures, Bagnols-sur-Mer. ② Juin.

C. **Hanrii** *Jord.! obs.* 5, *p.* 70, *tab.* 4, *f. B.* — Calathides plus petites que dans les deux espèces voisines, solitaires au sommet des rameaux dont les supérieurs sont courts et rapprochés en corymbe, *formant une grappe ordinairement simple.* Péricline ovoïde, *arrondi à la base,* à écailles imbriquées, d'une teinte fauve, nerviées sur le dos, toutes à découvert, munies d'un appendice noir, triangulaire, acuminé en une pointe *fine, étalée, non vulnérante, bien plus longue que les cils*; ceux-ci flexueux, noirs, fléchis en dehors, plus longs que la largeur de l'appendice. Fleurs d'un pourpre vif; celles de la circonférence rayonnantes. Akènes grisâtres, pubescents, oblongs; aigrette blanche, *égalant le tiers de la longueur de la graine.* Feuilles d'un vert-blanchâtre, un peu fermes, rudes, ponctuées; les radicales et les caulinaires pennatipartites, à lobes linéaires-oblongs, *planes,* mucronés, entiers ou dentés. Tiges nombreuses, grêles, très-flexueuses, dressées ou ascendantes, à peine sillonnées, rameuses au-dessus du milieu; rameaux dressés-étalés, flexueux, régulièrement décroissants de bas en haut. *Souche vivace,* noirâtre, peu épaisse. — Plante de 1-2 décimètres.

Hab. Sainte-Baume près de Toulon. ♃ Juillet.

C. **leucophæa** *Jord.! obs.* 5, *p.* 64, *tab.* 4, *f. F; C. paniculata Vill. Dauph.* 3, *p.* 53, *ex locis natal. et descript.* (*non L.*); *C. paniculata* γ. *subindivisa D C. prodr.* 6, *p.* 584. — Calathides solitaires au sommet des rameaux, *formant une panicule allongée, lâche, étalée, très-rameuse.* Péricline ovoïde, *arrondi à la base,* à écailles imbriquées, jaunâtres, nerviées sur le dos, toutes à découvert, munies d'un appendice brun ou pâle, triangulaire, terminé par un *mucron dressé et plus court que les cils;* ceux-ci bruns ou pâles, flexueux, peu nombreux, plus longs que la largeur de l'appendice. Fleurs rosées; celles de la circonférence rayonnantes. Akènes grisâtres, pubescents, oblongs, atténués à la base; ombilic non barbu, petit, orbiculaire, prolongé en pointe à la base; aigrette blanche, *égalant le quart de la longueur de la graine.* Feuilles d'un vert-blanchâtre, molles, ponctuées, rudes seulement aux bords, pubescentes-cotonneuses sur les faces; les radicales irrégulièrement dentées ou lyrées, à lobes souvent irréguliers, entiers ou dentés, le supérieur plus grand; les feuilles caulinaires pennatipartites, à lobes *planes*, oblongs, obtus, mucronulés; les raméales entières ou lobulées à la base. Tige dressée, sillonnée, anguleuse, très-rameuse dans sa moitié supérieure; rameaux fermes, étalés. Racine *pivotante, bisannuelle.* — Plante de 3-4 décimètres.

Hab. Alpes du Dauphiné et de la Provence, sables du Drac près de Grenoble, Lautaret, vallée de l'Arche, plan de Fazi près Mont-Dauphin, Gap, mont Seuse, Laragne, Guillestre, entre l'Echauda et Villevallouise, Briançon, Sisteron, Serres, Castellanne; Pyrénées Orientales, à Prades, à la Grau-d'Olette. ② Juillet-août.

C. PANICULATA *L. sp.* 1289; *Gouan, hort. monsp.* 459; *D C. fl. fr.* 4, *p.* 97; *Lois.* 2, *p.* 211; *Jord.! obs.* 5, *p.* 65, *tab.* 4, *f. G; Jacea paniculata Lam. fl. fr.* 2, *p.* 50. *Ic. Moris. hist. s.* 7, *tab.* 28, *f.* 15. — Calathides petites, solitaires, mais rapprochées au sommet des rameaux, *formant une panicule allongée, lâche, étalée, très-rameuse.* Péricline ovoïde-oblong, *un peu aminci à la base,* à écailles imbriquées, pâles, nerviées sur le dos, toutes à découvert, munies d'un appendice fauve, triangulaire, terminé par une pointe *épaisse, appliquée, courte et cependant un peu plus longue que les cils;* ceux-ci peu nombreux, fauves, plus longs que la largeur de l'appendice. Fleurs purpurines; celles de la circonférence rayonnantes. Akènes grisâtres, pubescents, oblongs; ombilic non barbu, orbiculaire, prolongé en pointe à la base; aigrette blanche, *égalant la moitié de la longueur de la graine.* Feuilles vertes ou d'un vert-blanchâtre, fortement ponctuées, souvent un peu laineuses; les radicales en rosette, bipennatipartites, à lobes très-étalés, linéaires ou lancéolés, mucronés, entiers ou un peu dentés; les caulinaires pennatifides, à lobes étroits, *roulés par les bords.* Tiges dressées, très-grêles, sillonnées, très-rameuses; rameaux fins, très-étalés. Racine *très-allongée, pivotante, bisannuelle.* — Plante de 2-6 décimètres, d'un vert-grisâtre ou blanchâtre.

Hab. Lyon; Gap, mont Rachet, Guillestre; Aix, Fréjus, Toulon; Saint-Ambroix, Alais, Anduze, Nîmes, Manduel; Montpellier; Narbonne, Carcassonne; Saint-Paul-de-Fenouillèdes dans les Pyrénées-Orientales. ② Juillet-août.

C. POLYCEPHALA *Jord.! obs.* 5, *p.* 67, *tab.* 4, *f. H.* — Calathides petites, solitaires au sommet des rameaux, *formant une large panicule corymbiforme divariquée.* Péricline oblong, *atténué à la base,* à écailles imbriquées, d'un vert-pâle et obscurément nerviées sur le dos, toutes à découvert, munies d'un appendice corné, fauve, lancéolé, terminé par une pointe *fine, raide, piquante, étalée et bien plus longue que les cils;* ceux-ci pâles, flexueux, fins, peu nombreux, écartés, plus longs que la largeur de l'appendice. Fleurs purpurines; celles de la circonférence rayonnantes. Akènes grisâtres, pubescents, étroits, oblongs; ombilic non barbu, petit, orbiculaire; aigrette blanche, *égalant le tiers de la longueur de la graine.* Feuilles d'un vert-blanchâtre, rudes, ponctuées; les radicales bipennatipartites, à lobes linéaires; les caulinaires pennatipartites, à lobes étroits, courts, aigus, *roulés par les bords.* Tige dressée, grêle, sillonnée, très-rameuse; rameaux divariqués, feuillés, à divisions courtes et étalées. Racine *pivotante, bisannuelle.*— Plante de 2-5 décimètres.

Hab. Nions, Montaud près de Salon, Toulon, Hyères. (2) Juillet.

C. RIGIDULA *Jord.! obs.* 5, *p.* 69, *tab.* 4, *f. A.* — Cette plante est très-voisine de la précédente, mais s'en distingue toutefois aux caractères suivants: calathides un peu plus petites, *agrégées au nombre de* 2-3 *au sommet des rameaux, formant par leur réunion une panicule lâche, allongée, étalée,* non divariquée; péricline ovoïde-conique, *largement arrondi à la base,* à écailles plus ovales, munies d'un appendice de moitié plus étroit et terminé par une pointe plus raide, *saillante,* moins étalée; cils moins fins et plus longs; fleurs ext. dépassant à peine celles du disque; akènes plus gros, plus atténués à la base; tiges plus raides, à rameaux étalés-dressés, feuillés seulement au sommet. — Plante de 2-3 décimèt.

Hab. Avignon. ♃?

Sect. 6. ACROCENTRON *Cass. dict.* 44, *p.* 37. — Péricline muni d'appendices scarieux, décurrents sur les bords de l'écaille, ciliés, terminés par une épine étalée. Akènes munis d'une aigrette; ombilic barbu, ovale.

C. COLLINA *L. sp.* 1298; *DC. fl. fr.* 4, *p.* 103; *Dub. bot.* 291; *Lois. gall.* 2, *p.* 215. *Ic. Clus. hist.* 2, *p.* 8, *tab.* 2. — Calathides très-grandes, solitaires au sommet de la tige et des rameaux, munies de 1-2 feuilles florales. Péricline globuleux, souvent un peu aranéeux à la base, à écailles étroitement imbriquées, d'un jaune-verdâtre, coriaces, non nerviées, munies d'un appendice brun, bordé de cils spinescents et nombreux, terminé par une épine ferme, vulnérante, étalée, un peu plus courte que l'écaille. Fleurs jaunes, égales. Akènes à la fin noirs, d'abord pubescents, puis presque glabres, luisants, obovés, très-comprimés; ombilic barbu! ovale, un peu prolongé en pointe à la base; aigrette fauve ou noire, égalant l'akène. Feuilles d'un vert-cendré, fermes, plus ou moins rudes, souvent un peu aranéeuses; les radicales pétiolées, tantôt entières lancéolées et sinuées-dentées, tantôt lyrées (*C. centauroïdes Gouan, hort. monsp.* 461) à lobes obovés ou lancéolés, entiers ou dentés, mucronulés; tantôt enfin elles sont bipennatipartites (*C. collina Gouan, l. c.*), à lobes étroits, linéaires ou linéaires-lancéolés; les caulinaires moyennes et supérieures sessiles, pennatipartites. Tige dressée, anguleuse, simple ou rameuse au sommet; rameaux étalés-dressés. — Plante de 3-6 décimètres.

Hab. Champs et coteaux des provinces du midi; Fréjus, Toulon, Marseille, Salon; Avignon; Saint-Pierreville en Ardèche; Saint-Ambroix, Alais, Anduze; Nîmes; Montpellier, Cette, Narbonne, Sijean, Leucate; Corse (*Salis*). ♃ Juillet-août.

Sect. 7. Seridia *D C. prodr.* 6, *p.* 598. — Péricline muni d'appendices cornés, semiorbiculaires, non décurrents, bordés d'épines peu inégales. Akènes pourvus d'une aigrette; ombilic non barbu, élargi transversalement.

a. *Feuilles décurrentes.*

C. napifolia *L. sp.* 1295; *D C.! fl. fr.* 5, *p.* 461; *Desf. atl.* 2, *p.* 297; *Salis, fl. od. bot. Zeit.* 1834, *p.* 33; *Moris, fl. sard.* 2, *p.* 453; *Guss.! syn.* 2, *p.* 515; *Pectinastrum napifolium Cass. dict.* 44, *p.* 38, *et* 48 *p.* 500. *Ic. Barr. icon. tab.* 504; *Sibth et Sm. fl. græc. tab.* 905. — Calathides solitaires au sommet de la tige et des rameaux, munies à la base de 1-2 feuilles florales très-petites. Péricline ovoïde-conique, arrondi à la base, aranéeux ou glabre, à écailles imbriquées, jaunâtres, non nerviées, munies d'un appendice *étalé, non réfléchi,* souvent bordé de noir à la base, *pédalé,* muni de 5 à 9 petites épines dressées jaunes ou noires aux écailles supérieures, peu inégales et *égalant la moitié de la longueur de l'écaille.* Fleurs purpurines; celles de la circonférence très-grandes, rayonnantes. Akènes d'un blanc sale, luisants, obovés; ombilic transversal, terminé à chaque extrémité en une petite pointe ascendante; aigrette rousse, égalant la moitié de la longueur de l'akène. Feuilles vertes, pubescentes, non rudes si ce n'est aux bords; les inférieures longuement pétiolées, lyrées, à lobes dentés; les moyennes lyrées-pennatifides, *décurrentes sur la tige d'une feuille à l'autre;* les supérieures linéaires ou linéaires-oblongues, dentées, également prolongées sur la tige en une aile étroite et dentée; dents des feuilles toutes mucronées. Tige dressée, simple ou rameuse, ailée dans ses deux tiers supérieurs; rameaux étalés, peu feuillés. Racine annuelle, très-rameuse.— Plante de 2-6 décimètres.

Hab. Coteaux stériles de la Corse, Ajaccio, Bastia, Porto-Vecchio, Sartène, Bonifacio. ① Juin-juillet.

C. sonchifolia *L. sp.* 1294; *DC. fl. fr.* 4, *p.* 99; *Calcitrapa sonchifolia Lam. fl. fr.* 2, *p.* 32; *Seridia sonchifolia Cass. dict.* 48, *p.* 498. *Ic. Pluk. alm. tab.* 39, *f.* 1.— Calathides plus grandes que dans l'espèce précédente, solitaires au sommet de la tige et des rameaux, munies à la base de 1-2 feuilles florales très-grandes. Péricline ovoïde-conique, arrondi à la base, glabre, à écailles imbriquées, jaunâtres, non nerviées, munies d'un appendice *réfléchi, palmé,* muni de 5-7 épines *divergentes,* fauves et dont la terminale à peine plus longue que les autres *mesure une fois et demie la longueur de l'écaille.* Fleurs de la circonférence purpurines, un peu plus longues que celles du disque; celles-ci blanchâtres. Akènes blanchâtres, oblongs; ombilic en losange prolongé à la base; aigrette rousse, très-courte. Feuilles d'un vert-grisâtre, molles, pubescentes, non rudes si ce n'est aux bords; les inférieures pétiolées, entières ou lyrées, toujours bordées de petites dents spinuleuses; les autres feuilles sessiles, *demi-décurrentes,* lancéolées, sinuées-dentelées, atténuées à la base. Tige dressée, rameuse, munie sous l'insertion des feuilles d'une aile large et dentée ; rameaux étalés, feuillés. — Plante de 3-6 décimètres.

Hab. Rochers maritimes ; Marseille. ♃.

D. *Feuilles non décurrentes.*

C. **SPHÆROCEPHALA** *L. sp.* 1295; *Desf. atl.* 2, *p.* 298; *Salis, fl. od. bot. Zeit.* 1834, *p.* 33 ; *DC. prodr.* 6, *p.* 599 ; *Boiss. voy.* 352 ; *C. cæspitosa Vahl, Symb.* 2, *p.* 93 ; *Cyr. pl. neap. fasc.* 1, *p.* 24, *tab.* 8 ; *Seridia sphærocephala Webb, it. hisp.* 33. *Soleir. exsicc.* 2 ! — Calathides solitaires au sommet de la tige et des rameaux. Péricline ovoïde-conique, arrondi à la base un peu aranéeuse, à écailles imbriquées, fauves ou brunes, non nerviées, munies d'un appendice étalé, puis réfléchi, bordé de 5-7 épines jaunâtres, étalées, vulnérantes, *égalant presque la longueur de l'écaille.* Fleurs purpurines ; celles de la circonférence rayonnantes. Akènes d'un blanc sale, maculés de brun, luisants, obovés ; ombilic présentant presque la figure d'un losange à grand diamètre placé transversalement. Feuilles vertes ou d'un vert-cendré, assez minces, *munies de petits poils cloisonnés* et souvent d'un duvet aranéeux, un peu rudes ; les inférieures pétiolées, lyrées ou sinuées-dentées à leur base ; les supérieures ovales ou oblongues, entières ou sinuées-dentées au-dessus de la base ; celle-ci élargie et embrassant toujours la tige par deux grandes oreilles arrondies et denticulées. Tiges dressées ou couchées, anguleuses, *non rudes,* flexueuses, simples ou un peu rameuses au sommet ; rameaux courts, feuillés, étalés. Souche presque ligneuse, brune, à divisions ascendantes. Racine très-longue, épaissie et fusiforme supérieurement. — Plante de 1-4 décimètres.

Hab. Pâturages maritimes de la Corse, Bastia, étang de Biguglia. ♃ Mai.

C. **ASPERA** *L. sp.* 1296 ; *Vill. Dauph.* 3, *p.* 54 ; *DC. fl. fr.* 4, *p.* 98, *et* 5, *p.* 461 ; *Desf. atl.* 2, *p.* 298 ; *Moris, fl. sard.* 2, *p.* 451 ; *C. parviflora Lam. fl. fr.* 2, *p.* 32 ; *C. Isnardi All. ped.* 1, *p.* 161 (*excl. icon.*) ; *C. Seridis Lois.! gall.* 2, *p.* 212 ; *Seridia microcephala Cass. dict.* 48, *p.* 499 ; *Webb, it. hisp.* 33. *Ic. Bocc. mus. tab.* 26. — Calathides plus petites que dans l'espèce précédente, solitaires au sommet de la tige et des rameaux. Péricline ovoïde-conique, largement arrondi à la base, un peu aranéeux ou glabre, à écailles imbriquées, d'un fauve pâle, non nerviées, munies d'un appendice d'abord étalé, puis réfléchi, bordé de 3-5 épines jaunâtres, vulnérantes, *égalant la moitié de la longueur de l'écaille.* Fleurs purpurines ou rarement blanches ; celles de la circonférence un peu plus longues que celles du disque. Akènes d'un blanc sale, luisants, oblongs-obovés ; ombilic plus large que long, présentant au bord supérieur deux échancrures superficielles et trois petits angles aigus qui les limitent ; aigrette blanche, égalant la moitié de la longueur de la graine. Feuilles rudes, munies sur les faces et principalement sur les bords *de petites aspérités calleuses;* les feuilles inférieures pétiolées, lyrées ou sinuées-dentées; les supérieures linéaires-oblongues, sinuées-dentées, mucronées, sessiles, et souvent auriculées. Tiges dressées, anguleuses, *rudes*, très-rameuses; rameaux grêles, allongés, étalés. Souche à divisions grêles, allongées, ascendantes. — Plante de 2-8 décimètres.

Hab. Lieux stériles du midi; vallée du Rhône à Lyon, Vienne, Montélimart, Orange, Avignon; Romans dans la Drôme; mont Ventoux; Fréjus, Toulon, Marseille, Salon; Alais, Saint-Ambroix, Anduze, Nîmes; Montpellier, Cette; Sijean, Narbonne, île Ste.-Lucie, Perpignan; Toulouse, Montauban, Moissac, Agen, Bordeaux; île d'Oléron, île de Ré, Sables d'Olonne, La Tremblade dans la Charente-Inférieure, île de Noirmoutiers. ♃ Juin-septembre.

Sect. 8. CALCITRAPA *Koch, syn.* 475.— Péricline muni d'appendices cornés, non décurrents, prolongés en une épine vulnérante, spinuleuse à sa base. Akènes avec ou sans aigrette; ombilic non barbu.

a. *Feuilles non décurrentes.*

≍ **C. ASPERO-CALCITRAPA** *Godr. et Gren.; C. hybrida Chaix in Vill. Dauph.* 1, *p.* 366, *et* 3, *p.* 54? (*non All.*).— Calathides entourées de quelques feuilles florales, solitaires au sommet des rameaux feuillés courts ou allongés. Péricline *ovoïde-conique,* glabre, à écailles imbriquées, d'un vert-jaunâtre, non nerviées, *non contractées sous l'appendice;* celui-ci fauve, penné, à 5-7 épines *appliquées,* dont la terminale plus longue *non canaliculée à la base, égalant la moitié de l'écaille* et beaucoup plus faible que dans l'espèce suivante; les épines latérales de moitié moins longues que la terminale. Fleurs purpurines, égales. Akènes avortés, mais *munis d'une aigrette blanche,* du moins ceux du disque. Feuilles vertes, molles, finement pubescentes, toutes atténuées à la base, non auriculées, sinuées-pennatifides ou sinuées-dentées, ou les supérieures entières; toutes finement mucronées. Tige dressée, grêle, sillonnée, très-rameuse; rameaux étalés. — Plante de 4-6 décimètres. Est certainement une hybride ainsi que la suivante.

Hab. Narbonne; Montpellier; Sisteron. ② Juin.

≍ **C. CALCITRAPO-ASPERA** *Godr. et Gren.; C. calcitrapoïdes Gouan, hort. monsp.* 461, *ex loco natali; Lois.! gall.* 2, *p.* 214 (*non L.*); *C. Calcitrapa* β. *Vill. Dauph.* 3, *p.* 55; *C. Pouzini D C.! hort. monsp.* 91, *et fl. fr.* 5, *p.* 462. — Calathides entourées de quelques feuilles florales, *solitaires au sommet des rameaux allongés* et feuillés. Péricline *allongé, conique,* glabre, à écailles imbriquées, d'un vert-jaunâtre, non nerviées, *contractées sous l'appendice;* celui-ci pâle, penné, à 5-7 épines, dont la terminale forte, *très-étalée, non canaliculée à la face interne, plus longue que l'écaille,* munie à la base et de chaque côté de 2-3 petites épines, beaucoup plus courtes. Fleurs purpurines, toutes égales. Akènes avortés, mais *munis d'une aigrette blanche,* du moins ceux du disque. Feuilles minces, vertes, pubescentes, presque toutes pennatipartites, à lobes écartés, linéaires, mucronés; les caulinaires moyennes et supérieures embrassant la tige par un appendice denté; les raméales linéaires, entières. Tige dressée, grêle, sillonnée, très-rameuse; rameaux étalés. Racine grêle, pivotante. — Plante de 4-6 décimètres.

Hab. Givors près de Lyon, Vienne, Avignon, aqueduc de Roquefavour, Montaud près de Salon, Toulon, Nîmes, Lunel, Montpellier, Cette, Narbonne, Perpignan. (2) Août-septembre.

C. **Calcitrapa** *L. sp.* 1297; *D C. fl. fr.* 4, *p.* 100; *Calcitrapa stellata Lam. fl. fr.* 2, *p.* 34; *Cass. dict.* 8, *p.* 250; *Calcitrapa Hypophæstum Gærtn. fruct.* 2, *tab.* 163, *f.* 2.— Calathides nombreuses, entourées de feuilles florales, *solitaires au sommet de très-courts rameaux* et paraissant même quelquefois sessiles, naissant un peu au-dessus des bifurcations de la tige ou éparses le long des rameaux. Péricline *ovoïde*, glabre, à écailles imbriquées, d'un vert-jaunâtre, non nerviées, très-coriaces, *contractées sous l'appendice;* celui-ci pâle, penné, à 5-7 épines, dont la terminale est très-grande, *très-étalée, forte, plus longue que le péricline, canaliculée à sa base* à la face interne; les épines latérales très-petites. Fleurs purpurines, rarement blanches, toutes égales. Akènes petits, blanchâtres, marbrés de brun, luisants, obovés; ombilic non barbu, petit, ovale; *aigrette nulle.* Feuilles molles, vertes, pubescentes; les radicales nombreuses, étalées en rosette, grandes, pétiolées, pennatipartites, à rachis ailé et denté, à lobes linéaires-lancéolés, dentés ou incisés-dentés, à dents apiculées; feuilles caulinaires à divisions plus étroites, peu nombreuses; feuilles raméales supérieures entières, linéaires, acuminées. Tige dressée, sillonnée, très-rameuse et formant buisson; rameaux divariqués. Racine épaisse. — Plante de 2-4 décimètres.

Hab. Lieux stériles, bords des routes, dans presque toute la France. (2) Juillet-août.

C. **myacantha** *D C.! fl. fr.* 4, *p.* 101; *Pers. syn.* 2, *p.* 486; *Calcitrapa officinarum multiflora, capitulo longo, gracili, brevibus aculeis munito Vaill. bot. p.* 30. *Ic. D C. rar. p.* 8, *tab.* 23.— Calathides nombreuses, assez petites, entourées de feuilles florales, *solitaires au sommet de rameaux très-courts* et très-feuillés, naissant un peu au-dessus des bifurcations de la tige. Péricline *cylindrique-oblong*, glabre, à écailles imbriquées, d'un vert-jaunâtre, non nerviées, *contractées sous l'appendice;* celui-ci fauve, épais, *très-étalé en dehors,* penné, à 5-7 épines *peu inégales, courtes, mais robustes, arquées en dehors, et dont la terminale ne dépasse pas les latérales aux écailles moyennes.* Fleurs purpurines, toutes égales. Akènes petits, grisâtres, marbrés de brun, luisants, obovés, atténués à la base; ombilic petit, non barbu, de même forme que dans l'espèce précédente; *aigrette nulle.* Feuilles glabres, un peu rudes;

les caulinaires moyennes et supérieures linéaires, acuminées, longuement atténuées à la base, non embrassantes, entières ou bordées de quelques dents aiguës et apiculées. Tige dressée, grêle, très-rameuse, formant buisson ; rameaux divariqués. — Plante de 2-3 décimètres.

Hab. Environs de Paris (*in herb. D C.*); la Mulatière près de Lyon. ② Juin-août.

C. TRICHACANTHA *D C. prodr.* 6, *p.* 596; *Delastre, fl. Vienne, p.* 249; *Boreau, fl. du centre, éd.* 2, *p.* 296. —Calathides solitaires au sommet de *rameaux feuillés, peu allongés, épaissis au sommet,* naissant à 2-5 centimètres au-dessus des bifurcations de la tige. Péricline *ovoïde-conique*, glabre, à écailles imbriquées, d'un vert-jaunâtre, obscurément nerviées, *non contractées sous l'appendice;* celui-ci brun, penné dans les écailles moyennes et inférieures, à épine terminale subulée, plus longue que l'écaille, *étalée, plane du côté interne*, bordée dans sa moitié inférieure de cils épineux dont les inférieurs rapprochés ; les écailles internes terminées par un appendice scarieux, frangé. Fleurs purpurines ; celles de la circonférence rayonnantes. Akènes.... Feuilles vertes, rudes au toucher ; les radicales grandes, pétiolées, pennatifides à la base ; les caulinaires supérieures sessiles, demi-embrassantes, entières ou pennatifides, à lobes un peu dentés-en-scie. Tige dressée, anguleuse, très-rameuse ; rameaux étalés. — Plante de 5-10 décimètres.

Hab. Le long des chemins, aux environs de Poitiers et du Blanc (*Delastre*). ② Juin-août.

Obs. — Cette plante, dont on n'a rencontré jusqu'ici que des pieds isolés, est peut-être une hybride des *Centaurea Jacea* et *Calcitrapa.* Les graines sont avortées dans nos échantillons.

b. *Feuilles décurrentes.*

C. MELITENSIS *L. sp.* 1297; *Gouan, hort. monsp. p.* 460; *Moris, fl. sard.* 2, *p.* 448; *Guss. syn.* 2, *p.* 515; *C. Apula Lam. dict.* 1, *p.* 674; *D C. fl. fr.* 4, *p.* 104; *Desf. atl.* 2, *p.* 300; *Salis, fl. od. bot. Zeit.* 1834, *p.* 33; *C. sessiliflora Lam. fl. fr.* 2, *p.* 35; *Triplocentron melitense Cass. dict.* 55, *p.* 349. *Ic. Bocc. sic. tab.* 35; *Sibth. et Sm. fl. græc. tab.* 909. — Calathides assez petites, entourées de feuilles florales, tantôt solitaires, tantôt rapprochées au sommet des rameaux ; d'autres calathides, portées sur de très-courts rameaux, se voient çà et là le long des tiges, et il en est quelquefois 1-2 qui semblent sessiles à l'aisselle des feuilles radicales. Péricline ovoïde-globuleux, plus ou moins aranéeux, à écailles imbriquées, d'un vert-jaunâtre, non nerviées, prolongées en une épine fine, peu piquante, *un peu concave* à sa base du côté interne, très-étalée et *plus longue que l'écaille*, pennée et munie de chaque côté depuis sa base jusqu'au milieu de 3-4 petites épines écartées ;

les écailles internes souvent rougeâtres au sommet. Fleurs jaunes, *glanduleuses*, toutes égales. Akènes grisâtres, pubescents, petits, obovés; ombilic non barbu, plus large que long, en cœur très-élargi; aigrette blanche ou fauve, égalant la graine. Feuilles d'un vert foncé, ponctuées, un peu rudes, un peu laineuses dans le jeune âge; les radicales lyrées-pennatifides; les caulinaires linéaires-oblongues ou linéaires, dentées ou entières, mucronées, sessiles, décurrentes ou demi-décurrentes. Tige dressée, droite, élancée, rude, étroitement ailée, rameuse; rameaux dressés-étalés. Racine pivotante. — Plante de 1-10 décimètres.

Hab. Lyon; Avignon; Montaud près de Salon, Fréjus, Toulon, Marseille, la Crau, Arles; Montpellier, Cette, Agde; Narbonne, île Sainte-Lucie, Bagnols-sur-Mer; Corse, à Corté, Bonifacio, Ostriconi. (I) Juillet-août.

C. **SOLSTITIALIS** *L. sp.* 1297; *Vill. Dauph.* 3. *p.* 56; *D C. fl. fr.* 4, *p.* 103; *Calcitrapa solstitialis Lam. fl. fr.* 2, *p.* 34. *Ic. Morison, hist. s.* 7, *tab.* 34, *f.* 29. *Rchb. exsicc.* 316! — Calathides solitaires au sommet de la tige et des rameaux. Péricline globuleux-conique, un peu déprimé à la base, à écailles imbriquées, d'un vert pâle, pubescentes-laineuses sur le dos, non nerviées, munies d'un appendice pâle et palmé; celui-ci, dans les écailles moyennes, prolongé en une épine ferme, très-étalée, *non canaliculée* à la base, *plus longue que le péricline* et munie à sa base de chaque côté de 2-3 spinules très-courtes. Fleurs jaunes, *non glanduleuses;* celles de la circonférence plus courtes que celles du disque. Akènes très-petits, grisâtres, glabres, luisants, obovés; ombilic très-petit, non barbu, ovale; aigrette blanche, plus longue que la graine. Feuilles blanches-tomenteuses, rudes sur les bords, presque épineuses au sommet; les inférieures pétiolées, lyrées-pennatipartites; les moyennes et les supérieures linéaires, entières, longuement décurrentes. Tige dressée, munie d'ailes étroites et onduleuses, rameuse; rameaux étalés. Racine grêle, longue, pivotante. — Plante de 1-4 décimètres.

Hab. Infeste les campagnes du Midi; se retrouve dans le Nord, exclusivement dans les champs de luzerne. (I) Juillet-septembre.

MICROLONCHUS. (D C. prodr. 6, p. 562.)

Péricline à écailles imbriquées, *coriaces*, *pourvues d'un court appendice terminé par une épine.* Fleurs marginales stériles, plus ou moins rayonnantes; celles du centre hermaphrodites, fertiles. Filets des étamines libres, papilleux. Akènes oblongs, *comprimés latéralement*, *munis de côtes fines séparées par des rides transversales;* hile latéral grand, muni d'une bordure calleuse; disque épigyne *entouré d'un bord entier;* aigrette persistante, double; l'extérieure formée de *poils paléiformes dentelés*, placés sur plusieurs rangs, libres jusqu'à la base; *l'interne formée de poils ordinairement concrétés en écaille unilatérale*, égalant l'aigrette externe ou un peu plus courte. Réceptacle couvert de paillettes sétacées.

M. salmanticus *D C. prodr.* 6, *p.* 563; *Webb, iter hisp.* 53; *Boiss. voy. Espagne, p.* 342; *Centaurea salmantica L. sp.* 1299; *D C. fl. fr.* 4, *p.* 106; *Lois. gall.* 2, *p.* 215; *Guss. syn* 2, *p.* 519; *Moris, fl. sard.* 2, *p.* 444; *Centaurea splendens Lapeyr. abr. pyr. p.* 540 (*non L.*); *Calcitrapa altissima Lam. fl. fr.* 2, *p.* 31; *Calcitrapa brevissima Mœnch, meth.* 563; *Mantisalca elegans Cass. dict.* 29, *p.* 31. *Ic. Jacq. hort. vind. tab.* 64; *Clus. hist.* 2, *p.* 9, *t.* 1. — Calathides solitaires au sommet de la tige et des rameaux. Péricline ovoïde-conique, très-resserré au sommet, à écailles jaunâtres, glabres et ponctuées sur le dos, finement ciliées, munies au sommet d'une petite tache noire semilunaire et pour la plupart d'une épine très-courte, étalée ou réfléchie. Fleurs purpurines ou blanches. Akènes bruns et glabres, oblongs; hile plus large que long, arrondi au sommet, lobulé à la base; aigrette des akènes du disque fauve, égalant les deux tiers de la longueur de la graine. Feuilles d'un vert-cendré, un peu rudes; les inférieures velues, pétiolées, roncinées-pennatifides, dentées; les supérieures linéaires, dentées; toutes à dents spinuleuses. Tige dressée, anguleuse, velue inférieurement, rameuse; rameaux raides, très-allongés, nus au sommet, étalés-dressés. — Plante de 3-6 décimètres.

Hab. Lieux stériles de la région des oliviers; Fréjus, Marseille; Avignon; Arles; Alais, Anduze; Nîmes, Montpellier; Narbonne, Perpignan, Carcassonne, etc.; se retrouve dans les Pyrénées à Bénasque; à Bastia en Corse. ② ou ♃ Juillet-août.

KENTROPHYLLUM. (Neck. élém. n° 155.)

Péricline à écailles imbriquées, dont *les extérieures foliacées, pennatilobées, épineuses; les intérieures coriaces, linéaires, aiguës.* Fleurs toutes égales, hermaphrodites, fertiles. Filets des étamines libres et munis vers leur milieu d'un faisceau de poils. Akènes épais, obovés, *obscurément tétragones, rugueux vers le sommet;* hile latéral; disque épigyne *entouré d'un bord irrégulièrement denté;* aigrette nulle dans les fleurs marginales, formée dans les fleurs centrales de *poils paléiformes, dentelés*, persistants, libres jusqu'à la base, disposés sur plusieurs rangs; *la série interne formée de poils connivents.* Réceptacle couvert de paillettes sétacées.

K. cæruleum *Godr. et Gren.*; *Carthamus cæruleus L. sp.* 1163; *Desf. atl.* 2, *p.* 256; *Carduncellus cæruleus Presl., sicul.* 1, *p.* 30; *D C. prodr.* 6, *p.* 615; *Lois. gall.* 2, *p.* 207; *Salis, fl. od. bot. Zeit.* 1834, *p.* 32; *Moris, fl. sard.* 2, *p.* 440; *Onobroma cæruleum Gærtn. fr.* 2, *p.* 380. *Ic. Sibth. et Sm. fl. græc. tab.* 843. *Soleir. exsicc.* 2554! — Calathides assez grandes, solitaires au sommet de la tige et des rameaux. Péricline ovoïde, pubescent; écailles externes placées sur deux rangs, *appliquées*, foliacées si ce n'est à la base, lancéolées, acuminées, terminées par une épine vulnérante, bordées de dents aiguës et épineuses, munies de nervures saillantes et anastomosées dont la médiane plus forte; écailles internes jaunâtres, munies de nervures parallèles et d'un appendice brun, denté ou frangé-cilié. Fleurs bleues. Akènes blanchâtres, glabres, gros, subglobuleux, obscurément tétragones, irrégulièrement ponctués-excavés dans leur moitié supérieure, lisses dans le bas; hile petit, ovale; aigrette blanchâtre, une fois plus longue que la graine, à poils de la série interne *aussi longs que les précédents*, mais connivents. Feuilles vertes, luisantes, *glabres ou pubescentes*, fortement nerviées, coriaces, surtout les supérieures; les inférieures pétiolées, lancéolées ou ovales-lancéolées; les supérieures sessiles, oblongues-lancéolées, demi-embrassantes; toutes tantôt dentées-en-scie, tantôt incisées, tantôt pennatifides à lobes dentés (*Carthamus tingitanus L. sp. ed.* 2, *p.* 1163). Tige dressée, anguleuse, ferme, simple ou rarement un peu rameuse. Souche noire, dure, rameuse. — Plante de 2-6 décimètres.

Hab. Fréjus, Toulon, île Sainte-Marguerite; Corse à Bonifacio. ♃ Juin-juillet.

K. **LANATUM** *D C. in Dub. bot.* 293; *Godr. fl. lorr.* 2, *p.* 50; *Koch, syn.* 468; *Carthamus lanatus L. sp.* 1163; *Vill. Dauph.* 3, *p.* 56; *Lois. gall.* 2, *p.* 236; *Centaurea lanata D C. fl. fr.* 4, *p.* 102; *Carduncellus lanatus Moris, fl. sard.* 2, *p.* 439; *Atractylis lanata Scop. carn.* 2, *p.* 134. *Ic. Lob. icon.* 2, *tab.* 13, *f.* 1; *Sibth. et Sm. fl. græc. tab.* 841. *Rchb. exsicc.* 319! — Calathides solitaires au sommet de la tige et des rameaux. Péricline ovoïde-oblong; écailles externes *étalées*, presque semblables aux feuilles caulinaires supérieures; écailles moyennes, formées d'une base ovale et d'un appendice coriace, linéaire, pennatifide, épineux; les écailles internes plus minces, linéaires-lancéolées, entières. Fleurs jaunes. Akènes jaunes, maculés de noir, gros, subglobuleux, obscurément tétragones, irrégulièrement ponctués-excavés dans leurs deux tiers supérieurs; hile petit, ovale; aigrette fauve, à poils de la série interne *beaucoup plus courts que les précédents* et connivents. Feuilles fermes, coriaces, *glanduleuses-visqueuses*, fortement nerviées, inégalement épineuses sur les bords, pennatipartites, à segments étroits, lancéolés, incisés-dentés. Tige raide, dressée, très-feuillée, rameuse au sommet. Racine annuelle, pivotante. — Plante de 3-5 décimèt., odorante.

Hab. Lieux stériles, bords des routes; très-commun dans le midi et l'ouest de la France; plus rare dans le nord-est. ① Juillet-août.

CNICUS. (Vaill. act. acad. Paris, 1718, p. 165.)

Péricline à écailles imbriquées, dont *les extérieures grandes, foliacées, épineuses; les intérieures et moyennes coriaces, munies d'un appendice corné, épineux, penné.* Fleurs marginales stériles, égalant les fleurs du centre; celles-ci hermaphrodites, fertiles. Filets des étamines libres, papilleux. Akènes *cylindriques, munis tout au-*

tour de côtes fines, rapprochées, régulières; hile latéral, grand, entouré d'un bord calleux; disque épigyne *pourvu d'un bord membraneux, régulièrement denté;* aigrette caduque, double; *l'extérieure formée de dix soies raides, allongées,* finement denticulées, très-brièvement soudées en anneau à la base; *l'interne formée de soies analogues, alternes avec les premières, mais beaucoup plus courtes, non conniventes.* Réceptacle tout couvert de paillettes piliformes extrêmement nombreuses.

C. BENEDICTUS *L. sp. ed.* 1, *p.* 826; *Gærtn. fruct.* 2, *tab.* 162, *f.* 5; *Dub. bot.* 292; *Centaurea benedicta L. sp. ed.* 2, *p.* 1296; *DC. fl. fr.* 4, *p.* 102; *Calcitrapa lanuginosa Lam. fl. fr.* 2, *p.* 35. — Calathides assez grandes, solitaires au sommet de la tige et des rameaux. Péricline ovoïde-campanulé, à écailles externes ovales-lancéolées, foliacées, appliquées, dépassant les fleurs; les autres écailles jaunâtres, aranéeuses, les moyennes courtes et terminées par une épine simple, les intérieures par une épine plus forte, pubescente, pennée, à spinules étalées et écartées. Fleurs jaunes. Akènes fauves. Réceptacle garni de poils très-longs, très-adhérents, qui, à la maturité, se détachent d'une seule pièce avec une calotte séparée du réceptacle et formant ainsi un pinceau épais et très-fourni. Feuilles d'un vert-pâle, pubescentes, minces et un peu coriaces, munies de nervures anastomosées, blanches et saillantes; les radicales pétiolées, oblongues, sinuées-pennatifides ou sinuées-dentées; les caulinaires de même forme, sessiles et brièvement décurrentes; toutes à lobes et à dents terminés par une petite épine. Tige dressée, anguleuse, laineuse, très-rameuse; rameaux divariqués, dépassant l'axe primaire. Racine grêle, pivotante. — Plante de 2-4 décimètres.

Hab. Champs de la région des oliviers; Grasse, Cannes, Toulon, Marseille, Aix, Montaud; Gréoux dans les Basses-Alpes; Nîmes, Montpellier; Narbonne. ① Mai-juillet.

Trib. 5. CRUPINEÆ *Nob.* — Calathides pluri-multiflores, non réunies sur un réceptacle commun. Etamines à filets libres. Hile basilaire. Aigrette persistante, formée de poils libres jusqu'à la base.

CRUPINA. (Cass. dict 44, p. 59 et 50, p. 259.)

Péricline oblong, à écailles imbriquées, lancéolées, aiguës, entières, non appendiculées; les extérieures mucronées. Fleurs très-peu nombreuses dans chaque calathide, toutes égales, les marginales stériles, les autres hermaphrodites, fertiles, à corolle barbue au sommet du tube. Filets des étamines libres, papilleux. Akènes épais, ovoïdes, tronqués au sommet, *couverts de petits poils appliqués* et dépourvus de côtes; hile basilaire, quelquefois très-oblique; disque épigyne non bordé, mais muni au centre d'un prolongement en forme de petite coupe ; aigrette nulle aux fleurs marginales, double et persistante aux fleurs du centre ; *l'extérieure formée de poils fauves et denticulés*, très-inégaux, imbriqués et non soudés à la base ; *l'intérieure formée de 10 petites écailles lancéolées, très-courtes*. Réceptacle muni de paillettes linéaires-sétacées.

C. vulgaris *Cass. dict.* 44, *p.* 39 ; *D C. prodr.* 6, *p.* 565 ; *Centaurea Crupina L. sp.* 1285 (*ex parte*) ; *D C. fl. fr.* 4, *p.* 89 (*non Guss. nec. auct. ital.*) ; *Centaurea acuta Lam. fl. fr.* 2, *p.* 49 ; *Serratula Crupina Vill. Dauph.* 3, *p.* 38. *Rchb. exsicc.* 2524 ! — Calathides solitaires au sommet de la tige et des rameaux. Péricline oblong, *atténué à la base*, glabre, à écailles très-inégales, vertes ou purpurines, étroitement scarieuses aux bords, aiguës et brièvement mucronées, munies sur le dos de stries longitudinales. Fleurs 3-5 dans chaque calathide, purpurines. Akènes gros, non comprimés mais arrondis et noirâtres à la base, jaunes et pubescents dans leur moitié supérieure; hile *grand, ovale, non oblique ;* aigrette rousse, une fois plus longue que l'akène. Feuilles vertes, hérissées en dessous et vers les bords de petits-poils raides et obtus ; les inférieures petites, oblongues, atténuées à la base, dentées ; toutes les autres pennatipartites, à segments écartés, étroits, linéaires, plus ou moins dentés. Tige dressée, grêle, sillonnée, rameuse au sommet ; rameaux fins, presque nus, étalés-dressés. Racine grêle, rameuse. — Plante de 2-6 décimètres.

Hab. Lieux stériles des provinces méridionales ; Lyon, Vienne, Grenoble, Gap, Serres ; Aix, Salon, Fréjus, Hyères, Toulon, Marseille ; Mende, Alais, Anduze, Alzon ; Montpellier ; Narbonne, Perpignan ; se retrouve dans l'ouest à Thouaré dans les Deux-Sèvres et à Poitiers. ① Juillet-août.

C. Morisii *Boreau fl. centre fr. éd.* 2, *p.* 292; *C. Crupina L. sp.* 1285 (*ex parte*); *Salis, fl. od. bot. Zeit.* 1834, *p.* 33; *Guss. syn.* 2, *p.* 520; *Centaurea Crupinastrum Moris, enum. sem. hort. taurin.* 1842, *p.* 12 *et fl. sard.* 2, *p.* 443.— Calathides solitaires au sommet de la tige et des rameaux. Péricline ovoïde-oblong, *arrondi à la base*, glabre, à écailles très-inégales, vertes ou brunes au sommet, scarieuses aux bords, aiguës et finement mucronées, munies sur le dos de stries longitudinales. Fleurs au nombre de 9-15 dans chaque calathide, purpurines. Akènes gros, noirs et comprimés à la base, jaunes et pubescents dans leur moitié supérieure ; hile *petit, étroit, linéaire, oblique ;* aigrette rousse, une fois plus longue que l'akène. Feuilles vertes, hérissées en dessous et vers les bords de petits poils raides et obtus ; les inférieures oblongues, atténuées à la base, entières ou pennatifides ; les suivantes pennatipartites, à rachis plus évidemment denté et plus large que dans le *C. vulgaris*, à segments allongés, écartés, linéaires, dentés ou pennatifides. Tige dressée, sillonnée, rameuse au sommet; rameaux presque nus, étalés-dressés. Racine grêle, flexueuse. — Plante de 4-8 décimètres.

Hab. Corse, à Bastia. ① Mai-juin.

Obs. — Les auteurs donnent à cette espèce un hile latéral, et cette circonstance nous avait engagé d'abord à établir le genre nouveau, *Pleuromphalon*, fondé sur ce caractère. Mais en examinant avec soin, sur des graines parfaitement mûres, la situation réelle de cet organe, il est facile de reconnaître qu'il est, non pas latéral, mais simplement très-oblique. Il naît de la base même de l'akène, et non au-dessus de cette base comme dans les Centaurées, et s'étend sur le bord interne. Le hile du *C. vulgaris* présente lui-même un peu d'obliquité et nous ne pensons pas que ce caractère ait assez de valeur pour devenir la base d'un genre et séparer ainsi deux espèces, qui ont entre elles une telle affinité, qu'elles ont été jusqu'ici confondues par presque tous les auteurs. Quant à la forme du hile, excellent caractère spécifique, elle ne peut, dans les Carduacées, servir à l'établissement des genres, le hile prenant presque toutes les formes possibles dans le seul genre *Centaurea*.

Le *Crupina Morisii* croît, non-seulement en Corse, mais en Sardaigne, en Italie, en Sicile, en Grèce et en Orient.

SERRATULA. (DC. prodr. 6, p. 667.)

Péricline ovoïde, à écailles imbriquées; les extérieures mucronées, les intérieures scarieuses au sommet. Fleurs toutes égales, ordinairement toutes hermaphrodites; plus rarement elles sont unisexuelles et les calathides sont dioïques. Filets des étamines libres, papilleux. Akènes oblongs, *glabres*, comprimés latéralement, munis d'une côte sur chaque face; hile très-oblique, entouré d'un bord calleux; disque épigyne muni d'une bordure peu visible, entière; aigrette persistante, *formée de poils denticulés*, libres jusqu'à la base, disposés sur plusieurs rangs, *la série interne la plus longue*. Réceptacle muni de paillettes sétacées.

Sect. 1. Sarreta *DC. prodr. 6, p. 667*. — Calathides dioïques par avortement

S. tinctoria *L. sp. 1144; DC. fl. fr. 4, p. 85; Dub. bot. 284; Lois. gall. 2, p. 219; Carduus tinctorius Scop. carn. 2, p. 132. Ic. fl. dan. tab. 281*. — Calathides rapprochées en grappe corymbiforme terminale. Péricline oblong, atténué à la base, glabre ou un peu aranéeux, à écailles violettes au sommet; les extérieures ovales-lancéolées, pourvues d'un petit mucron noir; les intérieures linéaires, scarieuses, très-allongées. Fleurs purpurines. Akènes blanchâtres, glabres, un peu rugueux transversalement au-dessus de la base; aigrette d'un blanc-sale. Feuilles vertes, finement dentées-en-scie; les inf. longuement pétiolées, ovales-lancéolées, entières ou plus ou moins profondément pennatilobées; les caulinaires sup. sessiles, pennatifides à la base ou entières. Tige raide, dressée, anguleuse-sillonnée. — Plante de 1-8 décim., très-polymorphe.

α. *vulgaris*. Calathides petites, en grappe lâche; plante grêle.

β. *alpina Nob*. Calathides plus grosses, sessiles; péricline plus ovoïde, moins atténué à la base; plante plus trapue. *S. coronata DC. fl. fr. 4, p. 85* (*non L.*). *Ic. Bocc. mus. tab. 37*.

Hab. La var. α. commune dans toute la France. La var. β. dans les hautes Vosges, les sommités du Jura, les hautes Alpes du Dauphiné et les Pyrénées. ♃ Juillet-août.

Sect. 2. KLASEA *Cass. dict.* 55, *p* 175. — Calathides à fleurs toujours hermaphrodites et fertiles.

S. HETEROPHYLLA *Desf. cat. par.* 1804, *p.* 93 ; *DC. fl. fr.* 4, *p.* 86 ; *Dub. bot.* 284 ; *Lois. gall.* 2, *p.* 219 ; *Koch, syn.* 466 ; *Carduus lycopifolius Vill. Dauph.* 3, *p.* 23, *tab.* 19 ; *Klasea heterophylla Cass. dict.* 41, *p.* 323.—Calathide unique, solitaire au sommet de la tige. Péricline subglobuleux, glabre, à écailles vertes, striées de noir sur le dos, scarieuses et fauves aux bords ; les extérieures *ovales, presque obtuses*, brièvement mucronées ; les intérieures scarieuses et onduleuses au sommet. Fleurs purpurines. Akènes bruns, glabres. Feuilles un peu fermes, vertes, un peu pubescentes ; les radicales longuement pétiolées, ovales, dentées ; les caulinaires moyennes pennatifides à la base, dentées au sommet ; les supérieures petites, sessiles, linéaires, dentées ; les dents toutes mucronées. Tige dressée, grêle, droite, feuillée, parfaitement simple. Souche brune, *rampante.* — Plante de 3-5 décimètres.

Hab. Hautes Alpes du Dauphiné, environs de Gap (*Blanc*). ♃ Juin-juillet.

S. NUDICAULIS *DC. fl. fr.* 4, *p.* 86 ; *Dub. bot.* 284 ; *Lois.! gall.* 2, *p.* 220 ; *Gaud. helv.* 5, *p.* 158 ; *Koch, syn.* 466 ; *Centaurea nudicaulis L. sp.* 1300 ; *Calcitrapa nudicaulis Lam. fl. fr.* 2, *p.* 30 ; *Carduus cerinthefolius Vill. Dauph.* 2, *p.* 24. *Ic. Gerard, gallo-provinc. tab.* 5 ; *Bocc. mus. tab.* 55, *f.* 1. — Voisin du précédent, il s'en distingue : par les écailles externes du péricline *triangulaires, acuminées*, noires sous le sommet, terminées par un mucron *arqué en dehors ;* par les écailles internes plus longuement scarieuses au sommet terminé par une pointe molle subulée ; par ses feuilles plus minces, glabres si ce n'est sur les bords ; les radicales entières ; les caulinaires inférieures et moyennes étroitement lancéolées, munies de quelques dents, jamais pennatifides ; les supérieures petites, linéaires, entières ; tige plus longuement nue au sommet ; souche *non rampante.*

Hab. Hautes Alpes du Dauphiné, mont Seuse près de Gap, Lure près de Sisteron. ♃ Juin-juillet.

§ 2. ANTHÈRES POURVUES A LA BASE DE DEUX APPENDICES FILIFORMES.

TRIB. 6. CARLINEÆ *Cass. tab. syn. p.* 5 (*pro parte.*).— Calathides multiflores. Etamines à filets libres au sommet, adnés à la corolle inférieurement. Hile basilaire. Aigrette poilue.

JURINEA. (Cass. dict. 24, p. 287.)

Péricline à écailles imbriquées, *non appendiculées*, entières et ordinairement inermes. Fleurs toutes égales, hermaphrodites, fertiles. Filets des étamines libres, un peu papilleux ; anthères munies au sommet d'un appendice obtus, et à la base de deux *prolongements filiformes fendus à leur extrémité libre.* Akènes *en pyramide quadrangulaire renversée ;* hile petit, oblique ; disque épigyne muni d'un bord saillant, denté et sur lequel l'aigrette est insérée ; celle-ci *à la fin caduque, formée de poils raides, dentelés, disposés sur plusieurs rangs, brièvement soudés en anneau à la base.* Réceptacle muni de paillettes frangées.

J. Bocconi *Guss. syn.* 2, *p.* 448 ; *Serratula Bocconi Guss. ind. sem. hort. bocc.* 1826; *Serratula humilis DC. fl. fr.* 5, *p.* 458; *(ex parte); Carduus mollis Gouan, illustr.* 63 (*non L., nec Lapeyr., nec Vill.*). *Ic. Bocc. Mus. tab.* 109. — Calathide solitaire et terminale. Péricline campanulé, tomenteux-aranéeux, à écailles lâches, linéaires-acuminées, munies d'une nervure dorsale ; les extérieures *courbées en dehors au sommet.* Fleurs d'un pourpre clair. Akènes bruns, couverts de petites écailles appliquées et de quelquesglandes dorées ; aigrette blanche, 4-5 fois plus longue que la graine. Feuilles d'un vert-cendré et ponctuées-excavées en dessus, blanches-tomenteuses en dessous, un peu réfléchies par les bords, toutes ou presque toutes radicales et disposées en rosette ; les extérieures souvent entières, obovées-oblongues ; les extérieures pennatipartites, à segments ovales ou lancéolés, obtus, entiers ou incisés, décurrents sur le rachis. Tige tomenteuse, simple, très-courte et souvent presque nulle. Souche brune, dure, rameuse. — Plante de 3-6 décimètres.

Hab. Coteaux arides du midi ; à l'Etoile et au Pilon-du-Roi près de Marseille ; à Campestre près du Vigan, Cévennes (*Herb. De Candolle*). ♃ Juillet-août.

J. pyrenaica *Godr. et Gren. ; J. humilis* β. *DC. prodr.* 6, *p.* 677 ; *Serratula mollis Cav. icon.* 1, *p.* 62, *tab.* 90, *f.* 1 ; *Willd. sp.* 3, *p.* 1640; *Carduus mollis Lapeyr. abr. pyr.* 492 (*non L., nec Gouan, nec Vill.*). — Se distingue du précédent : par sa calathide beaucoup plus petite, assise au centre de la rosette de feuilles ; par son péricline à écailles moins tomenteuses, bien plus inégales, *toutes appliquées ;* par ses akènes moins écailleux ; par son aigrette plus courte ; par ses feuilles plus petites, plus tomenteuses, moins profondément divisées.

Hab. Pyrénées élevées, vallée d'Eynes, port de Benasque. ♃ août.

LEUZEA (D C. fl. fr. 4, p. 109.)

Péricline à écailles imbriquées, inermes, *élargies au sommet en un appendice scarieux*, orbiculaire, souvent lacéré. Fleurs égales, hermaphrodites, fertiles. Filets des étamines libres, papilleux ; anthères obtusément appendiculées au sommet, munies à la base de deux *prolongements filiformes glabres et courts.* Akènes *obovés, comprimés latéralement* munis d'une petite côte sur chaque face ; hile petit, basilaire, très-oblique ; disque épigyne à bord peu saillant et très-finement crénelé ; aigrette *caduque, formée de poils fins, plu-*

meux, disposés sur plusieurs rangs, brièvement soudés en anneau à la base. Réceptacle muni de paléoles linéaires.

L. conifera *D C. l. c.; Dub. bot.* 289; *Lois. gall.* 2, *p.* 207; *Moris, fl. sard.* 2, *p.* 457; *Guss. syn.* 2, *p.* 447; *Centaurea conifera L. sp.* 1294; *Gouan, hort.* 459; *Vill. Dauph.* 3, *p.* 45; *Desf. atl.* 2, *p.* 295. *Ic. Barr. icon. tab.* 138; *D C. mém. comp. tab.* 10. — Calathide grande, solitaire, terminale. Péricline ovoïde, glabre, luisant, à écailles imbriquées, finement striées, cachées par leurs appendices; ceux-ci grands, scarieux, blanchâtres, fauves ou bruns, orbiculaires, concaves, plus ou moins fendus. Fleurs purpurines. Akènes noirs, obovés, atténués à la base, chagrinés; aigrette blanche, dix fois plus longue que la graine. Feuilles blanches-tomenteuses en dessous, un peu aranéeuses et rudes en dessus, ordinairement toutes pennatifides ou pennatiséquées, à lobes linéaires-lancéolés, entiers, mucronés; les inférieures pétiolées, quelquefois presque entières. Tige dressée, striée, laineuse, ordinairement simple. Souche épaisse, profonde. — Plante de 1-4 décimètres.

Hab. Lieux secs et pierreux du midi; Lyon; Die; Avignon; Aix, Salon, Fréjus, Toulon, Marseille; Alais, Anduze; Florac, Mende; Montpellier, Cette; Narbonne, Perpignan, Prades; vallées de la Garonne, de l'Aveyron, du Gers, etc.; Corse, Corté, Saint-Florent. ♃ Juin-juillet.

BERARDIA. (Vill. prosp. 27, et Dauph. 3, p. 27.)

Péricline à écailles imbriquées, étroites, presque égales, entières, inermes, *inappendiculées.* Fleurs toutes égales, hermaphrodites, fertiles. Filets des étamines libres et glabres; anthères munies au sommet d'un appendice lancéolé, aigu, et à la base de deux *prolongements glabres, filiformes.* Akènes *allongés, comprimés latéralement, munis tout autour de côtes régulières et rapprochées;* hile basilaire; disque épigyne non bordé; aigrette *persistante et très-adhérente à la graine, tordue en spirale à la base et formée de poils denticulés disposés sur plusieurs rangs.* Réceptacle alvéolé, à alvéoles bordées de très-courtes fibrilles.

B. subacaulis *Vill. prosp.* 27, *et Dauph.* 3, *p.* 27, *tab.* 22; *Villaria subacaulis Guett. mém. min.* 1, *p.* 170, *tab.* 19; *Arctium lanuginosum Lam. fl. fr.* 2, *p.* 70; *D C. fl. fr.* 4, *p.* 75; *Dub. bot.* 282; *Onopordum rotundifolium All. ped.* 1, *p.* 144, *tab.* 38, *f.* 1; *Lois.! gall.* 2, *p.* 219.— Calathide grande, solitaire au sommet d'une tige très-courte. Péricline hémisphérique, à écailles tomenteuses, lâches au sommet, lancéolées, longuement acuminées, très-aiguës, non épineuses. Fleurs blanchâtres. Akènes jaunâtres, glabres, luisants; hile ovale; aigrette fauve, un peu plus longue que la graine. Feuilles coriaces, tomenteuses sur les deux faces, à la fin glabrescentes en dessus, fortement nerviées, entières ou un peu dentées à leur base, onduleuses aux bords, toutes pétiolées; les radicales orbiculaires et un peu en cœur à la base; les caulinaires ovales ou elliptiques, décurrentes sur le pétiole. Tige épaisse, tomenteuse, simple, ordinairement très-courte, écailleuse à la base. Souche profonde, brune, tendre, à divisions dressées ou ascendantes.— Plante de 5-15 centimètres.

Hab. Hautes Alpes du Dauphiné, Saint-Eynard, mont Aiguille, Gap, Escrin-sur-Guillestre, Grand-Veymont près de Die, mont Morgon près de Briançon, Embrun, mont Aurouse, mont Genèvre, etc. ♃ Juillet-août.

SAUSSUREA. (D C. ann. mus. 16, p. 197.)

Péricline ovoïde, à écailles imbriquées, entières, *non appendiculées,* mutiques ou mucronées. Fleurs toutes égales, hermaphrodites, fertiles. Filets des étamines libres et glabres ; anthères munies au sommet d'un appendice long, aigu, et à la base de deux *prolongements filiformes, ciliés ou laineux.* Akènes *allongés, subcylindriques, finement striés ;* hile basilaire ; disque épigyne muni d'un bord étalé qui porte l'aigrette externe ; aigrette double ; *l'externe persistante, formée d'un seul rang de poils denticulés, l'interne à la fin caduque, à poils plumeux, sur un seul rang, soudés en anneau à la base.* Réceptacle muni de paléoles libres ou soudées.

S. DEPRESSA *Gren. mém. acad. Besançon,* 1849 ; *Serratula alpina Vill. Dauph.* 3, *p.* 40 (*non L. nec Lapeyr.*). — Calathides brièvement pédonculées, rapprochées au sommet de la tige en un petit corymbe dense. Péricline à écailles appliquées, bordées de noir ; les extérieures pubescentes, *ovales, brièvement acuminées, aiguës ;* les intérieures très-velues, linéaires-oblongues. Fleurs rouges, très-odorantes ; stigmates étalés. Akènes bruns, glabres ; hile petit, ovale ; aigrette externe de moitié plus courte que l'aigrette interne. Feuilles fermes, blanches-tomenteuses en dessous, aranéeuses et à la fin glabrescentes en dessus, toutes superficiellement sinuées-dentées ; les inférieures pétiolées, *lancéolées, arrondies à la base, brusquement contractées en un pétiole ailé ;* les supérieures sessiles, *non décurrentes,* lancéolées, *atténuées à la base.* Tige courbée-ascendante, fistuleuse, aranéeuse, écailleuse à la base, *couverte jusqu'au sommet de feuilles rapprochées, dont les supérieures égalent ou dépassent les fleurs.* Souche noire, à divisions grêles, très-allongées, rampantes, émettant des stolons écailleux. — Plante de 5-8 centimètres, blanche-laineuse.

Hab. Hautes Alpes du Dauphiné, Lautaret au Galibier, Pastoret, Villars-d'Arène, val Pararoque près Larche, mont Vizo ; col du Crachet dans les Basses-Alpes. ♃ Juillet.

S. MACROPHYLLA *Saut. fl. od. bot. Zeit.* 1840, *p.* 413 ; *Serratula alpina Lapeyr. abr. pyr.* 490 (*non L. nec Vill.*). *Rchb. exsicc.* 2164 ! — Calathides brièvement pédonculées, rapprochées au sommet de la tige en un petit corymbe simple et lâche. Péricline à écailles appliquées, bordées de noir ; les extérieures pubescentes, *ovales, très-obtuses ;* les intérieures linéaires-oblongues. Fleurs rouges; stigmates roulés en dehors. Akènes.... Feuilles écartées les unes des autres, blanches-tomenteuses en dessous, aranéeuses et à la fin glabrescentes en dessus, toutes sinuées-dentées; les inférieures *ovales-lancéolées, inégalement échancrées en cœur à la base;* les supérieures sessiles, linéaires-lancéolées, *atténuées à la base, brièvement et très-étroitement décurrentes* sur la tige. Tige grêle, dressée, faiblement aranéeuse, écailleuse à la base, munie de feuilles *écartées, régulièrement espacées et dont les supérieures sont beaucoup plus courtes que les fleurs.* Souche brune, à divisions rampantes, émettant des stolons terminés par des feuilles. — Plante de 1-2 décimètres.

Hab. Pyrénées-Orientales; vallée de Conat, montagne de Madre dans le Capsir, vallée d'Eynes. ♃ Juillet.

Obs.— Nous n'avons pas vu de France le véritable *S. alpina*, qui se distingue du précédent par ses calathides en grappe plus dense; par les écailles externes du péricline plus étroites et aiguës; par sa corolle à divisions plus profondes et plus étroites, par ses feuilles bien plus allongées et plus étroites et dont les inférieures sont insensiblement atténuées en pétiole, moins évidemment sinuées-dentées; par les feuilles supérieures non décurrentes; par sa tige droite et raide.

S. discolor *DC. ann. mus.* 16, *p.* 199; *Gaud. helv.* 5, *p.* 160; *Koch, syn.* 465; *Serratula discolor Willd. sp.* 3, *p.* 1641; *Cirsium alpinum* β. *D C. fl. fr.* 4, *p.* 122. *Ic. Hall. helv. tab.* 6. *Rchb. exsicc.* 1860! — Calathides brièvement pédonculées, rapprochées en corymbe au sommet de la tige. Péricline à écailles appliquées, mollement velues, pâles ou violettes, bordées de fauve; les extérieures *ovales, obtuses, terminées par un petit apiculum obtus;* les intérieures oblongues-lancéolées. Fleurs purpurines; stigmates étalés. Akènes bruns, glabres; hile petit, ovale; aigrette externe de moitié plus courte que l'aigrette interne. Feuilles blanches et brièvement tomenteuses en dessous, vertes et glabres en dessus, un peu coriaces, toutes fortement sinuées-dentées; les inférieures *triangulaires-lancéolées, acuminées, tronquées ou échancrées à la base,* pétiolées, à pétiole non ailé; les supérieures bien plus petites, sessiles, *non décurrentes, ni atténuées à la base.* Tige courbée à la base, puis dressée, sillonnée, à la fin glabre, *presque nue au sommet.* Souche noire, à divisions courtes.— Plante de 2-5 décimètres.

Hab. Revel et Belledone près de Grenoble. ♃ Juillet-août.

STÆHELINA. (D C. ann. mus. 16, p. 192.)

Péricline cylindrique, à écailles imbriquées, lancéolées, aiguës, inermes, entières, *non appendiculées.* Fleurs égales, hermaphrodites, fertiles. Etamines à filets libres et glabres; anthères longuement appendiculées au sommet, munies à la base de deux *prolongements filiformes, plumeux.* Akènes *cylindriques-fusiformes, munis tout autour de côtes faibles très-inégales;* hile petit, basilaire; disque épigyne muni d'un bord peu saillant et entier; aigrette caduque, *formée d'un seul rang de poils lisses, soyeux, soudés à leur base de manière à former plusieurs faisceaux de poils rameux.* Réceptacle muni de paillettes étroites, à peine soudées à la base.

S. dubia *L. sp.* 1176; *DC. fl. fr.* 4, *p.* 107; *Dub. bot.* 293; *Lois.! gall.* 2, *p.* 219; *Koch, syn.* 465; *Serratula dubia Brot. lus.* 1, *p.* 350; *Serratula conica Lam. ill. tab.* 666, *f.* 4; *Serratula rosmarinifolia Cass. dict.* 50, *p.* 439. *Ic. Gerard, galloprov. tab.* 6. — Calathides solitaires ou géminées au sommet des rameaux, formant par leur réunion un corymbe dressé. Péricline cylindrique-oblong, entouré de petites feuilles florales à sa base, à écailles rougeâtres, d'abord pubescentes puis glabres, appliquées, très-inégales; les extérieures ovales-lancéolées; les intérieures linéaires-oblongues, toutes finement mucronulées. Fleurs purpurines. Akènes bruns et glabres; aigrette blanche-soyeuse, 5 fois plus longue que la graine. Feuilles d'un vert-cendré et pubescentes en dessus, blanches-tomenteuses en dessous, linéaires, réfléchies par les bords, entières ou un peu sinuées-dentées. Tige ligneuse, très-rameuse et tortueuse à la base, émettant un grand nombre de rameaux dressés, grêles, tomenteux, très-feuillés. — Plante de 2-4 décimètres.

Hab. Lieux arides du Midi; Sourribe près de Sisteron; Avignon; mont Ventoux; Aix, Salon, Fréjus, Toulon, Marseille; Anduze, Nîmes, Montpellier; Narbonne, Perpignan; toute la vallée de la Garonne et vallées adjacentes jusqu'à Agen, etc. ♄ Juin-juillet.

CHAMÆPEUCE. (Prosp. Alpin. exot. 77.)

Péricline à écailles imbriquées, entières, non scarieuses, *munies d'un acumen triquètre, épineux au sommet.* Fleurs toutes égales, hermaphrodites, fertiles. Filets des étamines libres, velus; anthères munies au sommet d'un appendice oblong-aigu et à la base de deux *prolongements filiformes lacérés.* Akènes *subglobuleux, sans côtes;* hile basilaire; aigrette simple, caduque, formée de poils *plumeux disposés sur plusieurs rangs et soudés en anneau à la base.* Réceptacle fibrillifère.

C. Casabonæ *DC. prodr.* 6, *p.* 658; *Moris, fl. sard.* 2, *p.* 467; *Carduus Casabonæ L. sp.* 1153; *Carduus polyacanthus Lam. fl. fr.* 2, *p.* 20; *Cirsium Casabonæ DC. fl. fr.* 4, *p.* 121; *Dub. bot.* 287; *Salis, fl. od. bot. Zeit.* 1834, *p.* 32; *Cirsium trispinosum Mœnch, meth.* 557; *Cnicus Casabonæ Willd. sp.* 3, *p.* 1682; *Lois. gall.* 2, *p.* 205; *Viv. fl. cors. diagn.* 14; *Lamyra triacantha Cass. dict.* 25, *p.* 220. *Ic. Moris, fl. sard. tab.* 88. — Calathides toutes également et brièvement pédonculées, terminales et axillaires, formant une longue grappe spiciforme. Péricline ovoïde, glabre, à écailles lancéolées, un peu ciliées, munies d'un acumen triquètre, épineux au sommet, étalé, égalant les fleurs. Fleurs purpurines. Akènes subglobuleux, un peu obliques, glabres, marbrés de brun; hile orbiculaire; aigrette blanche, molle, beaucoup plus longue que la graine. Feuilles un peu fermes, vertes et luisantes en dessus, blanches ou rousses en dessous, entières, penninerviées, à nervure dorsale terminée par une épine simple, à nervures latérales prolongées en une épine tricuspide, à branches divariquées; les feuilles radicales oblongues-lancéolées, atténuées en pétiole épineux sur les bords; les caulinaires lancéolées, sessiles, embrassantes et même auriculées, à bords souvent roulés en dessous. Tige dressée, simple, raide, anguleuse-sillonnée, tomenteuse dans les sillons. — Plante de 4-8 décimètres.

Hab. Iles d'Hyères, Toulon; Corse, Bastia, cap Corse. ② Juillet.

CARLINA. (Tournef. inst. 285.)

Péricline à écailles imbriquées, dont *les extérieures foliacées*, dentées-épineuses, et les intérieures allongées, *scarieuses, colorées et ordinairement rayonnantes.* Fleurs toutes égales, hermaphrodites, fertiles. Filets des étamines libres et glabres; anthères longuement appendiculées au sommet, munies à la base de deux *prolongements filiformes et plumeux.* Akènes *cylindriques-oblongs, couverts de petits poils appliqués et bifurqués au sommet;* hile basilaire; disque épigyne entouré par les poils qui couvrent l'akène; aigrette caduque, *formée d'un seul rang de poils épais et cornés inférieurement, plumeux, soudés inférieurement 3 par 3 ou 4 par 4, mais non en anneau.* Réceptacle garni de paillettes lacérées au sommet, soudées en tube à la base.

Sect. 1. EUCARLINA *Nob.* — Ecailles internes du péricline rayonnantes.

C. VULGARIS *L. sp.* 1161; *DC. fl. fr.* 4, *p.* 124. *Ic. Lam. illustr. tab.* 662. — Calathides ordinairement nombreuses, solitaires au sommet de rameaux allongés et très-feuillés, formant un corymbe par leur réunion. Péricline hémisphérique, aranéeux, à écailles externes foliacées, spinuleuses aux bords, linéaires, acuminées en une petite *épine plane en dessus, plus courtes que le rayon;* écailles moyennes bordées d'épines brunes et rameuses; écailles internes linéaires, acuminées, mucronées, blanchâtres, ciliées vers le milieu, rayonnantes. Akènes petits, couverts de poils blancs appliqués; aigrette *égalant la graine.* Paillettes du réceptacle à divisions *toutes subulées au sommet.* Feuilles coriaces, pliées-en-deux, vertes en dessus, blanchâtres-aranéeuses en dessous, fortement nerviées; les caulinaires très-étalées, sessiles, embrassantes, lancéolées, *non atténuées à la base*, sinuées-dentées, à dents divariquées. Tige dressée, sillonnée, très-feuillée, très-rameuse. Racine grêle, pivotante. — Plante de 1-4 décimètres.

Hab. Lieux incultes; commun dans les terrains calcaires de toute la France. ② Juillet-août.

C. NEBRODENSIS *Guss. in DC. prodr.* 6, *p.* 546 *et syn.* 2, *p.* 433; *Koch, syn.* 464; *C. longifolia Rchb. icon. f.* 1008 *et fl.*

excurs. p. 292; *Godr. fl. lorr.* 2, *p.* 50 (*non Viv.*). *Rchb. exsicc.* 981! — Calathides plus grandes que dans le *C. vulgaris*, au nombre de 1-5 sur une même tige; les latérales portées sur de courts rameaux tomenteux et peu feuillés. Péricline hémisphérique, aranéeux, à écailles externes foliacées, spinuleuses aux bords, lancéolées, terminées par une courte *épine subulée*, *dépassant le rayon;* écailles moyennes bordées d'épines brunes, rameuses; écailles internes linéaires, acuminées-mucronées, ciliées vers le milieu, d'un blanc-jaunâtre, rayonnantes. Akènes petits, couverts de poils blancs appliqués; aigrette *une fois plus longue* que la graine. Paillettes du réceptacle à divisions principales *épaissies-fusiformes au sommet.* Feuilles planes, glabres et luisantes en dessus, un peu aranéeuses en dessous, puis glabrescentes; les caulinaires peu étalées, beaucoup plus longues proportionnément que dans le *C. vulgaris*, sessiles et un peu embrassantes, oblongues-lancéolées, *atténuées à la base*, sinuées-dentées, à dents armées chacune de 2-3 petites épines non divariquées. Tige ferme, dressée, sillonnée, très-feuillée, simple ou un peu rameuse au sommet seulement. Racine épaisse, allongée, pivotante. — Plante de 3-5 décimètres.

Hab. Escarpements du Hohneck dans les hautes Vosges; monts Dore. ② Août-septembre.

C. MACROCEPHALA *Moris, stirp. sard. el.* 2, *p.* 5, *et fl. sard.* 2, *p.* 433, *tab.* 84; *D C. prodr.* 6, *p.* 547; *C. discolor Requien, in litt.; Mutel, fl. fr.* 2, *p.* 200. *Soleir. exsicc.* 2553! — Calathides grandes, solitaires au sommet de la tige et des rameaux, mais plus souvent uniques sur des tiges simples. Péricline hémisphérique, aranéeux, à écailles externes foliacées, étroites, dentées-épineuses, *à épine terminale longue*, *triquètre*, *canaliculée en dessus, dépassant de beaucoup le rayon;* écailles moyennes laineuses, courtes, lancéolées, acuminées, entières et munies d'une seule spinule terminale; écailles internes étroites, linéaires, acuminées, ciliées vers le milieu, purpurines en dessous, blanchâtres en dessus, rayonnantes. Akènes couverts de poils blancs appliqués; aigrette *une fois et demie aussi longue* que la graine. Paillettes du réceptacle à divisions *toutes subulées*, *et non épaissies au sommet.* Feuilles pliées en deux et onduleuses, coriaces, d'un vert-pâle, un peu aranéeuses sur les deux faces, fortement nerviées; les caulinaires étalées, sessiles, embrassantes, oblongues-lancéolées, *non atténuées à la base*, sinuées-dentées, à épines inégales, divariquées, dont les terminales sont longues et fortes. Tige dressée, sillonnée, aranéeuse, puis glabre, simple ou rameuse. — Plante de 3-4 décimètres.

Hab. Lieux escarpés de la Corse, gorges de la Restonica, vallée de Mello, forêt de Zzavone, monts Nino, Rotundo, Coscione, Cazavrozoulé-sur-Corté, Cutona et val del Stagno. ② Juillet.

C. lanata *L. sp.* 1160; *DC. fl. fr.* 4, *p.* 124; *Desf. atl.* 2, *p.* 250; *Dub. bot.* 293; *Lois. gall.* 2, *p.* 206; *Guss. syn.* 2, *p.* 432. *Ic. Garid. Aix, tab.* 21; *Sibth. et Sm. fl. græc. tab.* 836. *Rchb. exsicc.* 1166! — Calathides solitaires au sommet de la tige et des rameaux. Péricline hémisphérique, aranéeux, à écailles externes foliacées, nombreuses, lancéolées, dentées-épineuses, *à épine terminale forte et canaliculée en dessus, dépassant de beaucoup le rayon;* écailles moyennes laineuses, linéaires-lancéolées, entières, terminées par une épine simple ou pennée à sa base; écailles internes linéaires, aiguës, atténuées dans leurs deux tiers inférieurs, souvent denticulées au sommet, non ciliées, purpurines sur les deux faces, rayonnantes. Akènes couverts de poils blancs appliqués; aigrette *une fois plus longue* que la graine. Paillettes du réceptacle à divisions principales *épaissies-fusiformes au sommet très-aigu*. Feuilles pliées en deux, coriaces, d'un vert-pâle, plus ou moins laineuses sur les deux faces, fortement nerviées; les caulinaires dressées, sessiles, embrassantes, lancéolées, *non atténuées à la base*, dentées, munies d'épines inégales et divariquées. Tige dressée, finement sillonnée, aranéeuse, puis glabre, simple ou rameuse; rameaux étalés, dépassant l'axe primaire. — Plante de 1-5 décimètres.

Hab. Lieux stériles du Midi, bords des routes; Grasse, Fréjus, Hyères, Toulon, Marseille, Salon, Aix; Avignon; Nimes, Montpellier, Cette, Agde; Narbonne, Perpignan, Prades; Corse, à Bastia. (1) Juillet-août.

C. corymbosa *L. sp.* 1160; *Vill. Dauph.* 3, *p.* 33; *DC. fl. fr.* 4, *p.* 124; *Desf. atl.* 2, *p.* 250; *Dub. bot.* 293; *Lois. gall.* 2, *p.* 206; *C. radiata Viv. diagn. ad calc. fl. lib.* 68. *Ic. Sibth. et Sm. fl. græc. tab.* 837; *Barr. icon. tab.* 594. *Rchb. exsicc.* 599! — Calathides solitaires au sommet de la tige et des rameaux. Péricline hémisphérique, aranéeux, à écailles externes foliacées, linéaires-lancéolées, dentées-épineuses, *à épine terminale courte, forte, canaliculée en dessus, ne dépassant pas le rayon;* écailles moyennes laineuses, courtes, linéaires-lancéolées, terminées par une épine simple ou pennée; les écailles internes étroites, linéaires, aiguës, atténuées dans leur moitié inférieure, souvent denticulées au sommet, non ciliées, jaunes sur les deux faces, rayonnantes. Akènes couverts de poils d'un jaune-doré, appliqués; aigrette *une fois plus longue* que la graine. Paillettes du réceptacle à divisions principales *épaissies et fusiformes au sommet très-aigu*. Feuilles pliées en deux, onduleuses, coriaces, d'un vert-pâle, glabres ou aranéeuses, fortement nerviées; les caulinaires étalées, sessiles, embrassantes et même auriculées à la base, lancéolées, *non atténuées inférieurement*, sinuées-dentées, à épines inégales et divariquées. Tige dressée, blanchâtre, ordinairement très-rameuse.—Plante de 1-4 décimètres.

Hab. Lieux incultes du Midi; Orange; Avignon; Salon, Aix, Fréjus, Toulon, Marseille; Anduze, Nimes, Montpellier, Cette; Narbonne, Collioures, Villefranche, Carcassonne; Toulouse, Montauban, Condat près d'Agen; Corse, Bastia, île de Cavallo. (2) Juillet-août.

C. **acaulis** *L. sp.* 1161 ; *Gaud. helv.* 5, *p.* 205; *Koch, syn.* 463 (*non Lam.*); *C. chamæleon Vill. Dauph.* 3, *p.* 31 ; *Dub. bot.* 293; *C. caulescens Lam. dict.* 1, *p.* 623 ; *C. subacaulis DC. fl. fr.* 4, *p.* 122 ; *C. alpina Jacq. enum. hort. vind. p.* 274.—Calathide grande, *toujours solitaire* au sommet de la tige, souvent si courte que la calathide paraît sessile au centre de la rosette de feuilles. Péricline hémisphérique, un peu aranéeux, à écailles externes foliacées, très-inégales, pennatifides et dépassant souvent le rayon; écailles moyennes noires ou brunes, linéaires, acuminées, bordées d'épines rameuses; écailles internes très-longues, linéaires, un peu élargies supérieurement, brièvement acuminées, souvent denticulées au sommet, ciliées vers le milieu, violacées en dessous avec le sommet pâle, blanches en dessus, rayonnantes. Akènes couverts de poils d'un jaune-d'or, appliqués; aigrette *une fois plus longue* que la graine. Paillettes du réceptacle à divisions principales *épaissies en massue et obtuses au sommet. Feuilles en rosette*, peu coriaces, vertes, un peu aranéeuses en dessous, nerviées, *toutes pétiolées*, oblongues-lancéolées dans leur pourtour, pennatipartites, à segments divisés en lobes dentés-épineux, divariqués. Tige toujours simple, tantôt presque nulle, tantôt s'allongeant et atteignant jusqu'à 2 décim.

Hab. Ballon de Soultz dans la chaîne des Vosges; Neuf-Brisac; Is-sur-Tille près de Dijon; commun dans toute la chaîne du Jura, dans les Alpes du Dauphiné, au mont Ventoux, dans les Pyrénées. (2) Juillet-août.

C. **acanthifolia** *All. ped.* 1, *p.* 156, *tab.* 51 ; *DC. fl. fr.* 4, *p.* 123; *Koch, syn.* 464; *C. Chardousse Vill. Dauph.* 3, *p.* 30; *C. acaulis Lam. dict.* 1, *p.* 623 (*non L.*). — Calathide extrêmement grande, *solitaire au sommet d'une tige toujours si courte que la calathide semble sessile au centre de la rosette de feuilles.* Péricline hémisphérique, à écailles externes foliacées, égales, lancéolées, entières, brièvement épineuses aux bords, toujours plus courtes que le rayon; écailles moyennes noires ou brunes, épaisses, linéaires, aiguës, bordées d'épines rameuses; écailles internes très-longues, linéaires, un peu élargies supérieurement, acuminées, souvent denticulées au sommet, ciliées vers le milieu, tantôt blanches, tantôt jaunes (*C. Cynara Pourr. ex DC. fl. fr. l. c.*), rayonnantes. Akènes couverts de poils d'un jaune d'or, appliqués; aigrette *deux fois plus longue* que la graine. Paillettes du réceptacle à divisions *toutes très-aiguës*, et dont les principales sont *à peine épaissies vers le sommet.* Feuilles *formant une large rosette* appliquée sur la terre, coriaces, vertes, plus ou moins aranéeuses et même tomenteuses en dessous, fortement nerviées; les extérieures toujours pétiolées, lancéolées dans leur pourtour, pennatifides, à lobes divisés en lobules dentés et épineux. Tige épaisse, toujours très-courte.

Hab. Pâturages des montagnes; coteaux de la rive droite du Rhône à Saint-Julien-sur-Bibost; commun dans les Alpes du Dauphiné et de la Provence, dans les montagnes de l'Ardèche, dans les Cévennes, l'Auvergne, les Corbières, les Pyrénées-Orientales. (2) Juin-août.

Sect. 2. CHAMÆLEON *Cass. dict.* 47, *p.* 509. — Ecailles internes du péricline non rayonnantes.

C. GUMMIFERA *Less. syn.* 12; *D C. prodr.* 6, *p.* 547; *Boiss. voy. Esp.* 341; *Moris, fl. sard.* 2, *p.* 436; *Guss. syn.* 2, *p.* 434; *Atractylis gummifera L. sp.* 1161; *Desf. atl.* 2, *p.* 252; *Carthamus gummiferus Lam. dict.* 1, *p.* 639; *Acarna gummifera Willd. sp.* 3, *p.* 1699; *Chamæleon gummifer Cass. dict.* 50, *p.* 59. *Ic. Cav. icon.* 3, *tab.* 228; *Sibth. et Sm. fl. græc. tab.* 838. — Calathides solitaires ou agrégées au sommet d'une tige très-courte, ce qui les fait paraître sessiles au centre de la rosette de feuilles. Péricline hémisphérique, à écailles externes coriaces, brunes, aranéeuses, linéaires-lancéolées, atténuées à la base ciliolée, bordées dans le reste de leur étendue d'épines rameuses dont les supérieures plus grandes; écailles moyennes courtes, linéaires-lancéolées, entières, ciliées, terminées par une épine; écailles internes plus longues, linéaires, acuminées, ciliées vers le milieu, violettes dans leur moitié supérieure, non rayonnantes. Akènes couverts de petits poils jaunes, appliqués, non bifurqués au sommet; aigrette quatre fois plus longue que la graine. Paillettes du réceptacle à divisions aiguës, un peu épaissies et fusiformes au sommet. Feuilles formant une large rosette appliquée sur la terre, toutes pétiolées, plus ou moins aranéeuses, très-grandes, oblongues-lancéolées, pennatipartites, à segments pennatifides, dentés-épineux. Tige très-courte, ne dépassant pas 5 centimètres.

Hab. Corse, à Bonifacio (*Major Vieu*), à Porto-Vecchio. ♃ Septembre.

ATRACTYLIS. (L. gen. 930; excl. sp.)

Péricline à écailles imbriquées, dont *les extérieures foliacées* et dentées-épineuses, les intérieures *scarieuses, entières, non rayonnantes.* Fleurs égales ou inégales, tantôt toutes hermaphrodites et fertiles, tantôt celles de la circonférence stériles. Filets des étamines libres et glabres; anthères longuement appendiculées au sommet, munies à la base de deux *prolongements filiformes et plumeux.* Akènes *cylindriques-oblongs, couverts d'une couche épaisse de poils appliqués*; hile basilaire; disque épigyne entouré par les poils qui recouvrent l'akène; aigrette caduque, formée de poils *disposés sur 1-2 rangs, épais et cornés inférieurement, plumeux au sommet, brièvement soudés en anneau à la base.* Réceptacle muni de paillettes lacérées au sommet, soudées en tube à la base.

A. HUMILIS *L. sp.* 1162; *DC. fl. fr.* 4, *p.* 126; *Dub. bot.* 294; *Circellium humile Gærtn. fruct.* 2, *p.* 455. *Ic. Lam. illustr. tab.* 660. *Endress, pl. pyr. exsicc. unio itin.* 1829! — Calathides solitaires au sommet des rameaux. Péricline ovoïde, à écailles externes foliacées, dentées-épineuses, appliquées et dépassant un peu les fleurs; écailles moyennes obovées, arrondies au sommet; les internes obovées-oblongues, échancrées au bord supérieur, toutes terminées par une épine simple appliquée. Fleurs purpurines; les marginales un peu plus longues, presque rayonnantes. Akènes couverts de poils laineux, blancs, appliqués, abondants; aigrette blanche, un peu plus longue que la graine. Paillettes du réceptacle à lanières subulées, ciliées à leur base. Feuilles coriaces, étroites, linéaires, pectinées-pennatifides, dentées-épineuses. Tiges fleuries nombreuses, ascendantes, simples, écailleuses et dures à la base, entremêlées de tiges non florifères très-courtes et chargées de feuilles. Souche vivace dure, ligneuse. — Plante de 1-3 décimètres.

Hab. Environs de Narbonne, à la Clappe, au Pas-du-Loup, à Hospitalet, au Capitoul. ♃ Juillet.

LAPPA. (Tournef. inst. 450.)

Péricline à écailles imbriquées, *atténuées en une longue pointe étalée et courbée en crochet au sommet.* Fleurs toutes égales, hermaphrodites, fertiles. Filets des étamines libres, papilleux; anthères munies au sommet d'un appendice subulé, et à la base de deux *prolongements filiformes et glabres.* Akènes *oblongs, comprimés latéralement, munis de côtes;* hile basilaire; disque épigyne muni d'un bord entier; aigrette formée de poils caducs, *disposés sur plusieurs rangs, denticulés, libres jusqu'à la base.* Réceptacle couvert de paillettes sétacées.

L. minor *DC. fl. fr.* 4, *p.* 77. *Ic. Engl. bot. tab.* 1228. — Calathides en grappe *oblongue* au sommet des rameaux. Péricline glabre, globuleux, à écailles *plus courtes* que les fleurs; les écailles de la série interne brièvement et insensiblement subulées, rosées et droites au sommet, *égalant en longueur* celles qui les précèdent. Akènes linéaires-oblongs, gris maculés de noir, *un peu rugueux transversalement à la base;* disque épigyne muni d'un bord peu saillant et *lisse;* aigrette jaunâtre. Feuilles toutes pétiolées, vertes en dessus, blanches-aranéeuses en dessous, cuspidées au sommet et munies de dents subulées et écartées; les inférieures très-grandes, orbiculaires, en cœur à la base; les supérieures ovales. Tige dressée, striée, rameuse. — Plante de 8-12 décimètres; fleurs purpurines.

Hab. Bords des routes, lieux incultes; commun dans toute la France. ② Juin-août.

L. major *Gærtn. fruct.* 2, *p.* 379; *DC. fl. fr.* 4, *p.* 77; *L. officinalis All. ped.* 1, *p.* 145; *Arctium Lappa Willd. sp.* 3, *p.* 1631. *Ic. Hayn. Arzng. tab.* 35. — Calathides deux fois plus grosses que dans l'espèce précédente, disposées au sommet des rameaux en grappe *lâche corymbiforme.* Péricline glabre, globuleux, à écailles denticulées à la base et *plus longues* que les fleurs; les écailles de la série interne brièvement et insensiblement subulées, concolores et droites au sommet, *plus courtes* que celles qui les précèdent. Akènes oblongs, fauves, maculés de noir, *irrégulièrement rugueux surtout au sommet;* disque épigyne muni d'un bord peu saillant *irrégulièrement ondulé-plissé;* aigrette jaunâtre. Feuilles presque semblables à celles de l'espèce précédente. — Plante de 10-15 décimètres; fleurs purpurines.

Hab. Dans les mêmes lieux que le précédent, mais moins commun. ② Juillet-août.

L. **TOMENTOSA** *Lam. dict.* 1, *p.* 377; *DC. fl. fr.* 4, *p.* 77; *Arctium Bardana Willd. sp.* 3, *p.* 1632. *Ic. Hayn. Arzng. tab.* 36. — Se distingue du *L. major* par ses calathides une fois plus petites, disposées au sommet des rameaux en grappe *corymbiforme serrée;* par son péricline ordinairement fortement aranéeux, à écailles *moins longues* que les fleurs; par les écailles de la série interne à sommet violet et *scarieux*, *obtus ou tronqué*, terminé par une petite pointe droite; par ses akènes plus faiblement ridés, à disque épigyne *non plissé.*

Hab. Avec les précédents. ② Juillet-août.

TRIB. 7. XERANTHEMEÆ *Less. syn. p.* 14. — Calathides multiflores. Etamines à filets complétement libres, non adnés à la corolle. Hile basilaire. Aigrette persistante, paléiforme.

XERANTHEMUM. (Tournef. inst. 499.)

Péricline formé d'écailles imbriquées, scarieuses, et dont les intérieures sont souvent rayonnantes. Fleurs presque égales; les marginales en petit nombre et stériles, à corolle irrégulièrement bilabiée; les centrales régulières, hermaphrodites et fertiles. Filets des étamines libres et glabres; anthères munies à leur base de deux prolongements filiformes ciliés. Akènes allongés, comprimés d'avant en arrière, couverts de petits poils soyeux; hile basilaire; disque épigyne grand, non bordé; aigrette formée d'arêtes lancéolées, acuminées en une soie raide denticulée, disposées sur un seul rang. Réceptacle muni de paillettes tripartites.

X. **ANNUUM** *L. sp.* 1201 (*excl. var.* β.); *DC. fl. fr.* 4, *p.* 130; *Gay, ann. soc. hist. nat. Paris,* 3, *p.* 358, *tab.* 7, *f.* 1; *X. radiatum Lam. fl. fr.* 2, *p.* 48; *X. ornatum Cass. dict.* 59, *p.* 114. *Ic. Jacq. austr. tab.* 338. *Rchb. exsicc.* 520! — Calathides solitaires au sommet de la tige et des rameaux. Péricline hémisphérique, à écailles *glabres;* les extérieures pâles, ovales, obtuses, *mucronulées;* les intérieures beaucoup plus grandes, pupurines, *rayonnantes,* deux fois plus longues que le disque. Fleurs très-nombreuses, purpurines. Akènes d'un noir-grisâtre, atténuées à la base munie d'une petite callosité blanche; aigrette formée de 5 arêtes inégales, élargies et lancéolées à la base, *égalant à peine la graine.* Feuilles tomenteuses-blanchâtres, entières, lancéolées. Tige dressée, auguleuse, rameuse; rameaux étalés, longuement nus au sommet. — Plante de 3–6 décimètres.

Hab. Marseille. (1) Juin-juillet.

X. INAPERTUM *Willd. sp.* 3, *p.* 1902; *Gay, ann. soc. hist. nat. Par.* 3, *p.* 360, *tab.* 7, *f.* 2; *Gaud. helv.* 5, *p.* 387; *Koch, syn.* 476 (*non D C. fl. fr.*); *X. annuum var.* β. *L. sp.* 1201; *X. erectum Presl. del prag.* 106; *Guss. rar.* 342; *D C. prodr.* 6, *p.* 529; *Moris, fl. sard.* 2, *p.* 431; *Boiss. voy. Esp.* 339. *Ic. Rchb. icon. f.* 863, *et exsicc.* 2431 !— Calathides solitaires au sommet de la tige et des rameaux. Péricline ovoïde, à écailles *glabres;* les extérieures pâles ou fauves sur le dos, orbiculaires ou obovées, arrondies au sommet, *mucronulées;* les intérieures lancéolées, *à peine rayonnantes, dressées à l'ombre, étalées au soleil.* Fleurs 30–40, purpurines. Akènes d'un noir-grisâtre, atténués à la base munie d'une petite callosité blanche; aigrette formée de 5 arêtes élargies et lancéolées à la base, *plus longue que la graine.* Feuilles tomenteuses-blanchâtres, entières; les radicales oblongues-obovées; les caulinaires lancéolées-linéaires. Tige dressée, anguleuse, simple ou un peu rameuse; rameaux étalés, longuement nus au sommet. — Plante de 1–3 décimètres.

Hab. Lieux incultes des provinces méridionales; Villefranche près de Lyon; Digne, Gap; Avignon; Aix, Salon, Fréjus, Toulon, Marseille; Aubenas et Joyeuse dans l'Ardèche; Mende, Florac, Saint-Enimie dans la Lozère; Saint-Ambroix, Alais, Anduze, Nîmes, Montpellier, Cette; Narbonne, Perpignan, Trancade d'Ambouilla, Olette; Montauban; Auvergne. (1) Juin-juillet.

X. CYLINDRACEUM *Sibth. et Sm. prodr. fl. græc.* 2, *p.* 172; *Guss. rar. p.* 341; *Gay, ann. soc. hist. nat. Par.* 3, *p.* 362, *tab.* 7, *f.* 3; *D C. prodr.* 6, *p.* 529; *Gaud. helv.* 5, *p.* 389; *Koch, syn.* 476; *X. inapertum D C. fl. fr.* 4, *p.* 130 (*non Willd.*); *X. sesamoïdes Gay, bull. sc. nat.* 10, *p.* 445 (*non L.*); *Chardinia cylindrica Desv. fl. anj.* 216; *Xeroloma fœtidum Cass. dict.* 59, *p.* 121. *Ic. Rchb. icon. f.* 862, *et exsicc.* 1230 ! — Calathides solitaires au sommet de la tige et des rameaux. Péricline oblong-subcylindrique, à écailles *finement tomenteuses* sur le dos; les extérieures pâles ou fauves au sommet, ovales, obtuses, *mutiques;* les internes lancéolées, aiguës, *conniventes.* Fleurs 10-15, purpurines. Akènes plus gros, plus comprimés que dans l'espèce précédente; aigrette formée de 8–10 arêtes moins dilatées à la base et *égalant à peine la graine.* Feuilles tomenteuses-blanchâtres, entières, toutes linéaires ou linéaires-lancéolées, aiguës. Tige dressée, grêle, anguleuse, ordinairement très-rameuse; rameaux étalés, longuement nus au sommet. — Plante de 2–5 décimètres.

Hab. Champs arides, lieux secs; peu commun dans l'est de la France, à Dijon, Beaune, Lyon, Toulon; plus commun dans la vallée de la Loire et de l'Allier et vallées adjacentes; vallée de la Garonne. (1) Mai-juin.

ESPÈCES EXCLUES.

Onopordon arabicum *L.* — Est indiqué par Linné dans la Gaule narbonnaise, et par De Candolle à Montpellier, mais peut-être au port Juvénal. Nous ne l'avons pas vu spontané de France. M. Castagne l'indique, comme naturalisé, à Marseille derrière les Chartreux.

Cynara Scolymus *L.* — Indiqué par Loiseleur comme indigène de nos provinces méridionales. Il n'existe pas même dans l'herbier de Loiseleur, et nous ne le connaissons de France que cultivé.

Cirsium canum *Bieb.* — Lapeyrouse le signale dans les Pyrénées, sans doute par confusion avec une des formes du *C. monspessulanum;* Loiseleur, en Provence, mais dans son herbier on ne trouve aucun échantillon recueilli sur le sol de France.

Cirsium pannonicum *Gaud.*— Willdenow l'indique à Montpellier, sous le nom de *Cnicus serratuloïdes*, et M. Laterrade à la Bastide près de Bordeaux. Nous ne l'avons pas vu de France.

Cirsium paniculatum *Spreng.*— Vahl, et après lui Willdenow, le donnent comme indigène des Pyrénées.

Cirsium rufescens *Ram.* — Trouvé par Ramond, à la vallée de Campan dans les Pyrénées; nous est inconnu.

Carduus Argemone *Pourr.* — Se trouve dans l'herbier de l'abbé Pourret, comme indigène des Pyrénées. De Candolle, qui a vu cette plante, soupçonne qu'elle n'est qu'une variété du *C. defloratus.*

Centaurea Centaurium *L.* — Indiqué par Pourret au port de Paillères dans les Pyrénées.

Centaurea cinerea *Lam.* — Loiseleur le signale dans les Pyrénées, mais n'a sous ce nom, dans son herbier, que le *C. paniculata* de Toulon.

Centaurea filiformis *Viv.* — C'est à tort qu'on en a fait une plante de Corse, d'après Viviani. Cet auteur ne l'indique cependant qu'à Tavolara, petite île voisine de la Sardaigne.

Centaurea sicula *L.* — Indiqué par Gouan aux environs de Montpellier, sans doute par confusion avec le *C. melitensis*, qui y est commun.

Centaurea hybrida *All.*—M. Boreau l'indique à Issoudun. Nous ne le connaissons pas de France.

Centaurea diffusa *Lam.* — Plante d'Orient, presque naturalisée au port Juvénal près de Montpellier.

Centaurea pallescens *Del.* — Même observation.

Centaurea iberica. — Même observation.

Amberboa Lippii *D C.* (*Centaurea Lippii L.*) — Introduit accidentellement au port Juvénal près de Montpellier.

Stæhelina arborescens *L.* — Gérard le signale aux îles d'Hyères, où il n'a plus été retrouvé.

Carlina racemosa *L.* (*C. sulphurea Desf.*) — Indiqué par

Gouan à Montpellier, et par De Candolle en Corse ; nous n'avons pu constater sa présence, ni dans l'une, ni dans l'autre de ces deux localités. De Candolle ne le possède pas de Corse dans son herbier. Il existe en Sardaigne.

Atractylis cancellata *L.* — Gouan donne comme localité de cette plante, Castelnau près de Montpellier, mais il ajoute : *apud nos facta indigena.* Elle n'y existe plus.

Carthamus tinctorius *L.* — Cultivé en France, mais non indigène.

Carthamus creticus *L.* — Indiqué en Corse par Viviani, sans doute par confusion avec le *C. cæruleus.*

Sous-famille 2. LIGULIFLORES.

(Ligulifloræ Endl. gen. 493.) (1)

Calathides à fleurs toutes hermaphrodites, homogames, rayonnantes, fendues en long et disposées en languette (*ligulées*) à 5 dents.

Div. 3. **CICHORACEÆ** *Vaill. act. par.* 1721 ; *Juss. gen.* 168. — Style non renflé ni articulé, à branches filiformes, ordinairement recourbées, presque obtuses, pubérulentes, munies de lignes stigmatiques distinctes et plus courtes que la moitié de la longueur des branches. — Plantes lactescentes, herbacées, très-rarement suffruticuleuses, à feuilles alternes. Aigrette persistante et plus rarement caduque, à soies libres ou soudées à la base, rarement nulle ou réduite à une couronne membraneuse, ou à des écailles paléiformes.

Trib. 1. HYOSERIDEÆ. — Aigrette coroniforme, paléacée ou nulle. Réceptacle dépourvu de paillettes, glabre ou hérissé de soies.

CATANANCHE VAILL. HEDYPNOIS TOURNEF. RHAGADIOLUS TOURNEF.
CICHORIUM L. HYOSERIS JUSS. APOSERIS NECK.
TOLPIS GÆRTN. ARNOSERIS GÆRTN. LAMPSANA L.

Trib. 2. HYPOCHŒRIDEÆ. — Aigrette des akènes du disque formée de poils dilatés à la base, plumeux. Réceptacle paléacé, à écailles caduques.

HYPOCHOERIS L. SERIOLA L. ROBERTIA D C.

Trib. 3. SCORZONEREÆ. — Aigrette des akènes du disque formée de poils dilatés à la base, plumeux. Réceptacle nu.

A. *Barbes des poils de l'aigrette libres.*

THRINCIA ROTH. PICRIS JUSS. UROSPERMUM JUSS.
LEONTODON L. HELMINTHIA JUSS.

(1) Auctore Grenier.

B. *Barbes des poils de l'aigrette entremêlées.*

SCORZONERA L. TRAGOPOGON L.
PODOSPERMUM DC. GEROPOGON L.

TRIB. 4. CREPOIDEÆ. — Aigrette formée de poils non dilatés à la base, denticulés, jamais plumeux. Réceptacle dépourvu de paillettes.

A. *Akènes ovoïdes-oblongs, surmontés d'un bec entouré à la base d'une coronule ou d'écailles spiniformes.*

CHONDRILLA L. WILLEMETIA NECK. TARAXACUM JUSS.

B. *Akènes comprimés avec ou sans bec, dépourvus de coronule au sommet.*

LACTUCA L. PRENANTHES L. SONCHUS L.

C. *Akènes subcylindriques, dépourvus d'écailles et de coronule au sommet.*

PICRIDIUM DESF. CREPIS L. HIERACIUM L.
ZACINTA TOURNEF. SOYERIA MONN. ANDRYALA .
PTEROTHECA CASS.

TRIB. 5. SCOLYMEÆ. — Aigrette coroniforme avec ou sans poils écailleux au centre. Réceptacle garni d'écailles très-amples, repliées par les bords et embrassant entièrement les akènes en leur formant deux ailes latérales.

SCOLYMUS L.

TRIB. 1. HYOSERIDEÆ *Nob.* — Aigrette coroniforme, paléacée ou nulle. Réceptacle dépourvu de paillettes, glabre ou hérissé de soies.

CATANANCHE. (Vaill. act. par. 1721, p. 215.)

Péricline formé d'un grand nombre de folioles *écailleuses-argentées, imbriquées sur plusieurs rangs.* Réceptacle *hérissé de longues soies.* Akènes turbinés, tronqués au sommet, subpentagones; aigrette de la longueur de l'akène, *composée de 5-7 écailles lancéolées et terminées par une soie.*

C. CŒRULEA *L. sp.* 1142; *DC. fl. fr.* 4, *p.* 67; *Dub bot.* 310; *Lois. gall.* 2, *p.* 198. *Ic. Barr. f.* 1134; *Dod. pempt.* 627, *f.* 1.— Calathides solitaires sur des pédoncules très-allongés (2-3 décimètres) et munis de quelques petites bractées scarieuses. Péricline ovoïde, à folioles extérieures ovales, entièrement scarieuses-argentées, les inférieures lancéolées, herbacées et terminées par un appendice ovale-lancéolé, de même longueur et plus large qu'elles, à nervure médiane prolongée en pointe sétacée. Akènes de la longueur des soies du réceptacle, couverts de poils brunâtres et appliqués. Feuilles couvertes de poils subappliqués, très-longues (2-3 décimètres), linéaires, souvent pennatipartites, à 2-4 segments linéaires. Tige de 5-8 décimètres, dressée, hérissée de poils longs et subétalés, flexueuse, rameuse. — Plante à racine vivace et non annuelle; fleurs bleues, rarement blanches.

Hab. La Provence, Cannes, Fréjus, Toulon, Marseille, Aix, Avignon, etc.; remonte jusqu'à Gap et Grenoble; l'Ardèche; la Lozère; le Gard; le Languedoc et le Roussillon, Montpellier, Narbonne, Villefranche (Pyrénées-Orientales); Toulouse; Agen; Bordeaux. ♃ Juin.

CICHORIUM. (L. gen. 921.)

Péricline double; l'intérieur à 8 folioles indurées et soudées à la base lors de la maturité, disposées sur un seul rang; l'extérieur à 5 folioles plus courtes. Réceptacle fibrilleux au centre. Akènes persistants, anguleux, atténués à la base, larges et tronqués au sommet *couronné par 1-2 rangs d'écailles nombreuses*, *petites* et obtuses.

C. Intybus *L. sp.* 1142; *DC. fl. fr.* 4, *p.* 68; *Dub. bot.* 310; *Lois. gall.* 2, *p.* 198. *Ic. Fuchs, hist.* 679; *Lob. obs.* 114. — Calathides les unes axillaires, sessiles, géminées ou ternées; les autres solitaires au sommet des rameaux. Péricline à deux rangées de folioles; les extérieures *ovales-lancéolées*, plus courtes que les intérieures linéaires-obtuses; toutes *ciliées-glanduleuses*. Akènes surmontés d'une couronne d'écailles *très-courtes*, dressées, *obtuses*, *érodées* au sommet. Feuilles très-velues sur la côte dorsale; les inférieures roncinées, à lobe terminal grand et aigu; les caulinaires petites, lancéolées, demi-embrassantes, entières ou un peu incisées à la base. Tige *dressée*, un peu rude, rameuse, flexueuse et sillonnée au sommet; rameaux raides, divariqués. — Fleurs grandes, bleues, plus rarement blanches ou roses.

β. *glabratum*. Calathides géminées, l'une sessile, et l'autre longuement pédonculée; folioles du péricline glabres ou pubescentes-glanduleuses. Plante presque glabre. *C. glabratum Presl. fl. sic.* 1, *p.* 32; *Guss. sic. syn.* 2, *p.* 427.

γ. *leucophæa*. Calathides géminées et ternées, presque toutes sessiles; folioles du péricline hérissées au sommet de poils peu ou pas glanduleux. Plante hérissée-blanchâtre dans les 2/3 inférieurs, à rameaux dressés. *C. hirsutum Grenier, obs. bot.* 1838, *p.* 23.

Hab. Toute la France; bords des chemins et lieux incultes. Var. β. bords de la Méditerranée. ♃ Juillet-août.

Obs. — La *Cichorium Endivia L.*, plante de l'Inde, et cultivée dans tous les jardins, se distingue de la précédente par ses feuilles inférieures et caulinaires *sinuées-dentées*; et par ses feuilles florales *largement ovales*.

C. divaricatum *Schousb. mar. p.* 197; *Willd. sp.* 3, *p.* 1609; *Robert, cat. Toul. p.* 44; *Dub. bot.* 1011; *Lois. gall.* 2, *p.* 198; *Mut. fl. fr.* 2, *p.* 203; *Guss. sic. syn.* 2, *p.* 427; *C. pumilum Jacq. obs.* 4, *p.* 3, *t.* 80. — Calathides les unes axillaires sessiles, les autres au sommet des rameaux. Péricline à folioles extérieures *ovales-obtuses;* les intérieures linéaires-subobtuses; toutes longuement ciliées *non glanduleuses.* Akènes munis d'une couronne d'écailles dressées, *lancéolées-aiguës*, courtes (mais *de moitié plus longues* que celles de la *C. Intybus*). Feuilles presque glabres; les radicales roncinées; les caulinaires petites. Tige *rameuse-divariquée* dès la base, glabre, *lisse*, très-faiblement sillonnée. Racine annuelle ou bisannuelle. — Fleurs bleues. Nous avons souvent reçu, des bords de la Méditerranée, la var. β. de l'espèce précédente, sous le nom de *C. divaricatum.*

Hab. Environs de Toulon, à Castigneau! (*Robert*); et probablement sur une grande partie du littoral, jusqu'à Perpignan. ① et ② Juillet-août.

TOLPIS. (Gærtn. fr. 2, p. 371.)

Péricline formé d'un grand nombre de folioles *linéaires*, disposées sur *deux ou plusieurs rangs*, les extérieures presque sétacées. Réceptacle alvéolé, dépourvu de soies. Akènes tous subtétragones, à aigrette *formée de soies* inégales et *non dilatées à la base*, ou bien réduite dans les akènes du bord à une étroite couronne fimbriée.

T. barbata *Willd. sp.* 3, *p.* 1608; *Lois. gall.* 2, *p.* 197; *D C. prodr.* 7, *p.* 86; *Guss. syn.* 414; *T. umbellata Bertol. am. p.* 66 (*ex Guss.*); *D C. l. c.?; T. crinita Low. in D C. l. c.* (*ex Moris.*); *Crepis barbata L. sp.* 1131; *Drepania barbata Desf. atl.* 2, *p.* 232; *D C. fl. fr.* 4, *p.* 48; *Dub. bot.* 305. *Ic. Gærtn. fr. t.* 160; *Lam. ill. t.* 651; *Morison, s.* 7, *t.* 4, *f.* 32. — Calathides irrégulièrement disposées en panicule pauciflore, portées par des pédoncules très-longs, simples ou rameux et comme prolifères, les centraux dilatés fistuleux; bractées *semblables* aux folioles externes du péricline. Péricline à folioles externes très-tenues, *arquées-étalées, égalant ou dépassant les intérieures.* Réceptacle alvéolé; bords des alvéoles très-courtement dentés-ciliolés. Akènes tronqués, à aigrette de 4-5 soies plus longues qu'eux, et réduite à une *couronne très-courte* dans les akènes du bord. Feuilles pulvérulentes; les radicales oblongues-spatulées, entières ou dentées-pennatifides; les caulinaires peu nombreuses et linéaires. Tige de 1-4 décimètres, glabre, presque nue, simple ou rameuse, à rameaux étalés-ascendants. Racine grêle, *annuelle.* — Fleurettes du disque brunes, celles du bord d'un jaune-soufré. Le *Tolpis umbellata D C.* nous a paru être la même plante, à têtes un peu plus petites.

Hab. La Corse; toute la région méditerranéenne et les bords de l'Océan, de Bayonne jusqu'au-delà de Poitiers et de Nantes: Belle-Isle-en-Mer; Ardèche, etc. ① Mai-juillet.

T. VIRGATA *Bertol. rar. lig. dec.* 1 (1803), *p.* 15, *et am. p.* 67; *T. altissima Pers. syn.* 2, *p.* 377 (1805); *D C. prodr.* 7, *p.* 86; *T. sexaristata Biv. monogr. p.* 11, *t.* 2; *Crepis altissima Balb. cat. taur.* (1804) *p.* 15; *C. ambigua Balb. diss. p.* 4, *t.* 1; *D C. fl. fr.* 4, *p.* 40; *C. virgata Desf. act. par.* 37, *t.* 8, *atl.* 2, *p.* 230; *Drepania ambigua D C. cat. monsp.* 105; *Dub. bot.* 305; *Schmidtia ambigua Cass. dict.* 48, *p.* 433. — Calathides pulvérulentes-blanchâtres, irrégulièrement disposées en panicule pauciflore, portées par des pédoncules très-longs, simples ou rameux et comme prolifères, les centraux un peu dilatés-fistuleux; bractées *très-courtes*. Péricline à folioles externes *très-courtes et appliquées*, et recouvrant à peine la base des intérieures. Akènes tronqués, *tous pourvus d'une aigrette formée de* 4-5 *soies* plus longues qu'eux. Feuilles glabres; les radicales oblongues-spatulées, entières ou sinuées-pennatifides; les caulinaires longues, linéaires. Tige de 3-5 décimètres, glabre, presque nue, simple ou rameuse, à rameaux étalés-ascendants. Racine *bisannuelle*. — Fleur d'un jaune-citron.

Hab. La Provence, Fréjus, Hyères, Toulon; la Corse, Bastia, Bonifacio, Ajaccio. ⓶ Juin-septembre.

HEDYPNOIS. (Tournef. inst. 478, t. 271; D C. prod. 7, p. 81.)

Péricline formé de 10-20 folioles disposées *presque sur un seul rang, enveloppant à la maturité les akènes extérieurs*, et muni à la base de quelques petites folioles. Réceptacle nu. Akènes tous semblables, subcylindriques obscurément tétragones; les extérieurs surmontés d'une très-courte aigrette membraneuse, cyathiforme, fimbriée; les intérieurs à aigrette longue, formée de 2 rangées de lamelles dont les extérieures courtes, peu nombreuses et piliformes, et les intérieures au nombre de 5 environ, *lancéolées-acuminées* en longue soie scabre-denticulée.

H. POLYMORPHA *D C. prod.* 7, *p.* 81; *Moris, fl. sard.* 2, *p.* 508. — Calathides subglobuleuses à la maturité, penchées avant la floraison, glabres ou hérissées, portées sur des pédoncules grêles ou renflés-fistuleux. Akènes substriés, rugueux-chagrinés. Feuilles lancéolées-oblongues, dentées, sinuées, ou sinuées-pennatifides. Tige tantôt réduite à un pédoncule radical, tantôt très-rameuse, feuillée, dressée ou étalée.

α. *erecta*. Tige dressée, plus ou moins rameuse.—1) Pédoncules à peine renflés; calathides à folioles alternativement glabres et hérissées. *H. mauritanica Willd. sp.* 3, *p.* 1616; *Viv. cors.* 1, *p.* 14. —2) Pédoncules renflés-fistuleux; folioles hérissées-muriquées au sommet. *H. pendula D C. prod. l. c.; Hyoseris pendula Balb. in Per. syn.* 2, *p.* 369.

β. *diffusa*. Tige diffuse plus ou moins rameuse. —1) Pédoncules non renflés; calathides glabres. *H. monspeliensis Willd. l. c.; Hyoseris Hedypnoïs L. sp.* 1138; *DC. fl. fr.* 4, *p.* 50; *Lois. gall.* 2, *p.* 197;

H. gracilis Benth. cat. 91. —2) Le même à calathides hérissées. *H. rhagadioloïdes L. sp.* 1139 ; *W. l. c.; D C. l. c.; Lois. l. c.* — 3) Pédoncules renflés-fistuleux au sommet ; calathides hérissées au sommet. *H. cretica W. l. c.; H. coronopifolia Ten. syll.* 396 ; *Hyoseris cretica L. sp.* 1139 ; *D C. l. c. ; Lois. l. c.* — 4) Le même à calathides hérissées-muriquées sur toute la surface. *H. persica M. B. taur.-cauc. sppl.* 3, *p.* 539 ; *H. tubæformis Ten. syll.* 396.

Hab. Toute la région méditerranéenne ; Corse. (1) Mai-juin.

HYOSERIS. (Juss. gen. 169 ; D C. prod. 7, p. 79.)

Péricline formé de 8-20 folioles disposées sur un seul rang, enveloppant à la maturité les akènes extérieurs, et muni à la base de quelques petites folioles. Réceptacle nu. Akènes *biformes;* ceux du bord discoïdales subcylindriques, obscurément tétragones, à aigrette très-courte, fimbriée ; akènes du disque *comprimés-ailés,* à aigrette longue, composée d'écailles les unes extérieures piliformes, les autres dilatées à la base et prolongées en longue soie scabre-denticulée.

H. scabra *L. sp.* 1138 ; *D C. fl. fr.* 4, *p.* 49 ; *Dub. bot.* 309 ; *Lois. gall.* 2, *p.* 197 ; *Mut. fl. fr.* 2, *p.* 203 ; *H. microcephala Cass. dict.* 22, *p.* 338 ; *D C. prod.* 7, *p.* 79 ; *Castagne cat. Marseil.* 83 ; *Hedypnoïs scabra Less. syn.* 128 ; *Rhagadiolus scabra All. ped.* 1, *p.* 126. *Ic. Lam. ill.* 654, *f.* 1, *inf.; Gærtn. fr. t.* 160 ; *Bocc. mus. t.* 106, *f. inf.* — Calathides contenant 8-12 fleurs, solitaires au sommet des pédoncules radicaux, étalés. Péricline de 8-10 folioles *dressées-conniventes* après l'anthèse. Akènes du centre stériles, subtétragones, surmontés d'une aigrette stipitée ; les autres atténués au sommet, ciliés sur les côtés, et à aigrette presque sessile ; celle-ci presque nulle dans les akènes extérieurs, formée dans les autres de deux rangées d'écailles, dont les extérieures réduites à des soies capillaires, et les intérieures, au nombre de 3-6, inégales, lancéolées et bien plus longues que les premières. Feuilles toutes radicales, en rosette, roncinées-pennatipartites, à segments subrhomboïdaux, anguleux, dentés. Scapes dépassant rarement 1 décimètre, plus longs que les feuilles, *renflés-fistuleux* et *presque aussi larges* au sommet *que la calathide* elle-même. Racine grêle, peu rameuse, *annuelle.* — Plante presque glabre.

Hab. Endéoumé près de Marseille (*Castagne*) ; route de Marseille à Toulon (*Mut.*) ; Corse (*Soleirol*). (1) Mai.

H. radiata *L. sp.* 1137 ; *D C. fl. fr* 4, *p.* 49 ; *Dub. bot.* 309 ; *Lois. gall.* 2, *p.* 197. *Ic. Pluck. t.* 37, *f.* 2. — Calathides contenant 30-100 fleurs, solitaires au sommet de pédoncules radicaux redressés. Péricline de 9-18 folioles, à la fin *étalées.* Akènes un peu plus grands que ceux de l'espèce précédente, mais semblablement conformés. Feuilles toutes radicales, en rosette, glabres, quelquefois ciliées et pulvérulentes, roncinées-pennatipartites, à segments subrhomboïdaux, anguleux, dentés ou incisés-dentés. Scapes de 1-3 décimètres, glabres ou pulvérulents dans leur jeunesse, fistuleux, et *non largement dilatés* sous la calathide. Racine grosse, *vivace*.

Hab. Cannes, Grasse, Toulon, Marseille; Corse. Croît-elle dans le Languedoc et le Roussillon? ♃ Mai-juin.

RHAGADIOLUS. (Tournef. inst. 479, t. 272.)

Péricline à 7-9 folioles disposées sur un seul rang, *s'accroissant à la maturité et enveloppant alors les akènes extérieurs*, nu ou muni à la base de quelques écailles courtes. Réceptacle nu. Akènes *tous dépourvus d'aigrette, subcylindriques, linéaires-subulés*, tous ou au moins ceux du bord *persistants;* les extérieurs étalés ou divergents en étoile; les intérieurs plus ou moins roulés. — Calathides contenant 8-12 fleurs.

Rh. stellatus *D C. prodr.* 7, *p.* 77. — Calathides munies à la base d'un court calicule écailleux, très-distantes l'une de l'autre, disposées en panicule divariquée; les terminales courtement et les axillaires longuement pédonculées. Akènes arqués, étalés en étoile. Feuilles très-variables, entières ou lyrées. Tiges de 1-3 décimètres, étalées, rameuses. Racine annuelle. — Plante glabre ou pubérulente inférieurement et même dans toutes ses parties.

Akènes tous entièrement lisses.

α. *Leiocarpus D C.* Feuilles inférieures oblongues-lancéolées, dentées. *Rh. stellatus W. sp.* 3, *p.* 1625; *D C. fl. fr.* 4, *p.* 4; *Dub. bot.* 298; *Lampsana stellata L. sp.* 1141. *Ic. Lob. obs. p.* 120, *f. inf. sin. F. Schultz exsicc. n°* 886.

β. *intermedius D C.* Feuilles inférieures sinuées-lyrées. *Rh. intermedius Ten. med.* 2, *p.* 25; *Desf. cat.* 1829, *p.* 143.

Akènes intérieurs pubérulents-scabres.

γ. *hebelænus D C.* Feuilles inférieures oblongues-lancéolées, dentées. *Rh. stellatus,* δ. *hebelænus D C. prodr.* 7, *p.* 78.

δ. *edulis D C.* Feuilles inférieures longues, lyrées, à lobe terminal très-grand, orbiculaire et denté. *Rh. edulis Gærtn. fr.* 2, *p.* 354; *W. sp.* 3, *p.* 1625; *Lampsana Rhagadiolus L. sp.* 1141.

Hab. Région des oliviers et bords de la Méditerranée, de Nice à Perpignan; bassin de la Garonne, Moissac (*Lagrèze-Fossat*); Auch (*Irat.*). ① Juin.

ARNOSERIS. (Gærtn. fr. 2, p. 355, t. 157.)

Péricline formé d'un *grand nombre* de folioles disposées sur un seul rang, conniventes après l'anthèse, muni de quelques courtes écailles à la base. Réceptacle nu. Akènes *obovés-pentagones*, pourvus de 5 côtes et de 5 sillons, un peu atténués au sommet *surmonté d'un très-étroit rebord membraneux et entier*. — Tiges nues.

A. pusilla *Gærtn. l. c.; DC. prodr. 7, p. 79; Hyoseris minima L. sp.* 1138; *Lampsana pusilla Willd. sp. 3, p.* 1623; *Lampsana minima Lam. dict.* 3, *p.* 414; *DC. fl. fr.* 4, *p.* 3; *Dub. bot.* 297; *Lampsana gracilis Lam. fl. fr.* 2, *p.* 102. *Ic. Clus. hist.* 2, *p.* 142, *f.* 2. *F. Schultz, exsicc. n°* 468. — Calathides subglobuleuses, penchées avant la floraison, solitaires au sommet des tiges et des rameaux; ceux-ci épaissis, fistuleux, striés sous la fleur. Akènes pentagones, rugueux entre les côtes. Feuilles toutes radicales, étalées en rosette, oblongues, entières ou dentées. — Plante presque glabre, à tiges nombreuses, dressées, uni-triflores.

Hab. Alsace; Lorraine; Bourgogne; Lyon; Grenoble; l'ouest, Paris, Angers, Bordeaux, Nantes, Agen, Toulouse, etc.; nous ne connaissons point cette plante dans la région méditerranéenne. (1) Juillet-août.

APOSERIS. (Neck. elem. 1, p. 57; DC. prodr. 7, p. 82, non Cass.)

Péricline dressé à la maturité, à 6-10 folioles disposées sur un seul rang, muni à la base d'un calicule formé d'écailles courtes. Réceptacle nu. Akènes *ovales, atténués en un bec court* au sommet dépourvu d'aigrette et de coronule, marqués de *cinq* stries, *caduques* à la maturité.

A. fœtida *Less. syn.* 128, *excl. car. gen.; DC. l. c.; Koch, syn.* 477; *Hyoseris fœtida L. sp.* 1137; *Lampsana fœtida Scop. carn.* 2, *p.* 118; *DC. fl. fr.* 4, *p.* 3; *Dub. bot.* 297; *Lois. gall.* 2, *p.* 199. *Ic. W. K. hung.* 1, *t.* 49; *Mich. gen. t.* 28. *F. Schultz, exsicc. n°* 885. — Calathides solitaires au sommet d'un pédoncule radical (hampe) qui atteint de 1 à 2 décimètres. Feuilles toutes radicales, à circonscription oblongue-lancéolée, pennatifides, à lobes nombreux, triangulaires, un peu recourbés. Souche grosse. — Plante ayant un peu l'aspect du *Taraxacum Dens leonis.*

Hab. Alpes du Dauphiné, Saint-Nizier, col de l'Arc, les Fauges, la Moucherolle, Grande-Chartreuse, Palanfrey, Chichiliane en Oisans; Gap; Pyrénées, bois des Angles (*Lap.*). ♃ Juillet-août.

LAMPSANA. (L. gen. 919, part.)

Péricline dressé à la maturité, à 8-10 folioles égales, disposées sur un seul rang, muni à la base d'un calicule formé d'écailles très-courtes. Réceptacle nu. Akènes *non amincis au sommet* dépourvu d'aigrette et de coronule, caduques, marqués de *vingt* stries très-fines. — Calathides contenant 8-12 fleurs.

L. communis *L. sp.* 1141; *DC. fl. fr.* 4, *p.* 4; *Dub. bot.* 297; *Lois. gall.* 2, *p.* 199. *Ic. Gærtn. fr. t.* 157, *f.* 1; *Lob. obs.* 104, *f.* 1; *Dod. pempt.* 664, *f.* 2. — Calathides disposées en panicule lâche et dressée. Feuilles inférieures lyrées, à lobe terminal très-grand, denté-anguleux, souvent tronqué ou en cœur à la base; les caulinaires d'abord cordiformes, ovales-aiguës, décurrentes et dilatées en petits lobules sur le pétiole, puis ovales-lancéolées et lancéolées sous la panicule, toutes dentées. Tige de 2-8 décimètres, dressée, rameuse, presque glabre ou pubescente inférieurement. Racine annuelle.

Hab. Lieux cultivés et bois. (1) Juin-août.

Trib. 2. HYPOCHŒRIDEÆ *Less. syn.* 130. — Aigrette des akènes du disque formée de poils dilatés-lancéolés à la base, plumeux. Réceptacle paléacé, à écailles caduques.

HYPOCHŒRIS. (L. gen. 918.)

Péricline à folioles *nombreuses*, inégales, *imbriquées sur plusieurs rangs*. Réceptacle garni de paillettes linéaires-acuminées, caduques. Akènes submuriqués, tantôt longuement atténués en bec, tantôt dépourvus de bec au pourtour et même au centre du disque; aigrette persistante, à paillettes disposées sur deux rangs, dont les extérieures sétiformes-denticulées, et les intérieures longuement plumeuses; ou sur un seul rang, et alors toutes plumeuses.

Sect. 1. Genuinæ *Koch, syn.* 490. — Aigrette à paillettes disposées sur deux rangs; les extérieures sétiformes-denticulées, les intérieures plumeuses.

H. glabra *L. sp.* 1140; *D C. fl. fr.* 4, *p.* 47, *et* 5, *p.* 452; *Dub. bot.* 306; *Lois. gall.* 2, *p.* 181; *H. minima Cyrill. neap. fasc.* 1, *p.* 29; *Seriola æthnensis Lap. abr.* 486. *Ic. Lam. ill. t.* 656, *f.* 1. — Calathides solitaires sur des pédoncules longs et épaissis au sommet. Folioles du péricline glabres, lancéolées-linéaires, appliquées; les intérieures *égalant* environ les corolles. Akènes bruns, hérissés de petites pointes sur les côtes; ceux de la circonférence ordinairement à aigrette sessile, et ceux du disque à aigrette longuement stipitée; plus rarement tous à aigrette sessile, ou tous à aigrette stipitée; écailles du réceptacle lancéolées-linéaires, sétacées, tombant avec les graines. Feuilles presque toutes radicales, étalées en rosette, oblongues, atténuées à la base, sinuées ou profondément sinuées-dentées, à dents triangulaires, séparées par des sinus arrondis. Racine *annuelle*, grêle, fusiforme, simple.—Plante d'un vert-gai, ordinairement glabre.

α. *genuina Godr.* Akènes de la circonférence tronqués, à aigrette sessile; ceux du disque atténués en un bec aussi long qu'eux.

β. *loiseleuriana Godr.* Akènes tous atténués en bec, par l'avortement de ceux du disque, dont on retrouve ordinairement les vestiges. *H. Balbisii Lois. not.* 124, *et fl. gall.* 2, *p.* 180; *D C. fl. fr.* 5, *p.* 452; *Dub. bot.* 306; *H. glabra* β. *loiseleuriana Godr. fl. lorr.* 2, *p.* 58; *Lloyd, fl. Loire-Inf.* 151. (Je l'ai semée, dit M. Lloyd, et dès la première année toutes les aigrettes du bord étaient redevenues sessiles.)

γ. *erostris Coss. et Germ. fl. par.* 427. Akènes tous dépourvus de bec. *H. arachnoïdea Poir. dict.* 5, *p.* 372.

Hab. Coteaux arides et champs sablonneux après la moisson; Alsace; Lorraine; Châlons-sur-Marne; Paris; la Manche; Angers; Nantes; Bordeaux; les Landes; Agen; Toulouse; Perpignan; Narbonne; Montpellier; Marseille; Toulon; Fréjus; Lyon; Mâcon, etc.; var. β. Fréjus; Toulon; Nancy; Sarrebourg; Paris; Nantes, etc.; var. γ. Lyon (*Timeroy!*); Paris (*Coss. et Germ.*); Nantes (*Lloyd*); Agen (*St-Am.*). ① Juin-août.

H. RADICATA *L. sp.* 1140; *DC. fl. fr.* 4, *p.* 47; *Dub. bot.* 306; *Lois. gall.* 2, *p.* 180; *Moris, fl. sard.* 2, *p.* 487. *Ic. Lob. obs.* 120, *f.* 2; *Dod. pempt.* 628, *f.* 2. — Calathides solitaires sur des pédoncules longs et un peu épaissis au sommet. Folioles du péricline lancéolées-acuminées, appliquées, glabres ou hérissées sur la nervure dorsale, *plus courtes* que les corolles. Akènes bruns, hérissés de petites pointes sur les côtes, ordinairement *tous pourvus d'un bec plus long qu'eux;* écailles du réceptacle plus étroites et plus longuement sétacées que celles de l'espèce précédente. Feuilles toutes radicales, en rosette, sinuées-pennatifides, à lobes obtus. Tiges dressées ou quelquefois couchées à la base, rameuses et rarement simples au sommet. Racine *épaisse, ordinairement rameuse, vivace.* — Se distingue en outre du précédent par ses feuilles plus épaisses, d'un vert plus sombre, hérissées de poils blancs et raides; par ses tiges plus fortes; par ses calathides plus grosses.

α. *rostrata Moris.* Akènes tous prolongés en bec. *H. dimorpha Ten. syll.* 407; *H. neapolitana DC. prodr.* 7, *p.* 91.

β. *heterocarpa Moris.* Akènes extérieurs dépourvus de bec; akènes du disque à aigrette longuement stipitée. *H. dimorpha Sang. cent. fl. rom.* 112; *H. platylepis Boiss. Voy. Esp.* 376.

Hab. Les prés dans toute la France; la var. β. environs des salines de Cette (*Grenier*). ♃ Juillet-août.

Sect. 2. ACHYROPHORUS *Scop. carn.* 2, *p.* 116. — Aigrette formée d'un seul rang de soies toutes plumeuses.

H. PINNATIFIDA *Cyrill. ex Ten. syll.* 406; *Dub. bot.* 306; *Moris, fl. sard.* 2, *p.* 487; *H. taraxacifolia Lois. gall.* 2, *p.* 181; *H. corsica Tausch, bot. Zeit.* 1829; *Seriola cretensis et S. urens L. sp.* 1139 (*ex Moris*); *S. taraxacifolia Salzm. bot. Ztg.* 1821, *p.* 111 *et* 759; *Apargia pinnatifida Ten. syll. l. c.; Porcellites cretensis Cass. dict.* 43, *p.* 45; *Achyrophorus taraxacifolius C. H. Schultz, bip. nov. act. acad. cæs. Leop. Carol.* 21, *p.* 92; *Achyrophorus ambiguus, serioloïdes et pinnatifidus DC.! prodr.* 7, *p.* 93 (*ex Moris*); *Metabasis Hymettia DC. prodr.* 7, *p.* 307 (*ex Moris*). — Calathides solitaires sur de longs pédoncules radicaux, *peu nombreux et rarement solitaires*, uni-bi-triflores, à la fin épaissis sous le sommet. Folioles du péricline lancéolées-linéaires, appliquées, farineuses et à peine pubérulentes, ou hérissées de longs poils, et même de soies rudes sur le dos et sur les côtés. Akènes striés-muriqués ; les extérieurs souvent terminés par un bec plus court ; écailles du réceptacle très-longuement acuminées, dépassant le péricline et même les aigrettes. Feuilles *lancéolées-oblongues, presque entières, ou dentées, ou sinuées-pennatifides*, ou même sublinéaires entières ; les caulinaires très-peu nombreuses, *linéaires*. Souche grosse, dure, noirâtre, souvent divisée. — Port du *L. autumnalis ;* plante de 2-3 décimètres, glabre ou hérissée sur toutes ses parties.

Hab. La Corse, Bastia, Corté, cap Corse (*Bernard*) ; lac de Nino (*Requien*) ; Guagno (*Clément*) ; pont de Golo, mont Saint-Pierre (*Salis*). ♃ Mai-juin.

H. maculata *L. sp.* 1140 ; *DC. fl. fr.* 4, *p.* 46, *et* 5, *p.* 451 ; *Dub. bot.* 306 ; *Lois. gall.* 2, *p.* 180 ; *Achyrophorus maculatus Scop. carn.* 2, *p.* 116. *Ic. Clus. hist.* 2, *p.* 139, *f.* 2. *F. Schultz, exsicc. cent.* 3, *n°* 95.—Calathide grande, ordinairement unique, plus rarement 2-3 au sommet de pédoncules *non renflés* supérieurement. Folioles du péricline *entières*, linéaires-lancéolées, appliquées ; les extérieures hérissées sur le dos ; les moyennes tomenteuses sur les bords. Feuilles radicales nombreuses, grandes, étalées, d'un vert-sombre et souvent maculées de violet, oblongues, atténuées à la base, bordées de dents aiguës, petites, écartées. Tige *nue* ou portant une feuille très-rapprochée des radicales, dressée, forte, striée, rude au toucher, simple et rarement divisée au sommet en 2-3 pédoncules. Souche grosse, ligneuse. — Plante poilue-scabre.

Hab. Ballon de Soultz, dans la chaîne des Vosges ! (*Lachenal*) ; Bitche (*Schultz*) ; le centre de la France (*Boreau*) ; le Jura ; Alpes ; Pyrénées ; Narbonne, au bois de Fontlaurier sur une colline qui s'élève à peine à 300 mètres au-dessus du niveau de la mer (*Delort*) ; Perpignan ! (*Gouget*). ♃ Juin-août.

H. uniflora *Vill. prosp. fl. Dauph. p.* 37 (1779), *et fl. Dauph.* 3, *p.* 61, *t.* 23 ; *DC. fl. fr.* 4, *p.* 46 ; *H. helvetica Wulf. in Jacq. misc.* 2, *p.* 25 (1791) ; *Dub. bot.* 306 ; *Archyrophorus helveticus DC. prodr.* 7, *p.* 93 ; *A. uniflorus Bluff et Fing. comp. Germ.* 2, *p.* 307. *Ic. All. ped. t.* 14, *f.* 3 ; *Haller, en. helv.* 2, *t.* 24, *f.* 1. — Calathide grande, unique sur *un* pédoncule terminal très-fortement *dilaté-renflé* au sommet. Folioles du péricline *ovales, lâchement* appliquées, noirâtres, *fimbriées-dentées aux bords*, hérissées sur le dos. Feuilles finement pubescentes sur les 2 faces ; les radicales nombreuses, grandes, étalées, d'un vert-jaunâtre, lancéolées-oblongues, atténuées à la base, entières ou bordées de dents aiguës, petites, écartées. Tige *simple*, portant dans son tiers inférieur 3-5 feuilles qui vont en diminuant de grandeur, grosse, fistuleuse et hérissée de longs poils bruns surtout à la partie supérieure. Souche grosse, ligneuse. — Plante à feuilles d'un vert-pâle, et d'un tissu plus mince et plus fragile que dans la précédente.

Hab. Alpes du Dauphiné, Lautaret, mont Vizo, col de l'Arche, Taillefer. ♃ Août.

SERIOLA. (L. gen. 917.)

Périclinc à folioles disposées presque *sur un seul rang et entourées à la base de quelques folioles très-petites.* Réceptacle garni de paillettes linéaires-acuminées, caduques. Akènes tous longuement atténués en bec; aigrette *sessile ou nulle dans les akènes du bord discoïdal*, stipitée et persistante dans ceux du disque, à écailles à peine dilatées à la base, sétiformes, plumeuses, à *barbes caduques.*

S. Ætnensis *L. sp.* 1139; *DC. fl. fr.* 4, *p.* 66; *Dub. bot.* 306; *Lois. gall.* 2, *p.* 180; *Gærtn. fr.* 2, *p.* 370, *t.* 159; *S. urens All.! fl. ped.* 1, *p.* 230 (*ex Moris*); *Viv.! fl. cors.* 1, *p.* 14 (*ex Moris*); *S. depressa Viv.! fl. cors. ap. alt.* 4 (*ex Moris*); *Moris, fl. sard.* 2, *p.* 490. *Ic. Lam. ill. t.* 656, *f.* 1. — Calathides en corymbe lâche et pauciflore. Folioles du péricline hérissées, ainsi que les pédoncules, de longues soies étalées. Feuilles radicales en rosette, grandes, oblongues ou obovées, entières ou dentées; les caulinaires sublinéaires, toutes d'un vert-pâle et pubescentes. Tiges de 2-4 décimètres, dressées ou ascendantes, solitaires ou plusieurs réunies, simples ou rameuses, glabres ou hérissées. Racine grêle, fusiforme annuelle.

Hab. Le Var, Grasse, Toulon; Corse, Bastia, Ajaccio, Bonifacio. ① Juin-juillet.

ROBERTIA. (D C. fl. fr. 5. p. 453.)

Péricline à folioles disposées *sur un seul rang, sans calicule.* Réceptacle garni de paillettes linéaires-acuminées, caduques. Akènes presque lisses, sillonnés, *à bec presque nul;* aigrette formée d'écailles sétiformes, à peine dilatées à la base, plumeuses, *presque sessiles.*

R. taraxacoides *DC. l. c.*; *Dub. bot.* 305; *Lois. gall.* 2, *p.* 180; *Seriola taraxacoïdes Lois. gall. ed.* 1, *p.* 530, *t.* 18; *S. uniflora Biv. sic. cent.* 2, *p.* 55; *Achyrophorus Robertia C. H. Schultz* (*Bipont*), *nov. act. acad. Leop. Carol.* 21, *p.* 127, *et in Walp. rep. bot.* 6, *p.* 335. — Calathides solitaires sur des pédoncules radicaux simples, de 1-3 décimètres, glabres, pubérulents ou hérissés, nus ou munis de quelques bractées linéaires. Folioles du péricline 8-10, glabres, pubérulentes, plus rarement hérissées, nues ou entourées à la base de 1-3 petites folioles lancéolées-linéaires. Feuilles glabres; les radicales rarement oblongues-dentées, ordinairement roncinées-pennatifides, à segments linéaires, oblongs ou triangulaires, entiers ou dentés, le terminal plus grand hasté ou rhomboïdal, ovale ou oblong. Souche mince, vivace.

Hab. Lieux humides et ombragés des montagnes de Corse, jusqu'à 1800 mètres au-dessus du niveau de la mer; la Mendriale au cap Corse (*Bernard*); au-dessus des bacûs de Guagno (*Clément*); Monte-Coscione (*Jordan*); Monte-Rotondo (*Requien*). ♃.

TRIB. 3. SCORZONEREÆ *Less. syn.* 131. — Aigrette des akènes du disque formée de poils dilatés à la base, plumeux. Réceptacle nu.

A. *Barbes des poils de l'aigrette libres.*

THRINCIA. (Roth, cat. 1. p. 97.)

Péricline à folioles nombreuses, imbriquées sur plusieurs rangs. Réceptacle nu ou un peu fibrilleux. Akènes à côtes fines, striées-scabres, plus ou moins *atténués au sommet;* aigrettes *biformes;* les extérieures *très-courtes, sessiles, coroniformes, membraneuses-lacérées;* les intérieures *stipitées,* à soies toutes plumeuses. — Feuilles toutes radicales; capitules solitaires sur des pédoncules radicaux.

TH. HIRTA *Roth, cat. bot.* 1, *p.* 98; *DC. fl. fr.* 4, *p.* 51; *Dub. bot.* 307; *Koch, syn.* 479; *Th. Leysseri Wallr. Sched.* 441; *Th. hirta, hispida, Leysseri DC. prodr.* 7, *p.* 99-100; *Leontodon hirtum L. sp.* 1123? ; *Lois. gall.* 2, *p.* 178 (*ex. loc. nat. excl. syn.*); *L. saxatile Lam. dict.* 3, *p.* 531; *Thuill. par.* 404; *L. major, hirtum, saxatile Mérat, par. ed.* 2, *v.* 2, *p.* 251; *L. taraxacoïdes Mérat, ann. sc. nat.* 22 (1831), *p.* 108; *Apargia hyoseroïdes Vest. in flora* 1820, *p.* 7; *Hyoseris taraxacoïdes Vill. prosp.* 33, *et Dauph.* 3, *p.* 166, *t.* 25; *Wulf. ex Koch, syn.* 479; *Lam. dict.* 3, *p.* 159; *Rhagadiolus taraxacoïdes All. ped.* 1, *p.* 227. *F. Schultz, exsicc. n°* 293! — Calathide solitaire, penchée avant l'anthèse, portée sur un pédoncule radical ascendant-dressé, plus ou moins hispide surtout à la base, long de 1-3 décimètres. Péricline à folioles glabres ou hispides, enveloppant les akènes extérieurs. Corolles jaunes, les extérieures livides en dessous. Akènes du disque atténués en bec *dans leur quart supérieur.* Feuilles oblongues, presque entières, sinuées ou roncinées-pennatifides, plus ou moins hispides. Souche *vivace ou au moins bisannuelle, courte, tronquée* et émettant surtout du collet de fortes fibres *filiformes et nombreuses.*

β. *arenaria D C. prodr.* Souche plus grêle, mais bien plus allongée, à fibres plus nombreuses, la centrale quelquefois presque fusiforme. Plante glabre ou hispide, à feuilles entières ou pennatifides.

Hab. Champs argileux et sablonneux humides, terrains en friche; la var. β. dans les sables de l'Océan de Bayonne à Nantes. ② ou ♃ Juillet-août.

TH. HISPIDA *Roth, cat.* 1, *p.* 99; *DC. fl. fr.* 4, *p.* 52; *Dub. bot.* 307; *Th. taraxacoïdes Gaud. helv.* 5, *p.* 49; *Th. maroccana Pers. syn.* 2, *p.* 368; *Th. mauritanica Spr. syst.* 3, *p.* 666; *Hyoseris hispida Schousb. marocc.* 197. — Calathides, pédoncules, péricline et corolle de l'espèce précédente. Akènes atténués en bec *dans leur moitié supérieure.* Feuilles oblongues, entières ou roncinées-pennatifides, plus hispides que dans le *Th. hirta.* Souche *nulle.* Racine *fusiforme,* allongée, dépourvue de fibres au collet, *annuelle.* — Plante d'environ un décimètre, et ordinairement bien plus petite que la précédente.

Hab. Çà et là dans la région méditerranéenne de Nice à Perpignan; Fréjus (*Perreymond*); Narbonne (*Delort*); Cette (*Grenier*); Collioure (*Bernard*); Pyrénées-Orientales, Prats-de-Mollo, bords de la Nive (*Lap.*) ① Juin.

Th. tuberosa *D C. fl. fr.* 4, *p.* 52; *Dub. bot.* 307; *Th. grumosa Brot. fl. lus.* 1, *p.* 325; *Apargia tuberosa Willd. sp.* 3, *p.* 1549; *A. bulbosa Balb. misc. act. taur.* 1808, *p.* 224; *Leontodon tuberosum L. sp.* 1123; *Picris tuberosa All. ped.* 1, *p.* 210. *Ic. Lob. obs.* 117, *f.* 1; *Math. comm.* 459.—Calathides, pédoncules, péricline, corolle et feuilles des espèces précédentes. Akènes atténués en bec *dans leur moitié supérieure.* Souche *vivace, courte, tronquée,* émettant au collet des fibres fasciculées et napiformes.

Hab. Abonde dans les terrains sablonneux et pierreux de la région méditerranéenne de Nice à Perpignan; la Corse. ♃ Août-septembre.

LEONTODON. (L. gen. 912.)

Péricline à folioles *imbriquées* sur plusieurs rangs. Réceptacle nu ou un peu fibrilleux. Akènes striés, *insensiblement atténués en bec.* Aigrettes toutes *semblables, persistantes,* formées de poils, les uns courts, capillaires, denticulés, les autres longs, plumeux, à barbes persistantes, scarieux-dilatés et non soudés ensemble à la base. — Plantes vivaces; fleurs jaunes; aigrette d'un blanc sale, rarement d'un blanc pur.

Sect. 1. Oporinia *Don, Ed. phil. journ.* 1829. — Soies de l'aigrette unisériées, toutes plumeuses et un peu dilatées à la base; calathides *dressées* avant l'anthèse; racine *tronquée.*

L. **autumnalis** *L. sp.* 1123; *D C. fl. fr.* 4, *p.* 53; *Dub. bot.* 308; *Lois. gall.* 2, *p.* 178; *Hedypnoïs autumnalis Vill. Dauph.* 3, *p.* 77; *Picris autumnalis All. ped.* 1, *p.* 210. *Ic. Fuchs. hist.* 320. — Calathides portées sur des pédoncules radicaux simples ou rameux, allongés, dressés avant l'anthèse, épaissis et fistuleux au sommet, munis de petites écailles appliquées. Akènes bruns, rugueux transversalement; aigrette d'un blanc sale, fragile, égalant les akènes. Feuilles radicales nombreuses, étalées, longues, dilatées et membraneuses à la base. Tiges scapiformes, dressées, ordinairement rameuses. Racine tronquée. — Plante glabre ou hérissée de poils simples. On observe souvent au-dessous des poils plumeux de l'aigrette quelques poils simples et denticulés, ce qui nous a décidé à rejeter le genre *Oporinia.*

β. *pratensis. Koch.* Involucre et pédoncules rameux tout couverts de longs poils bruns. *Oporinia pratensis Less. syn.* 132; *Apargia pratensis Link, handb.* 1, *p.* 791; *Leontodon pratensis Rchb. exc.* 1, *p.* 253. La forme à pédoncules uniflores est l'*Apargia Taraxaci Sm. engl. fl.* 3, *p.* 353.

γ. *alpinum Gaud. helv.* 5, *p.* 59. Pédoncules simples, uniflores; péricline hérissé de poils noirs. Cette forme rappelle le *L. pyrenaïcum*.

Hab. L'est, le nord, l'ouest de la France; Montpellier; paraît manquer dans une grande partie de la région méditerranéenne; la var. β. commune dans la vallée du Quayras en Dauphiné (*Grenier*); la var. γ. au Lautaret, mont Vizo, etc. ♃ Juillet-septembre.

Sect. 2. Dens Leonis *Koch, syn.* 480. — Soies de l'aigrette bisériées; les intérieures un peu dilatées à la base et plumeuses; les extérieures courtes, piliformes et scabres; calathides *penchées* avant l'anthèse; souche *tronquée*.

a. *Aigrette d'un blanc de neige.*

L. Taraxaci *Lois. gall. ed.* 1, *p.* 513, *et ed.* 2, *v.* 2, *p.* 177; *L. montanum Lam. fl. fr.* 3, *p.* 640; *D C fl. fr.* 4, *p.* 54; *Dub. bot.* 307; *Hieracium Taraxaci L. sp.* 1125; *Picris Taraxaci All. ped.* 1, *p.* 208, *t.* 31, *f.* 1; *Hedypnoïs Taraxaci Vill. Dauph.* 3, *p.* 80, *t.* 26; *Apargia Taraxaci Willd. sp.* 3, *p.* 1580. — Calathide grosse, penchée avant l'anthèse, portée sur un pédoncule radical court, quelquefois à peine aussi long qu'elle, et n'atteignant pas un décimètre, renflé et hérissé au sommet de longs poils grisâtres, ainsi que les folioles du péricline. Akènes lisses et très-faiblement atténués sous l'aigrette. Feuilles toutes radicales, étalées en rosette, atténuées en pétiole, lancéolées, presque entières, dentées ou pennatifides, glabres ou semées de quelques poils simples. Souche grosse, noirâtre.

Hab. Débris des rochers et ravins sous les plus hauts sommets des Alpes, mont Aurouse près de Gap, mont de Lans à Piemeyan, Lautaret au Galibier, Villars-d'Arène, sous les glaciers du Bec, col de l'Echauda, sommet de la vallée du Quayras, sous le mont Vizo, col de l'Arche, etc.; Pyrénées, Montfort et Salvanaire (*Lap.*), etc. ♃ Août.

b. *Aigrette roussâtre.*

L. pyrenaicus *Gouan, ill. p.* 55, *t.* 22, *f.* 1-2; *L. squamosum Lam. dict.* 3, *p.* 529; *D C. fl. fr.* 4, *p.* 54; *Dub. bot.* 307; *Döll, Rein. fl. p.* 536; *L. alpinum Lois. gall.* 2, *p.* 177; *Apargia alpina Willd. sp.* 3, *p.* 1547; *Lap. abr. pyr.* 463; *Picris saxatilis All. ped.* 1, *p.* 211, *t.* 14, *f.* 4; *Hedypnoïs pyrenaïca Vill. Dauph.* 3, *p.* 78; *Oporina pyrenaïca C. H. Schultz, bip. Ic. Jacq. austr. t.* 93. *F. Schultz, exsicc. n°* 469! — Calathide penchée avant l'anthèse, solitaire sur un pédoncule radical simple, *renflé-dilaté au sommet et pourvu d'un grand nombre de bractéoles appliquées.* Folioles du péricline noirâtres et velues-hérissées. Akènes brunâtres, un peu rugueux; aigrette d'un blanc-sale, molle, plus courte que l'akène. Feuilles toutes radicales, tout à fait étalées ou ascendantes, tantôt atténuées en un très-long pétiole, tantôt presque sessiles, oblongues, sinuées-dentées, glabres ou munies de poils *simples*. Souche oblique, tronquée. — Cette plante se distingue en outre de la suivante par les alvéoles du réceptacle nues et non fibrilleuses aux bords. L'aigrette, comme dans le *L. autumnale*, est souvent unisériée; mais les calathides penchées avant l'anthèse ne permettent pas de confusion.

β. *aurantiacus Koch, syn.* 481. Fleurs de couleur orangée. *L. croceum Hænk, in Jacq. coll.* 2, *p.* 16 ; *Apargia aurantiaca Willd. sp.* 3, *p.* 1547. Le même à feuilles pennatifides est l'*Apargia crocea Willd. l. c. p.* 1548.

Hab. Hautes-Alpes du Dauphiné, Lautaret, Champ-Rousse près de Grenoble, Grande-Chartreuse, la Mure, col de Serre, Saint-Hugon, mont Aurouse, etc.; Pyrénées, val d'Eynes, Llaurenti, Paillères, mont d'Orlu, Saleix à l'Escalette, vallée de Lys, pic Cairat, port de la Picade, Tourmalet, pic du Midi, les Cougous, mont Cagyre, houle de Marboré, port de Vieille, casan d'Estiba, Canigou, pic d'Eyré, etc.; Vosges, sur les grès, depuis les montagnes de Dabo et de Saint-Quirin jusqu'au ballon de Giromagny; mont Pilat près de Lyon; Auvergne, monts Dores, Puy-de-Dôme, Cantal, pic de Sancy, val d'Enfer; chaîne du Forez; le Mezenc; montagnes de la Lozère. ♃ Juillet-août.

L. **PROTEIFORMIS** *Vill. Dauph.* 3, *p.* 87, *t.* 24; *Godr. fl. lorr.* 2, *p.* 61; *L. hastile Koch, syn.* 481. *Ic. Clus. hist.* 2, *p.* 142, *f.* 1; *J. B. hist.* 2, *p.* 1037, *f. sup.* — Calathide penchée avant l'anthèse, solitaire sur un pédoncule radical simple, *un peu épaissi au sommet*, nu ou *pourvu de* 1-2 *petites bractées*, long de 2-4 décimètres. Folioles du péricline appliquées, glabres ou hérissées de poils bruns. Akènes brunâtres, rugueux transversalement; aigrette d'un blanc-sale, molle, égalant les akènes. Feuilles d'un *vert-gai;* les radicales dressées-étalées, atténuées en pétiole, sinuées-dentées ou pennatifides, plus ou moins pourvues de poils *bi-trifurqués*. Racine tronquée. — Plante polymorphe. Il est possible que le *L. proteiformis Vill.* renferme plusieurs espèces que la culture et des observations précises pourront faire reconnaître, mais n'ayant pu nous livrer à ces expérimentations, nous avons dû laisser réuni ce que nous ne pouvions légitimement séparer.

α. *glabratus Koch.* Feuilles, tiges, péricline glabres ou à peine parsemés de quelques poils *L. hastile L. sp.* 1123; *L. danubiale Jacq. aust. t.* 164; *L. sublyratum Mérat, ann. sc. nat.* 22 (1831), *p.* 108; *Picris danubialis All. ped.* 1, *p.* 211, *t.* 70, *f.* 3.

β. *vulgaris Koch.* Feuilles planes, dentées; plante hérissée de poils plus ou moins longs, mais plus courts que le diamètre de la tige. *L. hispidum L. sp.* 1124. *C. Billot, exsicc. n°* 267.

γ. *crispatus Godr.* Feuilles très-hérissées, crépues, fortement dentées.

δ. *hyoserioïdes Koch.* Feuilles pennatifides, à segments linéaires.

Hab. Lieux incultes, pelouses, pâturages, coteaux et bords des chemins. ♃ Juin-septembre.

L. alpinum *Vill. prosp.* 34, *et fl. Dauph.* 3, *p.* 94, *t.* 24; *L. incanum DC. fl. fr.* 4, *p.* 56 (*non Schrank, nec Koch*). *Ic. Morison, s.* 7, *t.* 7, *f.* 14. — Calathide portée sur un pédoncule droit ou faiblement incliné à la base, scabre, *assez fortement cannelé*, 4 fois plus long que les feuilles, *renflé* au sommet. Aigrette très-fragile. Réceptacle *fortement fibrilleux*. Feuilles formant *une seule* rosette, et non 2-3 comme dans le précédent, *dressées*, atteignant 2 décimètres, rudes, blanchâtres, entières, denticulées ou dentées, *jamais pennatifides*, élargies-spatulées au sommet, hérissées de poils blanchâtres à 3-4 branches *très-fines;* ces poils, par leur abondance, empêchent de distinguer la couleur de la feuille qui est d'un *vert foncé presque noirâtre*. Souche oblique, ne produisant qu'*une rosette* de feuilles, entourée au collet d'écailles noirâtres débris des anciennes feuilles, allongée et moins garnie de fibres que le précédent. — Fleurs jaunes en dessus, presque rouges en dessous. Sans doute cette plante est voisine de la précédente; mais conjointement avec les caractères précités, sa station exclusivement alpine, et de plus propre aux Alpes granitiques, nous a paru une raison concluante pour la conserver comme espèce. C'est cette espèce qui a été prise par De Candolle et Duby pour le *L. incanum Schrank*, que nous ne connaissons pas en France.

Hab. Prairies les plus élevées des Alpes du Dauphiné, où elle abonde; mont de Lans, Lautaret, mont Vizo, etc. ♃ Août.

L. Villarsii *Lois.! gall. ed.* 1, *p.* 514, *et ed.* 2, *v.* 2, *p.* 177; *DC. fl. fr.* 5, *p.* 454; *Dub. bot.* 308; *L. hirtum Vill. Dauph.* 3, *p.* 82, *t.* 25; *L. sp.* 1123? ; *Picris hirta All. ped.* 1, *p.* 211; *Apargia Villarsii Willd. sp.* 3, *p.* 1552. — Calathide penchée avant l'anthèse, solitaire sur un pédoncule radical simple, *glabre*, non dilaté et pourvu de quelques bractéoles au sommet. Folioles du péricline presque glabres. Akènes brunâtres, chagrinés; aigrette d'un blanc-sale, égalant les akènes. Feuilles toutes radicales, *toujours pennatifides, très-fortement hispides-blanchâtres;* à poils raides, tous simples *et entiers au sommet*, rarement subbifurqués, égalant environ *deux fois* le diamètre du pédoncule. Souche verticale ou un peu oblique, allongée, subfusiforme, ou tronquée, ou rameuse. — Fleurs d'un jaune-pâle.

Hab. Collines sèches des vallées méridionales et chaudes du Dauphiné, remonte jusqu'à Gap; toute la Provence; le Languedoc; le Roussillon; Pyrénées-Orientales, Prats-de-Mollo, Prades, Olette (*Lap.*). ♃ Juillet-août.

Sect. 3. Asterothrix *Cass.* — Soies de l'aigrette bisériées; les intérieures plumeuses, les extérieures piliformes; calathides *penchées* avant l'anthèse; souche *verticale, fusiforme.*

L. crispus *Vill. Dauph.* 3, *p.* 84, *t.* 25; *DC. fl. fr.* 5, *p.* 454; *Dub. bot.* 308; *Lois. gall.* 2, *p.* 178; *L. pratense Lam. fl. fr.* 2, *p.* 115; *L. saxatilis Rchb.! fl. exs.* 1, *p.* 252, *et herb.!*

norm. nº 1436; *DC. prodr.* 7, *p.* 103; *Koch, syn.* 483; *Apargia crispa Willd. sp.* 3, *p.* 1551; *Apargia saxatilis Ten. cat.* 1819, *p.* 59. *Apargia tergestina Hoppe, pl. exsicc.; Schultz, exsicc.* nº 688. — Calathide penchée avant l'anthèse, solitaire sur un pedoncule radical simple, à peine dilaté au sommet, hérissé dans toute sa longueur de poils 3-4-furqués. Folioles du péricline linéaires, très-longues (2 centimètres, et par conséquent d'un tiers plus longues que celles des espèces voisines). Akènes brunâtres, chagrinés-scabres, longuement atténués en bec; aigrette d'un blanc-sale, un peu plus courte que les akènes. Feuilles lancéolées-roncinées ou pennatifides, grisâtres et hérissées de longs poils 3-4-furqués qui ne laissent qu'incomplétement apercevoir la couleur vert-foncé du limbe de la feuille. Souche verticale, fusiforme, très-longue.

Hab. Collines sèches et arides; Serrières dans l'Ain (*Jord.*); Dauphiné, Grenoble au polygone, Gap; Briançon, Sisteron, etc.; la Provence; mont Ventoux, Toulon, Marseille, Aix, etc.; le Languedoc, Montpellier, etc.; le Roussillon, Narbonne, Perpignan, etc.; Saint-Béat, Bagnères-de-Luchon (*Lap.*). ♃ Juin-juillet.

Obs. — D'après l'exemplaire, en parfait état, que nous avons vu dans l'herbier normal de Reichenbach, nous pouvons assurer que son *Leontodon saxatilis* n'est que le *L. crispus Vill.* Cet exemplaire a été recueilli par M. Thomasini aux environs de Trieste. Il résulte aussi de là que la plante décrite par De Candolle, dans le prodrome, sous le nom de *L. saxatile*, n'est également qu'un synonyme du *L. crispus*.

Le *L. saxatile Lam. dict.* n'est que le *Trincia hirta Roth.* Il en est de même du *L. saxatile* de Thuillier, Mérat et Loiseleur. D'où il suit que le *L. saxatile* est une espèce qui disparaît pour se perdre dans la synonymie.

PICRIS. (Juss. gen. 170.)

Péricline à folioles *imbriquées*. Réceptacle nu. Akènes courtement et insensiblement atténués au sommet, ou seulement un peu étranglés sous les aigrettes. Celles-ci toutes semblables, *caduques*, et formées de poils *soudés à leur base en anneau*, tous plumeux ou les extérieurs seulement denticulés. — Plantes annuelles ou bisannuelles; fleurs jaunes; péricline à folioles extérieures lâchement imbriquées ou étalées et réfléchies.

a. *Annuelles.*

P. **SPRENGERIANA** *Lam. dict.* 3, *p.* 310; *DC. prodr.* 7, *p.* 128; *Mut. fl. fr.* 2, *p.* 246; *P. sprengeriana et Rhagadiolus Pers. syn.* 2, *p.* 370; *Crepis sprengeriana Willd. sp.* 3, *p.* 1598; *C. Rhagadioloïdes L. mant.* 108; *Jacq. hort. schn. t.* 144; *Hieracium sprengerianum L. sp.* 1130; *Medicusia aspera Mœnch, meth.* 537; *Medicusia sprengeriana Rchb. exc.* 1, *p.* 254. *Ic. Morison, s.* 7, *t.* 5, *f.* 15; *J. B. h.* 2, *p.* 1026. — Calathides *nombreuses*, ventrues à la maturité et fortement étranglées vers leur milieu, *petites* (5 millimètres de largeur sur 8-10 millimètres de longueur), disposées en corymbe lâche, étalé et très-ample, à rameaux et pédoncules *étalés-divariqués;* pédoncules non épaissis au sommet. Péricline à folioles hérissées de poils étalés, les uns simples et les autres glochidiés. Akènes marqués de bandes jaunes et brunes, plissés transversalement et très-rugueux ; les extérieurs à plis plus nombreux et plus fins. Feuilles d'un vert-pâle, hispides ; les inférieures oblongues-lancéolées, entières ou sinuées-dentées; les supérieures lancéolées-linéaires. Tige de 2–4 décimètres, dressée, très-rameuse-divariquée presque dès la base, rude, hérissée de longs poils glochidiés.

Hab. Environs de Toulon, à Clairet, d'où nous l'avons reçue de MM. *Auzendre* et *Cavalier.* ① Juin-juillet.

P. pauciflora *Willd. sp.* 3, *p.* 1557 ; *DC. fl. fr.* 4, *p.* 57; *Dub. bot.* 301 ; *P. Chaixi Poirr. suppl.* 4, *p.* 410 ; *P. grandiflora Ten. syll.* 397 ; *Crepis Lappacea Willd. sp.* 3, *p.* 1599 ; *C. sprengeriana All. ped.* 1, *p.* 221 ; *Medicusia lappacea Rchb. exc.* 1, *p.* 254. *Ic. Gærtn. t.* 159, *f.* 2 ; *DC. ic. rar. t.* 20. — Calathides peu nombreuses, ventrues à la maturité et étranglées vers leur milieu, *grosses* (1 centimètre de largeur sur 1 1/2 de longueur) et une fois plus volumineuses que celles de la précédente, disposées en corymbe *peu étalé*, à rameaux et à pédoncules *dressés;* ceux-ci *très-longs*, *renflés au sommet* et subitement amincis sous la calathide. Péricline à folioles hérissées de longs poils glochidiés, et de poils bien plus courts et tomenteux. Akènes plissés-rugueux; les extérieurs enveloppés par les folioles du péricline, et à plis 2-3 fois plus nombreux et plus petits. Feuilles d'un vert-foncé, hispides ; les inférieures oblongues-lancéolées, entières ou sinuées-dentées ; les caulinaires lancéolées et linéaires. Tige de 2–4 décimètres, rarement simple et uniflore, ordinairement rameuse presque dès la base, à rameaux dressés, rudes, hérissés de longs poils glochidiés.

Hab. Nîmes (*Petit*) ; Fréjus et Draguignan ! (*Perreymond*) ; Toulon (*Robert*) ; Vaucluse (*Grenier*) ; Montpellier (*Benth.*) ; Pyrénées-Orientales (*Lap.*). ① Juin-juillet.

b. *Bisannuelles ou pérennantes.*

P. stricta *Jord. ! cat. Dijon*, 1848, *p.* 29 ; *P. hispidissima Lecoq et Lamotte*, *cat.* 244 (*non Bartl.*). — Calathides fructifères ovales-ventrues et *fortement étranglées vers leur milieu*, en *grappe longue et étroite*, à rameaux *dressés ou étalés-dressés,* à pédoncules *dressés*, souvent fasciculés, un peu épaissis. Péricline à folioles linéaires-aiguës, blanchâtres, hérissées de longs poils glochidiés, et de poils simples bien plus courts et tomenteux ; les extérieures *très-étalées* dans leur moitié supérieure. Akènes bruns, transversalement plissés-rugueux. Feuilles d'un *vert-pâle,* très-hispides sur les deux faces ; les radicales étroitement oblongues-aiguës, profondément ondulées-sinuées, atténuées à la base ; les caulinaires lancéolées, entières ou dentées, semi-amplexicaules. Tige très-hispide et très-rude, rameuse, à rameaux dressés et presque appliqués contre l'axe, ou seulement rameuse-subombelliforme. — Cette espèce, par ses calathides étranglées vers le milieu, se rapproche des espèces de la première section ; mais la durée de la racine et les autres caractères l'en éloignent.

Hab. Sisteron, Laragne (*Jord.*); environs d'Avignon où cette espèce envahit toutes les garigues, les bords des routes, les lieux incultes, etc.; elle occupe probablement toute la région des oliviers. (2) Juillet-août.

P. HIERACIOIDES *L. sp.* 1115 ; *DC. fl. fr.* 4, *p.* 57 ; *Dub. bot.* 300 ; *Lois. gall.* 2, *p.* 179 ; *Crepis virgata Lap. abr.* 483 (*ex Cl. Arnott.*); *P. Lappacea et scabra Lap. l. c.* (*de Pouzolz*). *Ic. Lam. ill. t.* 648, *f.* 2 ; *J. B. h.* 2, *p.* 1029. — Calathides en corymbe lâche, étalé et souvent subombelliforme, à rameaux très-étalés ; pédoncules non épaissis au sommet. Péricline à folioles hérissées sur le dos; les extérieures étalées. Akènes bruns-orangés, fortement plissés-rugueux transversalement, *courts* (3 1/2 millimèt. de longueur). Feuilles d'un vert-clair, hispides, *rudes ;* les radicales oblongues, onduleuses, entières ou sinuées-dentées, pétiolées; les caulinaires *étroitement lancéolées, un peu atténuées à la base* et demi-embrassantes. Tige de 4-8 décimètres, striée, hispide, à rameaux *étalés.* — Plante rude, hérissée de poils simples et de poils glochidiés; fleurs extérieures violettes en dessous.

Hab. Les murs; lieux incultes et pierreux. Nous avons constaté sa présence dans tout l'est, le nord et l'ouest; mais cette espèce ayant été confondue avec le *P. stricta Jord.*, qui nous a paru propre à la région des oliviers, nous nous bornerons à appeler sur elle l'attention des botanistes de notre région méridionale. (2) Juillet-septembre.

P. PYRENAICA *L. sp. ed.* 1, *p.* 792 ; *Gouan, ill.* 52 ; *Vill. Dauph.* 3, *p.* 148 ; *DC. fl. fr.* 5, *p.* 454 ; *Dub. bot.* 301 ; *P. tuberosa Lap. abr.* 467 ; *P. crepoïdes Sauter, in bot. Ztg.* 1830, *p.* 409 ; *P. sonchoïdes Rchb. exc.* 1, *p.* 254. — Calathides d'un tiers plus grandes environ que celles du *P. hieracioïdes*, en corymbe étalé, portées sur des pédoncules *épaissis* au sommet. Péricline à folioles *noirâtres, toutes dressées,* hispides. Akènes environ *une fois plus volumineux* que ceux de l'espèce précédente (5 millimètres de longueur). Feuilles larges, très-hispides, mais à poils *longs et mous ;* les caulinaires supérieures *ovales-lancéolées*, acuminées, en cœur à la base et embrassant la tige par 2 oreilles arrondies; les inférieures atténuées en pétiole ailé et semi-amplexicaule. Tige robuste. — Plante plus forte, plus hispide, mais moins rude que la précédente.

β. *decipiens.* Calathides un peu resserrées vers le milieu ; pédoncules non épaissis; feuilles caulinaires presque obtuses. Plante à floraison plus précoce. La culture la ramène au type. *P. Villarsii Jord.! cat. Dijon*, 1848, *p.* 29.

Hab. Hautes Vosges, le Hohneck; monts Dores (*Lecoq et Lamotte*); abonde dans les prairies alpines du Dauphiné, Lautaret, mont Vizo, etc.; Pyrénées-Orientales, Llaurenti (*Gouan*). (2) Juillet-septembre.

P. corymbosa *Gren. et Godr.* — Calathides nombreuses, notablement étranglées vers leur milieu, portées sur des pédoncules *dressés*, non dilatés, *courts* et souvent à peine égaux à la calathide sans atteindre deux fois sa longueur, disposées en corymbe un peu compacte. Péricline à folioles tomenteuses, et de plus pourvues de quelques poils longs et glochidiés. Akènes *lisses?*, fortement étranglés sous le sommet et *dilatés*, pour recevoir l'aigrette, *en un disque aussi large qu'eux*. Feuilles faiblement pubescentes, épaisses, fragiles, *toutes lancéolées*, à dents allongées, étroites et *obtuses; les* caulinaires *courtement pétiolées* et non embrassantes à la base. Tige de 2-3 déc. *fortement cannelée*, rameuse presque dès la base, à rameaux dressés, pubescents, à poils glochidiés peu nombreux, et à poils tomenteux plus abondants.— Plante non rude comme les précédentes.

Hab. Environs de Perpignan. ② et ♃.

HELMINTHIA. (Juss. gen. 170.)

Péricline *double;* l'extérieur à 3-5 folioles égales entre elles, foliacées, ovales en cœur à la base, acuminées, épineuses; l'intérieur urcéolé, formé de 8 folioles acuminées-aristées, *plus étroites que les extérieures*. Réceptacle fibrilleux-velu. Akènes un peu comprimés, arrondis au sommet et surmontés d'un *bec filiforme*, presque aussi long qu'eux; aigrette à soies *toutes plumeuses*.

H. echioides *Gærtn. fr.* 2, *p* 368, *t.* 159, *f.* 2; *D C. fl. fr.* 4, *p.* 58; *Dub. bot.* 300; *Lois.! gall.* 2, *p.* 179; *Picris echioïdes L. sp.* 1114. *Ic. Lam. ill. t.* 648; *J. B. hist.* 2, *p.* 1029, *f. sup.* — Calathides en grappes corymbiformes au sommet des rameaux. Folioles extérieures du péricline hérissées et bordées de poils spinescents, ovales-acuminées, épineuses, en cœur à la base, appliquées, presque aussi longues que les intérieures; celles-ci lancéolées-linéaires, pectinées-ciliées et aristées au sommet. Akènes d'un brun-rougeâtre, finement ridés en travers, munis d'un bec grêle, fragile, ordinairement plus long qu'eux; ceux de la circonférence velus à la face interne; aigrette blanche. Feuilles lancéolées-oblongues, sinuées-dentées ou entières, hérissées de poils bifurqués; les radicales pétiolées; les caulinaires embrassant la tige par deux oreillettes arrondies. Tige de 5-10 décimètres, dressée, robuste, sillonnée, rameuse-dichotome, hérissée de poils subspinescents et de poils glochidiés. — Fleurs jaunes. Plante plus rude, plus piquante, à feuilles bien plus larges dans le nord que dans le midi.

β. *mollis Dub. bot.* 300. Plante presque lisse et inerme.

Hab. Toute la France, dans les champs, les lieux incultes, et dans les luzernières; plus rare dans le nord que dans le midi. ① Juillet-septembre.

UROSPERMUM. (Juss. gen. 170.)

Péricline *simple*, formé de 8 folioles *soudées* à la base. Réceptacle fibrilleux-pubescent. Akènes très-fortement muriqués, surmontés d'un long bec fistuleux *dilaté à la base* et séparé de l'embryon par un diaphragme ; aigrette à poils tous plumeux.

U. Dalechampii *Desf. cat. ed.* 1, *p.* 90; *D C. fl. fr.* 4, *p.* 62; *Dub. bot.* 295 ; *Lois. gall.* 2, *p.* 175 ; *Tragopogon Dalechampii L. sp.* 1110 ; *Arnopogon Dalechampii Willd. sp.* 3, *p.* 1496 ; *Lap. obs.* 455. *Ic. Dalech. lugd.* 569, *f.* 1 ; *Barr. f.* 209 ; *J. B. hist.* 2, *p.* 1036. — Calathides solitaires au sommet de longs pédoncules un peu renflés au sommet. Péricline à folioles lancéolées, *mollement et finement pubescentes-tomenteuses*, soudées dans leur tiers inférieur. Akènes comprimés, chagrinés dans le pourtour, et portant sur chaque face trois rangs de tubercules ; bec lisse, fistuleux, *insensiblement atténué* de la base au sommet, presque une fois plus long que l'akène. Feuilles roncinées-panduriformes et subpennatifides, à lobe terminal très-grand, rarement entier, pubescent, un peu rude. Tiges pubescentes, simples ou un peu rameuses, tantôt solitaires et tantôt plusieurs sur la souche grosse, *noirâtre*, *vivace* et non bisannuelle. — Fleurs d'un jaune-soufré, verdissant par la dessiccation.

Hab. La région méditerranéenne, Draguignan, Fréjus, Toulon, Marseille, Montpellier, Narbonne, etc. ♃ Juin.

U. **picroides** *Desf. cat. ed.* 1, *p.* 90 ; *D C. fl. fr.* 4, *p.* 63 ; *Dub. bot.* 295 ; *Lois. gall.* 2, *p.* 175 ; *Tragopogon picroïdes L. sp.* 1111 ; *Arnopogon picroïdes Willd. sp.* 3, *p.* 1496. *Ic. C. B. prod.* 60, *f. dextr.* — Calathides solitaires au sommet de longs pédoncules à peine dilatés, et munis de quelques poils tuberculeux. Péricline à folioles *ovales-lancéolées*, soudées dans leur quart inférieur, *hérissées de longues soies*. Akènes comprimés, tuberculeux comme ceux du précédent, prolongés inférieurement *en un court podogyne* prismatique-triangulaire, surmontés par un long bec *subitement renflé en ampoule* rugueuse, puis filiforme dans le reste de la longueur. Feuilles molles, oblongues-roncinées, munies de quelques soies sur les faces, ciliées, à dents aristées. Tiges simples ou rameuses, hispides-scabres. Racine *annuelle*, fusiforme. — Fleurs d'un beau jaune.

β. *asperum Dub. l. c.* Tige subuniflore ; feuilles supérieures presque entières. *U. asperum D C. fl. fr.* 4, *p.* 63 ; *Arnopogon asper Willd. sp.* 3, *p.* 1497.

Hab. La région méditerranéenne, Draguignan, Fréjus, Grasse, Toulon, Marseille, Avignon, Montpellier, Cette, Narbonne, etc. ① Juin-juillet.

B. *Barbes des poils de l'aigrette entremêlées.*

SCORZONERA. (L. gen. 905, part.)

Péricline à folioles nombreuses, inégales, libres, *imbriquées* sur plusieurs rangs. Réceptacle nu, alvéolé. Akènes à ombilic oblique et bordé, striés, *dépourvus de podogyne*, faiblement atténués au sommet et *non surmontés d'un bec ;* aigrette formée de soies plumeuses dont 5 plus longues et nues au sommet; barbes entremêlées. — Feuilles linéaires ou lancéolées, entières.

Sect. 1. LASIOSPORA *Less. syn.* 134. — Aigrette à soies plumeuses, inégales, nues au sommet. Akènes très-velus.

SC. HIRSUTA *L. mant.* 278; *DC. fl. fr.* 4, *p.* 60; *Dub. bot.* 308; *Lois. gall.* 2, *p.* 176; *Sc. eriocarpa Gouan*, *ill.* 52 (*non Bieb.*); *Lasiospora hirsuta Cass. dict.* 25, *p.* 306; *Geropogon calyculatus L. syst. veg.* 562; *G. hirsutus All. ped.* 1, *p.* 229 (*non Linn.*); *Galasia Jacquini Cass. dict.* 25, *p.* 82 *in nota; Hieracium capillaceum All. ped.* 1, *p.* 214, *t.* 31, *f.* 3. *Ic. Jacq. hort. vind. t.* 106. — Calathides solitaires au sommet des tiges et des rameaux dressés. Péricline à folioles glabres, inégales; les extérieures plus courtes; corolles une fois plus longues que le péricline. Akènes couverts de longs poils roux; aigrette à poils roux, plumeux, une fois plus longs que l'akène. Feuilles d'un vert-blanchâtre, pubescentes, dressées, très-étroitement linéaires, à 3-5 nervures saillantes, plus larges à la base, et s'atténuant graduellement jusqu'au sommet. Tige de 2-4 décimètres, simple ou rameuse à rameaux dressés, fine, légèrement striée, pubescente, à feuilles très-rapprochées dans le quart ou la moitié inférieure, nues supérieuremt. Souche grosse, produisant une ou plusieurs tiges. — Fleurs jaunes.

Hab. Aix; Toulon; Marseille; Gréoux (*Roffavier*); le Languedoc, Montpellier, mont Serrane, Milhau; La Rochelle (*Gouget*). ♃ Juin.

Sect. 2. SCORZONERA *Less. syn.* 134. — Aigrette à soies plumeuses dont 5 plus longues nues au sommet. Akènes glabres.

a. *Fleurs purpurines.*

SC. PURPUREA *L. sp.* 1113; *Dub. bot.* 309; *Koch, syn.* 488; *Lecoq et Lamotte cat.* 247. *Ic. Jacq. austr. t.* 35; *Gmel. Sib.* 2, *t.* 2; *Clus. hist.* 2, *p.* 139, *f. sup.* — Calathides solitaires au sommet des tiges ou des rameaux dressés; corolles à tube égalant environ la moitié du limbe, pubérulentes au sommet du tube. Akènes striés, à stries lisses. Feuilles linéaires ou linéaires-lancéolées, dressées; les radicales semblables aux caulinaires; ces dernières un peu élargies à la base et contenant souvent à leur aisselle un bourgeon laineux. Tige de 2-3 décimètres, feuillée presque jusqu'au sommet, simple ou rameuse, et terminée par 1-4 fleurs. Souche grosse, couverte de filaments chevelus, dressés et grisâtres (débris des anciennes feuilles). — Fleurs purpurines. Cette espèce est voisine de la *Sc. austriaca*, dont elle diffère par ses calathides plus petites, par la couleur des fleurs et l'onglet des ligules de moitié plus court; par ses tiges plus grêles, plus feuillées et souvent rameuses; la souche est pareillement chevelue. Fruit.?

Hab. La Lozère, bois de la Vabre près de Mende (*Prost*); prairies de Barre (*Bayle*). ♃ Mai-juin.

b. *Fleurs jaunes.*

Sc. austriaca *Willd. sp.* 3, *p.* 1498; *Boreau, fl. centr.* 310; *Coss. et Germ. fl. par.* 431; *Gaud. helv.* 5, *p.* 18; *Sc. humilis Jacq. austr. t.* 36 (*non Lin.*); *D C. prodr.* 7, *p.* 120 *et fl. fr.* 4, *p.* 59; *Dub. bot.* 309; *Lois. gall.* 2, *p.* 176. *F. Schultz, exsicc.* 887. — Calathide solitaire au sommet de la tige ; corolle à languette égale au tube laineux au sommet. Akènes striés, à stries lisses. Feuilles radicales largement ovales et semblables à celles du *Plantago major L.* (un décimètre de long, sur 1/2 décimètre de large), ou lancéolées, ou lancéolées-linéaires ; les caulinaires 2-4, étroites, squamiformes. Tige de 1-4 décimètres, presque nue, glabre, simple, un peu renflée sous la calathide unique. Souche grosse, *couverte d'un abondant chevelu* (débris des anciennes feuilles). — Plante glabre.

Hab. Environs de Paris, Fontainebleau, Mont-Morillon, plaine du Chêne-Brûlé; rochers de Gevrey (Côte-d'Or); mont Doune sur Guillestre, dans les Hautes-Alpes! (*Mathonnet*); Nérou près de Grenoble, et Villars-d'Arène (*Mutel*); prairies de l'Ardèche autour des sources de la Loire (*Mutel*); Serre-de-Bouquet près de Nimes (à très-larges feuilles) (*de Pouzolz*). ♃ Mai.

Sc. humilis *L. sp.* 1112; *Koch, syn.* 487; *Sc. plantaginea et macrorrhiza Schel. in DC. prodr.* 7, *p.* 119-120; *Gaud. helv.* 5, *p.* 22; *Sc. plantaginea Boreau, fl. centr.* 309; *Sc. nervosa* α. *Lam. dict.* 7, *p.* 22; *Sc. angustifolia D C. prodr. l. c.* (*quoad mult. loc. nat.*); *Sc. angustifolia et Sc. graminifolia Dub. l. c. part. F. Schultz, exsicc.* 48.—Calathides solitaires au sommet de la tige. Péricline plus ou moins *cotonneux* à la base, à folioles ovales et bien plus courtes que les intérieures; corolles une fois plus longues que le péricline, à limbe *égal* au tube pubescent. Akènes à côtes presque lisses. Feuilles d'un vert-gai; les radicales longues, lancéolées-acuminées, pourvues de 5-7 nervures; les caulinaires peu nombreuses, petites, linéaires, dressées. Tige fistuleuse, dressée, ordinairement simple et uniflore, d'abord *lanugineuse* surtout au sommet, puis glabrescente. Souche épaisse, *dépourvue* de fibres chevelues au sommet, et *entourée d'écailles scarieuses* noirâtres (débris des anciennes feuilles).

Hab. Espèce commune dans le nord, l'est, le centre et l'ouest de la France; Alpes; Pyrénées, Ariége, Mont-Louis; se retrouve dans la région méditerranéenne, Narbonne! (*Delort*); Toulon? (*Robert*) plus probablement l'espèce suivante. ♃ Mai-juin.

Sc. parviflora *Jacq. austr.* 4, *t.* 305; *Willd. sp.* 3, *p.* 1500; *DC. prodr.* 7, *p.* 121; *Dub. bot.* 309; *Lois. gall.* 2, *p.* 176; *Sc. caricifolia Pall. itin.* (*ed. fr.*), *vol.* 8, *p.* 397, *t.* 99; *Sc. angustifolia* β. *provincialis Dub. l. c.; Castagne, cat.* 86. — Cette espèce est si ressemblante à la *Sc. humilis*, qu'il n'est pas étonnant qu'elle ait été souvent confondue avec elle. On la distingue aux caractères suivants : calathides *d'un tiers* moins larges et presque aussi longues, bien plus resserrées au sommet du péricline; celui-ci *toujours glabre* à la base, ainsi que le pédoncule; fleurons *à peine plus longs que le péricline;* feuilles caulinaires *embrassant presque entièrement* ou même complétement la tige; celle-ci grêle et *toujours très-glabre.* — Cette plante a été parfaitement décrite et figurée par Pallas, qui l'a retrouvée en Tartarie.

Hab. Prairies humides de la région méditerranéenne, marais de Miramas près de Marseille! (*Castagne*); Toulon? Montpellier! (*Dunal*); Aigues-Mortes (*Monnier*). ♃ Mai-juin.

Sc. aristata *Ram. in D C. fl. fr.* 4 (1805), *p.* 922; *Dub. bot.* 309; *Lois. gall.* 2, *p.* 179; *Koch, syn.* 488; *Sc. grandiflora Lap. abr.* 457 (1813). Calathide solitaire au sommet de la tige. Péricline plus ou moins cotonneux à la base, à folioles inégales; les 1-2-3 extérieures plus étroites, bractéiformes et *égalant ou dépassant les intérieures;* corolle à limbe *une fois plus large* que le tube pubescent. Akènes extérieurs striés et *tuberculeux;* les intérieurs striés et faiblement *chagrinés.* Feuilles toutes radicales, linéaires-aiguës, dressées, à 3-5 nervures. Tige de 2-4 décimètres, *pleine et non fistuleuse*, légèrement cotonneuse surtout sous la calathide, simple et jamais rameuse, dressée et uniflore, *très-finement striée* (et non presque cannelée comme celle de la *Sc. humilis*), nue ou munie d'une seule feuille longue, très-étroite, non bractéiforme. Souche grosse, écailleuse au collet.

Hab. Hautes-Pyrénées, piquette d'Endretlis, boud de Séculéjo, pique de Caumale, lac d'Espingon, port de la Picade, Esquierry, Villefranche, la Trancade-d'Ambouilla, pic de Gère, etc. ♃ Juin-juillet.

Sc. hispanica *L. sp.* 1112; *D C. fl. fr.* 4, *p.* 59; *Koch, syn.* 488; *Dub. bot.* 309; *Lois. gall.* 2, *p.* 176. *Ic. Clus. hist.* 2, *p.* 137; *Math. comm.* 492. — Calathides solitaires au sommet des tiges ou des rameaux. Péricline glabre ou un peu cotonneux à la base, à folioles extérieures *plus courtes* et plus larges que les intérieures; corolle à limbe un peu plus long que le tube presque glabre. Akènes du bord du disque *un peu tuberculeux* sur les stries. Feuilles radicales nombreuses, ovales, lancéolées ou linéaires; les caulinaires plus étroites, et assez rapprochées dans la moitié inférieure de la tige, produisant souvent à leur aisselle un pédoncule uniflore. Tige de 4-12 décimètres, striée ou légèrement sillonnée, dressée, *feuillée*, cotonneuse à la base, simple et uniflore, bien plus souvent rameuse et multiflore. Souche grosse, écailleuse au collet et comestible.

α. *latifolia Koch, l. c.* Feuilles ovales ou ovales-lancéolées. *Sc. hispanica* α. *sinuata Wallr. ann. bot.* 94; *Sc. denticulata Lam. fl. fr.* 2, *p.* 82; *Sc. edulis Mœnch. meth.* 548.

β. *glastifolia Wallr. l. c.; Koch, l. c.* Feuilles lancéolées-linéaires. *Sc. glastifolia Willd.! sp.* 3, *p.* 1499; *Sc. graminifolia Roth, tent.* 2 *bis, p.* 249; *Sc. montana Mut. fl. Dauph.* 268.

γ. *asphodeloïdes Wallr. l. c.* Feuilles linéaires.

Hab. Le type est cultivé partout, et se retrouve dans les prés gras; la var. β. Alpes du Dauphiné, environs de Grenoble, la Bastille; environs de Gap, sous le mont Seuse, à la Grangette, etc.; Toulon; var. γ. Montpellier; Toulon; Mende; Sisteron, etc. ② Juin-juillet.

Obs. — Nos recherches sur le vif, et dans leur lieu natal, ont confirmé à nos yeux l'opinion de Koch, qui réunit en une seule espèce les formes que nous avons énumérées. La culture pourra fournir des données qui modifieront cette manière de voir. Toutefois, disons qu'au pied du mont Seuse près de Gap, on trouve dans des prés humides la forme de nos jardins; puis un peu plus haut, dans des buissons, la forme nommée par Mutel *Sc. montana*; puis plus haut encore, la forme à feuilles très-étroites : γ. *asphodeloïdes*

PODOSPERMUM. (D C. fl. fr. 5, p. 61.)

Akènes prolongés à la base en un *podogyne creux, renflé*, presque égal à leur longueur. Le reste comme dans le genre *Scorzonera*. — Feuilles pennatiséquées.

P. **laciniatum** *D C. fl. fr.* 4, *p.* 62; *Dub. bot.* 308; *Koch, syn.* 489; *P. muricatum D C. syn. gall.* 265; *Scorzonera laciniata L. sp.* 1114 (*non Jacq.*); *Lois. gall.* 2, *p.* 177; *Sc. petiolaris Lap. abr. suppl.* 120; *Sc. octangularis Willd. sp.* 3, *p.* 1506; *Sc. paucifida Lam. fl. fr.* 2, *p.* 83; *Sc. muricata Balb. misc.* 25. *Ic. Gærtn. fr. t.* 159, *f.* 1; *Barr. ic.* 779. *F. Schultz, exsicc.* 470. — Calathides solitaires au sommet des tiges et des rameaux. Folioles extérieures du péricline pubérulentes, courtes, lancéolées, ordinairement munies d'une petite corne sous leur sommet; les intérieures longues, lancéolées-linéaires. Akènes grisâtres, anguleux, striés, à podogyne épais, blanc, pourvu de côtes; aigrette d'un blanc-sale. Feuilles pennatiséquées, à segments écartés et très-variables dans leurs dimensions ou même parfois nuls; les radicales nombreuses. Tige souvent unique, *droite*, rameuse et rarement simple, à rameaux ascendants, subcorymbiformes. Racine simple et très-longue. — Plante d'un vert-blanchâtre, pourvue d'un léger duvet ou glabre, lisse ou rude (*P. muricatum D C.*); fleurs d'un jaune-pâle.

α. *genuina*. Feuilles à segments linéaires. *P. laciniatum auct.*; *Sc. laciniata L. l. c.*

β. *integrifolia*. Feuilles linéaires, entières, dépourvues de segments. *P. subulatum D C. fl. fr.* 4, *p.* 61; *Dub. bot.* 308; *Sc. subulata Lam. fl. fr.* 2, *p.* 81; *Sc. pinifolia Gouan, ill.* 53?; *Lois. gall.* 2, *p.* 176.

γ. *intermedium*. Feuilles à segments lancéolés; folioles du péricline ordinairement mutiques. *P. intermedium D C. prodr.* 7, *p.* 110; *Scorzonera intermedia Guss. syn.* 587.

δ. *latifolia*. Feuilles à segments ovales et même suborbiculaires, peu nombreux, à sommet souvent recourbé; folioles extérieures du péricline ordinairement mutiques au sommet et entourées d'un petit flocon de laine blanche. *P. calcitrapæfolium Koch! syn.* 490 *non DC.*); *Sc. calcitrapæfolia Vahl, symb.* 2, *p.* 87; *Sc. resedifolia Gouan, ill.* 53.

Hab. Tout le midi de la France; se retrouve dans l'ouest, le centre et le nord; manque dans quelques départements du nord-est; var. γ. commune autour de Grenoble; Leomont près de Lunéville, etc.; var. δ. Fréjus, Toulon, etc. ② Juin-août.

P. decumbens *Gren. et Godr.*; *P. calcitrapæfolium DC. fl. fr.* 5, *p.* 455; *Dub. bot.* 308; *Sc. decumbens Guss. syn.* 386; *Sc. resedifolia Lois. gall.* 2, *p.* 177 (*non L.*). *Ic. Barr. f.* 800. — Folioles extérieures du péricline *ordinairement mutiques* et pubérulentes; les intérieures lancéolées-linéaires, longues et égalant presque les fleurs. Feuilles pennatiséquées à segments très-variables dans leurs dimensions. Tiges de 1-2 décimètres; la centrale *dressée et plus courte que les latérales;* celles-ci *décombantes, puis redressées.* Le reste comme dans le précédent.

α. *angustifolia.* Feuilles pennatiséquées, à segments linéaires et rarement nuls.

β. *resedifolia.* Feuilles pennatiséquées, à segments ovales, oblongs ou lancéolés.

Hab. Alpes du Dauphiné, Grenoble, Gap, Briançon, la Grave, Guillestre, Digne, Abriès dans le Quayras; Colmars, Aix, Toulon; Lyon, où il a été amené par les eaux; Albi; Agen; Saint-Céré dans le Lot (*Boreau*). ② Juin-août.

TRAGOPOGON. (L. gen. 905.)

Péricline *simple,* à 8-10 folioles *disposées sur un seul rang,* soudées à la base, réfléchies à la maturité. Réceptacle nu, alvéolé. Akènes à côtes longitudinales scabres ou dentées-épineuses, dépourvus de podogyne, *longuement atténués en bec* grêle; aigrette à soies *toutes* plumeuses, et dont 5 plus longues et nues au sommet; barbes entremêlées. — Feuilles linéaires, entières.

a. *Pédoncules non renflés en massue au sommet.*

1. *Fleurs jaunes.*

Tr. pratensis *L. sp.* 1109; *DC. fl. fr.* 4, *p.* 64; *Dub. bot.* 306; *Lois. gall.* 2, *p.* 175; *Boreau, fl. centr. ed.* 2, *p.* 209; *Tr. Baylei Lecoq et Lamotte, cat.* 246? *Ic. Fuchs. hist.* 821. — Calathides solitaires au sommet à peine épaissi des rameaux. Péricline à 8 folioles lancéolées, longuement acuminées, *égalant* les fleurs, rarement presque de moitié plus courtes (*Tr. minor Fries?; Tr. Baylei Lecoq?*). Anthères à tube *doré inférieurement* et d'un *brun foncé supérieurement.* Akènes grisâtres, *égalant* le bec qui les surmonte; celui-ci *scabre-tuberculeux;* aigrette blanche un peu violacée. Feuilles dressées, dilatées à la base, puis insensiblement et longuement atténuées, linéaires-acuminées, souvent onduleuses et tortillées au sommet. — Plante de 4-8 décimètres, glabre, à fleurs jaunes se fermant vers 9-10 heures du matin.

Hab. Prairies et pâturages; commun et souvent confondu avec le suivant. ② Mai-juin.

Tr. orientalis *L. sp.* 1109; *Boreau, fl. centr. ed.* 2, *p.* 309; *Tr. undulatum* β. *orientale D C. prodr.* 7, *p.* 113; *Tr. undulatus Rchb. exc. p.* 277 (*non Jacq.*). *Ic. Cam. epit. p.* 312. — Calathides presque *une fois plus grandes* que celles du *Tr. pratensis.* Péricline à 8 folioles *plus courtes* que les fleurs. Anthères à tube *doré, marqué de 5 stries noires.* Akènes *égalant une fois et demie* la longueur du bec qui les surmonte; celui-ci *scabre-écailleux*, à écailles cartilagineuses. Le reste comme dans le *Tr. pratensis* dont la fleur est en outre presque de moitié plus petite, et dont le pédoncule est encore moins épaissi.

Hab. Dans les prés avec le précédent. Nous manquons d'observations pour lui assigner avec quelque précision sa station géographique; Angers, Besançon, Strasbourg, etc. ② Mai-juillet.

2. *Fleurs bleues.*

Tr. crocifolius *L. sp.* 1110; *D C. fl. fr.* 4, *p.* 65; *Dub. bot.* 307; *Lois. gall.* 2, *p.* 175; *Boreau, fl. cent.* 309. *Col. ecphr. t.* 230. — Pédoncules faiblement épaissis au sommet. Péricline à 5-8 folioles *dressées* pendant l'anthèse, et plus longues que les fleurs d'un *violet-rouge* au bord du disque et *jaunes au centre.* Akènes extérieurs très-hérissés de petites écailles, grisâtres, à *bec presque glabre* au sommet, plus court que l'akène et que l'aigrette roussâtre. Feuilles radicales linéaires, subondulées; les caulinaires faiblement dilatées à la base, glabres ou un peu cotonneuses aux aisselles. Tige de 4-8 décimètres, droite, robuste, souvent rameuse. Racine annuelle ou bisannuelle.

Hab. Toute la région méridionale de la France; montagnes de l'Auvergne (*Lecoq*); montagnes du Dauphiné jusqu'à Gap, Grenoble et Briançon. ① et ② Juin-juillet.

Tr. stenophyllus *Jordan, obs.* 7ᵉ *frag.* 1849, *p.* 42.—Pédoncules légèrement épaissis au sommet. Péricline à 8-12 folioles lancéolées, acuminées, glabres, *réfractées* pendant l'anthèse et dépassant longuement les fleurs qui sont d'un violet-noirâtre. Akènes grisâtres; les extérieurs munis de côtes et parsemés de la base au sommet de petits tubercules ovales, obtus, étalés. Aigrette roussâtre, à bec *lanugineux à son sommet*, plus court que celle-ci et que l'akène. Feuilles radicales dressées, étroitement linéaires, acuminées, subondulées; les caulinaires à *base peu ou point dilatée*, glabres ou légèrement tomenteuses aux aisselles. Tige dressée, simple ou rameuse, annuelle ou bisannuelle. — Cette espèce diffère du *Tr. crocifolius*, par les folioles de l'involucre plus nombreuses, réfractées pendant l'anthèse et dépassant bien plus longuement les fleurs qui sont d'un violet plus foncé, presque noirâtres; par les akènes à tubercules moins aigus; par le bec de l'aigrette plus court, lanugineux et non presque glabre au sommet. (Voyez *Jordan. l. c.*)

Hab. Collines sèches subherbeuses de la région méditerranéenne de la France; Hyères, Prades, etc. (*Jordan*). ① et ② Juin.

b. *Pédoncules renflés en massue.*

1. *Fleurs bleues.*

Tr. porrifolius *L. sp.* 1110, *et auct.* (*pro part.*); *Jord. cat. Dijon*, 1848, *p.* 32. — Calathides très-planes lors de leur épanouissement, et deux fois plus grandes que celles du *Tr. australis*, portées par des pédoncules dilatés en massue. Péricline à 8-12 folioles réfractées à la floraison, et presque *de même longueur que les corolles d'un pourpre-lilas.* Akènes *fauves*, larges et terminés plus brusquement en un bec *glabre sous le sommet* et *plus court qu'eux;* aigrette courte et de couleur *fauve.* Feuilles larges, dressées, *point ondulées* ni tortillées. Tige glabre, robuste, atteignant souvent un mètre. Racine *toujours bisannuelle.*

Hab. Cultivé dans les jardins pour sa racine comestible. ② Juin.

Tr. australis *Jord. cat. Dijon*, 1848, *p.* 32; *Tr. porrifolius D C. fl. fr.* 4, *p.* 65 (*part.*); *Dub. bot.* 307 (*part.*); *Lois. gall.* 2, *p.* 175 (*part.*). — Calathides *planes-convexes* à leur épanouissement, portées sur des pédoncules dilatés en massue. Péricline à 8-12 folioles glabres, réfractées à la floraison et *bien plus longues que les corolles d'un violet-noir.* Akènes *grisâtres;* les extérieurs scabres-tuberculeux; les intérieurs presque lisses; tous surmontés d'un bec un peu *plus long qu'eux*, et plus court que l'aigrette *roussâtre.* Feuilles radicales étalées, linéaires-acuminées, *ondulées;* les caulinaires dilatées-amplexicaules à la base, souvent un peu tortillées au sommet, glabres ou un peu cotonneuses aux aisselles. Tige de 2-5 décimètres, dressée, glabre, souvent rameuse. Racine annuelle ou bisannuelle.

Hab. Collines, bords des chemins et des champs dans tout le midi; Toulon, Hyères, Marseille; Avignon; Montpellier, etc. ① et ② Mai-juin.

2. *Fleurs jaunes.*

Tr. major *Jacq. austr. t.* 29; *D C. fl. fr.* 4, *p.* 64; *Dub. bot.* 307; *Lois. gall.* 2, *p.* 175; *Boreau, fl. centr.* 309. *Ic. Lam. ill. t.* 646, *f.* 1. — Calathides concaves à la floraison, portées sur des pédoncules très-dilatés (atteignant presque un centimètre de diamètre sous la calathide). Péricline à 10-12 folioles *plus longues* que les fleurs. Akènes grisâtres, scabres-très-écailleux, d'*un tiers plus courts que le bec* qui les surmonte; celui-ci *mince et glabre au* *sommet et pentangonal.* Feuilles radicales linéaires, ascendantes; les caulinaires glabres ou un peu floconneuses à la base, embrassantes, puis dilatées et ensuite longuement linéaires-acuminées. Tige de 3-7 décimètres, glabre.

Hab. L'ouest; presque tout le centre de la France (*Boreau*); le Dauphiné; l'Alsace; Paris; le midi. ② Juin-juillet.

Tr. dubius *Vill. Dauph.* 3, *p.* 68; *Scop. carn.* 2, *p.* 95?; *Tr. livescens Bess. en. pl. Vohl. n°* 973; *D C. prodr.* 7, *p.* 112.— Calathides planes; pédoncules dilatés en massue (environ 3 centimètres de diamètre). Péricline glabre, à 8-10 folioles presque une fois plus longues que les fleurs, et quelquefois presque égales. Akènes scabres-écailleux, égalant le bec qui les surmonte; celui-ci épaissi, *arrondi-strié* et *lanugineux* au sommet. Feuilles linéaires, glabres ou un peu floconneuses à la base; les caulinaires embrassantes, puis dilatées et longuement atténuées-acuminées. Tige de 3-7 décimètres, glabre. — Fleurs jaunes en dessus, souvent livides en dessous. Cette espèce diffère du *Tr. major* par ses calathides et son pédoncule de moitié plus petits; par ses akènes plus gros, d'un tiers plus courts, et cependant à bec court plus épaissi et arrondi-strié. Les dimensions de la calathide et des akènes du *Tr. australis* plus considérables encore que celles du *Tr. major;* la couleur des fleurs; l'absence du pinceau lanugineux sous l'aigrette, ne permettent pas de confondre cette espèce avec le *Tr. australis.*

Hab. Vallées chaudes du Dauphiné, Gap, etc.; Provence, Avignon; Narbonne! (*Tr. minor Delort*). ① ou ② Juin-juillet.

Tr. hirsutus *Gouan, fl. monsp.* 342; *D C. fl. fr.* 4, *p.* 64; *Dub. bot.* 307; *Lois. gall.* 2, *p.* 175; *Geropogon hirsutum L. sp.* 1109 (*excl. syn. Col.*). *Ic. Garid. hist.* 469, *t.* 106. — Calathides planes à la floraison; pédoncules dilatés en massue. Péricline *un peu cotonneux* à la base, à 10-12 folioles *de même longueur que les fleurs.* Akènes scabres-écailleux, *égalant le bec* qui les surmonte; celui-ci *épaissi et lanugineux?* au sommet. Feuilles linéaires, munies, surtout à la base, d'un duvet floconneux; les caulinaires embrassantes, longuement acuminées. Tige de 3-7 décimètres, *hérissée-laineuse.*

Hab. La Provence, Aix (*Garid.*); à la Serane, à Lamalou, à l'Espinouse près de Montpellier (*Gouan*). ② Juin.

GEROPOGON. (L. gen. 904.)

Péricline à 8 folioles égales, disposées *sur un seul rang*, non réfléchies à la maturité; réceptacle à alvéoles fibrilleuses au bord externe. Akènes striés, prolongés en un très-long bec, dépourvus de podogyne; aigrettes de la circonférence formées de *cinq soies simples;* celles du disque à soies plumeuses; barbes entremêlées. — Feuilles lancéolées-linéaires, entières.

G. glabrum *L. sp.* 1109; *DC. fl. fr.* 4, *p.* 66; *Dub. bot.* 306; *Lois. gall.* 2, *p.* 174; *Lam. ill. t.* 646; *Gærtn. fr. t.* 160.— Pédoncules fistuleux dans toute leur longueur. Péricline à folioles linéaires, longuement acuminées, un peu plus longues que les corolles d'un violet-rosé. Akènes très-allongés et très-étroits, hérissés dans toute leur longueur de tubercules fins et aigus. Feuilles linéaires, très-allongées. Tige de 2-6 décimètres, glabre, dressée, simple ou rameuse presque dès la base. Racine annuelle.

Hab. Toulon! (*Cavalier*); Draguignan (*Perreymond*). ① Mai.

Trib. 4. CREPOIDEÆ *Nob.* — Aigrette formée de poils non dilatés à la base, denticulés, jamais plumeux. Réceptacle dépourvu de paillettes.

A. *Akènes ovoïdes-oblongs, surmontés d'un bec entouré à la base d'une coronule, ou d'écailles spiniformes.*

CHONDRILLA. (L. gen. 910.)

Péricline *cylindrique*, à 8-10 folioles entourées à la base de très-petites folioles formant un calicule. Receptacle nu. Fleurs 7-12, *sur deux rangs.* Akènes arrondis, non comprimés, muriqués-épineux au sommet; bec allongé filiforme, *naissant au centre de cinq dents spiniformes;* aigrette blanche, formée de poils simples.—Les poils de l'aigrette sont dits unisériés dans ce genre, et bisériés dans les deux suivants. Ce caractère, vérifié avec soin, ne nous a point paru assez net pour en faire un caractère générique.

Ch. juncea *L. sp.* 1120; *DC. fl. fr.* 4, *p.* 8; *Dub. bot.* 297; *Lois.! gall.* 2, *p.* 184. *Ic. Clus. hist.* 2, *p.* 144; *Math. comm.* 464. — Calathides brièvement pédicellées, solitaires ou géminées, disposées le long des rameaux et à leur sommet. Akènes d'un fauve pâle, amincis à la base, squameux et atténués au sommet; celui-ci surmonté par 5 dents lancéolées, disposées en couronne; corps de l'akène parcouru par 5 côtes et 5 sillons; bec grêle, lisse, une fois et demie aussi long que l'akène. Feuilles radicales étalées en rosette, roncinées, ordinairement détruites à la floraison; les caulinaires lancéolées ou linéaires, entières ou dentées, dressées. Tige très-rameuse, hérissée à la base de poils raides, glabre du reste, à rameaux allongés, raides. — Fleurs jaunes.

β. *spinulosa Koch.* Tige hérissée inférieurement d'aiguillons très-fins. *C. acanthophylla Borkh. ap. Beck. fl. frank. f.* 311; *Mut. fl. fr.* 2, *p.* 208.

γ. *latifolia Koch.* Plante plus robuste; feuilles caulinaires elliptiques-lancéolées. *C. latifolia M. B. taur.* 2, *p.* 244; *C. rigens Rchb. exc. p.* 271.

Hab. Champs sablonneux de presque toute la France; manque dans quelques départements du nord-est. ② Juin-septembre.

WILLEMETIA. (Neck. elem. 1, p. 50.)

Péricline oblong ou subcylindrique, à folioles extérieures bien plus petites et formant un calicule. Réceptacle nu. Fleurs nombreuses, placées sur plusieurs rangs (deux au moins). Akènes anguleux ou arrondis, non comprimés, terminés au sommet par une *coronule écailleuse qui entoure la base du bec* long et filiforme ; aigrette blanche, à poils capillaires.

W. apargioides *Cass. dict. sc.* 48, *p.* 427 ; *W. hieracioïdes Monn. ess. p.* 80 ; *Hieracium stipitatum Jacq. austr. t.* 293 ; *Wibelia apargioïdes Röhling, dtschl. fl.* 2, *p.* 426; *Crepis apargioïdes Willd. sp.* 3, *p.* 1594 ; *Lois. gall.* 2, *p.* 195 ; *Peltidium apargioïdes Zoll. im. nat. ung.* 1820 ; *Zollikoferia apargioïdes Nees ab Esenb. comp. germ.* 2, *p.* 306 ; *Z. peltidium Gaud. helv.* 5, *p.* 143; *Barkhausia apargioïdes Spreng. syst.* 3, *p.* 651 ; *Dub. bot.* 298 ; *Chondrilla stipitata C. H. Schultz* (*ex Koch, l. c.*). *F. Schultz, exsicc.* 1090. — Calathides ovales, 1-4 au sommet des tiges. Péricline à folioles lancéolées, couvertes de poils noirâtres. Akènes subquadrangulaires. Feuilles radicales glabres, obovées ou oblongues, dentées, à dents aiguës et un peu recourbées ; les caulinaires 1-2 (rarement nulles), lancéolées, ciliées, entières ou dentées. Tige de 3-5 décimètr., glabre inférieuremt, puis pubescente, enfin hérissée, surtout sous les calathides, de longs poils noirs. — Fleurs jaunes.

Hab. Pyrénées, mont Llaurenti (*Thomas in DC. prod.*) ; prairies de Sem, Olbié, Goulié, Sentenac (*Lap.*), de la vallée d'Astou (*Anoudeau*). ♃ Juillet-août.

W. prenanthoides *Gren. et Godr.* ; *Chondrilla prenanthoïdes Vill. voy.* 1812, *p.* 16 ; *Mut. fl. fr.* 2, *p.* 209 ; *Ch. paniculata Lam. dict.* 2, *p.* 78 ; *Prenanthes chondrilloïdes Ard. spec.* 2, *p.* 36, *t.* 17 ; *L. Mant.* 107 ; *Lactuca prenanthoïdes Scop. carn.* 2, *p.* 100, *t.* 49. *F. Schultz, exsicc.* 888. — Calathides *nombreuses*, subcylindriques, disposées en *large panicule* ascendante. Péricline à folioles sublinéaires, *glabres* ; les extérieures formant un très-court calicule. Akènes grisâtres, subcylindriques, striés, amincis à la base, tronqués au sommet entouré de 1-2 couronnes écailleuses qui, de leur centre, émettent le bec grêle et à peu près égal à l'akène. Feuilles presque toutes en rosette radicale, glabres, lancéolées, oblongues, épaisses, entières ou un peu dentées ; les caulinaires linéaires. Tige très-rameuse presque dès la base, lisse et glabre, à rameaux ascendants. — Fleurs jaunes.

Hab. Environs de Fréjus (*Ray. hist.* 228) ; Corté en Corse (*herb. Chaub. ex Mutel*). ♃ Juillet-août.

Obs. — Cette plante, par sa calathide subcylindrique et pauciflore, se rattache au genre *Chondrilla*. Mais, par ses akènes parfaitement identiques à ceux du *Willemetia apargioïdes*, elle ne saurait être éloignée de cette dernière espèce, les caractères tirés du fruit devant ici conserver la prépondérance sur ceux donnés par la forme de la calathide et le nombre des fleurs.

TARAXACUM, (Juss. gen. 169.)

Péricline oblong-subcampanulé, à folioles nombreuses, disposées sur plusieurs rangs; les extérieures plus courtes et formant un calicule. Réceptacle nu. Fleurs nombreuses, sur plusieurs rangs. Akènes *subcomprimés, écailleux* et muriqués-épineux au sommet, surmontés d'un long bec filiforme; aigrette blanche, à poils capillaires. — Fleurs jaunes; pédoncules radicaux, uniflores, fistuleux; feuilles toutes radicales.

T. OFFICINALE *Wigg. prim. hols. p.* 56 (1780); *Vill. Dauph.* 3, *p.* 72 (1789); *Boreau, fl. centr.* 314; *Lois.! gall.* 2, *p.* 185 (*part.*); *T. Dens leonis Desf. atl.* 2, *p.* 228; *D C. fl. fr.* 4, *p.* 45; *Dub. bot.* 300; *T. vulgare Schrank, baier. fl.* 2, *p.* 314; *T. Leontodon Dumort. prod. p.* 61; *Leontodon Taraxacum L. sp.* 1122; *L. vulgare Lam. fl. fr.* 2, *p.* 113; *L. officinalis With. arr.* 679. *Ic. Lam. ill. t.* 655; *Cam. epit.* 286; *Math. comm.* 461; *Morison, s.* 7, *t.* 8, *f.* 1. — Folioles extérieures du péricline *étroitement lancéolées*, réfléchies, *simples* et peu ou point calleuses au sommet. Akènes d'un gris-olivâtre. Feuilles étalées en rosette, glabres, oblongues, *roncinées à lobes lancéolés-triangulaires.* — Pédoncules dressés.

Hab. Dans toute la France. ♃ Du printemps à la fin de l'automne.

T. LÆVIGATUM *D C. rapp. voy.* 2, *p.* 83; *fl. fr.* 5, *p.* 450; *prod.* 7, *p.* 146; *Dub. bot.* 300; *Boreau, fl. centr.* 314. *Ic. Barr. t.* 237. *F. Schultz, exsicc.* 45. — Folioles du péricline *toutes gibbeuses bidentées* au sommet; les extérieures lancéolées, étalées ou réfléchies. Akènes d'un gris-pâle. Feuilles étalées en rosette, glabres, *roncinées-pennatifides, à lobes lancéolés et linéaires, dentés et acuminés.*

Hab. Pelouses et lieux secs. ♃ Avril-juin, plus rare en automne.

T. ERYTHROSPERMUM *Andrez. in Bess. fl. pod.* 2, *n°* 1586; *D C. prodr.* 7, *p.* 147; *Leontodon obliquum Fries, nov.* 243. — Folioles du péricline *gibbeuses-bidentées* au sommet; les extérieures lancéolées, étalées ou réfléchies. Akènes d'un *rouge-briqueté très-foncé*, surmontés d'un bec *coloré à la base* et blanc dans le reste de sa longueur. Feuilles étalées, glabres, semblables à celles du *T. lævigatum* avec lequel on le confond avant la maturité des graines.

Hab. Presqu'île de la Manche (*Lebel*). ♃ Mai-juillet.

T. LEUCOSPERMUM *Jordan, cat. Dijon,* 1848, *p.* 31. — Folioles du périclinc gibbeuses au sommet, *discolores;* les intérieures linéaires *vertes;* les extérieures ovales, courtes, *pâles et pulvérulentes, étalées et un peu incurvées* du milieu au sommet. Akènes *blancs,* à bec seulement *un peu plus long* qu'eux (non 2-3 fois plus long, comme dans les précédents). Feuilles *appliquées* à terre, oblongues, dentées ou roncinées-pennatifides, à lobes ovales aigus et dentés.

Hab. Rochers calcaires de la partie la plus méridionale de la Provence; Toulon (*Jordan*). ♃ Avril-mai.

T. GYMNANTHUM *DC. prodr.* 7, *p.* 145; *T. autumnale Castagne, cat. Marseille,* 1845, *p.* 87; *Leontodon gymnanthum Link, in Linn.* 1834, *p.* 582. — Folioles du péricline gibbeuses, plus ou moins bidentées au sommet; les extérieures *lâchement* écartées-*dressées.* Akènes d'un gris un peu fauve. Feuilles étalées, *roncinées à dents lancéolées-triangulaires, naissant seulement après l'apparition des fleurs.*

Hab. Terrains pierreux et sablonneux des environs de Marseille (*Castagne*), et probablement de toute la Provence; Montpellier (*Saint-Hilaire*); Narbonne (*Delort*); Perpignan (*Bernard*). ♃ Septembre.

T. OBOVATUM *DC. rapp. voy.* 2, *p.* 83; *Dub. bot.* 300; *Leontodon obovatus Willd. sp.* 3, *p.* 1546, *et h. berol. t.* 47. *Ic. J. B. hist.* 2, *p.* 1037. — Folioles du péricline calleuses-bidentées au sommet; les extérieures ovales-lancéolées, étalées. Akènes de couleur fauve-pâle. Feuilles *appliquées* sur la terre, *rugueuses, obovées, à peine dentées,* à dents fines, d'un *vert-obscur* et un peu noirâtre.

Hab. Toute la région méditerranéenne. ♃ Juin-septembre.

T. PALUSTRE *DC. fl. fr.* 4, *p.* 45; *Dub. bot.* 300; *Boreau, fl. centr.* 314; *Hedypnoïs paludosa Scop. carn.* 2, *p.* 100, *t.* 48. *Schultz, exsicc.* 45 *bis.* — Folioles du péricline *dépourvues* de gibbosités au sommet; les extérieures ovales-aiguës, *appliquées contre les inférieures.* Akènes d'un gris-verdâtre. Feuilles *lâchement dressées,* oblongues-lancéolées et sinuées ou dentées, ou bien linéaires presque entières, lisses et très-glabres.

Hab. Lieux humides dans toute la France. ♃ Juin-septembre.

Obs. — Plusieurs auteurs réunissent en une seule toutes les espèces précédentes. Koch, dans le *Flora,* 1834, n° 6, p. 49, dit avoir semé les graines du *T. palustre* et en avoir obtenu, outre le *T. officinale,* la plupart des précédentes espèces. En attendant que de nouvelles expériences confirment celle-là, nous avons cru devoir décrire séparément toutes ces formes, auxquelles les botanistes pourront du reste ne donner que la valeur de simples variétés.

B. *Akènes comprimés avec ou sans bec, dépourvus de coronule au sommet.*

LACTUCA. (L. gen. 909.)

Péricline cylindrique (subovoïde inférieurement à la maturité des graines), formé de folioles imbriquées, inégales; les extérieures plus courtes, formant un calicule. Akènes comprimés, plano-convexes, *brusquement terminés en bec* capillaire, pourvus d'une ou de plusieurs côtes sur les faces; aigrette blanche, à poils simples. Réceptacle nu.

a. *Fleurs jaunes.*

1. *Feuilles décurrentes sur la tige.*

L. ramosissima *Gren. et Godr.; Prenanthes ramosissima All. ped.* 1, *p.* 226 (*ex descript.; fig. excl.*)?; *Lois. gall.* 2, *p.* 184; *Mut. fl. fr.* 2, *p.* 208; *Rob. cat. Toulon, p.* 87. — Calathides très-nombreuses, solitaires ou géminées le long et à l'extrémité des rameaux, formant une panicule *très-large*, très-fournie, et *extrêmement ramifiée*. Péricline étroit, subcylindrique. Fleurs d'un beau jaune en dessus, rougeâtres en dessous; partie saillante des demi-fleurons *égale* au péricline. Akènes d'environ 10 millimètres de long, noirs, atténués en *bec aussi long qu'eux;* aigrette *égalant les trois quarts* de la longueur de l'akène. Feuilles radicales pennatifides à lobes linéaires; les caulinaires entières, décurrentes sur la tige; partie décurrente d'un vert-noir, *épaisse, saillante, large et courte* (5-8 millimètres de long). Tige rameuse dès la base, à rameaux *très-rapprochés, courts et comme épineux, étalés et divariqués, plusieurs fois divisés et subdivisés,* et formant comme un petit buisson.

Hab. Toulon, à Touris (*Robert*); sur la montagne de Cette, où elle abonde (*Grenier*). ② Juillet-août.

L. viminea *Linck, en. hort. berol.* 2, *p.* 281; *C. H. Schultz, bip. in Koch, syn.* 495; *Boreau, fl. centr. ed.* 2, *p.* 312; *Phœnicopus decurrens Cass. dict.* 39, *p.* 391; *Phænopus vimineus D C. prodr.* 7, *p.* 176; *Prenanthes viminea L. sp.* 1120; *D C. fl. fr.* 4, *p.* 6; *Dub. bot.* 297; *Lois. gall.* 2, *p.* 184; *Chondrilla viminea Lam. dict.* 2, *p.* 77; *Ch. sessiliflora Lam. fl. fr.* 2, *p.* 104. *Ic. All. ped. t.* 52, *f.* 2, *et t.* 33, *f.* 1. — Calathides nombreuses, presque en grappes le long des rameaux, rapprochés en panicule terminale. Péricline oblong avant l'anthèse, puis resserré au sommet. Fleurs d'un *jaune très-pâle et un peu violacées en dessous,* se fermant vers le milieu du jour; partie saillante des demi-fleurons égalant *la moitié* de la longueur du péricline. Akènes d'environ 10 millimètres, noirs, atténués insensiblement en bec aussi long qu'eux; aigrette égalant environ la *moitié* de l'akène (y compris le bec). Feuilles radicales pennatifides, à lobes irréguliers, grêles et très-menus, ou ovales-oblongs, entiers ou dentelés; celles de la tige lancéolées ou linéaires; toutes glauques et décurrentes de chaque côté; la partie décurrente d'un vert-pâle, mince, étroite, très-allongée (1-3 centimètres). Tige de 6-10 centimètres, rameuse, à rameaux *distants*, blanchâtres, dressés, effilés, *simples* et rarement un peu rameux.

Hab. Toute la région des oliviers, remonte jusqu'à Lyon, Beaune, etc.; Agen, etc. C'est l'espèce suivante qui paraît se rencontrer dans le centre de la France. ② Juillet-août.

L. Chondrillæflora *Boreau, fl. centr. ed.* 2, *p.* 312; *L. ramosissima Bor. not.* 1846, *n°* 20, *p.* 18 (*non All.*). — Fleurs d'un *beau jaune sur les deux faces*, se fermant seulement vers le soir; partie saillante des demi-fleurons *aussi longue* que le péricline. Akènes *d'environ* 7-8 *millimètres*, noirs, *deux fois aussi longs* que le bec. Tige rameuse souvent dès la base, à rameaux nombreux, effilés, *étalés ou divariqués*. Le reste comme dans l'espèce précédente, avec laquelle elle a été confondue.

Hab. Débris volcaniques de la Haute-Loire près le Puy; environs de Clermont; Maine-et-Loire, rochers de Beaulieu (*Boreau*); très-commune dans les vallées alpines du Dauphiné, où elle a été prise pour la *Lactuca ramosissima All.*, la Roche près Gap, Embrun, Mont-Dauphin, Guillestre, Briançon, etc. (*Grenier*); rochers de Cazaril près de Bagnères-de-Luchon (*Anoudcau*). Dès l'année 1845 j'ai observé cette espèce dans toutes les localités citées du Dauphiné. Frappé comme M. Boreau des caractères qui lui sont propres, et la croyant spéciale à nos Alpes, je l'avais nommée *L. alpina*. ② Août-septembre.

2. *Feuilles non décurrentes sur la tige.*

L. saligna *L. sp.* 1119; *DC. fl. fr.* 4, *p.* 11; *Dub. bot.* 296; *Lois. gall.* 2, *p.* 183; *Chondrilla crepoïdes Lap. abr.* 462? *Ic. Barr. t.* 136; *Morison, s.* 7, *t.* 6, *f.* 18; *C. B. prod.* 68. — Calathides presque *sessiles*, peu nombreuses, disposées le long de la tige en *grappe spiciforme*. Akènes oblongs, *grisâtres*, striés, *glabres* au sommet denticulé sur les côtés; bec de l'akène presque *une fois plus long* que lui. Feuilles étroites, lisses aux bords et ordinairement aussi sur la nervure dorsale; les inférieures pennatifides à lobes lancéolés ou linéaires; les caulinaires *très-entières, linéaires*, pourvues à la base de deux longues oreillettes étroites et très-aiguës. Tige de 1 mètre et plus, grêle, lisse et très-rarement aiguillonnée à la base, simple ou peu rameuse. — Fleurs d'un jaune très-pâle. Souche produisant souvent plusieurs tiges.

β. *runcinata Nob.* Feuilles caulinaires roncinées, portant quelquefois aux bords et sur la nervure dorsale de rares cils spinescents. Cette plante serait-elle une hybride des *L. saligna* et *L. scariola*, au milieu desquelles nous l'avons observée? *L. adulterina Gren. mss.*

Hab. La Lorraine; l'Alsace; le centre de la France; Lyon; Gap; Avignon et tout le midi; l'ouest, Nantes, Bordeaux; Agen; le bassin sous-pyrénéen, etc. ② Juillet-août.

L. scariola *L. sp.* 1119; *Lois. gall.* 2, *p.* 183; *L. sylvestris Lam. dict.* 3, *p.* 406; *DC. fl. fr.* 4, *p.* 10; *Dub. bot.* 296; *Ic. Math. comm.* 476; *J. B. h.* 2, *p.* 1003; *Dod. pempt.* 635. — Calathides pédicellées, très-nombreuses, formant de petites grappes sur les rameaux; ceux-ci *étalés* et disposés en *panicule pyramidale* presque nue. Akènes d'un *brun-grisâtre*, oblongs, striés, étroitement *marginés et hérissés au sommet;* bec blanc, *égalant* l'akène. Feuilles glauques, fermes, presque toujours hérissées aux bords et sur la nervure dorsale de poils spinescents; les caulinaires entières, ou roncinées-pennatifides, embrassant la tige par 2 oreillettes sagittées. Tige de 1–2 mètres, dressée, rameuse au sommet, pleine?, plus ou moins chargée d'aiguillons dans sa moitié inférieure. — Fleurs d'un jaune très-pâle.

β. *integrata*. Plante de 2 mètres; feuilles entières, denticulées, à nervure dorsale dépourvue d'aiguillons. *L. angustana All. ped.* 2, *p.* 224, *t.* 52, *f.* 1.

Hab. Lieux incultes et pierreux, bords des chemins. ② Juin-septembre.

L. virosa *L. sp.* 1119; *DC. fl. fr.* 4, *p.* 10; *Dub. bot.* 296; *Lois. gall.* 2, *p.* 182; *Boreau, fl. centr.* 311. *Ic. Morison, s.* 7, *t.* 2, *f.* 16. — Calathides pédicellées, très-nombreuses, en grappes formant une panicule pyramidale étalée. Akènes oblongs, d'un *pourpre-noir, bordés* dans tout leur pourtour, *glabres* au sommet; bec blanc, égalant l'akène. Feuilles ovales-oblongues, aiguillonnées sur la côte dorsale, sagittées-amplexicaules, entières et denticulées, ou sinuées, plus rarement roncinées. Tige de 1–2 mètres, robuste, droite, rameuse, souvent colorée en violet. — Fleurs jaunâtres.

β. *flavida Nob.* Péricline un peu plus lâche et moins contracté au sommet; fleurs un peu plus grandes et d'un jaune un peu plus foncé; feuilles d'un vert plus gai, non roncinées. *L. flavida Jord. cat. Dijon*, 1848, *p.* 26. Dans les exemplaires que nous avons reçus du savant et consciencieux observateur qui a élevé cette forme au rang d'espèce, les akènes nous ayant paru identiques à ceux du type auquel nous le rapportons, nous avons été conduit à ne l'admettre que comme variété.

Hab. Lieux incultes et pierreux; la var. β. haies et collines des bords du Rhône, aux environs de Lyon. ② Juillet-septembre.

L. sativa *L. sp.* 1118; *DC. fl. fr.* 4, *p.* 9; *Dub. bot.* 296; *Lois. gall.* 2, *p.* 182. *Ic. Morison, s.* 7, *t.* 2, *f.* 1, 2, 3, 7, 9; *Math. comm.* 475; *Dod. pempt.* 633.— Calathides pédicellées, très-nombreuses, disposées en grappes sur les rameaux *ascendants* et formant un *large corymbe fastigié*, muni d'un grand nombre de feuilles et de bractées *suborbiculaires-amplexicaules*. Akènes d'un *brun-grisâtre*, oblongs, étroitement *marginés et un peu hérissés* au sommet; bec blanc, à peine plus long que l'akène. Feuilles ordinairement obovées, dentées, molles, vertes, non hérissées, souvent aiguillonnées sur la côte dorsale, tantôt entières, tantôt plus ou moins roncinées et pennatifides. Tige dressée, glabre, rameuse, pleine. — Plante annuelle.

β. *laciniata*. Feuilles radicales laciniées; les caulinaires entières ou également laciniées. *L. laciniata Roth, cat.* 1, *p.* 90; *DC. fl. fr.* 5, *p.* 433; *Dub. bot.* 296. *Ic. Fuchs, hist.* 299; *Morison, s.* 7, *t.* 2, *f.* 4-5; *J. B. hist.* 2, *p.* 999-1000.

Hab. Cultivé et subspontané autour des habitations. ①.

L. Chaixi *Vill. Dauph.* 3, *p.* 154, *t.* 32; *Lois. gall.* 2, *p.* 183; *Mut. fl. fr.* 2, *p.* 210: *L. sagittata W. K. hung.* 1, *p.* 1,

t. 1 (*ex descript. et fig.; et ex hung. exempl. in herb. Boissier asservatis*). — Calathides pédicellées, situées au sommet des rameaux *ascendants* et formant une *panicule fastigiée-contractée*, presque nue. Akènes d'un *pourpre-noir*, oblongs, *très-grands* (6 millimètres sans compter le bec, et 8 millimètres avec le bec), marqués sur chaque face de 5 côtes (comme les espèces précédentes) dont la moyenne dorsale bien plus saillante, dépourvus de marge aux bords et au sommet à peine denticulé; bec *épais*, d'un pourpre-noir, *très-court* (2 millimètres), égalant *le tiers* de l'akène. Feuilles de la première année peu nombreuses 5-7; les 2-3 premières oblongues, entières, longuement pétiolées; les suivantes très-longues (2-7 décimètres), roncinées, à 3-4 paires de dents, à lobe terminal très-ample, triangulaire, atteignant 1 décimètre; feuilles de la deuxième année toutes entières, les radicales et les caulinaires inférieures ovales-oblongues, subsinuées-dentées, pétiolées, à pétiole embrassant et sagitté, se desséchant et disparaissant à la floraison; les caulinaires lancéolées, denticulées, sagittées-amplexicaules, à oreillettes longues et aiguës (non obtuses, comme le dit Villars). Tige de 1 mètre et plus, dressée, simple, lisse et glabre. Racine *napiforme*, grosse (3 centimètres de long sur 2 centimètres de large). — Fleurs jaunes. Les akènes et la racine de cette espèce suffisent pour la distinguer de toutes les autres espèces.

Hab. Bois de Rabou près de Gap (*Chaix, Villars*). ② Juillet-août.

Obs. — Dans une note, qui suit la description de la *L. sagittata*, les illustres auteurs de la flore de Hongrie, en cherchant à distinguer leur plante de celle de Villars, ont prouvé l'identité des deux espèces. Ainsi, ils supposent à la plante du Dauphiné des feuilles radicales *roncinées-lyrées*, parce qu'on en voit de telles dans la figure de Villars. Mais ils ne se sont point aperçus que ces feuilles sont placées sur le navet de première année, et qu'il n'en reste plus vestige l'année suivante. Au reste, Villars, qui ne connaissait cette espèce que par Chaix, a cru la plante annuelle, et a jusqu'à un certain point motivé cette erreur. Mais notre ami M. Blanc, juge à Gap, a cultivé la plante de Rabou, et a positivement constaté que sa racine napiforme est bien *bisannuelle*. C'est également par erreur, et pour avoir sans doute décrit la plante sur le sec, que Villars a dit les oreillettes des feuilles obtuses; elles sont incontestablement aiguës. D'après cela, l'identité de la plante de Gap et de celle de Hongrie n'est plus contestable.

L. **muralis** *Fresenius, taschn.* 1832, *p.* 484; *Koch, syn.* 496; *Godr. fl. lorr.* 2, *p.* 68; *Prenanthes muralis L. sp.* 1121; *D C. fl. fr.* 4, *p.* 8; *Chondrilla muralis Lam. dict.* 2, *p.* 78; *Dub. bot.* 297; *Mycelis angulosa Cass. dict* 33, *p.* 484; *M. muralis Rchb. exc.* 272; *Cicerbita muralis Wallr. sched.* 436; *Phœnixopus muralis Koch, syn. ed.* 1, 430. *Ic. Clus. hist.* 2, *p.* 146, *f.* 2; *J. B. hist.* 2, *p.* 1004. — Calathides pédicellées, nombreuses, disposées en petites grappes à l'extrémité des rameaux *étalés* et formant une *large panicule lâche* et terminale. Akènes *brunâtres*, à bec blanc, *égalant environ la moitié* de leur longueur. Feuilles molles, glauques en dessous, profondément lyrées-pennatiséquées, à lobes anguleux et dentés, le terminal très-grand; les radicales atténuées en pétiole ; les caulinaires rétrécies en un pétiole ailé, auriculé-embrassant. Tige de 5-10 décimètres, dressée, rameuse, glabre, lisse, fistuleuse. Racine *annuelle*.

Hab. Les bois; les murs, etc. ① Juillet-août.

b. *Fleurs bleues.*

L. Plumieri *Gren. et Godr.; Sonchus Plumieri L. sp.* 1117 ; *D C. fl. fr.* 4, *p.* 15; *Dub. bot.* 295 ; *Lap. abr.* 459 ; *Lois. gall.* 2, *p.* 182; *Mut. fl. Dauph.* 286; *Mulgedium Plumieri D C. prodr.* 7, *p.* 248 ; *Lecoq et Lamotte cat.* 251 ; *Bor. l. c.* 323. — Calathides en corymbe *large, étalé*, terminal ; bractées petites, ovales-acuminées, *amplexicaules*. Folioles du péricline *très-glabres*. Akènes bruns, *elliptiques, très-comprimés, atténués distinctement en bec au sommet*, marqués de 5 côtes longitudinales sur les faces, finement *rugueux* transversalement. Feuilles glabres, un peu glauques en dessous, roncinées-pennatifides dentées, à segment terminal hasté, à peine plus grand que les latéraux ; les radicales très-grandes, à pétiole ailé ; les caulinaires *sessiles*, profondément en cœur à la base, embrassant la tige par des oreilles presque arrondies; dents des feuilles finement acuminées. Tige dressée, fistuleuse, sillonnée.

Hab. Hautes Vosges, sur le granit, au Hohneck, aux ballons de Soultz et de Saint-Maurice (*Mougeot et Nestler*); la vieille montagne près Saint-Honoré; montagnes au sud d'Arleuf, dans la Nièvre (*Sagot*); montagnes du Forez, de la Haute-Loire, du Puy-de-Dôme, monts Dores, Cantal, Lozère (*Lecoq et Lamotte, Boreau*); Alpes du Dauphiné, Grande-Chartreuse (*Mutel*); au dessus de Revel près de Grenoble (*Clément*); Pyrénées, Canigou, Prats-de-Mollo, val d'Eynes, Carcanet, Paillières, Ascou, Orlu, Sem, Goulié, Saleix-aux-Tails, passade de Bassioubé, pic de Gard, Castelet, Esquierry, lac de Gaube (*Lap.*). ♃ Août.

L. perennis *L. sp.* 1120 ; *D C. fl. fr.* 4, *p.* 11 ; *Dub. bot.* 296 ; *Lois. gall.* 2, *p.* 283 ; *L. sonchoïdes Lap. abr.* 461. *Ic. Dod. pempt.* 626, *f.* 2; *Dalech. hist.* 566, *f.* 2; *Math. comm.* 465. — Calathides longuement pédicellées, disposées en un corymbe lâche, étalé et terminal. Akènes *oblongs-lancéolés* (7 millimètres de long sur 2 millimètres de large), insensiblement atténués en bec, largement marginés, finement ridés en travers, à côtes *saillantes*. Akène, aigrette blanche, et bec *de même longueur*, mesurant ensemble 20 à 25 millimètres. Feuilles molles, glauques, glabres ; les inférieures pennatifides, à lobes linéaires-lancéolés, entiers ou dentés ; les supérieures lancéolées, lobées ou entières, embrassant la tige par deux oreilles arrondies. Tige de 3-5 décimètres, dressée, *grosse* (comme une plume à écrire), arrondie, rameuse au sommet. Souche épaisse. — Fleurs grandes (3-4 centimètres de diamètre.)

β. *cichoriifolia*. Lobes des feuilles recourbés. *L. cichoriifolia D C. fl. fr.* 5, *p.* 434 ; *Dub. bot.* 296.

Hab. Coteaux secs et pierreux, rochers calcaires. ♃ Mai-juillet.

L. TENERRIMA *Pourr. act. Toul.* 3, *p.* 321; *D C. fl. fr.* 4, *p.* 11; *Dub. bot.* 296; *Lois. gall.* 2, *p.* 183; *L. segusiana Balbis misc.* 37, *t.* 8 (*ex exempl. ital., et ex exempl. Morisianis, in herb. Boiss. asservatis*); *D C. fl. fr.* 4, *p.* 12. — Calathides longuement pédicellées, disposées en corymbe lâche, étalé et terminal. Akènes *obovés, courts* (*4 millimètres de long sur 2 millimètres de large*), très-comprimés, largement marginés, à peine ridés à la loupe, à côtes presque *nulles*, surmontés par un bec *plus long* qu'eux, et portant une aigrette *jaunâtre;* akène, bec, aigrette mesurant ensemble 12-15 millimètres. Feuilles presque toutes radicales, entières et oblongues, ou roncinées et pennatifides, à lobes étroitement lancéolés ou linéaires, entiers ou dentés; les caulinaires pennatifides; les supérieures lancéolées-linéaires. Tiges de 3-5 décim., grêles, fragiles, rameuses, ordinairement très-nombreuses sur la souche, et formant comme un petit buisson.— Calathides fructifères de 12-15 millim. de diamètre, tandis que dans la précédente elles dépassent 20 millim. — Fleurs épanouies ne dépassant pas 2 centimètres.

Hab. Les collines sèches de la région méditerranéenne, Cette (*Grenier*), Narbonne, Port-Vendre, Olette et Villefranche sous Mont-Louis, etc. ♃ Juillet-août.

PRENANTHES. (L. gen. 911, excl. sp.)

Péricline cylindrique, formé *de* 6-8 *folioles* imbriquées, planes; les intérieures longues, linéaires; les extérieures courtes et formant un calicule; *cinq fleurs sur un seul rang.* Akènes obscurément striés, atténués à la base, *tronqués au sommet* non bordé, linéaires-oblongs, à peine comprimés; aigrette *sessile*, à poils simples. Réceptacle nu. — Fleurs pourprées.

P. PURPUREA *L. sp.* 1121; *D C. fl. fr.* 4, *p.* 6; *Dub. bot.* 297; *Lois. gall.* 2, *p.* 184; *Gærtn. fruct.* 2, *p.* 358, *t.* 158, *f.* 1; *Chondrilla purpurea Lam. dict.* 2, *p.* 78. *Ic. Morison, s.* 7, *t.* 3, *f.* 22; *Clus. hist.* 2, *p.* 147, *f.* 2. *F. Schultz, exsicc.* 471. — Calathides penchées, disposées en petites grappes rameuses sur des pédoncules axillaires, et composant une ample panicule. Akènes grisâtres, lisses; aigrette blanche. Feuilles molles, oblongues-lancéolées, entières ou sinuées-dentées, glauques et veinées en dessous; les inférieures atténuées en pétiole ailé; les caulinaires rétrécies au-dessus de leur base, embrassant la tige par deux oreillettes. — Plante élégante, à tige de un mètre et plus, arrondie, grêle, dressée, rameuse au sommet.

β. *angustifolia.* Feuilles caulinaires sublinéaires. *P. tenuifolia L. sp.* 1120; *All. ped. t.* 33, *f.* 2; *D C. fl. fr.* 4, *p.* 6; *Dub. bot.* 297; *Chondrilla tenuifolia Lam. dict.* 2, *p.* 78.

Hab. Toute la chaine jurassique, dans la région des sapins; sur le grès vosgien et le granit dans toute la chaine des Vosges; chaine des monts Dômes; montagnes du Cantal; chaine du Forez; le Mezinc; montagnes de la Lozère; Saône-et-Loire, à Cluny; Alpes et Pyrénées; var. β. Grande-Chartreuse de Grenoble; sous la Dôle, dans le Jura (*Grenier*). ♃ Juillet-août.

SONCHUS. (L. gen. 908.)

Péricline suburcéolé, formé de folioles nombreuses, imbriquées; fleurs nombreuses, disposées *sur plusieurs rangs*. Akènes *comprimés*, tronqués ou subatténués au sommet, mais *dépourvus de bec*; munis de côtes sur les faces; aigrette sessile, à poils simples, argentés. Réceptacle nu.

S. TENERRIMUS *L. sp.* 1117; *Guss. syn. sic.* 2, *p.* 391; *Moris, fl. sard.* 2, *p.* 528; *DC. fl. fr.* 4, *p.* 13; *Dub. bot.* 296; *Lois. gall.* 2, *p.* 182; *S. pectinatus DC. rapp.* 2, *p.* 78, *et fl. fr.* 5, *p.* 434; *Dub. bot.* 295. *Ic. Pluck. alm. t.* 93. — Calathides en corymbe lâche et pauciflore, portées par des pédoncules très-longs, ordinairement pourvus au sommet d'un flocon laineux d'un blanc de neige. Folioles du péricline lancéolées, glabres. Akènes gris-bruns, oblongs, marqués de côtes fines, à peine ridés en travers, *non bordés*. Feuilles très-molles, d'un vert tendre, *pétiolées*, pennatipartites, à segments presque opposés par paires et de forme très-variable, rhomboïdaux, ovales, oblongs ou linéaires, dirigés en arrière; les caulinaires moyennes à pétiole dilaté à la base, sagitté-amplexicaule et prolongé en longues oreilles acuminées. Tige de 2-4 décimètres, dressée, fragile, fistuleuse, glabre et subanguleuse. Racine fusiforme, annuelle, bisannuelle ou vivace (*S. pectinatus DC.! ex Moris, fl. sard.*).

Hab. Toute la région méditerranéenne, de Fréjus à Perpignan. ①, ②, ♃ (*ex Guss.*). Juin-juillet.

S. OLERACEUS *L. sp.* 1116 (*excl. var.* γ. *et* δ.); *Koch, syn.* 497; *Bor. fl. centr.* 318; *Wallr. sched.* 432; *S. oleraceus var.* α. *DC. fl. fr.* 4, *p.* 13; *Dub. bot.* 295; *Lois.! gall.* 2, *p.* 181; *S. lævis Vill. Dauph.* 3, *p.* 158; *S. ciliatus Lam. fl. fr.* 2, *p.* 87; *Lepicaune spinulosa Lap. abr.* 480 (*ex cl. Arnott.*). *Ic. Dod. pempt.* 632, *fig. sin.*; *Fuchs, hist.* 675. — Calathides en ombelle irrégulière au sommet des rameaux; ceux-ci parfois hérissés-glanduleux et munis d'un flocon cotonneux sous la calathide. Folioles du péricline lancéolés-linéaires. Akènes bruns-pâles, oblongs-obovés, non bordés, munis sur les faces de 3 côtes longitudinales peu saillantes et de *rugosités transversales*. Feuilles molles, d'un vert mat, glauques en dessous, oblongues-dentées, ou roncinées-lyrées à lobe terminal grand et triangulaire, ou enfin pennatifides, à segments presque égaux acuminés incisés-dentés; les caulinaires embrassant la tige par 2 oreilles acuminées et *étalées horizontalement*; dents des feuilles spinescentes. Tige de 3-8 décim., dressée, rameuse, lisse, fistuleuse. Racine fusiforme, annuelle. — Plante glabre, à feuillage plus découpé que celui de la suivante.

Hab. Lieux cultivés. ① Juin-automne.

S. ASPER *Vill. Dauph.* 3, *p.* 158; *Koch, syn.* 497; *Bor. fl. centr.* 318; *S. oleraceus* γ.-δ. *L. sp.* 1117; *S. oleraceus* β. *DC. fl.*

fr. 4, *p.* 13; *Dub. bot.* 295; *Lois. gall.* 2, *p.* 181; *S. spinosus Lam. fl. fr.* 2, *p.* 86; *S. fallax Wallr. sched.* 432. *Ic. Dod. pempt.* 632, *fig. dextr. et inf.*; *Fuchs, hist.* 674. — Akènes *lisses* et non ridés-chagrinés transversalement, distinctement atténués au sommet, munis sur chaque face de 3 côtes longitudinales *très-marquées et écartées*, amincis aux bords et *marginés*. Feuilles épaisses, fermes, luisantes, entières et faiblement dentées, ou roncinées-dentées, ou crépues; les caulinaires pourvues d'oreilles *arrondies, contournées en hélice*, appliquées contre la tige, à bords postérieurs presque contigus. Le reste comme dans l'espèce précédente, dont la tige est cependant moins ferme.

Hab. Lieux cultivés avec le précédent. (1) Juin-automne.

S. glaucescens *Jord.! obs. fragm.* 5, 1847, *p.* 75, *t.* 5. — Calathides *grandes* (4-5 centimètres de diamètre), en ombelle irrégulière au sommet des rameaux très-hérissés de poils simples et glanduleux. Folioles du péricline lancéolées-linéaires. Akènes *obovés*, *lisses*, marqués de 3 côtes longitudinales sur les faces, *largement marginés et bordés de cils dirigés en bas*. Feuilles épaisses, très-fermes, glauques, profondément roncinées-dentées, à lobes larges, ovales, sinués et bordés de dents inégales et spinescentes; les radicales étroites, oblongues, régulièrement roncinées-dentées; les caulinaires embrassant la tige par deux oreilles arrondies et à bords postérieurs *non rapprochés*. Tige de 4-5 décimètres, épaisse, fistuleuse, à rameaux étalés-dressés, souvent très-hispides. Racine *bisannuelle*, pivotante, allongée, peu rameuse. — Cette espèce, l'une des mieux caractérisées du genre, est voisine des *Sonchus oleraceus* et *asper*, dont elle s'éloigne complétement par sa racine bisannuelle; car les deux précédentes espèces se développent avec une rapidité si grande qu'elles donnent dans la même année plusieurs générations. De plus, le *S. glaucescens* diffère du *S. oleraceus* par ses akènes lisses. Ce dernier caractère le rapproche du *S. asper* qui, bien que spinescent, est bien moins rigide et moins glauque, et qui diffère en outre par ses feuilles radicales moins profondément et plus irrégulièrement roncinées; par ses fleurs plus pâles et de moitié plus petites; par ses akènes plus étroitement marginés et à peine denticulés aux bords.

Hab. Iles d'Hyères (*Perreymond*); à Porquerolles, à Sainte-Marguerite près Toulon (*Jordan.*) (2) Mai.

S. decorus *Castagne!, cat. Marseille, p.* 91. — Calathides disposées en corymbe *très-rameux, serré, multiflore* et subombelliforme. Folioles du péricline lancéolées, *pubérulentes-subtomenteuses et hérissées* de quelques poils glanduleux ainsi que les pédoncules. Akènes bruns, elliptiques, munis de côtes, rugueux en travers. Feuilles radicales *en rosette*, très-allongées, atténuées en un court pétiole, largement oblongues, dentées ou roncinées, à lobes *ovales recourbés et imbriqués;* les caulinaires lancéolées, embrassant la tige par deux oreilles obtuses et dentées-spinescentes. Tige d'environ un mètre, grosse (comme une plume à écrire), fistuleuse, dressée, raide, entièrement glabre, excepté sur les pédoncules munis de quelques poils glanduleux. Racine *bisannuelle*. — Cette espèce, que nous avons reçue de son auteur, est extrêmement bien caractérisée.

Hab. Lieux cultivés et humides à Miramas et à Saint-Chamas près de Marseille (*Castagne!*). ② Juillet.

S. arvensis *L. sp.* 1116 ; *DC. fl. fr.* 4, *p.* 14 ; *Dub. bot.* 295 ; *Lois. gall.* 2, *p.* 181. *Ic. Lob. obs.* 119, *fig. inf.; Fuchs, hist.* 319. — Calathides disposées en corymbe terminal pauciflore. Folioles extérieures du péricline *lancéolées*, *poilues-glanduleuses ainsi que les pédoncules*. Akènes bruns, elliptiques, munis de côtes et rugueux transversalement. Feuilles un peu glauques, étroitement lancéolées, atténuées en pétiole, roncinées ou pennatifides, dentées, à lobes triangulaires-lancéolés, peu nombreux, très-distants ; les caulinaires embrassant la tige par 2 oreilles courtes, arrondies ; dents des feuilles spinescentes. Tige de un mètre et plus, dressée, mince, fistuleuse, raide, très-glabre inférieurement, hérissée-glanduleuse au sommet. Racine *rampante*, vivace.

β. *lævipes*. Pédoncules et calathides glabres. *S. maritimus L. am.* 8, *p.* 102-103.

Hab. Lieux cultivés, bords des champs, etc.; var. β. sources minérales sous Mont-Dauphin, dans les Hautes-Alpes (*Grenier*). ♃ Juillet-septembre.

S. maritimus *L. sp.* 1116 ; *DC. fl. fr.* 4, *p.* 12 ; *Dub. bot.* 296 ; *Lois. gall.* 2, *p.* 181 ; *All. ped.* 1, *p.* 223, *t.* 16, *f.* 2 ; *S. nitidus Vill. Dauph.* 3, *p.* 160. — Calathides très-peu nombreuses (souvent réduites à une seule). Folioles extérieures du péricline largement *ovales*, *très-glabres*, *ainsi que les pédoncules*. Akènes marqués de côtes longitudinales, lisses ou à peine rugueuses transversalement. Feuilles glauques, très-longues (2 décimètres), lancéolées-linéaires, *entières et sinuées*, dentées-spinescentes ; les caulinaires embrassant la tige par 2 oreilles arrondies. Tige de 6-12 décimètres, très-glabre dans toutes ses parties, dressée, fistuleuse, raide. Racine *rampante*, vivace.

β? *micranthos*. Calathides d'un tiers plus petites ; feuilles sinuées ou roncinées-dentées. *S. aquatilis Pourr. act. toul.* 3, *p.* 330? Cette plante ne nous étant connue que par deux exemplaires incomplets, nous n'avons pas pu en préciser la valeur spécifique.

Hab. Toute la région méditerranéenne et les bords de l'Océan ; var. β. Narbonne (*Delort*) ; les Corbières (*Maille*) ; près de Sigean (*Gouget*). ♃ Juillet-août.

S. palustris *L. sp.* 1116 ; *DC. fl. fr.* 4, *p.* 14 ; *Dub. bot.* 295 ; *Lois. gall.* 2, *p.* 181 ; *Koch, syn.* 498. *Ic. Fl. dan. t.* 1109 ; *Clus. hist.* 2, *p.* 147, *f. inf. Schultz, exsicc.* 889. — Calathides nombreuses, disposées en corymbe terminal ordinairement *ample et étalé.* Folioles du péricline lancéolées-linéaires, *couvertes, ainsi que les pédoncules, de poils glanduleux-visqueux.* Akènes d'un fauve pâle, à côtes longitudinales saillantes, ce qui leur donne une forme *subprismatique-quadrangulaire,* à peine ridés transversalement, égalant environ *la moitié* de la longueur de l'aigrette, tandis que dans les espèces précédentes ils en égalent à peine le quart. Feuilles dressées, très-finement denticulées; les inférieures roncinées-pennatipartites, à lobes peu nombreux, grands, lancéolés-triangulaires, le terminal très-allongé; les caulinaires moyennes lancéolées ou munies de 1-2 lobes, *sagittées* à la base ou embrassant la tige par 2 oreilles longues, *lancéolées-acuminées.* Tige atteignant 2-3 mètres, dressée, simple, grosse, fistuleuse, très-glabre infér[t], hérissée de poils glanduleux dans la partie supérieure qui, très-rarement, devient glabre. Racine *dépourvue de stolons,* vivace.

Hab. Environs de Paris; Anjou; le centre de la France; Bayonne et Pyrénées-Orientales (*Lap.*); Marseille (*Castagne*); Corse (*Mut.*). ♃ Juillet-août.

Obs. — Par ses akènes subprismatiques et tronqués au sommet, cette espèce s'éloigne notablement de toutes les espèces que nous avons décrites, et se rapproche des *Mulgedium*, auxquels nous l'avions d'abord réunie (*M. alpinum*). Mais, par son aigrette et ses formes générales, elle a de si grands rapports avec les *Sonchus*, que nous avons cru devoir respecter ces affinités.

MULGEDIUM. (Cass. dict. sc. nat. 33, p. 296.)

Péricline formé de folioles imbriquées, inégales; les extérieures 2-3 fois plus petites que les intérieures, et formant un calicule. Akènes *faiblement comprimés, columnaires, tronqués ou un peu resserrés au sommet, mais dépourvus de bec,* munis de côtes sur les faces. Aigrette poilue, fragile, entourée à la base d'une étroite couronne. — Les graines, dans ce genre, sont si peu comprimées qu'il serait peut-être mieux de le placer dans la tribu suivante. La synonymie du *M. alpinum* suffira pour appuyer suffisamment cette assertion.

M. alpinum *Less. syn.* 142; *DC. prodr.* 7, *p.* 248; *Lecoq et Lamotte, cat.* 1848, *p.* 251; *Bor. fl. centr.* 323; *Sonchus alpinus L. sp.* 1117; *DC. fl. fr.* 4, *p.* 14; *Dub. bot.* 295; *Lois. gall.* 2, *p.* 182; *S. montanus Lam. dict.* 3, *p.* 401; *S. cœrulescens Smith, brit.* 2, *p.* 815; *S. canadensis Lap. abr.* 460; *Aracium alpinum Monn. ess.* 73; *Cicerbita alpina Wallr. sched.* 434; *Hieracium cœruleum Scop.* 2, *p.* 111; *Garacium alpinum et Soyeria alpina Gren. et Godr. olim. Ic. J. B. hist.* 2, *p.* 1006; *Chæbr. sciagr.* 316, *f.* 6. — Calathides en petites grappes *dressées*, formant un *long et étroit corymbe thyrsoïde* terminal; bractées linéaires-allongées, *non amplexicaules;* folioles extérieures du péricline *hérissées de poils articulés-glanduleux.* Akènes blanchâtres, à côtes saillantes, ce qui leur donne une forme *subprismatique-triangulaire, tronqués* et non atténués au sommet, *lisses.* Feuilles glabres, un peu glauques en dessous, *lyrées-dentées*, à segment terminal très-grand, triangulaire-acuminé; feuilles caulinaires *toutes pétiolées;* pétiole dilaté en aile à la base, et embrassant la tige par 2 oreilles acuminées; dents des feuilles finement acuminées. Tige dressée, fistuleuse, sillonnée. — Corolles d'un beau bleu.

Hab. La région élevée des sapins dans les Alpes, les Pyrénées, l'Auvergne, le Jura, les Vosges. ♃ Juillet-août.

C. *Akènes subcylindriques, dépourvus d'écailles et de coronule au sommet.*

PICRIDIUM. (Desf. atl. 2, p. 221.)

Péricline urcéolé, à folioles imbriquées. Akènes *uniformes, prismatiques*, contractés au sommet, longés *par 4 sillons et 4 angles saillants* crénelés transversalement; aigrette argentée, à poils capillaires. Réceptacle nu.

P. VULGARE *Desf. l. c.; DC. fl. fr.* 4, *p.* 16; *Dub. bot.* 295; *Scorzonera picroïdes L. sp.* 1114; *Sonchus picroïdes All. ped.* 1, *p.* 223, *t.* 16, *f.* 1; *Lois. gall.* 2, *p.* 182; *Lam. dict.* 3, *p.* 398. *Ic. J. B. hist.* 2, *p.* 1021, *fig. inf.* — Calathides urcéolées, portées par de longs pédoncules un peu renflés au sommet et munis de quelques écailles très-courtes. Akènes bruns, de 2 millimètres de long sur 1 millimètre de large, 4-5 fois plus courts que l'aigrette. Feuilles radicales sinuées-pennatifides, à lobes entiers ou dentés, presque obtus; les caulinaires ovales-allongées, dilatées et amplexicaules à la base, entières ou dentées. Tiges de 2-4 décimètres, simples ou rameuses, naissant ordinairement plusieurs sur le collet de la racine. Celle-ci simple, fusiforme, annuelle.—Plante glabre et glauque; fleurs jaunes.

Hab. Toute la région méditerranéenne, de Fréjus à Port-Vendre; la Corse. ① Mai-juin.

ZACINTHA. (Tournef. inst. 476, t. 369.)

Péricline urcéolé, *anguleux et toruleux* à la maturité, composé de folioles imbriquées; les extérieures plus courtes et formant un calicule; les intérieures épaisses-charnues, *saillantes-gibbeuses* extérieurement, et *enveloppant étroitement les akènes extérieurs.* Akènes *biformes*, ceux du disque *subcylindriques;* les marginaux fortement *gibbeux* extérieurement, à aigrette *latérale*. Celle-ci à poils capillaires. Réceptacle nu.

Z. VERRUCOSA *Gærtn. fr.* 2, *p.* 358, *t.* 157, *f.* 7; *DC. fl. fr.* 4, *p.* 48; *Dub. bot.* 298; *Lois. gall.* 2, *p.* 194. *Ic. Morison, s.* 7, *t.* 1, *f.* 4; *J. B. hist.* 2, *p.* 1013; *Clus. hist.* 2, *p.* 144. — Calathides *sessiles* dans les bifurcations des tiges, et *pédicellées* à l'extrémité des rameaux renflés-fistuleux, formant une panicule pauciflore et très-irrégulière. Folioles du péricline gibbeuses-charnues, à la maturité, dans leur moitié inférieure, puis contractées en urcéole couronné par la moitié supérieure de ces mêmes folioles rapprochées en pinceau. Akènes extérieurs gibbeux extérieurement, pubescents sur la face opposée, à aigrette latérale et presque horizontale ; ceux du disque subcylindriques, un peu arqués, striés, à aigrette terminale. Feuilles presque toutes radicales pétiolées, roncinées ou pennatifides ; les caulinaires sessiles, embrassantes-subsagittées, entières ou incisées-dentées. Tiges naissant ordinairement plusieurs au collet de la racine, la centrale parfois unique et dressée, les latérales étalées-redressées, toutes fistuleuses et renflées surtout dans le voisinage des fleurs. Racine fusiforme, annuelle.— Calathides épanouies d'environ un centimètre de diamètre, à fleurs jaunes, une fois plus longues que le péricline ; les extérieures brunâtres en dessous.

Hab. Toute la région méditerranéenne; la Corse. (1) Mai-juin.

PTEROTHECA. (Cass dict. sc. nat. 25, p. 62.)

Péricline ovale, composé de folioles imbriquées ; les extérieures formant un calicule. Akènes *biformes*, ceux du disque *linéaires*, subcylindriques et atténués en bec au sommet ; ceux du bord gros, convexes-arrondis et subcarénés sur la face dorsale, *parcourus, sur la face opposée, par 3-5 côtes ou ailes membraneuses ;* aigrette à poils capillaires. Réceptacle *couvert de paillettes capillaires.*

P. **nemausensis** *Cass. l. c.; Koch, syn.* 500 ; *Dub. bot.* 299 ; *Crepis nemausensis Gouan, ill.* 60 ; *C. nuda Lam. fl. fr.* 2, *p.* 110 ; *Andryala nemausensis Vill. Dauph.* 3, *p.* 66, *t.* 26 ; *D C. fl. fr.* 4, *p.* 38 ; *A. nudicaulis Lam. dict.* 1, *p.* 154 ; *Lagoseris nemausensis et bifida Koch, syn. ed.* 1, *p.* 435 ; *Trichocrepis bifida Vis. dalm. p.* 18, *t.* 7 ; *Hieracium sanctum L. sp.* 1127 ?. *F. Schultz, exsicc.* 396. — Calathides en corymbe rapproché, à rameaux dressés, hérissés de poils glanduleux. Akènes extérieurs gros (triples et quadruples des autres), tricarénés sur la face interne ; akènes du disque linéaires, striés, glabres, et entremêlés de quelques autres hérissés de poils glanduleux étalés horizontalement. Feuilles oblongues, obtuses, lyrées ou dentées, pubescentes, toutes radicales. Tiges naissant plusieurs sur le collet de la racine, de 1-3 décimètres, poilues-hérissées, simples et rameuses seulement au sommet. Racine fusiforme, annuelle.

Hab. Tout le midi de la France ; Toulouse ; Lectoure dans le Gers ; la Corse. (1) Mai-juin.

CREPIS. (L. gen. 914, part.)

Péricline composé de folioles dont les extérieures forment ordinairement un calicule, et plus rarement régulièrement imbriquées. Akènes *tous uniformes*, arrondis ou subcomprimés, portant 10-30 stries longitudinales, *amincis au sommet ou terminés en bec.* Aigrette à poils capillaires. Réceptacle nu, glabre ou fibrilleux-poilu. — Fleurs jaunes, dans nos espèces, excepté dans le *C. aurea.*

Sect. I. **Barkhausia** *Mœnch, meth.* 537. — Tous les akènes, ou au moins ceux du disque, terminés en bec.

a. *Stigmates bruns-livides; pédoncules dressés avant l'anthèse.*

C. vesicaria *L. sp.* 1132; *Guss. syn. sic.* 2411; *Willd. sp.* 3, *p.* 1594; *D C. prodr.* 7, *p.* 153. — Calathides en corymbe régulier, formé de pédoncules ordinairement *trifides*, plus rarement simples, étalés-redressés, un peu incurvés, munis à leur base d'une *large bractée ovale, concave, étalée, et de deux autres bractées de même forme* au point de leur subdivision. Folioles du péricline linéaires-obtuses au sommet, un peu scarieuses aux bords, pubérulentes intérieurem[t], presque glabres extérieurem[t]; les extérieures d'un tiers ou de moitié plus courtes, *étalées, au moins une fois plus larges*, oblongues, *arrondies-obtuses* au sommet, *largement scarieuses-blanchâtres*, vertes seulement sur la nervure dorsale. Corolles de la circonférence discolores. Stigmates bruns. Akènes fauves, semblables à ceux de la *C. taraxacifolia*. Réceptacle poilu. Feuilles hispides, scabres, roncinées-dentées; les radicales et caulinaires inférieures pétiolées, oblongues ou obovées; les caulinaires embrassant la tige par 2 oreilles dentées. Tige striée, fistuleuse, pubescente et *un peu hispide*, feuillée, dressée, se ramifiant seulement vers le haut. Rameaux ascendants.

Hab. Environs de Marseille, dans les prés humides (*Grenier*). ② Juin.

C. taraxacifolia *Thuil. fl. par.* 409; *Koch, syn.* 501; *Crepis taurinensis Willd. sp.* 3, *p.* 1595; *Lois. gall.* 2, *p.* 195; *C. tectorum Vill. Dauph.* 3, *p.* 144, *et herb.!* (*non L.*); *C. præcox Balbis, misc. p.* 37, *t.* 9; *Barkhausia taraxacifolia DC. fl. fr.* 4, *p.* 43; *Dub. bot.* 299; *C. cinerea Desf. in Poir dict. suppl.* 2, *p.* 391; *St.-Am. fl. Agen.* 329; *C. scabra Willd sp.* 3, *p.* 1603. *Schultz, exsicc.* 472. — Calathides en corymbe irrégulier, formé de rameaux naissant presque dès la base de la tige, munis à la base de leurs subdivisions de *bractées herbacées, linéaires.* Folioles du péricline linéaires, obtuses au sommet, blanches-scarieuses sur les bords, munies extérieurement d'un duvet blanchâtre et souvent de *poils globuleux*, et intérieurement de poils appliqués; les extérieures deux fois plus courtes, lâches. Corolles jaunes, celles de la circonférence purpurines en dessous. Stigmates bruns. Akènes d'un jaune-fauve, fusiformes, de 8-10 millimètres, à 10 côtes rugueuses; bec filiforme, un peu *plus long* que l'akène; aigrettes dépassant le péricline de moitié de leur longueur; réceptacle velu. Feuilles hispides, scabres, roncinées-dentées, ou roncinées-pennatifides; les radicales pétiolées, étalées-dressées; les caulinaires embrassant la tige par 2 oreilles incisées-dentées, parfois très-dilatées à la base (*C. præcox Balb.*). Tige striée, fistuleuse, *feuillée, dressée*, rameuse souvent dès la base; rameaux dressés. — Plante d'un vert-blanchâtre, plus ou moins pubescente et rude au toucher.

β. *intybacea.* Feuilles caulinaires supérieures à oreillettes larges, arrondies et dentées; péricline glabre. *Barkhausia intybacea D C. cat. monsp.* 82, *et fl. fr.* 5, *p.* 449.

Hab. Les prés et les collines de toute la France. ② Mai-juin.

C. RECOGNITA *Hall. fil. Crep. im. nat. anz.* 1818, *n°* 5; *Gaud. helv.* 5, *p.* 134; *Barkhausia recognita D C. prodr.* 7, *p.* 154; *Castagne, cat. Marseille, p.* 88; *C. Leontodon Mut. fl. fr.* 2, *p.* 216 (*quoad. pl. Vesuntionis*). — Cette plante est très-voisine de la précédente. Elle en diffère par ses tiges *couchées ou inclinées* et naissant *en grand nombre* du collet de la racine, minces, bien moins longues (2-3 décimètres), peu rameuses, *dépourvues de feuilles* et portant seulement quelques écailles foliacées; par ses calathides un peu plus étroites et plus nettement cylindriques à la maturité; par son péricline *grisâtre* et non noirâtre, si ce n'est au sommet (ce qui, à la maturité, donne à la plante un facies bicolor); par son inflorescence assez semblable à celle de la *Crepis diffusa D C.;* par l'époque de la floraison, qui est presque de *deux mois plus tardive.* — La plante du midi et celle du nord-est (Besançon, Mutzig) ne nous ont présenté aucune différence.

Hab. Très-commun sur toutes les collines et lieux secs, bords des chemins du Midi; Saint-Germain-en-Laye (*Parseval*); Besançon (*Grenier*); Mutzig (*herb. Godron*). ② Juin-juillet.

C. ERUCÆFOLIA *Gren. et Godr.; Barkhausia erucæfolia Nob. mss.* — Folioles du péricline linéaires-obtuses, scarieuses aux bords, pubérulentes extérieurement, munies intérieurement de quelques poils appliqués; les extérieures très-fines, 2 fois plus courtes. Corolles jaunes, celles du bord brunes en dessous. Stigmates noirâtres. Akènes fauves, fusiformes, à 10 côtes finement tuberculeuses; bec filiforme, *trois fois aussi long* que l'akène; aigrette dépassant un peu le péricline; réceptacle velu. Feuilles étalées en rosette, nombreuses, pétiolées, glabres ou pubérulentes surtout sur la nervure médiane, *pennatipartites*, à 3-7 paires de segments ovales ou oblongs, un peu recourbés, bordés de dents *blanches-cartilagineuses*, le terminal ovale, très-grand; les feuilles caulinaires infér. roncinées; toutes les autres linéaires. Tiges de 2 décimètres, rameuses, étroitement corymbiformes au sommet, à rameaux *dressés-contigus,* pubescents-subtomenteux.— Plante d'un vert-blanchâtre et un peu glauque; son akène la place à côté de la *C. senecioïdes Delill.*

Hab. Probablement naturalisée dans le lazaret de Marseille (*Guérin*). ② Juin?

C. SETOSA *Hall. fil. in Rœm. arch.* (1796) 1, *pars* 2, *p.* 1; *Koch, syn.* 502; *C. hispida W. K. hung.* 1, *t.* 43; *Lois. gall.* 2, *p.* 196; *Barkhausia setosa D C. fl. fr.* 4, *p.* 44, *et ic. rar. t.* 19; *Dub. bot.* 298. *Schultz, exsicc.* 234. — Folioles du péricline linéaires-aiguës, fortement carénées et munies sur le dos de *soies* *longues et raides* non glanduleuses, pourvues intérieurement de poils appliqués; les extérieures une fois plus courtes, très-étalées. Corolles jaunes, concolores. Stigmates livides. Akènes d'un jaune-brunâtre, fusiformes, à 10 côtes hérissées de pointes; bec grêle, *épaissi* au sommet, et *un peu plus court* que l'akène; aigrettes dépassant à peine le péricline; réceptacle glabre. Feuilles roncinées-dentées, ou lyrées-roncinées; les radicales pétiolées, dressées-étalées; les caulinaires supérieures entières ou dentées-incisées à leur base, embrassant la tige par deux oreilles. Tige dressée, striée, fistuleuse, feuillée, très-rameuse; rameaux dressés. — Plante d'un vert gai, souvent purpurine à la base, inodore, plus ou moins hérissée de soies raides étalées. Racine fusiforme, annuelle.

Hab. Lorraine; Alsace; Champagne; environs de Paris; la Marne; l'Yonne; le Cher; Rhône; Saône-et-Loire; Loire; Haute-Loire, etc.; Corse, Ajaccio, etc. ① Juillet-août.

b. *Stigmates jaunes; pédoncules penchés avant l'anthèse.*

C. cæspitosa *Gren. et Godr.; Barkhausia cæspitosa Moris, fl. sard. 2, p. 524, t. 92.* — Folioles du péricline linéaires-obtuses, scarieuses aux bords, pubescentes extérieurement, presque glabres intérieurement; les extérieures courtes et très-étroites. Corolles jaunes, les extérieures purpurines en dessous. Stigmates jaunes. Akènes jaunâtres, à 10 stries chagrinées; bec filiforme, *égalant* seulement *les deux tiers* de l'akène; aigrettes un peu plus longues que le péricline; réceptacle velu. Feuilles glabres ou hérissées sur la nervure dorsale, oblongues, sinuées-roncinées; les caulinaires 1-3, linéaires, dentées ou entières. Tiges de 2 décimètres au plus, naissant ordinairement plusieurs sur la souche, non sillonnées, grêles, *dressées*, glabres ou hérissées inférieurement de poils étalés, toujours glabres dans leur partie supérieure, simples et monocéphales, ou divisées en 2-3 rameaux très-longs, dressés, et terminés par une seule fleur. Souche *vivace.*

Hab. Corse, glacière de Bastia! et Saint-Anuonza! (*Bernard*). ♃ Juin.

C. decumbens *Gren. et Godr.; Barkhausia decumbens Nob. mss.* — Péricline à folioles linéaires-obtuses, à peine scarieuses aux bords, munies extérieurement et surtout à la base d'un duvet blanchâtre et pulvérulent, et intérieurement de quelques poils appliqués; les extérieures plus courtes, lâches. Corolles jaunes, celles de la circonférence subpurpurines en dessous. Stigmates jaunes. Akènes gris-fauves, fusiformes, *petits* (5 mill. de long), à 10 côtes chagrinées, à bec filiforme, *égal* à l'akène; aigrettes dépassant le péricline de la moitié de leur longueur. Feuilles roncinées-pennatifides; les radicales pétiolées-étalées; les caulinaires d'abord roncinées, puis dentées et linéaires vers le sommet des tiges. Celles-ci naissant plusieurs sur le collet de la racine, *couchées-redressées,* et disposées en cercle, faiblement striées, grêles, rameuses et pauciflores. — Cette plante se rapproche de la *C. recognita;* mais ses tiges grêles et couchées, ses stigmates jaunes, ses pédoncules penchés avant l'anthèse, ne permettent aucune confusion.

Hab. Corté (*Bern. rd*). (2) Juin?

C. **LEONTODONTOIDES** *All. ped. auct.* 13; *Lois. gall.* 2, *p.* 195; *Barkhausia Leontodon D C. fl. fr.* 4, *p.* 43; *Dub. bot.* 299; *B. leontodontoïdes D C. prod.* 7, *p.* 156; *Castagne, cat. Marseille, p.* 89; *B. tenerrima Ten. ind. sem.* 1830, *p.* 14; *Prenanthes Negrelii Req. in cat. Toulon, p.* 115. — Folioles du péricline linéaires, subaiguës, à peine scarieuses aux bords, pulvérulentes à l'extérieur, et très-faiblement à l'intérieur; les extérieures étroites et courtes. Toutes les corolles jaunes sur les deux faces. Stigmates jaunes. Akènes bruns, fusiformes, à 10 stries rugueuses; bec filiforme, presque égal à l'akène; aigrettes dépassant très-peu le péricline; réceptacle velu. Feuilles *minces*, papiracées, glabres ou pubescentes sur la nervure dorsale, étroitement oblongues, roncinées-pennatifides, à 8-10 paires de dents triangulaires recourbées; les caulinaires 1-2, linéaires. Tige de 2-5 décimètres, glabre ou pubescente inférieurement, *très-grêle*, substriée, divisée en quelques rameaux ascendants, *très-longs et pauciflores*. Racine grêle, fibreuse. — Cette plante, par ses tiges dressées, grêles, allongées, pauciflores, à pédoncules très-longs, est très-distincte de toutes ses congénères.

Hab. Iles d'Hyères (*Perreymond! Robert!*); Marseille (*Castagne*); Corse, Ajaccio (*Clément*); Sartène (*Bernard*). (2) Mai-juin.

C. **SUFFRENIANA** *Lloyd, fl. Loir. inf.* 155; *C. bellidifolia* β. *Lois. gall.* 2, *p.* 195; *Barkhausia suffreniana D C. cat. Monsp.* 83; *D C. fl. fr.* 5, *p.* 450; *Dub. bot.* 298; *Crepis cernua Tenor. prod. nap.* 47? — Folioles du péricline linéaires, subaiguës, à peine scarieuses aux bords, pubérulentes à l'extérieur et portant une rangée de soies rudes sur la côte dorsale, presque glabres intérieurement; les extérieures courtes, très-étroites. Corolles jaunes ainsi que les stigmates. Akènes bruns-foncés, à 10 côtes saillantes, ondulées et non finement tuberculeuses; bec filiforme, *égalant le tiers* de l'akène; aigrettes *dépassant très-peu* (*ou pas*) le péricline; réceptacle faiblement velu. Feuilles pubescentes; les radicales spatulées-oblongues, entières, sinuées ou pennatifides; celles de la tige entières. Tiges 1-5, de 5-10 centimètres, *dressées*, très-hérissées jusqu'au tiers de leur longueur de poils raides qui disparaissent vers le sommet. Racine pivotante, grêle, annuelle. — Plante d'un vert sombre et un peu grisâtre.

Hab. Sables maritimes des environs de Nantes (*Lloyd*); Arles (*Suffren*). (1) Mai-juin.

Obs. — Koch, dans son *Synopsis*, a placé la *C. neglecta L.*, *cernua Ten.* à la suite de la *C. virens Vill.* Mais, par son akène, la *C. neglecta* doit se ranger à la suite de la *C. suffreniana*, avec laquelle elle a de grands rapports, et dont elle diffère : par sa teinte d'un *vert clair*; ses feuilles presque glabres, et dont les caulinaires sont *profondément pectinées-sagittées* à la base; par ses tiges *glabres ou à peine pubescentes*, à rameaux presque divariqués. Ces différences suffiront pour différencier cette espèce qui se rencontrera probablement sur le littoral de la Provence, et en Corse.

C. BELLIDIFOLIA *Lois. gall.* 2, *p.* 195, *t.* 18 (*excl. var.* β.); *Moris, fl. sard.* 2, *p.* 521; *Barkhausia bellidifolia DC. fl. fr.* 5, *p.* 449; *Dub. bot.* 298; *B. sardoa Spr. syst.* 4, *pars* 2 (*cur. post.*), *p.* 304. — Folioles du péricline linéaires, subaiguës, scarieuses aux bords, munies extérieurement d'un duvet blanchâtre et de quelques poils glanduleux, et intérieurement de quelques poils appliqués; les extérieures très-étroites. Corolles jaunes-fauves, ainsi que les stigmates; les extérieures brunes en dessous. Akènes fauves, à 10 côtes *presque lisses;* bec filiforme, *égalant* l'akène; aigrettes dépassant le péricline; réceptacle *presque glabre*. Feuilles *épaisses, un peu charnues*, spatulées-oblongues; les radicales longuement pétiolées, entières, dentées ou roncinées-pennatifides; les caulinaires inférieures et moyennes semblables aux précédentes, dilatées-amplexicaules à la base, à larges oreilles. Tiges rarement uniques et dressées, ordinairement nombreuses et naissant ensemble sur la souche, *étalées et décombantes*, puis redressées, rameuses, à rameaux ascendants. Racine grosse, fusiforme. — Plante très-variable, glabre ou hérissée, à tiges simples ou divisées, nues ou feuillées, n'ayant parfois que quelques centimètres, et atteignant d'autres fois 2-3 décimètres, un peu charnues ou très-grêles; à feuilles entières ou profondément divisées.

Hab. Golfe de Manzza près de Bonifacio (*de Pouzolz*); îles Sanguinaires (*Requien*). ① et ② Avril-mai.

C. FŒTIDA *L. sp.* 1133; *Barkhausia fœtida DC. fl. fr.* 4, *p.* 42; *Dub. bot.* 298; *Crepis glandulosa Guss. ind. sem. H. R. in Bocc.* 1825, *p.* 4, *et pl. rar. p.* 329, *t.* 56, *et syn.* 2, *p.* 410 (*non Brot.*); *Barkhausia glandulosa Presl. fl. sic.* 31; *B. Zacintha Margot et Reut. in DC. prodr.* 7, *p.* 158? *Schultz, exsicc.* 397. — Folioles du péricline linéaires-aiguës, à nervure dorsale épaisse, appliquées sur les graines de la circonférence, munies extérieurement d'un duvet blanchâtre mêlé de poils mous étalés, simples ou glanduleux (*C. glandulosa*), et intérieurement de poils appliqués; les extérieures courtes et lâches. Corolles jaunes; celles de la circonférence purpurines en dessous. Stigmates jaunes. Akènes jaunâtres, fusiformes, finement striés, rugueux; bec *bien plus court que la graine dans les akènes de la circonférence, et plus longs que la graine dans ceux du disque;* réceptacle velu. Feuilles radicales dressées, roncinées-pennatifides, pétiolées; les caulinaires fortement incisées à leur base et embrassant la tige par deux oreilles. Tige dressée, très-rameuse; rameaux étalés. — Plante d'un vert-blanchâtre, velue, fétide; pédoncules très-allongés.

Hab. Lieux stériles. ① Juin-août.

Sect. 2. Paleya *Cass. dict.* 59, *p.* 595. — Tous les akènes également atténués en bec Péricline imbriqué et formé de folioles s'allongeant régulièrement de l'extérieur à l'intérieur.

C. **albida** *Vill. Dauph.* 3, *p.* 139, *t.* 33; *All. ped.* 1, *p.* 219, *t.* 32, *f.* 3; *Lois. gall.* 2, *p.* 193; *Barkhausia albida Cass. dict.* 26, *p.* 62; *D C. prodr.* 7, *p.* 152; *Picridium albidum D C. fl. fr.* 4, *p.* 16; *Dub. bot.* 295; *Lepicaune albida Lap. abr.* 481. — Calathides solitaires au sommet de la tige ou des rameaux très-allongés; péricline régulièrement imbriqué et formé de folioles lâches, ovales et lancéolées, subaiguës, blanches-scarieuses aux bords, ordinairement tomenteuses extérieurement. Corolles d'un jaune doré. Stigmates blanchâtres. Akènes blanchâtres, de 10-12 millimètres de longueur, insensiblement et obscurément atténués en bec, parcourus par 20 stries longitudinales, et dépourvus de tubercules et de rides transversales; réceptacle à alvéoles fibrilleuses aux bords. Feuilles radicales formant une rosette épaisse, oblongues-lancéolées, entières, dentées ou roncinées, couvertes sur les deux faces de poils glanduleux au sommet; les caulinaires 1-3, lancéolées et linéaires. Tige de 1-3 décimètres, pubescente-glanduleuse, striée, simple et monocéphale, ou rameuse et portant 2-5 fleurs sur de longs pédoncules dressés. Souche grosse, brune, écailleuse par les débris des anciennes feuilles, vivace. — Plante blanchâtre.

Hab. La Lozère, Mende, Florac, etc.; le Gard, Alais, Anduze, etc. (*Lecoq et Lamotte*); Pyrénées, Sem. Marignac, au midi sous le port de Bénasque, Barréges, Endretlis, Ambouilla, Font-de-Comps (*Lap.*); Alpes du Dauphiné, Briançon, mont Genèvre, col de l'Arc près Grenoble, Die, les Beaux et mont Aurouse près de Gap, etc.; Marseille, etc. ♃ Juin-août.

Sect 3. Crepis *D C. prodr.* 7, *p.* 160. — Akènes atténués au sommet, mais non prolongés en bec.

a. *Aigrette d'un blanc de neige, molle. Akènes munis de 6-18 stries ou côtes.*

1. *Tiges nues, scapiformes.*

C. **bulbosa** *Cass. ann. sc. nat.* 29, *p.* 4; *Koch, syn.* 503; *Leontodon bulbosum L. sp.* 1122; *Prenanthes bulbosa D C. fl. fr.* 4, *p.* 7; *Dub. bot.* 297; *Hieracium bulbosum Willd. sp.* 3, *p.* 1562; *Lois. gall.* 2, *p.* 186; *H. tuberosum Savi, bot. etr.* 178; *H. stoloniferum Viv. fragm. ital. fasc.* 1, *p.* 17, *t.* 20; *Ætheorrhiza bulbosa Cass. dict.* 68, *p.* 425; *D C. prodr.* 7, *p.* 160. *Ic. Clus. hist.* 2, *p.* 145; *Lob. adv.* 83. — Calathides solitaires au sommet des pédoncules radicaux nus ou monophylles à la base, rarement biflores. Péricline à folioles appliquées, poilues-glanduleuses, ainsi que le sommet des pédoncules; les extérieures 1-2 fois plus courtes que les intérieures dépassées à peine par l'aigrette du plus beau blanc de neige. Corolles jaunes et livides en dessous. Akènes fauves, un peu tétragones, atténués au sommet, lisses, parcourus par 6-8 côtes dans leur longueur, presque de *moitié* *plus courts* que l'aigrette. Feuilles toutes radicales, 1–2 fois plus courtes que les pédoncules, oblongues, entières ou dentées, lisses, glabres, un peu molles et charnues, d'un vert pâle et devenant rouges à la fin. Souche émettant du collet des *rejets rampants et feuillés*. Racines très-longues et terminées par un *tubercule* blanchâtre, subsphérique, atteignant souvent un centimètre de diamètre.

Hab. Sables des bords de la Méditerranée, Fréjus, Grasse, Toulon, Marseille, Montpellier, Cette, Narbonne, Port-Vendre; bords de l'Océan, île Penfret aux Glénans (*Lloyd*). ♃ Mai-juin.

C. AUREA *Cass. dict.* 27, *p.* 4; *Koch, syn.* 503; *D C. prodr.* 7, *p.* 167; *Hieracium aureum Scop. carn.* 2, *p.* 104; *Vill. Dauph.* 3, *p.* 96, *t.* 33; *D C. fl. fr.* 4, *p.* 17; *Dub. bot.* 301; *Lois. gall.* 2, *p.* 185; *Leontodon aureum L. sp.* 1122; *Geracium aureum Rchb. exc.* 259. *Ic. Jacq. austr. t.* 297. *F. Schultz, exsicc.* 1092. — Calathides solitaires au sommet des pédoncules radicaux nus ou monophylles à la base. Péricline à folioles appliquées, un peu plus courtes que l'aigrette, couvertes, ainsi que les pédoncules, de poils longs, noirs, mêlés de quelques petits poils blancs et tomenteux. Corolles *orangées*. Akènes fusiformes, *fortement atténués* au sommet, fauves, parcourus *par* 15–18 *côtes longitudinales très-fines et ciliées-épineuses* à la loupe, un peu *plus longs* que l'aigrette d'un blanc de neige. Feuilles toutes radicales, étalées en rosette, 4–5 fois plus courtes que les pédoncules, spatulées-oblongues, dentées ou roncinées, d'un vert gai, glabres et luisantes. Pédoncules de 1-3 décimètres, uniflores et très-rarement biflores. Souche tronquée, à racines fibreuses, *sans stolons ni tubercules.*

Hab. Prairies élevées des Alpes du Dauphiné, Lautaret, mont de Lans, mont Vizo, Goudran près de Briançon, montagnes de l'Oisans, etc.; Pyrénées, Barréges, Melles (*Lap.*); haut Jura, monts Tendres, Chasseral. ♃ Juillet-août.

C. PRÆMORSA *Tausch, bot. Ztg.* 11, 1, *p.* 79; *Koch, syn.* 502; *D C. prodr.* 7, *p.* 164; *Hieracium præmorsum L. sp.* 1126; *D C. fl. fr.* 4, 18 *et* 5, *p.* 434; *Lois. gall.* 2, *p.* 187; *Geracium præmorsum Rchb. exc.* 259; *Intibellia præmorsa Monn. ess.* 79; *Intybus præmorsus Fries, nov. ed.* 2, *p.* 245. *Gmel. sib.* 2, *p.* 32, *t.* 13, *f.* 2. *F. Schultz, exsicc.* 143. — Calathides en *grappe oblongue serrée*. Folioles du péricline appliquées, glabres, vertes, un peu plus courtes que les aigrettes. Corolles d'un jaune pâle. Akènes fauves, finement striés, lisses, un peu plus courts que l'aigrette blanche et molle. Feuilles toutes radicales obovées-oblongues, atténuées en court pétiole, dressées, entières ou faiblement dentées. Tige (pédoncule radical) simple, scapiforme, striée. Souche tronquée. — Plante d'un vert pâle, ordinairement pubescente.

Hab. Lorraine; abonde dans les bois assis sur le calcaire jurassique, dans la Meurthe, la Moselle, la Meuse et les Vosges, sommités des montagnes de Saint-Quirin, rare sur le grès vosgien; Alsace, à la Ganzau dans les bois d'Illkirch près de Strasbourg, collines de Dorlisheim, Barr, Ingersheim, Sigolsheim, etc. ♃ Mai-juin.

2. *Tige feuillée.*

C. biennis *L. sp.* 1136; *D C. fl. fr.* 4, *p.* 39, *et* 5, *p.* 446; *Dub. bot.* 299; *Lois. gall.* 2, *p.* 194. *Ic. J. B. hist.* 2, *p.* 1025; *Fries, herb. norm. fasc.* 2, *n°* 5.—Calathides en corymbe. Folioles du péricline plus courtes que l'aigrette, linéaires-oblongues, presque obtuses, munies *intérieurement de poils appliqués,* et extérieuremt d'un duvet blanchâtre souvent mêlé de quelques poils raides glanduleux; les extérieures *étalées.* Corolles jaunes, concolores. Stigmates *jaunes.* Akènes jaunâtres, atténués au sommet, un peu *plus longs* que l'aigrette, munis de *treize* côtes faiblement rugueuses; réceptacle *velu.* Feuilles poilues, rudes, dentées ou roncinées-pennatifides; les radicales dressées; les caulinaires planes, sessiles, *auriculées-dentées* à la base et non sagittées. Tige dressée, sillonnée-anguleuse, souvent hérissée au sommet de poils raides.— Plante glabre ou velue-hérissée, à rameaux dressés-étalés; fleurs grandes.

Hab. Les prés et les collines. ⓶ Mai-juin.

C. nicæensis *Balb. ap. Pers. syn.* 2, *p.* 376; *Bor. fl. centr.* 316; *C. scabra D C. cat. monsp.* 99, *et fl. fr.* 5, *p.* 446; *Dub. bot.* 299; *Reut. cat. Genève,* 1841, *p.* 26 (*non Willd.*); *C. nicæensis et scabra Lois. gall.* 2, *p.* 194-195; *C. adenantha Vis. in fl.* 1830, *p.* 53; *D C. prodr.* 7, *p.* 165 (*ex Reuter, l. c.*); *C. agrestis Fries, herb. norm. fasc.* 3, *n°* 3; *Barkhausia nicæensis Spreng. syst.* 3, *p.* 653. *F. Schultz, exsicc.* 689. — Calathides disposées en corymbe dressé-subétalé, ventrues à la maturité. Folioles du péricline lancéolées, aiguës, munies à la face externe d'un duvet blanchâtre, mêlé de poils hispides-glanduleux, ainsi que les pédoncules, *glabres* à la face interne; les externes *étalées.* Corolles jaunes, concolores. Stigmates *bruns.* Akènes elliptiques, lisses, *atténués et un peu scabres* au sommet, *de moitié plus courts* que l'aigrette, mesurant ensemble 7-8 millimètres et ne dépassant que peu ou pas le péricline, munis de *dix* stries; réceptacle alvéolé, fibrilleux. Feuilles radicales pétiolées, lancéolées, dentées ou roncinées-pennatifides, *hérissées-rudes*, plus ou moins grisâtres; les caulinaires sessiles, *sagittées*, *planes*, embrassant la tige par 2 oreilles acuminées, divergentes. Tige de 3-6 décimètres, droite, striée, hérissée surtout à la base. — Cette plante, par ses tiges et ses feuilles hérissées-rudes, n'a de rapport qu'avec la *C. biennis;* mais ses calathides de moitié plus petites, ses tiges beaucoup plus grêles, ses stigmates bruns, et ses akènes la font facilement reconnaître.

Hab. Lieux secs; Loir-et-Cher; Limoges; la Vienne, Poitiers; Maine-et-Loire, Angers; Lyon; Vallouise dans les Hautes-Alpes (*Grenier*); le Gard, à la Nuejole et à Tresques (*de Pouzolz*). ⓶ Mai-juillet.

C. agrestis *W. K. hung. rar. t.* 220; *Boreau, fl. centr.* 316. — Calathides nombreuses, en corymbe resserré. Folioles du péricline d'un vert-noirâtre, acuminées, non dépassées par l'aigrette, *hérissées de longs poils noirs et de quelques poils glanduleux* (ainsi que les pédoncules), glabres à l'intérieur; les extérieures *appliquées*. Stigmates *brunâtres*. Akènes d'un fauve-jaunâtre, linéaires-oblongs, resserrés sous le sommet, plus courts que l'aigrette, pourvus de dix côtes à peine rugueuses à la loupe; réceptacle *glabre*. Feuilles pubescentes ou presque glabres; les radicales pétiolées, oblongues-lancéolées, dentées ou roncinées; les supérieures planes, lancéolées, acuminées, sagittées à la base. Tige de 3-8 décimètres, droite, striée, poilue inférieurement, à rameaux dressés. — Plante plus robuste que la suivante, et dont plusieurs auteurs ne font qu'une variété. La dimension double de ses fleurs et de ses akènes; ses stigmates bruns, abstraction faite des poils des calathides, peuvent légitimer sa conservation comme espèce.

Hab. Les prés, probablement dans presque toute la France; bords de la Loire dans l'ouest (*Boreau*); Besançon (*Grenier*); Nancy (*Godron*). (I) Mai-juillet.

C. virens *Vill. Dauph.* 3, *p.* 142; *Lois. gall.* 2, *p.* 194; *C. virens et stricta DC. fl. fr.* 5, *p.* 447; *Dub. bot.* 299; *C. polymorpha Wallr. sched.* 426; *DC. prodr.* 7, *p.* 162 (*excl. C. cernua Ten., C. neglecta L.*); *C. pennatifida Willd. sp.* 3, *p.* 1604 (*ex Koch*). *F. Schultz, exsicc.* 49; *Fries, herb. norm. fasc.* 13, *n°* 27. — Calathides nombreuses disposées en corymbe dressé un peu étalé. Folioles du péricline égalant l'aigrette, *glabres* à la face interne, munies extérieurement d'un duvet blanchâtre et souvent de poils glanduleux; les extérieures *appliquées*. Corolles jaunes, celles du bord un peu purpurines en dessous. Stigmates *jaunes*. Akènes olivâtres, linéaires-oblongs, à peine resserrés au sommet, plus courts que l'aigrette, pourvus de dix côtes, à peine rugueux à la loupe; réceptacle *glabre*. Feuilles radicales dentées ou roncinées-pennatifides; les caulinaires planes, sagittées. Tige dressée, quelquefois diffuse et anguleuse, striée. — Plante presque glabre, d'un vert gai, quelquefois rougeâtre à la base.

β. *diffusa*. Tiges très-rameuses, étalées-diffuses, à rameaux divariqués; feuilles caulinaires linéaires. *C. diffusa DC. cat. monsp.* 98, *et fl. fr.* 5, *p.* 448; *Dub. bot.* 299.

Hab. Dans les champs, les prés, le long des chemins, etc. (I) Juin-octobre.

C. tectorum *L. sp.* 1135, *et fl. suec.* 275; *DC. fl. fr.* 5, *p.* 448; *Dub. bot.* 300; *Lois. gall.* 2, *p.* 194; *C. Dioscoridis Poll. Pal.* 2, *p.* 399, *et nonnull.*; *C. Lachenalii Gochn. diss.* 19, *t.* 3; *DC. fl. fr.* 5, *p.* 449; *Dub. bot.* 300. — Calathides en corymbe très-étalé, ventrues à la maturité. Folioles du péricline lancéolées, acuminées, un peu plus courtes que l'aigrette, pubérulentes-blanchâtres avec quelques poils glanduleux, ainsi que sur les pédoncules très-longs; folioles extérieures linéaires-sétacées, étalées; les intérieures poilues sur la face interne. Stigmates *bruns*. Akènes d'un pourpre foncé, fusiformes, *atténués en bec*, portant 10 côtes longitudinales *hérissées* surtout au sommet de fines aspérités, *égalant* l'aigrette; réceptacle alvéolé, presque glabre. Feuilles d'un vert-grisâtre; les radicales étalées, lancéolées-oblongues, dentées (*C. Lachenalii Gochn.*) ou roncinées; les caulinaires moyennes sessiles, sagittées, très-longues, *linéaires*, *roulées en dessous* par les bords. Tige de 3-6 décimètres, droite, sillonnée, rameuse, à rameaux étalés. — Les akènes bruns, atténués en bec distinguent bien cette espèce de toutes les voisines.

Hab. Abonde dans les champs sablonneux de l'Alsace, Strasbourg, Colmar; Saône-et-Loire, à Cluny (*Berthiot*); Grenoble? (*Mutel*); Pyrénées (*Lap.*); environs de Paris. ① Juin-août.

C. PULCHRA *L. sp.* 1134; *Koch, syn.* 506; *D C. prodr.* 7, *p.* 160; *Prenanthes pulchra D C. fl. fr.* 4, *p.* 7; *Dub. bot.* 297; *P. hieracifolia Willd. sp.* 3, *p.* 1541; *Lois. gall.* 2, *p.* 184; *Chondrilla pulchra Lam. dict.* 2, *p.* 77; *Lampsana pulchra Vill. Dauph.* 3, *p.* 163; *Intybellia pulchra Monn. ess.* 79; *Sclerophyllum pulchrum Gaud. helv.* 5, *p.* 48; *Phæcasium lampsanoïdes Cass. dict.* 39, *p.* 387. *Ic. Morison, s.* 7, *t.* 15, *f.* 15-37; *J. B. hist.* 2, *p.* 1025, *fig. sup.*—Calathides en corymbe fastigié. Péricline *cylindrique, très-glabre*, à folioles disposées sur deux rangs; les extérieures très-petites, appliquées; les intérieures 4-5 fois plus longues, égalant l'aigrette, à côte dorsale *épaissie* à la base et à la fin *indurée*, roulées en dedans par leurs bords. Corolles *peu nombreuses*, jaunes, concolores. Stigmates bruns. Akènes jaunâtres, atténués au sommet, à 10 côtes écartées et superficielles; ceux du centre lisses; ceux de la circonférence hérissés de pointes très-fines; tous pourvus d'une aigrette blanche et très-caduque, surtout dans les akènes marginaux. Réceptacle nu. Feuilles radicales pétiolées, oblongues, dentées ou roncinées, *poilues-glanduleuses;* les caulinaires lancéolées, tronquées ou brièvement auriculées à la base, dentées ou entières. Tige de 3-8 décimètres, striée, fistuleuse, *nue et glabre au sommet*, *feuillée et poilue-visqueuse inférieurement*. — Cette plante a l'aspect d'un *Prenanthes* ou d'un *Chondrilla*, et les caractères des *Crepis*.

Hab. Coteaux, vignes, terrains pierreux de presque toute la France. Nous possédons cette plante du nord; du midi et des bords de la Méditerranée, de Fréjus à Perpignan; de l'est, où elle pénètre par les vallées jusque sous les hautes sommités des Alpes (presque au sommet de la vallée de la Vallouise, *Grenier*); enfin de tout l'ouest; elle se rencontre également çà et là dans le centre de la France. ① Mai-juillet.

b. *Aigrette molle ou un peu fragile, d'un blanc de neige. Akènes munis de 20 stries.*

C. PYGMÆA *L. sp.* 1151; *D C. prodr.* 7, *p.* 169; *Hieracium prunellæfolium Gouan, ill.* 57, *t.* 22, *f.* 3; *All. ped. t.* 15, *f.* 2; *D C. fl. fr.* 4, *p.* 34; *Dub. bot.* 305; *Lois. gall.* 2, *p.* 188; *H. pu-*

milum L. mant. 279 ; *Leontodon dentatum L. mant.* 107 ; *Omocline prunellæfolium Monn. ess.* 78 ; *Lepicaune prunellæfolium Lap. abr.* 481. — Calathides 1-3 au sommet des tiges. Folioles du péricline appliquées, lancéolées-aiguës, égalant l'aigrette, *pubérulentes-tomenteuses et blanchâtres,* ainsi que les pédoncules. Akènes orangés, un peu plus courts que l'aigrette. Feuilles glabres ou pubérulentes, ovales-subcordiformes, dentées, *toutes portées par un long pétiole lyré-denté.* Tiges de 5-15 centimètres, *couchées* à terre, rameuses à la base, glabres, molles, lisses. Souche *rampante.* — Corolles et stigmates d'un beau jaune.

Hab. Débris mouvants sous les plus hauts sommets des Alpes et des Pyrénées. ♃ Juillet-août.

C. lampsanoides *Fröl. in D C. prodr.* 7, *p.* 169; *Hieracium lampsanoïdes Gouan, obs.* 57, *t.* 21, *f.* 3; *D C. fl. fr.* 4, *p.* 28; *Dub. bot.* 304; *Lois. gall.* 2, *p.* 189; *Soyeria lampsanoïdes Monn. ess.* 77. — Calathides en corymbe dressé-subétalé. Folioles du péricline appliquées, lancéolées, *longuement acuminées,* égalant l'aigrette, noires et couvertes de poils noirs et glanduleux, ainsi que la partie supérieure des pédoncules. Akènes fauves, un peu plus courts que l'aigrette. Feuilles pubescentes; les radicales *lyrées,* souvent détruites au moment de la floraison, semblables aux caulinaires inférieures; celles-ci *lyrées,* à pétiole marginé et largement dilaté-amplexicaule à la base; lobe terminal *très-grand* (5-8 centimètres de long sur 4-6 de large), *en cœur ou tronqué* à la base, denté-anguleux; les caulinaires supérieures larges, ovales, dentées, aiguës, auriculées-amplexicaules. Tige de 3-5 décimètres, dressée, mollement pubescente, surtout à la base. Souche tronquée, à racines fibreuses. — Plante mollement pubescente; corolles d'un jaune foncé, à stigmates livides.

Hab. Toute la chaine des Pyrénées, dans sa partie élevée, de Pratz-de-Mollo et Mont-Louis aux Eaux-Bonnes. ♃ Juillet.

C. succisæfolia *Tausch, bot. Ztg.* 11, 1, *p.* 79; *Koch, syn.* 506; *C. hieracioïdes Willd. sp.* 3, *p.* 1601; *D C. prodr.* 7, *p.* 170; *Hieracium succisæfolium All. ped.* 1, *p.* 215; *D C. fl. fr.* 4, *p.* 28; *Dub. bot.* 304; *H. integrifolium Lois. gall.* 2, *p.* 187; *Omocline succisæfolia Monn. ess.* 78. — Calathides en corymbe lâche et pauciflore. Folioles du péricline appliquées, lancéolées-aiguës, égalant l'aigrette, *noires, poilues-glanduleuses, ainsi que les pédoncules.* Akènes jaunâtres, de même longueur que l'aigrette. Feuilles radicales oblongues, *entières ou obscurément dentées,* obtuses, longuement atténuées en pétiole; les caulinaires amplexicaules, l'inférieure *contractée au-dessus de sa base,* les autres lancéolées. Tige de 2-5 décimètres, glabre ou hérissée inférieurement, droite, simple, rameuse supérieurement, à rameaux courts et uniflores ou pauciflores. — Fleurs d'un jaune doré, à stigmates livides.

α. *mollis*. Tige et feuilles poilues. *Hieracium molle Jacq. austr. t.* 119; *H. croaticum W. K. hung. t.* 218; *H. Sternbergii, Hornm. hafn. spll.* 763; *H. altissimum Lap. suppl.* 125 (*ex exemplariis auth. à Cl. Xatard communicatis*); *Geracium croaticum Rchb. exc.* 260.

β. *nuda*. Tige et feuilles glabres. *Hieracium integrifolium Willd. sp.* 3, *p.* 1568; *Crepis hieracioïdes W. K. hung. t.* 70; *Geracium succisæfolium Rchb. exc.* 260.

Hab. Prairies et prés-bois dans la moyenne et haute région des sapins; monts Dores, Puy-de-Dôme; le Mezenc; le Pilat; toute la chaîne du Jura; Pyrénées-Orientales, Pratz-de-Mollo, à Mantel près du Moulin, à la Font-de-Comps, au Llaurenti, à Saleix, Crabère, Cagire, cazau d'Estiba, au banc de l'Aze (*Lap.*); Esquierry (*Grenier*). ♃ Juillet-août.

C. blattarioides *Vill. Dauph.* 3, *p.* 136; *DC. prodr.* 7, *p.* 166; *C. austriaca All. ped. t.* 30, *f.* 1; *Jacq. hort. vind. t.* 270; *Hieracium blattarioïdes L. sp.* 1129; *DC. fl. fr.* 4, *p.* 33; *Dub. bot.* 304; *H. pyrenaïcum Willd. sp.* 3, *p.* 1582; *Lois. gall.* 2, *p.* 190; *Lepicaune multicaulis et turbinata Lap. abr.* 480-481 (*ex cl. Arnott*); *Soyeria blattarioïdes Monn. ess.* 76.— Calathides ordinairement solitaires, ou 3-6 en corymbe au sommet de la tige. Folioles du péricline lancéolées-obtuses; les extérieures *étalées et aussi longues* que les intérieures, un peu plus courtes que l'aigrette; toutes *hérissées de longues soies noires non glanduleuses*, et qui dépassent leur diamètre transversal. Akènes jaunâtres, un peu plus longs que l'aigrette. Feuilles d'un beau vert; les radicales elliptiques, fortement dentées à la base, atténuées en pétiole ailé, ordinairement détruites au moment de la floraison; les caulinaires ovales ou lancéolées, acuminées, dentées, *sagittées* à la base et embrassant la tige par 2 oreilles aiguës-dentées. Tige dressée, fistuleuse, anguleuse, très-feuillée, simple ou rameuse au sommet. — Plante absolument glabre ou hérissée de poils semblables à ceux des calathides; fleurs très-grandes (4-6 centimètres); corolles d'un beau jaune, à stigmates un peu plus foncés.

Hab. Les Vosges, au ballon de Soultz; commun dans la partie haute de la chaîne jurassique, mont Suchet, Mont-d'Or, la Dôle, le Reculet; Alpes du Dauphiné, Grande-Chartreuse, Saint-Eynard, Lautaret, etc.; Pyrénées, toute la chaîne, dans la région élevée des sapins, de Mont-Louis aux Eaux-Bonnes. ♃ Juin-juillet.

C. grandiflora *Tausch, bot. Ztg.* 11, 1, *p.* 80; *Koch, syn.* 507; *Hieracium grandiflorum All. ped. t.* 29, *f.* 2; *DC. fl. fr.* 4, *p.* 33; *Dub. bot.* 303; *Lois. gall.* 2, *p.* 190; *Hieracium pappoleucum Vill.* 3, *p.* 134, *t.* 31; *H. intybaceum* α. *Lam. dict.* 2, *p.* 369; *H. conyzæfolium Gouan, obs.* 59; *Lepicaune grandiflora et intybacea Lap. abr.* 479. — Calathides 2-5 (rarement une seule) au sommet de la tige. Folioles du péricline noires, pubescentes-tomenteuses, et *hérissées* de longs poils simples et glanduleux, ainsi que les pédoncules; les extérieures lancéolées-oblongues, *de moitié* *moins longues* que les intérieures *obtuses* et plus courtes que l'aigrette. Akènes fauves, égalant l'aigrette. Feuilles *pubescentes-glanduleuses*, dentées; les radicales lancéolées-oblongues, subroncinées, rétrécies en un long pétiole ailé; les caulinaires amplexicaules-sagittées, dentées, entières vers le haut de la tige. Celle-ci de 2-5 décimètres, *pubescente-glanduleuse*, dressée, sillonnée-anguleuse, peu rameuse et pauciflore. — Plante d'un vert sombre et noirâtre (sur le sec), un peu visqueuse au toucher; fleurs d'un beau jaune, à stigmates un peu plus foncés.

Hab. Pâturages élevés des Alpes; les monts Dores; le Cantal; le Mezenc; sources de la Loire; le Pilat; toute la partie alpine de la chaîne des Pyrénées. ♃ Juillet-août.

SOYERIA. (Monn. ess. 74.)

Péricline formé de folioles un peu imbriquées, ou dont les extérieures forment un calicule. Akènes tous semblables, *cylindriques ou columnaires, tronqués* aux deux extrémités, finement striés; aigrette formée de *poils raides et roussâtres*. Réceptacle alvéolé, nu ou garni de soies capillaires.

S. MONTANA *Monn. ess.* 75; *Crepis montana Rchb. exc.* 258; *DC. prodr.* 7, *p.* 171; *Hieracium montanum Jacq. austr. t.* 190; *DC. fl. fr.* 4, *p.* 29; *Dub. bot.* 303; *Lois. gall.* 2, *p.* 188; *Hypochœris pontana L. sp.* 1140; *Andryala pontana Vill. Dauph.* 3, *p.* 67, *t.* 23. *Ic. Bocc. mus. t.* 113. — Calathide grande, unique au sommet de la tige. Folioles du péricline lancéolées-obtuses, *faiblement imbriquées* et presque sur un seul rang, sans calicule à la base, *hérissées-laineuses* par de longs poils jaunes-verdâtres, non glanduleux. Akènes gros, épais, de 10 millimètres de long sur 2 millimètres de large, irrégulièrement anguleux, bruns. Feuilles ovales-lancéolées, sinuées-dentées, à peine atténuées en pétiole, ciliées et plus ou moins pubescentes; les caulinaires sessiles, amplexicaules et à oreilles arrondies. Tige de 2-4 décimètres, dressée, un peu flexueuse, anguleuse-sillonnée.

Hab. Hauts sommets du Jura, la Dôle, le Reculet; Alpes, Lautaret, les Baux, Chaudun et mont Seuze près de Gap, mont Genèvre, Grande-Chartreuse, etc.; Pyrénées, vallée d'Eynes (*Pourret*). ♃ Juillet.

S. PALUDOSA *Godr. fl. lorr.* 2, *p.* 72; *Crepis paludosa Mœnch, meth.* 535; *Koch, syn.* 506; *Hieracium paludosum L. sp.* 1129; *DC. fl. fr.* 4, *p.* 34; *Dub. bot.* 304; *Lois. gall.* 2, *p.* 189; *All. ped. t.* 28, *f.* 2, *et t.* 31, *f.* 2; *Geracium paludosum Rchb. exc.* 260; *Aracium paludosum Monn. ess.* 73. *Ic. Morison, s.* 7, *t.* 5, *f.* 47. *F. Schultz, exsicc.* 298. *Fries, herb. norm. fasc.* 12, *n°* 7. — Calathides en corymbe lâche. Folioles du péricline appliquées, noirâtres, poilues-glanduleuses, égalant l'aigrette. Akènes jaunâtres, non resserrés au sommet et subcylindriques, à 10 côtes fines et lisses. Réceptacle glabre, alvéolé. Feuilles grandes, molles; les inférieures oblongues, roncinées-dentées, atténuées à la base; les supérieures lancéolées, acuminées, dentées ou incisées, embrassant la tige par 2 grandes oreilles aiguës et dentées, devenant presque transparentes par la dessiccation. Tige striée, fistuleuse, rameuse au sommet. — Plante d'un vert gai, tout à fait glabre, si ce n'est sur la panicule; fleurs d'un jaune pâle, à stigmates livides.

Hab. Vallées humides et bords des ruisseaux dans la partie élevée des Vosges, du Jura, des Alpes, de l'Auvergne et des Pyrénées. ♃ Juin-août.

HIERACIUM. (L. gen. 915.)

Péricline formé de folioles imbriquées ou subcaliculé. Akènes *subcylindriques* (*columnaria*), *atténués à la base*, *à 10 côtes*, *tronqués* et dépourvus de bec au sommet. Aigrette *sessile*, *blanchâtre ou rousse*, à poils à peu près unisériés, simples ou dentés, *raides et fragiles*, non dilatés à la base. Réceptacle dépourvu de paillettes, creusé d'alvéoles courtement fimbriées aux bords. — Plantes vivaces, à fleurs jaunes. Leur développement offre trois modes distincts, les stolons, les rosettes, les bourgeons écailleux. Les stolons, toujours propres au groupe des *Piloselles*, se développent au printemps et en automne; ils sont souterrains ou épigés, et manquent souvent dans les terrains arides. Le développement par rosettes s'observe dans les sections *Aurella* et *Pulmonarea*, et se fait en automne. Le développement par gemmes est le plus tardif; il est propre aux *Accipitrina*, dont les feuilles se dessèchent graduellement de la base au sommet, et dont les radicales sont complétement détruites lors de la floraison.

Obs. — Malgré la savante monographie de M. Fries, nous avons apporté une grande circonspection dans les citations des synonymes, attendu que les noms de la plupart des auteurs représentent plusieurs espèces, et que leurs descriptions, ainsi que les exemplaires distribués par eux, correspondent souvent à des groupes, et nullement à une espèce unique. M. Fries, pour faciliter notre travail et nous permettre d'établir une synonymie certaine entre nos espèces de France et celles de Suède, a eu l'extrême obligeance de nous offrir tous les fascicules de son herbier normal. M. Jordan a également mis à notre disposition des types de toutes les espèces qu'il a publiées dans ses observations sur les plantes de France.

Sect. 1. Piloselloidea *Koch, syn.* 509. — Akènes petits (2 millimètres), non bordés au sommet, qui (dans les akènes mûrs) est *fortement crénelé* par le prolongement des sillons qui séparent les côtes; poils des aigrettes très-fins et égaux. Tiges scapiformes. — Plantes se multipliant par des stolons radicants, plus rarement par des rosettes ou par des bourgeons radicaux latents.

a. Tige scapiforme, simple et *uniflore*, *ou bien* 1-3 *fois bifide* et alors terminée par 2-6 calathides portées par de *longs* pédoncules, toujours dressés, très-rapprochés et souvent même contigus à leur origine. Souche munie de stolons (excepté dans le *H. hybridum Chaix*). Écailles intérieures du péricline aiguës.

b. Tige scapiforme, nue ou monophylle, terminée par un *corymbe* ombelliforme, quelquefois transformé en *panicule*: pédoncules courts, atteignant rarement 2 centimètres de longueur.

1. Souche produisant des stolons écailleux ou feuillés; corymbe formé de 2-5 calathides, à folioles intérieures *obtuses ; styles bruns.*

2. Souche produisant des stolons radicants et feuillés; péricline à folioles intérieures *obtuses ; styles jaunes.*

3. Souche pourvue de stolons florifères *non radicants*, qui manquent quelquefois; péricline à folioles intérieures *obtuses.*

4. Souche *sans rejets ni stolons*; péricline à folioles intérieures *aiguës.* (Le *H. glaciale* a quelquefois de très-courts stolons semblables à de petites rosettes.)

Sect. 2. Aurella *Fries, monogr.* 47.— Akènes plus grands (4 millimètres) que ceux de la section précédente, tronqués et *portant au sommet un bourrelet non denticulé* par les sillons et les côtes qui se terminent contre lui; poils des aigrettes raides et inégaux, subbisériés. Folioles du péricline *régulièrement imbriquées.* Renouvellement des tiges annuelles se faisant *par des rosettes* dont les feuilles apparaissent en automne et persistent non-seulement pendant l'hiver, mais existent encore à la base des tiges au moment de l'anthèse.

1. Péricline à folioles glabres, pulvérulentes et rarement pubescentes; les extérieures courtes, les intérieures allongées et *obtuses* (excepté dans le *H. staticæfolium*); ligules à dents *glabres.* — Plantes glauques, non laineuses à la base.

2. Péricline à folioles toutes *aiguës ou acuminées;* ligules à dents *glabres.* — Plantes glauques, à feuilles glabres ou très-velues, mais dépourvues de poils glanduleux.

3. Péricline à folioles *aiguës ou acuminées*; ligules à dents *ciliées.* — Plantes glauques, à feuilles glabres ou très-velues, mais dépourvues de poils glanduleux; collet de la racine souvent très-laineux.

4. Ligules velus extérieurement ou à dents ciliées; plantes vertes sur le vif, *poilues-glanduleuses sur toutes leurs parties.* Le reste comme dans le groupe précédent.

Sect. 3. Pulmonarea *Fries, monogr.* 86. — Akènes conformés comme ceux de la section précédente, mais un peu plus courts. Péricline à folioles *irrégulièrement imbriquées*, les extérieures courtes, inordinées et formant comme un calicule. Renouvellement des tiges annuelles se faisant par des rosettes, comme dans la section précédente.

1. Plantes laineuses, blanches-soyeuses, ou pubescentes, à poils *plumeux,* c'est-à-dire dont la longueur des barbes dépasse plusieurs fois celle du diamètre du poil.

2. Plantes plus ou moins pubescentes, à poils *dentés*, jamais plumeux ni glanduleux.

3. Plantes pubescentes, à poils dentés, plus ou moins *glanduleux,* qui forment aux bords des feuilles des cils glanduleux mêlés à des poils simples. Inflorescence formée de pédoncules tous munis à la base de *bractées foliacées.* Péricline à folioles subobtuses, presque sur un seul rang. Styles bruns.

Sect. 4. Accipitrina *Fries, monogr.* 121. — Akènes de la section précédente. Péricline à folioles nombreuses, plurisériées (excepté dans le *H. albidum*). Renouvellement des tiges annuelles se faisant au moyen de *bourgeons radicaux latents,* qui ne s'épanouissent pas avant l'hiver, mais seulement au printemps.

1. Ligules à dents *glabres.* Péricline à folioles obtuses et presque *unisériées,* souvent entouré de bractées foliacées. Tige, feuilles, pédoncules et péricline *poilus-glanduleux.*

2. Ligules à dents *ciliées.* Péricline à folioles extérieures peu nombreuses; les intérieures obtuses.

3. Ligules à dents *glabres.* Poils des feuilles *non glanduleux.*

Sect. 1. PILOSELLOIDEA *Koch, syn.* 509. — Akènes petits (2 millimètres), non bordés au sommet, qui (dans les akènes mûrs) est fortement crénelé par le prolongement des sillons qui séparent les côtes; poils des aigrettes très-fins et égaux. Tiges scapiformes. — Plantes se multipliant par des stolons radicants, plus rarement par des rosettes ou des bourgeons radicaux latents. Les stolons qui deviennent florifères se redressent, portent ordinairement des feuilles, se bifurquent une ou plusieurs fois, et prennent une inflorescence qui offre des caractères très-différents de ceux de la tige centrale. Dans nos descriptions, nous aurons toujours en vue ces derniers, qui ont seuls des caractères constants.

a. *Tige scapiforme, simple et uniflore, ou bien 1-3 fois bifurquée et alors terminée par 2-6 calathides portées par de longs pédoncules toujours dressés et très-rapprochés, souvent même presque contigus à la base. Souche munie de stolons (excepté dans le* H. hybridum Chaix). *Écailles intérieures du péricline aiguës.*

H. PILOSELLA *L. sp.* 1125; *DC. fl. fr.* 4, *p.* 23; *Dub. bot.* 302; *Fries, monogr. p.* 2. *Ic. Fuchs, hist.* 605; *Dod. pempt.* 67; *J. B. hist.* 2, *p.* 1039. *Fries, herb. norm. fasc.* 9, *n°* 8. — Calathides *solitaires* au sommet des *pédoncules radicaux simples et nus;* ceux-ci de 1-2 décimètres, pubescents, tomenteux, dressés. Péricline ovale à la base, courtement cylindrique, ventru-conique après l'anthèse; folioles intérieures linéaires-aiguës; les plus extérieures obtuses. Corolles de la circonférence ordinairement *purpurines extérieurement*, rarement concolores. Feuilles radicales étalées en rosette, entières, *obovées-obtuses ou oblongues-lancéolées, blanches-tomenteuses* en dessous par de petits poils étoilés, hérissées en outre sur les 2 faces de longs poils sétiformes. Souche rampante, émettant des stolons radicants, feuillés et quelquefois florifères. — Ses calathides toujours solitaires au sommet des pédoncules, plus grosses que celles des espèces suivantes; ses feuilles oblongues-obtuses, blanches-tomenteuses en dessous, distinguent bien cette espèce des formes monocéphales des espèces suivantes.

α. *virescens Fries, l. c.* Feuilles à peine blanchâtres en dessous; corolles extérieures concolores. Stolons allongés.

β. *nigrescens Fries, l. c.* Feuilles de la var. précédente; calathide couverte de poils noirs et glanduleux très-abondants.

γ. *pilosissimum Fries, l. c.* Calathide grande, hérissée de longs poils mous simples non glanduleux. Stolons très-courts. *H. Peleterianum Mérat, fl. par.* 305; *DC. fl. fr.* 5, *p.* 437.

Hab. Pelouses, bords des chemins, lieux arides, bois et prés de toute la France. ♃ Mai-automne.

H. SCHULTESII *F. Schultz, arch. Fr. et All.* 1842, *p.* 35, *et fl. der Pfalz,* 276; *H. Pilosello-Auricula F. Schultz, fl. Germ. et Gall. exsicc.* 1836, *introd.* — Calathides 2-4, portées par la tige monophylle à la base, *une-deux fois bifurquée;* bifurcations munies d'une feuille souvent bractéiforme, *distantes;* la première naissant souvent *au niveau* de la rosette; la suivante se produisant au milieu ou vers le haut de la tige; pédoncules *très-allongés* (2-3 décimètres), dressés. Péricline ovale à la base, ventru-conique à la maturité, à folioles linéaires, les extérieures subobtuses, les intérieures aiguës. Corolles d'un jaune-citron, les extérieures *purpurines ou orangées-pâles extérieurement*. Akènes *stériles*, bruns. Feuilles des rosettes et des stolons spatulées ou oblongues-lancéolées, *obtuses* et submucronées, munies sur la face supérieure de longs poils sétiformes, et en dessous d'un duvet grisâtre très-fin. Tige de 2-3 décimètres, couverte d'un duvet fin et serré, et entremêlé de quelques longs poils sétiformes plus abondants sur les stolons. Souche émettant beaucoup de stolons longs et radicants. — Cette plante est, selon M. Schultz, une hybride des *H. Pilosella* et *H. auricula ;* il a toujours trouvé les graines stériles. Par son feuillage et son facies, elle ressemble surtout à l'*H. Pilosella ;* mais ses tiges 1-2 fois bifurquées, ses calathides plus petites, ses akènes stériles l'en distinguent suffisamment.

Hab. Environs de Bitche (*Schultz*); au Hohneck dans les Vosges (*Schultz*). ♃ Juin-septembre.

H. PILOSELLINUM *F. Schultz, arch. Fr. et All. p. 57 ; H. fallacino-Pilosella F. Schultz ; H. fratris, C. Schultz ; H. bifurcum Koch, syn. part.; Döll, rein. fl.* 524. — Calathides peu nombreuses, *deux* et rarement trois à l'extrémité de la tige monophylle à la base, 1-2 fois *bifurquée un peu au-dessus de la base ;* pédoncules *très-longs* (2-3 décimètres), dressés. Péricline ovoïde à la base, à folioles linéaires-aiguës ; les extérieures subobtuses. Corolles d'un jaune-pâle ; les extérieures plus ou moins *purpurines* en dessous. Akènes les uns stériles et d'un jaune-brunâtre, les autres fertiles d'un brun-noir. Feuilles lancéolées-oblongues, *aiguës,* munies supérieurement de longs poils écartés, et en dessous d'un duvet fin, peu épais, formé de poils étoilés. Tige de 2-3 décimètres, droite, dressée, couverte d'un duvet fin et étoilé entremêlé de quelques poils sétiformes. Souche émettant des stolons stériles ou florifères. — Calathides presque aussi larges que celles de l'*H. Pilosella* (2 centimètres de diamètre). Ses tiges bifurquées dès la base, ses longs pédoncules et ses corolles discolores la rapprochent de l'*H. Schultesii.* Mais ses calathides d'un tiers plus grosses et presque égales à celles de la *Pilosella ;* ses feuilles lancéolées, presque concolores, plus écartées sur les stolons ; ses tiges plus fortes et plus allongées, lui donnent un tout autre aspect. Ses calathides moins nombreuses et la longueur des pédoncules l'éloignent de l'*H. fallacinum.*

Hab. Environs de Niederbronn (*F. Schultz*). ♃ Mai-juin.

H. BITENSE *F. Schultz, fl. der Pfalz, p.* 276 ; *H. Pilosello-prœaltum F. Schultz ; H. bifurcum Koch, syn. part. ; H. bifurcum M. B.?* — Calathides 3-7 à l'extrémité de la tige monophylle à la base et une ou plusieurs fois bifurquée ; première bifurcation *naissant vers l'union du quart supérieur avec les 3/4 inférieurs ;*

pédoncules *peu allongés* (2-6 centimètres), dressés. Péricline déprimé à la base, à folioles linéaires-aiguës; les extérieures subobtuses. Fleurs d'un jaune-soufré, *toujours concolores*. Akènes fertiles, d'un brun-noir. Feuilles *coriaces*, lancéolées ou lancéolées-aiguës, munies supérieurement de longs poils écartés, et en dessous d'un duvet très-court, grisâtre. Tige de 3-8 décimètres, droite, dressée, hérissée inférieurement de longs poils raides presque horizontaux et naissant d'un tubercule noirâtre, dépourvue de duvet, couverte supérieurement, entre les longs poils sétiformes, d'un duvet fin et gris. Souche émettant des stolons allongés, stériles ou florifères. — Calathides d'un tiers plus petites que celles de l'*H. Pilosella* (1 1/2 centimètre de diamètre). Cette espèce, par sa tige bifurquée seulement vers le haut, et par ses pédoncules courts, se distingue bien des deux précédentes. Sa calathide plus déprimée, ses corolles concolores, ses akènes fertiles, ses feuilles lancéolées-aiguës sont en outre autant de caractères qui la séparent de l'*H. Schultesii.*

Hab. Lieux stériles aux environs de Bitche et dans les prés, au milieu d'une foule innombrable de *H. prœaltum* (*H. prœaltum* α. *florentinum Koch, H. mutabile* β. *ciliatum F. Schultz*) et de l'*H. Pilosella,* dont il est certainement une hybride (*Schultz*). ♃ Mai-juin.

H. FALLACINUM *F. Schultz, arch. Fr. et All. p.* 56, *et exsicc. n°* 690; *fl. der Pfalz, p.* 277; *H. Pilosello-fallax F. Schultz; H. bifurcum Koch, syn. part.; H. fallax C. Schultz, in litt.; H. prœalto-Pilosella-prœaltum C. Schultz, olim in litt.; H. cinereum Döll, rein. fl.* 524, *non Tausch.* — Calathides 4-7 à l'extrémité de la tige aphylle, ou monophylle à la base, 1-2 fois bifurquée; la première bifurcation située *vers le milieu* de sa longueur; pédoncules *médiocres* (3-6 centimètres), droits et dressés. Péricline ovoïde à la maturité, à folioles linéaires, les extérieures obtuses. Corolles d'un jaune soufré, *concolores*. Akènes fertiles, d'un brun-noir. Feuilles d'un vert-grisâtre, lancéolées, aiguës, munies supérieurement de longs poils écartés, et en dessous d'un duvet court et grisâtre. Tige de 3-8 décimètres, droite, dressée, hérissée de longs poils assis sur un tubercule noirâtre, et en outre couverte *dans toute sa longueur* d'un duvet fin, serré et grisâtre. Souche émettant des stolons souvent redressés et florifères. — Par ses pédoncules plus courts et ses calathides plus nombreuses, cette espèce ne peut se confondre, parmi les espèces précédentes, qu'avec le *H. bitense*. Elle diffère de ce dernier par sa tige bifurquée vers le milieu et couverte de duvet étoilé, même à la base; par son péricline ovoïde; par ses feuilles plus molles. C'est, selon M. F. Schultz, une hybride des *H. fallax* (*H. prœaltum* γ. *fallax et* δ. *decipiens Koch; H. mutabile* γ. *setosum F. Schultz*) et de l'*H. Pilosella.*

Hab. Environs de Strasbourg (*Buchinger*); de Bitche (*Schultz*); Vosges; Lorraine (*Godron*). ♃ Mai-juin.

H. HYBRIDUM *Chaix in Vill. Dauph.* 3, *p.* 100, *et tab* 34, *sub. H. Halleri; Vill. voy. p.* 60, *t.* 2; *H. furcatum et angustifolium Hoppe?; Koch, syn.* 510?; *H. sphærocephalum Fröl. in D C. prodr.* 7, *p.* 201, *part.* — Calathides 2-3 à l'extrémité des divisions de la tige 1-2 fois bifurquée; la première bifurcation naissant très-près du collet, et munie d'une feuille lancéolée; pédoncules *très-longs*, surtout celui de la première bifurcation, hérissés de longs poils mous, roussâtres, *presque aussi nombreux* (vers le sommet) *que ceux de l'H. villosum.* Péricline ovoïde à la base, à folioles linéaires-aiguës. Corolles d'un *jaune-doré*, *concolores.* Akènes.... Feuilles lancéolées-oblongues, couvertes en dessous d'un duvet grisâtre peu apparent, et en dessus de longs poils roux, très-nombreux et extrêmement abondants près du collet de la racine. Tige de 2 décimètres, un peu flexueuse, bifurquée presque dès la base, *très-hérissée*, outre le duvet étoilé qui la recouvre, *de longs poils étalés.* Souche ordinairement dépourvue de stolons. — Nous ne l'avons point vue avec des stolons; de plus, ses têtes plus grosses et plus velues que celles de la plante de Hoppe, nous laissant du doute sur l'identité des deux plantes, nous avons été ainsi conduit à conserver le nom de Villars. Cette espèce est probablement une hybride sur les parents de laquelle nous ne sommes pas assez fixé pour lui assigner un nom en rapport avec la nomenclature de Schiede.

Hab. Environs de Gap (*B. Blanc*). Nous ne connaissons cette plante, en France, que de la localité citée, d'où elle nous a été envoyée par notre ami B. Blanc. ♃ Juin-juillet.

b. *Tige scapiforme, nue ou monophylle, terminée par un corymbe ombelliforme plus ou moins dense, et quelquefois transformé en panicule; pédoncules courts, atteignant rarement 2 centimètres de longueur.*

1. *Souche portant des stolons écailleux ou feuillés; corymbe formé de 2-5 calathides, à folioles intérieures obtuses : styles bruns. — Etudier les folioles du péricline sur les calathides non épanouies, car avec l'âge ces folioles se roulent aux bords et paraissent aiguës.*

H. AURANTIACUM *L. sp.* 1126; *D C. fl. fr.* 4, *p.* 18; *Dub. bot.* 301; *Lois. gall.* 2, *p.* 188; *Vill. Dauph.* 3, *p.* 102; *Godr. fl. lorr.* 2, *p.* 75; *Fries, monogr.* 25; *Lecoq et Lamotte, cat. centr.* 254. *Ic. All. ped.* 1, *p.* 213, *t.* 14, *f.* 1; *Jacq. austr. t.* 410; *Morison, s.* 7, *t.* 18, *f.* 7. *F. Schultz, exsicc.* 474; *Fries, herb. norm. fasc.* 10, *n°* 9. — Calathides en corymbe lâche et pauciflore (1-5 fleurs); rameaux et pédoncules courts. Péricline à folioles lancéolées-linéaires, obtuses, noires, hérissées de très-longs poils noirs, mêlés de poils plus courts articulés et glanduleux. Corolles pourprées, passant quelquefois au jaune doré. Style brun. Feuilles d'un vert-gai (devenant un peu jaunâtres par la dessiccation), nullement glauques, hérissées sur les deux faces de longs poils mous, et très-rarement de quelques poils étoilés, entières, submucronées ; les radicales oblongues ou lancéolées, atténuées en pétiole ; les caulinaires peu nombreuses (1-3), semblables aux radicales, mais plus petites. Tige dressée, simple, rude au toucher, très-hérissée, dans toute sa longueur, de longs poils mous horizontaux, et couverte en outre, dans sa moitié supérieure, d'un *épais* duvet étoilé, mêlé de poils courts et glanduleux. Souche rampante, souvent dépourvue de stolons. — Cette plante est voisine de l'*H. pratense;* mais il est facile de l'en distinguer par ses calathides plus grosses et bien moins nombreuses ; par ses corolles pourprées et ses styles bruns ; par la couleur des feuilles ; et enfin par la tige très-hérissée dans toute sa longueur de longs poils mous, horizontaux, roux à la base de la tige et noirs vers son sommet.

β. *bicolor*. Ligules intérieurs jaunes, les extérieurs orangés, ou marqués d'une ligne plus foncée en dessous. *H. aurantiacum var. All. ped.* 1, *p.* 213, *t.* 14, *f.* 1.

γ. *luteum*. Ligules entièrement jaunes.

Hab. Hautes Vosges, sur le granit, Rotabac, ballon de Soultz, Hohneck, Tanache ; monts Jura, sur le Mont-d'Or ; Auvergne, monts Dores, pentes de Chaufour, du val d'Enfer, du pic de Sancy, creux de Palabus ; Cantal, col de Cabre (*Lecoq et Lamotte*) ; Pyrénées, port de Paillières (*Pourr.*) ; Alpes du Dauphiné, Revel, Prémol, Allevard, l'Oysans, Lautaret, Quayras, les Baux près Gap, etc. ♃ Juin-juillet.

2. *Souche portant des stolons radicants et feuillés ; péricline à folioles intérieures obtuses ; styles jaunes.*

H. Auricula *L. sp.* 1126 ; *D C. fl. fr.* 4, *p.* 24 ; *Dub. bot.* 302 ; *Lois. gall.* 2, *p.* 186 ; *H. dubium Vill. Dauph.* 3, *p.* 99, *et herb.!* (*non Lin.*). *Fries, herb. norm. fasc.* 9, *n°* 14. — Calathides 3-4, rarement 1-6, en corymbe au sommet de la tige quelquefois bifurquée ; pédoncules courts (1-2 centimètres), poilus-glanduleux, *simples, courbés-ascendants.* Péricline ovoïde, à folioles obtuses, couvertes de poils courts, noirs et glanduleux. Corolles et styles jaunes. Feuilles en rosette, étalées-dressées, oblongues-lancéolées, *obtuses, glauques et nues sur les deux faces*, ciliées, surtout à la base, de longs poils mous. Tige dressée, pourvue de quelques poils courts et glanduleux, *jamais étoilés.* Souche produisant des stolons radicants, hérissés à leur extrémité.

Hab. L'est, le nord, l'ouest, le centre de la France ; les Pyrénées ; manque dans la région méditerranéenne. ♃ Juin-juillet.

H. pratense *Tausch, fl. od. bot. Ztg.* 11, 1 *beibl.* 56 ; *Godr. fl. lorr.* 2, *p.* 75 ; *Koch, syn.* 515 ; *Fries, monogr.* 19 ; *H. collinum Gochn. diss. p.* 17, *t.* 1 ; *D C. fl. fr.* 5, *p.* 440 ; *Lois. gall.* 2, *p.* 187 ; *H. cymosum Willd. sp.* 3, *p.* 1166 ; *Rob.! cat. Toulon, p.* 62 (*non L.*). *F. Schultz, exsicc.* 792. — Calathides *nombreuses,* en corymbe *serré ;* rameaux et pédoncules courts, étalés. Péricline à folioles linéaires, obtuses, noires sur le dos, hérissées de longs poils noirs et de poils plus courts articulés et glanduleux. Corolles et styles jaunes. Feuilles *vertes, un peu glauques*, sinuées-denticulées, pourvues sur les bords et *sur les deux faces de poils blancs, mous, très-nombreux*, plus longs et plus abondants sur la nervure dorsale, dépourvues de poils étoilés à la face inférieure; les radicales dressées, oblongues, obtuses, atténuées en pétiole ailé; les caulinaires 1-2, lancéolées, brièvement acuminées, rétrécies à la base. Tige dressée, simple, velue à la base, munie au sommet de poils noirs glanduleux et d'un duvet étoilé. Souche rampante, émettant parfois des stolons plus ou moins allongés, très-hérissés au sommet; plus souvent les stolons manquent complétement. — Cette espèce, par ses feuilles vertes, ses poils fins et mous, ses fleurs d'un jaune plus foncé, son port analogue à celui de la *Crepis præmorsa*, se distingue bien des espèces voisines.

Hab. Prairies humides des montagnes des Vosges, Badonvillers (*Soyer-Will.*), Champ-du-Feu (*Mougeot*); Toulon! (*Robert*); Vannes, spontané? sur les murs de l'ancien jardin d'Aubry (*Pontarlier*); Côte-d'Or, Saône-et-Loire (*Boreau*). ♃ Juin-août.

5. *Souche pourvue de stolons florifères non radicants (rameaux décombants, naissant à l'aisselle des feuilles de la rosette), qui manquent quelquefois; péricline à folioles intérieures obtuses.*

H. PRÆALTUM *Vill. in Gochn. cich.* 17, *et voy.* 62, *t.* 2, *f.* 1; *Wimm. et Grab. fl. sil.* 3, *p.* 206; *Fries, monogr.* 26; *D C. fl. fr.* 5, *p.* 441; *Dub. bot.* 303; *H. piloselloïdes D C. fl. fr.* 4, *p.* 25 (*non Vill.*); *H. florentinum Spreng. fl. Hol.* 222, *t.* 10, *f.* 1, *et nonnull. auct.* (*non All.*); *H. Bauhini Bess. Gal.* 150. *F. Schultz, exsicc.* 47. — Calathides petites, nombreuses (20-100), en corymbe lâche, *étroitement* paniculé, à rameaux *dressés;* pédoncules *dressés*, à poils *étoilés* et glanduleux. Péricline ovale-cylindrique, à folioles linéaires-subobtuses, munies de poils étoilés et glanduleux. Corolles et styles jaunes. Akènes noirs. Feuilles glauques passant au vert-gai, entières ou denticulées, lancéolées-oblongues, subaiguës ou obtuses; les caulinaires 1-3, plus étroites. Tige de 3-6 décimètres, dressée, raide, rameuse, glabre ou munie de quelques soies, un peu compressible. Souche produisant souvent des *stolons ascendants* (non radicants) *et florifères.* Racine oblique, tronquée, non rampante. — Ses tiges et rameaux moins grêles; ses calathides un peu plus grosses, à folioles du péricline plus aiguës; son corymbe moins étalé; ses pédoncules dressés et pourvus de duvet étoilé; sa souche ordinairement munie de stolons distinguent très-bien cette espèce de l'*H. florentinum.*

β. *decipiens.* Feuilles plus hispides, parsemées de quelques poils étoilés. *H. fallax D C. fl. fr.* 5, *p.* 442; *Dub. bot.* 302.

Hab. Toute la France du nord au midi; Toulon! (*Robert*). ♃ Juin-juillet.

H. florentinum *All. ped.* 1, *p.* 213; *Vill. voy.* 61; *Fries, monogr.* 25; *H. piloselloïdes Vill. Dauph.* 3, *p.* 100, *t.* 27; *DC. fl. fr.* 5, *p.* 541; *Dub. bot.* 303; *Lois. gall.* 2, *p.* 186; *H. armeriæfolium Rchb. fl. exc.* 464; *H. acutifolium Vill. voy.* 59, *t.* 3? *F. Schultz, exsicc.* 144-144 *bis*-1094. — Calathides *petites* (5 millimètres de long sur 4 millimètres de large), nombreuses (20-100), en corymbe *largement* étoilé et paniculé, à rameaux *étalés, arqués-ascendants, filiformes* ainsi que les pédoncules; ceux-ci glabres ou pubescents-glanduleux, *sans duvet étoilé*. Péricline cylindrique, à folioles linéaires-obtuses et mucronées, glabres ou munies de quelques poils étoilés, et pourvues sur la carène d'une rangée de poils courts et glanduleux. Corolles et styles jaunes. Akènes noirs. Feuilles *glauques*, entières ou à peine denticulées, lancéolées-linéaires, glabres ou ciliées aux bords et sur la nervure dorsale de longs poils sétiformes; les caulinaires (1-2) plus étroites et plus aiguës. Tige de 2-4 décimètres, dressée, très-grêle, raide et souvent flexueuse, *très-glabre*, nue ou portant 1-2 feuilles à la base, entièrement *dépourvue de poils étoilés*, rameuse souvent *dès son milieu*. Souche *toujours dépourvue de stolons*. — Plante glauque, glabre ou munie de soies éparses, souvent multicaule, plus grêle que l'*H. prœaltum;* feuilles primordiales oblongues et obtuses, déjà détruites au moment de l'anthèse, toutes dépourvues de duvet étoilé.

Hab. Hautes vallées des Alpes du Dauphiné, vallée du Quayras, de l'Isère à Grenoble, du Drac; torrents des environs de Gap, etc. ♃ Juillet-août.

4. *Souche sans rejets ni stolons; péricline à folioles intérieures aiguës. (Obs. Le* H. glaciale *a quelquefois de très-courts stolons qui simulent une rosette.)*

H. pumilum *Lap. abr.* 469, *et suppl.* 123; *H. breviscapum DC. fl. fr.* 5, *p.* 459; *Dub. bot.* 302 (*non Gaud.*); *H. angustifolium* β. *Coderi DC. l. c.; H. Candollei Monn. ess.* 28; *H. Wahlii Fröl. in DC. prodr.* 7, *p.* 204. *Ic. Pluck. t.* 52, *f.* 6. — Calathides 1-3 (rarement 6-10), presque en ombelle *pauciflore* et terminale. Pédoncules simples, *dressés*, ordinairement plus courts que les calathides, *couverts de poils glanduleux*, et d'un épais duvet étoilé. Péricline ovoïde, à folioles d'un gris-noirâtre, couvertes d'un épais duvet et hérissées de très-longs poils sétiformes noirs à la base; les intérieures aiguës. Corolles et styles jaunes. Akènes noirs. Feuilles lancéolées-oblongues, très-entières, *obtuses, non atténuées en pétiole, hérissées* sur les deux faces d'un grand nombre de longues soies, munies en dessous de nombreux *poils étoilés* blanchâtres. Tige *de* 5-12 *centimètres*, raide, à peu près nue, *tomenteuse et poilue-glanduleuse* dans toute sa longueur. Souche non rampante, dépourvue de stolons, se prolongeant en racine *perpendiculaire*, prémorse.—Cette espèce, par ses longues soies, rappelle le *H. peleterianum.* Les folioles du péricline nous ont paru moins aiguës que ne le dit Fries.

Hab. Sommet des Pyrénées-Orientales, col de Nouri, port de Salden, Canigou, Costabona, etc. ♃ Août-septembre.

H. glaciale *Lachn. act. helv.* 9, *p.* 305; *Fries, monogr.* 13; *H. angustifolium Vill. voy.* 59, *t.* 3; *DC. fl. fr.* 5, *p.* 438; *H. Auricula var.* γ. *Dub. bot.* 302; *H. breviscapum Gaud. helv.* 5, *p.* 77! (*non D C.*). *Rchb. exsicc. n°* 1159. — Calathides en *cyme ombelliforme pauciflore* (1-5, rarement plus) au sommet de la tige; pédoncules *un peu plus longs et souvent plus courts* que les calathides, couverts de duvet étoilé et de poils glanduleux, et en outre plus ou moins pourvus de poils sétiformes. Péricline ovoïde-cylindrique, à folioles aiguës et acuminées, noires, recouvertes de poils étoilés, et de plus hérissées de longues soies entremêlées de quelques poils glanduleux. Corolles et styles jaunes. Akènes noirs. Feuilles d'abord oblongues-obtuses, puis *lancéolées-aiguës*, d'un *vert clair*, plus ou moins *hérissées* de soies, parfois presque glabres et ciliées, portant en dessous des *poils étoilés* plus ou moins abondants. Tige ordinairement de 1-2 décimètres, nue ou portant une feuille vers son milieu, couverte dans toute sa longueur de *poils étoilés*, mêlés vers le haut de poils glanduleux et de quelques longues soies. Souche *rampante, très-rarement stolonifère.* — Cette plante, par l'absence habituelle de stolons, et par son port, a la plus grande ressemblance avec l'*H. cymosum* et l'*H. Nestleri*. Mais sa souche toujours rampante et radicante, appliquée à la surface du sol, et sa tige monophylle la font facilement distinguer.

β. *gigantea*. Feuilles très-allongées (5-10 centimètres), hérissées sur les faces; tige de 4-5 décimètres, terminée par une cime multiflore (20-80 fleurs), très-ample et très-hérissée de longues soies.

Hab. Toutes les prairies élevées des Alpes du Dauphiné, Lautaret, l'Oysans, col de l'Arche, col de Paga, col Malrief, etc.; var. β. Lautaret et montagnes de Guillestre. ♃ Juillet-août.

H. cymosum *L. sp.* 1126 (*non auct. gall.*); *Fries, monogr.* 40; *Gaud. helv.* 5, *p.* 84; *H. Nestleri Vill. voy.* 26, *t.* 4, *f.* 1. *Fries, herb. norm. fasc.* 13, *n°* 14. — Calathides en cime ombelliforme *multiflore, un peu diffuse* et souvent munie de 1-2 rameaux latéraux distants et disposés en panicule; pédoncules allongés (2-5 centimètres); pédicelles non glanduleux, plus longs que les calathides; les uns et les autres couverts de poils étoilés et de poils sétiformes non glanduleux. Péricline ovoïde-cylindrique, à folioles aiguës, grisâtres, hérissées de soies et couvertes de poils étoilés, sans poils glanduleux. Corolles et styles jaunes. Akènes noirs. Feuilles oblongues-lancéolées, d'un *vert gai* devenant jaunâtre par la dessiccation, hérissées de soies sur les deux faces, et de plus pourvues en dessous de poils étoilés grisâtres. Tige de 4-6 décimètres, portant 1-3 feuilles dans sa partie inférieure, hispide et en outre couverte dans toute sa longueur de poils étoilés, *sans poils glanduleux.* Souche inclinée, toujours dépourvue de stolons, et produisant une racine oblique et tronquée. — Cette espèce est plutôt hispide que hérissée comme la suivante, les poils étant plus courts et moins abondants; l'inflorescence moins régulièrement ombelliforme est souvent presque paniculée; les calathides ont la teinte moins foncée.

Hab. Collines chaudes et arides des Alpes du Dauphiné, mont Séuse près de Gap (*Grenier*); Saint-Nizier près de Grenoble (*Verlot*); la Croix-Haute dans la Drôme (*Clément*). Dans toutes ces localités on ne rencontre que la forme signalée par Fries, comme var. *hispidum*. Nous n'avons pas vu le type venant de localités françaises. ♃ Juillet-août.

Obs. — Linné a créé son *H. cymosum*, en s'appuyant sur les synonymes de Bauhin et de Vaillant. Or, tous ces synonymes, en ayant égard aux localités citées par les auteurs auxquels ils appartiennent, se rapportent incontestablement à la plante que Villars a nommée *H. Nestleri*. D'où il résulte que l'*H. cymosum Vill.* n'est pas l'espèce de Linné.

H. sabinum *Seb. et Mauri, fl. Rom.* 270, *t.* 6; *Koch, syn.* 516; *Fries, monogr.* 42; *H. cymosum Vill. Dauph.* 3, *p.* 101, *et voy.* 63, *t.* 4; *D C. fl. fr.* 5, *p.* 440; *Dub. bot.* 302; *Lois. gall.* 2, *p.* 187; *H. multiflorum Schl. in Gaud. helv.* 5, *p.* 87. *Fries, herb. norm.* 13, *n°* 14.—Calathides en cyme ombelliforme *compacte;* pédoncules courts (2 centimètres), simples ou bi-triflores, couverts de poils étoilés, et hérissés de longues soies blanchâtres *entremêlées de poils courts et glanduleux.* Péricline ovoïde-cylindrique, à folioles aiguës, *noires* et très-hérissées de longs poils blanchâtres; les intérieures acuminées. Corolles d'un beau jaune ou orangées et concolores; celles de la circonférence parfois orangées seulement en dessous. Feuilles oblongues-lancéolées, d'un vert gai devenant un peu jaunâtre par la dessiccation, hérissées sur les deux faces de *soies très-longues et très-nombreuses,* et de plus munies en dessous d'un duvet fin et serré. Tige de 2-4 décimètres, portant 1-4 feuilles dans sa moitié inférieure, hérissée de longues soies blanchâtres, et couverte de poils étoilés entremêlés dans la partie supérieure de *poils glanduleux.* Souche inclinée, dépourvue de stolons, produisant une racine oblique et tronquée.

Hab. Prairies élevées des Alpes du Dauphiné, Lautaret, col de l'Arche, col de Vars, etc. ♃ Juillet-août.

Sect. 2. Aurella *Fries, monogr.* 47. — Akènes plus grands (4 millimètres) que dans la section précédente, tronqués et portant au sommet un bourrelet non denticulé par les sillons et les côtes qui se terminent contre lui; poils des aigrettes raides et inégaux. Folioles du péricline régulièrement imbriquées. Renouvellement des tiges annuelles se faisant par des rosettes dont les feuilles apparaissent en automne et persistent non-seulement pendant l'hiver, mais existent encore à la base des tiges au moment de l'anthèse.

1. (Stirps H. glauci Fries.) *Péricline à folioles glabres, pulvérulentes ou rarement pubescentes; les extérieures courtes, les intérieures allongées et obtuses (excepté dans* H. staticæfolium*); ligules à dents glabres. Plantes glauques, non laineuses à la base.*

H. staticæfolium *Vill. Dauph.* 3, *p.* 116, *t.* 27; *All. ped.* 1, *p.* 214, *t.* 81, *f.* 2; *D C. fl. fr.* 4, *p.* 25; *Dub. bot.* 303; *Lois. gall.* 2, *p.* 187. *Ic. J. B. hist.* 2, *p.* 1041, *f.* 2. *F. Schultz, exsicc.* 100 *et* 269. — Calathides 1-5 à l'extrémité de longs pédoncules (1 décimètre et plus) écailleux et un peu renflés au sommet, très-légèrement tomenteux. Péricline à folioles *acuminées*, un peu blanchâtres-cotonneuses. Corolles d'un jaune soufré, *verdissant* par la dessiccation, pubérulentes extérieurement et paraissant ciliolées. Aigrette blanche, peu fragile. Feuilles glauques, presque toutes radicales, linéaires-lancéolées, subdenticulées, glabres; les caulinaires bractéiformes-linéaires, et naissant aux divisions de la tige. Celle-ci de 2-3 décimètres (y compris la longueur des pédoncules), glauque, presque nue, grêle, raide, dressée, à rameaux écartés. Racine rampante, *émettant des stolons hypogés.*

Hab. Le Jura méridional, Bellegarde dans l'Ain (*Grenier*); puis de là dans toutes les vallées du Dauphiné. ♃ Juin-juillet.

H. leucophæum *Gren. et Godr.* — Calathides 1-5 à l'extrémité de la tige; pédoncules longs, plus ou moins écailleux, finement tomenteux. Péricline à folioles obtuses, tomenteuses, et portant quelques longs poils sur la nervure dorsale. Corolles d'un beau jaune, non ciliées. Feuilles d'un *vert cendré, ovales-lancéolées, obtuses et mucronées*, denticulées, glabres et glauques, un peu ciliées sur le pétiole *allongé;* les caulinaires *ovales-allongées*, sessiles ou subamplexicaules. Tige de 2 décimètres, courbée-ascendante, subpubescente dans ses deux tiers inférieurs, couverte vers le haut de poils étoilés, bien visibles à la loupe, *feuillée presque jusque sous les fleurs*, glauque. Souche *horizontale*.— Cette plante rappelle très-exactement les petits échantillons de l'*H. glabratum* β. *calvum*, avec lequel nous l'avions d'abord confondue, et dont elle est bien distincte par son péricline à folioles obtuses. Par ses feuilles radicales contractées en pétiole étroit et cilié; par ses feuilles caulinaires ovales et presque embrassantes; par sa tige courte, arquée, subpubescente inférieurement, et pubérulente étoilée vers le haut, cette espèce ne saurait être confondue avec le *H. glaucum*.

Hab. Villars de Lans (*Clément*). ♃ Juillet.

H. glaucum *All. ped.* 1, *p.* 214, *t.* 28, *f.* 3, *et t.* 81, *f.* 2 (*non Vill.*); *D C. fl. fr.* 4, *p.* 26; *Dub. bot.* 303; *Lois. gall.* 2, *p.* 188; *H. porrifolium Vill. Dauph.* 3, *p.* 115 (*non Lin.*). *Rchb. exsicc.* 2042. — Calathides 2-7 en corymbe étalé; pédoncules longs (souvent d'un décimètre), écailleux, glabres, tomenteux seulement sous la calathide. Péricline à folioles imbriquées, obtuses, noirâtres, glabres, ou comme pubérulentes par la présence de petits poils étoilés. Corolles d'un jaune doré, glabres. Aigrettes d'un blanc sale. Feuilles glauques, glabres ou ciliées par de longs poils qui se retrouvent parfois sur le limbe, entières ou dentées; les radicales *lancéolées-linéaires*, aiguës, atténuées en un *large et court pétiole;* les caulinaires linéaires, sessiles, peu nombreuses. Tige de 2-5 décimètres, simple ou rameuse, *nue ou presque nue supérieurement*, glabre, grêle, raide, dressée, à rameaux écartés. Racine descendante, sans stolons.

β. *juratense Nob.* Tige dépassant rarement 2 décimètres; feuilles primordiales oblongues-obtuses, les autres sublinéaires, acuminées, à peine atténuées à la base; fleurs un peu plus grandes.

γ. *calcareum Fries.* Tige élancée, atteignant parfois un mètre; feuilles très-allongées, plus fortement dentées; panicule étalée, très-divisée, à calathides nombreuses. *H. glaucum* β. *ramosissimum DC. fl. fr.* 5, *p.* 443.

Hab. Alpes du Dauphiné, Grenoble, Lautaret, la Bérarde, etc.; var. β. les hautes sommités du Jura, la Dôle, le Reculet, rochers au-dessus de Pont-de-Roide (*Grenier*), etc.; var. γ. Alpes du Dauphiné. ♃ Août.

Obs. — Nous n'avons pas vu en France l'*H. porrifolium L.* dont les feuilles sont littéralement linéaires-graminiformes et dont les calathides sont presque de moitié plus petites que celles de l'*H. glaucum.*

H. politum *Fries, monogr.* 84; *H. glaucum Vill. Dauph.* 3, *p.* 116. — Calathides 2-7 en corymbe étalé; pédoncules de 2-4 centimètres, écailleux, glabres et un peu tomenteux et subglanduleux sous la calathide. Péricline à folioles obtuses, grisâtres, parsemées de poils étoilés très-courts qui les font paraître farineuses, et en outre de quelques *poils glanduleux.* Corolles d'un jaune un peu pâle, glabres. Aigrette d'un blanc-sale. Feuilles d'un vert-pâle et glauque et un peu bleuâtre, glabres ou munies aux bords et quelquefois sur la nervure dorsale de quelques longs poils; les radicales *lancéolées-oblongues* ou *lancéolées,* aiguës, dentées, atténuées en *court pétiole;* les caulinaires peu nombreuses, sessiles et plus étroites. Tige de 2-5 décimètres, *feuillée inférieurement, nue dans sa partie supérieure,* grêle, raide, dressée, glabre, à rameaux écartés-ascendants. Racine descendante, sans stolons.

Hab. Environs de Grenoble (*Verlot*); la Bérarde (*Clément*). ♃ Juillet-août.

H. glaucopsis *Gren. et Godr.* — Calathides 3-9 en corymbe irrégulier, subétalé; pédoncules de 2-4 centimètres, un peu tomenteux, ou poilus et tomenteux. Péricline à folioles obtuses, noirâtres, munies de quelques longs poils et de poils étoilés, ou couvertes de longs poils laineux, rappelant ceux de l'*H. villosum.* Corolles *très-poilues* extérieurement et non ciliées, jaunes. Aigrette un peu fauve. Feuilles d'un beau *vert clair et glauque,* velues sur les bords, souvent aussi sur la face dorsale et surtout sur la nervure; les radicales ovales-lancéolées, aiguës, *courtement atténuées en pétiole,* denticulées, longues (6-9 centimètres de long sur 2-4 de large); les caulinaires tantôt 5-7 grandes et ovales, tantôt 2-3 plus petites, *toutes sessiles* et non embrassantes. Tige de 2-5 décimètres, grêle, raide, dressée, glabrescente ou velue dans toute sa longueur, glauque, irrégulièrement rameuse souvent dès le milieu de sa longueur. Racine descendante. — Cette plante a la couleur et les calathides de l'*H. politum,* et le port de l'*H. vulgatum.*

Hab. Entre Villard-d'Arène et le Lautaret, dans le taillis que traverse l'ancienne route, presque en face du village d'Arcine. ♃ Août.

2. (Stirps H. villosi Fries.) *Péricline à folioles toutes aiguës ou acuminées; ligules à dents glabres. Plantes glauques, à feuilles glabres ou très-velues, mais dépourvues de poils glanduleux.*

* *Tige scapiforme.*

H. subnivale *Gren. et Godr.* — Calathide solitaire au sommet de la tige *scapiforme.* Péricline ovoïde-ventru, à folioles extérieures faiblement étalées, *lancéolées-aiguës* et non acuminées, couvertes de longs poils blancs abondants et laineux comme dans les suivants. Corolles non ciliées. Stigmates *bruns.* Feuilles toutes radicales, oblongues, obtuses, de 4-5 centimètres de long sur 1 1/2 de large, mucronées, très-entières, très-glauques (comme celles de l'*H. Pilosella*), plus ou moins hérissées aux bords *et sur la face supérieure* de longs poils, glabres sur la face inférieure. Tige de 1-2 décimètres, nue ou portant une feuille bractéiforme, munie de longs poils épars et de poils étoilés; ces derniers plus nombreux au-dessous de la calathide et entremêlés de nombreux poils courts et glanduleux. Souche couverte des débris *extrêmement laineux* des anciennes feuilles, et se distinguant facilement à ce seul caractère de toutes les espèces suivantes, dans lesquelles les poils laineux sont bien moins abondants.

Hab. Au-dessous du col de Paga qui sépare la vallée de Château-Quayras de celle de Serrières, et sur le versant qui appartient à cette dernière vallée (*Grenier*). ♃ Août.

H. glanduliferum *Hoppe, ap. Sturm, hest.* 39; *Koch, syn.* 520; *Fries, monogr.* 48; *H. alpinum All. ped.* 1, *p.* 212, *t.* 14, *f.* 2; *DC. fl. fr.* 4, *p.* 19 (*part.*); *Dub. bot.* 301 (*part.*); *Lois. gall.* 2, *p.* 185 (*part.*); *Vill. Dauph.* 3, *p.* 103, *et alior. auct. gall.* (*part.*).— Calathide solitaire au sommet de la tige *scapiforme*, très-rarement bifurquée et bicéphale. Péricline ovoïde-ventru, à folioles extérieures acuminées, *lâchement appliquées* ou subétalées, couvertes de longs poils fauves non glanduleux et très-abondants. Corolles non ciliées. Stigmates brunâtres. Feuilles glauques et *d'un beau vert*, toutes radicales, lancéolées ou sublinéaires, longuement *poilues* ou glabrescentes sur les deux faces, atténuées en pétiole ailé. Tige de 1-2 décimètres, nue ou portant 1-2 feuilles bractéiformes, munie dans sa longueur de quelques longs poils blanchâtres qui manquent quelquefois, et de petits poils étoilés-tomenteux, et en outre supérieurement de *courts poils noirs terminés par une glande*, d'autant plus abondants qu'on se rapproche plus de la calathide. Souche non laineuse au collet. — Espèce souvent confondue avec le *H. alpinum.*

β. *calvescens Fries.* Feuilles et partie inférieure de la tige glabres. *H. glabratum Schl. pl. exsicc.*; *DC. fl. fr.* 5, *p.* 435; *Gaud. helv.* 5, *p.* 70, *sub H. Schraderi* (*non Fries*).

Hab. Alpes de Grenoble, Lautaret, Briançon, mont Vizo, col de Vars, col de l'Arche, Gap, etc. ♃ Juillet-août.

H. piliferum *Hoppe, pl. exsicc.* 1799 ; *Fries, monogr.* 49 ; *H. Schraderi Koch, syn.* 519 ; *Gaud. helv.* 5, *p.* 69 (*excl. var.* 2-3 *ad H. alpinum Willd. spect.*) ; *H. alpinum Vill. Dauph.* 3, *p.* 103 *et alior. auct. gall.* (*part.*). — Calathide solitaire au sommet de la tige *scapiforme*, et très-rarement bifurquée et bicéphale. Péricline ovoïde-ventru, à folioles extérieures acuminées, lâchement appliquées, couvertes de longs poils blancs (devenant fauves par la dessiccation, comme dans toutes les espèces voisines), non glanduleux et très-abondants. Corolles non ciliées. Stigmates un peu brunâtres. Feuilles toutes radicales, *vertes et à peine glauques,* lancéolées, atténuées aux deux extrémités, entières ou à peine denticulées, hérissées sur les deux faces de longs poils blanchâtres. Tige simple, de 1-2 décimètres, nue ou portant une feuille bractéiforme, *garnie dans toute sa longueur et surtout au sommet de nombreux et longs poils mous, et de poils étoilés, sans poils glanduleux.* Souche non laineuse au collet.

β? *latifolium.* Feuilles ovales, faiblement denticulées, à limbe de 3-4 centimètres de long sur 2-3 centimètres de large, munies d'un pétiole presque égal au limbe. Par leur forme et leur consistance, elles rappellent les feuilles de l'*H. murorum var. incisum ;* mais les dents sont beaucoup moins prononcées.

Hab. Pâturages des hautes Alpes du Dauph. avec le précédent. ♃ Juill.-août.

** *Tige feuillée.*

H. villosum *L. sp.* 1130 ; *D C. fl. fr.* 4, *p.* 20 ; *Dub. bot.* 302 ; *Lois. gall.* 2, *p.* 191 ; *H. flexuosum W. K. hung. t.* 209?, *et nonnull. Ic. Clus. hist.* 2, *p.* 141 ; *Morison, s.* 7, *t.* 5, *f.* 58. *F. Schultz, exsicc.* 1095. — Calathides grandes, 1-5 au sommet de la tige et des pédoncules. Péricline ovoïde-ventru, à folioles intérieures lancéolées-acuminées ; les extérieures *plus larges, ovales ou lancéolées, tout à fait étalées ;* toutes *couvertes de longs poils blancs, laineux, extrêmement abondants.* Corolles non ciliées. Stigmates *jaunes.* Feuilles à formes très-variables, glauques, *hérissées-laineuses* par de longs poils mous et crispés ; les radicales et les caulinaires inférieures sessiles ou plus ou moins longuement pétiolées, oblongues ou lancéolées, souvent ondulées et même fortement dentées ; les caulinaires entières ou dentées, ordinairement presque aussi larges que longues, *profondément en cœur à la base et embrassant la tige,* plus rarement atténuées et faiblement embrassantes à la base. Tige de 1-4 décimètres, simple ou rameuse, *feuillée,* hérissée-laineuse, et munie en outre dans sa partie supérieure de poils étoilés, jamais glanduleux. — Les calathides plus grosses à folioles extérieures plus larges et très-lâchement disposées distinguent parfaitement cette espèce des suivantes.

β. *nudum Nob.* Plante dépourvue de poils laineux, les calathides exceptées ; feuilles caulinaires lancéolées, à peine embrassantes ; tige glabre et couverte vers le haut de poils étoilés.

γ. *elongatum*. Calathides plus nombreuses, plus petites, à folioles du péricline plus étroites, plus appliquées, moins velues. *H. elongatum Willd. ap. D C. prodr.* 7, *p.* 229 (*sec. Fröl.*).

Hab. Abonde dans toute la région élevée des Alpes du Dauphiné; toutes les hautes cimes du Jura, Suchet, Mont-d'Or, la Dôle, Reculet, etc.; manque dans les Vosges, l'Auvergne et les Pyrénées. Var. β. la Moucherolle près de Grenoble (*Clément*); var. γ. mont Séuse près de Gap. ♃ Juillet-août.

Obs. 1. — La plante de Séuse près de Gap a parfois les dents des corolles ciliées. Ce caractère a-t-il toute la valeur que Fries lui a assignée?

Obs. 2. — Si l'exemplaire du *H. dentatum*, étiqueté par Hoppe, et que nous avons vu dans l'herbier de M. Buchinger, est bien la plante de cet auteur, nous ne pouvons la regarder que comme une variété de l'*H. villosum* à folioles du péricline plus exactement appliquées; caractère qu'il est du reste presque impossible de constater sur le sec. Dans l'herbier de M. Mougeot, nous avons vu, et sous le même nom, une autre plante également étiquetée par Hoppe; mais celle-là différait sensiblement de l'*H. villosum*, et par conséquent de celle de l'herbier de notre ami Buchinger; nous ne l'avons point vue de France.

H. glabratum *Hoppe in Willd. sp.* 3, *p.* 1562 (*non Gaud. nec Schleich. quorum planta ad H. glanduliferum spectat*); *Koch, syn.* 518; *H. flexuosum D C. fl. fr.* 5, *p.* 436 (*descriptio optima*); *Dub. bot.* 302; *Lois. gall.* 2, *p.* 190; *Gaud. helv.* 5, *p.* 95, *var.* α. (*quoad plantam juranam*); *H. scorzoneræfolium Vill. prosp.* 35, *et Dauph.* 3, *p.* 111 (*excl. var. B.*).— Calathides grandes, 1-5 au sommet de la tige. Péricline ovoïde, à folioles *toutes semblables*, lancéolées-acuminées, *lâchement appliquées*, couvertes de longs poils blancs et laineux, moins abondants que dans le *H. villosum*. Corolles non ciliées. Stigmates jaunes. Feuilles glabrescentes; les radicales dressées, fermes, *lancéolées-aiguës*, atténuées en court pétiole, denticulées, d'un *vert glauque et clair*, parsemées sur la face dorsale et sur les bords de longs poils; les caulinaires ovales, *sessiles, non embrassantes*. Tige de 1–4 décimètres, *glabrescente* ou parsemée de longs poils mous, rares ou nuls vers le milieu et le haut de la plante, où on n'observe que des poils étoilés-tomenteux.

β. *calvum Nob.* Folioles du péricline dépourvues de poils laineux et recouvertes seulement de très-courts poils étoilés. Nous avons suivi, sur les cimes du Jura, tous les intermédiaires entre le type et cette variété, que nous avions prise d'abord pour une espèce : *H. vagans*. Cette forme a de grands rapports avec le *H. glaucum*, et le *H. glaucopsis*, dont le péricline est formé de folioles obtuses.

γ. *elatum Nob.* Tige de 5-8 décimètres; feuilles radicales ovales, longuement pétiolées et égalant 1 à 2 décimètres; pétiole plus court que le limbe; celui-ci ayant de 6 à 10 centimètres de longueur sur 2-3 de largeur, denté, mince et un peu papyracé; les caulinaires sessiles, largement lancéolées et dentées.

Hab. Le haut Jura, rochers de Pont-de-Roide et Mont-d'Or dans le Doubs (*Grenier*), la Dôle, le Reculet, etc.; Alpes du Dauphiné, Lautaret, col de l'Arc, la Grangette et mont Séuse près de Gap, mont Vizo, Alpes de Colmars, etc.; var. β. sommités du Jura, la Dôle, le Reculet (*Grenier*); var. γ. le Mont-d'Or dans le Doubs (*Grenier*). ♃ Août.

Obs. — Cette espèce a le feuillage de l'*H. glaucum*, et les calathides de l'*H. villosum*. Les feuilles radicales ressemblent à celles de la *Scorzonera humilis*, et légitiment le nom donné par Villars à cette espèce, nom qu'il serait peut-être bon de conserver, malgré le synonyme cité de Jacquin. Contrairement à l'opinion de Fries, nous avons rapporté à l'*H. glanduliferum* le *H. glabratum Gaud.*, et cela d'après les observations que nous avons faites dans les localités citées par Gaudin. C'est sur des observations analogues que nous avons ramené ici en synonyme une des variétés de l'*H. flexuosum Gaud.* Enfin, la description de l'*H. glabratum Koch* nous a semblé trop précise pour la rattacher à l'*H. tricocephalum Willd.* Nous avons pensé que Koch avait fait erreur dans l'envoi de ses graines à Fries, et que la raison alléguée par ce dernier ne pouvait infirmer un texte précis.

H. speciosum *Hornm. hort. hafn.* 2, *p.* 764; *Koch, syn.* 518; *Fries, monogr.* 54; *Fröl. ap. DC. l. c.* 212; *H. villosum* β. *Vill. Dauph.* 3, *p.* 106; *H. speciosissimum Willd. en. suppl. p.* 54. — Calathides 5-8 en corymbe. Péricline ovoïde, à folioles lancéolées-acuminées, *lâchement appliquées*, couvertes de longs poils blancs-laineux, presque aussi abondants que ceux de l'*H. villosum*. Corolles non ciliées. Stigmates jaunes. Feuilles glauques, fermes, lancéolées, peu ou point pétiolées, fortement dentées, velues-laineuses; les caulinaires ovales, *sessiles et non embrassantes*. Tige de 1-4 décim., très-velue, feuillée, mais *presque dépourvue de feuilles à la base* au moment de l'anthèse, rameuse et à *rameaux feuillés*. — Cette espèce est voisine des *H. villosum* et *H. glabratum*. Elle en diffère par ses tiges plus feuillées et plus rameuses, presque toujours nues à la base pendant l'anthèse par la destruction des feuilles radicales; par ses feuilles caulinaires fortement dentées, aussi velues que celles de l'*H. villosum*, mais sessiles comme celles de l'*H. glabratum;* par ses calathides plus nombreuses, à folioles presque aussi velues-laineuses, mais moins acuminées que celles de l'*H. villosum*, et surtout point étalées.

Hab. Villard-d'Arène et le Lautaret dans les Hautes-Alpes (*Grenier*). ♃ Août.

3. (Cerinthoïdea Koch; Stirps H. cerinthoïdis et H. laniferi Fries.) *Péricline à folioles aiguës ou acuminées; ligules à dents ciliées. — Plantes glauques, à feuilles glabres ou très-velues, mais dépourvues de poils glanduleux; collet de la racine souvent très-laineux.*

* *Tiges glabres ou pubérulentes, jamais velues ni laineuses, dépourvues de feuilles depuis la base jusqu'aux bractées foliacées qui accompagnent les rameaux floraux; collet de la racine extrêmement laineux.*

H. saxatile *Vill. Dauph.* 3, *p.* 118, *t.* 29; *DC. fl. fr.* 4, *p.* 22; *Dub. bot.* 301; *H. Lawsonii Vill. l. c. t.* 29; *Lap. abr.* 470, *et herb.!*; *H. barbatum Lois. gall.* 2, *p.* 192; *H. scopulorum Lap. suppl. p.* 124, *et herb.!* — Calathides 1-5, portées sur de longs pédoncules dressés, grêles, à peine tomenteux au sommet, *poilus-glanduleux*. Péricline à folioles appliquées, poilues-glanduleuses. Corolles ciliées. Feuilles glauques, obovées-oblongues, aiguës, atténuées et à peine pétiolées à la base, entières, *hérissées sur les deux faces de longs poils mous*. Tige de 1-2 décimètres, scapiforme, nue, ne portant que de petites feuilles embrassantes et situées à la naissance des rameaux. Souche grosse, très-laineuse au collet.

Hab. Alpes du Dauphiné, grande Chartreuse, Grenoble, Lautaret, vallée de Serrières, mont Aurouse près de Gap, etc.; toute la partie alpine de la chaîne des Pyrénées, de Mont-Louis aux Eaux-Bonnes; montagnes de la Lozère (*Lecoq et Lamotte*). ♃ Juin-juillet.

H. sericeum *Lap. abr.* 477; *H. phlomoïdes Fröl. in DC. prodr.* 7, *p.* 233; *Fries, monogr.* 64. — Cette plante n'est peut-être qu'une variété de l'*H. saxatile.* Elle en diffère par ses feuilles radicales, couvertes d'une si grande quantité de *poils longs et soyeux-argentés* qu'il n'est plus possible, surtout à la base, d'apercevoir leur parenchyme; par ses pédoncules *tomenteux et souvent dépourvus de poils glanduleux.* Les calathides sont de même grandeur que dans l'*H. saxatile;* les folioles du péricline sont aiguës et portent aussi quelques poils glanduleux; la tige est pareillement grêle. Les feuilles presque dépourvues de pétiole ne permettent pas de la rapporter aux nombreuses formes de l'*H. cerinthoïdes.* De plus, sa tige grêle; ses rosettes radicales très-grandes; ses calathides verdâtres et brièvement poilues-glanduleuses, la rapprochent incontestablement de l'*H. saxatile.* Lapeyrouse dit que les pédoncules sont *poilus-glanduleux.* Ce caractère manque dans tous nos exemplaires, dont les pédoncules sont finement tomenteux. Le *H. mixtum* s'éloigne de cette espèce par ses calathides velues.

Hab. Basses-Pyrénées, mont Laid près des Eaux-Bonnes (*Grenier*); chaos de Gavarnie (*Roussel*). ♃ Juin.

** *Tiges portant une ou plusieurs feuilles.*

H. mixtum *Fröl. ap. DC. prodr.* 7, *p.* 216 (*excl. syn. ad H. saxatile Vill. spect.*); *Fries, monogr.* 64. — Calathides 1-3, portées sur des pédoncules peu allongés (2-3 centimètres), étalés-dressés, *très-velus, à poils longs et crispés, non glanduleux.* Péricline à folioles lâchement appliquées, *aiguës* et non acuminées, *très-velues, non glanduleuses.* Corolles ciliées. Feuilles radicales obovées, entières, très-velues sur les deux faces, atténuées en un pétiole ailé, égal tantôt au quart, tantôt à toute la longueur du limbe; les caulinaires 1-2, ovales-lancéolées, demi-embrassantes à la base. Tige de 1-2 décim., *feuillée,* velue et *dépourvue, comme le reste de la plante, de poils glanduleux.* Souche grosse, laineuse au collet.

Hab. Vallée d'Aspe (*Bernard*). ♃ Juin-juillet.

H. cerinthoides *L. sp.* 1129; *Fries, monogr.* 58. *H. longifolium Schl.! exsicc.*; *H. flexuosum* α. *Gaud. helv.* 5, *p.* 95; *H. flexuosum Lap. abr.* 475; *H. Lapeyrousii var.* ε. *Fröl. in DC. prodr.* 7, *p.* 232. — Calathides 1-5, portées par de longs pédoncules *tomenteux et ordinairement poilus-glanduleux.* Péricline ovoïde-renflé, à folioles *lâches,* aiguës et acuminées, *hérissées* de longs poils blancs et souvent aussi de poils *glanduleux.* Corolles ciliées. Feuilles *molles, minces,* glauques, entières ou denticulées, aiguës ou obtuses-mucronées, lâchement velues sur les deux faces ou glabres sur la face supérieure; les radicales ovales-oblongues, plus ou moins longuement pétiolées, à pétiole étroit; les caulinaires *semi-amplexicaules*, à *oreilles larges et arrondies*. Tige de 3-5 déc., plus ou moins feuillée, velue, ordin[t] simple ou peu rameuse et pauciflore. — Calathides presque semblables à celles de l'*H. villosum*.

β. *glabrescens Nob.* Plante glabre ou presque glabre; pédoncules simplement poilus-glanduleux. *H. obovatum Lap.! herb. Serres, et abr. suppl.* 129; *H. Lapeyrousii var.* δ. *Fröl. in DC. l. c. p.* 232.

Hab. Pyrénées, Eaux-Bonnes, col d'Arbas, pic de Gère et mont Laid (*Grenier*); l'Hiéris (*Philippe*); vallée d'Aspe (*Bernard*); Corsc (*Fries*). Nous n'avons point observé cette espèce dans les Pyrénées-Orientales, ni dans les Alpes du Dauphiné. ♃ Juillet.

H. VOGESIACUM *Mougeot, ap. Fries, monogr.* 59; *H. decipiens Fröl. in DC. prodr.* 7, *p.* 230; *Koch, syn.* 520; *H. Mougeoti Godr. fl. lorr.* 2, *p.* 77; *H. juranum Rapin, fl. cant. Vaud, p.* 212; *H. longifolium et Mougeotii Lecoq et Lam. cat.* 1848, *p.* 255; *H. cerinthoïdes Kirschl. prod. Als.* 75; *H. cerinthoïdes vogesiacum Kirschl. stat. Als.* 105. *Schultz, exsicc. n°* 890. — Calathides 1-3 au sommet de la tige; pédoncules longs, *tomenteux et poilus-glanduleux*. Péricline ovoïde, à folioles noirâtres, tomenteuses et *poilues-glanduleuses;* les extérieures un peu lâches; les intérieures acuminées. Corolles ciliées. Feuilles minces, glauques, *glabres* et hérissées seulement aux bords et sur la nervure dorsale, entières, denticulées ou dentées à la base seulement; les radicales oblongues-lancéolées, aiguës, ordinairement longuement pétiolées, à pétioles velus; les caulinaires *sessiles ou à peine embrassantes*. Tige de 2-5 décimètres, flexueuse, lisse et arrondie, portant 2-4 feuilles, glabre dans son milieu, souvent poilue vers la base, simple ou très-peu divisée au sommet. — Plante moins velue que la précédente.

Hab. Le Hohneck dans les Vosges (*Mougeot*); le Jura, la Dôle et le Reculet (*Grenier*); mont Dore, en Auvergne, et plomb du Cantal (*Lecoq et Lamotte*): Pyrénées, la Maladette (*Anoudeau*); vallée d'Aspe (*Bernard*). ♃ Août.

H. OLIVACEUM *Gren. et Godr.; H. pyrenaïcum Schultz bip. in herb. Billot* (*non Jordan*). — Calathides *rapprochées*, en corymbe pauciflore (2-5), quelquefois réduites à une seule, portées sur des pédoncules droits, dressés, un peu renflés au sommet, d'un *vert-noirâtre*, *presque dépourvus de poils étoilés*, et couverts surtout vers le haut de *poils glanduleux noirâtres*. Péricline oblong, un peu turbiné, à folioles lancéolées-linéaires, les extérieures subobtuses, les intérieures aiguës, toutes d'un noir *olivâtre*, couvertes de poils glanduleux entremêlés de quelques poils simples. Corolles à dents fortement ciliées. Stigmates *brunâtres*. Feuilles radicales en rosette, *ovales ou oblongues, obtuses ou subaiguës*, vertes, membraneuses, denticulées ou profondément dentées à la base, à pétiole très-velu, égalant ou dépassant la longueur du limbe, ordinairement glabres en-dessus, pubescentes en dessous; feuille caulinaire (rarement 2 ou point) *sessile ou pétiolée*, tantôt lancéolée et dentée à la base, tantôt sublinéaire. Tige de 2-4 décimètres, pubescente, presque nue, non rameuse, sinon au sommet pour former le corymbe.— Port de l'*H. murorum*

Hab. Pyrénées-Orientales, Collioure au-dessous de Consolation (*Guinand herb. Billot*). ♃. Mai.

H. NEO-CERINTHE *Fries, monogr.* 67; *H. cerinthoïdes Gouan, obs.* 58, *t.* 22 (*non Lin.*); *Lap. abr.* 475; *D C. fl. fr.* 4, *p.* 27; *Dub. bot.* 304; *Lois. gall.* 2, *p.* 190; *H. rhomboïdale Lap. act. Toul.* 1, *p.* 215, *t.* 18, *et abr.* 477; *H. elongatum Lap.! in herb. Serres, et abr.* 476 (*part.*); *H. croaticum et glaucum Lap.! in herb. Serres, et abr.* 471-475; *H. altissimum Lap.! in herb. Serres* (*part.*); *H. cordifolium Fries, l. c. p.* 66? (*non Lap.*); *H. Lapeyrousii Fröl. l. c. p.* 232 (*part.*). — Calathides 2-7 en corymbe au sommet de la tige; pédoncules de 2-4 décimètres, naissant à l'aisselle d'une feuille embrassante et en cœur à la base, un peu grêles, dressés, portant parfois *trois espèces de poils*, les uns très-courts et étoilés-tomenteux, les autres un peu plus longs simples et glanduleux, les derniers qui manquent souvent simples très-longs et non glanduleux. Péricline à folioles *appliquées, acuminées, verdâtres, poilues-glanduleuses*, et de plus souvent velues. Corolles ciliées. Feuilles glauques; les radicales obovées, obtuses, larges ou étroites, plus ou moins atténuées en pétiole *largement ailé, coriaces, lisses et brillantes, d'un vert clair et un peu pâle*, glabres ou ciliées, et plus ou moins hérissées sur la nervure dorsale, entières ou denticulées; les caulinaires 1-2 (parfois nulles), oblongues-lancéolées, souvent un peu resserrées et *subpanduriformes* par l'étranglement qui se montre vers leur tiers inférieur, demi-embrassantes à la base. Tige de 2-4 décimètres, plus ou moins feuillée, simple ou rameuse, un peu flexueuse, glabre ou velue. Souche grosse, *laineuse* au collet.

Hab. Pyrénées, Prats-de-Mollo, pic de Gard, Bac-de-Bolcaire, Esquierry, Llaurenti, Paillières, mont Auxis, Orlu, Mail-du-Cristal, Cagire, pic de l'Hiéris, Tramesaigues, pic d'Eyré, casau d'Estiba, Pen-du-Brada, Saleix, Sissoy, Crabère, houle de Marboré, citadelle de Mont-Louis. ♃ Juin-juillet.

Obs. — Les auteurs français nous paraissent avoir réuni à cette espèce celle que nous avons précédemment décrite sous le nom de *H. cerinthoïdes L.*, et cela à cause de la ressemblance des feuilles caulinaires. Mais les calathides, velues dans la première, et très-courtement poilues-glanduleuses dans celle-ci, les distinguent parfaitement. L'*H. cerinthoïdes* nous a paru plus spécial aux Pyrénées-Occidentales, et l'*H. neo-cerinthe* plus particulier aux Pyrénées-Or.

H. COMPOSITUM *Lap.! abr.* 476; *D C. fl. fr.* 5, *p.* 444; *Dub. bot.* 304; *Lois. gall.* 2, *p.* 192; *Fries, monogr.* 68. — Calathides ordinairement nombreuses, en large corymbe; pédoncules de 2-3 décimètres, *épais*, étalés-dressés, *très-velus*, et munis de poils étoilés-tomenteux presque cachés par les *longs poils laineux, non mêlés de poils glanduleux*. Péricline à folioles *aiguës, très-velues* et munies surtout au sommet de quelques poils glanduleux mêlés aux poils laineux. Corolles ciliées. Feuilles radicales larges, oblongues-lancéolées, aiguës, *velues sur les deux faces, d'un vert sombre* et un peu glauque, courtement pétiolées, et à pétiole largement ailé; les caulinaires d'abord ovales-lancéolées et amplexicaules, puis se réduisant et devenant lancéolées-sublinéaires. Tige de 2-3 décimètres, *velue-hérissée*, distinctement *anguleuse*, portant ordinairement deux feuilles au-dessous de la première ramification, simple dans sa moitié inférieure, puis rameuse. Souche laineuse au collet. — Nous avons récolté, dans le voisinage des Eaux-Bonnes, cette plante réduite à une tige simple et monocéphale.

Hab. Pyrénées, Pratz-de-Mollo, mont Laid près des Eaux-Bonnes (*Grenier*). ♃ Juillet.

H. alatum *Lap.! abr.* 478. — Calathides en corymbe *court et étalé;* rameaux et pédoncules allongés, *très-ouverts* et courbés-ascendants, tomenteux et poilus-glanduleux. Péricline ovoïde, à folioles linéaires, subaiguës, tomenteuses et munies de poils glanduleux mêlés de poils simples. Corolles d'un jaune pâle, à dents ciliées. Styles jaunâtres. Akènes bruns. Feuilles *dentées ou incisées-dentées* surtout à la base, à dents lancéolées-aiguës et étalées; feuilles radicales *longuement pétiolées*, à pétiole *ailé*, très-velu, presque égal au limbe; celui-ci glabre sur la face supérieure, longuement cilié, velu en dessous et principalement sur la nervure dorsale; les caulinaires inférieures semblables aux précédentes, plus courtement *pétiolées*, à pétiole plus largement *ailé*, et également très-velu (le limbe a de 8 à 11 centimètres, et le pétiole de 3 à 4 centimètres de longueur); les caulinaires supérieures (de 5-8 centimètres de longueur) sessiles et embrassantes à la base. Tige *élevée* (6-8 décimèt.), *dépourvue* de bourre laineuse à la base, très-feuillée jusque sous le corymbe, droite, un peu flexueuse, finement *striée*, pubescente surtout inférieuremt. Souche nullement laineuse.— Cette plante, l'une des mieux caractérisées du genre, a beaucoup de ressemblance avec un *Soyeria paludosa* à larges feuilles. L'exemplaire que nous avons décrit, et qui provenait de Lapeyrouse, nous a été communiqué par M. le colonel Serres.

Hab. Val d'Eynes, mont de Cagire, Très-Seignous (*Lap.*). ♃ Août.

Obs.— M. Thomas nous a envoyé des environs de Bex, sous le nom de *H. cydoniæfolium*, une plante presque en tout semblable à celle que nous venons de décrire, et que nous rapportons à la même espèce. Elle en diffère cependant par ses calathides un peu plus petites et plus nombreuses (20 à 25 au lieu de 7 à 8), par ses styles très-bruns, par ses feuilles et surtout ses pétioles bien moins velus.

4. (Pseudo-cerinthoïdea Koch; Stirps H. alpini Fries.) *Ligules velus extérieurement ou à dents ciliées; plantes vertes sur le vif, plus ou moins poilues-glanduleuses sur toutes leurs parties. Le reste comme dans le groupe précédent.*

H. alpinum *L. sp.* 1124; *DC. fl. fr.* 4, *p.* 19 (*part.*); *Dub. bot.* 301 (*excl. var.* β.); *Lois. gall.* 2, *p.* 185 (*part.*); *H. Halleri Vill. Dauph.* 3, *p.* 104, *t.* 26 (*sub. H. hybrido*). *Fries*, *herb. norm.*

fasc. 10, *n°* 7.— Calathide *solitaire* (très-rarement deux), un peu *penchée* avant l'anthèse, largement ovoïde-déprimée, terminant la tige *subscapiforme.* Péricline à folioles intérieures acuminées; les extérieures plus larges, très-obtuses, et simulant presque un involucre, écartées et non appliquées; toutes *hérissées de longs poils laineux* entremêlés de poils glanduleux. Corolles pubérulentes. Feuilles *oblongues-spatulées* ou lancéolées, longuement pétiolées, molles, minces, subpapyracées, jaunissant par la dessiccation, *hérissées* de longs poils mous mêlés de poils glanduleux; les caulinaires 1-3, plus petites, *sessiles ou à peine embrassantes.* Tige de 1-2 décimètres, *hérissée* et poilue-glanduleuse, et en outre couverte de poils étoilés-tomenteux. Collet de la racine faiblement laineux.

Hab. Alpes du Dauphiné, Taillefer, Prémol, montagnes de Gavet (*Villars*); Revel au-dessus de Grenoble (*Verlot*); la Pra (*Clément*). ♃ Juillet.

H. PSEUDO-CERINTHE *Koch, syn.* 525; *Fries, monogr.* 74; *H. cerinthoïdes Vill. Dauph.* 3, *p.* 110, *t.* 32. — Calathides en corymbe élargi; pédoncules étalés-redressés, couverts de poils étoilés et de *poils glanduleux d'un jaune-pâle*, et jamais noirs à la base. Péricline à folioles aiguës, appliquées, légèrement tomenteuses et poilues-glanduleuses. Corolles ciliées. Feuilles minces, papyracées, d'un *vert pâle et un peu glauque,* velues et très-faiblement glanduleuses; les radicales oblongues-lancéolées, finement *denticulées ou presque entières;* les caulinaires 2-3, *lancéolées-acuminées*, entières, en cœur et amplexicaules. Tige de 2-3 décimètres, flexueuse, non rameuse dans ses deux tiers inférieurs, un peu velue inférieuremement, tomenteuse supérieurement, et munie dans toute sa longueur, ainsi que dans sa panicule, de poils glanduleux d'un jaune très-pâle. — Cette plante est surtout caractérisée par son corymbe et sa tige allongée qui ne se ramifie qu'au sommet. La plante de Corse a les glandes un peu plus brunes; elle est en outre plus velue dans toutes ses parties.

Hab. Alpes du Dauphiné, l'Oisans et le Briançonnais (*Villars*); mont Genèvre et Lautaret (*Grenier*); Corse, bergerie de Mocce! (*Bernard*). ♃ Juillet-août.

H. AMPLEXICAULE *L. sp.* 1129; *DC. fl. fr.* 4, *p.* 31; *Dub. bot.* 303; *All. ped.* 1, *p.* 217, *t.* 15, *f.* 1, *et t.* 30, *f.* 2; *Vill. Dauph.* 3, *p.* 131; *H. humile Lap. abr.* 471 (*ex Arnott.*); *H. elongatum Endress! unio it.* 1830, *in herb. Mougeot; H. cordifolium Fries, l. c.* 66 (*fide syn. Endress*); *Lepicaune balsamea Lap. abr.* 478. — Calathides en corymbe ascendant, occupant la moitié ou les deux tiers de la tige; pédoncules étalés-dressés, tomenteux et de plus couverts de poils glanduleux noirs ou bruns à la base. Péricline à folioles *lâches,* acuminées, tomenteuses et poilues-glanduleuses. Corolles ciliées. Feuilles minces, d'un vert foncé passant souvent à un vert plus pâle, tantôt velues et faiblement glanduleuses, tantôt fortement poilues-glanduleuses, pétiolées et à pétiole ailé, lancéolées-oblongues, ordinairement *munies à la base de dents profondes* étalées ou porrigées; les caulinaires *ovales non acuminées*, cordiformes-amplexicaules. Tige de 1-3 décim., souvent *rameuse presque dès la base*, tomenteuse et glanduleuse dans toute sa longueur.—Les feuilles caulinaires non acuminées, et la panicule plus ample et non ramassée au sommet de la tige éloignent cette espèce de la précédente.

Hab. Le Jura, l'Auvergne, les Alpes et les Pyrénées. ♃ Juillet.

H. pulmonarioides *Vill. Dauph.* 3, *p.* 133, *tab.* 34; *Fries, monogr.* 76; *Koch, syn.* 525. — Cette espèce tient de l'*H. murorum* et de l'*H. amplexicaule*. Elle diffère du dernier par ses feuilles caulinaires *lancéolées, sessiles* et non cordiformes-amplexicaules; par ses tiges allongées (3 décimètres), et terminées par un *corymbe assez court*. La *pubescence glanduleuse* de toutes ses parties ne permet pas de la confondre avec l'*H. murorum* dont elle a le port, la tige et l'inflorescence.

Hab. Dauphiné, Villard-d'Arène (*Grenier*), Voreppe (*Villars*), vallée de la Bérarde (*Grenier*); Pyrénées-Orientales, Mont-Louis (*Colson*). ♃ Juillet.

Sect. 3. Pulmonarea *Fries, monogr.* 86. — Akènes conformés comme ceux de la section précédente, mais un peu plus courts; aigrettes à poils subbisériés. Péricline à folioles irrégulièrement imbriquées, les extérieures courtes et inordinées. Renouvellement des tiges annuelles se faisant par des rosettes de feuilles, comme dans la section précédente.

1. (Andryaloïdea Koch; Stirps H. andryaloïdis Fries). *Plantes laineuses, blanches-soyeuses, ou pubescentes, à poils plumeux, c'est-à-dire dont la longueur des barbes dépasse celle du diamètre du poil.*

H. lanatum *Vill. Dauph.* 3, *p.* 120 (*non W. K.*); *D C. fl. fr.* 4, *p.* 21; *Dub. bot.* 302; *Koch, syn.* 524; *H. tomentosum All. ped.* 1, *p.* 216 (*conjunctim cum H. andryaloïde*); *Lois. gall.* 2, *p.* 191; *Fries, monogr.* 90; *H. verbascifolium Pers. syn.* 2, *p.* 374; *Vill. voy.* 56, *t.* 3, *f.* 1; *Andryala lanata L. sp.* 1137.— Calathides 1-9 en corymbe, portées par des pédoncules *uni-biflores*, de 5-10 centimètres. Péricline à folioles cuspidées, porrigées avant l'anthèse, couvertes d'un duvet laineux, épais et ordinairement dénudé à l'extrémité. Corolles glabres au sommet, souvent pubérulentes extérieurement. Stigmates jaunes. Aigrettes blanches. Feuilles *épaisses*, molles et couvertes d'un duvet laineux comme celles du *Verbascum Thapsus;* les radicales à peine rapprochées en rosette, courtement pétiolées, oblongues, *entières ou sinuées et dentées* à la base; les caulinaires 1-5, *ovales-aiguës*, nulles dans les petits individus uni-biflores. Tiges de 1-3 décimètres, simple, ou *rameuse presque dès la base*, à rameaux ascendants et rapprochés, parcourues dans toute leur longueur par de petites *nervures saillantes*, et couvertes dans toutes leurs parties et jusque sous les calathides d'un duvet laineux épais, qui laisse cependant apercevoir les petites côtes qui la longent; les poils fortement plumeux égalent 3-5 millimètres, et les barbes dépassent 2-4 fois leur diamètre. — Nous avons trouvé, sur des exemplaires du mont Vizo, des corolles brièvement ciliées. Les tiges rameuses dès la base, à nervures saillantes, à poils longs, abondants et laineux, distinguent parfaitement cette espèce des deux suivantes. Le caractère indiqué par Villars est insuffisant pour le distinguer du suivant.

Hab. Alpes du Dauphiné, Grenoble, Lautaret, mont Genèvre, Briançon, mont Vizo, Gap, etc. Nous n'avons pu constater sa présence dans les Pyrénées. ♃ Juillet-août.

Obs. — Nous n'avons point adopté, ainsi que Fries, le nom de *H. tomentosum All.*; car outre que ce nom est plus récent, il n'est pas douteux qu'Allioni ait réuni cette espèce à la suivante, et qu'il ait réuni avec intention leurs synonymes. D'après cela, l'*H. tomentosum W. K.* doit reprendre le nom de *H. Waldstenii Tausch.*

H. andryaloides *Vill. Dauph.* 3, *p.* 121, *t.* 29; *DC. fl. fr.* 4, *p.* 22; *Dub. bot.* 302; *Lois. gall.* 2, *p.* 192; *Fries, monogr.* 88; *Koch, syn.* 524; *H. undulatum Ait. Kew.* 3, *p.* 124; *Willd. sp.* 3, *p.* 1587. — Cette espèce est très-voisine de la précédente, et Allioni, après leur séparation faite par Villars, a cru devoir les réunir de nouveau. Voici leurs caractères différentiels : péricline à folioles *blanches-tomenteuses* et non laineuses, un peu recourbées et non strictement porrigées avant l'anthèse; dents des corolles presque toujours *ciliolées;* feuilles plus souvent et plus profondément dentées à la base; tiges plus basses (10-15 centimètres), simples ou rameuses, *arrondies* et non nerviées, à feuilles caulinaires *ordinairement pétiolées et denticulées* à la base; poils de la tige et des feuilles moins géniculés, à barbes plus rapprochées, et formant un *duvet plus mince, plus appliqué*, laissant apercevoir la couleur verte des feuilles.

Hab. Alpes du Dauphiné, environs de Grenoble, Gap, Digne, etc.; la Sainte-Baume près de Toulon. ♃ Juillet-août.

H. kochianum *Jord.! cat. Grenoble*, 1849, *p.* 19; *H. Liottardi Koch, syn.* 524. — Cette espèce se rapproche des *H. Jacquini* et *andryaloides* dont on pourrait la croire une hybride. Elle se reconnaît aux caractères suivants : péricline à folioles linéaires, *aiguës;* feuilles *lancéolées* et *subpennatifides* à la base, comme dans l'*H. Jacquini*, et non sinuées-dentées comme dans les précédentes; les radicales et les inférieures *pétiolées;* poils qui recouvrent toute la plante plumeux, presque aussi longs que ceux du *H. lanatum*, étalés, *faiblement crispés-laineux*, non tomenteux, *peu abondants*, et laissant distinctement apparaître la couleur verte des feuilles; tiges simples ou rameuses, affectant le port de l'*H. Jacquini*. — C'est peut-être à quelque forme de cette espèce qu'il faut rapporter le nom de *H. Liottardi Vill.* que nous avons appliqué à l'espèce suivante.

Hab. Alpes du Dauphiné, Saint-Eynard et col de l'Arc près de Grenoble (*Verlot*), Grande-Chartreuse (*Jordan*). ♃ Juin-juillet.

H. Liottardi *Vill. Dauph.* 3, *p.* 121, *t.* 29, *et voy. p.* 58; *H. dasycephalum Fröl. in DC. prodr.* 7, *p.* 234? — Calathides

1-2 au sommet de la tige. Péricline à folioles aiguës, *hérissées-sublaineuses.* Corolles *ciliolées* au sommet. Feuilles radicales *molles, vertes, lancéolées,* aiguës, atténuées en un court pétiole, *denticulées* aux bords, *glabres en dessus,* hérissées en dessous et surtout à la base de longs poils *très-plumeux* qui laissent toujours apercevoir la couleur verte de la feuille, et dépassant les dents marginales; feuilles caulinaires très-réduites ou nulles. Tige de 1 décimètre, simple ou bifide, dressée, hérissée dans toute sa longueur et surtout au sommet. — Les feuilles lancéolées et régulièrement atténuées aux deux extrémités, les poils plus nombreux à dents plus longues distinguent cette espèce des *H. rupestre* et *farinulentum ;* les feuilles glabres en dessus la sépare des précédentes.

Hab. Col de l'Echauda dans les hautes Alpes du Dauphiné, du côté de la Valouise (*Grenier*). ♃ Août.

Obs.— La plante que nous venons de décrire nous a paru trop conforme à la figure et à la description écourtée de Villars pour recourir à un nom nouveau (*H. pulchellum mss.*), bien que nous conservions quelques doutes sur l'identité des deux plantes; car Villars compare sa plante aux *H. lanatum* et *andryaloïdes* dont les feuilles sont couvertes sur les deux faces d'un duvet épais, tandis que dans la nôtre les feuilles sont glabres en dessus, et couvertes en dessous d'un duvet très-lâche.

H. FARINULENTUM *Jord.! cat. Dijon,* 1848, *p.* 21. — Calathides 1-2 au sommet de la tige ; pédoncules longs, *pubescents-tomenteux,* à poils blanchâtres et non glanduleux, les uns simples et plumeux, les autres étoilés et très-courts. Péricline à folioles appliquées, linéaires, *acuminées,* pubescentes-tomenteuses comme les pédoncules. Corolles glabres au sommet. Feuilles radicales presque *glabres en dessus, sublaineuses et farineuses* sur les pétioles et sur la face inférieure, *ovales ou ovales-lancéolées,* subaiguës ou acuminées, retrécies à la base ou atténuées en un pétiole plus court que le limbe qui porte ordinairement à la base de grosses dents, et qui devient parfois *presque pennatifide;* la feuille caulinaire très-réduite ou nulle. Tige de 1-2 décimètres, *uni-biflore,* nue, *couverte d'une pubescence étoilée très-fine qui leur donne un aspect farineux,* un peu flexueuse, simple ou bifide, à rameaux uniflores et rapprochés. — Les poils plumeux des calathides, des feuilles et des tiges séparent cette espèce de toutes celles qui se rattachent à la race de l'*H. murorum.* Ses feuilles glabres en dessus, à peine laineuses en dessous, ses tiges nues et pubescentes-farineuses, ses calathides du tiers plus petites la distinguent des *H. kochianum* et *H. andryaloïdes Vill.*

Hab. Les montagnes calcaires du Bugey, Roussillon dans l'Ain (*Jordan*); Gap (*Blanc*). ♃ Juin-juillet.

H. RUPESTRE *All. auct. p.* 12, *t.* 1, *f.* 2; *DC. fl. fr.* 5, *p.* 443; *Fries, monogr.* 87. *Ic. J. B. prod.* 66.—Calathides 1-5 au haut de la tige ; celle-ci simple et uniflore ou divisée presque dès sa base en pédoncules longs, nus, pubescents, tomenteux et un peu renflés sous la calathide. Péricline à folioles aiguës, pubescentes et tomenteuses.

Corolles à dents glabres. Feuilles toutes radicales, atténuées à la base et *à peine pétiolées*, glauques, hérissées en dessous et sur les bords par de longs poils *un peu plumeux*, souvent glabres en dessus ; les primordiales oblongues-lancéolées, presque obtuses ; les autres *lancéolées, sinuées-dentées*, surtout dans leur moitié postérieure, à dents dirigées en avant et jamais renversées. Tige de 1-2 décimètres, à feuilles nulles ou bractéiformes, tantôt simple scapiforme et uniflore, plus souvent bi-trifurquée en longs pédoncules uniflores et ascendants.— Cette espèce a surtout des rapports avec le *H. farinulentum Jord.* Mais l'absence de pubescence farineuse sur les tiges et la calathide, les feuilles plus étroites, presque dépourvues de pétiole permettent de suite de les distinguer.

Hab. Guillestre, dans les Hautes-Alpes (*Grenier*). ♃ Juillet.

H. chloropsis *Gren. et Godr.* — Calathides en *panicule dressée* et ouverte, portées par des pédoncules de 2–4 centimètres, écartés, *gros*, et un peu renflés au sommet, légèrement tomenteux et hérissés de poils à base ordinairement noire et renflée et très-distinctement plumeux. Péricline *tronquée aux deux extrémités*, à folioles *lancéolées-subaiguës, noirâtres*, et couvertes de poils plumeux. Corolles à dents glabres. Stigmates brunâtres. Feuilles *glauques, d'un vert pâle* et même blanchâtre, ciliées, et hérissées en dessous sur les nervures de poils *plumeux*, glabres en dessus ; les radicales nombreuses, en rosette, lancéolées, aiguës, *presque sessiles*, denticulées sur les bords ; les caulinaires 2-4, sessiles, de plus en plus petites, bractéiformes sous la panicule, donnant souvent naissance à des rameaux florifères. Tige de 2–3 décimètres, rameuse quelquefois dès la base, presque *glabre*, marquée de lignes *blanchâtres, fines* et un peu saillantes.— Les poils plumeux, la couleur blanchâtre de cette espèce, les calathides tronquées dont la couleur noirâtre contraste avec celle du restant de la plante, la forme de la panicule constituent un ensemble de caractères qui l'éloigne de toutes les espèces que nous connaissons.

Hab. Pied du mont Vizo (*Grenier*). ♃ Août.

2. (Pulmonaroidea). *Plantes plus ou moins pubescentes, à poils dentés, jamais plumeux, ni glanduleux.*

* *Styles jaunes* (Stirps H. oreadis Fries).

H. gougetianum *Gren. et Godr.* — Calathides 3-5, en panicule irrégulière ; pédoncules inégaux, droits, raides, fistuleux, les latéraux plus longs que ceux du centre, munis de longs poils noirs et *glanduleux*. Péricline ovoïde, velu à la base, à folioles noirâtres, lancéolées-cuspidées, tomenteuses et poilues-glanduleuses. Corolles à dents *ciliolées*. Stigmates jaunâtres. Feuilles presque toutes radicales, ovales-lancéolées, insensiblement atténuées en pétiole court et élargi, subaiguës, à dents peu profondes, hérissées aux bords et sur la face inférieure de longs poils droits et raides, comme dans le *H. Pilosella*, et mêlés de quelques poils étoilés; feuille caulinaire ordinairement solitaire, tantôt très-rapprochée de la rosette, et alors surmontée d'une autre feuille plus petite, sessile, tantôt située un peu plus haut sur la tige, et alors contractée à la base, puis dilatée de nouveau pour devenir amplexicaule, en prenant ainsi l'aspect un peu panduriforme; à l'aisselle de cette feuille, quelle que soit sa position, naît ordinairement un rameau d'autant plus gros qu'il naît plus près de la souche. Tige de 1-3 décimètres, fistuleuse, rameuse au sommet et souvent dès la base, très-hérissée inférieurement et même laineuse sur la souche, poilue-glanduleuse dans la panicule. Souche grosse et couverte des débris des anciennes feuilles.

Hab. Pyrénées-Orientales, les Albères sur les frontières d'Espagne (*Gouget*). ♃ Juin-juillet.

Obs. — Nous avons eu d'abord la pensée de réunir cette plante à l'*H. Schmidtii*, que Fries regarde comme ne différant pas de l'*H. pallidum Biv.* Sans rien préjuger sur l'identité des plantes de Tausch et de Bivone, nous avons dû abandonner cette première idée, lorsque nous avons eu examiné dans les centuries de Reichenbach, les plantes publiées sous les n°s 2426 et 2534, et citées par Fries, ainsi que la plante publiée par l'illustre monographe, herb. norm. fasc. 13, n° 17. Nous croyons de plus que les *H. anglicum, lasiophyllum* et *oreades*, cités par Fries dans les Pyrénées, se rapportent à l'espèce ici décrite. Enfin, à en juger par les exemplaires de Fries et Reichenbach, nous n'avons point encore vu de France le *H. Schmidtii*, et on a sans doute pris pour lui des formes de l'*H. murorum* et *H. vulgatum*, ou de quelque espèce voisine.

H. vestitum *Gren. et Godr.* — Calathides 2-5, portées sur des pédoncules *ascendants*, non divariqués, de 1-2 centimètres, tomenteux et glanduleux, ainsi que le péricline. Celui-ci à folioles subaiguës, tomenteuses et glanduleuses. Corolles à dents *longuement ciliées*. Style d'un jaune pâle. Feuilles toutes radicales, nombreuses; les extérieures oblongues ou lancéolées, les intérieures lancéolées, aiguës, entières ou fortement dentées à la base et à dents dirigées en avant, *sessiles ou munies d'un court pétiole* extrêmement velu, égalant à peine le tiers du limbe; celui-ci *hérissé sur les deux faces*, ou au moins inférieurement, de poils presque semblables à ceux des Piloselles. Tige de 2-3 décimètres, scapiforme, nue ou munie d'une feuille bractéiforme, bi-trifide au sommet.— Cette plante a le port d'un *H. murorum* à feuilles très-étroites. Mais par les styles jaunes, à la fin brunissant à peine, par ses corolles fortement ciliées, par ses feuilles étroites et à court pétiole, cette plante nous a paru constituer une espèce distincte de l'*H. murorum*.

Hab. Pyrénées-Orientales, environs de Mont-Louis (*Colson, Rivière*), Prats-de-Mollo (*Gren.*); Lautaret (*Gren.*) ♃ Juillet-août.

H. stelligerum *Fröl. in DC. prodr. 7, p. 214*; *Fries, monogr.* 107. — Calathides 3-7, au sommet de la tige; pédoncules de 1-2 centimètres, écartés mais non divariqués, naissant à l'aisselle d'une bractée linéaire, entièrement couverts d'un duvet blanchâtre formé *uniquement de poils étoilés*, sans poils ni simples ni glanduleux, munis près de la calathide de fines bractéoles. Péricline à folioles tomenteuses; les extérieures *aiguës*, les intérieures *cuspidées*. Corolles à dents glabres. Styles jaunes (nous ne les avons jamais vus de couleur fauve, ainsi que le dit Fries). Feuilles *couvertes sur les deux faces d'un duvet étoilé blanc-cendré*, si fin et si serré qu'à la première vue on les croirait glabres; les radicales nombreuses, atténuées en pétiole au moins égal au limbe; celui-ci ovale ou ovale-lancéolé, aigu, profondément denté vers son milieu et surtout à sa base, portant parfois quelques longs cils aux bords; les caulinaires 1-2, l'une rapprochée de la souche et assez semblable aux radicales, l'autre très-réduite et souvent linéaire. Tige de 2 décimètres, dressée, tomenteuse et dépourvue de longs poils, ainsi que le reste de la plante. Souche longuement épigée (1-2 centimètres) et nue, montrant les cicatrices des anciennes feuilles, tortueuse et noire.

Hab. Rochers du pic Saint-Loup, près de Montpellier (*Grenier*); Saint-Guilleu-le-Désert dans l'Hérault! (*Frölich, Salzmann*). ♃ Juin-juillet.

H. CINERASCENS *Jord.! cat. Grenoble*, 1849, *p.* 17. — Calathides en corymbe *largement étalé*, portées par des rameaux et des pédoncules inégaux, *allongés, étalés-ascendants, droits* ou à peine courbés, hérissés de poils glanduleux ainsi que le péricline. Celui-ci d'un vert-noirâtre, à folioles sublinéaires, acuminées. Ligules à dents glabres. Style jaunâtre. Feuilles d'un *vert-cendré*, *poilues sur les deux faces*, à poils rudes comme celles du *H. Pilosella*, rarement glabres, plus abondamment velues aux bords et sur le pétiole dont *la longueur atteint rarement celle du limbe;* celui-ci *ovale ou elliptique-oblong*, obtus dans les feuilles primordiales, subaigu et mucroné dans les suivantes, *entier ou denticulé* à la base; feuille caulinaire très-réduite, subpétiolée. Tige de 2-5 décimètres, *rude*, presque nue, droite, inégalement bifide presque dès le milieu, à rameaux irrégulièrement dichotomes, étalés, allongés. — Distinct du *H. murorum* non-seulement par ses styles jaunes, mais encore par sa panicule à rameaux plus allongés, ses feuilles elliptiques, subaiguës, presque entières et brièvement pétiolées; il se distingue en outre de l'*H. lasiophyllum Koch*, par les folioles du péricline aiguës et non obtuses.

Hab. Dijon, Mâcon, Lyon, Avignon, Marseille, les Cévennes, Narbonne, etc. ♃ Mai-septembre.

H. LÆVICAULE *Jord.! cat. Dijon*, 1848, *p.* 23; *H. brevifolium Fries*, *monogr. p.* 180?; *H. Lortetiæ Balbis*, *fl. Lyon*, 1, *p.* 450? — Calathides nombreuses, en corymbe fastigié, à rameaux inégaux, raides, étalés-dressés; pédoncules *courts* (1-2 centimètres), *blanchâtres-tomenteux et dépourvus de poils simples et glanduleux*. Péricline à folioles tomenteuses et munies en outre de *quelques poils glanduleux;* les extérieures presque obtuses, les intérieures aiguës. Corolles à dents glabres. Styles jaunes. Feuilles d'un vert clair, glauques en dessous et munies de poils *étoilés* sans poils simples, glabres en dessus ; les radicales ovales ou lancéolées-elliptiques, *arrondies-obtuses* au sommet, portant, à la base ou dans leur moitié inférieure, quelques *longues dents lancéolées-linéaires* dirigées en avant, insensiblement atténuées en un pétiole à peu près de la longueur du limbe ; les caulinaires 3-4, courtement pétiolées, incisées ou dentées. Tige de 4-6 décimètres, *très-lisse*, *glabre*, non fistuleuse, ferme, droite, rameuse, à rameaux dressés et non feuillés. — Cette plante à fleurs d'un beau jaune finit par devenir absolument glabre.

Hab. Environs de Lyon. ♃ Juin.

** *Styles bruns ou fauves.* (Stirps H. vulgati Fries.)

† *Tige aphylle ou mono-biphylle.*

H. PORRECTUM *Fries, monogr.* 106. — Calathides 2-3 au sommet des pédoncules terminaux, *raides, dressés*, tomenteux et poilus, non glanduleux, simples, portant à la base une bractée foliacée, et sur leur longueur plusieurs *bractées filiformes*. Péricline ovoïde, à folioles *cuspidées, hérissées et non glanduleuses*. Corolles à dents glabres. Styles de couleur fauve. Feuilles radicales lancéo-lées-oblongues, subaiguës, entières ou denticulées, poilues sur les deux faces, d'un vert pâle et légèrement glauque ; les caulinaires ovales, sessiles ou subamplexicaules. Tige de 3 décim., flexueuse, poilue, tomenteuse vers le haut, divisée seulement au sommet.

Hab. Dans les vallons au-dessous du Reculet (département de l'Ain), du côté de la Suisse, dans le vallon d'Andran! (*Reuter*) : Pyrénées, port de Saleix, dans l'Arriége! (*Anoudeau*). ♃ Juillet-août.

H. ARNICOIDES *Gren. et Godr.* — Calathides nombreuses, en corymbe large, irrégulier, à rameaux très-inégaux, courbés-ascendants ; pédoncules tomenteux et poilus-glanduleux, ainsi que le péricline. Celui-ci à folioles extérieures subobtuses, et à folioles intérieures aiguës. Corolles à dents glabres. Style d'un brun-noirâtre. Feuilles radicales nombreuses, en rosette, *oblongues-suborbiculaires ou ovales, entières ou denticulées* à la base *arrondie* et non en cœur, munies d'un *très-court* pétiole dont la longueur égale à peine le *quart* de celle du limbe pubescent sur les deux faces ; feuille caulinaire petite, subsessile, dentée. Tige de 3-5 décimètres, monophylle, fistuleuse, presque glabre inférieurement, pubescente et glanduleuse vers le haut, rameuse dans son quart supérieur. — Les feuilles brièvement pétiolées et réunies en rosette dense donnent à cette plante non fleurie le port de l'*Arnica montana L.*

Hab. Oleron et toute la vallée d'Aspe, dans les Pyrénées (*Bernard*). ♃ Mai-juin.

H. CÆSIUM *Fries, monogr.* 112. — Calathides 2-7 en corymbe ouvert, portées sur des pédoncules *ascendants* et non étalés, *floconneux, munies de quelques poils simples et non glanduleux.*

Péricline à folioles pubescentes et tomenteuses, non glanduleuses; les extérieures *obtuses*, les intérieures aiguës. Corolles à dents glabres. Styles bruns. Feuilles radicales nombreuses en rosette, très-inégalement pétiolées, à limbe plus ou moins décurrent, ovales ou lancéolées, *arrondies ou atténuées* à la base, de plus en plus étroites et acuminées, et de plus en plus profondément dentées à la base, en allant de l'extérieur à l'intérieur, glabres supérieurement, ciliées aux bords, *pubescentes et étoilées-floconneuses en dessous* (malheureusement ce caractère disparaît facilement); feuilles caulinaires très-réduites ou nulles. Tige de 2-4 décimètres, le plus souvent scapiforme et nue, légèrement pubescente et tomenteuse vers le haut, peu ou point rameuse au-dessous du corymbe.

β. *Hyppochæridis*. Tige scapiforme, terminée par une, rarement 2-3 fleurs, plus grandes, à péricline plus tomenteux-blanchâtre.

Hab. Alpes du Dauphiné; Pyrénées-Orientales; le Jura, Mont-d'Or, Suchet, la Dôle (*Grenier*), etc. ♃ Juin-août.

OBS. — Nous n'avons point cité les plantes de l'herbier normal de Fries, publiées sous les numéros suivants : fasc. 12, nos 19-20; fasc. 11, no 15. Nous avons pensé qu'il y avait eu erreur dans la dénomination de ces plantes, qui ne sont point en rapport avec la description de la monographie de Fries, et qui, pour nous, se rapportent à l'*H. vulgatum* du même auteur.

H. MURORUM *L. sp.* 1128, *et plerumque auct. pro part.; Fries!, monogr.* 108. — Calathides distantes, en panicule subcorymbiforme, souvent pauciflore (5-7); rameaux et pédoncules *étalés-redressés, un peu incurvés*, plus ou moins hérissés de poils *noirs et glanduleux*, qui manquent quelquefois. Péricline subcylindrique avant la floraison, ovale après l'anthèse, à folioles noirâtres, hérissées-glanduleuses, les extérieures *aiguës*, les intérieures *acuminées*. Corolles à dents glabres et quelquefois ciliolées. Style passant du brun foncé au fauve pâle. Feuilles nombreuses et en rosette, d'un *vert clair*, minces et pellucides, couvertes sur les deux faces ou au moins sur l'inférieure de longs poils mous, *sans poils étoilés;* les primordiales petites, arrondies, obtuses, entières; les suivantes plus grandes, ovales ou ovales-lancéolées, plus ou moins en cœur ou arrondies à la base, devenant de plus en plus aiguës au sommet, et de plus en plus profondément dentées, et même incisées-sublobées à la base en se rapprochant du centre, à dents renversées ou très-ouvertes, et rarement porrigées; pétioles étroits, très-hérissés, à peu près de la longueur du limbe ou plus longs; feuille caulinaire (rarement accompagnée de 1-2 autres, ou nulle) distinctement et même longuement *pétiolée*, ovale ou lancéolée, située vers le milieu de la tige. Celle-ci de 2-5 décimètres, scapiforme, mono-biphylle, plus ou moins pubescente ou hérissée, munie vers le haut de poils glanduleux qui manquent quelquefois, un peu rameuse, rarement naine et uniflore.

β. *pilosissimum*. Plante plus velue, surtout sur les pétioles et à la base de la tige. Forme de la région méditerranéenne.

γ. *ovalifolium*. Rameaux et pédoncules à la fin divergents; feuilles ovales, presque arrondies à la base, et contractées en un pétiole à peine égal au limbe; celui-ci denté à dents larges et courtes, étalées ou porrigées. *H. ovalifolium Jord.! obs.* 7e *fragm.* 1849, *p.* 33. Forme des terrains argileux et riches en silice, ou des terrains granitiques.

δ. *nemorense*. Rameaux et pédoncules plus dressés que dans le type, ce qui donne au corymbe une forme un peu tyrsoïde; feuilles oblongues, plus minces et plus pâles, à pétiole plus long et plus étroit; tige non fistuleuse. *H. nemorense Jord.! cat. Dijon*, 1848, *p.* 23. Cette forme habite les forêts de sapins.

ε. *oblongum*. Feuilles lancéolées, non en cœur à la base, à dents étalées; tige ordinairement biphylle. *H. oblongum Jord.! cat. Grenoble*, 1849, *p.* 20.

ζ. *medium*. Port de l'*H. murorum*. Cette forme diffère du type par ses feuilles presque insensiblement atténuées et fortement dentées à la base, à dents ascendantes; elle se distingue de la variété *petiolare* par ses pétioles plus courts et son corymbe fortement poilu-glanduleux. *H. medium Jord.! cat. Grenoble*, 1849, *p.* 19.

η. *Janus*. Feuilles de la variété précédente, à pétiole égalant à peine le limbe; pédoncules à peine glanduleux, ainsi que ceux de la var. suivante. *H. Janus Gren. mss.; H. Schmidtii, mult. auct.*

θ. *petiolare*. Panicule à peine poilue-glanduleuse; feuilles presque glabres, ovales-lancéolées, non en cœur à la base, à très-longs pétioles, à limbe profondément denté à la base, à dents linéaires-allongées, distantes, formant quelquefois 1-2 paires isolées sur le pétiole, étalées et ordinairement dirigées en avant. *H. petiolare Jord.! cat. Grenoble*, 1849, *p.* 20.

ι. *incisum*. Pédoncules et péricline pubescents et tomenteux sans poils glanduleux; feuilles primordiales arrondies; les suivantes longuement acuminées, incisées à la base, et portant parfois quelques poils étoilés sur la face inférieure; tige grêle et plus courte (2 décimètres). *H. incisum Hoppe, ap. Sturm, heft.* 39; *Koch, syn.* 523; *Fries, monogr.* 110. *Rchb. exsicc. n°* 1160; *Fries, herb. norm. fasc.* 13, *n°* 21.

Hab. Toute la France; var. β. la région méditerranéenne; var. γ. bois et champs incultes des collines granitiques des environs de Lyon (*Jord.*); jeunes coupes des terrains argileux, dans le Doubs, Besançon (*Gren.*); var. δ. dans les forêts de sapins des Alpes, des Pyrénées, du Jura, des Vosges, etc.; var. ε. forêts argileuses des environs de Lyon (*Jord.*); var. ζ. forêts des Alpes (*Jord.*); var. η. hautes Vosges, basses Pyrénées (*Gren.*); var. θ. forêts et rochers granitiques autour de Lyon (*Jord.*), Revel au-dessus de Grenoble (*Verlot*), Villard-d'Arène (*Gren.*); var. ι. toute la région alpine et subalpine des Alpes et des Pyrénées. ♃ Juin-septembre.

H. FRAGILE *Jord.! obs.* 7e *fragm. p.* 34. — Calathides en corymbe large, étalé, *subpauciflore*, à rameaux et pédoncules allongés, étalés-redressés, *souvent divergents*, tomenteux et poilus-glanduleux, ainsi que le péricline. Celui-ci à folioles acuminées,

Styles d'un fauve pâle. Feuilles *glaucescentes*, obtuses ou subaiguës, mollement velues aux bords et sur le pétiole, plus ou moins glabrescentes sur les autres parties; les radicales longuement pétiolées, ovales ou en cœur à la base dans les primordiales et *profondément incisées-dentées*, à dents *allongées, acuminées et mucronées*, étalées et non réfléchies; feuille caulinaire solitaire, pétiolée, *incisée ou dentée*. Tige de 4-6 décimètres, lisse, presque glabre, dressée, *grosse et fistuleuse, fragile*. — Sans doute cette espèce est voisine de l'*H. murorum*. Mais sa panicule à pédoncules plus étalés, à calathides moins nombreuses et d'un tiers plus grosses, à folioles du péricline plus acuminées; ses feuilles glauques, à pétioles élargis à la base pour embrasser la tige et former une espèce de renflement bulbiforme qui se resserre sur la racine en un étranglement qui rend la séparation de ces deux parties très-faible; la tige grosse, fistuleuse et très-fragile, enfin, un port particulier, résultant de ces différences, donnent un ensemble de caractères qui permet d'élever cette plante au rang d'espèce.

β. *mucronatum*. Dents des feuilles plus longuement mucronées. *H. glaucinum Jord. cat. Dijon*, 1848, *p.* 22.

Hab. Lyon; Toulon; Montpellier; l'Auvergne, etc. ♃ Mai-juin.

†† *Tiges portant deux ou plusieurs feuilles.*

H. umbrosum *Jord.! cat. Dijon*, 1848, *p.* 24. — Calathides très-nombreuses, en corymbe *subfastigié, très-ample, semblable à celui de l'H. murorum*, à rameaux et pédoncules *ouverts-arqués*, tomenteux et poilus-glanduleux, ainsi que le péricline. Celui-ci à folioles aiguës. Styles d'un brun livide. Feuilles d'un vert pâle et jaunâtre, *mollement velues* en dessous et aux bords, glabrescentes en dessus; les radicales *peu nombreuses, ne formant pas une rosette*, ovales-elliptiques, dentées à la base, contractées en un pétiole large *presque bordé* et dilaté à son insertion; les caulinaires 2-4, subpétiolées, ovales-aiguës. Tige de 4-6 décimètres, grosse, fistuleuse, pubescente, un peu scabre et glanduleuse vers le haut. — Cette espèce diffère des *H. vulgatum* et *commixtum* par sa tige moins scabre, par sa panicule et sa pubescence exactement semblables à celles de l'*H. murorum;* elle se distingue de ce dernier par l'absence de rosettes de feuilles radicales, par la présence de 2-4 feuilles caulinaires, par sa tige un peu scabre, etc.

Hab. Bois de Rabou près de Gap. ♃ Juin-juillet.

H. commixtum *Jord.! cat. Dijon*, 1848, *p.* 20. — Calathides en corymbe *irrégulier, et assez semblable à celui de l'H. murorum;* rameaux et pédoncules ascendants, non étalés, un peu raides, tomenteux et glanduleux, ainsi que le péricline. Celui-ci à folioles aiguës. Corolles à dents glabres. Style d'un fauve livide. Feuilles d'un vert *pâle et un peu cendré, un peu charnues*, pubescentes ou glabrescentes en dessus; les radicales *étroitement ovales ou lan-*

céolées-elliptiques, atténuées en un mince pétiole, à peu près égal au limbe; celui-ci denté à la base, à dents *courtes*, lancéolées-aiguës, étalées-ascendantes; feuilles caulinaires 2-4, acuminées, brièvement pétiolées. Tige de 2-3 décimètres, scabre et fistuleuse, dressée, flexueuse, *élancée*, rameuse vers le haut. — Cette plante a certainement plus de rapports avec l'*H. murorum* qu'avec le *H. vulgatum*, ou mieux elle participe aux caractères des deux espèces. Ses tiges scabres et feuillées la distinguent bien du premier; la panicule et les feuilles l'éloignent du deuxième. Elle abonde dans nos tourbières du Doubs, où elle ne varie pas.

Hab. Bois et prés des montagnes granitiques de Lyon et du Vivarais, Saint-Bonnet-le-Froid, mont Pilat près de Lyon; le Champ-Raphaël, le mont Mezenc dans l'Ardèche (*Jordan*); tourbières du Jura, Pontarlier (*Gren.*). ♃ Juin-juillet.

H. SYLVATICUM *Lam. dict.* 2, *p.* 366 (1786); *Gouan? ill. p.* 56; *DC. fl. fr.* 4, *p.* 30; *Dub. bot.* 304; *Lois. gall.* 2, *p.* 189 (*part.*); *H. vulgatum Fries*, *nov.* 2, *p.* 258, *et mant.* 2, *p.* 48, *et monogr. p.* 115; *Koch, syn.* 521; *H. argillaceum Jord.! cat. Grenoble*, 1849, *p.* 17, *et H. sylvicola l. c. p.* 21. *Fries, herb. norm. fasc.* 2, *n*os 8-9, *et fasc.* 13, *n*os 22-23.—Calathides en panicule corymbiforme, *ascendante-dressée;* rameaux et pédoncules *étalés-dressés*, presque raides, tomenteux et munis en outre, ainsi que le péricline, de poils simples et glanduleux plus ou moins abondants. Péricline à folioles aiguës. Style d'un fauve pâle et livide. Feuilles d'un vert clair, pubescentes aux bords et en dessous, glabrescentes en dessus; les radicales peu nombreuses, se desséchant avant celles de la tige, ovales, oblongues ou lancéolées, atténuées aux deux extrémités, presque entières, dentées ou même incisées à la base, à dents dirigées en avant ou étalées, décurrentes sur le pétiole ordinairement plus court que le limbe; les caulinaires 2-5, semblables aux radicales, brièvement pétiolées ou sessiles. Tige de 3-6 décimètres, un peu rude au toucher, dressée, peu flexueuse.

β. *cruentum*. Feuilles étroitement lancéolées-acuminées, à dents très-profondes, marquées de taches d'un pourpre noir. *H. cruentum Jord. cat. Grenoble*, 1849, *p.* 18.

γ. *angustifolium*. Plante de 2 décimètres, submonocéphale, à feuilles étroitement lancéolées. *Fries*, *herb. norm. fasc.* 11, *n*° 15.

δ. *divisum*. Tige très-rameuse-dichotome dès la base, à rameaux grêles, allongés, pauciflores. *H. divisum Jord. cat. Dijon*, 1848, *p.* 21.

ε. *approximatum*. Pédoncules plus allongés, pauciflores, bien moins fastigiés; feuilles plus profondément dentées. *H. approximatum Jord. cat. Dijon*, 1848, *p.* 20.

ζ. *laciniosum*. Feuilles un peu glauques, plus profondément dentées que dans la variété précédente. *H. laciniosum Jord. cat. Dijon*, 1848, *p.* 22.

η.? *acuminatum*. Poils glanduleux de la panicule plus nombreux;

ligules d'un jaune plus foncé ; styles plus bruns ; feuilles plus acuminées ; les caulinaires plus nombreuses et plus longuement pétiolées ; floraison plus tardive. *H. acuminatum Jord. cat. Grenoble*, 1849, *p.* 17. D'après l'échantillon privé de racine que nous avons reçu de M. Jordan, nous rapportons cette plante à l'*H. vulgatum*, parce qu'il la compare à ses *H. approximatum* et *laciniosum;* mais elle nous paraît très-voisine de l'*H. rigidum*.

Hab. Régions montagneuses de toute la France. ♃ Juin-juillet.

Obs. — Nous avons conservé le nom de *H. sylvaticum*, et non celui plus récent de *H. vulgatum*, attendu que si ce nom, dans Gouan, présente quelque incertitude dans son application, il n'en est pas de même lorsqu'il s'agit de la plante de Lamarck, dont la description ne peut faire naître aucun doute.

H. NOBILE *Gren. et Godr.* — Calathides nombreuses, en *longue grappe* (2 décimètres de long, sur 5-6 centimètres de large), portées sur des rameaux 1-3-flores *très-courts ;* pédoncules *dépassant à peine la longueur du péricline, hérissés* de très-longs et très-nombreux poils blancs qui laissent à peine apercevoir le duvet tomenteux qui les recouvre. Péricline ovoïde, arrondi à la base, à folioles très-velues, sublinéaires, *presque obtuses ;* les extérieures courtes et très-peu nombreuses ; les intérieures presque sur un seul rang. Ligules à dents glabres, d'un jaune un peu soufré. Styles d'un brun-noir. Akènes..... Feuilles hérissées faiblement sur les deux faces, et fortement à la base et sur la nervure dorsale par de très-longs poils blanchâtres, ciliées et à peine denticulées aux bords ; les radicales *nombreuses*, formant une *large rosette* bien fournie, *ovoïdes-oblongues*, *très-grandes* (10-12 centimètres de long, sur 4-5 de large), presque entières, aiguës, contractées à la base en un *très-court* pétiole (2-3 centimètres) *largement ailé ;* feuilles caulinaires *très-nombreuses* (8-12), et donnant supérieurement naissance aux rameaux, *presque aussi larges que longues*, aiguës au sommet, en cœur et semi-amplexicaules à la base sans oreillettes. Tige de 5-7 décimètres, grosse, droite, un peu flexueuse vers le haut, sillonnée et hérissée dans toute sa longueur. — Nous avons décrit l'unique et magnifique échantillon que M. Bernard, de Nantua, a trouvé près des Eaux-Bonnes.

Hab. Pyrénées-Occidentales, les Eaux-Bonnes, sur les rochers du chemin horizontal (*Bernard*). ♃ Juillet.

5. (Rupicola Nob.) *Plantes pubescentes, à poils dentés plus ou moins glanduleux, au moins sur le bord des feuilles. Inflorescence formée de pédoncules tous munis à la base de bractées foliacées. Péricline à folioles subobtuses, disposées presque sur un seul rang. Styles bruns.*

H. RUPICOLA *Jord.! cat. Dijon*, 1848, *p.* 24. — Calathides en panicule corymbiforme, portées sur des rameaux pauciflores, et des pédoncules *ascendants*, *étalés-redressés*, *arqués*, tomenteux et fortement poilus-glanduleux, ainsi que le péricline. Celui-ci à folioles linéaires, subaiguës. Corolles à *dents ciliées.* Style d'un fauve très-pâle. Feuilles d'un vert pâle, molles, minces, *poilues et glan-*

duleuses sur les deux faces, ciliées aux bords, velues sur les pétioles; les radicales *ovales-elliptiques*, dentées à la base et atténuées en un court pétiole; les caulinaires lancéolées, aiguës, *atténuées et sessiles ou plus souvent amplexicaules* à la base. Tige de 1-2 décimètres, hérissée et poilue-glanduleuse, rameuse-paniculée dès la base. — L'*H. pulmonarioïdes Vill.* diffère par sa panicule fastigiée; ses pédoncules dressés et non arqués; ses folioles du péricline très-aiguës; ses akènes une fois plus longs; son réceptacle bien plus poilu; ses feuilles caulinaires non amplexicaules; sa tige du double plus longue et non rameuse dès la base. Le *H. amplexicaule L.* diffère des *H. rupicola* et *H. pulmonarioïdes* par les folioles du péricline bien plus larges à la base, et par ses feuilles parfaitement amplexicaules.

Hab. Sisteron, dans les Basses-Alpes. ♃ Mai-juin.

H. Jacquini *Vill. Dauph.* 3, *p.* 123, *t.* 28 (1789); *DC. fl. fr.* 4, *p.* 35; *Dub. bot.* 305; *H. humile Host. syn.* 432 (1797); *Fries, monogr.* 123; *H. pumilum Jacq. aust. t.* 189 (*non Lin.*). *Schultz, exsicc. n°* 35; *Fries, herb. norm. fasc.* 12, *n°* 24. — Corymbe pauciflore, et ordinairement réduit à 2-3 calathides, portées sur des pédoncules et des rameaux allongés, dressés, à poils simples et glanduleux. Péricline ordinairement poilu-glanduleux, rarement nu et d'un vert-noirâtre, à folioles linéaires, *obtuses* ou subaiguës. Ligules à dents glabres. Feuilles radicales *peu nombreuses*, quelquefois nulles, ovales-oblongues ou lancéolées, vertes *glanduloso-visqueuses* sur le vif, ciliées aux bords par des poils simples et glanduleux, *profondément incisées et pennatifides* à la base, à *dents allongées et même acuminées;* pétiole à peu près de la longueur du limbe et se dilatant insensiblement pour former le limbe; les caulinaires 3-4 d'abord, semblables aux précédentes, puis devenant lancéolées et sessiles à mesure qu'elles s'élèvent sur la tige. Celle-ci de 1-2 décimètres, dressée, flexueuse, à poils simples et glanduleux. — Plante moins feuillée à la base que le *H. rupicola*, moins glanduleuse, à feuilles caulinaires non amplexicaules, et plus profondément dentées, à folioles du péricline plus obtuses.

Hab. Alpes; Pyrénées; toute la chaine du Jura; Beaune (Côte-d'Or). ♃ Juin.

Sect. 4. Accipitrina *Koch, syn. ed.* 1. — Akènes de la section précédente. Péricline à folioles nombreuses plurisériées (excepté dans le *H. intybaceum*). Renouvellement des tiges annuelles se faisant au moyen de bourgeons radicaux latents, qui ne s'épanouissent pas en automne, mais seulement au printemps (excepté dans *H. obliquum Jord.*).

1. (Intybacea Koch.) *Ligules à dents glabres; péricline à folioles obtuses, presque unisériées, et souvent entourées de bractées foliacées. Tige, feuilles, péricline poilus-glanduleux.*

H. albidum *Vill. prosp. p.* 36 (1776), *et Dauph.* 3, *p.* 133, *t.* 31; *DC. fl. fr.* 4, *p.* 32; *Fries, monogr.* 156; *Dub. bot.* 303; *H. intybaceum Wulf. in Jacq. austr. app.* 43; *Lois. gall.* 2, *p.* 190 ; *All. ped.* 1 , *p.* 217 ; *Lepicaune intybacea Lap. abr.* 479. — Calathides 1-5, toujours solitaires au sommet des pédoncules ou des rameaux dressés ; ceux-ci poilus-glanduleux ainsi que le péricline et toutes les parties de la plante. Péricline ample, souvent entouré de bractées foliacées, à folioles lâchement rapprochées, presque unisériées, obtuses , ciliées-glanduleuses. Styles bruns. Feuilles toutes semblables, lancéolées-linéaires, sessiles ou subamplexicaules, profondément et irrégulièrement dentées en scie, très-glanduleuses, d'un beau vert sur le vif, prenant par la dessiccation une teinte pâle et jaunâtre. Tige de 1-2 décimètres, nue à la base, très-feuillée jusque sous les pédoncules, hérissée de longs poils glanduleux.

β. *tubulosum.* Calathides à ligules tubuleuses. *H. tubulosum Lam. dict.* 2, *p.* 367 ; *D C. fl. fr.* 4 , *p.* 32.

Hab. Alpes du Dauphiné, Allevard, Aut-du-Pont, Revel, la Cochette, col d'Arcine, au-dessus du Casset, sous les glaciers de la Bérarde, Colmars et mont Monnier dans les Basses-Alpes, etc.; Pyrénées, Mœrens, Ax, Paillières, Rabot, Très-Seignous, etc.; Vosges au Hohneck. ♃ Août.

2. (Prenanthoïdea Koch.) *Ligules ciliées; péricline à folioles extérieures peu nombreuses, et à folioles intérieures bien plus longues et obtuses.*

H. PICROIDES *Vill. voy. p.* 22, *t.* 1, *f.* 3 (1812); *Fries, monogr.* 137; *Fröl. ap. D C. prod.* 7, *p.* 210; *H. lanceolatum Schl. cat.* 1815 (*non Vill.*); *H. ochroleucum Schl. cat.* 1821 ; *Koch, syn.* 528. — Calathides en corymbe subpaniculé ; rameaux et pédoncules épais, étalés-dressés, *poilus-glanduleux et très-visqueux.* Péricline *glanduleux,* à écailles extérieures peu nombreuses, très-obtuses, ainsi que les intérieures. Ligules ciliées. Styles bruns. Akènes *grisâtres,* fortement cannelés. Feuilles vertes, portant sur les deux faces, sur les bords et surtout sur la nervure dorsale des *poils glanduleux,* plus ou moins dentées en scie ; les radicales desséchées lors de l'anthèse ; les caulinaires inférieures oblongues, dentées, atténuées en pétiole élargi et non auriculé à son insertion ; les moyennes et les supérieures ovales, acuminées, en cœur et embrassantes à la base. Tige de 4-9 décimètres, dressée, raide, non fistuleuse, marquée de côtes fines, *poilue-glanduleuse,* très-feuillée dans toute sa longeur, et jusque sous la panicule, rameuse supérieurement, à rameaux bi-triflores. — Cette espèce se distingue de toutes les suivantes par ses feuilles munies de poils glanduleux.

Hab. Hautes Alpes du Dauphiné, col du Lautaret, col de l'Arche (*Gren.*). ♃ Août-septembre.

H. CYDONIÆFOLIUM *Vill. prosp. p.* 34, *et Dauph.* 3, *p.* 107 ; *H. spicatum All. t.* 27, *f.* 1 ; *H. cotoneifolium Lam. dict.* 2, *p.* 367. — Calathides en corymbe *resserré presque en grappe ;* rameaux et pédoncules *gros, dressés,* tomenteux et *hérissés* de longs poils simples noirs à la base, et de poils plus courts et glanduleux, ainsi que le péricline. Celui-ci à folioles extérieures courtes ; les inférieures obtuses. Coroles à dents ciliées. Styles bruns. Akènes *grisâtres* ou d'un *fauve pâle*. Feuilles d'un vert *foncé* et un peu sombre, pubescentes et *un peu rudes*, lancéolées-aiguës, entières ou denticulées; les caulinaires moyennes embrassantes et auriculées à la base, parfois un peu resserrées au-dessus de leur insertion et légèrement panduriformes, mais bien moins que dans le *H. prenanthoïdes*. Tige de 4–7 décimètres, très-feuillée, *grosse*, cylindrique, *velue et rude*, dressée, un peu flexueuse, simple et rameuse supérieurement.—Cette plante a de grands rapports avec les *H. picroïdes* et *H. prenanthoïdes*. Elle diffère du premier par ses feuilles plus faiblement denticulées, et non glanduleuses; par sa panicule plus étroite, à rameaux serrés, moins fortement poilus-glanduleux; par sa tige peu ou point glanduleuse et plus velue. La forme de la panicule, ses pédoncules et ses calathides d'un tiers plus gros la distinguent parfaitement de l'*H. prenanthoïdes*.

β. *calvescens*. Plante presque glabre, portant seulement sur les feuilles et aux bords quelques poils très-courts et presque tuberculeux, mais non glanduleux; pédoncules munis de quelques poils glanduleux et de poils étoilés; feuilles dressées, lancéolées, sessiles et non embrassantes. *H. arrectum Gren. mss.*

Hab Alpes du Dauphiné, Lautaret (*Gren.*), l'Oisans, le Vercors, mont de Lans (*Vill.*). ♃ Août.

Obs. Notre plante n'est certainement pas celle de Fries, qui dit la sienne non glanduleuse, tandis que la panicule de la nôtre possède ce caractère à un haut degré, ainsi que le dit Villars, qui sous ce rapport compare sa plante à l'*H. amplexicaule*.

H. prenanthoides *Vill. Dauph.* 3, *p.* 108, *et voy. p.* 58, *t.* 3, *f.* 3; *DC. fl. fr.* 4, *p.* 27; *Dub. bot.* 304; *Lois. gall.* 2, *p.* 193; *Koch, syn.* 527; *Fries, monogr.* 160; *H. spicatum All. ped.* 1, *p.* 218, *t.* 27, *f.* 3; *H. sabaudum Lap.! in herb. Serres. Schultz, exsicc.* 477; *Fries, herb. norm. fasc.* 15, *n°* 9. — Calathides en corymbe *étalé*, multiflore ou pauciflore; rameaux et pédoncules *minces*, étalés-dressés, se subdivisant à angle droit et *presque divariqués*, flexueux, tomenteux et poilus-glanduleux, ainsi que le péricline, avec ou sans poils simples à base noire. Péricline oblong-subcylindrique, à folioles extérieures peu nombreuses, courtes et disposées en calicule, à folioles intérieures subbisériées, presque obtuses. Corolles à dents ciliées. Styles bruns. Akènes *grisâtres ou roux*. Feuilles d'un *vert-blanchâtre, molles et minces*, presque glabres en dessus, ciliées, glauques et pubescentes en dessous; les radicales ordinairement nulles lors de l'anthèse; les caulinaires inférieures pétiolées, à pétiole ailé, et dilaté-embrassant à la base; les caulinaires moyennes *oblongues-lancéolées*, subaiguës, *ordinairement très-entières* ou denticulées, un peu reserrées au-dessus de la base et *panduriformes*, presque comme celles du *Prenanthes purpurea L.* Tige de 3-10 décimètres, bien feuillée, dressée, un peu flexueuse, pubescente un peu hérissée, simple et rameuse au sommet. — Cette plante, par la ténuité de ses feuilles plus pâles, parfaitement panduriformes, et à bords entiers ; par sa tige et ses pédoncules plus grêles ; par ses calathides d'un tiers plus petites et en corymbe élargi, à rameaux presque divariqués, se distingue des autres espèces précédentes et des suivantes. Dans cette division les poils sont un peu plumeux.

β. *denudatum*. Plante presque glabre, plus raide, et un peu rude, à feuilles plus épaisses, et un peu coriaces.

γ? *vogesiacum*. Corymbe moins étalé; calathides un peu plus grosses, plus noires, presque dépourvues de poils simples et glanduleux ; feuilles dentées en scie, ovales-lancéolées ou étroitemt lancéolées, moins distinctement panduriformes, plus fermes et un peu rudes en dessous. *Fries, herb. norm. fasc.* 9, *n°* 4, (*forma angustifolia*). *H. perfoliatum Fröl. ap. D C. prod.* 7, *p.* 221 ? Cette plante, très-différente de celle de Villars, constitue probablement une espèce.

Hab. Alpes du Dauphiné, toutes les montagnes des environs de Gap, de Grenoble, du Lautaret, du mont Pelvoux, de Briançon, du mont Vizo, etc.; Pyrénées-Orientales, Prades (*Lap.! herb., Serres*, sous le nom de *H. sabaudum*); Pyrénées-Orientales, Prats-de-Mollo, forêt de Comps, etc. (*Lap.*); var. γ. Vosges au Hohneck. ♃ Août.

Obs. Lapeyrouse, sous le nom de *H. elongatum*, a réuni deux plantes, ainsi que nous l'avons reconnu sur des exemplaires venant de Lapeyrouse lui-même, et qui nous ont été communiqués par M. le colonel Serres. L'une de ces espèces est le *H. neo-cerinthe Fries*, représenté par de grands exemplaires ; la seconde n'est pas autre chose que la forme typique de la plante que nous venons de décrire. Cette circonstance explique parfaitement pourquoi certains auteurs rapportaient la plante de Lapeyrouse à l'*H. prenanthoïdes*, pendant que d'autres la réunissaient à l'*H. neo-cerinthe*.

H. elatum *Fries*, *monogr.* 167, *et summ. veget. Scandin. p.* 548; *H. lanceolatum Vill. Dauph.* 3, *p.* 126, *t.* 30?; *H. prenanthoïdes var. juranum Gaud. helv.* 5, *p.* 114. *Fries! herb. norm. fasc.* 12, *n°* 8. — Calathides en corymbe ascendant, légèrement étalé, multiflore ou pauciflore ; rameaux et pédoncules dressés-subétalés, tomenteux et couverts de poils noirs et glanduleux, avec ou sans poils simples à base noire. Péricline oblong-subcylindrique, à poils semblables à ceux des pédoncules, à folioles extérieures courtes et caliculées, à folioles intérieures subbisériées et obtuses, à dents ciliées. Styles bruns. Akènes d'un *pourpre-roux*. Feuilles ordinairement *dentées*, aiguës, d'un *vert clair*, hérissées surtout aux bords et sur la nervure dorsale de longs poils mous, glabres sur la face supérieure, plus ou moins hérissées et glauques en dessous; les radicales ordinairement *persistantes* au moment de l'anthèse, à *pétiole long et étroit;* les caulinaires inférieures également pétiolées, à pétiole plus court et dilaté en oreillettes; les caulinaires moyennes ovales, en cœur, embrassantes et auriculées à la base, souvent subpanduriformes et fortement *dentées* vers la base. Tige de 5-10 décimètres, à poils de la base réfléchis, feuillée jusque dans la panicule, marquée de côtes fines, pubescente et un peu rude, dressée, à peine flexueuse.

— Elle se distingue de l'*H. prenanthoïdes*, dont elle est bien voisine, par sa panicule moins étalée; par ses akènes plus foncés; par ses feuilles vertes, moins distinctement panduriformes, plus fortement dentées; par ses feuilles radicales ordinairement persistantes, comme dans l'*H. sylvaticum*. La plante de Fries, dans l'herbier normal, a les pédoncules bien moins poilus-glanduleux que ceux de la plante du Jura.

β. *delphinense*. Pédoncules et calathides hérissés de longs poils simples, plus nombreux que les poils glanduleux; feuilles et tiges plus rudes et plus courtes; tige plus longuement dépourvue de feuilles à la base.

Hab. Toute la haute région des sapins de la chaîne jurassique, le Creux-du-Van, le Suchet, le Mont-d'Or, la Dôle, le Reculet; montagnes de Rével près Grenoble; var. β. mont Séuse près de Gap; etc.; ♃ Juillet-août.

Obs. La plante décrite par Fries, dans sa monographie, sous le nom de *H. juranum*, nous semble avoir été indiquée au Jura par confusion. Gaudin, qui est le premier auteur de cet *H. juranum*, admet dans son *H. prenanthoïdes*, deux formes : *juranum* et *cydoniæfolium*. Il indique sa forme *juranum* (*H. elatum Fries*), au Creux-du-Van, où nous l'avons récoltée. L'autre forme *cydoniæfolium* (*H. juranum Fries*), est indiquée par Gaudin dans les Alpes, particulièrement autour de Bex, mais nullement dans le Jura. D'où il résulte que le nom de *H. juranum* ne saurait être conservé pour désigner cette forme. Ajoutons que le *H. juranum Rapin, fl. vaud. p.* 213 (1842), est une autre espèce déjà décrite sous le nom de *H. vogesiacum Mougeot*.

H. VALDEPILOSUM *Vill. prosp. p.* 34, *et Dauph.* 3, *p.* 106, *t.* 30 (*non Fries, nec alior.*). — Calathides peu nombreuses (1-5) au sommet de la tige; pédoncules *courts* (dépassant à peine la longueur du péricline), dressés-subétalés, *hérissés* de longs poils simples noirs à la base, entremêlés de quelques poils courts et glanduleux, cachant ensemble presque complétement de nombreux poils étoilés. Péricline *hérissé* et plus tomenteux que les pédoncules, à folioles *lâchement appliquées, aiguës;* les extérieures courtes et peu nombreuses; les intérieures 1-2 fois plus longues, dressées. Ligules à dents ciliées. Styles bruns. Akènes..... Feuilles *ovales-allongées, aiguës, velues et rudes sur les deux faces, très-entières* ou à peine denticulées; les radicales longuement pétiolées, desséchées lors de l'anthèse; les caulinaires embrassantes à la base, à oreillettes *très-larges et arrondies-entières* et conservant cette forme jusque sous les pédoncules. Tige de 4-6 décimètres, très-feuillée, *très-velue*, droite, non flexueuse, *grosse*, compressible et non fistuleuse, rude, simple et à peine divisée au sommet.— Cette magnifique espèce, par sa tige dépourvue de feuilles à la base, et par son péricline, ne peut rester dans la section des *Aurella*, où elle a été placée par Fries. Par ses poils et ses feuilles elle se rapproche de l'*H. villosum*, et par son port elle a plus de ressemblance avec l'*H. cydoniæfolium*, dont elle s'éloigne complétement par sa pubescence.

Hab. L'Oisans, mont de Lans, Lautaret (*Vill.*). ♃ Août.

H. pyrenaicum *Jord. obs. 7e fragm.* 1849, *p.* 37; *H. valdepilosum Fries monogr.* 60 (*quoad pl. pyrenaïcam*), *non Vill.; H. villosum Lap. pyr.* 476?; *H. Lapeyrousii var.* β. *villosum Fröl. ap. D C. prod.* 7, *p.* 232; *H. lanceolatum Lap.! in herb. Serres, et abr. pyr.* 473.—Calathides en panicule ovale, subcorymbiforme; rameaux et pédoncules *allongés, raides,* tomenteux et pubescents, dressés-étalés, pauciflores. Péricline ovale, tomenteux et *pubescent* par de longs poils blanchâtres, mêlés de quelques poils glanduleux; folioles d'un vert foncé, linéaires, subaiguës ou obtusiuscules. Ligules à dents *brièvement ciliolées.* Styles bruns. Akènes de couleur *pourpre.* Feuilles vertes, plus ou moins *pubescentes* sur les deux faces (et non hérissées), *entières* ou obscurément denticulées, bordées de longs cils; les radicales subpétiolées, *presque persistantes,* plus ou moins desséchées lors de la floraison; les caulinaires inférieures *rapprochées,* ovales-lancéolées, aiguës, retrécies en un court pétiole; les caulinaires moyennes acuminées, sessiles et arrondies, presque embrassantes à la base. Tige de 3-6 décimètres, *peu feuillée, hérissée* surtout dans le bas de longs poils roussâtres, rude, dressée, *ramifiée* dans son tiers supérieur. Souche émettant une ou plusieurs tiges. — Sa pubescence bien moins abondante ne permet pas de la confondre avec le *H. valdepilosum,* dont elle diffère en outre par sa panicule rameuse, allongée, dressée, pubescente et non hérissée-velue. M. Jordan a rapproché cette espèce de l'*H. boreale;* mais il nous semble que, par ses ligules à dents ciliolées, sa tige presque feuillée à la base, ainsi que nous l'avons observé sur les exemplaires mêmes de l'auteur, cette plante rentre dans la section des *Prenanthoïdea Koch.* Son port est intermédiaire à celui des *H. villosum* et *H. glaucum.*

Hab. Pyrénées centrales, St-Sauveur, Bagnères-de-Bigorre, Eaux-Bonnes (*Jord.*). ♃ Septembre.

H. lycopifolium *Fröl. ap. DC. prod.* 7, *p.* 224; *Koch, syn.* 527; *Fries, monogr.* 163. *Schultz, exsicc. n°* 478; *Rchb. exsicc.* 2351; *Fries, herb. norm. fasc.* 11, *n°* 8. — Calathides nombreuses, en panicule corymbiforme, dressée; rameaux et pédoncules ascendants, écailleux, légèrement tomenteux par des poils étoilés, munis en outre de poils simples et glanduleux. Péricline à folioles plus distinctement *imbriquées* que dans toutes les espèces de la division, *très-obtuses,* d'un *vert pâle,* tomenteuses et glanduleuses, et presque glabres à leur sommet. Ligules ciliées. Akènes d'un *gris-blanchâtre.* Feuilles toutes caulinaires, d'un *vert pâle, mollement pubescentes,* entourées d'une bordure de cils blanchâtres; les inférieures obovées-oblongues et jamais panduriformes, obscurément contractées en pétiole; les moyennes et les supérieures ovales en cœur, ou *lancéolées, entières* et aiguës dans leur tiers supérieur, embrassantes à la base et *incisées-dentées* de leur insertion jusque vers leur milieu, à dents lancéolées-aiguës, étalées ou ascendantes.

Tige de 3-10 décimètres, forte, dure, raide, non fistuleuse, très-feuillée, *mollement velue* par de longs poils simples. — Cette plante, par ses feuilles incisées-dentées à la base, et mollement velues; par ses akènes grisâtres, se distingue des espèces précédentes.

Hab. Environs de Lyon ! (Timeroy, 1846), Francheville (*Jord.*); Anduze dans le Gard (*Jord.*). ♃ Août.

3. (Accipitrina Koch, syn. 528.) *Ligules à dents glabres : poils des feuilles non plumeux, ni glanduleux.*

* *Styles bruns.*

† *Péricline à folioles intérieures plus aiguës que les extérieures.*

H. TRIDENTATUM *Fries, monogr.* 171; *H. lævigatum Willd. sp.* 3, *p.* 1590 (*part.*); *Koch, syn. ed.* 1, *p.* 461 (*part.*); *H. rigidum Koch, syn. ed.* 2, *p.* 530 (*part.*); *H. firmum Jord.! cat. Dijon,* 1848, *p.* 22, *et exsicc. Fries, herb. norm. fasc.* 3, *n°* 4; *fasc.* 9, *n°* 3; *fasc.* 12, *n°* 14; *Schultz, exsicc. n°* 479.—Calathides nombreuses, en corymbe dressé-fastigié, resserrées vers leur milieu et ventrues à la base; rameaux et pédoncules étalés-dressés, blanchâtres-tomenteux, munis en outre de quelques poils simples et plus rarement de poils glanduleux. Péricline à folioles tomenteuses et aussi poilues-glanduleuses, aiguës, porrigées, pâles aux bords, ne noircissant pas par la dessiccation ; les intérieures plus aiguës. Styles livides. Akènes d'un pourpre-noir. Feuilles ovales-lancéolées, ou lancéolées-linéaires, plus ou moins pubescentes; les caulinaires inférieures pétiolées, presque entières ; les moyennes et les supérieures sessiles, portant vers leur milieu 3-5 dents plus ou moins longues, étalées ou dirigées en avant. Tige de 8-15 décimètres, un peu fistuleuse, droite, raide, glabre ou pubescente, quelquefois scabre.

Hab. Alsace, environs de Bitche, de Haguenau; Nancy; bois de Meudon, bois de Boulogne, près de Paris, etc.; Cauterets dans les Pyrénées (*Gren.*); etc. ♃ Juillet-août.

OBS. 1. Après examen attentif des exemplaires de l'*H. tridentatum*, publiés par Fries, dans son herbier normal, et ceux de Schultz, cités par Fries, dans sa savante monographie; après comparaison faite de ces exemplaires avec ceux de l'*H. firmum Jordan*, que l'auteur lui-même nous avait communiqués, nous n'avons vu aucune différence entre la plante lyonnaise et celle d'Alsace et de Suède, et nous avons dû les réunir. Dans les descriptions on rencontre bien quelques différences, mais elles ne sont que l'expression de formes toujours variables. Ainsi, Fries dit les folioles du péricline aiguës, tandis que Jordan les dit obtuses, bien qu'il y ait identité de formes dans leurs exemplaires. C'est qu'en réalité elles n'appartiennent clairement ni à l'une ni à l'autre de ces deux formes; elles sont subaiguës ou subobtuses.

OBS. 2. Fries et Koch ont d'abord réuni les *H. tridentatum* et *H. rigidum Hartm.* Puis dans sa monographie, Fries a séparé, et avec raison selon nous, ces deux plantes, en assignant à la dernière les caractères suivants : *Calathides à folioles du péricline rapprochées par le sommet après l'anthèse et non resserrées vers leur milieu, plus larges* (*lancéolées*), *vertes et concolores, noircissant par la dessication, presque glabres, portant quelques poils étalés très-caducs, et quelques rares poils glanduleux.* Nous n'avons point encore vu cette espèce provenant de France, mais nous pensons qu'elle peut s'y rencontrer, et nous donnons sa diagnose dans la pensée de faciliter sa recherche.

†† *Péricline à folioles intérieures plus larges et plus obtuses que les extérieures.*

H. OBLIQUUM *Jord. cat. Dijon*, 1848, *p.* 23. — Calathides en corymbe étalé ; rameaux inégaux, étalés-dressés, penchés au sommet, et *tendant à se diriger d'un seul côté* (*subsecundi*) ; pédoncules munis de bractées, tomenteux et pubescents, sans poils glanduleux. Péricline à folioles obtuses, d'un vert sombre et ne noircissant pas par la dessiccation Styles noirs. Akènes d'un pourpre-noir. Feuilles d'un vert *très-foncé, hérissées et rudes*, dentées, à dents courtes ; les radicales nulles lors de l'anthèse ; les caulinaires inférieures lancéolées-elliptiques, aiguës ou acuminées, atténuées obscurément en pétiole ; les supérieures lancéolées, sessiles. Tige très-feuillée, striée et *fortement scabre*, très-hérissée inférieurement, pubescente supérieurement, *obliquement ascendante*. Souche produisant, par un bourgeon latent, une *rosette qui apparaît de suite après l'anthèse*, et non au printemps suivant. Par ce caractère, cette espèce se distingue de toutes celles qui appartiennent aux *Accipitrina*.

Hab. Environs de Lyon, principalement sur les terrains granitiques (*Jord.*). ♃ Septembre.

H. PROVINCIALE *Jord. obs.* 7e *fragm.* 1849, *p.* 41 ; *H. crinitum Sibth. fl. græc.* 2, *p.* 134? ; *Guss. syn.* 2, *p.* 404 ; *Moris, sard.* 2, *p.* 557 ; *Fröl. ap. DC. prod.* 7, *p.* 223. — Calathides en corymbe subracémiforme, ou en panicule étroite, portées par des rameaux et des pédoncules étalés-dressés et souvent rapprochés, tomenteux par des poils étoilés mêlés de poils simples et quelquefois de *poils glanduleux*. Péricline oblong, à folioles obtuses, pubérulentes et *glabres au sommet*, appliquées, *verdâtres*. Styles bruns. Akènes presque noirs. Feuilles vertes, membraneuses, dentées ; les radicales nulles ; les caulinaires inférieures grandes, nombreuses, très-rapprochées et formant souvent comme une rosette subradicale, pétiolées, ovales-lancéolées, dentées, *poilues sur les deux faces*, à pétiole étroit et *fortement hérissé* ; les caulinaires supérieures petites ou souvent réduites à des écailles foliacées, sessiles, ovales, *longuement hérissées*. Tige de 3-5 décimètres, *très-hérissée* vers le bas, poilue et tomenteuse vers le haut. — Les poils de toute la plante sont très-longs, simples, abondants, mous et d'un beau blanc. Les poils des aigrettes sont roux. Cette plante, qui a tous les caractères de l'*H. boreale*, et qui n'en diffère que par ses poils blancs plus longs et plus abondants, et par ses pédoncules et ses calathides munis de quelques rares poils glanduleux, pourrait bien n'être que la forme méridionale de l'*H. boreale*.

Hab. Chartreuse de la Verne dans le Var (*Henri et Jordan*) ; la Corse (*Soleirol*), couvent de Vico (*Requien*). ♃ Septembre-octobre.

OBS. Contrairement à l'opinion de Gussone, qui ne nous paraît point avoir tenu compte du mode de reproduction des tiges annuelles, nous pensons que la plante que nous venons de décrire appartient aux *Accipitrina* et non aux

Pulmonarea. S'il en est autrement, c'est que le véritable *H. crinitum* nous est resté inconnu, ou que la plante de Gussone n'est pas celle de Sibthorp. Au milieu de ces incertitudes, et pour ne pas préjuger la question, nous avons admis le nom de *H. provinciale*, qui devra être remplacé par celui de *H. crinitum*, si l'identité des deux plantes vient à être démontrée.

H. BOREALE *Fries, nov. p.* 261 (1819), *et monogr.* 190; *Koch, syn.* 529; *H. sabaudum Lin. suec.* 274, *et omnium ferè auct.; H. sylvestre Tausch, bem. p.* 70; *Fröl. ap. D C. prodr.* 7, *p.* 225; *H. sylvaticum Lap. pyr.* 472? : *H. hirsutum Boreau, fl. centr.* 321?; *H. denudatum Lap.! in herb. Serres* (*ex exempl. ad Babar lecto*), *et abr. pyr.* 473. *Schultz, exsicc. n°* 693; *Fries, herb norm. fasc.* 11, *n°* 10; *fasc.* 12, *n°* 12. — Calathides en corymbe étroit, subracemiforme ou étroitement paniculé; rameaux et pédoncules raides, ascendants, tomenteux, quelquefois pubescents, dilatés et écailleux au sommet. Péricline oblong, à folioles larges, obtuses, glabres ou à peine pubérulentes, appliquées, d'un *vert foncé* devenant ordinairement très-noir par la dessiccation, et conservant assez rarement leur couleur primitive; les extérieures quelquefois plus étroites. Styles bruns. Akènes d'un pourpre-noir. Feuilles vertes, glabres, pubescentes ou hérissées, munies de dents courtes et aiguës dans tout leur pourtour, quelquefois presque entières; les caulinaires inférieures souvent rapprochées en fausse rosette, *atténuées en pétiole;* les autres *sessiles*, élargies à la base et obscurément embrassantes, tantôt lancéolées, tantôt ovales-suborbiculaires, aiguës. Tige de 4-10 décimètres, dressée, raide, simple et rameuse au sommet, glabre ou hérissée surtout inférieurement.

α. *Friesii Schultz.* Feuilles également distribuées sur la tige, largement ovales ou ovales-oblongues, à dents ovales-lancéolées, subétalées ou dirigées en avant; les inférieures presque sessiles, aiguës; styles moins foncés que dans les autres variétés. *H. gallicum Jord. cat. Grenoble*, 1849, *p.* 19. *Schultz, exsicc. n°* 693.

β. *rigens.* Feuilles également distribuées sur la tige, toutes semblables, lancéolées-aiguës, à dents courtes, étalées et plus nombreuses; feuilles inférieures subpétiolées. *H. rigens Jord. l. c. p.* 30; *Fries!, herb. norm.* 9, n° 12.

γ. *curvidens.* Feuilles également distribuées sur la tige, lancéolées-acuminées, à dents longues et porrigées; feuilles inférieures longuement atténuées à la base. *H. curvidens Jord. l. c. p.* 18.

δ. *vagum.* Feuilles ordinairement plus nombreuses et plus rapprochées vers le milieu de la tige, lancéolées-aiguës, à dents courtes et étalées; feuilles inférieures longuement atténuées à la base. *H. vagum Jord. l. c. p.* 21.

ε. *concinnum.* Feuilles plus nombreuses et plus rapprochées vers le milieu de la tige, étroitement lancéolées-aiguës, à dents ovales-lancéolées et subétalées; feuilles inférieures longuement atténuées à la base; plante presque glabre. *H. concinnum Jord. l. c. p.* 17.

ζ. *dumosum*. Feuilles disposées comme dans la var. ε., largement lancéolées, à dents étalées-porrigées, longuem[t] atténuées à la base; plante hérissée surtout inférieurement. *H. dumosum Jord. l. c. p.* 18; *Fries, herb. norm. fasc.* 12, *n°* 12; *Schultz, exsicc. n°* 693 *bis.*

η. *occitanicum*. Plante semblable à la var. ζ., dont elle diffère par ses feuilles presque entières, plus longuement acuminées, et par ses calathides plus petites. *H. occitanicum Jord. obs.* 7e *fragm. p.* 37.

θ. *virgultorum*. Diffère de la var. ζ. par sa panicule à rameaux plus allongés, moins rapprochés, et par ses feuilles étroitement lancéolées, à peine dentées. *H. virgultorum Jord. cat. Dijon, p.* 24.

Hab. Probablement presque toute la France; Bitche; Nancy; Haguenau; Beaune; Lyon; Lardy près de Paris; Limagne; etc.; Pyr.-Or., Mont-Louis, Corse, à Corté (*Bernard*). ♃ Août-septembre.

H. SABAUDUM *L. sp.* 1131; *All. ped.* 1, *p.* 218, *t.* 27, *f.* 2; *Fries, nov. p.* 262, *et monogr.* 189; *Koch, syn.* 529; *H. depauperatum Jord. obs.* 7e *fragm. p.* 38. *Fries, herb. norm. fasc.* 5, *n°s* 1 *bis et* 1 *ter.* — Calathides en grappe corymbiforme; pédoncules et rameaux tomenteux, ascendants. Péricline *court, ovoïde-tronqué* aux deux extrémités, à folioles pubescentes, appliquées, obtuses, *vertes et concolores.* Styles bruns. Akènes d'un pourpre-noir. Feuilles *toutes ovales-en-cœur et embrassantes à la base,* pubescentes ou hérissées; les inférieures même dépourvues de pétiole. Tige solide, robuste, hérissée surtout inférieurement, ramifiée supérieurement. — Cette plante est très-voisine de l'*H. boreale,* mais ne saurait lui être réunie. D'après l'exemplaire provenant du jardin d'Upsal et publié par Fries dans son herbier normal, fasc. 5, n° 1 ter, nous regardons le *H. depauperatum Jord.* comme type de l'*H. sabaudum L.*, dont il diffère cependant par ses calathides un peu plus allongées et plus ovales à la base; par ses feuilles caulinaires inf. rapprochées en fausse rosette, ce qui ne s'observe point dans la plante d'Upsal.

Hab. Pyrénées-Orientales (*Xatard*); Briançon (*Jord.*); Corse, aux bords du Tavigniano près de Corté (*Bernard*). ♃ Septembre.

H. HIRSUTUM *Bernh. ap. Fries monogr.* 166; *Fröl. in D C. prodr.* 7, *p.* 187. *Fries, herb. norm. fasc.* 13, *n°* 26.— Calathides nombreuses, disposées en panicule étroite, ascendante; rameaux et pédoncules allongés, raides, dressés, feuillés ou écailleux, rapprochés de l'axe, hérissés de longs poils simples, et munis en outre de quelques poils étoilés. Péricline ovoïde et tronqué aux deux extrémités, à folioles extérieures acuminées, et à folioles intérieures obtuses. Corolles *obscurément ciliolées.* Akènes d'un pourpre-noir. Feuilles *toutes semblables, sessiles, subamplexicaules,* largement ovales ou ovales-lancéolées, aiguës, dentées à leur milieu, hérissées sur les deux faces ou au moins en dessous et aux bords. Tige de 6-10 décimètres, dressée, très-feuillée, rameuse et fortement hérissée de longs poils mous, mêlés de quelques poils étoilés.— Par ses corolles ciliolées, cette plante devrait se placer à la suite de l'*H. lycopifolium;*

mais tous ses autres caractères la rapprochent si intimement de l'*H. sabaudum*, qu'il nous a paru plus convenable de la placer à sa suite.

Hab. Pyr.-Or., environs de Prats-de-Mollo! (*Xatard*). ♃ Septembre.

** *Styles jaunes.*

H. virosum *Pall. it.* 2, *p.* 501 ; *H. virosum* β. *nigritum Fries, monogr.* 195, *et herb. norm. fasc.* 12, *n*° 10 (*non H. foliosum W. K. in Fries, herb. norm. fasc.* 12, *n*° 10 *bis*). — Calathides en corymbe faiblement étalé; rameaux et pédoncules tomenteux, ascendants. Péricline ovoïde, à folioles *glabres* ou à peine pubérulentes, appliquées, obtuses, d'un *vert pâle*. Feuilles nombreuses, *glabres, pâles, glauques, lancéolées-oblongues, ou lancéolées-linéaires*, aiguës, dentées, en cœur et embrassantes à la base, irrégulièrement disposées sur la tige, *souvent presque opposées par paires ou subgéminées*. Tige de 4–8 décimètres, glabre, lisse, striée, lactescente ainsi que toutes les parties de la plante.

Hab. Bords du Tavignano près de Corté (*Bernard*). ♃ Août.

H. umbellatum *L. sp.* 1131 ; *Fries, monogr.* 177; *D C. fl. fr.* 4, *p.* 31 ; *Dub. bot.* 304; *Lois. gall.* 2, *p.* 193 ; *H. cordifolium Lap.! in herb. Serres, et abr. pyr. suppl.* 128. *Ic. Dod. pempt.* 627, *f. inf. Schultz, exsicc. n*° 480 ; *Fries, herb. norm. fasc.* 9, *n*° 1.— Calathides en ombelle, en corymbe ou en panicule, quelquefois même solitaires à l'extrémité des rameaux; pédoncules tomenteux. Péricline oblong-cylindrique, à folioles disposées en rangs nombreux, ordinairement glabres et quelquefois pubescentes, noircissant par la dessiccation; les extérieures aiguës et *réfléchies au sommet;* les intérieures plus larges, *dressées, très-obtuses*. Styles jaunes, brunissant légèrement par la dessiccation. Akènes d'un pourpre-noir. Feuilles toutes *sessiles*, jamais embrassantes, vertes, glabres ou pubescentes, finement ciliées-denticulées aux bords, *lisses* au moins sur la face supérieure, lancéolées ou lancéolées-linéaires, presque obtuses, plus ou moins dentées. Tige de 2–10 décimètres, faiblement lactescente, glabre ou pubescente. — C'est d'après un échantillon venant de Lapeyrouse lui-même, et récolté à Babar, que nous donnons ici le synonyme de *H. cordifolium Lap.* C'est encore à M. le colonel Serres que nous devons cette communication.

Hab. Toute la France, dans les bois et les lieux secs. ♃ Août-septembre.

H. æstivum *Fries, summ. veg. p.* 6, *et* 551 ; *monogr. p.* 176; *H. monticola Jord. cat. Grenoble*, 1849, *p.* 20. *Fries! herb. norm. fasc.* 9. *p.* 5. — Calathides en ombelle ou en panicule; rameaux dressés-subétalés, tomenteux ainsi que les pédoncules. Péricline ovoïde, à folioles presque glabres, devenant *très-noires* par la dessiccation ; les extérieures aiguës, *un peu étalées-recourbées;* les intérieures dressées, obtuses. Styles jaunes, *brunissant* légèrement par la dessiccation. Akènes d'un *pourpre foncé*, et non noirs. Feuilles d'un vert foncé, noircissant ordinairement par la dessiccation, glabres ou pubescentes, *rudes sur les deux faces*, finement ciliées-denticulées, lancéolées ou lancéolées-linéaires, obscurément aiguës, sessiles, entières ou faiblement dentées. Tige de 3-6 décimètres, droite, raide, un peu flexueuse, fistuleuse, hérissée ou glabrescente inférieurement, un peu rude au toucher, rameuse au sommet. — La plante du Lautaret, comparée à celle de Fries, ne nous a offert aucune différence, quoique Fries dise que les écailles sont seulement étalées et non recourbées. Elle est très-voisine de l'*H. umbellatum* dont elle se distingue facilement par les calathides et même les feuilles qui deviennent très-noires, et par les feuilles rudes sur les deux faces.

Hab. Lautaret, dans les Hautes-Alpes, où elle abonde. ♃ août.

H. eriophorum *St.-Am. bull. phil. n° 52, p. 26, t. 2, f. 1; D C. fl. fr. 4, p. 21 ; Dub. bot. 304; Lois. gall. 2, p. 191.* — Calathides presque en ombelle ou en panicule subthyrsoïde et très-feuillée à la base; pédoncules et calathides enveloppés d'une laine très-épaisse, formée par de longs poils simples. Péricline extrêmement laineux, à folioles obtuses et presque dénudées au sommet. Akènes d'un *gris-blanchâtre*. Feuilles *très-rapprochées*, *imbriquées*, *sessiles*, jamais embrassantes et dépourvues d'oreillettes, ovales-oblongues ou lancéolées, aiguës, régulièrement dentées-en-scie, extrêmement laineuses, se dénudant quelquefois, et surtout par la culture, en approchant de la panicule. Tige de 5-9 décimètres, laineuse comme le reste de la plante, simple, dressée, raide, rameuse au sommet. — La plante cultivée perd la plus grande partie de ses poils, et montre sur le péricline des folioles recourbées.

β. *prostratum*. Tiges couchées, plus grêles, divariquées, naissant souvent plusieurs de la souche; péricline, feuilles et tiges à peine laineux et même glabrescents. *H. prostratum D C. voy. p. 78, et fl. fr. 5, p. 437 ; Dub. bot. 304; Lois. gall. 2, p. 191.*

Hab. Bords de l'Océan, depuis la Teste-de-Buch près de Bordeaux jusqu'à Bayonne. ♃ septembre.

ANDRYALA. (L. gen. 915.)

Péricline à folioles obscurément bisériées, à peu près égales par l'avortement fréquent des petites folioles de la base. Akènes *très-petits* (5-8 fois plus courts que l'aigrette), coniques, atténués à la base, tronqués au sommet surmonté de 10 dents (prolongement des côtes), munis de 10 côtes saillantes. Aigrettes très-caduques, d'un blanc sale, à poils capillaires, raides, scabres-denticulés et presque plumeux à la base. Réceptacle *garni de soies* (prolongement du réceptacle) *aussi longues* que les akènes, *ou plus longues* qu'eux. — Genre très-voisin du genre *Hieracium*.

A. sinuata *L. sp. 1137 ; D C. fl. fr. 4, p. 37, et prodr. 7, p. 246 ; Dub. bot. 305; Lois. gall. 2, p. 196 ; Moris, sard. 2, p. 512 ; A. integrifolia L. sp. 1136 ; D C. fl. fr. 5, p. 444, et* *prodr. l. c.; Dub. l. c.; Lois. l. c.; Bor. fl. centr.* 323; *A. parviflora Lam. fl. fr.* 2, *p.* 117; *A. corymbosa Lam. dict.* 1, *p.* 153; *A. lanata Vill. Dauph.* 3, *p.* 65; *Rothia runcinata et cheiranthifolia Lap. abr.* 485. *Ic. Sonchus lanatus Dalech. hist.* 1116, *f.* 2; *J. B. hist.* 2, *p.* 1026; *f. inf. F. Schultz exsicc.* 481.— Calathides nombreuses, courtement pédonculées (5-15 millimètres), disposées en corymbe un peu serré; folioles du péricline lancéolées-linéaires, *planes*, égalant l'aigrette, couvertes d'un duvet très-épais, un peu lâche et floconneux entremêlé de longs poils glanduleux. Akènes 7-8 fois plus courts que l'aigrette à poils d'un *blanc-verdâtre.* Feuilles molles, tomenteuses, d'un vert-blanchâtre; les inférieures oblongues, entières ou sinuées. (*A. integrifolia*), ou roncinées et pennatifides (*A. sinuata*); les caulinaires lancéolées, entières ou dentées. Tige de 4-8 décimètres, dressée, rameuse quelquefois dès la base, à rameaux étalés-dressés, couvert d'un duvet court, floconneux, mou, d'un blanc-jaunâtre. Racine fibreuse, *annuelle.*— Toute la plante prend en séchant une teinte d'un roux très-prononcé.

Hab. Tout le centre de la France (*voyez Bor. l. c.*); l'ouest; tout le midi de Fréjus à Perpignan; la Corse. ① Juillet-août.

A. RAGUSINA *L. sp.* 1136; *A. lyrata Pourr. act. toul.* 3, *p.* 308; *D C. fl. fr.* 5, *p.* 445; *Dub. bot.* 305; *Lois. gall.* 2, *p.* 196; *A. laciniata Lam. dict.* 1. *p.* 153; *Rothia corymbosa Lap. abr.* 485. *Ic. Clus. hist.* 2, *p.* 143; *Dod. pempt.* 626, *fig. sinistr.*— Calathides *longuement* pédonculées, disposées en corymbe irrégulier *étalé et pauciflore;* folioles du péricline sur deux rangs; les extérieures peu nombreuses et courtes; les intérieures linéaires, *convexes* sur le dos, *dépassant* un peu l'aigrette, couvertes d'un duvet très-épais, très-serré, dépourvues de poils glanduleux. Akènes 5 fois plus courts que l'aigrette; celle-ci à poils *blancs*, et moins caduques que dans la précédente. Feuilles oblongues-lancéolées; les inférieures dentées ou roncinées-pennatifides; les caulinaires dentées ou entières, couvertes toutes d'un épais duvet blanc ou roussâtre. Tiges de 1-3 décimètres, couvertes, comme les feuilles, d'un duvet très-serré, dressées ou étalées, simples ou très-rameuses, naissant ordinairement plusieurs d'une souche *ligneuse*, *vivace.* — Toute la plante prend en séchant une teinte rousse très-prononcée.

β. *incana.* Calathides plus petites; feuilles caulinaires très-entières, aiguës; tiges ordinairement très-rameuses. *A. incana DC. fl. fr.* 5, *p.* 445; *Lois. gall.* 2, *p.* 196; *Crepis incana Lap. abr.* 483.

Hab. Bords des torrents dans les Pyrénées-Orientales, environ de Perpignan, etc.; Avignon? (*Petit*); Corse (*Soleirol*). ♃ Juin-juillet.

TRIB. 5. SCOLYMEÆ *Less. syn.* 126. — Réceptacle muni d'écailles qui enveloppent complétement les akènes. Aigrette formant une couronne entière ou divisée en écailles, offrant parfois des soies à son centre. — Plantes épineuses, à calathides entourées de bractées foliacées, épineuses. Corolles scabres-hérissées extérieurt.

SCOLYMUS. (L. gen. 922.)

Péricline imbriqué. Réceptacle à écailles repliées par les bords, enveloppant l'akène et lui adhérant plus ou moins, de manière à simuler un péricarpe ailé. Aigrette scarieuse, coroniforme ou formée d'écailles et de soies.

S. maculatus *L. sp.* 1143; *D C. fl. fr.* 4, *p.* 69; *Dub. bot.* 294; *Lois. gall.* 2, *p.* 199. *Ic. Clus. hist.* 2, *p.* 153, *f. sin.; Gærtn. fruct. t.* 157. — Calathides terminales, presque en corymbe étalé, agrégées et plus rarement solitaires, entourées de 4-5 bractées *pectinées-épineuses, coriaces, à bords cartilagineux épaissis;* péricline à folioles lancéolées-linéaires, cuspidées. Ligules hérissées extérieurement de *poils noirs;* anthères *brunes*. Akène surmonté d'une courte membrane *coroniforme* entière ou denticulée. Feuilles oblongues, entourées d'un *bord cartilagineux épaissi*, sinuées-lobées, à lobes dentés-épineux, à épines et nervures blanches cartilagineuses très-fortes; les feuilles caulinaires largement décurrentes et formant sur la tige 2-4 ailes dentées-épineuses. Tiges de 3-9 décim., blanches, glabres, munies d'ailes inégalement dentées-épineuses, ordinairement rameuses et corymbiformes, à rameaux étalés. Racine fusiforme, *annuelle*. — Fleurs jaunes; feuilles souvent maculées de blanc.

Hab. Çà et là dans les champs de la région méditerranéenne, de Nice à Perpignan. (1) Juillet-août.

S. hispanicus *L. sp.* 1143; *D C. fl. fr.* 4, *p.* 69; *Dub. bot.* 294; *Lois. gall.* 2, *p.* 199; *Myscolus microcephalus Cass. dict.* 34, *p.* 85. *Ic. Solymus Theophrasti narbonensis Clus. hist.* 2, *p.* 153. — Calathides axillaires et terminales, et ordinairement disposées en grappe spiciforme, subsessiles à l'aisselle des feuilles, et entourées de 3 bractées *foliacées*, dentées-épineuses; péricline à folioles lancéolées-linéaires, cuspidées. Ligules hérissées à la base de *poils blancs;* anthères *jaunes*. Akène couronné par un anneau surmonté *de 2-4 soies* inégales et denticulées. Feuilles lancéolées, sinuées-pennatifides, à segments dentés-épineux, à épines et nervures blanches et moins prononcées que dans le précédent; les feuilles caulinaires plus ou moins décurrentes sur la tige. Celle-ci de 2-8 décim., blanchâtre, à ailes inégalement dentées-épineuses, pubescente ou presque glabre, simple et plus rarement rameuse, à rameaux étalés. Racine fusiforme, *bisannuelle*. — Fleurs jaunes.

Hab. Toute la région des oliviers; remonte dans l'est jusqu'à Lyon, et dans l'ouest jusqu'à l'embouchure de la Loire, et aux environs de Romorantin, dans Loir-et-Cher (*Lefrou*). (2) Juillet-août.

S. grandiflorus *Desf. atl.* 2, *p.* 240, *t.* 218; *Lap. abr.* 489; *Dub. bot.* 294; *Lois. gall.* 2, *p.* 199; *Myscolus megalocephalus Cass. dict.* 34, *p.* 84. — Calathides axillaires et terminales, 2-5 au sommet de la tige, sessiles et enveloppées de trois bractées (six pour la fleur terminale) épineuses et coriaces, lancéolées, longuement acuminées-épineuses, dentées-épineuses à la base, à nervures fortes et blanches; péricline à folioles lancéolées-linéaires, les extérieures *obtuses*, les intérieures aiguës. Ligules munies inférieurement de poils blancs; anthères jaunes. Akène surmonté d'une coronule et de 2-3 soies élargies à la base et fragiles. Feuilles à pourtour lancéolé-oblong, à nervures blanches, profondément pennatipartites à segments ovales-lancéolés, irrégulièrement dentées-épineuses, les caulinaires décurrentes. Tige presque toujours simple, de 2-4 décimètres, plus ou moins pubescente, à ailes inégalement sinuées, dentées-épineuses. Racine fusiforme, *vivace*. — Fleurs jaunes; calathides une fois plus grandes que dans les deux précédentes.

Hab. Roussillon, environs de Bagnols (*Xatard*), à Collioure, à gauche de la route, sur le sommet de la côte que l'on descend pour arriver à la ville, en venant de Perpignan. ♃ Juin.

ESPÈCES EXCLUES.

Catananche lutea *L.* — Plante du Piémont, etc. Elle n'a point encore été trouvée en France.

Leontodon incanus *Schrank.* — Cette espèce ne croît point en France; on a pris pour elle le *L. alpinum Vill.*

Helminthia spinosa *DC.* — Cette espèce, qui n'est connue que par un seul exemplaire déposé dans l'herbier *Lemonnier*, n'a plus été retrouvée, et pourrait bien n'être qu'une monstruosité de *Helminthia echioïdes Juss.*

Scorzonera angustifolia *L.*— On a pris pour cette espèce linéenne les variétés à feuilles linéaires de toutes les autres espèces. La plante de Linné, qui paraît être la *Scorzonera villosa Scop.*, n'a point encore été trouvée en France.

Scorzonera graminifolia *Dub.* — Cette espèce est signalée, par M. Duby, comme habitant le midi de la France. Dans cette région nous ne connaissons que trois espèces: *Sc. humilis, pauciflora, austriaca*, donnant toutes une variété à feuilles linéaires. La plante de Linné ou de Jacquin est maintenant encore une plante tout à fait obscure, et nous ne connaissons point celle qu'a décrite le savant auteur du *Botanicon*.

Crepis (Barkausia) alpina *L.* — Cette plante a été indiquée par Gérard, dans les Alpes de Provence, où elle n'a pas été retrouvée.

Crepis (Barkausia) rubra *L.* — Gouan a signalé cette plante près de Montpellier, et De Candolle n'a pu l'y trouver, non plus que les botanistes qui ont herborisé dans la localité citée. Saint-Amans a cité cette plante non loin d'Agen, où son existence paraît également douteuse. Ses fleurs roses la font cependant facilement reconnaître.

Crepis dioscoridis *L.*, *Endoptera Dioscoridis DC.* — Il est maintenant reconnu que cette plante ne croît pas en Alsace. La plante de Lapeyrouse n'est que le *C. virens.*

Hieracium auriculæforme *Fries, monogr.* 7. — Fries rapporte à cette espèce le *H. auricula Vill.* Mais nous pensons que la plante de Villars, n'est pas autre que celle que nous avons décrite sous le nom de *H. hybridum Chaix.* Cette dernière espèce étant privée de stolons, et le *H. auriculæforme* en étant pourvu, il ne peut y avoir identité, et la plante de Fries se trouve ainsi exclue de la Flore de France.

Hieracium cernuum *Fries, monogr.* 10.— Fries considère le *H. spurium Chaix*, *H. cymosum C. Vill. Dauph.* 3, *p.* 102, comme synonyme de son espèce. L'absence de stolons dans la plante de Chaix et de Villars ne permet pas cette supposition. Ajoutons que les *H. hybridum* et *spurium Chaix* ne constituent pour nous que deux formes d'une seule espèce, ainsi que Villars l'a dit dans son voyage, page 60. Et à l'occasion de cette réunion, il revient sur l'*H. auricula*, et donne une nouvelle description qui ne s'applique plus à la plante de Chaix, puisqu'il indique des stolons constants, mais qui s'applique très-bien à l'*H. brachiatum Bertol. in DC. fl. fr.* 5, *p.* 442, espèce qui correspond à plusieurs formes (*H. pilosellinum*, *bitense*, *fallacinum Schultz*), qui végètent dans les environs de Strasbourg, où Villars les a observées, et signalées, selon nous, sous le nom de *H. auricula.*

Hieracium tricocephalum *Willd. en. suppl.* 55. — Fries signale cette espèce dans nos Alpes méridionnales, en y rattachant *H. scorzoneræfolium Vill.*; *H. flexuosum DC.*; *H. glabratum Koch.* Selon nous, ces synonymes appartiennent à l'*H. glabratum Hoppe.*

Hieracium corruscans *Fries, monogr.* 62.— Cette plante, indiquée par Fries, dans les Pyrénées, nous est restée inconnue ; à moins qu'elle ne soit une variété à feuilles étroites de l'*H. cerinthoïdes L.*, ce qui nous paraît probable.

Hieracium latifolium *Spreng.* — D'après Frölich et Fries cette plante végète dans les Pyrénées. Le dernier lui donne pour synonyme *H. croaticum Lap.* Si ce synonyme est exact, comme il a été appliqué par Lapeyrouse à l'*H. neo-cerinthe Fries,* il en résulte que le *H. latifolium* doit être exclu de notre Flore. Il est voisin de l'*H. umbellatum* par ses tiges jaunes et ses folioles du péricline recourbées. Il s'en distingue facilement par ses feuilles sessiles, ovales, dentées-en-scie, pubescentes aux bords et sur la face inférieure.

Hieracium Candollei *Fröl. ap. DC. prodr.* 7, *p.* 212.— Cette espèce, signalée par Frölich dans les Pyrénées, nous est entièrement inconnue.

Hieracium Jacobææfolia *Fröl. l. c. p.* 223. — Espèce pyrénéenne à nous inconnue.

LXVII. AMBROSIACÉES.

(Ambrosiaceæ Link, handb. z. erkenn. d. gen. 1, p. 816.) (1).

Fleurs unisexuelles. *Fleurs mâles* nombreuses, disposées en calathides; péricline à écailles sur un seul rang, distinctes ou soudées à la base; corolle régulière, gamopétale, à 5 dents, à 5 nervures intramarginales; étamines 5, à filets libres ou soudés; anthères toujours libres et non prolongées en appendice à leur base; style filiforme, stigmate entier; ovaire avorté. *Fleurs femelles* solitaires ou géminées, renfermées dans un involucre gamophylle (par soudure des écailles); corolle et étamines nulles; style cylindrique, à deux branches arquées en dehors et bordées de deux bourrelets stigmatiques; ovaire soudé au calice, uniloculaire, uniovulé; akènes obovés, comprimés, dépourvus d'aigrette, enfermés dans le péricline induré; graine dressée; périsperme nul; embryon droit; radicule dirigée vers le hile.

XANTHIUM. (Tournef. inst. p. 438, t. 252.)

Calathides mâles : péricline à écailles *libres*, sur un seul rang; réceptacle *muni de paillettes*. Calathides femelles biflores; corolle *filiforme-tubuleuse;* akènes enfermés dans le péricline induré, biloculaire, terminé par deux longues pointes et *couvert d'épines crochues au sommet*.

X. strumarium *L. sp.* 1400; *DC. fl. fr.* 3, *p.* 326; *X. vulgare Lam. fl. fr.* 2, *p.* 56.—*Ic. Lam. ill. t.* 765, *f.* 1.—*Schultz, exsicc. n°* 301 ! — Calathides presque sessiles, *en grappes axillaires ou terminales,* plus ou moins pédonculées; les calathides mâles placées au sommet. Péricline fructifère *dressé ou étalé, ovoïde, atténué à la base,* brièvement pubescent, terminé par deux becs dressés ou étalés, droits et *non crochus au sommet,* couvert d'aiguillons *grêles, droits,* crochus au sommet, deux fois plus courts que le diamètre transversal du fruit. Feuilles toutes longuement pétiolées, d'un vert-cendré, plus pâles en dessous, velues, rudes, *pédatinerviées, en cœur,* irrégulièrement lobulées-dentées, prolongées en coin sur le pétiole et bordées là de deux nervures. Tige dressée, rameuse, anguleuse, *non épineuse.* — Plante de 3-6 décimètres; fleurs vertes.

Hab. Décombres, bords des rivières et des étangs; dans presque toute la France. ① Juin-septembre.

X. macrocarpum *DC. fl. fr.* 5, *p.* 356; *Dub. bot.* 279; *Lois. gall.* 2, *p.* 319; *Koch, syn.* 531 (*excl. syn. Morett.*); *X. orientale L. f. dec.* 33, *t.* 17? (*excl. syn. et patr.*); *X. echinatum Wallr. Beitr. zur Botan. t.* 1, *pars* 2, *p.* 239; *Walp. repert.* 6, *p.* 152 (*non Balb. nec*

(1) Auctore Godron.

Poll.; an Murr.?). — *Ic. Gærtn. fruct. t.* 162, *f.* 2 (*optima*). — Calathides sessiles, *agglomérées au sommet de la tige et à l'aisselle des feuilles;* les calathides mâles peu nombreuses, placées au sommet des glomérules. Péricline fructifère *dressé,* beaucoup plus gros que dans l'espèce précédente, *elliptique-oblong,* velu-glanduleux, terminé par deux becs coniques, acuminés, velus et divariqués à la base, glabres et convergents au sommet *terminé par un crochet;* toute la surface de ce péricline est couverte d'épines robustes, ascendantes, *arquées dès le milieu,* crochues au sommet, deux fois plus courtes que le diamètre transversal du fruit. Feuilles toutes longuement pétiolées, concolores, rudes au toucher, *pédatinerviées, triangulaires-en-cœur,* irrégulièrement lobulées-dentées, prolongées en coin sur le pétiole et bordées là de deux nervures. Tige dressée, anguleuse, rude, simple ou rameuse, *non épineuse.* — Plante de 2-5 décimètres, plus ou moins munie de petits poils raides appliqués; fleurs vertes.

Hab. Champs, bords des routes; commun dans la région méditerranéenne; remonte la vallée du Rhône jusqu'à Lyon; vallées de la Garonne, de l'Allier, de la Loire. (1) Août-septembre.

Obs. Plusieurs auteurs indiquent comme synonyme de cette espèce le *X. italicum Moretti dec.* 5, *p.* 8. Je crois la plante de Moretti distincte de celle de France; elle s'en sépare par son péricline fructifère moins oblong, plus longuement et plus fortement hérissé, non glanduleux, terminé par deux becs moins saillants, étalés et non convergents supérieurement, couvert d'épines plus grêles, plus longues, égalant le diamètre du fruit, droites jusque sous le sommet qui est plus brièvement crochu. Le *X. italicum* n'a pas encore été trouvé en France, du moins à notre connaissance.

X. spinosum *L. sp.* 1400; *DC. fl. fr.* 3, *p.* 327. — *Ic. Morison, hist. sect.* 15, *t.* 2, *f.* 3. — *Rchb. exsicc.* 570!; *Schultz, exsicc.* n° 694! — Calathides sessiles; les mâles rapprochées au sommet de la tige et des rameaux; les calathides femelles *solitaires sur le côté de presque toutes les aisselles des feuilles.* Péricline fructifère *à la fin réfléchi,* petit, *elliptique-oblong,* finement pubescent, terminé par deux becs subulés, glabres, dressés, droits, *non crochus au sommet,* très-inégaux; toute la surface de ce péricline est couverte d'épines grêles, un peu plus courtes que le diamètre du fruit, *droites,* terminées par un petit crochet *épaissi sur le dos.* Feuilles rapprochées, pétiolées, couvertes en dessous d'un duvet blanc fin appliqué, vertes en dessus avec les nervures blanches, toutes *cunéiformes à la base, à 3-5 lobes ascendants, dont le terminal grand, longuement acuminé.* Tige dressée, sillonnée, finement pubescente, très-rameuse dès la base, *munie de longues épines tripartites;* celles-ci tantôt placées deux à deux, une de chaque côté de l'insertion des feuilles et simulant par leur position deux stipules; tantôt solitaires sur l'un des côtés de l'aisselle de la feuille, l'autre côté étant occupé par une calathide femelle. — Plante de 2-6 décim.; fleurs vertes.

Hab. Décombres, bords des routes; commun dans tout le midi; çà et là dans le nord, mais peut-être introduite. (1) Juillet-août.

AMBROSIA. (Tournef. inst. p. 439, t. 252.)

Calathides mâles : péricline formé d'écailles *plus ou moins longuement soudées en coupe ;* réceptacle *nu*. Calathides femelles : uniflores; corolle *nulle ;* akène renfermé dans le péricline induré, *muni d'un verticille de pointes droites.*

A. tenuifolia *Spreng. syst.* 3, *p.* 851 ; *D C. prodr.* 5, *p.* 527. — Calathides en épis grêles, allongés, assez denses. Les calathides mâles placées au sommet, nombreuses, penchées, brièvement pédicellées, dépourvues de bractées, hémisphériques, renfermant 15-20 fleurs; péricline pubescent, gamophylle, superficiellement crénelé. Calathides femelles solitaires ou agglomérées à l'aisselle des feuilles supérieures, à péricline de moitié plus petit que dans l'*A. maritima*, muni au-dessus du milieu de 5 à 6 courtes épines disposées en verticille, presque tronqué au sommet et brusquement acuminé en une pointe courte. Feuilles d'un vert cendré, couvertes surtout en dessous de poils courts et appliqués; les inférieures et les moyennes opposées ou verticillées par 3, pétiolées, bi-tripennatipartites, à divisions étroites, linéaires, toutes aiguës; feuilles supérieures alternes, sessiles, pennatifides ou presque entières. Tiges dressées, sillonnées, très-feuillées, rameuses, hérissées de poils fins appliqués et de poils longs étalés. Souche grêle, longuement rampante. — Plante de 2-5 décimètres, aromatique ; fleurs jaunes.

Hab. Originaire de l'Amérique méridionale, s'est complétement naturalisé près de Cette. ♃ Septembre-novembre.

LXVIII. LOBÉLIACÉES.

(Lobeliaceæ Juss. ann. mus. 18, p. 1.) (1)

Fleurs hermaphrodites, irrégulières. Calice à 5 sépales libres supérieurement et réunis à la base en tube soudé à l'ovaire. Corolle gamopétale, insérée au sommet du tube calicinal, persistante, à préfloraison valvaire, à limbe 5-fide, bilabiée ou unilabiée et à divisions ou pétales alternes avec les lobes du calice. Etamines 5, à filets non soudés à la corolle et insérés comme elle au sommet du tube calicinal; filets et anthères soudés en tube traversé par le style; anthères biloculaires, introrses et s'ouvrant en long. Style filiforme, à stigmate bilobé et plus rarement entier, entouré de poils. Ovaire à 2-3 carpelles, à 2-3 loges multiovulées. Ovules insérés à l'angle interne des loges, réfléchis. Capsule couronnée par les dents persistantes du calice et souvent aussi par la corolle, à 2-3 loges contenant plusieurs graines, à déhiscence loculicide au sommet. Embryon droit dans un périsperme charnu; radicule rapprochée du hile. — Plantes à feuilles éparses, sans stipules, bien distinctes des Campanulacées par les fleurs irrégulières et la soudure des étamines.

(1) Auctore Grenier.

LOBELIA. (L. gen. 1006.)

Calice à 5 divisions. Corolle tubuleuse, à *tube fendu longitudinalement*, à limbe 5-fide, à lèvre supérieure bifide, à lèvre inférieure trifide. Capsule 2-3-loculaire.— Fleurs bleues.

L. urens *L. sp.* 1321; *DC. fl. fr.* 3, *p.* 715; *Dub. bot.* 310; *Lois. gall.* 1, *p.* 147.—*Ic. Morison, sect.* 5, *t.* 5, *f.* 56; *Bull. herb. t.* 9; *Engl. bot. t.* 953.— *Schultz, exsicc. n°* 236!; *Billot, exs.* 584!; *Puel et Maille, herb. fl. loc. fr.* (1850), *n°s* 5 *et* 20!— Fleurs nombreuses, d'un bleu clair, en longue grappe terminale; pédicelles de moitié plus courts que le tube du calice; bractées *linéaires*, égalant le pédicelle et le calice. Celui-ci à tube allongé, *étroit*, à divisions linéaires-acuminées, n'atteignant pas le milieu du tube de la corolle. Celle-ci pubérulente ainsi que les anthères, à tube infundibuliforme, à limbe divisé en lobes lancéolés, aigus, presque égaux. Feuilles brièvement pubérulentes, *dentées*, et à dents inégales; les radicales ovales-oblongues, atténuées en pétiole, presque en rosette lâche; les caulinaires ovales-lancéolées, sessiles. Tige de 2-7 décimètres, *feuillée*, dressée, anguleuse, effilée, pubérulente et glabrescente, simple ou rameuse à la naissance de la grappe. Souche courte.

Hab. L'ouest de la France; Paris; presqu'île de la Manche; Cherbourg; Caen; Blois; Vire; Angers; Tours; Nantes; Napoléon-Vendée; Arlac et Bruges; la Teste-de-Buch, dans la Gironde; Dax; Bayonne; Pau; Moularès, dans le Tarn; Foix, dans l'Ariége; Génolhac, dans le Gard (*de Pouzolz*); Allier; Creuse; Yonne. ♃ Juillet-août.

L. Dortmanna *L. sp.* 1318; *DC. fl. fr.* 3, *p.* 715; *Dub. bot.* 310; *Lois. gall.* 1, *p.* 147; *Laterrade, fl. Gir.* (1846), *p.* 288.—*Ic. Linghtf. fl. scot.* 1, *p.* 505, *t.* 21.—*Fries, fasc.* 8, *n°* 7! — Fleurs peu nombreuses (4-7), d'un beau bleu, en grappe très-lâche terminale; pédicelles *plus longs* que le calice; bractées *ovales, 3-4 fois plus courtes* que le pédicelle. Calice *large*, obconique, à divisions lancéolées, obtuses, bien plus courtes que le tube de la corolle. Celle-ci *glabre*, à tube subcylindrique, à limbe formé de 2 lobes supérieurs *linéaires*, et de 3 lobes inférieurs *ovales-lancéolés*, pubérulents. Anthères pubescentes. Feuilles nombreuses, disposées en rosette radicale, *glabres, fistuleuses et biloculaires* (c'est-à-dire offrant intérieurement deux loges longitudinales), *linéaires, épaisses*, obtuses, *très-entières;* les caulinaires inférieures petites et semblables aux radicales, les autres presque nulles ou bractéiformes. Tige de 2-5 décimètres, dressée, *presque nue et scapiforme*, glabre. Souche courte. — Cette plante végète presque toujours sous l'eau, et la tige pour s'émerger s'allonge plus ou moins, ce qui en fait notablement varier les proportions.

Hab. Etang de Cazau, dans la Gironde, seule localité française où cette curieuse plante ait été observée jusqu'à présent. ♃ Juillet.

LAURENTIA. (Neck. elem. n. 224.)

Calice à 5 divisions. Corolle tubuleuse, à *tube entier*, à limbe presque régulier ou bilabié, 5-fide, à divisions presque égales. Capsule biloculaire. — Fleurs bleues.

L. Michelii *DC. prod.* 7, *p.* 409 ; *Lobelia Laurentia L. sp.* 1321 ; *DC. fl. fr.* 3, *p.* 731 ; *Dub. bot.* 310 ; *Lois. gall.* 1, *p.* 147. *Bertol. ital.* 2, *p.* 553 ; *Lob. Gasparini Tin. cat. panorm.* 1827, *p.* 279, *n.* 16 ; *Lob. salzmanniana Presl. symb. bot.* 1, *p.* 31, *t.* 20. — *Ic. Bocc. mus. t.* 27, *fig. major ; Mich. gen. t.* 14. — Fleurs solitaires à l'extrémité de longs pédoncules (3-6 centimètres), filiformes, et portant vers leur milieu 1-2 bractées très-petites. Calice ovoïde, à divisions lancéolées-linéaires, aiguës, égales au tube. Corolle bilabiée, à lèvre supérieure bifide, à lèvre inférieure trifide, marquée d'une tache blanche au centre ; divisions toutes à peu près égales, oblongues-aiguës ; gorge *blanchâtre*. Stigmate poilu. Feuilles ovales-oblongues, obtuses ou subaiguës, courtement pétiolées, dentées ; les radicales rapprochées ; les caulinaires ovales-lancéolées, alternes. Tiges de 3-10 centimètres, *feuillées*, solitaires ou nombreuses, dressées, grêles, simples ou rameuses. Racine grêle, fibreuse, *annuelle*. — Plante glauque, grêle ; fleurs bleues.

Hab. Fréjus, îles d'Hyères (*Perreymond*) ; Corse, Ajaccio, Calvi, Bonifacio. ① Mai-juin.

L. tenella *DC. prod.* 7, *p.* 410 ; *Lobelia tenella Biv. cent.* 1, *p.* 35, *t.* 2 ; *Lois. gall.* 1, *p.* 147 ; *Bertol. fl. ital* 2, *p.* 554 ; *Lob. minuta DC. fl. fr.* 3, *p.* 716 (*non L.*) ; *Dub. bot.* 310 ; *Lob. Laurentia* β. *Willd. sp.* 1, *p.* 948 ; *Lob. setacea Sm. et Sibth. fl. gr. t.* 221. — *Ic. Bocc. mus. t.* 27, *fig. minor.* — *Soleirol, exsicc. n°* 2770 ! — Fleurs solitaires au sommet de longs pédoncules *radicaux et scapiformes*, 3-7 fois plus longs que les feuilles. Celles-ci réunies à la base *en rosette serrée, oblongues-spatulées, entières*, à pétiole plus long que le limbe. Tige *presque nulle*. Souche *très-courte et vivace*. Le reste comme dans l'espèce précédente.

Hab. Corse, lieux humides des montagnes, Zicavo (*Kralik*), mont Coscione et Sartène (*Bernard*), Tolano (*Seraffino*), Ajaccio (*Gussone, Soleirol*), Bogoniano (*Soleirol*), etc. ♃ Juin-août.

LXIX. CAMPANULACÉES.

(Campanulaceæ Juss. gen. 163, part.) (1)

Fleurs hermaphrodites, régulières. Corolle ordinairement à 5 sépales libres supérieurement, réunis à la base et soudés à l'ovaire. Corolle insérée au sommet du tube du calice, ordinairement marcescente, à préfloraison valvaire, gamopétale, rotacée, campanulée

(1) Auctore Grenier.

ou tubuleuse, plus ou moins profondément divisée en lobes libres, ou soudés en tube au sommet. Etamines ordinairement cinq, insérées avec la corolle; filets libres; anthères biloculaires, introrses, libres, rarement soudées à la base. Ovaire à 2-3, rarement à 5 carpelles et à 2-3-5 loges multiovulées. Ovules réfléchis (anatropes), insérés à l'angle interne des loges. Style filiforme, hérissé de poils collecteurs très-caducs. Stigmates 2-3, rarement 5. Fruit capsulaire, ordinairement couronné par les divisions persistantes du calice, et par la corolle marcescente, à 2-3 et plus rarement 5 loges contenant plusieurs graines, tantôt à déhiscence loculicide à son sommet, tantôt s'ouvrant latéralement par des pores ou valvules pariétales, ou plus rarement enfin s'ouvrant par des fissures transversales. Embryon droit, dans un albumen charnu; radicule rapprochée du hile. — Plantes herbacées, à suc ordinairement lactescent; feuilles alternes ou éparses, sans stipules.

§ 1. Anthères soudées.

JASIONE. (L. gen. 1005.)

Calice à 5 divisions. Corolle partagée jusqu'à la base en 5 divisions linéaires, d'abord cohérentes, puis se séparant de la base au sommet et s'étalant en roue. Etamines 5; filets libres; anthères soudées à la base. Style filiforme, terminé par 2 stigmates très-courts et souvent à peine distincts. Capsule subglobuleuse, biloculaire, s'ouvrant au sommet par deux valves très-courtes. — Fleurs disposées au sommet des tiges et des rameaux en capitules globuleux, munis d'un involucre.

J. montana *L. sp.* 1317; *DC. fl. fr.* 3, *p.* 717; *Dub. bot.* 311; *Lois. gall.* 1, *p.* 146; *Boreau, fl. centr.* 1849, *p.* 326; *J. undulata Lam. dict.* 3, *p.* 215, *et ill. t.* 724, *f.* 1. — *Ic. Fl. dan. t.* 319; *Dalech, lugd.* 364, *f.* 1. — *Billot, exsicc. n°* 50! — Fleurs brièvement pédicellées, réunies en capitules hémisphériques, serrés et entourés d'un involucre; celui-ci appliqué, formé de 12-20 folioles imbriquées, ovales-acuminées, entières ou un peu crénelées. Calice à tube ovoïde, à lanières linéaires-sétacées. Capsule ovoïde, à 5 côtes; graines brunes, et noires aux deux extrémités. Feuilles caulinaires sessiles, *lancéolées, ondulées,* entières ou sinuées-crénelées aux bords munis de tubercules à peine visibles à la loupe; les supérieures portant ordinairement à leur aisselle un faisceau de petites feuilles; les radicales grandes et détruites lors de l'anthèse. Tige de 1-5 décimètres, nues et sillonnées dans leur moitié supérieure, simples ou plus rarement rameuses; tige centrale droite; les latérales *nombreuses*, naissant du collet de la racine, étalées et ascendantes. Racine simple, longue, *sans stolons.* — Plante tantôt entièrement blanche, hispide à poils longs et raides, tantôt simplement poilue et verte, plus rarement glabre ; fleurs bleues. Cette espèce et la suivante appartiennent presque exclusivement aux terrains siliceux.

β. *nana*. Plante grêle, de 2-8 centimètres, plus hérissée ; fleurs presque sessiles. M. Pailloux nous a envoyé de la Teste cette forme avec calice velu-laineux. Nos exemplaires des bords de la Manche n'ont point ce caractère.

Hab. Presque toute la France du sud au nord, et de l'ouest à l'est ; var. β. La Teste, le Morbihan, Lardy près de Paris, presqu'île de la Manche, etc. (1) et (2) Juin-octobre.

J. PERENNIS *Lam. dict.* 3, *p.* 216, *et ill. t.* 724, *f.* 2 ; *DC. fl. fr.* 3, *p.* 717 ; *Dub. bot.* 311 ; *Lois. gall.* 1, *p.* 146 ; *Boreau, l. c. p.* 326. — *Schultz, exsicc. n°* 302 ! ; *Bill. exsicc. n°* 417 ! — Involucre à folioles ovales, *presque toujours dentées* en scie ; les intérieures à dents longues et subulées. Calice glabre. Capsule ovale-oblongue. Feuilles *planes*, presque entières, munies aux bords de tubercules très-fins ; les caulinaires *oblongues-lancéolées*, obtuses ; les supérieures rarement munies à leur aisselle d'un faisceau de petites feuilles. Racine *émettant des stolons ;* les uns terminés par une rosette de feuilles oblongues-lancéolées, atténuées à la base ; les autres produisant une tige de 1-5 décimètres, *simple*, nue dans la moitié supérieure. Le reste comme dans le *J. montana*. — Plante glabre ou hérissée ; fleurs bleues.

β. *pygmæa*. Plante de 2-7 centimètres, simulant par la taille le *J. humilis*, et généralement confondue avec lui.

Hab. La Creuse ; la Haute-Vienne ; le Gard ; Puy-de-Dôme ; Lyon ; la Nièvre ; Saône-et-Loire ; Côte-d'Or ; hautes Vosges ; Bas-Rhin ; Bitche ; Pyrénées ; Mont-Louis ; var. β. Hautes-Pyrénées, Esquierry, Tourmalet, Eaux-Bonnes, Monts-Dores. ♃ Juin-août.

J. HUMILIS *Pers. syn.* 2, *p.* 215 ; *DC. fl. fr.* 5, *p.* 433 ; *Dub. bot.* 311 ; *Lois. gall.* 1, *p.* 147 ; *J. perennis* β. *Lap. abr. p.* 103 ; *J. montana* β. *humilis Pers. syn.* 2, *p.* 215 ; *Phyteuma crispa Pourr. chl. narb. in act. Toul.* 3, *p.* 324. — *Endress, exsicc.* 1829 ! — Involucre à folioles *obovées*, souvent entières et plus rarement dentées. Calice à lanières *ciliées-laineuses*. Feuilles *planes, entières*, dépourvues de petits tubercules aux bords, oblongues-obtuses. Tige *de 2-5 centimètres*, simple, *feuillée presque jusque sous le capitule*, plus ou moins hérissée ou velue-laineuse. Souche très-rameuse et *subligneuse, émettant des rejets nombreux*, disposés *en touffes ou gazons épais*, les uns stériles et terminés par une rosette de feuilles, les autres terminés par une tige. Le reste comme dans le *J. perennis*.

OBS. — Cette espèce est très-voisine du *J. amethystina Lag. ann. sc. nor.* 1802, dont elle a exactement le port et l'aspect, et dont elle ne diffère que par ses feuilles plus brièvement ciliées, par les bractées denticulées, et surtout par ses divisions calicinales hispides et non très-glabres.

Hab. Pyrénées-Orientales, Prats-de-Mollo, Canigou, col de Nourri au sommet de la vallée d'Eynes, Carança ; Castanèze ; Carlitte au Llosel (*Rebond*). ♃ Août-septembre.

§ 2. Anthères libres.

A. *Capsule s'ouvrant par des pores latéraux.*

PHYTEUMA. (L. gen. 220.)

Calice à 5 divisions. Corolle *partagée presque jusqu'à la base en 5 lanières linéaires,* d'abord adhérentes entre elles et formant un tube arqué, puis se séparant de la base au sommet et s'étalant en roue. Etamines 5, libres, à filets dilatés à la base. Style terminé par 3-2 stigmates filiformes, roulés en dehors. Capsule *subglobuleuse,* bi-triloculaire, s'ouvrant par 2-3 pores latéraux. — Plantes vivaces; fleurs sessiles dans toutes nos espèces, disposées en capitules subglobuleux, ou en longs épis compactes.

a. *Capitules hémisphériques ou globuleux pendant l'anthèse, puis quelquefois ovoïdes; stigmates 2; capsule triloculaire.*

P. pauciflorum *L. sp.* 241; *DC. fl. fr.* 3, *p.* 710; *Dub. bot.* 311; *Vill. Dauph.* 2, *p.* 515; *Bertol. fl. ital.* 2, *p.* 520; *P. pauciflora et globulariæfolia Hoppe et Sternb. denks. reg.* 2, *p.* 100; *Lois. gall.* 1, *p.* 145; *Alph. DC. prod.* 7, *p.* 450. — *Ic. Rchb. cent.* 4, *f.* 545-547-549; *Hegetschw. reis. p.* 146, *t.* 13 *et* 15. — Capitules subglobuleux; bractées *arrondies-ovales,* obtuses ou subaiguës, velues-ciliées aux bords, entières, plus courtes que le capitule. Calice à lanières lancéolées, aiguës. Feuilles radicales en rosette, *ovales-oblongues,* ou largement *obovées-obtuses* (*P. globulariæfolia*), plus ou moins longuement pétiolées; les caulinaires *plus étroites.* Tiges de 2-7 centimètres, simples, dressées. Souche grosse, longue, ramifiée à son sommet et à divisions terminées par des rosettes disposées en gazons courts, les unes stériles, les autres produisant une tige florifère. — Fleurs bleues.

Hab. Hautes Alpes du Dauphiné, Lautaret, monts de Briançon et de Guillestre, mont Viso, col de l'Arche et mont Monnier dans les Basses-Alpes; H.-Pyrénées, le Boulou (*Roussel*), Canigou, Madres, Tourmalet, etc. ♃ Août.

P. hemisphæricum *L. sp.* 241; *DC. fl. fr.* 3, *p.* 710; *Dub. bot.* 312; *Lois. gall.* 1, *p.* 145; *P. Michelii Lap. abr.* 109, *ex Benth.*; *P. graminifolium Sieb. herb. fl. a. n°* 71; *P. intermedium Hegets. reis. p.* 147, *t.* 17. — *Ic. Lam. ill. t.* 124, *f.* 2; *Morison, sect.* 5, *t.* 5, *n°* 53; *Barr. t.* 523, *f.* 1. — *Rchb. exsicc. n°* 196!; *Durieu, pl. exsicc. Ast. n°* 279! — Capitules globuleux; bractées *ovales-acuminées,* velues-ciliées, entières ou dentées, plus courtes que le capitule. Calice à lanières lancéolées, aiguës, un peu plus longues (3 millimètres) que le tube. Feuilles réunies à la base en faisceau ascendant, graminiformes, *linéaires;* les inférieures ordinairem[t] très-étroitement lancéolées-linéaires; les caulinaires *plus larges, lancéolées* et un peu embrassantes à la base. Tiges de 2-15 centimètres, simples, dressées. Souches *peu ou point ramifiées, presque chevelues* au sommet par les débris des anciennes feuilles. — Plante glabre ou pubescente ; fleurs bleues.

Hab. Alpes du Dauphiné, Saint-Nizier et la Pra au-dessus de Revel près de Grenoble, Lautaret, la Bérarde, etc.; mont Aigual dans la Lozère; hauts sommets de l'Auvergne, monts Dores, Cantal, le Mezinc; Hautes-Pyrénées, dans toute la partie élevée de la chaîne. ♃ Juillet-août.

P. serratum *Viv. app. fl. cors. p.* 1; *Dub. bot.* 312; *Alph. D C. prod.* 7, *p.* 451 ; *P. Carestiæ Lois. nouv. not.* 10, *et gall.* 1, *p.* 145 (*non Birol.*). — Capitules globuleux; bractées extérieures *aussi longues* que le capitule, *lancéolées-acuminées, dentées-en-scie, glabres* aux bords. Calice à lanières longues et sublinéaires, 3 *fois aussi longues* (5 millimètres) que le tube du calice. Feuilles *toutes lancéolées ou lancéolées-sublinéaires,* pétiolées, *dentées* et à dents écartées; les caulinaires plus étroites. Tiges de 5-15 centimètres, dressées. Souche peu rameuse.— Plante glabre; fl. bleues.

Hab. Montagnes de Corse, mont Renoso, mont d'Oro, mont Rotondo et lac de Nino, mont Grosso, au-dessus des bains de Guagno, etc. ♃ Juillet-août.

P. Charmelii *Vill. Dauph.* 2, *p.* 516, *t.* 11; *All. auct. ped. p.* 8; *D C. fl. fr.* 3, *p.* 712 ; *Dub. bot.* 312; *Lois. gall.* 1, *p.* 145; *Lap. abr.* 109; *P. Scheuchzeri Benth. cat. p.* 111, *ex ipso!* (*non All.*); *D C. l. c.; Dub. l. c.; Lois. l. c.; Koch, syn.* 534.— Capitules globuleux; bractées extérieures *lancéolées-linéaires, longuement acuminées,* ordinairement entières et ciliées, aussi longues ou plus longues que le capitule. Feuilles molles et d'un vert tendre; les radicales *réniformes, ou cordiformes-aiguës,* longuement pétiolées ainsi que les caulinaires inférieures; celles-ci ovales, acuminées ou étroitement lancéolées, devenant de plus en plus étroites en s'élevant sur la tige; les supérieures lancéolées-linéaires. Tiges grêles, feuillées, de 1-2 décimètres, arquées ou flexueuses. Souche grosse, fragile. — Cette plante a le port et l'aspect du *Campanula rotundifolia.* Stigmates 2-3; graines bordées sur un des bords; fleurs bleues.

Hab. Hautes Alpes du Dauphiné, mont Dauphin ; mont Séuse et mont Aurouse près de Gap; le Champsaur; le Quayras; mont Viso; la Bérarde; Alpes de Grenoble, l'Oisans; etc.; Château-Double dans le Var! (*Perreymond*); Pyrénées centrales, Houle-du-Marboré (*Benth.*). ♃ Juillet.

P. orbiculare *L. sp.* 242; *D C. fl. fr.* 3, *p.* 711; *Dub. bot.* 312; *Lois. gall.* 1, *p.* 146 ; *Vill. Dauph.* 2, *p.* 517 ; *P. Scheuchzeri Lap. abr.* 109 (*excl. syn.*).—*Ic. Barr. t.* 525.—*Billot, exsicc. n°* 585!—Capitules d'abord globuleux, puis ovoïdes ; bractées extérieures *ovales, longuement acuminées,* tantôt plus longues (*P. comosum Vill. non L.*), tantôt un peu plus courtes que les fleurs. Calice à lanières *ovales-lancéolées,* ciliées. Feuilles très-variables, fermes, superficiellement crénelées, glabres ou pubescentes; les inférieures pétiolées, subcordiformes, ou ovales, ou lancéolées, ou elliptiques-oblongues; les supérieures sessiles, lancéolées-étroites, un peu élargies à la base. Tige de 1-8 décimètres, simples, raides, dressées. Souche dure, produisant souvent plusieurs tiges. — Fleurs bleues; stigmates 3; graines non bordées.

β. *lanceolatum.* Feuilles radicales et caulinaires ovales-lancéolées. *P. lanceolata Vill. Dauph.* 2, *p.* 517, *t.* 12.

γ. *ellipticum.* Feuilles radicales et caulinaires oblongues-obtuses. *P. ellipticifolia Vill. Dauph.* 2, *p.* 517, *t.* 12.

δ. *cordatum.* Feuilles caulinaires en cœur à la base. *P. cordifolia Vill. l. c. t.* 11; *Mut. fl. fr.* 2, *p.* 257; *Lap. abr. p.* 110.

ε. *decipiens.* Tige de 5-10 centimètres; feuilles étroitement lancéolées, obscurément crénelées; les caulinaires subobtuses. *P. brevifolia Schl. cat.* 1821, *p.* 25; *P. pilosum Hegets. reis.* 149, *f.* 34. Cette forme se rapproche du *P. serratum.*

Hab. Commun dans toute la France; plus rare dans la région méditerranéenne; var. β., γ., δ., ε., les Alpes du Dauphiné, dans les prairies élevées, Grande-Chartreuse, Lautaret, mont Viso, etc. ♃ Juin-août.

Obs. — Les nombreux exemplaires des *P. lanceolata, ellipticifolia, cordifolia, comosa Vill.*, que nous avons observés vivants dans les lieux indiqués par Villars, nous ont conduit à réunir toutes ces formes en une seule espèce, dont l'aire d'habitation s'étend presque des bords de la Méditerranée aux sommets les plus élevés des Alpes. Il est surtout évident par la station « *dans les bois,* » que le *P. comosa Vill.* n'est pas celui de Linné, qui ne végète que sur les rochers. La comparaison que Villars en fait avec les *P. ellipticifolia* et *lanceolata* dont le port ne diffère pas de celui du *P. orbiculare* type, suffirait à elle seule pour lever tous les doutes. La figure du *P. cordifolia Vill.* a certainement beaucoup de rapport avec le *P. Sieberi Spr.*; mais nous n'avons rien vu, de nos Alpes, qui puisse se rapporter à cette dernière espèce.

b. *Capitules d'abord ovoïdes, puis cylindriques: stigmates ordinairement deux: capsule ordinairement biloculaire.*

P. SCORZONERÆFOLIUM *Vill. Dauph.* 2, *p.* 519, *t.* 12; *D C. fl. fr.* 3, *p.* 713; *Dub. bot.* 312; *Lois. gall.* 1, *p.* 145; *Ann. sc. nat.* 7 (1837), *p.* 23; *P. Michelii All. ped.* 1, *p.* 115, *t.* 7, *f.* 3; *P. persicæfolia Hoppe, cent. exsicc. et bot. ztg.* 15, 1. *p.* 206; *D C. prod.* 7, *p.* 453; *P. scorzoneræfolium et Michelii Alph. DC. l. c.* 452. — Capitule d'abord ovoïde, puis cylindrique, muni à la base de bractées linéaires, plus courtes que les fleurs. Calice pubescent. Etamines à filets *ciliés.* Stigmates *deux.* Feuilles lisses et un peu luisantes, ordinairement glabres ou ciliées, assez semblables à celles du *Campanula persicæfolia L.*, superficiellement crénelées et à dents écartées; les radicales *lancéolées,* plus rarement sublinéaires ou cunéiformes-lancéolées, *insensiblement atténuées en pétiole;* les caulinaires lancéolées-linéaires, sessiles. Tige de 2-7 décimètres, droite, raide, glabre. Racine fusiforme, charnue, ne produisant ordinairement qu'une seule tige. — Fleurs bleues.

Hab. Prairies élevées des Alpes du Dauphiné. ♃ Juillet-août.

Obs. — Il est certain pour nous que la plante d'Allioni est la même que celle de Villars. Allioni dit que son *P. Michelii* abonde au Mont-Cenis, où nous avons effectivement observé en quantité le *P. scorzoneræfolium* et nulle autre espèce à laquelle il soit possible de rapporter et la figure et la description d'Allioni, qui paraît avoir eu en vue la forme à capitules arrondis.

Les formes à feuilles élargies, cunéiformes à la base, et simulant les feuilles de pêcher, ont servi à établir le *P. persicæfolia Hoppe*.

P. betonicæfolium *Vill. Dauph.* 2, *p.* 519, *t.* 12; *DC. fl. fr.* 3, *p.* 713; *Dub. bot.* 312; *Lois. gall.* 1, *p.* 146; *Ann. sc. nat.* 7 (1837), *p.* 235.— *Endress, exsicc.!* (*P. Halleri, cum correctione : betonicæfolium*); *Rchb. exsicc.* n° 23! — Capitule d'abord ovoïde, puis cylindrique, dense, continu ou quelquefois interrompu à la base; bractées courtes et linéaires. Calice et étamines ordinairement *glabres*. Stigmates *trois*. Feuilles pubescentes ou seulement ciliées, plus rarement glabres, crénelées ou dentées-en-scie; les radicales *lancéolées-acuminées et profondément échancrées en cœur à la base*, semblables à celles du *Betonica officinalis L.*, longuement pétiolées, à pétiole *étroit*; les caulinaires sessiles et lancéolées. Tige de 2-5 décimètres, simple, droite, glabre ou pubescente. Racine fusiforme, charnue, ne produisant ordinairement qu'une tige.— Fleurs bleues; graines marginées sur l'un des bords, ainsi que dans les suivantes.

Hab. Toutes les prairies élevées des Alpes de Grenoble, du Briançonnais, etc.; Lautaret, mont Viso, etc., avec le *P. scorzoneræfolia Vill.*; Pyrénées, Esquierry (*Soyer-Wil.*), Gavarnie, etc. ♃ Juillet-août.

Obs. — Cette espèce est moins élevée et plus grêle que la précédente; la forme de ses feuilles ordinairement pubescentes, l'épi plus grêle, les stigmates sont autant de signes qui suffisent pour en distinguer les formes.

P. spicatum *L. sp.* 242; *DC. fl. fr.* 3, *p.* 714; *Dub. bot.* 312; *Lois. gall.* 1, *p.* 146. — *Ic. C. B. prod. t.* 32, *f.* 1; *Dod. pempt.* 165; *Barr. t.* 892.— *Billot, exsicc.* n° 587!— Capitule dense, d'abord *ovoïde-allongé*, puis cylindrique, pourvu à la base de bractées linéaires-subulées, plus longues que les fleurs d'un *blanc-jaunâtre*. Calice et étamines *glabres*. Feuilles glabres ou un peu pubescentes; les radicales longuement pétiolées, *larges à la base* (largeur égalant les 3/4 de la longueur) *et toujours échancrées en cœur*, crénelées ainsi que les caulinaires, et *doublement dentées* d'une manière plus ou moins obscure; les supérieures sessiles, lancéolées-linéaires ou linéaires. Tige de 3-7 décimètres, dressée, glabre. Racine charnue, épaisse, fusiforme. — Plante glabre ou pubescente; feuilles souvent maculées de noir vers leur centre.

β. *cæruleum?* Fleurs bleues.

Hab. Toute la France dans les lieux montagneux et ombragés. Nous ne l'avons point vu de la région méditerranéenne. ♃ Juin-juillet.

P. nigrum *Sm. fl. boh.* 2, n° 189; *DC. prod.* 7, *p.* 453; *P. ovale Hoppe, tasch.* 1794, *p.* 84; *P. persicæfolium DC. prod. l. c. quoad pl. gall. in Lozère habit.* (*non Hoppe*); *Boreau, fl. centr. p.* 327.— *Bill., exsicc.* n° 586! — Capitule d'abord *ovoïde-subglo-*

buleux, puis tardivement ovoïde-allongé. Fleurs d'un *beau bleu, rugueuse avant l'anthèse.* Calice et étamines glabres. Feuilles peu profondément en cœur à la base, et assez étroites pour que la *largeur égale à peine moitié de leur longueur.* Le reste comme dans le *P. spicatum.* — Malgré les faibles caractères qui séparent cette plante de la précédente, nous la conservons comme espèce, parce que dans plusieurs localités elle la remplace complétement ou presque entièrement, et de plus parce qu'elle semble plus exclusivement silicicole.

Hab. La Lozère, où le *P. spicatum* est rare; Besançon, où nous ne l'avons observé que sur les sables siliceux de l'Ognon; le Vigan, sur le granit (*Martin*); Puy-de-Dôme; le Cantal; Pyrénées-Orientales, Mont-Louis (*Reboud*). ♃ Juin.

P. Halleri *All. ped.* 1, *p.* 116; *D C. fl. fr.* 3, *p.* 714; *Dub. bot.* 312; *Lois. gall.* 1, *p.* 146; *P. ovatum Schmidt, boh.* 2, *n°* 190; *Willd. sp.* 1, *p.* 923; *P. urticæfolium Clairv. man.* 63.— *Rchb. exsicc. n°* 1862! — Capitule ovale-oblong, puis cylindrique, muni à la base de bractées *linéaires ou lancéolées,* entières ou dentées, *bien plus longues que les fleurs d'un violet-noir.* Etamines *velues-laineuses* à la base. Feuilles radicales et caulinaires inférieures *presque aussi larges que longues,* profondément en cœur à la base; les moyennes ovales; les supérieures longues et lancéolées; toutes obscurément doublement dentées-en-scie. Tige très-grande, 7-12 décimètres, robuste, fistuleuse. Racine grosse, fusiforme. — Plante très-glabre; fleurs presque lisses avant l'anthèse.

Hab. Prairies très-élevées des Alpes du Dauphiné, Lautaret, Valgaudemar, mont Viso, etc.; le Cantal (*Pailloux*); mont Mesinc (*Boreau*); Pyrénées, mont Sacon près de Mauléon (*Irat*). La plante de l'Auvergne et des Pyrénées est-elle bien identique à celle de nos Alpes? ♃ Juillet-août

SPECULARIA. (Heist. syst. pl. gen. 8, 1748.)

Calice à tube très-allongé, prismatique, et à limbe 5-fide. Corolle *en roue, plane, à* 5 *lobes peu profonds.* Etamines 5, libres, à filets dilatés à la base. Style terminé par trois stigmates filiformes. Capsule entièrement adhérente au calice, linéaire-prismatique, à 3 loges, s'ouvrant vers le sommet par trois pores latéraux. — Plantes annuelles; fleurs disposées en panicule terminale et feuillée.

Sp. Speculum *Alph. D C. prod.* 7, *p.* 490; *Prismatocarpus Speculum L'Hérit. sert. angl. p.* 2; *D C. fl. fr.* 3, *p.* 708; *Dub. bot.* 312; *Campanula Speculum L. sp.* 238; *Lois. gall.* 1, *p.* 144.— *Ic. Dod. pempt.* 168.— *Schultz, exsicc.* 892! — Fleurs brièvement pédicellées ou sessiles, 2-5 au sommet des rameaux plus ou moins divergents, disposés en panicule terminale. Calice à lanières linéaires-subulées, *aussi longues que le tube.* Corolle à *lobes égalant les divisions du calice,* ovales, obtus, mucronulés. Filets des étamines courts et glabres. Capsule étranglée au sommet, rude sur les angles. Graines ovoïdes. Feuilles alternes, faiblement crénelées; les inférieures obovées, obtuses, atténuées à la base; les supérieures sessiles et demi-embrassantes. Collet de la racine émettant une tige centrale de 1-3 décimètres, dressée, entourée ordinairement de tiges latérales étalées-ascendantes, toutes anguleuses, glabres ou pubescentes, rameuses supérieurement. — Plante ordinairement verte et pubescente, et blanchâtre-pubescente dans le midi de la France; fleurs violacées, rarement blanches.

Hab. Dans les moissons. (I) Juin-juillet.

Sp. hybrida *Alph. D C. prod. 7, p. 490; Prismatocarpus hybridus L'Hérit. sert. angl. p. 2; D C. fl. fr. 3, p. 709; Dub. bot. 312; P. confertus Mœnch, meth. 496; Campanula hybrida L. sp. 239; Lois. gall. 1, p. 144; C. spuria Pall. in Roem. et Sch. syst. 5, p. 154.— Ic. Morison, sect. 5, t. 2, f. 22.—Schultz, exsicc. n° 137!; Rchb. exsicc. n° 2438!; Soleirol, exsicc. n° 2760!* — Fleurs solitaires, géminées ou ternées au sommet des tiges, formant un corymbe à rameaux raides et peu divergents. Calice à lanières *oblongues ou oblongues-lancéolées, dressées, plus courtes que la moitié de la longueur du tube.* Corolle *petite,* ordinairement fermée, cachée par les divisions du calice dont elle *égale à peine la moitié de la longueur.* Graines ovoïdes. Feuilles fortement *ondulées-crénelées* aux bords. Tiges raides, simples; les latérales dressées; le reste comme dans le *Sp. Speculum.*

Hab. Presque tout le centre de la France (*Boreau*); l'ouest; le midi, Marseille, Narbonne, Collioure, etc.; le nord; plus rare dans l'est; la Corse, Bonifacio (*Salle*). (I) Mai.

Sp. falcata *Alph. D C. prod. 7, p. 489; Prismatocarpus falcatus Ten. prod. 16, et fl. nap. 1, p. 77, t. 20; Campanula falcata Roem. et Sch. syst. 5, p. 154; Lois. gall. 1, p. 144.—Ic. Buxb. cent. 4, f. 38.—Soleir. exsicc. 64!* — Fleurs sessiles, solitaires ou géminées à l'aisselle des feuilles et formant *un long épi* qui occupe presque toute la tige; fleurs infér. écartées; les supérieures rapprochées. Calice à lanières lancéolées-linéaires, souvent courbées en faux, *égalant la longueur du tube.* Corolle petite, *égalant le tiers et rarement la moitié* de la longueur des divisions calicinales. Graines *arrondies-lenticulaires.* Feuilles ovales, crénelées; les inférieures brièvement pétiolées; les supérieures sessiles et embrassantes. Tige ordinairement simple ou un peu rameuse au sommet, assez rarement entourée au collet de tiges latérales. — Plante glabre.

Hab. Collioure (*Bernard*); Cubières, dans les Corbières (*Massot*); Toulon; Hyères; Grasse; la Corse, Bastia, Ajaccio, Bonifacio, etc. (I) Mai.

Sp. pentagonia *Alph. DC. prod. 7, p. 489; Castagne, suppl. cat. Marseille, p. 24; Prismatocarpus pentagonius L'Hérit. sert. angl. p. 2; Campanula pentagonia L. sp. 239; Desf. choix pl. cor. p. 44, t. 33, et ann. mus. 11, p. 143, t. 18.— Schultz, exsicc. n° 1097!* — Fleurs solitaires ou géminées, glabres ou hispides, sessiles ou pédicellées, s'écartant de l'axe en se courbant en arc, terminales ou disposées en grappe courte au sommet de la tige. Calice à lanières *linéaires-acuminées, presque égales à la longueur du tube,* d'abord dressées, puis réfractées, glabres ou hispides, parsemées de longues soies raides. Corolle très-grande, pentagone, *égalant les divisions calicinales*, glabre ou bordée de quelques soies longues. Graines ovoïdes. Feuilles ovales ou lancéolées-oblongues, obtuses, faiblement ondulées-dentées, sessiles et embrassantes vers le haut. Collet de la racine émettant une tige centrale de 2-5 décimètres, droite, entourée souvent de tiges latérales courbées-ascendantes, ordinairement velues. — Cette plante velue, pubescente ou glabre a le port du *Sp. falcata ;* mais la corolle est 5 à 6 fois plus grande.

Hab. Champs de blé, près de Marseille ! (*Kralik*). (1) Mai.

CAMPANULA. (L. gen. 218.)

Calice à 5 divisions. Corolle *campanulée,* à 5 lobes. Etamines 5, libres, à filets dilatés à la base. Style terminé par 3-5 stigmates filiformes. Capsule *turbinée,* à 3-5 loges s'ouvrant par 3-5 pores latéraux. — Plantes herbacées, vivaces et rarement annuelles; fleurs bleues pouvant toutes passer au blanc, très-rarement blanchâtres ou jaunâtres à l'état normal, solitaires au sommet des tiges ou des rameaux, ou en cymes, ou glomérules latéraux, formant par leur ensemble des épis ou des panicules étroites.

a. *Chaque sinus du calice (angle formé à l'union de deux divisions du calice) donnant naissance à un appendice réfléchi sur le tube qu'il recouvre plus ou moins.*

C. Medium L. — C. speciosa Pourr.
C. barbata L. — C. Allionii Vill.

b. *Sinus du calice dépourvus d'appendices. Fleurs sessiles, disposées en épis ou en capitules.*

C. spicata L. — C. cervicaria L. — C. petræa L.
C. thyrsoidea L. — C. glomerata L.

c. *Sinus du calice dépourvus d'appendices. Fleurs pédonculées et disposées en panicule ou en grappe.*

1. *Capsule penchée, s'ouvrant vers la base.*

* *Multiflores ; divisions du calice ovales-lancéolées.*

C. rapunculoides L. — C. Trachelium L. — C. Erinus L.
C. bononiensis. L. — C. latifolia L.

** *Pauciflores ; divisions du calice linéaires.*

C. rhomboidalis L. — C. rotundifolia L. — C. tenella Jord.
C. lanceolata Lap. — C. Scheuchzeri Vill. — C. Mathoneti Jord.
C. linifolia Lam. — C. cœspitosa Scop. — C. subramulosa Jord.
C. Baumgartenii Beck. — C. pusilla Hænk. — C. gracilis Jord.

2. *Capsule dressée, s'ouvrant vers son milieu ou près du sommet.*

C. Rapunculus L. — C. persicifolia L.
C. patula L. — C. cenisia All.

a. *Chaque sinus du calice (angle formé par l'union de deux divisions calicinales) donnant naissance à un appendice réfléchi sur le tube, qu'il recouvre plus ou moins.*

C. Medium *L. sp.* 236; *D C. fl. fr.* 3, *p.* 707; *Dub. bot.* 313; *Lois. gall.* 1, *p.* 144; *C. grandiflora Lam. fl. fr. éd.* 1, *vol.* 3, *p.* 334 (*non L.*).— *Ic. Viola mariana Clus. hist.* 2, *p.* 172; *Lob. obs.* 175; *Dod. pempt.* 163.— *Schultz, exsicc. n°* 1096 ! — Fleurs penchées, solitaires, à pédoncules courts, formant une grappe oblongue, terminale ; à la base ou vers le milieu du pédoncule 2 bractéoles lancéolées aussi longues (2 centimètres) que les divisions calicinales. Calice à appendices des sinus ovales et aussi longs que le tube ; divisions calicinales lancéolées, hérissées aux bords, *égalant la moitié* de la longueur de la corolle. Celle-ci grande (4-5 centimètres), glabre aux bords, à 5 lobes très-courts, ovoïdes-mucronés. Stigmates *cinq*. Capsule *à cinq loges*. Feuilles rudes, hispides, *irrégulièrement et peu profondément dentées*, à dents obtuses; les radicales ovales, *pétiolées;* les caulinaires ovales, sessiles. Tige de 3-4 décimètres, dressée, arrondie, simple. Racine grosse, un peu ligneuse ; stolons nuls. — Fleurs bleues.

Hab. Grenoble (*Clément*); Couzon près de Lyon (*Jordan*); Roquemaure près de Saint-Esprit (*de Pouzolz*) ; vallée de Reyran (*Perreymond, cat.*); souvent dans le voisinage des habitations. (1) Juin-juillet.

C. barbata *L. sp.* 236 ; *D C. fl. fr.* 3, *p.* 706 ; *Dub. bot.* 313; *Lois. gall.* 1, *p.* 143.—*Ic. Jacq. obs.* 2, *p.* 14, *t.* 37; *C. B. prod.* 36, *f.* 1 ; *Morison, sect.* 5, *t.* 3, *n°* 35. — Fleurs penchées, solitaires, unilatérales, à pédoncules tantôt plus courts, tantôt plus longs que la corolle, formant une grappe courte de 2-5 fleurs ; bractéoles 1-2, linéaires, *très-courtes* (5-6 millimètres), *souvent nulles*. Calice poilu, à appendices des sinus triangulaires, égalant le tube; divisions calicinales lancéolées, *égalant le tiers* de la longueur de la corolle. Celle-ci mesurant 3 centimètres, presque *une fois aussi longue* que large, à 5 lobes triangulaires, *longuement barbus* aux bords. Stigmates 3. Capsule 3-*loculaire*. Feuilles presque toutes radicales et en rosette, poilues, lancéolées-oblongues, non pétiolées et s'atténuant un peu vers la base, entières ou très-obscurément denticulées ; les caulinaires 2-4, petites, sublinéaires. Tige de 1-3 décimètres, presque nue, simple, dressée, arrondie. Souche grosse, dure, noire; stolons nuls. — Fleurs d'un bleu très-pâle.

Hab. Toutes les prairies très-élevées des Alpes du Dauphiné. ♃ Juillet-août.

C. speciosa *Pourr. act. toul.* 3, *p.* 309 ; *D C. fl. fr.* 3, *p.* 707; *Dub. bot.* 313 ; *C. longifolia Lap. abr.* 107, *et fl. pyr. t.* 6; *Lois. gall.* 1, *p.* 144 ; *C. bicaulis Lap. fl. pyr. p.* 13, *t.* 7.—Fleurs ascendantes, solitaires, formant une *panicule pyramidale*, portées par de *longs* pédoncules (3-8 centimètres), munis de deux bractées *aussi longues ou plus longues que la fleur.* Calice à appendices des sinus lancéolés, ciliés, aussi longs (4-5 millimètres) que le tube, et 4 fois plus courts que les divisions calicinales ; celles-ci lancéolées-linéaires, plus ou moins poilues, très-longues (2 centimètres et plus), *égalant au moins les trois quarts* de la longueur de la corolle. Celle-ci mesurant environ 3 centimètres, à 5 lobes courts, ovales, mucronés, glabres ou un peu poilus aux bords. Stigmates 3. Capsule 3-loculaire. Feuilles lancéolées-linéaires, glabres et ciliées, ou poilues sur les faces, entières, à crénelures ou à dents peu profondes et très-distantes ; les radicales atténuées à la base ; les caulinaires sessiles et un peu embrassantes. Tige de 1-3 décimètres, dressée, anguleuse, produisant presque dès la base des rameaux ou pédoncules uniflores, dressés. Souche grosse, dure, subligneuse ; stolons nuls. — Plante très-poilue, ou presque glabre.

Hab. Pyrénées orientales et centrales, vallée de Vic-Dessos, Prats-de-Mollo, Villefranche, pic de l'Hiéris, Font-de-Comps, Saint-Sauveur, Foix, montagne de Rancié, de Cagire, de Noëdes, Trencade-d'Ambouilla, Saint-Béat, Bordalla-de-la-Manera ; vallée de la Têt (*Reboud*) ; Cévennes (*Toscan*) ; Corbières ; Capouladoux près de Montpellier ; bois de la Vabre près de Mende. ♃ Juin-juillet.

C. Allionii *Vill. prosp.* 22 (1879), *et Dauph.* 2, *p.* 512, *t.* 10; *D C. fl. fr.* 3, *p.* 706; *Dub. bot.* 313; *Lois. gall.* 1, *p.* 143; *C. alpestris All. ped.* 1, *p.* 113, *t.* 6, *f.* 3; *C. nana Lam. dict.* 1, *p.* 585. — Fleur penchée, ordinairement *unique*, rarement 2-5 au sommet de la tige ; pédoncules munis de bractées sublinéaires, de la longueur des sépales. Calice plus ou moins poilu, à appendices des sinus lancéolés, *d'un tiers plus courts* que le tube et 3 fois plus petits que les divisions calicinales ; celles-ci lancéolées, *égalant* (1-2 centimètres) *le tiers* de la corolle. Celle-ci mesurant 4-centimètres, à 5 lobes courts, ovoïdes, mucronés, un peu barbus ou glabres aux bords. Stigmates 3. Capsule 3-loculaire. Feuilles lancéolées-linéaires, entières, étalées et disposées en rosette radicale. Tige de 2-7 centimètres (la fleur non-comprise), plus ou moins poilue. Souche se divisant et émettant *plusieurs* tiges, et des *stolons nombreux, allongés,* et terminés par des rosettes de feuilles. — Fl. bleues.

Hab. Hautes Alpes du Dauphiné, mont Aurouse près de Gap, Lautaret, col de l'Echauda, mont Morgon, mont Mounier, mont Viso, mont Aiguille, mont Ventoux, etc. ♃ Juillet-août.

b. *Sinus du calice dépourvus d'appendices ; fleurs sessiles, disposées en capitule ou en épi.*

C. petræa *L. sp.* 236 ; *Dub. bot.* 313; *Lois.* 1, *p.* 142 ; *Bertol. fl. ital.* 2, *p.* 500. — *Ic. Clus. hist. descript. m*[t] *Bald.* 333 ; *J. B. hist.* 2, *lib.* 20, *p.* 802. — *Rchb. exsicc. n°* 2540 ! — Fleurs brièvement *pédonculées*, réunies en capitules terminaux et latéraux ; le terminal plus grand, entouré de bractées foliacées, ovales, aussi longues que le capitule ; les latéraux distants, entourés de bractées et dépassés par la feuille dont ils occupent l'aisselle. Calice tomenteux, à divisions *linéaires-obtuses*, aussi large vers le haut qu'à la base. Corolle d'un *blanc-jaunâtre*, *pubérulente* sur les deux faces, *divisée jusqu'au milieu* en lobes ovales-aigus, recourbés. Style *saillant, dépassant la corolle du tiers* de sa longueur. Graines brunes. Feuilles radicales *ovales ou lancéolées, arrondies ou en cœur à la base*, obtuses, superficiellement crénelées, à pétiole aussi long que le limbe; les supérieures à pétiole *court*, à la fin *sessiles;* toutes grises-tomenteuses en dessus, blanches-tomenteuses en-dessous. Tige de 3-4 décimètres, simple, hérissée-sublaineuse, étalée et redressée. Racine fusiforme.

Hab. Les escalles d'Aiglun dans le Var (*Perreymond*). ♃ Août.

C. GLOMERATA *L. sp.* 235; *D C. fl. fr.* 3, *p.* 703; *Dub. bot.* 313; *Lois. gall.* 1, *p.* 142.— *Ic. Trachelium minus Lob. obs.* 176, *f.* 1 (*mala*); *Barr. t.* 523, *f.* 3.— Fleurs sessiles, réunies en capitules terminaux et latéraux; le terminal plus grand, entouré de bractées foliacées ovales-lancéolées; les latéraux plus ou moins nombreux, écartés. Calice à divisions *lancéolées-acuminées, aiguës.* Corolle un peu velue, *divisée jusqu'au tiers* de la longueur en lobes ovales. Style *inclus*. Graines jaunâtres. Feuilles finement crénelées, rudes, plus ou moins velues, rarement glabrescentes, vertes sur les deux faces ou pubescentes-blanchâtres des deux côtés, ou sur la face inférieure; les radicales et les caulinaires inférieures *ovales ou ovales-lancéolées, ou lancéolées* (*C. cervicaria Vill. et plur.*), *arrondies ou en cœur à la base, longuement pétiolées;* les supérieures sessiles et *embrassantes*. Tige de 2-5 décimètres, dressée dès la base, simple, faiblement anguleuse. Souche et racine dures, un peu ligneuses, grêles. — Plante presque glabre ou velue; fleurs bleues.

β. *farinosa Koch, syn.* 542. Feuilles blanches-pubescentes en dessous. *C. farinosa Andrz. ap. Bess. volh. p.* 10; *C. petræa Schm. boh.* 2, *p.* 78; *D C. fl. fr.* 3, *p.* 730 (*non L.*); *All. ped.* 1, *p.* 112.

Hab. Prairies sèches et montagneuses, à sol calcaire; tout le Nord, l'Est, le centre de la France; Alpes et Pyrénées; montagne de l'Étoile près de Marseille (*Castagne*); Thorenc dans le Var (*Loret*); rare dans la région méditerranéenne. ♃. Juin septembre.

C. CERVICARIA *L. sp.* 235; *D C. fl. fr.* 3, *p.* 703; *Dub. bot.* 313; *Lois. gall.* 1, *p.* 142; *Coss. et Germ. fl. par.* 348; *C. cervicaria et cervicarioides Mut. fl. fr.* 3, *p.* 261.—*Ic. C. B. prod.* 36, *f.* 2; *J. B. hist.* 2, *p.* 801, *fig. inf.* — *Rchb. exsicc. n°* 1677! — Fleurs agglomérées en capitules terminaux et latéraux, ainsi que celles de la précédente. Calice très-hispide, à divisions *courtes, ovales, obtuses*. Corolle hispide surtout aux bords des lobes, d'un tiers plus courte que celle du *C. glomerata*. Style *exsert*. Feuilles radicales et caulinaires inférieures *étroitement lancéolées*, très-longues, insensiblement *atténuées en un pétiole largement bordé jusqu'à la base* par le prolongement du limbe; les caulinaires supérieures sessiles, un peu embrassantes, ondulées; toutes velues-hispides, très-rudes. Tige de 5-8 décimètres, dressée, simple, très-hispide et à poils rudes, fortement anguleuse. Racine épaisse, *charnue*, blanche, rameuse. — Fleurs bleues.

Hab. Bois du versant oriental des Vosges, sur le granit (où elle a été signalée par J. Bauhin); Pont-à-Mousson; bois des environs de Paris (*Coss. et Germ.*); forêt d'Oger, forêt de Vertus en face de Chaltrait, département de la Marne (*Lambertye*); Chavannes, bois de Fleuret, dans le Cher (*Boreau*); Puy-de-Dôme (*Lecoq et Lam.*); Lyon (*Timeroy*); Pyrénées? (*Lap.*); Alpes? (*Vill.*). ♃ Juin-août.

C. SPICATA *L. mant.* 337; *Vill. Dauph.* 2, *p.* 510; *D C. fl. fr.* 3, *p.* 708; *Dub. bot.* 313; *Lois. gall.* 1, *p.* 144. — *Ic. All. ped.* 1, *p.* 112, *t.* 46, *f.* 2, *et t.* 47, *f.* 1. — *Rchb. exsicc. n°* 1441! — Fleurs axillaires, sessiles, *solitaires;* les inférieures parfois géminées ou ternées, formant un *long épi feuillé* à la base, cylindrique-oblong, dense et continu, ou interrompu à la base. Calice *hispide*, à divisions linéaires-aiguës, égalant à peine le tiers de la longueur de la corolle, portant à sa base 2 bractéoles *linéaires.* Corolle plus ou moins poilue surtout intérieurement, *infundibuliforme*, 3 fois plus longue que large à son milieu, divisée dans le tiers supérieur en lobes lancéolés, aigus, étalés-dressés. Filets très-barbus à leur origine. Style *inclus.* Feuilles étroitement lancéolées-oblongues, aiguës, finement denticulées et crispées aux bords, hérissées-scabres; les radicales insensiblement atténuées à la base en un pétiole peu distinct et largement bordé : les caulinaires à limbe d'autant plus étroit et plus court qu'elles se rapprochent plus de l'épi, et à base de plus en plus large et amplexicaule; les florales d'abord plus longues, puis plus courtes que les fleurs, à limbe court et linéaire-acuminé, à base très-large et embrassante. Tige de 2-6 déc., *pleine, dure*, dressée, hérissée ou hispide. Racine grosse, fusiforme. —Plante hérissée dans toutes ses parties; fleurs d'un beau bleu.

Hab. Prairies élevées des Hautes-Alpes, Lautaret, col de l'Arche, mont Viso, Colmars (Basses-Alpes). ② Juillet-août.

C. THYRSOIDES *L. sp.* 235; *Vill. Dauph.* 2, *p.* 510; *DC. fl. fr.* 3, *p.* 704; *Dub. bot.* 313; *Lois. gall.* 1, *p.* 142. — *Ic. Jacq. obs.* 1, *p.* 33, *t.* 21; *J. B. hist.* 2, *p.* 809, *fig. sin.* — *Rchb. exsicc. n°* 24! — Fleurs solitaires, imbriquées en épi *court, oblong, obtus*, très-dense, très-feuillé. Calice portant à la base 2 bractéoles *ovales-lancéolées*, longuement ciliées, à tube *très-glabre*, à divisions *ovales-lancéolées*, un peu plus longues que le tube, et plus courtes que la moitié de la corolle. Celle-ci campanulée, d'un *jaune-pâle*, barbue sur les deux faces, divisée dans son tiers supérieur en lobes ovales, aigus, recourbés. Filets très-barbus à l'origine. Style *exsert.* Feuilles entières ou denticulées, *arrondies, obtuses* au sommet, très-pubescentes ou hérissées; les inférieures étroitement lancéolées ou lancéolées-linéaires, obscurément atténuées en pétiole; les moyennes sessiles; les supérieures et surtout les florales dilatées et embrassantes à la base, et à limbe long, linéaire, obtus, dépassant les fleurs dans la moitié inférieure de l'épi. Tige de 2-3 décimètres, dressée, très-simple, très-poilue, *grosse, fistuleuse, très-compressible,* couverte de feuilles très-nombreuses, et très-imbriquées. Racine grosse, charnue, fusiforme, *bisannuelle.*

Hab. Hauts sommets du Jura, le Chasseron, la Dôle, le mont Tendre, le Reculet; Alpes de Gap, du Champsaur, Lautaret, etc. (2) Juillet-août.

c. *Sinus du calice dépourvus d'appendices; fleurs pédonculées, disposées en panicule ou en grappe.*

1. *Capsule penchée, s'ouvrant à la base.*

* *Multiflores; divisions du calice ovales-lancéolées.*

C. latifolia *L. sp.* 233; *DC. fl. fr.* 3, *p.* 701; *Dub. bot.* 313; *Lois. gall.* 1, *p.* 141.—*Ic. fl. dan. t.* 85; *Trachelium majus Clus. hist.* 2, *p.* 172. — Fleurs dressées-étalées, grandes (4-5 centimètres), brièvement pédonculées, solitaires à l'aisselle des feuilles supérieures et formant une grappe terminale feuillée; 2 petites bractéoles insérées *au-dessous du milieu* des pédoncules. Calice à lanières lancéolées-acuminées. Corolle oblongue-campanulée, divisée jusqu'au tiers de sa longeur en lobes lancéolés et ciliés. Style inclus. Feuilles brièvement pubescentes, inégalement et *doublement dentées, toutes ovales-lancéolées,* acuminées; les inférieures atténuées à la base en un *pétiole court* et ailé ; les supérieures sessiles, décroissantes. Tige de 5-10 décimètres, dressée, toujours simple, finement sillonnée, très-feuillée. Racine rameuse, lactescente ; stolons nuls. Fleurs violettes.

Hab. Escarpements des Hautes-Vosges, ballon de Soultz, Hohneck (*Mougeot*); haut Jura, mont d'Or (*Grenier*), etc.; monts Dores, Cantal (*Lecoq et Lam.*); Dauphiné, Grande-Chartreuse, Saint-Eynard, le Melezet au-dessus de Guillestre; Pyrénées, mont de Lys, Bagnères, Labatsec, Esquierry, etc. ♃ Juin-juillet.

C. Trachelium *L. sp.* 235; *DC. fl. fr.* 3, *p.* 703; *Dub. bot.* 313; *Lois. gall.* 1, *p.* 142.—*Ic. Trachelium vulgare Clus. hist.* 2, *p.* 170 ; *Lob. obs.* 176, *f.* 2.— Fleurs dressées ou un peu penchées (de 4 centimètres), solitaires, *géminées* ou *ternées* sur des pédoncules courts et axillaires, formant une grappe oblongue terminale; 2 petites bractéoles *à la base* des pédoncules. Calice à lanières lancéolées, dressées. Corolle campanulée, divisée jusqu'au tiers de sa longueur en lobes lancéolés, aigus, ciliés. Style inclus. Feuilles brièvement poilues, scabres, inégalement et *doublement* dentées, triangulaires et plus ou moins profondément *en cœur à la base;* les caulinaires supérieures brièvement pétiolées, à la fin sessiles, ovales ou ovales-lancéolées. Tige de 5-10 décimètres, à côtes fines, simple, hispide. Racine épaisse, un peu ligneuse; stolons nuls. — Fleurs bleues.

β. *dasycarpa.* Calice hérissé. *C. urticæfolia Schm. boh. p.* 173.

Hab. Toute la France, dans les bois. ♃ Juillet-août.

C. rapunculoides *L. sp.* 234; *DC. fl. fr.* 3, *p.* 702; *Dub. bot.* 314; *Lois. gall.* 1, *p.* 142; *C. tracheloides Rchb. cent.* 6, *f.* 700-701; *C. rapunculoides et contracta Mut. fl. fr.* 2, *p.* 264; *C. crenata Link, en. Berol.* 1, *p.* 214; *Rchb. l. c. f.* 702.—*Ic. Morison, sect.* 5, *f.* 3, *n°* 32. — Fleurs pendantes, de 2 centimètres et plus, solitaires, disposées en longue grappe spiciforme, non feuillée, *unilatérale;* pédoncules courts, munis vers le haut de 2 très-petites bractéoles. Calice à divisions lancéolées-linéaires, entières et ciliées, ordinairement réfléchies après l'anthèse. Corolle *infundibuliforme,* divisée jusqu'au tiers en lobes triangulaires, ciliés. Style égalant ou dépassant la corolle. Feuilles *rudes,* munies sur les 2 faces de petits poils *raides* et appliqués, irrégulièremt et presque doublement dentées, à dents grandes et subaiguës; les radicales et les caulinaires inférieures longuement pétiolées, lancéolées et échancrées en cœur à la base; les moyennes et les supérieures décroissantes, lancéolées-acuminées, sessiles. Tige de 5-9 décimètres, dressée, arrondie, ordinairement rougeâtre, brièvement poilue ou glabre, rude, simple ou un peu rameuse. Racine émettant de *longs et nombreux stolons rampants.* — Fleurs bleues.

Hab. Bois, champs, jardins dans toute la France; jusqu'au sommet de la vallée de la Bérarde, en Dauphiné (*Gren.*). ♃ Juillet-août.

C. bononiensis *L. sp.* 1, *p.* 234; *DC. prod.* 7, *p.* 469; *C. thaliana Wallr. sched.* 86; *Bertol. fl. ital.* 2, *p.* 483; *C. simplex D.C. fl. fr.* 3, *p.* 730; *C. obliquifolia Ten. syll.* 98; *C. ruthenica M. B. ex. Bertol.*—*Ic. Rchb. cent.* 2, *t.* 111, *f.* 221-222.—*Schultz, exs. n°* 695!; *Rchb. exsicc. n°* 1864!— Fleurs penchées (à peine de 2 centimètres), *géminées ou ternées,* solitaires par avortement de fleurs dont on voit ordinairement les restes, disposées *tout autour de la tige,* en longue grappe spiciforme; pédoncule *très-court,* muni à la base de courtes bractées. Corolle infundibuliforme, divisée jusqu'au tiers en lobes triangulaires et *glabres.* Style inclus. Feuilles à peine rudes, vertes en dessus et couvertes de poils courts, *blanchâtres-tomenteuses et molles* en dessous, *finement et très-simplement* dentées, à dents *courtes et obtuses;* les radicales et les caulinaires inférieures pétiolées, lancéolées et échancrées en cœur à la base; les moyennes et les supérieures rapprochées et *imbriquées, presque ovales-en-cœur et embrassantes.* Tige de 3-5 décimètres, simple, dressée, arrondie, tomenteuse-blanchâtre. *Stolons nuls.* Racine grosse, napiforme. — Fleurs bleues.

Hab. Vallée du Quayras! en Dauphiné (*Guérin*); environs de Gap (*Vill. mss.*), Saint-Vallier! dans le Var (*Loret*). ♃ Juillet-août.

C. Erinus *L. sp.* 240; *DC. fl. fr.* 3, *p.* 705; *Dub. bot.* 314; *Lois. gall.* 1, *p.* 143; *Koch, syn.* 539; *Wahlenbergia Erinus Link, hendb.* 1, *p.* 631; *Koch, syn. ed.* 1, *p.* 473; *Roncelia Erinus Dumort. in Rchb. exc. p.* 296.—*Ic. Morison, sect.* 5, *t.* 3, *f.* 25. —*Soleir. exs. n°* 2746!; *Schultz, exs. n°* 138! — Fleurs solitaires, pendantes ; les unes terminales, les autres *naissant à l'angle des bifurcations de la tige* ou à l'aisselle des feuilles, sessiles ou brièvement pédonculées, formant des grappes disposées en *panicule irrégulière*. Calice hérissé, à tube *très-court*, turbiné, presque discoïde à la maturité, à divisions ovales, *étalées horizontalement à la maturité*, et laissant à nu, à leur centre, le disque calicinal dont le diamètre surpasse leur largeur. Corolle *petite* (5-6 *millimètres*), *étroitement campanulée-tubuleuse, dépassant à peine les sépales*. Feuilles ovales-oblongues, cunéiformes, atténuées à la base en un court pétiole, et sessiles vers le haut de la tige ; toutes dentées en scie, obtuses, hérissées de poils étalés. Tige de 1-2 décimètres, dressée ou ascendante, simple ou plus souvent très-rameuse presque dès la base, hérissée. Racine grêle, *annuelle*.

Hab. Toute la région des oliviers ; remonte presque jusqu'à Lyon, dans l'est, et jusqu'à Angers dans l'ouest ; Corse. ① Avril-juin.

** *Pauciflores ; divisions du calice linéaires.*

C. RHOMBOIDALIS *L. sp.* 233 ; *DC. fl. fr.* 3, *p.* 701 ; *Dub. bot.* 314 (*excl. syn. et var.*) ; *C. rhomboidea Willd. sp.* 1, *p.* 899. — *Ic. Barr. t.* 567 ; *Bocc. mus.* 61. — *Rchb. exsicc. n°* 733 ! — Fleurs penchées, 2-10 en panicule *étroite, unilatérale ;* bouton et pédoncule ascendants. Calice à sinus arrondis, très-obtus (ainsi que dans les suivantes), à divisions *plus longues* que le bouton avant l'anthèse, étroitement *linéaires-subulées*, et égalant ou dépassant *les deux tiers* de la longueur de la corolle. Celle-ci campanulée-infundibuliforme, divisée jusqu'au quart ou au tiers de sa longueur en lobes arrondis, mucronulés. Feuilles à peine pubescentes ou poilues-ciliées, *minces*, à nervures très-apparentes, *ovales*, devenant lancéolées et un peu acuminées vers le haut de la tige, dentées-en-scie, à dents *aiguës et porrigées ;* les inf. brièvement pétiolées ; les sup. sessiles ; celles des rosettes... Tiges de 2-5 déc., un peu pubescentes, légèrement anguleuses, souvent nues inférieurement, très-feuillées vers leur milieu. Racine grêle.—Fleurs bleues. Les variétés à feuilles étroites ont une grande ressemblance avec le *C. linifolia ;* on les distingue de cette dernière par les feuilles dentées ; par les dents calicinales plus longues, plus fines, dépassant le bouton au moment de l'anthèse, et dépassant les deux tiers de la longueur de la corolle.

Hab. Coteaux et prés du Dauphiné, de la haute Provence, de l'Auvergne, du haut Jura, des Pyrénées ?. ♃ Juin-juillet.

C. LANCEOLATA *Lap. abr.* 105 ; *C. rhomboidalis auct. gall.* (*part.*). — *Endress. exs.* 1830 ! — Espèce très-voisine de la précédente. Elle s'en distingue facilement à son port et aux caractères suivants : calice à divisions *étroitement lancéolées-linéaires, égalant le tiers*, rarem[t] la moitié de la longueur de la corolle, *plus courtes* que le bouton avant l'anthèse. Feuilles *très-nombreuses et très-rapprochées-imbriquées* sur la tige, glabres et finement ciliées, ou toutes couvertes d'un duvet très-fin qui les fait paraître soyeuses, *lancéo-*

lées et non ovales, dentées; dents *peu profondes, obtuses, couchées et peu ou point saillantes*, peu nombreuses et séparées l'une de l'autre par une *distance bien plus grande* que la partie saillante de la dent; feuilles des rosettes... Tige glabre ou tomenteuse, subanguleuse. — Fleurs bleues. Cette espèce est très-rapprochée du *C. linifolia Lam.* M. Soyer la possède d'Argelès à feuilles sublinéaires.

Hab. Pyrénées, monts de Mijanès, d'Engandué, d'Orlu, de Rabat, d'Asparagou, de Paillères, de Cagire, de Crabère, de Jisole, d'Oo, d'Esquierry, de Très-Seignous, Pic-de-Gard, vallée d'Astos (*Lap.*); Pla des Aballans, près Mont-Louis (*Reboud*); col d'Ordino (*Gay*); Llaurenti (*Endress.*). ♃ Juin-juillet.

C. linifolia *Lam. dict.* 1, *p.* 579 (1783); *DC. fl. fr.* 3, *p.* 698; *Dub. bot.* 314 (*excl. syn. et var.*); *Lecoq et Lam. cat. p.* 260; *Boreau, fl. centr.* 330; *C. Scheuchzeri Lois. gall.* 1, *p.* 140 (*non Vill.*); *C. rotundifolia var.* β. *Vill. Dauph.* 2, *p.* 501. — *Ic. All. ped. t.* 47, *f.* 2; *Magn. bot. monsp.* 46; *Barr. t.* 487? — Fleurs 2-8 *en grappe étroite* (rarement uniques) au haut des tiges. Calice à divisions *linéaires*, égalant à peine la moitié de la longueur de la corolle, plus courtes que le bouton avant l'anthèse; boutons et pédoncules ascendants. Feuilles presque glabres, ou ciliées, ou pubérulentes; les radicales peu nombreuses, souvent détruites, cordiformes-ovales, sinuées, pétiolées, dentées; les caulinaires sessiles, *lancéolées ou lancéolées-linéaires* (2-4 centimètres de longueur sur 4-6 millimètres de largeur), *aiguës, entières ou munies de dents rares et peu profondes*. Tige de 1-4 décimètres, droite, *raide*, feuillée. Racine longue et épaisse. — Fleurs bleues. Plante intermédiaire aux *C. rotundifolia* et *rhomboidalis*.

Hab. Mont Pilat près de Lyon; montagnes de l'Ardèche; de l'Auvergne, monts Dores; montagnes de la Lozère; Dauphiné, Lautaret (*Gren.*), Alpes de Grenoble, Revel (*Verlot*). ♃ Juin-août.

C. Baumgartenii *Beck. fl. v. francf.*; *Rchb. fl. exc.* 1, *p.* 239; *C. rotundifolia* β. *reniformis Pers. syn.* 1, *p.* 188; *C. rotundifolia* δ. *lancifolia Koch, syn.* 538; *Schultz, fl. der Pfalz, p.* 288. — *Schultz, exsicc. n°* 1290! — Cette plante a été confondue à tort, selon nous, avec les variétés à feuilles lancéolées du *C. rotundifolia L.* Elle en diffère : par ses feuilles caulinaires *rapprochées*, obscurément dentées, *lancéolées* de la base au sommet de la tige, ne devenant *point linéaires* même sous la panicule, *ciliées-hispides*, ainsi que la tige, *brièvement pétiolées ou même sessiles*, tandis que dans le *C. rotundifolia* elles sont longuement pétiolées; par les tiges *plus hautes, plus grosses, très-compressibles, très-raides et droites*, nullement flexueuses, terminées par une *panicule appauvrie* (3-5 fleurs). Feuilles radicales.... — Cette espèce, ordinairemt très-velue, ressemble plus par le port au *C. lanceolata Lap.* qu'à toute autre espèce; mais sa panicule et ses feuilles presque entières les différencient parfaitement.

Hab. Commun sur le grès vosgien à Bitche (*Schultz*); vallée de Jægerthal, près de Niederbronn (*Billot*); Nancy (*Soy.-Will.*). ♃ Juin-août.

C. ROTUNDIFOLIA *L. sp.* 232; *DC. fl. fr.* 3, *p.* 697; *Dub. bot.* 314; *Lois. gall.* 1, *p.* 241.—*Ic. Lob. obs.* 178; *Dod. pempt.* 167. — Fleurs disposées *en panicule* multiflore, *subétalée*, formée de petites grappes terminant les rameaux et la tige; boutons et pédoncules *étalés-dressés avant l'anthèse*. Calice à divisions subétalées. Corolle campanulée, *subinfundibuliforme, insensiblement élargie* de la base au sommet, à lobes ovales-aigus, mucronulés. Base des étamines aussi longue que large; filets plus courts que les anthères. Feuilles des rosettes longuement pétiolées, *profondement en cœur* à la base, réniformes ou ovales, plus ou moins aiguës, crénelées, à dents obtuses ou subaiguës, un peu étalées; caulinaires inférieures lancéolées, *lancéolées-linéaires* ou *linéaires, ainsi que toutes les autres*, entières et denticulées. Tiges de 1-5 décimètres, plus ou moins nombreuses, courbées-ascendantes à la base, minces, raides, bien qu'un peu flexueuses, rameuses. Racine dure, *un peu* rampante, munie de quelques stolons dans les sols meubles. — Plante glabre ou pubescente ou tomenteuse. Fleurs bleues.

β. *velutina DC.* Tige à feuilles couvertes d'un duvet blanc-tomenteux; panicule étroite, racémiforme, unilatérale, pédoncules dressés. *C. Reboudiana Nob. mss.*

Hab. Rochers, bois et pâturages de toute la France; la forme pubescente dans la région méditerranéenne; var. β. Mont-Louis (*Reboud*). ♃ Juin-août.

Obs. 1. Cette plante a de grands rapports avec toutes les espèces du groupe du *C. pusilla*. Mais elle s'éloigne de toutes par ses boutons non réfléchis et dressés avant l'anthèse, ainsi que par sa corolle insensiblement élargie de la base au sommet et terminée par des dents plus allongées et plus aiguës, comme dans le *C. tenella*. Elle se distingue de cette dernière espèce par sa taille, par ses feuilles des rosettes en cœur, et les caulinaires bien plus longues et plus étroites; par ses tiges seulement courbées-redressées à la base et non rampantes; par les lobes de la corolle plus aigus.

Obs. 2. Il est probable que les formes réunies sous le nom de *C. rotundifolia* représentent plusieurs espèces; mais manquant de données précises pour débrouiller ce petit chaos, nous avons suivi les errements de nos devanciers.

C. SCHEUCHZERII *Vill. prosp. p.* 22 (1779); *Koch, syn.* 538. —Fleurs *solitaires, unilatérales*, rarement 2-5 au sommet de la tige, *grandes* (2-3 centimètres), *penchées et presque réfléchies avant l'anthèse*. Corolle infundibuliforme, divisée dans son quart supérieur en lobes larges, arrondis et mucronulés. Feuilles des rosettes à pétiole plus long que le limbe ovale ou en cœur à la base; les caulinaires tantôt toutes lancéolées-linéaires ou linéaires, tantôt subpétiolées et ovales ou lancéolées vers le bas de la tige, puis lancéolées et sessiles, enfin linéaires vers le haut de la tige; toutes aiguës ou obtuses, entières ou dentées, à dents écartées, peu profondes et appliquées. Tige de 1-2 décimètres, ordinairement *longuement couchées à la base, puis redressées* et *flexueuses*. — Fleurs bleues. Cette espèce a de grands rapports avec les formes à feuilles étroites et uniflores des *C. linifolia* et *C. rhomboidalis*. Elle s'en distingue à sa corolle plus grande, à ses pédoncules courbés au sommet et réfléchissant le bouton avant l'anthèse, à ses tiges presque uniflores, plus basses, plus minces, très-longuement courbées-rampantes inférieurement, puis redressées et flexueuses.

α. *glabra*. Plante glabre. *C. Scheuchzerii Vill. Dauph.* 2, *p.* 503, *t.* 10; *Lois. gall.* 1, *p.* 140 (*part.*).— *C. linifolia Rchb. exsicc. n°* 199 ! — Plusieurs auteurs ont confondu le *C. linifolia Lam.* avec le *C. Scheuchzerii Vill.*, ce qui permet d'appliquer à volonté leurs synonymes aux deux espèces.

β. *hirta*. Plante poilue dans toutes ses parties. *C. uniflora Vill. prosp. Dauph. p.* 22; *fl. Dauph.* 2, *p.* 500, *t.* 10 (*non L.*); *C. valdensis All. ped.* 1, *p.* 109, *t.* 6, *f.* 1 ; *DC. fl. fr.* 3, *p.* 698; *Lois. gall.* 1, *p.* 140; *C. linifolia* β. *valdensis Dub. bot.* 314 ; *C. Rhodii Lois. gall.* 1, *p.* 140, *t.* 24.— *C. valdensis Rchb. exsicc. n°* 200 ! — La plante d'Auvergne désignée sous le nom de *C. Rhodii*, appartient au *C. linifolia;* celle des Pyrénées orientales appartient au *C. Scheuchzerii.*

Hab. Alpes du Dauphiné; région alpine des Pyrénées. ♃ Juillet-août.

Obs. Sous le nom de *C. uniflora*, Villars a décrit la forme velue, et sous celui de *C. Scheuchzerii* la forme glabre. Le nom de *C. uniflora*, n'étant point appliqué à la vraie plante linnéenne, doit disparaître, et la forme qu'il désignait n'étant qu'une variété du *C. Scheuchzerii*, vient se ranger sous ce dernier nom, qui doit être préféré à celui d'Allioni (*C. valdensis*), qui est plus récent, et qui ne désigne que la forme poilue.

C. cæspitosa *Scop. carn.* 1, *p.* 143, *t.* 4 (*non bona*); *C. Bocconi Vill. Dauph.* 2, *p.* 502?; *C. Bellardi All. ped.* 1, *p.* 108, *t.* 85, *f.* 5?; *Lois. gall.* 1, *p.* 140. — *Ic. Bocc. mus. t.* 103.— Fleurs disposées en grappe ou panicule pauciflore; pédoncules *uni-biflores*, recourbés au sommet avant l'anthèse. Corolle *oblongue-campanulée*, un peu ventrue au milieu, et resserrée sous les lobes arrondis et mucronulés. Feuilles des rosettes stériles, *oblongues-cunéiformes, insensiblement atténuées* en un pétiole large et *à peine plus long* que le limbe; celui-ci muni de quelques dents triangulaires; les caulinaires sessiles, lancéolées-linéaires, plus ou moins dentées; les supérieures linéaires et entières. Tige de 2 décimètres, couchée à la base, redressée, raide, glabre. — Fleurs bleues. Le caractère tiré de la forme des feuilles des rosettes suffit pour distinguer cette espèce de toutes les suivantes.

Hab. Hautes Alpes du Dauph., Lautaret, mont Genèvre (*Vill.*). ♃ Juillet-août.

Obs. C'est avec doute que nous avons réuni la plante de Scopoli à celle de Villars que nous n'avons point vue. Si la non identité des deux plantes venait à être démontrée, il faudrait revenir au nom de Villars pour la plante de nos Alpes, et le *C. cæspitosa Scop.* resterait étranger à la flore de France, jusqu'à découverte ultérieure.

C. pusilla *Haenk. in Jacq. coll.* 2, *p.* 79 ; *C. pusilla auct. german. et gall.* (*pro part.*); *C. cæspitosa Vill. Dauph.* 2, *p.* 500 (*et non null. pro part.*). — *Schultz*, *exsicc. n°* 303 ! ; *Rchb. exsicc. n°s* 1674 *et* 198 ! — Fleurs 1-3 en grappe subunilatérale;

pédoncules *dressés*, *recourbés* au sommet, même avant l'anthèse, ainsi que dans les suivantes. Divisions du calice linéaires, dressées ou subétalées. Corolle à tube campanulé, *ovale-arrondi* à la base et un peu dilaté à la gorge, à lobes un peu recourbés, larges, égalant un quart du tube; celui-ci plus ou moins poilu vers son fond. Base des filets des étamines aussi large que longue. Stigmates inclus. Feuilles glabres ou un peu poilues; celles des rosettes atténuées en un pétiole 1-3 fois aussi long que le limbe; celui-ci *ovale-arrondi* ou presque en cœur à la base, à dents ovales ou lancéolées, *subaiguës ou obtuses*, ordinairement recourbées en dedans; les caulinaires inférieures ovales-lancéolées, dentées, à pétiole *plus court* que le limbe; les moyennes et les supérieures lancéolées-linéaires, sessiles et entières. Tiges de 5-12 centimètres, simples, raides, pubescentes inférieurement, courbées à la base, puis dressées, ordinairement plusieurs ensemble et naissant à la base ou aux aisselles des feuilles de la rosette (axe indéterminé). Souche émettant de longs stolons (5-10 centimètres). — Corolle veinée-réticulée, d'un bleu pâle; anthères d'un rose un peu vineux.

β. *pulchella*. Base des étamines moins large que longue; stigmates débordant un peu la corolle; feuilles des rosettes réniformes-ovales, ciliées, ainsi que les caulinaires; tiges presque glabres. *C. pulchella Jord. mss.*

γ. *pinguis*. Divisions du calice étroitement lancéolées-linéaires, dressées; feuilles glabres, un peu charnues; les radicales à pétiole égalant 1-2 fois la longueur du limbe; les caulinaires à dents rares, courtes, obtuses; tiges glabres, épaisses. *C. leucanthemifolia Pourr. Chl. narb. mém. Acad. Toul.* 3, *p.* 309.

Hab. Alpes du Dauphiné de Grenoble au mont Viso, etc.; la région des sapins dans les Pyrénées, le Jura, l'Auvergne, les Vosges. ♃ Juillet.

Obs. La plante des Alpes, des Pyrénées et du Jura nous a paru de tout point semblable à celle des Alpes d'Autriche, des sables du Rhin et des environs de Munich. La culture nous dira si les deux variétés signalées ici constituent deux espèces.

C. TENELLA *Jord. mss.!* — Fleurs 2-5 en grappe lâche, subunilatérale; pedoncules étalés-dressés, *inclinés* au sommet avant l'anthèse. Divisions du calice étalées. Corolle à tube campanulé-*oblong*, *insensiblement* élargi de la base au sommet, à lobes légèrement recourbés et égalant le tiers du tube. Base des filets aussi longue que large. Stigmates inclus. Feuilles hispidules aux bords; celles des rosettes atténuées en un pétiole 2-4 fois aussi long que le limbe; celui-ci *réniforme-arrondi*, à dents *lancéolées-aiguës*, porrigées; les caulinaires inférieures et moyennes ovales-lancéolées, atténuées en un pétiole *plus long* que le limbe, à dents *fines, saillantes et porrigées;* les supérieures linéaires-oblongues, sessiles. Tiges de 6-10 centimètres, un peu poilues, simples ou rameuses, couchées puis redressées. Souche munie de stolons rampants. — Corolle d'un bleu passant au violet, veinée-réticulée; anthères roses.

Cette espèce diffère de la précédente par sa corolle infundibuliforme, semblable à celle du *C. rotundifolia;* par ses pédoncules inclinés et non réfléchis; par les feuilles de la rosette plus larges que longues, à dents plus allongées et plus aiguës, ce qui a également lieu dans les caulinaires.

Hab. Rochers calcaires des hautes Alpes du Dauphiné, Grande-Chartreuse (*Jordan*). ♃ Juin.

C. Mathoneti *Jord. mss.*—Fleurs 3–10, subunilatérales, à pédoncules dressés et inclinés au sommet avant l'anthèse. Divisions du calice subétalées, sublinéaires ainsi que dans les suivants. Corolle à tube campanulé, *ovale-cylindrique,* arrondi à la base et *un peu resserré sous la gorge*, à lobes recourbés égalant le quart de la longueur du tube; celui-ci glabre vers le fond. Base des filets plus longue que large. Stigmates ne dépassant pas le tube. Feuilles *glabres;* celles des rosettes à limbe réniforme, aigu, à dents lancéolées, aiguës, porrigées, atténuées en un pétiole grêle, 4 fois plus long que le limbe; les caulinaires inférieures et moyennes ovales-oblongues, *aiguës,* atténuées en un pétiole 1-2 *fois* aussi long que le limbe, à dents *allongées, lancéolées, aiguës;* les supérieures linéaires, sessiles. Tige de 8–15 centimètres, nombreuses, égales, simples ou rameuses, *hérissées* et couchées à la base, puis redressées. Souche pourvue de stolons rampants.—Corolle d'un bleu clair, veinée-réticulée; anthères d'un rose-violet.—Le *C. Mathoneti* diffère du *C. pusilla* par les pédoncules inclinés et non recourbés au sommet avant l'anthèse; par les feuilles à dents plus longues et plus aiguës, et dont les caulinaires se terminent en pétiole plus long que le limbe. Cette espèce diffère du *C. tenella* par les pédoncules plus dressés; par la forme et la couleur de la corolle; par les feuilles à dents plus saillantes; par les tiges plus raides et plus dressées, moins couchées à la base.

Hab. Roches et lieux humides des montagnes très-élevées des Alpes du Dauphiné, col du Lautaret (*Jordan*). ♃ Août.

C. subramulosa *Jord. mss.* — Fleurs nombreuses, *en panicule;* pédoncules étalés-dressés, inclinés au sommet avant l'anthèse. Divisions du calice *étalées.* Corolle à tube campanulé, ovale, arrondi à la base, *dilaté au sommet,* à lobes recourbés égalant le tiers du tube. Base des filets *aussi large* que longue. Stigmates un peu saillants. Feuilles glabres; celles des rosettes à limbe réniforme *en cœur à la base*, atténuées en un pétiole grêle 2-3 fois plus long que le limbe, à dents *courtes,* subobtuses, un peu ouvertes; les caulinaires inférieures et moyennes ovales-oblongues, subobtuses, atténuées en pétiole *égal* au limbe, à dents *grosses, peu saillantes, subobtuses,* porrigées; les supérieures lancéolées-linéaires, oblongues, sessiles. Tiges de 15-20 centimètres, un peu flexueuses, rameuses au sommet, hérissées inférieurement, couchées puis redressées. Souche munie de longs stolons rampants. — Corolle d'un bleu passant au violet, fortem[t] veinée-réticulée; anthères lilas. Diffère des trois précédentes par sa fleur en panicule, par la forme de sa corolle ; par les feuilles des rosettes parfaitement en cœur à la base, à dents courtes et presque obtuses ; par ses rejets rampants bien plus allongés.

Hab. Bords du Rhône, la Tête-d'Or, près de Lyon (*Jordan*) ; au Séchenat, près de Bussang (*Tocquaine, herb. Godron*) ; Porentruy, dans le Jura suisse, non loin de la frontière de France (*Turmann*). ♃ Juin.

C. gracilis *Jord. mss.* — Fleurs en grappe subunilatérale ; pédoncules *dressés*, inclinés au sommet et presque appliqués contre l'axe. Divisions du calice dressées ou subétalées. Corolle campanulée, *ovale-oblongue*, *presque égale* dans sa longueur, arrondie à la base, à lobes aigus, *porrigés*. Base des filets *plus longue* que large. Stigmates un peu saillants. Feuilles glabres, un peu épaisses ; celles des rosettes à limbe *arrondi*, un peu tronqué, à dents *ovales, courtes, subobtuses*, un peu ouvertes, atténuées en pétiole *un peu élargi*, 2-3 fois plus long que le limbe ; les caulinaires inférieures et moyennes ovales ou ovales-oblongues, subaiguës, atténuées en un pétiole plus long que le limbe, à dents grosses, un peu saillantes, subobtuses, porrigées ; les supérieures lancéolées-linéaires, sessiles. Tiges de 15-25 centimètres, simples ou un peu rameuses, *glabres ou subpubescentes* inférieurement, couchées puis redressées. — Corolle d'un bleu passant au violet, non veinée-reticulée ; anthères presque blanchâtres. Diffère du *C. subramulosa* par ses pédoncules dressés et subunilatéraux, par sa corolle égale à lobes porrigés ; par ses feuilles plus fermes ; celles des rosettes arrondies et non en cœur, à pétioles un peu plus larges ; par ses tiges plus fermes, à peine pubescentes et non hérissées. Elle est plus haute et plus robuste que les quatre précédentes.

Hab. Bords du Rhône, près de Lyon, et montagnes des Alpes (*Jord.*). ♃ Juin-juillet.

2. *Capsule dressée, s'ouvrant vers le milieu ou près du sommet.*

C. Rapunculus *L. sp.* 232 ; *Willd. sp.* 1, *p.* 896 ; *DC. fl. fr.* 3, *p.* 699 ; *Dub. bot.* 314 ; *Lois. gall.* 1, *p.* 141. — *Ic. Fuchs. hist.* 214 ; *Dod. pempt.* 165, *f. sin.* — *Rchb. exsicc. n°* 322 ! — Fleurs disposées en une panicule terminale, longue, *étroite*, racémiforme. Rameaux *dressés*, *courts*, rapprochés, pluriflores ; 2 bractéoles situées *près de la base* des pédoncules latéraux. Calice à sinus obtus, à divisions *linéaires-sétacées*, à tube obconique. Corolle divisée jusqu'au tiers de la longueur en lobes lancéolés. Graines jaunâtres. Feuilles ondulées sur les bords, entières ou subcrénelées ; les inférieures oblongues, atténuées à la base et décurrentes sur le pétiole ; les supérieures sessiles, lancéolées-linéaires, finement décurrentes sur la tige. Tiges toutes florifères, dressées. Racine *épaisse, charnue*, blanche, fusiforme. — Plante velue et un peu rude, rarement glabre ; fleurs bleues.

Hab. Bords des bois, des chemins, pâturages dans toute la France ; Corse, Bastia. ② Mai-août.

C. PATULA *L. sp.* 232 ; *DC. fl. fr.* 3, *p.* 699 ; *Dub. bot.* 314 ; *Lois. gall.* 1, *p.* 141 ; *C. bellidifolia Lap.! abr. suppl.* 36, *ex DC. prod.* 7, *p.* 480 ; *Lois. gall*, 1, *p.* 143 ; *C. decurrens L. sp. ed.* 1, *p.* 164, *non ed* 2 ; *Thore, chl.* 164. — *Ic. Fl. dan.* 373. — *Fries, fasc.* 8, *n°* 6!— Fleurs disposées en panicule terminale, longue, *large*, rameuse ; rameaux *étalés-ascendants, longs*, pluriflores ; deux bractéoles situées *au-dessus du milieu* des pédoncules latéraux. Calice à sinus obtus, à divisions *lancéolées-acuminées*, denticulées dans leur tiers inférieur, à tube obové. Corolle divisée jusqu'à la moitié de sa longueur en lobes lancéolés. Graines jaunâtres. Feuilles pubescentes, planes, à crénelures peu profondes ; les radicales lancéolées-oblongues, atténuées à la base et décurrentes sur le pétiole peu distinct ; les caulinaires lancéolées-linéaires, sessiles, finement décurrentes sur la tige. Celle-ci dressée, pubescente inférieurement. Racine *grêle, verticale, allongée.* — Fleurs bleues.

Hab. Le centre de la France (*Boreau*) ; l'ouest ; Auvergne ; Pyrénées ; Dauphiné ; Lorraine ; Jura occidental ; Lyon ; etc. ⓶ Mai-juillet.

C. PERSICIFOLIA *L. sp.* 232 ; *DC. fl. fr.* 3, *p.* 700 ; *Dub. bot.* 314 ; *Lois gall.* 1, *p.* 141.—*Ic. Clus. hist.* 2, *p.* 171, *f.* 3 ; *C. media Dod. pempt.* 166. — Fleurs 1-6, en grappe lâche, terminale, *étroite, simple*, à rameaux uniflores ; 2 bractéoles insérées *à la base des pédoncules*. Calice à sinus *aigus*, à divisions *lancéolées-linéaires*, entières, à tube obové, glabre ou hispide. Corolle divisée jusqu'*au quart* de la longueur en *lobes arrondis* et mucronés. Graines brunes. Feuilles un peu fermes, planes, luisantes, *glabres*, munies sur les bords de petites dents appliquées et écartées ; les radicales étroitement oblongues-obovées, *longuement atténuées en pétiole ;* les caulinaires linéaires ou lancéolées-linéaires, sessiles. Tige simple, dressée, élancée, finement anguleuse. Racine *rampante, grêle, vivace.*— Fl. bleues ou blanches, grandes (3-4 cent.), aussi larges que longues.

β. *lasiocalyx.* Calice à tube portant tantôt quelques poils épars, tantôt entièrement couvert de poils longs, blancs et raides, et offrant tous les intermédiaires entre ces deux états. *C. subpyrenaica Timbal-Lagrave, exsicc.!*

Hab. Prairies montagneuses de toute la France ; nous ne l'avons pas observé dans la région méditerranéenne. ♃ Juin-juillet.

C. CENISIA *L. sp.* 1669 ; *All. ped.* 1, *p.* 108, *t.* 6, *f.* 2 ; *Vill. Dauph.* 2, *p.* 499 ; *DC. fl. fr.* 3, *p.* 696 ; *Dub. bot.* 314 ; *Lois. gall.* 1, *p.* 140 ; *Mut. fl. fr.* 2, *p.* 265. — *Ic. Rchb. cent.* 1, *t.* 85, *f.* 179 ; *All. rar. stirp.* 35, *t.* 5, *f.* 1. — *Rchb. exsicc. n°* 500 ! — Fleur *unique* au sommet de la tige, brièvement pédonculée. Calice pubescent, à divisions ovales lancéolées, entières, séparées par des sinus obtus, plus longues que leur tube obové, et de moitié plus courtes que la corolle. Celle-ci largement infundibuliforme, très-ouverte, *divisée presque jusqu'à la base* en 5 lobes ovales-lancéolés. Feuilles glabres ou ciliées, très-entières ; les radicales diposées *en rosette* dense de 1-2 centimètres de diamètre, *obovées-spatulées, arrondies, très-obtuses* au sommet, à pétiole court et étroit; les caulinaires ovales ou lancéolées-oblongues, subpétiolées. Tiges *de 2-3 centimètres*, pubescentes vers le haut, *couchées-redressées*. Souche grosse, dure, *émettant un très-grand nombre de rejets souterrains*, terminés les uns par une rosette stérile de feuilles, les autres par une tige uniflore. — Plante naine, à fleurs bleues.

Hab. Hautes Alpes du Dauphiné, le Galibier, au-dessus du Lautaret, le fond du Champoléon, entre Vallouise et l'Argentière. ♃ Juillet-août.

B. *Capsule s'ouvrant par des valves entre les lobes du calice.*

WAHLENBERGIA. (Schrad. comm. Gott. 6, p. 123.)

Calice à tube ovoïde ou obconique, 3-5-fide. Corolle campanulée, à 3-5 lobes. Etamines 3-5; filets un peu dilatés à la base; anthères libres. Style terminé par 2-5 stygmates courts. Capsule subglobuleuse ou ovoïde-oblongue, 2-3-5-loculaire, s'ouvrant au sommet libre par des valves loculicides. — Plantes ordinairement annuelles et herbacées; fleurs le plus souvent portées par de longs pédoncules penchés pendant la floraison, puis redressés après l'anthèse.

W. HEDERACEA *Rchb. cent.* 3, *p.* 47, *t.* 380, *f.* 673; *DC. prod.* 7, *p.* 428; *Campanula hederacea L. sp.* 240; *DC. fl. fr.* 3, *p.* 696; *Dub. bot.* 314; *Lois. gall.* 1, *p.* 143.— *Ic. Morison, sect.* 5, *t.* 2, *f.* 18.—*Schultz, exsicc. n°* 49!; *Billot, exsicc. n°* 51!— Fleurs *solitaires* sur des pédoncules filiformes, terminaux ou opposés aux feuilles. Lobes du calice linéaires-subulés, aussi longs que le tube. Corolle oblongue-campanulée, 2-3 *fois aussi longue* que les divisions calicinales, divisée dans son quart supérieur en 5 lobes ovales mucronulés. Capsule globuleuse; graines blanchâtres, ellipsoïdes, finement ridées en long. Feuilles toutes pétiolées: les inférieures arrondies, presque entières; les supérieures échancrées en cœur à la base, à cinq lobes triangulaires peu profonds, le supérieur toujours plus grand. Tiges *filiformes*, rameuses, *diffuses*. Racine rampante, *vivace*. — Plante glabre, grêle et molle; fl. d'un bleu pâle.

Hab. Lorraine; Auvergne; Côte-d'Or; Beaujolais; l'ouest, Bretagne et Normandie, presqu'île de la Manche, Vire, Falaise, Nantes, Gironde, Dax, etc.; Pyrénées, Pau, Tarbes, Bagnères, etc. ♃ Juin-juillet.

W. NUTABUNDA *Alph. DC. mon. p.* 131; *DC. prod.* 7, *p.* 435; *Campanula nutabunda Guss. in Ten. app. prod. fl. nap. p.* 8, *et pl. rar. p.* 94, *t.* 18; *Moris, sard. el. p.* 30.— Fleurs en *panicule dressée*, portées par de longs pédoncules terminaux et munis à la base d'une *bractée linéaire-sétacée*. Lobes du calice lancéolés-linéaires, de moitié plus petits que le tube. Corolle tubuleuse-campanulée, *dépassant peu* les divisions calicinales. Capsule turbinée-subcylindrique; graines fauves, elliptiques, lisses et luisantes. Feuilles inférieures *lancéolées*, atténuées en pétiole large et court; les supérieures lancéolées-linéaires, sessiles; toutes aiguës, finement-dentées, hispides aux bords et sur la nervure dorsale. Tige de 1-3 décimètres, *dressée*, simple ou rameuse, à rameaux dressés, glabre ou hispide, feuillée infér[t], nue supér[t]. Racine fusiforme, *annuelle*.

Hab. Corse, Ajaccio (*Léveillé*). ① Mars-avril.

ESPÈCES EXCLUES.

Phyteuma humile *Schl.* — Indiqué dans les Alpes du Dauphiné, où nous n'avons pu trouver que les *Ph. pauciflorum* et *hemisphæricum*.

Phyteuma Sieberi *Spreng.* — Cette plante des Alpes d'Autriche et des Apennins, indiquée par Mutel dans nos Alpes, comme variété du *Ph. cordatum Vill.*, est étrangère à notre flore.

Campanula elatines *L.* — Lapeyrouse signale cette espèce, d'après Pourret, dans la vallée de Caroll aux Pyrénées orientales; De Candolle, dans le prodrome, l'indique dans les Alpes du Dauphiné. Ces indications nous ont paru trop douteuses pour insérer l'espèce dans notre flore. Ajoutons que nous la rencontrons, dans le prodrome, contenue dans une section en tête de laquelle nous lisons : « *omnes italicæ.* »

Campanula pyrenaica *Alph. D C. prod.* 7, *p.* 480. — Dans le prodrome, M. de Candolle indique cette espèce dans les Pyrénées, d'après ce qu'il en a vu dans l'herbier de Mérat. Une erreur est chose trop facile en pareille matière pour oser, sur cette indication, mentionner comme plante française cette espèce des îles Baléares.

LXX. VACCINIÉES.

(Vaccinieæ D C. th. el. 216.) (1)

Fleurs hermaphrodites, régulières. Calice à tube soudé à l'ovaire, à limbe formé de 4-5 dents persistantes ou caduques. Corolle insérée au sommet du tube du calice, gamopétale et à 4-5 divisions, campanulée, urcéolée ou rotacée, caduque, à préfloraison imbricative. Etamines libres, en nombre égal à celui des divisions de la corolle, ou en nombre double, insérées sur un disque épigyne au sommet du tube du calice, ainsi que la corolle, et non soudée avec cette dernière; anthères biloculaires, introrses, à loges supérieurement distinctes et prolongées en tube perforé au sommet. Ovaire soudé avec le calice, à 4-5 carpelles multiovulés. Ovules insérés à l'angle interne des loges, pendants, réfléchis (anatropes). Style filiforme; stigmate capité. Fruit bacciforme, à 4-5 loges contenant plusieurs graines. Celles-ci pendantes. Embryon droit dans un albumen charnu; radicule dirigée vers le hile. — Sous-arbrisseaux à feuilles coriaces, alternes ou éparses, entières ou légèrement dentées, brièvement pétiolées, dépourvues de stipules.

(1) Auctore Grenier.

VACCINIUM. (L. gen. 485.)

Calice à 4-5 dents plus ou moins profondes, rarement presque entier. Corolle *urcéolée ou campanulée*, à 4-5 lobes. Etamines 8-10. Baie globuleuse, ombiliquée au sommet, à 4-5 loges contenant chacune plusieurs graines. — Tiges ligneuses, dressées ou ascendantes; feuilles persistantes ou caduques.

Sect. 1. MYRTILLUS *Koch, syn.* 545. — *Corolle ovoïde ou globuleuse; feuilles caduques.*

V. MYRTILLUS *L. sp.* 498; *DC. fl. fr.* 3, *p.* 687; *Dub. bot.* 315; *Lois. gall.* 1, *p.* 277.—*Ic. Lam. ill. t.* 286, *f.* 1; *Lob. obs.* 546, *f. dextr.* (*mala*); *Math. comm. valgr.* 210 (*bona*). — *Billot, exsicc. n°* 52! — Fleurs penchées, *solitaires;* pédoncules axillaires, plus courts que les feuilles. Calice à limbe court et presque entier. Corolle d'un blanc verdâtre et rosé, urcéolée-globuleuse, à lobes courts et roulés en dehors. Etamines munies sur le dos de 2 appendices sétiformes. Baie globuleuse, d'un noir violet, glauque-pruineuse, d'une saveur acidule. Feuilles d'un vert-pâle, veinées sur les 2 faces, ovales-aiguës, finement *dentées*. Tiges de 1-4 décimètres, dressées, très-rameuses et prenant la forme buissonneuse; rameaux *anguleux et ailés*. Racine longuement rampante. — Plante glabre.

Hab. Commun dans les régions froides et humides des montagnes, descend rarement dans la région des vignes; Pyrénées; Alpes; Auvergne; Jura; Vosges; Côte-d'Or; Saône-et-Loire; l'ouest, de Nantes à Paris et le nord. ♄ Fl. mai; fr. juillet-août.

V. ULIGINOSUM *L. sp.* 499; *DC. fl. fr.* 3, *p.* 687; *Dub. bot.* 315; *Lois. gall.* 1, *p.* 277.—*Ic. Clus. hist.* 1, *p.* 62, *f. sin.; Engl. bot.* 9, *t.* 581.—*Schultz, exsicc. n°* 304! — Fleurs penchées, *agrégées au sommet des rameaux de l'année précédente;* pédoncules courts et uniflores, formant par leur réunion une *petite grappe qui paraît latérale* par le développement d'un jeune rameau qui naît au dessous des fleurs. Calice à divisions courtes, larges et arrondies. Corolle ovoïde-urcéolée, blanche ou rougeâtre, à lobes courts, obtus, réfléchis. Etamines munies sur le dos de 2 appendices sétiformes. Baie globuleuse, d'un noir-bleuâtre, glauque, pruineuse. Feuilles *très-entières, obovées, obtuses ou émarginées*, d'un vert pâle en dessus, *glauques* et réticulées en dessous. Tiges de 4-8 décimètres, dressées, très-rameuses, formant un petit buisson; rameaux *arrondis*. Racine rampante. — Plante glabre.

Hab. Marais tourbeux des Vosges, de Haguenau (*Billot*), du Jura, des Alpes, de l'Auvergne, des Pyrénées. ♄ Fl. mai-juin; fr. août-septembre.

Sect. 2. VITIS IDÆA *Koch, syn.* 545. — *Corolle campanulée; feuilles persistantes.*

V. VITIS IDÆA *L. sp.* 500; *DC. fl. fr.* 3, *p.* 687; *Dub. bot.* 315; *Lois. gall.* 1, *p.* 277.—*Ic. Lam. ill. t.* 286, *f.* 2; *Dod. pempt.* 758, *f. sup.*—*Schultz, exsicc. n°* 697! — Fleurs en grappes courtes et terminales, penchées, naissant au sommet des rameaux ; pédoncules plus courts que la corolle ; bractées ciliolées. Calice à 5 lobes triangulaires, ciliolés. Corolle blanche ou rosée, divisée jusqu'au tiers de sa longueur en lobes ovales, obtus, roulés en dehors. Anthères sans appendices. Baie globuleuse, rouge, acidule. Feuilles persistant pendant l'hiver, entières ou faiblement dentées au sommet, à bords roulés en dessous, obovées, un peu émarginées, très-coriaces, glabres ou ciliées à la base, luisantes en-dessus, plus pâles et ponctuées en dessous par des glandes brunes. Tiges de 1-2 décimètres, dressées ou ascendantes, à rameaux dressés, pubescents. Racine longuement rampante. — Feuilles ressemblant à celles du buis.

Hab. Pâturages et bois des hautes Vosges, du Jura, des monts Dores, du Cantal, de la Lozère, des Alpes; forêt du Haguenau, à 142 mètres au-dessus du niveau de la mer (*Billot*). ♄ Fl. mai-juin ; fr. août-septembre.

OXYCOCCOS. (Tournef. inst. 655, t. 431.)

Corolle *en roue, partagée presque jusqu'à la base en 4 divisions* lancéolées et réfléchies sur le calice. Le reste comme dans le genre *Vaccinium*. — Tiges filiformes, couchées-radicantes ; feuilles persistantes.

O. VULGARIS *Pers. syn.* 1, *p.* 419; *Lois. gall.* 1, *p.* 277; *Vaccinium Oxycoccos L. sp.* 500; *DC. fl. fr.* 3, *p.* 688; *Dub. bot.* 315.—*Ic. Lam. ill. t.* 286, *f.* 3; *Dod. pempt.* 758, *f.* 2; *J. B. hist.* 1, *p.* 525, *f. dextr.*; *Lob. obs.* 547, *f. dextr.* — *Schultz, exsicc. n°* 482 ! ; *Billot, exsicc. n°* 145 ! — Fleurs penchées sur les pédoncules ascendants, filiformes, six fois plus longs que les fleurs, dressés, solitaires, geminés ou ternés au sommet des tiges et des rameaux. Calice à divisions courtes et arrondies. Corolle d'un beau rose, à divisions lancéolées-obtuses. Etamines à anthères dépourvues d'appendices. Baie globuleuse, grosse (8-10 millimètres de diamètre), rouge, acidule, retombant à terre par son poids. Feuilles ovales, petites (5-7 millimètres de long, sur 2-3 de large), persistant pendant l'hiver, très-entières, à bords roulés en dessous, souvent réfléchies, vertes et luisantes en dessus, glauques et blanchâtres-pruineuses en dessous. Tiges filiformes, très-rameuses, couchées-radicantes. Racine rampante. — Le port de cette plante, si différent de celui des *Vaccinium*, nous a décidés à admettre le genre *Oxycoccos*.

Hab. Marais tourbeux des Vosges, de la basse Alsace, de Rambervillier, à 300 mètres d'élévation (*Billot*), de Haguenau (*Billot*), du haut Jura, de la Côte-d'Or; Auvergne; tout le centre de la France (*Boreau*); s'etend jusqu'à Nantes dans les marais de l'Erdre (*Llyod*); le nord-ouest, Paris, Parigné près de Fougères (*Lapilaye, Desportes*). ♄ Juin-août.

LXXI. ÉRICINÉES.

(Ericineæ Desv. journ. bot. 1813, p. 28.) (1)

Fleurs hermaphrodites, régulières ou subirrégulières. Calice non soudé à l'ovaire, persistant, formé de 4-5 sépales libres ou plus ou moins soudés à la base. Corolle hypogyne, gamopétale, à 4-5 divisions plus ou moins profondes, régulière ou subirrégulière, persistante ou caduque, à préfloraison imbricative. Etamines libres, en nombre égal à celui des divisions de la corolle, ou en nombre double, insérées sur un disque hypogyne, ainsi que la corolle, et non soudées avec cette dernière; anthères biloculaires, ordinairement extrorses avant la fécondation; loges s'ouvrant chacune par un pore terminal. Ovaire libre, formé de 4-5 carpelles uni-multiovulés. Ovules insérés à l'angle interne des loges, pendants, réfléchis (anatropes). Style filiforme; stigmate capité ou pelté. Fruit capsulaire, rarement bacciforme, à 4-5 loges contenant une ou plusieurs graines, à déhiscence loculicide et septicide, à 4-5 ou à 8-10 valves par la combinaison des deux modes de déhiscence. Graines pendantes, entourées d'un test scrobiculé et arilliforme. Embryon droit dans un albumen charnu; radicule supère et rapprochée du hile. — Arbrisseaux et sous-arbrisseaux à feuilles entières, sessiles, ordinairement persistantes, dépourvues de stipules.

Trib. 1. ARBUTEÆ *DC. prod.* 7, *p.* 580. — Fruit *bacciforme, indéhiscent;* corolle *caduque:*

ARBUTUS. (Tournef. inst. p. 598, t. 368.)

Calice 5-partite. Corolle subglobuleuse ou ovoïde-campanulée, à limbe 5-fide et réfléchi. Etamines 10, portant sur le dos 2 appendices filiformes réfléchis. Fruit bacciforme, indéhiscent, granulé-tuberculeux, à 5 loges *renfermant chacune 4-5 graines.*

A. Unedo *L. sp.* 566; *Lam. dict.* 1, *p.* 225; *DC. fl. fr.* 3, *p.* 682; *Dub. bot.* 316; *Lois. gall.* 1, *p.* 293.—*Ic. Lam. ill. t.* 366, *f.* 1; *Barr. ic.* 673-674. — *Soleirol, exsicc. n°* 2793!; *Endress, exsicc. ann.* 1830!; *Rchb. exsicc. n°* 1184! — Fleurs penchées, disposées en grappe courte et terminale; pédoncules un peu plus courts que la corolle; bractées très-courtes, ovales, glabres extérieurement, pubérulentes supérieurement. Calice à 5 lobes courts, triangulaires, ciliolés. Corolle blanchâtre et verte au sommet, ovoïde-urcéolée, divisée au sommet en 5 lobes courts, ciliolés, dressés.

(1) Auctore Grenier.

Filets des étamines velus-laineux. Baie grosse, globuleuse (1-2 centimètres de diamètre), couverte de tubercules pyramidaux, rouge à la maturité. Feuilles persistant pendant l'hiver, grandes (5-8 centimètres de long sur 3-4 de large), dentées-en-scie, oblongues, ou oblongues-lancéolées, très-coriaces, glabres, luisantes, à pétioles courts et parfois ciliés. Tiges de 1-2 mètres, dressées, rameuses, à bois dur, à écorce rude, à jeunes pousses rudes et poilues. — Feuilles assez semblables à celles du laurier.

Hab. Littoral de la Provence, Cannes, Hyères, Toulon; Nîmes; Alais; Montpellier et Saint-Guilhem-le-Désert; Narbonne; Saint-Paul de Fenouillèdes; Céret; Perpignan; l'ouest, Bayonne, la Teste-de-Buch, la Rochelle, Rochefort, dans la forêt d'Arvert (*Lesson*); Corse, Calvi, Ajaccio, etc. ♄ Octobre-février.

ARCTOSTAPHYLOS. (Adans. fam. 2, p. 165.)

Drupe subglobuleuse, renfermant *cinq pyrènes à une seule graine*. Le reste comme dans le genre *Arbutus*.

A. alpina *Spreng. syst.* 2, *p.* 287; *Koch, syn.* 546; *Arbutus alpina L. sp.* 566; *D C. fl. fr.* 3, *p.* 683; *Dub. bot.* 316; *Lois. gall.* 1, *p.* 293. — *Ic. Clus. hist.* 1, *p.* 61; *Engl. bot. t.* 2030; *Fl. dan. t.* 73. — *Rchb. exsicc. n°* 1183! — Fleurs penchées, agrégées 2-3 au sommet des rameaux, et *naissant avant ou avec les feuilles;* pédoncules à peu près aussi longs que la corolle; bractées ovales, minces, ciliées, d'abord aussi longues, puis plus courtes que le pédoncule. Calice à lobes larges et courts. Corolle blanche, à gorge verdâtre, ovoïde-urcéolée, à 10 côtes à la base, à segments courts et réfléchis, velus sur la face interne. Filets un peu poilus; anthères à appendices *nuls ou presque nuls*. Baie globuleuse (5-7 millimètres de diamètre), d'un bleu noirâtre, d'une saveur acidule-âpre. Feuilles *caduques*, rapprochées sur les jeunes rameaux, obovées, insensiblement atténuées en pétiole poilu presque ausi long que le limbe, rugueuses, vertes en dessus, plus pâles en dessous, *veinées-réticulées* sur les 2 faces, subaiguës au sommet, *denticulées* dans leur moitié supérieure, ciliées et à cils à la fin caducs. Tiges de 1-6 décimètres, écailleuses, étalées-rampantes, ayant 2-4 millimètres de diamètre, à jeunes rameaux glabres. Racine rampante.

Hab. Hauts sommets du Jura, la Dôle (*Josct*), le Reculet (*Reuter*); Alpes du Dauphiné, Grenoble, etc.; Pyrénées, Eaux-Bonnes et toute la chaîne. ♄ Fl. mai; fr. juillet-août.

A. officinalis *Wimm. et Grab. fl. sil.* 1, *p.* 391; *Koch, syn.* 546; *Arbutus Uva-ursi L. sp.* 566; *D C. fl. fr.* 3, *p.* 683; *Dub. bot.* 316; *Lois. gall.* 1, *p.* 294. — *Ic. Clus. hist.* 63; *Lob. obs.* 199, *f. sup. dextr.; Chæbr. sciagr.* 40, *f.* 6; *Lin. fl. lapp. p.* 122, *t.* 6, *f.* 3. — *Schultz, exsicc. n°* 139! — Fleurs penchées, agrégées 5-12 en grappe courte, dense, terminale, naissant *après les feuilles;* pédoncules plus courts que la corolle; bractées lancéolées, épaisses, pubérulentes aux bords, presque aussi longues que le pédoncule à la maturité. Calice à lobes larges et courts. Corolle rose, à segments courts, réfléchis, velus sur la surface interne. Filets des étamines pubescents ; anthères munies au sommet *de 2 appendices* filiformes presque *aussi longs que le filet*. Baie globuleuse (5 millimètres de diamètre), rouge, âpre. Feuilles *persistant* pendant l'hiver, dures, presque semblables à celles du Buis, coriaces, obovées, obtuses, à pétiole court, *très-entières*, d'un vert foncé et luisant, très-glabres, exceptées celles des jeunes pousses, dont les bords et le pétiole sont lâchement ciliés-laineux. Tiges de 3-10 décimètres, écailleuses, étalées-rampantes, glabres, à jeunes rameaux pubescents. Racine rampante. — Ce sous-arbrisseau a, comme le précédent, l'aspect d'un *Vaccinium*, et le fruit bacciforme augmente encore la ressemblance.

Hab. Hauts sommets de la chaîne jurassique, Chasseral, Mont-d'Or, la Dôle, Reculet; Alpes du Dauphiné, Grenoble, etc.; région subalpine des Pyrénées; mont Mezinc, dans la Haute-Loire; les Corbières; la Lozère; Anduze, dans le Gard. ♄ Fl. Avril-mai; fr. août.

Trib. 2. ANDROMEDEÆ *DC. prod.* 7, *p.* 588. — Fruit *capsulaire*, loculicide. Corolle *caduque*. — Bourgeons ordinairement squameux.

ANDROMEDA. (L. gen. 549.)

Calice 5-partite. Corolle ovoïde, *caduque*, contractée à la gorge, à 5 dents. Etamines 10. Capsule *loculicide*, à 5 loges renfermant chacune plusieurs graines, à 5 valves portant les cloisons sur leur milieu; placenta à 5-lobes; graines elliptiques, comprimées, brillantes, à hile latéral et linéaire (Don.).

A. POLIFOLIA *L. sp.* 564; *DC. fl. fr.* 3, *p.* 681; *Dub. bot.* 317; *Lois. gall.* 1, *p.* 293.— *Ic. Lin. fl. lapp.* 125, *t.* 1, *f.* 2; *J. B. hist.* 1, *p.* 525, *f. sin.*; *Chabr. sciagr.* 41, *f.* 2.— *C. Billot, exsicc. n°* 270!; *Schultz, exsicc. n°* 50! — Fleurs penchées, réunies 4-8 presque en ombelle au sommet des rameaux; pédoncules uniflores, roses, 3-4 fois plus longs que les fleurs; bractées lancéolées, rosées. Calice profondément divisé en lanières ovales. Corolle un peu anguleuse, blanche-rosée, à lobes courts et roulés en dehors. Anthères munies de 2 appendices. Capsule globuleuse-pentagonale, noire et glauque. Feuilles persistantes, très-brièvement pétiolées, coriaces, elliptiques-oblongues, mucronées, entières, roulées sur les bords, vertes et luisantes en dessus, blanches et pourvues d'une forte côte en dessous. Tiges rameuses, couchées et radicantes à la base, puis ascendantes. Racine rampante.— Plante très-glabre, ligneuse. Très-répandue dans tout l'hémisphère boréal.

Hab. Marais tourbeux de la région basse et élevée des Vosges, du Jura; de l'Auvergne; Alpes et Pyrénées. ♄ Fl. mai-juin; fr. août.

TRIB. 3. ERICEÆ *D C. Prod.* 7, *p.* 612. — Fruit *capsulaire*, loculicide et septicide. Corolle *marcescente*, et non caduque. — Bourgeons nus.

CALLUNA. (Salisb. in trans. linn. 6, p. 317.)

Calice 4-partite, à divisions égales, scarieuses et pétaloïdes. Corolle *bien plus courte que le calice*, marcescente, campanulée, profondément 4-fide. Etamines 8. Capsules à 4 loges, à déhiscence *septicide*, à 4 valves; cloisons *correspondant aux sutures*. Graines nombreuses dans chaque loge.

C. VULGARIS *Salisb. l. c.; C. Erica D C. fl. fr.* 3, *p.* 680; *Dub. bot.* 318; *Erica vulgaris L. sp.* 501; *Lois. gall.* 1, *p.* 275. —*Ic. Lam. ill. t.* 287, *f.* 1; *Gærtn. fr.* 1, *p.* 302, *t.* 63; *Fuchs, hist.* 254; *Math. comm. valgr.* 137.—*C. Billot, exsic. n°* 146! — Fleurs penchées, brièvement pédonculées, disposées en grappe spiciforme, unilatérale, au sommet des rameaux. Calice scarieux, coloré-pétaloïde, à sépales lancéolés et obtus, entouré à la base de petites bractées vertes et imbriquées. Corolle très-petite, de moitié plus courte que le calice, campanulée, à 5 divisions profondes et lancéolées. Etamines à anthères appendiculées. Stigmate saillant, quadrifide. Capsule globuleuse, velue. Feuilles opposées et imbriquées sur 4 rangs, lancéolées-linéraires, sessiles, très-courtes, obtuses, glabres ou brièvement ciliées, convexes sur le dos, un peu concaves en dessus, prolongées à la base en deux appendices subulés, contigus et quelquefois soudés. Tiges très-rameuses, à rameaux dressés. — Fleurs roses, rarement blanches.

Hab. Landes, friches, bois et terrains arides, sablonneux et tourbeux; plus particulièrement sur les sols siliceux. ♄ Juillet - septembre.

ERICA. (L. gen. 484.)

Calice à 4 sépales libres ou soudés à la base, herbacés ou colorés. Corolle *dépassant longuement le calice*, 4-lobée ou 4-dentée. Etamines 8. Capsule à 4 loges, à *déhiscence loculicide;* cloisons *correspondant au milieu* des valves. Graines nombreuses dans chaque loge.

a. *Etamines saillantes, à anthères dépourvues d'appendices.*

E. MEDITERRANEA *L mant.* 229; *Desmoulins! bull. soc. linn. Bord.* 1, *p.* 34 (1826); *Dub. bot.* 318; *Laterrade, fl. bord.* 191; *E. lugubris Salisb. l. c. p.* 343; *E. carnea* β. *occidentalis D C. prod.* 7, *p*, 614.— *Ic. Wendl. eric. fasc.* 7; *Bot. mag. t.* 471.— *Puel et Maille, herb. exsicc. fl. loc. n°* 26! — Fleurs disposées en grappes subunilatérales à l'extrémité des rameaux; pédoncules 2 à 2 à l'aisselle des feuilles, plus courts que la corolle, munis de deux bractéoles vers leur milieu. Calice à divisions lancéolées, de moitié plus courtes que la corolle. Celle-ci rose, ovoïde-tubuleuse, un peu resserrée à la gorge. Etamines à demi saillantes; anthères *terminales et insensiblement continues avec le filet*, à loges *soudées* dans toute leur longueur, sans appendices. Capsule obovée, glabre, plus courte que la corolle. Feuilles verticillées par 4, linéaires, de 5-7 millimètres de long, planes-convexes en dessus, cannelées en dessous. Tiges rameuses, à rameaux dressés. — Plante glabre. L'union de l'anthère avec le filet distingue cette espèce de toutes les suivantes. Elle est très-voisine de l'*E. carnea*, à laquelle De Candolle l'a réunie; cette dernière se distingue par ses anthères entièrement exsertes, et par sa tige diffuse-redressée.

Hab. Département de la Gironde, dans une lande sablonneuse, au bord du ruisseau de Carnade, commune de Cissac, canton de Pouilliac. ♄ Fl. janvier; fr. mai.

E. MULTIFLORA *L. sp.* 503; *D C. prod.* 7, *p.* 667; *Gouan, hort. monsp.* 195; *E vagans D C. fl. fr.* 5, *p.* 430; *Dub. bot.* 318 (*non L.*); *E. multiflora et umbellifera Lois. gall.* 1, *p.* 276. — *Ic. Garid. Aix*, 160, *t.* 32; *Erica* 2, *Clus. hist.* 42. — Fleurs en grappes subverticillées le long ou à l'extrémité des rameaux; pédoncules aussi longs ou plus longs que les feuilles, et 2-3 fois aussi longs que la corolle; bractéoles des pédoncules ovales, ciliolées. Calice à divisions lancéolées, égalant moitié de la corolle. Celle-ci rose, *ovoïde-allongée*, d'un tiers plus longue que large. Etamines à anthères *latérales;* le filet s'insérant sur le dos un peu au-dessus de leur base, à loges *séparées dans le tiers ou le quart supérieur*, sans appendices. Capsule obovée, glabre. Feuilles verticillées par 4-5, d'un vert foncé, linéaires, obtuses, presque planes en dessus, convexes et marquées d'un sillon en dessous, bleuissant quelquefois par la dessiccation. Tige rameuse de 2-8 décimètres, à rameaux dressés.—Plante glabre; jeunes rameaux et base des feuilles pubérulents; anthères plus grosses que celles de l'espèce suivante.

Hab. La Provence; Toulon; Marseille; Aix; Montpellier; Perpignan? ♄ Septembre-octobre.

Obs. — M. Massot n'a trouvé à Elne, localité citée par Loiseleur, ni *Erica multiflora*, ni *E. umbellifera*. D'après ses nombreuses recherches autour de Perpignan et dans le lieu cité, il pense que l'indication de Loiseleur est erronée. Les inutiles investigations de MM. Xatart et Bubani viennent encore corroborer cette opinion.

E. VAGANS *L. mant.* 230; *D C prod.* 7, *p.* 667; *Lois. gall.* 1, *p.* 276; *E. multiflora D C. fl. fr.* 5, *p.* 430; *Dub. bot.* 318; *E. decipiens St.-Am. fl. agen.* 159. — *Ic. Smith. Engl. bot. t.* 3, *et fl. græc.* 4, *t.* 352. — *C. Billot, exsicc. n°* 53! — Fleurs ordinairement en longue grappe, subverticillées le long ou vers l'extrémité des rameaux; pédoncules aussi longs ou plus longs que les feuilles, et 3-4 fois aussi longs que la corolle, naissant 2-3 ensemble; bractées et bractéoles du pédoncule lancéolées. Calice à divisions *ovales-arrondies*, égalant *le tiers* de la corolle. Celle-ci rose, *ovoïde, aussi longue que large*. Etamines à anthères *latérales, à loges séparées dans toute leur longueur*. Capsule ovoïde, glabre. Feuilles verticillées par 4-5, d'un vert clair, étroitement linéaires, presque planes en dessus, convexes et marquées d'un sillon médiocre en dessous. Tige rameuse, de 3-10 décimètres, à rameaux allongés-dressés. — Plante glabre, bien distincte de la précédente par son calice et sa corolle plus courts et plus larges à proportion; par ses anthères plus petites, plus courtes et divisées jusqu'à la base; par ses feuilles plus fines, et ses rameaux ordinairement plus allongés et feuillés au-dessus de la grappe.

Hab. L'Ouest de la France, de Paris à Bayonne, Pau, Toulouse, et Bagnères de Bigorre; bois de Chamboran entre Roybons et la Verne dans l'Isère (*l'abbé Boullu*). ♄ Mai-juin.

Obs. — L'*E. vagans* a été à tort confondu ou réuni à une autre espèce d'Orient décrite par Salisbury sous le nom de *E. manipuliflora*. Voici sur cette plante l'opinion de M. Reuter. « L'*E. vagans L.* ne croît que dans l'ouest de l'Europe, Portugal, Espagne (Asturies!), France occidentale et Angleterre. La plante d'Orient, très-différente de la précédente, est l'*E. manipuliflora Salisb.*; *Sibth. et Smith, fl. gr. t.* 352! (*icon. pulcherrima*); elle croît dans toute l'Europe orientale et l'Asie-Mineure, la Grèce!, Zante!, Constantinople!, Syrie!, Crète!, Istrie?, Dalmatie? C'est un arbuste plus élevé que la plante de l'Ouest, dressé, très-rameux, à feuilles plus courtes et *verticillées par trois*, à fleurs d'un rose vif, disposées en grappes courtes au sommet des rameaux. Je crois que la plante de l'ouest de la France est bien l'*E. vagans Lin.*, à laquelle la description du *Mantissa* convient bien. Relativement aux localités citées par Linné, celle d'Afrique pourrait être douteuse; je ne l'ai pas vue en Algérie; mais celle d'Espagne est positive. » Nos recherches nous ayant conduits au même résultat que celles de M. Reuter, nous n'avons point adopté l'opinion de M. Chaubard qui veut conserver à la plante d'Orient le nom d'*E. vagans L.*, et à celle de l'Ouest le nom d'*E. decipiens St.-Am.* (*non Spreng. in D C. prod.*)

b. *Etamines incluses, avec ou sans appendices.*

E. ciliaris *L. sp.* 503; *D C. fl. fr.* 3, *p.* 678; *Dub. bot.* 318; *Lois. gall.* 1, *p.* 276.— *Ic. Erica* 12, *Clus. hist.* 46; *Engl. bot. t.* 2618. — *Schultz, exsicc. n°* 1098! — Fleurs obliques, *grandes* (10 *millimètres de long sur* 4 *de large*), *axillaires*, disposées vers le sommet des rameaux en grappe lâche, allongée, subunilatérale; pédoncules très-courts (2 millimètres). Calice à divisions lancéolées, longuement *ciliées*, 5-6 fois plus courtes que la corolle. Celle-ci purpurine, tubuleuse-urcéolée, légèrement *courbée*, à lobes très-courts et obtus. Anthères *mutiques*. Feuilles verticillées par 3-4, munies à leur aisselle de rameaux stériles, *ovales, planes*, d'un vert foncé en dessus, à face inférieure blanchâtre-pubescente, et en partie recouverte par les bords roulés; ceux-ci *munis de cils* plus longs que le diamètre de la feuille. Tige de 4-7 décimètres, dressée, à rameaux *hérissés*. — Par la forme de la corolle, cette espèce se distingue de toutes celles d'Europe.

Hab. Landes et friches sablonneuses des environs de Paris, et de tout l'ouest de la France de Dunkerque à Bayonne. ♄ Juillet-septembre.

E. TETRALIX *L. sp.* 502; *D C. fl. fr.* 3, *p.* 676; *Dub. bot.* 318; *Lois. gall.* 1, *p.* 275.—*Ic. Fl. dan. t.* 81; *J. B. hist.* 1, *pars* 2, *p.* 358.—*Schultz, exsicc. n°* 698!; *C. Billot, exsicc. n°* 147!— Fleurs *terminales,* réunies 5-12 en grappe courte et compacte ou en ombelle simple au sommet des rameaux; pédoncules courts (3 millimètres), *laineux-blanchâtres ainsi que le calice.* Celui-ci à divisions lancéolées et *longuement ciliées,* bien plus court que la corolle. Celle-ci ovoïde-urcéolée, allongée (8 millimètres de long sur 4 de large), rose, rarement blanche. Anthères munies de deux arêtes larges et dentelées. Capsule globuleuse, à 8 angles, velue-soyeuse. Feuilles rarement munies à leur aisselle de fascicules de feuilles, verticillées par 4, linéaires ou linéaires-oblongues, pubescentes, roulées sur les bords et *bordées de très-longs cils* ordinairement glanduleux. Tige de 4-7 décimètres, à rameaux pubescents ou hérissés.

Hab. Le nord, Bar-le-Duc, Sampigny, etc.; Paris; tout l'ouest de la France; le centre de la France (*Boreau*); Pyrénées centrales, Bagnères de Bigorre; Canet près de Perpignan? (*Lap.*). D'après M. Massot, cette dernière indication serait erronée. ♄ Juin-septembre.

E. CINEREA *L. sp.* 501; *D C. fl. fr.* 3, *p.* 676; *Dub. bot.* 318; *Lois. gall.* 1, *p.* 275; *E. viridi-purpurea Gouan, hort. monsp.* 195, *et fl. monsp.* 42; *Lois. gall.* 1, *p.* 275 (*non L.*).—*Ic. Erica* 6, *Clus. hist.* 43, *f. dext.; Lob. obs.* 620, *f. sin.*—*Billot, exsicc. n°* 588!; *Schultz, exsicc. n°* 484!; *Rchb. exsicc. n°* 1456! —*Fries, herb. norm. fasc.* 11, *n°* 51!—Fleurs *terminales et naissant à l'extrémité de petits rameaux axillaires, feuillés et* 1-3-*flores,* dont l'ensemble constitue une *panicule spiciforme terminale;* pédoncules obscurément pubérulents, presque de la longueur de la corolle. Calice à divisions lancéolées, *glabres, scarieuses aux bords,* bien plus courte que la corolle. Celle-ci ovoïde-urcéolée (5 millimètres de long sur quatre de large), rose, violette ou blanche, à lobes courts. Anthères à appendices *sétiformes.* Capsule globuleuse, *glabre,* à 5 sillons. Feuilles verticillées par 3, *glabres,* luisantes, linéaires, très-étroites, obtuses, munies à leur aisselle de fascicules de feuilles. Tige de 3-6 décimètres, dressée, raide, très-rameuse, à rameaux dressés, pubérulents.

Hab. Le nord et l'ouest de la France, Auxerre, Paris, Angers, Nantes, Bordeaux, Bayonne, Agen, Toulouse; les Pyrénées; le centre de la France (*Boreau*); Narbonne; Montpellier: Montfalcon près de Roybons dans l'Isère (*l'abbé Boullu*). ♄ Juin-septembre.

OBS.— M. Pontarlier nous a envoyé, de Napoléon-Vendée, une plante que nous ne considérons que comme une déformation de l'*E. cinerea,* et dont voici la description:

Corolles verdâtres, à peine rosées, subcylindriques, étroites et allongées (3-5 millimètres de long sur 2 de large), ordinairement presque une fois plus longues que le calice, ou le dépassant à peine, fortement étranglées à l'origine des divisions lancéolées-linéaires et dressées. Étamines égalant ou même dépassant un peu les divisions de la corolle. Style très-saillant.

E. stricta *Donn, cat. Cant.* 45 (1796); *Willd. sp.* 2, *p.* 366 (1799); *Andr. Heats. t.* 92 (1803); *E. ramulosa Viv. ann. bot.* 1, *pars* 2, *p.* 169 (1802), *et fragm. ital. t.* 7 (1808); *Dub. bot.* 318; *E. corsica D C. fl. fr.* 3, *p.* 677 (1805); *Lois. gall.* 1, *p.* 275; *E. multiflora Salisb. l. c. p.* 369. — *Ic. D C. ic. rar. t.* 17. — *Schultz, exsicc n°* 1291!; *Soleirol, exsicc. n°* 2802!; *Kralik, exsicc. n°* 687! — Fleurs terminales et *réunies 4-6 à l'extrémité des rameaux en petites ombelles distinctes;* pédoncules plus courts que la corolle. Calice à divisions ovales-lancéolées, *scarieuses et subciliolées aux bords*, bien plus courtes que la corolle. Celle-ci ovoïde-urcéolée, allongée (7 millimètres de long sur 4 de large), rose, à lobes courts. Anthères à appendices sétiformes aussi longs qu'elles. Capsule *pubescente-soyeuse*. Feuilles verticillées par 4, *dépourvues de fascicules* de feuilles à leur aisselle, glabres, linéaires, obtuses. Tige de 4-10 décimètres, glabre, à rameaux dressés.

Hab. Montagnes de Corse, mont Cagne, bains de Guagno, Corté, Bonifacio, Quenza, Pont-de-Golo, dans le voisinage du lac Créno, en montant à Campolite (*Boullu*), etc. ♄. Juillet-août.

Obs. — Donn et Willdenow ont publié l'*E. stricta* bien avant Andrews, et lui ont assigné pour patrie le cap de Bonne-Espérance. Malgré cette erreur d'habitat, nous avons conservé le nom édité par ces auteurs, parce que nous croyons qu'ils ont eu sous les yeux la même plante que nous. Seulement, ne connaissant cette espèce que cultivée, ils l'ont supposée originaire du Cap; erreur qui ne suffit pas pour motiver un changement de nom. S'il en était autrement, il faudrait revenir au nom de Viviani qui serait alors le plus ancien.

E. arborea *L. sp.* 502; *DC. fl. fr.* 3, *p.* 677; *Dub. bot.* 317; *Lois. gall.* 1, *p.* 275. — *Ic. Erica* 1, *Clus. hist.* 41; *Lob. obs.* 621, *f. dextr.; J. B. hist.* 1, *pars* 2, *p.* 359. — *Soleirol, exsicc. n°* 2801! — Fleurs petites (3 millimètres de long sur 3 de large), terminales, 2-4 à l'extrémité des rameaux et ramuscules dont la réunion forme une *panicule pyramidale très-allongée* (2-3 décimètres); pédoncules de la longueur de la corolle. Calice glabre, à divisions ovales, 2 fois plus courtes que la corolle. Celle-ci blanche ou d'un rose très-pâle, *campanulée, non contractée à la gorge*, à lobes larges, obtus, atteignant *moitié* de sa longueur. Anthères munies à la base de deux appendices *aussi longs que larges, aplatis, dentelés et d'un tiers plus courts qu'elles*. Capsule glabre. Feuilles verticillées par 3-4, linéaires, très-étroites, sillonnées sur le dos, glabres. Tige de 1-3 mètres, très-rameuse, à rameaux dressés, blanchâtres, *poilus-lanugineux;* poils les uns très-courts, très-abondants et formant un duvet épais, les autres longs et *glochidiés, et même rameux ou plumeux*. — Ce dernier caractère distingue parfaitement cette espèce de la suivante, avec laquelle elle a une grande ressemblance.

Hab. Toute la région méditerranéenne, Fréjus, Cannes, Hyères, Toulon, Montpellier, Narbonne, Perpignan, Port-Vendres, Pratz-de-Mollo, etc; la Corse. ♄ Fl. mai; fr. juillet.

E. lusitanica *Rudolphi in Schrad. journ.* 2, *p.* 286 (1799); *Gay, ann. sc. nat. p.* 233 *et* 241, *et extr. p.* 11 *et* 19 (1832); *E. polytrichifolia Salisb. trans. linn.* 6, *p.* 329 (1802); *DC. prod.* 7, *p.* 689; *Laterrade fl. bord. ed.* 4, *p.* 190; *E. arborea Thore Chl. land.* 149. — *Ic. Bot. reg. t.* 1698. — *Puel et Maille, herb. exsicc. fl. loc. n°* 3! ; *Endress. exsicc. ann.* 1831 !; *Schultz, exsicc. n°* 1192! ; *Welwitsch, pl. Portug. n°* 34 ! — Fleurs médiocres (4 millimètres de long sur 3 de large), terminales, 1-3 à l'extrémité des rameaux et ramuscules dont l'ensemble forme une panicule pyramidale très-allongée (2-4 décimètres); pédoncules égalant à peine la longueur de la corolle. Calice à divisions ovales, *trois fois plus courtes* que la corolle. Celle-ci rose, campanulée-oblongue, un peu contractée à la gorge, à lobes obtus, courts et égalant à peine *le quart* de sa longueur. Anthères à appendices *filiformes, hérissés*, aussi longs qu'elles. Capsule glabre. Feuilles verticillées par 3-4, linéaires, très-étroites, glabres, à peine sillonnées sur le dos. Tiges de 1-3 mètres, très-rameuses, à rameaux dressés, d'un blanc-grisâtre, *poilues-hispides, à poils simples.*

Hab. Landes marécageuses de la Teste-de-Buch près de Bordeaux. ♄ Fl. janvier; fr. juillet.

E. scoparia *L. sp.* 502 ; *DC. fl. fr.* 3, *p.* 678 ; *Dub. bot.* 317; *Lois. gall.* 1, *p.* 275.—*Ic. Erica* 4, *Clus. hist.* 42.— *Schultz, exsicc. n°* 1100! ; *Soleirol, exsicc. n°* 2804 ! — Fleurs *latérales, très-petites* (2 millimètres de long, sur 2 de large), 1-4 à l'aisselle des feuilles, et formant de longues grappes multiflores au-dessous du sommet des rameaux; pédoncules égalant environ la corolle. Calice glabre, à divisions ovales, de moitié plus courtes que la corolle. Celle-ci *verdâtre*, campanulée-globuleuse, à lobes larges atteignant moitié de sa longueur. Anthères *mutiques*. Feuilles rapprochées, dressées, verticillées par 3-4, sans rameaux à leur aisselle, glabres, linéaires très-étroites, marquées d'un sillon dorsal. Tige de 4-10 décimètres, dressée, très-rameuse, à rameaux *glabres*, dressés.

Hab. Le nord, Paris, etc; l'ouest de la France, manque à l'est de la Loire (*Boreau*); Auch, Toulouse, Perpignan, Narbonne, Montpellier, Marseille, Toulon, Fréjus, et tous les bords de la Méditerranée; la Corse. ♄ Mai-juin.

Trib. 4. RHODOREÆ *Don. in Edimb. phil. journ.* 17, *p.* 152; *DC. prod.* 7, *p.* 712. — Capsule à *déhiscence septicide ;* corolle *caduque.*— Bourgeons écailleux.

PHYLLODOCE. (Don. l. c. p. 160.)

Calice 5-partite. Corolle ovoïde-urcéolée, *à* 5 *dents.* Etamines *dix;* anthères 2 fois plus courtes que les filets, tronquées à la base, s'ouvrant au sommet par deux pores. Stigmate *pelté,* à 5 lobes. Capsule 5-*loculaire, à* 5 *valves,* à déhiscence septicide.

Ph. cærulea *Gren. et Godr.; Ph. taxifolia Salisb. par. lond. t.* 56; *DC. prod.* 7, *p.* 713; *Andromeda cærulea L. sp. ed.* 1 (1753), *p.* 393, *et ed.* 2 (1764), *p.* 563; *A. taxifolia Pall. fl. ross.* 2, *p.* 54, *t.* 72, *f.* 2; *Erica cærulea Willd. sp.* 2, *p.* 393; *Menziesia cærulea Swartz, trans. linn. soc.* 10, *p.* 377, *t.* 30, *f. a.* — *Ic. Lin. fl. lapp. t.* 1, *f.* 5; *Fries, herb. norm. fasc.* 3, *n°* 48! — Fleurs terminales, 2-6 en ombelle au sommet des rameaux; pédoncules uniflores, pourpres, poilus-glanduleux, un peu plus longs que la fleur. Calice à divisions lancéolées, pourprées, à poils glanduleux. Corolle ovoïde-urcéolée, subpentagone (10 millimètres de long sur 5 de large), d'un bleu un peu violet. Anthères mutiques. Capsule hispidule. Feuilles linéaires-oblongues (1 centimètre de large sur 2 millimètres de long), très-obtuses, très-rapprochées, imbriquées, persistantes, vertes, glabres, luisantes en dessus, plus pâles en dessous.

Hab. Pyrénées centrales, Bagnères-de-Luchon, au sommet de la gorge qui conduit au pied du pic Sacroust, par le port d'Estaouats, ou de la Glère; pic de la Mine (*Timbal*). ♄ Fl. juin; fr. juillet-août.

DABOECIA. (Don. in Edimb. phil. journ. 17, p. 160.)

Calice 4-partite. Corolle ovoïde-ventrue, à *quatre* dents. Etamines *huit;* anthères aussi longues que les filets, et sagittées à la base. Stigmate *obtus*. Capsule *à 4 loges et à 4 valves*, à déhiscence septicide.

D. polifolia *Don. l. c.; DC. prod.* 7, *p.* 713; *Andromeda Daboecii L. syst.* 406; *A. montana Salisb. prod.* 270; *Erica Daboecii L. sp.* 509; *Menziesia polifolia Juss. ann. mus.* 1, *p.* 55, *t.* 4, *f.* 1; *M. Dabocci DC. fl. f.* 3, *p.* 674; *Dub. bot.* 318; *Lois. gall.* 1, *p.* 276. — *Schultz, exsicc. n°* 893! — Fleurs axillaires, 3-12 en grappe terminale, lâche et longue (3-6 centim.); pédoncules de moitié plus courts que les fleurs, poilus-glanduleux ainsi que le calice. Celui-ci court, à divisions lancéolées, longuem[t] ciliées. Corolle oblongue, suburcéolée, violette, à lobes très-courts. Anthères d'un violet noir, linéaires. Capsule oblongue, hispide, égalant la corolle. Feuilles éparses, ovales-elliptiques (10-12 millimètres de long sur 4-6 de large), à pétiole court, coriaces, entières, à bords roulés en dessous, vertes et luisantes en dessus, blanches-tomenteuses en dessous. Tiges de 2-5 décimètres, brunes, glabres, à rameaux ascendants et hispides surtout près de leur sommet. Racine longue et rampante.

Hab. Maine-et-Loire, dans la forêt de Brissac (*Boreau*); Tarn-et-Garonne, près de Moissac (*Lagrèze-Fossat*); Saint-Jean-Pied-de-Port (*Lam.*); mont de Béost et Bagès, dans les Basses-Pyrénées (*Gaston-Saccase*); au-dessus des Ferrières, près de la vallée d'Asson, dans les Hautes-Pyrénées (*Ramond*); mont Harza entre Itsatsou et le pas de Roland, près de Cambo (*Endress*); Lahruns, Begoura (*Lap.*); Gensac près de Libourne (*Boubée*). ♄ Juin-octobre.

LOISELEURIA. (Desv. journ. bot. 3 (1813), p. 54.)

Calice 5-partite. Corolle campanulée, *régulière*, à 5 lobes. Etamines *cinq ;* anthères s'ouvrant *par 2 fentes* longitudinales. Capsule *bi-triloculaire, à 2-3 valves bifides.* — Le nombre des étamines et des loges sépare ce genre des précédents et du suivant. Feuilles caduques.

L. procumbens *Desv. l. c. ; Lois. gall.* 1, *p.* 174 ; *D C. prod.* 7, *p.* 714 ; *Azalea procumbens L. sp.* 215 ; *D C. fl. fr.* 3, *p.* 674 ; *Dub. bot.* 319. — *Ic. Clus. hist.* 1, *p.* 75, *f. inf. ; Lin. fl. lapp. t.* 6, *f.* 2. — *Schultz, exsicc. n°* 1293 ! ; *Rchb. exsicc. n°* 1015 ! — Fleurs terminales, 2-5 en grappe ou ombelle au sommet des rameaux ; pédoncules uniflores, plus courts que les fleurs. Calice à divisions ovales-lancéolées, de moitié plus courtes que la corolle. Celle-ci rose, à divisions atteignant son milieu. Anthères ovoïdes. Capsule subglobuleuse. Feuilles opposées, plus longues que les entre-nœuds, petites (5-6 millimètres de long sur 1-2 de large), coriaces, ovales, obtuses, convexes, brillantes et marquées d'un sillon en dessus, portant en dessous une nervure saillante qui, avec les bords réfléchis de la feuille, forme des sillons. Tige de 1-3 décimètres, très-rameuse, ligneuse, couchée-étalée, à rameaux diffus.

Hab. Sommets des Pyr., Canigou et Cambredaze près de Mont-Louis, Madres, Costa-Boua, port de Rat, de la Picade, de l'Hiéris, mont de Crabère, etc. ; Hautes-Alpes, Taillefer, Combe-de-la-Lance, Belledone et Revel près de Grenoble, Villard-d'Arène, sous les glaciers du Bec, etc. ; indiqué par Delarbre en Auvergne où il n'a point été retrouvé par MM. *Lecoq* et *Lamotte.* ♄ Juillet-août.

RHODODENDRON (L. gen. 548.)

Calice 5-partite. Corolle infundibuliforme, plus ou moins *irrégulière*, toujours à 5 lobes. Etamines *dix ;* anthères s'ouvrant au sommet par 2 pores. Stigmate capité. Capsule 5-*loculaire, plus rarement* 8-10-*loculaire, à* 5 *ou à* 8-10 *valves.* — Feuilles persistantes.

R. ferrugineum *L. sp.* 562 ; *D C. fl. f.* 3, *p.* 673 ; *Dub. bot.* 319 ; *Lois. gall.* 1, *p.* 293.—*Ic. J. B. hist.* 2, *p.* 21, *f. med. dextr.*—*C. Billot, exsicc. n°* 589 !— Fleurs terminales, 4-7 presque en ombelle au sommet des rameaux ; pédoncules *chagrinés-tuberculeux*, à peu près de la longueur de la fleur. Calice *extrêmement petit, à dents à peine visibles.* Corolle d'un rouge briqueté, infundibuliforme, irrégulière, glabre et parsemée de petits tubercules glanduliformes (à la loupe), à limbe large, ouvert, à lobes obovés, aussi longs que le tube poilu intérieurement. Feuilles rapprochées presque en rosette au sommet des rameaux, coriaces, ovales-lancéolées, très-entières, *glabres*, d'un vert foncé en dessus, à face inférieure d'abord blanchâtre, puis prenant une teinte de rouille très-foncée. Tige de 3-6 décimètres, glabre, rameuse, formant un petit buisson.

Hab. Hautes cimes du Jura, le Reculet, la Dôle, les monts Tendre, le Creux-du-Van; commune dans les hautes régions des Alpes et des Pyrénées; manque dans les Vosges et l'Auvergne. ♄ Juillet.

R. hirsutum *L. sp.* 562; *DC. fl. fr.* 3, *p.* 673; *Dub. bot.* 319; *Lois. gall.* 1, *p.* 293. — *Ic. J. B. hist.* 2, *p.* 21, *f. inf.*; *Lob. obs.* 199, *f. inf. sin.*; *Clus. hist.* 82. — *Schultz*, *exsicc.* n° 1294!; *Rchb. exsicc.* n° 30! — Pédoncules *hispides*. Calice à divisions *ovales ou oblongues* (4 millimètres de long), *munies au sommet de longs cils* dont la longueur dépasse le diamètre des sépales. Corolle à lobes *ciliolés*. Feuilles ovales, portant aux bords de *longs cils étalés*, d'un *vert pâle en dessous* et ponctuées par de nombreuses glandes ferrugineuses. Jeunes rameaux *hispides*. Le reste comme dans le *R. ferrugineum*.

Hab. Le Reculet dans le Jura (*Haller*), où il n'a pas été revu; fond du Valgaudemar en Dauphiné, où Villars ne l'indique que d'une manière douteuse; Pyrénées, mont de Sissoy à la passade de Bassiouhé (*Lap.*), où il n'a point été retrouvé. Il résulte de ces indications que cette espèce n'est probablement pas française. ♄ Juillet.

ESPÈCES EXCLUES.

Erica viridi-purpurea *L.* — Plante du cap de Bonne-Espérance, qui n'a jamais été trouvée en France. L'erreur a pris sa source dans la citation de Magnol, qui indique au bois de Grammont une plante signalée par Clusius, sous le n° 3, aux environs de Lisbonne. Cette espèce nous paraît être l'*E. mediterranea*, qui n'a point encore été trouvé à Montpellier.

Ledum palustre. *L.* — Cette espèce a été indiquée, par Mappus, au Bastberg près de Bouxviller où les botanistes alsaciens, et M. Buchinger en particulier, l'ont vainement cherché.

Rhododendron Chamæcistus *L.* — Lapeyrouse a indiqué cette espèce à la *Serre del Bouc* de la montagne de Cissoy. Les botanistes qui sont allés à sa recherche, et M. Bentham en particulier, n'ont pu la retrouver.

LXXII. PYROLACÉES.

(Pyrolaceæ Lindl. syst. ed. germ. 283; Koch, syn. 550.) (1)

Fleurs hermaphrodites, régulières. Calice persistant, à tube non adhérent à l'ovaire, à limbe divisé en 5 lobes. Corolle à 5 pétales hypogynes, caducs, à préfloraison imbricative. Etamines hypogynes, libres, en nombre double de celui des pétales; anthères extrorses, à 2 loges s'ouvrant chacune par un pore terminal, paraissant introrses,

(1) Auctore Grenier.

par leur contournement après l'anthèse. Disque hypogyne nul. Style fistuleux, terminé par un stigmate arrondi ou lobé. Ovaire libre, à 5 loges multiovulées; placentas centraux. Ovules réfléchis (anatropes). Fruit capsulaire, à 5 angles, à 5 loges, à déhiscence loculicide. Graines nombreuses, horizontales ou ascendantes, à test réticulé, très-lâche, débordant l'amande en forme d'ailes, et simulant une arille. Albumen charnu; embryon droit; radicule dirigée vers le hile. — Plantes vivaces, herbacées, glabres, à rhizomes allongés, horizontaux, donnant naissance à leur extrémité à des rosettes de feuilles qui de leur centre produisent le pédoncule floral. Feuilles coriaces, luisantes, persistantes. Fleurs en grappes, rarement solitaires à l'extrémité d'une hampe nue.

Obs. Nous regardons comme très-heureux le rapprochement opéré par MM. Cosson et Germain, qui ont fait rentrer le genre *Pyrola* dans la famille des *Droséracées*. Nous aurions adopté cet arrangement, si nous ne nous étions primitivement imposé l'obligation de suivre, pour l'ordre des familles, la disposition admise dans le prodrome de De Candolle.

PYROLA. (Tournef. inst. p. 256, t. 132.)

Les caractères sont les mêmes que ceux de la famille.

Sect 1.— Filets des étamines subulés, *ascendants dès la base*. Bords des valves de la capsule *réunis par des fils laineux*.

P. rotundifolia *L. sp.* 567; *DC. fl. fr.* 3, *p.* 684; *Dub. bot.* 317; *Lois. gall.* 1, *p.* 292. — *Ic. Fuchs. hist.* 467; *Lob. obs.* 157, *f. sup. dextr.* — Fleurs en longue grappe *lâche*, terminale, de 6-15 centimètres; pédicelles égalant les bractées sublinéaires, ou plus courts qu'elles. Calice à 5 divisions *lancéolées, très-aiguës, de moitié plus courtes* que la corolle. Pétales étalés, obovés, blancs-rosés. Etamines penchées, à filets arqués. Style rose, *plus long* que les pétales, réfléchi dès la base, *arqué et épaissi* au sommet, terminé par *un anneau* que surmontent les stigmates *soudés et dressés*. Capsule réfléchie. Feuilles subréniformes, arrondies ou ovales, bordées de dents très-écartées et à peine visibles, à pétiole plus long que le limbe. Tige munie à la base de 6-12 feuilles rapprochées, puis nue ou portant quelques écailles, et prolongée en forme de hampe (de 2-3 décimètres) terminée par la grappe florale. Rhizomes grêles, longuement rampants, rameux, émettant des rejets feuillés. — Fleurs blanches, odorantes.

β. *arenaria Koch.* Feuilles plus petites et subaiguës; pédicelles à peine de la largeur du calice; celui-ci à divisions plus larges, oblongues, subobtuses.

Hab. Environs de Paris, et le nord-ouest, manque dans le sud-ouest; coteaux calcaires de la Lorraine; Jura; Côte-d'Or; Saône-et-Loire; monts Dores; Cantal; le Forez; Alpes, jusque sur les sommets. Lautaret, etc.; Pyrénées; var. β. Dunes de Saint-Quentin, à l'embouchure de la Somme (*Gay*); Béthune (*Mélicoq*). ♃ Juin-juillet.

P. minor *L. sp.* 567; *DC. fl. fr.* 3, *p.* 684; *Dub. bot.* 317; *Lois. gall.* 1, *p.* 292; *Koch, syn.* 551; *P. rosea Smith.* — *Ic. Engl. bot. t.* 2543; *Radius mon. Pyr. t.* 1 *et* 2. — *Billot, exsicc. n°* 590 !; *Rchb. exsicc. n°* 461 ! — Fleurs disposées en grappe *serrée* de 3-5 centimèt. de longueur. Calice à divisions larges, *triangulaires, acuminées*. Pétales égaux, rapprochés, dressés. Style *droit, très-court, ne dépassant pas la corolle, dépourvu d'anneau* au sommet, et terminé par 5 stigmates *étalés en étoile plus large* que le style. Capsule réfléchie. — Le reste comme dans le *P. rotundifolia*, seulement les tiges sont plus basses; les feuilles sont plus petites, plus pâles, plus molles, moins luisantes et plus distinctement dentées; les fleurs sont de moitié plus petites.

Hab. Environs de Paris, et le nord-ouest; manque dans le sud-ouest; Vosges, Bussang, Haguenau, etc.; le haut Jura; Allier et Creuse; Cantal; Puy-de-Dôme; les Alpes; mont Ventoux; l'Espérou dans les Cévennes; les Pyrénées; etc. ♃ Juin-juillet.

P. chlorantha *Swartz, act. holm.* 1810, *p.* 190; *Koch, syn.* 550; *Lois. gall.* 1, *p.* 292; *Lecoq et Lamotte, cat.* 265; *P. virens Schw. et Kort. fl. Erlang. add.* 154; *P. azarifolia Rad. mon.* 23. — *Rchb. exsicc. n°* 1872 !; *Fries, fasc.* 13, *n°* 65 ! — Fleurs en grappe lâche et pauciflore (3-6 fleurs). Calice à divisions *ovales* et brièvement acuminées, *aussi large que long, quatre fois plus court* que les pétales subétalés. Style à peu près égal à la corolle, *réfléchi dès la base,* arqué et épaissi au sommet, terminé par *un anneau* que surmontent les stigmates dressés. Capsule réfléchie. Feuilles petites (limbe de 15-25 millimètres de diamètre), arrondies, obtuses, entières ou très-obscurément dentées, à pétiole à peu près de la longueur du limbe. Rosettes de 6-10 feuilles; hampe de 10-15 centimètres. Rhizomes grêles, longuement rampants. — Fleurs d'un blanc-verdâtre, presque aussi grandes que celles du *P. rotundifolia*. Espèce bien distincte de cette dernière par son calice, et du *P. minor* par son style.

Hab. Environs de Gap (*B. Blanc*, 1842); Haute-Loire (*Lecoq et Lamotte*); l'Espérou (*De Pouzolz*); Guillestre dans les Hautes-Alpes (*Clément*); Saint-Nizier près de Grenoble (*Verlot*); port de Glère (*Arrondeau*). ♃ Juin-juillet.

P. secunda *L. sp.* 567; *DC. fl. fr.* 3, *p.* 685; *Dub. bot.* 317; *Lois. gall.* 1, *p.* 292; *P. secunda et hybrida Vill. Dauph.* 3, *p.* 588. — *Ic. Clus. hist.* 2, *p.* 117. — *Schultz, exsicc. n°* 894 !; *Rchb. exsicc. n°* 460 ! — Fleurs en grappe serrée, *unilatérale*, rarement 1-2-flore (*P. hybrida Vill.*). Calice à divisions *triangulaires*, finement denticulées, quatre fois plus courtes que la corolle. Pétales égaux, rapprochés. Style *droit, plus long* que la corolle, *dépourvu d'anneau* au sommet, et terminé par 5 stigmates *étalés en étoile* deux fois aussi large que le style. Capsule réfléchie. Feuilles alternes, d'un vert gai, *ovales-lancéolées*, finement *dentées-en-scie*, à pétiole un peu plus court que le limbe. Tige feuillée dans son tiers inférieur, munie dans la partie scapiforme de quelques écailles.

Rhizomes grêles, longuement rampants. — Fleurs petites, d'un blanc-verdâtre.

Hab. La région des sapins dans les Vosges, le Jura, l'Auvergne, les Alpes et les Pyrénées. ♃ Juin-juillet.

Sect. 2.— Filets des étamines ascendants et subulés dans leur partie supérieure, à *base courbée* en dehors, trigone épaisse et *non dilatée* latéralement. Bords des valves de la capsule *glabres*.

P. uniflora *L. sp.* 568; *DC. fl. fr.* 3, *p.* 683; *Dub. bot.* 317; *Lois. gall.* 1, *p.* 292; *Lecoq et Lamotte, cat.* 266; *P. Halleri Vill. Dauph.* 3, *p.* 588; *Moneses grandiflora Salisb. in Gray, nat. arr.* 2, *p.* 403.—*Ic. Morison, sect.* 12, *t.* 10, *n°* 2; *Pyrola* 4, *Clus. hist.* 2, *p.* 118. — *Schultz, exsicc. n°* 1103!; *Puel et Maille, exsicc. fl. loc. n°* 49! — Fleur penchée, solitaire au sommet de la tige. Calice à divisions ovales-obtuses, finement frangées, bien plus courtes que la corolle. Pétales planes, ovales-arrondis, très-étalés. Style droit, sans anneau au sommet, terminé par 5 stigmates dressés, plus larges que le style. Capsule dressée. Feuilles opposées ou verticillées, molles, d'un vert pâle, dentées en scie, arrondies, presque spatulées et décurrentes sur le pétiole égal au limbe. Tige ascendante, feuillée à la base, nue ou munie supérieurement de quelques écailles. Rhizomes grêles, longuement rampants. — Fleurs blanches, bien plus grandes que celles des espèces précédentes.

Hab. Hautes-Vosges (*Mougeot!*); Haute-Loire (*Arnaud*); l'Espérou (*De Pouzolz*); Pyrénées, à la Pesouil, Orlu, Llaurenti, Port-de-Vieille, Houle-du-Marboré (*Lap.*), Font-de-Comps (*Benth.*), Le Capsir (*Bernard*). Mont-Louis (*Reboud*); Alpes, bois de sapins et de melèzes du Quayras, col d'Isoart; bois du Noyer (*Vill.*); bois de la Combe-Chauve près Guillestre (*Mathonnet*), et Ceillac (*Mut.*); Corse, au-dessus de Corté (*Bernard*). ♃ Juin-juillet.

Sect. 3.—Filets des étamines ascendants et subulés dans leur partie supérieure, à *base courbée* en dehors, trigone, *dilatée* latéralement. Bords des valves de la capsule *glabres*.

P. umbellata *L. sp.* 568; *D C. fl. fr.* 5, *p.* 431; *Lois. gall.* 1, *p.* 292; *Chimophila umbellata Pursh, fl. am. bor.* 1, *p.* 276; *Rad. mon. Pyrol.* 33; *Dub. bot.* 317.—*Ic. Morison, sect.* 12, *t.* 10, *n°* 5; *Pyrola* 3, *Clus. hist.* 2, *p.* 117; *Gmel. bad.* 2, *t.* 2. — *Schultz, exsicc. n°* 485! — Fleurs 3-6 en ombelle; pédicelles dressés. Calice à divisions ovales, denticulées, 3 fois plus courtes que la corolle. Pétales égaux, étalés, denticulés-ciliés. Style nul; stigmates soudés en tête sessile. Capsules dressées, finement chagrinées-granuleuses (à la loupe), ainsi que les pédoncules et la hampe. Feuilles verticillées, lancéolées ou lancéolées-oblongues, fortement dentées, très-dures et coriaces, d'un vert foncé en dessus, blanchâtres en dessous, à peine pétiolées. Tiges très-longuement rampantes, puis portant 1-3 verticilles de feuilles, et se terminant par une hampe de 10-15 centimètres. — Fleurs roses.

Hab. Ban-de-la-Roche dans les Vosges (*Oberlin*), où il n'a plus été retrouvé; extrêmement rare dans la forêt de Haguenau où il a été découvert par notre ami Billot. ♃ Juin-juillet.

LXXIII. MONOTROPÉES.

(MONOTROPEÆ Nutt. gen. amer. 1, p. 272.) (1)

Fleurs hermaphrodites, presque régulières; la terminale quinaire et les latérales quaternaires. Calice n'adhérant point à l'ovaire, à 4–5 sépales inégaux, persistants, à préfloraison valvaire. Corolle persistante, à 4–5 pétales hypogynes, à préfloraison imbricative. Etamines 8–10, en nombre double de celui des pétales, hypogynes, libres, alternant les unes avec les pétales, les autres avec 4–5 glandes; anthères uniloculaires, s'ouvrant par une fente semi-circulaire. Ovaire libre, à 4–5 loges multi-ovulées. Ovules insérés à l'angle interne des loges. Style simple, à stigmate grand, crénelé. Fruit capsulaire, à 4-5 loges contenant un grand nombre de graines, à débiscence loculicide, à 4-5 valves portant les cloisons sur leur milieu; graines à test très-lâche, débordant largement l'amande en forme d'aile.—Plantes parasites sur les racines des arbres, offrant l'aspect des *Orobanches*.

MONOTROPA. (L. gen. 556.)

Calice à 4–5 sépales. Corolle à 4-5 pétales connivents, gibbeux et presque éperonnés à la base. Etamines 8–10, à anthères uniloculaires. Style fistuleux, infundibuliforme, crénelé au sommet. Capsule à 4-5 loges.

M. Hypopithys *L. sp.* 555; *D C. fl. fr.* 4, *p.* 921; *Dub. bot.* 319; *Lois. gall.* 1, *p.* 291.— *Ic. Lam. ill. t.* 362, *f.* 2; *Morison, sect.* 12, *t.* 16, *n°* 13.— Fleurs brièvement pédonculées, réunies en grappe terminale serrée et recourbée au moment de la floraison, plus lâche et dressée lors de la fructification. Calice à divisions étroitement lancéolées ou oblongues, planes. Pétales jaunâtres, dressés, subétalés, dentés au sommet, brièvement éperonnés à la base, plus longs et plus larges que les sépales. Capsule ovale, sillonnée intérieurem[t]. Feuilles squamiformes, transparentes, dressées, ovales-oblongues. Tige de 1-3 décimètres, simple, dressée, épaisse et charnue, plus feuillée à la base. Souche écailleuse, à fibres radicales intriquées.

α. *glabra Roth, tent.* 2, *p.* 461. — Plante glabre. *M. hypophegea Wallr. sched.* 191.

β. *hirsuta Roth, l. c.* — Plante plus ou moins pubescente, ou poilue-glanduleuse. *M. Hypopithys Wallr. l. c.*

Hab. Les bois de tous les terrains, de Toulon (*Caralier*) à Strasbourg, et de l'est à l'ouest; parasite sur les racines des chênes, des hêtres, des pins, etc. ♃ Juillet-août.

(1) Auctore Grenier.

CLASSE 3. COROLLIFLORES.

Calice formé de sépales plus ou moins soudés à la base. Corolle gamopétale, hypogyne, insérée sur le réceptacle et distincte du calice. Etamines insérées sur la corolle. Ovaire libre.

LXXIV. LENTIBULARIÉES.

(LENTIBULARIEÆ L. C. Rich. fl. par. 1, p. 26; D C. prod. 8, p. 2.) (1)

Fleurs hermaphrodites, irrégulières. Calice persistant, à 2-5 divisions plus ou moins bilabiées. Corolle hypogyne, caduque, gamopétale, bilabiée ou en gueule, éperonnée. Etamines 2, insérées au fond de la corolle, sous la lèvre supérieure; anthères uniloculaires, s'ouvrant par une fente transversale. Ovaire uniloculaire, multiovulé, à placenta central libre et globuleux. Ovules réfléchis. Style très-court, épais; stigmate bilabié, à lèvre supérieure presque nulle, à lèvre inférieure dilatée-lamelliforme, entière ou frangée. Fruit capsulaire, uniloculaire, renfermant plusieurs graines; tantôt indéhiscent et se rompant irrégulièrement, tantôt bivalve et s'ouvrant longitudinalement dans toute sa longueur, ou enfin s'ouvrant transversalement en boîte à savonnette. Albumen nul. Embryon dressé, à cotylédons très-petits ou indistincts; radicule allongée, très-rapprochée du hile. — Plantes vivaces, herbacées, croissant dans les marais ou dans les eaux. Feuilles tantôt toutes radicales, entières et charnues, tantôt submergées, divisées en lanières capillaires et ordinairement munies de vésicules; stipules nulles.

PINGUICULA. (Tournef. inst. p 167, t. 74.)

Calice 5-*fide*, presque à 2 lèvres; les 3 divisions supérieures dirigées en haut; les deux inférieures un peu plus courtes, dirigées en bas. Corolle à gorge large et à palais barbu, bilabiée; lèvre supérieure *bilobée* et plus courte que *l'inférieure trilobée*; tube infundibuliforme, prolongé en éperon. Etamines 2, à filets ascendants, presque droits; anthères uniloculaires, s'ouvrant *transversalement*. Capsule uniloculaire, bivalve. Graines très-nombreuses, elliptiques, rugueuses. — Plantes à feuilles toutes en rosette radicale, entières, charnues, très-glabres, couvertes d'un enduit onctueux; pédoncules radicaux, uniflores, dressés, recourbés avant l'anthèse.

(1) Auctore Grenier.

P. vulgaris *L. sp.* 25 ; *D C. fl. fr.* 3, *p.* 575 ; *Dub. bot.* 378 ; *Lois. gall.* 1, *p.* 13.— *Ic. Lam. ill. t.* 14, *f.* 1 ; *P. Gesneri J. B. hist.* 3, *p.* 546.— *Schultz, exsicc. n°* 1307 ! — Calice à divisions *oblongues, obtuses.* Corolle plus longue que large (sans compter l'éperon) ; lèvre supérieure à deux lobes *oblongs*, plus longs que larges, de même largeur de la base au sommet arrondi, contigus par leur bord interne ; lèvre inférieure à lobes *oblongs*, de même largeur dans toute leur longueur, *écartés* l'un de l'autre ; éperon linéaire, obtus, égalant environ *la moitié* de la longueur de la corolle. Capsule ovoïde-conique. Pédoncules 1-4, glanduleux au sommet, ainsi que le calice. — Les pédoncules et les feuilles ne fournissent pas de caractères différentiels entre cette espèce et les trois suivantes. Fleurs violettes.

Hab. Lieux tourbeux et humides des montagnes et des plaines du nord, des Vosges, du Jura, de la Côte-d'Or, de l'Auvergne, des Alpes, des Pyrénées; le nord-ouest, Paris, etc. ♃ Mai-juillet.

P. leptoceras *Rchb. ic.* 69, *f.* 171, *et fl. exc.* 387; *Mut. fl. fr.* 2, *p.* 399, *t.* 46, *f.* 342; *P. longifolia Gaud. helv.* 1, *p.* 45 (*non DC.*). — Calice à divisions *ovales*, obtuses. Corolle un peu plus longue que large ; lèvre supérieure à 2 lobes *obovés - allongés*, plus longs que larges, un peu *imbriqués et élargis* au sommet, plus étroits et contigus inférieurement, ou laissant entre eux un écartement elliptique-linéaire ; lèvre inférieure à lobes *obovés*, plus larges au sommet qu'à la base, *contigus* ou légèremt imbriqués ; éperon linéaire, obtus, égalant *les deux tiers ou la moitié* de la longueur de la corolle. — Plante plus voisine du *P. grandiflora* que du *P. vulgaris.*

Hab. Les cimes du Jura, de la Dôle au Reculet; les Hautes-Alpes et les Pyrénées. ♃ Juin-août

P. grandiflora *Lam. dict.* 3, *p.* 22, *et ill. t.* 14, *f.* 2; *DC. fl. fr.* 3, *p.* 575, *et* 5, *p.* 404; *Dub. bot.* 379; *Lois. gall.* 1, *p.* 13 ; *Mut. fl. fr.* 2, *p.* 399, *t.* 46, *f.* 341. — *Ic. Engl. bot. t.* 2184; *Rchb. ic. t. f.* 174. — *Endress, exsicc. ann.* 1831 ! — Calice à divisions *obovées*, obtuses. Corolle *ventrue*, *aussi large* que longue ; lèvre supérieure à 2 lobes *obovés*, *aussi larges* que longs, plus ou moins imbriqués ; lèvre inférieure à lobes *obovés*, très-larges supérieurement, plus étroits à la base, *aussi larges ou plus larges* que longs, *imbriqués ;* éperon linéaire, obtus, égalant au moins les *deux tiers* de la longueur de la corolle qui atteint 2 centimètres de longueur. — Fleurs violettes, plus rarement roses.

β. *longifolia*. Feuilles allongées, atténuées en pétiole. *P. longifolia DC. fl. fr.* 3, *p.* 728; *Lap abr.* 12. *Endress, exs. ann.* 1831 !

Hab. Hautes cimes du Jura, de la Dôle au Reculet (où je crois n'avoir observé que l'espèce précédente); hautes régions des Alpes, Revel près de Grenoble, Briançon, le Glaudas, Lautaret, etc.; Pyrénées, Baréges, val d'Eynes, Pratz-de-Mollo, Bac de la Plana, port de Paillères, Mœrens, etc; monts Dore et Cantal (*Lecoq et Lam.*); var. β. vallée de Sin, port de Pinède, dans les Hautes-Pyrénées; Lozère (*Lecoq et Lam.*, dont nous n'avons pas vu la plante). ♃ Juin-juillet.

P. corsica *Bernard et Gren. mss.; P. leptoceras auct.* (*pro part.*).— *Soleirol, exsicc. n°* 3106 !— Calice à divisions *oblongues*, obtuses. Corolle à peu près aussi longue que large; lèvre supérieure à 2 lobes *obovés, un peu allongés, contigus;* lèvre inférieure à lobes *obovés*, à peine plus longs que larges, légèrement imbriqués; éperon linéaire, obtus, plus court et plus grêle que dans les 3 espèces précédentes, et cependant *distinctement conique*, égalant *le tiers* de la corolle.— Fleurs blanchâtres, jaunes ou roses, plus rarement violettes.

Hab. Hautes montagnes de la Corse, monts Rotondo, Cinto, d'Oro, Cagno, etc. (*Bernard*). ♃ Juin.

Obs. — Si, comme le veulent Koch, MM. Lecoq et Lamotte et d'autres botanistes, les 3 premières espèces ne constituent que 3 formes d'une seule espèce, la plante ici décrite pourrait encore rentrer dans l'espèce commune. Mais nous croyons que la difficulté de distinguer ces espèces tient surtout à ce que leur mauvaise préparation ne permet plus de les étudier complétement en herbier. Car si l'on n'a pas soin de préparer des corolles et des calices isolés, au lieu même de la récolte, en les mettant de suite en portefeuille, il est certain que leur détermination précise devient ordinairement impossible.

P. alpina *L. sp.* 25; *DC. fl. fr.* 3, *p.* 576, *et suppl.* 5, *p.* 404; *Dub. bot.* 379; *Lois. gall. ed.* 1, *p.* 13; *P. flavescens Schrad. fl. germ.* 1, *p.* 53; *Lois. l. c.; Mut. fl. fr.* 2, *p.* 398, *t.* 46, *f.* 338; *P. villosa et alpina Vill. Dauph.* 2, *p.* 445; *Mut. l. c., f.* 343 (*non P. villosa L.*); *P. alpestris Pers. syn.* 18; *P. brachyloba Rchb. ic. t.* 81, *f.* 167-168. — *Ic. Lin. lap. t.* 12, *f.* 3; *Clus. hist.* 1, *p.* 310, *f.* 2. — *Schultz, exsicc. n°* 325 !; *Rchb. exsicc. n°* 253 ! — Calice à peine glanduleux, à divisions ovales, obtuses. Corolle *aussi longue que large* (8-10 millimètres de long); lèvre supérieure à 2 lobes très-courts, arrondis; lèvre inférieure à 3 lobes arrondis, le moyen plus large que les autres, subémarginé; éperon recourbé, court, *conique, aussi large ou plus large que long* (2-3 millimètres de long). Capsule ovoïde. Pédoncules de 8-12 centimètres de long. Feuilles elliptiques, sessiles. — Fleurs blanches, marquées à la gorge de 2 taches jaunes, quelquefois purpurines.

Hab. Hautes cimes du Jura, de la Dôle au Reculet; rochers humides des Alpes du Dauphiné, Chamchaude, Saint-Nizier, la Pra au dessus de Revel, la Moucherolle, Gondeau. Allevard, l'Aut-du-Pont, Saint-Hugon, Lautaret, etc.; Pyrénées, val d'Eynes, Llaurenti, port de la Valette, Glaciers-d'Oo, Houle du Marboré, etc. ♃ Juillet.

P. lusitanica *L. sp.* 25; *DC. fl. fr.* 3, *p.* 405; *Dub. bot.* 378; *Lois. gall.* 1, *p.* 14, *f.* 1; *Brot. fl. lusit.* 1, *t.* 1; *Mut. fl. fr.* 2, *p.* 400, *t.* 46, *f.* 344; *P. villosa Huds. fl. angl. ed.* 2, *p.* 8; *Linghtf. fl. scot.* 77, *t.* 6; *P. alpina Berg. fl. bass. pyr.* 1, *p.* 17; *Thore, chl. land.* 12. — *Schultz, exsicc. n°* 1136 !; *Rchb. exsicc. n°* 45 !; *Delaunay, in Puel et Maille, herb. fl. loc. fr. n°* 45 ! — Calice glanduleux, à divisions *obovées, suborbiculaires*. Corolle plus longue que large (6-7 millimètres de long, sans l'éperon) ; lèvre supérieure à lobes courts, arrondis ; lèvre inférieure à lobes un peu plus longs, *échancrés et subbilobés;* éperon linéaire, *cylindrique*, obtus et même *un peu renflé* au sommet, *dirigé obliquement* et presque perpendiculairement à la corolle. Capsule *globuleuse*. Pédoncules *grêles*, presque capillaires, de 8-15 centimèt., pubescents ou glanduleux vers le haut. Feuilles oblongues, obtuses, luisantes, d'un vert-jaunâtre.— Fl. jaunes, à tube roussâtre et rayé de pourpre.

Hab. Tout l'ouest de la France de Bayonne à Dunkerque, bords de l'Océan, landes et bords des étangs. ♃ Mai-juillet.

UTRICULARIA. (L. gen. 31.)

Calice bilabié, *profondément bipartite*, à divisions entières ou presque entières. Corolle en gueule, à tube presque nul, prolongé en éperon ; lèvre supérieure plus courte que l'inférieure ; lèvre inférieure *entière*, très-ample, à palais *saillant et bilobé*. Étamines 2, à filets dilatés embrassant l'ovaire ; anthères *uniloculaires*, s'ouvrant *longitudinalement*. Capsule uniloculaire, indéhiscente ou s'ouvrant circulairement au-dessus de la base. Graines nombreuses.—Plantes vivaces, herbacées, vivant dans l'eau ; partie émergée de la tige nue et terminée par la grappe de fleurs ; partie submergée rameuse, à rameaux feuillés ; feuilles 2-3 fois multiséquées, à segments filiformes ou capillaires, plus ou moins munis de vésicules ; celles-ci operculées, contenant de l'air lors de l'anthèse, pour faire surnager la plante ; fleurs pédonculées, en grappe terminale ; corolle jaune.

U. VULGARIS *L. sp.* 26 ; *D C. fl. fr.* 3, *p.* 574 ; *Dub. bot.* 379 ; *Lois. gall.* 1, *p.* 14 ; *Koch, syn.* 665.—*Ic. Lam. ill. t.* 14, *f.* 1.— Fleurs 5-10, en grappe simple, lâche, terminant la tige; pédoncules de 10-12 millim., dressés au moment de la fructification, à bractée courte et ovale. Corolle à gorge fermée par le renflement du palais ; lèvre supérieure *aussi longue* que le palais, entière au sommet et ondulée sur les bords ; éperon conique, descendant, 3-4 fois plus long que large ; lèvre inférieure beaucoup plus grande, à bords réfléchis. Anthères *soudées*. Feuilles *étalées en tout sens*, ovales dans leur pourtour, 2-3 fois *pennatiséquées-multipartites*, à segments capillaires, très finement denticulés-épineux, pourvues de vésicules nombreuses ; celles-ci ovoïdes, déprimées au sommet muni de 2 faisceaux de poils. Partie émergée de la tige (rameau florifère) nue et grêle ; partie submergée rameuse et feuillée. — Fleurs d'un beau jaune avec des stries orangées sur le palais.

Hab. Mares et eaux stagnantes, surtout dans les tourbières. ♃ Juin-août.

U. NEGLECTA *Lehm. ind. schol. Hamb.* 1828, *p.* 38, *et Linnæa* 1830, *p.* 386 ; *Koch, syn.* 665 ; *Lloyd, not. fl. ouest, p.* 19 (1851).—*Fries, herb. norm. fasc.* 8, n° 11 !—Fleurs 5-10, en grappe terminale, lèvre supérieure de la corolle *une-deux fois plus longue* que le palais, entière au sommet; éperon conique, ascendant. Anthères *libres*. Feuilles *étalées en tous sens*, ovales dans leur pourtour, 2-3 fois *pennatiséquées-multipartites*, à segments capillaires, très-finement denticulés-épineux, munis de vésicules. — Le reste comme dans le *U. vulgaris*.

Hab. Presqu'île de la Manche! (*Lebel*); environs de Nantes! (*Lloyd*, 1843-7). ♃ Juillet-août.

U. intermedia *Hayn. in Schrad. journ. bot.* 1800, *f.* 1, *p.* 18, *t.* 5; *Schrad. fl. germ.* 1, *p.* 55; *Koch, syn.* 665; *DC. fl. fr.* 5, *p.* 404; *Dub. bot.* 379; *Lois. gall.* 1, *p.* 14; *Lloyd, fl. Loire-Inf.*, *p.* 206.— *Schultz, exsicc. n°* 501! — Fleurs 2-5, en grappe lâche. Lèvre supérieure de la corolle *une fois plus longue* que le palais; lèvre inférieure *presque plane*, à bords étalés horizontalement; éperon conique, *aigu, ascendant*. Anthères *libres*. Feuilles *dépourvues de vésicules, réniformes* dans leur pourtour, *dressées, distiques* et placées dans le même plan que la tige, *dichotomes-multipartites*, à segments courts, *fortement* denticulés-épineux, portant 1-3 vésicules.— Corolle d'un jaune pâle, à palais strié de lignes purpurines.

Hab. Marais de l'Erdre près de Nantes! (*Lloyd*); Remiremont (Vosges), à l'étang Saint-Jacques! (*Tocquaine*). ♃ juillet-août.

U. minor *L. sp.* 26; *DC. fl. fr.* 3, *p.* 574; *Dub. bot.* 379; *Lois. gall.* 1, *p.* 14; *Koch, syn.* 666.—*Ic. Lam. ill. t.* 14, *f.* 2.— Fleurs 2-3, en grappe lâche; pédoncules *réfléchis* au moment de la fructification; bractée courte, ovale-en-cœur. Corolle de moitié plus petite que dans les précédentes; gorge ouverte; lèvre supérieure *aussi longue* que le palais, *émarginée* au sommet; lèvre inférieure plus grande, à bords roulés en dessous, à palais *déprimé;* éperon *réduit à un tubercule conique aussi large que long*. Feuilles étalées en tout sens, ovales dans leur pourtour, *dichotomes-multipartites*, à segments capillaires et *dépourvus* de dentelures-épineuses; vésicules portées les unes par les feuilles, les autres par des rameaux dépourvus de feuilles. Rameau florifère filiforme. — Plante plus petite, dans toutes ses parties, que les précédentes; fleurs d'un jaune pâle, munies sur le palais de stries ferrugineuses.

Hab. Mares et eaux stagnantes, surtout dans les tourbières. ♃ Juin-août.

LXXV. PRIMULACÉES.

Primulaceæ Vent. tabl. 2, p. 285.) (1)

Fleurs hermaphrodites, régulières. Calice à 4-5 sépales plus ou moins soudés à la base, persistant, très rarement à tube soudé avec l'ovaire (*Samolus*). Corolle gamopétale, régulière, hypogyne,

(1) Auctore Grenier.

staminifère, rarement nulle (*Glaux*), caduque ou marcescente, à divisions plus ou moins profondes et égalant en nombre celui des divisions calicinales; préfloraison imbriquée-contournée. Etamines fixées au tube ou à la gorge de la corolle, en nombre égal à celui des lobes de la corolle et opposées à ces lobes, ou en nombre double, le rang extérieur formé de filets ou écailles sans anthères alternant avec les lobes ; anthères biloculaires, introrses, s'ouvrant longitudinalement. Ovaire libre, rarement soudé au calice (*Samolus*), uniloculaire, multiovulé, à placenta central réuni au tissu conducteur de l'ovaire par un fil qui disparaît promptement. Ovules courbés (amphitropes), rarement réfléchis (anatropes, *Hottonia*). Style indivis ; stigmate simple. Fruit capsulaire, uniloculaire, à 2 ou plusieurs graines, s'ouvrant par autant de valves ou de dents qu'il y a de sépales, ou s'ouvrant circulairement par un opercule (pyxide). Graines sessiles ou enfoncées dans les fossettes du placenta, planes sur la face dorsale, convexes et ombiliquées sur la face ventrale, rarement munies dans toute leur longueur d'une raphé et d'un ombilic basilaire (*Hottonia, Samolus*). Embryon dans un albumen charnu, dirigé parallèlement au hile (*Hottonia excepté*); radicule éloignée du hile de moitié de la longueur de la graine. — Plantes vivaces ou annuelles. Tige tantôt courte et presque rudimentaire, produisant une rosette de feuilles radicales et des pédoncules radicaux nus ; tantôt allongée, plus ou moins rameuse et feuillée. Feuilles simples, rarement composées; stipules nulles. Fleurs solitaires et axillaires, ou solitaires et terminales, ou en grappe terminale, ou en ombelle au sommet des pédoncules radicaux, ou plus rarement enfin verticillées au sommet de la tige.

TRIB. 1. HOTTONIEÆ *Endl. gen.* 734. — Capsule s'ouvrant par 5 valves. Graines *réfléchies*, à ombilic *basilaire;* embryon *droit.* — Fleurs verticillées ; feuilles pectinées-pennatifides.

HOTTONIA. (L. gen. 203.)

Calice 5-partite. Corolle en coupe, à tube court, à limbe presque plan et à 5 lobes brièvement glanduleux à la base. Capsule globuleuse, à 5 valves restant soudées à la base et au sommet, et se rapprochant d'une capsule indéhiscente. Hile occupant l'une des extrémités de la graine. Embryon droit; radicule rapprochée du hile.

H. PALUSTRIS *L. sp.* 208; *DC. fl. fr.* 3, *p.* 436; *Dub. bot.* 380; *Lois. gall.* 1, *p.* 164. — *Ic. Lam. ill. t.* 100 ; *Dod. pempt.* 574. — *Schultz, exsicc. n°* 328! ; *C. Billot, exsicc. n°* 624! — Fleurs pédonculées, disposées au sommet de la tige en verticilles écartés: pédoncules d'abord étalés, puis courbés et réfléchis au moment de la fructification, munis à la base d'une bractée subulée, aussi longue qu'eux. Calice à segments linéaires, étalés, calleux au sommet. Corolle à tube court, à limbe plan et divisé en lobes obovés, subémarginés, bien plus longue que le calice. Capsule ovoïde-acuminée. Graines trigones. Feuilles éparses, rapprochées, fragiles, pectinées-pennatipartites, à divisions épaisses, linéaires, aiguës; feuilles supérieures rapprochées en rosette. Tiges à partie submergée oblique et feuillée, émettant de la rosette de longues radicelles; à partie émergée nue au dessous des fleurs. Racine rampante. — Fleurs grandes, d'un rose pâle, à gorge jaune.

Hab. Rare dans les fossés et les mares de presque toute la France, hors de la région des oliviers. ♃ Mai-juin.

Trib. 2. PRIMULEÆ *Endl. gen.* 730. — Capsule s'ouvrant par des valves ou des dents. Graines *courbées* (amphitropes) ; *hile placé sur la face ventrale;* embryon *transversal*, c'est-à-dire parallèle à l'ombilic.

Subtrib. 1. Androsaceæ *Endl. gen.* 730. — Fleurs en ombelle à l'extrémité d'un pédoncule radical, ou axillaires et solitaires au sommet de la tige très-courte.

PRIMULA (L. gen. 197).

Calice campanulé ou tubuleux, 5-denté ou 5-fide. Corolle infundibuliforme ou en coupe, 5-fide, à tube *cylindrique*, égalant environ le diamètre du limbe, dilaté près de la gorge. Capsule ovoïde, *s'ouvrant au sommet* par 5 valves entières ou bifides. Placenta globuleux. Graines *très-nombreuses*.—Plante à feuilles réunies en rosette radicale; pédoncules radicaux, simples et nus; fleurs en ombelle munie d'un involucre.

Sect 1. Primulastrum *Dub. bot.* 383.—Calice *anguleux*, à peu près *égal* au tube de la corolle. Celle-ci munie d'appendices à la gorge. Folioles de l'involucre subulées. Feuilles naissantes *roulées en dessous* par les bords, puis planes, pubescentes ou tomenteuses, minces, molles, *rugueuses-réticulées*, crénelées ou dentées.

P. grandiflora *Lam. fl. fr.* 2, *p.* 248 (1778); *DC. fl. fr.* 3, *p.* 445; *Dub. bot.* 384; *Lois. gall.* 1, *p.* 159; *Godr. fl. lorr.* 2, *p.* 224; *P. acaulis Jacq. misc.* 1, *p.* 158; *P. veris* γ. *acaulis L. sp.* 205.—*Ic. Clus. hist.* 302, *f. sup.; Lob. obs.* 305, *f.* 4. —*Schultz, exsicc. n°* 146!; *C. Billot, exs. n°* 165!; *Fries, h. norm. f.* 2, *n°* 33! — Fleurs solitaires, dressées, portées par des pédicelles paraissant radicaux par la brièveté du pédoncule; pédicelles poilus-laineux, *à poils plus longs que le diamètre du pédicelle,* munis à la base d'une bractée lancéolée-subulée, aussi longs ou plus longs que les feuilles; pédoncule très-court et non pas nul. Calice pentagonal, velu sur les angles, à dents *égalant presque le tube, étroitement lancéolées, longuement acuminées.* Corolle à gorge plissée, à limbe plan, égalant environ 2 *fois* la longueur du tube, à divisions en cœur renversé et maculées d'orangé à la base. Capsule ovoïde, *égalant* la longueur du tube calicinal étroitement *appliqué* sur elle. Graines brunes, anguleuses, finement chagrinées, ainsi que dans les espèces suivantes. Feuilles disposées en rosette radicale, fortement ridées-réticulées, glabres en dessus, mollement poilues et plus pâles en dessous, irrégulièrement ondulées-dentées, obovales ou ovales-oblongues, *insensiblement atténuées* en pétiole ailé.—Fleurs très-grandes, inodores, d'un jaune pâle, rarement blanches lavées de violet.

Hab. Le Nord, la Meurthe, Nancy, etc., la Marne, Paris, Angers, Sarthe et Mayenne (*Desp.*), la Manche; le centre de la France, Indre, Loire, Loire-et-Cher (*Boreau*); l'Ouest, Vannes, Nantes, Bourbon-Vendée, Bordeaux, Agen, les Landes, Bayonne; Lozère et Gard (*Lecoq et Lam.*); Dauphiné ! (*Villars*). Manque dans la région méditerranéenne. ♃ Mars-mai.

P. officinalis *Jacq. misc.* 1, *p.* 159; *DC.* 3, *p* 446; *Dub. bot.* 383; *P. veris Willd. sp.* 1, *p.* 800; *Lois.* 1, *p.* 160; *P. veris* α. *officinalis L. sp.* 205.— *Ic. Fuchs, hist.* 850; *Fl. dan. t.* 433. — *Schultz, exsicc. n°* 144 !; *C. Billot, exsicc.* 444!— Fleurs penchées du même côté; pédicelles *brièvement tomenteux*, plus courts que le calice; pédoncule radical dépassant les feuilles. Calice tomenteux, *uniformément blanchâtre*, *enflé et très-ouvert*, muni de dents *ovales*, *brièvement mucronées* et égalant *moitié* du tube. Corolle d'un beau jaune, plissée à la gorge qui est maculée d'orangé, à limbe *concave*, *plus court* que le tube. Capsule ovoïde, plus courte que le tube du calice *très-écarté* et non appliqué sur elle. Feuilles en rosette, irrégulièrement ondulées-dentées, presque en cœur, ovales ou oblongues, ridées-réticulées, glabres supérieuremt, *pubescentes-tomenteuses* et plus ou moins blanchâtres en dessous, *brusquement contractées en pétiole* ailé. — Fleurs petites, très-odorantes, ordinairement nombreuses en ombelle, rarement solitaires, ainsi que dans les espèces suivantes. Plante couverte d'un duvet tomenteux très-court. Feuilles blanches-tomenteuses, ou presque vertes en dessous, avec tous les passages entre ces deux états.

β. *suaveolens*. Feuilles ordinairement blanches-tomenteuses en dessous, et plus décidément en cœur à la base; corolle dépassant à peine le calice enflé et presque vésiculeux. *P. suaveolens Bertol. journ. bot.* 1813; *p.* 76, *et fl. ital.* 2, *p.* 375; *A. St.-Hil. ann. sc. nat.* 1836, *p.* 30; *P. Columnæ Ten. cat. nap.* 1813, *et syll.* 88; *P. inflata Lehm. monogr. Prim.* 26, *t.* 2, *f.* 1; *P. macrocalyx Bunge ex sepcim. altaic. à Fischer, miss.*

Hab. Toute la France; Alpes, Pyrénées, le Jura; rare dans la région méditerranéenne; var. β. Montpellier, Pyr.-Or., Mont-Louis, Toulon? (*Robert*). ♃ Mars-mai.

P. variabilis *Goupil, ann. sc. Lin. Paris*, 1825, *p.* 294; *Godr. fl. lorr.* 2, *p.* 225; *Lloyd, fl. Loire Inf.* 209; *Boreau, fl. centr. ed.* 2, *p.* 340; *P. brevistyla DC. fl. fr.* 5, *p.* 383; *P. grandiflora Bast. fl. M.-et-Loire*, *p.* 78; — *Ic. Clus. hist.* 301, *f. dextr.*; *Lob. obs.* 305, *f. inf. sin.* — *Schultz, exsicc.*

n° 718 ! ; *C. Billot, exsicc. n°* 443 ! — Fleurs dressées, à pédicelles *pubescents*, plus longs que le calice ; pédoncule égalant ou dépassant les feuilles, et très-rarement presque nul. Calice pubescent et peu renflé, à dents *lancéolées, aiguës,* égalant environ la moitié de la longueur du tube. Corolle d'un jaune vif, à limbe plan, égalant ou surpassant un peu le tube. Capsule plus courte que le tube du calice *évasé et non appliqué* sur elle. Feuilles inégalement ondulées-dentées, obovales, ou obovales-oblongues, ridées-réticulées, pubescentes en-dessous, *insensiblement atténuées en pétiole* ailé. — Fleurs inodores, d'un tiers plus petites que celles du *P. grandiflora*. Cette plante est probablement une hybride des *P. grandiflora* et *officinalis,* au milieu desquels elle se trouve toujours. Dans ce cas, elle devrait prendre le nom de *P. officinali-grandiflora*. Nous avons abandonné le nom de *P. brevistyla,* parce que toutes les espèces ont le style long ou court. Au style long répondent des étamines placées à la base du tube de la corolle ; au style court, des étamines placées vers le sommet.

Hab. Nancy ! (*Godr.*); Tours, Le Mans, Angers, Indre ! (*Boreau*) ; la Manche ! (*Lebel*); Vendée ! (*Pontarlier*); Loire-Inf. ! (*Lloyd*). ♃ Mars-avril.

P. intricata *Gren. et Godr.*— Pédoncules plus longs que les feuilles. Calice *non enflé* et appliqué sur la corolle, *tomenteux,* ainsi que les pédicelles et le pédoncule, à dents *lancéolées-aiguës.* Corolle à limbe *plan,* à tube *saillant* hors du calice. Capsule égalant le calice appliqué sur elle. Feuilles *vertes et très-finement pubescentes* sur les deux faces, *oblongues, obtuses,* faiblement et très-irrégulièremt crénelées même à la base, *insensiblement* atténuées en long pétiole d'abord largement puis à peine marginé. — Cette espèce, qui a la pubescence du *P. officinalis*, la fleur du *P. elatior*, les feuilles du *P. acaulis,* ne pourrait se confondre qu'avec le *P. variabilis* dont les poils de la hampe et de l'ombelle sont entièrement différents; elle se distingue en outre du *P. Thomasinii* par les feuilles non brusquement contractées en pétiole et dépourvues de duvet blanc en dessous.

Hab. Vallée d'Eynes, dans les Pyrénées-Orientales, le Canigou, environs de Mont-Louis, Port-d'Oo, etc. ♃ Juillet.

P. Thomasinii *Gren. et Godr.* ; *P. Columnæ Rchb. exsicc. n°* 1926!; *P. elatior var.* β. *Rchb. fl. exc. p.* 402.— Corolle *plane* du *P. elatior;* calice *enflé,* pubescence *tomenteuse,* feuilles et port du *P. officinalis.*

Hab. Nous ne connaissons cette espèce, provenant de localité française, que du pic de l'Hiéris d'où elle nous a été envoyée par M. Philippe, sous le nom de *P. elotior*. ♃ Juin-juillet.

Obs. 1. — Il est impossible d'appliquer à cette espèce le nom de *P. Columnæ Ten.*, ou son synonyme *P. suaveolens Bertol.*; la forme de la corolle s'y oppose formellement, car on lit dans Tenor, syn. p. 88 : « *corollis calyces maximè inflatos subæquantibus* ; » et dans Bertoloni, fl. ital. 2, p. 376 : « *limbus corollæ parvus, concavus.* » Or, ces caractères rentrent dans ceux du *P. officinalis,* et ne conviennent ni à la plante d'Istrie, ni à celle du pic de l'Hiéris.

Obs. 2. — Les *P. intricata* et *Thomasinii* ne seraient-ils que des hybrides ?

P. elatior *Jacq. misc.* 1, *p.* 158 ; *D C. fl. fr.* 3, *p.* 445 ; *Dub. bot.* 384 ; *Lois. gall.* 1, *p.* 160 ; *P. veris* β. *elatior Linn. sp.* 204. — *Ic. Fuchs, hist.* 851 ; *Clus. hist.* 301, *f. sin.* ; *Lob. obs.* 305, *f. sup. sin.* — *Schultz, exsicc. n°* 145 ! ; *C. Billot, exsicc. n°* 68 !. — Fleurs penchées d'un même côté ; pédicelles ordinairement plus courts et rarement plus longs que le calice, velus et à poils *égalant* le diamètre du pédicelle ; pédoncules radicaux de 2–3 décimètres, dépassant longuement les feuilles. Calice anguleux, pubescent, vert sur les angles, blanchâtre et transparent dans les intervalles, *étroit, appliqué* sur le tube de la corolle, à dents *lancéolées-acuminées* égalant la moitié du tube. Corolle d'un jaune pâle de soufre, à gorge non plissée et souvent plus foncée, à tube dépassant ordinairement le calice et égalant environ le diamètre du limbe plan. Capsule ovoïde-oblongue, *dépassant* le tube du calice *étroitement appliqué* sur elle. Feuilles ovales ou oblongues, *brusquement contractées en pétiole* ailé, inégalem[t] ondulées-dentées, ridées-réticulées, glabres à la face supérieure, poilues à la face inférieure. — Fleurs inodores, ordinairement nombreuses et rarement solitaires. Nous n'avons jamais vu spontanée la variété à fleurs purpurines de cette espèce, non plus que celle des précédentes.

Hab. Le Nord et le Nord-Ouest jusque près de Nantes ; tout le centre de la France, jusqu'à Agen et Montauban ; tout l'Est, Vosges, Jura, Alpes ; les Pyrénées ? (*Gay*). Manque dans la région méditerranéenne. ♃ Mars-mai.

Sect. 2. Aleurita *Dub. bot.* 384. — Calice *arrondi* et non anguleux, *presque égal* au tube de la corolle. Celle-ci munie d'appendices à la gorge. Folioles de l'involucre *épaissies et sacciformes* à la base. Feuilles jeunes *roulées en-dessous* par les bords, puis planes, légèrement rugueuses, glabres et plus ou moins *blanchâtres-pulvérulentes* en dessous.

P. farinosa *L. sp.* 205 ; *D C. fl. fr.* 3, *p.* 446 ; *Dub. bot.* 384 ; *Lois. gall.* 1, *p.* 160 — *Ic. Clus. hist.* 300 ; *Lob. obs.* 307. — *Schultz, exsicc. n°* 326 ! ; *C. Billot, n°* 623 ! — Fleurs dressées ; pédicelles inégaux, les uns plus courts, les autres plus longs que le calice, brièvement pubérulents ; pédoncules de 1–2 décimètres, beaucoup plus longs que les feuilles ; involucre à folioles renflées-gibbeuses à la base. Calice à dents ovales, obtuses, presque glabres extérieurement, pubérulentes intérieurement, un peu plus courtes que le tube calicinal. Corolles roses, à gorge munie d'écailles jaunes et courtes, à tube dépassant un peu le calice et plus long que le diamètre du limbe plan. Capsule subcylindrique, dépassant le calice appliqué sur elle. Feuilles en rosettes, obovales-oblongues, très-superficiellement dentées, glabres, plus ou moins blanches-pulvérulentes en dessous et rarement dénudées, insensiblement atténuées en court pétiole ailé.

Hab. Commun au Jura dans la région des sapins, dans les Alpes, les Pyrénées centrales ; manque dans les Vosges, l'Auvergne, et dans tout le centre et le restant de la France. ♃ Mai-août.

Sect. 3. Auricula *Tournef. inst. p. 120, t. 46.*—Calice arrondi et non anguleux, *deux-trois fois plus court* que le tube de la corolle. Celle-ci dépourvue d'appendices à la gorge et à divisions émarginées ou en cœur. Folioles de l'involucre ovales. Feuilles jeunes *roulées en-dessus*, puis planes, charnues, non rugueuses-réticulées.

P. Auricula *L. sp.* 205; *D C. fl. fr.* 3, *p.* 448; *Dub. bot.* 384; *Lois. gall.* 1, *p.* 160; *P. lutea Vill. Dauph.* 2, *p.* 469. — *Ic. Clus. hist.* 302, *f. inf.; Lob. obs.* 306, *f. dextr.; Jacq. austr. t.* 415. —*Schultz, exsicc. n°* 327!; *Rchb. exsicc. n°* 1554! — Fleurs 2-30, à pédicelles très-inégaux, glabres ou pulvérulents, ainsi que les calices; pédoncule dépassant beaucoup les feuilles; involucre à folioles très-courtes (1-2 millimètres), ovales, scarieuses. Calice à dents ovales-arrondies, obtuses, plus larges que longues, et plus courtes que le tube calicinal. Corolle à gorge pulvérulente, à limbe presque plan. Capsule dépassant un peu le calice. Feuilles oblongues ou obovales, fortement dentées ou très-entières, *plus ou moins pulvérulentes ou glabres* sur les faces, *ciliées-glanduleuses* aux bords, à poils glanduleux très-courts. Fleurs d'un jaune pâle, très-odorantes.

Hab. Le Jura, Baume près de Besançon! (*Gren.*); commun dans les Alpes de Grenoble. Paraît manquer dans les Pyrénées, où elle a cependant été signalée par Lapeyrouse. ♃ Mai-juin.

P. marginata *Curt. bot. mag. t.* 191; *Dub. bot.* 384; *P. crenata Lam. ill. t.* 98, *f.* 3. *D C. fl. fr.* 3, *p.* 448; *Lois. gall.* 1, *p.* 160; *P. Auricula Vill. Dauph.* 2, *p.* 469 (*ex loc. nat. et descript.*).—Fleurs 2-7, à pédicelles presque égaux; pédoncule dépassant un peu les feuilles; involucre à folioles courtes, inégales, ovales, non scarieuses. Calice à dents *bordées de poussière blanche*, ovales-arrondies, plus larges que longues. Corolle à gorge *peu ou point farineuse*, à limbe presque plan. Capsule subglobuleuse, dépassant un peu le calice, à valves très-acuminées. Feuilles oblongues, insensiblement atténuées à la base, puis se dilatant en une large gaîne, charnues, lisses, *glabres*, à limbe fortement denté; dents nombreuses, rapprochées, ouvertes et un peu inégales, ovales, obtuses, et *bordées d'une couche de poussière abondante et très-blanche.* — Fleurs odorantes, roses tirant sur le violet. La forme des dents des feuilles et leur bordure pulvérulente distinguent cette espèce de toutes les autres.

Hab. Alpes du mont Viso et du Quayras en Dauphiné, vallon de la Taillant, col Malrief, col d'Isoard, col de l'Arche. Cette espèce manque dans les Pyrénées où elle a été indiquée par Lapeyrouse. ♃ Juin-juillet.

P. viscosa *Vill. Dauph.* 2, *p.* 467; *P. villosa Jacq. austr.* 41, *et suppl. t.* 27; *Koch, syn.* 676; *Lap. abr.* 96, *et suppl.* 35; *P. hirsuta All. ped.* 1, *p.* 93; *D C. fl. fr.* 3, *p.* 449, *et* 5, *p.* 384. —*Ic. Clus. hist.* 304, *f. dext.*—Fleurs 2-5, à pédicelles *couverts de poils glanduleux*, ainsi que les calices, l'involucre et le pédoncule;

celui-ci *grêle, dépassant à peine* les feuilles. Calice à dents ovales, obtuses, ciliées-glanduleuses. Corolle à gorge un peu pulvérulente. Capsule *plus courte* que le calice. Feuilles *obovées* ou *suborbiculaires*, en coin à la base, et assez brusquement atténuées en un pétiole court et étroit, ciliées, *poilues-glanduleuses et visqueuses sur les deux faces*, crénelées et à dents rapprochées. — Plante de 3-7 centimètres; d'un vert noirâtre; fleurs d'un pourpre clair, odorantes. MM. Loiseleur et Duby ont réuni cette espèce à la suivante, le premier sous le nom de *P. alpina*, le second sous le nom de *P. villosa*.

Hab. Alpes de Gap, du Champsaur, Lautaret, Galibier, etc.; Pyrénées, Cauterets, pic de l'Hiéris, Costa-Bona, Cambredase, val d'Eynes, Llaurenti, Dent-d'Orlu, Port d'Oo et de Plan, pic d'Eyré, les Cougous, Endretlis, port d'Ustou (*Lap.*). ♃ Mai-juin.

P. LATIFOLIA *Lap. abr.* 97; *Koch, syn.* 676; *P. viscosa All. ped.* 1, *p.* 93, *t.* 5, *f.* 1; *DC. fl. fr.* 3, *p.* 449, *et* 5, *p.* 384; *P. hirsuta Vill. Dauph.* 2, *p.* 469. — *Ic. Clus. hist.* 303.— Fleurs 2-20, à pédicelles poilus-glanduleux, ainsi que les calices, l'involucre et le pédoncule; celui-ci *fort*, 1-2 *fois plus long* que les feuilles. Calice à dents ovales, obtuses, ciliées et glanduleuses. Corolle à gorge pulvérulente. Capsule *dépassant un peu* le calice. Feuilles *obovales* ou *obovales-oblongues*, insensiblement atténuées en pétiole, à limbe muni de dents peu profondes et un peu distantes, *portant sur les deux faces et aux bords des poils glanduleux*. — Plante de 1-2 décimètres, d'un vert clair, plus grosse, plus robuste et moins visqueuse que la précédente; les feuilles atteignent souvent un décimètre de long sur 4 centim. de large. Fleurs violettes, odorantes.

Hab. Alpes du Dauphiné, Lautaret, Galibier, Charousse, combe de la Lance, la Pra au-dessus de Revel, Chaillol-le-Vieil, tout le cours de la Romanche; Pyrénées, Cambredase, pic de Gard, Cagire, etc. ♃ Juin-juillet.

Sect. 4. ARTHRITICA *Dub. bot.* 384. — Fleurs *presque sessiles*; divisions de la corolle *semi-bifides*; le reste comme dans les *Auricula*.

P. INTEGRIFOLIA *L. sp.* 205; *DC. fl. fr.* 3, *p.* 450; *Dub. bot.* 384; *Lois. gall.* 1, *p.* 161; *Lap. abr.* 98; *P. candolleana Rchb. cent. f.* 802, 803. — *Ic. Clus. hist.* 304, *f. sup. sin.* — *Rchb. exsicc. n°* 3 *et* 1242! — Fleurs 1-3, à pédicelles presque nuls, munis de poils glanduleux, ainsi que le calice et le pédoncule; celui-ci une fois plus long que les feuilles; involucre à folioles linéaires, plus longues que les pédicelles. Calice à dents ovales, obtuses, poilues-glanduleuses. Corolle à tube une fois plus long que le calice, à gorge pulvérulente, à limbe étalé et à lobes profondément bifides. Capsule de moitié plus courte que le calice. Feuilles oblongues-allongées, obscurément pétiolées, glabres ou faiblement pubescentes, ciliées aux bords, très-entières. — Fleurs roses.

Hab. Toute la partie élevée des Pyrénées, de Lollat à la Coume-del-Tech, monts de Madres, la Roquette, port d'Ustou, de Bénasque, de Peyrsourde, de Plan, pic du Midi, Labatsec, Bagnères-de-Bigorre, Néouville, les Cougous, Eaux-Bonnes, col d'Enfer, Endretlis. Manque dans nos Alpes. ♃ Juillet-août.

GREGORIA. (Dub. bot. 383, 1828.)

Ovaire à 5 ovules. Capsule s'ouvrant en 5 valves *du sommet à la base, et ne contenant que deux graines.* Le reste comme dans le genre *Primula.* — Le genre *Gregoria* diffère du genre *Androsace* par la gorge dilatée de la corolle, et son tube allongé.

G. Vitaliana *Dub. l. c.; DC. prod.* 8, *p.* 46; *Primula Vitaliana L. sp.* 206; *DC. fl. fr.* 3, *p.* 450; *Lois. gall.* 1, *p.* 159; *Aretia Vitaliana L. syst.* 162; *Androsace lutea Lam. fl. fr.* 2, *p.* 253.—*Ic. Sesl. epist.* 69, *t.* 10, *f.* 1.—*Schultz, exsicc. n°* 919 ! ; *Endress. exsicc.* 1831 ! ; *Rchb. exsicc. n°* 259 !. — Fleurs 1-5, axillaires au sommet des rosettes et paraissant terminales par la brièveté du rameau central, qui s'allonge ensuite; pédoncules uniflores, ordinairement plus courts que les feuilles. Calice 5-fide, à divisions sublinéaires. Corolle à tube renflé dans la moitié supérieure et une fois plus long que le calice, à lobes étalés-dressés, très-entiers, ovales-lancéolés, à gorge garnie de 5 glandes concaves. Capsule à 2-3 graines, un peu plus courte que le calice. Feuilles sessiles, étroitement lancéolées-linéaires, disposées en rosettes superposées et plus ou moins distantes, éparses sur les jeunes rameaux, couvertes de poils étoilés très-courts. Tiges très-rameuses, à divisions grêles, persistantes, étalées à terre et formant d'épais gazons. — Fleurs jaunes, verdissant par la dessiccation; ce qui a lieu aussi quelquefois dans les feuilles.

Hab. Alpes de Gap, d'Embrun, de Briançon, de l'Oysans, Lautaret, Galibier, mont Genèvre, mont Aurouse, Boscodon, etc., mont Ventoux; Pyrénées, à la Galinasse, aux Sept-Hommes, val d'Eyues, au Cambredasc, Pale-de-Crabère, mont de Quenques, Port-d'Oo, de Plan, de Bénasque, pic du Midi de Bigorre et d'Ossau, Piquette d'Endretlis, Tuqueroy, etc. ♃ Juillet-août.

ANDROSACE. (Tournef. inst. p. 123, t. 46.)

Calice 5-fide. Corolle infundibuliforme ou en coupe, à 5 lobes *ordinairement entiers, resserrée* à la gorge, souvent munie de courts appendices, à tube *plus court* que le calice et *bien plus court* que le diamètre du limbe. Anthères obtuses. Style très-court. Capsule globuleuse, s'ouvrant en 5 valves de la base au sommet. Placenta globuleux. Graines *peu nombreuses* (3-5).

a. *Fleurs axillaires et solitaires au sommet des rameaux.*

A. helvetica *Gaud. helv.* 2, *p.* 105; *Koch, syn.* 669; *A. diapensia Vill. Dauph.* 2, *p.* 472; *A. bryoides DC. fl. fr.* 3, *p.* 440, *et ic. rar. t.* 7; *Dub. bot.* 381; *Aretia helvetica L. syst.* 162; *Lois. gall.* 1, *p.* 157; *Diapensia helvetica L. sp.* 203. — *Rchb. exsicc. n°* 256 ! — Fleurs *sessiles ou subsessiles.* Calice pubescent-hérissé, à divisions calicinales subaiguës. Corolle blanche, à gorge jaune, à poils simples ou un peu rameux. Placenta *globuleux,* situé au fond de la capsule. Feuilles étroitement lancéolées-oblongues, obtuses, pubescentes-hérissées, à poils *simples* et étalés ou réfléchis, obscurément atténuées à la base, très-rapprochées, imbriquées, ascendantes, formant supérieurement une rosette verte, et sur le restant de la tige une petite colonne obconique composée de feuilles desséchées et persistantes. Le diamètre de ces petites colonnes est de 4–7 millimètres sur 1–3 centimètres de long.

Hab. Alpes du Dauphiné, mont Aurouse (*Blanc*), mont Viso à la Traversette (*Gren.*), Brande en Oisans, Pourel en Champsaur, le Devoluy, Orcières, le Valgaudemar (*Vill.*). Cette espèce paraît manquer dans les Pyrénées. ♃ Juillet.

A. PUBESCENS *D C. fl. fr.* 3, *p.* 438, *et ic. rar. t.* 5 ; *Dub. bot.* 382 ; *A alpina Lap. abr.* 93 ; *Aretia pubescens Lois. gall.* 1, *p.* 157. — Fleurs à *pédoncules un peu renflés* sous le calice, dépassant ordinairement les feuilles. Calice pubescent-hérissé, à divisions lancéolées, aiguës, à poils le plus souvent rameux. Corolle blanche, à gorge d'un jaune pâle. Placenta *linéaire*, égalant la moitié de la capsule. Feuilles étroitement lancéolées-oblongues et subspatulées, obtuses, un peu atténuées à la base, plus ou moins pubescentes-hérissées, à poils simples ou quelquefois rameux, très-rapprochées, étalées ou réfléchies, formant supérieurement une rosette verte, et formant parfois sur le restant de la tige une colonne obconique composée des anciennes feuilles desséchées et persistantes. Tiges nombreuses, ordinairement réunies en épais gazon, souvent bifurquées, partant d'une souche grêle, prolongée en longue racine peu rameuse. — Le renflement du pédoncule est formé par le dédoublement des deux lames du calice dont l'interne se porte au-dessous de la capsule, tandis que l'externe se prolonge sur le pédoncule.

β. *ciliata*. Pédoncules au moins une fois plus longs que les feuilles ; celles-ci glabres sur les faces et ciliées aux bords, ne se condensant point en colonne sur les tiges. *Androsace ciliata D C. fl. fr.* 3, *p.* 441, *et. ic. rar. t.* 6 ; *Dub. bot.* 382 ; *Aretia ciliata Lois. gall.* 1, *p.* 158. — *Endress, exsicc. ann.* 1831 !

γ. *hirtella*. Pédoncules un peu plus longs que les feuilles ; celles-ci persistantes et formant sur les tiges de petites colonnes obconiques ou subcylindriques, à poils simples ou rameux-glochidiés. — *Androsace hirtella L. Duf. act. soc. lin. Bordeaux*, 8, *p.* 100.

δ. *cylindrica*. Pédoncules bien plus longs que les feuilles ; celles-ci persistantes et formant sur les tiges des colonnes obconiques et subcylindriques, au moins une fois plus amples que dans la précédente ; poils simples ou rameux-glochidiés, surtout sur les pédoncules et les calices. — *Androsace cylindrica D C. fl. fr.* 3, *p.* 439 ; *Dub. bot.* 382 ; *Andr. frutescens Lap. abr.* 92, *et suppl.* 32 ; *Aretia cylindrica Lois. gall.* 1, *p.* 158. — *Endress, exsicc. ann.* 1830.

Hab. Alpes du Dauphiné, sous les glaciers de la Grave, Lautaret aux glaciers du Bec et sur les rochers des Trois-Evéchés, le petit Galibier, la Moucherolle (*Clément*), cols qui séparent la vallée de Cervières de celle de Quayras, mont Viso à la Traversette (*Gren.*); Pyrénées, mont Perdu, pic du Midi, la Maladetta, Port-d'Oo, Tucqueroy, etc.; var. β. Port-d'Oo, Maladetta; var. γ. sommets élevés des Pyrénées occidentales, les Eaux-Bonnes; var. δ. bois de Saint-Bertrand attenant à la Houle du Marboré. ♃ Juillet-août.

Obs. La capsule assez fortement déprimée à son sommet, s'ouvre quelquefois par le bord de la partie déprimée, et la déhiscence est alors en pyxide. Lapeyrouse a, dans la var. γ., signalé ce fait, que nous avons aussi constaté; seulement il l'avait trop généralisé en ne donnant à cette espèce que ce seul mode de déhiscence. Cette variation dans le mode de déhiscence, dont nous ignorons la cause, relie bien ce groupe à celui des Anagallidées

A. imbricata *Lam. dict.* 1, *p.* 162; *et ill. t.* 98, *f.* 4; *D C. fl. fr.* 3, *p.* 439; *Dub. bot.* 382; *A. argentea Gærtn. fruct.* 3, *t.* 198, *f.* 4; *A tomentosa Schl. exsicc*; *Gaud. helv.* 2, *p.* 109; *A. Aretia et argentea Lap. abr.* 91; *Aretia argentea Lois. gall.* 1, *p.* 157. — *Endress, exsicc. ann.* 1829-31 !; *Rchb. exsicc.* n° 257 ! — Fleurs à pédoncules tantôt plus courts, tantôt plus longs que le calice, et dépassant quelquefois les feuilles. Calice *tomenteux, à poils étoilés*, à divisions lancéolées, obtuses. Corolle blanche et à tube et gorge pourprés. Feuilles lancéolées, obtuses, *argentées-tomenteuses, à poils étoilés*, ascendantes, imbriquées sur les tiges en petites colonnes plus étroites à la base qu'au sommet, et de même dimension que celles de l'*A. helvetica*.

Hab. Pyrénées, commune sur les sommets élevés depuis la vallée d'Eynes jusqu'au port de Bénasque, où elle paraît s'arrêter; Alpes du Dauphiné, mont Viso à la Traversette (*Gren.*), Revel près de Grenoble (*Clément*). l'Oisans, Allevard, Sept-Laus, (*Vill.*). ♃ Juin-juillet.

A. pyrenaica *Lam. ill. p.* 432; *D C. fl. fr.* 3. *p.* 438; *Dub. bot.* 382; *A diapensoides Lap. abr.* 93, *et suppl.* 34, *et fl. pyr. t.* 3; *Aretia pyrenaica Lois. gall.* 1, *p.* 158. — *Endress, exsicc. ann.* 1831 ! — Fleurs à pédoncules 1-2 fois plus longs que les feuilles, recourbés, brièvement pubescents et *munis au-dessous de la fleur de* 2-3 *bractées lancéolées, aiguës.* Calice pubescent, à divisions lancéolées, aiguës, portant une carène sur le dos. Corolle.... Feuilles *linéaires*, obtuses, ascendantes-recourbées, pubescentes et ciliées à poils simples, *portant une carène sur le dos*, imbriquées, persistantes et recouvrant les tiges.

Hab. Pyrénées, mont d'Averan, port de Bénasque, lac d'Oo, mont Saint-Mamet, Esquierry, Bond-de-Seculejo, lac d'Espingo, pied de Caunale. ♃ Septembre-octobre.

b. *Fleurs en ombelle au sommet d'un pédoncule radical, et munies d'un involucre polyphylle.*

* *Souche vivace, produisant des rameaux gazonnants; ovaires renfermant* 5-10 *ovules, et* 25-50 *dans l'A. obtusifolia.*

A. villosa *L. sp.* 203; *D C. fl. fr.* 3, *p.* 441; *Dub. bot.* 382; *Lois. gall.* 1, *p.* 159; *Vill. Dauph.* 2, *p.* 475; *Lap. abr.* 95. — *Ic. Jacq. coll.* 1, *t.* 12, *f.* 3. — *Endress, exsicc. ann.* 1829 (*var.*

exscapa)! — Fleurs en ombelle, portées par des pédoncules radicaux de 5-10 centimètres, *couverts de longs poils blancs simples et presque laineux;* pédicelles *velus,* ainsi que l'involucre qu'ils dépassent peu ou point au moment de l'anthèse ; involucre à folioles elliptiques-lancéolées, entières, *velues*. Calice ovoïde, à lobes ovales. Corolle blanche ou rosée, à gorge purpurine ou jaunâtre. Capsule ovoïde ; graines comprimées, oblongues. Feuilles lancéolées-oblongues, *longuement ciliées et couvertes sur le dos de très-longs poils simples, blancs et soyeux,* presque nues sur la face supérieure, devenant presque glabres en vieillissant, réunies en rosette subglobuleuse, très-dense au sommet des rameaux; ceux-ci très-nombreux, *rampants, étalés en gazon,* portant les débris des rosettes anciennes plus ou moins espacées.

Hab. Pyrénées, Cambredases, vallée d'Eynes, Costa-Bona, Tabe, pic de Gard, pic du Midi, les Cougous, port de Pinède, Tucqueroy, Houle-du-Marboré: Alpes du Dauphiné, sur les gazons et rochers calcaires de la Grande-Chartreuse et de Grenoble à Die; mont Ventoux; le haut Jura, la Dôle! Cette espèce manque dans l'Auvergne et les Vosges. ♃ Juin-juillet.

A. LACTEA *L. sp.* 204; *D C. fl. fr.* 3, *p.* 442; *Dub. bot.* 383; *Lois. gall.* 1, *p.* 158; *A. pauciflora Vill. Dauph.* 2, *p.* 477, *t.* 15. — Fleurs en ombelle, portées par un pédoncule de 5-12 centimètres, très-glabre, ainsi que les pédicelles; ceux-ci au nombre de 2-3, rarement solitaires, longs de 1-2 centimètres, souvent inégaux, 5-8 fois plus longs que l'involucre; celui-ci à folioles lancéolées, entières, *très-glabres*. Calice turbiné, *très-glabre,* dilaté supérieurement, à divisions ovales, lancéolées, subaiguës, Corolle grande, très-blanche, à divisions *échancrées en cœur*, à gorge jaune et munie de 10 écailles. Capsule subglobuleuse, de la longueur du calice ; graines oblongues, comprimées et chagrinées. Feuilles étroites, sublinéaires, obtuses, portant quelquefois à leur sommet et sur leurs bords quelques poils courts ; les nouvelles étalées, les anciennes réfléchies, très-nombreuses, réunies en rosettes tantôt sessiles, tantôt portées par les rameaux allongés, dressés, nus, d'un rouge foncé, nombreux, réunis en gazons sur les rochers.

Hab. Alpes calcaires du Dauphiné, le Vercors, le Glandas (*Vill.*) la Moucherolle (*Clément*) etc.; sommets du Jura septentrional, le Mont-d'Or dans le Doubs (*Gren.*). Cette espèce n'a point encore été vue dans les Pyrénées, l'Auvergne et les Vosges. ♃ Juin-juillet.

A. CARNEA *L. sp.* 204; *D C. fl. fr.* 3, *p.* 442; *Dub. bot.* 383; *Lois. gall.* 1, *p.* 159; *Vill. Dauph.* 2, *p.* 479; *Gaud. helv.* 2, *p.* 101, *t.* 1; *All. ped.* 1, *p.* 90, *t.* 5, *f.* 2; *Godr. fl. lorr.* 2, *p.* 223; *Lap. abr.* 95; *Lecoq et Lam. cat.* 308. — *Ic. Hall. helv. t.* 17. — *Schultz, exsicc. n°* 716!; *C. Billot, exsicc. n°* 622!; *Rchb. exsicc. n°* 1013! — Fleurs en ombelle, portées par un pédoncule de 3-10 centimètres et *couvert, ainsi que les pédicelles, de poils étoilés très-courts;* pédicelles au nombre de 4-7, inégaux, dressés, ordinairement 2-4 fois aussi longs que l'involucre, et rarement plus courts. Folioles de l'involucre ovales-acuminées, *presque glabres, gibbeuses* à la base. Calice glabrescent, pentangulaire, turbiné, à divisions lancéolées, aiguës, vertes, à tube blanchâtre. Corolle rose, à lobes obovés et entiers, à gorge jaune et munie de 5 écailles. Capsule ovoïde. Graines elliptiques, comprimées. Feuilles *linéaires, aiguës, très-étroites et insensiblement atténuées de la base au sommet,* d'abord dressées, puis réfléchies, un peu charnues, carénées sur le dos, pubérulentes sur les faces et portant aux bords des cils courts et écartés. Souche rameuse; rameaux courts ou allongés, terminés par d'épaisses rosettes qui produisent les scapes.

Hab. Sommets élevés des Alpes et des Pyrénées; monts Dores et Cantal; Vosges, au sommet du Ballon de Soultz. Manque dans le Jura. ♃ Juillet-août.

A. obtusifolia *All. ped.* 1, *p.* 90, *t.* 46, *f.* 1; *Dub. bot.* 383; *Lois. gall.* 1, *p.* 158; *A. lactea Vill. Dauph.* 2, *p.* 476 (*non L.*); *A. chamæjasme* γ. *D C. fl. fr.* 3, *p.* 443.— *Ic. Dalech. hist.* 1204, *f.* 3. — *Rchb. exsicc. n°* 1012! — Fleurs en ombelle, portées par des pédoncules de 4-10 centimètres, *brièvement tomenteux, à poils étoilés, ainsi que les pédicelles;* ceux-ci 1-5 fois aussi longs que l'involucre; celui-ci à folioles lancéolées, aiguës, entières, brièvement ciliées et pubescentes. Calice pentangulaire, en toupie, pubérulent, à lobes lancéolés, aigus. Corolle blanche ou rose, à tube et ombilic jaunes, à divisions très-entières ou à peine émarginées. Capsule ovoïde. Graines comprimées, oblongues. Feuilles *lancéolées-oblongues,* subspatulées, obtuses, ciliées à poils simples et courts, presque glabres sur les faces, réunies en rosettes planes au sommet de la souche ou des rameaux peu nombreux.— Les pédoncules portant ordinairement 2-5 fleurs, se montrent quelquefois uniflores.

Hab. Alpes du Dauphiné, Lautaret, mont St.-Michel près de La Mure, mont Viso, mont de Lans, l'Oisans, le Dévoluy, le Briançonnais, mont Genèvre, etc. ♃ Juin-juillet.

** *Racine annuelle ou bisannuelle, dépourvue de rejets, couronnée par les feuilles qui de leur aisselle produisent les pédoncules; ovaire contenant 15-30 ovules.*

A. septentrionalis *L. sp.* 203; *D C. fl. fr.* 3, *p.* 444; *Dub. bot.* 383; *Lois. gall.* 1, *p.* 158; *A. brevifolia Vill. Dauph.* 2, *p.* 480, *t.* 15.— *Ic. Lam. ill. t.* 98, *f.* 2.— *Rchb. exsicc. n°* 7! — Fleurs en ombelle, portées par des pédoncules de 6-10 centimètres, *tous dressés, finement tomenteux,* à poils courts et étoilés, ainsi que les pédicelles; ceux-ci ordinairement *nombreux,* rarement 2-3, inégaux et variant de 1-2 centimètres, grêles et *dressés,* 5-6 fois aussi longs que l'involucre; celui-ci à folioles petites, linéaires, aiguës, un peu renflées et prolongées à la base. Calice très-glabre, pentangulaire, *turbiné-obové,* à divisions ovales, aiguës, vertes, à tube blanchâtre. Corolle petite, *dépassant un peu* le calice, blanche ou rosée, à gorge jaune, à lobes obovés et entiers. Capsule subglobuleuse, dépassant faiblement le calice *non accru à la maturité.* Feuilles lancéolées-oblongues, subaiguës, munies de dents écartées et peu profondes, rarement entières, atténuées à la base, réunies en rosette et couronnant la racine grêle, annuelle ou bisannuelle. — Scapes solitaires ou nombreux au centre de chaque rosette. La plante du Lautaret est identique à celle que nous avons plusieurs fois reçue d'Upsal, et vue dans l'herb. norm. de Fries, fasc. 8, n° 14!

Hab. Très-commune au Lautaret, au-dessous de la Cabane, et sur le mont Genèvre. (1) et (2) Mai-juin.

A. Chaixi *Gren. et Godr.; A. septentrionalis Vill. Dauph.* 2, *p.* 281 (*non L*).— Fleurs en ombelle, portées par des pédoncules de 1-2 décimètres, le central dressé, les latéraux étalés, très-finement pubérulents ou presque glabres, à poils très-courts, obscurément étoilés et très-caducs; pédicelles *peu nombreux,* pubérulents, très-inégaux, variant de 1 à 4 centimètres, grêles, souvent flexueux, *étalés ou divariqués,* 5-10 fois aussi longs que l'involucre; celui-ci à folioles petites, lancéolées, aiguës, entières ou dentées, un peu prolongées à la base. Calice glabre, pentangulaire, largement turbiné, à divisions ovales, aiguës, vertes et d'un tiers plus courtes que le tube blanchâtre. Corolle rose, à lobes obovés-tronqués, 1-2 *fois plus longue* que le calice. Capsule égalant le calice *largement accru et élargi à la maturité, alors d'un tiers plus large que long,* et représentant une toupie très-déprimée. Graines grosses, noirâtres, chagrinées, déprimées sur la face interne, égalant 3 millimètres de long sur 2 de large. Feuilles lancéolées-oblongues, subaiguës, munies de quelques dents écartées, atténuées à la base, réunies en rosette et couronnant la racine simple, grêle et annuelle ou bisannuelle.—Scapes solitaires ou nombreux au centre de chaque rosette.

Hab. Forêt de Loubet, sous le mont Aurouse près de Gap! (*Chaix*); la Baume sur Sisteron! (*de Fontvert*); mont Ventoux; Castellane!, dans le Var (*Duval*). (1) et (2) Avril-mai.

Obs. — Cette espèce diffère de l'*A. elongata L.*, avec lequel elle a d'intimes rapports, par sa corolle double du calice; par son calice à lobes ovales, aigus aussi larges que longs, et non acuminés, égalant la moitié ou au plus les deux tiers de la longueur du tube lors de l'anthèse, puis s'accroissant et s'étalant horizontalement; par le tube calicinal s'accroissant et surtout s'élargissant beaucoup à la maturité; par les folioles de l'involucre plus petites et prolongées à la base; par son inflorescence plus étalée; enfin par la pubescence moindre des pédicelles et du pédoncule. Elle se rapproche aussi de l'*A. filiformis Retz.*; mais ce dernier a les pédicelles beaucoup plus nombreux, et les calices non accrus à la maturité; ils sont en outre de moitié plus petits, ainsi que la capsule. M. Fischer nous a envoyé de Dahurie, sous le nom de *A. septentrionalis*, une plante qui nous semble identique à celle du Dauphiné.

A. maxima *L. sp.* 203; *DC. fl. fr.* 3, *p.* 444; *Dub. bot.* 383; *Lois. gall.* 1, *p.* 158; *Godr. fl. lorr.* 2, *p.* 223; *Lap. abr.* 95; *Lecoq et Lam. cat.* 308; *Boreau fl. centr.* 342. — *Ic. Clus. hist.* 2, *p.* 134. — *Schultz, exsicc. n°* 717!; *C. Billot, exsicc. n°* 442!;

Rchb. exsicc. n° 260 ! — Fleurs en ombelle, portées par des pédoncules de 5-15 centim., le central dressé, les latéraux étalés, tous munis de poils simples et crispés, ainsi que les pédicelles; ceux-ci de 1-2 centimètres, ordinairement 1-2 fois aussi longs que l'involucre, rarement plus courts, peu nombreux (3-8); folioles de l'involucre étalées, très-grandes (6-10 millimètres de long sur 3-6 de large), obovées, obtuses, pubescentes. Calice *velu, devenant très-grand à la maturité* (7-10 millimètres de long), à tube *globuleux*, divisé en 5 lobes étalés, ovales et quelquefois dentelés. Corolle *bien plus courte que le calice*, blanche, à gorge jaune plissée et non contractée, comme dans les précédentes, à limbe concave, divisé en segments obovés et entiers. Capsule globuleuse. Graines très-grosses, *velues* sur les angles très-saillants. Feuilles réunies en rosette radicale, un peu épaisses, glabres ou presque glabres, elliptiques, dentées dans leur moitié supérieure.

Hab. Toulon (*Robert*); Montpellier (*Gouan*); Alzon dans le Gard (*de Pouzolz*); Pyrénées-Orientales, Collioure, Bagnols, Mont-Louis (*Lap.*); Dauphiné, Gap, le Champsaur, Die, la Mure, Guillestre (*Vill. et Mut.*); Puy-de-Dôme, Allier, Lozère (*Lecoq et Lam.*); presque tout le cours de la Loire (*Boreau*); la Vienne (*Delastre*); Maine-et-Loire (*Desv.*); Bourgogne, Dijon (*Fleurot*); Troyes (*Des Etangs*); Lorraine (*Godr.*). ① Avril-mai.

CYCLAMEN. (Tournef. inst. p. 158, t. 68.)

Calice 5-partite. Corolle 5-partite, à divisions *allongées et réfléchies*, à tube court et subglobuleux, à gorge renflée. Anthères cuspidées. Placenta globuleux. Capsule s'ouvrant dans toute sa longueur en 5 valves *réfléchies*. — Pédoncules roulés en spirale après l'anthèse (excepté dans le *C. persicum*).

C. EUROPÆUM *L. sp.* 207; *DC. fl. fr.* 3, *p.* 452; *Dub. bot.* 385; *Lois. gall.* 1, *p.* 163 (*excl. non null. loc. nat. auct. gall.*). — *Ic. Lam. ill. t.* 100; *Clus. hist.* 1, *p.* 264; *Morison, sect.* 13, *t.* 7, *n°* 17. — *Schultz, exsicc. n°* 1138 !; *C. Billot, exsicc.* 166 !; *Rchb. exsicc. n°* 630 ! — Fleurs odorantes, penchées, solitaires à l'extrémité d'un long pédoncule radical dressé, égalant ou dépassant les feuilles et se roulant en spirale après la fécondation de manière à enfouir la capsule, scabre-tuberculeux, ainsi que les calices. Calice *à peine égal* au tube de la corolle, divisé en 5 lobes ovales, aigus, aussi larges que longs, denticulés. Corolle rose, à tube large, urcéolé, à gorge *entière*, très-ouverte et purpurine, à divisions lancéolées-oblongues, aiguës, ciliolées, 3-4 fois aussi longues que le tube, dressées et contournées en spirale avant l'anthèse, puis réfléchies. Feuilles paraissant avec la fleur, portées par des pétioles scabres-tuberculeux, plus longs que le limbe; celui-ci *ovale et aigu, ou réniforme très-obtus*, entier ou denticulé, ou crénelé à dentelures *mutiques*, mais *non anguleux*, échancré à la base dont les bords sont distants ou imbriqués, glabre sur les deux faces, vert et souvent maculé de blanc en dessus, devenant pourpre-violet en dessous. Souche tuberculeuse, globuleuse ou déprimée, produisant quelquefois une espèce de rhizome plus ou moins allongé qui porte des feuilles et des fleurs.

Hab. Disséminé dans la chaîne du Jura, Morteau, la Billaude, etc.; confins de la Provence et du Dauphiné, Ribiers, Reynier, etc. (*Vill.*); La Loire et la Vienne (*Boreau*). ♃ Août-octobre.

C. neapolitanum *Ten. fl. nap. prod. suppl.* 2, *p.* 66; *Dub. in DC. prod.* 8, *p.* 57; *Des Moul. Cycl. Gir.* 33 (1851); *C. hederifolium Koch, syn.* 680; *Gaud. helv.* 2, *p.* 74; *C. europæum Thore, Chl. land.* 58; *C. ficariifolium Des Moul. l. c.* — Calice égalant le tube globuleux de la corolle, divisé en lobes ovales-lancéolés, *obtus*. Corolle rose, maculée de violet à la gorge; celle-ci non resserrée, *pentangulaire et à dix dents*. Style à peine saillant. Feuilles d'abord ovales ou ovales-arrondies, puis *crénelées et anguleuses*, à 7–9 lobes *obtus et non mucronés*, en cœur à la base et à oreilles arrondies et anguleuses, écartées et plus rarement rapprochées; limbe parfois nul (*C. linearifolium DC. fl. fr.* 3, *p.* 453, *et ic. rar. t.* 8). Souche grosse, tuberculeuse, *couverte de radicules*, souvent prolongée en rhizome qui atteint parfois un décimètre.

Hab. Corse, Corté, Vico; Marseille! (*Blaise*), etc.; la Gironde (*Des Moul.*); environs d'Auch, dans le Gers! (*Irat*); forêt d'Orléans (*Pelletier*). ♃ Septembr.

C. repandum *Sibth. et Smith, fl. gr. t.* 186; *Guss. fl. sic.* 1, *p.* 235; *C. vernum J. Gay in Cambess. en. Balear.* 1827; *Rchb. fl. exc.* 1, *p.* 407; *Bertol. ital.* 2, *p.* 405; *C. hederæfolium Ait. Kew.* 1, *p.* 196; *Ten. syll.* 90; *Dub. bot.* 385; *Lois. gall.* 1, *p.* 163; *C. ficariifolium Rchb. fl. exc.* 407 (*tempore florendi*). — *Ic. Clus. hist.* 1, *p.* 265, *f. dextr.*; *Lob. ic.* 605. — *Rchb. exsicc. n°* 1243!; *Soleirol, exsicc. n°* 3493! — Calice plus long que le tube de la corolle, divisé en lobes ovales-lancéolés, acuminés. Corolle d'un blanc rosé, presque une fois plus longue que dans le *C. europæum*, à gorge *entière*, d'un rouge violet. Style *saillant*. Feuilles *entières* et non dentées, ovales, en cœur à la base, *anguleuses*, à 5–7 angles très-saillants, inégaux, *aigus et mucronés*. Souche en forme de tubercule égal au volume d'une noisette, presque dépourvue latéralement de radicules, à prolongement rhizomateux nul ou très-court (1–2 centim.). — Le reste comme dans le *C. europæum*.

Hab. Anduze dans le Gard (*Lecoq et Lam.*); les Capouladoux près de Montpellier! (*Magnol*); Bois, près de Draguignan (*DC.*); toutes les montagnes de Corse! C'est probablement ici qu'il faut citer la localité assignée par Lapeyrouse au *C. europæum*: Saint-Paul de Fenouillèdes. ♃ Avril-Mai.

Obs. — Nous avons adopté le nom de *C. repandum* de préférence à celui de *C. vernum*, parce qu'il est généralement admis que, pour les noms spécifiques, on ne doit pas remonter au-delà de Linné. S'il en était autrement, une foule de noms du *Species* de Linné seraient à changer. De plus, le nom de *C. hederæfolium*, successivement appliqué à presque toutes les espèces, les *C. europæum et persicum* exceptés, nous a paru devoir être abandonné.

SOLDANELLA. (Tournef. inst. p. 82, t. 16.)

Calice 5-partite. Corolle campanulée-infundibuliforme, *à 5 divisions multifides.* Anthères acuminées par le prolongement du connectif. Capsule *cylindrico-conique*, 2-3 fois aussi longue que large, s'ouvrant au sommet *par un opercule*, qui par sa chute laisse voir le bord *multidenté.*

S. ALPINA *L. sp.* 206; *D. C. fl. fr.* 3, *p.* 451; *Dub. bot.* 385; *Lois. gall.* 1, *p.* 161; *S. montana Lecoq et Lam. cat.* 309; *Boreau, fl. centr.* 343 (*non Willd.*)—*Ic. Morison, sect.* 3, *t.* 15, *f.* 8; *Clus. hist.* 1, *p.* 308. — *Rchb. exsicc. n°* 1555! — Fleurs 2-4 au sommet d'un pédoncule radical; celui-ci de 5-15 centimètres, glabre inférieurement, *tuberculeux-glanduleux* dans sa partie supérieure, ainsi que les pédicelles; ceux-ci penchés pendant l'anthèse, inégaux, variant de 5 à 15 millimètres, puis dressés et dépassant souvent 3-4 centimètres à la maturité; bractées lancéolées-linéaires, bien plus courtes que les pédicelles. Calice à tube conique, à limbe profondément divisé en 5 lobes sublinéaires, obtus. Corolle campanulée, divisée jusqu'au-delà du milieu en lanières linéaires, obtuses; écailles de la gorge à peine plus courtes que les filets des étamines, et *soudées avec eux* (*Gay*), ovales, *plus larges que longues, incisées-dentées.* Style égalant ou dépassant la corolle. Feuilles munies d'un pétiole pulvérulent-glanduleux, bien plus long que le limbe; celui-ci charnu-coriace, luisant, orbiculaire et réniforme, très-entier ou obscurément crénelé. Souche oblique.

Hab. Hautes cimes du Jura, la Dôle, le Reculet; monts Dores et Cantal; Alpes et Pyrénées; manque dans les Vosges. ♃ Juillet-août.

S. MONTANA *Willd. en. hort. ber.* 1, *p.* 192; *Koch, syn.* 679; *Gay, not. Endr. p.* 18 (1832); *S. villosa Darracq ann. soc. lin. Bord.* 6, *mélang. p.* 2. — *Rchb. exsicc. n°* 2059! — Pédoncules, pédicelles, calices et pétioles *brièvement pubescents*, *à poils* parfois *longs et moniliformes.* Ecailles de la corolle égalant les filets des étamines, et *non soudées avec eux* (*Gay*), *ovales-oblongues*, aussi longues que larges, *échancrées et à lobes très-entiers.* Le *S. montana* est ordinairement plus développé dans toutes ses parties que le *S. alpina;* à cela près, les autres caractères sont les mêmes. La plante des Pyrénées est en outre plus pâle, et un peu plus velue que celle du Tyrol.

Hab. Mont Harza, près Itsatson, Basses-Pyrénées (*Endress*, 1831); Pas-de-Roland!, près de Cambo, Basses-Pyrénées (*Richter*). ♃ Avril-mai.

Obs. Nous n'avons point encore vu des Alpes du Dauphiné, ni des Pyrénées le *S. pusilla Baumg.*, distinct par ses feuilles réniformes en cœur, son scape uniflore, ses pédicelles tuberculeux, sa corolle fimbriée jusqu'au tiers seulement, et par l'absence d'écailles à la gorge de la corolle plus longue que le style. Nous n'avons point vu non plus le *S. minima Hoppe*, à feuilles orbiculaires, à scape uniflore, à pédicelles glanduleux-pubescents, à corolle divisée jusqu'au tiers et à écailles très-petites ou nulles.

Subtrib. 2. LYSIMACHIEÆ *Endl. gen.* 732. — Fleurs portées *par des tiges* plus ou moins rameuses.

GLAUX. (Tournef. inst. p. 80, t. 60.)

Calice campanulé, 5-fide, *pétaloïde*. Corolle *nulle*. Etamines 5, alternant avec les lobes du calice. Capsule à 5 valves. Graines peu nombreuses.

G. MARITIMA *L. sp.* 301 ; *DC. fl. fr.* 4, *p.* 411 ; *Dub. bot.* 385; *Lois. gall.* 1, *p.* 164 ; *Lam. ill. t.* 141. — *Schultz, exsicc. n°* 506! ; *C. Billot, n°* 167! ; *Rchb. exsicc. n°* 2057! — Fleurs axillaires, solitaires, sessiles à l'aisselle des feuilles et disposées en longues grappes feuillées. Calice à divisions ovales-oblongues, obtuses, d'un blanc rosé. Capsule ovoïde. Feuilles opposées, ordinairement plus longues que les entre-nœuds, un peu charnues, lancéolées-oblongues, très-entières, sessiles, un peu rugueuses, uninerviées. Tiges de 4-15 centimètres, décombantes puis redressées, souvent rameuses. Racine simple ou fibreuse. — Plante glabre et glauque dans toutes ses parties.

Hab. Bords de l'Océan et de la Méditerranée; Salines près de Clermont (*Lecoq et Lam.*). ♃ Juin.

ASTEROLINUM. (Link et Hoffm. fl. port. 332.)

Calice 5-partite. Corolle 3-4 *fois plus courte* que le calice, 5-partite, à tube court, à limbe en roue et subcampanulé. Etamines 5, à filets *plus longs* que la corolle. Capsule entourée par le calice et la corolle *persistants, à 5 valves*, renfermant 2-3 graines.

A. STELLATUM *Link et Hoffm. l. c.; Dub. bot.* 380 ; *Lysimachia Linum-stellatum L. sp.* 211 ; *DC. fl. fr.* 3, *p.* 436 ; *Lois. gall.* 1, *p.* 162. — *Ic. Magn. bot.* 163. — *Schultz, exsicc. n°* 325! ; *Rchb. exsicc. n°* 1924! — Fleurs nombreuses, en grappe simple et terminale, portées par des pédoncules solitaires, axillaires, uniflores, bien plus courts que les feuilles, penchés, nus, et égalant environ le calice. Celui-ci à divisions lancéolées-linéaires, acuminées et aristées, serrulées aux bords, étalées en étoile. Corolle en roue, étalée, beaucoup plus courte que le calice (2 millim.), d'un blanc-verdâtre, à divisions arrondies. Capsule globuleuse, bien plus courte que le calice, divisée jusqu'à la base en 5 valves entières. Graines subglobuleuses et tuberculeuses. Feuilles opposées, lancéolées, acuminées, subpétiolées, étalées, denticulées aux bords. Tige grêle, rameuse et décombante, ou bien simple et dressée. Racine grêle, annuelle.

Hab. Toute la région des oliviers de Nice à Perpignan ; bords de l'Océan de Bayonne jusqu'au-delà de Nantes. ① Avril-mai.

LYSIMACHIA. (L. gen. 205.)

Calice 5-partite. Corolle 5-partite, en roue ou subcampanulée, à tube court, plus longue que le calice. Etamines 5, augmentées souvent de 5 filets stériles. Capsule à 5-10 valves, s'ouvrant au sommet par autant de dents, ou bivalves et à valves bi-trifides. Graines nombreuses.

a. *Fleurs en grappes axillaires.*

L. thyrsiflora *L. sp.* 209; *Dub. bot.* 380; *Lois. gall.* 1, *p.* 162; *Naumburgia thyrsiflora Mœnch, meth. suppl.* 23. — *Ic. Clus. hist.* 2, *p.* 53. — *Schultz, exsicc. n°* 918!; *Rchb. exsicc. n°* 1009! — Fleurs en grappes axillaires, pédonculées, denses et cylindriques, plus courtes que la feuille à l'aisselle de laquelle elles naissent; pédicelles ordinairement plus courts que la fleur; bractées linéaires. Calice à divisions linéaires, subaiguës. Corolle jaune, ponctuée de noir, ainsi que le calice, divisée presque jusqu'à la base en lanières linéaires-obtuses, et séparées par de petites dents. Etamines de la longueur des pétales. Capsule ovoïde, ponctuée de noir, de moitié plus courte que le calice. Feuilles opposées, ou ternées et quaternées, lancéolées-allongées, plus longues que les entre-nœuds, ponctuées, embrassantes à la base. Souche allongée, rampante, émettant des stolons, munie d'un abondant chevelu.

Hab. Abbeville, dans la Somme (*Tillette*); entre Deux-Ponts et Sarrebruck, frontière du Nord (*Schultz*); Lyon (*Latour*). Mutel prête à Chaix la découverte de cette espèce près de Gap; mais nous n'avons pu constater l'origine de cette assertion, ni la présence de la plante au lieu cité. Cette espèce est-elle bien française? ♃ Juin-juillet.

b. *Fleurs en grappes terminales; étamines saillantes.*

L. Ephemerum *L. sp.* 209; *D C. fl. fr.* 5, *p.* 381; *Dub. bot.* 380; *Lois. gall.* 1, *p.* 162; *Lap. abr.* 99; *L. Otani Asso, arrag.* 22, *t.* 2, *f.* 1; *L. glauca Mœnch, meth.* 511. — *Ic. Dod. pempt.* 203; *J. B. hist.* 2, *p.* 903, *f. sup.*; *Lob. obs.* 191, *f. sin.* — *Schultz, exsicc. n°* 1308!; *Endress, exsicc. ann.* 1829-30! — Fleurs solitaires et naissant à l'aisselle d'une bractée linéaire, formant par leur ensemble une longue grappe (1-3 décimèt.) terminale; pédicelles de 6-12 millimètres, plus longs que la fleur et que la bractée. Calice à divisions ovales, obtuses. Corolle blanche, un peu plus courte que les étamines, à divisions ovales, obtuses, 2 fois plus longues que le calice. Capsule globuleuse, dépassant le calice, et s'ouvrant au sommet par 5 dents aiguës. Feuilles opposées, lisses, glauques, lancéolées-allongées, très-entières, embrassantes et décurrentes à la base. Souche grosse, dure, presque horizontale, portant des racines fibreuses.

Hab. Pyrénées-Orientales, de Perpignan, Villefranche, Olette, etc., à Bagnères-de-Luchon. ♃ Août.

Obs. D'après les figures citées par Linné, et la phrase spécifique par laquelle il caractérise cette plante, nous ne doutons point que la plante des Pyrénées ne soit aussi la sienne. L'immortel auteur du *Species* a pu faire erreur sur le lieu d'origine et la durée de la plante, mais elle n'en reste pas moins très-reconnaissable, et pour ces raisons nous n'avons point adopté la dénomination proposée par Asso.

c. *Fleurs solitaires ou en panicules axillaires; étamines incluses.*

L. VULGARIS *L. sp.* 209; *D C. fl. fr.* 3, *p.* 434; *Dub. bot.* 380; *Lois. gall.* 1, *p.* 161. — *Ic. Math. comm.* 2, *p.* 298; *Dod. pempt.* 84. — Fleurs disposées *en grappes rameuses*, pédonculées et terminales, formant une large panicule; pédicelles égalant la fleur. Calice à divisions lancéolées, acuminées-subulées, ciliées, bordées d'une marge rouge. Corolle d'un beau jaune, 2-3 fois plus grande que le calice, à segments ovales, munis supérieurement de petites glandes jaunâtres. Filets des étamines *soudés dans leur tiers inférieur* et couvrant l'ovaire. Feuilles opposées, ou ternées et quaternées, brièvement pétiolées, ponctuées de noir, *ovales-lancéolées, aiguës*, entières ou sinuées, plus pâles et pubescentes en dessous. Tige *dressée*, subquadrangulaire, simple ou rameuse. Racine rampante. — Plante mollement velue.

Hab. Bords des ruisseaux, et lieux humides. ♃ Juin-juillet.

L. NUMMULARIA *L. sp.* 211; *D C. fl. fr.* 3, *p.* 435; *Dub. bot.* 380; *Lois. gall.* 1, *p.* 162. — *Ic. Fuchs. hist.* 401; *Dod. pempt.* 590, *f. sup.* — Fleurs *solitaires et axillaires*, pédonculées et opposées; pédoncules 4-angulaires, un peu plus courts que la feuille. Calice à segments *ovales-acuminés, en cœur* à la base. Corolle 2-3 fois aussi longue que le calice, à segments ovales, ponctuée intérieurement de glandes jaunâtres. Filets des étamines brièvement soudés à la base et n'enveloppant pas l'ovaire. Feuilles opposées, brièvement pétiolées, glabres, ponctuées de brun, *orbiculaires, très-obtuses*, entières ou en cœur à la base. Tiges *couchées, rampantes*, 4-angulaires, ordinairement simples.— Plante tout à fait glabre.

Hab. Prairies humides, bords des fossés. ♃ Juin-juillet.

L. NEMORUM *L. sp.* 211; *D C. fl. fr.* 3, *p.* 435; *Dub. bot.* 380; *Lois. gall.* 1, *p.* 162; *Lerouxia nemorum Mérat, fl. par. éd.* 3, *p.* 152. — *Ic. Clus. hist.* 2, *p.* 182, *f.* 2; *Morison, sect* 5, *t.* 26, *n°* 5. — *Schultz*, *exsicc. n°* 1137 ! ; *Rchb. exsicc. n°* 755 ! ; *Fries, herb. norm.* 1, *n°* 21 ! — Fleurs *solitaires et axillaires*, pédonculées et opposées; pédoncules filiformes, recourbés à la maturité, plus longs que les feuilles. Calice à segments *lancéolés-linéaires, subulés*. Corolle jaune, trois fois aussi longue que le calice, à segments ovales, obtus, serrulés. Filets des étamines *libres* à la base. Feuilles opposées, écartées, brièvement pétiolées, glabres, *ovales, aiguës*, serrulées aux bords. Tiges grêles, *couchées puis redressées*, à la fin radicantes à la base, ordinairemt simples. — Plante glabre.

Hab. Vosges, Jura, Alpes, Auvergne, Pyrénées, l'Ouest et le centre de la France; région méditerranéenne? Cette plante nous paraît principalement silicicole. ♃ Juin-juillet.

TRIENTALIS. (L. gen. 461.)

Calice 5-7-*partite*, ouvert. Corolle en roue, 5-7-*partite*. Etamines 5-7, insérées sur l'anneau, et opposées aux divisions de la corolle. Capsule un peu charnue, à 5-7 *valves roulées* en dehors. Graines peu nombreuses. — Le nombre sept, qui prédomine dans tous les verticilles floraux, permet de distinguer facilement ce genre de ceux du même groupe.

T. EUROPÆA *L. sp.* 488; *D C. fl. fr.* 5, *p.*382; *Dub. bot.* 381; *Lois. gall.* 1, *p.* 271. — *Ic. Morison, sect.* 12, *t.* 10, *f. ult.*; *J. B. hist.* 3, *p.* 536. — *Schultz, exsicc. n°* 502!; *C. Bill. exsicc. n°* 439!; *Rchb. exsicc. n°* 1442! — Fleurs 1-3, portées par des pédoncules axillaires, filiformes, dressés, uniflores, glabres ainsi que le reste de la plante, égalant environ la largeur des feuilles. Calice persistant, divisé jusqu'à la base en 6-7 lanières linéaires, acuminées, plus courtes que la corolle. Celle-ci blanche avec un anneau jaune, quelquefois un peu rose extérieurement, en roue, plane, à divisions ovales-lancéolées, plus longues que les étamines. Graines ovoïdes, trigones, aiguës, fixées au réceptacle globuleux. Feuilles 7-9, presque toutes rapprochées en rosette terminale, étalées, sessiles, très-entières, lancéolées; les inférieures souvent obtuses; les supérieures aiguës. Tige de 1-2 décimètres, dressée, très-simple, feuillée au sommet, nue dans le reste de sa longueur ou portant seulement quelques feuilles très-réduites. Racines fibreuses.

Hab. Bois de la Mure près de Grenoble (*Dalechamp*); forêt des Ardennes près de Saint-Hubert (*Redouté, D C.*); Pyrénées, Vieille (*Lap.*). Nous n'avons pu nous procurer cette espèce provenant des localités citées, et peut-être serait-il mieux de la rayer du nombre des espèces fançaises. ♃ Mai-juin.

CORIS. (Tournef. inst. p. 652, t. 425.)

Calice *campanulé-tubuleux*, oblique, subbilabié, à *limbe double*; l'externe à lobes alternant avec ceux de l'interne, à dents spinescentes, inégales, étalées; limbe interne à 5 divisions triangulaires, les deux supérieures plus grandes, conniventes lors de la fructification. Corolle tubuleuse, à limbe 5-fide, bilabié, à divisions émarginées; les 2 antérieures plus courtes. Etamines 5, à filets inégaux et glanduleux à la base. Capsule à 5 valves et à 5 graines.

C. MONSPELIENSIS *L. sp.* 252; *D C. fl. fr.* 3, *p.* 437; *Dub. bot.* 381; *Lois. gall.* 1, *p.* 164. — *Ic. Lam. ill. t.* 102; *Clus. hist.* 1, *p.* 174. — Fleurs en grappes terminales courtes (1-4 centimètres), simples et spiciformes; pédicelles très-courts. Calice à dents extérieures sétacées; les intérieures de moitié plus petites, triangulaires, ciliées, marquées au centre d'une tache d'un pourpre noir. Corolle grande, d'un rose bleuâtre, bilabiée, à tube égal au calice. Feuilles très-nombreuses, linéaires, un peu charnues, très-entières, obtuses et mucronulées, sessiles, éparses, glabres, étalées ou réfléchies ; les supérieures souvent denticulées-épineuses. Tiges de 1-2 décimètr., gazonnantes, étalées, puis ascendantes et dressées, simples ou rameuses surtout à la base, pubescentes principalement vers le haut de la grappe, à poils nombreux et très-courts, dures et presque ligneuses à la base. Racine dure plus ou moins rameuse.

Hab. Région méditerranéenne de Nice à Perpignan. ② Avril-mai.

Trib. 3. ANAGALLIDEÆ *Endl. gen.* 733. — Capsule *s'ouvrant transversalement par un opercule (pyxide)*. Graines courbées, à hile ventral.

CENTUNCULUS. (L. gen. 189.)

Calice 4-5-partite. Corolle *plus petite que le calice, suburcéolée,* marcescente, à tube court, à limbe 4-5-partite. Etamines 4-5, opposées aux divisions de la corolle, saillantes. Capsule s'ouvrant en pyxide. Graines nombreuses.

C. minimus *L. sp.* 169 ; *D C. fl. fr.* 3, *p.* 431 ; *Dub. bot.* 380; *Lois. gall.* 1, *p.* 97; *Godr. fl. lorr.* 2, *p.* 228. — *Ic. Vaill. bot. t.* 4, *f.* 2. — *Schultz, exsicc. n°* 503!; *C. Billot, exsicc. n°* 621 ! ; *Rchb. exsicc. n°* 1452 ! ; *Fries, h. norm.* 1, *n°* 22 ! — Fleurs très-petites, solitaires, axillaires, presque sessiles. Calice à segments linéaires, acuminés-subulés, plus longs que la corolle. Capsule globuleuse, apiculée, plus courte que le calice. Graines petites, noires, triquètres, finement ponctuées. Feuilles sessiles ou brièvement pétiolées, ovales, aiguës, entières, étalées ; les 2-3 paires inférieures opposées, toutes les autres alternes. Tige dressée, rameuse ; rameaux étalés. — Plante très-petite, glabre ; fleurs blanches ou rosées, s'ouvrant seulement vers le milieu du jour.

Hab. Bois humides, marais, lieux sablonneux, etc.; Alsace; Lorraine; Paris; Bretagne; Normandie; presque tout l'ouest et le centre de la France; la Bresse; vallée du Rhône et de la Saône; Pyrénées-Orientales, Prats-de-Mollo; Toulouse; Agen; etc. Nous a paru manquer dans la région méditerranéenne. ① Juin-juillet.

ANAGALLIS. (Tournef. inst. p. 142, t. 59.)

Calice 5-partite. Corolle plus grande que le calice, *en roue, caduque,* à tube *nul,* à limbe 5-partite. Etamines 5. Capsule s'ouvrant en pyxide. Graines nombreuses.

A. crassifolia *Thore! chl.* 62; *D C. fl. fr.* 3, *p.* 433; *Dub. bot.* 381 ; *Lois. gall.* 1, *p.* 164.— *Endress, exsicc. ann.* 1831 ! — Fleurs *alternes,* axillaires, à pédoncules un peu plus courts que la feuille, d'abord étalés-dressés, puis réfléchis au moment de la fructification. Calice à segments lancéolés-acuminés, membraneux aux bords. Corolle blanche, un peu plus longue que le calice, à lobes ovales, glabres ou ciliés-glanduleux. Filets des étamines velus. Capsule globuleuse, *de moitié plus courte* que le calice. Graines brunes, trigones, chagrinées. Feuilles *alternes*, *pétiolées*, *suborbiculaires*, mucronulées, s'atténuant insensiblement en *pétiole égal au quart du limbe*. Tiges *rampantes et radicantes*, simples ou rameuses. — Plante glabre et luisante.

Hab. Les Landes, la Teste-de-Buch, Dax, Saint-Sever, etc. ♃ Juin-juillet.

A. arvensis *L. sp.* 211 ; *Dub. bot.* 381, *et prod.* 8, *p.* 69 ; *Lois. gall.* 1, *p.* 163 ; *Godr. fl. lorr.* 2, *p.* 227.— *Ic. Fuchs. hist.* 19 ; *Dod. pempt.* 32, *f.* 1-2. — *Billot, exsicc.* n° 440 ! — Fleurs opposées, axillaires, à pédoncules grêles, à peu près de la longueur des feuilles, d'abord étalés-dressés, puis réfléchis au moment de la fructification. Calice à divisions lancéolées-acuminées, très-aiguës, *membraneuses* aux bords. Corolle étalée, un peu plus longue que le calice, divisée en 5 segments oblongs. Filets des étamines velus. Capsule globuleuse, presque égale au calice. Graines noires, trigones, finement rugueuses. Feuilles opposées, plus rarement ternées, *sessiles*, ponctuées de noir en-dessous, *ovales ou lancéolées*. Tiges rameuses, diffuses, couchées à la base, quadrangulaires. — Plante glabre, égalant 1-4 décimètres.

α. *phœnicea*. Fleurs rouges, ordinairement ciliées-glanduleuses aux bords. *A. phœnicea Lam. fl. fr.* 2, *p.* 285, *et ill. t.* 101 ; *DC. fl. fr.* 3, *p.* 431.

β. *cœrulea*. Fleurs bleues, ordinairement non ciliées-glanduleuses. *A. cœrulea Lam. l. c.* ; *DC. l. c. p.* 432 ; *A. repens DC. syn.* 205, *et fl. fr.* 5, *p.* 381 ; *Dub. bot.* 381 ; *Lois. gall.* 1, *p.* 163.

γ. *micrantha*. Fleurs non ciliées-glanduleuses, ne dépassant pas le calice. *A. parviflora Salzm. in Lois. gall.* 1, *p.* 163.

Hab. Lieux cultivés ; var. γ. en Corse. ① Juin-octobre.

A. tenella *L. mant.* 335 ; *DC. fl. fr.* 3, *p.* 432 ; *Dub. bot.* 381 ; *Lois. gall.* 1, *p.* 164. — *Ic. C. B. prod.* 136 ; *Morison, sect.* 5, *t.* 26, *f.* 2. — *Schultz, exsicc.* n° 715 ! ; *C. Billot*, 2ᵉ *cent. lettre G* ! ; *Rchb. exsicc.* n° 1925 ! — Fleurs opposées, axillaires, à pédoncules filiformes, 2-3 fois plus longs que la feuille, d'abord dressés, puis réfléchis au moment de la fructification. Calice à segments linéaires-lancéolés, subulés, *non membraneux* aux bords. Corolle 2 fois plus longue que le calice, à segments étalés, veinés, linéaires-oblongs, entiers et glabres au sommet. Filets des étamines très-velus. Capsule et graines bien plus petites que dans l'*A. arvensis*. Feuilles opposées, très-rapprochées, *brièvement pétiolées*, non ponctuées, *presque rondes*. Tiges rampantes à la base, puis dressées, rameuses, filiformes, quadrangulaires.—Plante glabre, très-grêle, à fleurs roses.

Hab. Ramberviller dans les Vosges (*Billot*) ; forêt d'Argonne ; Paris ; l'ouest et le centre de la France (*Boreau*) ; Dijon ; Marseille ; Montpellier, etc. ① Juin-août.

Trib. 4. SAMOLEÆ *Endl. gen.* 754. — Capsule *adhérente au calice*, s'ouvrant par des valves. Graines courbées, à hile *basilaire*.

SAMOLUS. (Tournef. inst. p. 143, t. 60.)

Calice à tube adhérent à l'ovaire, persistant, à limbe 5-fide. Corolle périgyne, insérée au sommet du tube calicinal, en coupe, caduque, à limbe 5-partite. Etamines 5 fertiles opposées aux divisions de la corolle, et 5 stériles alternant avec elles. Ovaire semi-infère. Capsule à 5 valves, adhérant au calice par sa base, s'ouvrant au sommet par 5 dents. Graines munies d'un hile placé sur leur bord interne. Embryon droit, à radicule dirigée vers le hile.

S. Valerandi *L. sp.* 243; *D C. fl. fr.* 3, *p.* 454 ; *Dub. bot.* 385; *Lois. gall.* 1, *p.* 140. — *Ic. Lam. ill. t.* 101 ; *Morison, sect.* 3, *t.* 24, *n°* 28. —*Schultz, exsicc. n°* 505 ! ; *Billot, exsicc. n°* 625 ! ; *Rchb. exsicc. n°* 2202 ! — Fleurs pédonculées, disposées en grappes terminales à la fin allongées ; pédoncules grêles, nus à la base, étalés-dressés, genouillés au-dessous du milieu, et munis à la courbure d'une bractéole lancéolée. Calice à tube semi-globuleux, à dents largement ovales et dressées. Corolle petite, et un peu plus longue que le calice, à tube court, à limbe étalé et divisé en lobes obovés, obtus, crénelés. Capsule un peu plus courte que le calice. Graines très-petites, brunes, trigones, lisses. Feuilles d'un vert glauque, entières ; les radicales en rosette, obovées-oblongues, atténuées en pétiole ; les caulinaires alternes, obovées, brièvement pétiolées. Tige arrondie, dressée, simple ou rameuse. Racine courte, prémorse, fibreuse. — Plante glabre ; fleurs blanches.

Hab. Marais, prés humides ou salés de la Lorraine et des Vosges, du Jura, des Alpes, des Pyrénées, de l'Auvergne, de l'ouest et du centre de la France; plus rare dans le midi, Béziers. ♃ Juin-août.

ESPÈCES EXCLUES.

Primula longiflora *Jacq.*— Cette espèce ne croît ni dans nos Alpes, où elle a été signalée par Loiseleur, sur la foi de M. Clarion, ni dans les Pyrénées où elle a été indiquée par Lapeyrouse.

Primula glutinosa *Wulf.* — Cette espèce manque dans les Pyrénées où elle a été indiquée par Lapeyrouse.

Androsace glacialis *Schl.* — Cette espèce a sans doute été indiquée en Dauphiné par confusion avec les espèces voisines.

Androsace Chamæjasme *Host.* — Cette espèce, indiquée dans nos Alpes par Duby et Loiseleur, dans les Pyrénées par Lapeyrouse, n'y a point encore été authentiquement observée.

Cortusa Mathioli *L.* — Cette remarquable espèce du mont Cenis n'a point encore été trouvée dans nos Alpes de France.

Dodecatheon Meadia *L.* — Nous avons exclu de notre flore cette espèce originaire de Virginie. Assez souvent cultivée, elle ne se rencontre nulle part en France à l'état subspontané.

LXXVI. ÉBÉNACÉES.

(EBENACEÆ Vent. tabl. p. 443.) (1)

Fleurs polygames, rarement hermaphrodites, régulières, axillaires et solitaires. Calice persistant, gamosépale, à 3-6 divisions. Corolle gamopétale, hypogyne ou périgyne, caduque, urcéolée, à limbe 3-6-fide, à estivation imbricative et contournée à gauche. Etamines insérées au fond de la corolle ou rarement hypogynes, en nombre double de celui des divisions de la corolle, rarement en nombre égal ou indéfini, distinctes ou plus souvent soudées 2 à 2 par la base, et opposées par paire au-devant des lobes de la corolle ; filets très-courts et poilus. Anthères fixées par la base, libres, introrses, biloculaires, s'ouvrant longitudinalement. Ovaire libre et sessile, tri-pluriloculaire ; à loges le plus souvent en nombre double de celui des lobes du calice, et alors rapprochées 2 à 2 entre chaque lobe, renfermant 1-2 ovules suspendus au sommet de l'angle interne, réfléchis (anatropes). Styles distincts ou soudés par la base. Fruit bacciforme, charnu ou coriace, pauciloculaire, à loges renfermant une ou plusieurs graines. Embryon axile, ou un peu oblique, dans un albumen cartilagineux. Radicule supère, rapprochée du hile. — Arbres ou arbrisseaux à feuilles alternes simples.

DIOSPYROS. (L. gen. 1151.)

Fleurs dioïques. Calice à 4-6 lobes. Corolle tubuleuse ou campanulée, 4-6-fide. Etamines des fleurs mâles 8-30, ordinairement 16, insérées à la base de la corolle ; filets plus courts que les anthères, distincts ou géminés ; étamines des fleurs femelles peu nombreuses (souvent 8) et avortées. Styles 2-4, plus ou moins soudés à la base. Ovaire à 8-12 loges, et à ovules solitaires dans chaque loge. Baie globuleuse, pluriloculaire.

D. Lotus *L. sp.* 1510 ; *DC. fl. fr.* 3, *p.* 670, *et* 5, *p.* 429 ; *Dub. bot.* 320 ; *Lois. gall.* 1, *p.* 274.—*Ic. Duham. arb.* 1, *p.* 284, *tab.* 3. *Rchb. exsicc. n°* 636 ! — Fleurs axillaires, presque sessiles, solitaires, petites. Calice pubescent extérieurement, velu et cilié aux bords, s'élargissant et s'accroissant à la maturité, divisé en 4 lobes obtus. Baie de la grosseur d'une cerise, à 8 loges renfermant chacune une graine. Feuilles alternes, entières, vertes en dessus, blanchâtres et pubescentes en dessous, ovales-oblongues, aiguës aux 2 extrémités, veinées-réticulées, à pétioles courts et un peu comprimés. — Arbre de 5 à 10 mètres, à branches et rameaux étalés-ascendants.

Hab. Cultivé et subspontané dans le midi de la France. ♄ Fl. mai-juin ; fr. septembre.

(1) Auctore Grenier.

LXXVII. STYRACÉES.

(Styraceæ Rich. annal. fr. p. 48.) (1)

Fleurs toujours hermaphodites, en cymes et non en grappes. Etamines 8-10, les unes alternes, les autres opposées aux lobes de la corolle; ou en nombre plus grand, et alors soudées en faisceaux alternes avec les lobes de la corolle; filets allongés. Style simple. Ovaire souvent infère, à loges opposées aux lobes du calice, renfermant deux ou plusieurs ovules. Fruit bacciforme ou capsulaire, subindéhiscent. Le reste comme dans la famille des Ébénacées, avec laquelle celle-ci a les plus grands rapports.

STYRAX. (Tournef. inst. p. 598, t. 569.)

Calice urcéolé-campanulé, à 5 dents. Corolle gamopétale, 5-partite, rarement 3-7-partite, à estivation d'abord contournée à gauche, puis subvalvaire. Etamines en nombre double des divisions de la corolle, alternes et opposées; filets soudés en tube court à la base. Style simple. Ovaire adhérent à la base, triloculaire, à loges renfermant plusieurs ovules disposés sur 2 rangs le long de l'angle interne; les inférieurs ascendants, les supérieurs pendants. Fruit ovoïde, coriace, soudé au calice persistant, uniloculaire, à une et rarement à 2-3 graines, indéhiscent ou s'ouvrant par 3 valves.

S. officinale *L. sp.* 635; *DC. fl. fr.* 3, *p.* 671; *Dub. bot.* 320; *Lois. gall.* 1, *p.* 294. — *Ic. Garid. Aix, p.* 450, *t.* 95; *Duham. arb.* 2, *p.* 287, *t.* 79. — Fleurs réunies 2-6 en cyme plus courte que les feuilles. Calice à 5 dents très-courtes. Corolle un peu infundibuliforme, profondément divisée en 5, rarement 6-7 lobes lancéolés, bien plus grande que le calice. Etamines 12. Feuilles simples, ovales, entières, alternes, presque glabres en dessus, couvertes en dessous, ainsi que les pédoncules, les calices et les jeunes rameaux, d'un duvet fin et très-blanc. — Arbre ou grand arbrisseau à fleurs blanches, assez semblables à celles de l'oranger.

Hab. Forêts du Var, autour de Toulon (*Robert*); Grasse (*Girody*). ♄ Fl. mai.

LXXVIII. OLÉACÉES.

(Oleaceæ Lindl. intr. ed. 2, p. 307.) (1)

Fleurs hermaphrodites ou unisexuelles, régulières, complètes ou dépourvues de calice et de corolle. Calice persistant, rarement nul, gamosépale, à 4 divisions. Corolle gamopétale, hypogyne, caduque, à 4 divisions peu profondes, ou prolongées jusqu'à sa base, à pré-

(1) Auctore Grenier.

floraison valvaire, rarement nulle. Etamines 2, soudées par les filets au tube de la corolle, alternant avec les lobes; anthères biloculaires, introrses, s'ouvrant en long, fixées par le dos. Ovaire à 2 loges renfermant ordinairement 2 ovules suspendus au sommet de la cloison, réfléchis. Style indivis, très-court. Fruit très-variable, tantôt drupacé uniloculaire à une graine, tantôt bacciforme ou capsulaire indéhiscent et prolongé au sommet en aile membraneuse, tantôt capsulaire et à 2 valves loculicides. Embryon droit dans un albumen charnu ou corné. Radicule supère, courte, dirigée vers le hile. — Arbres ou arbrisseaux à rameaux et feuilles opposés; stipules nulles; fleurs en panicule.

Trib. 1. FRAXINEÆ *Bartl. ord. nat.* 218. — Fruit *sec, en samare,* biloculaire, indéhiscent. Fleurs tantôt polygames et apétales, tantôt à 2-4 pétales, parfois dépourvues de calice.

FRAXINUS. (Tournef. inst. 577, t 343.)

Fleurs polygames ou dioïques. Calice 4-partite ou nul. Corolle à 4 divisions très-profondes et linéaires, ou nulle. Ovaire biloculaire, à loges biovulées. Fruit (samare) membraneux et comprimé perpendiculairement à la cloison, ailé au sommet, coriace, oblong, foliacé, indéhiscent, uniloculaire et à une seule graine par avortement.

Sect. 1. Fraxinaster *DC. prod.* 8, *p.* 276. — *Fleurs apétales,* réunies en panicules *latérales.*

F. excelsior *L. sp.* 1509; *DC. fl. fr.* 3, *p.* 496; *Dub. bot.* 322; *Lois. gall.* 1, *p.* 18. — *Ic. Dod. pempt.* 821; *Lam. ill. t.* 858, *f.* 1. — Fleurs paraissant avant les feuilles et disposées en grappes opposées, courtes, rapprochées au sommet des rameaux, d'abord dressées, puis penchées à la maturité. Samares disposées en panicule pendante, elliptiques, oblongues, atténuées et *arrondies* à la base, *tronquées ou faiblement et obliquement émarginées* au sommet mucroné par le style persistant. Graine elliptique-allongée, oléagineuse, suspendue à un funicule qui partant de la base arrive au sommet de la loge. Bourgeons *noirs.* Feuilles opposées, imparipennées, à 9-13 folioles; celles-ci opposées, pétiolulées, ovales-lancéolées ou oblongues, acuminées, glabres en dessus, velues inférieurement de chaque côté de la nervure médiane, dentées en scie, à dents lancéolées et aiguës.— Grand arbre, à écorce grisâtre et d'abord lisse, puis ridée, à rameaux fragiles, verts et luisants.

α. *borealis.* Folioles lancéolées.

β. *australis.* Folioles plus étroites, oblongues-lancéolées. *F. australis Gay, ined.; Endress, exsicc. ann.* 1829!

γ. *monophylla.* Toutes les paires latérales de folioles nulles, la foliole terminale seule développée. *F. heterophylla Willd. en.* 1, *p.* 53; *F. monophylla Desf. arb.* 1, *p.* 102. Cette plante est, dans le genre *Fraxinus*, ce qu'est, dans le genre *Fragaria*, le *F. monophylla*.

Hab. Les bois; la var. β. dans la région méditerranéenne; la var. γ. s'est montrée une fois à nous le long de la route de Gap aux Bayards. ♄ Fl. avril-mai; fr. septembre.

F. oxyphylla *Bieb. taur.* 2, *p.* 450; *DC. prod.* 8, *p.* 276. — Grappes fructifères un peu allongées. Samares *lancéolées-linéaires* (3-4 centimètres de long sur 6-8 millimètr. de large), *atténuées aux deux extrémités*, aiguës, ou obtuses et arrondies au sommet, presque en coin à la base. Feuilles à rachis canaliculé et glabre, à 3-6 paires de folioles étroites, lancéolées, longuement acuminées, cunéiformes à la base, bordées dans les trois quarts supérieurs de dents saillantes, très-aiguës, très-étalées et même un peu arquées en dehors. Bourgeons petits, bruns, glabres. — Grand arbre, mais presque de moitié moins élevé que le *F. excelsior*.

α. *obtusa*. Samare oblongue, arrondie au sommet quelquefois mucroné par le style. D'après un exemplaire des Pyrénées orientales, envoyé par M. Massot, c'est ici qu'il faudrait rapporter le *F. australis* de M. Montagne, qui n'est point celui de M. Gay.

β. *rostrata*. Samare lancéolée-aiguë et souvent mucronée par le style au sommet. *F. rostrata Guss. pl. rar.* 374, *t.* 64; *DC. prod.* 8, *p.* 276; *F. oxycarpa Willd. sp. sup.* 1100.

γ. *leptocarpa DC. l. c.* Samare de moitié plus étroite et plus petite dans toutes ses parties que celle des deux variétés précédentes.

Hab. Var. α. Toulon! (*Auzendre*); var. β. Perpignan! (*Massot*); Montpellier! (*Dunal, Girard*); Marseille! (*Castagne*); Toulon! (*Auzendre*); var. γ. Montpellier; Avignon! (*Requien*). ♄ Fl. mars-avril; fr. juin-juillet.

F. biloba *Gren. et Godr.* — Grappes fructifères allongées, pendantes. Samares *longuement obovées-oblongues, insensiblement atténuées du sommet à la base, cunéiformes, fortement échancrées et bilobées au sommet*, à lobes arrondis, obtus, et *dépassés par le style bifide*. Feuilles à rachis glabre, à 3-5 paires de folioles petites, glabres, d'un vert gai sur les deux faces, lancéolées, acuminées, inégalement cunéiformes et entières à la base, finement dentées en scie au sommet, à dents inégales, aiguës, incombantes. Bourgeons petits, bruns-ferrugineux.

Hab. Sur les rochers, les Arcs près de St.-Martin-de-Londres, dans l'Hérault! (*Touchy*). ♄ Fl. mars-avril; fr. juin-juillet.

F. parvifolia *Lam. dict.* 2, *p.* 546; *Ten. syll.* 11; *Bertol. fl. ital.* 1, *p.* 52; *Guss. syn.* 1, *p.* 13; *DC. prod.* 8, *p.* 277. — *Ic. Pluk, phyt. t.* 182, *f.* 4. — Grappes fructifères allongées, pendantes. Samares *étroites, linéaires-oblongues, nullement cunéiformes à la base, tronquées ou faiblement échancrées au sommet*. Feuilles à rachis canaliculé et *pubescent* en dessus, à 3-6 paires de folioles minces, sessiles, d'un vert pâle en dessous, *ovales ou ovales-lancéolées*, aiguës, cunéiformes à la base qui est entière, dentées-en-scie dans leur moitié supérieure, pubescentes en dessous vers la base. Bourgeons petits, bruns-ferrugineux.— Arbuste de 2 à 3 mètres.

Hab. Bords du Lez, près de Montpellier. ♄ Fl. mars-avril; fr. juin-juillet.

Sect. 2. ORNUS *Pers. syn.* 2, *p.* 605. — Fleurs réunies en thyrse *terminal, à 2-4 pétales* linéaires, soudés à la base, bien plus longs que le calice.

F. ORNUS *L. sp.* 1510; *F. florifera Scop. carn.* 2, *p.* 282; *D C. fl. fr.* 3, *p.* 496; *Dub. bot.* 322; *Ornus Europæa Pers. syn.* 1, *p.* 9; *Lois. gall.* 1, *p.* 17 — *Ic. Duham. arbr.* 1, *p.* 252, *t.* 101. *Rchb. exsicc. n°* 339! — Fleurs paraissant en même temps que les feuilles, disposées en grappes latérales et terminales, et réunies en thyrse terminal. Samares linéaires (2 centimètres de long sur 3-4 millimètres de large), obliquement émarginées au sommet et souvent mucronées par le style, atténuées et un peu tronquées à la base. Graine subcylindrique et linéaire. Bourgeons tomenteux-soyeux. Feuilles imparipennées, à 7-9 folioles pétiolulées, ovales-lancéolées, atténuées aux 2 extrémités, dentées dans les 2/3 supérieurs, à dents ovales-arrondies et incombantes, barbues sur les pétioles et sur la nervure dorsale. — Arbre de 7-8 mètres.

β. *argentea.* Feuilles blanchâtres-argentées. *F. argentea Lois. gall.* 1, *p.* 18!; *Soleirol, exsicc. n°* 3364! Les exemplaires que nous avons reçus de M. Requien ne nous laissent aucun doute sur la valeur du rapprochement que nous opérons ici.

Hab. Cultivé et subspontané surtout dans le midi de la France; Corse; var. β. Vico! (*Requien*). ♄ Fl. avril-mai; fr. août-septembre.

TRIB. 2. SYRINGEÆ *Don in Loud. arbr.* 1208.— Fruit *sec, capsulaire,* biloculaire, à *déhiscence loculicide.* Fleurs hermaphrodites. Corolle tubuleuse.

LILAC. (Tournef. inst. 601, t. 372.)

Calice 4-denté, persistant. Corolle à limbe en coupe, 4-partite, à tube allongé. Capsule coriace, presque ligneuse, ovale-oblongue, biloculaire, à déhiscence loculicide et à deux valves, à loges renfermant 2 graines.

L. VULGARIS *Lam. fl. fr.* 2, *p.* 305; *D C. fl. fr.* 3, *p.* 495; *Dub. bot.* 322; *Syringa vulgaris L. sp.* 11; *Lois. gall.* 1, *p.* 7.— *Ic. Duham. arbr.* 1, *p.* 361, *t.* 138; *Lam. ill. t.* 7. *Rchb. exsicc. n°* 1928! — Fleurs brièvement pédicellées, disposées à l'extrémité des rameaux en panicule thyrsoïde. Feuilles pétiolées, un peu dures, glabres, ovales, acuminées, et en cœur à la base. — Grand arbrisseau de 3 à 5 mètres, ordinairemt rameux dès la base. Fleurs odorantes, de couleur très-variée, passant du blanc au carmin foncé.

Hab. Naturalisé çà et là et cultivé partout. ♄ Fl. avril-mai; fr. juillet-sept.

OBS. Le *Lilac persica Lam.* distinct par ses feuilles lancéolées entières ou divisées, est trop peu répandu pour faire plus que de le mentionner ici.

Trib. 3. OLEINEÆ *Don in Loud. l. c.* — Fruit *charnu*, constituant une drupe ou une baie.

OLEA. (Tournef. inst. 598, t. 370.)

Calice 4-denté. Corolle à limbe 4-partite, à tube *court*. Etamines *exsertes*. Drupe à *noyau osseux*, contenant une et plus rarement deux graines. Albumen presque charnu.

O. europæa *L. sp.* 11; *DC. fl. fr.* 3, *p.* 497; *Dub. bot.* 321; *Lois. gall.* 1, *p.* 5.—*Ic. Lam. ill. t.* 8, *f.* 1; *Duham. arbr.* 2, *p.* 57, *t.* 14-15. *Rchb. exsicc. n°* 1189 !—Fleurs disposées en petites grappes situées dans les aisselles des feuilles. Calice en coupe, obscurément 4-denté, plus large (2 millimètres) que long. Corolle blanche, bien plus large que le calice (6 millimètres), à lobes ovales. Drupe plus ou moins charnue, plus ou moins ellipsoïde ou subsphérique. Feuilles opposées, très-variables dans leurs dimensions, ovales, ovales-oblongues, lancéolées-oblongues, variant de 3-7 centimètres de long sur 1-2 de large, vertes et souvent ponctuées de blanc en dessus, blanches-subargentées en dessous, très-entières, persistantes, coriaces. — Arbre de moyenne grandeur (3-7 mètres), produisant souvent à sa base 2-3 tiges ordinairem[t] peu élevées (1-2 mètres), à rameaux plus ou moins épineux ou inermes.

Hab. Tout le midi et le sud-est de la France; la Corse. ♄ Fl. mai; fr. août-septembre.

PHILLYREA. (Tournef. inst. 596, t. 367.)

Calice 4-denté. Corolle à limbe 4-partite et presque *rotacé*. Etamines *exsertes*. Drupe à noyau muni d'une *coque mince et fragile*, renfermant une seule graine. Albumen presque farineux. — Arbustes à feuilles opposées, coriaces, persistantes, simples, dépourvues de stipules ; à fleurs petites, blanchâtres, odorantes, en grappes axillaires courtes et presque sessiles ; à drupes globuleuses, petites (4-5 millimètres de diamètre), d'un noir-bleuâtre.

P. angustifolia *L. sp.* 10 ; *DC. fl. fr.* 3, *p.* 500 ; *Dub. bot.* 321 ; *Lois. gall.* 1, *p.* 6. — *Ic. Lam. ill. t.* 8, *f.* 3; *Clus. hist.* 1, *p.* 52, *f. inf. Welwitsch, exsicc. n°* 41 ! — Drupe apiculée au sommet. Feuilles *linéaires-lancéolées*, *très-entières*. — Arbuste buissonneux, de un à deux mètres.

Hab. Toute la région des oliviers, de Nice à Perpignan. ♄ Fl. avril-mai ; fr. août-septembre.

P. media *L. sp.* 10 ; *Guss. syn. sic.* 1, *p.* 10; *Bertol. fl. it.* 1, *p.* 40 ; *P. latifolia Dub. bot.* 321; *DC. fl. fr.* 3, *p.* 499; *P. latifolia et media Lois. gall.* 1, *p.* 6.— *Ic. Duham. arbr.* 2, *t.* 25; *Clus. hist.* 1, *p.* 53, *f. sup. dextr.*; *Math. comm.* 1, *p.* 155 ; *Lob. adv.* 421, *f. sup. Rchb. exsicc. n°* 1188 !—Drupe apiculée au sommet. Feuilles *ovales*, *ovales-lancéolées*, *ou oblongues-lancéolées*, entières ou dentées. — Arbuste buissonneux, de 1 à 2 mètres.

Hab. Comme le précédent, dans toute la région méditerranéenne; Nantes. ♄ Fl. avril-mai; fr. août-septembre.

P. STRICTA *Bertol. fl. ital.* 1, *p.* 43; *P. latifolia Maur. cent.* 13, *p.* 3; *Hort. reg. Paris* (*non L.*). — Drupe obtuse, *ombiliquée*. Feuilles inférieures *ovales en cœur, planes, denticulées-subépineuses;* les supérieures oblongues, obliquement disposées. — Petit arbre de plusieurs mètres de hauteur.

Hab. Corse, Calvi, Bonifacio (*Bertol.*). ♄ Fl. Avril-mai; fr. août-septembre.

LIGUSTRUM. (Tournef. inst. 596, t. 367.)

Calice 4-denté. Corolle à limbe 4-partite, à tube *allongé*. Etamines *incluses*. Baie globuleuse, *à 2 loges formées par une membrane mince, et renfermant ordinairement 2 graines.*

L. VULGARE *L. sp.* 10; *DC. fl. fr.* 3, *p.* 501; *Dub. bot.* 321; *Lois. gall.* 1, *p.* 5. — *Ic. Lam. ill. t.* 7; *Fuchs. hist.* 480; *Duham. arbr.* 1, *p.* 360, *t.* 137. *C. Billot, exsicc. n°* 271! — Fleurs brièvement pédonculées, disposées en thyrse serré au sommet des rameaux. Calice à dents très-courtes. Corolle à lobes ovales, obtus, concaves, étalés. Stigmate épais. Baie de la grosseur d'un pois, noire, amère, persistant jusqu'au printemps. Graines noires, ponctuées. Feuilles opposées, brièvement pétiolées, presque coriaces, glabres, luisantes, entières, elliptiques et mucronées, persistant pendant l'hiver. — Arbuste rameux, à écorce grisâtre et un peu verruqueuse, à fleurs blanches et odorantes.

Hab. Haies et buissons. ♄ Fl. Mai-juin; fr. septembre.

LXXIX. JASMINÉES.

(JASMINEÆ R. Br. prod. 520.) (1)

Fleurs hermaphrodites, régulières. Calice persistant, gamosépale, à 5-8 divisions. Corolle gamopétale, en coupe, à 5-8 lobes, à estivation imbricative-contournée. Etamines 2, incluses et insérées sur le tube de la corolle. Ovaire libre, à 2 loges, bilobé au sommet, à ovules dressés, solitaires et rarement géminés dans chaque loge, réfléchis. Style simple, très-court. Fruit tantôt bacciforme didyme et à 2 graines ou globuleux à une graine, tantôt capsulaire bipartite et à une ou 2 graines. Embryon droit, presque dépourvu d'albumen à la maturité; radicule infère, dirigée vers le hile. — Arbustes dressés ou grimpants, à pédicelles trichotomes, les deux

(1) Auctore Grenier.

latéraux munis d'une bractée. Les Jasminées diffèrent des Oléacées par la corolle à préfloraison imbriquée-contournée, par les ovules dressés et ordinairement solitaires dans les loges, par les graines à albumen presque nul.

JASMINUM. (Tournef. inst. 597, t. 368.)

Calice campanulé, 5-8-denté. Corolle à limbe 5-8-fide, plane, à tube allongé. Baie globuleuse ou didyme, renfermant une graine.

J. fruticans *L. sp.* 9; *D C. fl. fr.* 3, *p.* 500; *Dub. bot.* 322; *Lois. gall.* 1, *p.* 6. — *Ic. Lam. ill. t.* 7, *f.* 1; *Dod. pempt.* 561. *C. Billot, exsicc. n°* 591! — Fleurs jaunes, odorantes, 2-4 en petite panicule à l'extrémité des rameaux. Calice à dents subulées, égalant environ la moitié de la longueur du tube de la corolle à divisions ovales. Baie noire, de la grosseur d'un pois. Feuilles alternes, simples ou ternées, à folioles oblongues, obtuses, glabres et coriaces. — Arbustes de 3-12 décimètres, à rameaux anguleux, allongés.

Hab. Tout le midi de la France; remonte le long du Rhône et de la Durance jusqu'à Lyon, Mâcon et à Gap; longe le sud-ouest et l'Océan jusqu'au-delà de Bordeaux. ♄ Fl. mai; fr. juin-juillet.

Obs. Le *J. officinale L.*, distinct par les fleurs blanches, et le *J. humile L.*, à dents du calice presque nulles, se cultivent dans les jardins, mais ne sont ni indigènes ni spontanés dans nos climats méridionaux.

LXXX. APOCYNACÉES.

(Apocynaceæ Lindl. nat. syst. ed. 2, p. 299.) (1)

Fleurs hermaphrodites, régulières, pentamères et très-rarement tétramères. Calice ordinairement persistant, gamosépale, à 5 divisions. Corolle gamopétale, hypogyne, à préfloraison contournée, à 5 lobes. Etamines 5, insérées sur le tube et alternant avec les lobes de la corolle; filets très-courts ou nuls, libres ou rarement soudés; anthères libres ou adhérentes au stigmate. Pollen granuleux. Ovaire formé par 2 carpelles libres ou soudés ensemble, pluriovulés, souvent entourés à la base d'un nectaire glanduleux. Ovules insérés à la suture ventrale des carpelles, suspendus, à demi ou entièrement réfléchis. Style simple; stigmate simple ou bifide. Fruit formé de 1-2 follicules, à graines nombreuses et à déhiscence ventrale, plus rarement capsulaire, drupacé ou bacciforme. Graines ordinairement suspendues, nues ou munies au niveau de l'ombilic d'une aigrette soyeuse. Embryon droit dans un albumen charnu; radicule rapprochée ou éloignée du hile.

---

(1) Auctore Grenier.

VINCA. (L. gen. ed. 1, n° 180.)

Calice 5-fide. Corolle en coupe, à 5 lobes cunéiformes, obliquement tronqués, à gorge *sans écailles*, pentagonale, *munie de 5 plis opposés aux lobes.* Etamines 5, incluses; filets velus, *genouillés à la base*, dilatés au sommet. Style indivis, renflé supérieurement et entouré au-dessous du sommet par un *anneau stigmatifère* qui se prolonge en membrane inférieurement; partie du style supérieure à l'anneau poilue. Follicules 2 (un par avortement), subcylindriques. Graines ovales-oblongues, tuberculeuses, *sans aigrette.* — Corolle contournée à droite avant l'anthèse; anthères surmontées par le connectif élargi en appendice membraneux et poilu; pétioles portant ordinairement à leur sommet 2 glandes sessiles.

V. minor *L. sp.* 304; *DC. fl. fr.* 3, *p.* 665; *Dub. bot.* 324; *Lois. gall.* 1, *p.* 176. — *Ic. Dod. pempt.* 401; *Lam. ill. t.* 172, *f.* 2; *Duham. arbr.* 2, *p.* 12, *t.* 23. *Billot, exsicc. n°* 54! — Fleurs solitaires, axillaires, à pédoncules *plus longs* que les feuilles et les fleurs. Calice à divisions *lancéolées, glabres, bien plus courtes que le tube de la corolle.* Celle-ci à lobes cunéiformes, tronqués au sommet. Feuilles coriaces, luisantes, *glabres*, persistantes, elliptiques ou ovales-lancéolées, obtuses, à pétiole très-court. Tiges fleuries dressées et courtes (10-15 centim.); les stériles longues (2-3 décim.), glabres, couchées, à la fin radicantes.

Hab. Bois et haies. ♃ mars-juin

V. major *L. sp.* 304; *DC. fl. fr.* 3, *p.* 665; *Dub. bot.* 324; *Lois. gall.* 1, *p.* 176. — *Ic. Dod. pempt.* 401; *Garid. Aix, t.* 81; *Lam. ill. t.* 172, *f.* 1. *Schultz, exsicc. n°* 895!; *Rchb. exsicc. n°* 2209! — Fleurs solitaires, axillaires, à pédoncules *plus courts* que les feuilles. Calice à divisions *linéaires, ciliées, égalant environ la longueur du tube de la corolle.* Celle-ci à lobes cunéiformes, très-obliquement tronqués. Feuilles glabres sur les faces et *à bords pubescents et ciliés*, ovales ou ovales-lancéolées, obtuses, *souvent en cœur* à la base. Tiges fleuries dressées, plus courtes (2-3 décim.); les stériles très-allongées, étalées-couchées, glabres ou pubescentes.

Hab. Haies, buissons, bords des ruisseaux dans toute la région méditerranéenne; presque tout le centre de la France (*Boreau*); çà et là dans l'ouest de Bayonne à Paris; Lyon, etc. ♃ Mars-juin.

V. media *Link et Hoffm. fl. port. t.* 70; *DC. prod.* 8, *p.* 384; *V. acutiflora Bert. fl. ital.* 2, *p.* 751. *Welwitsch, exsicc. n°* 403! — Divisions du calice linéaires, *glabres, plus courtes que le tube de la corolle.* Lobes de la corolle obliquement *ovales-acuminés.* Feuilles *ovales ou lancéolées, jamais en cœur à la base, atténuées* aux 2 extrémités, *glabres* sur les faces *et sur les bords.* — Le reste comme dans le *V. major*, avec lequel il a longtemps été confondu.

Hab. La région méditerranéenne, Port-Vendres (*Penchinat*), Banyuls (*Colson*), Narbonne (*Delort*), Montpellier (*Dunal*), Hyères (*Boullu*), etc.; la Corse (*Requien*) ♃ Avril-mai.

NERIUM. (L. gen. (1737), n. 181.)

Calice 5-partite. Corolle en coupe, à 5 lobes obliques, inéquilatères, à gorge *munie de 5 écailles multifides* opposées aux lobes. Etamines 5, incluses; anthères soudées au stigmate. Style indivis, dilaté supérieurement; stigmates obtus. Follicules subcylindriques. Graines oblongues, *portant une aigrette* près de l'ombilic.

N. Oleander *L. sp.* 305; *D C. fl. fr.* 3, *p.* 666; *Dub. bot.* 324; *Lois. gall.* 1, *p.* 176. — *Ic. Dod. pempt.* 859; *Lob. obs.* 199, *f.* 1.—Fleurs roses ou blanches, en corymbes terminaux; pédicelles de la longueur du calice, munis de bractées. Calice profondément divisé en lobes lancéolés-linéaires, bien plus courts que le tube de la corolle. Celle-ci à lobes obliques, cunéiformes, arrondis. Etamines à filets droits, presque glabres; à anthères barbues et dont le connectif se prolonge en appendice contourné. Feuilles glabres, coriaces, entières, lancéolées-oblongues, atténuées à la base et subpétiolées, opposées ou ternées.— Arbrisseau de 2-3 mètres de haut.

Hab. Département du Var, Fréjus (*Perreymond*), Toulon et Hyères (*Robert*), etc., Corse. ♄ Juin-juillet.

LXXXI ASCLÉPIADÉES.

(Asclepiadeæ R. Br. prod. 458.) (1)

Fleurs hermaphrodites, régulières. Calice gamosépale, à 5 divisions, persistant. Corolle gamopétale, hypogyne, à 5 divisions, à préfloraison valvaire et imbriquée-contournée. Etamines 5, insérées à la base de la corolle et alternant avec les lobes; filets rarement libres, ordinairement soudés autour du pistil en un tube; celui-ci rarement nu, et ordinairement surmonté d'appendices de forme variée; anthères très-souvent surmontées par une expansion du connectif, soudées et appliquées sur le stigmate. Bourses polliniques membraneuses, solitaires dans chaque loge, renfermant les grains polliniques fusiformes plongés dans une matière oléagineuse; ces bourses polliniques fixées par paires au stigmate auquel elles adhèrent par des appendices glanduleux; chaque paire appartenant à 2 anthères voisines. Stigmate unique, réunissant les 2 styles. Ovaire composé de 2 carpelles distincts ou soudés à la base. Ovules fixés à la suture ventrale, plurisériés, suspendus, réfléchis. Fruit formé de 2 (un par avortement) follicules à graines nombreuses, s'ouvrant par la suture ventrale; placenta devenant libre lors de la déhiscence. Graines nombreuses, imbriquées, souvent marginées, munies près de l'ombilic d'une aigrette soyeuse dirigée vers le sommet du car-

(1) Auctore Grenier.

pelle. Embryon droit dans un albumen charnu et quelquefois très-réduit; radicule rapprochée du hile.

Cette famille s'éloigne de la précédente par la corolle à préfloraison souvent valvaire; par les filets des étamines soudés et munis d'appendices; par les anthères ordinairement soudées; et surtout par les différences que présentent les masses polliniques.

CYNANCHUM. (L. gen. 301.)

Calice 5-partite. Corolle en roue, 5-partite. Couronne staminale d'une seule pièce, *tubuleuse, enveloppant les étamines,* terminée au sommet par 5-10 dents sur un rang, ou disposées sur 2 rangs opposés. Anthères surmontées d'un appendice membraneux; masses polliniques renflées, suspendues et fixées au-dessous de leur sommet aminci. Stigmate terminé par une pointe bifide. Follicules cylindracés, divariqués. Graines portant une aigrette.

C. acutum *L. sp.* 310; *Lois. gall.* 1, *p.* 177.— *Ic. Clus. hist.* 1, *p.* 125, *f. inf.; Jacq. misc.* 1, *t.* 1, *f.* 4.— Fleurs en petites ombelles pédonculées, axillaires et terminales, et formant par leur ensemble une grappe irrégulière; pédoncules inférieurs, plus courts que les feuilles; les supérieurs bien plus longs que les feuilles réduites à l'état de bractées très-petites; pédicelles égalant les fleurs, tomenteux, ainsi que les calices. Ceux-ci très-courts, à divisions ovales. Corolle blanche ou rose, odorante, de 6-7 millimètres de diamètre, à divisions ovales-oblongues, obtuses et émarginées, glabres. Follicule lisse, oblong, atténué au sommet et obtus. Feuilles dures, d'abord pubescentes, à la fin glabres, lancéolées, profondément en cœur à base, à lobes de la base très-arrondis et à peu près aussi longs que larges; pétiole un plus court que le limbe. Tiges grêles, volubiles, tantôt atteignant à peine 1/2 mètre, tantôt dépassant plusieurs mètres, glabres inférieurement, pubescentes supérieurement.

β. *monspeliaca.* Feuilles grandes, largement en cœur à la base, obtuses, quelquefois aussi larges que longues. *C. monspeliense L. sp.* 311; *D C. fl. fr.* 3, *p.* 667; *Dub. bot.* 323; *Lois. gall.* 1, *p.* 177.— *Ic. Clus. hist.* 1, *p.* 126, *f. sup. Welwitsch, exsicc. n°* 81.

Hab. Bords de la Méditerranée d'Arles et de Montpellier à Perpignan. ♃ Juillet-août.

VINCETOXICUM. (Mœnch, meth. 717.)

Calice 5-partite. Corolle en roue, 5-partite. Couronne staminale d'une seule pièce, *scutelliforme,* charnue, à 5-10 lobes. Anthères surmontées d'un appendice membraneux; masses polliniques renflées, suspendues et fixées au-dessous de leur sommet aminci. Stigmate brièvement apiculé. Follicules renflés à la base et au milieu, puis coniques, lisses, étalés. Graine portant une aigrette.

V. officinale *Mœnch, l. c.; DC. prod.* 8, *p.* 524; *Asclepias Vincetoxicum L. sp.* 314; *DC. fl. fr.* 3, *p.* 668; *Lois. gall.* 1, *p.* 177; *Asclepias alba Lam. fl.* 2, *p.* 301; *Cynanchum Vincetoxicum R. Br. mem. Wern.* 1, *p.* 47; *Dub. bot.* 324. — *Ic. Fuchs. hist. p.* 129; *Dod. pempt.* 402; *Lob. obs.* 356, *f. sin. C. Billot, exsicc. n°* 819!; *Schultz, exsicc. n°* 1104! — Fleurs rapprochées en 2-3 faisceaux ombelliformes, réunis sur des pédoncules communs axillaires ou terminaux et formant par leur ensemble une grappe feuillée; pédoncules plus courts que les feuilles inférieures, égalant les moyennes et surpassant beaucoup les supérieures; pédicelles environ de la longueur de la fleur, pubescents. Calice à divisions lancéolées, aiguës, ciliées, atteignant la gorge de la corolle. Celle-ci glabre, un peu épaisse, à divisions *ovales*, obtuses, *étalées*. Couronne staminale à 5 lobes ovales, arrondis, obtus, *distants, mais réunis par une membrane pellucide*. Appendices des filets des étamines courts, obtus, presque tuberculeux. Stigmate déprimé. Follicules glabres, lancéolés-acuminés, renflés dans leur partie inférieure. Feuilles opposées, plus rarement verticillées par 3-4, brièvement pétiolées, un peu coriaces, luisantes, à nervures et bords finement pubescents; les inférieures réniformes ou en cœur; les moyennes *ovales en cœur* à la base, acuminées; les supérieures de plus en plus étroitement lancéolées. Tige dressée, simple, très-feuillée. Racine rampante, fibreuse. — Fleurs blanches intérieurement, à couronne jaunâtre, ainsi que la face externe qui est verte à la base.

Hab. Lieux pierreux et coteaux incultes. ♃ Juin-août.

V. laxum *Gren. et Godr.; Cynanchum laxum Bartl. in Koch, tasch.* 250; *Koch, syn. ed.* 2, *p.* 555; *C. medium Koch, syn. ed.* 1, *p.* 483 (*excl. syn.*). — Corolle glabre, à divisions *oblongues, réfléchies sur les bords*. Couronne à 5 lobes ovales-arrondis, obtus, distants et *réunis par une membrane pellucide*. Feuilles moyennes *oblongues-lancéolées, longuement acuminées, en cœur* à la base. — Corolle blanche sur les 2 faces, extérieurement verte à la base. Tige plus grêle, feuilles plus étroites que celles du *V. officinale* dont il est extrêmement voisin, et avec lequel il était confondu.

Hab. Polygone de Grenoble! (*Bartling*). Les documents nous manquent pour préciser la station de cette espèce, qui est probablement fort répandue en France. ♃ Juin-août.

V. contiguum *Gren. et Godr.; Cynanchum contiguum Koch, syn.* 556. — Corolle glabre. Couronne staminale à 5 lobes *dressés, exactement contigus, étreignant les étamines, mais libres et dépourvus de membrane pellucide unissante*. Feuilles, moyennes *ovales*, en cœur à la base. Fleurs de la couleur de celles du *V. offinale* dont il a le port et avec lequel il a été confondu.

Hab. Probablement toute la région méditerranéenne? Sa coronule ne permet pas de le confondre avec les deux précédents. ♃ Mai-juillet.

V. NIGRUM *Mœnch, l. c.; D C. prod.* 8, *p.* 524; *Cynanchum nigrum R. Br. mem. Wern.* 1, *p.* 147; *Dub. bot.* 324; *Asclepias nigra L. sp.* 315; *D C. fl. fr.* 3, *p.* 668. — *Ic. J. B. hist.* 2, *p.* 140; *Lob. obs.* 356, *f. dextr. Endress, exsicc. ann.* 1830! — Corolle d'un *pourpre noir*, à lobes *pubescents* sur la face supérieure. Couronne staminale à lobes ovales, épais, avec quelques dents dans leurs sinus, égalant à peine le tube staminal. Feuilles ovales ou ovales-lancéolées, *arrondies à la base*, acuminées au sommet, pubescentes le long de la nervure dorsale et sur les bords. Tige dressée, ou volubile et pubescente vers le haut.

Hab. Bords de la Méditerranée, de Montpellier à Perpignan; il paraît manquer en Provence. ♃ Mai-juillet.

ASCLEPIAS. (L. gen. 305.)

Calice 5-partite. Corolle 5-partite, *réfléchie*. Couronne staminale formée de 5 *appendices cuculliformes, émettant du fond de leur cavité un prolongement en forme de corne, courbé en sens opposé au cornet*. Anthères terminées par un appendice membraneux; masses polliniques suspendues et fixées *par leur sommet* aminci. Stigmate déprimé, mutique. Follicules renflés, lisses, ou munis de processus ou épines molles. Graine munie d'une aigrette.

A. CORNUTI *Decaisne, prod.* 8, *p.* 564; *A. syriaca L. sp.* 313; *D C. fl. fr.* 3, *p.* 669; *Dub. bot.* 323; *Lois. gall.* 1, *p.* 177 (*non Apocynum syriacum Clus. hist.* 2, *p.* 87. *Conf. Spenn. in Ness*). — *Ic. Spenn. in Nees gen. fasc.* 21, *t.* 1-3. — Fleurs disposées en ombelles simples, multiflores, terminales, portées par des pédoncules extra-axillaires; ceux-ci tomenteux, plus courts que la feuille. Fleurs rosées, odorantes. Follicules ovoïdes-allongés, tomenteux-blanchâtres, réduits à 1-3 par l'avortement des autres ovaires, hérissés de processus subépineux. Feuilles très-grandes, brièvement pétiolées, ovales, obtuses, glabrescentes en-dessus, blanchâtres-tomenteuses en-dessous, à nervures transversales, parallèles. Tiges herbacées, de 1-2 mètres, pubescentes, robustes, dressées, cylindriques, anguleuses dans leur partie supérieure par la décurrence des pédoncules. Racine longuement traçante.

Hab. Cultivée dans les jardins, souvent subspontanée autour des habitations. Originaire de l'Amérique septentrionale. ♃ Juin-août.

GOMPHOCARPUS. (R. Br. mem. Wern. 1, p. 38.)

Calice 5-fide. Corolle 5-partite, réfléchie. Couronne staminale formée de 5 *appendices cuculliformes, sans corne intérieure*. Anthères terminées par un appendice membraneux; masses polliniques suspendues et fixées par leur sommet aminci. Stigmate déprimé, mutique. Follicules souvent solitaires par avortement des autres ovaires, renflés, recouverts d'*épines molles*. Graines munies d'une aigrette.

G. fruticosus *R. Br. l. c.; D C. prod.* 8, *p.* 557; *Asclepias fruticosa L. sp.* 313; *Dub. bot.* 323; *Lois. gall.* 1, *p.* 177. — *Ic. Pluck. alm.* 36, *t.* 138, *f.* 2; *Sims, bot. mag. t.* 1628; *Commel. rar.* 2, *t.* 25. *Soleirol, exsicc. n°* 2836! — Fleurs disposées en ombelles simples, pluriflores, axillaires ou terminales, portées par des pédoncules extra-axillaires; ceux-ci deux fois plus courts que la feuille, tomenteux, ainsi que les pédicelles; ceux-ci deux fois plus longs que la fleur, munis de bractées linéaires. Corolle blanche, à divisions obovées, obtuses, ciliées; couronne staminale formée de folioles planes, dentées à l'un des angles. Follicules ovoïdes, acuminés, hérissés de processus subépineux ou épines molles, ordinairement solitaires sur chaque pédoncule. Feuilles lancéolées-linéaires, subpétiolées, pubescentes étant jeunes, puis presque glabres, à bords entiers et roulés en-dessous. Tiges suffrutescentes, de 1-2 mètres.

Hab. Corse, aux bords des ruisseaux, Bastia, St-Florent, etc. ♄ Juin-août.

LXXXII. GENTIANACÉES.

(Gentianaceæ Lindl. syst. ed. 2, p. 296.) (1)

Fleurs hermaphrodites, régulières ou presque régulières. Calice libre, persistant, pentamère et rarement 4-6-12-mère, quelquefois réduit à une spathe fendue latéralement; sépales plus ou moins soudés à la base, à préfloraison le plus souvent valvaire. Corolle gamopétale, hypogyne, régulière (bilabiée dans le genre *Canscora*), marcescente, persistante, rarement caduque, à préfloraison contournée, ou indupliquée (*Menyanthes*). Etamines 5, plus rarement 4-12, insérées sur le tube de la corolle, alternes avec les divisions de la corolle; filets ordinairement libres; anthères introrses, biloculaires, rarement soudées. Ovaire libre, unique, et formé de 2 carpelles, uniloculaire, ou semi-biloculaire. Ovules nombreux, horizontaux, réfléchis, pariétaux ou insérés à l'angle interne des loges. Styles et stigmates simples ou divisés. Fruit rarement bacciforme et subindéhiscent, ordinairement capsulaire, uni-semi-biloculaire, à deux valves septicides, rarement loculicides, renfermant un grand nombre de graines. Embryon très-petit, cylindrique dans un albumen charnu; radicule rapprochée du hile. — Plantes annuelles ou vivaces, herbacées et très-rarement suffrutescentes ou frutescentes, quelquefois volubiles, le plus souvent glabres, à suc aqueux et souvent très-amer. Feuilles opposées, et quelquefois verticillées, rarement alternes, souvent réunies en rosette à la base de la tige, simples et très-entières (excepté dans la section des Ményanthées où elles sont ternées et parfois dentées). Stipules nulles. Les Gentianacées ont d'intimes rapports avec les Apocynacées dont elles diffèrent par leur suc aqueux, et la structure de leur fruit.

(1) Auctore Grenier.

Trib. 1. GENTIANEÆ *Endl. gen.* 600.— Estivation de la corolle contournée. Tégument de la graine *membraneux*. Albumen remplissant exactement la cavité du tégument. Capsule bivalve. Placentas insérés sur les bords rentrants et séminifères des valves. Anthères pourvues d'un connectif. — Feuilles opposées, entières.

A. *Style distinct et souvent caduc.*

ERYTHRÆA. (Renealm. sp. 77, t. 76.)

Calice tubuleux, à 5 angles saillants et à 5 divisions linéaires. Corolle infundibuliforme, à tube cylindrique resserré sous la gorge, à limbe 5-partite, à la fin contourné sur la capsule. Etamines 5; anthères *se contournant en spirale après l'émission du pollen*. Style filiforme, caduc; stigmate bifide. Capsule *linéaire*, semi-biloculaire, ou semi-uniloculaire. Graines subglobuleuses comprimées, réticulées ou ridées, très-petites.

E. pulchella *Horn. fl. dan. t.* 1637; *E. ramosissima Pers. syn.* 1, *p.* 283; *Griseb. in D C. prod.* 9, *p.* 57; *E. pyrenaica Pers. l. c.; Chironia pulchella Swartz, act. Holm.* 1783, *t.* 3, *f.* 8-9 (*nomen antiquius*); *D C. fl. fr.* 3, *p.* 661; *Lois. gall.* 1, *p.* 174; *Ch. intermedia Mérat, fl. par.* 91; *Gentiana ramosissima Vill. in Gilib. fl. Dauph.* 2, *p.* 330 (1785–7); *Gentiana Centaurium* β. *L. sp.* 333. — *Ic. Vaill. bot. t.* 6, *f.* 1. *Schultz, exsicc. n°* 898!; *Billot, cent.* 2!; *Rchb. exsicc. n°* 855!; *Fries, herb. norm.* 3, *n°* 16! — Fleurs assez longuement *pédonculées*, toujours *solitaires* dans les dichotomies et à l'extrémité des rameaux; les latérales ordinairement *dépourvues de bractées*, formant par leur ensemble une *cyme lâche* à dichotomies ordinairement nombreuses. Calice *presque égal* au tube de la corolle, au moment de l'anthèse. Corolle à lobes *lancéolés, aigus*, quelquefois 2-3-dentés au sommet (*Lebel*). Capsule subuniloculaire, *égalant* le calice. Feuilles ovales-oblongues ou oblongues, presque aiguës supérieurement, d'autant plus courtes qu'elles sont plus inférieures; les radicales opposées, *jamais en rosettes*. Tige grêle, de 2 centimètres à 2 décimètres, très-anguleuse, rameuse-dichotome souvent dès la base, assez rarement naine simple et subuniflore (*E. pyrenaica Pers.*); rameaux étalés.—Fleurs se fermant vers onze heures du matin.

Hab. Lieux et pâturages humides. ① ② Juin-septembre.

E. Centaurium *Pers. syn.* 1, *p.* 283; *Chironia Centaurium D C. fl. fr.* 3, *p.* 660; *Dub. bot.* 328 (*part.*); *Lois. gall.* 1, *p.* 174; *Gentiana Centaurium L. sp.* 332.— *Ic. Dod. pempt.* 334; *J. B. hist.* 3, *p.* 353. *C. Billot, exsicc. n°* 55!; *Fries, herb. norm.* 2, *n°* 31! — Fleurs *sessiles* placées dans les dichotomies et *fasciculées* au sommet des rameaux, *pourvues de bractées*, formant par leur ensemble des *corymbes compactes* et terminaux. Calice presque de moitié plus petit que le tube de la corolle, au moment de l'anthèse. Corolle à lobes lancéolés, *obtus*, et souvent denticulés au sommet. Capsule sub-biloculaire, *plus longue* que le calice. Feuilles radicales obovées, obtuses, atténuées en pétiole court et disposées *en rosette;* les caulinaires sessiles ; les supérieures linéaires-aiguës. Tiges de 1-3 décimètres, grêles, quadangulaires surtout vers le haut, à angles fins, ordinairement simples à la base, rameuses-dichotomes au sommet ; rameaux étalés-ascendants. — Plante glabre ; fleurs roses, rarement blanches.

Hab. Champs, prairies et lieux humides. ② Juillet-août.

E. latifolia *Smith, engl.* 1, *p.* 321; *Griseb. in D C. prod.* 9, *p.* 58 ; *E. arenaria Presl. delic.* 88. — Fleurs *pédonculées ou subpédonculées*, *solitaires* dans les *dichotomies* et à l'extrémité des rameaux, *pourvues de bractées*, formant par leur ensemble une *cyme serrée* ou même compacte fastigiée et à dichotomies nombreuses. Calice *presque égal* au tube de la corolle, et rarement un peu plus court que lui, au moment de l'anthèse. Corolle à lobes *étroitement lancéolés*, subaigus, et égalant le quart ou le tiers de la longueur du tube. Capsule semi-biloculaire, *insensiblement atténuée* au sommet, de la longueur du calice. Feuilles ordinairement très-rapprochées, presque imbriquées, courtes, ovales, *obtuses*, également arrondies aux 2 extrémités, réunies en rosette à la base. Tige ordinairement rameuse dès la base, fortement ailée ; rameaux *strictement dressés.* — Pl. glabre ; fl. roses. La var. β. de Grisebach, ne nous a pas paru assez importante pour la distinguer du type.

Hab. Bords de la Méditerranée, Avignon ! Hyères ! Montpellier ! Narbonne ! (*Grenier*); Bayonne (*Griseb.*). ① ② Août.

E. chloodes *Gren. et Godr.; E. conferta Pers. syn.* 1, *p.* 383 ; *E. littoralis Smith, engl. bot.* 2305? ; *E. linarifolia* β. *humilis Griseb. in D C. prod.* 9, *p.* 59 ; *Gentiana chloodes Brot. fl. lusit.* 1, *p.* 276 (1804, *descript. optima.*). — Fleurs subsessiles, *en cyme très-appauvrie*, 1-7 au sommet des tiges ou des rameaux, munies de 2 bractées à la base. Calice égalant le tube de la corolle lors de l'anthèse. Corolle concave, à lobes ovales, obtus, *presque égaux* à la longueur du tube. Capsule *courte et très-grosse* (10 millimètres de long sur 3 de large), semi-biloculaire, dépassant un peu le calice. Feuilles *épaisses, oblongues, obtuses,* atténuées à la base, un peu décurrentes par les côtés ; les inférieures réunies en rosette, et plus ordinairement détruites, lors de l'anthèse, surtout dans les individus à tiges nombreuses ; les supérieures plus étroites. Tiges de 3-10 centimètres, ordinairement très-nombreuses, naissant ensemble du collet de la racine, *étalées-redressées, aussi épaisses ou plus épaisses vers le haut qu'à la base*, portant 2-4 côtes fines et plus saillantes que dans les espèces voisines, rarement simples, ordinairement *trichotomes vers le tiers inférieur ;* le rameau central réduit à un faisceau de feuilles et de fleurs avortées ; les deux latéraux bien développés, allongés et terminés par 1-3 fleurs presque sessiles. — Plante glabre ; fleurs roses ; feuilles charnues.

Hab. Golfe de Gascogne, commun à Biaritz, près de Bayonne et le long de la plage, la Teste-de-Buch (*Chantelat* !). ① Juillet-août.

Obs. Nous ne pouvons regarder cette plante comme une simple variété de l'*E. linarifolia Pers.* ainsi que le veut M. Grisebach. Son port et sa végétation, outre les caractères indiqués, n'ont réellement aucun rapport. La description de cette espèce, dans Brotero, ne laisse du reste rien à désirer.

D'après cela, le *E. linarifolia Pers.; Griseb.; Schultz, exsicc. n° 489!* ne serait point une espèce française.

E. tenuifolia *Griseb. in DC. prod.* 9, *p.* 59; *E. uliginosa W. K. hung. t.* 258; *Chironia linarifolia DC.! fl. fr.* 5, *p.* 428 ; *Lois. gall.* 1, *p.* 174, *et not.* 135 (*non Rchb.*).—Fleurs un peu pédicellées, solitaires dans les dichotomies, ou réunies 2-3 à l'extrémité des rameaux, pourvues de bractées, formant par leur ensemble une cyme oblongue-fastigiée, à dichotomies répétées. Calice *tomenteux*, égal au tube de la corolle. Celle-ci à lobes ovales, denticulés au sommet, presque égaux au tube. Capsule presque biloculaire, égalant le calice. Feuilles *tomenteuses;* les radicales très-nombreuses et formant une *rosette épaisse*, *linéaires ou linéaires-oblongues*, *obtuses*, de 2-3 centimètres de long sur 2-3 millimètres de large ; les caulinaires *étroitement linéaires*, *obtuses*, de moitié plus courtes que les radicales. Tiges rarement solitaires, ordinairement plusieurs ensemble, dressées, rameuses-dichotomes seulement au sommet, fastigiées, *couvertes dans toute leur longueur d'un duvet épais.*

Hab. Avignon ! aux bords de la Durance ! (*Requien*); aux Cabanues près de Montpellier! (*Godron*). ① Juillet-août.

E. diffusa *Woods, ap. Griseb. in DC. prod.* 9, *p.* 59 ; *Le Jolis, ann. sc. nat. avril* 1847, *t.* 13. — Fleurs *pédicellées*, 1-5 *et rarement* 7-9 *à l'extrémité des tiges* plus ou moins dichotomes. Calice presque égal au tube de la corolle. Celle-ci grande (15-20 mill.), à lobes ovales, d'un tiers plus courts que le tube. Style indivis; stigmate bifide, ainsi que dans les espèces précédentes. Capsule presque biloculaire, très-atténuée au sommet, un peu plus longue que le calice. Feuilles rapprochées à la base en rosette; les inférieures *ovales*, *presque orbiculaires ou subspatulées*, *très-obtuses;* les caulinaires *larges*, *elliptiques-oblongues*, *obtuses*. Tiges *étalées* en gazon, *ascendantes*, simples et 1-3 fois dichotomes au sommet terminé par les fleurs.— Plante glabre ; fleurs roses.

Hab. Morlaix en Bretagne ! (*Lamotte*); Cherbourg! (*Le Jolis*); la Manche! (*Lebel*). ① ② Août.

E. spicata *Pers. syn.* 1, *p.* 283; *Chironia spicata Willd. sp.* 1, *p.* 1070; *DC. fl. fr.* 3, *p.* 662; *Dub. bot.* 328 ; *Lois. gall.* 1, *p.* 175; *Gentiana spicata L. sp.* 333. — *Ic. Barr. t.* 1242. *Rchb. exsicc. n°* 2204 ! ; *Soleirol, exsicc. n°* 2858 ! — Fleurs *sessiles*, situées quelques-unes dans les dichotomies, les autres *solitaires*, *écartées*, naissant à l'aisselle d'une bractée et *rangées le long des rameaux en longues cymes spiciformes*. Calice égal au tube de la corolle. Celle-ci petite, à lobes lancéolés obtus. Style indivis ; stigmate *infundibuliforme*, *obscurément bilobé*. Capsule égale au calice. Feuilles ovales-oblongues, arrondies à la base, subaiguës, rapprochées sur la tige, non réunies en rosette à la base. Tiges de 1-2 décimètres, raides, dressées, rameuses ; rameaux rapprochés-dressés, très-anguleux.

Hab. Bords de la Méditerranée et de l'Océan dans toute leur longueur ; Corse. (1) (2) Août.

E. maritima *Pers. syn.* 1, *p.* 283; *Chironia maritima Willd. sp.* 1, *p.* 1069 ; *D C. fl. fr.* 3, *p.* 662 ; *Dub. bot.* 328 ; *Lois. gall.* 1, *p.* 175; *Ch. occidentalis D C. fl. fr.* 5, *p.* 428 ; *Dub. bot.* 328 ; *Erythræa occidentalis Rœm. et Schl.* 4, *p.* 171 ; *Gentiana maritima L. mant.* 55. — *Ic. Barr. t.* 468. — Fleurs jaunes, longuement pédicellées, solitaires dans les dichotomies et à l'extrémité des rameaux, avec ou sans bractées, formant par leur ensemble une cyme lâche, étalée-dressée, plusieurs fois dichotome. Calice d'un tiers plus court que le tube de la corolle. Celle-ci à lobes elliptiques, subaigus. Style *profondément divisé en deux branches qui égalent la partie soudée*. Capsule une fois plus longue que le calice. Feuilles rapprochées à la base ; les inférieures obovées ou oblongues, obtuses; les caulinaires ovales ou lancéolées, aiguës. Tige dressée, raide, de 2 centimètres à 2 décimètres de long, rameuse-dichotome, souvent presque dès la base. — Plante glabre.

Hab. Bords de l'Océan, de Bayonne à Dunkerque; rivages de la Méditerranée, de Nice à Perpignan ; Corse. (1) Juin-juillet.

CICENDIA. (Adans. fam. 2, p. 503.)

Calice *subcampanulé*, arrondi, *4-partite ou 4-denté*. Corolle infundibuliforme, à *tube court et ventru ;* à *limbe 4-fide*, se contournant au-dessus de la capsule après l'anthèse. Etamines 4 ; anthères non contournées en spirale, après l'émission du pollen. Style filiforme, caduc. Capsule uniloculaire ou semi-biloculaire.

C. filiformis *Delarbre, fl. Auv.* 1, *p.* 20; *Exacum filiforme Willd. sp.* 1, *p.* 638 ; *D C. fl. fr.* 3, *p.* 663 ; *Dub. bot.* 328 ; *Lois. gall.* 1, *p.* 97 ; *Gentiana filiformis L. sp.* 335 ; *Microcala filiformis Link, port.* 1, *p.* 359. — *Ic. Vaill. bot.* 1, *t.* 6, *f.* 3. *Schultz, exsicc. n°* 486 ! ; *Rchb. exsicc. n°* 27 ! — Pédicelles très-longs (3-5 centim.), dressés. Calice campanulé, *à 4 dents triangulaires-lancéolées*. Corolle jaune. Feuilles radicales 4-6, rapprochées, oblongues ; les caulinaires opposées, linéaires, bien plus courtes que les entre-nœuds. Tiges de 4-10 centimètres, ordinairement dichotomes dès la base, à divisions *dressées*, ou simples et uniflores.

Hab. Bords des étangs, clairières humides des bois, dans presque toute la France. (1) Juin-septembre.

C. PUSILLA *Griseb. Gent.* 1839, *p.* 157, *et in DC. prod.* 9, *p.* 61; *Boreau fl. cent.* 351; *C. Candolii Griseb. l. c.*; *Exacum pusillum DC. fl. fr.* 3, *p.* 663; *Dub. bot.* 328; *E. pusillum* β. *DC. ic. rar. t.* 16; *E. Vaillantii Lois. gall.* 1, *p.* 97; *E. Candolii Bast. suppl.* 22; *DC. fl. fr.* 5, *p.* 429; *Dub. bot.* 328; *Erythræa luteola Pers. syn.* 1, *p.* 283; *Gentiana pusilla Lam. dict.* 2, *p.* 645. — *Ic. Vaill. bot. t.* 6, *f.* 2. *Schultz, exsicc. n°* 701! — Pédoncules de 1-2 centimètres, dressés, formant une *cyme dichotomique très-étalée et très-lâche.* Calice *divisé jusqu'à la base en 4 lanières linéaires.* Corolle variant du rose ou du blanc au jaune pâle. Feuilles opposées, oblongues-lancéolées ou oblongues-linéaires, obtuses ou subaiguës. Tiges de 2-12 centimètres, très-rameuses dès la base, irrégulièrement et plusieurs fois dichotomes, à rameaux plus ou moins étalés. — Le *C. Candolii* ne peut constituer même une variété, et nous pensons avec M. Boreau que ce n'est qu'un état plus développé, plus allongé de la plante. L'humidité ou la fertilité du sol sont probablement les causes de cette variation.

Hab. Paris et presque tout le centre de la France (*Boreau*); çà et là dans l'ouest; Vauvert dans le Gard! (*de Pouzols*); bords de la Méditerranée, Fréjus! (*Perreymond*); Montpellier! (*Dunal*) ① Juin-septembre.

CHLORA. (L. gen. 1258.)

Calice *divisé presque jusqu'à la base en* 6-8 *divisions sublinéaires.* Corolle *en coupe*, à tube renflé-globuleux, *à limbe* 6-8-*fide.* Etamines 6-8. Style filiforme, caduc; stigmate bifide. Capsule uniloculaire.

C. PERFOLIATA *L. mant.* 10; *DC. fl. fr.* 3, *p.* 649; *Dub. bot.* 325; *Lois. gall.* 1, *p.* 274; *Gentiana perfoliata L. sp.* 335. — *Ic. Lam. ill. t.* 296, *f.* 1; *Clus. hist.* 2, *p.* 180. *Schultz, exsicc. n°* 51!; *Rchb. exsicc. n°* 631! — Fleurs en cymes multiflores. Calice à 8 divisions *linéaires, subulées,* subuninerviées, plus courtes que la corolle. Celle-ci à divisions *obtuses.* Capsule oblongue-subglobuleuse. Feuilles radicales obovées, subpétiolées; les caulinaires *ovales-triangulaires, soudées à la base dans toute leur largeur.* Tige de 2-6 décimètres, simple ou rameuse supérieurement, dressée, raide, très-glabre, glauque ou d'un beau vert. — Fleurs d'un jaune presque orangé.

β. *acuminata Rchb.* Segments du calice linéaires, égalant presque la corolle. — *C. intermedia Ten. syll.* 565.

γ. *grandiflora Griseb.* Corolle 2-3 fois aussi longue que le calice. Style bifide.

Hab. Lieux humides, coteaux incultes, bords des ruisseaux, dans presque toute la France; var. β. et γ. dans le midi. ① Juin-août.

C. SEROTINA *Koch, ap. Rchb. ic.* 3, *p.* 6, *f.* 351, *et syn.* 558; *C. acuminata Koch et Ziz, cat. palat.* 20. — *Schultz, exsicc. n°* 52!; *C. Billot, exsicc. n°* 418! — Fleurs en cymes multiflores. Calice à 8 divisions *lancéolées-linéaires,* subtrinerviées par la dessiccation, un peu plus courtes que la corolle. Celle-ci à divisions *subaiguës ou acuminées*. Capsule oblongue-subglobuleuse. Feuilles obovées, subpétiolées ; les caulinaires *ovales ou ovales-lancéolées, arrondies à la base, et offrant une soudure moindre que leur largeur*. Tige de 2-4 décimètres, simple ou rameuse supér[t], dressée, raide, très-glabre, glauque-blanchâtre. — Fleurs d'un jaune pâle.

Hab. Lieux humides et prairies tourbeuses des environs de Strasbourg; Lyon; Grenoble; Uzès, Montpelier; Bayonne; Corse, Ajaccio, etc. ① Juin-août.

C. IMPERFOLIATA *L. fil. suppl.* 218 ; *Griseb. in D C. prod.* 9, *p.* 69 ; *C. sessilifolia Desv. soc. am.* 1, *t.* 3, *f.* 2 ; *D C. fl. fr.* 5, *p.* 426 ; *Dub. bot.* 325; *Lois. gall.* 1, *p.* 274. — *Lam. ill. t.* 296, *f.* 2. — Fleurs portées par des pédoncules nus, gros et très-longs, formant une cyme appauvrie et dichotome, souvent réduite à une seule fleur. Calice à 6 divisions prolongées jusqu'aux trois quarts de sa longueur, *soudées dans leur quart inférieur, ovales-lancéolées*. Capsule ovoïde-ventrue, aiguë. Feuilles sessiles, lancéolées-aiguës, elliptiques-oblongues ou en cœur et *non soudées* à la base. Tige de 1-3 décimètres, simple ou rameuse ; rameaux strictement dressés. — Plante très-glabre, glauque.

Hab. Bords de l'Océan de Bayonne à Cherbourg ; rivage de la Méditerranée ; Corse, Ajaccio, etc. ① Juillet.

B. *Style nul ; stigmate persistant à l'extrémité atténuée de la capsule.*

GENTIANA. (Tournef. inst. p. 80, t. 40.)

Calice tubuleux, campanulé ou spathiforme, 4-10-fide ou 4-10-partite. Corolle infundibuliforme ou campanulée, à gorge nue ou frangée, à limbe à 4-5 lobes augmentés ou dépourvus dans leurs sinus d'appendices variables. Etamines 4-5, à anthères non modifiées après l'émission du pollen. Style *nul ou formé par l'atténuation insensible de la capsule ;* stigmate bifide, à lobes obtus et *persistants*. Capsule uniloculaire.

Sect. 1. — Fleurs jaunes ou plus ou moins purpurines.

G. LUTEA *L. sp.* 329 ; *D C. fl. fr.* 3, *p.* 650 ; *Dub. bot.* 326 ; *Lois. gall.* 1, *p.* 178. — *Lam. ill. t.* 109, *f.* 1 ; *Clus. hist.* 311. *Rchb. exsicc. n°* 1244 ! — Fleurs *pédonculées*, fasciculées au sommet de la tige et à l'aisselle des feuilles. Calice membraneux, ovale, irrégulièrement denté au sommet, fendu jusqu'à la base d'un seul côté et ressemblant à une spathe. Corolle *divisée presque jusqu'à la base* en 5-7-9 lobes étroitement lancéolés, *étalés en étoile*. Anthères libres et linéaires. Stigmates roulés en dehors. Capsule ovoïde-acuminée. Graines ovales, comprimées, ailées. Feuilles munies de 5-7 nervures convergentes par le haut ; les radicales grandes, elliptiques, pétiolées ; les caulinaires inférieures brièvement pétiolées ;

les moyennes sessiles et embrassantes à la base. Tige de un mètre et plus, forte, simple, fistuleuse, dressée dès la base. Racine longue, épaisse, cylindracée, rameuse. — Fleurs jaunes, occupant la moitié supérieure de la tige.

Hab. Toute la région des sapins et un peu au-dessous, dans les Vosges, le Jura, l'Auvergne, les Alpes, les Pyrénées. ♃ Juillet-août.

G. LUTEO-PUNCTATA *Nob.; G. hybrida Schl. in D C. fl. fr.* 3, *p.* 651 ; *G. rubra Clairv. man.* 73; *G. Thomasii Gillab. ap. Vill. in Rœm. coll.* 1, *p.* 189 (1809); *G. purpureæ-lutea Griseb. gent.* 212. — Fleurs *pédonculées.* Corolle *divisée jusqu'aux trois quarts de sa longueur* en 5-9 lobes *dressés*, étroitement *lancéolés-oblongs, subaigus*, 2–3 *fois aussi longs* que le tube. Anthères libres, linéaires. — Le reste comme dans le *G. lutea.* Les fleurs sont tantôt entièrement jaunes, tantôt ponctuées de violet et un peu rouges en dehors ; les pédoncules sont plus courts ; les feuilles un peu plus étroites ; celles qui, à leur aisselle, portent les faisceaux de fleurs, sont plus longues que dans le *G. lutea* et dépassent de beaucoup les fleurs. Cette plante croissant dans nos Alpes, au milieu des *G. lutea* et *G. punctata*, là où le *G. purpurea* ne croît point, ne saurait être une hybride de cette dernière espèce, qui manque absolument dans nos Alpes.

Hab. Çà et là dans les hautes Alpes du Dauphiné, Valbelle, au-dessus de Guillestre (*Boullu*). ♃ Août.

G. BURSERI *Lap. abr.* 132 ; *D C. fl. fr.* 3, *p.* 426 ; *Dub. bot.* 326 ; *Lois. gall.* 1, *p.* 178 ; *G. punctata Vill. Dauph.* 2, *p.* 522; *Lap. abr.* 133 (*ex Arnott*); *G. biloba D C. fl. fr.* 3, *p.* 653, *et ic. rar. t.* 15.—*Endress, exsicc. ann.* 1830!—Fleurs *sessiles*, fasciculées au sommet de la tige ou à l'aisselle des feuilles. Calice membraneux, ovale, entier ou denticulé au sommet, fendu jusqu'à la base d'un seul côté en forme de spathe. Corolle *obconique-subcampanulée, divisée dans son quart supérieur* en 6 lobes ovales-oblongs, aigus, *trois fois plus courts que le tube;* celui-ci long[t] claviforme et muni de plis triangulaires avec ou sans dent dans la partie qui répond aux intervalles des lobes. Anthères *soudées en tube* traversé par l'ovaire. Feuilles inférieures elliptiques oblongues, à 5-7 nervures, atténuées en pétiole ; les supérieures acuminées, embrassantes à la base. Tige de 3–5 décimètres, simple et dressée dès la base. — Fleurs jaunes ponctuées de brun, ou entièrement jaunes. Nous rapportons sans hésitation le *G. biloba D C.* au *G. Burseri.* D'abord cette espèce est commune aux lieux indiqués par D C., et où nous n'avons point vu d'autre espèce qui puisse s'en rapprocher. Mais ce qui est plus concluant, c'est que le *G. Burseri* est très-souvent muni, vis-à-vis de la partie fendue de son calice, d'un lobe ovale ou lancéolé, bractéiforme, un peu moins membraneux que le calice, et tantôt plus court tantôt plus long que lui. C'est la présence de ce lobe supplémentaire qui a donné lieu à la création du *G. biloba*, qui ne peut même être signalé comme variété.

Hab. Toute la partie alpine de la chaine des Pyrénées, de la vallée d'Eynes aux Eaux-Bonnes, la Soulane, la Massive, Médassole, Pic-du-Midi, Aiguecluse, Peu-du-Branda, Gavarnie, etc.; Hautes-Alpes, col de Vars, mont Viso, mont Mounier, Lautaret, etc. ♃ Août.

G. PUNCTATA *L. sp.* 329; *D C. fl. fr.* 3, *p.* 653; *Dub. bot.* 326; *Lois. gall.* 1, *p.* 178; *G. purpurea Vill. Dauph.* 2, *p.* 523. — *Ic. Barr. t.* 69. *Rchb. exsicc. n°* 857! — Fleurs sessiles, fasciculées à l'aisselle des feuilles et au sommet de la tige. Calice membraneux, irrégulier, *subcampanulé*, à tube très-court (5-6 millimètres), ordinairement tronqué obliquement, à 5-6 dents ovales-lancéolées ou linéaires, parfois presque égales, plus souvent très-inégales et variant d'une fleur à l'autre, les unes dépassant à peine 2 millimètres, les autres atteignant quelquefois 12-15 millimètres, Corolle campanulée, à lobes ovales, obtus, 2-3 fois plus courts que le tube. Anthères lâchement *soudées*. Feuilles radicales larges, très-brièvement pétiolées; les autres embrassantes à la base. Tige de 2-5 décimètres, forte, simple, dressée dès la base. — Corolle jaune ponctuée de brun, souvent purpurine extérieurement. La forme du calice distingue bien cette espèce.

Hab. Mont Aurouse près de Gap (*Blanc*), Champ-Rousse près de Grenoble (*Verlot*); Lautaret (*Grenier*); Saint-Hugon, Grande-Chartreuse, Bourg-d'Oysans (*Vill.*), etc. ♃ Août.

Sect. 2. — Fleurs bleues.

a. *Tube de la corolle subcampanulé, obové; stigmates roulés en dehors.*

G. CRUCIATA *L. sp.* 334; *D C. fl. fr.* 3, *p.* 653; *Dub. bot.* 326; *Lois. gall.* 1, *p.* 179. — *Ic. Clus. hist.* 313, *f.* 1. *Schultz, exsicc. n°* 305! — Fleurs *sessiles*, fasciculées à l'aisselle des feuilles supérieures et surtout au sommet de la tige. Calice membraneux, subcampanulé, court, tantôt régulier à 4 dents étroites et aiguës, tantôt irrégulier à 2-3 dents inégales, fendu d'un côté et spathiforme. Corolle de 2 centimètres de long, à gorge nue munie de 4 plis, à tube allongé et anguleux, divisée au sommet et jusqu'au sixième de sa longueur *en 4 lobes* ovales, dressés et séparés le plus souvent par 1-2-3 petites dents très-aiguës. Anthères *libres*. Stigmates roulés en dehors. Capsule brièvement stipitée. Graines brunes, luisantes, ovoïdes, finement striées. Feuilles *lancéolées, obtuses*, à 3 nervures; les caulinaires *soudées à la base en une gaîne d'autant plus longue que les feuilles sont plus inférieures*. Tiges de 1-3 décimètres, simples, ascendantes. — Fleur d'un bleu-gris en dehors, d'un beau bleu intérieurement. La fleur inférieure souvent solitaire est quelquefois pentamère (*Buchinger*).

Hab. Coteaux pierreux de tout le nord de la France; Lorraine, Jura, Alpes, presque tout le centre de la France (*Boreau*); manque dans la région méditerranéenne, dans le sud-ouest, et probablement dans les Pyrénées. ♃ Juillet-sept.

G. asclepiadea *L. sp.* 329; *DC. fl. fr.* 3, *p.* 654; *Dub. bot.* 326; *Lois. gall.* 1, *p.* 178. — *Ic. Clus. hist.* 1, *p.* 312, *f.* 2; *Barr. ic.* 70. *Schultz, exsicc. n°* 1105!; *Billot, exsicc. n°* 272!; *Rchb. exsicc. n°* 635! — Fleurs *sessiles, solitaires ou géminées* à l'aisselle des feuilles dans la partie supérieure de la tige. Calice submembraneux, tubuleux, tronqué, à 5 dents linéaires inégales, souvent fendu sur un côté, *trois fois* aussi long que large. Corolle longuement claviforme (4 centimètres de long sur 1 1/2 de large), à gorge nue munie de 5 plis, à tube très-allongé, divisé au sommet et jusqu'au sixième de sa longueur *en* 5 *lobes* lancéolés, acuminés, dressés, séparés par des sinus munis d'un appendice denticulé. Anthères *soudées*. Stigmates roulés en dehors. Capsule longuement *atténuée* à la base. Graines grisâtres, ovales, aplaties, ponctuées et *largement ailées*. Feuilles *ovales-lancéolées, longuement acuminées, arrondies* à la base, scabres aux bords, *obscurément pétiolées*, nullement embrassantes. Tige de 2-4 décimètres, dressée, simple, très-feuillée.

Hab. Prés humides des Alpes du Dauphiné, Orcière en Champsaur, en Valgaudemar, à Saint-Hugon (*Vill.*), Lautaret (*Gren.*), L'Arche (*Jord.*), etc.; hautes montagnes de Corse, Corté (*Req.*), etc.; paraît manquer dans les Pyrénées. ♃ Août-septembre.

G. Pneumonanthe *L. sp.* 330; *DC. fl. fr.* 3, *p.* 654; *Dub. bot.* 326; *Lois. gall.* 1, *p.* 179. — *Ic. Clus. hist.* 1, *p.* 313, *f.* 2; *Barr. t.* 52. *Schultz, exsicc. n°* 53!; *C. Billot, exsicc. n°* 419!; *Rchb. exsicc. n°* 634! — Fleurs *pédonculées*, solitaires et plus rarement géminées; les supérieures sessiles. Calice tubuleux, à 5 lobes linéaires très-aigus, égalant presque le tube. Corolle à tube presque campanulé, divisé jusqu'au sixième de sa longueur en 5 lobes ovales, acuminés, dressés-étalés, séparés le plus souvent par une dent très-aiguë. Anthères soudées, oblongues. Capsule elliptique, *longuement stipitée*. Graines grisâtres, fusiformes, réticulées. Feuilles *linéaires ou lancéolées-linéaires*, obtuses, réfléchies sur les bords et munies d'une seule nervure; les inférieures très-courtes, *squammiformes; toutes brièvement soudées à la base*. Tige grêle, de 1-3 décimètres, un peu anguleuse, ordinairement simple, raide et dressée dès la base. — Fleur de 4 centimètres de longueur.

Hab. Prairies humides et tourbeuses; Alsace, Bitche, Strasbourg, etc.; Besançon (*Gren.*); une grande partie du centre de la France (*Boreau*); Paris; l'ouest de Bayonne à Dunkerque; Dauphiné (*Vill.*); Auvergne (*Lecoq et Lam.*); Pyrénées, depuis le Capsir à Biaritz (*Lap.*). ♃ Juillet-octobre.

G. acaulis *L. sp.* 330; *DC. fl. fr.* 3, *p.* 654; *Dub. bot.* 326; *Lois. gall.* 1, *p.* 179; *G. excisa Presl. bot. ztg.* 11, 1, *p.* 268; *Koch, syn.* 562. — *Ic. Barr. t.* 47. *Schultz, exsicc. n°* 306!; *Rchb. exsicc. n°* 1018! — Fleur *solitaire, grande* (5-6 centimètres de long), *subsessile* au centre de la rosette radicale, *et ordinairement plus longue que la tige et le pédoncule*. Calice *campanulé-claviforme*, égalant environ le quart de la corolle, à 5 divisions plus courtes que le tube, ovales-lancéolées, tantôt un peu rétrécies à la base (*G. excisa Presl.*), tantôt lancéolées aiguës et s'atténuant insensiblement de la base non rétrécie au sommet. Corolle campanulée, divisée dans son cinquième supérieur en 5 lobes ovales-acuminés, séparés par des plis triangulaires et terminés en appendice entier ou dentelé. Anthères soudées. Capsule sessile et atténuée à la base. Graines ovoïdes, munies de côtes presque régulières. Feuilles plus ou moins dures et coriaces, *réunies en rosette radicale*, lancéolées ou ovales, plus ou moins aiguës, très-finement denticulées ou érodées à la loupe ; 1-2 paires de feuilles caulinaires très-petites et presque bractéiformes. Tige *courte* (1-7 centimètres, y compris le pédoncule), *toujours uniflore*.

α. *latifolia*. Feuilles largement elliptiques, à peine une fois plus longues que larges. *G. acaulis Vill. Dauph.* 2, *p.* 525.

β. *media*. Feuilles lancéolées ou elliptiques, 2-3 fois aussi longues que larges. *G. acaulis auct.; G. angustifolia Vill. Dauph.* 2, *p.* 526. — *Rchb. exsicc. n°* 1019 !

γ. *parvifolia*. Feuilles petites (1-2 centimètres de long, presque aussi larges que longues, un peu molles, jaunissant par la dessiccation ; fleur subsessile. Forme exclusivement très-alpine. *G. alpina Vill. l. c. t.* 10 ; *DC. fl. fr.* 5, *p.* 427 ; *Dub. bot.* 326. — *Rchb. exsicc. n°* 465 ! ; *Endress, exsicc. ann.* 1829 ! ; *Bourgeau, hisp. exsicc. n°* 1293 !

Hab. Toute la région des sapins dans le Jura ; Alpes ; Pyrenées ; manque dans les Vosges et l'Auvergne, ainsi que dans les montagnes du centre de la France ; var. γ. Alpes du Dauph., Sept-Laus, Charousse près de Grenoble, etc. ; Pyrénées élevées, port d'Oo, Tourmalet, Canigou, val d'Eynes, etc. ♃ Mai-juin.

Obs. Koch a distingué les *G. acaulis* et *excisa* principalement par la forme des divisions calicinales ; mais nous avons pu nous convaincre, dans nos montagnes du Jura où la plante abonde, du peu de valeur de ce caractère. Les dimensions des feuilles ne sont pas moins variables, ainsi que les denticules de leurs bords. Dans l'impossibilité de préciser des limites entre toutes ces formes, nous nous sommes rangés à l'opinion de M. Grisebach, qui les réunit toutes, en y comprenant même la forme dont Villars a fait son *G. alpina*.

b. *Tube de la corolle cylindrique ou peu renflé.*

* *Plantes vivaces, produisant outre les tiges florales uniflores des rejets terminés par des rosettes persistantes.*

G. pyrenaica *L. mant.* 55 ; *DC. fl. fr.* 3, *p.* 657 ; *Gouan, ill.* 7, *t.* 2, *f.* 2 ; *Lap. abr.* 134 ; *Dub. bot.* 327 ; *Lois. gall.* 1, *p.* 180 ; *Griseb. in DC. prod.* 9, *p.* 105. — *Endress, exs. ann.* 1829-1830 ! — Calice tubuleux, à 5 dents ovales, mucronées, deux fois plus courtes que le tube. Corolle en coupe, à tube presque cylindrique, insensiblement élargi de la base au sommet, d'un tiers plus long que le calice, à limbe formé de 5 lobes ovales, munis entre chaque lobe d'un *appendice triangulaire plus large que long, presque aussi long que les lobes*, et plus profondément denté que ces derniers. Capsule elliptique, *portée par un podogyne souvent plus long que le calice*, terminée par 2 stigmates *oblongs*, roulés en dehors. Feuilles dures, *linéaires ou lancéolées-linéaires,* mucronées, embrassantes à la base. Tige de 4-6 centimètres; les florales ascendantes; les stériles étalées en gazon. Souche courte à racines fibreuses,

Hab. Pyrénées-Orientales, depuis le Canigou jusqu'au Salut qui paraît être sa dernière station, Coum-del-Tech, Salvanaire, Llaurenti, Mont-Louis, Très-Seignous, Fraichinède, Pis-de-la-Tronque, Houle-du-Marboré (*Lap.*). ♃ Juin, et quelquefois en septembre.

G. bavarica *L. sp.* 331 ; *Vill. Dauph.* 2, *p.* 527, *t.* 10 ; *D C. fl. fr.* 3, *p.* 656 ; *Dub. bot.* 327 ; *Lois. gall.* 1, *p.* 180. — *Ic. Barr. t.* 101, *f. sup. Schultz, exsicc. n°* 896 ! ; *Rchb. exsicc. n°* 28 ! — Calice tubuleux, à 5 dents lancéolées, aiguës, à la fin presque égales au tube calicinal. Corolle en coupe, à tube presque cylindrique, un peu élargi de la base au sommet, d'un tiers plus long que le calice, à limbe formé de 5 lobes obovés, obtus, denticulés, muni entre chaque lobe d'un *petit appendice bifide six fois plus court que les lobes.* Stigmates *discoïdes-infundibuliformes.* Capsule oblongue, sessile et atténuée à la base. Graines étroitement elliptiques, rugueuses. Feuilles toutes *obovées, obtuses,* subuninerviées; les inférieures rapprochées, imbriquées ; les caulinaires écartées, un peu plus allongées. Tiges de 5-15 centimètres, uniflores, couchées à la base, puis redressées. Souche grêle, émettant, outre les tiges florales, plusieurs rejets terminés par une rosette. — Fleur parfois sessile au centre de la rosette. *G. imbricata mult.* (*non Froël.*).

Hab. Hautes Alpes du Dauphiné, Lautaret, le Valbonnais, col de l'Echauda, mont Chaillol près de Gap (*Blanc*), etc. ♃ Août.

G. verna *L. sp.* 331 ; *DC. fl. fr.* 3, *p.* 655 ; *Dub. bot.* 327 ; *Lois. gall.* 1, *p.* 179 (*excl. var.* β.). — *Ic. Clus. hist.* 1, *p.* 315 ; *J. B. hist.* 3, *p.* 527, *f. dextr. Schultz, exsicc. n°* 700 ! — Calice tubuleux, *plus ou moins anguleux* ou ailé, à 5 dents lancéolées, aiguës, plus courtes que le tube. Corolle en coupe, à tube presque cylindrique, de moitié plus long que le calice, à limbe formé de 5 lobes ovales, obtus, souvent denticulés, muni entre chaque lobe d'un appendice bifide, six fois plus court que les lobes. Stigmates discoïdes-infundibuliformes. Capsule oblongue, sessile et atténuée à la base. Graines étroitement ellipsoïdes, rugueuses. Feuilles *ovales ou ovales-lancéolées,* plus ou moins aiguës ou subobtuses, subuninerviées; les inférieures rapprochées en rosette ; les caulinaires plus ou moins distantes. Tiges florales dressées, de 1 à 10 centimètres (la fleur non comprise) à partir de la rosette, filiformes, rampantes et même radicantes; les stériles terminées par des rosettes. Souche courte, émettant beaucoup de rejets stoloniformes étalés en gazon.

β. *alata.* Calice ventru à angles saillants et même ailés ; feuilles souvent plus étroites. *G. angulosa M. B. taur.* 1, *p.* 197 ; *G. æstiva Rœm. et Schlt.* 6, *syst. p.* 136 ; *G. pumila Vill. Dauph.* 2, *p.* 527 (*non Jacq.*). — *Rchb. exsicc. n°* 1556 !

γ. *brachyphylla.* Cette plante, tantôt réunie au *G. verna,* et tantôt proposée comme espèce, se caractérise par les feuilles plus courtes, arrondies au sommet et presque aussi obtuses que celles du *G. bavarica*. Sa station, exclusivement alpine, peut être invoquée pour la faire considérer comme modification due au climat, aussi bien que comme espèce distincte. Toutefois, nous devons dire que dans le Jura, où le *G. verna* type abonde, et où nous avons pu le suivre jusque sur les cimes les plus élevées (1700 mètres), nous n'avons jamais rencontré la forme que Villars a nommée *G. brachyphylla*. Malgré cela, le *G. brachyphylla* étant exactement au *G. verna*, ce que le *G. alpina Vill.* est au *G. acaulis L.*, nous nous sommes rangés à l'opinion des auteurs (et en particulier de M. Grisebach) qui ne font de cette plante qu'une variété alpine du *G. verna*. *G. brachyphylla Vill. Dauph.* 2, *p.* 528. — *Rchb. exsicc. n°* 1017!

Hab. La région des sapins du Jura, de l'Auvergne, des Alpes, des Pyrénées; manque dans les Vosges; var. β. dans la région alpine; var. γ. sommets des Alpes du Dauphiné, Lautaret, col de l'Echauda, la Bérarde, col de l'Arche, etc.; Pyrénées-Orientales, Mont-Louis (*Rivière*). ♃ Mai-août.

** *Plantes annuelles ou bisannuelles, dépourvues à la base de rejets persistants terminés par des rosettes.*

1. *Gorge frangée; stigmates roulés en dehors.*

G. GERMANICA *Willd. sp.* 1, *p.* 1346; *DC. fl. fr.* 3, *p.* 658; *Dub. bot.* 327; *Lois. gall.* 1, *p.* 180; *G. amarella Vill. Dauph.* 2, *p.* 530 (*non L.*). — *Ic. Barr. t.* 102-510, *f.* 2. *Schultz, exsicc. n°* 488!; *Billot, exsicc. n°* 149! — Fleurs pédonculées, axillaires ou terminales; formant une panicule dressée. Calice campanulé, divisé jusqu'au milieu en 5 lobes égaux, étroitement lancéolés acuminés. Corolle à tube obconique, divisé jusqu'au tiers de sa longueur en 5 lobes lancéolés aigus, à gorge fermée par de longs cils. Capsule bien plus longue que le calice, subcylindrique et *substipitée*. Feuilles vertes ou violacées en dessus, plus pâles en dessous; les radicales obovées, plus ou moins obtuses; les caulinaires *ovales ou ovales-lancéolées*, atténuées de la base au sommet, sessiles et même embrassantes. Tige de 1-3 décimètres, dressée, anguleuse, simple ou rameuse.

β. *obtusifolia*. Fleurs jaunâtres; feuilles caulinaires oblongues, obtuses; les radicales obovées, obtuses, un peu plus longuement pétiolées. *G. obtusifolia Willd. sp.* 1, *p.* 1347; *G. flava Mérat in Lois.! gall.* 1, *p.* 180, *t.* 28. — *Rchb. exsicc. n^os^* 632, 2205, 2206!

Hab. Lieux arides des montagnes et des plaines du nord de la France; var. β. haute chaîne du Jura. ① Août-septembre.

G. AMARELLA *L. sp.* 334; *de Breb. fl. norm. ed.* 1, *p.* 190 (1836). — *Durand-Duquesney ap. Puel et Maille, in herb. fl. fr. n^os^* 6 *et* 94!; *Schultz, exsicc. n°* 1296!; *C. Billot, exsicc. n°* 821! — Fleurs *pentamères*. Capsule *sessile*. Feuilles *lancéolées ou lancéolées-linéaires*. — Cette plante a le port du *G. germanica*. Elle en diffère par ses fleurs de moitié plus petites, ainsi que les capsules; les fleurs sont aussi de moitié plus étroites.

Hab. Cherbourg, Pont-l'Evêque, Falaise, etc. ① Septembre.

G. campestris *L. sp.* 334 ; *DC. fl. fr.* 3, *p.* 658 ; *Dub. bot.* 327 ; *Lois. gall.* 1, *p.* 181. — *Ic. Fl. dan. t.* 367. *Schultz, exsicc. n°* 487 ! ; *Billot, exsicc. n°* 148 ! ; *Rchb. exsicc. n°* 463 ! — Calice *divisé presque jusqu'à la base en 4 lobes très-inégaux ;* les deux extérieurs *très-largement ovales, acuminés,* recouvrant presque les 2 intérieurs 4-5 fois plus étroits. Corolle d'un bleu foncé, à tube cylindrique, *à 4 lobes* larges et obtus. — Le reste comme dans le *G. germanica ;* plante cependant plus basse, moins rude et moins raide, et à rameaux plus étalés.

β. *chloræfolia.* Feuilles plus larges, les inférieures oblongues, obtuses. *G. chloræfolia Nees-Esenb.; Fries, herb. norm. fasc.* 9, *n°* 20 !

Hab. Pelouses de la région des sapins, dans les Vosges, le Jura, l'Auvergne, les Alpes, les Pyrénées. ① Juillet-août.

G. tenella *Rottbel. act. hafn.* 10, *p.* 436, *t.* 2, *f.* 6 (1770) ; *Griseb. prod.* 9, *p.* 98 ; *G. glacialis Abr. Thomas in Vill. Dauph.* 2, *p.* 532 (1787) ; *G. nana Lap. abr.* 136 (*non Jacq.*). — *Rchb. exsicc. n°* 756 ! — Fleurs portées par de *très-longs* pédoncules capillaires (2-5 centimètres), dressés, 5-10 *fois aussi longs que la fleur, et même que la tige.* Calice divisé presque jusqu'à la base en 4-5 lobes ovales, obtus, ordinairement inégaux, plus courts que le tube de la corolle. Celle-ci à 4-5 divisions ovales-lancéolées, barbues à la base, égalant presque le tube. Capsule ovale, sessile. Feuilles inférieures rapprochées, spatulées ; les caulinaires oblongues. Tige simple ou rameuse dès la base, de 2 à 8 centimètres, y compris les fleurs et leurs pédoncules.

Hab. Pyrénées, Pierres-Saint-Martin, port de Boucharo, Houle-du-Marboré (*Lap.*), port de Salden ! (*Arrondeau*), pic du Midi ! (*Philippe*) ; Alpes du Dauphiné, Lautaret ! (*Mathonnet*), mont Viso, sous le chalet de Ruines (*Gren.*), mont de Lans ! (*Mutel*), col de l'Arche (*Gren.*). ① Août.

2. *Gorge nue.*

G. nivalis *L. sp.* 332 ; *DC. fl. fr.* 3, *p.* 656 ; *Dub. bot.* 327 ; *Lois. gall.* 1, *p.* 180 ; *G. minima Vill. Dauph.* 2, *p.* 528. — *Ic. Barr. t.* 103, *f.* 2 ; *Clus. hist.* 1, *p.* 316. *Schultz, exsicc. n°* 1295 ! ; *Billot, exsicc. n°* 820 ! ; *Endress, ann.* 1829 ! ; *Rchb. exsicc. n°* 633 ! ; *Fries, herb. norm.* 9, *n°* 19 ! — Fleurs solitaires au sommet de la tige et des rameaux. Calice tubuleux, à 5 dents lancéolées, aiguës, un peu plus courtes que le tube calicinal ; celui-ci *finement anguleux.* Corolle à lobes ovales, aigus, *très-entiers,* plus courts que les dents du calice. Stigmates *discoïdes-infundibuliformes.* Capsule ovale-allongée, sessile. Feuilles *ovales, aiguës ;* les radicales souvent en rosette, obovées et obtuses ; les caulinaires un peu engaînantes. Tige de 5-15 centimètres, *ordinairement rameuse* dès la base, parfois simple et subuniflore.

Hab. Région alpine et subalpine des Alpes, des Pyrénées, du Jura ; manque dans l'Auvergne et les Vosges. ① Juillet-août.

G. utriculosa *L. sp.* 332 ; *DC. fl. fr.* 3, *p.* 657; *Dub. bot.* 327; *Lois. gall.* 1, *p.* 180. — *Ic. Barr. t.* 122, *f.* 2. *Schultz, exsicc. n°* 54 !; *Billot, exsicc. n°* 420 !; *Rchb. exsicc. n°* 338 ! — Fleurs solitaires au sommet de la tige et des rameaux. Calice *renflé, ovoïde, à 5 dents courtes,* lancéolées, aiguës, à tube *muni sur les angles d'ailes très-larges.* Corolle à lobes ovales, obtus, denticulés, 2-3 fois plus courts que le calice, à tube égalant le calice. Stigmates *discoïdes-infundibuliformes.* Capsule ovale-allongée, sessile. Feuilles *obovées ou ovales, obtuses ;* les inférieures en rosette ; les caulinaires plus allongées et engaînantes. Tige de 1-2 décimètres, dressée, feuillée, simple ou assez souvent très-rameuse dès la base.

Hab. Prairies humides de l'Alsace, Strasbourg, Benfeld, Colmar, etc. (1) Mai.

G. ciliata *L. sp.* 334 ; *D C. fl. fr.* 3, *p.* 659 ; *Dub. bot.* 327; *Lois. gall.* 1, *p.* 181. — *Ic. Barr. t.* 97, *f.* 1. *Rchb. exsicc. n°* 464 ! — Fleurs solitaires au sommet de la tige et des rameaux. Calice régulier, campanulé, *à 4 lobes lancéolés, longuement acuminés.* Corolle subcampanulée, sans appendices dans les sinus, divisée jusqu'au milieu en 4, très-rarement en 3-5 lobes oblongs, denticulés dans leur moitié supérieure, *frangés dans leur moitié inférieure.* Stigmates *ovales, connivents.* Capsule ovoïde, *très-longuement stipitée.* Feuilles *linéaires, très-aiguës,* uninerviées ; les inférieures très-courtes, squammiformes ; toutes brièvement soudées à la base. Tige anguleuse, flexueuse, dressée, simple ou plus rarement rameuse et pluriflore.

Hab. Terrains humides des montagnes. (1) Août-septembre.

SWERTIA. (L. gen. 321.)

Calice 5-partite. Corolle *en roue,* à gorge nue, à limbe 5-fide, à divisions *portant à leur base deux glandes longuement ciliées aux bords.* Etamines 5. Stigmate sessile, persistant. Capsule uniloculaire.

S. perennis *L. sp.* 328 ; *D C. fl. fr.* 3, *p.* 650 ; *Dub. bot.* 326 ; *Lois. gall.* 1, *p.* 181. — *Ic. Clus. hist.* 316 ; *Barr. t.* 91. *Rchb. exsicc. n°* 466 ! — Fleurs pédonculées, axillaires et terminales, formant de petites grappes dont la réunion constitue une panicule étroite. Calice fendu jusqu'à la base en 5 lanières linéaires, étalées. Corolle divisée presque jusqu'à la base en 5 lanières lancéolées, étalées. Capsule ovoïde. Feuilles radicales elliptiques oblongues, entières, longuement pétiolées ; les caulinaires brièvement pétiolées, les supérieures sessiles. Tige de 2-4 décim., striée, dressée, glabre, ainsi que toute la plante. Racine oblique, noirâtre, munie d'un grand nombre de fibres, très-amère.

Hab. Marais tourbeux du Jura, de l'Auvergne, dans les régions subalpines ; les Alpes et les Pyrénées. ♃. Juillet-septembre.

TRIB. 2. MENYANTHEÆ *Griseb. gent.* 336. — Corolle à préfloraison *indupliquée*. Tégument de la graine *ligneux;* albumen *ne remplissant pas* la cavité du tégument. — Plantes aquatiques ou de marais.

MENYANTHES. (Tournef. inst. p. 117, t. 15.)

Calice 5-partite. Corolle *infundibuliforme*, à 5 divisions barbues à la face interne. Etamines 5. Style filiforme. Glandes hypogynes nulles. Ovaire placé sur un disque annulaire cilié. Capsule uniloculaire, presque indéhiscente, à valves *portant les placentas sur leur partie moyenne.*

M. TRIFOLIATA *L. sp.* 208; *D C. fl. fr.* 3, *p.* 647; *Dub. bot.* 325; *Lois. gall.* 1, *p.* 175. — *Ic. Lam. ill. t.* 100, *f.* 1; *Morison, sect.* 15, *t.* 2, *n°* 5. *Schultz, exsicc. n°* 699! — Fleurs pédicellées et disposées en grappe au sommet d'un très-long pédoncule axillaire. Calice divisé presque jusqu'à la base en 5 lobes ovales. Corolle rosée, à lobes lancéolés, aigus, étalés, couverts à leur face supérieure de longs cils blancs et crépus. Style très-allongé. Capsule globuleuse. Graines ovoïdes, comprimées, jaunes, lisses et luisantes. Feuilles trifoliées, portées sur un long pétiole arrondi, élargi à la base en longue gaîne membraneuse qui enveloppe la tige; folioles obovées, entières ou denticulées, obtuses. Tige (rhizome) courte, épaisse, articulée, couverte par les gaînes des anciennes feuilles. — Plante glabre.

Hab. Marais tourbeux. ♃ Avril-mai.

LIMNANTHEMUM. (Gmel. act. Petrop. 1769, p. 527.)

Calice 5-partite. Corolle *en roue*, à gorge barbue, à 5 divisions. Etamines 5. Style filiforme. Glandes hypogynes 5, alternes avec les étamines. Capsule uniloculaire, indéhiscente, à *valves portant les placentas à leurs bords.* Graines *très-comprimées, ciliées.*

L. NYMPHOIDES *Link, fl. port.* 1, *p.* 344; *D C. prod.* 9, *p.* 138; *L. peltatum Gmel. l. c. t.* 17, *f.* 2; *Menyanthes Nymphoides L. sp.* 207; *M. natans Lam. fl. fr.* 2, *p.* 203; *Villarsia Nymphoides Vent. choix, pl. cels. n°* 9, *p.* 2; *D C. fl. fr.* 3, *p.* 648; *Dub. bot.* 325; *Lois. gall.* 1, *p.* 175. — *Ic. Lam. ill. t.* 100, *f.* 2; *J. B. hist.* 3, *p.* 772, *f.* 1-2. *Rchb. exsicc. n°* 1185! — Fleurs grandes (3 centimètres de diamètre), longuement pédonculées, fasciculées à l'aisselle des feuilles supérieures. Calice divisé presque jusqu'à la base en 5 lobes lancéolés, connivents après l'anthèse. Corolle très-mince, d'un beau jaune, profondément divisée en 5-6 lobes obovés, obtus, glabres sur les faces, mollement ciliés sur les bords; gorge longuement et fortement barbue. Capsule ovoïde, acuminée. Graines jaunes, ovales très-comprimées, largement bordées, hérissées sur le bord de cils raides et blancs. Feuilles plus ou moins pétiolées, coriaces, lisses et d'un vert foncé en dessus, tuberculeuses et pâles en dessous, à limbe presque orbiculaire, faiblement sinué, profondément échancré à la base en 2 lobes contigus; pétiole dilaté-membraneux et souvent auriculé à la base. Tiges très-longues, rameuses, cylindriques, submergées et radicantes, feuillées seulement au sommet. — Les feuilles et les fleurs flottent au moment de l'anthèse; elles s'enfoncent sous l'eau après la floraison.

Hab. Rivières un peu marécageuses; Metz; Paris; tout le nord-ouest; presque tout le centre de la France (*Boreau*); la Bresse. ♃ Juillet-août.

ESPÈCES EXCLUES.

Gentiana purpurea *L.*— Cette espèce, indiquée par D C. et Duby dans nos Alpes, ne paraît point y avoir été trouvée.

Gentiana pannonica *Scop.* — Cette plante des Alpes orientales ne se trouve point dans les nôtres.

LXXXIII. POLÉMONIACÉES.

(Polemoniaceæ Vent. tabl. 2, p. 398.) (1)

Fleurs hermaphrodites, régulières ou presque régulières. Calice à 5 divisions à peu près égales, à estivation légèrement imbricative. Corolle gamopétale, hypogyne ou subpérigyne, variant de la forme infundibuliforme à la forme rotacée, à limbe 5-partite, régulier et plus rarement bilabié, à estivation contournée. Etamines 5, insérées sur le tube de la corolle, et alternant avec les lobes; anthères fixées par le dos. Disque hypogyne plus ou moins développé. Ovaire sessile, triloculaire (biloculaire par avortement). Ovules solitaires ou plusieurs dans chaque loge, fixés à l'angle interne, plus ou moins réfléchis. Style simple, trifide ou bifide, à lobes linéaires, roulés en dehors. Capsule triloculaire et trivalve (biloculaire et bivalve par avortement), à déhiscence loculicide. Graines solitaires ou plusieurs dans chaque loge, planes-convexes ou anguleuses, fixées par un ombilic situé ordinairement au-dessous de leur milieu. Tégument des graines spongieux et mucilagineux. Embryon droit, axile, situé dans un albumen abondant et charnu. Radicule plus ou moins rapprochée du hile.

POLEMONIUM. (Tournef. inst. p. 146, t. 61.)

Calice campanulé-urcéolé, 5-fide. Corolle à tube très-court, à limbe subcampanulé et un peu en roue, 5-fide. Etamines 5, toutes semblablement insérées sur le tube de la corolle, exsertes, presque égales, dressées; filets dilatés et poilus à la base; anthères incombantes. Ovaire triloculaire. Ovules disposés sur 2 rangs à l'angle in-

(1) Auctore Grenier.

terne. Style simple ; stigmate trifide. Disque en forme de cupule crénelée. Capsule triloculaire, trivalve. Graines ovoïdes, obtuses, presque sans ailes.

P. CÆRULEUM *L. sp.* 230 ; *D C. fl. fr.* 3, *p.* 646 ; *Dub. bot.* 329 ; *Lam. ill. t.* 106, *f.* 1. — *Rchb. exsicc. n°* 938 ! — Fleurs nombreuses, en corymbe. Calice à 5 divisions ovales ou lancéolées. Corolle campanulée-subrotacée, 2-3 fois plus longue que le calice. Ovaire contenant 6-10 ovules. Capsule triloculaire, à plusieurs graines. Feuilles pennatiséquées, à segments nombreux, ovales-lancéolés. Tige de 2-3 décimètres, dressée, droite, rameuse supérieurement. — Fleurs bleues ou blanches ; plante glabre ou subpubescente, ou pubescente-glanduleuse.

Hab. Çà et là dans le Jura, Morteau (*Gren.*); sous le château de Joux (*Girod-Chantr.*); Pyrénées, Cagire, pic de Gard (*Lap.*); souvent subspontané autour des habitations, et plus souvent cultivé. ♃. Mai-Juin.

LXXXIV. CONVOLVULACÉES.

(CONVOLVULACEÆ Vent. tabl. 2, p. 594.) (1)

Fleurs hermaphrodites, régulières. Calice à 5 sépales plus ou moins inégaux, sur 1-2-3 rangs, persistants, s'accroissant souvent après l'anthèse, plus rarement 5-fide. Corolle hypogyne, gamopétale, campanulée, infundibuliforme ou presque en coupe, à limbe entier ou à 5 lobes, plan ou augmenté de 5 plis, à préfloraison tordue, s'enroulant ordinairement en dedans après la floraison. Etamines 5, insérées au tube de la corolle, alternes avec les lobes. Anthères biloculaires, introrses, souvent contournées en spirale après l'émission du pollen. Ovaire souvent muni à la base d'un disque charnu, à 2-4 loges plus ou moins complètes et uni-biovulées. Ovules solitaires ou géminés dans chaque loge, dressés, réfléchis. Style simple ou bifide. Stigmate simple ou lobé. Fruit capsulaire, à 2-4 loges renfermant 1-2 graines, indéhiscent, ou à valves se détachant des cloisons qui persistent sur le réceptacle, ou enfin à déhiscence circulaire (pyxide). Albumen mince, mucilagineux. Embryon plus ou moins courbé, à cotylédons foliacés ; ou bien sans cotylédons et roulé en spirale autour de l'albumen charnu (*Cuscuta*).

CONVOLVULUS. (L. gen. 218.)

Calice à 5 sépales. Corolle *infundibuliforme-campanulée*, à 5 angles et à 5 plis. Etamines ordinairement incluses. Style *filiforme;* stigmates 2. Capsule indéhiscente, biloculaire ou subbiloculaire, à loges contenant 1-2 graines.

---

(1) Auctore Grenier.

Sect. 1. — Fleurs munies à leur base de 2 bractées. (Calystegia R. Br.)

C. sepium *L. sp.* 218; *D C. fl. fr.* 3, *p.* 640; *Dub. bot.* 330; *Lois. gall.* 1, *p.* 165.—*Ic. Lam. ill. t.* 104, *f.* 1.— Fleurs axillaires, à pédoncules uniflores solitaires tétragones; bractées grandes *en cœur, aiguës,* embrassant et recouvrant le calice. Celui-ci à lobes ovales-lancéolés. Corolle grande (4–5 centimètres), blanche. Capsule globuleuse, obtuse au sommet, pourvue à la base d'un disque orangé. Graines 3-4, non écailleuses. Feuilles pétiolées, grandes, *sagittées*, à oreilles tronquées obliquement et souvent dentées-anguleuses. Tige glabre, anguleuse, *volubile,* s'élevant dans les buissons. Racine rampante.

Hab. Les haies et les buissons. ♃ Juin-octobre.

Obs. On trouvera peut-être dans la région méditerranéenne le *C. sylvestris W. K.*, qui se distingue par ses bractées ovales-arrondies, obtuses, et par ses feuilles plus étroites, sagittées en cœur à la base, à oreilles entières et rapprochées.

C. Soldanella *L. sp.* 226; *DC. fl. fr.* 3, *p.* 641; *Dub. bot.* 329; *Lois. gall.* 1, *p.* 165. — *Ic. Dod. pempt.* 391. — Fleurs axillaires, à pédoncules uniflores solitaires tétragones et un peu ailés; bractées presque aussi grandes que le calice et *le couvrant en grande partie, ovales-arrondies, très-obtuses.* Calice à lobes *ovales, obtus*, rétus et mucronés. Corolle grande (4–5 centimètres), purpurine. Capsule ovoïde, aiguë. Graines noires, obscurément chagrinées, ovoïdes. Feuilles pétiolées, *réniformes, très-obtuses,* un peu charnues, plus larges ou aussi larges que longues (1-3 centimètres), très-entières, à oreilles *arrondies.* Tige *rampante* (1–2 décimètres), étalée sur le sol. Racine rampante, très-longue et très-mince.

β. *pilosus.* Plante poilue; feuilles acuminées; pédoncules trifides. *C. pseudosoldanella Mérat, in Lois. l. c.* Est-elle française?

Hab. Sables maritimes de la Corse, de la Méditerr. et de l'Océan. ♃ Juillet.

Sect. 2. — Bractées distantes de la fleur.

a. *Plantes vivaces.*

' *Tige volubile.*

C. arvensis *L. sp.* 218; *D C. fl. fr.* 3, *p.* 640; *Dub. bot.* 330; *Lois. gall.* 1, *p.* 164. — *Ic. Dod. pempt.* 393.— Fleurs axillaires, à pédoncules *grêles,* solitaires, bi-triflores; bractées petites, linéaires. Calice divisé presque jusqu'à la base en lobes *courts, obtus, arrondis ou émarginés*, scarieux aux bords. Corolle blanche ou rose, marquée extérieurement de 5 taches triangulaires purpurines. Capsule ovoïde, aiguë, *glabre,* munie à la base d'un disque orangé. Graines noires, écailleuses. Feuilles pétiolées, *hastées, à oreilles ordinairement très-aiguës.* Tige glabre ou hérissées, anguleuse, volubile, couchée ou s'élevant sur les plantes voisines.

Hab. Dans les champs. ♃ Juin-juillet.

C. TOMENTOSUS *Choisy, in D C. prod. 9, p. 413 (non L.); C. lanuginosus Vahl, symb. 3, p. 23 (non Desr.); Lois. gall. 1, p. 165; Robert, cat. Toul. 47.* — Fleurs axillaires, à pédoncules *gros*, solitaires, uni-triflores; bractées linéaires-sublancéolées. Calice à divisions *lancéolées, aiguës et acuminées.* Corolle de grandeur médiocre (3 centimètres), *jaunâtre*, portant extérieurement des lignes poilues. Capsule elliptique-lancéolée, *poilue-hérissée*, et entourée à la base d'un anneau de poils. Feuilles pétiolées, *sagittées, à oreilles tronquées*, ondulées, *hérissées sur les 2 faces* de longs poils un peu fauves. Tige grosse hérissée, ainsi que le reste de la plante, de poils fauves, très-volubile-grimpante.

Hab. Bords des chemins, dans les haies et dans les blés entre Toulon et Hyères! (*Robert*). ♃ Juin.

C. ALTHÆOIDES *L. sp.* 222; *D C. fl. fr.* 3, *p.* 641; *Dub. bot.* 330; *Lois. gall.* 1, *p.* 165. — *Ic. Barr. t.* 312; *Clus. hist.* 2, *p.* 49, *f. inf.*— Fleurs axillaires, à pédoncules solitaires, uni-biflores; bractées sétacées, insérées bien au-dessous du calice. Celui-ci à divisions *ovales-arrondies*, souvent mucronées. Corolle rose, poilue au sommet du bouton. Capsule ovoïde, *glabre.* Feuilles pétiolées; les inférieures ovales en cœur, sinuées; *les supérieures profondément divisées, à divisions lancéolées ou linéaires*, entières ou sinuées ou même subdivisées. Tige grimpante, souvent peu volubile, plus ou moins poilue.

β. *argyræus.* Feuilles et tige argentées-soyeuses. *C. argyræus D C. fl. fr. suppl.* 423.

Hab. Littoral de la Provence, Toulon, Hyères, Grasse, Port-Vendres, etc. ♃ Juin.

** *Tige non volubile.*

C. LANUGINOSUS *Desr. encyc.* 3, 551; *Choisy in D C. prod.* 9, *p.* 401; *C. saxatilis Vahl, symb.* 3, *p.* 33; *D C. fl. fr.* 5, *p.* 424; *Dub. bot.* 330; *C. capitatus Cav. ic.* 2, *t.* 89.— *Ic. Barr. t.* 470. —Fleurs subsessiles, nombreuses, réunies en *capitule dense*, hérissé, pédonculé et entouré de bractées *ovales-oblongues* qui égalent ou dépassent les calices. Ceux-ci à divisions ovales ou lancéolées, acuminées, mais obtuses. Corolle une fois plus longue que le calice, munie extérieurement de lignes velues. Capsule *glabrescente.* Feuilles linéaires-lancéolées, sessiles, de 2-4 centimètres de longueur, *poilues-soyeuses.* Tiges ligneuses à la base, dressées, nombreuses, allongées, *simples*, hérissées de longs poils roux. Souche grosse, ligneuse, très-rameuse. — Fleurs purpurines.

β. *argenteus.* Plante argentée-soyeuse, laineuse à poils appliqués; calice plus court. *C. linearis DC. fl. fr. suppl.* 424; *Lois. gall.* 1, *p.* 166.

Hab. Elne en Roussillon; Estagel et Notre-Dame-de-Pena, près de Perpignan; la var. β. Cujes près de Toulon. ♃ Juin-juillet.

C. Cantabrica *L. sp.* 225; *DC. fl. fr.* 3, *p.* 642; *Dub. bot.* 330; *Lois. gall.* 1, *p.* 165. — *Ic. Clus. hist.* 2, *p.* 49. *Schultz, exsicc. n°* 702!; *Rchb. exsicc. n°* 852! — Fleurs 1-4, à pédicelles plus longs ou plus courts que le calice, réunies *en petites cymes ou en glomérules lâches* à l'extrémité de longs pédoncules dont l'ensemble forme *une panicule ascendante et étalée;* bractées *linéaires-lancéolées,* situées à la naissance des cymes. Calice à divisions lancéolées, acuminées, aiguës, hérissées. Corolle deux fois plus longue que le calice, munie extérieurement de lignes velues. Capsule *velue-hispide.* Feuilles *lancéolées,* insensiblement atténuées en court pétiole, ou sessiles et sublinéaires supérieurement, *pubescentes* sur les deux faces. Tige obscurém[t] ligneuse inférieurem[t], très-rameuse dès la base, à ramifications allongées produisant souvent *un rameau à l'aisselle de chaque feuille,* rarement simples, hérissées de longs poils étalés. Souche sublignease.

Hab. Toute la région méditerranéenne, et celle des oliviers, remonte à Grenoble, Lyon, Beaune, la Côte-d'Or, l'Yonne, la Limagne, etc.; le sud-ouest, la Gironde, Agen, Toulouse, etc.; Corse. ♃ Juin.

C. lineatus *L. sp.* 224; *DC. fl. fr.* 3, *p.* 642; *Dub. bot.* 330; *Lois. gall.* 1, *p.* 166; *C. intermedius Lois. l. c.*—*Ic. Barr. t.* 311. *Endress, exsicc. ann.* 1830!; *Puel et Maille, fl. loc. exsicc. n°* 53! — Fleurs 1-4, à pédicelles ordinairement plus courts que le calice, réunies en cymes lâches à l'extrémité de *pédoncules plus courts que les feuilles,* et formant par leur ensemble une *panicule subspiciforme;* bractées linéaires, égalant ou dépassant le calice. Celui-ci à divisions lancéolées, aiguës, velues-soyeuses. Corolle 2-3 fois plus longue que le calice, velue extérieurement. Capsule ovoïde-globuleuse, acuminée, *velue.* Feuilles lancéolées (*C. intermedius Lois.*), ou lancéolées-linéaires, *velues-soyeuses,* atténuées aux deux extrémités. Tiges étalées, ascendantes, peu rameuses, *soyeuses-argentées,* ainsi que le reste de la plante. Souche sublignease, rameuse.

Hab. La région méditerranéenne, Toulon, Marseille, Aix, Nîmes, Avignon, Montpellier, Narbonne, Perpignan, Puy-Long en Auvergne (*Lecoq et Lam.*). ♃ Juin-juillet.

b. *Plantes annuelles.*

C. tricolor *L. sp.* 225; *DC. fl. fr.* 3, *p.* 641; *Dub. bot.* 330; *Rob. cat. Toul.* 47. — *Ic. Morison, sect.* 1, *t.* 4, *f.* 4. — Fleurs axillaires, solitaires, portées par des pédoncules aussi longs que les feuilles, recourbés après l'anthèse, et formant une longue grappe feuillée; bractées sétacées, situées *vers le tiers* supérieur du pédoncule. Calice à divisions ovales, mucronées, poilues. Corolle bleue à centre blanc ou jaune, *trois fois* plus longue que le calice. Capsule *velue.* Feuilles *lancéolées-oblongues, obovées et subspatulées, sessiles,* ciliées à la base. Tiges gazonnantes, décombantes, redressées, de 3-4 décimètres, velues surtout dans leur partie supérieure.

Hab. Environs de Toulon! (*Robert*). ① Mai-juin.

C. siculus *L. sp.* 223; *DC. fl. fr.* 3, *p.* 640; *Dub. bot.* 330; *Lois. gall.* 1, *p.* 165. — *Ic. Morison, sect.* 1, *t.* 7, *n°* 5; *Bocc. sic.* 89, *t.* 48. — Fleurs axillaires, solitaires, portées par des pédoncules aussi longs ou plus longs que les feuilles, recourbés après l'anthèse et formant une longue grappe feuillée; bractées linéaires, *rapprochées* de la fleur. Calice à divisions ovales-lancéolées, aiguës, poilues. Corolle bleue, *une fois* plus longue que le calice. Capsule *glabre*. Feuilles *ovales, tronquées à la base, munies d'un pétiole* égal au tiers de leur longueur, aiguës au sommet, pubescentes. Tiges décombantes, étalées, de 1-4 décim., pubescentes et à poils appliqués.

Hab. La Corse, Ajaccio! etc.; Toulon! (*Robert*); paraît manquer dans les Pyrénées-Orientales et à la Teste-de-Buch où il a été signalé par Lapeyrouse et Thore. (1) Mai.

CRESSA. (L. gen. 179.)

Calice à 5 sépales. Corolle infundibuliforme, à *limbe plan, 5-fide*. Etamines saillantes. Styles *deux;* stigmates capités. Ovaire biloculaire, à loges biovulées. Capsule uni-biloculaire, bivalve, à une et rarement à plusieurs graines.

C. cretica *L. sp.* 325; *DC. fl. fr.* 3, *p.* 643; *Dub. bot.* 331; *Lois. gall.* 1, *p.* 182. — *Ic. Lam. ill. t.* 183. — Fleurs subsessiles à l'aisselle des feuilles supérieures des rameaux, et rapprochées en grappe courte ou en capitule. Calice à divisions ovales-lancéolées, un peu plus court que la corolle jaune et à segments ovales-lancéolés, aigus, velus extérieurement. Capsule ovoïde, à une seule graine. Feuilles inférieures ovales; les supérieures ovales-lancéolées ou lancéolées; toutes alternes, sessiles, aiguës, très-entières et arrondies à la base, ayant ordinairement 5-6 millimètres de long. Tige de 10-15 centimètres, arrondie, dressée, à rameaux très-nombreux, étalés-diffus, à angle droit avec l'axe.

Hab. Rivages de la Méditerranée, Cannes, Hyères, Toulon, Belgarde dans le Gard (*Pouzols*), Montpellier, Arles, Aigues-Mortes; Corse. (1) Août-septembre.

CUSCUTA. (Tournef. inst. p. 652, t. 422.)

Calice 4-5-fide. Corolle campanulée ou urcéolée, à 4-5 lobes nus, ou munis sous les étamines d'écailles pétaloïdes. Styles 1-2. Capsule biloculaire, à loges contenant deux graines, à *déhiscence circulaire*. Embryon filiforme, *dépourvu de cotylédons, enroulé en spirale autour d'un albumen charnu*.

a. *Stigmates aigus ou claviformes.*

C. densiflora *Soy.-Will.! mém. soc. lin. par.* 1, *p.* 26 *et* 4, *p.* 280 (1822 *et* 1825); *Lois. gall.* 1, *p.* 182; *Godr. fl. lorr.* 2, *p.* 119; *Coss. et Germ. fl. par.* 261, *t.* 14, *f. B*; *C. epilinum Weih. apoth. p.* 51; *Epilinella cuscutoides Pfeiff. ann. sc. nat.* 5, 1846, *arch. p.* 86. — *Schultz, exsicc. n°* 308!; *Rchb. exsicc. n°* 191; *Fries, herb. norm.* 12, *n°* 29! — Fleurs sessiles, réunies en capitules globuleux, très-serrés et *dépourvus de bractée.* Calice campanulé, charnu, transparent, aréolé (à la loupe), à divisions ovales, acuminées, courtes et larges. Corolle dépassant à peine le calice, à tube *renflé* dès le moment de la floraison, et *deux fois plus long* que le limbe; celui-ci court, blanchâtre, à lobes triangulaires, aigus, *étalés.* Etamines incluses. Ecailles *très-petites,* appliquées contre le tube. Styles 2, divergents, trois fois plus courts que l'ovaire. Graines finement écailleuses. Tiges filiformes, *peu ou point rameuses,* d'un jaune verdâtre.— Fleurs blanches, plus grandes que celles du *C. europæa.*

Hab. Parasite sur le *Linum usitatissimum,* dans tout le nord de la France. Ⓣ Juillet-août.

C. EUROPÆA *L. sp.* 180 (*excl. var.* β.) ; *Lois. gall.* 1, *p.* 181 ; *C. major D C. fl. fr.* 3, *p.* 644 ; *Dub. bot.* 331 ; *Choisy in D C. prod.* 9, *p.* 452 ; *Coss. et Germ. fl. par.* 261, *t.* 14, *f. C ; C. vulgaris Pers. syn.* 1, *p.* 289 ; *C. epithymum Thuill. par.* 85. — Fleurs sessiles, réunies en capitules globuleux et rapprochés, *munis d'une bractée* à la base. Calice campanulé, à lobes arrondis, à tube *oblong, charnu à la base et prolongé au-dessous de l'ovaire.* Corolle plus longue que le calice, campanulée, à tube subcylindrique, blanchâtre, renflé à la maturité, *égalant* le limbe ; celui-ci un peu rosé, divisé en lobes ovales et subobtus, *étalés mais redressés au sommet,* plus courts que le tube. Etamines incluses. Ecailles minces, crénelées, appliquées contre le tube. Styles 2, divergents, plus courts que l'ovaire. Capsule obpyriforme, à sommet atténué. Graines lisses. Tiges filiformes, *rameuses,* jaunes-verdâtres.

β. *vacua.* Ecailles situées sous les étamines nulles; capsule ovale, obtuse. *C. schkuhriana Pfeiff. ann. sc. nat.* 5, 1846, *p.* 86.

Hab. Lieux incultes et buissons. Parasite sur l'*Urtica dioica*, le *Cannabis sativa*, etc. Ⓣ Juin-août.

C. EPITHYMUM *L. syst. Murr.* 140 ; *Smith, brit.* 1, *p.* 183 ; *Coss. et Germ. par.* 261, *t.* 14, *f. A; Godr. fl. lorr.* 2, *p.* 118 ; *C. minor D C. fl. fr.* 3, *p.* 661 ; *Dub. bot.* 334. — *Ic. Lam. ill. t.* 88. *Schultz, exsicc. n°* 307! ; *C. Billot, exsicc. n°* 150 ! — Fleurs sessiles, petites (moitié moindres que celles du *C. europæa*), réunies en capitules globuleux et rapprochés, *munis d'une bractée.* Calice à lobes ovales, acuminés, *étalés au sommet,* et non appliqués sur la corolle. Celle-ci plus longue que le calice, campanulée, à tube subcylindrique, *égal* au limbe ; celui-ci formé de lobes *triangulaires aussi larges que longs, brièvement acuminés et aigus, très-étalés, à la fin réfléchis.* Etamines *saillantes.* Ecailles grandes, arrondies, frangées, *convergentes, fermant le tube de la corolle et couvrant entièrement l'ovaire.* Styles *dressés, plus longs* que l'ovaire, *dépassant à la fin les étamines.* Graines lisses. Tiges *capillaires,* rameuses, ordinairement rougeâtres. — Fleurs plus ou moins roses.

Hab. Coteaux secs, commun dans le midi ; parasite sur *Thymus serpyllum, Medicago sativa, Trifolium pratense,* etc. Ⓣ Juillet-août.

C. TRIFOLII *Babingt. et Gibs. phyt.* 1, *p.* 467; *Godr. not. pl. lorr.* 1850, *p.* 20; *C. minor* β. *trifolii Choisy in DC. prod.* 9, *p.* 453. — *C. Billot, exsicc. n°* 151! — Cette espèce, considérée par la plupart de auteurs comme une simple variété du *C. epithymum*, s'en distingue par les caractères suivants : fleurs de moitié plus grandes, plus pâles, en glomérules plus gros et plus serrés; calice à divisions *appliquées* sur la corolle, et non étalées au sommet; corolle à lobes *plus longs que larges*, et non aussi larges que longs; écailles fimbriées, séparées par un espace plus large et *ne recouvrant pas complétement l'ovaire* (ce qui a lieu dans le *C. epithymum*); styles *divergents dès la floraison, et ne dépassant jamais les étamines*, tandis qu'ils sont dressés et dépassent à la fin les étamines dans le *C. epithymum*. Le *C. trifolii* a en outre un mode spécial de développement : il s'étend en cercles réguliers, et étreint si fortement le trèfle, qu'il le fait périr. Le *C. epithymum*, au contraire, se développe d'une manière vague, et ne fait pas périr les plantes qu'il embrasse.

Hab. Nord et centre de la France de l'est à l'ouest. (1) Juillet.

C. ALBA *Presl. del. Prag.* 87; *Guss. syn. sic.* 290; *Bertol. fl. ital.* 3, *p.* 70. — Fleurs sessiles, en glomérules denses, blanches ou à peine rosées. Divisions du calice et de la corolle au nombre de 5, *subobtuses ou obtuses*. Etamines plus courtes que la corolle; anthères arrondies, ordinairement pourprées lors de l'anthèse, puis brunâtres ou même jaunâtres. Ecailles hypostaminales lancéolées, denticulées. Styles filiformes; stigmates linéaires. Tiges très-grêles, filiformes et capillaires. — Les stigmates ne nous ont pas paru *capités*, ainsi que le disent les auteurs cités. Mais la tige plus pâle et plus grêle; les fleurs plus petites et plus blanches, disposées en glomérules plus petits et plus serrés, permettent de le distinguer du *C. epithymum*, dont Gussone est tenté de le regarder comme variété.

Hab. Toute la région méditerranéenne où elle nous a paru plus commune que le *C. epithymum* ou *minor*. (1) Juillet.

b. *Stigmates globuleux.*

C. CORYMBOSA *R. et Pav. fl. per.* 1, *p.* 69, *t.* 105, *f.* 6; *Choisy, in DC. prod.* 9, *p.* 456; *C. hassiaca Pfeiff. bot. ztg.* 1843, *p.* 705; *Koch, syn.* 570; *C. suaveolens Seringe, mss.* 1840; *C. aurantiaca Requien, pl. cors. exsicc.* 1850; *Engelmannia suaveolens Pfeiff. l. c. p.* 87. — *F. Schultz, exsicc. n°* 1106!; *C. Billot, exsicc. n°* 152! — Fleurs réunies en *corymbes paniculés*, multiflores, à pédoncules plus ou moins longs, simples ou rameux et munis d'une bractée à la base. Calice campanulé, à divisions ovales, obtuses. Corolle campanulée, 2-3 fois aussi longue que le calice, à tube égal au limbe; celui-ci à divisions ouvertes, ovales, infléchies et en cornet à leur sommet. Etamines de même longueur que la corolle. Ecailles ovales, lancéolées, dentées, *infléchies et fermant l'entrée de la corolle*. Styles *deux*, plus longs que l'ovaire.

Graines subécailleuses. Tiges *filiformes*, rameuses, de couleur légèrement orangée. — Fleurs blanches, très-odorantes.

Hab. Parasite sur le *Medicago sativa*, et sur quelques autres espèces. ① Août-septembre.

C. monogyna *Vahl, symb.* 2, *p.* 32; *D C. fl fr.* 5, *p.* 425; *Dub. bot.* 331; *Lois. gall.* 1, *p.* 182. — *Ic. Krock. sil. t.* 36; *Buxb. cent.* 1, *t.* 23; *Rchb. ic.* 69! — Fleurs disposées ordinairement *en grappes* plus ou moins allongées, et plus rarement en capitules, plus ou moins pédonculés; pédicelles *presque nuls*, munis d'une bractée à la base. Calice à divisions ovales, obtuses. Corolle rose, *subcylindrique* lors de l'anthèse, 2-3 fois aussi longue que le calice, à limbe 5-denté, à dents *très-courtes*, égalant le *quart* de la longueur du tube. Ecailles ovales, obtuses, appliquées contre le tube. Etamines incluses. Styles *soudés en un seul;* stigmate *unique*. Capsule ovoïde-globuleuse, *très-grosse* (5 millimètres), à 2 loges, à 2–4 graines très-grosses (4 millimètres de diamètre). Tiges rameuses, *de la grosseur d'une petite ficelle.*

Hab. Languedoc (*D C.*); Avignon! (*Req.*); Montpellier! (*Delille*); Beaucaire! (*Req.*); Béziers! (*herb. Billot*). ① Juillet-août.

LXXXV. RAMONDIACÉES.

(Ramondiaceæ Godr. et Gren.) (1)

Fleurs hermaphrodites, régulières. Calice libre, gamophylle, à 5 divisions. Corolle hypogyne, gamopétale, à 5 lobes alternes avec les divisions calicinales, à préfloraison quinconciale. Etamines 5, insérées sur la gorge de la corolle et alternes avec ses divisions; anthères introrses, biloculaires, à loges s'ouvrant en long. Style simple; stigmate indivis. Ovaire supère, uniloculaire, formé de deux feuilles carpellaires, dont les bords repliés en dedans forment de fausses cloisons et portent les placentaires. Fruit capsulaire, bivalve, à déhiscence septicide. Graines nombreuses, anatropes; embryon orthotrope; cotylédons plans-convexes; albumen mince. — Se distingue des Solanées par son fruit uniloculaire, dépourvu de colonne centrale; par ses ovules anatropes et son embryon orthotrope; des Scrophularinées par ses fleurs régulières, pentandres et son ovaire uniloculaire; des Gesnériacées et des Cyrtandracées par ses fleurs régulières, pentandres, et par son fruit à déhiscence septicide.

RAMONDIA. (Rich. in Pers. syn. 1, p. 216.)

Les caractères de la famille.

R. pyrenaica *Rich. l. c.; D C. fl. fr.* 3, *p.* 606; *Dub. bot.* 339; *Lois. gall.* 1, *p.* 173; *Verbascum Myconi L. sp.* 255; *Myconia borraginea Lapey. abr. pyr.* 115; *Chaixia Myconi Lapey. abr.*

(1) Auctore Godron.

pyr. suppl. 38.— *Ic. Dalech. lugd.* 837, *f.* 3; *Mill. icon. tab.* 277. *C. Billot, exsicc. n°* 593!; *Endress, exsicc. ann.* 1829 *et* 1830! —Fleurs penchées, solitaires ou réunies au nombre de 2-5 en forme de petit corymbe irrégulier et dépourvu de bractées. Calice pubescent-glanduleux à sa base, étalé, à segments oblongs, obtus, presque glabres. Corolle grande, rotacée, quinquépartite, à lobes obovés, finement ciliés, à gorge munie devant les points d'insertion des étamines d'un petit paquet de poils courts et orangés. Fruit ovoïde-oblong, pubescent. Graines très-petites, brunes, oblongues, hérissées de papilles. Feuilles toutes réunies en rosette dense et étalée, ovales, obtuses, contractées en un court pétiole, profondément crénelées, ridées, couvertes en dessous et sur les bords des pétioles de longs poils articulés, roux et soyeux, munies en dessus de poils plus courts, blancs, épars. De la rosette partent des hampes axillaires, ascendantes, pubescentes-glanduleuses, brunes. Souche courte, indéterminée, couverte de fibres radicales, longues et brunes.— Plante de 6–15 centimètres; fleurs d'un pourpre-violet.

Hab. Pyrénées orientales et centrales, sur les rochers ombragés et escarpés et exclusivement, suivant Ramond (*ann. mus.* 4, *p.* 402), dans les vallées qui se dirigent du nord au sud: Prats-de-Mollo, Arles, Rocca-Galiniera, Saint-Sauveur, Esquierry, Bagnères-de-Luchon, Houle-de-Marboré, etc. ♃ Juin-juillet.

LXXXVI. BORRAGINÉES.

(BORRAGINEÆ. Juss. gen. 128, ex parte.) (1)

Fleurs hermaphrodites, régulières ou plus rarement irrégulières. Calice libre, persistant, gamophylle, à 5 divisions dont l'estivation est valvaire. Corolle hypogyne, caduque, gamopétale, à 5 lobes alternes avec ceux du calice, à préfloraison quinconciale. Etamines 5, insérées sur le tube ou sur la gorge de la corolle et alternes avec ses divisions; anthères introrses, biloculaires, à loges s'ouvrant en long. Style simple, inséré au sommet de l'ovaire ou plus souvent entre ses lobes; stigmate simple ou bifide. Ovaire supère, formé de deux feuilles carpellaires, tantôt bilobé à lobes présentant deux loges uniovulées, tantôt quadrilobé, à lobes uniloculaires et uniovulés, inséré sur un gynobase charnu ou sur une colonne centrale formée par la base épaissie du style. Fruit formé de 4 carpelles secs, ordinairement libres, plus rarement complétement soudés deux à deux ou adhérents tous les quatre par leur bord interne à la colonne centrale. Graine suspendue; embryon ordinairement orthotrope; albumen nul ou mince. — Fleurs le plus souvent disposées en grappes scorpioïdes. Feuilles alternes, ordinairement hérissées, ainsi que toute la plante, de poils raides, tuberculeux à leur base.

(1) Auctore Godron.

Trib. 1. CERINTHEÆ. — Fruit formé de 2 carpelles biloculaires, insérés sur le réceptacle par une base plane.

CERINTHE TOURNEF.

Trib. 2. ANCHUSEÆ. — Fruit formé de 4 carpelles uniloculaires, libres, insérés sur le réceptacle par une base excavée et entourée d'un bord plissé et saillant.

BORRAGO TOURNEF. ANCHUSA L.
SYMPHYTUM TOURNEF. NONEA MEDIK.

Trib. 3. LITHOSPERMEÆ. — Fruit formé de 4 carpelles uniloculaires, libres, insérés sur le réceptacle par une base plane.

ALKANNA TAUSCH. LITHOSPERMUM TOURNEF. PULMONARIA TOURNEF.
ONOSMA L. ECHIUM TOURNEF. MYOSOTIS L.

Trib. 4. CYNOGLOSSEÆ. — Fruit formé de 4 carpelles uniloculaires, insérés à la colonne centrale dans une étendue plus ou moins grande.

ERITRICHIUM SCHRAD. CYNOGLOSSUM TOURNEF. ASPERUGO TOURNEF.
ECHINOSPERMUM SWARTZ. OMPHALODES TOURNEF. HELIOTROPIUM L.

Trib. 1. CERINTHEÆ. *DC. prod.* 10, *p.* 2. — Fruit formé de 2 carpelles biloculaires, insérés sur le réceptacle par une base plane.

CERINTHE. (Tournef. inst. p. 79, t. 56.)

Calice quinquépartite. Corolle cylindrique-campanulée, nue à la gorge, à limbe divisé en 5 dents. Carpelles 2, ovales, presque osseux, tronqués et plans à la base.

C. aspera *Roth. cat.* 1, *p.* 33; *Willd. sp.* 1, *p.* 772; *DC. fl. fr.* 3, *p.* 618; *Bertol. fl. ital.* 2, *p.* 319; *Gaud. helv.* 2, *p.* 27 (*excl. syn. Sturm*); *Guss. syn.* 1, *p.* 227; *C. major Lam. dict.* 4, *p.* 67 (*non Roth.*); *C. major* β. *L. sp.* 195. — *Ic. Sibth. fl. græc. tab.* 171; *Rchb. icon. f.* 983. — Grappes à bractées grandes, souvent d'un pourpre-bleuâtre; pédicelles *dressés* à la maturité. Calice à segments oblongs, ciliés. Corolle grande, un peu ventrue supérieurement, tantôt entièrement jaune, tantôt purpurine au-dessous du milieu, une fois plus longue que le calice, terminée par 5 dents *larges, courtes, acuminées, réfléchies pendant l'anthèse.* Anthères *égalant leur filet.* Carpelles fauves, marbrés et ponctués de brun. Feuilles plus ou moins tuberculeuses, *ciliées;* les inférieures obovées-spatulées, atténuées en pétiole, souvent émarginées au sommet; les supérieures ovales-en-cœur, obtuses, mucronulées, embrassant la tige par 2 oreilles contiguës. Tige dressée ou ascendante. Racine *annuelle, pivotante.* — Plante de 2-5 décimètres.

Hab. Champs et bords des routes de la région méditerranéenne; Antibes, Grasse, Fréjus, Hyères, Toulon, Aigues-Mortes, Agde, Narbonne; Corse. à Bonifacio. (1) Juin-juillet.

C. alpina *Kit. apud Schultz, œstr. fl.* 1, *p.* 353; *Koch, syn.* 577; *C. glabra D C. fl. fr.* 3, *p.* 619; *Gaud. helv.* 2, *p.* 28 (*non Mill. nec Scop.*). — *Ic. Sturm, deutsch. fl. heft.* 68; *Rchb. icon. f.* 658. *Rchb. exsicc.* 611! — Se distingue du précédent par ses bractées plus petites et proportionnément plus longues; par sa corolle d'un jaune plus pâle, bien plus petite, plus cylindrique, simplement plus longue que le calice, à 5 dents plus profondes, *ovales, obtuses*, à tube souvent muni d'une bande violette au-dessus de son milieu; par ses anthères *quatre fois plus longues que leur filet;* par ses feuilles plus minces, lisses, *non ciliées;* par sa souche *vivace, épaisse*, noire, écailleuse, émettant des jets très-courts et terminés par un faisceau de feuilles. Se sépare du *C. minor* par sa corolle un peu plus grande, à dents bien moins longues et bien plus larges, *non acuminées, courbées en dehors* à leur sommet et non conniventes; par ses carpelles plus petits; par sa souche plus épaisse.

Hab. Pyrénées, pic de l'Hiéris. ♃ Juin-août.

C. minor *L. sp.* 196; *Vill. Dauph.* 2, *p.* 448; *D C. fl. fr.* 3, *p.* 619; *Bertol. fl. ital.* 2, *p.* 321; *Koch, syn.* 577; *C. glabra Scop. carn.* 1, *p.* 128 (*non Mill. nec Gaud.*). — *Ic. Sturm, deutsch. fl. heft.* 68; *Jacq. austr. tab.* 124. *Rchb. exsicc.* 610! — Grappes à bractées semblables aux feuilles supérieures, mais plus petites; pédicelles *étalés* à la maturité. Calice à segments lancéolés, brièvement ciliés. Corolle petite, entièrement jaune ou munie de 5 taches purpurines au-dessous des sinus du limbe, plus longue que le calice, fendue jusqu'au tiers de sa longueur en 5 segments *linéaires, acuminés, très-aigus, dressés-connivents.* Anthères *quatre fois plus longues que leur filet.* Carpelles petits, noirâtres, luisants. Feuilles d'un vert un peu glauque, rarement munies de tubercules calleux, quelquefois maculées de blanc en dessus, *non ciliées;* les inférieures oblongues-spatulées, atténuées en pétiole; les supérieures sessiles, oblongues-en-cœur, embrassant la tige par 2 oreilles arrondies. Tige dressée ou ascendante. Souche *vivace, courte, oblique*, émettant des jets courts, dressés, terminés par un faisceau de feuilles. — Plante de 2-4 décimètres.

Hab. Hautes Alpes du Dauphiné, Grande-Chartreuse, Gap, vallée du mont Viso, mont Genèvre, Briançon, Thorenc dans le Var, etc. ♃ Mai-juillet.

C. tenuiflora *Bertol. fl. ital.* 2, *p.* 325; *C. alpina Salis, in fl. od. bot. Zeit,* 1824, *p.* 23 (*non Kit.*); *C. corsica Bernard, in litt. et exsicc.; Soleir. exsicc.* 2965! — Grappes à bractées décroissantes de bas en haut; les supérieures petites, oblongues-lancéolées, aiguës; pédicelles *recourbés* à la maturité. Calice à segments linéaires-lancéolés, acutiuscules. Corolle petite, simplement plus longue que le calice, jaune, quelquefois purpurine en dehors, terminée par 5 dents *ovales, obtuses, courbées en dehors.* Anthères *beaucoup plus longues que leur filet.* Carpelles petits, fauves, marbrés de brun. Feuilles minces, *non ciliées*, plus ou moins pourvues en-dessus de petits tubercules déprimés; les inférieures oblongues, atténuées en un long pétiole; les sup. oblongues-obovées, embrassant la tige par 2 oreilles arrondies. Tige dressée. Racine.... — Plante de 2-3 déc.

Hab. Corse, monts Pino et Fiumorbo (*Salis*), entre Talano et Quenza (*Bernard*), Corté et mont Cervione. ♃?

TRIB. 2. ANCHUSEÆ. *D C. prodr.* 10, *p.* 27. — Fruit formé de 4 carpelles uniloculaires, libres, insérés sur le réceptacle par une base excavée et entourée d'un bord plissé et saillant.

BORRAGO. (Tournef. inst. p. 133, t. 53.)

Calice quinquépartite. Corolle *rotacée ou en coupe*, munie à la gorge de 5 écailles glabres et émarginées, à limbe quinquéfide, à tube nul ou court. Etamines à filets *munis sous le sommet d'un appendice oblong dressé; anthères exsertes, conniventes en cône.* Carpelles 4, ovoïdes, inéquilatères, tronqués et excavés à la base; celle-ci entourée d'un anneau saillant et plissé.

B. officinalis *L. sp.* 197. — Fleurs grandes, en grappes simples ou géminées, *feuillées à la base;* pédicelles allongés, arqués et réfléchis à la maturité, hérissés de poils très-étalés. Calice à segments *linéaires, connivents à la maturité.* Corolle *plane, rotacée,* à tube nul, à lobes larges et acuminés. Carpelles bruns, oblongs, carénés sur les 2 faces, munis de côtes longitudinales interrompues et tuberculeuses au sommet. Feuilles ridées; les inférieures grandes, elliptiques, obtuses, atténuées en un long pétiole; les supérieures oblongues, rétrécies au-dessus de la base qui embrasse la tige. Celle-ci *épaisse, dressée,* rameuse. — Plante de 2-4 décimètres, hérissée-tuberculeuse; fleurs bleues ou blanches, rarement roses.

Hab. Naturalisé dans toute la France. ① Juin-juillet.

B. laxiflora *DC. fl. fr.* 5, *p.* 422; *Dub. bot.* 335; *Lois. gall.* 1, *p.* 156; *Bertol. fl. ital.* 2, *p.* 332; *Salis, fl. od. bot. Zeit.* 1824, *p.* 24; *Anchusa laxiflora D C. fl. fr.* 3, *p.* 631; *Campanula pygmæa D C. fl. fr.* 3, *p.* 705; *Buglossites laxiflora Moris, enum. hort. taur.* 1845, *p.* 32.—*Ic. Bot. mag. tab.* 1798. *Soleir. exsicc.* 2920! — Fleurs petites en grappes simples, très-lâches, *munies de bractées;* pédicelles allongés, filiformes, flexueux et réfléchis à la maturité, munis de poils épars et appliqués. Calice petit, à segments *lancéolés, acuminés, non connivents* à la maturité. Corolle *concave, en coupe,* à lobes oblongs et obtus, à tube large et court. Carpelles petits, bruns, obovés, carénés sur les deux faces, irrégulièrement ridés-tuberculeux. Feuilles finement sinuées et onduleuses aux bords, hérissées de longs poils épars sur les bords et sur les nervures, munies sur les faces de poils beaucoup plus courts et plus nombreux; les radicales oblongues-obovées, atténuées en pétiole; les caulinaires sessiles, oblongues-lancéolées, écartées, quelquefois un peu décurrentes par un de leurs bords. Tiges *faibles, décombantes.* — Plante de 1-4 décimètres ; fleurs purpurines.

Hab. Lieux humides en Corse, Calvi, Bastia, Ajaccio, Bonifacio. (I) Juin-juill.

SYMPHYTUM. (Tournef. inst. p. 138, t. 56.)

Calice quinquépartite ou quinquéfide. Corolle *cylindrique-campanulée,* fermée à la gorge par 5 écailles lancéolées-subulées et glanduleuses aux bords, à limbe divisé en 5 dents courtes, à tube allongé et droit. Etamines à filets *dépourvus d'appendice; anthères incluses.* Carpelles 4, ovoïdes, inéquilatères, tronqués et excavés à la base ; celle-ci entourée d'un anneau saillant et plissé.

S. officinale *L. sp.* 195; *D C. fl. fr.* 3, *p.* 628.— *Ic. Engl. bot. tab.* 817. *Fries, herb. norm.* 5, *n°* 3 ! — Fleurs en petites grappes géminées, nues, penchées. Calice à segments lancéolés, acuminés. Corolle tubuleuse-campanulée, à lobes courts, triangulaires, obtus, *courbés en dehors;* écailles de la gorge *incluses.* Anthères une fois plus longues que leur filet. Carpelles *lisses et luisants,* ovoïdes-trigones, non contractés au-dessus de la base. Feuilles un peu fermes, rudes, munies de petits poils épars et de poils plus longs sur les nervures; les inférieures grandes, ovales-oblongues, longuement pétiolées; les supérieures étroitement lancéolées, acuminées, sessiles et longuement décurrentes. Tige forte, dressée, rameuse au sommet. Souche brune, *épaisse, charnue, rameuse.*—Plante de 3-6 décimètres, hérissée ; fleurs blanches, roses ou violettes.

Hab. Prairies humides, bords des eaux ; commune dans le nord et le centre de la France, rare dans le midi. ♃ Mai-juin.

S. tuberosum *L. sp.* 195; *Vill. Dauph.* 2, *p.* 452; *D C. fl. fr.* 3, *p.* 628; *Gaud. helv.* 2, *p.* 40 ; *Koch, syn.* 576. — *Ic. Jacq. a. t.* 225. *Rchb. exsicc.* 26!; *Schultz, exsicc. n°*140!—Fleurs en petites grappes géminées, nues, penchées. Calice à segments linéaires-lancéolés, aigus. Corolle tubuleuse-campanulée, à lobes courts, triangulaires, obtus, *courbés en dehors;* écailles de la gorge *incluses.* Anthères *une fois plus longues que leur filet.* Carpelles noirs, *tuberculeux,* globuleux-trigones, obtus, contractés au-dessus de la base munie d'une couronne de petites pointes saillantes. Feuilles minces, rudes, munies de petits poils épars; les inférieures petites, ovales, contractées en pétiole, détruites au moment de la floraison ; les moyennes et les supérieures plus grandes, lancéolées, semi-décurrentes. Tige dressée, simple ou bifurquée. Souche brune, *charnue, tuberculeuse, oblique, prémorse.* — Plante de 2-3 décimètres ; fleurs assez grandes, d'un blanc-jaunâtre.

Hab. Bois et prés couverts; Lyon, Montbrison, Grenoble, Gap, Grasse, Fréjus, Toulon, Roquefavour près de Marseille, Montpellier, Alais, Anduze, Mende, Florac, Albi, Toulouse, Montauban, Moissac, Figeac, Cahors, Agen, Panassac dans le Gers, Saint-Jean-Pied-de-Port, Pau, Bayonne, Dax, Saint-Sever, Bordeaux, Lanquais dans la Dordogne, Poitiers, Montmorillon et île Jourdain dans la Vienne, Saint-Gervais près de Blois, etc. ♃ Avril-juin.

S. MEDITERRANEUM *Koch, syn. ed.* 1, *p.* 500 *et ed.* 2, *p.* 575; *Guss. syn.* 2, *p.* 792. — Se distingue du *S. tuberosum* par ses corolles de moitié plus petites, à lobes *dressés;* par ses feuilles supérieures à peine décurentes; par sa souche qui, suivant Gussone, est *grêle et renflée çà et là en gros tubercules.* Il se sépare du *S. bulbosum* par les écailles *incluses* de la gorge de la corolle. Enfin il s'éloigne de tous les deux par ses feuilles inférieures, plus grandes que les suivantes, à pétiole dilaté et embrassant à sa base.

Hab. Toulon. ♃ Avril-mai.

S. BULBOSUM *Schimp. in fl. od. bot. Zeit. t.* 8, *p.* 17; *Koch, syn.* 575; *S. filipendulum Bischoff! in fl. od. bot. Zeit. t.* 9, *p.* 561; *S. Clusii Gmel. bad.* 4, *p.* 144; *S. punctatum Gaud.! helv.* 2, *p.* 41; *S. Zeyheri Schimp. Bull. Fér.* 21, *p.* 443; *S. macrolepis Gay, in Rchb. fl. excurs. p.* 347.— *Rchb. exsicc.* 851!; *Schultz, exsicc. n°* 58!— Fleurs petites, en grappes courtes, géminées, nues, penchées. Calice à segments linéaires-lancéolés, presque aigus. Corolle subcylindrique, à lobes obtus, *dressés;* écailles de la gorge *exsertes.* Anthères *égalant leur filet.* Carpelles (non mûrs) *finement tuberculeux*....... Feuilles rudes, brièvement hérissées; les inférieures et les moyennes lancéolées, brusquement contractées en pétiole; les supérieures sessiles, arrondies à la base, toutes subdécurrentes. Tige dressée, simple, grêle, flexueuse. Souche *longuement rampante, grêle, mais se renflant çà et là en tubercules globuleux.* — Plante de 2-3 décimètres; fleurs d'un blanc-jaunâtre.

Hab. Corse, à Calvi (*Bertoloni*). ♃ Avril-mai.

ANCHUSA. (L. gen. 182.)

Calice quinquéfide ou quinquépartite. Corolle *hypocratériforme ou infundibuliforme,* fermée à la gorge par 5 écailles obtuses, velues ou pubescentes, à limbe plus ou moins oblique, quinquépartite, à tube allongé, droit ou courbé. Etamines à filets *sans appendice; anthères incluses.* Carpelles 4, inéquilatères, tronqués et excavés à la base; celle-ci entourée d'un anneau saillant et plissé.

Sect. 1. EUANCHUSA *Nob.* — Tube de la corolle droit; anneau de la base des carpelles *non prolongé* en appendice du côté interne.

A. OFFICINALIS *L. sp.* 191; *Bertol. fl. ital.* 2, *p.* 285; *D C. prod.* 10, *p.* 42; *A. angustifolia Vill. Dauph.* 2, *p.* 455; *D C. fl. fr.* 3, *p.* 632 *et* 5, *p.* 421; *A. arvalis Rchb. icon. cent.* 3, *p.* 83, *f.* 470. — *Ic. engl. bot. tab.* 662; *fl. dan. tab.* 572. *Rchb. exsicc.* 2183 *et* 2184!; *F. Schultz, exsicc. n°* 309!; *C. Billot, exsicc. n°* 822! — Fleurs en grappes compactes pendant la floraison, géminées avec une fleur alaire; bractées lancéolées, arrondies et dilatées à la base, égalant le calice ou plus longues; pédicelles plus courts que le calice, arqués en dehors à la maturité. Calice quinquéfide, à segments linéaires-lancéolés. Corolle à tube *égalant le ca-*

lice ; écailles de la gorge veloutées. Carpelles à la fin noirs, finement tuberculeux, ridés en réseau sur l'un des côtés, arqués vers l'axe de la fleur. Feuilles hérissées, un peu rudes, lancéolées ou linéaires-lancéolées (*A. angustifolia L. sp.* 191), *entières;* les inférieures longuement atténuées en pétiole ; les supérieures sessiles. Tige *dressée*, rameuse au sommet, à poils étalés. — Plante de 3-5 décimètres ; fleurs purpurines ou d'un pourpre-bleuâtre.

Hab. Lieux incultes, décombres; Haguenau; Briançon ; îles d'Hyères; Marseille ; sables d'Olonne ; Couëron dans la Loire-Inférieure. ② Juin-août.

A. undulata *L. sp.* 191 ; *Guss. pl. rar. p.* 81, *tab.* 16 ; *Bertol. fl. ital.* 2, *p.* 287 ; *D C. prod.* 10, *p.* 44 ; *A. nigricans Brot. lusit.* 1, *p.* 298, *et phyt.* 2, *tab.* 157. — *Soleir. exsicc.* 2924 ! — Fleurs en grappes compactes pendant la floraison, tantôt géminées, tantôt alternes avec ou sans fleur alaire ; bractées obliquement en cœur, acuminées, toujours plus courtes que le calice ; pédicelles plus courts que le calice, arqués en dehors à la maturité. Calice quinquéfide, à segments d'abord linéaires-lancéolés, puis s'élargissant à la base. Corolle à tube *un peu plus long que le calice;* écailles de la gorge *brièvement hérissées aux bords et au sommet.* Carpelles semblables à ceux de l'*A. officinalis.* Feuilles hérissées-tuberculeuses, rudes, lancéolées ou linéaires-lancéolées, *sinuées et plus ou moins onduleuses aux bords ;* les inférieures atténuées en pétiole ; les autres sessiles. Tige dressée, rameuse au sommet, à poils étalés. — Plante de 2-4 décim. ; fleurs purpurines ou pourpres-bleuâtres.

Hab. Toulon, Marseille, Cannes ; cap Corse. ② Juin-juillet.

A. crispa *Viv. fl. cors. diagn. app. p.* 1 *et app. alt. p.* 6 ; *Moris, stirp. sard. elench. fasc.* 3, *p.* 9 ; *D C. prodr.* 10, *p.* 45 ; *Lycopsis crispa Bertol. fl. ital.* 2, *p.* 337. — Fleurs petites, en grappes alternes, déjà lâches pendant la floraison ; bractées semblables aux feuilles supérieures, les bractées inférieures plus longues que la fleur ; pédicelles égalant le calice ou les inférieurs beaucoup plus longs, étalés à la maturité. Calice quinquéfide, à segments lancéolés. Corolle à tube droit (*D C.*), *égalant le calice;* écailles de la gorge *ciliées.* Carpelles petits, grisâtres, très-finement tuberculeux, faiblement ridés, moins arqués vers l'axe de la fleur que dans les espèces précédentes. Feuilles hérissées-tuberculeuses, rudes, lancéolées-linéaires, obtuses, *sinuées-dentées, ondulées-crépues* sur les bords ; les inférieures atténuées en pétiole ; les autres sessiles. Tiges nombreuses, *décombantes,* rameuses dès la base, hérissées de longs poils étalés et de poils plus petits réfléchis ; rameaux divariqués. — Plante de 1-2 décimètres ; fleurs bleues.

Hab. Sables maritimes de la Corse (*Viviani, Serafino, Salis*). ② Avril.

Obs. — Nous n'avons pas vu d'échantillons recueillis en Corse ; mais M. de Candolle a eu sous les yeux des échantillons de Serafino et de Viviani, de sorte que nous ne pouvons douter de la présence de cette plante en Corse.

A. ITALICA *Retz, obs.* 1, *p.* 12; *D C. fl. fr.* 3, *p.* 631; *Bertol. fl. ital.* 2, *p.* 289; *Gaud. helv.* 2, *p.* 46; *Koch, syn.* 574; *A officinalis Gouan, hort.* 81; *Vill. Dauph.* 2, *p.* 455; *Desf. atl.* 1, *p.* 157 (*non L.*); *A. paniculata Ait. Kew. ed.* 1, *p.* 777; *A paniculata, azurea et italica Rchb. fl. exc. p.* 343, *et icon. f.* 1229. *Buglossum officinale Lam. fl. fr.* 2, *p.* 278.— *Rchb. exsicc.* 2185! ; *Schultz, exsicc. n°* 703! — Fleurs assez grandes, extra-axillaires, en grappes nombreuses, souvent géminées, formant par leur réunion une grande panicule; bractées linéaires-lancéolées, acuminées, égalant les pédicelles; ceux-ci un peu épais, égalant ou dépassant le calice, tous dressés à la maturité. Calice quinquépartite, à segments linéaires, accuminés, étalés au sommet après l'anthèse. Corolle à tube épais, *plus court que le calice;* écailles de la gorge *munies au sommet d'un pinceau de poils en massue.* Carpelles plus longs que dans les autres espèces, grisâtres, très-finement tuberculeux, fortement ridés en réseau, un peu fléchis au sommet vers l'axe de la fleur. Feuilles hérissées-tuberculeuses, rudes, ovales-lancéolées ou lancéolées, acuminées, *entières ou faiblement sinuées;* les inférieures atténuées en pétiole; les supérieures sessiles. Tige *dressée,* hérissée, rameuse au sommet; rameaux étalés-dressés. — Plante de 3-6 décimètres; fleurs d'un bleu d'azur ou purpurines.

Hab. Champs et lieux pierreux; commun dans tout le midi et le centre de la France; plus rare dans le nord. (2) Mai-juillet.

Sect. 2. CARYOLOPHA *Fisch. et Trautv. ind. tert. hort. petrop. p.* 31. — Tube de la corolle droit; anneau de la base des carpelles *prolongé* du côté interne en un appendice fléchi vers l'ombilic.

A. SEMPERVIRENS *L. sp* 192; *D C. fl. fr.* 3, *p.* 633; *Bertol. fl. ital.* 2, *p.* 295; *Lloyd, fl. Loire-Inf. p.* 173; *Buglossum sempervirens All. ped.* 1, *p.* 48; *Omphalodes sempervirens Don, prodr. fl. nep. p.* 101; *Caryolopha sempervirens Fisch. et Trautv. l. c.; D C. prodr.* 10, *p.* 41.— *Ic. Lob. icon.* 575; *Engl. bot. tab.* 45.— Fleurs en petites grappes géminées avec une fleur alaire, s'allongeant peu à la maturité, portées sur un pédoncule commun nu et assez long; les deux bractées inférieures grandes, lancéolées; les autres bractées petites, plus courtes que le calice; pédicelles très-courts. Calice quinquépartite, à segments lancéolés, aigus, étalés à la maturité. Corolle petite, à tube épais plus court que le calice; écailles de la gorge finement pubescentes. Carpelles noirs, très-finement ponctués, ridés en réseau, non courbés au sommet, à base munie d'un appendice fléchi vers l'ombilic. Feuilles minces, un peu velues, d'un vert-gai en dessus, plus pâles en dessous, toutes ovales, acuminées, entières; les radicales grandes, persistantes, contractées en un long pétiole; les supérieures sessiles. Tige dressée, épaisse, hérissée, rameuse au sommet. — Plante de 3-6 déc.; fleurs bleues.

Hab. Les provinces de l'ouest, Dax, Libourne; Cherbourg, Pontaven dans la Loire-Inférieure, Saint-Malo, Vannes, Avranches, Ploërmel, Rennes, Valognes, Falaise, Dinan, etc.; se retrouve dans le Vigan. ♃ Mai-juin.

Sect. 3. Lycopsis *L. gen.* 190. — Tube de la corolle *courbé* ; anneau de la base des carpelles non prolongé en appendice.

A. arvensis *Bieb. taur.-cauc.* 1, *p.* 123 ; *Lycopsis arvensis L. sp.* 199 ; *D C. fl. fr.* 3, *p.* 634. — *Ic. fl. dan. tab.* 435. — Fleurs petites, en grappes alternes ou géminées, à la fin lâches à la base; bractées lancéolées, acuminées, plus longues que le calice ou les supérieures l'égalant ; pédicelles courts, à la fin dressés. Calice quinquépartite, à segments lancéolés. Corolle à tube grêle, plus long que le calice, courbé à sa partie supérieure ; écailles de la gorge velues. Carpelles grisâtres, finement ponctués, ridés en réseau, fortement courbés vers l'axe de la fleur. Feuilles hérissées, rudes, sinuées et ondulées aux bords, oblongues-lancéolées, larges ou étroites; les inférieures atténuées en pétiole; les autres sessiles et demi-embrassantes. Tiges dressées ou ascendantes, hérissées, rameuses. — Plante de 3-5 décimètres; fleurs bleues, rarement blanches.

Hab. Moissons et terrains cultivés; commun dans toute la France, principalement dans les terres sablonneuses et siliceuses, etc. ① Juin-septembre.

NONEA. (Medik. phil. bot. 1, p. 31.)

Calice quinquéfide ou quinquépartite, s'accroissant à la maturité. Corolle *infundibuliforme,* ouverte à la gorge, mais munie beaucoup au-dessous de 5 petites écailles barbues, à limbe quinquépartite, à tube allongé et droit. Etamines à filets *sans appendice; anthères incluses.* Carpelles 4, équilatères, excavés à la base ; celle-ci entourée d'un anneau saillant et plissé.

N. alba *DC. fl. fr.* 5, *p.* 420; *N. ventricosa Gris. spic. fl. rum. p.* 93 ; *DC. prod.* 10, *p.* 33 ; *N. sibthorpiana Don, syst.* 4, *p.* 336; *Anchusa ventricosa Sibth. et Sm. prodr. fl. gr.* 1, *p.* 117 *et fl. gr. t.* 169 (*non Viv.*) ; *Lycopsis sibthorpiana Rœm. et Schl. syst.* 4, *p.* 770. — Fleurs petites, en grappe peu allongée, un peu lâche, ordinairement solitaire et terminale ; souvent une seconde grappe axillaire plus courte, bractées plus longues que la fleur ; pédicelles très-courts, à la fin arqués en dehors. Calice quinquéfide, renflé et vésiculeux à la base à la maturité, à segments lancéolés, à la fin connivents. Corolle blanche, dépassant à peine le calice, à tube pubescent intérieurement à la base. Carpelles noirs, réniformes, carénés sur le dos, ridés transversalement en réseau, pubescents autour de l'ombilic. Feuilles un peu sinuées aux bords, oblongues-lancéolées, hérissées ainsi que toute la plante de poils raides entremêlés d'un duvet fin ; les inférieures atténuées en pétiole, les autres sessiles, arrondies à la base. Tiges ascendantes, simples ou presque simples. — Plante de 1-3 décimètres.

Hab. Avignon, Beaucaire, Tarascon, Agde, Pézenas, Narbonne, Perpignan. ① Mai-juin.

Trib. 3. LITHOSPERMEÆ *DC. prodr.* 10, *p.* 57. — Fruit formé de 4 carpelles uniloculaires, libres, insérés sur le réceptacle par une base plane.

ALKANNA. (Tausch, in fl. od. bot. Zeit. 1824, p. 234.)

Calice quinquépartite. Corolle *régulière*, *infundibuliforme*, *ouverte à la gorge*, *mais munie au-dessous du milieu de 5 petites callosités glabres*, à limbe quinquépartite, à tube velu intérieurement à la base. Anthères incluses. Carpelles 4, *contractés en col à la base* qui s'insère au réceptacle par un disque plan.

A. lutea *DC. prodr.* 10, *p.* 102; *Nonea lutea DC. fl. fr.* 5, *p.* 420, *excl. syn.*; *Viv. fl. cors. diagn. p.* 1; *Salis, fl. od. bot. Zeit.* 1824, *p.* 24 (*non Fisch. et Mey., nec Rchb.*); *Lithospermum orientale Lois.! gall.* 1, *p.* 149, *excl. syn.* (*non L*). ; *Anchusa lutea Bertol.! fl. ital.* 2, *p.* 292, *excl. syn. Lam. Willd. et Nocc.* — *Soleir. exsicc.* 2936 ! — Fleurs en grappes géminées ou alternes, à la fin très-allongées; bractées bien plus longues que les fleurs. Calice devenant ventru à la maturité, à segments lancéolés, aigus, à la fin étalés. Corolle petite, jaune, *glabre à la gorge*. Carpelles noirs, très-petits, courbés en dedans, *réticulés*. Feuilles hérissées, un peu rudes, oblongues-lancéolées; les inf. brièvement pétiolées; les autres sessiles. Tiges dressées ou ascendantes, rameuses, hérissées de poils raides et étalés, entremêlés de poils plus petits et *glanduleux*. Racine *annuelle*, mince, pivotante.—Plante de 2-4 déc.

Hab. Iles d'Hyères, Marseille; Pont-du-Gard; Banyuls-sur-Mer; Corse, Bonifacio, Galéria, embouchure du Solanzara. ① Mai-juin.

A. tinctoria *Tausch, l. c. excl. syn. L.*; *DC. prod.* 10, *p.* 99; *Lithospermum tinctorium L. sp. ed.* 1, *p.* 132 (*non ed.* 2) ; *DC. fl. fr.* 3, *p.* 624; *Bertol. fl. ital.* 2, *p.* 282; *Guss. syn.* 1, *p.* 218; *Buglossum tinctorium Lam. fl. fr.* 2, *p.* 278; *Anchusa tinctoria Desf. atl.* 1, *p.* 156 (*non L.*); *Anchusa monspeliaca J. B. hist.* 3, *p.* 584.—*Billot, exs. n°* 421 !— Fleurs en grappes géminées avec une fleur alaire, à la fin lâches; bractées plus longues que le calice ou l'égalant. Calice s'accroissant à la maturité, mais moins que dans l'espèce précédente, à segments linéaires, aigus, à la fin étalés-dressés. Corolle bleue, *pubescente à la gorge*. Carpelles grisâtres, courbés en dedans, *fortement et irrégulièrement tuberculeux*. Feuilles hérissées, rudes, étroitement lancéolées; les inf. longuem[t] pétiolées; les supérieures sessiles, en cœur à la base, embrassantes. Tiges nombreuses, couchées ou ascendantes, hérissées de poils raides entremêlés d'un duvet fin *non glanduleux*. Souche *vivace*, épaisse, émettant des rosettes de feuilles. — Plante de 1–2 décim.

Hab. Lieux arides du midi; Lyon, Romans; Avignon, Montaud près de Salon, Marseille; Pont-du-Gard, Nîmes, Montpellier; Perpignan, Collioures, Carcassonne. ♃. Mai-juin.

ONOSMA. (L. gen. 187.)

Calice 5-partite. Corolle *régulière, cylindrique-campanulée, nue à la gorge,* à limbe bordé de 5 dents courtes, à tube droit. Anthères incluses ou exsertes. Carpelles 4, ovoïdes-trigones, *non contractés en col à la base,* insérés sur le réceptacle par une surface plane

O. ECHIOIDES *L. sp.* 196 (*excl. var. etc.*); *Vill. Dauph.* 2, *p.* 453; *D C. fl. fr. p.* 627; *Koch, syn.* 576; *Cerinthe echioïdes Scop. carn.* 1, *p.* 129. — *Ic. Jacq. aust. tab.* 295.— Fleurs assez grandes, penchées pendant l'anthèse, brièvement pédicellées; bractées égalant le calice, lancéolées, acuminées. Calice d'un quart moins long que la corolle papilleuse en dehors, insensiblement élargie au sommet, à dents larges, triangulaires, obtuses, étalées. Anthères *incluses,* une fois plus longues que leur filet, très-finement scabres aux bords, échancrées au sommet en 2 petites pointes divariquées. Stigmate *subbilobé.* Carpelles luisants, verdâtres, marbrés de brun, arrondis sur le dos, obtus. Feuilles hérissées de poils raides, blancs ou jaunâtres, naissant de tubercules glabres; les radicales oblongues-lancéolées, obtuses, atténuées en pétiole; les supérieures sessiles, arrondies à la base. Tiges ascendantes, presque simples. Souche brune, à divisions courtes, émettant souvent des rosettes de feuilles. — Plante de 1-2 déc.; fleurs d'un jaune pâle.

Hab. Alpes du Dauphiné, Allos, Gap, Guillestre, Digne, entre Melezet et Tournous; Alais, Anduze, Saint-Ambroix, Florac, Mende; Pyrénées-Orientales, Prats-de-Mollo, Coustonges, etc. ♃ Juin-juillet.

O. ARENARIUM *Waldst. et Kit. rar. hung.* 3, *p.* 308, *t.* 279; *Koch, syn.* 576.— *Rchb. exsicc.* 2186!; *Schultz, exsicc.* n° 704!— Se distingue du précédent, dont il est peut-être une variété, par sa corolle moins grande, moins élargie au sommet; par ses anthères *exsertes,* moins longues, plus évidemment scabres aux bords, tronquées ou à peine échancrées au sommet; par son stigmate *entier;* par ses carpelles plus petits; par ses tiges plus robustes, plus droites, plus élevées, plus rameuses au sommet, à rameaux plus étalés.

Hab. Lieux sablonneux: Lyon, le Bugey, Pont-Saint-Esprit, Avignon, Aigues-Mortes. ♃ Juin-juillet.

LITHOSPERMUM. (Tournef. inst. p. 137, t. 55.)

Calice quinquépartite. Corolle *régulière, infundibuliforme ou hypocratériforme, à gorge ouverte, nue ou munie de* 5 *plis,* à limbe quinquépartite, à tube droit. Anthères incluses ou rarement exsertes. Carpelles 5, ovoïdes ou trigones, *non contractés en col à la base,* insérés sur le réceptacle par une surface plane.

a. *Tiges frutescentes.*

L. FRUTICOSUM *L. sp.* 190; *D C. fl. fr.* 3, *p.* 625; *Dub. bot* 332; *Lois. gall.* 1, *p.* 148 (*non Brot. nec Sibth.*). — *Ic. Garid. Aix, tab.* 15; *Barr. icon.* 1168. — Fleurs axillaires, rapprochées en petit nombre au sommet des rameaux et formant une petite grappe qui ne s'allonge pas à la maturité ; pédicelles extrêmement courts, à la fin épaissis et obconiques. Calice hérissé-tuberculeux, à segments linéaires, s'allongeant peu après l'anthèse. Corolle une fois plus longue que le calice, *glabre en dehors et à la gorge*, à lobes ovales atténués au sommet, à tube grêle. Etamines insérées à la partie supérieure du tube ; anthères linéaires, à peine apiculées. Stigmate entier. Carpelles blanchâtres, lisses à l'œil nu, très-finement striés en long à une forte loupe, ovoïdes, atténués au sommet obtusiuscule. Feuilles linéaires ou linéaires-lancéolées, à bords roulés en dessous, uninerviées, hérissées-tuberculeuses en dessus et sur la nervure dorsale, couvertes en dessous de petits poils appliqués. Tiges ligneuses, *dressées*, tortueuses, très-rameuses, formant buisson.— Plante de 1-2 décim.; fleurs grandes, d'un pourpre bleu.

Hab. Lieux arides de la région des oliviers; Marseille, Aix; Avignon; Nîmes, Anduze, Montpellier; Narbonne, Prades, Olette, etc. ♄ Mai-juin.

L. PROSTRATUM *Lois. gall. ed.* 1, *p.* 105, *et ed.* 2, *t.* 1, *p.* 148, *tab.* 1 ; *DC. fl. fr.* 5, *p.* 419 ; *L. diffusum Lag. gen. et sp.* 10 ; *L. purpureo-cæruleum Thor. chl. land.* 51 (*non L.*).—*Durieu, pl. astur. exsicc.* 266!—Fleurs axillaires, rapprochées en petit nombre au sommet des rameaux et formant une petite grappe qui ne s'allonge pas après l'anthèse ; pédicelles extrêmement courts, à la fin épaissis. Calice hérissé, à segments étroits, linéaires, s'allongeant un peu à la fructification. Corolle trois fois plus longue que le calice, *pubescente en dehors, très-velue à la gorge*, à lobes ovales arrondis au sommet, à tube grêle et long. Etamines insérées vers le milieu du tube ; anthères elliptiques, non apiculées. Stigmate entier. Carpelles fauves, lisses à l'œil nu, finement ponctués à une forte loupe, ovoïdes, arrondis au sommet. Feuilles linéaires-lancéolées, à bords un peu réfléchis, uninerviées, hérissées sur les deux faces de poils épars tous semblables. Tiges grêles, frutescentes, *couchées*, rameuses. — Plante de 1-5 décim.; fleurs assez grandes, d'un bleu pourpre.

Hab. Bayonne, Saint-Sever, Dax ; Brest, Quimper. ♄ Mai-juin.

L. OLEÆFOLIUM *Lap. abr. pyr. suppl.* 28; *Dub. bot.* 333; *Lois. gall.* 1, *p.* 148 ; *DC. prod.* 10, *p.* 81. — *Endress, pl. pyr. exsicc. unio itiner.* 1829 ! — Fleurs axillaires, rapprochées en petit nombre au sommet des rameaux et formant une petite grappe qui s'allonge à peine après l'anthèse ; pédicelles 3 fois plus courts que le calice, à la fin un peu épaissis au sommet. Calice velu, à segments linéaires, s'allongeant à la fructification. Corolle une fois plus longue que le calice, *très-velue en dehors, glabre à la gorge*, à lobes ovales, à tube grêle. Etamines insérées sur la gorge; anthères linéaires, non apiculées, exsertes. Stigmate *bilobé*. Carpelles blancs, lisses, ovoïdes, acuminés, obtus. Feuilles *obovées ou oblongues*, atténuées à la base en pétiole court, uninerviées, vertes et velues en dessus, *blanches-soyeuses en dessous*. Tiges ligneuses, ascendantes-diffuses, rameuses. — Plante de 1-2 décimètres; fleurs assez grandes, d'un beau bleu.

Hab. Pyrénées orientales; Prats-de-Mollo, route de la Muga à Saint-Aniol, Saint-Aniol et Can Mouratou de Ribeil. ♄ Mai-juin.

b. *Tiges herbacées.*

L. Gastoni *Benth. in DC. prod.* 10, *p.* 83. — Fleurs axillaires, rapprochées en petit nombre au sommet de la tige, formant une petite grappe corymbiforme feuillée *qui ne s'allonge pas* après l'anthèse; pédicelles à la fin *presque aussi longs* que le calice, anguleux et épaissis au sommet. Calice velu, court, à segments lancéolés, aigus, s'allongeant un peu à la fructification. Corolle faiblement pubescente en dehors et à la gorge, à lobes largement ovales, atténués au sommet obtus, à tube plus court que dans l'espèce suivante. Etamines insérées à la partie *inférieure* du tube; anthères elliptiques, apiculées. Carpelles jaunâtres, luisants, subglobuleux, acuminés, *aigus*, irrégulièrement ponctués-excavés. Feuilles munies de petits poils appliqués, un peu rudes; les inférieures petites et presque squamiformes; les moyennes et les supérieures sessiles, lancéolées, aiguës, non atténuées à leur base. Tiges dressées, raides, simples. Souche vivace, grêle, rampante, rameuse. — Plante de 2-3 décimètres; munie de poils épars appliqués; fleurs grandes, un peu violettes, puis d'un bleu d'azur; port de l'espèce suivante.

Hab. Pyrénées occidentales, Eaux-Bonnes, col de Tartès, pic de Ger, pic d'Anie, vallée d'Ossau. ♃ Juillet.

L. purpureo-cæruleum *L. sp.* 190; *DC. fl. fr.* 3, *p.* 624; *Gaud. helv.* 2, *p.* 37; *Koch, syn.* 580 (*non Thor.*); *L. violaceum Lam. fl. fr.* 2, *p.* 271.—*Ic. Jacq. austr. tab.* 14; *Engl. bot. tab.* 117. *Rchb. exs.* 55-608!—Fleurs en grappes terminales, géminées ou ternées avec une fleur alaire, *s'allongeant* après l'anthèse; pédicelles épaissis et anguleux à la fructification, mais restant *beaucoup plus courts* que le calice. Celui-ci velu, à segments à la fin très-allongés, très-étroits, linéaires, aigus. Corolle velue en dehors, finement pubescente à la gorge, à lobes obovés, arrondis au sommet, à tube large et égalant le limbe. Etamines insérées vers la partie *supérieure* du tube; anthères petites, elliptiques, apiculées. Carpelles blancs, ovoïdes-globuleux, obtus, lisses, luisants. Feuilles finement velues, vertes en dessus, plus pâles en dessous, un peu rudes, à une seule nervure saillante; les inférieures très-petites, atténuées en pétiole court et large; les moyennes et les supérieures lancéolées, acuminées, aiguës, atténuées à la base. Tiges fleuries dressées, grêles, très-feuillées; tiges non florifères, élancées, couchées et s'enracinant au sommet. Souche vivace, brune, épaisse, rameuse. — Plante de 3-6 décimètres, finement velue; fleurs grandes, un peu violettes, puis d'un bleu d'azur.

Hab. Bois des terrains calcaires, dans presque toute la France. ♃ Mai-juin.

L. officinale *L. sp.* 189 ; *D C. fl. fr.* 3, *p.* 623. — *Ic. Engl. bot. tab.* 134. *Rchb. exsicc. n°* 1538 ! — Fleurs en grappes terminales, géminées ou ternées avec une fleur alaire, s'allongeant après l'anthèse ; pédicelles très-courts, à la fin *un peu épaissis.* Calice hérissé, à segments linéaires, *obtus*, s'allongeant à peine à la fructification. Corolle pubescente en dehors et à la gorge, à lobes obovés arrondis au sommet, à tube court. Etamines insérées *vers le milieu* du tube ; anthères oblongues, presque aiguës. Carpelles blancs, ovoïdes, obtus, *lisses, luisants.* Feuilles finement hérissées, très-rudes, vertes en dessus, plus pâles en dessous, à nervures latérales prononcées ; les moyennes et les supérieures sessiles, lancéolées, acuminées. Tige dressée, ferme, rude, *très-rameuse* au sommet. Souche *vivace*, épaisse, longue, rameuse. — Plante de 2-6 décimètres ; fleurs petites, d'un blanc-jaunâtre.

Hab. Bois des coteaux calcaires; commun dans toute la France. ♃ Mai-juill.

L. arvense *L. sp.* 190 ; *D C. fl fr.* 3, *p.* 623. — *C. Billot, exsicc. n°* 153! — Fleurs en grappes terminales, géminées ou ternées avec une fleur alaire, s'allongeant après l'anthèse ; pédicelles courts, à la fin *un peu épaissis.* Calice hérissé, à segments linéaires, aigus, s'accroissant à la fructification. Corolle velue en dehors, glabre à la gorge, à lobes ovales obtus, à tube grêle et assez long. Etamines insérées au-dessous du milieu du tube ; anthères oblongues, apiculées. Carpelles fauves, ovoïdes-trigones, acuminés, obtus, luisants, *très-adhérents, tuberculeux.* Feuilles munies de petits poils appliqués, rudes, d'un vert-pâle, à une seule nervure saillante ; les inférieures oblongues-obovées, atténuées en pétiole ; les supérieures sessiles, oblongues-lancéolées. Tige dressée, rude, peu rameuse. Racine *annuelle*, grêle, pivotante. — Plante de 1-4 décimètres ; fleurs petites, blanches.

Hab. Moissons ; commune dans toute la France. ① Avril-juin.

L. incrassatum *Guss. prod.* 1, *p.* 211, *et syn.* 1, *p.* 217 ; *Bertol. fl. ital.* 2, *p.* 279 ; *Boiss. voy. Espagne,* 2, *p.* 427 ; *L. arvense* β. *Tenor, syll. p.* 80. — *Ic. Cup. panph.* 2. *tab.* 170. — Fleurs en grappes solitaires, géminées ou ternées au sommet des tiges, unilatérales, à la fin très-lâches; bractées semblables aux feuilles, égalant ou dépassant le calice ; pédicelles très-courts, *à la fin obconiques et aussi épais que le tube du calice.* Celui-ci hérissé, à segments linéaires, lancéolés, acuminés. Corolle un peu plus longue que le calice, pubescente au dehors, glabre à la gorge. Etamines insérées à la partie inférieure du tube. Carpelles petits, *se détachant facilement,* fauves, luisants, acuminés, obtus, irréguliers, scrobiculés et *tuberculeux.* Feuilles linéaires-oblongues, obtuses, uninerviées, non veinées, rudes au toucher et couvertes de poils appliqués; les inférieures ovales-spatulées, atténuées en pétiole ; les supérieures sessiles. Tige dressée, simple ou rameuse au sommet ou quelquefois aussi à la base. Racine grêle, pivotante. — Plante de 1-2 décimètres; fleurs bleues.

Hab. Lieux incultes du Dauphiné méridional et de la Provence; se retrouve plus au nord à Lyon et à Montbrison (*Royer*). ① Juin.

Obs. — Le *L. arvense* est voisin de cette plante, mais s'en distingue facilement, non-seulement par ses fleurs blanches, par ses feuilles plus larges, par sa stature plus élevée, mais aussi par ses carpelles du double plus gros, très-adhérents au réceptacle, enfin par ses pédicelles plus longs et qui restent cylindriques à la maturité.

L. apulum *Vahl, symb.* 2, *p.* 52; *D C. fl. fr.* 3, *p.* 624; *Bertol. fl. ital.* 2, *p.* 281; *Koch, syn.* 580; *Myosotis apula L. sp.* 189; *Guss. syn.* 1, *p.* 215; *Myosotis lutea Lam. fl. fr.* 2, *p.* 282 (*non Pers.*).— *Ic. Lob. icon.* 587 *f.* 1; *Sibth. et Sm. fl. græc. tab.* 158. *Rchb. exsicc.* 237! — Fleurs en grappes terminales, géminées ou ternées, unilatérales, s'allongeant après l'anthèse; pédicelles extrêmement courts, à la fin épaissis. Calice hérissé, à segments linéaires-lancéolés, acuminés, s'accroissant à la fructification. Corolle pubescente en dehors et à la gorge, à lobes petits, ovales, arrondis, à tube grêle. Etamines insérées à la partie inférieure du tube; anthères oblongues, non apiculées. Carpelles fauves, triquètres, acuminés, obtus, luisants, irrégulièrement tuberculeux. Feuilles hérissées-tuberculeuses, linéaires, aiguës, uninerviées; les inférieures atténuées à la base. Tige dressée, rameuse au sommet et quelquefois aussi dès la base. Racine annuelle, grêle, pivotante. — Plante de 5-12 centimètres; fleurs petites, jaunes.

Hab. La région méditerranéenne; Fréjus, Toulon, Marseille, la Crau, Montaud près de Salon, Avignon, Montpellier, Cette, Agde, Narbonne, Perpignan. ① Mai-juin.

ECHIUM. (Tournef. inst. p. 135, tab. 54.)

Calice quinquépartite. Corolle *irrégulière*, *infundibuliforme*, *à gorge ouverte*, *élargie et nue*, à limbe oblique, à 5 lobes inégaux, à tube droit. Etamines inégales; anthères souvent exsertes. Carpelles 4, ovoïdes ou turbinés, *non contractés en col à la base*, insérés au réceptacle par une surface plane.

a. *Fleurs placées à l'aisselle des bractées.*

E. italicum *L. sp.* 139; *All. ped.* 1, *p.* 52; *Bertol. fl. ital.* 2, *p.* 342; *E. pyrenaicum Desf. atl.* 1, *p.* 164; *DC. fl. fr.* 3, *p.* 621; *Dub. bot.* 332; *Guss. pl. rar. p.* 86; *E. pyramidale et luteum Lapey. abr. pyr.* 90 *et* 91 (*non Desf.*); *E. asperrimum Lam. illustr.* n° 1854; *E. violaceum Vill. Dauph.* 2, *p.* 449 (*non L.*); *E. pyramidatum D C. prodr.* 10, *p.* 23. — *Rchb. exsicc.* 995! — Fleurs en grappes simples ou composées, nombreuses, tantôt allongées et *formant par leur réunion une grande panicule pyramidale*, tantôt raccourcies, dépassées par les feuilles florales et formant une grappe spiciforme dense et étroite (*E. altissimum Jacq. austr.* 5, *p.* 35, *tab.* 161 ; *Soleir. exsicc.* 2955 !). Calice très-hérissé, à segments linéaires, aigus, dressés. Corolle petite, une fois plus longue que le calice, pubescente en dehors, velue sur les angles, à limbe tronqué un peu obliquement, à lobes inégaux et obtus, *à tube égalant le calice.* Etamines longuement exsertes, à filets glabres. Carpelles, trigones, acuminés au sommet obtus, irrégulièrement tuberculeux. Feuilles hérissées-tuberculeuses, rudes, toutes aiguës, *à nervure dorsale seule apparente;* les radicales grandes, lancéolées ou linéaires-lancéolées, atténuées en un court pétiole ; les caulinaires plus petites et plus étroites, sessiles, *un peu atténuées à la base.* Tige dressée, raide, couverte de poils piquants, *très-étalés,* tuberculeux à leur base, entremêlés de poils plus petits. Racine brune, épaisse, fusiforme. — Plante de 3-10 décimètres, hérissée de longs poils jaunâtres ou blancs, fleurs blanches, rosées ou bleuâtres.

Hab. Lieux arides du midi; Vienne, Montélimart, Avignon, îles d'Hyères, Toulon, Marseille, Auduze, Saint-Ambroix, Nîmes, Montpellier, Sijean, Narbonne, Perpignan ; Corse à Bastia, à Calvi; Toulouse, Agen; côtes de l'ouest, Biaritz, Augaulin près de la Rochelle, Saint-Michel-en-l'Herm, dans la Vendée; et plus au nord, à Rouen (*Leprévost*). (2) Mai-juillet.

E. vulgare *L. sp.* 200 ; *D C. fl. fr.* 3, *p.* 621. — *Ic. Engl. bot. tab.* 181. — Fleurs en petites grappes s'allongeant peu après l'anthèse, *formant par leur réunion une panicule allongée et assez étroite.* Calice hérissé, à segments linéaires, aigus, dressés. Corolle une fois plus longue que le calice, ou à peine plus longue et petite (*E. Wierzbickii Hab. in Rchb. fl. excurs.* 336, *et exsicc.* 1919 !), pubescente en dehors et plus fortement sur les angles, à limbe aussi large que long, tronqué un peu obliquement, à 5 lobes arrondis, *à tube plus court que le calice.* Etamines exsertes, à filets glabres. Carpelles petits, noirs à la maturité, *un peu déprimés, sur le dos,* acuminés, aigus, inégalement et finement tuberculeux. Feuilles *à nervure dorsale seule apparente,* couvertes de poils fins appliqués dont quelques-uns naissent d'un tubercule très-petit ; les radicales en rosette, étroites, oblongues-lancéolées, aiguës ou obtusiuscules, atténuées en pétiole ; les suivantes plus courtes et plus étroites, atténuées à la base ; les supérieures sessiles, *arrondies à la base non dilatée ni embrassante.* Tige dressée, raide, simple ou rameuse, d'abord velue, puis hérissée de poils raides, *étalés,* naissant de tubercules blancs ou bruns, entremêlés d'un duvet fin et réfléchi. Racine brune, fusiforme. — Plante de 2-6 décimètres ; fleurs bleues, plus rarement blanches.

Hab. Lieux arides ; commun partout, si ce n'est dans le midi où il devient plus rare. (2) Mai-juillet.

E. pustulatum *Sibth. et Sm. prodr. fl. græc.* 1, *p.* 125 ; *Guss. prodr.* 1, *p.* 225; *D C. prodr.* 10, *p.* 19 ; *Koch, syn.* 578. — *Ic. Sibth. et Sm. fl. græc. tab.* 180. — Se distingue du précédent, dont il est très-voisin, par ses fleurs plus grandes, en grappes moins denses, à la fin plus allongées et *formant une panicule généralement plus large;* par son calice à segments étalés-dressés ; par sa corolle plus allongée et proportionnément plus étroite, à limbe tronqué plus obliquement, à tube du double plus long, *dépassant le calice;* par ses carpelles plus fortement tuberculeux; par ses feuilles et ses tiges hérissées de poils plus raides, plus épais, plus fortement tuberculeux.

Hab. Toulon; Montaud près de Salon; Montpellier; Narbonne. (2) Mai-juill.

E. maritimum *Willd. sp.* 1, *p.* 788; *Lois. gall.* 1, *p.* 150; *Bertol. fl. ital.* 2, *p.* 351; *Guss. syn.* 1, *p.* 230; *E. maritimum, insularum Stechadum flore maximo Tournef. inst.* 1, *p.* 136. — *Ic. Bar. icon. tab.* 1012; *Bocc. mus. tab.* 78, *f.* 1. — Fleurs en grappes terminales, *solitaires ou géminées.* Calice fortement hérissé, à segments linéaires, aigus. Corolle deux fois plus longue que le calice, pubescente en dehors surtout aux angles, à limbe assez élargi, tronqué obliquement, à lobes arrondis, *à tube égalant le calice.* Etamines égalant la corolle, à filets glabres. Carpelles petits, finement tuberculeux, *arrondis sur le dos,* acuminés au sommet obtusiuscule. Feuilles à *nervure dorsale seule apparente,* très-rudes, hérissées de poils raides, appliqués, naissant de tubercules blancs, assez gros et nombreux; les inférieures oblongues ou spatulées, atténuées en pétiole; les supérieures linéaires-lancéolées, *atténuées à la base.* Tiges couchées ou ascendantes, simples ou peu rameuses, hérissées de poils raides, *dressés, presque appliqués,* naissant de gros tubercules. Racine fusiforme. — Plante de 1-3 décimètres; fleurs d'un bleu-violet.

Hab. Sables maritimes; îles d'Hyères; Corse, à Ajaccio, Bonifacio (*Kralik*), (2) Mai-juin.

E. creticum *L. sp.* 200; *D C. fl. fr.* 3, *p.* 622, *et prod.* 10, *p.* 22 (*non Lam.*); *E. australe Lam. illustr. n°* 1860, *et dict.* 8, *p.* 672; *Dub. bot.* 332; *Peyrr.! cat. Fréj.* 29 (*non Ten.*)— *Ic. Sibth. et Sm. fl. græc. tab.* 183. — Fleurs en grappes terminales, *souvent géminées, à la fin allongées.* Calice fortement hérissé, à segments linéaires, aigus, dressés. Corolle allongée, deux fois plus longue que le calice, *étroitement obconique,* un peu courbée en dessus, pubescente sur toute sa surface, mais surtout aux angles, *à limbe peu élargi au sommet,* obliquement tronqué, à 5 lobes arrondis. Etamines égalant la corolle, à filets munis de quelques poils au sommet. Akènes tuberculeux, *carénés sur le dos,* acuminés au sommet, obtus. Feuilles *munies de nervures latérales peu saillantes,* couvertes de poils courts, appliqués, s'allongeant sur les bords et naissant de tubercules très-petits; les inférieures ovales ou lancéolées, insensiblement atténuées en pétiole; les supérieures sessiles, oblongues, aiguës, *atténuées à la base.* Tiges dressées ou ascendantes, rameuses dès la base, munies d'un duvet fin et réfléchi, et de plus de poils épars, raides, allongés, *étalés,* tuberculeux à leur base, naissant de tubercules assez prononcés. Racine.... — Plante de 2-5 décimètres ; fleurs rougeâtres, à la fin violettes.

Hab. Provence, Fréjus !, Beaucaire et Boulboy (*Ach. Richard, ex D C.*). ① Juin-juillet.

E. plantagineum *L. mant.* 202; *D C. fl. fr.* 3, *p.* 622; *Bertol. fl. ital.* 2, *p.* 344; *Guss. prodr.* 1, *p.* 225; *E. violaceum Lapey. abr. pyr. p.* 91; *D C. l. c.*; *Koch, syn.* 578 (*non L.*); *E. creticum Lam. illustr. n°* 1857 (*non L.*); *E. lusitanicum All. ped.* 1, *p.* 52, *ex Bertol.* — *Ic. Barrel. icon. tab.* 1026; *Sibth. et Sm. fl. græc. tab.* 179. — Fleurs en grappes simples et *formant une panicule par leur réunion.* Calice hérissé, à segments linéaires-lancéolés, acuminés, étalés-dressés. Corolle de grandeur très-variable, atteignant jusqu'à 3 centimètres de longueur (*E. megalanthos Lapey. abr. pyr. suppl.* 29 ; *E. macranthum Viv. fl. cors. diagn. p.* 3), mais souvent bien plus petite, toujours 2-3 fois plus longue que le calice, un peu courbée en dessus, munie de quelques poils longs au sommet, à limbe *brusquement élargi et presque ventru* supérieurement, tronqué obliquement, à 5 lobes arrondis. Etamines à la fin exsertes. Carpelles petits, noirs à la maturité, tuberculeux, *déprimés sur le dos*, acuminés au sommet, obtus. Feuilles *munies en dessous de nervures latérales saillantes*, et en dessus de lignes blanches couvertes de poils mous, appliqués, naissant de tubercules très-petits; les radicales grandes, ovales ou oblongues, obtuses, brusquement contractées en pétiole, disposées en rosette, ressemblant à celles du *Plantago major*, naissant à l'automne et disparaissant au printemps ; les caulinaires moyennes et supérieures oblongues-lancéolées, *élargies et un peu en cœur à la base, demi-embrassantes.* Tige dressée ou ascendante, peu rameuse, munie de poils courts, *fins et étalés.* Racine fusiforme, rougeâtre, contenant un suc purpurin. — Plante de 2-6 décimètres, couverte de poils courts, d'abord mous, devenant plus raides dans la vieillesse de la plante, mais jamais piquants ; fleurs violettes avec des stries blanches ; plus rarement les fleurs sont tout à fait blanches (*E. grandiflorum Lapey. abr. pyr.* 90, *non Desf.*).

Hab. Lieux stériles du midi ; Cannes, Fréjus, Hyères, Toulon, Marseille, Salon, Aix , Nimes, Montpellier, Béziers, Narbonne, Perpignan, Banyuls-sur-Mer, Collioures, Villemagne dans l'Aube ; Corse, à Ajaccio, Bastia, Bonifacio ; vallées de l'Ariége et de la Garonne ; Saint-Sever; la Bastide près de Bordeaux. ② Juin-juillet.

Obs. Il ne faut pas confondre cette plante, et surtout sa variété à grandes fleurs, avec l'*E. grandiflorum Desf.* Celui-ci s'en distingue par sa corolle bien moins élargie au sommet, entièrement pubescente en dehors ; par les filets des étamines velus au sommet ; par son stigmate bien moins profondément bifide; par ses feuilles rudes, finement pubescentes, mais munies en outre de poils épars, raides, étalés, reposant sur un gros tubercule; par les feuilles radicales insensiblement atténuées en pétiole ; par les caulinaires plus larges, toutes, même les supérieures, atténuées à la base, non embrassantes; l'*E. plantagineum* croît également en Algérie.

Plusieurs auteurs ont décrit l'*E. plantagineum* sous le nom d'*E. violaceum L.*; mais nous pensons que l'*E. violaceum* de Linné est la même plante que Jacquin a décrite depuis sous le nom d'*E. rubrum*, et nous fondons notre opinion sur les considérations suivantes : 1° Le synonyme de Clusius : *Echium rubro flore* (*hist.* 2, *p.* 164), cité par Linné pour son *E. violaceum*, se rapporte parfaitement à l'*E. rubrum* de Jacquin, qui a même emprunté à Clusius l'épithète de *rubrum* ; 2° l'*E. violaceum* des auteurs allemands, pas plus que leur *E. plantagineum*, ne croissent en Autriche, où Linné indique sa plante, mais seulement en Istrie et en Dalmatie ; 3° les corolles de l'*E. rubrum* sont, sur le vif, d'un rouge purpurin suivant Jacquin et Host ; mais sur le sec elles prennent une teinte violette, et il est probable que Linné n'a vu la plante que sèche ; 4° l'*E. rubrum* est la seule plante d'Autriche, à laquelle puisse s'appliquer la description de Linné.

b. *Fleurs inférieures extraaxillaires.*

E. calycinum *Viv. ann. bot.* 1, *pars* 2, *p.* 164, *et fl. ital. fragm.* 1, *p.* 2, *tab.* 4 ; *DC. fl. fr.* 5, *p.* 419 ; *Dub. bot.* 332 ; *Bertol. fl. ital.* 2, *p.* 353 ; *Guss. syn.* 1, *p.* 232 ; *E. prostratum Ten. fl. nap.* 1, *p.* 50, *tab.* 12 (*non Desf., nec Delile*) ; *E. parviflorum Roth, cat.* 2, *p.* 14 ; *E. ovatum Poir. dict.* 8, *p.* 666. — Fleurs en grappes terminales, solitaires ou géminées ; les fleurs inférieures extraaxillaires ; bractées oblongues ou lancéolées, *égales à la base.* Calice couvert de poils appliqués, *se développant beaucoup à la maturité*, à segments lancéolés. Corolle petite, une fois plus longue que le calice ou l'égalant, pubescente en dehors, étroitement obconique, à limbe peu dilaté et peu distinct du tube, tronqué un peu obliquement, à lobes superficiels obtus. Etamines incluses, à filets glabres, dilatés à la base. Carpelles petits, à la fin noirs, finement tuberculeux, déprimés sur le dos, acuminés, obtus. Feuilles hérissées-tuberculeuses, à poils appliqués, à nervure dorsale seule apparente, oblongues ou obovées ; les inférieures obtuses, atténuées en pétiole ; les supérieures *simplement sessiles.* Tiges couchées ou ascendantes, simples ou rameuses surtout à la base, hérissées de poils étalés-dressés. Racine grêle, flexueuse, fusiforme. — Plante de 1-3 décimètres ; fleurs bleues, rarement blanches.

Hab. Rochers et sables maritimes ; Fréjus, Toulon, île Sainte-Marguerite, la Ciotat, Marseille ; Corse, à Bonifacio. ① Avril-mai.

E. arenarium *Guss. ind. sem. hort. boccad.* 1825, *p.* 5, *et pl. rar. p.* 88, *tab.* 17 ; *Bertol. fl. ital.* 2, *p.* 352 ; *E. diffusum Guss. ind. sem. hort. boccad.* 1821, *p.* 23 (*non Sibth.*). — Fleurs en grappes terminales simples ; les fleurs inférieures extraaxillaires ; bractées *dilatées et obliquement en cœur à la base*, acuminées. Calice hispide, *non accrescent à la maturité*, à segments dressés, linéaires-lancéolés. Corolle petite, une ou deux fois plus longue que le calice, velue sur les angles, à limbe infundibuliforme, tronqué obliquement, à lobes obtus. Etamines égalant la corolle, à filets glabres. Carpelles petits, à la fin noirs, finement tuberculeux, déprimés et faiblement carénés sur le dos, acuminés, obtus. Feuilles hérissées de poils fins, étalés et naissant de très-petits tubercules, à nervure dorsale seule apparente ; les inférieures oblongues, acutiuscules, atténuées en pétiole ; les supérieures linéaires-lancéolées, un peu dilatées à la base, sessiles et *demi-embrassantes*. Tiges couchées ou ascendantes, simples ou rameuses, hérissées de poils étalés. Racine brune, grêle, pivotante, flexueuse. — Plante de 1-2 décimètres; fleurs d'un bleu purpurin.

Hab. Corse, à Ajaccio ! (*Bernard*). ② Avril-mai.

PULMONARIA. (Tournef. inst. p. 136, tab. 55.)

Calice quinquéfide, pentagonal, campanulé à la fructification. Corolle *régulière, infundibuliforme, à gorge ouverte, mais munie de* 5 *pinceaux de poils*, à limbe quinquéfide, à tube droit. Etamines égales; anthères incluses. Carpelles 4, *turbinés*, insérés sur le réceptacle par une surface plane.

P. angustifolia *L. fl. suec. ed.* 2, *p.* 58 (*excl. syn. Clus.*); *Schrank, in act. nat. cur.* 9, *p.* 98; *Wahlenb. fl. suec. p.* 116; *Host. fl. austr.* 1, *p.* 235 (*non Koch, nec Rchb.*); *P. azurea Bess. prim. fl. galic.* 1, *p.* 150; *Mert. et Koch, deutsch. fl.* 2, *p.* 75; *D C. prodr.* 10, *p.* 93; *P. Clusii Baumg. trans.* 1, *p.* 123; *Pulmonaria* 3 *austriaca Clus. hist.* 2, *p.* 169, *f.* 2. — *Schultz, exsicc. n°* 57 !; *Rchb. exsicc.* 238 !; *Fries, herb. norm.* 1, *n°* 14 ! — Fleurs en grappes terminales courtes. Calice s'enflant à la maturité, mais restant égal à la base et au sommet. Corolle assez grande, à gorge un peu évasée et bordée d'un cercle de poils *au-dessous duquel le tube est glabre*. Akènes moins gros que dans l'espèce suivante, glabres, luisants, *plus longs que larges, arrondis au sommet*. Feuilles ordinairement non maculées, munies de poils assez raides, *à la fin rudes au toucher;* celles des jets non florifères *étroitement lancéolées ou même linéaires-lancéolées, acuminées, longuement atténuées en pétiole;* les caulinaires supérieures étroitement lancéolées, plus ou moins embrassantes. Tiges dressées, hérissées de poils raides et très-étalés. Souche dure, épaisse, munie de longues fibres radicales.— Plante de 1-3 déc.; fleurs d'un beau bleu.

Hab. Pelouses; Auvergne, Puy-de-Côme, Puy-de-Dôme; Pierre-sur-Haute, dans le Forez. ♃ Mai-juin.

Obs. — Les auteurs sont loin d'être d'accord sur la plante à laquelle Linné a donné le nom de *P. angustifolia*. Beaucoup d'entre eux ont considéré comme tel le *P. tuberosa Schrank*, et ils ont fondé principalement leur opinion sur le synonyme *Pulmonaria* 5 *pannonica* de l'Ecluse, cité par Linné et qui paraît se rapporter au *P. tuberosa*. Linné, dans le *Hortus clifortianus*, cite également les figures de Lobel (*Icon.* 586) et de Morison (*hist.* 3, *p.* 444, *sect.* 11, *tab.* 29, *f.* 10) qui ne sont du reste que des copies de celle de l'Ecluse. Le synonyme de *C. Bauhin* (*Pin. p.* 260) appartient aussi à la même espèce (*Conf. Hagenb. fl. basil.* 1, *p.* 174).

D'une autre part, il est difficile de penser que Linné ait donné le nom de *P. angustifolia* à une plante qui a souvent les feuilles tellement larges, qu'elle mériterait plutôt l'épithète de *latifolia*, et cependant Linné, dans le *Flora suecica* et dans le *Species*, dit de sa plante : *Folia radicalia angusta*. Mais ce n'est pas tout, Linné cite aussi, comme synonyme de sa plante, le *Pulmonaria foliis radicalibus ovato-lanceolatis inferius decurrentibus* de Bœhmer (*Fl. lips.* 14). Or il est positif que la seule espèce de pulmonaire à feuilles atténuées à la base, qui croisse aux environs de Leipzig, est le *P. azurea Bess.* (*conf. Peterm. fl. lips. p.* 158). Il suit de là que, si l'on veut résoudre la question par les synonymes cités, il faut admettre que Linné a confondu les deux espèces, et il serait alors rationnel de conserver le nom de *P. angustifolia* à celle des deux qui a les feuilles les plus étroites. C'est, du reste, l'espèce qui la première a reçu le nom *d'angustifolia*; car c'est à son *Pulmonaria* 5 *austriaca* (qui est positivement le *P. azurea Bess.*) que l'Ecluse l'a appliqué, et non à son *Pulmonaria* 5 *pannonica*. Enfin il est également certain, que le *P. azurea* est la seule des deux espèces qui se trouve en Suède, et par conséquent elle est certainement le *P. angustifolia* du *Flora suecica*. C'est du reste l'opinion de Fries (*Summ. veget. scand. p.* 12) et de Wahlenberg (*Fl. suec. p.* 1049).

P. TUBEROSA *Schrank, in act. nat. cur.* 9, *p.* 97; *Link, enum. hort. berol.* 1, *p.* 169; *P. angustifolia Mert. et Koch, deutsch. fl.* 2, *p.* 73 (*non L., nec Schrank*); *P. officinalis Thuill.! fl. par.* 95 (*non L.*); *P. vulgaris Mérat, fl. par. ed.* 3, *t.* 2, *p.*169; *P. variabilis Godr. fl. lorr.* 2, *p.* 122; *P. ovalis Bast. fl. Maine-et-Loire, suppl.* 44; *P. mollis Guépin! fl. Maine-et-Loire, ed.* 3, *p.* 162 (*non Wolff.*); *Pulmonaria* 5 *pannonica Clus. hist.* 2, *p.* 170, *f.* 1. — *Ic. Rchb. icon.* 6, *t.* 694. *Rchb. exsicc.* 1449! — Fleurs en grappes terminales courtes. Calice s'enflant à la maturité, mais devenant plus large à la base qu'au sommet. Corolle assez grande, à gorge un peu évasée et bordée d'un cercle de poils *au-dessous duquel le tube est velu.* Akènes gros, glabres, luisants, *aussi longs que larges, arrondis au sommet.* Feuilles le plus souvent non maculées, munies de poils assez raides, *à la fin rudes au toucher*; celles des jets non florifères devenant ordinairement très-grandes, *elliptiques-lancéolées, plus ou moins larges, acuminées, longuement atténuées en pétiole;* les caulinaires supérieures lancéolées, sessiles, embrassantes et même un peu décurrentes. Tiges dressées, hérissées de poils réfléchis, non glanduleux. Souche dure, épaisse, noueuse, émettant de longues fibres radicales. — Plante de 2-4 décimètres; fleurs d'abord rougeâtres, puis violettes.

Hab. Les bois humides et ombragés; assez commun dans presque toute la France. ♃ Avril-mai.

Obs. — Dans cette espèce, comme dans la précédente, les étamines sont tantôt insérées à la gorge, tantôt au milieu du tube. Dans le premier cas le style est court, dans le second il est saillant. C'est le même phénomène que celui qu'on observe dans les Primevères.

P. SACCHARATA *Mill. dict. n°* 3; *Mert. et Koch, deutsch. fl.* 2, *p.* 72; *DC. prodr.* 10, *p.* 92; *Lej.! fl. Spa,* 2, *p.* 297; *P. grandiflora DC. cat. hort. monsp.* 135; *P. affinis Jord.! cat. Dijon,* 1848, *p.* 13. — *Ic. Rchb. icon.* 6, *t.* 698. *Rchb. exsicc.* 609! — Se distingue de l'espèce précédente par ses feuilles ordinairement couvertes de taches blanches plus grandes que dans les autres espèces; par les feuilles des jets non florifères proportionnément moins allongées, *ovales, brusquement contractées en un pétiole ailé au sommet.* — Varie à petites et à grandes fleurs.

Hab. Bois humides; assez commun dans le centre de la France; se retrouve à Angers, à Lyon, à Villars-d'Arènes en Dauphiné. ♃ Avril-mai.

P. officinalis *L. sp.* 194; *Poll. pal.* 1, *p.* 187; *Vill. Dauph.* 2, *p.* 452; *Mert. et Koch, deutsch. fl.* 2, *p.* 71 (*non Thuill.*). — *Ic. Morison, hist.* 3, *sect.* 11, *tab.* 29, *f.* 8; *Bocc. mus. tab.* 95, *f.* 3. *Schultz, exsicc. cent.* 1, *n°* 66!; *C. Billot, exsicc. n°* 593! — Fleurs en grappes terminales courtes. Calice s'enflant à la maturité, mais restant plus étroit à la base qu'au sommet. Corolle contractée à la gorge, *à tube glabre au-dessous de l'anneau poilu.* Akènes petits, luisants, pubescents, *largement ovoïdes, aigus au sommet.* Feuilles d'un vert foncé et souvent maculées en dessus, plus pâles en dessous, munies de poils assez raides, *à la fin rudes au toucher;* celles des jets non florifères *ovales, aiguës, les plus extérieures en cœur à la base*, les plus intérieures arrondies inférieurement; les caulinaires supérieures sessiles et un peu décurrentes. Tiges dressées, hérissées de poils étalés et *non glanduleux.* Souche grêle, oblique, émettant des fibres radicales allongées. — Plante de 1-2 décimètres; fleurs d'abord rouges, puis violettes.

Hab. Bois montagneux; commun dans tout l'est de la France; manque dans le centre et dans l'ouest. ♃ Avril-mai.

P. mollis *Wolff. in hell. fl. Wirceb. suppl. p.* 13; *D C. fl. fr.* 3, *p.* 420; *Mert. et Koch, deutsch. fl.* 2, *p.* 75; *P. media Host. fl austr.* 1, *p.* 235 (*non Guép.!, nec Rchb.*). — *Ic. Rchb. icon.* 6, *f.* 696. *Rchb. exsicc.* 996! — Fleurs en petites grappes terminales denses. Calice s'enflant après l'anthèse, aussi large à la base qu'au sommet. Corolle petite, à gorge évasée et bordée d'un cercle de poils *au-dessous duquel le tube est velu.* Akènes (non parfaitement mûrs) pubescents, *aussi larges que longs, arrondis au sommet.* Feuilles ordinairement non maculées, couvertes d'un *duvet court, serré, soyeux, doux au toucher, analogue à celui de la Cynoglosse;* celles des jets stériles non florifères *lancéolées, rétrécies en un très-long pétiole;* les caulinaires supérieures étroitement lancéolées, apiculées, sessiles et demi-embrassantes. Tiges dressées, couvertes d'un duvet court, soyeux, *glanduleux.* Souche brune, écailleuse, émettant de longues fibres radicales. — Plante de 2-3 décimètres; fleurs d'abord rouges, puis violettes.

Hab. Pyrénées, mont Llaurenti (*D C.*), mont Darin. ♃ Mai-avril.

MYOSOTIS. (L. gen. 180.)

Calice quinquéfide ou quinquépartite. Corolle *régulière, hypocratériforme, à gorge fermée par* 5 *écailles obtuses,* à limbe quinquépartite, à tube court et droit. Etamines égales; anthères incluses. Carpelles 4, *ovoïdes-trigones,* insérés sur le réceptacle par une surface plane.

a. *Calice couvert de poils appliqués, non crochus au sommet.*

M. palustris *Wither. arr. Brit.* 2, *p.* 225; *Fries, nov.* 63; *Koch, syn.* 580; *M. scorpioïdes* β. *palustris L. sp.* 188; *M. perennis* α. *D C. fl. fr.* 3, *p.* 629. — *Ic. Fl. dan. tab.* 583. — Fleurs en grappes lâches, ordinairement dépourvues de feuilles à leur base ; pédicelles étalés horizontalement après l'anthèse, grêles, munis de poils appliqués; *les inférieurs deux fois plus longs que le calice*, souvent réfléchis. Calice campanulé et ouvert à la fructification, muni de petits poils épars appliqués. Corolle bleue, rose ou blanche, à limbe *plan*, plus large que la longueur du tube. Style *égalant presque le calice*. Carpelles noirs, luisants, ovales, arrondis au sommet, faiblement bordés. Feuilles oblongues-lancéolées, un peu rudes au toucher, ciliées à la base; les inférieures atténuées en pétiole. Tiges dressées ou ascendantes, *anguleuses*, plus ou moins rameuses. Souche *oblique*, *un peu rampante*, émettant quelquefois des stolons. — Plante de 2-6 décimètres ; fleurs assez grandes.

α. *genuina*. Tige non rampante à la base, à poils étalés. *M. palustris Rchb. fl. exc.* 342, *et exsicc.* 2052!. *Billot, exsicc. n°* 154!

β. *strigulosa Mert. et Koch, deutsch. fl.* 2, *p.* 42. Tige non rampante à la base, plus grêle, plus raide, bleuâtre inférieurement, glabre ou munie de poils appliqués. *M. strigulosa Rchb. l. c. et exsicc.* 2051 !; *Billot, exsicc. n°* 154 *bis!*

γ. *repens Mert. et Koch, l. c.* Tige robuste, longuement rampante à la base, munie de poils étalés. *M. repens Rchb. l. c.*

Hab. Marais, prés tourbeux, bords des eaux ; commun dans toute la France. ♃ Mai-juillet.

M. LINGULATA *Lehm. asp.* 110 (1818) ; *Fries, nov.* 64 ; *M. cæspitosa Schultz, fl. starg. suppl. p.* 11 (1819); *Rchb. in Sturms deutsch. fl. heft.* 42; *Mert. et Koch, deutsch. fl.* 2, *p.* 42; *Gaud. helv.* 2, *p.* 48. — *Rchb. exsicc.* 849! ; *Fries, herb. norm.* 4, *n°* 11 !; *C. Billot, exsicc.* 2*e cent. E!; Schultz, exsicc. n°* 310! — Fleurs en grappes lâches, ordinairement munies de quelques feuilles à la base, à la fin très-allongées et dépassant même la tige; pédicelles étalés horizontalement après l'anthèse, grêles, munis de poils appliqués; *les inférieurs* 2-3 *fois plus longs que le calice*. Celui-ci campanulé et ouvert à la fructification, muni de petits poils épars, appliqués. Corolle petite, d'un bleu pâle, à limbe *plan*, égalant la longueur du tube; celui-ci plus court que le calice. Style *presque nul*. Carpelles bruns, luisants, largement ovales, tronqués à la base, arrondis au sommet, très-étroitement bordés. Feuilles oblongues ou linguiformes, atténuées à la base, *presque glabres*. Tige dressée dès la base, *arrondie inférieurement* (sur la plante vivante), épaisse, très-rameuse; rameaux allongés, étalés. Racine *verticale*, *fibreuse*. — Plante de 2-4 décim., d'un vert gai.

Hab. Fossés, lieux inondés pendant l'hiver; dans presque toute la France. ② Juin-juillet.

M. SICULA *Guss. syn.* 1, *p.* 214 ; *DC. prodr.* 10, *p.* 106; *M. micrantha Guss. prodr.* 1, *p.* 207 ; *Bertol. fl. ital.* 2, *p.* 260 (*non Pall.*). — Se distingue du précédent, dont il a le port, par ses grappes non feuillées à la base ; par ses pédicelles bien plus *courts et dont les inférieurs dépassent de peu la longueur du calice;* par son calice fructifère cylindrique-campanulé, comme tronqué au sommet par le rapprochement des dents, qui sont du reste plus obtuses; par sa corolle plus petite, à limbe *concave*, plus petit que la longueur du tube; par son style plus long, mais ne dépassant pas les carpelles, par sa tige *couchée et radicante à la base*, puis dressée, anguleuse; par sa taille moins élevée.

Hab. Angers (*Boreau*); environs de Nantes. (I) Mai-juin.

M. PUSILLA *Lois. in Desv. journ. bot.* 2, *p.* 260, *tab.* 8, *f.* 2, *et gall.* 1, *p.* 154, *tab.* 23; *DC. fl. fr.* 5, *p.* 421; *Dub. bot.* 335; *Bertol. fl. ital.* 2, *p.* 265 (*non Guss.*). — *Soleir. exsicc.* 2933! — Fleurs en petites grappes feuillées à la base, flexueuses, lâches, à la fin aussi longues que la tige; pédicelles assez épais, *égalant le calice, à la fin étalés, mais non horizontalement.* Calice ouvert à la maturité, couvert de poils appliqués, à tube muni de 5 fortes nervures prolongées sur le sommet du pédicelle. Corolle très-petite, blanche ou rarement bleue, à la fin rose, à limbe *concave*, à tube égalant le calice ou plus court. Carpelles très-petits, fauves, luisants, largement ovales, rétrécis au sommet obtusiuscule, étroitement bordés. Feuilles *couvertes de poils raides et étalés-dressés;* les caulinaires lancéolées, obtusiuscules. Tiges souvent nombreuses, ascendantes, très-étalées, simples ou rameuses, couvertes de poils étalés. Racine *longue, verticale*, fine, brune, un peu rameuse. — Plante de 2-5 centimètres.

Hab. Marseille, Fréjus; Corse, Ajaccio, Calvi, montagnes du Niolo, le long du torrent Abbatesco, Bonifacio, monts Grosso, Fiumorbo, Coscione. (I) Avril-mai.

b. *Calice à tube muni inférieurement de poils étalés, dont plusieurs sont courbés en crochet à leur sommet.*

M. STRICTA *Link, en. ber.* 1, *p.* 164; *Fries, nov.* 67; *Koch, syn.* 582; *M. arvensis Rchb. fl. exc.* 1, *p.* 340, *et in Sturms deutsch. fl. heft.* 42 (*non Roth*); *M. arenaria Schrad. in Schultz, fl. starg. supp. p.* 12. — *Schultz, exsicc. cent.* 1, *n°* 61!; *Fries, h. norm.* 1, *n°* 15!; *Billot, exsicc. n°* 159! — Fleurs inférieures axillaires ou alaires et naissant le plus souvent dès la base de la tige qui semble ainsi se confondre avec les grappes; celles-ci nues, raides; pédicelles *bien plus courts que le calice, toujours dressés*, couverts de poils étalés. Calice *fermé à la maturité*, muni sur son tube de poils très-étalés et même réfléchis, tous courbés en crochet au sommet. Corolle très-petite, à limbe *concave, à tube plus court que le calice.* Carpelles noirs, luisants, ovales, obtus, bordés au sommet, *carénés sur l'une des faces.* Feuilles très-velues; les caulinaires oblongues, obtuses, *pourvues à leur base à la face inférieure de poils courbés en crochet* qui se rencontrent également sur la tige au-dessous de chaque feuille; les radicales atténuées en pétiole, disposées en rosette. Tige dressée, rameuse dès la base. Racine grêle, rameuse. — Plante de 5-15 centimètres; fleurs bleues.

Hab. Champs sablonneux; commun dans toute la France. (I) Avril-mai.

M. VERSICOLOR *Pers. syn.* 1, *p.* 156; *Mert. et Koch, deutsch. fl.* 2, *p.* 48; *Fries, nov.* 67; *Bertol. fl. ital.* 2, *p.* 264; *Rchb. in Sturms deutsch. fl. heft.* 42. — *Schultz, exsicc. cent.* 1, *n°* 60 !; *Fries, herb. norm.* 1, *n°* 12 !; *C. Billot, exsicc. n°* 158 ! — Fleurs en grappes non feuillées, lâches, ordinairement plus courtes que la tige; pédicelles *bien plus courts que le calice*, couverts de poils appliqués, *étalés après l'anthèse.* Calice *fermé à la maturité*, muni sur son tube de poils très-étalés ou réfléchis, tous courbés en crochet au sommet. Corolle à limbe *concave, à tube à la fin une fois plus long que le calice.* Carpelles bruns, luisants, ovales, obtusiuscules, étroitement bordés. Feuilles d'un vert gai, couvertes de poils droits, étalés, *jamais crochus au sommet;* les caulinaires linéaires-lancéolées; celles qui sont placées sous la bifurcation principale opposées ou presque opposées. Tige dressée, élancée, plus ou moins rameuse. Racine fibreuse.— Plante de 5-15 centimètres; fleurs d'abord jaunes, puis bleues, ensuite violettes.

Hab. Champs sablonneux, dans presque toute la France. ① Mai-juin.

M. BALBISIANA *Jord.! pug. p.* 128; *M. lutea Balb. fl. lyonn. p.* 495; *Dub. bot.* 335 (*non Pers., nec Lam.; nec Anchusa lutea Cav.*). — Fleurs en grappes lâches, non feuillées, ordin^t plus courtes que la tige; pédicelles *plus courts que le calice*, couverts de poils appliqués, *capillaires, étalés après l'anthèse.* Calice *ouvert à la maturité*, muni sur son tube de poils très-étalés, tous courbés en crochet au sommet. Corolle à limbe *concave, à tube à la fin plus long que le calice.* Carpelles bruns, luisants, ovales, rétrécis au sommet, étroitement bordés. Feuilles d'un vert gai, couvertes de poils droits, étalés, *jamais crochus au sommet;* les caulinaires linéaires-oblongues; celles qui sont placées sous la bifurcation principale opposées ou presque opposées. Tige dressée, très-grêle, ordinairement divisée en deux rameaux dressés, inégaux. Racine fibreuse. — Se distingue en outre du précédent, dont il a le port; par ses grappes plus courtes, portées sur un pédoncule nu et plus allongé; par ses pédicelles plus fins; par son calice et sa corolle plus petits; par sa tige plus fine et son port plus grêle. Fleurs ordinairement jaunes.

Hab. Lyon; Mende; partie supérieure de la vallée de l'Aveyron (*Lagrèze-Fossat*); le Vigan et Aumessas (*Martin*); la Teste-de-Buch. ① Mai.

M. HISPIDA *Schlecht. mag. nat. Berl.* 8, *p.* 229; *Mert. et Koch, deutsch. fl.* 2, *p.* 47; *M. collina Rchb. in Sturms deutsch. fl. heft.* 42; *Fries, nov.* 66. — *Rchb. exsicc.* 612 !; *Fries, herb. norm.* 1, *n°* 11 !; *F. Schultz, exsicc. n°* 59 !; *C. Billot, exsicc. n°* 157 ! — Fleurs en grappes non feuillées, à la fin très-lâches et dont l'axe filiforme est au moment de la fructification 2-3 fois plus long que la tige; pédicelles *égalant le calice ou plus courts, à la fin étalés horizontalement*, couverts de poils appliqués. Calice *ouvert à la maturité*, muni sur son tube de poils étalés ou réfléchis, tous courbés en crochet au sommet. Corolle à limbe *concave, à tube* *toujours plus court que le calice.* Style très-court. Carpelles très-petits, bruns, luisants, ovales, presque aigus au sommet, étroitement bordés. Feuilles d'un vert gai, couvertes de poils droits, étalés, *jamais crochus au sommet;* les caulinaires oblongues, toujours toutes alternes; les radicales atténuées en pétiole. Tige dressée ou brièvement couchée à la base, mince et très-flexible, simple ou divisée en rameaux très-allongés. Racine fibreuse, extrêmement tenue. — Plante de 1-3 décimètres; fleurs très-petites, bleues.

Hab. Lieux incultes et arides; commun dans toute la France. (1) Mai-juin.

M. Lebelii *Godr. et Gren.; M. adulterina Lebel.! obs. sur plantes de la Manche, p.* 17. — Fleurs en grappes longues, flexueuses, très-lâches, feuillées à la base et dont l'axe filiforme est à la fin plus long que la tige; pédicelles fins, *très-étalés après l'anthèse,* couverts de poils appliqués; *les inférieurs plus longs que le calice,* les supérieurs plus courts. Calice *fermé à la maturité,* muni sur son tube de poils étalés ou réfléchis, tous courbés en crochet au sommet. Corolle très-petite, à limbe *concave, à tube dépassant le calice.* Carpelles bruns, luisants, finement chagrinés (à une forte loupe), largement ovales, très-étroitement bordés au sommet obtusiuscule. Feuilles minces et molles, oblongues ou obovées, *cunéiformes à la base,* munies de poils étalés. Tige ordinairement rameuse dès la base, à rameaux grêles, peu feuillés, très-étalés, souvent diffus. Racine presque capillaire, noire, rameuse. — Plante de 5-20 centimètres; fleurs d'un blanc-jaunâtre, souvent bordées de bleu.

Hab. La presqu'île de la Manche, à Fermauville, à Saint-Germain-des-Vaux, à Ivetot. (1) Juin-juillet.

Obs. Nous avons dû changer le nom que M. Lebel a donné à cette plante, car nous ne pouvons la considérer avec lui comme une hybride des *M. versicolor* et *intermedia*, parce qu'elle nous semble présenter des caractères qui n'appartiennent ni à l'un ni à l'autre. De nouvelles observations, faites par M. Lebel, l'ont également convaincu que cette plante est une espèce légitime. Du reste, en la considérant comme hybride, nous nous serions vus également dans la nécessité de la dénommer d'après la nomenclature de Schiede, que nous avons adoptée.

M. intermedia *Link, enum. hort. berol.* 1, *p.* 164; *Koch, syn.* 581; *M. scorpioides* α. *arvensis L. fl. suec.* 157; *M. arvensis Roth, fl. germ.* 2, *p.* 222; *Fries!, nov.* 65; *Bertol. fl. ital.* 2, *p.* 261. — *Rchb. exsicc.* 1683!; *Fries, herb. norm.* 10, *n°* 13!; *Billot, exsicc. n°* 156! — Fleurs en grappes non feuillées, lâches, plus courtes que la tige; pédicelles étalés, couverts de poils appliqués; *les inférieurs deux fois plus longs que le calice.* Calice *fermé à la maturité,* muni sur son tube de poils étalés ou réfléchis, tous courbés en crochet au sommet. Corolle assez petite, à limbe *concave, à tube plus court que le calice.* Carpelles bruns, luisants, ovales, obtus, un peu *carénés sur une face,* bordés. Feuilles d'un vert sombre, velues; les caulinaires oblongues-lancéolées; les radicales obovées, atténuées en pétiole. Tige dressée, simple ou rameuse; rameaux étalés-dressés. Racine oblique, chevelue.— Plante de 2-6 déc.; fl. bleues.

Hab. Lieux incultes; commun dans toute la France. (2) Avril-septembre.

M. sylvatica *Hoffm. deutsch. fl. ed. 1, p. 61; Mert. et Koch, deutsch. fl. 2, p. 43; Rchb. in Sturms deutsch. fl. heft. 42; Gaud. helv. 2, p. 52; M. perennis β. sylvatica DC. fl. fr. 3, p. 629. — Rchb. exsicc. 1176!; Fries, herb. norm. 1, n° 10!; F. Schultz, exsicc. n° 62!; C. Billot, exsicc. n° 155!* — Fleurs en grappes terminales, ordinairement solitaires, non feuillées et même assez longuement nues à leur base, à la fin lâches; pédicelles *une ou deux fois plus longs que le calice*, couverts de poils appliqués, *étalés horizontalement après l'anthèse.* Calice *fermé à la maturité*, muni sur son tube de poils étalés ou réfléchis, la plupart courbés en crochet à leur sommet. Corolle assez grande, à limbe *plan, à tube égalant le calice.* Carpelles noirs, luisants, ovales, presque aigus, non bordés, *carénés sur une des faces.* Feuilles molles, finement velues; les caulinaires oblongues; les radicales oblongues-obovées, longuement pétiolées. Tiges dressées ou ascendantes, peu rameuses; rameaux étalés. Racine oblique, munie de radicelles très-fines. — Plante de 3-6 déc.; fleurs bleues, plus rarement blanches ou roses.

Hab. Lieux humides des forêts; commun dans les prairies tourbeuses, et sur les coteaux du Jura, ainsi que dans presque toute la France. ② Mai-juillet.

M. alpestris *Schmidt, boh. 3, p. 26; Mert. et Koch, deutsch. fl. 2, p. 44; Bertol. fl. ital. 2, p. 258; Gaud. helv. 2, p. 49; M. odorata Poir. dict. suppl. 4, p. 44; M. suaveolens Walst. et Kit. ap. Rœm. et Schult. syst. 4, p. 102 (non Poir.); M. lithospermifolia Hornem. hafn. 173; M. montana Bieb. taur.-cauc. 3, p. 116. — Ic. Engl. bot. tab. 2559. Schultz, exsicc. n° 1107!* — Se distingue du *M. sylvatica* par les caractères suivants: grappes plus courtes, raides, bien moins lâches; pédicelles plus courts, plus épais, *étalés-dressés et dont les inférieurs sont simplement plus longs que le calice;* par son calice *ouvert à la maturité*, muni sur son tube de poils plus longs, ascendants et appliqués et dont un très-petit nombre sont courbés en crochet, tandis que tous les autres sont complétement droits; par ses carpelles plus gros, *non carénés sur une face*, arrondis au sommet, étroitement bordés; par sa tige moins élevée, plus raide et plus droite.

Hab. Pâturages des hautes Vosges, ballon de Soultz, Hohneck; Jura, le Reculet; Dauphiné, au Lautaret, mont Aurouse; Colmars; monts Dore, Puy-Mary dans le Cantal; Pyrénées, les Eaux-Bonnes, Mont-Louis, col de Tortès, Mont-Laid. ② Juillet-août.

M. pyrenaica *Pourr.! chlor. narb. in mem. Toul. 3, p. 323; M. alpina Lapey.! abr. pyr. 85, et fl. pyr. tab. 64; M. alpestris Salis, fl. od. bot. Zeit. 1824, p. 24 (non Schmidt); M. nana Sm. prodr. fl. græc. (non Vill.); M. olympica Boiss.! diagn. 4, p. 50. — Soleir. exsicc. 2932!* — Fleurs formant deux grappes géminées avec une fleur alaire, courtes et compactes même au moment de la fructification; pédicelles *plus courts que le calice, dressés, presque appliqués.* Calice bien plus allongé que dans les espèces voisines, *fermé à la maturité*, à tube hérissé de longs poils blancs, très-étalés et dont un grand nombre sont crochus au sommet. Corolle grande, à limbe *plan, à tube égalant le calice*. Carpelles bruns, luisants, ovales-oblongs, obtus, bordés au sommet, *un peu carénés sur une face*. Feuilles un peu rudes, finement turberculeuses, hérissées de poils étalés ; les inférieures grandes proportionnément à la plante, nombreuses, *formant une rosette dense*, spatulées, obtuses, glabres en dessous, hérissées en dessus, contractées en un long pétiole dilaté à sa base : les caulinaires peu nombreuses, sessiles, oblongues ou linéaires-oblongues. Tiges dressées, simples ou munies d'un seul rameau, nues sous la grappe, munies de poils appliqués au sommet et de poils étalés à la base. Souche *vivace*, courte, oblique, noire, pourvue des débris des anciennes feuilles, émettant des faisceaux de feuilles et pourvue de fibres radicales longues, simples, plus épaisses que dans les espèces voisines. — Plante de 3-10 centimètres, un peu gazonnante ; fleurs d'un beau bleu.

Hab. Pyrénées, vallée d'Eynes, Cambredase, Canigou, Castanèze, port de Bénasque; Corse, Monte-Rotundo, Cervione, Cagnione et d'Oro. ♃ Juillet-août.

Obs. Il existe une autre plante du Monte-Rotundo, publiée par Soleirol, sous le nº 2935, et qui nous semble être une espèce nouvelle. Elle est vivace, remarquable par ses tiges fines, flexueuses, couchées à la base, munies de feuilles grandes et ovales ; par ses grappes courtes, dont l'axe est filiforme; par ses calices très-petits, hérissés de poils étalés et crochus au sommet; par sa corolle blanche, très-petite, à tube dépassant le calice. Les échantillons que nous avons sous les yeux ne sont pas en assez bon état pour que nous puissions la décrire complétement. Elle pourrait recevoir le nom de *M. Soleirolii*.

Trib. 4. CYNOGLOSSEÆ *DC. prodr*. 10, *p*. 117. — Fruit formé de 4 carpelles uniloculaires, insérés à la colonne centrale dans une étendue plus ou moins grande.

ERITRICHIUM. (Schrad. in comm. Gött. 4, p. 185.)

Calice quinquépartite. Corolle *hypocratériforme, à gorge fermée par 5 petites écailles obtuses*, à limbe quinquépartite, à tube court. Etamines incluses. Carpelles 4, *triquètres, à face externe plane;* angles latéraux entiers ou dentés ; angle *interne obtus, portant à sa base un ombilic punctiforme et fixé à la colonne centrale*.

E. nanum *Schrad. l. c.; Gaud. helv.* 2, *p.* 57 ; *Koch, syn.* 582 ; *Myosotis nana Vill. prosp. p.* 21, *et Dauph.* 2, *p.* 459, *tab.* 13; *All. ped.* 1, *p.* 54 ; *DC. fl. fr.* 3, *p.* 630 ; *Dub. bot.* 335 ; *Lois. gall.* 1, *p.* 154 ; *Rchb. ap. Sturms deutsch. fl. heft.* 42. — *Rchb. exsicc.* 850 ! — Fleurs en grappes pauciflores, feuillées, extrêmement courtes et d'abord denses, puis un peu lâches. Calice ouvert à la fructification, muni ainsi que les pédicelles de longs poils blancs, soyeux, étalés, tous droits. Corolle grande, d'un beau bleu, à limbe plan, à tube égalant le calice. Carpelles fauves, lisses, à angles latéraux bordés d'un aile dentée, ou quelquefois presque entière

(*Myosotis terglovensis Hacq. pl. alp. carn. p.* 21, *tab.* 2, *f.* 6). Feuilles toutes oblongues ou oblongues-obovées, atténuées à la base, très-velues ; les inférieures très-rapprochées, formant des rosettes denses et entourées des feuilles noircies et persistantes des années précédentes ; les feuilles supérieures petites et écartées. Tiges très-nombreuses, ascendantes, formant de larges gazons serrés. Souche très-rameuse, à divisions couchées, couvertes des débris des anciennes feuilles, émettant des jets simples, très-feuillés, qui fleurissent l'année suivante. Racine ligneuse, simple, noirâtre. — Plante de 2-6 décimètres, couverte de longs poils soyeux.

Hab. Sur les rochers, au sommet des hautes Alpes du Dauphiné, pic de Belledone près de Grenoble, col du Lautaret, Taillefert, Saint-Christophe, mont Chaillot près de Gap, mont Pelvoux, la Bérarde, mont Viso, etc. ♃ Juillet-août.

ECHINOSPERMUM. (Swartz, ex Lehm. asp. p. 113.)

Calice quinquépartite. Corolle *hypocratériforme, à gorge fermée par* 5 *petites écailles obtuses*, à limbe quinquépartite, à tube court. Etamines incluses. Carpelles 4, *triquètres, à face antérieure marginée et souvent bordée de* 1-3 *rangs d'aiguillons glochidiés ; angle interne soudé à la colonne centrale dans toute son étendue.*

E. Lappula *Lehm. asp. p.* 121 ; *Koch, syn.* 571 ; *Myosotis Lappula L. sp.* 189 ; *DC. fl. fr.* 3, *p.* 630 ; *Cynoglossum Lappula Scop. carn.* 1, *p.* 175 ; *Cynoglossum Clusii Lois.!* 1, *p.* 155 ; *Rochelia Lappula Rœm. et Schult. syst.* 4. *p.* 109 *et* 781 ; *Lappula Myosotis Mœnch, meth.* 417. — *Ic. Lam. illustr. tab.* 91. *Rchb. exsicc.* 2181 ! — Fleurs extraaxillaires, en grappes alternes ou géminées, à la fin allongées et lâches. Calice hérissé, à segments linéaires-oblongs, à la fin très-étalés. Corolle à limbe concave. Carpelles fauves, tuberculeux sur les faces, munis sur les angles latéraux d'un double rang d'aiguillons glochidiés. Feuilles velues et à la fin tuberculeuses, rudes, oblongues, uninerviées ; les inférieures atténuées en pétiole. Tige dressée, rameuse au sommet. Racine grêle, pivotante, flexueuse. — Plante de 2-4 décim. ; fleurs petites, bleues.

Hab. Lieux secs, champs arides ; commun dans presque toute la France. ② Juillet-août.

CYNOGLOSSUM. (Tournef. inst. 139, tab. 57.)

Calice quinquépartite. Corolle *infundibuliforme, à gorge fermée par* 5 *écailles obtuses*, à limbe quinquéfide, à tube allongé. Etamines incluses. Carpelles 4, *déprimés sur la face externe*, *non marginés, herissés d'aiguillons glochidiés sur toute leur surface, insérés à la colonne centrale par la partie supérieure de leur face interne.*

C. cheirifolium *L. sp.* 193 ; *Gouan, hort.* 82 ; *Vill. Dauph.* 2, *p.* 457 ; *DC. fl. fr.* 3, *p.* 636 ; *Bertol. fl. ital.* 2, *p.* 303 ; *Guss. pl. rar. p.* 84, *et syn.* 1, *p.* 225 ; *C. argenteum Lam. fl. fr.* 2, *p.* 277. — *Ic. Column. ecphr.* 171, *ic.* — Fleurs souvent extra-axillaires, en grappes à la fin lâches, dressées, ***munies dans toute leur longueur de bractées*** analogues aux feuilles supérieures; pédicelles étalés-dressés à la fructification. Calice blanc-tomenteux. Corolle d'abord rougeâtre, puis d'un pourpre-bleu. Carpelles obovés, assez fortement déprimés sur la face externe, papilleux; munis de pointes courtes, glochidiées au sommet, ***non confluentes à la base;*** celles de la face externe éparses, peu nombreuses, ***naissant d'une surface lisse.*** Feuilles molles, ***blanchâtres, couvertes sur les deux faces d'un tomentum appliqué;*** les inférieures oblongues-lancéolées, atténuées en un long pétiole; les supérieures sessiles, étroitement lancéolées, ***atténuées à la base.*** Tige dressée. Racine longue, pivotante. — Plante de 1-3 décimètres, blanche-tomenteuse.

Hab. **La région des oliviers; Grasse, Fréjus, Toulon, Aix, Avignon, Fontaine de Vaucluse, Orange, Pont-du-Gard, Anduze, Montpellier, Narbonne. (I) Mai-juin.**

C. PICTUM *Ait. hort. kew. ed.* 2, *t.* 1, *p.* 291; *D C. fl. fr.* 3, *p.* 636; *Bertol. fl. ital.* 2, *p.* 300; *Koch, syn.* 572; *Guss. syn.* 1, *p.* 222; *C. apenninum Gouan, hort.* 82 (*non L.*); *C. creticum Vill. Dauph.* 2, *p.* 457; *C. amplexicaule Lam. illustr. n°* 1794. — *Ic. Clus. hist.* 2, *p.* 162, *f.* 2. *Rchb. exsicc.* 1239! — Fleurs en grappes allongées, lâches, très-étalées, ***sans bractées ou munies de 1-2 bractées*** à la base; pédicelles courbés en dehors et presque réfléchis à la fructification. Calice couvert de poils mous appliqués. Corolle d'abord rougeâtre, puis d'un bleu-pâle, veinée en réseau, rarement tout-à-fait blanche. Carpelles suborbiculaires, à face externe légèrement convexe, couverts sur toute leur surface de pointes courtes, glochidiées, ***non confluentes à la base, entremêlées de nombreux tubercules coniques.*** Feuilles d'un ***vert-blanchâtre, couvertes sur les 2 faces d'un duvet étalé et un peu raide;*** les inférieures lancéolées, obtuses, mucronulées, atténuées en un long pétiole; les supérieures sessiles, lancéolées, aiguës, ***en cœur et demi-embrassantes à la base.*** Tige dressée, raide, couverte de poils étalés. Racine brune, pivotante, rameuse inférieurement.—Plante de 3-10 décimètres, d'un vert-blanchâtre.

Hab. **Lieux arides; commun dans le midi et l'ouest où il remonte vers le nord jusqu'à Rennes. (I) Mai-juin.**

C. OFFICINALE *L. sp.* 192; *D C. fl. fr.* 3, *p.* 635. — *Ic. Engl. bot. tab.* 921. — Fleurs en grappes courtes, assez denses au sommet, étalées-dressées, ***ordinairement munies de 1-2 bractées à la base;*** pédicelles arqués en dehors à la fructification. Calice chargé de poils soyeux appliqués. Corolle d'un rouge sale. Carpelles obovés, un peu déprimés au centre, hérissés de pointes courtes, glochidiées au sommet, ***non confluentes à la base;*** celles de la face externe éparses, peu nombreuses, ***naissant d'une surface lisse.***

Feuilles très-molles, *blanchâtres, couvertes sur les 2 faces d'un duvet fin et appliqué;* les inférieures lancéolées, aiguës, atténuées en un long pétiole; les supérieures sessiles, étroitement lancéolées, *un peu embrassantes.* Tige dressée, raide, couverte de poils mous, étalés. Racine dure, fusiforme, noirâtre. — Plante de 4-8 décimètres, d'un vert-blanchâtre, fétide.

Hab. Lieux stériles ; commun dans toute la France. ② Mai-juin.

C. montanum *Lam. fl. fr.* 2, *p.* 277 ; *D C. fl. fr.* 3, *p.* 635 ; *Gaud. helv.* 2, *p.* 63 ; *Koch, syn.* 572 (*excl. syn. Vill.*); *C. sylvaticum Hænck in Jacq. coll.* 2, *p.* 77 ; *C. pellucidum Lapey. ! abr. pyr. suppl. p.* 28.— *Ic. Engl. bot. tab.* 1642. *Rchb. exsicc.* 241 ! — Fleurs petites, en grappes grêles, allongées, lâches, très-étalées, *sans bractées;* pédicelles arqués en dehors à la fructification. Calice très-brièvement hispide, tuberculeux. Corolle violette ou bleue. Carpelles moins épais et plus arrondis que dans l'espèce précédente, à face externe simplement plane et non déprimée, hérissés sur toute leur surface de pointes courtes, glochidiées au sommet, très-rapprochées, mais *non confluentes à leur base;* celles de la face externe *entremêlées de petits tubercules coniques.* Feuilles minces et *transparentes, luisantes et glabres en dessus,* rudes et hérissées en dessous de petits poils épars tuberculeux à la base ; les inférieures larges, elliptiques, contractées en pétiole ; les supérieures sessiles, oblongues-lancéolées, *en cœur et embrassantes* à la base. Tige dressée, flexueuse au sommet, fistuleuse, couverte de poils mous, étalés. Racine brune, épaisse, munie de chevelu. — Plante de 4-8 décimètres, d'un aspect vert.

Hab. Forêts des montagnes ; Vosges, cascade du Nidck, Rosberg, ballon de Soultz; Côte-d'Or, combe de Flaviguerot, Trohaut, Lugny, cascade de Vauchignon ; Jura, Mouthier dans le val de la Loue, Salins, Suchet ; Dauphiné, Saint-Eynard, etc. ; Pyrénées, Saint-Béat, Castanèse, etc. ; se retrouve aux environs de Paris, à Compiègne. ② Juin-juillet.

C. Dioscoridis *Vill. prosp.* 21, *et Dauph.* 2, *p.* 457 ; *Lor. et Dur. fl. Côte-d'Or,* 2, *p.* 623, *tab.* 4 ; *D C. prodr.* 10, *p.*147 ; *C. Xatarti Gay, in Endress, pl. pyr. exsicc. unio itin.* 1830 ! — Fleurs petites, en grappes lâches, peu allongées, étalées-dressées, *sans bractées;* pédicelles arqués en dehors à la fructification. Calice couvert de petits poils soyeux, appliqués. Corolle d'abord rougeâtre, puis bleue. Carpelles obovés, à face externe un peu déprimée au centre, hérissés sur toute leur surface de pointes courtes, glochidiées au sommet; celles du dos et des bords *confluentes par leur base;* celles de la face externe rapprochées, *entremêlées de tubercules coniques.* Feuilles *d'un vert-gai, un peu rudes,* assez fermes, *couvertes de poils fins étalés;* les radicales étroites, oblongues-lancéolées, atténuées en pétiole ; les caulinaires moyennes et supérieures sessiles, lancéolées, acuminées, *élargies et arrondies à la base.* Tige dressée, grêle, couverte inférieurement de poils réfléchis et supérieurement de poils dressés appliqués, légèrement soyeux. Racine pivotante, grêle, simple. — Plante de 2-4 décimètres.

Hab. Côte-d'Or, coteau de Gouville près de Dijon, Nuits; Dauphiné, Saint-Eynard et Sassenage près de Grenoble, val de l'Arche, la Grave, entre Mélezet et Tournous, Gap, etc.; Pyrénées, Prats-de-Mollo. (2) Juin-juillet.

OMPHALODES. (Tournef. inst. p. 140, tab 58.)

Calice quinquépartite. Corolle *rotacée, à gorge fermée par 5 écailles obtuses*, à tube très-court, à limbe quinquéfide. Etamines incluses. Carpelles 4, *déprimés et creusés sur la face externe d'une cavité bordée d'une membrane fléchie en dedans, fixés à la colonne centrale par la base de leur bord interne.*

O. verna *Mœnch, meth.* 420; *Koch, syn.* 572; *D C. prodr.* 10, *p.* 162; *Cynoglossum Omphalodes L. sp.* 193; *D C. fl. fr.* 3, *p.* 637; *Picotia verna Rœm. et Schult. syst.* 4, *p.* 85 *et* 765; *Bertol. fl. ital.* 2, *p.* 307.—*Ic. Lob. icon. tab.* 577. — Fleurs grandes, en petites grappes lâches, pauciflores, terminales et axillaires, *nues ou pourvues d'une feuille au-dessus de la première fleur;* pédicelles fins, beaucoup plus longs que le calice, à la fin courbés et réfléchis. Calice couvert d'un duvet appliqué, à segments lancéolés, acuminés. Corolle d'un beau bleu, une fois plus longue que le calice. Carpelles *non dentés, mais pubescents aux bords.* Feuilles minces, vertes en dessus, plus pâles en dessous, pubescentes, mucronulées au sommet; les inférieures longuement pétiolées, *ovales ou ovales-en-cœur;* les supérieures lancéolées, presque sessiles. Tiges grêles, dressées ou ascendantes, nues inférieurement. Souche *longuement rampante, émettant des stolons* couchés et souvent radicants et feuillés. — Plante de 5-15 centimètres.

Hab. Environs de Lyon (*Bonjean*); à Russy-Montigny près de Villers-Cotterets (*Questier*). ♃ Avril-mai.

O. littoralis *Lehm. asp. p.* 186; *Lloyd, fl. Loire-Inf.* 176; *D C. prodr.* 10, *p.* 160; *Cynoglossum lateriflorum Aubr. prog. Morb.* 10, *p.* 25; *Cynoglossum littorale Spreng. syst.* 1, *p.* 567; *Picotia littoralis Rœm. et Schult. syst.* 4, *p.* 86. — Fleurs en petites grappes, à la fin lâches, *munies de bractées lancéolées;* pédicelles extraaxillaires, plus longs que le calice, étalés horizontalement après l'anthèse, munis au sommet de poils appliqués. Calice vert, à segments lancéolés, très étroitement bordés de blanc, ciliés de poils raides, dressés et appliqués. Corolle blanche, plus longue que le calice. Carpelles *non dentés aux bords, mais ceux-ci munis de cils crochus au sommet.* Feuilles glauques, un peu épaisses, bordées de cils appliqués; les inférieures *spatulées*, atténuées en pétiole; les supérieures sessiles, lancéolées. Tige dressée, rameuse; rameaux étalés. Racine *grêle, longue, pivotante.* — Plante de 3-10 centimètres.

Hab. Sables maritimes; Quiberon, iles de Glenans, île d'Houat, Hœdic; Oleron, Fouras, près de la Rochelle, Belle-Isle et île de Noirmoutiers. (1) Mai-juin.

O. LINIFOLIA *Mœnch, meth.* 419; *Cynoglossum linifolium L. sp.* 193. — *Ic. Barrel. icon. tab.* 1234. *Welswit. it. lus. n°* 114 ! — Fleurs en grappes lâches, *dépourvues de bractées;* pédicelles à la fin 2–3 fois plus longs que le calice et étalés horizontalement, munis au sommet de poils appliqués. Calice vert, à segments lancéolés, très étroitement bordés de blanc, ciliés de poils raides, dressés et appliqués. Corolle blanche ou bleuâtre, une fois plus longue que le calice. Carpelles *munis sur les bords de dents épaisses et obtuses* et de quelques cils courts. Feuilles d'un vert-glauque, minces, *oblongues-lancéolées,* bordées de quelques cils; les inf. atténuées en pétiole; les sup. sessiles. Tige dressée, rameuse au sommet; rameaux étalés-dressés. Racine *grêle, pivotante.* — Plante de 2–4 déc.

Hab. Au pied du mont Ventoux (*Requien*). ① Mars-juillet.

ASPERUGO. Tournef. inst. p. 133. tab. 54.)

Calice quinquéfide, à segments sinués-dentés à la base, *s'accroissant après l'anthèse et alors comprimé et se divisant en deux valves.* Corolle *subinfundibuliforme, à gorge fermée par* 5 *écailles obtuses,* à limbe quinquépartite. Etamines incluses. Carpelles 4, *comprimés latéralement, insérés à la colonne centrale par un ombilic placé au-dessus du milieu de leur bord interne.*

A. PROCUMBENS *L. sp.* 193; *DC. fl. fr.* 3, *p.* 634. — *Ic. Fl. dan. tab.* 552. — Fleurs petites, axillaires, fasciculées, très-brièvement pédonculées, toutes dirigées du même côté et en sens opposé à celui des feuilles; pédicelles courbés après l'anthèse. Calice veiné en réseau, à lobes aigus, ciliés. Corolle petite, bleue, quelquefois blanche. Carpelles jaunâtres, ovales, étroitement bordés. Feuilles très-rudes, elliptiques-oblongues avec un court mucron, entières ou sinuées; les inférieures alternes, atténuées en pétiole; les supérieures géminées ou quaternées. Tige rameuse dès la base, à rameaux très-allongés, couchés, anguleux, hérissés de petits aiguillons dirigés en bas. — Plante de 3-6 décimètres.

Hab. Décombres, bords des routes; assez commun surtout dans le midi de la France. ① Mai-juin.

HELIOTROPIUM. (L. gen. 179.)

Calice quinquépartite ou à 5 dents. Corolle *hypocratériforme, à gorge nue ou barbue,* à limbe quinquéfide, *muni de* 5 *plis longitudinaux correspondant aux sinus* et se terminant souvent entre les lobes par une petite dent. Etamines incluses. Style terminal. Carpelles *ovoïdes-triquètres, soudés dans toute la longueur de leur angle interne à la colonne centrale; celle-ci renflée au-dessus des carpelles.*

H. EUROPÆUM *L. sp.* 187; *D C. fl. fr.* 3, *p.* 620. — *Ic. Jacq. austr. tab.* 207. — Fleurs sessiles, en grappes simples ou géminées, les unes terminales, les autres latérales axillaires ou oppositifoliées, sans bractées. Calice velu, à 5 *segments lancéolés, obtus, étalés en étoile à la fructification et ne se détachant pas avec le fruit*. Corolle blanche. Fruit presque globuleux, se séparant à la maturité en 4 carpelles pubescents et rugueux sur le dos, non bordés. Feuilles toutes pétiolées, *elliptiques, obtuses, un peu rudes, d'un vert-blanchâtre*, pubescentes. Tige *dressée*, flexueuse, rameuse, couverte de poils appliqués. Racine grêle, flexueuse. — Plante de 1-2 décimètres.

Hab. Champs arides, vignes; commun dans presque toute la France. (1) Juillet-septembre.

H. supinum *L. sp.* 187; *Gouan, fl. monsp. p.* 17, *tab.* 1; *D C. fl. fr.* 3, *p.* 620; *Desf. atl.* 1, *p.* 152; *Bertol. fl. ital.* 2, *p.* 254; *Guss. syn.* 1, *p.* 212. — *Ic. Sibth. et Sm. fl. græc. tab.* 157. — Fleurs très-brièvement pédicellées, en petites grappes simples ou géminées, les unes terminales, les autres latérales axillaires ou oppositifoliées, sans bractées. Calice velu, ovoïde, à 5 *dents à la fin conniventes, persistant, enveloppant le fruit et tombant avec lui*. Carpelles ordinairement solitaires par l'avortement des 3 autres, semi-ovoïdes, aigus, bordés, glabres, mais à surface un peu rugueuse. Feuilles toutes pétiolées, *ovales, obtuses, un peu plissées, vertes et finement pubescentes en dessus, blanches-tomenteuses en dessous*. Tiges hérissées de poils blancs et étalés; les latérales *couchées*, la centrale dressée. Racine allongée, grêle, flexueuse. — Plante de 1-4 décimètres.

Hab. Lieux sablonneux de la région méditerranéenne; Jonquières, Montpellier, Agde, Perpignan. (1) Juillet-août.

H. curassavicum *L. sp.* 188; *D C. prod.* 9, *p.* 538. — *Ic. Lam. illustr. tab.* 91, *f.* 2. — Fleurs sessiles, en petites grappes le plus souvent géminées, terminales ou latérales, sans bractées. Calice glabre, à 5 *segments lancéolés, appliqués sur le fruit et ne se séparant pas avec lui*. Corolle blanche. Fruit presque globuleux, se séparant à la maturité en 4 carpelles glabres, munis d'une côte dorsale saillante et de côtes latérales obliques. Feuilles *glabres, glauques, linéaires-lancéolées*, toutes insensiblement atténuées en pétiole. Tiges *couchées*, glabres. — Plante de 3-6 décimètres.

Hab. Sables maritimes; île Sainte-Lucie, près de Narbonne (*Delort*), au Grau de Palestra, près de Montpellier. ♃? Juillet.

ESPÈCES EXCLUES.

Myosotis multiflora *Mérat*. — Nous est inconnu.

Lycopsis vesicaria *L.* — Indiqué en Roussillon par Lapeyrouse.

Lycopsis pulla *L.* — Même observation.

Nonea violacea *D C.* — Indiqué à Montpellier par Gouan.

LXXXVII. SOLANÉES.

(SOLANEÆ. Juss. gen. 124.) (1)

Fleurs hermaphrodites, régulières ou rarement irrégulières. Calice libre, persistant en totalité, ou au moins par sa base, gamophylle, à 5, plus rarement à 4, 6 ou 10 divisions, dont l'estivation est valvaire ou imbricative. Corolle hypogyne, caduque, gamopétale, à lobes alternes avec ceux du calice, à préfloraison plissée ou imbricative. Etamines en nombre égal à celui des divisions de la corolle et alternant avec elles, insérées sur le tube; anthères introrses, biloculaires, à loges s'ouvrant en long ou par un pore terminal. Style terminal, simple; stigmate indivis ou lobulé. Ovaire supère, formé de deux feuilles carpellaires, rarement d'un plus grand nombre, ordinairement à deux loges multiovulées et quelquefois subdivisées en deux loges secondaires plus ou moins complètes; placentas soudés au milieu de la cloison, formant dans chaque loge une masse épaisse. Fruit bacciforme indéhiscent, ou capsulaire déhiscent et s'ouvrant alors au sommet, tantôt en deux valves la déhiscence étant septicide ou septifrage, tantôt en 4 valves la déhiscence étant à la fois loculicide et septifrage, tantôt enfin, mais plus rarement, s'ouvrant par une solution circulaire (*pixyde*). Graines réniformes ou lenticulaires; embryon courbé ou en spirale; albumen charnu. — Feuilles alternes, les supérieures souvent géminées; inflorescence très-variable.

A. *Fruit bacciforme.*

LYCIUM. (L. gen. 262.)

Calice urcéolé, *à 5 dents égales, ou bilabié, ne s'accroissant pas à la maturité et restant appliqué sur la baie.* Corolle *infundibuliforme,* à tube étroit. Etamines 5; anthères *non conniventes, s'ouvrant en long.* Baie biloculaire.

L. BARBARUM *L. sp.* 192; *D C. fl. fr.* 3, *p.* 616; *L. europæum Gouan, hort. monsp.* 111 *(non L.); Rhamnus cortice albo monspeliensis Magn. bot. monsp.* 221. — Fleurs dressées, solitaires ou fasciculées à l'aisselle des feuilles; pédicelles plus courts que les feuilles. Calice *bilabié,* à lèvres entières ou l'une des deux bidentée. Corolle à limbe très-ouvert, divisé en 5 lobes oblongs, à la fin réfléchis, *égalant le tube.* Etamines exsertes, à filets pubescents à la base. Baie *oblongue,* rouge ou orangée. Feuilles vertes, glabres et *planes, étroitement lancéolées, insensiblement atténuées en un court pétiole,* alternes sur les jeunes rameaux, fasciculées sur les anciens. Tiges grêles, et ne se soutenant pas droites, très-rameuses; rameaux avortés épineux; rameaux développés flexueux, glabres, *pendants,*

(1) Auctore Godron.

munis de lignes saillantes.— Plante de 1-2 mètres, pouvant servir à faire des haies ; fleurs d'un violet clair.

Hab. Haies, buissons, vignes ; commun dans le midi et surtout à Montpellier ; çà et là dans le centre et le nord de la France. ♄ Juin-août.

L. sinense *Lam. dict.* 3, *p.* 509 *et illustr. tab.* 112, *f.* 2 ; *L. europæum D C. fl. fr.* 3, *p.* 616 (*ex parte*) ; *Dub. bot.* 337 ; *Lois. gall.* 1, *p.* 167 (*non L. nec Gouan*). — Se distingue du précédent par son calice *à* 5 *dents souvent inégales, mais non disposées en deux lèvres ;* par ses feuilles d'un vert plus pâle, un peu glauques en dessous, plus larges, *ovales, contractées en pétiole.*

Hab. Dans les mêmes lieux que le précédent, mais plus rare. ♄ Juin-août.

L. mediterraneum *Dunal, in D C. prod.* 13, *pars* 1, *p.* 523 ; *L. europæum L. mant.* 47 ; *Desf. atl.* 1, *p.* 196 ; *Koch, syn.* 583. — Fleurs dressées, solitaires, géminées ou ternées à l'aisselle des feuilles ; pédicelles beaucoup plus courts que les feuilles. *Calice à* 5 *dents souvent inégales, mais non disposées en deux lèvres.* Corolle à limbe très-ouvert, profondément divisé en 5 lobes oblongs, à la fin réfléchis, *une fois plus courts que le tube.* Etamines exsertes. Baie *globuleuse,* de la grosseur d'un pois, rouge ou orangée. Feuilles un peu charnues, d'un vert pâle, glabres et *planes, oblongues-obovées, insensiblement atténuées en un court pétiole,* alternes sur les jeunes rameaux, fasciculées sur les anciens. Tiges fermes, se soutenant droites, très-rameuses ; rameaux avortés formant de courtes épines épaisses ; rameaux développés blanchâtres, *étalés, mais non pendants.*— Plante de 1-2 mètres ; fleurs blanches ou purpurines.

Hab. Commun sur tout le littoral méditerranéen. ♄ Mai-juin.

L. afrum *L. sp.* 277 ; *Bertol. fl. ital.* 2, *p.* 638. — *Ic. Lam. illustr. tab.* 112, *f.* 1. — Fleurs penchées, solitaires et axillaires ; pédicelles plus courts que les feuilles. Calice à 5 *dents non disposées en deux lèvres.* Corolle à tube insensiblement dilaté, à limbe court divisé en 5 lobes ovales, étalés et un peu courbés en dehors, non réfléchis, *six fois plus courts que le tube.* Etamines incluses, à filets barbus à la base. Baie *globuleuse*, de la grosseur d'une cerise, munie de 5 sillons longitudinaux, jaune à la maturité. Feuilles un peu charnues, glabres, *canaliculées en dessus,* fasciculées, étroites, *linéaires, insensiblement atténuées en pétiole.* Tiges se soutenant droites, rameuses ; rameaux avortés formant des épines assez longues ; rameaux développés grisâtres, *étalés, mais non pendants.* — Plante de 1-2 mètres ; fleurs d'un pourpre livide.

Hab. Haies à Perpignan ! ♄ Mai-juin.

SOLANUM. (L. gen. 251.)

Calice *à* 5, *plus rarement à* 10 *divisions étalées, ne s'accroissant pas ou s'accroissant peu à la maturité et restant appliqué sur la baie.* Corolle *rotacée.* Etamines 5, rarement plus ; anthères *conni-*

ventes, s'ouvrant par 2 pores terminaux. Baie biloculaire, rarement pluriloculaire. — Fleurs en corymbes sur des pédoncules extra-axillaires ou terminaux.

S. villosum *Lam. dict.* 4, *p.* 289; *Dunal, sol. p.* 157; *Koch, syn.* 583; *S. nigrum villosum L. sp.* 266. — *Ic. Dill. Elth. tab.* 274, *f.* 353. — Fleurs du double plus grandes que dans l'espèce suivante, en corymbes pauciflores et brièvement pédonculés; pédicelles très-velus, à la fin réfléchis et épaissis au sommet. Calice petit, à lobes ovales. Corolle pubescente, 3-4 *fois plus longue que le calice*, à lobes oblongs. Etamines à anthères un peu élargies au sommet tronqué et échancré. Baies subglobuleuses, safranées. Feuilles d'un vert-blanchâtre, velues-subtomenteuses, pétiolées, *ovales-rhomboïdales*, sinuées-dentées. Tige *herbacée*, dressée, couverte de poils articulés et étalés, ordinairement rameuse; rameaux obscurément anguleux, non ailés, ni dentelés. *Jamais de rameaux souterrains tuberculeux.* — Plante de 2-5 déc., velue; fl. blanches.

Hab. Lieux cultivés du midi; Narbonne, Montpellier, Nîmes, Montaud près de Salon; Lyon, etc. (1) Juillet-septembre.

S. nigrum *L. sp.* 266 (*excl. var. plur.*); *D C. fl. fr.* 3, *p.* 613. — *Ic. Engl. bot. tab.* 566. — Fleurs en corymbes pauciflores, brièvement pédonculés; pédicelles pubescents, à la fin réfléchis et épaissis au sommet. Calice petit, à lobes arrondis. Corolle petite, pubescente, *une fois plus longue que le calice*, à lobes lancéolés. Baies globuleuses. Feuilles d'un vert sombre, presque glabres, pétiolées, *ovales, acuminées*, sinuées-dentées ou sinuées-anguleuses, quelquefois entières. Tige *herbacée*, simple et dressée, ou plus souvent rameuse dès la base et diffuse, munie de poils courts, épars, dressés-appliqués; rameaux pourvus de lignes saillantes, dentelées çà et là, quelquefois très-prononcées (*S. pterocaulon Rchb. icon.* 1284, *non Dunal*). *Jamais de rameaux souterrains tuberculeux.* — Plante de 2-5 décimètres, à peine velue; fleurs blanches.

α. *genuinum*. Baies noires.

β. *chlorocarpum Spenn. fl. frib.* 1074. Baies jaunes (*S. ochroleucum Bast! journ. bot.* 3, *p.* 20), ou d'un jaune-verdâtre (*S. luteo-virescens Gmel. bad.* 4, *p.* 177). La forme naine de cette race est le *S. humile Bernh. ap. Willd. enum. hort. Berol.* 1, p. 236. *Fries, herb. norm.* 9, *n°* 14!

γ. *miniatum Mert. et Koch, deutsch. fl.* 2, *p.* 231. Baies rouges, petites. *S. miniatum Willd. l. c.; D C. fl. fr.* 5, *p.* 417. *Schultz, exsicc. n°* 705!

Hab. Lieux cultivés, décombres; commun dans toute la France; var. γ. surtout dans le midi, Villefranche (Pyr.-Or.), Montpellier, etc. (1) Juin-sept.

Obs. — Nous ne trouvons pas de caractères bien tranchés, pour distinguer comme espèces les trois formes que nous indiquons ici. Nous ferons remarquer toutefois que le *S. miniatum* a une odeur musquée très-prononcée; mais on l'observe aussi quelquefois à l'automne sur les *S. nigrum*, *ochroleucum* et *humile*. Cependant, il est certain que ces trois formes se reproduisent de graines. Mais, comme ces plantes végètent principalement dans les jardins et les vignes, et sont par conséquent soumises à l'influence de la culture, elles ne sont peut-être que des races du *S. nigrum*. Nous n'avons pu les observer avec assez de soin pour résoudre cette question difficile.

S. TUBEROSUM *L. sp.* 265. — Fleurs grandes, en corymbes longuement pédonculés; pédicelles velus, à la fin réfléchis. Calice assez grand, à lobes linéaires-lancéolés. Corolle pubescente, *une fois plus longue que le calice*, à lobes courts et triangulaires. Baies globuleuses, assez grosses, d'un vert-jaunâtre ou violacées. Feuilles pubescentes, *pennatiséquées*, à segments ovales, acuminés, obliques ou en cœur à la base, pétiolulés, entremêlés de segments bien plus petits et sessiles ; rachis un peu décurrent sur la tige. Celle-ci herbacée, dressée ou ascendante, anguleuse, rameuse. *Rameaux souterrains écailleux et renflés çà et là en gros tubercules.*— Plante de 4-6 décimètres; fleurs blanches ou violettes.

Hab. Généralement cultivé et souvent subspontané. ♃ Juin-septembre.

S. SODOMEUM *L. sp.* 268; *Moris, stirp. sard. elench. fasc.* 1, *p.* 33; *Bertol. fl. ital.* 2, *p.* 636; *Guss. syn.* 1, *p.* 271 ; *S. Hermanni Dunal, sol. p.* 212, *tab.* 2, *f. B.—Ic. Sibth. et Sm. fl. græc. tab.* 235. — Fleurs grandes, en corymbes brièvement pédonculés; pédicelles munis d'aiguillons et de petits poils étoilés, épaissis au sommet et courbés à la maturité. Calice plus ou moins aculéolé, accrescent, à lobes lancéolés, obtus. Corolle pubescente, *trois fois plus longue que le calice*, à lobes triangulaires et aigus. Baies très-grosses, *globuleuses*, jaunes à la maturité, puis fauves. Feuilles vertes et à la fin glabrescentes en dessus, plus pâles et couvertes de poils étoilés en dessous, *pourvues de forts aiguillons sur les nervures, sinuées-pennatifides ou sinuées-bipennatifides*, à lobes et à sinus arrondis. Tige *frutescente, dressée*, rameuse, *armée d'aiguillons robustes*, droits, dilatés à la base. — Plante de 6-15 décimètres, couverte de poils en étoile ; fleurs violettes.

Hab. La Corse, à Bastia. ♄ Mai-août.

S. DULCAMARA *L. sp.* 266 ; *DC. fl. fr.* 3, *p.* 612; *S. scandens Lam. fl. fr.* 2, *p.* 257. — *Ic. Engl. bot. tab.* 565. *Billot, exsicc. n°* 160! — Fleurs en cymes divariquées, extra-axillaires, long[t] pédonculées; pédicelles glabres, articulés à leur base. Calice petit, à lobes courts, triangulaires. Corolle petite, pubescente aux bords, à lobes lancéolés et souvent réfléchis. Baies *ovoïdes*, rouges à la maturité. Feuilles d'un vert foncé, pétiolées, couvertes sur les 2 faces de poils courts appliqués peu visibles, ou quelquefois tomenteuses (*S. littorale Raab, fl. od. bot. zeit.* 11, *p.* 414), toutes *entières, ovales, acuminées* et souvent en cœur à la base, ou *les supérieures triséquées*, à segments latéraux plus petits, obliques, très-étalés ou réfléchis. Tige *ligneuse, sarmenteuse, cylindrique*, rameuse, se soutenant sur les buissons. — Plante de 1-2 mètres ; fleurs violettes.

Hab. Bois humides, bords des ruisseaux. ♄ Juin-août.

PHYSALIS. (L. gen. 250.)

Calice *à 5 dents, s'accroissant beaucoup après l'anthèse, devenant vésiculeux et enveloppant la baie, dont il reste écarté.* Corolle *rotacée.* Etamines 5, *dressées et conniventes;* anthères *s'ouvrant en long.* Baie biloculaire. — Fleurs solitaires.

P. Alkekengi *L. sp.* 262; *DC. fl. fr.* 3, *p.* 612; *Koch, syn.* 584. — *Ic. Lam. illustr. tab.* 116, *f.* 1. — Fleurs axillaires ou placées entre deux feuilles géminées, solitaires, penchées, pédonculées; pédoncule d'abord courbé au sommet, puis réfléchi dès la base. Calice velu, d'abord petit, campanulé, à lobes courts, acuminés, étalés, puis vésiculeux, grand, ovoïde, acuminé, ombiliqué à la base, élégamment réticulé-veiné, à la fin rouge. Corolle d'un blanc sale, verdâtre à la gorge. Baie globuleuse, luisante, d'un rouge vif, aussi grosse qu'une cerise. Feuilles pétiolées, ovales, acuminées, sinuées sur les bords; les sup. géminées. Tige dressée, anguleuse, simple ou rameuse. Souche grêle, rampante. — Plante de 3-5 déc.

Hab. Vignes, haies des terrains calcaires; assez commun dans toute la France. ♃ Juin-juillet.

ATROPA. (L. gen. 249.)

Calice *quinquépartite, s'accroissant peu après l'anthèse, à la fin étalé en étoile.* Corolle *campanulée,* rétrécie à la base, à 5 lobes courts. Etamines 5, *écartées de l'axe floral;* anthères *s'ouvrant en long,* à la fin réfléchies. Baie biloculaire.

A. Belladona *L. sp.* 260; *D C. fl. fr.* 3, *p.* 611; *Belladona baccifera Lam. fl. fr.* 2, *p.* 255. — *Ic. Bull. herb. tab.* 29. — Fleurs assez grandes, pédonculées, penchées, solitaires ou géminées et naissant près de 2 feuilles géminées. Calice à tube hémisphérique, à lobes ovales, acuminés. Corolle d'un brun sale, à tube muni de 15 nervures, rétrécie et plissée à la base. Baie globuleuse, à la fin noire et luisante, de la grosseur d'une cerise. Feuilles brièvement pétiolées, entières, molles, ovales, acuminées, atténuées à la base; les supérieures géminées, très-inégales. Tige dressée, robuste, simple à la base, bi-trichotome supérieurement, finement glanduleuse au sommet. — Plante de 10-15 décimètres.

Hab. Bois; assez commun dans toute la France. ♃ Juin-juillet.

B. *Fruit capsulaire.*

DATURA. (L. gen. 246.)

Calice *pentagonal, allongé, se séparant circulairement au-dessus de sa base qui persiste et qui s'accroît après l'anthèse.* Corolle infundibuliforme, plissée. Capsule ovoïde, à 2 loges principales subdivisées en 2 loges secondaires incomplètes dont chacune présente un placenta épais; la capsule *s'ouvre au sommet par 4 valves.*

D. Stramonium *L. sp.* 255. — Fleurs brièvement pédonculées, solitaires et alaires. Calice longuement tubuleux, pentagonal, à lobes triangulaires, acuminés, pliés en deux. Corolle à tube dépassant le calice, à lobes courts, brusquement acuminés en une pointe fine. Capsule dressée, armée d'épines robustes. Graines noires, réniformes, finement alvéolées, onduleuses sur les bords. Feuilles longuement pétiolées, d'un vert sombre, ovales, acuminées, sinuées-dentées, à dents larges et acuminées. Tige dressée, arrondie, rameuse-dichotome. — Plante de 3-8 décimètres.

α. *genuina*. Plante entièrement verte ; corolles blanches.

β. *chalibea Koch, syn.* 586. Tige, pétioles, nervures des feuilles et calice violacés ; corolles de même couleur. *D. Tatula L. sp.* 256.

Hab. Bords des chemins, décombres, champs incultes ; la var. α. commune dans toute la France, où elle s'est complétement naturalisée ; la var. β. aux environs de Blois, à Manduel près de Nimes, à Bages dans les Pyrénées-Orientales. ① Juillet-août.

HYOSCYAMUS. (L. gen. 247.)

Calice *campanulé, renflé à sa base, persistant en totalité, s'accroissant après l'anthèse et enveloppant la capsule.* Corolle infundibuliforme, à 5 lobes obtus. Capsule biloculaire, *s'ouvrant circulairement par un opercule.*

H. niger *L. sp.* 257 ; *D C. fl. fr.* 3, *p.* 607.— *Ic. Bull. herb. tab.* 93. — Fleurs presque sessiles, en épi unilatéral feuillé, d'abord court et roulé en crosse, puis allongé ; feuilles bractéales *sessiles et embrassantes,* rapprochées et disposées sur 2 rangs. Calice dressé à la maturité, tomenteux, réticulé-veiné, à 5 dents acuminées. Corolle *régulière,* à limbe d'un jaune sale élégamment réticulé-veiné de violet, à tube purpurin intérieurement ; plus rarement la corolle est complétement jaune (*H. pallidus Kit. ap. Willd. enum. hort. berol.* 1, *p.* 228). Capsule renflée à la base. Feuilles très-molles, velues ; les radicales en rosette, pétiolées, ovales-oblongues, sinuées-pennatifides ; les caulinaires *sessiles, demi-embrassantes,* incisées-dentées, à lobes et à dents acuminées. Tige dressée, rameuse. — Plante de 3-8 décimètres, d'un vert sombre, fétide, velue, visqueuse.

Hab. Bords des chemins, décombres ; assez commun dans toute la France. ① ou ② Mai-juin.

H. albus *L. sp.* 257 (*excl. var.* β.) ; *Gouan, hort.* 105 ; *Dunal! in D C. prodr.* 13, *pars* 1, *p.* 548 ; *H. albus major Magnol, bot. monsp.* 134. — *Ic. Lam. illustr. tab.* 117, *f.* 2. — Fleurs sessiles ou brièvement pédonculées, en épi unilatéral, feuillé, d'abord court et roulé en crosse, puis allongé ; feuilles bractéales toutes pétiolées, la plupart *suborbiculaires-en-cœur, sinuées-dentées.* Calice dressé à la maturité, velu, faiblement réticulé-veiné, à dents courtes et triangulaires. Corolle pubescente, *d'un jaune pâle avec l'intérieur du tube verdâtre, à limbe oblique, à lobes inférieurs plus* *petits que les supérieurs et séparés par un sinus plus profond.* Filets des étamines blancs. Capsule ovoïde, non renflée à la base. Graines grisâtres, alvéolées. Feuilles un peu épaisses, plus ou moins velues, toutes pétiolées, suborbiculaires, échancrées à la base, incisées-dentées, à lobes et à dents triangulaires. Tige dressée, souvent rameuse. Racine pivotante, *annuelle.* — Plante de 2-5 décimètres, velue-visqueuse.

Hab. Toute la région méditerranéenne. (I) Mai-août.

H. MAJOR *Mill. dict. n° 2; Dunal! in D C. prod.* 13, *pars* 1, *p.* 548; *H. albus var.* β. *L. sp.* 257; *H. varians Vis. fl. dalm.* 1, *tab.* 24, *f.* 2; *H. aureus Gouan, hort.* 105; *All. ped.* 1, *p.* 104; *D C. fl. fr.* 3, *p.* 608 (*non L.*); *H. creticus luteus major Magnol, bot. monsp.* 134; *H. major, albo similis umbilico floris atro-purpureo Tournef. cor.* 5. — *Ic. Bull. herb. tab.* 99; *Sibth. et Sm. fl. græc. tab.* 230. — Diffère de l'espèce précédente par ses grappes lâches, à bractées *ovales, atténuées à la base, entières ou presque entières;* par sa corolle plus grande, *colorée à la gorge en pourpre noirâtre, ainsi que les filets des* étamines; par ses tiges ligneuses à la base: par sa racine *vivace.*

Hab. Montpellier, Cette, Aix. ♃ Mai-août.

LXXXVIII. VERBASCÉES.

(VERBASCEÆ Bartl. ord. nat. p. 170.) (1)

Fleurs hermaphrodites, un peu irrégulières. Calice libre, persistant, gamophylle, à 5 divisions dont l'estivation est imbricative. Corolle hypogyne, caduque, gamopétale, en roue, à 5 lobes plans, à préfloraison imbricative. Etamines 4-5, insérées sur le tube de la corolle, à filets inégaux; anthères uniloculaires, s'ouvrant en long, insérées transversalement ou obliquement au sommet des filets dilatés. Style terminal, simple; stigmate en tête ou décurrent sur les côtés du style. Ovaire supère, formé de 2 feuilles carpellaires, à 2 loges multiovulées; placentas soudés au milieu de la cloison, formant dans chaque loge une masse épaisse. Fruit capsulaire, à déhiscence septifrage, s'ouvrant en deux valves le plus souvent bifides. Graines réfléchies, oblongues, tuberculeuses. Embryon droit, logé dans un albumen charnu; radicule dirigée vers le hile. — Feuilles alternes, rarement opposées; inflorescence en grappe.

VERBASCUM. (L. gen. 97.)

Corolle en roue, à 5 lobes inégaux. Etamines *cinq*, inégales. Style dilaté et comprimé au sommet. Capsule biloculaire, bivalve, à 2 loges.

(1) Auctore Godron.

A. *Espèces légitimes. — Capsules fertiles.*

ect. 1. Thapsus. — Anthères inégales; celles des étamines longues insérées obliquement ou latéralement au sommet des filets. Capsule ovoïde. Feuilles décurrentes ou demi-décurrentes.

V. Thapsus *L. fl. suec.* 69; *Fries, nov. mant.* 2, *p.* 15; *Schrader, monogr.* 1, *p.* 17; *Mert. et Koch, deutsch. fl.* 2, *p.* 204; *Gaud. helv.* 2, *p.* 115; *V. alatum Lam. fl. fr.* 2, *p.* 259; *V. densiflorum Pollin. fl. ver.* 1, *p.* 243, *et* 3, *tab.* 7; *V. Schraderi Mey. chlor. hanov. p.* 326; *Koch, syn.* 586; *V. neglectum Guss. prodr. suppl. p.* 59.— *Ic. Engl. bot. tab.* 540.— Fleurs fasciculées, disposées en épi dense; pédicelles presque nuls au moment de la floraison. Calice tomenteux, à segments lancéolés. Corolle petite, *concave.* Les deux étamines inférieures à filets glabres ou presque glabres, à anthères *insérées obliquement et quatre fois plus courtes que leurs filets*; étamines supérieures munies sur leurs filets de poils laineux, blancs, non épaissis en massue, à anthères réniformes, insérées transversalement. Style filiforme; stigmate *en tête, non décurrent sur les côtés.* Capsule ovoïde. Feuilles un peu épaisses, superficiellement crénelées, et fortement tomenteuses sur les deux faces; les inférieures oblongues-elliptiques, atténuées en pétiole; les caulinaires moyennes et supérieures aiguës, *décurrentes sur la tige jusqu'à l'insertion de la feuille immédiatement inférieure.* Tige raide, dressée, ailée. — Plante de 6-10 décimètres, d'un vert jaunâtre, couverte d'un tomentum épais et étoilé; fleurs jaunes.

Hab. Lieux incultes, bois taillis; commun dans toute la France. ② Juillet-août.

V. montanum *Schrad. hort. gœtt. fasc.* 2, *p.* 18, *tab.* 12 *et monogr.* 1, *p.* 33; *Bertol. amœnit. ital. p.* 343, *et fl. ital.* 2, *p.* 578; *Mert. et Koch, deutschl. fl.* 2, *p.* 209; *V. crassifolium Schleicher! cat.* 1815; *D C. fl. fr.* 3, *p.* 601 (*excl. var.* β.); *Gaud. helv.* 2, *p.* 119 (*non Hoffm. et Link*). — Cette plante est au *V. Thapsus*, ce que le *V. australe* est au *V. thapsiforme.* Elle se distingue en effet du *V. Thapsus* par ses feuilles caulinaires *décurrentes sur la tige en deux ailes cunéiformes qui parcourent seulement la moitié du mérithale et non toute son étendue;* par sa tige plus grêle, moins élevée, moins anguleuse. La corolle, les étamines, le style et le stigmate sont identiques dans les deux plantes.

Hab. Lieux incultes; Lyon !; Dauphiné; Vaucluse; Montpellier; Olette dans les Pyrénées; Agen. ② Juin-août.

Obs. De Candolle a dit, et Duby a répété après lui, que les étamines du *V. crassifolium* sont entièrement glabres; cela ne s'applique certainement pas à la variété α. du *V. crassifolium D C.*, puisque ce botaniste célèbre a fait cette variété sur les échantillons mêmes de Schleicher, qui ont positivement les filets des étamines couverts de poils blancs, comme Schrader et Gaudin le font observer et comme je l'ai constaté sur des échantillons authentiques.

V. THAPSIFORME *Schrad. monogr.* 1, *p.* 21 ; *Mert. et Koch, deutschl. fl.* 2, *p.* 206 ; *Fries, nov.* 68 ; *Gaud. helv.* 2, *p.* 117 ; *V. Thapsus Poll. pal.* 1, *p.* 217 ; *Mey. chlor. hanov. p.* 325 (*non L.*).— *Fries, h. norm.* 4, *n*os 19 *et* 20 ! — Fleurs fasciculées, disposées en épi souvent très-long, dense ; pédicelles presque nuls au moment de la floraison. Calice tomenteux, à segments lancéolés. Corolle grande, *plane*. Les deux étamines inférieures à filets glabres, à anthères *insérées latéralement et une fois et demie plus courtes que leurs filets* ; les étamines supérieures à filets munis de poils blancs, laineux, fortement épaissis en massue. Style élargi en spatule au sommet, comprimé ; stigmate *longuement décurrent sur les bords du style et formant un V renversé*. Capsule ovoïde. Feuilles un peu épaisses, fortement crénelées, cotonneuses sur les deux faces ; les inférieures oblongues-elliptiques, atténuées en pétiole ; les caulinaires moyennes et supérieures lancéolées, acuminées, *décurrentes sur la tige jusqu'à l'insertion de la feuille immédiatement inférieure*. Tige raide, dressée, simple ou rameuse au sommet, ailée. — Plante de 1-2 mètres, couverte d'un tomentum jaunâtre, épais, étoilé ; fleurs jaunes.

Hab. Lieux incultes ; commun dans toute la France. ② Juillet-août.

V. CRASSIFOLIUM *Hoffm. et Link, fl. port.* 1, *p.* 215, *tab.* 26 ; *Schrad. monogr.* 1, *p.* 22 ; *DC. fl. fr.* 3, *p.* 601 ; (*excl. var.* α.) ; *Boreau, fl. centre,* 2e *ed.* 2, *p.* 372 (*non Gaud.*) ; *V. grandiflorum Poir. dict. suppl.* 3, *p.* 715 ; *V. montanum Lois. gall.* 1, *p.* 170 (*non Schrad.*). — Cette plante ne paraît différer du *V. thapsiforme* que par les filets des étamines *parfaitement glabres*. Nous ne l'avons pas observée.

Hab. Est indiqué à Soissons par *Poiret* ; à Paris et à Orléans par *Loiseleur* ; dans l'Allier et dans la Nièvre par *Boreau*. ② Juillet-août.

V. PHLOMOIDES *L. sp.* 253 ; *Vill. Dauph.* 2, *p.* 490 ; *DC. fl. fr.* 3, *p.* 601 ; *Schrad. monogr.* 1, *p.* 29 ; *Bertol. fl. ital.* 2, *p.* 575 (*non All., nec St.-Am., nec Thuill.*) ; *V. thapsoides All. ped.* 1, *p.* 105 (*non L.*) ; *V. italicum Moric. fl. ven.* 1, *p.* 116. — Fleurs fasciculées, disposées en épi raide, allongé, interrompu à la base ; pédicelles épais, très-courts. Calice tomenteux, à segments lancéolés, accuminés. Corolle grande et plane. Les deux étamines inférieures à filets glabres, à anthères *insérées latéralement et* 2-3 *fois plus courtes que leurs filets* ; les étamines supérieures à filets munis de poils blancs, laineux, fortement épaissis en massue. Style élargi en spatule au sommet, comprimé ; stigmate *longuement décurrent sur les bords du style et formant un V renversé*. Capsule ovoïde. Feuilles un peu épaisses, fortement crénelées, couvertes sur les deux faces d'un tomentum jaunâtre ; les inférieures ovales ou ovales-oblongues, contractées en pétiole ; les caulinaires supérieures sessiles, *brièvement décurrentes sur la tige en deux ailes larges et arrondies à la base* ; les raméales en cœur et simplement sessiles. Tige dressée, raide, arrondie, non ailée, simple ou rameuse supérieurement. — Plante de 1-2 mètres, couverte d'un tomentum épais, jaunâtre, étoilé ; fleurs jaunes.

Hab. Lieux incultes; commun dans tout le midi, et dans le centre de la France; se retrouve dans l'est à Lyon, à Besançon, à Guebwiller en Alsace et à Haguenau. (2) Juillet-août.

V. australe *Schrad. monogr.* 1, *p.* 28, *tab.* 2; *DC. fl. fr.* 5, *p.* 413; *V. phlomoïdes* β. *semidecurrens Mert. et Koch, deutschl. fl.* 2, *p.* 208. — Très-voisin du précédent, il s'en distingue par ses feuilles radicales plus oblongues ; par ses feuilles caulinaires *décurrentes sur la tige en deux ailes cunéiformes qui parcourent la moitié du mérithale.* Le tomentum est le même que dans le *V. phlomoides*, seulement dans le nord de la France il devient plus rare et plus blanc.

Hab. Lieux incultes; commun dans le midi de la France, plus rare dans le centre et dans le nord. (2) Juillet-août.

Sect. 2. Lychnitis *Benth. in DC. prodr.* 10, *p.* 230. — Anthères ordinairement toutes égales, réniformes, insérées transversalement sur les filets. Capsule ovoïde. Feuilles non décurrentes ou rarement très-brièvement décurrentes.

V. sinuatum *L. sp.* 254; *Vill. Dauph.* 2, *p.* 493; *DC. fl. fr.* 3, *p.* 605; *Schrad. monogr.* 1, *p.* 39; *Bertol. fl. ital.* 2, *p.* 583; *Koch, syn.* 587; *Guss. syn.* 1, *p.* 263; *V. scabrum Presl, fl. sicul.* 1, *p.* 35. — *Soleirol, exsicc.* 2551! — Fleurs fasciculées, formant *une grande panicule pyramidale, à rameaux divariqués-ascendants,* grêles, effilés au sommet, portant les glomérules de fleurs écartés les uns des autres; pédicelles inégaux, *plus courts que le calice* au moment de la floraison. Calice blanc-tomenteux, à segments lancéolés, dressés, égalant la capsule. Corolle petite, jaune. Etamines à filets munis de poils violets; *anthères toutes égales.* Stigmate en tête. Capsule très-petite, ovoïde-globuleuse, obtuse, à la fin glabrescente. Feuilles brièvement tomenteuses, surtout en dessous ; les inférieures pétiolées, oblongues-lancéolées, *sinuées ou sinuées-pennatifides, à lobes un peu ondulés, dentés ou incisés;* les caulinaires supérieures lancéolées, aiguës, sessiles et *très-brièvement décurrentes;* les raméales *en cœur, embrassantes,* non décurrentes. Tige dressée, *arrondie,* un peu flexueuse, rougeâtre sous le tomentum qui se détache à la fin. — Plante de 5-10 décimètres, munie d'un tomentum jaunâtre, étoilé.

Hab. Bords des routes, lieux incultes; Dauphiné méridional; Tain (Drôme); Avignon, Aix, Salon, Fréjus, Toulon, Marseille, Saint-Ambroix, Anduze, Nîmes, Montpellier, Narbonne, Perpignan et toute la chaîne des Pyrénées ; commun dans toute la vallée de la Garonne; Pau, Bayonne, la Teste, Bordeaux; Croisic près de Nantes; Corse, à Calvi. (2) Juillet-août.

V. Boerhaavii *L. mant.* 45; *V. majale DC. fl. fr.* 5, *p.* 415; *Schrad. monogr.* 2, *p.* 33; *Dub. bot.* 340; *Lois. gall.* 1, *p.* 172; *V. phlomoides All. ped.* 1, *p.* 105, *ex Bertol.* (*non L.*); *V. Blattariæ foliis, nigrum, amplioribus floribus luteis, apicibus purpuras-*

centibus Boerh. hort. Lugd. bat. 1, *p.* 228.— *Soleir. exsicc.* 3037! — Fleurs fasciculées, plongées dans un tomentum blanc-cotonneux, disposées en *épi raide, allongé, un peu interrompu à la base;* pédicelles épais, *extrêmement courts.* Calice se dépouillant de son tomentum à la maturité, à segments linéaires-lancéolés, munis de nervures saillantes, plus courts que le fruit. Corolle grande et jaune, maculée de violet à la gorge. Etamines à filets munis de poils violets, rares sur les inférieures; celles-ci à *anthères insérées obliquement.* Stigmates en tête. Capsule grande, ellipsoïde, obtuse, à la fin glabrescente, surmontée par la base du style spinescente, nerviée à la base. Feuilles un peu épaisses; les inférieures blanches-tomenteuses surtout en dessous, ovales-elliptiques, *contractées en pétiole, crénelées, mais plus fortement à la base qui est quelquefois incisée et même sublyrée* (*V. bicolor Badarro, Osserv. p.* 3; *Bertol. fl. ital.* 2, *p.* 599); les supérieures sessiles, *ovales-en-cœur, embrassantes*, non décurrentes, couvertes d'un tomentum blanc, cotonneux, épais. Tige dressée, simple, *arrondie*, raide, rougeâtre sous le tomentum, qui à la fin se détache par flocons. — Plante de 5-10 décimètres.

Hab. Lieux incultes du midi; la Roche-des-Arnauds en Dauphiné; Montaud près de Salon, Fréjus, Toulon, Anduze, Montpellier, Narbonne, Olette, etc.; Corse, à Saint-Florent. (2) Juillet-août.

V. **PULVERULENTUM** *Vill. Dauph.* 2, *p.* 490; *Sm. fl. brit.* 1, *p.* 251; *DC. fl. fr.* 3, *p.* 602; *Gaud. helv.* 2, *p.* 121 (*non Schrad.*); *V. phlomoides Thuill.! fl. par. p.* 109; *St.-Am. fl. agen. p.* 90 (*non L., nec All.*); *V. floccosum Waldst. et Kit. pl. rar. hung.* 1, *p.* 81, *tab.* 79; *DC. fl. fr.* 5, *p.* 414; *Schrad. monogr.* 2. *p.* 16; *Mert. et Koch, deutschl. fl.* 2, *p.* 215; *Bertol. fl. ital.* 2, *p.* 597; *Guss. syn.* 1, *p.* 264; *V. heterophyllum Moretti, pl. ital. decad.* 3, *p.* 6; *V. laxiflorum Presl. delic. prag. p.* 76. — *Ic. Engl. bot. tab.* 487. *Rchb. exsicc. n°* 1241! — Fleurs fasciculées, plongées dans un tomentum blanc-cotonneux, disposées en *panicule pyramidale, à rameaux étalés*, grêles, flexueux, portant les glomérules de fleurs écartés les uns des autres; pédicelles *égalant le calice* au moment de la floraison. Calice blanc-tomenteux, dépouillé au sommet, à segments linéaires-lancéolés, de moitié plus courts que la capsule. Corolle de grandeur variable, mais généralement petite, plane, jaune. Etamines à filets tous munis de poils blancs; *toutes les anthères égales.* Stigmate en tête. Capsule ovoïde, comprimée latéralement, déprimée au sommet très-obtus, à la fin glabre. Feuilles munies sur les 2 faces d'un tomentum cotonneux qui se détache ensuite par flocons; les radicales oblongues-elliptiques, faiblement crénelées, *atténuées en un court pétiole;* les caulinaires toutes sessiles, non décurrentes, entières ou presque entières sur les bords; les supérieures ovales ou arrondies, *embrassantes*, longuement et brusquement acuminées. Tige dressée, *arrondie*, souvent très-rameuse au sommet. — Plante de 4-8 décimètres, munie d'un tomentum blanc, floconneux, caduc.

Hab. Bords des routes, lieux incultes; commun dans presque toute la France. (2) Juin-août.

V. Lychnitis *L. sp.* 253; *Vill. Dauph.* 2, *p.* 490; *DC. fl. fr.* 3, *p.* 602; *Schrad. monogr.* 2, *p.* 18; — *Ic. Engl. bot. tab.* 58. — Fleurs fasciculées, *en grappe pyramidale, à rameaux dressés* et portant les glomérules de fleurs écartés les uns des autres; pédicelles *une fois plus longs que le calice* au moment de la floraison. Calice tomenteux, à segments linéaires-lancéolés, de moitié plus courts que la capsule. Corolle petite, plane, tantôt jaune (*V. micranthum Moretti, pl. ital. dec.* 3, *p.* 6), tantôt blanche (*V. album Mœnch, meth.* 447; *V. Leucanthemum Léon Dufour!; V. Weldenii Moretti, l. c.*). Etamines à filets tous munis de poils blancs; *toutes les anthères égales.* Stigmate en tête. Capsule petite, ovoïde, obtuse. Feuilles vertes et pubescentes en dessus, d'un blanc grisâtre et brièvement tomenteuses en dessous; les inférieures oblongues-elliptiques, *atténuées en pétiole*, fortement et doublement crénelées; les caulinaires moyennes lancéolées, sessiles, *non embrassantes*, ni décurrentes; les supérieures acuminées, à peine crénelées. Tige dressée, raide, ferme, *fortement sillonnée-anguleuse dans le haut*, souvent rameuse. — Plante de 3-8 décimètres, d'un vert-grisâtre, d'un aspect poudreux, munie d'un tomentum court, étoilé.

Hab. Bois, coteaux arides; commun dans presque toute la France. (2) Juin-août.

V. nigrum *L. sp.* 253; *Vill. Dauph.* 2, *p.* 492; *DC. fl. fr.* 3, *p.* 603; *Schrad. monogr.* 2, *p.* 24; — *Ic. Fl. dan. tab.* 1088. — Fleurs fasciculées, *tantôt disposées en une longue grappe spiciforme, interrompue, simple, tantôt formant une panicule rameuse, à rameaux dressés* (*V. parisiense Thuill. fl. paris. p.* 110); pédicelles très-grêles, *une fois plus longs que le calice* au moment de la floraison. Calice petit, un peu plus court que la capsule, à sépales linéaires, aigus. Corolle de grandeur variable, mais généralement petite, plane, jaune avec la gorge violette. Etamines à filets tous munis de poils violets; *anthères toutes égales.* Stigmate en demi-lune. Capsule très-petite, ovoïde, obtuse. Feuilles d'un vert-sombre et pubescentes en dessus, plus ou moins tomenteuses en dessous, quelquefois fortement tomenteuses sur les deux faces (*V. Alopecurus Thuill. fl. par.* 110); les radicales longuement pétiolées, lancéolées, *échancrées en cœur à la base*, inégalement et fortement crénelées; les caulinaires supérieures seules sessiles, *arrondies à la base*, acuminées. Tige dressée, simple ou rameuse, *munie d'angles saillants vers le haut.* — Plante de 5-12 décimètres.

Hab. Bois, bords des chemins; assez commun dans presque toute la France. (2) Juillet-septembre.

V. Chaixii *Vill. Dauph.* 2, *p.* 491, *tab.* 13; *DC. fl. fr.* 3, *p.* 605; *Schrad. monogr.* 2, *p.* 27; *Lois. gall.* 1, *p.* 172; *V. urticæfolium Lam. dict.* 4, *p.* 220; *V. gallicum Villd. sp.* 1, *p.* 1005; *V. monspessulanum Pers. syn.* 1, *p.* 215; *V. dentatum Lapeyr. abr. pyr.* 114 *et fl. pyr. tab.* 69. — *Endress, pl. pyr. exsicc. unio itiner.* 1829. — Fleurs petites, fasciculées, formant *une panicule pyramidale, à rameaux divariqués-ascendants*, grêles, portant les glomérules de fleurs écartés les uns des autres; pédicelles *égalant le calice* au moment de la floraison. Calice blanc-tomenteux, à segments linéaires, aigus, un peu plus courts que la capsule. Corolle petite, plane, jaune avec la gorge violette. Etamines à filets tous munis de poils violets; *anthères toutes égales*. Stigmate en tête. Capsule très-petite, ellipsoïde, arrondie ou même un peu déprimée au sommet. Feuilles pubescentes et vertes en dessus, tomenteuses et d'un vert-blanchâtre en dessous; les inférieures longuement pétiolées, lancéolées, *lobulées-dentées sur les bords, inéquilatères à la base ordinairement incisée-lyrée;* les caulinaires moyennes plus brièvement pétiolées, ovales, arrondies à la base; les supérieures seules sessiles, *non embrassantes*. Tige dressée, grêle, *arrondie*, rougeâtre sous le tomentum qui la couvre. — Plante de 5-8 décimètres.

Hab. Pyrénées-Orientales, Arles et Prats-de-Mollo; Montpellier, Pic-Saint-Loup; Lodève; Anduze dans le Gard; Toulon, Sainte-Baume; Aix; Entraigues dans l'Ardèche; La Garde, près de Gap, Seyssins, Grenoble; Guebwiller en Alsace (*Muhlenbeck*). ♃! Juin-août.

Obs. — Cette plante a à la fois des rapports avec les *V. sinuatum* et *nigrum*, et nous l'aurions volontiers considérée comme hybride de ces deux espèces, si ses graines n'étaient parfaitement conformées. Nous avons toujours observé que dans les *Verbascum* hybrides les graines avortent. Du reste, cette plante croît en Alsace, où certainement le *V. sinuatum* n'existe pas.

Sect. 3. Blattaria *Benth. in DC. prod.* 10, *p.* 229. —Anthères inégales; celles des étamines longues insérées latéralement. Capsule *globuleuse*. Feuilles non décurrentes ou brièvement décurrentes.

V. Blattaria *L. sp.* 254; *Vill. Dauph.* 2, *p.* 492; *Thuill. fl. par. p.* 111; *DC. fl. fr.* 3, *p.* 604; *Schrad. monogr.* 2, *p.* 42. — *Ic. Engl. bot. tab.* 393. *C. Billot, exsicc.* 56! — Fleurs non fasciculées, mais solitaires à l'aisselle des bractées, disposées en une grappe terminale lâche, allongée, pourvue de poils simples et glanduleux; pédicelles grêles, *étalés, deux fois plus longs que le calice*. Celui-ci vert, glanduleux, à segments linéaires, plus courts que la capsule. Corolle grande, plane, jaune avec la gorge violette. Etamines à filets tous munis de poils violets; anthères des étamines inférieures insérées latéralement. Stigmate en tête. Capsule globuleuse. Feuilles *glabres*, luisantes, inégalement et profondément dentées; les radicales oblongues, sinuées-dentées, atténuées en un court pétiole; les caulinaires et les supérieures sessiles, demi-embrassantes, *non décurrentes*. Tige dressée, raide, faiblement anguleuse vers le haut, simple ou plus souvent rameuse. — Plante de 5-12 décimètres.

Hab. Bords des chemins, lieux incultes. Assez commun dans toute la France. (2) Juin-septembre.

V. VIRGATUM *With. arrang. p.* 250; *Bertol. fl. ital.* 2, *p.* 584; *Sm. engl. fl.* 1, *p.* 311 (*non Schleicher*); *V. blattarioides Lam. dict.* 4, *p.* 225; *D C. fl. fr.* 3, *p.* 605; *Schrad. monogr.* 2, *p.* 45 (*non Gaud.*); *V. viscidulum Pers. syn.* 1, *p.* 215; *V. glabrum Willd. enum. p.* 225; *V. repandum Guss. prodr. suppl. p.* 59; *Rchb. fl. excurs. p.* 380; *V. Celsiæ Bois. voy. Esp. p.* 444. — Fleurs solitaires, ou plus rarement géminées ou ternées à l'aisselle des bractées, formant une grappe terminale, simple, un peu lâche, très-allongée, raide, pourvue de poils simples et glanduleux; pédicelles *dressés, plus courts que le calice.* Celui-ci velu-glanduleux, à segments linéaires-lancéolés, plus courts que la capsule. Corolle grande, plane, jaune avec la gorge violette. Etamines à filets tous munis de poils violets; anthères des étamines longues insérées latéralement. Stigmate en tête. Capsule globuleuse. Feuilles d'un vert-pâle, *munies de petits poils épars et glanduleux au sommet;* les radicales oblongues-lancéolées, atténuées en pétiole, incisées-crénelées, quelquefois sublyrées; les caulinaires moyennes étroitement lancéolées, sessiles, embrassantes, *très-brièvement décurrentes en ailes cunéiformes;* les supérieures en cœur, acuminées. Tige dressée, raide, simple, un peu anguleuse vers le haut.—Plante de 5-10 décimètres.

Hab. Lieux incultes, bords des chemins; Lyon; Montpellier; Montauban; Moissac; Agen; Bayonne; Auvergne, à Arlanc, à Gannat, etc.; Ahun dans la Creuse; Châtellerault; Napoléon-Vendée; Poitiers, Tours, Angers, Nantes, Le Croisic, île d'Houat; Le Pecq près de Paris; etc. (2) Juin-septembre.

B. *Hybrides. — Capsules avortées.*

Sect. 1. — Poils des étamines violets.

a. *Feuilles plus ou moins décurrentes.*

× **V. NIGRO-THAPSUS** *Fries, summ. veg. Scand. p.* 17 *et* 192; *V. semi-album Chaub. in St.-Am. fl. ag. p.* 88. — Fleurs petites, en glomérules rapprochés, formant une *grappe spiciforme, simple, étroite, non interrompue;* pédicelles presque nuls. Calice tomenteux, à segments lancéolés. Corolle petite, plane, jaune. Etamines à filets tous pourvus de poils en partie violets; anthères toutes réniformes, *insérées tranversalement.* Stigmate *en tête.* Feuilles pubescentes et d'un vert-grisâtre en dessus, d'un blanc-jaunâtre et fortement tomenteuses en dessous; les radicales elliptiques, brusquement contractées en pétiole; les caulinaires moyennes oblongues, atténuées à la base, sessiles et *longuement décurrentes;* les supérieures rapprochées, petites, *décurrentes,* acuminées, presque glabres en dessus. Tige dressée, raide, très-feuillée, tomenteuse, simple. — Plante de 8-10 décimètres; port du *V. Thapsus*.

Hab. Nous en avons vu un échantillon recueilli en Gascogne. ② Juin-août.

⨯ **V. Thapso-nigrum** *Schiede, de pl. hybr. p.* 32; *Koch, syn. ed.* 2, *p.* 590; *Fries, summ. veg. Scand. p.* 17; *V. collinum Schrad. monogr.* 1, *p.* 35, *tab.* 5, *f.* 1; *Schultz, fl. starg. suppl.* 1, *p.* 13; *V. pyramidatum Thomas! exsicc.* (*non Bieb.*).—Se distingue très-nettement du précédent par son port, mais du reste par un petit nombre de caractères positifs; on peut toutefois signaler les suivants : la grappe est souvent ramifiée à la base, plus grêle et bien plus lâche; ses feuilles sont pourvues en dessous d'un tomentum moins épais, moins dense et moins blanc; ses feuilles caulinaires sont *très-brièvement décurrentes*.

Hab. Pont de Chezalet près Ahun dans la Creuse (*Pailloux*). ② Juin-août.

⨯ **V. thapsiformi-nigrum** *Schiede, de pl. hybr.* 36; *Mert. et Koch, deutsch. fl.* 2, *p.* 211; *V. adulterinum Koch, syn. ed.* 1, *p.* 512. — Fleurs grandes, agrégées, formant une *grande panicule pyramidale, lâche inférieurement, très-rameuse, à rameaux allongés, dressés*, brièvement tomenteux; pédicelles plus courts que le calice. Celui-ci tomenteux, à segments lancéolés. Corolle grande, plane, jaune avec la gorge violette. Etamines à filets tous pourvus de poils violets; anthères des étamines longues *insérées obliquement*. Stigmate *en tête*. Feuilles brièvement pubescentes sur les deux faces, d'un vert foncé en dessus, d'un vert pâle en dessous; les radicales grandes, oblongues, sinuées-crénelées, atténuées en pétiole; les caulinaires moyennes ovales, acuminées, sessiles, *brièvement décurrentes* sur la tige; les raméales sessiles, *non décurrentes*. Tige dressée, robuste, un peu anguleuse au sommet, finement pubescente. — Plante de 15-20 décimètres.

Hab. Nancy; Guebwiller en Alsace. ② Juin-août.

⨯ **V. nigro-thapsiforme** *Fries, summ. veg. Scand.* 17; *V. seminigrum Fries, nov.* 69. — *Fries, herb. norm.* 9, *n°* 15! — Se distingue du précédent par sa grappe plus grêle; par sa corolle de moitié plus petite; par ses anthères toutes réniformes et *insérées transversalement*; par ses feuilles fortement réticulées-veinées et tomenteuses en dessous, et dont les caulinaires sont *demi-décurrentes*.

Hab. Rouen. ② Juin-septembre.

⨯ **V. thapsiformi-Blattaria** *Nob.*; *V. blattarioides* β. *caule ramosissimo Bast.! fl. Maine-et-Loire, suppl. p.* 42; *V. ramosissimum DC.! fl. fr.* 5, *p.* 416; *Dub. bot.* 341 (*non Poir.*); *V. Bastardi Rœm. et Schult. syst. veg.* 4, *p.* 335; *Boreau! Bull. soc. ind. d'Angers*, 15ᵉ *année*, *n°* 1; *Guépin, fl. Maine-et-Loire, ed.* 3, *p.* 134; *V. pilosum Döll!* — Fleurs fasciculées, disposées en *grappe très-allongée, un peu lâche, simple ou plus ou moins rameuse, à rameaux étalés-dressés,* hérissés de poils courts et rameux entremêlés de quelques poils simples et glanduleux; pédicelles étalés-dressés, très-inégaux; les plus longs égalant ou dépassant le calice. Celui-ci velu comme l'axe de la grappe, à segments lancéolés. Corolle assez grande, et atteignant même quelquefois jusqu'à 4 centimètres de diamètre, plane, jaune avec le fond violet. Etamines à filets tous munis de poils en partie violets; anthères des étamines longues très-allongées, *insérées latéralement.* Stigmate *un peu décurrent sur les côtés du style.* Feuilles vertes et pubescentes sur les deux faces, quelquefois un peu tomenteuses en dessous; les radicales oblongues-lancéolées, crénelées, atténuées en pétiole ailé; les caulinaires moyennes ovales-oblongues, aiguës, sessiles, *brièvement décurrentes sur la tige en deux ailes cunéiformes.* Tige dressée, un peu anguleuse au sommet, souvent rougeâtre, hérissée de poils courts et étoilés, simple ou rameuse. — Plante de 12-15 décimètres.

Hab. Nevers, Angers, Chalonnes. ② Juin-septembre.

× **V. phlomo-Blattaria** *Godr. et Gren.* — Très-voisin du précédent, dont il se distingue par ses étamines munies de poils tous violets; par son stigmate en V renversé; par ses feuilles moyennes et supérieures très-brièvement prolongées sur la tige *en deux oreilles arrondies.*

Hab. Montpellier (*Touchy*). ② Juillet.

× **V. sinuato-phlomoides** *Godr. et Gren.*—Fleurs en glomérules écartés les uns des autres, formant une *grande panicule rameuse, à rameaux allongés, grêles, tomenteux, étalés;* pédicelles très-courts. Calice tomenteux, à segments lancéolés. Corolle un peu plus grande que celle du *V. sinuatum,* plane, jaune. Etamines à filets tous munis de poils violets; anthères des étamines longues *insérées obliquement.* Stigmate élargi au sommet, *un peu décurrent sur les côtés du style.* Feuilles un peu épaisses, couvertes sur les deux faces d'un tomentum blanc-jaunâtre; les radicales........; les caulinaires lancéolées, *brièvement décurrentes* sur la tige; les raméales ovales-en-cœur, embrassantes, *non décurrentes.* Tige dressée, robuste, tomenteuse, un peu anguleuse vers le haut.—Plante de 10-15 déc.

Hab. Nous l'avons rencontré aux environs de Montpellier, en société des *V. phlomoides* et *sinuatum.* ② Juin-août.

× **V. Thapso-sinuatum** *Godr. et Gren.*— Fleurs en glomérules écartés les uns des autres, formant une *panicule composée, très-rameuse, à rameaux étalés,* brièvement tomenteux; pédicelles courts et inégaux. Calice petit, tomenteux, à segments lancéolés. Corolle petite, plane-rotacée, jaune. Etamines à filets tous munis de poils violets en massue; anthères toutes réniformes, *insérées transversalement.* Style grêle; stigmate *en tête.* Feuilles un peu épaisses, couvertes sur les deux faces, mais surtout en dessous, d'un tomentum blanchâtre épais; les radicales. . . . . . .; les caulinaires moyennes lancéolées, *demi-décurrentes* sur la tige. Tige dressée, tomenteuse, un peu anguleuse supérieurement. — Plante de 10 décimètres.

Hab. Montpellier (*Touchy*), en société des *V. sinuatum* et *Thapsus*. ② Juin.

≍ **V. SINUATO-PULVERULENTUM** *Noulet, fl. sous-pyrén. p.* 451. — Fleurs en glomérules écartés les uns des autres et munis d'un tomentum farineux plus ou moins abondant, formant une *panicule rameuse, à rameaux effilés et étalés;* pédicelles courts et inégaux. Calice petit, enveloppé d'un tomentum floconneux, à segments lancéolés, dénudés au sommet. Corolle de grandeur moyenne, plane-rotacée, jaune. Etamines à filets tous munis de poils violets et en massue. Stigmate *en tête*. Feuilles un peu épaisses, couvertes sur les deux faces, mais surtout en dessous, d'un tomentum épais, d'un blanc-grisâtre; les radicales oblongues, anguleuses et irrégulièrement dentées sur les bords; les caulinaires lancéolées, *brièvement et inégalement décurrentes sur la tige*. Celle-ci dressée, tomenteuse.— Plante de 10 décimètres.

Hab. Saint-Jean-de-Védas près de Montpellier, en société avec les *V. sinuatum* et *pulverulentum*. ② Juin.

b. *Feuilles non décurrentes.*

≍ **V. NIGRO-LYCHNITIS** *Schiede, de pl. hybr. p.* 40; *Mert. et Koch, deutschl. fl.* 2, *p.*218; *V. mixtum Lois.! gall.* 1, *p.* 172 (*non Ramond*); *V. Schiedeanum Koch, taschenb.* 371; *Godr. fl. lorr. suppl. p.* 29; *V. nigrum* γ. *ovatum Koch, syn. ed.* 1, *p.* 514. — Fleurs *fasciculées*, disposées en grappe lâche, pyramidale, rameuse, à rameaux dressés, raides; pédicelles grêles, une fois et demie aussi longs que le calice. Celui-ci *brièvement tomenteux*, à segments lancéolés. Corolle petite, plane, jaune avec la gorge violette. Etamines à filets tous munis de poils violets; anthères toutes insérées transversalement. Stigmate en tête. Feuilles *d'un vert obscur et pubescentes en dessus, grisâtres et brièvement tomenteuses en dessous;* les inférieures lancéolées, aiguës, atténuées en pétiole et munies de larges crénelures; les caulinaires moyennes arrondies à la base et très-brièvement pétiolées; les supérieures longuement acuminées, sessiles, non décurrentes, ni embrassantes. Tige raide, dressée, *pourvue vers le haut de côtes aiguës, saillantes et rapprochées.* — Plante de 6-12 décimètres.

Hab. Nancy; Guebwiller en Alsace (*Muhlenbeck*); Pontarlier (*Gren.*); Ahun dans la Creuse (*Pailloux*); Pontgibaud en Auvergne (*Lecoq et Lamotte*); Paris au bois de Boulogne, Villers-Cotterets (*Questier*). ② Juin-août.

≍ **V. NIGRO-PULVERULENTUM** *Sm. brit.* 1, *p.* 251; *Mérat! fl. par. ed.* 3, *t.* 2, *p.* 162; *V. nigro-floccosum Koch, syn. ed.* 2, *p.* 591; *V. mixtum Ram. in DC. fl. fr.* 3, *p.* 603; *Gaud. helv.* 2, *p.* 123 (*non Lois.*); *V. schottianum Schrad. monogr.* 2, *p.* 13, *tab.* 3, *f.* 2; *Mert. et Koch, deutsch. fl.* 2, *p.* 217.—Fleurs petites, *en glomérules* écartés les uns des autres, et *plongés dans un tomentum blanc* et persistant, formant une grande panicule rameuse, à rameaux dressés, grêles, allongés; pédicelles une fois plus longs que le calice. Celui-ci *tomenteux*, à segments lancéolés, aigus, dénudés au sommet. Corolle petite, plane, jaune. Etamines à filets tous pourvus de poils violets; toutes les anthères insérées transversalement. Stigmate en tête. Feuilles finement tomenteuses et *d'un vert pâle en dessus, plus fortement tomenteuses et d'un vert blanchâtre en dessous;* les radicales très-grandes, oblongues-lancéolées, atténuées en pétiole; les caulinaires moyennes oblongues, sessiles, non décurrentes; les supérieures ovales-en-cœur, acuminées. Tige dressée, rougeâtre, mollement tomenteuse, *anguleuse vers le haut.* — Plante de 10-15 décimètres.

Hab. Paris, au bois de Boulogne (*herb. Mérat*); Montmorillon; Ahun dans la Creuse (*Pailloux*); Clermont-Ferrand; Tarbes (*Gay*). ⓶ Juin-août.

≍ **V. LYCHNITIDI-BLATTARIA** *Koch, syn. ed.* 2, *p.* 592; *V. pseudo-Blattaria Schleicher!, pl. exsicc.; V. blattarioides* β. *Gaud. helv.* 2, *p.* 127 (*non Lam.*); *V. Muhlenbeckii Godr. bon cult. de Nancy*, 1846; *V. rubiginosum Guép. fl. Maine-et-Loire, ed.* 3, *p.* 156 (*non Waldst*).—*Schultz, exsicc. n°* 1297!—Fleurs *solitaires ou géminées*, en panicule très-lâche, très-rameuse, à rameaux effilés, dressés, hérissés de poils courts, simples, parfois terminés par une petite glande; pédicelles grêles, inégaux, étalés-dressés, plus longs que le calice. Celui-ci *vert*, à segments linéaires. Corolle plus petite que celle du *V. Blattaria*, plane, jaune avec le fond violet. Etamines à filets tous munis de poils violets; anthères toutes insérées transversalement. Stigmate en tête. Feuilles fermes, brièvement pubescentes, *vertes en dessus, plus pâles en dessous;* les radicales oblongues, obtuses, sinuées-crénelées, atténuées en pétiole; les caulinaires moyennes lancéolées, sessiles, non embrassantes; les supérieures un peu élargies et en cœur à la base. Tige grêle, dressée, *arrondie*, rougâtre, finement pubescente.— Plante de 8-12 décim.

Hab. Iles de la Seine à Charenton (*herb. Mérat.*); Blois et Nevers (*Boreau*); forêt de Durtal, près d'Angers (*Guépin*); Montpellier; Lyon; Cernay et Guebwiller en Alsace (*Muhlenbeck*). ⓶ Juin-septembre.

OBS. —Gaudin décrit, sous le nom de *V. blattaroides*, deux plantes distinctes, qu'il sépare toutefois comme variétés: l'une est le *V. pseudo-Blattaria* de Schleicher, que nous venons de décrire; l'autre est le *V. virgatum Schleicher* (*non With.*). Cette dernière, que nous avons, ainsi que l'autre, de Schleicher lui-même, est sans contredit voisine de sa congénère, et nous semble être aussi une hybride des *V. Blattaria* et *lychnitis*, mais dans la production de laquelle le rôle des parents a été inverse. Ce *V. virgatum*, qui, à notre connaissance, n'a pas encore été trouvé en France, et qui, si notre soupçon se vérifie relativement à son origine, devrait prendre, d'après la nomenclature de Schiede, le nom de *V. Blattario-lychnitis*, se distingue du précédent par ses fleurs plus longuement pédonculées; par ses corolles beaucoup plus grandes; par ses étamines longues pourvues d'anthères décurrentes; par son style plus épaissi au sommet; par son stigmate un peu décurrent sur les côtés du style.

≍ **V. sinuato-Blattaria** *Godr. et Gren.*—Fleurs agrégées, en *panicule allongée, très-lâche, très-rameuse, à rameaux allongés, effilés, étalés,* verts, parsemés de petits poils rameux; pédicelles inégaux, fins, étalés-dressés, plus longs que le calice. Corolle grande, plane-rotacée, jaune avec le fond violet. Etamines munies de poils violets en massue; anthères des étamines longues *insérées obliquement.* Style grêle; stigmate *en tête.* Feuilles un peu coriaces, vertes sur les deux faces, pubescentes en dessous; les radicales oblongues, sinuées-pennatifides; les caulinaires moyennes sessiles et embrassantes, non décurrentes, lancéolées, irrégulièrement dentées. Tige dressée, grêle, brièvement pubescente. — Plante de 10-12 décimètres.

Hab. Montpellier (*Touchy*). (2) Juin.

Sect. 2. Poils des étamines blancs.

a. *Feuilles plus ou moins décurrentes.*

≍ **V. Thapso-floccosum** *Godr. et Gren.* (*non Lecoq et Lam.*). —Fleurs petites, en glomérules rapprochés, formant une *grappe spiciforme étroite, simple, interrompue seulement à la base;* pédicelles plus courts que le calice. Celui-ci couvert, ainsi que les bractées, d'un tomentum blanc floconneux, à segments lancéolés. Corolle petite, *concave,* jaune. Etamines à filets tous pourvus de poils blancs; toutes les anthères *insérées transversalement.* Stigmate *en tête.* Feuilles couvertes d'un tomentum blanc-jaunâtre, épais surtout en dessous; les radicales ovales-lancéolées, crénelées, atténuées en pétiole; les caulinaires moyennes lancéolées, sessiles, brièvement décurrentes sur la tige en une aile très-étroite. Tige dressée, raide, simple, tomenteuse, un peu anguleuse vers le haut. — Plante de 5-8 décimètres.

Hab. Provins (*herb. Soy.-Will.*). (2) Juin-août.

≍ **V. Thapso-lychnitis** *Mert. et Koch, deutsch. fl.* 2, *p.* 212; *V. spurium Koch, syn. ed.* 1, *p.* 511; *Godr. fl. lorr. sup. p.* 27. — Fleurs en glomérules un peu écartés les uns des autres, formant *une grappe spiciforme interrompue*, allongée, grêle, simple ou un peu rameuse; pédicelles plus courts que le calice. Celui-ci brièvement tomenteux, à segments lancéolés. Corolle petite, *concave,* jaune. Etamines à filets munis de poils blancs, mais disposés en une simple ligne sur les étamines inférieures; anthères *insérées transversalement.* Stigmate *en tête.* Feuilles cotonneuses des deux côtés, superficiellement crénelées; les inférieures oblongues-elliptiques, atténuées en pétiole; les caulinaires moyennes brièvement décurrentes, quelquefois même très-brièvement. Tige dressée, raide, ferme, anguleuse vers le haut. — Plante de 5-10 décimètres.

Hab. Nancy; bois de Boulogne près de Paris (*herb. Mérat.*); Angers; Ahun dans la Creuse. (2) Juin-août.

× **V. THAPSIFORMI-LYCHNITIS** *Schiede, de pl. hybr. p.* 38; *Mert. et Koch, deutschl. fl.* 2, *p.* 213; *V. ramigerum Link in Schrad. monogr.* 1, *p.* 34, *tab.* 4; *Godr. fl. lorr. suppl. p.* 26. — Fleurs en glomérules écartés les uns des autres, formant une *panicule lâche, rameuse, à rameaux dressés;* pédicelles presque aussi longs que le calice. Celui-ci tomenteux, à segments lancéolés. Corolle assez grande, *plane*, jaune. Etamines à filets tous munis de poils blancs, mais disposés en une simple ligne sur les étamines inférieures; les anthères des étamines longues *insérées obliquement.* Stigmate *décurrent sur les côtés du style.* Feuilles brièvement tomenteuses sur les deux faces, fortement crénelées; les inférieures oblongues-elliptiques, insensiblement atténuées en pétiole; les caulinaires moyennes et supérieures lancéolées, acuminées, un peu décurrentes sur la tige; les raméales embrassantes, non décurrentes. Tige dressée, ordinairement rameuse, quelquefois même presque dès la base. — Plante de 5-12 décimètres.

Hab. Nancy; Sarrebourg; Bitche; Mâcon; Clermont-Ferrand. ② Juin-août.

× **V. FLOCCOSO-THAPSIFORME** *Wirtgen, in fl. od. bot. Zeit.* 1850, *p.* 89; *V. Thapso-floccosum Lecoq et Lamotte, cat. auv. p.* 282 (*non Godr. et Gren.*). — Fleurs petites, en glomérules un peu écartés les uns des autres, plongés dans un tomentum blanc et épais, formant *une grappe rameuse, à rameaux étalés-dressés;* pédicelles égalant presque le calice. Celui-ci blanc-tomenteux à segments linéaires, acuminés, dénudés au sommet. Corolle petite, *plane*, jaune. Etamines à filets tous pourvus de poils blancs; toutes les anthères *insérées transversalement.* Stigmate *en tête.* Feuilles couvertes d'un tomentum blanc-jaunâtre, épais surtout en dessous; les radicales oblongues, obtuses, crénelées, atténuées en pétiole court; les caulinaires moyennes oblongues-lancéolées, sessiles, *demi-décurrentes* sur la tige en ailes cunéiformes; les supérieures ovales, acuminées, décurrentes. Tige dressée, raide, fortement tomenteuse, anguleuse au sommet. — Plante de 5-8 décimètres; port du *V. Thapsus;* inflorescence du *V. pulverulentum.*

Hab. Provins; Ahun dans la Creuse; Clermont-Ferrand; Angers. ② Juin-août.

b. *Feuilles non décurrentes.*

× **V. LYCHNITIDI-FLOCCOSUM** *Ziz, in Koch, syn. p.* 591; *V. pulverulentum Schrad. monogr.* 2, *p.* 17 (*non Vill.*); *V. pulvinatum Thuill. fl. par. p.* 109. — Fleurs petites, en glomérules écartés les uns des autres, formant une grande panicule rameuse, à rameaux très-étalés, effilés, finement tomenteux; pédicelles très-inégaux, un peu plus longs ou plus courts que le calice. Celui-ci blanc-tomenteux, à segments lancéolés, dépouillés au sommet. Corolle petite, plane, jaune. Etamines à filets tous pourvus de poils blancs; toutes les anthères insérées transversalement. Stigmate en tête. Feuilles vertes et finement pubescentes en dessus, d'un vert-cendré et brièvement tomenteuses en dessous; les radicales grandes, oblongues-elliptiques, atténuées en pétiole; les caulinaires moyennes lancéolées, atténuées à la base, sessiles; les supérieures acuminées. Tige dressée, grisâtre et poudreuse, faiblement anguleuse vers le haut. — Plante de 10-12 décimètres.

Hab. Colmar; Besançon; Montbrison; Ahun dans la Creuse. ② Juin-août.

CELSIA. (L. gen. 512.)

Ne diffère du genre *Verbascum* que par *l'absence de la cinquième étamine.*

C. glandulosa *Bouché, in Linnæa, t.* 5, *p.* 12; *C. Arcturus Jacq. hort. vind.* 2, *tab.* 107: *Robert!, cat. Toulon, p.* 111 (*non L.*); *C. Arcturus* β. *oppositifolia Fisch. et Mey. ind. hort. petrop.* 9, *p.* 65. — Fleurs en grappe lâche, allongée, simple et terminale; pédoncules filiformes, allongés, très-étalés, glanduleux ainsi que le calice et les bractées; celles-ci petites, ovales, acuminées, fortement dentées-en-scie. Calice petit, à segments inégaux, lancéolés, aigus. Corolle bien plus petite que dans le *C. Arcturus*, jaune, rotacé, à segments supérieurs plus petits que l'inférieur. Etamines à filets tous munis de poils; étamines longues à anthères insérées latéralement, à filets glabres seulement au sommet. Capsule petite, globuleuse, glabre. Feuilles pubescentes-glanduleuses; les inférieures opposées, pétiolées, ovales, lyrées ou entières, dentées-en-scie; les supérieures sessiles. Tige dressée, simple, velue-glanduleuse. — Plante de 4-6 décimètres.

Hab. Toulon à Sixfours. ②.

Obs. — M. Robert assure que cette plante est spontanée dans cette localité d'où nous l'avons encore reçue dans ces dernières années.

ESPÈCES EXCLUES.

Verbascum orientale *Bieb.* — Indiqué en France par Sprengel, sans doute par confusion avec le *V. Chaixii Vill.*

Verbascum phœniceum *L.* — Indiqué par Hermann à la montagne de Sainte-Odile (Versant oriental des Vosges); n'y a pas été retrouvé.

Verbascum longifolium *D C.* (*V. speciosum Schrad.*) — Introduit accidentellement au port Juvénal près de Montpellier; n'y est pas spontané.

Verbascum dentifolium *Delile.* — Même observation.

Verbascum mucronatum *Lam.* (*V. candidissimum D C.*) — Même observation.

Verbascum leptostachyum *D C.* — Même observation.

Verbascum sinuato-Thapsus *Noul.* (*V. longiracemosum Chaub.*). — Nous est inconnu.

Verbascum nothum *Koch.* — Indiqué dans la Vienne par Delastre; dans la Côte-d'Or, à Nevers, à Angers, à Orléans par Boreau. Nous ne connaissons pas cette hybride.

Celsia cretica *L. fil.* — Indiqué à Toulon par Robert, mais qui ne l'avait pas recueilli lui-même; nous ne l'avons pas vu de France, nous le possédons de Sardaigne.

LXXXIX. SCROPHULARIACÉES.

(Scrophulariaceæ Benth. in DC. prod. 10, p. 186.) (1)

Fleurs hermaphrodites, irrégulières, très-rarement presque régulières, à préfloraison imbricative. Calice libre, persistant, à 4-5 divisions. Corolle gamopétale, hypogyne, caduque, à 4-5 divisions, à tube court ou allongé, régulier ou prolongé en bosse ou en éperon, à limbe tantôt presque régulier et alors rotacé ou subcampanulé, tantôt très-irrégulier bilabié ou en gueule, la lèvre supérieure bilobée et la lèvre inférieure trilobée. Etamines insérées sur le tube de la corolle, au nombre de quatre, avec ou sans appendice staminal représentant le rudiment d'une cinquième étamine, plus rarement réduites au nombre deux. Anthères biloculaires, ou quelquefois uniloculaires par la confluence des loges, s'ouvrant par une fente longitudinale, ou ordinairement par une fente transversale dans le cas de confluence des loges. Ovaire libre, à 2 carpelles, à 2 loges multiovulées et rarement biovulées. Ovules insérés sur la cloison, réfléchis ou semi-réfléchis (anatropes ou amphitropes). Style indivis. Stigmate entier ou bilobé. Fruit capsulaire, très-rarement subbacciforme (*Tozzia*), biloculaire, rarement uniloculaire, à loges contenant ordinairement un grand nombre de graines, rarement réduites à 1-2 par loge, à deux valves entières ou 2-3-fides, à déhiscence loculicide ou septicide, ou bien encore s'ouvrant au sommet par 2-3 trous formés par l'écartement de petites valves ou la chute d'opercules; placentas 4, formant un axe central qui, à la déhiscence, devient libre ou se divise et reste adhérent au bord des valves. Graines dressées, horizontales ou pendantes. Embryon droit ou subincurvé dans un albumen charnu ou corné; radicule ordinairement rapprochée du hile basilaire, et plus rarement éloignée du hile placé latéralement.

§ 1. COROLLE A PRÉFLORAISON IMBRICATIVE, A LÈVRE POSTÉRIEURE ENVELOPPANT LES AUTRES.

(Anthères non appendiculées; capsule s'ouvrant par des pores ou des valves.)

SCROPHULARIA TOURNEF.	ANARRHINUM DESF.	LINDERNIA ALL.
ANTIRRHINUM TOURNEF.	LINARIA TOURNEF.	GRATIOLA L.

(1) Auctore Grenier.

§ 2. COROLLE A PRÉFLORAISON IMBRICATIVE, A LOBE POSTÉRIEUR TOUJOURS ENVELOPPÉ PAR LES AUTRES.

(Capsule bivalve.)

A. *Corolle rotacée ou campanulée-tubuleuse; anthères mutiques.*

VERONICA TOURNEF. ERINUS L. DIGITALIS TOURNEF.
SIBTHORPIA L. LIMOSELLA L.

B. *Corolle bilabiée, à lèvre supérieure en casque ou concave, dressée; anthères ordinairement appendiculées à la base.*

* *Graines très-nombreuses, ou au moins plusieurs dans chaque loge.*

BARTSIA L. EUFRAGIA GRISEB. ODONTITES HALL.
TRIXAGO STEV. RHINANTHUS L. PEDICULARIS TOURNEF.
EUPHRASIA L.

** *Graines 1-2 dans chaque loge.*

MELAMPYRUM TOURNEF. TOZZIA L.

---

§ 1. COROLLE A PRÉFLORAISON IMBRICATIVE, A LÈVRE POSTÉRIEURE ENVELOPPANT LES AUTRES.

(Anthères jamais appendiculées; capsule s'ouvrant par des pores ou par des valves.)

SCROPHULARIA. (Tournef. inst. p. 166, t. 74.)

Calice 5-fide ou 5-partite. Corolle *bilabiée,* plus longue que le calice, à tube *subglobuleux;* la lèvre supérieure plus grande, bilobée; la lèvre inférieure à 3 lobes courts et plans, les latéraux dressés, le moyen étalé ou réfléchi. Etamines 4, fertiles; ou 5, la cinquième réduite à un appendice squamiforme logé à la base de la lèvre supérieure; anthères uniloculaires, s'ouvrant par une fente transversale. Capsule biloculaire, à loges contenant beaucoup de graines, à déhiscence septicide, à 2 valves entières ou bifides, dont les bords rentrants se séparent de la cloison, et laissent les placentas presque libres après la déhiscence.

Sect. 1. Appendice staminal *réniforme ou nul.*

a. *Lobes du calice non bordés-scarieux.*

S. vernalis *L. sp.* 864; *D C. fl. fr.* 3, *p.* 579 (*pyrenaica planta exclusa*); *Dub. bot.* 346; *Lois. gall.* 2, *p.* 36; *Coss. et Germ. fl. par.* 292; *Godr. fl. lorr.* 2, *p.* 151; *Vill. Dauph.* 2, *p.* 418. —*Ic. Engl. bot. t.* 567; *Barr. ic. t.* 273; *Clus. hist.* 2. *p.* 38. *Schultz, exsicc. n°* 313!; *Rchb. exsicc. n°* 252! — Fleurs en cymes axillaires, corymbiformes, pédonculées et rapprochées en panicule feuillée; pédicelles *plus courts* que le calice. Celui-ci profondément divisé en lobes *oblongs,* herbacés et nullement scarieux aux bords. Corolle d'un jaune-verdâtre, fortement contractée sous la gorge.

Etamines à la fin *saillantes* hors de la corolle; appendice staminal *nul*. Capsule ovoïde-conique, velue-glanduleuse. Graines noires, striées-rugueuses. Feuilles pétiolées, à pétioles *velus*, ridées, minces et papyracées, d'un vert-jaunâtre, orbiculaires ou ovales-en-cœur, incisées et doublement dentées-en-scie. Tige *velue*, épaisse, fistuleuse, dressée, simple, quadrangulaire. Racine fibreuse. — Plante mollement et finement velue-glanduleuse; fleurs odorantes.

Hab. Nancy; Bitche; versant oriental du ballon de Soultz; environs de Paris; Dauphiné, montagnes du Valgaudemar, au Seichier, à Lubac, dans l'Oysans à Chichilienne (*Vill.*); mont Morgon près Briançon (*Gren.*). ② Mai-juillet.

S. peregrina *L. sp.* 866; *DC. fl. fr.* 3, *p.* 580; *Dub. bot.* 346; *Lois. gall.* 2, *p.* 35; *S. geminiflora Lam. fl. fr.* 2, *p.* 336. — *Ic. Sibth. et Sm. fl. gr.* 6, *t.* 597. *Rchb. exsicc. n°* 336!; *Soleir. exsicc. n°* 3095! — Fleurs en cymes axillaires lâches, pauciflores (2-5 fleurs), pédonculées, formant une panicule allongée et feuillée; pédicelles 3-4 fois aussi longs que le calice. Celui-ci profondément divisé en lobes *lancéolés, aigus*. Corolle d'un pourpre livide, à gorge dilatée. Etamines *incluses*; appendice staminal *orbiculaire et obtus*. Capsule subglobuleuse, acuminée. Graines noires, plissées-rugueuses. Feuilles *glabres*, pétiolées jusque sous la panicule, d'un vert pâle, minces et fragiles, ovales ou ovales-lancéolées, en cœur ou tronquées à la base, dentées-en-scie. Tige *glabre* ainsi que le reste de la plante, fistuleuse, dressée, simple ou rameuse, quadrangulaire. Racine fibreuse.

Hab. Commune dans toute la région méditerranéenne; bords de l'Océan de Bayonne jusqu'au-delà de Vannes. ① Mai-juin.

b. *Lobes du calice bordés d'une membrane blanche-scarieuse.*

* *Panicule feuillée.*

S. pyrenaica *Benth. in DC. prod.* 10, *p.* 306; *S. vernalis Lap. abr.* 356; *Benth. cat.* 120 (*non L.*). — Fleurs en cymes axillaires, lâches, corymbiformes, *pédonculées*, dressées, et formant par leur ensemble une panicule; pédicelles 2-4 fois aussi longs que le calice. Celui-ci à divisions *ovales*, obtuses, bordées d'une marge étroite et blanchâtre-scarieuse. Corolle jaunâtre, à lèvre supér. d'un pourpre livide, dilatée à la gorge; appendice staminal large, réniforme et très-entier. Capsule ovoïde-globuleuse, acuminée. Graines...... Feuilles longuem[t] pétiolées, *velues* surtout sur les pétioles, d'un vert-jaunâtre un peu sombre, ovales, arrondies ou en cœur à la base, incisées et doublement dentées-en-scie. Tige *velue*, épaisse, simple, fistuleuse, quadrangulaire. Racine. . . . . . — Plante mollement velue.

Hab. Rochers de l'Estagneau à St.-Béat, Esquierry, les Eaux-Bonnes, etc. ♃? Juin-juillet.

S. trifoliata *L. sp.* 865; *DC. fl. fr.* 3, *p.* 581; *Dub. bot.* 347; *Lois. gall.* 2, *p.* 36; *S. sambucifolia Dub. l. c.*; *S. mellifera Lois. l. c., et nouv. not.* 26. — *Ic. Bocc. mus. t.* 60. *Soleir.*

exsicc. n° 3099! — Fleurs en cymes axillaires, *subsessiles et ordinairement plus courtes que le pétiole de la feuille*, dressées, formant une panicule allongée et feuillée; pédicelles 1-2 fois plus longs que le calice. Celui-ci à divisions *orbiculaires*, marginées. Corolle très-grande (15-20 millimètres de long sur 12-15 de large), d'un pourpre livide, glanduleuse, à gorge ouverte; appendice staminal réniforme-arrondi, se prolongeant en côte sur la corolle. Capsule *ovoïde-conique*, acuminée. Graines plissées-tuberculeuses. Feuilles *glabres;* les inférieures *lyrées-pennatiséquées ou triséquées;* les supérieures triséquées; segments ovales ou lancéolés, le terminal toujours beaucoup plus grand, tous incisés doublement dentés; les florales indivises. Tige *glabre, ainsi que le reste de la plante*, épaisse, fistuleuse. Racine grosse, fibreuse.

Hab. La Corse, Bastia, bains de Guagno, etc. ♃ Juin-juillet.

S. Scorodonia *L. sp.* 864; *DC. fl. fr.* 3, *p.* 580; *Dub. bot.* 347; *Lois. gall.* 2, *p.* 36. — *Ic. Morison, sect.* 5, *t.* 35, *n°* 6; *Lam. ill. t.* 533. *Durieu, pl. ast. n°* 261! — Fleurs en cymes axillaires, lâches, corymbiformes, à pédoncules plus courts que les pédicelles et dépassant à peine les pétioles, formant une panicule très-allongée, feuillée, *pubescente et glanduleuse;* pédicelles *poilus-glanduleux*, 2-4 fois aussi longs que le calice. Celui-ci à divisions suborbiculaires, à marge scarieuse. Corolle d'un pourpre livide, à gorge ouverte; appendice staminal large et suborbiculaire. Capsule ovoïde-globuleuse, *presque obtuse*. Graines noires, plissées-tuberculeuses. Feuilles rugueuses, pétiolées même dans la panicule, *pubescentes*, triangulaires-allongées ou ovales-lancéolées, incisées et doublement dentées-en-scie, profondément en cœur à la base. Tige *pubescente ou hérissée* ainsi que le reste de la plante, simple et plus rarement rameuse, non fistuleuse, obscurément quadrangulaire. — Plante un peu rude au toucher, cassante.

Hab. L'ouest, Nantes, Pornic, Vannes, Quimper, Cherbourg, etc. ♃ Juin-août.

** *Panicule non feuillée.*

S. alpestris *Gay, in pl. Durieu, exsicc.; Benth. in DC. prod.* 10, *p.* 307; *S. Scopoli DC. fl. fr.* 5, *p.* 406 (*excl. syn.*); *Dub. bot.* 347; *Lois. gall.* 2, *p.* 36; *Lap. abr.* 356; *Benth. cat. pyr.* 120; *S. betonicæfolia Lap. l. c. ex loc. nat.* — *Endress, exsicc. ann.* 1830!; *Durieu, pl. ast. exsicc. n°* 262! — Fleurs disposées en panicule pyramidale allongée, non feuillée, excepté à la base; pédicelles *poilus-glanduleux*, ainsi que les pédoncules et l'axe floral. Calice à divisions obovées-orbiculaires, à marge scarieuse étroite. Corolle d'un pourpre livide. Filets des étamines poilus-glanduleux; appendice staminal réniforme-orbiculaire. Capsule ovoïde-globuleuse, acuminée. Graines rugueuses. Feuilles *pubescentes*, surtout inférieurement, ridées, dentées-en-scie et à dents presque aiguës, à limbe très-large, ovales-en-cœur à la base, lancéolées et presque acuminées au sommet, à pétiole dépourvu d'appendice. Tige *pubescente ou hérissée*, simple, non fistuleuse, quadrangulaire. — Cette espèce, confondue avec le *Sc. Scopoli*, en est bien distincte par ses feuilles plus grandes largement en cœur et lancéolées, et non pas ovales-oblongues; par ses divisions calicinales bien plus étroitement bordées-scarieuses; par la pubescence plus abondante, etc.

Hab. Toute la partie élevée de la chaîne des Pyrénées, Prats-de-Mollo, Mont-Louis, Llaurenti, Barréges, pic de Gard, Cauterets, Eaux-Bonnes, etc. ♃ Juin-juillet.

S. nodosa *L. sp.* 863; *D C. fl. fr.* 3, *p.* 579; *Dub. bot.* 347; *Lois. gall.* 2, *p.* 35. — *Ic. Cam. epit. p.* 866; *Dod. pempt.* 50; *Riv. mon. irr. t.* 107. — Fleurs disposées en longue panicule, à rameaux *glanduleux;* pédicelles glabres dans leur moitié supérieure, glanduleux au-dessous. Calice à divisions *ovales-obtuses,* denticulées, *très-étroitement scarieuses* aux bords. Corolle verdâtre et brune supérieurement. Filets des étamines poilus-glanduleux; appendice staminal obové, plus large que long, *tronqué ou subémarginé.* Capsule ovoïde. Feuilles pétiolées, glabres, ovales-aiguës ou ovales-lancéolées, un peu en cœur à la base ou tronquées, doublement dentées, à dents de la base *plus longues,* plus aiguës, plus écartées; les deux premières nervures prolongées sur le pétiole *non ailé.* Tige *glabre,* dressée, rameuse, quadrangulaire, à angles tranchants et *non ailés.* Racine horizontale, noueuse-tuberculeuse.

Hab. Lieux humides des bois, chemins, et bords des ruisseaux. ♃ Juin-août.

S. Ehrharti *C. A. Steven, Babingt. man. bot.* 218; *Koch, syn. ed.* 2, *p.* 593; *S. aquatica Koch, syn. ed.* 1, *p.* 515; *Godr. fl. lorr.* 2, *p.* 150. — *Schultz, exsicc. n°* 312! — Fleurs disposées en longue panicule, à rameaux glabres; pédicelles glanduleux, surtout à leur base. Calice à divisions *arrondies, presque orbiculaires, et largement membraneuses* aux bords. Corolle brune. Filets des étamines pubescents et munis de glandes presque sessiles; appendice staminal *profondément bifide, à lobes obtus et divariqués.* Capsule ovoïde-globuleuse. Feuilles pétiolées, glabres, d'un vert sombre, ovales ou ovales-oblongues, *obscurément ou nullement en cœur* à la base, *décurrentes sur le pétiole ailé par le prolongement du limbe,* à dents *aiguës,* celles de la base *plus petites.* Tige dressée, rameuse, quadrangulaire et *largement ailée.* Racine *nullement noueuse.*

Hab. Pontarlier dans le Doubs, dans la région des sapins (*Gren.*); Dieuze dans la Meurthe (*Godr.*); Sarrebourg et toute la chaîne des Vosges; marais de St.-Laurent-du-Pont, dans l'Isère; bords de la route entre Mâcon et Châlons (*Verlot*); et sur beaucoup d'autres points en France. ♃ Juillet-septembre.

S. aquatica *L. sp.* 864; *Benth. in D C. prod.* 10, *p.* 309; *Steven, Babingt. man. bot.* 219; *D C. fl. fr.* 3, *p.* 579; *Dub. bot.* 346; *Lois. gall.* 2, *p.* 35; *S. Balbisii Hornm. hort. hafn.* 2, *p.* 577; *Koch, syn.* 593; *Godr. fl. lorr.* 2, *p.* 150; *S. auriculata All. ped.* 1, *p.* 69 (*non L. ex Bertol.*); *D C. fl. fr.* 3, *p.* 580; (*ex* *loc. nat.*); *Dub. bot.* 347; *Lois. gall.* 2, *p.* 36; *S. betonicæfolia Viv. fl. cors.* 10! (*ex Bertol.*); *S. oblongifolia Lois. nouv. not.* 26, *et fl. gall.* 2, *p.* 36. — *Ic. Dod. pempt.* 50, *f.* 2. *Schultz, exsicc. n°* 490!; *Soleir. exsicc. n°* 6! — Fleurs disposées en longue panicule, à rameaux et à pédicelles subglanduleux. Calice à divisions presque orbiculaires, très-scarieuses aux bords. Corolle brune. Filets des étamines munis de poils glanduleux; appendice staminal *orbiculaire, un peu tronqué au sommet.* Capsule ovoïde-globuleuse. Feuilles pétiolées, glabres; les inférieures *toujours* et les supérieures souvent *arrondies au sommet; toutes échancrées en cœur* à la base, à crénelures *larges, obtuses et superficielles*, celles de la base *plus petites;* pétioles souvent pourvus vers leur sommet d'une ou de deux petites folioles presque opposées, ovales, obtuses. Tige quadrangulaire, étroitement ailée sur les angles. Racine fibreuse.

Hab. Bords des ruisseaux de toute la France, de Strasbourg à Montpellier, de Lyon à Bordeaux; la Corse, Vico, Corté, Bastia, etc. ♃ Juin-juillet.

Obs. — Nous avons adopté l'opinion des botanistes qui regardent cette espèce comme le véritable *S. aquatica L.* D'abord ses feuilles en cœur répondent seules à la diagnose linnéenne; de plus elle est bien plus répandue dans les lieux cités par Linné. Ainsi en Suisse le *S. aquatica* est extrêmement rare.

La plante des bords de la Méditerranée et celle de Corse ne diffèrent en rien de celle du nord; et nous regardons comme positifs les synonymes français que nous avons rapportés.

S. lucida *L. sp.* 865; *Benth. in D C. prod.* 10, *p.* 312; *D C. fl. fr.* 3, *p.* 582 (*excl. loc. nat.*); *Dub. bot.* 347; *Lois. gall.* 2, *p.* 37; *S. glauca Sibth. et Sm. fl. gr.* 6, *p.* 78, *t.* 599. — Fleurs en petites cymes pluriflores, formant par leur ensemble une panicule pyramidale non feuillée; pédicelles munis de glandes subsessiles, plus courts que le calice. Celui-ci à divisions suborbiculaires, largement bordées d'une membrane scarieuse-argentée. Corolle d'un pourpre obscur. Etamines à peine saillantes; appendice staminal *orbiculaire ou réniforme.* Capsule subglobuleuse, aiguë. Feuilles glabres, *une-deux fois pennatiséquées, à segments nombreux, oblongs, incisés-dentés.* Tiges de 3-8 décimètres, simples, dressées, glabres, obscurément anguleuses. Souche grosse, produisant ordinairement plusieurs tiges. — Le facies de cette espèce est exactement le même que celui du *S. canina*, avec lequel il est on ne peut plus facile de la confondre, malgré ses fleurs presque une fois plus grandes et son appendice staminal suborbiculaire. Ce dernier caractère est-il bien constant ? C'est aux botanistes qui habitent les régions où croissent ces espèces à élucider cette question.

Hab. Marseille! (*Kralik*) et probablement tout ou partie de notre littoral méditerranéen. ♃ Juillet-août.

Obs. — Sur l'autorité d'Allioni, De Candolle, Duby et Loiseleur ont signalé aux confins de la Provence, près de Nice, le *S. lucida L.* Bertoloni ayant reconnu que la plante d'Allioni n'est que le *S. canina L.*, nous aurions peut-être dû, si nous n'avions tenu compte que de l'habitat, rapporter à cette dernière espèce les synonymes de ces auteurs. Mais leur description ayant certainement trait au *S. lucida*, nous avons pensé qu'il était mieux de les rapporter ici.

Sect. 2. Appendice staminal linéaire-lancéolé et aigu, ou spatulé et tridenté, parfois presque nul; calice largement bordé d'une marge blanche-scarieuse.

S. canina *L. sp.* 865; *D C. fl. fr.* 3, *p.* 582; *Dub. bot.* 347; *Lois. gall.* 2, *p.* 37; *S. lucida All. ped.* 1, *p.* 70 (*non L. ex Bertol.*); *S. multifida Lam. fl. fr.* 2, *p.* 337 (*non Willd.*).— *Ic. Clus. hist.* 2, *p.* 209, *f.* 1; *Sibth. et Sm. fl. græc. t.* 598-602. *Schultz, exsicc. n°* 67! — Fleurs *en petites cymes rapprochées* en panicule non feuillée, glanduleuse; pédicelles *à peine de la longueur du calice* (1-2 millimètres). Calice à lobes suborbiculaires, largement scarieux-blanchâtres aux bords. Lèvre supérieure de la corolle *de moitié plus courte que le tube.* Etamines saillantes; appendice staminal lancéolé-aigu ou nul. Capsule subglobuleuse, apiculée. Feuilles pétiolées, glabres, pennatiséquées, à segments espacés, distincts ou confluents, inégalement incisés ou dentés, à divisions entières ou dentées. Tiges de 2-8 décimètres, lisses, glabres, cylindriques ou obscurément anguleuses. Souche grosse, produisant plusieurs *tiges presque simples,* et formant souvent par leur ensemble un petit buisson. Racine pivotante. — Fleurs d'un pourpre-noirâtre mêlé de blanc.

Hab. Lieux sablonneux et pierreux, la Corse, toute la région méditerranéenne; vallée du Rhône, du Rhin, de l'Allier, de la Loire; Paris; la Bourgogne; le Jura; Alpes; Pyrénées. Manque dans la Lorraine et les Vosges. ♃ Juin-août.

Obs. — M. Boissier nous a envoyé, sous le nom de *S. bicolor Sibth.*, une plante de Smyrne, que nous avons également de Marseille et du Var, et qui nous paraît identique avec le *S. canina.* La division des feuilles est assurément un caractère insuffisant pour l'en distinguer; de plus la présence d'un appendice staminal linéaire, que Gussone dit à tort manquer dans le *S. canina*, est un signe non moins incertain, et qui n'infirme pas l'identité des deux plantes.

S. Hoppii *Koch, deutsch. fl.* 4, *p.* 410 *et syn.* 594; *Reut. suppl. cat. Genève,* 1841, *p.* 31; *S. canina var.* β. γ. *DC. fl. fr.* 3, *p.* 582; *Benth. in D C. prod.* 10, *p.* 315; *S. juratensis Schl. exsicc.; Rchb. exsicc. n°* 1867! — Fleurs en petites cymes rapprochées en panicule étroite, *à poils glanduleux et presque égaux au diamètre* des pédicelles; ceux-ci *égalant ordinairement la longueur de la capsule.* Lèvre supérieure de la corolle *une fois plus longue que le tube.* Feuilles *pennatiséquées et bipennatiséquées,* à divisions incisées-dentées. Le reste comme dans le *S. canina.* — Cette espèce se distingue en outre du *S. canina* par sa tige plus courte toujours simple, par ses calices et ses corolles presque du double plus grands, par sa capsule presque une fois plus grosse.

Hab. Vallées élevées du Jura, et jusque sous les sommets; Bourgogne; Alpes; Pyrénées; Auvergne. ♃ Juillet-août.

S. ramosissima *Lois. gall. ed.* 1, *p.* 381, *et ed.* 2, *vol.* 2, *p.* 36; *D C. fl. fr.* 5, *p.* 406; *Dub. bot.* 347; *S. frutescens D C. fl. fr.* 3, *p.* 729 (*excl. syn.*). — *Kralik, pl. cors. exsicc. n°* 713!; *Soleirol, exsicc. n^{os}* 3097 *et* 3098! — Fleurs en grappes *simples, cylindriques, très-allongées* (2-3 décimètres), composées par des pédoncules *uni-biflores*, étalés-dressés, à glandes presque sessiles, portant vers leur milieu deux petites bractéoles, 3-4 *fois plus longs* que le calice, en comprenant dans leur longueur la partie au-dessous des bractéoles. Calice *étroitement* bordé-scarieux. Corolle très-petite. Feuilles lancéolées-oblongues, *subpennatiséquées, ou seulement incisées-dentées*. Tiges très-allongées, simples ou divisées à la base en rameaux grêles et longs. Souche grosse, *frutescente, extrêmement rameuse* dès la base.

Hab. Toulon! (*Robert*); Fréjus! (*Perreymond*); Corse, Ajaccio, Bastia, Bonifacio, Casamaccioli (licet 10 leucas à mari et plus quàm 2000 pedes supra mare, ex *Kralik*.) ♃ Avril-juin.

ANTIRRHINUM. (Tournef. inst. p. 167, t. 75.)

Calice 5-partite. Corolle à tube large, *bossu à la base*, à limbe *en gueule;* lèvre supérieure bifide; l'inférieure trilobée, *munie d'un palais saillant* bilobé poilu *qui ferme la gorge*. Etamines 4, didynames; anthères biloculaires, oblongues. Capsule oblique, à 2 loges inégales; loge supérieure s'ouvrant par 2 pores, ou s'ouvrant chacune par un seul pore. Graines tronquées-oblongues, rugueuses, aptères. — Plantes annuelles ou vivaces, herbacées et rarement sublignenses à la base; feuilles opposées ou les supérieures alternes; fleurs axillaires et solitaires, écartées ou rapprochées en grappe terminale.

A. Orontium *L. sp.* 860; *D C. fl. fr.* 3, *p.* 593; *Dub. bot.* 343; *Lois. gall.* 2, *p.* 34. — *Dod. pempt.* 182; *Lam. ill. t.* 531, *f.* 2. — Fleurs axillaires, disposées en grappe spiciforme très-lâche; pédoncules plus courts que le calice. Celui-ci poilu-glanduleux, à divisions inégales, *linéaires, plus longues* que la corolle purpurine. Capsule velue, ovoïde, *plus courte* que le calice. Graines oblongues, pourvues sur une face *d'une côte longitudinale*, et sur l'autre face *d'un sillon profond*. Feuilles glabres, entières, subpétiolées, lancéolées ou lancéolées-linéaires, obtuses; les supérieures linéaires. Tige de 2-4 décim., dressée, simple ou un peu rameuse, poilue-glanduleuse au sommet. — Plante annuelle, presque glabre ou munie de longs poils étalés et glanduleux vers le haut de la tige.

Hab. Moissons de toute la France. ① Juillet-août.

A. majus *L. sp.* 859 (*excl. var.* α.); *D C. fl. fr.* 3, *p.* 593; *Dub. bot.* 343; *Lois. gall.* 2, *p.* 33; *Mut. fl. fr.* 2, *p.* 374. — *Ic. Dod. pempt.* 182; *Lam. ill. t.* 531, *f.* 1. *F. Schultz, exsicc. n°* 1298! — Fleurs en grappe spiciforme, poilue-glanduleuse; pédicelles égalant à peine la longueur du calice. Celui-ci poilu-glanduleux, à lobes un peu inégaux, *courts, obovés ou suborbiculaires, obtus*, 4-5 *fois plus courts que la corolle*. Celle-ci passant du pourpre au jaune, ordinairement maculée à la gorge. Capsule légèrement pubescente-glanduleuse, ovoïde, munie de 3 tubercules au sommet, 1-2 *fois plus longue* que le calice. Graines grisâtres, ovoïdes, *munies de crêtes saillantes denticulées et anastomosées en réseau*. Feuilles d'un vert sombre, glabres, entières, planes, étalées; les inférieures et les moyennes atténuées en court pétiole, lancéolées ou sublinéaires, glabres ou un peu pubescentes; les supérieures très-étroites, subsessiles. Tige de 4-8 décimètres, dressée, simple ou rameuse, glabre inférieurement, pubescente et un peu glanduleuse vers le haut.

Hab. Lieux secs et arides de la région méridionale; sur les vieux murs dans la région plus froide. ♃ Juin-septembre.

A. tortuosum *Bosc. in Chav. monogr.* 87; *Benth. in D C. prodr.* 10, 291.— Fleurs brièvement pédonculées et subfasciculées, en grappe interrompue, *glabre*. Divisions du calice *ovales-oblongues, obtuses*, *glabres*. Feuilles linéaires, *glabres*, ainsi que toutes les parties de la plante. Le reste comme dans l'*A. majus*, avec lequel il avait été confondu.

Hab. Environs de Fréjus (*Perreymond*). ♃ Juin-août.

A. latifolium *D C. fl. fr.* 5, *p.* 411; *Benth. in DC. prodr.* 10, *p.* 291; *Mill. dict. n° 4?* — *Bocc. mus. t.* 41. *Endress, pl. pyr. exsicc.* 1829!; *Rchb. exsicc. n°* 1359! — Fleurs en grappe lâche, *poilue-glanduleuse*. Divisions du calice largement *obovées*, obtuses. Feuilles *larges, courtes, ovales ou ovales-lancéolées, obtuses, pubescentes et même glanduleuses. Tige velue.* Fleurs peu nombreuses, ordinairement jaunes et rarement purpurines, à renflement basilaire plus saillant que dans les deux espèces précédentes. Le reste comme dans l'*A. majus*, dont il a l'aspect, et avec lequel on le confond ordinairement.

Hab. Alpes maritimes; montagnes de Toulon; remonte dans les Hautes-Alpes jusqu'à Mont-Dauphin; Pyrénées-Orientales, etc. ♃ Juin-septembre.

A. sempervirens *Lap. fl. pyr.* 1, *p.* 7, *t.* 4, *et abr.* 354; *DC. fl. fr.* 3, *p.* 593; *Dub. bot.* 343. — *Endress, exsicc.* 1829-1830. — Fleurs *opposées, très-écartées, solitaires à l'aisselle des feuilles*, formant une grappe plus ou moins allongée et souvent réduite à quelques fleurs; pédoncules *presque aussi longs* que la corolle. Calice 2-3 fois plus court que la corolle, à sépales ovales-lancéolés, subaigus, pubescents. Corolle blanchâtre, petite (2 centimètres au plus). Capsule *globuleuse*, fortement poilue-glanduleuse. Graines grises, munies de crêtes très-saillantes, presque parallèles. Feuilles *persistantes*, ovales ou oblongues, quelquefois suborbiculaires, *opposées*, entières, à pétiole égalant le tiers ou le quart de leur longeur, *couvertes sur les deux faces de poils courts et feutrés*. Tiges de 1-2 décimètres, *très-nombreuses, décombantes* ou suspendues aux rochers. Souche *ligneuse, très-rameuse*.

Hab. Pyrénées, Luz, Gèdre, vallée de Lavaudan, Esquierry, Clot-du-Toro, port de Bénasque, Bond de Seculéjo, pont de Mayabat, vallée de Gave, pic du midi de Bigorre, etc. ♄ Juin-juillet.

A. Asarina *L. sp.* 860; *D C. fl. fr.* 3, *p.* 594; *Dub. bot.* 343; *Lois. gall.* 2, *p.* 34.— *Ic. Lob. obs.* 329, *f. sin. Endress, exs.* 1830. — Fleurs *axillaires et solitaires, souvent opposées* et écartées, peu nombreuses, et ne formant qu'obscurément une grappe ; pédoncules plus longs que le calice. Celui-ci 3-4 fois plus court que la corolle, à sépales lancéolés, subaigus, velus-glanduleux. Corolle d'un blanc jaunâtre et rougeâtre, de 3-4 centimètres de longueur. Capsule globuleuse, *glabre*. Graines pyriformes et ridées. Feuilles *opposées, palminerviées*, à pétiole *égalant ou dépassant le limbe ;* celui-ci *presque réniforme ou largement ovale et en cœur à la base, 5-lobé, fortement crénelé* dans son pourtour. Tiges nombreuses, *couchées et rampantes*, velues-visqueuses. Souche subligneuse, rameuse.

Hab. Pyrénées orientales et centrales, de Perpignan à Bagnères-de-Luchon; Mont-Louis, Ax, Tabe, Saleix, pic de Gard, cascade de Montauban, montagne de Lapège dans l'Ariege, environs de Narbonne; la Lozère, Mende, etc.; le Gard, Anduze, l'Espérou, etc.; Saint-Pons, Saint-Géniès-le-Haut, Saint-Guilhem-le-Désert dans l'Hérault, etc.; château de Caylus, dans le Tarn (*Martrin*); vallée de l'Ardèche (*Lambertye*). ♃ Juin-juillet.

ANARRHINUM. (Desf. fl. atl. 2, p. 51.)

Calice profondément 5-fide. Corolle à tube grêle, avec ou sans bosse à la base, à limbe oblique, presque plan, bilabié; lèvre supérieure dressée; lèvre inférieure trilobée, *dépourvue de palais saillant pour fermer la gorge.* Etamines 4, subdidynames; anthères *réniformes, uniloculaires* par la réunion des loges. Capsule subglobuleuse, à 2 loges égales, s'ouvrant chacune par un pore. Graines ovoïdes, aptères, tuberculeuses.

A. bellidifolium *Desf. l. c.; D C. fl. fr.* 3, *p.* 595; *Dub. bot.* 343; *Lois. gall.* 2, *p.* 34. — *Ic. Clus. hist.* 320; *Bauh. prodr.* 106; *Dod. pempt.* 184. *Schultz, exsicc.* n° 316 ! — Fleurs en grappe simple, effilée, atteignant 4-5 décimètres, ou formant plusieurs grappes en panicule terminale. Calice à divisions lancéolées, mucronées, de moitié plus courtes que la corolle. Celle-ci violette, à tube cylindrique, à éperon grêle et recourbé jusque contre le tube. Capsule globuleuse, glabre, dépassant peu le calice. Feuilles radicales en rosette, lancéolées-oblongues, obtuses, irrégulièrement dentées en scie, un peu coriaces ; les caulinaires divisées dès la base en lanières linéaires, ou étroitement lancéolées-linéaires. Tige de 2-6 décimètres, droite, grêle, simple ou rameuse.

Hab. Tout le centre, l'ouest et le midi de la France ; manque dans le nord-est. ② Juin-août.

LINARIA. (Tournef. inst. p. 168, t. 76.)

Calice 5-partite. Corolle à *tube prolongé à la base en éperon ordinairement linéaire-cylindrique*, à limbe *en gueule ;* lèvre supérieure dressée ; lèvre inférieure 3-lobée, ordinairement *munie d'un palais saillant qui ferme la gorge.* Etamines 4, didynames; anthères à loges oblongues. Capsule à 2 loges presque égales, s'ouvrant chacune par un pore, ou par plusieurs valves. Graines ovoïdes, aptères ou rugueuses, ou bien discoïdes et marginées. — Plantes annuelles ou vivaces, herbacées. Feuilles alternes, opposées ou verticillées. Fleurs disposées comme celles des *Antirrhinum*, mais ordinairement plus petites, ou même très-petites.

Sect. 1. Cymbalaria *Chav.* — Feuilles *palminervées, ordinairement lobées, longuement pétiolées.* Corolle à gorge entièrement *fermée* par le palais. Capsule s'ouvrant par des *pores trivalves.* Graines oblongues, rugueuses. — Plantes vivaces, rampantes et diffuses.

L. Cymbalaria Mill. L. hepaticæfolia Dub. L. æquitriloba Dub.

Sect. 2. Elatinoides *Chav.* — Feuilles *penninerviées,* suborbiculaires, ovales ou ovales-hastées, *brièvement pétiolées.* Corolle à gorge complétement *fermée* par le palais. Capsule s'ouvrant latéralement *par* 2 *trous* formés chacun par la chute d'*un opercule.* Graines ovoïdes, non marginées, alvéolées ou tuberculeuses. — Plantes ordinairement annuelles, étalées-diffuses; pédoncules allongés.

a. *Graines réticulées et alvéolées.*

L. spuria Mill. L. Elatine Desf.

b. *Graines tuberculeuses.*

L. græca Chav. L. cirrhosa Willd.

Sect. 3. Linariastrum *Chav.* — Feuilles *penninerviées,* sessiles ou amplexicaules, alternes, ou verticillées principalement sur les rejets stériles et à la base des tiges florifères, très-entières et souvent glauques. Fleurs *en grappe ou en épi terminal.* Corolle à gorge *fermée* par le palais. Capsule s'ouvrant *par* 4-10 *dents* plus ou moins profondes. Graines anguleuses et immarginées, ou discoïdes et marginées. — Plantes annuelles ou vivaces, émettant souvent des rejets stériles, étalés ou diffus; fleurs brièvement pédonculées.

a. *Rameaux florifères dressés.*

1. *Graines marginées.*

L. vulgaris Mœnch. L. italica Trev.
L. pelisseriana D C. L. arvensis Desf.
L. simplex D C. L. micrantha Spr.

2. *Graines triquètres.*

L. spartea Hoffm. L. chalepensis Mill.
L. striata D C. L. triphylla Mill.

b. *Rameaux florifères diffus ou étalés-redressés.*

L. thymifolia D C. L. flava Desf.
L. arenaria D C. L. supina Desf.
L. alpina D C.

Sect. 4. Chaenorrhinum *D C. Chav.* — Feuilles opposées ou alternes, entières. Fleurs axillaires ou en grappes. Corolle à gorge *incomplétement fermée* par le palais. Capsule s'ouvrant au sommet *par* 2 *petites ouvertures* trivalves, ou fermées par un opercule. Graines ovoïdes non marginées.

L. minor Desf. L. rubrifolia D C.
L. origanifolia D C. L. villosa D C.

Sect. 1. CYMBALARIA *Chav.*— Feuilles *palminerviées, ordinairement lobées, longuement pétiolées.* Corolle à gorge entièrement *fermée* par le palais. Capsule s'ouvrant par des *pores trivalves.* Graines oblongues, rugueuses. — Plantes vivaces, rampantes et diffuses.

L. CYMBALARIA *Mill. dict. n° 17; DC. fl. fr. 3, p. 583; Dub. bot. 344; Lois. gall. 2, p. 29; Antirrhinum Cymbalaria L. sp. 851; A. hederæfolium Poir. dict. suppl. 4, p. 18. — Schultz, exsicc. n° 314!; C. Billot, exsicc. n° 594!* — Fleurs de 8-10 millimètres de longueur avec l'éperon, solitaires à l'aisselle de toutes les feuilles; pédicelles glabres, aussi longs ou plus longs que les feuilles. Calice glabre, à divisions *lancéolées-linéaires,* aiguës. Corolle d'un violet pâle, avec le palais jaune; éperon un peu courbé, obtus, deux fois plus court que la corolle. Capsule globuleuse, *dépassant* le calice. Graines brunes, ovoïdes, couvertes de crêtes *obtuses,* saillantes, souvent parallèles et interrompues. Feuilles *presque toutes alternes,* très-glabres, vertes en dessus, souvent purpurines en dessous, à pétiole plus long que le limbe; celui-ci réniforme-en-cœur, de 15 à 25 millimètres de diamètre, à 5 lobes larges, mucronulés, obtus dans les feuilles inférieures, et aigus dans les supérieures. Tige se divisant dès la base en un grand nombre de rameaux subfiliformes, étalés et radicants. Racine grêle, fibreuse.—Plante entièrement glabre.

Peloria.— M. Billot nous a remis une fleur pélorièe à 5 éperons.

Hab. Vieux murs humides. ♃ Mai-octobre.

L. HEPATICÆFOLIA *Dub. bot. 344; Lois. gall. 2, p. 29; Antirrhinum hepaticæfolium Poir. dict. suppl. 4, p. 19. — Soleirol, exsicc. n° 3081!* — Fleurs de 12-15 millimètres de longueur avec l'éperon, solitaires à l'aisselle des feuilles; pédoncules glabres, aussi longs et plus longs que les feuilles. Calice glabre, à divisions *linéaires,* subaiguës. Corolle d'un violet très-pâle?; éperon presque droit, obtus, 2-3 fois plus court que la corolle. Capsule globuleuse, *plus courte* que le calice. Graines blanchâtres, finement couvertes de crêtes *tranchantes,* interrompues et très-irrégulières. Feuilles *presque toutes opposées, très-glabres,* à pétiole plus long que le limbe; celui-ci suborbiculaire ou réniforme en cœur, de 15 à 25 millimètres de diamètre, à 3-5 lobes courts, larges, arrondis et mucronulés. Tige se divisant dès la base en un grand nombre de rameaux subfiliformes, étalés et rampants. Racine grêle, fibreuse. — Plante très-glabre, fragile, à fleurs un peu plus grandes que celles du *L. Cymbalaria,* et à graines de moitié plus grosses.

Hab. Montagnes de Corse, mont Rotondo, mont Cagno, mont Renoso, cap Corse, Vezzabone, Guagno, etc. ♃ Août.

L. ÆQUITRILOBA *Dub. bot. 344; Lois. l. c.; Antirrhinum æquitrilobum Viv. cors. p. 10.—Soleir. exsicc. n° 3081!*—Fleurs *petites* (7-8 mill. de long), solitaires à l'aisselle des feuilles; pédoncules glabres ou glabrescents, filiformes, aussi longs ou plus longs que les feuilles. Calice glabre ou pubescent, à divisions lancéolées-linéaires, aiguës. Corolle d'un violet pâle ; éperon un peu courbé, obtus, 3-4 fois plus court que le tube de la corolle. Capsule globuleuse, *dépassant* le calice. Graines noires, globuleuses, *alvéolées*, à bords des alvéoles obscurément relevés en crêtes. Feuilles *glabrescentes ou velues*, presque toutes opposées, réniformes-en-cœur, à 3-5 lobes courts, arrondis, mucronulés. Tige plus ou moins *pubescente*, se divisant dès la base en un grand nombre de rameaux filiformes, étalés et rampants. — Plante velue ou glabrescente, très-fragile.

Hab. Rochers des montagnes de Corse, Bastilica, cap Corse, Bonifacio, Lavezzi, etc. ♃ Mai-octobre.

Sect. 2. ELATINOIDES *Chav.* — Feuilles *penninerviées*, suborbiculaires, ovales, ou ovales-hastées, *brièvement pétiolées*. Corolle à gorge complétement *fermée* par le palais. Capsule s'ouvrant latéralement *par 2 trous* formés par la chute *d'un opercule*. Graines ovoïdes, non marginées, alvéolées ou tuberculeuses. — Plantes ordint annuelles, étalées-diffuses ; pédoncules allongés.

a. *Graines réticulées et alvéolées.*

L. SPURIA *Mill. dict. n° 15 ; DC. fl. fr. 3, p. 584 ; Dub. bot. 344 ; Lois. gall. 2, p. 29 ; Antirrhinum spurium L. sp.* 851. — *Ic. Fuchs, hist.* 167 ; *Dod. pempt. 42, f. sin. C. Billot, exsicc. n°* 595 ! — Fleurs grandes (8-10 mill. non compris l'éperon), solitaires à l'aisselle des feuilles de la base au sommet de la tige ; pédoncules presque filiformes, *velus*, dépassant les feuilles, étalés presque à angle droit. Calice velu, à divisions *ovales-lancéolées*, presque en cœur à la base. Corolle d'un jaune foncé, à lèvre supérieure violette ; éperon conique, subulé, courbé et presque aussi long que la corolle. Capsule globuleuse. Graines *finement alvéolées*. Feuilles *toutes ovales-orbiculaires*, brièvement pétiolées, velues ; les inférieures souvent en cœur à la base. Tige se divisant dès la base en rameaux allongés, presque filiformes, simples, couchés, couverts de longs poils mous et de poils plus courts glanduleux. Racine grêle, fibreuse. — Plante un peu plus robuste que le *L. Elatine*, dont elle est bien distincte par ses calices à divisions une fois plus larges.

Hab. Champs cultivés de toute la France. ① Juin-octobre.

L. ELATINE *Desf. atl. 2, p. 37 ; DC. fl. fr. 3, p. 584 ; Dub. bot. 344 ; Lois. gall. 2, p. 29 ; Antirrhinum Elatine L. sp.* 851. — *Ic. Dod. pempt. 42. Rchb. exs, n°* 623! ; *Fries, h. n. fasc. 1, n°* 20! — Fleurs médiocres (8-10 millimètres avec l'éperon), solitaires à l'aisselle des feuilles de la base au sommet de la tige ; pédoncules filiformes, *glabres*, dépassant les feuilles, étalés à angle droit. Calice velu, à divisions *lancéolées*, acuminées. Corolle d'un jaune pâle, à lèvre supérieure d'un pourpre violet en dedans ; éperon subulé, droit ou un peu courbé, presque aussi long que la corolle. Capsule globuleuse. Graines brunes, ovoïdes, couvertes de *crêtes saillantes et anastomosées*. Feuilles brièvement pétiolées, velues, ovales, aiguës ; les inférieures opposées, ovales-arrondies, et plus ou moins dentées à la base ; les moyennes *hastées ;* les supérieures *sagittées* et rarement entières. Tige se divisant dès la base en rameaux allongés, filiformes, presque simples, couchés, couverts de longs poils mous étalés, et de poils plus courts glanduleux. Racine grêle, fibreuse.

Hab. Champs cultivés de toute la France, Corse. ① Juin-octobre.

b. *Graines tuberculeuses.*

L. GRÆCA *Chav. monogr.* 108; *Benth. in DC. prodr.* 10, *p.* 268; *Coss. not. pl. Esp. p.* 61 ; *L. commutata Bernh. in Rchb. ic.* 9, *t.* 815, *et fl. exc.* 1, *p.* 373 ; *Lloyd, not. fl. ouest, p.* 18 ; *L. caulirrhiza Delille, cult. in hort. bot. Monsp.* 1842 ; *L. radicans Le Gall! exsicc.; Antirrhinum græcum Bory et Chaub. exp. Mor. bot.* 175, *t.* 21.—*Rchb. exsicc. n°* 1691!— Fleurs *grandes* (12-15 millimètres avec l'éperon), solitaires à l'aisselle de toutes les feuilles ; pédoncules glabres, subfiliformes, étalés, égalant ou dépassant beaucoup les feuilles. Calice pubescent, à divisions lancéolées-linéaires, aiguës. Corolle pubescente, *blanchâtre,* à lèvre supérieure d'un bleu clair, à palais taché de pourpre ; éperon très-large à la base, arqué-conique, acuminé, *plus long* que le tube de la corolle. Capsule globuleuse. Graines grisâtres, fortement tuberculeuses. Feuilles pubescentes ; les inf. *ovales,* opposées ; les sup. alternes, *ovales-hastées,* à pétiole court. Tige divisée dès la base en rameaux allongés, subfiliformes, simples ou rameux, à longs poils étalés, et produisant en automne des racines à leur base. Racine grêle, *pérennante* (*Le Gall, Thaslé*).— Corolle une fois plus grande que celle du *L. Elatine.*

Hab. Iles d'Hyères (*Mérat*); Toulon (*Gren.*); Montpellier, à la Vérune, Aigues-Morte ! (*Godr.*) ; Narbonne (*Delort*); Corse, Bonifacio (*Requien, Salle*); Toulouse ! (*Timbal*); Belle-Isle-en-Mer ! (*Le Gall., Lloyd, Thaslé*). ♃ Juin-août.

OBS. — D'après la description et la figure de Chaubard, et d'après des exemplaires venant de Constantinople et d'Italie, nous n'avons pu séparer le *L. græca* du *L. commutata Bernh.* De plus la plante des bords de la Méditerranée est de tout point identique à celle des côtes de l'Océan.

L. CIRRHOSA *Willd. en.* 639 ; *DC. fl. fr.* 5, *p.* 407; *Dub. bot.* 344; *Antirrhinum cirrhosum L. mant.* 249.— *Ic. Jacq. hort. vind. t.* 82. *Soleir. exsicc. n°* 3076!— Fleurs *très-petites* (4-5 mill. avec l'éperon), solitaires à l'aisselle de toutes les feuilles ; pédoncules glabres, filiformes, étalés et faisant souvent fonction de vrilles, 2-3 fois plus longs que les feuilles. Calice pubescent, à divisions lancéolées, aiguës, bien plus courtes que le tube de la corolle. Celle-ci glabrescente, bleuâtre, à palais blanchâtre ponctué de pourpre ; éperon subulé, recourbé et *plus court* que le tube. Capsule globuleuse. Graines blanchâtres, fortement tuberculeuses. Feuilles alternes, glabres ou pubescentes à leur base et sur la nervure médiane, *étroitement lancéolées-hastées,* souvent uni-bidentées à la base, à pétiole court et dépassant peu ou pas les oreillettes. Tige se divisant dès la base en rameaux allongés, très-grêles, simples, hérissés surtout inférieurement de longs poils étalés. Racine grêle, *annuelle.*

Hab. Aigues-Mortes, Toulon, iles d'Hyères; la Corse, Ajaccio. ① Juin-août.

Sect. 3. Linariastrum *Chav.* — Feuilles penninerviées, sessiles ou amplexicaules, alternes ou verticillées sur les rejets stériles et à la base des tiges florifères, très-entières et souvent glauques. Fleurs *en grappe ou en épi terminal.* Corolle à gorge fermée par le palais. Capsule s'ouvrant *par 4-10 dents* plus ou moins profondes; graines anguleuses et non marginées, ou discoïdes et marginées. — Plantes annuelles ou vivaces, émettant ordinairement à la base des rejets stériles; fleurs brièvement pédonculées.

a. *Rameaux florifères dressés.*

1. *Graines marginées.*

L. vulgaris *Mœnch, meth.* 524; *DC. fl. fr.* 3, *p.* 592; *Dub. bot.* 346; *Lois. gall.* 2, *p.* 32; *Benth. in DC. prodr.* 10, *p.* 273; *L. genistifolia Benth. cat. pyr.* 67; *Antirrhinum Linaria L. sp.* 858; *A. commune Lam. fl. fr.* 2, *p.* 340. — *Ic. Fuchs, hist.* 545; *Lam. ill. t.* 531, *f.* 3; *Cam. epit. p.* 930. *C. Billot, exsicc. n°* 425! — Fleurs *très-grandes* (25-30 millimètres avec l'éperon), en grappes spiciformes terminales serrées; pédoncules *couverts, ainsi que l'axe de la grappe, de petits poils glanduleux;* bractées linéaires, réfléchies. Calice glabre, à divisions *lancéolées,* aiguës, *trois fois plus courtes* que le tube de la corolle. Celle-ci d'un jaune soufré, safranée sur le palais; éperon conique-subulé, un peu courbé, aussi long que la corolle. Capsule ovoïde, grosse (7-8 millim. de long), *deux fois* plus longue que le calice. Graines noires, largement bordées, plus ou moins tuberculeuses au centre. Feuilles toutes éparses et très-rarement verticillées par 3, très-rapprochées, linéaires ou lancéolées-linéaires, aiguës. Tige de 2-6 décimètres, raide, simple ou peu rameuse au sommet. Racine rameuse, rampante. — Plante glabre inférieurement, pubescente-glanduleuse dans le haut; feuilles très-variables dans leur largeur.

Peloria Lin. am. 1, *p.* 55. — Corolle régulière, à 5 lobes et à 5 éperons; étamines 5; ovaire stérile. Eperons parfois nuls ou réduits à 2 ou à 3.

Hab. Champs arides et pierreux, bords des chemins, etc. ♃ Juillet-septembre.

L. italica *Trev. act. leop. cur.* 13, *p.* 188; *Chav. mon.* 130; *Benth. in DC. prodr.* 10, *p.* 272; *L. genistifolia DC. fl. fr.* 3, *p.* 591; *Dub. bot.* 346; *Lois. gall.* 2, *p.* 32; *L. angustifolia Rchb. fl. exc.* 375; *Antirrhinum genistifolium Vill. Dauph.* 2, *p.* 439; *A. polygalæfolium Poir. dict. suppl.* 4, *p.* 21; *A. angustifolium Lois. not. suppl.* 167; *A. Bauhini Gaud. helv.* 4, *p.* 154. — *Ic. Rchb. t.* 421; *Clus. hist.* 322; *Roch. pl. ban. t.* 22, *f.* 47. — Pédoncules et axe de la grappe *dépourvus de petits poils glanduleux et entièrement glabres.* Corolle d'un jaune *citrin.* Capsule globuleuse, *petite* (4-5 millimètres), *une fois* plus longue que le calice. Graines ordinairement tuberculeuses au centre. Feuilles épaisses, un peu charnues, *très-glauques.* — Plante très-voisine du *L. vulgaris,* mais bien distincte par les caractères précités, et en outre par sa corolle d'un tiers plus petite et plus pâle, par sa capsule de moitié moins grosse, enfin par sa station ordinairement alpine ou descendant le long des vallées.

Hab. Alpes du Dauphiné, Lautaret, la Bérarde, vallée de Cervières et de Briançon, la Vallouise, etc.; Pyrénées-Orientales, Collioure, Port-Vendres, Perpignan, etc. ♃ Juin-septembre

L. pelisseriana *DC. fl. fr.* 3, *p.* 589; *Dub. bot.* 345; *Lois. gall.* 2, *p.* 31; *Antirrhinum pelisserianum L. sp.* 855; *A. gracile Pers. syn.* 2, *p.* 156. — *Ic. Barr. t.* 1162. *Soleirol, exsicc. n°* 3080! — Fleurs *assez grandes* (12-15 millimèt. avec l'éperon), disposées au sommet des tiges ou des rameaux en épi d'abord court et serré, puis allongé et lâche (3-6 centimètres); pédoncules de la longueur du calice, glabres; bractées linéaires, *dressées*. Calice glabre, à divisions linéaires, acuminées. Corolle d'un pourpre-violet, à palais rayé de blanc; éperon droit, conique, subulé, aussi long que la corolle. Capsule globuleuse, déprimée, *de moitié plus courte* que le calice. Graines discoïdes, lisses, largement bordées et *entourées d'un cercle de cils aussi longs que la marge.* Feuilles des tiges florifères linéaires, éparses; celles des rejets stériles lancéolées, verticillées par 3. Tiges de 2-3 décimètres, grêles, droites, simples ou un peu rameuses, ordinairement entourées à la base de plusieurs rejets stériles de 4-8 centimètres. Racine grêle. — Plante entièrement glabre, distincte de toutes les espèces du genre par ses graines.

Hab. Commune dans l'ouest, le centre et le midi de la France. ① Mai-septembre.

L. arvensis *Desf. atl.* 2, *p.* 45; *DC. fl. fr.* 3, *p* 588; *Dub. bot.* 345; *Lois. gall.* 2, *p.* 31; *Antirrhinum arvense var.* α. *L. sp.* 855; *Willd. sp.* 3, *p.* 244.—*Ic. Dill. hort. elth. t.* 163, *f.* 198. *Schultz, exsicc. n°* 491! — Fleurs *très-petites* (5-6 millimètres), disposées d'abord au sommet des rameaux en petites têtes serrées qui s'allongent ensuite en grappe lâche et interrompue; pédoncules plus courts que le calice, *poilus-glanduleux ainsi que l'axe de la grappe et les calices;* bractées linéaires, *réfléchies.* Calice à divisions linéaires-oblongues, recourbées au sommet. Corolle *bleue avec des stries plus foncées;* lèvre supérieure divisée en deux lobes oblongs-obtus, *étalés;* éperon subulé, plus court que la corolle, recourbé et *faisant presque un angle droit* avec le tube. Capsule globuleuse, un peu glanduleuse, dépassant le calice. Graines grisâtres, lisses, largement bordées. Feuilles un peu épaisses, glauques, *toutes linéaires;* les inférieures verticillées par 4. Tige florale de 2-3 décimètres, glabre, dressée, simple ou rameuse, ordinairement entourée à la base de rejets courts, à feuilles verticillées. Racine grêle.

Hab. Champs et moissons de presque toute la France, le nord-est excepté. ① Juin-août.

L. simplex *D C. fl. fr.* 3, *p.* 588 ; *Dub. bot.* 345; *Lois. gall.* 2, *p.* 31 ; *Antirrhinum arvense var.* β. *L. sp.* 855 ; *A. simplex Willd. sp.* 3, *p.* 243; *A. parviflorum Jacq. ic. rar.* 2, *t.* 499.— *Ic. Colum. ecphr.* 1, *p.* 300. *Soleir. exsicc. n°* 3073 ! — Corolle très-petite (5-6 millimètres), *jaune*, ou munie de quelques stries violettes; lèvre supérieure de la corolle à 2 lobes ovales, aigus, *réfléchis sur les côtés;* éperon *presque droit*. Graines ordinairement finement tuberculeuses au centre. Feuilles *toutes linéaires*. Tige florifère *simple* ou très-peu rameuse. Le reste comme dans le *L. arvensis* dont elle nous paraît distincte.

Hab. Champs de la région méridionale, ordinairement avec la précédente espèce. ① Juin-août.

L. micrantha *Spr. syst.* 2, *p.* 794 ; *Chav. mon.* 156; *Benth. in DC. prodr.* 10, *p.* 279; *L. parviflora Desf. atl.* 2, *p.* 44, *t.* 137?; *Antirrhinum micranthum Cav. ic.* 1, *p.* 51, *t.* 56, *f.* 3; *A. parviflorum Willd. sp.* 3, *p.* 245. — Feuilles des tiges florales *ovales-lancéolées ou oblongues;* feuilles des rejets stériles *sublinéaires*. Le reste comme dans le *L. arvensis* dont cette espèce possède les autres caractères, et en particulier la corolle et le port.

Hab. Narbonne (*Lagrèze-Fossat, Timbal,* 1851). ① Juin.

2. *Graines non marginées.*

L. spartea *Hoffm. et Link, fl. lusit.* 233, *t.* 36 ; *Benth. in DC. prodr.* 10, *p.* 276; *L. juncea Desf. atl.* 2. *p.* 43; *DC. fl. fr.* 3, *p.* 729 ; *Dub. bot.* 345 ; *Lois. gall.* 2, *p.* 32; *Antirrhinum sparteum L. sp.* 854 ; *Thore, chl.* 265; *A. junceum Lin. herb.!* (*ex Benth.*) — *Ic. Cav. ic.* 1, *t.* 32. — Fleurs en grappes glabres ou pubérulentes, courtes et peu serrées à l'extrémité des rameaux ; pédoncules de 4-8 millimètres, plus longs que le calice et les bractées. Calice glabrescent, à divisions lancéolées, aiguës, 2-3 *fois plus court* que la corolle (non compris l'éperon). Corolle *jaune, à palais plus foncé*, de 15-20 millimètres avec l'éperon; celui-ci droit, conique-subulé, au moins aussi long que la corolle. Stigmate *bifide*. Capsule un peu plus courte que le calice. Graines très-petites, triquètres, faiblement ridées. Feuilles glabres, *linéaires-subulées*. Tige de 2 4 décimètres, glabre, grêle, ordinairement *très-rameuse*, à rameaux étalés, très-grêles; rejets stériles nuls ou peu nombreux.

Hab. Moissons et terrains arides et sablonneux des Landes, entre Bayonne et Bordeaux. ① Juin-août.

L. chalepensis *Mill. dict. n°* 12 ; *DC. fl. fr.* 3, *p.* 589; *Dub. bot.* 346; *Lois. gall.* 2, *p.* 31 ; *Antirrhinum chalepense L. sp.* 859 ; *A. album Lam. fl. fr.* 2, *p.* 345. — *Ic. Morison, hist. sect.* 5, *t.* 35, *f.* 9 ; *Triumf. obs. t.* 87, *f.* 2; *Sibth. et Sm. fl. gr.* 6, *t.* 592. — Fleurs en grappe spiciforme et terminale, très-lâche, *glabre* dans toutes ses parties; pédoncules très-courts, égalant les bractées linéaires. Calice glabre, à divisions *linéaires, acuminées, égalant la corolle.* Corolle *blanche, ne dépassant pas les sépales et une fois plus courte que l'éperon linéaire-subulé.* Stigmate *entier*, un peu renflé au sommet. Capsule globuleuse, *de moitié plus courte* que le calice. Graines triquètres, fortement ridées. Feuilles linéaires ou sublancéolées, uninerviées. Tige de 2-4 décimètres, dressée, grêle, simple ou rameuse. Racine grêle. — Plante glabre dans toutes ses parties, à rejets stériles rares; distincte de toutes les autres espèces par son calice et sa corolle.

Hab. Toulon, Hyères, Nîmes, Montpellier. ① Avril-mai.

L. STRIATA *D C. fl. fr.* 3, *p.* 586; *Chav. mon.* 152 ; *Dub. bot.* 346 ; *Lois. gall.* 2, *p.* 33 ; *Rob. cat. Toulon,* 70 ; *Benth. in D C. prodr.* 10, *p.* 278; *L. monspessulana Dum. Court.; L. repens Steud. nom. bot.; Antirrhinum monspessulanum et repens L. sp.* 854 ; *A. striatum Lam. fl. fr.* 2, *p.* 343; *A. galioides Lam. dict.* 4, *p.* 351. — *Ic. Dill. h. elth. t.* 163, *f.* 197. *Schultz, exsicc. n°* 68!; *Rchb. exsicc. n^os* 2036 *et* 2369!; *Billot, exsicc. n°* 58 ! — Fleurs en grappes spiciformes, terminales ; pédoncules glabres, égalant le calice. Celui-ci glabre, à divisions lancéolées-linéaires, aiguës, dressées, trois fois plus court que la corolle. Celle-ci *blanche ou jaunâtre rayée de violet,* à palais très-ample ; lèvre supérieure un peu plus longue que le tube, à 2 lobes obtus, redressés; lèvre inférieure à lobes demi-circulaires, écartés ; éperon conique, droit, *égalant à peine le tube de la corolle.* Stigmate *entier,* un peu renflé au sommet. Capsule *une fois plus longue* que le calice. Graines noires, triquètres, fortement et irrégulièrement ridées. Feuilles nombreuses, rapprochées, un peu glauques, linéaires, aiguës, atténuées à la base; les inférieures verticillées par 4 ; les supérieures ordinairement éparses. Tiges de 3-5 décim., dressées ou étalées, grêles, dures, cassantes, simples ou rameuses, ordin^t entourées à la base de rejets stériles nombreux. — Plante très-glabre ; éperon parfois presque nul.

β. *conferta Benth. l. c.* — Grappe serrée. *L. procera D C. cat. monsp.* 121 ; *Antirrhinum confertum Jan. pl. exs.*

γ. *grandiflora Godr. fl. lorr.* 2, *p.* 146. — Fleurs plus grandes, jaunâtres; à veines violettes plus fines; éperon dépassant le pédoncule; plante plus forte, croissant avec les *L. vulgaris et striata;* en serait-elle une hybride? (*Godr.*)— *L. stricta Hornm. hort. hafn.* 2, *p.* 577.

Hab. Lieux stériles, cultures arides, vieux murs, bords des chemins, dans presque toute la France. ♃ Juillet-août.

L. TRIPHYLLA *Mill. dict. n°* 2; *D C. fl. fr.* 3, *p.* 585; *Dub. bot.* 344 ; *Lois. gall.* 2, *p.* 30 ; *Rob. cat. Toulon,* 70 ; *Antirrhinum triphyllum L. sp.* 852. — *Ic. Clus. hist.* 320 ; *Bocc. sic. t.* 22 ; *Dod. pempt.* 184, *f. dextr. C. Billot, exsicc. n°* 423!; *Soleirol, exsicc. n°* 3077! — Fleurs *sessiles,* alternes, en grappe courte, compacte ou interrompue à la base, à la fin un peu allongée;

bractées *foliacées*. Calice glabre, à divisions *ovales ou ovales-lancéolées*, obtuses, 2-3 fois plus courtes que la corolle. Celle-ci de 2 centimètres, en y comprenant l'éperon recourbé et presque égal au tube, fauve, blanche ou bleuâtre. Stigmate long et *étroitement claviforme*. Capsule glabre, dépassant à peine le calice. Graines brunes, trigones, couvertes de rides fortes et anastomosées. Feuilles *très-larges, obovées, obtuses, verticillées par trois*, à 3 nervures, glauques et glabres ainsi que la tige. Celle-ci de 1-3 décimètres, dressée, épaisse, robuste, simple et rarement rameuse. — Plante entièrement glauque et glabre.

Hab. Toulon! (*Robert*); Corse, Bonifacio! (*Soleirol, Requien*). (1) Mai.

b. *Rameaux florifères diffus ou étalés-redressés; graines marginées, excepté dans le* L. flava.

L. thymifolia *D C. fl. fr.* 3, *p.* 587; *Dub. bot.* 344; *Lois. gall.* 2, *p.* 30, *t.* 10; *Antirrhinum thymifolium Vahl, symb.* 2, *p.* 67. — *Schultz, exsicc. n°* 900!; *Endress, exsicc. ann.* 1830! — Fleurs en grappe courte et compacte au sommet des rameaux; pédoncules *très-courts, glabres*, ainsi que le calice. Celui-ci à divisions *oblongues-spatulées*, obtuses; la supérieure un peu plus grande. Corolle de 2 centimètres avec l'éperon, jaune, à palais plus foncé; éperon égal à la corolle. Capsule subglobuleuse, glabre. Graines brunes, minces, arrondies, convexes sur une face et concaves sur l'autre, largement marginées, lisses. Feuilles *ordinairement verticillées par trois, obovées ou largement oblongues, glauques et glabres*, ainsi que toutes les parties de la plante. Tige divisée dès la base en un grand nombre de rameaux de 1-2 décim., couchés-diffus, puis redressés, simples ou un peu rameux. — Plante entièrement glauque et glabre.

Hab. Sables maritimes de l'ouest, de Bayonne à La Rochelle. (1) Juin-juillet.

L. alpina *D C. fl. fr.* 3, *p.* 590; *Dub. bot.* 346; *Lois. gall.* 2, *p.* 30; *Antirrhinum alpinum L. sp.* 856; *Clus. hist.* 32[illegible], *f.* 2; *Jacq. austr.* 1, *t.* 58; *Bot. mag. t.* 205. — *Rchb. exsicc. n°* 625! — Fleurs en grappes courtes, à la fin allongées, au sommet des rameaux; ceux-ci *glabres* ainsi que les pédoncules 2-3 *fois aussi longs* que le calice. Celui-ci à divisions linéaires, plus courtes que la capsule. Corolle de 2 centim. avec l'éperon, *violette ou d'un pourpre-bleuâtre* avec le palais safrané; éperon égal à la corolle. Capsule subglobuleuse, glabre. Graines presque planes, ovales-suborbiculaires, largement bordées, noires et lisses. Feuilles linéaires, presque toutes *verticillées par 4*, uninerviées, glabres et glauques, ainsi que les rameaux. Tige divisée dès l'origine en un grand nombre de rameaux cauliformes de 1-2 déc., couchés, puis redressés, simples ou un peu rameux. Racine fibreuse. — Plante glauque et glabre.

Hab. Le haut Jura, lac de Joux, la Dôle, le Reculet, etc.; Côte-d'Or, source de la Coquille (*Fleurot*); Lyon, îles du Rhône; Alpes et Pyrénées; manque dans les Vosges et l'Auvergne. (2) Août.

L. SUPINA *Desf. atl.* 2, *p.* 44; *D C. fl. fr.* 3, *p.* 588; *Dub. bot.* 345; *Lois. gall.* 2, *p.* 30; *L. maritima D C. ic. rar. t.* 12; *L. Thuillierii Mérat, fl. par.* 192; *Antirrhinum supinum L. sp.* 856; *A. bipunctatum Thuill. fl. par.* 311 (*non L.*); *A. maritimum Poir. dict. suppl.* 4, *p.* 23. — *Ic. Clus. hist.* 321. *Schultz, exsicc. n°* 492 ! ; *C. Billot, exsicc. n°* 424 ! — Fleurs en grappes courtes et compactes, à la fin un peu allongées, au sommet des rameaux *pubescents-glanduleux*, ainsi que les pédoncules *très-courts* et le calice. Celui-ci à divisions linéaires-oblongues, obtuses, un peu plus courtes que la capsule. Corolle grande (2 centimètres avec l'éperon), d'un jaune pâle, à palais orangé ; éperon égal à la corolle. Filets des étamines longs, *velus* à la base. Capsule subglobuleuse, glabrescente. Graines planes, ovales-orbiculaires, largement marginées, noires et lisses. Feuilles linéaires, uninerviées, subcharnues, rapprochées, éparses, ou parfois presque toutes verticillées par 3-4 (*L. maritima D C.*), glauques et glabres. Tige divisée à son origine en un grand nombre de rameaux de 1-2 décimètres, couchés-diffus, puis redressés, simples ou peu rameux. Racine annuelle. — Plante glauque-glabre infér[t], pubescente-glanduleuse supérieurem[t].

β. *pyrenaica.* Plante plus élevée, à inflorescence plus fortement pubescente-glanduleuse. *L. pyrenaica D C. ic. rar. t* 11; *Antirrhinum pyrenaicum Pers. syn.* 2, *p.* 156; *A. dubium Vill. Dauph.* 2, *p.* 437.— *Welvitsch, exsicc. n°* 418 !

Hab. L'ouest; le centre de la France (*Boreau*); la Lorraine à Saint-Mihiel ; les Alpes, les Cévennes et les Pyrénées, etc. Ⓘ Juin-septembre.

L. ARENARIA *D C. ic. rar. p.* 5, *t.* 14, *et fl. fr.* 5, *p.* 409 ; *Lloyd, fl. Loire infér.* 183; *Dub. bot.* 345; *Lois. gall.* 2, *p.* 31 ; *Benth. in D C. prodr.* 10, *p.* 284; *Antirrhinum arenarium Poir. dict.* 4, *p.* 26. — *Schultz, exsicc. n°* 315 ! — Fleurs en grappes courtes, à la fin allongées, au sommet des rameaux ; pédoncules bien plus courts que le calice ou presque nuls. Calice poilu-glanduleux, ainsi que l'axe de la grappe, à divisions lancéolées-linéaires, aiguës. Corolle jaune, *très-petite* (5-6 millimètres), *dépassant un peu* le calice; gorge poilue; éperon conique-subulé, droit, presque aussi long que la corolle. Filets des étamines glabres. Capsule subglanduleuse, égalant le calice. Graines noires, planes, elliptiques, *étroitement* marginées, lisses sur les faces. Feuilles *lancéolées et lancéolées-linéaires*, verticillées par trois inférieurement, puis éparses, *poilues-glanduleuses* ainsi que le reste de la plante. Tige se divisant dès la base en un grand nombre de rameaux étalés-redressés, *poilus-glanduleux.* Racine grêle, annuelle. — Plante poilue-glanduleuse.

β. *saxatilis Gren. et Godr.* Plante plus petite ; fleurs moins nombreuses et réunies presque en tête au sommet des rameaux; feuilles un peu plus larges. *L. saxatilis D C. fl. fr.* 5, *p.* 590, *et ic. rar. t.* 13; *Dub. bot.* 345 ; *Lois. gall.* 2, *p.* 31 (*non Hoffm. et Link*).

Hab. Sables maritimes de l'ouest de la France, de Nantes à Dunkerque. Ⓘ Juin-août.

L. flava *Desf. atl.* 2, *p.* 42, *t.* 136; *D C. fl. fr.* 3, *p.* 729; *Dub. bot.* 343; *Lois. gall.* 2, *p.* 30; *Benth. in D C. prodr.* 10, *p.* 285; *Antirrhinum flavum Poir. it.* 2, *p.* 191. — Fleurs 2-5 en grappe courte, et rarement solitaires au sommet des rameaux; pédoncules *presque nuls.* Calice *glabre*, à divisions linéaires, obtuses. Corolle d'un jaune foncé, à gorge poilue et plus foncée; éperon conique-subulé, droit, aussi long que la corolle. Filets des étamines glabres. Capsule glabre, dépassant à peine le calice. Graines *ovoïdes, incurvées, fortement et irrégulièrement ridées.* Feuilles rapprochées, opposées ou verticillées par trois, puis éparses, *ovales ou ovales-lancéolées et oblongues, glabres.* Tige divisée dès la base en rameaux de 5-12 centimètres, *glabres,* étalés-redressés, simples. Racine grêle.— Plante d'un vert gai, entièrement glabre.

Hab. Corse. sables de Gravone et Campo di Loro, Ajaccio. (I) Mars-avril.

Sect. 4. Chænorrhinum *D C. Char.* — Feuilles opposées ou alternes, entières. Fleurs axillaires ou en grappes. Corolle à gorge *incomplétement fermée* par le palais. Capsule s'ouvrant au sommet *par* 2 *petites ouvertures* trivalves ou formées par la chute d'un opercule. Graines ovoïdes, non marginées.

L. minor *Desf. atl.* 2, *p.* 46; *DC. fl. fr.* 3, *p.* 591; *Dub. bot.* 344; *Lois. gall.* 2, *p.* 33; *Antirrhinum minus L. sp.* 852.—*Ic. Math. com.* 2, *p.* 539. *Rchb. exsicc. n°* 624!; *Billot, exsicc. n°* 624!; *Fries, h. n. fasc* 11, *n°* 21!—Fleurs petites, distantes, nombreuses, axillaires, solitaires, formant des grappes lâches et feuillées; pédoncules grêles, 3-4 fois plus longs que le calice. Celui-ci à divisions inégales, linéaires-oblongues, obtuses. Corolle *un peu plus longue* que le calice, velue-glanduleuse, d'un violet pâle avec le palais jaune; gorge *ouverte;* éperon obtus, 2-3 fois plus court que la corolle. Capsule ovoïde, poilue-glanduleuse, un peu plus courte que le calice. Graines munies de crêtes longitudinales, aiguës et anastomosées. Feuilles entières, obtuses, atténuées en pétiole à la base; les inférieures opposées, lancéolées-oblongues; les supérieures alternes, *étroites ou sublinéaires.* Tige de 1-4 décim., dressée, très-rameuse dès la base; rameaux dressés, flexueux; les infér. opposés. Racine grêle, annuelle. — Plante couverte de poils courts et glanduleux.

Hab. Champs et lieux stériles de toute la France. (I) Juillet-octobre.

L. prætermissa *Delastre, in ann. sc. nat. sér.* 2, *v.* 18, *p.* 152; *Boreau, fl. centr.* 377. — Corolle *glabre, à gorge presque fermée par le palais saillant.* Capsule glabre. Tiges et rameaux grêles et *glabres* dans toutes leurs parties, ainsi que les feuilles, ou très-exceptionnellement pubescentes-glanduleuses. Le reste comme dans le *L. minor,* dont plusieurs auteurs ne la regardent que comme une variété. — Une culture de plusieurs années ne l'a point modifiée (*Boreau*).

Hab. Adon, dans le Loiret; vallée de Fontjoize, dans la Vienne (*Lloyd*); Côte-d'Or (*Fleurot*); graviers du Vidourle entre Sauve et Quissac dans le Gard (*Touchy*). (I) Juin-octobre.

L. RUBRIFOLIA *D C. fl. fr.* 5, *p.* 410; *Chav. monogr.* 95; *Dub. bot.* 343; *Lois. gall.* 2, *p* 33; *Perreym. cat. Fréjus*, 48; *Antirrhinum filiforme Poir. dict. suppl.* 4, *p.* 27. — *Ic. Magn. bot.* 25. — Fleurs axillaires, solitaires, en grappes ordinairement allongées; pédoncules 3-4 fois aussi longs que le calice. Celui-ci à divisions inégales, linéaires-oblongues, obtuses. Corolle poilue-glanduleuse, d'un bleu-violet, campanulée-subcylindrique, du tiers ou de moitié plus longue que le calice ; éperon *filiforme, très-aigu*, de moitié plus court que la corolle. Capsule ovoïde, poilue-glanduleuse, plus courte que le calice. Graines oblongues, *sillonnées et hérissées de tubercules entre les côtes*. Feuilles épaisses, ovales ou oblongues; les inférieures ovales, opposées et rapprochées presque en rosette à la base, glabres; les supérieures alternes, poilues, devenant linéaires-oblongues. Tige de 10-15 cent., glabre inférieurement, poilue-glanduleuse vers le haut. Racine grêle, *annuelle*. — Espèce bien distincte, par ses graines et sa durée, du *L. origanifolia*.

Hab. Fréjus; Marseille; Montpellier, Capouladoux, St.-Guilhem-le-Désert; Bédarieux; Perpignan. ① Juin.

L. ORIGANIFOLIA *D C. fl. fr.* 3, *p.* 591; *Chav. monogr.* 94, *t.* 6; *Dub. bot.* 343; *Lois. gall.* 2, *p.* 33; *Antirrhinum origanifolium L. sp.* 852; *Lap. abr.* 353; *A. villosum Lap. l. c.* — *Ic. Barr.* 597-598 *et* 1102-1103 (*malè*); *Cav. ic.* 2, *p.* 11, *t.* 139. *Schultz, exsicc. n°* 901! — Fleurs 2-6, axillaires, solitaires, en grappes courtes et lâches au sommet des rameaux; pédoncules 2-3 fois aussi longs que le calice. Celui-ci à divisions inégales, linéaires-oblongues, obtuses. Corolle velue-glanduleuse, d'un bleu-violet, et blanchâtre à la base, de une à trois fois aussi larges que le calice (10-15 millimètres); éperon conique, de moitié plus court que les sépales. Capsule ovoïde, poilue-glanduleuse, d'un tiers plus courte que le calice. Graines oblongues, *ridées par des côtes anastomosées*. Feuilles épaisses, *oblongues ou obovées*, brièvement pétiolées ; les inférieures opposées, ovales, glabres; les supérieures alternes, poilues-glanduleuses. Tiges nombreuses, ordinairement *diffuses*, puis redressées, ordinairement glabres inférieurement, et pubescentes-glanduleuses vers le haut des tiges. Souche *dure et vivace*.— Plante velue-pubescente ou presque glabre.

β. *grandiflora*. Corolle atteignant de 15 à 18 millimètres. *Antirrhinum crassifolium Willd. sp.* 3, *p.* 216.— *Endress, exsicc. ann.* 1831!; *Durieu, astur. exsicc. n°* 256 !

Hab. Provinces méridionales; Pyrénées; Narbonne; Montpellier; Capouladoux; environs d'Aix, mont Sainte-Victoire; Grenoble, Pont-en-Royans; Auvergne; Lozère; le Gard; etc. ♃ Avril-juillet.

L. VILLOSA *D C. Chav. monogr.* 93; *Benth. in D C. prodr.* 10, *p.* 286; *Antirrhinum villosum L. sp.* 852; *A. oppositifolium Poir. dict. suppl.* 4, *p.* 23. — Feuilles *ovales-arrondies ou suborbiculaires, couvertes, ainsi que les tiges, les pédoncules et les calices,* *de longs poils laineux.* Corolle semblable à celle du *L. origanifolia* β. *grandiflora*, dont il ne diffère en rien pour les autres caractères, et dont Bentham le regarde avec doute comme une variété.

Hab. Les Corbières près Albières (*Martrin-Donos*). ♃ Juin.

GRATIOLA. (L. gen. 29.)

Calice 5-partite, *muni à la base de deux bractées.* Corolle dépourvue d'appendice à la base, *tubuleuse-tétragone*, à 4 lobes inégaux et formant deux lèvres peu distinctes; à lèvre supérieure émarginée ou bifide, l'inférieure à 3 lobes égaux et dépourvue de palais saillant. Etamines *quatre dont deux stériles ou presque nulles.* Capsule biloculaire, à déhiscence septicide, *à deux valves bifides;* placentas presque libres après la déhiscence.

G. officinalis *L. sp.* 24; *DC. fl. fr.* 3, *p.* 598; *Dub. bot.* 342; *Lois. gall.* 1, *p.* 13. — *Ic. Dod. pempt.* 358; *Lam. ill. t.* 16, *f.* 1; *Fl. dan. t.* 363. *Schultz, exsicc. n°* 899! — Fleurs axillaires, solitaires, longuement pédonculées, munies sous le calice de deux bractées un peu plus longues et plus larges que les divisions calicinales. Celles-ci linéaires, aiguës. Corolle barbue intérieurement au-dessus de l'insertion des étamines fertiles. Capsule ovoïde-acuminée. Graines très-petites, oblongues, anguleuses, alvéolées. Feuilles lisses, sessiles, embrassantes, lancéolées, denticulées dans leur moitié supérieure, plus longues que les entre-nœuds, et munies de 3-5 nervures saillantes. Tige dressée, raide, simple, fistuleuse, arrondie à la base, quadrangulaire au sommet. Racine rampante. — Plante glabre et lisse; fleurs blanches ou rosées.

Hab. Marais et lieux aquatiques, dans toute la France. ♃ Juin-juillet.

Obs. — Le *Mimulus luteus Lin.*, originaire de l'Amérique occidentale, est très-répandu aux bords des eaux de Framont à Mutzig (Alsace), il arrive même jusqu'à Strasbourg en suivant les bords de la Bruche. Cette belle espèce se reconnait à ses grandes fleurs jaunes en gueule, plus ou moins tachées de brun-pourpré.

LINDERNIA. (All. ped. 5, p. 178, t. 5.)

Calice 5-partite. Corolle *plus petite* que le calice, dépourvue d'appendice à la base, à tube *ventru*, à gorge resserrée, à limbe bilabié; lèvre supérieure plus courte, bilobée; l'inférieure à 3 lobes, dont le moyen est plus grand. Etamines *quatre fertiles*, didynames. Capsule oblongue, *à 2 valves entières*, dont les bords *ne rentrent pas et adhèrent peu à la cloison,* ce qui a fait penser à quelques auteurs qu'elle était uniloculaire et à placenta libre.

L. pyxidaria *All. l. c.; L. mant.* 252; *DC. fl. fr.* 3, *p.* 577; *Dub. bot.* 348; *Lois. gall.* 2, *p.* 43; *Capraria gratioloides L. sp.* 876. — *Ic. Lind. alsat.* 152, *t.* 1; *Lam. ill. t.* 522; *Gærtn. fil. suppl. t.* 184. *Schultz, exsicc. n°* 70! — Fleurs axillaires, solitaires, souvent opposées; pédoncules épaissis au sommet, ordinairement plus longs que les feuilles. Calice à divisions linaires aiguës, dressées-appliquées, très-finement denticulées. Corolle plus courte que le calice, à lèvre supérieure purpurine, divisée en 2 lobes arrondis; lèvre inférieure plus longue, jaunâtre, à 3 lobes presque égaux. Graines très-petites, oblongues, anguleuses, finement ridées en travers. Feuilles sessiles et opposées, d'un vert foncé, entières, ovales ou elliptiques, obtuses, à 3 nervures. Tiges ascendantes, radicantes à la base, tétragones, rameuses, rameaux étalés. Racine fibreuse. — Plante glabre.

Hab. Lorraine, Dieuze, Sarrebourg, etc.; Alsace, Strasbourg, Colmar, etc.; Côte-d'Or, Cîteaux, etc.; Lyon; Saône-et-Loire; Nièvre; Allier; Landes, Dax; Loire-Inférieure; Orléans; etc. (1) Juin-août.

§ 2. COROLLE A PRÉFLORAISON IMBRICATIVE, A LOBE POSTÉRIEUR TOUJOURS ENVELOPPÉ PAR LES AUTRES.

(Capsule bivalve.)

A. *Corolle rotacée ou campanulée; anthères mutiques.*

VERONICA. (Tournef. inst. p. 143, t. 60.)

Calice 4-5-fide, à divisions souvent inégales. Corolle *rotacée*, à tube très-court, à limbe 4-5-fide, à division supérieure plus grande. Etamines *deux*, *très-saillantes*, insérées à la base de la division supérieure; anthères biloculaires. Capsule obcordée ou émarginée, marquée d'un sillon sur chaque face, à 2 valves et à déhiscence loculicide, ou à 4 valves par division septicide des deux premières. Graines ordinairement nombreuses, parfois réduites à 2 par loges. — Plantes annuelles ou vivaces; feuilles opposées ou les supérieures alternes; fleurs axillaires, solitaires, écartées ou rapprochées en grappes dressées, lâches ou serrées, et quelquefois spiciformes.

Sect. 1. PSEUDOLYSIMACHIUM *Koch, syn.* 605.— Grappe simple, *terminale*, unique ou accompagnée de quelques autres latérales. Tube de la corolle cylindrique, *plus long que large*. Racine vivace.

V. SPICATA *L. sp.* 14; *D C. fl. fr.* 3, *p.* 468; *Dub. bot.* 357; *Coss. et Germ. cat.* 1842, *p.* 96, *et fl. par.* 287; *V. longifolia et spicata Lois. gall.* 1, *p.* 10 (*ex loc. nat.*); *Lap. abr.* 5. — *Ic. Vaill. bot. t.* 33, *f.* 4; *Clus. hist.* 347, *f.* 3. *Schultz, exsicc.* n° 1109!; *C. Billot, exsicc.* n° 426! — Fleurs très-nombreuses et rapprochées en grappes longues (4-10 centimètres), denses et spiciformes; pédoncules fructifères dressés, *bien plus courts* que les bractées et que le calice. Celui-ci à divisions ovales-lancéolées, *presque obtuses*, de même longueur que la capsule. Corolle d'un bleu vif, 2-3 fois plus longue que le calice, à limbe subbilabié, à divisions inférieures oblongues-lancéolées, aiguës. Style 3-4 fois plus long que la capsule. Celle-ci velue-glanduleuse, subglobuleuse, à peine émarginée au sommet, renfermant plusieurs graines. Celles-ci lisses, planes sur la face interne. Feuilles brièvement pubérulentes, crénelées, *à crénelures peu profondes, très-inclinées en avant, et disparaissant* vers le sommet de la feuille; les inférieures opposées, ovales ou oblongues, atténuées à la base, d'abord *obtuses, puis subaiguës* vers le haut de la tige; les supérieures étroitemt lancéolées-oblongues. Tiges de 2-5 déc., ascendantes, raides, simples, pubescentes-grisâtres et ordint un peu glanduleuses, terminées par un long épi entouré parfois de quelques autres latéraux. Souche horizontale, presque ligneuse, émettant souvent des rejets stériles.

Hab. Pâturages montueux et sablonneux du nord-ouest, Paris, presqu'île de la Manche, etc.; Jura; bords du Rhin, Strasbourg; Alpes, jusqu'au sommet du Lautaret (*Gren*); Pyrénées; centre de la France, Côte-d'Or, Saône-et-Loire, Cher, Loiret, Allier, Puy-de-Dôme, Ardèche, Lozère, etc. ♃ Juillet-août.

V. SPURIA *L. sp.* 13; *Koch, syn.* 606; *V. paniculata Benth. in DC. prodr.* 10, *p.* 465; *V. longifolia DC. fl. fr.* 3, *p.* 468 (*non L.*); *Dub. bot.* 357; *V. longifolia et spuria Kirschl. prod. Als.* 112. — *Ic. Clus. hist.* 346, *f.* 1-2; *Schrad. Ver. t.* 2, *f.* 1. *Rchb. exsicc. n°* 1005! — Fleurs en grappes très-longues, *très-aiguës, un peu lâches*; pédoncules *plus longs* que le calice, et ordinairement *plus courts* que les bractées. Calice à divisions ovales-lancéolées, *aiguës*. Feuilles opposées ou ternées, *ovales-lancéolées ou lancéolées*, ordinairement très-acuminées, ou seulement aiguës (*V. paniculata L.*), *profondément dentées en scie, à dents simples et étalées*. Tiges de 4-8 décimètres, très-feuillées.—Le reste comme dans le *V. spicata*, dont il se distingue facilement par ses feuilles qui, outre les caractères indiqués, noircissent ordinairement par la dessiccation. Cette espèce diffère en outre du *V. longifolia L.* par ses feuilles dont les dents sont presque simples, courtes, aussi larges que longues et non lancéolées-acuminées et subulées.

Hab. Mauerhof, Hilsheim, la Genzau près de Strasbourg, Schlestad. ♃ Juill.-août.

Sect. 2. CHAMÆDRYS *Koch, syn.* 605. — Grappes *axillaires*. Racine vivace.

a. *Grappes opposées.*

V. TEUCRIUM *L. sp.* 16; *Benth. in DC. prodr.* 10, *p.* 469 (*part.*); *Coss. et Germ. fl. par.* 290 (*excl. var.* γ.); *Boreau, fl. cent.* 388. — Fleurs en grappes un peu denses, à la fin très-allongées; pédicelles dressés, égalant ou dépassant le calice et la bractée. Calice *à cinq divisions* très-inégales, linéaires, obtuses, ciliées; la supérieure bien plus courte. Corolle grande, d'un beau bleu, à lobes ovales; les 3 inférieurs aigus. Style un peu plus long que la hauteur de la capsule. Celle-ci *glabrescente ou poilue* supérieurement, *dépassant* à peine le calice, *oblongue,* un peu comprimée, plus haute que large, arrondie à la base, échancrée au sommet. Graines planes sur les deux faces. Feuilles plus ou moins pubescentes ou velues sur les 2 faces, ovales, oblongues, lancéolées ou sublinéaires, ridées en réseau, inégalement incisées-dentées ou presque entières, à dents obtuses ou subaiguës.

Tiges de 1-5 décimètres, simples, plus ou moins nombreuses, couchées à la base, puis ascendantes ou presque dressées, pubescentes ou velues. Souche longuement traçante, rameuse, un peu ligneuse, émettant souvent des rejets stériles.

α. *latifolia*. Tiges dressées ou seulem^{t} courbées à la base ; feuilles planes, ovales ou oblongues, en cœur à la base, ordinairement sessiles, fortement incisées-dentées. C'est la plante des lieux fertiles et ombragés. *V. latifolia L. sp.* 18 ; *D C. fl. fr.* 5, *p.* 387 ; *Dub. bot.* 358 ; *Lois. gall.* 1, *p.* 8 ; *V. pseudo-Chamædrys Jacq. austr. t.* 60. — *Ic. J. B. hist.* 3, *p.* 286, *f.* 2-3. *C. Billot, exsicc. n*° 275!; *Rchb. exsicc. n*° 620 !

β. *normalis*. Tiges couchées à la base, puis ascendantes ; feuilles ovales, oblongues-lancéolées ou lancéolées, souvent obscurément pétiolées. *V. Teucrium L. sp.* 16 ; *DC. fl. fr.* 3, *p.* 460 ; *Dub. bot.* 358; *Lois. gall.* 1, *p.* 8.—*Ic. Fuchs, hist.* 871. *Billot, exs. n*° 275!

γ. *vestita*. Cette variété ne diffère de la var. β. que parce quelle est couverte de poils qui la rendent blanchâtre-pubescente. *V. pilosa Lois. gall.* 1, *p.* 8 ; *V. canescens Bart. in Boreau fl. centr.* 388 (*non Schrad.*)

Hab. Pelouses sèches, coteaux pierreux. ♃ Juillet.

V. prostrata *L. sp.* 17; *D C. fl. fr.* 3, *p.* 460 ; *Dub. bot.* 358 ; *Lois. gall.* 1, *p.* 8; *Boreau fl. centr.* 388 ; *V. dentata Schrad. fl. germ.* 1, *p.* 38 ; *V. latifolia* γ. *dubia Lap. abr.* 9; *V. lutetiana Rœm. et Schult. syst.* 1, *mant.* 109. — *Ic. Clus. hist.* 349 ; *J. B. hist.* 3, *p.* 287, *f.* 1. *Rchb. exsicc. n*° 618 ! — Divisions du calice *cinq*, très-inégales, *glabres*, et non poilues, ni ciliées. Lobes de la corolle tous arrondis au sommet. Capsule *glabre*. Feuilles lancéolées ou lancéolées-linéaires, réfléchies en dessous par les bords, jamais en cœur ni embrassantes à la base, mais atténuées en un court pétiole. Tiges grêles, dures, couvertes d'un duvet court et crépu, *longuement étalées-couchées* et disposées en cercle, *presque ligneuses* à la base. — Cette espèce diffère en outre du *V. Teucrium* par ses grappes plus courtes ; par ses fleurs plus pâles, assez souvent roses et même blanches, ce qui ne s'observe pas dans le *V. Teucrium;* par sa capsule un peu plus petite, un peu plus renflée, à échancrure plus aiguë ; enfin par sa floraison plus précoce.

Hab. Pelouses sèches, coteaux pierreux, ♃ Juin.

V. Chamædrys *L. sp.* 17 ; *D C. fl. fr.* 3, *p.* 460 ; *Dub. bot.* 358 ; *Lois. gall.* 1, *p.* 9. — *Ic. Fuchs, hist.* 872 ; *Clus. hist.* 1, *p.* 352, *f.* 1 ; *Lam. ill. t.* 13, *f.* 1 ; *Engl. bot. t.* 623. — Fleurs en grappes lâches, dressées; pédicelles étalés-dressés, pubescents ainsi que l'axe floral, les bractées et le calice, plus longs que le calice, et à la fin presque une fois plus longs que les bractées. Calice *à quatre lobes* lancéolés, *d'un tiers plus longs* que la capsule. Corolle bleue, à lobe inférieur presque blanc. Style un peu plus long que la capsule. Celle-ci ciliée, comprimée, *rétrécie à la base*, *échancrée en* *cœur* au sommet. Feuilles molles, ridées en réseau, presque sessiles et rarement munies d'un pétiole distinct, ovales-en-cœur, poilues, plus courtes que les entre-nœuds, incisées-dentées. Tiges de 1-3 décimètres, couchées et radicantes à la base, puis redressées, simples ou rameuses, *munies de deux lignes de poils opposées*. Souche grêle, longuement rampante, rameuse. — Plante à poils blancs, mous, étalés et articulés.

β. *pilosa Benth.* Tige pubescente sur toute sa surface, avec deux rangées plus saillantes de poils. *V. pilosa Willd. sp.* 1, *p.* 66; *V. plicata Pohl, tent. fl. boh.* 15; *V. florida Schmidt, fl. boh.* 23. *V. dubia D C. fl. fr.* 3, *p.* 462? ; *Dub. bot.* 358.

Hab. Prés secs, bords des bois, des champs et des chemins, haies et pâturages. ♃ Avril-mai.

V. URTICÆFOLIA *L. fil. suppl.* 83; *Jacq. aust. t.* 59; *D C. fl. fr.* 3, *p.* 459; *Dub. bot.* 358; *Lois. gall.* 1, *p.* 9; *Lap. abr.* 9; *V. latifolia Lam. fl. fr.* 2, *p.* 441; *Vill. Dauph.* 2, *p.* 16. — *Ic. Dalech. hist.* 1165, *f.* 1; *Morison, sect.* 3, *t.* 23, *f.* 28. *Schultz, exsicc. n°* 1108! — Fleurs en grappes lâches, ascendantes et formant une panicule; pédicelles étalés-dressés, pubescents-glanduleux ainsi que l'axe floral, le calice et les bractées, *quatre fois aussi longs* que le calice, *très-fortement* recourbés à la maturité sous la capsule qui est ainsi presque ramenée contre l'axe. Calice *très-petit* (2 millimètres), à 4 lobes lancéolés, obtus, égalant à peine le *tiers* de la capsule. Corolle d'un bleu ou d'un rose clair, avec des veines plus foncées. Style un peu plus long que la hauteur de la capsule. Celle-ci pubescente et ciliée, comprimée, *suborbiculaire* et un peu plus large que longue, très-échancrée au sommet. Feuilles un peu rudes, ridées en réseau, *sessiles*, grandes (4-7 centimètres de long), ovales, *longuement acuminées*, surtout les supérieures, un peu plus longues que les entre-nœuds, fortement dentées-en-scie et *à dents aiguës*. Tiges de 3-6 décimètres, *dressées, nullement rampantes à la base*, simples, pubescentes sur toute leur surface. Souche courtement rampante.

Hab. Toute la haute chaîne du Jura; Lyon, à la Tête-d'Or (*Jordan*); Alpes, Sassenage, Grande-Chartreuse, etc.; Pyrénées, Canigou (*Godron*), Salvanaire, Mont-Louis, Saleix, Madres (*Lap.*). Manque dans les Vosges et le centre de la France. ♃ Juin-juillet.

OBS. Les 4 espèces précédentes font partie, selon Grisebach, d'une section dont toutes les espèces ont les valves de la capsule adhérentes au placenta central; tandis que dans la section *Beccabunga*, qui renferme les 5 suivantes, les valves à la fin bipartites se séparent du placenta central.

V. BECCABUNGA *L. sp.* 16; *D C. fl. fr.* 3, *p.* 462; *Dub. bot.* 358; *Lois. gall.* 1, *p.* 7.— *Ic. Dod. pempt.* 582, *f.* 2; *Fuchs, hist.* 725; *Engl. bot. t.* 655. *C. Billot, exsicc. n°* 597! — Fleurs en grappes lâches, ascendantes; pédicelles étalés, plus longs que le calice, égalant les bractées. Calice à 4 divisions glabres, ovales-lancéolées, aiguës, dépassant un peu la capsule. Corolle d'un bleu pâle, un peu plus longue que le calice. Style un peu plus court que la hauteur de la capsule. Celle-ci glabre, suborbiculaire, *à peine émarginée* au sommet, renflée, à loges contenant beaucoup de graines. Celles-ci jaunâtres, ovoïdes, presque planes sur la face interne. Feuilles *charnues*, glabres, *pétiolées, elliptiques, ou ovales-oblongues, obtuses, superficiellement* dentées-en-scie. Tiges de 2-6 décimètres, *grosses, fistuleuses*, succulentes, cylindriques, glabres, couchées-radicantes à la base, puis ascendantes, simples ou rameuses. Souche rampante. — Plante vivace, s'allongeant par une extrémité et se détruisant par l'autre, comme la plupart des *Veronica* à souche radicante.

Hab. Bords des eaux, fossés et lieux marécageux. ♃ Mai-septembre.

V. Anagallis *L. sp.* 16; *DC. fl. fr.* 3, *p.* 461; *Dub. bot.* 358; *Lois. gall.* 1, *p.*7.— *Ic. J. B. hist.* 3, *p.* 791, *f. sin.; Chabr. sciagr.* 568 *f.* 2. *Billot, exsicc. n°* 596!—Fleurs en grappes lâches; pédicelles étalés, plus longs que le calice et que les bractées. Calice à 4 divisions glabres, lancéolées, aiguës, égalant ou dépassant un peu la capsule. Corolle d'un bleu pâle, ou blanche veinée de rouge, dépassant à peine le calice. Style égalant environ la hauteur de la capsule. Celle-ci glabre, *suborbiculaire, à peine émarginée* au sommet, renflée, à loges renfermant beaucoup de graines. Celles-ci jaunâtres, ovoïdes, presque planes sur la face interne. Feuilles un peu charnues, glabres, *sessiles et embrassantes, ovales-lancéolées ou lancéolées, aiguës*, plus ou moins dentées-en-scie ou sinuées, ou même entières. Tiges de 2-6 décimètres, glabres, épaisses, fistuleuses, presque quadrangulaires, *dressées* ou un peu couchées à la base, simples ou rameuses. Souche rampante et radicante. — Plante glabre ou munie sur les pédicelles de quelques poils glanduleux.

Hab. Bords des eaux, des fossés et des mares, lieux marécageux. ♃ Mai-septembre.

V. anagalloides *Guss. ic. rar. p.* 5, *t.* 3, *et syn. Sic.* 1, *p.* 16; *Benth. in DC. prodr.* 10, *p.* 468.— Pédoncules et pédicelles poilus-glanduleux. Divisions du calice étroitement lancéolées, aiguës, *de même longueur* que la corolle *blanchâtre* et striée. Capsule *elliptique, obtuse*, obscurément émarginée. Feuilles *étroitement lancéolées ou sublinéaires*, aiguës, embrassantes à la base, *entières* ou à peine dentées.—Le reste comme dans le *V. Anagallis*, avec lequel il était autrefois confondu.

Hab. La région méditerranéenne, Narbonne (*Delort*), Montpellier (*Benth.*); Gap (*DC.*); Corse, Bonifacio (*Requien*); Nevers, aux bords de la Nièvre (*Boreau*); Vierzon (*Lemaitre*). ♃ Mai-septembre.

b. *Grappes alternes* (*parfois opposées dans le* V. officinalis L.).

V. scutellata *L. sp.* 16; *DC. fl. fr.* 3, *p.* 461; *Dub. bot.* 358; *Lois. gall.* 1, *p.* 7. — *Ic. J. B. hist.* 3, *p.* 791, *f.* 2; *Fl. dan. t.* 209; *Engl. bot.* 782. *Rchb. exsicc. n°* 1348! — Fleurs en grappes nombreuses, très-lâches, portées sur des pédoncules très-grêles; pédicelles filiformes, beaucoup *plus longs* que le calice, étalés à angle droit lors de la fructification. Calice à 4 lobes égaux, lancéolés, plus courts que la capsule. Corolle blanche veinée de rose sur les 3 lobes supérieurs. Style un peu plus court que la hauteur de la capsule. Celle-ci plus large que haute, arrondie à la base, comprimée, *entière sur les bords,* échancrée au sommet. Feuilles *sessiles, presque embrassantes, linéaires ou lancéolées-linéaires, aiguës, munies de petites dents écartées et souvent géminées et recourbées en arrière.* Tiges faibles, grêles, rameuses inférieurement, couchées et radicantes à la base, puis redressées, glabres ou pubescentes-glanduleuses.

β. *pubescens Koch.* Plante couverte de poils articulés, étalés et glanduleux. *V. parmularia Poit. et Turp. fl. par.* 19, *t.* 14.

Hab. Lieux humides, marécageux et tourbeux. ♃ Juin-septembre.

V. MONTANA *L. sp.* 17; *DC. fl. fr.* 3, *p.* 459; *Dub. bot.* 358; *Lois. gall.* 1, *p.* 8.—*Ic. Morison, s.* 3, *t.* 23, *f.* 15. *Schultz, exsicc. n°* 902!; *Fries, h. n. fasc.* 2, *n°* 29!—Fleurs en grappes pauciflores, très-lâches et portées sur des pédocules filiformes; pédicelles étalés, *plus longs* que le calice. Celui-ci à 4 lobes presque égaux, obovés, plus courts que la capsule. Corolle petite, blanche veinée de pourpre sur les 3 lobes supérieurs. Style égalant la hauteur de la capsule. Celle-ci grande, plus large que haute, très-comprimée, *émarginée à la base et au sommet, denticulée et ciliée sur les bords,* et ressemblant beaucoup à la silicule d'un *Biscutella.* Feuilles molles, velues, ridées en réseau, *longuement pétiolées, ovales-arrondies,* munies de dents larges et inégales. Tiges de 1-3 décimètres, mollement poilues, faibles, grêles, très-allongées, rameuses à la base, couchées et radicantes.

Hab. Bois et forêts humides, lieux ombragés. ♃ Mai-juin.

V. APHYLLA *L. sp.* 14; *DC. fl. fr.* 3, *p.* 463; *Dub. bot.* 359; *Lois. gall.* 1, *p.* 9; *V. subacaulis et nudicaulis Lam. ill.* 1, *p.* 44-46; *V. depauperata W. K. hung.* 3, *p.* 272, *t.* 245. — *Ic. Seg. ver. t.* 3, *f.* 2. *Rchb. exsicc. n°* 2197!—Fleurs *très-peu nombreuses,* 1-5 *en grappes pauciflores au sommet de pédoncules grêles et scapiformes de* 3 *à* 8 *centimètres;* pédicelles *une fois plus longs* que le calice et les bractées, pubescents-glanduleux. Calice à divisions oblongues, obtuses, quatre fois plus courtes que la corolle. Celle-ci d'un beau bleu à veines plus foncées. Style de moitié plus court que la capsule. Celle-ci *très-grande* (6-7 millimètres de long sur 5 de large), deux fois plus longue que le calice, comprimée, émarginée au sommet, violette et pubescente. Graines blanchâtres, presque planes. Feuilles rapprochées *toutes en rosette radicale* lâche ou serrée, brièvement pétiolées, poilues, obovées ou suborbiculaires, entières ou dentées. Tige *presque nulle, ou atteignant rarement* 2-3 *centimètres.* Souche dure et un peu ligneuse, rameuse, à divisions courtes ou allongées, rampantes et radicantes, terminées chacune par une rosette de feuilles.

Hab. Hauts sommets du Jura, la Dôle, le Reculet, etc.; Alpes; Pyrénées; manque dans les Vosges, l'Auvergne, et les montagnes du centre de la France. ♃ Juillet-août.

V. Allionii *Vill. prosp.* 20, *et fl. Dauph.* 2, *p.* 8; *DC. fl. fr.* 3, *p.* 463; *Dub. bot.* 357; *V. pyrenaica All. ped.* 1, *p.* 73, *t.* 46, *f.* 3. — *Rchb. exsicc. n°* 1349! — Fleurs en grappes *serrées* et multiflores, portées sur des pédoncules épais et raides; pédicelles dressés, *plus courts* que le calice. Celui-ci à 4 lobes lancéolés-linéaires, *tomenteux* et glanduleux ainsi que les pédicelles et l'axe floral, *un peu plus courts* que la capsule. Corolle *grande* (4 fois aussi longue que le calice), d'un *bleu-noir et brillant.* Style plus long que la hauteur de la capsule. Celle-ci *obovée*, un peu plus longue que large, comprimée, émarginée, poilue-glanduleuse. Feuilles *épaisses, coriaces et presque cartilagineuses, opaques, glaucescentes, très-lisses, obscurément nerviées, entières ou finement denticulées*, ovales ou obovées, arrondies ou subaiguës au sommet, atténuées en un court pétiole. Tiges allongées, simples ou rameuses, rampantes et radicantes sur toute leur longueur. — Superbe espèce qui n'a, ainsi que sa variété, que des rapports très-éloignés avec la suivante.

β. *vestita.* Calices, pédicelles, pédoncules et tiges pubescents; feuilles ciliées ou même pubescentes; tige très-allongée. *V. Tournefortii Vill. Dauph.* 2, *p.* 9.

Hab. Alpes du Dauphiné, montagne de Brande en Oysans, de Gondrau près du mont Genèvre, Orcière dans le Champsaur, Lautaret, mont Viso, etc.; var. β. Alpes du mont de Lans. ♃ Juillet-août.

V. officinalis *L. sp.* 14; *DC. fl. fr.* 3, *p.* 463; *Dub. bot.* 358; *Lois. gall.* 1, *p.* 9. — *Ic. Lam. ill. t.* 13, *f.* 2; *Fuchs, hist.* 166; *Dod. pempt.* 40, *f.* 2. — Fleurs en grappes *serrées* et multiflores, portées sur des pédoncules épais et raides; pédicelles dressés, *plus courts* que le calice. Celui-ci à 4 lobes lancéolés-linéaires, velus-glanduleux, de moitié plus courts que la capsule. Corolle petite, d'un bleu pâle, veiné de bleu foncé, plus rarement blanche veinée de rose. Style égalant la hauteur de la capsule. Celle-ci aussi large que haute, comprimée, *triangulaire*, entière ou fortement émarginée au sommet, velue-glanduleuse. Feuilles un peu ridées, velues, *ovales-elliptiques*, dentées-en-scie, atténuées en un court pétiole. Tige rameuse, couchée et radicante, *velue.* — Plante d'un vert sombre, à poils blancs et articulés. Quelquefois les grappes paraissent être terminales; mais un examen attentif fait apercevoir à leur base un petit rameau terminal plus ou moins développé; quelquefois aussi on trouve des grappes opposées. — Plante velue sur toutes ses parties.

β. *minor.* Feuilles petites et étroites. *V. acutiflora Lap. abr. suppl.* 7.

Hab. Dans les bois, coteaux ombragés, bords des chemins. ♃ Juin-juillet.

Sect. 3. VERONICASTRUM *Koch*, *syn.* 608. — Grappes *terminales*. Calice 4-partite. Tube de la corolle *très-court*. Valves de la capsule adhérant à la cloison. Graines comprimées, peltiformes, *planes sur une face ou biconvexes*. Feuilles s'atténuant insensiblement en bractées.

a. *Plantes vivaces.*

V. NUMMULARIA *Gouan, ill.* 1, *p.* 1, *t.* 1, *f.* 2; *DC. fl. fr. p.* 470; *Dub. bot.* 357; *V. irregularis Lap. fl. pyr. t.* 51, *et abr. p.* 6.—*Endress, exsicc. ann.* 1831!— Fleurs réunies en capitule *sessile*, pauciflore et feuillé, un peu allongé à la maturité (10–15 mill.); pédicelles *bien plus courts que les bractées subfoliacées*, à la fin égalant le calice, pubescents ainsi que l'axe floral. Calice à divisions oblongues, obtuses, longuement ciliées, d'un tiers plus courtes que la capsule. Corolle bleue ou rose; les 3 divisions supérieures *sublinéaires* et égales entre elles; la division inférieure obtuse, *beaucoup plus grande* que les autres. Style égalant environ la hauteur de la capsule. Celle-ci suborbiculaire, faiblement émarginée au sommet, glabre ou ciliolée. Feuilles toutes opposées, rapprochées *presque en rosette* vers l'extrémité des rameaux, oblongues ou obovées, très-petites (4 millimètres de long sur 2 de large et atteignant parfois 8 millimètres de long sur 4 de large), semblables à celles du *Thymus Serpyllum L.*, épaisses, uninerviées, glabres, souvent ciliolées, atténuées en un très-court pétiole; *les supérieures imbriquées; les inférieures plus grandes, égalant la longueur des entre-nœuds*. Tige *tortueuse et ligneuse* à la base, très-rameuse; rameaux radicants à la base, durs et sublignenx, très-allongés (5-15 centimètres), *nus et couronnés à l'extrémité redressée par les feuilles et les fleurs*.

Hab. Toute la partie élevée de la chaine des Pyrénées, depuis le Cambrédase près de Mont-Louis, jusqu'aux montagnes des Eaux-Bonnes dans les Pyrénées occidentales. ♃ Juin-juillet.

V. FRUTICULOSA *L. sp.* 15; *Benth. in DC. prodr.* 10, *p.* 480; *Dub. bot.* 357.—*Rchb. exs.* n° 1003!—Fleurs en tête ou en grappe courte, lâche et pauciflore, un peu allongée à la maturité (2-3 centimètres), *longuement pédonculée;* pédicelles égalant d'abord le calice et les bractées linéaires, puis *presque une fois plus longs* à la maturité. Calice couvert, ainsi que toute la grappe, de poils courts et crépus, à 4 divisions oblongues, obtuses, plus courtes que la capsule. Corolle grande, bleue ou rose. Style égalant la hauteur de la capsule. Celle-ci velue ou poilue-glanduleuse, ovale, comprimée, un peu plus haute que large, atténuée et légèrement émarginée au sommet. Graines planes. Feuilles toutes opposées, glabres ou ciliées, luisantes, épaisses, oblongues ou obovées, entières ou faiblement crénelées, uninerviées, atténuées à la base; les inférieures *petites*, *spatulées, rapprochées;* les supérieures *écartées, plus grandes, elliptiques-oblongues*. Tiges *tortueuses et ligneuses* à la base, très-rameuses; rameaux couchés et diffus, puis redressés, variant de 5 à 15 centimètres, glabres inférieurement, feuillés jusque sous la grappe.

α. *viscosa.* Axe floral, bractées, pédicelles, calice et capsule munis de poils glanduleux ; fleurs roses avec des veines plus foncées. *V. fruticulosa D C. fl. fr.* 3, *p.* 469 ; *Lois. gall.* 1, *p.* 10. — *Ic. Jacq. coll.* 4 ; *t.* 5 ; *Hall. helv. et en. t.* 16. *Rchb. exsicc. n°* 1003!

β. *pilosa.* Grappe couverte dans toutes ses parties de poils articulés, non glanduleux ; fleurs d'un beau bleu avec la gorge purpurine. *V. saxatilis Jacq. obs.* 1, *p.* 200 ; *L. fil. suppl.* 83 ; *D C. fl. fr.* 3, *p.* 469 ; *Lois. l. c.* — *Ic. J. B. hist.* 3, *p.* 284 ; *Clus. hist.* 347, *f.* 1 ; *Morison, sect.* 3, *t.* 22, *f.* 5. *Schultz, exsicc. n°* 1110! ; *Rchb. exsicc. n°* 844! ; *Fries, h. n. fasc.* 12, *n°* 41!

Hab. Var. α. Haut-Jura, les Rousses, la Dôle, Nantua, etc. ; Alpes et Pyrénées ; var. β. hautes Vosges, Alpes et Pyrénées. ♃ Juillet-septembre.

V. BELLIDIOIDES *L. sp.* 15 ; *D C. fl. fr.* 3, *p.* 470 ; *Dub. bot.* 357 ; *Lois. gall.* 1, *p.* 10 ; *Vill. Dauph.* 2, *p.* 10 ; *Lap. abr. p.* 6. — *Ic. Hall. helv. t.* 15, *f.* 1. *Rchb. exsicc. n°* 1002 ! — Fleurs en grappe courte et serrée, pauciflore, longuement pédonculée, couverte de poils glanduleux ; pédicelles plus courts ou à peine aussi longs que le calice, et que les bractées étroites et obtuses. Calice poilu-glanduleux, à divisions oblongues, obtuses, et de moitié plus courtes que la capsule. Corolle bleuâtre, une fois plus longue que le calice. Style plus court que la hauteur de la capsule. Celle-ci grande (7 millimètres de long sur 4 millimètres de large), ovale, faiblement émarginée. Feuilles radicales *grandes* (2-4 centimètres de long sur 5-10 millimètres de large), *nombreuses et presque rapprochées en rosette,* oblongues, obtuses, épaisses, entières ou dentées, *brièvement poilues et un peu scabres ;* les caulinaires *très-écartées,* sessiles et presque embrassantes, *petites,* et bien plus courtes que les entre-nœuds. Tige de 8-15 centim., couchée à la base, puis redressée, velue, à poils glanduleux, munie de 1-3 paires de petites feuilles.

Hab. Prairies élevées des Alpes et des Pyrénées. ♃ Juin-août.

V. ALPINA *L. sp.* 15, *et fl. lapp. p.* 7, *t.* 9, *f.* 4 ; *D C. fl. fr.* 3. *p.* 471 ; *Dub. bot.* 357 ; *Benth. in D C. prodr.* 10, *p.* 482 ; *V. herniarioides Pourr. Chl. narb. n°* 60 ; *V. pumila All. ped.* 1, *p.* 75, *t.* 22, *f.* 5 ; *V. integrifolia Willd. sp.* 1, *p.* 63. — *Rchb. exsicc. n°* 1001! ; *Fries, h. n. fasc.* 12, *n°* 42! — Fleurs 5-12, rapprochées en grappe très-courte et *presque sessile,* hérissée de poils articulés et *non glanduleux ;* pédicelles plus courts que le calice et que les bractées lancéolées. Calice hérissé, à divisions lancéolées, presque de moitié plus courtes que la capsule. Corolle petite, une fois plus longue que le calice, bleuâtre. Style *deux fois plus court* que la capsule. Celle-ci ovale-oblongue, hérissée, faiblement émarginée. Feuilles opposées, quelquefois alternes au sommet de la tige, sessiles, subtrinerviées, glabrescentes ou hérissées, très-entières ou crénelées, ovales ou elliptiques, obtuses ou subaiguës, *jamais en rosette* à la base des tiges ; *les inférieures et les supérieures plus petites ; les moyennes plus* *grandes, égalant ou surpassant les entre-nœuds.* Tiges de 5-10 centimètres, couchées, puis ascendantes, *feuillées dans toute leur longueur*, pubescentes ou hérissées. Racine fibreuse.

Hab. Hauts sommets du Jura, la Dôle, le Reculet, etc.; Auvergne; Alpes et Pyrénées; mont d'Oro en Corse (*Cosson*). ♃ Août.

V. serpyllifolia *L. sp.* 15; *D C. fl. fr.* 3, *p.* 471; *Dub. bot.* 357; *Lois. gall.* 1, *p.* 11. — *Ic. Dod. pempt.* 41; *J.B. hist.* 3, *p.* 285, *f.* 1; *Engl. bot. t.* 1075; *Billot, exsicc. n°* 855! — Fleurs en grappes *lâches, multiflores, très-allongées* (de 1/2 à 2 décimètres); pédicelles dressés, à la fin plus longs que le calice, glabres ou poilus-glanduleux, ainsi que les bractées. Calice à divisions égales, ovales-oblongues, obtuses, glabres ou ciliées-glanduleuses, un peu plus courtes que la capsule. Corolle *petite*, blanchâtre ou bleuâtre, veinée, à divisions arrondies, dépassant un peu le calice. Style égalant la hauteur de la capsule. Capsule petite, *plus large que haute, obréniforme et très-arrondie à la base*, émarginée ou échancrée au sommet, comprimée, ciliée-glanduleuse et rarement glabre. Feuilles *glabres*, un peu épaisses, lisses et luisantes, obtuses ou faiblement crénelées; les inférieures opposées, subsessiles, ovales-arrondies ou oblongues; les supérieures alternes, oblongues-linéaires. Tiges de 1-3 décim., simples ou un peu rameuses inférieurement, *radicantes* à la base, puis dressées, très-finement pubescentes.

β. *tenella.* Tiges étalées, rampantes et radicantes dans toute leur longueur, à feuilles presque orbiculaires: fleurs naissant à l'aisselle de bractées foliacées, en grappe plus courte, portée par des rameaux très-feuillés, ascendants, plus courts (5-10 centimètres). *V. tenella All. ped.* 1, *p.* 75, *t.* 22, *f.* 1.

Hab. Prairies, bords des chemins, lieux humides; var. β. lieux humides des sommets du Jura, des Alpes, des Pyrénées. ♃ Mai-octobre.

V. repens *D C. fl. fr.* 3, *p.* 727; *Lois. gall.* 1, *p.* 11, *t.* 1; *V. tenella Viv. Cors. diagn. p.* 3. — *Soleir. exs. n°* 3457! — Fleurs 3-6 au sommet des tiges ou des rameaux latéraux, et formant une *panicule courte et lâche*, et non une grappe. Corolle rosée, *deux-trois fois aussi longue* que le calice. Style égalant *presque trois fois* la hauteur de la capsule. Celle-ci ciliée-glanduleuse, ainsi que le calice et les pédicelles, *dépassant à peine* le calice à la maturité. Feuilles ovales-orbiculaires, conservant leur forme jusque dans la panicule. Tige centrale *couchée et radicante* dans sa longueur, et produisant en même temps des rameaux latéraux *courts* (2-4 cent.), redressés et florifères, ainsi que l'axe qui reste un peu plus court, et se termine par un petit bouquet de fleurs. — Cette plante est incontestablement très-voisine du *V. serpyllifolia;* mais l'absence constante de tige centrale allongée en grappe spiciforme, la grandeur de la corolle et les autres caractères permettent de la conserver comme espèce.

Hab. Hautes montagnes de Corse, mont Coscione, mont Rotondo, mont d'Oro, mont Cinto, mont Renoso, etc. ♃ Juillet.

V. Ponæ *Gouan, ill.* 1, *p.* 1, *t.* 1, *f.* 1; *DC. fl. fr.* 3, *p.* 469; *Dub. bot.* 357.—*Ic. Pon. Bald.* 336. *Endress, exsicc. ann.* 1830 *et* 1831!—Fleurs en grappe lâche, dressée; pédicelles dressés, pubescents-glanduleux, ainsi que l'axe floral, le calice et les bractées, bien plus longs que les bractées sublinéaires, et 2-3 fois aussi longs que le calice. Celui-ci à divisions subblinéaires-oblongues, de moitié plus courtes que la capsule. Corolle 2 fois plus large que le calice, d'un rose-violet, ou bleu veiné. Style égalant la hauteur de la capsule. Celle-ci presque glabre, ciliée, *obcordiforme*, échancrée au sommet, un peu atténuée à la base. Feuilles un peu rudes, brièvement poilues, sessiles, *grandes* (3-6 centimètres de long sur 2-4 de large), *ovales*, un peu allongées, un peu plus longues que les entre-nœuds, *fortement dentées-en-scie*. Tige de 3-4 décimètres, simples, dressées, courbées, mais *nullement rampantes* à la base, fortement pubescentes. Souche longuement rampante. — Cette plante, dont le port est exactement semblable à celui du *V. urticæfolia*, se reconnaît tout de suite à son inflorescence terminale.

Hab. Toute la partie élevée de la chaîne des Pyrénées, depuis les montagnes de Mont-Louis jusqu'à celles des Eaux-Bonnes dans les Pyrénées occidentales; Corse (*Thomas*). ♃ Juin-juillet.

b. *Plantes annuelles.*

V. peregrina *L. sp.* 20; *DC. fl. fr.* 3, *p.* 464; *Dub. bot.* 356; *Lois. gall.* 1, *p.* 11; *Benth. in DC. prodr.* 10, *p.* 482; *V. romana L. sp.* 19; *V. marylandica L. sp.* 20; *V. carnulosa Lam. ill.* 1, *p.* 47; *V. lævis Lam. fl. fr.* 2, *p.* 444.— *Ic. Morison, hist. sect.* 3, *t.* 24, *f.* 19. *Schultz, exsicc. n°* 903!; *Rchb. exsicc. n°* 2550!—Fleurs en grappes spiciformes, à la fin lâches et très-allongées; pédicelles quadrangulaires, *cinq-six fois plus courts* que le calice; bractées entières, foliacées, *atténuées en pétiole, cinq-six fois plus longues* que les fleurs. Calice à 4 divisions linéaires-oblongues, dépassant la corolle bleue ou bleuâtre. Style *presque nul*. Capsule très-glabre, un peu plus courte que le calice, plus large que haute, *en cœur renversé*, *faiblement* émarginée, à lobes *écartés* et séparés par un sinus *obtus*. Feuilles opposées, *toutes atténuées en pétiole*, entières ou faiblement crénelées, se transformant insensiblement en bractées; feuilles inférieures pétiolées, obovées-oblongues. Tige dressée, très-rameuse. Racine fibreuse. — Plante glabre.

Hab. Rennes, Montpellier (*Serres*); le Roussillon (*Pourret*); environs de Versailles (*Boucheman*). ① Avril-juin.

V. arvensis *L. sp.* 18; *DC. fl. fr.* 3, *p.* 466; *Dub. bot.* 356; *Lois. gall.* 1, *p.* 11; *V. polyanthos Thuill. par.* 9; *V. Bellardi All. ped. t.* 85, *f.* 1 (*ex Bertol.*).— *Ic. J. B. hist.* 3, *p.* 367, *f. inf.*; *Engl. bot. t.* 734. *C. Billot, exsicc. n°* 598! — Fleurs en grappes spiciformes, à la fin lâches et très-allongées; pédoncules dressés, cylindriques, *deux fois plus courts* que le calice; bractées *égalant* les fleurs. Calice à divisions linéaires-lancéolées, très-inégales, velues-glanduleuses, dépassant la corolle et la capsule. Corolle petite, d'un bleu pâle, blanche à la gorge. Style *ne dépassant pas l'échancrure* du fruit. Capsule un peu plus large que haute, exactement *en cœur renversé*, comprimée, divisée *jusqu'au tiers en deux lobes* arrondis, ciliés et séparés par un sinus subaigu. Feuilles opposées, *dentées-en-scie*, d'un vert pâle, munies de 3 fortes nervures ; les inférieures ovales, pétiolées ; les supérieures *sessiles, ovales-en-cœur*. Tiges de 5 à 20 centimètres, solitaires ou nombreuses et formant une touffe, courtes ou très-allongées, simples ou rameuses, dressées ou ascendantes. Racine grêle, oblique, rameuse. — Plante très-variable, munie de poils articulés disposés sur deux rangs dans le bas de la tige.

Hab. Les cultures et les champs stériles. ① Avril-octobre.

V. VERNA *L. sp.* 19 ; *D C. fl. fr.* 3, *p.* 465 ; *Dub. bot.* 356 ; *Lois. gall.* 1, *p.* 12 ; *V. polygonoides et V. pennatifida Lam. ill.* 1, *p.* 47 ; *V. Dillenii Crantz, austr.* 352 ; *V. succulenta All. ped.* 1, *p.* 78, *t.* 22, *f.* 4 (*ic. malè*) ; *V. romana All. ped.* 1, *p.* 79, *t.* 85, *f.* 2 (*conf. Moris et Notaris fl. Capr. ad calc.*). — *Ic. Engl. bot. t.* 25. *Schultz, exsicc. n°* 706 ! ; *C. Billot, exsicc. n°* 599 ! — Fleurs en grappe spiciforme, à la fin lâche et plus longue que la tige ; pédicelles dressés, cylindriques, *un peu plus courts* que le calice ; bractées *égalant* presque les fleurs. Calice à 4 divisions inégales, lancéolées-linéaires, velues-glanduleuses, *plus longues* que la corolle et que la capsule. Celle-ci d'un bleu pâle. Style *plus court* que la hauteur de la capsule et ne dépassant pas l'échancrure. Capsule *plus large que haute, en cœur renversé*, comprimée, ciliée-glanduleuse, échancrée, à lobes écartés et séparés par un sinus obtus. Feuilles opposées, d'un vert pâle, un peu velues, se transformant insensiblement en bractées sublinéaires, entières ; feuilles radicales ovales, atténuées en pétiole ; les moyennes ovales, *subpétiolées, pennatipartites, à 5-7 segments obtus, le terminal plus grand ;* les supérieures lancéolées ou sublinéaires, entières ; plus rarement (dans les petits individus) feuilles étroites presque toutes entières ou faiblement crénelées (*V. polygonoides Lam.*). Tiges grêles, de 5-15 centimètres, courbées à la base, puis dressées, raides, simples ou rameuses, à poils simples et crépus inférieurement, glanduleux vers le haut de la tige. Racine longue, pivotante.

Hab. Lieux sablonneux, pelouses arides ; Alsace ; Lorraine ; Paris ; Normandie ; Bretagne ; Nièvre ; Loire ; Yonne ; Creuse ; Saône-et-Loire ; Lyon ; Dauphiné, Gap, etc. ; la Corse ! (*Clément*). ① Avril-mai.

V. ACINIFOLIA *L. sp.* 19 ; *D C. fl. fr.* 3, *p.* 464 ; *Dub. bot.* 356 ; *Lois. gall.* 1, *p.* 12. — *Ic. Vaill. bot. t.* 33, *f.* 3. *Schultz, exsicc. n°* 317 ! ; *Billot, exsicc. n°* 59 ! — Fleurs disposées en grappe à la fin lâche, très-allongée et dépassant la longueur de la tige ; pédicelles étalés, grêles, cylindriques, *trois-quatre fois plus longs* que le calice ; bractées égalant le pédicelle. Calice à 4 lobes *égaux*, ovales, velus-glanduleux, plus courts que la corolle, et *de moitié plus courts* que la hauteur de la capsule. Corolle d'un beau bleu, jaune à la gorge, blanchâtre sur le lobe inférieur. Style *égalant la hauteur de la cloison du fruit* et ne débordant pas l'échancrure. Capsule *du double plus large que haute*, comprimée, *divisée jusqu'au milieu en deux lobes orbiculaires*, ciliés et séparés par un *sinus très-aigu*. Feuilles toutes opposées, entières ou faiblement crénelées, ovales, obtuses ; les inférieures brièvement pétiolées ; les supérieures sessiles. Tiges de 7-20 décimètres, dressées ou ascendantes, simples et plus ordinairement rameuses dès la base. Racine oblique, tronquée. — Plante couverte de poils étalés, articulés, glanduleux.

Hab. Champs sablonneux ou argileux humides, dans les moissons de toute la France. (1) Avril-mai.

V. BREVISTYLA *Moris, fl. Capr. ad. calc. — Soleirol, exsicc. sine n° !* — Fleurs en grappe à la fin lâche et allongée, plus longue que la tige ; pédicelles dressés, cylindriques, *plus courts* que le calice ; bractées *plus longues* que le pédicelle. Calice à 4 lobes égaux, oblongs, velus-glanduleux, *atteignant presque* l'extrémité des lobes de la capsule. Corolle d'un bleu-purpurin. Style *bien plus court que la hauteur de la cloison du fruit, et bien plus court que l'échancrure.* Capsule un peu plus large que longue, *divisée jusqu'au tiers en deux lobes oblongs*, ciliés et séparés par un *sinus large et obtus*. Feuilles opposées, pubescentes, obtuses, atténuées en pétiole ; les inférieures crénelées ; les moyennes *subtrifides ;* les supérieures oblongues et entières. Tiges dressées ou ascendantes, simples ou rameuses dès la base, pubescentes-glanduleuses. Racine oblique. — Cette plante a le port du *V. acinifolia*, dont elle se distingue immédiatement par ses pédicelles et ses calices, ainsi que par sa capsule. Elle n'a que des rapports éloignés avec le *V. verna*.

Hab. La Corse, bergerie de Casavrosoulet ! (*Bernard*). (1) Mai-juin.

Sect. 4. OMPHALOSPORA *Bess. en. Volh. p.* 85. — Graines profondément *creusées en coupe sur une face, et convexes sur la face dorsale.*

a. *Fleurs en grappes lâches ; feuilles florales bractéiformes ; pédoncules dressés ; tiges ascendantes.*

V. TRIPHYLLOS *L. sp.* 19 ; *D C. fl. fr.* 3, *p.* 467 ; *Dub. bot.* 356 ; *Lois. gall.* 1, *p.* 12 ; *V. digitata Lam. fl. fr.* 2, *p.* 445 (*non Vahl*) ; *Lap. abr.* 10. — *Ic J. B. hist.* 3, *p.* 368, *f.* 1 ; *Morison, hist. sect.* 3, *t.* 24, *f.* 23. *Billot, exsicc. n°* 161 ! ; *Fries, h. n. fasc.* 4, *n°* 22 ! — Pédicelles ascendants, plus longs que le calice et que les bractées, finement poilus-granduleux, ainsi que toutes les parties de la plante. Calice à 4 lobes un peu inégaux, obtus, *plus longs* que la corolle, et aussi longs que la capsule. Corolle d'un beau bleu, rarement blanche ou violette. Style égalant le tiers de la hauteur de la capsule. Celle-ci grande (5-6 millimètres de diamètre), *orbiculaire*, gonflée à la base, comprimée vers le haut, ciliée-glanduleuse, échancrée au sommet, formant un sinus large et subaigu. Feuilles un peu épaisses, velues, d'un vert sombre; les radicales pétiolées, ovales, entières; les caulinaires moyennes *sessiles, palmatiséquées*, à 3-5 segments oblongs ou spatulés; les supérieures *bi-tri-partites* et quelquefois réduites au segment terminal. Tiges couchées à la base, puis redressées, ordinairement rameuses; rameaux étalés.

Hab. Champs sablonneux et surtout siliceux de toute la France. (I) Mars-mai.

V. PRÆCOX *All. auct.* 5, *t.* 1, *f.* 1; *DC. fl. fr.* 3, *p.* 465; *Dub. bot.* 356; *Lois. gall.* 1, *p.* 12; *V. ocymifolia Thuill. fl. par.* 10. — *Schultz, exsicc. n°* 69!; *C. Billot, exsicc. n°* 427! — Pédicelles ascendants, plus longs que le calice et que les bractées, finement poilus-glanduleux. Calice à lobes un peu inégaux, oblongs, *plus courts* que la corolle, et presque aussi longs que la capsule. Corolle d'un beau bleu. Style égalant le tiers de la hauteur de la capsule. Celle-ci *oblongue-suborbiculaire, plus haute que large*, gonflée, ciliée-glanduleuse, à échancrure peu profonde, et formant un sinus obtus. Feuilles radicales et caulinaires ovales et un peu en cœur, *pétiolées*, pubescentes et peu ou pas glanduleuses, *irrégulièrement et profondément crénelées;* les supérieures ovales-oblongues, crénelées et plus rarement entières. Tiges de 5-20 centimètres, dressées ou ascendantes, simples ou rameuses à rameaux souvent divergents, pubescentes et faiblement glanduleuses, la grappe exceptée.

Hab. Champs sablonneux, coteaux pierreux, etc. (I) Mars-mai.

b. *Fleurs en grappes feuillées; bractées semblables aux feuilles caulinaires; pédoncules recourbés après la floraison; tiges couchées.*

V. PERSICA *Poir. dict. enc.* 8, *p.* 542 (1808); *V. Buxbaumii Ten. nap.* 1, *p.* 7, *t.* 1, *et syll.* 14; *Koch, syn.* 610; *V. filiformis DC. fl. fr.* 5, *p.* 388 (*non Smith.*); *Dub. bot.* 355; *V. hospita M. K. d. fl.* 1, *p.* 332; *V. Tournefortii Gmel. bad.* 1, *p.* 39. — *Schultz, exsicc. n°* 493!; *Rchb. exsicc. n°* 250!; *Fries, h. n. fasc.* 4, *n°* 23! — Pédicelles 2-4 *fois plus longs* que les feuilles. Calice à divisions *lancéolées*, divariquées par paires, plus longues que la capsule, ciliées, munies de fortes nervures. Corolle grande, bleue-veinée, dépassant le calice. Style égalant presque la longueur de la cloison, et dépassant les lobes de la capsule. Celle-ci *au moins une fois plus large que longue, réticulée et à nervures saillantes*, pubescente, comprimée et *insensiblement amincie* sur les bords *en carène aiguë, bilobée*, à sinus *obtus*, à lobes *divergents* et *un peu rétrécis* au sommet, à loges renfermant 5-8 graines. Feuilles *ovales-arrondies, ou ovales-oblongues*, en cœur à la base, dentées-en-scie; les inférieures opposées, les supérieures alternes. Tiges de 1-3 décimètres, couchées, rameuses dès la base, radicantes aux premières divisions, pubescentes.

Hab. Champs cultivés, bords des chemins de presque toute la France: plus rare dans le nord-est. (I) Avril-mai.

V. agrestis *L. sp.* 18; *DC. fl. fr.* 3, *p.* 467; *Dub. bot.* 356; *Lois. gall.* 1, *p.* 12; *V. pulchella Bast. ess.* 414; *Desv. obs. p.* 106; *DC. l. c.* 5, *p.* 388. — *Ic. Fuchs, hist.* 22; *Morison, hist. s.* 3, *t.* 24, *f.* 22. *Rchb. exsicc. n°* 251!; *Fries, h. n. fasc.* 4, *n°* 24! — Pédicelles *égalant ou dépassant peu* la longueur des feuilles. Calice à divisions presque sans nervures, ovales, subaiguës ou plus ordinairement obtuses, plus longues que la corolle, et dépassant ordinairement un peu la capsule. Corolle *pâle, d'un bleu clair et veiné, avec le lobe inférieur blanc.* Style *court,* égalant environ la moitié de la hauteur de la capsule, et ne dépassant pas le sinus. Capsule *poilue-glanduleuse,* plus large que longue, en cœur renversé, veinée-réticulée, à lobes gonflés, non divergents, *carenée sur le bord;* sinus profond, *étroit, aigu;* 4-5 graines dans chaque loge. Feuilles d'un *vert gai* et un peu pâle, ovales-oblongues, en cœur à la base, pétiolées, pubescentes; les inférieures opposées. Tiges de 1-2 décimètres, rameuses dès la base, pubescentes.

Hab. Lieux cultivés, surtout dans le nord. ① Mars-octobre.

V. didyma *Ten. fl. nap. prod.* 6 (1811-13), *et syll. p.* 13; *Guss. syn. sic.* 18; *V. polita Fries, nov. ed.* 2, *p.* 1. — *Ic. Fl. dan. t.* 449; *Dod. pempt.* 31, *f. dextr. Rchb. exsicc. n°s* 248 *et* 249!; *C. Billot, exsicc. n°* 428!; *Fries, h. n.* 4, *n°* 25! — Calice à divisions larges, ovales, se recouvrant un peu à la base, ordinairement aiguës, *fortement nerviées.* Corolle d'un *bleu vif,* striée, à lobe inférieur *concolore.* Style *faisant saillie* hors de l'échancrure. Capsule à sinus *élargi,* à lobes très-ventrus et arrondis sur les bords, velus, à poils courts, serrés, peu ou pas glanduleux; 8-10 graines dans chaque loge. Feuilles d'un *vert obscur,* ovales-en-cœur ou presque réniformes, incisées-dentées, lisses, souvent glabrescentes. — Plante ordinairement un peu grêle, et ressemblant pour le reste au *V. agrestis* avec lequel on la confond quelquefois.

Hab. Lieux cultivés, surtout dans la région méridionale. ① Mars-octobre.

Obs. — Nous n'avons pas vu, de France, le *V. opaca Fries,* distinct par ses sépales spatulés; par sa corolle bleue; par ses étamines insérées à la gorge de la corolle et non à la base du tube; par sa capsule bien plus large que longue et presque réniforme, couverte de poils crispés et non glanduleux, à lobes renflés et carénés sur les bords; enfin par ses graines arrondies et non oblongues, au nombre de 2-4 seulement dans chaque loge.

V. hederæfolia *L. sp.* 19; *DC. fl. fr.* 3, *p.* 467; *Dub. bot.* 355; *Lois. gall.* 1, *p.* 13. — *Ic. Dod. pempt.* 31; *J. B. hist.* 3, *p.* 368, *f.* 2; *Viv. fl. ital. frag. t.* 16, *f.* 2. *Fl. dan. t.* 128. *C. Billot, exsicc. n°* 429! — Pédoncules *sillonnés,* égalant ou dépassant les feuilles. Calice à divisions *en cœur, acuminées et aiguës,* longuement ciliées, dressées après l'anthèse, *faisant saillie en dehors par les côtés,* ce qui donne au calice une forme quadrangulaire. Corolle plus courte que le calice, blanche ou d'un bleu pâle. Style n'égalant pas la moitié de la longueur de la cloison. Capsule glabre, *subglobuleuse, 4-lobée,* à loges *contenant* 1-2 *graines.* Feuilles toutes pétiolées, un peu charnues et velues, ovales-arrondies ou ovales-oblongues, un peu en cœur à la base, à 3-5-7 lobes, le terminal plus grand. Tiges couchées, rameuses, pubescentes.

Hab. Les champs et les terres cultivées. ① Mars-juin.

V. Cymbalaria *Bodard, din.* 1798 ; *D C. fl. fr.* 5, *p.* 389 ; *Dub. bot.* 355; *Lois. gall.* 1, *p.* 13; *V. cymbalariæfolia Vahl, en.* 1, *p.* 81 ; *Viv. fl. it. fragm. t.* 16, *f.* 1 ; *V. panormitana Tineo in Guss. fl. sic. prod. suppl. p.* 4. — *Ic. Buxb. cent.* 1, *t.* 39, *f.* 2. *Rchb. exsicc. n°* 752!; *Soleirol, exsicc. n°* 3456 ! — Divisions du calice *ovales ou obovées, obtuses, atténuées à la base,* à la fin *étalées.* Corolle toujours blanche. Capsule subglobuleuse, à loges contenant 1-2 graines. Feuilles ovales-suborbiculaires, *à* 5-9 *lobes.* Le reste comme dans le *V. hederæfolia.*

Hab. Les rives de la Méditerranée. ① Février-avril.

SIBTHORPIA. (L. gen. 520.)

Calice 5-fide, très-rarement 4-8-fide. Corolle *subrotacée,* à tube *bien plus court* que le calice, à divisions aussi nombreuses que celles du calice, ou en offrant une de plus. Etamines *quatre* (5-8 dans les espèces exotiques), c'est-à-dire égalant le nombre des divisions de la corolle, ou en ayant une de moins ; anthères biloculaires. Stigmate capité. Capsule biloculaire, membraneuse, comprimée latéralement, à 2 valves loculicides.

S. europæa *L. sp.* 880 ; *D C. fl. fr.* 3, *p.* 472 ; *Dub. bot.* 355 ; *Lois. gall.* 2, *p.* 43. — *Ic. Lam. ill. t.* 535; *Engl. bot. t.* 649. *Schultz, exsicc. n°* 66 ! — Fleurs très-petites, axillaires, solitaires, jaunes ; pédoncules grêles, de 8-12 millimètres de longueur, 3-8 fois plus courts que les pétioles, pubescents ainsi que le calice. Celui-ci à 5 divisions lancéolées. Corolle dépassant à peine le calice, à 5 divisions ovales. Etamines 4, un peu inégales. Stigmate capité. Feuilles longuement pétiolées, cordiformes-orbiculaires, entourées de crénelures larges et émarginées, velues. Tiges de 8-12 centimètres, filiformes, diffuses, étalées à terre et radicantes, pubescentes.

Hab. L'ouest de la France, Mont-de-Marsan, Nantes, Vannes, Auray, Vire, presqu'île de la Manche, etc. ♃ Juin-septembre.

LIMOSELLA. (L. gen. 776.)

Calice 5-denté. Corolle *subcampanulée,* à tube *ample, égalant* le calice, à limbe 5-fide et à divisions planes, presque égales. Etamines 4, très-rarement deux par avortement, à peine saillantes; anthères uniloculaires par la confluence des lobes, s'ouvrant *par une fente transversale.* Capsule ovoïde, uniloculaire supérieurem[t], et biloculaire inférieurement, à 2 valves loculicides, entières, parallèles au placenta central.

L. aquatica *L. sp.* 881 ; *DC. fl. fr.* 3, *p.* 576 ; *Dub. bot.* 348 ; *Lois. gall.* 2. *p.* 44. *Lam. ill. t.* 535 ; *Morison, hist. sect.* 15, *t.* 2, *f.* 6 ; *Fl. dan. t.* 60. *Schultz, exsicc. n°* 494 ! — Pédoncules grêles, uniflores, radicaux, réunis au centre d'une rosette de feuilles. Calice campanulé, à divisions aiguës, plus courtes que la corolle campanulée-infundibuliforme et à divisions ovales-obtuses. Anthères d'un pourpre-noir. Capsule dépassant le calice. Graines oblongues, striées longitudinalement et finement ridées en travers. Feuilles longuement pétiolées, d'un vert clair, un peu épaisses, entières, oblongues, obtuses, dépassant beaucoup les fleurs. Tige nulle ; collet de la racine muni de stolons qui s'enracinent et produisent de nouveaux faisceaux de feuilles et de fleurs. Racine fibreuse. — Plante glabre ; fleurs de 3-4 millimètres, rosées.

Hab. Lieux humides, bords des rivières et des étangs sablonneux et argileux. ① Juillet-août.

ERINUS. (L. gen. 318, part.)

Calice profondément 5-fide. Corolle *tubuleuse-en-coupe*, à tube *grêle et égal au calice*, à limbe 5-partite, *presque plan*, à divisions presque égales et émarginées. Etamines 4, didynames, incluses ; anthères uniloculaires. Capsule ovoïde, biloculaire, marquée d'un sillon sur chaque face, à 2 valves loculicides, bifides ou bipartites et simulant alors 4 valves ; placentas soudés aux bords rentrants des valves.

E. alpinus *L. sp.* 878 ; *DC. fl. fr.* 3, *p.* 578, *et* 5, *p.* 405 ; *Dub. bot.* 347 ; *Lois. gall.* 2, *p.* 43. — *Ic. Lam. ill. t.* 521 ; *Barr. t.* 1192 ; *Bot. mag. t.* 310. *Rchb. exsicc. n°* 2257 ! ; *Durieu, exsicc. n°* 264 ! ; *Endress, ann.* 1831 ! — Fleurs en grappes courtes terminales, dressées ; pédoncules égalant les bractées foliacées, un peu oblongues, obtuses, denticulées, pubescentes ou velues ainsi que toutes les parties de la grappe. Calice à divisions linéaires-lancéolées, aiguës ou obtuses. Corolle à tube grêle, cylindrique, un peu resserré au sommet, égal à la longueur du calice. Limbe presque plan, d'un violet-pourpré, strié de veines plus foncées, à divisions presque régulières. Stigmate capité. Capsule ovoïde, aiguë, plus courte que le calice, biloculaire, à 2 valves bipartites ou à 4 valves. Graines rugueuses. Feuilles pubescentes, velues ou même laineuses, oblongues, spatulées, très-obtuses, incisées-dentées à leur sommet ; les radicales rapprochées presque en rosette ; les caulinaires plus étroites, sessiles, alternes. Tiges simples, étalées-ascendantes, de 5-12 centim., plus ou moins velues. Souche rameuse, produisant à l'extrémité de chaque division une rosette d'où partent une ou plusieurs tiges. — Plante glabrescente, pubescente, velue ou laineuse.

β. *hirsutus*. Plante entièrement couverte de longs poils blanchâtres et laineux.

Hab. Toute la haute chaîne du Jura ; les Alpes ; la Lozère, Mende, Florac, etc. ; les Pyrénées : manque dans les Vosges et le centre de la France. ♃ Juin-août.

DIGITALIS. (Tournef. inst. p. 165, t. 73.)

Calice 5-partite. Corolle *campanulée-tubuleuse*, à tube *ample*, souvent *ventru*; limbe court, oblique, *subbilabié*; lèvre supérieure entière ou échancrée; lèvre inférieure 3-lobée. Etamines 4, didynames, incluses; anthères biloculaires. Capsule à 2 loges, à 2 valves *septicides*, restant adhérentes au placenta central.

D. PURPUREA *L. sp.* 866; *D C. fl. fr.* 3, *p.* 595; *Dub. bot.* 342; *Lois. gall.* 2, *p.* 34.— *Ic. Dod. pempt.* 169; *Lam. ill. t.* 525, *f.* 1. *Durieu, exsicc. n°* 253! — Fleurs pendantes, disposées en grappe spiciforme et unilatérale; pédoncules épaissis à leur sommet, *tomenteux* ainsi que l'axe floral et le calice. Celui-ci divisé presque jusqu'à la base en lobes *largement ovales, obtus*, brièvement mucronulés, dressés. Corolle très-grande (4-5 centimètres), *ventrue-campanulée, pourprée, très-glabre extérieurement*, barbue et blanche maculée de taches de pourpre plus foncé à l'intérieur, à limbe cilié. Capsule ovoïde, *velue-glanduleuse*. Feuilles ovales-lancéolées, molles, vertes et pubescentes en dessus, *blanches-tomenteuses* en dessous, ridées en réseau, *crénelées-dentées;* les inférieures atténuées en un long pétiole; les supérieures sessiles. — Tige arrondie, dressée, simple ou rameuse au sommet. Racine fibreuse. — Plante couverte de poils fins, mous, étalés, articulés. Fleurs quelquefois blanches et immaculées.

Hab. Sur les grès et les granits, et en général sur les terrains siliceux des Vosges, de l'Auvergne, des Alpes et des Pyrénées; manque dans le Jura et généralement dans les terrains calcaires. ② Juin-août.

× **D. PURPURASCENS** *Roth, cat.* 2, *p.* 62; *D C. fl. fr.* 5, *p.* 411; *Dub. bot.* 342; *Godr. fl. lorr.* 2, *p.* 142; *D. hybrida Kœl. journ.* 1782, *t.* 1, *f.* 1-2; *D. fucata Ehrh. beitr.* 7, *p.* 15; *Lois. gall.* 2, *p.* 55; *D. longiflora Lej. rev. fl. Spa*, *p.* 126; *D. purpureo-lutea Mey. chl. han.* 324. — Fleurs *étalées horizontalement*, disposées en grappe serrée, spiciforme et unilatérale; pédoncules non épaissis au sommet, *pubescents-glanduleux*, ainsi que l'axe floral et le calice. Celui-ci à divisions *lancéolées, aiguës*, dressées. Corolle grande (presque 3 centimèt. de long sur 1 de large), *tubuleuse-campanulée*, longuement atténuée à la base (1 centimètre), d'un *jaune-rougeâtre ou faiblement purpurine*, ciliée et subpubescente à son orifice qui est immaculé ou maculé de pourpre et à lobes arrondis. Capsule ovoïde, velue-glanduleuse, stérile (*Rœper*). Feuilles oblongues-lancéolées, fermes, *glabres* sur les 2 faces, et pubescentes sur les nervures de la face inférieure, non ridées, *finement dentées-en-scie;* les inférieures atténuées en un long pétiole; les supérieures sessiles. Tige arrondie, dressée, simple. Racine fibreuse.

Hab. Chaîne des Vosges, principalement sur les grès (*Kirschl!*, *Mühlb.*); Ahun dans la Creuse (*Pailloux*); presque tout le centre de la France (*Boreau*); Pyrénées centrales au delà du port de Bénasque (*Grenier*); ne s'observe que dans les terrains siliceux (*Godron*). ② et ♃ Juin-août.

Obs. Les divergences, que l'on rencontre dans les descriptions des auteurs qui ont signalé cette plante, tiennent certainement à ce qu'il y a ici réunies deux formes qui doivent être distinguées. L'une à grandes fleurs très-purpurines, et plus ou moins pubescentes est celle qui peut être désignée sous le nom de *purpureo-lutea*. L'autre à fleurs plus petites, d'un jaune faiblement pourpré, presque glabre dans toutes ses parties, est celle qui pourrait prendre le nom de *luteo-purpurea*. Nous pensons que les botanistes, qui occupent les régions où croissent ces hybrides, arriveront facilement à en tracer les caractères distinctifs.

D. lutea *L. sp.* 867 (*non Poll.*); *Lois.* 2, *p.* 35; *Benth. in DC. prodr.* 10, *p.* 452; *D. parviflora All. ped.* 1, *p.* 70; *Lam. fl. fr.* 2, *p.* 353; *DC. fl. fr.* 3, *p.* 597; *Dub. bot.* 342. — *Ic. J. B. hist.* 2, *p.* 814, *f.* 1; *Chæbr. sciagr.* 268, *fr.* 2. *Rchb. exsicc. n°* 2198! — Fleurs étalées horizontalement, disposées en longue grappe spiciforme terminale et unilatérale; pédoncules plus courts que le calice, non épaissis au sommet, *glabres* ainsi que l'axe floral. Calice *glabre*, à divisions *linéaires-lancéolées*, aiguës, dressées-étalées, bordées de *cils écartés* et glanduleux. Corolle de 2 centimètres de longueur au plus, glabre extérieurement, d'un blanc-jaunâtre, velue et immaculée intérieurement, *tubuleuse-campanulée*, atténuée à la base, puis ventrue et resserrée sous la gorge; lobe supérieur de la corolle bifide, à lobules aigus; les latéraux très-aigus; l'inférieur plus long, ovale obtus. Capsule ovoïde-conique, poilue-glanduleuse. Feuilles pâles en dessous, vertes et luisantes en dessus, non ridées, finement dentées-en-scie, *glabres* sur les faces, plus ou moins ciliées, à nervures latérales à peine saillantes; les inférieures obtuses, atténuées en pétiole; les supérieures arrondies à la base, sessiles, acuminées Tige arrondie, dressée, glabre, simple et rarement rameuse.

Hab. Bois montagneux, coteaux pierreux de presque toute la France; manque le long des bords de l'Océan?; rare sur les côtes de la Méditerranée, Toulon (*Robert*); environs de Fréjus (*Perreymond*); Saint-Guilhem-le-Désert, Bédarieux, Lodève, etc. (2) Juin août.

D. grandiflora *All. ped.* 1, *p.* 70; *Lam. fl. fr.* 2, 332; *DC. fl. fr.* 3, *p.* 596; *Dub. bot.* 342; *D. ambigua Murr. prod. gœtt.* 62; *Lois. gall.* 2, *p.* 34; *D. lutea Poll. pal.* 2, *p.* 199 (*non L.*); *D. ochroleuca Jacq. h. v.* 1, *t.* 57. — *Ic. Fuchs, hist.* 894; *J. B. hist.* 2, *p.* 813, *f. dextr.*; *Bot. reg. t.* 64. — *Parisot ap. Puel et Maille, in herb. fl. fr. exsicc. n°* 47!; *C. Billot, exsicc. n°* 422! — Fleurs étalées horizontalement, disposées en longue grappe spiciforme, terminale et unilatérale; pédoncules plus courts que le calice, un peu épaissis au sommet, *velus-glanduleux* ainsi que l'axe floral et le calice. Celui-ci à divisions lancéolées-linéaires, acuminées, recourbées en dehors. Corolle jaune, très-grande (3-4 centimètres de long sur presque 2 de large), *campanulée, pubescente, glanduleuse*, largement ouverte à la gorge. Capsule ovoïde-acuminée, velue-glanduleuse. Feuilles lancéolées ou ovales-lancéolées, *pubescentes* aux bords, et sur les nervures très-saillantes; les inférieures atténuées en court pétiole ailé; les supérieures sessiles, *demi-embrassantes.* Tige obscurément anguleuse à la base. — Plante munie de poils mous et articulés.

α. *acutiloba.* Lobes de la lèvre inférieure aigus. *D. ambigua Sturm. h.* 11 ; *D. ochroleuca Lindl. monogr. t.* 8 ; *D. grandiflora Rchb. iconogr.* 2, *t.* 289.

β. *obtusiloba.* Lobes de la lèvre inférieure obtus. *D. ambigua Lindl. l. c. t.* 7 ; *D. ochroleuca Rchb. l. c. t.* 290.

Hab. Hautes régions des Vosges, du Jura, de la Côte-d'Or, d'où elle redescend jusque dans la région des vignes ; presque tout le centre de la France (*Boreau*) ; Alpes et Pyrénées. ♃ Juin-août.

B. *Corolle bilabiée, à lèvre supérieure en casque ou concave, dressée ; anthères ordinairement appendiculées à la base.*

† *Graines très-nombreuses, ou au moins plusieurs dans chaque loge.*

EUPHRASIA. (Tournef. inst. p. 174, t. 78.)

Calice tubuleux ou campanulé, 4-fide et rarement muni en arrière d'une cinquième dent. Corolle bilabiée ; lèvre supérieure faiblement en casque, large, concave, tronquée ou bilobée ; lèvre inférieure plane, *à 3 lobes émarginés ou bilobés ;* palais dépourvu de plis. Etamines 4, didynames, logées sous le casque, incluses ou exsertes ; loges des anthères *inégalement* mucronées à la base ; *les inférieures plus longuement aristées dans les deux étamines courtes.* Capsule oblongue, comprimée, *obtuse ou émarginée,* à déhiscence loculicide, à 2 valves entières ou bifides. Graines très-nombreuses et très-petites, pendantes, fusiformes, *régulièrement striées,* et marquées d'un sillon longitudinal. Placentas *grêles.*—Plantes annuelles, probablement parasites sur les racines des végétaux voisins (*Decaisne, ann. sc. nat.* 3e *sér.* 8, 1847. *p.* 5), ainsi que toutes ou presque toutes les espèces des genres suivants. Feuilles opposées, les supérieures éparses. Fleurs brièvement pédonculées, disposées en épis terminaux et subunilatéraux. Ce genre est bien distinct des suivants par son port, et par sa lèvre supérieure moins fortement creusée en casque.

E. officinalis *L. sp.* 841 ; *DC. fl. fr.* 3, *p.* 472 ; *Dub. bot.* 354 (*excl. var.*) ; *Lois. gall.* 2, *p.* 41 (*excl. var.*) ; *Soyer-Will. mém. soc. Nancy* (1833-34), *p.* 25. — *Ic. Fuchs, hist.* 246 ; *Riv. monop.* 132 ; *Lam. ill. t.* 518, *f.* 1. *Rchb. exsicc. n°* 244 ! ; *Billot, exsicc. n°* 62 ! — Fleurs subsessiles et solitaires à l'aisselle de toutes les feuilles supérieures. Calice *velu-glanduleux,* muni sur le tube de 5 côtes saillantes, divisé en 4 lobes lancéolés, cuspidés, dressés. Corolle un peu velue, blanche ou d'un violet pâle, veinée de violet ; lèvre supérieure étalée sur les bords et crénelée au sommet ; lèvre inférieure maculée de jaune à la base, à 3 lobes échancrés. Anthères brunes, barbues à la base. Capsule velue supérieurement, *oblongue-obovée*, comprimée, subémarginée et mucronulée au sommet. Graines *ovoïdes*, grisâtres et à côtes blanches, ridées transversalement dans les intervalles. Feuilles sessiles, d'un vert gai, souvent pubescentes, ovales, fortement nerviées sur le dos, à dents *obtuses* dans les feuilles inférieures, et *aiguës* dans les supérieures. Tige dressée, cylindrique, grêle, ordinairement très-rameuse. — Plante poilue inférieurem[1], velue-glanduleuse dans toutes ses parties, dès la naissance de la panicule.

α. *grandiflora Soyer-Will. l. c.* Fleurs grandes.

β. *intermedia Soyer-Will. l. c.* Fleurs médiocres.

γ. *parviflora Soyer-Will. l. c.* Fleurs petites.

Hab. Prairies, pâturages, pelouses sèches, bords des bois, lieux tourbeux desséchés en été, etc. (1) Juin-août.

E. nemorosa *Pers. syn.* 2, *p.* 149; *Rchb. fl. exc.* 1, *p.* 358; *Soyer-Will. mém. soc. Nancy* (1833-34), *p.* 27. — Calice *glabre ou pubérulent*, jamais glanduleux, non plus que l'axe floral, et les bractées à divisions longuement cuspidées et un peu rudes sur les bords. Capsule légèrement velue, *linéaire-oblongue*, tronquée et mucronée au sommet, *d'un tiers plus étroite* que celle de l'*E. officinalis*. Graines allongées, *fusiformes*, jaunâtres, à côtes blanches et saillantes. Feuilles épaisses, d'un vert foncé, dressées presque appliquées, ordinairement luisantes, *glabres* ou pubérulentes et jamais glanduleuses vers le haut de la tige, munies de dents étroites, profondes; toutes ou les moyennes et les supérieures *longuement cuspidées*. Tige raide, à pubescence courte; rameaux dressés. — Le reste comme dans l'*E. officinalis*.

α. *grandiflora Soy.-Will. l. c.* Fleurs très-grandes (10-15 millimètres de diamètre), et surpassant même celles de l'espèce précédente; dents des feuilles subobtuses. *Endress, exsicc. pyr.* 1829.

β. *intermedia Soy.-Will. l. c.* Fleurs médiocres (5-7 millimètres de diamètre); dents des feuilles sétacées. Plante plus ou moins glabrescente. *E. officinalis* β. *parviflora Wallr. sched.* 321; *E. pratensis Rchb. fl. exc.* 359; *E. alpina DC. fl. fr.* 3, *p.* 473.— *Ic. Bull. herb. t.* 232; *Lam. ill. t.* 518, *f.* 2. *Rchb. exsicc. n°* 243; *Billot, exsicc. n°* 62 *bis*.

γ. *parviflora Soy.-Will. l. c.* Fleurs petites, ordinairement jaunes; dents des feuilles obtuses. Plante petite, glabrescente ou pubescente. *E. officinalis* (*part.*) *Lois. l. c.*; *Dub. l. c.*; *E. minima Schl. cat.* 22; *DC. fl. fr.* 3, *p.* 473; *Pers. syn.* 149; *Bartsia humilis Lap. abr.* 344, *et B. imbricata Lap. l. c.* (*bracteis densè imbricatis*); *E. alpina C. parviflora Soy.-Will. l. c.* — *Ic. Bocc. mus. t.* 60. *Schultz, exsicc. n°* 708!; *Rchb. exsicc. n°* 1006!

δ. *alpina*. Feuilles étroitement oblongues ou lancéolées, à dents subobtuses; les florales glabres étroitement lancéolées, uni-bi-tridentées et en cœur à la base. Fleurs grandes; *E. alpina Lam. dict.* 2, *p.* 400. Fleurs petites; feuilles bi-tridentées. *E. salisbürgensis*

Funk; Koch, syn. 628. *C. Billot, exsicc. n°* 824 ! Feuilles unidentées de chaque côté. *E. tricuspidata L. sp.* 841. *Rchb. exsicc. n°* 1920 !

Hab. Pelouses et prés secs, souvent mêlé avec le précédent, sans qu'il soit possible de trouver aucun passage de l'un à l'autre; var. γ. région très-alpine des Alpes et des Pyrénées, port de Bénasque, etc.; var. δ. Hautes-Pyrénées, port de Bénasque, etc.; le Vigan (*Martin.*). ① Juillet août.

ODONTITES. (Hall. Pers. syn. 2, p. 150.)

Loges des anthères *toutes également aristées;* lèvre inférieure de la corolle étalée-dressée, à trois lobes *entiers.* Le reste comme dans le genre *Euphrasia,* moins le port et la forme de la corolle.

O. RUBRA *Pers. syn.* 2, *p.* 150; *Benth. in DC. prodr.* 10, *p.* 551; *Euphrasia Odontites L. sp.* 841 ; *Lois. gall.* 2, *p.* 42 (*excl. var.* β.); *E. verna Bell. app.* 33; *DC. fl. fr.* 5, *p.* 390; *Dub. bot.* 355; *Bartsia Odontites Smith, brit.* 2, *p.* 648; *Odontites verna Rchb. fl. exc.* 2, 359. — *Ic. Fl. dan. t.* 625; *Dod. pempt.* 55; *Lob. obs.* 261, *f. dextr. Rchb. exsicc. n°s* 750-1440!; *Billot, exsicc. n°* 65 *bis!* — Fleurs subsessiles, en épis unilatéraux feuillés, à la fin allongés; *bractées lancéolées, plus longues que les fleurs.* Calice pubescent, divisé jusqu'au milieu en 4 dents lancéolées. Corolle velue, rosée, à lèvres écartées; la supérieure peu concave, tronquée, égalant le tube, non étalée sur les bords; lèvre inférieure plus courte, à 3 lobes spatulés-obtus, le médian subémarginé. Etamines dépassant un peu la lèvre supérieure de la corolle; anthères jaunâtres, un peu barbues au point d'insertion du filet, à lobes surmontés de poils glanduleux qui agglutinent les anthères. Style *plus long* que la lèvre supérieure. Capsule velue, ovale-oblongue, arrondie ou un peu tronquée au sommet. Graines fusiformes, grisâtres, à côtes moins foncées, ridées transversalement. Feuilles étalées, sessiles, lancéolées-linéaires, *élargies à la base et s'atténuant graduellement jusqu'au sommet,* munies de chaque côté de 2-5 dents peu saillantes. Tige dressée, raide et rude, rameuse, à rameaux ascendants. — Plante rude au toucher, couverte de poils dirigés en bas sur la tige, dirigés en haut sur les feuilles.

Hab. Les moissons. ① Juin.

O. SEROTINA *Rchb. fl. exc.* 2, *p.* 359; *O. vulgaris Hev. mém. acad. Mosq.* 6, *p.* 4; *Euphrasia serotina Lam. fl. fr.* 2, *p.* 350; *E. Odontites Dub. bot.* 355; *DC. fl. fr.* 3, *p.* 474 (*excl. var.* β.); *E. Odontites var.* β. *Lois. gall.* 2, *p.* 42; *Bartsia serotina Bertol. amœn. ital.* 33, *et fl. ital.* 6, *p.* 274. — *Ic. Barr. t.* 276?; *C. Billot, exsicc. n°* 603 ! — Bractées *sublinéaires, plus courtes que les fleurs.* Corolle velue, rosée, à lèvres écartées. Anthères *barbues* à la base, et réunies. Style *dépassant* la lèvre supérieure. Feuilles *lancéolées-acuminées, atténuées à la base,* à dents écartées et peu profondes. Tiges à *rameaux étalés.* — Le reste comme dans l'*O. rubra*, dont il est considéré comme une simple variété par la plupart des auteurs. Son port, sa floraison plus tardive, ses fruits plus petits, nous ont décidés, avec les caractères précités, à le séparer comme espèce.

β. *divergens*. Rameaux plus allongés et plus étalés. *Euphrasia (Odontites) divergens Jord.! arch. fl. Fr. et All. p.* 191. *Jord. in C. Billot, exsicc. n°* 604 ! Les caractères invoqués pour élever cette plante au rang d'espèce, ne nous ont pas paru se soutenir sur les exemplaires même de l'auteur.

Hab. Les champs après la moisson. ① Juillet-août.

O. JAUBERTIANA *D. Dietr. in Walp. rep.* 3, *p.* 401 ; *Benth. l. c.; Euphrasia jaubertiana Boreau ann. sc. nat.* 6, *p.* 254, *et fl. centr.* 391 ; *Coss. et Germ. fl. par.* 303, *et ill. t.* 18, *f. D.* — *C. Billot, exsicc. n°* 162! — Fleurs subsessiles, en épis unilatéraux feuillés, à la fin allongés ; bractées étroitement lancéolées, entières ou 1-2-dentées de chaque côté, *dépassant* la fleur. Calice pubescent, divisé presque jusqu'au milieu en lobes lancéolés. Corolle rougeâtre ou jaunâtre et même jaune, très-pubescente, à lèvres conniventes (sur le vif) et *presque égales* au tube ; la supérieure arrondie au sommet ; l'inférieure à 3 lobes arrondis-oblongs. Etamines *de même longueur* que la corolle ; anthères jaunâtres, munies de quelques poils près de l'insertion du filet, à lobes *presque entièrement glabres*. Style *ne dépassant pas la corolle, même avant son épanouissement*. Capsule velue, oblongue et tronquée au sommet. Graines fusiformes, grisâtres, à côtes irrégulières. Feuilles étalées ou réfléchies, poilues-scabres, lancéolées-linéaires ou linéaires, superficiellement dentées. Tige de 2-5 décimètres, rude-poilue, raide, dressée, à rameaux étalés.

β. *chrysantha Bor.* Fleurs d'un jaune doré ; rameaux ascendants, presque dressés. *O. jaubertiana* β. *chrysantha Boreau, ann. bot.* 6, *p.* 256 ; *O. chrysantha Boreau, fl. centr. ed.* 2, *p.* 392. La station de cette variété milite en faveur de sa conservation comme espèce.

Hab. Moissons du centre de la France (*Boreau*) : Paris, Orléans, etc. ; var. β. coteaux calcaires et bois-taillis, dans l'été qui suit la coupe, et jamais dans les moissons, la Nièvre, le Cher, l'Indre (*Boreau*). ① Septembre.

O. CORSICA *G. Don. gen. syst.* 4, *p.* 611 ; *Benth. in DC. prodr.* 10, *p.* 551 ; *Euphrasia corsica Lois. gall. ed.* 1, *vol.* 2, *p.* 367, *et ed.* 2, *vol.* 2, *p.* 42, *t.* 10 ; *DC. fl. fr.* 5, *p.* 391 ; *Dub. bot.* 355 ; *Mut. fl. fr.* 2, *p.* 366. — *Soleirol, exsicc. n°* 3414! — Fleurs subsessiles, en épis *courts* (1-2 centimètres), unilatéraux, non feuillés ; bractées *linéaires, entières, obtuses, plus courtes* que la fleur. Calice brièvement pubérulent, ainsi que l'axe floral, les bractées et les pédoncules ; divisions calicinales étroitement lancéolées, *obtuses*. Corolle velue, petite, *dépassant à peine le calice du quart de leur longueur*, à divisions presque toutes égales, obtuses, et s'entr'ouvrant très-peu. Etamines *incluses*. Capsule poilue, plus courte que le calice, oblongue et émarginée. Feuilles sessiles, linéaires, *obtuses*, très-entières, poilues-scabres, souvent réfléchies. Tige de 5-12 centimètres, *couchée*, filiforme, à rameaux étalés, munie de poils dirigés en bas. Fleurs jaunes selon Pouzolz qui a récolté la plante, purpurines d'après Loiseleur et Bertoloni.

Hab. Montagnes de Corse, le Niolo (*Soleirol*), lac de Nino (*Requien*), mont Cagne (*De Pouzolz*). (I) Juillet-août.

O. viscosa *Rchb. fl. exc.* 360; *Benth. l. c.; Euphrasia viscosa L. mant.* 86; *DC. fl. fr.* 3, *p.* 475; *Dub. bot.* 355; *Lois. gall.* 2, *p.* 42. — *Ic. Lam. ill. t.* 518, *f.* 3; *Garid. Aix, p.* 351, *t.* 80. *C. Billot, exsicc. n°* 825!; *Jord. in Schultz, exsicc. n°* 1129! — Fleurs en épis terminaux, unilatéraux et à la fin allongés; bractées sublinéaires, les inférieures un peu plus longues, les supérieures plus courtes que les fleurs. Calice *pubescent-glanduleux, ainsi que l'axe floral et les bords des bractées.* Corolle d'un *jaune pâle, glabre* ou à peine pubérulente, *non ciliée* aux bords. Etamines réunies sous le casque et *plus courtes* que lui; filets *glabres* et scabres; anthères glabres ou pubérulentes, sublaineuses à l'insertion du filet. Capsule velue, à peu près de la longueur du calice, émarginée au sommet. Feuilles sessiles, lancéolées-linéaires ou linéaires, acuminées, très-entières et rarement 1-2-dentées de chaque côté, pubérulentes, à poils simples et glanduleux. Tige de 1-3 décimètres, raide, dressée, à rameaux divergents, pubescente inférieurement, poilue-glanduleuse dans le haut. — Plante à odeur de bergamotte, ayant exactement le même aspect que l'*O. lutea.*

Hab. Pyrénées-Orientales, Villefranche, bains du Vernet (*Jonquet*); Muretres dans la Haute-Garonne (*Timbal*); Narbonne! (*Delort*); Avignon! (*Requien*); Aix (*Garid.*); Marseille (*Castagne*); Guillestre (*Mathonnet*); Briançon! (*Jord.*). (I) Août-septembre.

O. lutea *Rchb. fl. exc.* 359; *Benth. l. c.; Euphrasia lutea L. sp.* 842, *et E. linifolia L. l. c.* (*excl. var.* β., *quæ ad E. viscosam spectat*); *E. lutea et E. linifolia DC. fl. fr.* 3, *p.* 474-5; *Dub. bot.* 355; *Lois. gall.* 2, *p.* 42; *E. lævis Gater. fl. Montaub.* 111. — *Ic. Morison, s.* 11, *t.* 24, *f.* 16. *Schultz, exsicc. n°* 143!; *Billot, exsicc. n°* 165!; *Rchb. exsicc. n°* 243!; *Puel et Maille, fl. loc. exsicc. n°* 57! — Fleurs en épis terminaux, unilatéraux et à la fin allongés; bractées un peu plus courtes que les fleurs. Calice *pubescent, non glanduleux,* divisé jusqu'au tiers en lobes triangulaires. Corolle d'un beau jaune, *très-ouverte, pubescente et à poils épars, à lobes ciliés-barbus;* lèvres égales entre elles, et égalant le tube; la supérieure comprimée, fortement atténuée à la base et tronquée au sommet. Etamines et style *débordant la corolle;* filets poilus inférieurement; anthères d'un jaune orangé, *glabres et libres.* Style hispide dans la moitié inférieure. Capsule velue, plus courte ou plus longue que le calice, échancrée au sommet. Feuilles scabres, sessiles, étroitement lancéolées-linéaires ou linéaires, toutes entières (*E. linifolia L.*), ou les inférieures dentées et les florales entières. Tige de 1-3 décimètres, raide, dressée, scabre pubescente, à rameaux étalés.

Hab. Coteaux arides. ① Juillet-septembre.

O. LANCEOLATA *Rchb. fl. exc.* 862; *Benth. l. c.; Euphrasia lanceolata Gaud. helv.* 4, *p.* 116. — *Schultz, exicc. n°* 910 ! ; *Billot, cent.* 2e, *F!* —Bractées *lancéolées, dentées,* poilues, *plus longues* que la fleur. Calice *poilu-glanduleux,* à divisions lancéolées, aiguës. Corolle jaune, *velue et ciliée* aux bords. Etamines *dépassant* la corolle; filets poilus-glanduleux; anthères écartées, glabres. Style très-poilu inférieurement. Capsule velue, ovale, arrondie et mucronée au sommet. Feuilles sessiles, *lancéolées,* dentées, poilues, scabres, subpétiolées. Tige de 1-3 décimètres, poilue-scabre, raide, dressée, à rameaux étalés-ascendants. — Cette plante a l'aspect et les feuilles de l'*O. rubra,* et la corolle de l'*O. lutea.*

Hab. Avignon (*Req.*); Gap et Briançon (*Grenier*); Barcelonnette (*Jord*). ① Juin-août.

BARTSIA. (L. gen. 739.)

Graines ovoïdes, comprimées vers le hile, *munies de côtes* (8-12) *dont les dorsales se prolongent en aile.* — Le reste comme dans les *Euphrasia,* dont ce genre est parfaitement distinct par le port qui rappelle celui des *Odontites,* ou mieux celui des *Eufragia.*

B. ALPINA *L. sp.* 839 ; *D C. fl. fr.* 3, *p.* 476 ; *Dub. bot.* 353; *Lois. gall.* 2, *p.* 40; *Rhinanthus alpina Lam. fl. fr.* 2, *p.* 354. — *Ic. J. B. hist.* 3, *p.* 289, *f.* 4; *Clus. descript. Bald.* 343. *Schultz, exsicc. n°* 909!; *C. Billot, exsicc. n°* 602!; *Rchb. exsicc. n°* 999!— Fleurs brièvement pédonculées, en épi terminal plus ou moins dense et *feuillé;* bractées foliacées, violettes, *deux et trois fois plus longues* que le calice, plus courtes que la fleur, velues-glanduleuses ainsi que le calice. Celui-ci tubuleux, d un violet presque noir, divisé jusqu'au-delà du milieu en lobes lancéolés. Corolle violette, très-longue (2 centimètres), à tube étroit (2 millimètres), dilatée au sommet; casque entier; lèvre inf. trilobée, à divisions petites et arrondies. Etamines extrêmement poilues-laineuses, dépassant peu ou point la corolle. Capsule poilue, obtuse ou aiguë, *presque une fois plus longue* que le calice. Graines grisâtres, à côtes ondulées. Feuilles presque embrassantes, ovales, crénelées-dentées, rugueuses, brièvement pubescentes; les inférieures plus petites et subpétiolées. Tige de 1-2 décimètres, simple, dressée, raide, brièvement velue, à paires de feuilles rapprochées. Racine rampante.

Hab. Hautes Vosges, au Hohneck ! (*Mougeot*); haut Jura, Mont-d'Or, la Dôle, le Reculet, etc.; Auvergne; Alpes et Pyrénées. ♃ Juin-juillet.

B. SPICATA *Ram. bul. phil. n°* 42, *p.* 141, *t.* 10, *f.* 4; *DC. fl. fr.* 3, *p.* 476; *Dub. bot.* 353 ; *Lois. gall.* 2, *p.* 40; *B. Fagonii Lap. abr.* 345 (*ex syn., sed specimina herb. auctoris ad B. alpi-*

nam pertinent, ex sententia cl. Benth.). — *Endress, exsicc. ann.* 1831 ! — Fleurs brièvement pédonculées, en épi terminal *non feuillé;* bractées *lancéolées-linéaires, entières, égalant à peine la longueur du calice*, et couvertes, comme lui, de poils courts, les uns simples, les autres glanduleux. Calice divisé presque jusqu'au milieu en lobes lancéolés, acuminés. Corolle violette, longue (2 centimètres); casque oblong, aigu ; lèvre inférieure trilobée, à divisions latérales étroites, mucronulées. Etamines extrêmement poilues-laineuses, ne dépassant pas la corolle. Capsule velue, oblongue, obtuse, *dépassant à peine le calice.* Graines grisâtres, à côtes ondulées. Feuilles embrassantes, ovales ou ovales-lancéolées, dentées-en-scie, poilues-scabres. Tige de 2-4 déc., finement pubescente vers le haut, glabre vers le bas, dressée, raide, grêle, simple ou rameuse au sommet, à rameaux ascendants. Racine rampante.

Hab. Pyrénées centrales, Cauterets, l'Hèris, fond de la vallée d'Asté, Saint-Béat à la montagne de Rie, etc. ♃ Août.

TRIXAGO. (Stev. mém. mosq. 6, p. 4.)

Calice enflé-campanulé, à divisions courtes. Corolle à lèvre inférieure trilobée presque égale au casque, à palais bigibbeux. Capsule *ovoïde-globuleuse;* placentas *gros, épais et bifides.* Graines munies de côtes fines et longitudinales. Le reste comme dans le genre *Eufragia.* Genre bien distinct des voisins par sa capsule presque vésiculeuse et ses placentas volumineux.

T. apula *Stev. l. c.; Benth. in DC. prodr.* 10, *p.* 543; *Bartsia Trixago L. sp. ed.* 1, *p.* 602; *DC. fl. fr.* 3, *p.* 476; *Dub. bot.* 354; *Lois gall.* 2, *p.* 40; *Guss. syn. sic.* 2, *p.* 113; *B. maxima et B. versicolor Pers. syn.* 2, *p.* 151 ; *DC. fl. fr.* 3, *p.* 477; *B. bicolor DC.! ic. rar. p.* 4, *t.* 10, *et fl. fr.* 5, *p.* 391; *Dub. bot.* 354; *Lois. gall.* 2, *p.* 40; *Rhinanthus Trixago L. sp. ed.* 2, *p.* 840; *R. maritima Lam. fl. fr.* 2, *p.* 353. — *Ic. Barr. t.* 774, *f.* 2, *et* 666. *Soleirol, exsicc. n°* 3405! — Fleurs en épi court et dense, plus ou moins poilu-visqueux dans toutes ses parties; bractées inférieures égalant les fleurs, les autres plus courtes qu'elles. Calice à dents ovales-obtuses, courtes, égalant à peine le quart de la longueur du tube calicinal. Corolle jaune, blanchâtre-purpurine ou variée de blanc, de jaune et de pourpre, à lèvre inférieure trilobée, plus longue que le casque. Etamines un peu velues-visqueuses, plus courtes que le casque. Capsule velue, ovoïde-globuleuse, presque de même longueur que le calice. Graines à côtes fines et saillantes. Feuilles très-variables, sessiles ou embrassantes à la base, lancéolées-oblongues, lancéolées ou sublinéaires, dentées-en-scie, à dents écartées et obtuses, plus ou moins glanduleuses, et poilues-scabres ou hérissées, ainsi que la tige. Celle-ci de 1-8 déc., dressée, raide, robuste.

Hab. L'ouest, Belle-Isle, Morbihan, etc.; bords de la Méditerranée, Port-Vendres, Narbonne, littoral de la Provence, Marseille, Toulon, Hyères, Antibes, Fréjus; Corse. ① Juin-juillet.

EUFRAGIA. (Griseb. spic. Rum. 2, p. 13.)

Calice tubuleux, 4-fide. Corolle à lèvre inférieure trilobée, à palais convexe. Capsule oblongue ou lancéolée, subcomprimée. Graines très-petites, *à test appliqué, à peine striées* à la loupe. Le reste comme dans le genre *Bartsia*.

E. viscosa *Benth. in D C. prodr.* 10, *p.* 543; *Bartsia viscosa L. sp.* 839; *D C. fl. fr.* 3, *p.* 477; *Dub. bot.* 354; *Lois gall.* 2, *p.* 40; *B. maxima Lam. dict.* 2, *p.* 61; *Desf. atl.* 2, *p.* 34 (*non Willd.*); *D C. fl. fr.* 3, *p.* 728; *Dub. bot.* 354; *Rhinanthus villosa Lam. fl. fr.* 2, *p.* 61; *Trixago viscosa Rchb. fl. exc.* 360.— *Ic. Barr. t.* 665. *Schultz, exsicc. n°* 65!; *Soleirol, exsicc. n°* 3408!— Fleurs subsessiles, en long épi terminal, interrompu, plus ou moins feuillé; bractées d'abord plus grandes, puis plus courtes que la fleur, poilues-glanduleuses ainsi que le calice. Celui-ci divisé *jusqu'au milieu* en lobes ovales-lancéolés, lancéolés ou lancéolés-linéaires, entiers ou dentés. Corolle jaune, presque une fois plus longue que le calice, à lèvre inférieure trilobée et *une fois plus longue* que le casque. Etamines incluses; anthères velues-laineuses. Stigmate disciforme. Capsule ellipsoïde, subaiguë, *dépassant à peine le tube du calice*, poilue au sommet. Graines très-petites et très-nombreuses, lisses et à peine striées à la loupe. Feuilles sessiles, rudes et rugueuses, poilues, ovales-oblongues, ou ovales-lancéolées, fortement dentées, à dents grosses, peu nombreuses et obtuses. Tige de 1-4 décimètres, poilue-glanduleuse surtout vers le haut.

Hab. Tout l'ouest de la France, de Cherbourg à Bayonne; région méditerranéenne; Corse. (1) Mai-juin

E. latifolia *Griseb. spic. Rum.* 2, *p.* 14; *Benth. in D C. prodr.* 10, *p.* 542; *Euphrasia latifolia L. sp.* 841; *D C. fl. fr.* 3, *p.* 473; *Lois. gall.* 2, *p.* 42; *Bartsia latifolia Sibth. fl. gr.* 6, *p.* 69, *t.* 586; *B. purpurea Dub. bot.* 354; *Trixago purpurea Stev. mon. ped.* 4; *T. latifolia Rchb. fl. exc.* 360. — *Ic. Magn. monsp. p.* 94; *Barr. t.* 276, *f.* 3. *Schultz, exsicc. n°* 1126! — Fleurs sessiles, d'abord en tête serrée, puis s'allongeant en épi souvent interrompu à la base, non feuillé; bractées *plus courtes* que le calice, poilues-glanduleuses comme lui, *lobées-palmées*, à divisions égalant presque la longueur de leur limbe. Calice divisé *jusqu'au quart ou au tiers* de sa longueur en lobes lancéolés, entiers. Corolle pourprée, à tube blanchâtre, *d'un tiers plus longue* que le calice; lèvre inférieure trilobée, *dépassant à peine le casque*. Etamines incluses; anthères faiblement laineuses à la base. Stigmate disciforme. Capsule *glabre*, lancéolée-allongée, atténuée et subaiguë au sommet, *presque de même longueur* que le calice. Graines très-petites, nombreuses, lisses et à peine striées à la loupe (semblables à celles de l'*E. viscosa*). Feuilles sessiles, oblongues; les inférieures incisées-dentées, les supérieures *palmatifides*. Tige de 5-20 centimètres, simple ou rameuse à la base, poilue-glanduleuse, ainsi que les feuilles, les pédoncules et les calices.

Hab. Le sud-ouest, Saint-Sever (*L. Duf.*); Quiberon, Carcassonne; Mauduel, dans le Gard (*de Pouzolz*); Marseille; Fréjus; Corse, (1) Avril-mai.

RHINANTHUS. (L. gen. 740. part.)

Calice *renflé-ventru*, comprimé latéralement, à 4 dents. Corolle bilabiée; lèvre supérieure en casque, comprimée; lèvre inférieure plane, trilobée. Etamines 4, didynames; anthères velues, *mutiques*. Capsule *suborbiculaire, presque plane*, à 2 valves loculicides. Graines nombreuses, *très comprimées et presque planes, entourées d'une aile membraneuse*. Radicule dirigée vers le sommet du fruit.

R. MAJOR *Ehrh. beitr.* 6, *p.* 144; *Benth. in DC. prodr.* 10, *p.* 557; *Schultz, arch. fl. Fr. et All. p.* 32; *R. hirsuta Lam. fl. fr.* 2, *p.* 353; *DC. fl. fr.* 3, *p.* 478; *Dub. bot.* 353; *Coss. et Germ. fl. par.* 299; *R. Crista galli* γ. *L. sp.* 840; *R. Crista galli et R. Alectorolophus Lois. gall.* 2, *p.* 39, *et plur. auct. gall.*; *R. villosus Pers. syn.* 2, *p.* 151; *Alectorolophus grandiflorus Wallr. sched.* 348; *A. major et A. hirsutus Rchb. icon. t.* 732-733. — Fleurs subsessiles, en épis d'abord serrés, puis allongés et lâches; bractées *membraneuses, d'un blanc-jaunâtre*, ovales, dentées-en-scie. Calice pâle, non maculé, réticulé, membraneux, ovale-orbiculaire, vésiculeux et comprimé, à 4 dents courtes, triangulaires, aiguës, *écartées en dehors*. Corolle jaune pâle, comprimée, à tube *courbé;* lèvre supérieure *égalant* l'inférieure, *dirigée en avant*, munie sous le sommet de 2 dents violettes, oblongues et tronquées. Style violet, glabre au sommet, un peu saillant hors de la corolle. Capsule très-comprimée, un peu plus longue que large, apiculée et subémarginée au sommet. Graines comprimées, ovales, tronquées et épaissies vers l'ombilic, *concentriquement rugueuses* sur les faces, presque toujours ailées, très-rarement aptères. Feuilles vertes et rudes en dessus, ponctuées de blanc en dessous, oblongues-lancéolées, en cœur à la base, dentées-en-scie, et un peu réfléchies sur les bords. Tige dressée, simple ou rameuse, maculée de brun, quadrangulaire. — Fleurs du double plus grandes que celles du suivant.

α. *glaber F. Schultz.* Calice glabre. *R. major Koch, syn.* 626.— *Schultz, exsicc. n°* 1123.

β. *hirsutus F. Schultz.* Calice velu. *R. hirsuta Lam. l. c.* — *Schultz, exsicc. n°* 1124!; *Rchb. exsicc. n°* 1543!

γ. *subexalatus Schultz.* Calice ord^t glabrescent; graines presque aptères. *Schultz, exsicc. n°* 1125!; *Fries, h. n. fasc.* 10, *n°* 19!

Hab. Dans les prairies humides et dans les moissons. (1) Mai-juillet.

R. MINOR *Ehrh. l. c.; Benth. l. c.; Lois. gall.* 2, *p.* 40; *R. glaber Lam. fl. fr.* 2, *p.* 352; *DC. fl. fr.* 3. *p.* 478; *Dub. bot.* 353; *R. Crista galli* α. *et* β. *L. sp.* 840; *Alectorolophus parviflorus Wallr.*

Sched. 318.— *Ic. Dod. pempt.* 556, *f.* 1. *Schultz, exs. n°* 1122 !; *Rchb. exsicc. n°* 1542! — Fleurs subsessiles, en épis terminaux, d'abord serrés, puis allongés et lâches; bractées *vertes*, ovales, à dents étroites et *acuminées-subulées*. Calice glabre, d'un vert obscur, maculé de brun, réticulé, ovale-orbiculaire, vésiculeux et comprimé, à 4 dents courtes, triangulaires, aiguës, *conniventes*. Corolle d'un jaune foncé, comprimée, à tube *droit;* lèvre supérieure plus longue que l'inférieure, *dirigée en avant*, munie sous le sommet de deux dents *très-courtes*, jaunes ou d'un bleu livide. Style pâle et *pubescent* sous le stigmate, courbé en crochet au sommet et *entièrement caché* sous le casque. Capsule très-comprimée, aussi large que longue, presque arrondie et subémarginée au sommet. Graines comprimées, largement ovales, tronquées et épaissies à l'ombilic, *non rugueuses* sur les faces, toujours largement ailées. Feuilles sessiles, rudes, d'un vert foncé, dentées-en-scie et un peu réfléchies sur les bords. Tige simple ou rameuse, dressée, glabre, ordinairement non maculée, quadrangulaire.

β. *angustifolius* Feuilles de moitié plus étroites que dans le type, et donnant à cette forme l'aspect du *R. angustifolius Gmel.* — *Fries, h. n. fasc.* 7, *n°* 12!

Hab. Prairies humides, surtout des montagnes; var. β. assez commune dans la région des sapins, d'où elle descend aussi dans la plaine. (I) Mai-juin.

6. ANGUSTIFOLIUS *Gmel. bad.* 2, *p.* 669; *Godr. fl. lorr.* 2, *p.* 169; *R. alpinus Baumg. en. stirp.* 2, *p.* 194; *Koch, syn.* 627. — *Schultz, exsicc. n°* 64 ! — Bractées d'un vert pâle, toutes acuminées et pourvues de dents longuement *linéaires-subulées et sétacées*. Calice glabre, à dents lancéolées-triangulaires, aiguës, conniventes. Corolle à tube *droit, très-court;* lèvre inférieure étalée, maculée de bleu à la base; lèvre supérieure *fortement courbée-ascendante*, munie au dessous du sommet de deux dents bleues et *saillantes*. Capsule petite, plus *large que longue*. Feuilles étroites, *linéaires ou linéaires-lancéolées*, aiguës, rudes. Tige grêle, rude, maculée de linéoles noires, rameuse, à rameaux étalés. — Cette espèce a surtout d'intimes rapports avec le *R. minor* β. *angustifolius*. Mais ses feuilles étroites, ses bractées à dents longuement sétacées, sa corolle à lèvre supérieure munie de 2 dents saillantes, l'aspect glabre de toute la plante la font facilement distinguer de ses deux congénères.

Hab. Vosges, Gérardmer et Bruyères (*de Baudot*); Bitche (*Schultz*). Weitersweiler dans le Bas-Rhin (*Billot*); très-rare dans la région des sapins dans le Jura (*Gren.*). (I) Juillet-août.

PEDICULARIS. (Tournef. inst. p. 171, t. 77.)

Calice *renflé, ventru*, à 5-5 dents inégales, ou bilabié, à lèvre supérieure entière ou bidentée, à lèvre inférieure tridentée. Corolle bilabiée, à lèvre supérieure en casque, comprimée: lèvre inférieure trilobée. Etamines 4, didynames; anthères *mutiques*. Capsule *ovale ou lancéolée*, comprimée, à deux valves loculicides portant les placentas sur leur milieu. Graines *peu nombreuses*, grosses, *ovoïdes-trigones*, à rachis parcourant toute leur longueur, fixées latéralement au fond de la capsule. Radicule dirigée vers le sommet du fruit. — Plantes bisannuelles ou vivaces; à feuilles pennatipartites; à fleurs disposées en grappes terminales.

Sect. 1. Erostrateæ. — Lèvre supérieure de la corolle droite ou falciforme, formant un *casque obtus, dépourvu de bec et de dents.*

P. verticillata *L. sp.* 846; *DC. fl. fr.* 3, *p.* 481; *Dub. bot.* 352; *Lois. gall.* 2, *p.* 38; *Vill. Dauph.* 2, *p.* 422; *Lap. abr.* 348; *Lecoq et Lam. cat.* 292. — *Ic. Hall. helv. t.* 9, *f.* 1. *Fries, h. n. fasc.* 12, *n°* 40!; *Billot, exsicc. n°* 433!; *Rchb. exsicc. n°* 331! — Fleurs *verticillées*, subsessiles, réunies en tête serrée ou en épi court, parfois interrompu à la base et entouré de feuilles *verticilliées* qui ne dépassent par son diamètre. Calice *enflé, hérissé, fendu supérieurement, à dents très-courtes.* Corolle à lèvre supérieure ascendante, obtuse, glabre et dépourvue de dents. Capsule ovale-lancéolée, aiguë, une fois plus longue que le calice. Feuilles étroitement lancéolées, profondément pennatiséquées, à lobes ovales-oblongs, obtus, inégalement dentés; les caulinaires *verticillées par quatre.* Tige de 5 à 20 centimètres, simple, plus ou moins pubescente, à poils disposés selon quatre lignes parallèles. Racine petite, rameuse ou simple. — Fleurs pourpres.

Hab. Lieux humides dans la région élevée des Alpes et des Pyrénées; sommets du Cantal, Puy-Mary (*Lamotte*). ♃ Juillet.

P. foliosa *L. mant.* 86; *DC. fl. fr.* 3, *p.* 484; *Dub. bot.* 353; *Lois. gall.* 2, *p.* 38; *Godr. fl. lorr.* 2, *p.* 172; *Lap. abr.* 348; *Vill. Dauph.* 2, *p.* 433; *Lecoq et Lam. cat.* 292.—*Ic. Jacq. austr. t.* 139; *Hall. helv. t.* 9, *f.* 2. *C. Billot, exsicc. n°* 432; *Rchb. exsicc. n°* 847! — Fleurs subsessiles, en épi gros et serré, très-feuillé à la base; bractées lancéolées, pennatifides et dentées-en-scie, égalant ou dépassant longuement les fleurs, surtout à la base de l'épi. Calice campanulé, velu, à 5 dents courtes, triangulaires, acuminées; la supérieure plus longue. Corolle à tube plus long que le calice. Filets des étamines longuement barbus. Capsule dépassant le calice, ovoïde-comprimée et brièvement mucronée. Feuilles pennatiséquées, à segments pennatifides, munis de dents incombantes et mucronées. Tige de 2-4 décimètres, dressée, simple, anguleuse, peu feuillée. Racine longue, épaisse, rameuse. — Plante un peu velue, robuste; fleurs grandes, jaunes.

Hab. Escarpements des hautes Vosges, ballon de Soultz, Rotabac, Hohneck; haut Jura, mont Chasseral, vallon d'Ardran en montant au Reculet; Alpes du Dauphiné. Grande-Chartreuse, Uriage, Allevard, Lautaret, etc.; Pyrénées, Prats-de-Mollo, Pla-Guilhem, val d'Eynes, Saleix, Saumède, Avron, Esquierry, port de Bénasque, l'Hiéris, Tourmalet, etc.; monts Dores et Cantal. ♃ Juin-août.

P. ROSEA *Wulf. in Jacq. coll.* 2, *p.* 57; *DC. fl. fr.* 3, *p.* 482; *Dub. bot.* 353; *P. rosea et flammea Lois. gall.* 2, *p.* 39 (*ex loco nat.*); *P. hirsuta Vill. Dauph.* 2, *p.* 423. — *Ic. All. ped. t.* 3, *f.* 1. *Schultz, exsicc. n°* 1121!; *Rchb. exsicc. n°* 1347! — Fleurs subsessiles, en épi court; bractées inférieures pennatifides-dentées, dépassant un peu le calice; les supérieures très-entières. Calice tubuleux-subcampanulé, laineux, ainsi que les bractées et l'axe floral, à 5 dents *profondes, égalant la moitié de la largeur du tube, égales, lancéolées-subulées,* aiguës. Corolle à lèvre supérieure dressée, courbée en faux, obtuse, glabre. Deux des filets des étamines velus. Capsule ovale-aiguë, plus longue que le calice. Feuilles lancéolées, pennatifides, à segments *lancéolés-linéaires ou linéaires,* aigus, entiers ou dentés. Tige de 8-15 centimètres, glabre inférieurement, devenant pubescente, puis laineuse au-dessous de l'épi. Racine formée de fibres grosses et très-allongées. — Fleurs d'un beau rose.

Hab. Col vieux, dans le Quayras! (*Vill.*); col de Paga au fond de la vallée de Cervières (*Gren.*); vallon des Vaches, autour des lacs, sous le mont Viso (*Gren.*); sous le chalet de Ruines, avant de monter au col du Viso (*Gren.*). ♃ Août.

Sect. 2. DENTIFEREÆ. Lèvre supérieure de la corolle terminée par un *bec court prolongé à la base en deux dents aiguës.*

P. PALUSTRIS *L. sp.* 845; *DC. fl. fr.* 3, *p.* 479; *Dub. bot.* 352; *Lois. gall.* 2, *p.* 37. — *Ic. Lam. ill. t.* 517, *f.* 1. *C. Billot, exsicc. n°* 431!; *Rchb. exsicc. n°* 2197! — Fleurs brièvement pédicellées, en longs épis feuillés, à la fin *très-lâches et très-allongés.* Calice oblong, à la fin vésiculeux, *bilobé, à lobes incisés-dentés, crispés et glabres sur les bords.* Corolle à lèvre supérieure tronquée et terminée par un bec court denticulé, et munie en outre de deux dents situées vers le milieu de sa longueur. Capsule ovoïde, comprimée, atténuée en pointe, plus longue que le calice. Feuilles pennatipartites, à segments linéaires-oblongs, et munis au sommet de dents calleuses et blanches. Tige 2-6 décimètres, dressée, *solitaire,* fistuleuse, *très-rameuse dans sa moitié inférieure;* rameaux beaucoup plus grêles que la tige, étalés-dressés. Racine, épaisse, fibreuse.— Plante presque glabre, rougeâtre; fleurs grandes, purpurines.

Hab. Prairies humides et tourbeuses. ② ou ♃ Mai-juillet.

P. SYLVATICA *L. sp.* 845; *DC fl. fr.* 3, *p.* 479; *Dub. bot.* 353; *Lois. gall.* 2, *p.* 37; *Clus. hist.* 2, *p.* 211, *f.* 1. — *Rchb. exsicc. n°* 2196!; *Fries, h. n. fasc.* 12, *n°* 38!— Fleurs brièvemᵗ pédicellées; épi de la tige centrale lâche et occupant presque toute sa longueur; épis des tiges latérales plus courts et plus serrés. Calice fendu antérieurement et *divisé en cinq lobes inégaux et velus sur les bords;* le supérieur plus petit, lancéolé, entier; les autres oblongs, à 3-5 dents. Corolle à lèvre supérieure bidentée au sommet, dépourvue de dents dans le reste de sa longueur. Capsule *plus courte* que le calice, arrondie au sommet, et *mucronée sur le côté.* Feuilles pennatipartites, à lobes oblongs, plus ou moins profondément incisés-dentés. Tiges *nombreuses, simples*, de 1-2 décimètres; la centrale *dressée*, les latérales *étalées-diffuses;* toutes glabres, ainsi que le restant de la plante. Racine fibreuse. — Fleurs purpurines.

Hab. Bois humides, pâturages ombragés. (2) ou ♃ Mai-juillet.

P. comosa *L. sp.* 847; *D C. fl. fr.* 3, *p.* 484; *Dub. bot.* 353; *Lois. gall.* 2, *p.* 38; *Vill. Dauph.* 2, *p.* 431; *Lap. abr.* 349; *Lecoq. et Lam. cat.* 292 — *Ic. All. ped. t.* 4, *f.* 1; *Stev. mon. ped. t.* 14. *F. Schultz, exsicc. n°* 1120! ; *C. Billot, exsicc. n°* 278! ; *Rchb. exsicc. n°* 335! — Fleurs sessiles, en *épi dense et allongé;* bractées inférieures semblables aux feuilles et égales ou plus longues que les fleurs; les moyennes et les supérieures lancéolées, presque entières, ne dépassant pas le calice. Celui-ci campanulé, devenant vésiculeux à la maturité, poilu-laineux sur toute sa surface ou seulement sur ses angles, à 5 dents *très-courtes, ovales-triangulaires, entières, plus larges que longues.* Corolle *jaune* et très-rarement rouge, 2-3 fois aussi longue que le calice, à lèvre supérieure falciforme, munie de deux dents triangulaires-aiguës. Deux des filets des étamines velus. Capsule ovale, aiguë, un peu plus longue que le calice. Feuilles plus ou moins pubescentes, bipennatiséquées, à rachis étroit, à peine foliacé, à segments étalés horizontalement, lancéolés, pennés, à lobes sublinéaires, dentés, à dents terminées par une pointe blanche et calleuse; les inférieures longuement pétiolées; les supérieures presque sessiles. Tige de 2-4 décimètres, pubescente, dressée, simple, fistuleuse. Rhizome épais, entouré de *fibres très-allongées, renflées et subnapiformes.*

β. *erythræa.* Fleurs rouges, épi un peu moins compacte. *P. asparagoides Lap. abr.* 349. — *Ic. Clus. hist.* 2, *p.* 210.

Hab. Région élevée des Alpes et des Pyrénées; le Cantal; la Haute-Loire; la Lozère; var. β. Pyrénées-Orientales, Cincle de Comps, Jasse de Cady au Canigou, monts de Mérial et de Crabère (*Lap.*); environs de Prats-de-Mollo (*Xatard*). Canali de Lecca (*Mussot*). ♃ Juillet-août.

Sect. 3. Rostrateæ. Lèvre supérieure de la corolle prolongée *en bec tronqué, dépourvu de dents.*

a. *Fleurs roses.*

P. incarnata *Jacq. aust.* 2, *p.* 24, *t.* 140; *D C. fl. fr.* 3, *p.* 480; *Dub. bot.* 352; *Lois. gall.* 2, *p.* 38; *Vill. Dauph.* 2, *p.* 424. — *Ic. All. ped. t.* 3, *f.* 2; *Lam. ill. t.* 517, *f.* 3. *Schultz, exsicc. n°* 1119!; *C. Billot, exsicc. n°* 277!; *Rchb. exsicc. n°* 846! — Fleurs sessiles, en épi à la fin très-lâche et allongé (5-10 centimètres); bractées moyennes et supérieures trifides, laineuses ainsi que l'axe floral. Calice tubuleux-campanulé, *laineux*, à cinq dents lancéolées, subulées, *droites et très-entières*, presque égales au tube. Lèvre supérieure de la corolle d'un rose plus foncé, étroite, prolongée en long bec linéaire, tronqué-émarginé. Filets des étamines légèrement barbulés et velus à la base. Feuilles *entièrement glabres*, étroitement lancéolées-oblongues, bipennatiséquées, à segments incisés-dentés et à dents serrulées ; rachis d'autant plus largement bordé qu'on l'examine plus près du sommet où les segments deviennent *confluents ;* feuilles inférieures longuement pétiolées ; les supérieures presque sessiles. Tige de 1 1/2 à 3 décimètres, glabre jusque sous l'épi. Souche grosse ; racines fibreuses. — Fleurs roses.

Hab. Prairies très-élevées des Alpes du Dauphiné, l'Oysans, Alpe de Vénos, Lautaret, col Vieux et col de Paga au Quayras, prairies du mont Viso, etc. Cette espèce manque dans les Pyrénées. ♃ Août.

P. PYRENAICA *Gay, ann. sc. nat. ser. 1, v. 26, p. 210, et extr. not. Endr. p. 22* (1832); *P. incarnata et P. gyroflexa Lap. abr.* 348-9 (*non alior.*). — *Endress, exsicc. ann.* 1831 ! — Fleurs presque sessiles, en tête ou en épi court (3-5 centimètres), lâche et parfois interrompu à la base ; bractées *toutes pennatiséquées.* Calice tubuleux-campanulé, *très-glabre* (excepté dans la variété β. ?), à divisions ciliées, plus courtes que le tube, les unes lancéolées et entières, les autres *incisées-dentées.* Lèvre supérieure de la corolle d'un rose plus foncé, étroite et prolongée en bec long, linéaire et tronqué-émarginé. Filets des étamines barbulés dans leur longueur et très-velus, ainsi que la corolle, à leur point d'attache. Feuilles bipennatiséquées, à segments ovales, incisés-dentés, à dents lancéolées et serrulées ; *rachis obscurément bordé,* excepté près du sommet ; les radicales longuement pétiolées ; les moyennes à pétiole court et *cilié-laineux* aux bords, ainsi que celui des radicales. Tiges de 1-2 décimètres, ascendantes, dressées, *glabres et parcourues dans leur longueur par 2 lignes de poils parallèles, naissant des bords décurrents des pétioles.* Souche grosse ; racines fibreuses. — Dans cette espèce, le tube de la corolle, au point d'insertion des étamines, est plus barbu que dans toutes les espèces du groupe.

β. ? *lasiocalyx.* Fleurs en épi allongé ; calice un peu laineux ; lignes de poils de la tige nulles et remplacées par quelques poils épars. *P. mixta Gren. mss.*

Hab. Pyrénées orientales et centrales, Canigou, tour de Mir près de Prats-de-Mollo, val d'Eynes, Cambredasse, mont de Paillères, de Casau d'Estiba, de Luz, à la Soulanne, à la dent d'Orlu, Saleiz, Castelet, Esquiéry, pic d'Eyré, aux Cougons, pâturages au-dessus de Luchon, var. β. Mont-Louis, Castanèse et port de Bénasque. ♃ Juillet-août.

P. GYROFLEXA *Vill. Dauph.* 2, *p.* 426, *t.* 9 (*excl. var.* β.); *Koch deutschl. fl.* 4, *p.* 305 ; *Rchb. fl. exc. p.* 362 ; *P. cenisia Gaud. fl. helv.* 4, *p.* 132. — *P. Bonjeanii Colla in Rchb. exsicc.* n° 1346 ! ; *Schultz, exsicc.* n° 1117 ! — Fleurs presque sessiles, en tête, ou en épi très-court, *velu-laineux ;* bractées pennatiséquées. Calice tubuleux-campanulé, *fortement laineux,* à dents un peu plus courtes que le tube, *glabres et incisées* au sommet. Corolle rose, à lèvre supérieure plus foncée et prolongée en bec long et tronqué.

Filets des étamines légèrement barbulés et brièvement pubescents, ainsi que la corolle, à leur point d'attache. Feuilles bipennatiséquées, à segments lancéolés, incisés et denticulés; rachis obscurément bordé; limbe presque glabre; les radicales et les caulinaires munies d'un pétiole dilaté et *entièrement laineux à la base*. Tiges de 1-2 décimètres, ascendantes, dressées, *velues-laineuses*, surtout au dessous de l'épi. Souche grosse, souvent creuse et cariée; racines fibreuses.

Hab. Alpes du Dauphiné, col de l'Arc, Lans, Grande-Chartreuse, Prémol, l'Oysans. Sept-Laus, Lautaret, mont Genèvre, le Quayras, le Gapençais, etc. ♃ Juillet-août.

P. fasciculata *Bellard. app. alt. ad ped. in Willd. sp.* 3, *p.* 218; *Koch, syn.* 622; *P. gyroflexa Gaud. fl. helv.* 4, *p.* 131 (*non Vill.*); *DC. fl. fr.* 3, *p.* 481; *Dub. bot.* 352; *Lois. gall.* 2, *p.* 38. — *Ic. Hall. helv. t.* 11. *Schultz, exsicc. n°* 1116!; *Rchb. exsicc.* n° 333!—Fleurs presque sessiles, en épi à la fin lâche et allongé (4-5 centimètres); bractées grandes et pennatiséquées. Calice campanulé, laineux, à divisions *plus longues* que le tube, *foliacées, pennatifides*. Corolle rose, à lèvre supérieure *insensiblement atténuée en bec court* et tronqué. Filets des étamines très-barbus au-dessus de leur milieu, et à leur point d'insertion, ainsi que le tube de la corolle. Feuilles *pubescentes ou velues sur toute leur surface*, et principalement à la base des pétioles, bipennatiséquées, à segments ovales-lancéolés, incisés et dentés. Tiges de 1 1/2 à 3 décimètres, ascendantes dressées, velues laineuses surtout sous l'épi. Souche grosse; racines fortes et fasciculées.

Hab. Toutes les hautes Alpes du Dauphiné; Alpes de Grenoble, de Gap au mont Aurouse et à Chaillot, Lautaret, montagnes de Briançon, jusqu'au mont Viso, et jusqu'à Guillestre. ♃ Juillet-août.

P. rostrata *L. sp.* 845; *DC. fl. fr.* 3, *p.* 481; *Dub. bot.* 352; *Lois. gall.* 2, *p.* 37; *Vill. Dauph.* 2, *p.* 426; *Lap. abr.* 348. — *Ic. Hall. helv. t.* 8, *f.* 1; *Lam. ill. t.* 517, *f.* 2. *Rchb. exsicc. n°* 1345!; *Schultz, exsicc. n°* 1115!— Fleurs en tête ou en épi court, lâche, pauciflore (3-6 fl.); bractées foliacées, pennatifides; pédoncules *grêles, étalés, aussi longs ou 2-3 fois plus longs que le calice*. Celui-ci tubuleux-campanulé, glabre ou faiblement pubescent, à dents les unes entières, les autres incisées-dentées, plus courtes que le tube. Corolle rose, à lèvre supérieure atténuée en bec *long, étroit* et tronqué. Tube de la corolle *très-glabre* au point d'insertion des filets des étamines, lâchement barbus vers leur sommet. Feuilles glabres ou légèrement pubescentes, même sur les pétioles, bipennatiséquées, à segments ovales-lancéolés, incisés-dentés. Tiges de 5-12 centimètres, *étalées-couchées*, redressées au sommet, *grêles, glabres*, ou légèrement pubescentes et parcourues par 2 lignes parallèles de poils provenant des bords décurrents des pétioles. Souche grosse, multicaule; racines fibreuses. — Les tiges grêles, couchées et glabres de cette espèce la distinguent au premier coup d'œil de toutes celles de ce groupe.

Hab. Alpes du Dauphiné, l'Oysans, le Quayras, vallée d'Orcière, la Bérarde, toutes les chaînes qui partent du mont Viso et se dirigent sur Briançon et Guillestre, etc. ; Hautes-Pyrénées, Pratz-de-Mollo, val d'Eynes, Cambredases, port de Paillères, de Coumebière, de la Picade, du Midi, Cagire, Estagnous eau d'Espade, etc. ♃ Juillet-août.

b *Fleurs jaunes.*

P. TUBEROSA *L. sp.* 847 ; *DC. fl. fr.* 3, *p.* 483; *Dub. bot.* 352; *Lois. gall.* 2, *p.* 28; *Lap. abr.* 350; *P. gyroflexa var.* β. *Vill. Dauph.* 2, *p.* 427, *var.* β. — *Ic. Hall. helv. t.* 10. *Rchb. exs. n°* 617 *et* 751 ! — Fleurs presque sessiles, en capitule à la fin allongé en épi lâche (3-6 centimèt.) ; bractées *pennatiséquées.* Calice campanulé, *pubescent,* divisé jusqu'au milieu en lobes *foliacés, incisés-dentés* et dressés. Corolle à lèvre supérieure prolongée en bec long, étroit et tronqué (semblable à celui du *P. rostrata*). Filets des étamines barbus vers le haut et à leur point d'insertion, ainsi que le tube de la corolle. Feuilles presque glabres; rachis étroit, dilaté et *très-velu* à la base ; limbe bipennatiséqué, à segments lancéolés, incisés-dentés. Tige de 2-3 décimètres, légèrement pubescente, courbée à la base, puis redressée, droite et raide. Souche grosse ; racines fibreuses, fasciculées, très-fortes.

Hab. Hautes Alpes du Dauphiné, Grenoble, Lautaret, mont Viso, etc. ; Pyrénées, Costabona, Prats-de-Mollo, Capsir (*Lap.*). ♃ Juillet-août.

P. BARRELIERI *Rchb. fl. exc. p.* 362 ; *P. adscendens Gaud. helv.* 4, *p.* 145 (*non Schl.*). — *Schultz, exsicc. n°* 1118!; *Rchb. exs. n°* 334 ! — Fleurs disposées en *épi long et lâche;* bractées moyennes et supérieures 3-5-*fides, glabres, ainsi que l'axe floral et le calice.* Celui-ci divisé jusqu'au milieu en lobes dressés, triangulaires-lancéolés, *très-entiers.* Corolle prolongée en bec long, étroit et tronqué. Feuilles bipennatiséquées, glabres ; rachis *glabre,* ou seulement pubérulent et cilié aux bords ; le reste comme dans le *P. tuberosa,* avec lequel il est facile de le confondre.

Hab. Alpes entre Grenoble et Chambéry ? ♃ Juillet-août.

†† *Graines une-deux dans chaque loge.*

MELAMPYRUM. (Tournef. inst. 173, t. 78.)

Calice tubuleux-campanulé, bilabié, 4-fide ou 4-denté. Corolle bilabiée ; lèvre supérieure *en casque comprimé*, réfléchie par les bords ; lèvre inf. 3-lobée, bi-gibbeuse. Etamines 4, didynames ; anthères appendiculées. Ovaire muni d'une glande à la base, à 2 loges contenant un petit nombre d'ovules. Capsule *ovoïde-acuminée,* comprimée, à 2 valves loculicides. Graines 1-2 dans chaque loge, ovoïdes-oblongues, subtrigones. Radicule dirigée vers le hile. — Plantes annuelles ; feuilles opposées ; fl. disposées en épis terminaux feuillés.

M. cristatum *L. sp.* 842; *D C. fl. fr.* 3, *p.* 485; *Dub. bot.* 352; *Lois. gall.* 2, *p.* 41; *Vill. Dauph.* 2, *p.* 414; *Coss. et Germ. fl. par.* 300; *Boreau, fl. centr.* 395.— *Ic. Morison, sect.* 11, *t.* 23, *f.* 2; *J. B. hist.* 3, *p.* 440, *f.* 2; *Chabr. sciagr.* 477, *f.* 3. *C. Billot, exsicc. n°* 601!; *Rchb. exsicc. n°* 616! — Fleurs disposées en *épi quadrangulaire, très-compact, avec les angles relevés en crête;* bractées *étroitement imbriquées sur 4 rangs,* très-larges et *en cœur, acuminées, pliées en deux, recourbées en dehors* et munies sur les bords de *dents très-étroites, inégales et ciliées,* représentant une crête. Calice à 4 dents lancéolées, acuminées, *n'atteignant pas le milieu* du tube de la corolle; tube du calice glabre et pourvu de chaque côté d'une ligne de poils. Corolle d'un blanc jaunâtre, mêlé de pourpre, avec le palais jaune. Anthères velues. Capsule dépassant le calice, comprimée-discoïde, à loge contenant 2 graines oblongues (4 millim. de long sur 1 1/2 de large). Feuilles sessiles, lancéolées-linéaires, rudes au toucher, étalées ou réfléchies. Tige de 2-3 déc., raide, dressée, pubescente surtout vers le haut, à rameaux très-étalés.

Hab. Bois sablonneux, coteaux incultes. ① Juin-août.

M. arvense *L. sp.* 842; *D C. fl. fr.* 3, *p.* 485; *Dub. bot.* 352; *Lois. gall.* 2, *p.* 41.— *Ic. Clus. hist.* 2, *p.* 45, *f.* 1; *J. B. hist.* 3, *p.* 439, *f.* 2. *Rchb. exsicc. n°* 2195! — Fleurs dressées, disposées en *épi cylindrique;* bractées lancéolées, *pennatifides,* à lobe supérieur d'autant plus grand que la bractée est plus inférieure, à lobes latéraux étroits, linéaires, subulés et même capillaires. Calice pubescent, divisé jusqu'au-delà de son milieu en 4-5 dents lancéolées, terminées par une longue pointe sétacée, *égalant la longueur du tube de la corolle,* et dépassant beaucoup la capsule. Anthères barbues à la base. Capsule obovée-comprimée, acuminée, atténuée en pointe à la base; loges ne contenant qu'une seule graine très-grosse. Feuilles sessiles, lancéolées, acuminées ou linéaires, scabres; les supérieures dentées-pennatifides à la base. Tige de 3-5 déc., dressée, raide, scabre, à rameaux étalés-dressés. — Plante couverte de poils courts et raides.

α. *genuina.* Bractées purpurines, munies en dessous de 2 rangs de verrues noires; corolle purpurine, jaune autour de la gorge.

β. *impunctatum Godr. fl. lorr.* Bractées d'un jaune-verdâtre, sans verrues; corolle tout à fait jaune; calice à dents plus courtes. *M. barbatum W. K. hung. rar.* 89, *tab.* 86.

Hab. Moissons, et plus spécialement dans les terrains calcaires et argilo-calcaires; var. β. Nancy, Metz, Saint-Mihiel. ① Juin-juillet.

M. nemorosum *L. sp.* 843; *D C. fl. fr.* 3, *p.* 486; *Dub. bot.* 352; *Lois. gall.* 2, *p.* 41; *Vill. Dauph.* 2, *p.* 415; *Lap. abr.* 346; *Lecoq et Lamotte, cat.* 291.— *Ic. Barr. ic.* 769, *f.* 1; *Clus. hist.* 2, *p.* 44, *f.* 1; *J. B. hist.* 3, *p.* 440, *f.* 1. *Schultz, exsicc. n°* 1114! — Fleurs horizontales, pédonculées, disposées par paires en *grappes très-lâches, interrompues et unilatérales; bractées pétiolées,* *ovales-lancéolées, incisées-dentées et en cœur à la base;* les supérieures dépourvues de fleurs et *colorées en violet.* Calice tubuleux-campanulé, *velu-sublaineux,* divisé jusqu'au-delà du milieu en 4 dents lancéolées, acuminées, égalant environ le tube de la corolle. Celle-ci jaune avec le palais et le casque orangés. Anthères et filets pubescents. Capsule ovoïde, un peu comprimée, ne renfermant qu'une et plus rarement deux grosses graines. Feuilles toutes *distinctement pétiolées,* ovales ou *ovales-lancéolées,* souvent acuminées, scabres, parfois pubescentes surtout en dessous. Tige de 3-8 décimètres, brièvement pubescente, grêle, à rameaux allongés et étalés.

Hab. Mont Colombier dans l'Ain (*Jord.!*); bois autour de Gap et de Grenoble, Grande-Chartreuse, Saint-Eynard, le Sapey, etc.; Haute-Loire et la Lozère, sur le calcaire jurassique (*Lecoq et Lamotte*); Pyrénées, Saumede Latebède à Melles (*Lap.*). Manque dans les Vosges et le Jura. (I) Juillet-août.

M. PRATENSE *L. sp.* 843; *DC. fl. fr.* 3, *p.* 486; *Dub. bot.* 352; *Lois. gall.* 2, *p.* 41; *M. vulgatum Pers. syn.* 2, *p.* 151. — *Ic. Lam. ill. t.* 518, *f.* 2; *Engl. bot.* 2, *t.* 113. *C. Billot exsicc. n°* 61! — Fleurs horizontales, pédonculées, disposées par paires en grappes *très-lâches, unilatérales,* feuillées; bractées inférieures *lancéolées* et semblables aux feuilles; les supérieures pourvues à leur base de 2-4 dents longuem[t] acuminées-subulées. Calice campanulé, *glabre,* divisé jusqu'au-delà du milieu en 4-5 dents sublinéaires, sétacées, inégales et ascendantes, *n'égalant pas le tiers de la longueur du tube* de la corolle. Celle-ci *fermée* à la gorge, d'abord jaunâtre, puis passant au lilas. Anthères ciliées. Capsule comprimée, lancéolée, arrondie à la base, à la fin réfléchie; loges contenant 2 graines. Feuilles *brièvement pétiolées, lancéolées ou lancéolées-linéaires,* scabres; les supérieures ordinairement hastées et incisées à la base. Tige de 3-8 décimètres, quadrangulaire, pubescente, rameuse, à rameaux grêles, allongés, étalés-diffus. — Plante presque glabre; bractées vertes.

Hab. Les bois et les taillis. (I) Juin-juillet.

M. SYLVATICUM *L. sp.* 843; *DC. fl. fr.* 3, *p.* 486; *Dub. bot.* 352; *Lois. gall.* 2, *p.* 41; *Godr. fl. lor.* 2, *p.* 175; *Lecoq et Lamotte, cat.* 292; *Vill. Dauph.* 2, *p.* 416; *Lap. abr.* 346. — *Ic. Dalech. hist.* 899; *Engl. bot. t.* 804. *Schultz, exsicc. n°* 907!; *Rchb. exsicc. n°* 615! — Fleurs *dressées,* pédonculées, disposées par paires en grappe très-lâche et unilatérale; bractées lancéolées, *très-entières ou munies de dents courtes à la base.* Calice *glabre, égalant ou dépassant le tube de la corolle,* divisé jusqu'au-delà du milieu en dents étalées, ovales-lancéolées, ouvertes. Corolle d'un jaune pâle, ouverte à la gorge. Capsule ovoïde-comprimée, acuminée, à la fin réfléchie; loges renfermant une seule graine. Feuilles pétiolées, étroitement lancéolées, entières, glabres ou finement pubérulentes. Tige de 2-3 décimètres, grêles, à rameaux étalés.

Hab. Les forêts, et très-rarement au-dessous de la limite inférieure des sapins; Vosges, Jura, Auvergne, Alpes et Pyrénées. (I) Juillet-août.

TOZZIA (L. gen. 306.)

Calice tubuleux-campanulé, à 4 et rarement à 5 dents inégales. Corolle *à 5 divisions presque égales*, s'ouvrant en 2 lèvres; la supérieure *à peine concave*, bilobée; l'inférieure trilobée. Etamines 4, didynames; anthères appendiculées. Ovaire à 2 loges *biovulées*. Capsule *globuleuse, presque drupacée*, ne renfermant qu'*une seule graine* munie d'une strophiole. Radicule regardant le sommet du fruit.

T. alpina *L. sp.* 844; *DC. fl. fr.* 3, *p.* 487; *Dub. bot.* 351; *Lois. gall.* 2, *p.* 43; *Vill. Dauph.* 2, *p.* 412; *Lap. abr.* 347.—*Ic. Lam. ill. t.* 522; *Jacq. a. t.* 165. *Rchb. exsicc. n°* 614! — Fleurs axillaires, pédonculées, plus courtes que les feuilles, subunilatérales et opposées. Calice égal au pédoncule, campanulé, à 4 et rarem[t] à 5 dents courtes, ovales et obtuses. Corolle jaune-dorée, bilabiée et presque en coupe, à tube grêle, plus long que le calice; lèvre supérieure bilobée, à lobes un peu réfléchis; lèvre inférieure à 3 lobes oblongs, obtus, marqués de trois rangées de points plus foncés. Anthères glabres, jaunes, mucronulées. Feuilles opposées, sessiles, semi-amplexicaules, ovales, obtuses, glabres, très-molles, portant à la base quelques dents ou crénelures. Tige de 1-3 décimètres, dressée, pubescente sur les angles, très-tendre, rameuse presque dès la base, à rameaux étalés-dressés. Souche renflée, tendre et succulente, comme le restant de la plante, formée d'écailles épaisses, charnues, blanchâtres, oblongues, imbriquées sur quatre rangs; racines grêles.

Hab. Le haut Jura, au-dessous de la Dôle et de la Faucille dans les bois; Alpes, Allevard, Aut-du-Pont, Grande-Chartreuse, au Collet, à la Grande-Vache, etc.; Pyrénées, bois de Cazau à Vieille, Castelet, Esquierry, Port-de-Plan, cascade de Grip, Endretlis, etc. ♃ Juin-juillet.

ESPÈCES EXCLUES.

Scrophularia sambucifolia *L.; S. mellifera Ait.* — Cette espèce indiquée en Corse ne paraît point y exister. Bertoloni, qui cite avec soin les espèces de Corse, ne l'y signale point. On a pris pour elle le *S. trifoliata.* Le *S. sambucifolia* est bien distinct par ses feuilles florales trifoliées, et par ses capsules très-acuminées.

Antirrhinum molle *L.* — Cette espèce n'a encore été trouvée que dans les Pyrénées espagnoles.

Linaria reflexa *Desf.* — Cette espèce, signalée en Corse par Allioni, n'y a point été revue.

Linaria saxatilis *Hoffm. et Link.* — Plante espagnole et portugaise qui n'a point encore été observée en France.

Linaria purpurea *Desf.* — Espèce indiquée par Mérat à Champagne et à Valvins, où elle ne se trouve qu'accidentellement et échappée des jardins. (*Voy. Coss. et Germ. intr. fl. par.* 95.)

Linaria versicolor *Mœnch.* — Cette plante, signalée en Auvergne, d'après l'herbier de Thouin, n'a point été retrouvée par

MM. Lecoq et Lamotte. Les botanistes n'ont point été plus heureux dans leurs recherches près de Narbonne, où De Candolle l'indiquait avec doute ; c'est donc une plante à retrancher provisoirement de la flore de France.

Linaria alsinæfolia *Spreng.* — Nous n'avons pu nous procurer de Corse cette espèce qui y est signalée par Viviani. Ce botaniste a probablement dans ce cas, ainsi qu'il l'a fait dans quelques autres, indiqué en Corse une espèce qu'il n'avait reçue que de Sardaigne.

Veronica dubia *D C.* — Espèce d'origine inconnue, décrite sur un exemplaire unique conservé dans l'herbier de Desfontaines, et non reproduite par Bentham dans le prodrome. Elle nous paraît se rapporter à notre *V. Chamædrys var.* β.

Veronica digitata *Vahl.* — Si cette espèce a été trouvée en France, ce n'est probablement qu'au port Juvénal, et à ce titre elle ne saurait prendre rang parmi les espèces françaises.

XC. OROBANCHÉES

(Orobanchaceæ Lindl. intr. ed. 2, p. 287.— Orobancheæ Juss. ann. mus. 12, p. 443.) (1)

Fleurs hermaphrodites, irrégulières. Calice libre, persistant, à 4-5 sépales; ceux-ci réunis en calice gamopétale, 4-5-fide, ou réduits à 4 et soudés par paires en deux pièces latérales entières ou bifides. Corolle gamopétale, hypogyne, marcescente, à préfloraison imbricative, à tube tubuleux ou campanulé, plus ou moins arqué, à limbe bilabié, à lèvre supérieure en casque, entière, émarginée ou bifide, à lèvre inférieure trifide, ordinairement munie près de la gorge de deux plis gibbeux glabres ou velus. Etamines 4, didynames, insérées sur le tube de la corolle. Anthères biloculaires, persistantes, ordinairement mucronées, s'ouvrant par une fente longitudinale. Ovaire libre, muni à la base d'un disque charnu et unilatéral, à une seule loge multiovulée, à 4 placentas latéraux, distincts ou réunis 2 à 2. Ovules réfléchis. Style simple; stigmate capité-bilobé. Fruit capsulaire, uniloculaire, à graines nombreuses, bivalve, à valves s'ouvrant dans toute leur longueur, ou seulement au sommet, et plus ordinairement restant soudées au sommet et à la base, et s'ouvrant par leur partie moyenne. Graines très-petites, subglobuleuses ou oblongues, à test épais, fongueux, alvéolé ou tuberculeux. Albumen épais, charnu. Embryon très-petit, obové, à radicule dirigée vers le hile. —Plantes ordinairement vivaces, jamais vertes, parasites sur les racines des autres plantes. Tige épaisse, succulente, simple et plus rarement rameuse. Feuilles réduites à des écailles blanchâtres ou colorées. Fleurs solitaires à l'aisselle des bractées, et disposées en épis terminaux.

(1) Auctore Grenier.

PHELIPÆA. (C. A. Meyer in Ledeb. alt. 1, p. 459.)

Fleurs munies inférieurement d'une bractée, *et en outre de deux bractées latérales*. Calice à 4-5 divisions, campanulé, presque régulier, ou échancré supérieurement. Corolle bilabiée. Ovaire à 4 placentas pariétaux, étroits, rapprochés par paires. Capsule à graines nombreuses, s'ouvrant en 2 valves *écartées au sommet* et soudées vers la base.

a. *Tiges simples.*

P. CÆRULEA *C. A. Meyer, en. cauc.* 104; *Reut. in D C. prodr.* 11, *p.* 5; *Coss. et Germ. fl. par.* 307, *t.* 19, *f. K; Orobanche cærulea Vill. Dauph.* 2, *p.* 406; *D C. fl. fr.* 3, *p.* 490; *Dub. bot* 350; *Boreau, fl. centr.* 400; *Godr. fl. lorr.* 2, *p.* 182. — *Ic. Rchb. pl. crit.* 7, *f.* 928. *Schultz, exsicc. n°* 141!; *Rchb. exsicc. n°* 58! — Fleurs très-brièvement pédicellées, en épi lâche; bractée médiane pubescente-furfuracée, ovale-lancéolée, acuminée, à nervure dorsale large et bleuâtre, à peu près de même longueur que le calice, ou un peu plus courte que lui; bractées latérales linéaires-subulées, insérées au sommet des pédoncules. Calice coriace, épais, divisé jusqu'au tiers ou à la moitié en 5 dents lancéolées-acuminées, aiguës, bleuâtres; les antérieures atteignant le milieu du tube de la corolle; la postérieure plus courte et manquant quelquefois. Corolle d'un bleu d'acier, avec des veines plus foncées, brièvement *pubérulente-glanduleuse*, et *presque glabre* au-dessous de l'étranglement, tubuleuse, à tube renflé à la base, reserrée vers le milieu, puis insensiblement dilatée jusqu'à la gorge, *courbée antérieurement;* lèvres planes, dentées et *à dents aiguës;* la supérieure à 2 lobes; l'inférieure à 3 lobes ovales, égaux et munie à la base de 2 gibbosités qui ferment la gorge. Etamines insérées un peu au-dessous de l'étranglement du tube, à filets glabres et à peine pubescents à la base; anthères blanches, glabres ou pubescentes à la base. Style bleuâtre au sommet, poilu-glanduleux. Stigmate blanchâtre. Tige de 2-3 décimètr., simple, d'un bleu d'acier, brièvement pubescente-glanduleuse surtout au sommet, munie d'écailles lancéolées.

Hab. Sur les racines de l'*Achillea millefolium;* Alsace, Lorraine, Bitche, etc.; Jura, à Lons-le-Saulnier (*de Jouffroy*); Loire; Loire-Inf.; Gironde; Puy-de-Dôme; Haute-Loire; Pyrénées; Alpes du Dauphiné; Crest, Engin, Guillestre, etc. ♃ Juin-juillet.

P. CÆSIA *Reut. in D C. prodr.* 11, *p.* 6 (*non Griseb.*); *Orobanche cæsia Guss. syn. sic.* 2, *p.* 138; *Rchb. pl. crit.* 7, *f.* 936. — Fleurs disposées en épi court et serré; bractée médiane et sépales ordinairement plus courts que le tube de la corolle, furfuracés-*lanugineux* et glanduleux. Calice *à quatre dents* lancéolées, aiguës. Corolle bleue, avec des veines plus foncées, *pubescente-lanugineuse et glanduleuse, même au-dessous de l'étranglement*, tubuleuse-infundibuliforme, étranglée vers son milieu, *droite;* lèvres *ciliées* et dentées, *à dents obtuses.* Etamines insérées un peu au-dessous de l'étranglement, légèrement pubescentes à la base, glabres ou un peu glanduleuses vers le haut ; anthères blanches, glabres. Tige de 1-2 décimètres, simple, pubescente-glanduleuse. — Le reste comme dans le *P. cærulea,* avec lequel il paraît avoir été confondu dans la région méditerranéenne.

Hab. Sur les racines de l'*Artemisia gallica Willd.* dans les sables de la Méditerranée; Marseille! (*Jord.*); Banyuls dans les Pyrénées-Or. (*Jord.*). ♃ Juin.

P. arenaria *Walp. rep.* 3, *p.* 459 ; *Reut. in DC. prodr.* 11, *p.* 6; *Coss. et Germ. fl. par.* 307, *t.* 19, *f. L.; Orobanche arenaria Borkh. in Rœm. mag.* (1794), *p.* 6; *Boreau, fl. centr.* 401; *Kirschl. prodr. fl. als.* 109. — *Schultz, beitr.* 1829, *cum ic.; Rchb. pl. crit.* 7, *f.* 929-930-931. *Schultz, exsicc. n°* 495! — Fleurs en épi presque lâche ; bractées pubescentes, ainsi que le calice. Celui-ci à 5 dents lancéolées-subulées, plus courtes que le tube de la corolle. Celle-ci pubescente-glanduleuse, tubuleuse, *presque droite,* étranglée au-dessus de l'ovaire, puis insensiblement dilatée ; lèvres arrondies, obtuses, *réfléchies par les bords,* denticulées, *à dents obtuses et ciliées.* Etamines insérées un peu au-dessous de l'étranglement, glabres; anthères blanches, *poilues-laineuses* sur la suture. Style fortement poilu-glanduleux; stigmate *jaune ou orangé.* — Fleurs bleues, rarement blanches, grandes (presque 3 centimètres), ainsi que celles des deux précédentes.

β. *rubenti-arenaria Reut. l. c.* Calice gamophylle, dépourvu de bractées latérales ; lèvres de la corolle à peine denticulées et non ciliées; étamines pubescentes à la base; anthères glabres. Hybride provenant, selon Reuter, des *P. arenaria* et *O. rubens.*

Hab. Sur les racines de l'*Artemisia campestris;* sables du Rhin, Lauterbourg! (*Billot*), etc.; Paris; la Nièvre! (*Suard*); la Loire; Loir-et-Cher (*Boreau*); Montpellier, Aigues-Morte, Cette, etc.; var. β. Lyon. ♃ Juin-juillet.

b. *Tiges rameuses ou subrameuses; fleurs petites (à peine 2 centimètres).*

P. olbiensis *Coss. not. fasc.* 1, 1848, *p.* 8. — « Tige simple (5-15 centimètres), non anguleuse sur le vif, *glabrescente,* et couverte ainsi que les bractées et les calices d'une pubescence furfuracée-glanduleuse, bien visible seulement à la loupe; bractées ordinairement plus courtes que le calice. Fleurs en épi de 2-6 centimètres. Calice à 4 dents presque *énerviées, lancéolées,* subulées, plus longues que le tube calicinal, et plus courtes que le tube de la corolle. Celle-ci *glabrescente,* tubuleuse, étranglée au-dessus de l'ovaire, puis insensiblement dilatée, légèrement arquée sur le dos, *à lèvres fortement et inégalement dentées et à peine ciliées;* lèvre supérieure à 2 lobes souvent roulés par les bords; lèvre inférieure à 3 lobes ovales-orbiculaires, quelquefois apiculés. Etamines insérées au-dessous de l'étranglement du tube, à filets glabres; anthères glabres. Style glabrescent; stigmate presque entier. — Cette espèce diffère du *P. Muteli* par ses bractées et son calice presque sans nervures, et par la glabréité de toutes ses parties. La corolle à lèvre supérieure moins bossue et moins resserrée à la gorge est remarquable par ses lobes fortement denticulés. Le *P. lavandulacea* en est très-différent par son épi allongé et pyramidal, par sa tige pubescente, par ses bractées et ses calices nerviés et longuement subulés, enfin par sa corolle à lèvre supérieure plus convexe. »

Hab. Sur les racines de l'*Helychrysum stœchas*; îles d'Hyères, Porquerolles (*Bourgeau, coll. union. it.* 1848). ♃? Mai.

Obs. — Ne connaissant pas cette espèce, nous avons extrait ce que nous en avons dit du texte de l'auteur.

P. lavandulacea *F. Schultz, arch. fl. Fr. et All.* 99; *Reut. in DC. prodr.* 11, *p.* 7 (*ex part.*); *Orobanche lavandulacea Rchb. pl. crit.* 7, *f.* 935; *O. comosa Dub. bot.* 350 (*confusa cum seq.*); *Lois. gall.* 2, *p.* 46 (*cum seq. conf.*); *O. vagabonde Vauch. mon. p.* 66, *t.* 15? — *Schultz, exsicc. n°* 904!; *Billot, exsicc. n°* 60!; *Rchb. exsicc. n°* 57! — Fleurs en épi *allongé* (1-2 déc.) *et pyramidal;* bractée médiane ovale-lancéolée, pubescente-sublanugineuse et glanduleuse, égalant à peine le calice. Celui-ci divisé jusqu'au-delà du milieu en 4-5 lanières à base ovale, puis étroitement lancéolées, acuminées et subulées, presque égales, munies chacune d'une nervure, dépassant un peu l'étranglement de la corolle. Celle-ci pubescente-glanduleuse, tubuleuse-infundibuliforme, étranglée et *genouillée* au-dessus de l'ovaire *de manière à devenir presque horizontale,* puis dilatée-*subcampanulée, arquée* sur le dos; lèvres à lobes *arrondis-obtus,* un peu allongés, ciliés, à peine denticulés aux bords; les deux lobes latéraux de la lèvre inférieure séparés du moyen par deux lignes de poils blancs. Etamines insérées au-dessous de l'étranglement, à filets glabres; anthères ciliées-laineuses sur la suture ou glabrescentes. Style subglanduleux; stigmate jaunâtre, subquadrilatère. Tige de 2-3 décimètres, pubescente-glanduleuse, simple ou rameuse, à rameaux souvent rudimentaires, dressés et appliqués contre la tige. — Corolle bleuâtre surtout au sommet (sur le vif), d'un pourpre fauve et violette au sommet (sur le sec), d'un tiers plus grande et à limbe plus ample et plus étalé que dans les espèces suivantes, et à tube plus dilaté-campanulé.

Hab. Sur les racines du *Psoralea bituminosa, Thapsia villosa,* etc.; mont Sainte-Victoire (*DC.*); le Luc! dans le Var (*Jord.*); Saint-Vallier! dans le Var (*Lorel*). ♃ Mai-juin.

Obs. — Le *P. Schultzii Walp. rep.* 5 (1844), *p.* 465, diffère-t-il de l'espèce que nous venons de décrire, ainsi que le veut M. F. Schultz?

P. Muteli *Reut. in DC. prodr.* 11, *p.* 8; *O. Muteli F. Schultz, in Mut. fl. fr.* 2, *p.* 353, *t.* 43, *f.* 314, *et suppl. t.* 2, *f.* 5; *O. comosa Lois. gall.* 2, *p.* 46?; *Benth. cat.* 109? — *O. nana Noé in Rchb. exsicc. n°* 1352! — Fleurs en épi court (3-7 centimètres), et un peu serré; bractée médiane lancéolée, pubescente-glanduleuse, égalant à peine le calice. Celui-ci divisé jusqu'au-delà du milieu en quatre dents ovales-lancéolées, subulées, presque égales, munies chacune d'une nervure, dépassant un peu l'étranglement de la corolle. Celle-ci pubescente-glanduleuse, tubuleuse-infundibuliforme, *ascendante*, étranglée et *un peu courbée* au-dessus de l'ovaire, puis *presque droite* sur le dos, seulement *un peu convexe à l'extrémité;* lèvres à lobes arrondis, obtus ou aigus, presque entiers, longuement ciliés aux bords; les deux lobes latéraux de la lèvre inférieure séparés du moyen par des *plis saillants et velus*. Etamines insérées un peu au-dessous de l'étranglement de la corolle, à filets glabres ou très-légèrement pubescents à la base; anthères nues ou un peu laineuses. Style glabre ou subglanduleux; stigmate jaunâtre. Tige de 1-2 décimètres, pubescente-glanduleuse, simple ou plus souvent rameuse, à rameaux ascendants.—Corolle d'un violet clair (sur le vif), d'un fauve blanchâtre et violette au sommet (sur le sec). Par sa tige plus rameuse et de moitié plus petite; par ses grappes plus courtes; par ses fleurs d'un tiers plus petites, ascendantes et non horizontales et de couleur très-pâle, cette espèce ne saurait se confondre avec le *P. lavandulacea;* elle a au contraire de bien plus grands rapports avec le *P. ramosa*.

Hab. Sur les racines des composées, des légumineuses, etc.; collines et champs de la région méditerranéenne, Hyères, le Luc, Aix, Toulon, Montpellier, Cette, Narbonne, etc. (1) mai.

P. ramosa *C. A. Meyer, en. pl. cauc.* 104; *Coss. et Germ. fl. par.* 307, *t.* 19, *f. H.; Walp. rep.* 3, *p.* 459; *Reut. in D C. prodr.* 11, *p.* 8; *Orobanche ramosa L. sp.* 882; *D C. fl. fr.* 3, *p.* 491; *Dub. bot.* 351; *Lois. gall.* 2, *p.* 46; *O. du Chanvre Vauch. mon.* 67, *t.* 16.—*Ic. Lam. ill. t.* 551, *f.* 2; *Rchb. pl. crit.* 7, *f.* 933-934; *Morison, hist. sect.* 12, *t.* 16, *f.* 8. *Schultz, exsicc. n°* 904!; *C. Billot, exsicc. n°* 601! — Fleurs en épis lâches; bractée médiane lancéolée, pubescente-glanduleuse, égalant à peine le calice. Celui-ci divisé jusqu'au-delà du milieu en quatre dents ovales-lancéolées, subulées, presque égales, munies chacune d'une nervure, dépassant un peu l'étranglement de la corolle. Celle-ci parfois entièrement jaunâtre, plus souvent lavée de violet dans la moitié supérieure, velue-glanduleuse extérieurement et légèrement pubescente intérieurement, tubuleuse-infundibuliforme, étranglée et un peu coudée au-dessus de l'ovaire, puis faiblement courbée sur le dos dans la moitié supérieure; lèvres à divisions ovales-arrondies, obtuses, presque égales, à peine denticulées, ciliées; la supérieure bilobée; l'inférieure trilobée, *dépourvue de plis à la gorge*. Etamines insérées un peu au-dessous de l'étranglement de la corolle, *à filets pubescents à la base;* anthères glabres. Style finement glanduleux; stigmate blanchâtre. Tige de 1-2 décimètres, rameuse souvent dès la base, jaunâtre et couverte de poils glanduleux.

Hab. Sur les racines du *Cannabis sativa*, du *Nicotiana Tabacum*, etc.; commun dans le nord de la France. Nous l'avons vainement cherché dans les Pyrénées orientales, où le chanvre abonde (*Godr.*). (1) Août.

P. ALBIFLORA *Gren. et Godr.; O. albiflora Godr. et Gr. mss.* — Fleurs en épi très-lâche; bractée médiane lancéolée-acuminée, velue-glanduleuse, égalant le calice. Celui-ci jaunâtre, à quatre dents profondes, à base ovale, *acuminées-sétacées*, presque égales, munies chacune d'une nervure, dépassant à peine l'étranglement de la corolle. Celle-ci velue-blanchâtre extérieurement, tubuleuse-infundibuliforme, étranglée et un peu coudée au-dessus de l'ovaire, puis faiblement courbée sur le dos dans sa moitié supérieure, et surtout à partir de la naissance de la lèvre supérieure; tube *grêle, allongé,* trigone, avec un pli longitudinal partant du lobe moyen de la lèvre inférieure; lèvres pubescentes intérieurement, à peine denticulées, à bords réfléchis et longuement ciliés; la supérieure subbilobée; l'inférieure à trois lobes presque égaux. Etamines insérées un peu au dessous de l'étranglement, à filets *glabres ou presque glabres;* anthères glabres. Stigmate blanchâtre, bilobé. Tige de 1-2 décimètres, rameuse, blanchâtre ou jaunâtre, grêle, velue-glanduleuse, fortement bulbeuse à la base.— Cette espèce diffère du *P. ramosa* par son duvet plus abondant; par les divisions du calice plus étroites et plus ténues; par sa corolle à tube plus grêle et plus allongé, à limbe plus grand et plus ouvert, à lèvres plus largement et plus fortement ciliées; par ses étamines presque glabres; par sa tige plus grêle et plus rameuse.

Hab. Sur les racines du *Roripa rusticana*, Montpellier (*Godron*). ① Mai-juillet.

OROBANCHE. (L. gen. 779, part.)

Fleurs munies inférieurement d'une bractée, *sans bractéoles* latérales. Calice formé de 2 pièces distinctes ou un peu soudées à la base, bifides ou plus rarement entières. Corolle bilabiée. Ovaire à 4 placentas étroits, rapprochés par paires sur chaque valve. Capsule s'ouvrant en deux valves *adhérentes au sommet et à la base,* et séparées seulement dans leur milieu.

a. *Etamines insérées à la base de la corolle, ou au-dessous de son tiers inférieur; corolle campanulée et souvent ventrue à la base.*

* *Etamines glabres.*

O. RAPUM *Thuill. ed. 2, p. 317; Reut. in DC. prodr. 11, p. 16; Dub. bot. 348; Koch, syn. 613; O. major Lam. dict. 4, p. 621 (non L.); DC. fl. fr. 2, p. 488; Lois. gall. 2, p. 44; Smith. brit. 3, p. 146; O. fœtida Lap. abr. 358, et herb. (part.); O. du Cytise à balais Vauch. mon. 43.—Ic. Lam. ill. t. 551; Rchb. pl. crit. 7, f. 900-923; Coss. et Germ. fl. par. t. 19, f. A; Clus. hist. 1, p. 270. Schultz, exsicc. n° 1111 !* — Fleurs en épi lâche; bractées lancéolées-acuminées, dépassant la corolle, poilues-glanduleuses, ainsi que les 2 sépales. Ceux-ci ovales, distincts, contigus, plurinerviés, bifides et à lobes presque égaux, étroits et très-aigus, égalant le tube de la corolle. Celle-ci d'un beau rouge clair ou d'un rose-jaunâtre, *campanulée et ventrue antérieurement* à la base, régulièrement arquée sur le dos, courte, couverte de très-petits poils glanduleux; lèvres *obscurément denticulées* et non fimbriées aux bords; la supérieure émarginée; l'inférieure à 3 lobes ovales, dont *le médian est du double plus grand que les latéraux.* Etamines insérées à la base de la corolle, à anthères jaunâtres, et blanchâtres après l'anthèse, à filets tout à fait glabres inférieurement, pubescents-glanduleux au sommet, ainsi que le style. Stigmate d'un jaune citron et rougeâtre à la base. Tige de 2-6 décimètres, renflée en tubercule à la base, écailleuse, couverte de poils crispés-glanduleux. Radicelles nulles.

β. *bracteosa Reut.* Bractées plus longues et formant une houpe conique au sommet de la tige. — *O. crinita Benth. cat. pyr.* 109.

γ. *glabrescens.* Tige presque glabre; bractées pubérulentes-furfuracées. *O. rigens Lois. ! gall.* 2, *p.* 45.

Hab. Sur les racines des *Sarothamnus scoparius* et *purgans*; Alsace; Lorraine; Vosges; Paris; Vire; Angers; Nantes; Bordeaux et tout l'ouest; Toulouse; le centre de la France, etc.; var. β. Pyrénées orientales, Collioure (*Benth.*); var. γ. Corse, Cervione ! (*Lois.*). ♃ Mai-juin.

O. crinita *Viv. fl. cors. nov. diagn.* 11 (*non Rchb. ic.* 922); *Reut. in D C. prodr.* 11, *p.* 18; *Dub. bot.* 349; *Lois. gall.* 2, *p.* 46; *Bertol. fl. it.* 5, *p.* 445; *O. du Lotier faux-cytise Vauch. mon.* 50. — *O. fœtida Kralik, pl. cors. exsicc. n°* 708 !; *Schultz, exsicc. n°* 1279 ! — Fleurs *petites* (à peine de la dimension de celles de l'*O. minor*), disposées en *long épi étroit et cylindrique* (10-15 centimètres de long sur 20-25 centim. de large), bractées lancéolées, acuminées, égalant ou dépassant la fleur, pubescentes-glanduleuses, ainsi que les sépales. Ceux-ci ovales, presque distincts ou un peu soudés à la base, *bi-paucinerviés,* profondément bifides, à divisions un peu inégales, lancéolées-linéaires, égalant à peu près le tube de la corolle. Celle-ci d'un pourpre sanguin, *tubuleuse-campanulée, glabre,* ou munie de quelques poils glanduleux, très-fortement arquée sur le dos, à lobes courts, étalés, *denticulés et non ciliés* aux bords; lèvre supérieure à 2 lobes arrondis; lèvre inférieure à 3 lobes arrondis, *presque égaux.* Etamines insérées près de la base de la corolle, *glabres,* à anthères blanches après l'anthèse. Style muni de quelques poils glanduleux; stigmate *pourpré.* Tige de 2-3 décimètres, pubescente-furfuracée, renflée en bulbe à la base et munie d'écailles lancéolées-linéaires ou linéaires à la partie inférieure, puis lancéolées en approchant de l'épi.

Hab. Sur les racines du *Lotus cytisoides*; Corse, Bonifacio!, Calvi ! (*Solier*), presqu'île de Gien ! (*Jord.*), îles d'Hyères ! (*Auzandre*). ♃ Mai.

** *Etamines poilues; corolle régulièrement courbée de la base au sommet.*

O. cruenta *Bertol. rar. ital. pl. dec.* 3, *p.* 56, *et fl. ital.* 6, *p.* 431; *Reut. in D C. prodr.* 11, *p.* 15; *Coss. et Germ. fl. par.* 308, *t.* 19, *f. B.*; *Koch, syn.* 612; *O. Ulicis Desmoul. ann. sc. nat.* 3 (1835), *p.* 71; *O. Lobelii Noulet fl. sous-pyr.* 481; *O. gracilis*

Smith. trans. sin. 4, *p.* 172 ; *O. vulgaris Gaud. helv.* 4, *p.* 176, *t.* 2 (*excl. var.* β.) ; *O. major Dub. bot.* 349 ; *O. caryophyllacea Schl. pl. exsicc.* ; *Schultz, beitr.* 8 ; *O. fœtida Lap. abr.* 358 , *et herb.* (*part.*) ; *Lois. gall.* 2, *p.* 45 (*part.*); *Dub. bot. l. c.* (*part.*); *DC. fl. fr.* 3, *p.* 392 (*part.*); *O. du Genêt des teinturiers Vauch. mon.* 37, *t.* 1. — *Ic. Rchb. pl. crit.* 7, *f.* 869-868. *Schultz, exsicc. n°* 707 ! ; *Rchb. exsicc. n°* 2437 (*sub. nom. O. cruentæ*), *et n°* 61 (*sub. nom. O. gracilis*). — Fleurs en épi lâche, au moins à la base ; bractées dépassant ordinairem[t] la corolle, poilues-glanduleuses, ainsi que les sépales. Ceux-ci distincts et contigus, largement ovales, plurinerviés, bifides, à divisions un peu inégales, et égalant ou dépassant le tube de la corolle. Celle-ci *campanulée et ventrue antérieurement* à la base, régulièrement arquée sur le dos, courte (20 millimètres de long sur 10-12 de large), couverte de très-petits poils glanduleux, jaunâtre à la base, puis pourprée, et rouge de sang à la gorge, à lèvres inégalement *fimbriées-denticulées* et ciliées-glanduleuses ; lèvre supérieure entière ou émarginée ; l'inférieure à 3 lobes *presque égaux*. Etamines insérées à la base de la corolle, à filets *lancéolés et velus* inférieurement, et pubescents-glanduleux au sommet, ainsi que le style. Stigmate d'un jaune citron, entouré d'une ligne pourprée. Tige de 1-4 décimètres, renflée à la base, écailleuse, pubescente-glanduleuse, surtout vers le haut. Radicelles nombreuses.

β. *citrina Coss. et Germ.* Plante d'un jaune citron dans toutes ses parties. *O. concolor Boreau, fl. centr. p.* 400 (*non Duby*).

Hab. Sur les racines des *Genista tinctoria et pilosa*, du *Lotus corniculatus*, et d'autres légumineuses; tout l'ouest de Paris à Bayonne; le centre de la France; le Jura; les Alpes; les Pyrénées; la Provence, Fréjus, Hyères, etc. ♃ Juin juillet.

O. VARIEGATA *Wallr. Orob. diasc. p.* 40 ; *Reut. in DC. prodr.* 11, *p.* 17 ; *Mut. fl. fr.* 2, *p.* 351 ; *O. fœtida DC. fl. fr.* 5, *p.* 392 (*part. non Desf.*) ; *Perreym. cat. Fréjus*, 59 ! ; *Dub. bot.* 349 (*part.*) ; *Lois. gall.* 2, *p.* 45 (*part.*) ; *O. du Genêt cendré Vauch. mon.* 41. — *Ic. Rchb. pl. crit.* 7, *f.* 903-904. — Fleurs en épi un peu lâche ; bractées ovales-lancéolées, acuminées, égalant ou dépassant la fleur, blanchâtres, pubescentes et glanduleuses, ainsi que les sépales. Ceux-ci distincts et contigus, largement ovales, plurinerviés, profondément et inégalement bifides, dépassant le tube de la corolle. Celle-ci de même forme que celle de l'*O. cruenta*, campanulée et ventrue antérieurement à la base, régulièrement arquée sur le dos, courte, couverte de petits poils glanduleux, jaunâtre extérieurement et d'un pourpre foncé et doré à l'intérieur ; lèvres *crispées-denticulées et ciliées-glanduleuses* ; la supérieure émarginée ; l'inférieure à 2 lobes, dont le moyen est *du double plus grand* que les latéraux. Etamines insérées à la base de la corolle, à anthères un peu blanchâtres après l'anthèse, à filets *ovales très-dilatés et velus* à la base, glanduleux vers le haut, ainsi que le style. Stigmate jaunâtre. Tige de 3-6 décimètres, écailleuse, finement velue-furfuracée et glanduleuse. — Plante très-voisine de l'*O. cruenta*, à épi plus gros, à corolle plus arquée, plus grande, proportionnellement plus large, à filets plus dilatés à la base.

Hab. Sur les racines du *Genista cinerea*, du *Sarothamnus scoparius* (*Mut.*); la Provence, Fréjus ! (*Perreymond*); Pyrénées-Orientales (*Benth.*); ♃ Mai-juin.

O. speciosa *D C. fl. fr.* 5, *p.* 393 (*non Walp.*); *Lois. gall.* 2, *p.* 46; *Reut. in D C. prodr.* 11, *p.* 19; *O. pruinosa Lap. abr. suppl.* 87; *Dub. bot.* 349; *Lois. gall.* 2, *p.* 46; *Benth. cat.* 109; *Robert, cat. Toulon*, 59; *O. alba Mut. fl. fr.* 2, *p.* 350 (*non Bieb.*); *O. de la Fève Vauch. mon.* 51, *t.* 5. — *Ic. Rchb. pl. crit.* 7, *f.* 911. *Endress, exsicc. ann.* 1831 !; *Rchb. exsicc. n°* 613 ! — Fleurs en long épi un peu lâche; bractées ovales-lancéolées, à peine plus longues que le tube de la corolle, furfuracées-pubescentes et glanduleuses, ainsi que les sépales. Ceux-ci *s'écartant* l'un de l'autre dès l'origine, à 4-6 nervures, ovales-lancéolés, très-entiers ou plus ordinairement bifides, à divisions presque égales, lancéolées-acuminées, ciliées-glanduleuses, égalant le tube de la corolle. Celle-ci campanulée, non ventrue, arquée, plus ou moins pubescente-furfuracée et glanduleuse, d'un fauve très-pâle sur le sec, *blanche avec des stries bleues ou violettes*, à lèvres denticulées et ciliées; la supérieure bilobée; l'inférieure à 3 lobes arrondis, dont le moyen est de *moitié plus grand* que les latéraux. Etamines insérées un peu au-dessous de la base de la corolle, à anthères brunes après l'anthèse, à filets *pubescents* à la base et glanduleux vers le haut, ainsi que le style. Stigmate d'un *violet clair*. Tige de 2-5 décimètres, poilue-furfuracée. — Fleurs brunâtres et papyracées à l'état sec.

Hab. Sur les racines du *Vicia Faba*; Pyrénées-Orientales, Prats-de-Mollo ! (*Lap.*); Port-Vendres ! (*Gren.*), etc.; Toulon ! (*Robert.*); Corse, Bastia ! (*Salle*); etc. ♃ Juin.

Obs. — L'*O. speciosa D C.* n'est, selon nous, pas autre chose que l'*O. pruinosa Lap.* La comparaison des descriptions des deux auteurs laissera peu de doute à cet égard. Ajoutons que De Candolle, n'ayant vu la plante de Toulon que sèche, a dû la décrire avec la teinte *fauve-pâle* qu'elle prend toujours en séchant, ce qui lui a fait dire de la fleur « *concolore* ». Quant au caractère tiré des sépales il est sans valeur, car sur une même touffe de 5-6 tiges, provenant de Toulon, et encore fixée à la plante mère, nous observons un nombre presque égal de sépales entiers et de sépales bifides. Enfin, on peut encore remarquer que depuis qu'on trouve à Toulon l'*O. pruinosa* on n'y trouve plus le *O. speciosa*. Le nom de *O. speciosa D C.* datant de 1815, et celui de *O. pruinosa* de 1818, nous avons dû revenir au nom de De Candolle.

O. Galii (*O. du Galium mollugo*) *Vauch. mon.* 55, *t.* 7; *Dub. bot.* 349; *Reut. in D C. prodr.* 11, *p.* 21; *Coss. et Germ. fl. par.* 309, *t.* 19, *f. D.*; *O. vulgaris D C. fl. fr.* 3, *p.* 489; *O. bipontina Schultz, beitr.* 7; *O. caryophyllacea Rchb. fl. exc.* 353; *O. incurva Benth. cat.* 107? — *Ic. Rchb. pl. crit.* 7, *f.* 890 *à* 895, 905 *à* 910. *Schultz, exsicc. n°* 496 !; *Billot, exsicc. n°* 600 ! — Fleurs en long épi très-lâche; bractées lancéolées, très-aiguës, un peu plus courtes que la corolle, furfuracées-pubescentes et glanduleuses, ainsi que les sépales. Ceux-ci contigus ou soudés antérieurement, plurinerviés, ovales-lancéolés, acuminés, entiers ou bifides, subulés, *égalant la moitié* du tube de la corolle. Celle-ci campanulée, non ventrue à la base, arquée sur le dos, pubescente-glanduleuse, d'un rouge briqueté pâle et souvent avec une teinte violette sur le dos; lèvres irrégulièrement denticulées et ciliées-glanduleuses; la supérieure *porrigée*, entière ou émarginée; l'inférieure à 3 lobes *porrigés*, *presque égaux*. Etamines *insérées un peu* au-dessus de la base de la corolle, à anthères brunes après l'anthèse, à filets *très-velus* dans leur moitié inférieure, poilus-glanduleux supérieurement, ainsi que le style. Stigmate d'un *pourpre foncé*. Tige de 3-6 décimètres, velue-glanduleuse, à écailles lancéolées. — Plante à odeur de gérofle. Etamines aussi velues que celles de l'*O. cruenta*, dont elle s'éloigne par sa corolle plus longue et non ventrue à la base, ainsi que par sa couleur bien plus pâle.

β. *Ligustri*. Bractées un peu plus longues; lobes de la corolle à peine denticulés; filets un peu moins velus; stigmate jaune-citron; plante pâle. *O. Ligustri Suard, ap. Godron, fl. lorr.* 2, *p.* 178.

Hab. Sur les racines des *Galium erectum, elatum, verum*, etc., de l'*Achillea millefolium*, etc.; var. β. sur les racines du *Ligustrum vulgare*. ♃ Juin-juillet.

O. EPITHYMUM *D C. fl. fr.* 3, *p.* 490; *Dub. bot.* 349; *Lois. gall.* 2, *p.* 45; *O. sparsiflora Wallr. sched.* 309; *O. du Thym serpolet Vauch. mon.* 52, *t.* 6 (*mala*).—*Ic. Rchb. pl. crit.* 7, *f.* 887-888-889. *Rchb. exsicc. n°* 59!— Fleurs en épi court et lâche, *pauciflore* (3-10 fl.); bractées lancéolées, longuement acuminées, *dépassant* la lèvre inf. de la corolle, pubescentes-glanduleuses ainsi que les sépales. Ceux-ci *écartés dès l'origine et placés sur les côtés de la fleur*, plurinerviés, lancéolés, longuement acuminés et subulés, dirigés en arrière, aussi longs que le tube de la corolle, *entiers ou munis d'une dent* latérale et divariquée. Corolle d'un jaune pâle ou rougeâtre et veinée de pourpre, *campanulée, à dos presque droit* ou légèrement et régulièrement arqué, couverte de petits poils glanduleux posés sur des glandes purpurines; lèvres érodées-denticulées, ciliées; la supérieure émarginée, réfléchie, et poilue-glanduleuse intérieurement; l'inférieure à 3 lobes inégaux, le moyen presque *de moitié plus grand* que les deux latéraux. Etamines insérées très-près de la base de la corolle, *légèrement pubescentes* à la base, et munies au sommet de quelques poils glanduleux, ainsi que le style violacé vers le haut. Stigmate d'un pourpre foncé. Tige de 1-2 décimètres, d'un jaune rougeâtre, velue-glanduleuse, munie d'écailles lancéolées. — Plante à odeur d'œillet.

β. *pallescens*. Plante entièrement jaunâtre; stigmate jaune.

Hab. Sur les racines des *Thymus serpyllum et vulgaris* et sur celles du *Satureia montana*; collines arides, pelouses, bruyères, etc. ♃ Juin-juillet.

O. Scabiosæ *Koch, deutschl. fl.* 4, *p.* 440, *et syn.* 614 ; *Reut. in D C. prodr.* 11, *p.* 22.—Fleurs nombreuses, en épi gros, un peu allongé (1 décimètre), *serré;* bractées ovales-lancéolées, acuminées, dépassant un peu la corolle, pubescentes-glanduleuses, ainsi que les sépales. Ceux-ci *contigus* à leur origine, *puis s'écartant* fortement l'un de l'autre, plurinerviés, ovales-lanceolés, acuminés, subulés, entiers ou bifides, *égalant* le tube de la corolle. Celle-ci campanulée, *régulièrement arquée sur le dos de la base au sommet,* couverte de poils glanduleux posés sur des glandes noirâtres; lèvres érodées-denticulées, ciliolées; la supérieure bilobée, un peu redressée-étalée; l'inférieure à trois lobes *égaux.* Etamines insérées *un peu au-dessus de la base* de la corolle, *légèrement pubescentes près de leur base, presque glabres* dans le restant de leur longueur, ainsi que le style. Stigmate d'un pourpre noir. Tige de 2-4 décimètres, robuste, brunâtre, velue-glanduleuse, munie d'écailles lancéolées, nombreuses.

Hab. Sur les racines du *Carduus defloratus*, du *Scabiosa Columbaria*; pâturages des Hautes-Alpes, mont Séuse près de Gap! (*Gren.*); Lautaret! (*Gren. Jord.*); sommet de la Dôle et du Reculet dans le Jura (*Rapin*). ♃ Juillet-août.

O. fuliginosa *Reut. in D C. prodr.* 11, *p.* 23; *Jord.* 3ᵉ *fragm. p.* 225, *t.* 9, *fig. B.* (1846).—Fleurs en épi lâche ; bractées ovales-lancéolées, un peu plus longues que la corolle, *très-légèrement pubescentes-glanduleuses,* ainsi que les sépales. Ceux-ci distincts à la base, contigus, plurinerviés, ovales-lancéolés, acuminés-subulés, entiers ou bifides, plus courts que la corolle ou de même longueur qu'elle. Corolle d'un brun-violet, pubescente-glanduleuse, *campanulée-tubuleuse, à dos presque droit* ou légèrement courbé, à lèvres ondulées-denticulées; la supérieure *bilobée et porrigée;* l'inférieure *à trois lobes égaux,* ovales, aigus. Etamines insérées *au-dessus* (3-4 *millimètres*) *de la base* de la corolle, pubescentes inférieurement, munies vers le haut de quelques poils glanduleux ainsi que le style. Stigmate. . . . . Tige de 2-3 décimètres, *presque glabre,* munie d'écailles lancéolées.

Hab. Sur les racines du *Cineraria maritima*, dans les îles d'Hyères! (*Jord.*). ♃ Juin.

O. hyalina *Sprunn. mss.* 1847, *ap. Reut. in D C. prodr.* 11, *p.* 24 ; *O. Reuteri Schultz, ap. Reut. l. c.*; *O. Salisii Requien! ap. Bourgeau, pl. cors. exsicc., et ap. Coss. not. fasc.* 1, 1848, *p.* 9.—Fleurs *peu nombreuses,* 8-15, *en grappe très-lâche;* bractées lancéolées, pubescentes, égalant ou dépassant un peu la corolle. Sépales distincts à la base, *ovales-lancéolés,* entiers, munis antérieurement d'une dent, ou plus rarement bifides, *membraneux, transparents, égalant le tube* de la corolle. Celle-ci *glabre,* campanulée-tubuleuse, un peu arquée sur le dos, blanchâtre, *hyaline-membraneuse* (sur le sec), à lèvres petites et irrégulièrement denticulées ; la supérieure *entière*, porrigée ; l'inférieure à 3 lobes petits, arrondis, le moyen un peu plus grand que les latéraux. Etamines insérées *un peu au-dessous du quart inférieur du tube* de la corolle, à *filets légèrement pubescents*. Stigmate.... Tige de 15-20 centimètres, *glabre* ou munie de quelques poils furfuracés, à écailles nombreuses et lancéolées. Radicelles presque nulles. — Fleurs à peine plus grandes que celles de l'*O. minor*.

Hab. Sur les racines du *Chrysanthemum Myconis*; Bonifacio! (*Bourgeau, Salle*); Ajaccio! (*Requien*). ♃ Mai.

O. Columbariæ (*O. de la Scabieuse Colombaire*) *Vauch. mon.* 57, *t.* 11 ; *S. concolor Dub. bot.* 350; *Perreym. cat.* 59; *non Coss. et Germ. fl. par.* 309, *t.* 19, *f. G.* — Fleurs en long épi lâche (10-15 centim.); bractées ovales-lancéolées, acuminées, un peu plus courtes que la corolle, pubescentes-glanduleuses, ainsi que les sépales. Ceux-ci contigus, *uni-trinerviés*, ovales-lancéolés, acuminés, subulés, entiers ou bifides, presque égaux au tube de la corolle. Celle-ci *petite* (15 millimètres de long sur 6 de large), *d'un beau jaune-paille, ainsi que toute la plante*, poilue-glanduleuse, campanulée-tubuleuse, *courbée au-dessus de sa base*, puis presque droite, à lèvres denticulées et *non ciliées;* lèvre supérieure bilobée, à lobes arrondis; l'inférieure à 3 lobes, dont le moyen est *un peu plus grand* que les latéraux. Etamines insérées *au-dessus* (2 millimètres) de la base de la corolle, *hérissées-ciliées inférieurement*, glabres supérieurement ou un peu poilues-glanduleuses, ainsi que le style. Stigmate *jaune-clair*. Tige de 2-4 décimètres, fortement pubescente-glanduleuse, munie d'écailles ovales-lancéolées. — Fleurs de la grandeur de celles de l'*O. minor*.

Hab. Sur les racines du *Scabiosa Columbaria*, du *Chærophyllum sylvestre*, du *Mentha arvensis*, etc ; la Provence, Cannes, Fréjus, Hyères, etc. ♃ Juin.

b. *Etamines insérées au-dessus du quart inférieur du tube de la corolle; celle-ci tubuleuse-campanulée ou tubuleuse.*

O. Teucrii *Hol. et Schultz; Holandre, exsicc.* 1824. *et fl. Mosel. p.* 322 (1829); *Schultz, ann. Gewk.* 5, *p.* 505 (1829); *Reut. in DC. prodr.* 11, *p.* 21; *O. atro-rubens Schultz, bot. zeit.* 23, *p.* 128 (1835). — *Ic. Mut. fl. fr. t.* 42, *f.* 302, *et suppl. t.* 3, *f.* 6. *Schultz, exsicc. n°* 497!; *Rchb. exsicc. n°* 2396! — Fleurs en épi *pauciflore* (10-15 fl.), court et lâche ; bractées lancéolées, acuminées, aussi longues que la corolle, pubescentes-glanduleuses, ainsi que les sépales. Ceux-ci contigus, ou rarement un peu soudés à la base, plurinerviés, bifides, à divisions presque égales et *ne dépassant pas la moitié du tube* de la corolle. Celle-ci d'un rouge-brun souvent un peu violacé, couverte de poils glanduleux et jaunâtres, *campanulée-tubuleuse, à dos droit*, à lèvres érodées-denticulées et ciliées-glanduleuses ; lèvre supérieure entière ou subémarginée, courbée *en casque incliné;* l'inférieure trilobée, étalée, dirigée en bas, à lobes arrondis et *presque égaux*. Etamines *insérées à 3-4 millimètres au-dessus de la base* de la corolle ; les extérieures *velues* dans leur moitié inférieure ; toutes glanduleuses au sommet, ainsi que le style violacé. Stigmate d'un violet noirâtre. Tige de 1-2 décimètres, d'un jaune rougeâtre, poilue-glanduleuse, munie d'écailles lancéolées. — Plante à odeur de gérofle.

Hab. Sur les racines des *Teucrium Chamædrys, montanum, Scorodonia, pyrenaicum*, du *Thymus Serpyllum*, du *Bromus erectus* (*Fauconnet*); etc.; collines, pelouses pierreuses et calcaires. ♃ Juin.

O. Ritro *Gren. et Godr.* — Fleurs en épi *très-dense*, de 8-5 centimèt.; bractées lancéolées, acuminées, un peu plus courtes que la corolle, poilues-glanduleuses, ainsi que les sépales. Ceux-ci contigus, plurinerviés, ovales, bifides, à divisions lancéolées-linéaires, plus courtes que le tube de la corolle. Celle-ci *d'un beau jaune de soufre*, *légèrement pubescente-glanduleuse*, *tubuleuse*, *presque droite* sur le dos, à limbe très-ample, étalé, à lèvres fortement érodées-denticulées; lèvre supérieure, relevée, bilobée ; l'inférieure à 3 *lobes égaux*, obovés. Etamines *insérées à 3-4 millimètres au-dessus de la base* de la corolle, *velues* dans leur moitié inférieure, munies vers le haut de quelques poils glanduleux, ainsi que le style. Stigmate.... Tige de 2-4 décimètres, robuste, pubescente-tomenteuse et glanduleuse, à écailles nombreuses, ovales, très-pubescentes-glanduleuses.— Plante fraîche, d'un beau jaune-paille.

Hab. Sur les racines de l'*Echinops Ritro*; collines sèches des environs de Gap, en allant à Rabou et à la Grangette (*Gren.*); Guillestre ! (*Boullu*) ♃ Juillet.

O. rubens *Wallr. diagn. Orob.* (1825); *Koch, syn.* 615; *Reut. in DC. prodr.* 11, *p.* 25; *O. de la Luzerne cultivée Vauch. mon.* 45, *t.* 2 (1827); *O. Medicaginis Dub. bot.* 349 (1828); *F. Schultz, ann. Gewk. regensb.* 5, *p.* 505 (1829); *Castagne cat. Marseille, p.* 102. — Fleurs 18-30, en épi lâche, de 10-18 centimètres ; bractées lancéolées, longuement acuminées, presque aussi longues que la fleur, pubescentes-glanduleuses, ainsi que les sépales. Ceux-ci contigus à la base, plurinerviés, largement ovales, acuminés, bi-trifides, à divisions latérales plus courtes ou réduites à une dent, *un peu plus courtes que le tube* de la corolle. Celle-ci de 25 à 30 millimètres de long, d'un rouge brun et jaunâtre à la base, pubescente-glanduleuse, *tubuleuse-campanulée, courbée et un peu bossue antérieurement* au-dessus de la base, puis élargie, droite et *carénée sur le dos jusqu'au milieu de la lèvre supérieure qui s'infléchit brusquement en bas;* lèvres inégalement denticulées ; la supérieure profondément *divisée en 2 lobes étalés;* lèvre inférieure profondément à 3 lobes divergents, presque égaux et souvent acuminés. Etamines insérées *près de la courbure de la corolle*, *à 4-5 millimètres au-dessus de la base*, très-pubescentes dans leur moitié inférieure. Style rougeâtre, velu-glanduleux ; stigmate *d'un jaune* *de cire*. Tige de 3-4 décimètres, non renflée à la base, rougeâtre, velue-glanduleuse, munie d'écailles lancéolées.

Hab. Sur les racines des *Medicago falcata et sativa*; champs et collines. ♃ Mai-juin.

O. Laserpitii-Sileris *Rapin ap. Reut. in DC. prodr.* 11, *p.* 25; *Jord.* 3ᵉ *fragm. p.* 223, *t.* 9, *f. A.*—Fleurs très-nombreuses, en épi long et très-compacte (10 à 18 centimètres); bractées ovales-lancéolées, longuement acuminées, égalant ou dépassant la corolle, pubescentes-glanduleuses, ainsi que les sépales. Ceux-ci contigus ou soudés antérieurement, plurinerviés, largement ovales, inégalement bifides, et égalant presque le tube de la corolle. Celle-ci de 20 à 25 centimèt., fauve et un peu violacée, couverte de poils et de glandes orangées, tubuleuse-campanulée, *légèrement renflée* un peu au-dessus de l'insertion des étamines, régulièremᵗ courbée sur le dos, à lèvres ciliées et inégalement denticulées; la supérieure profondément bilobée, à lobes arrondis; l'inférieure à 3 lobes *divergents*, arrondis, ordinairement mucronulés, le moyen *plus grand* que les latéraux. Etamines *insérées vers le tiers inférieur du tube*, à 4-5 millimètres au-dessus de la base de la corolle, *à filets pubescents sur toute leur longueur* et *munis* antérieurement à leur base *d'une glande très-grosse*. Style portant quelques poils glanduleux; stigmate d'un *jaune citron*. Tige de 4-8 décimètres, *renflée à la base en ampoule* volumineuse, presque glabre inférieurement, et de plus en plus pubescente-glanduleuse en approchant de l'épi.

Hab. Sur les racines du *Laserpitium Siler*; rochers calcaires des hautes sommités du Jura, la Dôle, le Colombier, etc.; Alpes de Grenoble, Saint-Eynard et mont Rachet (*Verlot*). ♃ Juillet-août.

O. major *L. fl. succ.* 561 (*certissimè ex Fries*); *Walhlb. fl. suec.* 1, *p.* 380; *Fries, mant.* 3, *p.* 57, *et summ. scand.* 193; *Godr. fl. lorr.* 2, *p.* 176; *O. elatior Sutton, trans. Lin. soc.* 4, *p.* 178, *t.* 17; *Reut. in DC. prodr.* 11, *p.* 25; *Dub. bot.* 350; *Lois. gall.* 2, *p.* 45; *Castagne, cat. Marseille*, 80; *Holandre, fl. Mosel.* 320; *O. de la Centaurée scabieuse Vauch. mon.* 61; *O. stigmatodes Wimm. fl. schles.* 280?; *Koch, syn.* 616? — *Ic. Fl. dan. t.* 1838. *Fries, h. n. fasc.* 12, *n°* 35! — Fleurs très-nombreuses, en épi compacte, de 10-18 centimètres; bractées lancéolées, égalant ou dépassant la corolle, pubescentes-furfuracées, ainsi que les sépales. Ceux-ci plurinerviés, *un peu soudés à la base*, ovales-lancéolés, divisés au-delà du milieu en deux lanières lancéolées, acuminées, subulées, dépassant un peu le milieu du tube de la corolle. Celle-ci d'environ 2 centimètres, jaunâtre-pâle ou d'un violet subferrugineux, à poils glanduleux et jaunâtres, *un peu renflée* au-dessus de l'insertion des étamines, régulièrement courbée sur le dos, à lèvres irrégulièrement érodées-dentées et subciliées; lèvre supérieure émarginée ou à 2 lobes arrondis; l'inférieure à 3 lobes arrondis, *dirigés en avant, presque égaux*. Etamines insérées *vers le quart inférieur* de la corolle, à filets *laineux dans presque toute leur longueur*, et un peu glanduleux au sommet, ainsi que le style. Stigmate *jaune*. Tige de 3-5 décimètres, un peu renflée à la base, rougeâtre, pubescente-glanduleuse, munie d'écailles nombreuses et lancéolées. — L'épi dans cette espèce est d'un tiers plus étroit et moins serré que celui de l'espèce précédente; la corolle est plus petite, plus pâle, et à divisions du limbe porrigées.

Hab. Sur les racines du *Centaurea Scabiosa*; collines sèches et pierreuses; Nancy! (*Suard*); Metz! (*Léo*); Bitche! (*Schultz*); Besançon! (*Gren.*), et tout le Jura; Pyrénées-Orientales, Mont-Louis (*Benth.*); Marseille (*Castagne*); Toulon (*Robert*); Fréjus (*Bourgeau*); et probablement dans presque toute la partie montagneuse de la France. ♃ Juin.

O. Cervariæ *Suard, in Godr. fl. lorr.* 2, *p.* 180 (1843); *O. brachysepala et alsatica Schultz, arch. p.* 69 (1844); *Reut. l. c. p.* 30.—*Schultz, exsicc. n°* 905!—Fleurs en épi assez serré, court ou allongé (5-20 centimètres); bractées lancéolées, pubescentes, presque de la largeur de la fleur. Sépales ovales, inégalement bifides, à divisions *courtes et égalant environ la moitié du tube* de la corolle. Celle-ci jaunâtre-fauve, souvent légèrement teintée de violet, finement pubescente-glanduleuse, tubuleuse-campanulée, *courbée dans toute sa longueur et plus fortement vers son milieu*, à lèvres érodées-denticulées; lèvre supérieure subbilobée ou émarginée; l'inférieure à 3 lobes ovales, dont le moyen est un peu plus grand que les latéraux. Etamines insérées *un peu au-dessous de la moitié* du tube de la corolle, à filets *pubescents à la base*. Stigmate *jaune*. Tige de 2-4 décimètres, jaunâtre, finement pubescente-glanduleuse, un peu renflée à la base, munie surtout inférieurement d'écailles ovales-lancéolées, rapprochées.

Hab. Sur les racines du *Peucedanum Cervaria*; coteaux calcaires des environs de Besançon (*Gren.*); de Nancy (*Suard*); de Dorlisheim (*Schultz*); de Turkheim (*Kirschleger*). ♃ Juin.

Obs.— Le choix du nom spécifique de cette espèce, parmi ceux de *O. Cervariæ*, *O. brachysepala*, *O. alsatica*, a constitué pour nous un embarras dont nous avons cherché à sortir non-seulement par l'examen des textes, mais par des renseignements puisés chez les auteurs eux-mêmes. En voici le résumé: M. Kirschleger, en 1836, publiait son *O. alsatica*. La même année, M. Schultz, dans ses archives, revendiquait la priorité de la détermination, mais *sans critiquer en rien* la description de M. Kirschleger, dans laquelle on lit: « *Bractées et lobes du calice dépassant la corolle.* » De ces mots nous avons conclu que, pour ces auteurs, il ne s'agissait certainement pas de l'*O. Cervariæ Suard* (*O. brachysepala Schultz*), qui a les sépales très-courts. En 1843, M. Suard donnait de son *O. Cervariæ* une description qui ne peut laisser matière à aucune contestation, et qui n'a de commun avec celle de Kirschleger que les caractères du genre. En 1844, M. Schultz, reprenant son texte et celui de Kirschleger de 1836, y retrouvait deux espèces, et cela en se fondant sur l'examen des deux localités citées. De l'une il faisait l'*O. brachysepala*, qui n'était pas autre que l'*O. Cervariæ*, déjà décrit depuis un an; et de l'autre il faisait l'*O. macrocepala*, qui nous paraît rentrer dans l'*O. minor*, d'après la description de Kirschleger. Il est donc bien évident qu'avant 1843 l'*O. Cervariæ* n'avait point été décrit, et que la priorité reste à M. Suard, puisqu'il est impossible d'appliquer la description de M. Kirschleger, 1836, à la plante de Nancy. Maintenant qu'en décrivant une plante, qui ne peut être l'*O. Cervariæ*,

M. Kirschleger ait cité simultanément à tort ou à raison les localités de Dorlisheim, et de Turckheim, où les deux espèces nous paraissent exister, cela ne peut donner le droit de changer, en 1844, le nom publié en 1845 : car s'il y a confusion dans les localités, il n'y en a pas dans la description; et M. Kirschleger, se rangeant à l'opinion que nous admettons ici, nous a écrit qu'il adopterait dans sa flore le nom d'*O. Cervariæ*, dont celui d'*O. brachysepala* ne serait qu'un synonyme.

O. Picridis (*O. de la Picride*) *Vauch. mon.* 60, *t.* 12 ; *F. Schultz*, *ap. Koch, deutschl. fl.* 4, *p.* 453; *Hol. fl. Mosel.* 322 (1829); *Godr. fl. lorr.* 2, *p.* 181 ; *Coss. et Germ. fl. par.* 309, *t.* 9, *f. G.* — *Schultz, exsicc. n°* 142 ! — Fleurs petites (15 millimètres), en épi un peu lâche à la base, de 8-10 centimètres ; bractées lancéolées, acuminées, égalant presque la corolle, très-velues. Sépales *uni-binerviés, écartés, lancéolés, souvent unidentés* vers leur milieu, longuement acuminés, subulés, *plus longs que le tube* de la corolle. Celle-ci d'un blanc-jaunâtre, tubuleuse-campanulée, peu élargie à la gorge, arquée sur le dos, déprimée au-dessous de l'insertion des étamines, à lèvres obscurémᵗ denticulées, *non ciliées ;* lèvre supérieure *entière*, non émarginée, étalée latéralement; l'inférieure à 3 lobes arrondis, dont le moyen est un peu plus long. Etamines insérées *presque au milieu du tube* de la corolle, à anthères blanchâtres, à filets blancs et *velus dans leur* moitié inférieure, et finement glanduleux supérieurement. Style *lilas* et poilu-glanduleux; stigmate granuleux, *violacé.* Tige de 2-4 décimètres, grêle, *très-velue*, à poils crépus, jaunâtre et souvent un peu violette, peu renflée à la base, munie d'écailles lancéolées-aiguës.

Hab. Sur les racines du *Picris hieracioides*; coteaux calcaires, Sarrebourg! (*de Baudot*), Liverdun (*Godr.*), Metz! (*Holandre*), Bitche! (*Schultz*), Grenoble! (*Verlot*), Montrésor et Touchan près de Loche dans Indre-et-Loire! (*de Jouffroy*), etc. ① Juin.

O. Artemisiæ (*O. de l'Artemise des champs*) *Vauch. mon.* 62, *t.* 13 ; *Gaud. helv*, 4, *p.* 179 (1829); *O. loricata Rchb. fl. exc.* 355 (*excl. syn. O. flavæ*) ; *Koch, syn.* 616; *Reut. prodr.* 11, *p.* 27 ; *Noulet, fl. sous-pyr.* 486. — Fleurs en épi lâche, de 7-15 centimètres; bractées ovales-lancéolées, acuminées, presque égales à la corolle, pubescentes-glanduleuses. Sépales 3-5-nerviés, bipartites, *égalant* le tube de la corolle. Celle-ci de 20-25 millimètres de long, jaunâtre avec des stries rougeâtres, tubuleuse-campanulée, *presque droite de la base au milieu du tube*, puis plus fortement arquée jusqu'au sommet, à lèvres obtusément denticulées ; lèvre supérieure *bilobée*, à lobes étalés ; l'inférieure *à* 3 *lobes égaux.* Etamines insérées *vers le tiers inférieur du tube*, *velues dans leur moitié inférieure*, avec quelques poils glanduleux vers le haut. Style jaune ; stigmate *violacé* (*Vauch.*). Tige de 2-4 décimètres, à peine renflée à la base, pubescente, munie d'écailles lancéolées, surtout inférieurement. Très-voisin de l'*O. Picridis*, dont il diffère par ses sépales plurinerviés, par la lèvre sup. de la corolle bilobée, par sa pubescence moindre, etc.

Hab. Sur les racines de *l'Artemisia campestris ;* Toulouse, dans les sables de l'Ariége (*Noulet*); Brignoles dans le Var (*Loret*). ♃ Juin.

O. Salviæ *F. Schultz, ann. Gewk. reg. ges.* 5, *p.* 505; ***Koch****, syn.* 618; ***Reut.*** *in* ***D C****. prodr.* 11, *p.* 26; ***O.*** *alpestris* ***F.*** *Schultz, in Fl.* 26, *p.* 809.—***F.*** *Schultz, exsicc. n°* 1115!; ***C.*** *Billot, exsicc. n°* 276! — Fleurs en épi lâche, de 6-12 centimètres; bractées ovales-lancéolées, plus courtes que la corolle, pubescentes. Sépales *uninerviés*, écartés, lancéolés, inégalement bifides, *plus longs que le tube* de la corolle. Celle-ci d'un blanc-jaunâtre, tubuleuse-campanulée, arquée sur le dos, à lèvres fortement denticulées et subciliées; la supérieure *bilobée*, à lobes *porrigés et non étalés;* l'inférieure à 3 lobes arrondis et peu inégaux. Etamines insérées *vers le quart inférieur du tube* de la corolle, à filets *droits*, *pubescents dans leur moitié inférieure*, avec quelques poils glanduleux vers le haut. Sigmate *d'un beau jaune*. Tige de 2-4 décimètres, pubescente, jaunâtre, munie d'écailles lancéolées, surtout inférieurement.

Hab. Sur les racines du *Salvia glutinosa;* Pyrénées, à la cascade des Demoiselles (*Bentham*); Gap! (d'après un exemplaire déterminé par *Reuter*). ♃ Juin-juillet.

O. pubescens *d'Urv. enum. p.* 76; ***Reut.*** *in* ***D C****. prodr.* 11, *p.* 27; ***O.*** *villosa Schultz, in litt.* (1831)?; ***O.*** *versicolor Schultz, in Flora* 28, *p.* 129? — ***W.*** *Noë, it. orient. n°* 500. — Fleurs en épi lâche, de 5-15 centimètres; bractées ovales-lancéolées, acuminées, égalant la corolle, *velues-laineuses, ainsi que les sépales.* Ceux-ci *binerviés*, bifides et quelquefois entiers, *plus longs que le tube* de la corolle. Celle-ci jaunâtre et brune-violacée au sommet, *velue-laineuse*, tubuleuse-campanulée, coudée vers le tiers inférieur, et *droite sur le dos*, à lèvres irrégulièrement denticulées; lèvre supérieure *entière;* lèvre inférieure à trois lobes, dont le médian est plus grand. Etamines insérées *vers le tiers inférieur du tube, velues dans leur moitié inférieure*, non glanduleuses au sommet. Style poilu-glanduleux; stigmate *violacé* (*Griseb.*). Tige de 1-5 décimètres, *velue-lanugineuse*, munie d'écailles ovales ou ovales-lancéolées, très-rapprochées inférieurement.

Hab. Sur les racines du *Crepis bulbosa Coss.*; dans les bois de Pins, à Montredon près de Marseille (*Jord.*). ♃ Juin.

Obs. — La plante de Marseille étant identiquement la même que celle que nous avons reçue de Constantinople, de M. Noë, et ne nous paraissant pas différer de celle envoyée de Grèce par Sprunner, nous avons adopté le nom de *O. pubescens d'Urv.*, malgré les observations de M. Schultz qui, admettant deux espèces, donne à celle dont il s'agit ici le nom de *O. villosa*.

O. laurina *Ch. Bonaparte ap. Bertol. fl. ital.* 6, *p.* 424.— Fleurs en épi lâche; bractées ovales-lancéolées, acuminées, égalant ou dépassant à peine la corolle, obscurément nerviées, *glabres ou légèrement pubescentes-furfuracées, ainsi que les sépales.* Ceux-ci 2-5-nerviés, à base ovale, lancéolés-acuminés, presque toujours bifides et à divisions sublinéaires, et ordinairemt *plus courtes* que la corolle. Celle-ci jaunâtre, purpurine sur le dos et sur les nervures, *glabre* ou subpubescente-glanduleuse, tubuleuse, régulièrement arquée sur le dos, à lèvres *étalées*, profondément denticulées, à dents *aiguës;* lèvre supérieure émarginée ou bilobée, à lobes étalés ou réfléchis; l'inférieure à trois lobes arrondis, dont le moyen est un peu plus grand que les latéraux. Etamines *toujours exsertes*, insérées vers le tiers inférieur du tube, *glabres et à peine pubérulentes à la base.* Style glabre; stigmate *pourpré*: Tige de 2-3 décimètres, *presque glabre*, à peine renflée à la base, purpurine ou violacée, munie d'écailles lancéolées. — Cette espèce par son épi lâche, presque glabre, ainsi que la tige plus élancée, se distingue facilement de l'*O. minor* dont elle est très-voisine. Elle s'éloigne de l'*O. Hederæ*, dont elle se rapproche davantage, par ses calices plus fortement nerviés et son stigmate pourpré. Elle diffère de toutes deux par ses étamines saillantes.

Hab. Sur les racines du *Laurus nobilis*; Montpellier (*Godron*). ♃ Mai-juin.

O. Hederæ (*O. du Lierre*) *Vauch. mon.* 56, *t.* 8; *Dub. bot.* 350; *Desmoul. ann. sc. nat.* 2e *sér.* 3, *p.* 80; *Reut. in D C. prodr.* 11, *p.* 28; *Boreau, fl. centr.* 399. — *Ic. Engl. bot. t.* 2859. — Fleurs en épi un peu serré, lâche à la base, de 6-15 centimètres; bractées ovales-lancéolées, acuminées, égalant la corolle, pubescentes, sans nervures, d'un violet noir, ainsi que les sépales. Ceux-ci *subuninerviés, soudés* en avant à la base, lancéolés, subulés, entiers, bidentés ou bifides, égalant ou dépassant le tube de la corolle. Celle-ci d'un jaune clair, légèrement teintée et veinée de violet, tubuleuse, un peu arquée sur le dos, *glabre* ou munie de quelques poils glanduleux, à lèvres denticulées, *non ciliées;* la supérieure *émarginée ou bilobée;* l'inférieure à trois lobes dont le moyen est *plus grand*. Etamines insérées vers le tiers inférieur du tube, *glabres ou très-légèrement pubescentes à la base.* Style subglanduleux, violacé; stigmate *d'un beau jaune*. Tige de 1-3 décimètres, *légèrement pubescente-glanduleuse*, à peine renflée à la base, violette ou jaunâtre, munie d'écailles ovales-lancéolées, un peu rapprochées inférieurement.— Cette espèce est bien distincte de l'*O. minor*, dont elle a le port et l'aspect, par ses sépales uninerviés; par les lobes de la lèvre inférieure dont le moyen est plus grand; par la couleur de son stigmate.

Hab. Sur les racines de l'*Hedera Helix*; tout le sud-ouest de la France, Angers, la Vendée, Loir-et-Cher au château de Lavardin, Chambord, rochers de Fontgombeau dans l'Indre, Bordeaux, Libourne, Lanquais, Toulouse; Toulon; Lyon!; etc. ♃ Juin.

O. minor *Sutton, trans. lin.* 4, *p.* 178; *DC. fl. fr.* 3, *p.* 489; *Dub. bot.* 349; *Lois. gall.* 2, *p.* 45; *Coss. et Germ. fl. par.* 309, *t.* 19, *f. F.; O. du Trèfle des prés Vauch. mon.* 47, *t.* 4; *O. alsatica Kirschl. prodr.* 109 (1836), *Schultz, intr. fl. fr. et All. p.* 8 (1836), *non arch. p.* 68 (1844); *O. macrosepala Schultz, l. c. p.* 70. — *Ic. Rchb. pl. crit.* 7, *f.* 876-877-879. *Schultz, exsicc. n°* 63!; *Rchb. exs. n°* 1541!—Fleurs en épi serré, lâche à la base; bractées ovales-lancéolées, acuminées, égalant la fleur ou la dépassant un peu, obscurément nerviées, pubescentes-*sublanugineuses*. Sépales paucinerviés, à base ovale, entiers ou bifides, subitement acuminés-subulés, *égalant ou dépassant le tube* de la corolle. Celle-ci blanchâtre avec des stries lilas, et souvent teintée de violet, poilue-glanduleuse, tubuleuse, arquée régulièrement sur le dos, à lèvres *obtusément denticulées*, non ciliées ; la supérieure *bilobée*, à lobes porrigés ; l'inférieure à trois lobes arrondis et *presque égaux*. Etamines insérées *vers le tiers inférieur du tube* de la corolle, *glabres ou très-légèrement pubescentes à la base*. Style violacé ; stigmate *purpurin ou violet*. Tige de 1-4 décimètres, finement pubescente-tomenteuse et glanduleuse, à peine renflée à la base, ordinairement violacée, munie surtout inférieurement d'écailles lancéolées.—Cette espèce se distingue de l'*O. amethystea* par ses bractées à base ovale ; par sa corolle aussi large et plus courte, insensiblement et non subitement arquée, à lèvres obtusément denticulées et non sublobées; par ses étamines insérées un peu plus bas.

β. *flavescens*. Fleurs jaunâtres et concolores. *O. Carotæ Desmoul. ann. sc. nat.* 3, *p.* 78.

Hab. Sur les racines du *Trifolium sativum et repens* ; dans tout l'ouest de la France, ainsi que dans le centre, et dans le midi; plus rare dans le nord-est ; var. β. sur le *Daucus Carota*, l'*Orlaya maritima* ; Dordogne, Montpellier, Cette. ① Juin-juillet.

O. Crithmi (*O. du Crithme maritime*) *Vauch. mon.* 59; *Bertol. fl. ital.* 6, *p.* 434.—Fleurs en épi lâche; bractées ovales-lancéolées, acuminées, pubescentes, ainsi que les sépales. Ceux-ci 3-5-nerviés, à base ovale, ordinairem[t] bifides et à divisions lancéolées-linéaires, égalant le tube de la corolle. Celle-ci d'un jaune pâle et blanchâtre, pubescente-glanduleuse, tubuleuse, arquée régulièrement sur le dos, à lèvres munies de dents *aiguës;* lèvre supérieure *entière, porrigée;* l'inférieure à trois lobes arrondis, dont le médian est un peu plus grand. Etamines insérées *vers le tiers inférieur* du tube de la corolle, *ciliées et hérissées* dans leur moitié inférieure. Style glabre ou poilu-glanduleux ; stigmate *rougeâtre*. Tige de 2-4 décimètres, brièvement pubescente-glanduleuse, rougeâtre-purpurine, un peu renflée à la base, munie de quelques écailles ovales-lancéolées. —Cette espèce est très-voisine de l'*O. minor*, dont elle est surtout distincte par la pubescence des étamines, et la lèvre sup. entière.

Hab. Sur les racines du *Crithmum maritimum*, du *Rubia peregrina*, de l'*Eryngium maritimum*, du *Carlina corymbosa*, dans les sables de Montpellier et de Maguelone. ♃ Mai-juin.

O. amethystea *Thuill. fl. par. ed.* 2, *p.* 317; *Koch, syn.* 618; *Reut. in DC. prodr.* 11, *p.* 29; *Boreau, fl. centr.* 400; *O. Eryngii* (*O. de l'Eryngium des champs*) *Vauch. mon.* 58, *t.* 10; *Dub. bot.* 350; *Coss. et Germ. fl. par.* 310, *t.* 19, *f. E; O. elatior DC. fl. fr.* 3, *p.* 490 *et herb.!* (*ex Reut.*).—*Ic. Rchb. pl. crit.* 7, *f.* 920-921. —Fleurs nombreuses, en épi serré, un peu lâche à la base ; bractées *lancéolées et lancéolées-linéaires*, acuminées, égalant ou dépassant la corolle, obscurément nerviées, pubescentes. Sépales 3-7-nerviés, à base ovale, entiers ou bifides, subitement acuminés-subulés, un peu plus courts ou un peu plus longs que la corolle. Celle-ci blanchâtre, ou teintée de lilas sur le dos avec des veines plus foncées, ou entièrement de couleur lilas, poilue-glanduleuse, tubuleuse, *à tube brusquement courbé vers son tiers inférieur*, à limbe *ample, bordé de denticules très-prononcées et aiguës;* lèvre supérieure grande, porrigée, bilobée ou même subquadrilobée; l'inférieure à trois lobes dont le médian *bi-trifide est du double plus grand* que les latéraux qui sont *presque bifides*. Etamines insérées *vers le milieu* du tube de la corolle, à filets *glabrescents* ou souvent ciliés et munis inférieurement de quelques poils épars. Stigmate *brun-pourpré ou violet*. Tige de 2-4 décimètres, pubescente, à peine renflée à la base, violacée, munie, surtout inférieurement, d'écailles étroitement lancéolées.

Hab. Sur les racines de l'*Eryngium campestre* et *maritimum*, sur le *Chrysanthemum Myconis* (*Req.*); tout l'ouest de la France de Paris à Bayonne; une grande partie du centre de la France (*Boreau*); Agde, Montpellier, Aigues-Mortes; la Provence (*Jord.*); Marseille (*Gren.*); jusqu'au centre des Alpes, dans la Vallouise! (*Gren.*); Corse (*Req.*). ♃ Juin-juillet.

O. CERNUA *Lœfl. it. hisp.* 152; *L. sp.* 882; *Reut. in DC. prodr.* 11, *p.* 32; *Benth. cat.* 109; *O. gallica Gren. bot. zeit.* 22, *p.* 576, *et obs. pl. fr.* 30; *O. hispanica Boiss. voy. Esp.* 478; *O. cumana Mut. fl. fr.* 2, *p.* 52 (*non Wallr.*); *O. curviflora Viv. pl. Ægypt. sec.* 22, *n°* 29, *t.* 2, *f.* 17; *O. Grenieri Schultz, in Flora* 1845, *p.* 739. — Fleurs en épi d'abord court et compacte (3-4 centimètres de long), puis allongé et lâche (6-15 centimètres); bractées bleues, ovales-lancéolées, aiguës, plurinerviées, légèrement pubescentes-furfuracées, *presque de moitié plus petites* que la corolle. Sépales distincts, paucinerviés, ovales-lancéolés, aigus, entiers, ou bien plus rarement inégalement bifides, *un peu plus courts* que le tube de la corolle. Celle-ci blanchâtre-scarieuse à la base, *bleue* dans tout le restant, tubuleuse, *glabre*, étranglée et inclinée-courbée vers son milieu, un peu dilatée à la gorge, crénelée-denticulée et *non ciliée* aux bords; lèvre supérieure bilobée, à lobes étalés; l'inférieure à 3 lobes, dont le médian à peine plus grand que les latéraux. Etamines insérées *vers le milieu du tube* de la corolle, *glabres*. Style glabre; stigmate *blanchâtre*. Tige de 1-3 décimètres, pubescente-furfuracée, munie d'écailles nombreuses, ovales-lancéolées. — L'épi à l'état frais est d'un beau bleu.

Hab. Sur les racines de l'*Artemisia gallica* (*Gren.*), de l'*A. campestris*, de l'*A. arragonensis*, du *Lactuca viminea Link* (*Garreizo*); Montpellier, Cette, Avignon, etc., Gap! (*Blanc*). ♃ Juin.

LATHRÆA. (L. gen. 745, part.)

Fleurs munies inférieurement d'une bractée, et dépourvues de bractéoles latérales. Calice *4-fide, campanulé*. Corolle à lèvre supérieure entière, à lèvre inférieure plus courte et tridentée. Ovaire *entouré antérieurement d'une glande* semi-lunaire et hypogyne. Capsule *s'ouvrant en deux valves au sommet*, contenant plusieurs graines fixées à 4 placentas *larges* et rapprochés par paires.

L. squamaria *L. sp.* 848; *D C. fl. fr.* 3, *p.* 492; *Dub. bot.* 351; *Lois. gall.* 2, *p.* 47. — *Ic. Math. valgr.* 964; *Fl. dan. t.* 136; *Dod. pempt.* 553, *f.* 1. *C. Billot, exsicc. n°* 430. — Fleurs brièvement pédicellées, pendantes, en épi serré et penché au sommet avant la floraison, puis redressé et s'allongeant (5-15 centimètres); bractées grandes, arrondies, blanchâtres lavées de pourpre, imbriquées sur deux rangs. Calice velu-glanduleux, divisé jusqu'au milieu en quatre segments ovales, aigus, dressés. Corolle à peine plus longue que le calice et blanche lavée de pourpre comme lui. Anthères velues. Style recourbé au sommet. Capsule ovale-conique, égalant le calice, s'ouvrant avec élasticité. Graines globuleuses. Partie aérienne de la tige dressée, simple, munie de quelques écailles membraneuses; partie souterraine blanche, tortueuse, très-rameuse, couverte d'écailles épaisses-charnues, en cœur, étroitement imbriquées, descendant profondément dans le sol.

Hab. Parasite sur les racines des arbres; les bois ombragés, et souvent les coteaux plantés de vignes, où elle se multiplie tellement que cette culture en est gravement compromise. ♃ Mars-avril.

CLANDESTINA. (Tournef. inst. p. 652, t. 424.)

Fleurs munies inférieurement d'une bractée, sans bractéoles latérales. Calice 4-fide, campanulé-tubuleux. Corolle à lèvre supérieure en casque; l'inférieure plus courte et trifide. Ovaire entouré à la base d'une glande semi-lunaire et hypogyne. Capsule renfermant quatre ou cinq graines *fixées à deux placentas linéaires* pariétaux, s'ouvrant avec élasticité au sommet en deux valves qui portent les placentas sur leur milieu.

C. rectiflora *Lam. ill. t.* 551, *f.* 1; *Reut. in D C. prodr.* 11, *p.* 41; *Lathræa clandestina L. sp.* 843; *D C. fl. fr.* 3, *p.* 491; *Dub. bot.* 351; *Lois. gall.* 2, *p.* 46. — *Ic. Morison, hist. sect.* 12, *t.* 16, *f.* 15. *Schultz, exsicc. n°* 906. — Fleurs réunies en corymbe pauciflore au niveau du sol, pédicellées, dressées; pédicelles de 2-3 centimètres, un peu plus longs que le calice; bractées suborbiculaires et semi-embrassantes, blanchâtres. Calice campanulé-tubuleux (18-20 millimètres de long sur 6-7 de large), glabre, ainsi que toute la plante, à dents ovales-lancéolées, courtes (5-7 millimètres). Corolle grande (4-5 centimètres), une-deux fois plus longue que le calice, d'un pourpre violacé. Anthères velues au sommet. Style arqué supérieurement. Capsule ovoïde. Tige presque nulle ou réduite à une souche souterraine écailleuse, rameuse, à écailles rapprochées.

Hab. Bords des ruisseaux et lieux ombragés dans tout l'ouest de la France. ♃ Mars-mai.

ESPÈCES DOUTEUSES OU EXCLUES.

Orobanche serotina *Kirschleger in Jahresb. Poll.* 1845. — Cette espèce n'ayant été trouvée qu'une seule fois, et l'exemplaire, qui a servi à l'auteur pour rédiger sa description, n'existant même plus, nous nous bornons à reproduire ce que son auteur en a dit : « Sépales ovales-acuminés, un peu velus, égalant la moitié du tube de la corolle, à nervure moyenne prononcée, à nervures latérales obscures. Corolle tubuleuse, pubescente, régulièrement courbée sur le dos, à lèvre supér. bilobée, crispée-ondulée aux bords, à lèvre inf. à trois lobes dilatés, le moyen à peine émarginé. Etamines insérées non loin de la base de la corolle, presque glabres, ainsi que le style et l'ovaire. Stigmate d'un pourpre brun. Tige presque glabre, de 3-4 décimètres. — Plante très-ressemblante à l'*O. amethystea* dont elle diffère par son épi plus lâche, ses corolles plus courtes et moins courbées ; par ses étamines insérées plus près de la base de la corolle. » Dans une lettre du 20 avril 1852, M. Kirschleger nous dit sa plante très- voisine de l'*O. procera Koch.*

« *Hab.* Sur les racines du *Beta campestris;* Erstein en Alsace. ♃? Octobre. »

Orobanche bracteata *Viv. fl. cors. app. alt.* 5 (1830). — « Calice bipartite, à divisions lancéolées, acuminées et sétacées, égalant la corolle ; bractée antérieure lancéolée-acuminée, dépassant la fleur ; lèvre supérieure de la corolle entière, ovale-arrondie, ondulée ; lèvre inférieure à trois lobes presque égaux, ovales-arrondis, ondulés-crénelés ; étamines glabres et saillantes, ainsi que le style. — *Hab.* Près de Bonifacio. » Serait-ce l'*O. hyalina?*

Orobanche Spartii *Vauch.*— Cette espèce est-elle distincte de l'*O. variegata Wallr.?* Gussone, dans son *Syn. fl. sic.*, a adopté l'opinion contraire ; et, regardant la plante de Wallroth comme identique avec celle de Vaucher, il a rapporté le nom de Wallroth comme synonyme de celui de Vaucher. Mais en admettant cette manière de voir, il resterait à prouver que l'*O. Spartii* croît dans nos landes de l'ouest, et en particulier à la Teste-de-Buch et à St.-Sever : car tout ce que nous avons reçu de cette région se rapportant à l'*O. rapum Thuill.*, nous n'avons pas cru devoir donner l'*O. Spartii* comme plante française.

Orobanche condensata *Moris.*— D'après Mutel, M. Reuter indique cette espèce en Provence et en Corse, où son existence est encore douteuse.

Orobanche fœtida *Desf.* — Espèce indiquée par Bentham dans les Pyrénées-Orientales, probablement par confusion avec l'*O. cruenta.*

Orobanche Rubi *Vauch.* — Nous n'avons pas vu de France cette espèce que Vaucher décrit et figure dans sa belle monographie, sans préciser son lieu natal, et que M. Duby indique au Luc dans le département du Var.

XCI. LABIÉES.

(LABIATÆ Juss. gen. p. 110.) (1)

Fleurs hermaphrodites, irrégulières. Calice libre, persistant, gamophylle, à 5 et rarement à 4 divisions quelquefois disposées en 2 lèvres. Corolle hypogyne, caduque, gamopétale, ordinairement bilabiée, plus rarement infundibuliforme, à 5 divisions, dont deux forment la lèvre supérieure, et trois la lèvre inférieure. Etamines insérées sur le tube de la corolle, au nombre de 4 et didynames, plus rarement au nombre de 2; anthères à deux loges parallèles ou divariquées, quelquefois confluentes en une seule, rarement séparées par un connectif allongé. Style simple, inséré entre les lobes de l'ovaire; stigmate ordinairement bifide. Ovaire supère, formé de deux feuilles carpellaires, divisé en lobes uniloculaires et uniovulés et insérés sur un gynobase charnu. Fruit formé de 4 carpelles secs (akènes) ou rarement charnus, libres, indéhiscents. Graine dressée; embryon orthotrope; albumen nul ou très-mince. — Fleurs solitaires ou en glomérules axillaires, simulant des verticilles et formant des grappes ou des capitules. Feuilles toujours opposées en croix. Tiges tétragones, à rameaux opposés.

TRIB. 1. OCYMOIDEÆ. — Corolle bilabiée. Etamines 4; les antérieures les plus longues, fléchies sur la lèvre inf. de la corolle.

LAVANDULA L.

TRIB. 2. MENTHOIDEÆ. — Corolle infundibuliforme, à 4-5 lobes presque égaux et non disposés en deux lèvres. Etamines 4, presque égales, écartées les unes des autres.

MENTHA L. PRESLIA OPITZ. LYCOPUS L.

TRIB. 3. THYMEÆ.—Corolle bilabiée. Etamines 4, droites, écartées les unes des autres; les étamines antérieures les plus longues.

ORIGANUM MŒNCH. THYMUS BENTH. HYSSOPUS L.

TRIB. 4. MELISSEÆ. — Corolle bilabiée. Etamines 4, arquées-ascendantes, convergentes au sommet sous la lèvre supérieure de la corolle; les étamines antérieures les plus longues.

SATUREIA L. CALAMINTHA MŒNCH. HORMINUM L.
MICROMERIA BENTH. MELISSA L

TRIB. 5. MONARDEÆ. — Corolle bilabiée. Etamines 2, parallèles et placées sous la lèvre supérieure de la corolle.

ROSMARINUS L. SALVIA L.

(1) Auctore Godron.

Trib. 6. NEPETEÆ. — Corolle bilabiée. Etamines 4, rapprochées, parallèles, placées sous la lèvre supérieure de la corolle; les étamines postérieures les plus longues.

NEPETA L. DRACOCEPHALUM L. GLECHOMA L.

Trib. 7. STACHYDEÆ. — Corolle bilabiée. Etamines 4, parallèles et rapprochées sous la lèvre supérieure de la corolle; les étamines antérieures les plus longues.

A. *Calice ni enflé, ni bilabié, ouvert et à dents étalées à la maturité.*

a. *Etamines exsertes.*

LAMIUM L. GALEOPSIS L. BALLOTA L.
LEONURUS L. STACHYS L. PHLOMIS L.
BETONICA L.

b. *Etamines incluses.*

SIDERITIS L. MARRUBIUM L.

B. *Calice enflé, bilabié, à 3-4 lobes, ouvert à la maturité.*

MELITTIS L.

C. *Calice bilabié, à lèvres fermées à la maturité.*

SCUTELLARIA L. BRUNELLA TOURNEF.

D. *Calice non enflé, bilabié, à lèvres ouvertes à la maturité.*

PRASIUM L.

Trib. 8. AJUGEÆ. — Corolle subunilabiée, la lèvre supérieure étant très-courte et bipartite. Etamines 4, parallèles; les antérieures plus longues.

AJUGA L. TEUCRIUM L.

Trib. 1. OCYMOIDEÆ *Bent. lab. p.* 1. —Corolle bilabiée. Etamines entières, les plus longues fléchies sur la lèvre inférieure de la corolle; anthères uniloculaires, d'abord réniformes, puis s'étalant en un disque orbiculaire.

LAVANDULA. (L. gen. 711.)

Calice tubuleux, à 5 dents courtes, dont la supérieure souvent appendiculée. Corolle bilabiée, à tube exserte et dilaté vers la gorge, à lèvre supérieure bilobée, à lèvre inférieure trilobée, à lobes tous égaux et étalés. Etamines fertiles au nombre de 4, fléchies sur la lèvre inférieure de la corolle; anthères uniloculaires s'ouvrant en demi-cercle et s'étalant en disque. Akènes oblongs, lisses, arrondis au sommet.

L. Stæchas *L. sp.* 800 (*excl. var.* β.); *All. ped.* 1, *p.* 25; *D C. fl. fr.* 3, *p.* 529; *Guss. syn* 2, *p.* 65; *Bertol. fl. ital.* 6, *p.* 79; *Stæchas purpurea Tournef. inst. p.* 201, *tab.* 95. — *C. Billot, exsicc. n°* 826! — Fleurs en épi dense, ovale ou oblong, brièvement pédonculé, *anguleux, surmonté de grandes bractées stériles, membraneuses, d'un bleu-violet,* obovées; bractées et bractéoles fertiles larges, *rhomboïdales, mucronées, membraneuses,* souvent purpurines. Calice tomenteux, à dents ovales, aiguës ou obtuses, la supérieure munie d'un appendice en cœur. Corolle petite, d'un pourpre noir, très-rarement blanche, à lobes orbiculaires. Akènes ovales-trigones, bruns, luisants. Feuilles blanches-tomenteuses sur les 2 faces, fasciculées aux nœuds, *linéaires ou linéaires-oblongues,* obtusiuscules, roulées par les bords. Tiges pubescentes, dressées, très-rameuses; rameaux dressés, tétragones, pubescents-tomenteux. — Plante de 2-4 décimètres.

Hab. La région méditerranéenne; îles d'Hyères, la Ciotat, Toulon, Marseille; Montpellier, Narbonne, Port-Vendres et Corneilla dans les Pyrénées orientales; Corse, Bastia, Calvi, Ajaccio. ♄ Mai-juin.

L. Spica *L. sp.* 800 (*excl. var.* β.), *et amœnit. acad.* 10, *p.* 52; *Desf. atl.* 2, *p.* 12; *Koch, deutsch. fl.* 4, *p.* 238; *Lois. gall.* 2, *p.* 346; *Ten. syll.* 280; *Guss. syn.* 2, *p.* 65; *Bertol. fl. ital* 6, *p.* 75; *L. vera D C. fl. fr.* 5, *p.* 398; *L. pyrenaica D C. l. c.; L. officinalis Chaix in Vill. Dauph.* 1, *p.* 355, *et* 2, *p.* 363; *L. angustifolia Mœnch, meth.* 389. — *Ic. Lam. illustr. tab.* 504, *f.* 1. *Schultz, exsicc.* 709! — Fleurs en épi grêle, lâche, longuement pédonculé, le plus souvent interrompu à la base; bractées *membraneuses, brunes, rhomboïdales, acuminées,* plus courtes que le calice, ou les inférieures l'égalant; bractéoles *nulles.* Calice brièvement tomenteux, bleuâtre, comme tronqué au sommet, à dents très-courtes, obtuses et conniventes, la supérieure munie d'un petit appendice saillant, semi-orbiculaire. Corolle pubescente, bleue, à lobes ovales. Akènes oblongs, comprimés, bruns, luisants. Feuilles munies d'un duvet étoilé, à la fin vertes, glanduleuses en dessous, étroites ou larges, *linéaires, atténuées à la base,* obtusiuscules, roulées par les bords, portant souvent à leur aisselle un petit faisseau de feuilles blanchâtres. Tiges frutescentes, dressées ou ascendantes, très-rameuses; rameaux de l'année dressés, simples, grêles, tétragones. — Plante de 3-6 décimètres, d'une odeur agréable.

Hab. Grasse, Fréjus, Toulon, Aix, mont Sainte-Victoire, Avignon, mont Ventoux; Sisteron, Bourg-d'Oisans, Gap, Embrun; Lyon; Mende; Alzon dans le Vigan, la Sérane, Nîmes; Pyrénées, Villefranche, Canigou, Fonds-de-Comps, vallon de Conat, Vénasque, Castanès, etc. ♄ Juillet-août.

L. latifolia *Vill. Dauph.* 2, *p.* 363; *Pollin. ver.* 2, *p.* 258; *Bertol. fl. ital.* 6, *p.* 77; *L. Spica D C. fl. fr.* 5, *p.* 397; *L. Spica var.* β. *L. sp.* 800. — *Ic. Hayne, Arzn. gen.* 8, *tab.* 38. — Se distingue du précédent par ses bractées *très-étroites, foliacées, linéaires,* roulées par les bords, tomenteuses; *par la présence de bractéoles* petites, mais semblables aux bractées; par sa corolle plus petite; par ses feuilles plus rapprochées à la base des rameaux, *linéaires-lancéolées, longuement atténuées à la base,* du reste larges ou étroites; par sa tige ligneuse dans une étendue moindre, moins rameuse; par les rameaux de l'année divisés en ramuscules étalés, fleuris; par sa taille moins élevée

Hab. Fréjus, Marseille, Montaud près de Salon, Nîmes, Montpellier, Narbonne. ♄ Juin-juillet.

TRIB. 2. MENTHOIDEÆ *Benth. lab.* 152. —Corolle infundibuliforme, à 4-5 lobes presque égaux et non disposés en deux lèvres. Etamines droites, écartées les unes des autres; anthères toutes à deux loges parallèles.

MENTHA. (L. gen. 291.)

Calice tubuleux ou campanulé, *à cinq dents planes.* Corolle infundibuliforme, à tube court, à 4 lobes presque égaux, dont le supérieur souvent échancré. Etamines fertiles *au nombre de quatre,* égales, droites, divergentes; anthères à 2 loges parallèles, s'ouvrant en long. Akènes lisses, ovoïdes, *arrondis* au sommet.—La grandeur des fleurs varie dans les espèces de ce genre; les étamines sont tantôt saillantes, tantôt incluses.

Sect. 1. EUMENTHA *Nob.* — Calice régulier, nu à la gorge.

a. *Feuilles sessiles ou subsessiles; fleurs en épi terminal non surmonté d'un faisceau de feuilles.*

M. ROTUNDIFOLIA *L. sp.* 805; *DC. fl. fr.* 3, *p.* 534; *Dub. bot.* 371; *Koch, syn.* 632; *M. rugosa Lam. fl. fr.* 2, *p.* 420; *M. macrostachia Ten.! syll.* 282; *M. neglecta Ten. fl. nap.* 2, *p.* 379, *tab.* 157, *f.* 2.—*C. Billot, exsicc. n°* 605!; *Rchb. exsicc.* 604!; *Fries, herb. n. fasc.* 9, *n°* 12!— Glomérules de fleurs disposés en épis cylindriques, aigus, très-grêles dans la forme à petites fleurs; bractées *ovales-lancéolées,* acuminées, égalant la fleur. Calice petit, non strié, campanulé, ventru et globuleux à la maturité, mais *non contracté à la gorge, à dents lancéolées-subulées, à la fin conniventes.* Feuilles *sessiles, épaisses, fortement ridées-en-réseau et bosselées, ovales-orbiculaires, arrondies au sommet* mucroné, échancrées en cœur à la base, crénelées, vertes et velues en dessus, blanches et mollement tomenteuses en dessous. Tige dressée, tomenteuse, rameuse au sommet; rameaux courts, étalés. Souche rampante. — Plante de 3-5 décimètres, d'une odeur forte et peu agréable; fleurs blanches ou rosées. Se distingue en outre du *M. sylvestris* par le tomentum entremêlé de poils rameux, et par les poils raides et courts (et non allongés et mous) des bractées.

Hab. Bords des ruisseaux. Commun dans toute la France. ♃ Juillet-août.

M. insularis *Requien, ined.; M. sylvestri et rotundifoliæ affinis Salis, fl. od. bot. Zeit.* 1834, *p.* 17. — Glomérules de fleurs disposés en épis cylindriques, aigus, grêles et interrompus; bractées *linéaires-lancéolées*, acuminées, égalant la fleur. Calice petit, strié, campanulé, ventru et globuleux à la maturité, *non contracté à la gorge, à dents courtes, lancéolées, acuminées, à la fin dressées.* Feuilles *très-brièvement pétiolées*, minces, *fortement ridées en réseau et bosselées, ovales, aiguës,* élargies et un peu en cœur à la base, crénelées, vertes et presque glabres en dessus, d'un vert-blanchâtre et mollement velues en dessous. Tige dressée, finement velue, rameuse au sommet; rameaux étalés, grêles, assez longs. Souche rampante. — Plante de 4-7 décim.; fleurs assez grandes, violettes.

Hab. Corse, Bastia, Corté, Bonifacio, couvent de Vico. ♃ Août.

M. sylvestris *L. sp.* 804 (*ex Fries*); *Sm. brit.* 609; *D C. fl. fr.* 3, *p.* 533; *Dub. bot.* 371; *Fries, nov.* 178, *et Mant.* 3, *p.* 56; *M. sylvestris α. vulgaris Koch, syn.* 632 (*excl. syn. Crantz*); *M. nemorosa Willd. sp.* 3, *p.* 75; *M. velutina Lej.! rev. fl. Spa, p.* 115; *M. gratissima Lej. fl. de Spa,* 2, *p.* 15. — *Rchb. exsicc.* 1235!; *Fries, herb. norm.* 1, *n°* 18, *et* 9, *n°* 11!; *Billot, exsicc. n°* 606! — Glomérules de fleurs disposés en épis cylindriques; bractées *très-étroites, linéaires-subulées,* égalant la fleur. Calice campanulé, ventru et *contracté à la gorge à la maturité, à dents étroitement linéaires-subulées, à la fin un peu conniventes.* Feuilles un peu épaisses, *tout à fait sessiles, ridées en réseau et bosselées,* blanches et mollement tomenteuses en dessous et quelquefois sur les deux faces, *ovales ou ovales-oblongues, aiguës,* arrondies ou un peu en cœur à la base, dentées-en-scie, à dents incombantes, rapprochées, peu saillantes. Tige dressée, tomenteuse, rameuse au sommet; rameaux courts, étalés. Souche rampante. — Plante de 4-8 décimètres; fleurs roses ou blanches.

Hab. Bords des ruisseaux; commun dans toute la France. ♃ Juillet-août.

M. viridis *L. sp.* 804; *Vill. Dauph.* 2, *p.* 357; *Thuill.! fl. par.* 286; *Sm. brit.* 612; *D C. fl. fr.* 3, *p.* 534; *Fries, nov.* 179. — *Rchb. exsicc.* 1910!; *Fries, herb. norm.* 7, *n°* 9! — Glomérules de fleurs disposés en épis cylindriques, souvent interrompus à la base; *bractées très-étroites, linéaires-subulées,* égalant la fleur. Calice campanulé, ventru et *contracté à la gorge à la maturité, à dents subulées, à la fin un peu conniventes.* Feuilles *presque sessiles, non bosselées, étroitement lancéolées, aiguës,* arrondies ou atténuées à la base, bordées de dents écartées les unes des autres, plus aiguës, plus saillantes et plus étalées que dans le *M. sylvestris.* Tige dressée, glabre ou tomenteuse, rameuse au sommet; rameaux étalés. Souche rampante. — Plante de 3-6 déc.; fleurs roses ou violettes.

α. genuina. Feuilles vertes et glabres, ordinairement planes et simplement dentées (*M. sylvestris glabra Koch, syn.* 633), plus rarement onduleuses et incisées aux bords (*M. crispata Schrad. cat. hort. Gœtt.*). *Schultz, exsicc. n° 710 et bis!*

β. *pubescens*. Feuilles vertes, mais finement pubescentes sur les deux faces. *M. sylvestris pubescens Koch, l. c.*

γ. *canescens Fries, nov. mant.* 3, *p.* 56. Feuilles pubescentes en dessus, blanches-soyeuses en dessous. *M. candicans Crantz, austr.* 330 ; *M. Brittingeri Opitz, in Rchb. exsicc.* 842!

Hab. La var. α. commune le long des ruisseaux des Vosges (avec la forme *crispata*), et dans les Pyrénées ; çà et là dans le reste de la France, dans les haies, le long des routes, où elle est probablement subspontanée. La var. β. dans les Vosges, Bordeaux. La var. γ. commune dans le Jura, les Vosges, les Alpes, la Creuse, le Vigan, rocher de Caroux, les Pyrénées, etc. ♃ Août-septembre.

b. *Feuilles assez longuement pétiolées ; fleurs en épi terminal, non surmonté par un faisceau de feuilles.*

M. SUAVIS *Guss. pl. rar. p.* 387, *tab.* 66 ; *Benth. in DC. prodr.* 12, *p.* 169; *M. Langii Geiger, pharm. bot. p.* 1232; *M. pyramidalis Benth. lab. p.* 175 (*non Tenore*). — *Schultz, exsicc.* 911! — Glomérules de fleurs disposés en *épis cylindriques*, interrompus à la base ; bractées moyennes lancéolées, acuminées-subulées, égalant la fleur. Calice campanulé, à tube sillonné et ouvert à la gorge, à dents assez longues, *lancéolées-subulées*, dressées. Feuilles minces, pétiolées, vertes en dessus, plus pâles et pubescentes en dessous, *lancéolées*, aiguës, dentées-en-scie, arrondies à la base brièvement prolongée sur le pétiole. Tige dressée, velue, rameuse au sommet; rameaux courts, étalés. Souche rampante. — Plante de 3-5 décimètres ; fleurs rougeâtres.

Hab. Alsace, à Thann ; Avignon ; Poitiers (*Delastre*). ♃ Juillet-août.

M. NEPETOIDES *Lej. rev. fl. Spa, p.* 116; *Koch, dtsch. fl.* 4, *p.* 248 ; *M. hirsuta L. mant.* 81 (*ex Fries, summ.* 13) ; *M. pubescens Willd. en.* 2, *p.* 608. — *Schultz, exs. n°* 319! — Glomérules de fleurs disposés en *épis cylindriques-oblongs*, interrompus à la base ; bractées moyennes linéaires-subulées, plus courtes que la fleur. Calice campanulé, à tube sillonné, ouvert à la gorge, à dents assez longues, *subulées dès la base*, dressées. Feuilles minces, pétiolées, vertes en dessus, plus pâles et mollement pubescentes en dessous, *ovales*, aiguës, tronquées ou un peu en cœur à la base, bordées de dents saillantes, aiguës, écartées les unes des autres. Tige dressée, velue, rameuse au sommet ; rameaux courts. Souche rampante. — Plante de 3-5 décimètres ; fleurs rosées.

Hab. Besançon. ♃ Juillet-août.

OBS. Cette plante, par son inflorescence, se rapproche du *M. sylvestris*, et par ses feuilles, du *M. aquatica*. Elle est considérée, par plusieurs auteurs allemands, comme une hybride de ces deux espèces. Un fait, qui semble confirmer cette manière de voir, c'est que M. Alex. Braun (*conf. Dœll, rheinische flora, p.* 355) a constaté qu'elle était entièrement stérile. Si elle est réellement une hybride, elle devrait conserver, d'après la nomenclature de Schiede, le nom de *M. sylvestri-aquatica*, que M. Dœll lui a imposé.

Nous avons reçu de M. Bischoff une Menthe, recueillie par lui en 1827, à Neuenheim près de Heidelberg, et qui pourrait bien se rencontrer en France; elle tient aussi à la fois des *M. aquatica* et *sylvestris*; mais ici les caractères sont renversés, car son inflorescence est positivement celle du *M. aquatica* et ses feuilles la rapprochent du *M. sylvestris*. Ces feuilles ont en effet le même aspect, le même vestimentum; elles sont ovales-oblongues, aiguës, dentées-en-scie, à dents peu écartées; les feuilles de la tige principale sont un peu en cœur à la base; toutes sont assez brièvement pétiolées. Cette forme pourrait être par conséquent un *M. aquatico-sylvestris*, ce qu'une observation ultérieure confirmera peut-être.

Nous sommes du reste d'autant plus portés à admettre l'hybridation naturelle parmi les Menthes, que les différentes espèces vivent souvent pêle-mêle, comme cela s'observe dans les genres *Verbascum* et *Cirsium*, si féconds en plantes hybrides. D'une autre part, la stérilité de plusieurs formes de Menthes, qu'il est difficile de rapporter aux types ordinaires, stérilité constatée par MM. Braun et Lang, est un argument puissant en faveur de cette idée. On s'expliquerait en outre parfaitement, par là, les difficultés que les botanistes ont de tout temps éprouvées à bien limiter les espèces de ce genre, ce qui sera plus facile par l'étude de leurs hybrides.

M. AQUATICA *L. sp.* 805; *Benth. lab. p.* 176; *Guss. syn.* 2, *p.* 70; *M. hirsuta DC. fl. fr.* 3, *p.* 535; *Sm. brit.* 616; *Dub. bot.* 371 (*an L.?*); *M. sativa Sm. trans. Lin. soc.* 5, *p.* 199 (*non L.*); *M. palustris spicata Riv. monop. irr. tab.* 49.—*Ic. Engl. bot.* 437. *Fries, herb. norm.* 2, *n°* 25! — Glomérules de fleurs dont les supérieurs sont disposés en un *capitule gros, globuleux ou ovale*, les inférieurs écartés et pourvus à leur base de deux feuilles florales plus longues qu'eux. Calice à tube oblong-obové, strié, à dents *triangulaires à la base, brusquement et longuement subulées*, dressées à la maturité. Feuilles pétiolées, ovales ou plus rarement lancéolées (*M. acutifolia Sm. trans. of Lin. soc.* 5, *p.* 203), dentées-en-scie, si ce n'est à la base, aiguës ou obtuses. Tige dressée, un peu rameuse au sommet; rameaux très-étalés et atteignant souvent la hauteur de l'axe primaire. Souche rampante. — Plante de 3–5 décim.; fleurs roses.

α. *genuina*. Feuilles munies de poils épars ou presque glabres. *M. aquatica* β. *nemorosa Fries, nov.* 183; *M. purpurea Host. fl. austr.* 2, *p.* 141.

β. *hirsuta Koch, syn.* 634. Feuilles plus petites, couvertes de longs poils blancs, presque tomenteuses. La forme à étamines incluses est le *M. dubia Vill. Dauph.* 2, *p.* 358 (*non Schreb.*).

Hab. Bords des rivières et des ruisseaux. Commun dans toute la France. ♃ Juillet-août.

M. CITRATA *Ehrh. beitr.* 7, *p.* 150; *M. odorata Sole, Menth. brit.* 21, *tab.* 9; *Sm. brit.* 615; *M. adspersa Mœnch, meth.* 379.— Glomérules supérieurs de fleurs très-rapprochés et formant un *épi ovale ou oblong*, peu épais et muni de bractées linéaires-lancéolées, plus courtes que les fleurs; la paire ou les deux paires inférieures de glomérules écartées, pédonculées. Calice parfaitement glabre, subcylindrique, ouvert à la maturité, à dents *lancéolées-subulées*, dressées. Feuilles glabres, pétiolées, *ovales*, aiguës, arrondies ou tronquées à la base, bordées de dents superficielles, écartées les unes des autres. Tige dressée, glabre, très-rameuse; rameaux assez longs, étalés, mais n'atteignant pas à la hauteur de l'axe primaire. — Plante de 3-5 décimètres, entièrement glabre, d'une odeur suave; fleurs rosées, plus petites que dans l'espèce suivante.

Hab. Sarrebourg; vallée de Guebwiller sur le revers oriental des Vosges; le Saulcy près de Metz, et subspontané çà et là. ♃ Juillet-août.

M. PYRAMIDALIS *Lloyd! fl. Loire-Inf. p.* 194; *Coss. et Germ. fl. par. p.* 315; *Boreau, fl. centre, ed.* 2, *p.* 404 (*an Ten.?*). — Glomérules de fleurs au nombre de 4 à 6 paires, dont les supérieurs rapprochés, formant un *épi cylindrique-oblong*, obtus, épais et pourvu de bractées linéaires-lancéolées qui égalent les fleurs; les 2 paires de glomérules inférieurs écartées, pédonculées. Calice pubescent, rougeâtre, cylindrique-campanulé, ouvert à la maturité, à dents *triangulaires, acuminées-subulées*, dressées. Feuilles pubescentes, pétiolées, *ovales*, aiguës, arrondies ou un peu en cœur à la base, bordées de dents saillantes, assez rapprochées. Tige dressée, pubescente, rameuse au sommet; rameaux courts, étalés, dépassés de beaucoup par l'axe primaire. Plante de 2-5 déc., pubescente, à la fin rougeâtre, à odeur de *M. sativa;* fleurs roses, assez grandes.

Hab. Marais de l'Erdre près de Nantes. ♃ Août-septembre.

OBS. Nous n'avons pas vu d'échantillon authentique du *M. pyramidalis* de Tenore; mais nous n'avons pas osé y rapporter la plante de Nantes, qui n'a certainement pas les feuilles subsessiles, comme le dit Tenore et comme Gussone l'affirme après lui.

c. *Feuilles pétiolées; glomérules de fleurs tous axillaires; axe floral terminé par un faisceau de feuilles (constitué par les feuilles florales supérieures dont les glomérules avortent.)*

M. RUBRA *Sm. brit.* 619; *Boreau! fl. du centre,* 2ᵉ *ed. p.* 405 (*non Huds. nec Sole*). — Glomérules de fleurs *non plumeux avant l'anthèse*, toujours placés à l'aisselle des feuilles; les inférieurs pédonculés; tous d'autant plus écartés qu'ils sont plus inférieurs; l'axe floral surmonté par un faisceau de petites feuilles; feuilles florales *toutes pétiolées* et dépassant les glomérules. Pédicelles glabres. Calice *oblong-campanulé*, ouvert à la maturité, à dents *lancéolées acuminées*, dressées. Feuilles d'un vert foncé luisant, assez fermes, pétiolées, presque glabres, ovales, obtuses ou un peu aiguës, dentées-en-scie, à dents profondes et étalées. Tige dressée, ferme, presque glabre, rameuse; rameaux ascendants. Souche rampante.— Plante de 4-6 décimètres; fleurs assez grandes, rosées.

Hab. Corny près de Metz, Angers, et çà et là en France. ♃ Août-septembre.

M. SATIVA *L. sp.* 805; *Sole, Menth. brit.* 47, *tab.* 24; *Fries, nov.* 184; *M. verticillata Riv. monop. irr. tab.* 48, *f.* 1. — *Fries, herb. norm.* 2, *n°* 26, *et* 4, *n°* 17! — Glomérules de fleurs *plumeux avant l'anthèse*, lâches, toujours placés à l'aisselle des feuilles; les inférieurs pédonculés; tous d'autant plus écartés qu'ils sont plus inférieurs; l'axe floral surmonté par un faisceau de petites feuilles;

feuilles florales *toutes pétiolées* et dépassant les glomérules ; pédicelles hérissés de poils réfléchis. Calice *oblong*, ouvert à la maturité, à dents *lancéolées-subulées*, dressées. Feuilles d'un vert gai, minces, pétiolées, plus ou moins velues, ovales ou elliptiques, obtuses ou un peu aiguës, dentées-en-scie, à dents peu profondes et peu étalées. Tige dressée, pubescente, peu rameuse ; rameaux ascendants. Souche rampante. — Plante de 3-6 déc.; fleurs assez grandes, rosées.

Hab. Bords des eaux ; peu commun ; Dieuze, Sarrebourg ; Gray ; Besançon, Salins ; Lyon ; Montbrison, le Puy ; Napoléon-Vendée ; Montreuil-Belfroi (Maine-et-Loire) ; Paris ; le Mans. ♃ Août-septembre.

M. gentilis *L. sp.* 805 ; *Sm. brit.* 621 ; *DC. fl. fr.* 3, *p.* 536 ; *Fries, nov.* 187 ; *M. rubra Sole, Menth. brit.* 41, *tab.* 18 (*non Sm. nec Huds.*) ; *M. procumbens Thuill. par. p.* 288. — *Fries, h. norm.* 12, *n°* 33 ! — Se distingue du *M. sativa* par ses fleurs plus petites, en glomérules moins gros et plus denses, *plumeux avant l'anthèse*, sessiles, bien plus nombreux et dont les supérieurs sont plus rapprochés ; par sa corolle dont le lobe inférieur est aigu (*L. et Fries*) ; par ses feuilles moins longuement pétiolées, généralement plus petites, plus ou moins velues sur les deux faces ; par sa tige moins ferme, très-rameuse presque dès la base, à rameaux étalés, allongés, souvent rougeâtre ainsi que toute la plante. Il se sépare du *M. arvensis* par son calice *oblong, à dents lancéolées-subulées*, dressées ; et de tous les deux par ses feuilles florales *sessiles*.

Hab. Bords des ruisseaux ; lieux humides. Commun dans toute la France. ♃ Juillet-août.

M. arvensis *L. sp.* 806 ; *Sole, Menth. brit. p.* 29, *tab.* 12 ; *Sm. brit.* 623 ; *DC. fl. fr.* 3, *p.* 535 ; *Fries, nov. p.* 188. — *Ic Fl. dan. tab.* 512. — Glomérules de fleurs *plumeux avant l'anthèse ;* toujours placés à l'aisselle des feuilles, sessiles, assez nombreux, plus ou moins écartés les uns des autres ; axe floral surmonté par un faisceau de petites feuilles ; feuilles florales *toutes pétiolées*, dépassant les glomérules. Calice *court, presque aussi large que long, campanulé*, ouvert à la gorge, à dents courtes, *triangulaires aiguës*, à la fin étalées. Feuilles d'un vert gai, pétiolées, glabres ou velues, ovales ou lancéolées, superficiellement dentées, entières à la base ; obtuses ou obtusiuscules. Tige couchée ou ascendante, rameuse souvent dès la base ; rameaux allongés, faibles, étalés, diffus. Souche rampante. — Plante de 1-5 décimètres ; fleurs roses.

Hab. Très-commun dans les champs humides. ♃ Juillet-août.

Sect. 2. Pulegium *Mill. dict.* — Calice presque bilabié, velu à la gorge.

M. Requienii *Benth. lab. p.* 182 ; *Bertol. fl. ital.* 6, *p.* 104 ; *Thymus parviflorus Requien! in ann. sc. nat. ser.* 1, *t.* 5, *p.* 386 ; *Lois. gall.* 2, *p.* 24 ; *Thymus corsicus Moris, stirp. sard. elench. fasc.* 1, *p.* 37 ; *Viv. fl. cors. diagn. p.* 9 (*non Pers.*) ; *Audibertia parviflo-*

ra Benth. in bot. reg. ad calc. 1282.—*Soleir. exsicc.* 3144!—Glomérules de fleurs petits et très-lâches; le terminal de 6-12 fleurs; les axillaires peu nombreux, formés de 2-6 fleurs finement et plus longuement pédicellées; feuilles florales semblables aux autres feuilles, égalant ou dépassant les glomérules. Calice turbiné-campanulé, strié, élargi à la gorge à la maturité, à dents lancéolées, brièvement acuminées-subulées. Feuilles petites, *toutes pétiolées*, munies de quelques poils en dessus, ponctuées-glanduleuses en dessous, *orbiculaires*, *entières ou faiblement sinuées;* les plus grandes un peu en cœur à la base. Tiges *filiformes*, couchées et mêmes radicantes aux nœuds inférieurs, très-rameuses. Souche rampante. — Plante de 4-12 centim.; fleurs petites, d'un rose pâle.

Hab. Montagnes de Corse, haut Tavignano près le lac d'Inn, lac de Nino, lac de Crauo, mont Cagno, Campolitte. ♃ Août.

M. Pulegium *L. sp.* 807; *Sole, Menth. brit. p.* 51, *tab.* 23; *DC. fl. fr.* 3, *p.* 537; *Pulegium vulgare Mill. dict. n°* 1.,—*C. Billot*, *exsicc. n°* 64!; *F. Schultz, exsicc. n°* 711! — Glomérules de fleurs assez gros et très-fournis, axillaires, à paires toutes écartées les unes des autres; feuilles florales égalant ou dépassant les glomérules. Calice tubuleux-infundibuliforme, *resserré à la gorge à la maturité*, strié, à dents lancéolées-subulées. Feuilles *elliptiques, obtuses, atténuées à la base en un court pétiole*, glabres ou velues, *pourvues de dentelures très-petites et écartées.* Tiges couchées et même radicantes à la base, *assez épaisses*, fleuries dans leur moitié supérieure, émettant de leur base des rameaux radicants. — Plante de 1-3 déc., d'une odeur agréable; fleurs roses ou lilas.

Hab. Commun dans les prés-humides. ♃ Juillet-août.

PRESLIA. (Opitz, in bot. Zeit. 1824, p. 522.)

Calice tubuleux, régulier, *à quatre dents concaves et aristées au-dessous du sommet.* Corolle régulière, infundibuliforme, à tube court, à quatre lobes égaux et entiers. Etamines fertiles *au nombre de quatre*, égales, droites, divergentes; anthères à 2 loges parallèles, s'ouvrant en long. Akènes lisses, oblongs, *arrondis* au sommet.

P. cervina *Fresen. in syll. soc. Ratisb.* 2, *p.* 238; *Benth. in DC. prodr.* 12, *p.* 164; *Mentha cervina L. sp.* 807; *Gouan, hort.* 280; *Vill. Dauph.* 2, *p.* 361; *DC. fl. fr.* 3, *p.* 537; *Pulegium cervinum Mill. dict. n°* 3; *Pulegium angustifolium Riv. monop. irreg. tab.* 23. — Glomérules de fleurs gros et compactes, axillaires, à paires toutes écartées les unes des autres; axe floral terminé par plusieurs paires de feuilles stériles; bractéoles fortement nerviées, palmatifides; feuilles florales semblables aux caulinaires, plus longues que les fleurs. Calice glabre ou presque glabre, oblong-campanulé, à dents velues intérieurement, triangulaires, obtuses, munies au-dessous du sommet d'une arête blanche, sétacée. Feuilles vertes et glabres, ponctuées, sessiles, entières, obtuses; les principales linéaires-lancéolées, munies à leur aisselle d'un rameau très-court et couvert de feuilles étroites et linéaires. Tiges couchées, redressées au sommet, obtusément anguleuses. Souche rampante. — Plante de 1-4 décimètres; fleurs roses.

Hab. Lieux humides de la région méditerranéenne; Avignon, Arles; Mandeuil près de Nîmes; Grammont près de Montpellier, Agde; Narbonne, Perpignan. ♃ Juillet-août.

LYCOPUS. (L. gen. 33.)

Calice campanulé, *à cinq dents planes*. Corolle infundibuliforme, à tube court, à 4 lobes presque égaux et dont le supérieur souvent échancré. Etamines fertiles *au nombre de deux*, à anthères biloculaires et s'ouvrant en long; les deux autres étamines stériles, filiformes, renflées en petite tête au sommet. Akènes lisses, trigones, *tronqués* au sommet.

L. europæus *L. sp.* 30; *D C. fl. fr.* 3, *p.* 505; *L. palustris Lam. fl. fr.* 2, *p.* 430, *et illustr. tab.* 18. — Glomérules de fleurs sessiles, compactes, à paires écartées, occupant toute la longueur des rameaux et l'axe primaire au-dessus des dernières ramifications. Calice à tube très-ouvert, deux fois plus court que les dents; celles-ci ovales-lancéolées et se terminant par une pointe sétacée, raide, presque épineuse, dressée. Corolle velue à la gorge. Akènes dépassant le tube du calice, déprimés sur la face externe, munie d'une bordure large et épaisse. Feuilles lancéolées ou ovales-lancéolées; les inférieures pétiolées, pennatifides à la base; les moyennes incisées-dentées, mais plus profondément à la base; les supérieures presque sessiles, dentées. Tige raide, dressée, simple ou rameuse au sommet, quadrangulaire, avec un sillon profond sur chaque face — Plante de 5-10 déc., velue ou pubescente; fl. petites, blanches.

Hab. Bords des ruisseaux; commun dans toute la France. ♃ Juillet-août.

Trib. 3. THYMEÆ *Benth. in D C. prodr.* 12, *p.* 149. — Corolle bilabiée. Etamines 4, droites, écartées les unes des autres; les étamines antérieures les plus longues; anthères toutes à 2 loges, insérées plus ou moins obliquement sur un connectif dilaté à sa base.

ORIGANUM. (Mœnch, meth. 137.)

Calice à tube campanulé, barbu à la gorge, à 10-13 stries, *à 5 dents presque égales et non disposées en deux lèvres*. Corolle bilabiée, à lèvre supérieure dressée, plane, émarginée, à lèvre inférieure à 3 *lobes égaux*. Etamines 4, droites, divergentes; anthères à deux loges plus ou moins divergentes à la base, *distinctes au sommet*. — Fleurs disposées en épis agrégés au sommet de la tige et des rameaux, munis de feuilles florales bractéiformes étroitement appliquées.

O. VULGARE *L. sp.* 824; *D C. fl. fr.* 3, *p.* 558. — *Ic. Bull. herb. tab.* 193. *Billot, exsicc. n°* 65! — Fleurs en épis ovoïdes ou allongés, agrégés au sommet de la tige et des rameaux, et formant par leur réunion une panicule étroite, trichotome, *à rameaux fastigiés, étalés-dressés;* bractées ovales, aiguës, un peu plus longues que le calice, violacées ou plus rarement vertes. Calice muni à la gorge d'un cercle de poils aussi longs que les divisions calicinales; celles-ci presque égales, courtes, dressées, ovales, aiguës. Corolle à tube droit, insensiblement dilaté au sommet, *deux fois plus long que le calice.* Etamines exsertes. Stigmates inégaux, *le plus court dressé, le plus long étalé.* Feuilles assez grandes, pétiolées, vertes en dessus, plus pâles et velues en dessous, ovales-lancéolées, obtusiuscules, *arrondies à la base.* Tige dressée, munie de poils mous, fins, articulés, étalés. Souche oblique, émettant des jets stériles, ascendants. Plante de 3-6 déc.; fleurs purpurines, rarement blanches.

α. *vulgare.* Fleurs en épis courts, ovoïdes.

β. *prismaticum Gaud. helv.* 4, *p.* 78. Fleurs en épis allongés, prismatiques. *O. creticum D C. fl. fr.* 2, *p.* 558 (*an L.?*).

Hab. Lieux incultes; commun dans toute la France; la var. β. surtout dans le midi. ♃ Juillet-août.

O. VIRENS *Link et Hoffm. fl. port.* 1, *p.* 119, *tab.* 9; *Boreau! fl. centr. ed.* 2, *t.* 2, *p.* 408. — Fleurs en épis oblongs, prismatiques, peu denses, agrégés au sommet de la tige et des rameaux, formant par leur réunion une panicule large et lâche, trichotome, à *rameaux très-étalés;* bractées ovales, apiculées, aiguës, une fois plus longues que le calice, vertes. Calice muni à la gorge d'un cercle de poils aussi longs que les divisions calicinales; celles-ci presque égales, courtes, dressées, ovales, aiguës. Corolle beaucoup plus petite que dans l'espèce précédente, à tube droit et grêle, *égalant le calice.* Etamines incluses. Stigmates *très-divergents et fléchis en dehors.* Feuilles pétiolées, d'un vert-gai, mais plus pâles et un peu velues en dessous, ciliées, elliptiques, obtusiuscules, *atténuées à la base.* Tige dressée, munie d'une pubescence fine, réfléchie. Souche... — Plante de 4-6 décimètres; fleurs blanches.

Hab. Rochers de Barré près de Beaulieu. ♃ Juillet-août.

THYMUS. (Benth. lab. 540.)

Calice à tube ovoïde, barbu à la gorge, à 10-13 stries, *à limbe à deux lèvres,* dont la supérieure étalée, tridentée, et l'inférieure bipartite, à lanières subulées, arquées-ascendantes. Corolle bilabiée, à lèvre supérieure dressée, plane, émarginée, à lèvre inférieure *à trois lobes presque égaux.* Etamines 4, droites, divergentes; anthères à deux loges un peu divergentes à la base, *distinctes au sommet.* — Fleurs disposées en glomérules axillaires écartés ou rapprochés en épis ou en capitules.

TH. VULGARIS *L. sp.* 825; *Vill. Dauph.* 2, *p.* 256; *D C. fl. fr.* 3, *p.* 561; *Benth. lab.* 342; *Koch, syn.* 640.—*Ic. Riv. monop. irr. tab.* 41. — Glomérules de fleurs disposés en capitule globuleux ou ovoïde, à la fin très-lâche. Calice oblique sur le pédicelle, *à tube non tronqué à la base, mais un peu bossu en avant et inférieurement.* Corolle petite, à peine plus longue que le calice. Feuilles petites, plus ou moins blanches-pubescentes, non ciliées, *lancéolées ou linéaires, obtuses, roulées en dessous par les bords,* très-brièvement pétiolées, fasciculées aux nœuds, *à nervures latérales visibles.* Tiges épaisses et ligneuses, *dressées ou ascendantes, jamais radicantes,* très-rameuses; rameaux dressés, blancs et *velus tout autour.* — Plante de 1-2 décimètres, très-odorante, formant un buisson serré; fleurs roses, rarement blanches.

Hab. Lieux secs des provinces méridionales; Valence, Gap; Avignon; Aix, Fréjus, Toulon, Marseille; Tournon dans l'Ardèche; Florac; Alais, Anduze, Saint-Ambroix, Nîmes; Agde, Cette, Montpellier; Narbonne et toutes les Pyrénées or.; graviers de la Garonne et de l'Ariége; Corse. ♄ Juin.

TH. HERBA-BARONA *Lois.! gall. ed.* 1, *p.* 360, *tab.* 9, *et ed.*2, *t.* 2, *p.* 24; *DC. fl. fr.* 5, *p.* 402; *Dub. bot.* 372; *Salis, fl. od. bot. Zeit.* 1834, *p.* 17; *Benth. lab.* 343; *Bertol. fl. ital.* 6, *p.* 208; *Th. marshalianus Viv. fl. cors. diagn. p.* 9 (*non Willd.*). —*Th. affinis Sieber! pl. cors. exsicc.; Soleir. exsicc.* 3142!— Glomérules de fleurs très-peu fournis, disposés en capitule globuleux. Calice oblique sur le pédicelle, *à tube large et obliquement tronqué à sa base.* Corolle une fois plus longue que le calice. Feuilles petites, brièvement pubescentes, ciliées à la base, *linéaires-lancéolées ou lancéolées, aiguës, planes, plus ou moins brusquement contractées en pétiole* grêle, fasciculées aux nœuds, à *nervures latérales à peine visibles,* à paires écartées les unes des autres. Tiges ligneuses à la base, *dressées ou ascendantes, jamais radicantes,* très-rameuses; rameaux *dressés ou ascendants, pubescents ou velus tout autour.* — Plante de 6-15 centimèt., d'une odeur forte, formant un petit buisson; fleurs roses ou blanches.

Hab. Montagnes de Corse, Coscione, monts d'Oro, Cagnone, Rotundo, Tretore, Campolitte, Guagno, cap Corse, gorges de la Rostonica, bergeries de Mello, Bastia, Saint-Florent, etc. ♄ Juillet.

TH. SERPILLUM *L. fl. suec.* 208 *et sp.* 825 (*excl. var.*); *Fries, nov.* 195; *Rchb. fl. excurs.* 312; *Th. Serpillum Godr. fl. lorr.* 2, *p.* 206 (*excl. var.* α.); *Th. reflexus Lej. rev.* 121.—*Ic. Fl. dan. tab.* 1165; *Vaill. bot. tab.* 31, *f.* 40 *et* 41. *Fries, herb. norm.* 5, *n°* 7! —Glomérules de fleurs tous rapprochés en tête globuleuse ou ovoïde. Calice oblique sur le pédicelle, *à tube rétréci à la base.* Corolle une fois plus longue que le calice, à tube obconique. Feuilles petites, glabres et ciliées à la base, ou très-velues sur les deux faces (*Th. lanuginosus Link, enum.* 115, *non Schk.*), *obovées ou linéaires, toujours atténuées en coin à la base, fortement nerviées.* Tiges *couchées et longuement radicantes,* très-rameuses; rameaux nombreux, rapprochés, dressés, courts et *formant une série linéaire, munis tout autour de petits poils réfléchis.* — Plante de 1-2 décimètres, formant un gazon épais; fleurs purpurines, rarement blanches.

α. *linnæanus.* Feuilles obovées-cunéiformes, plus courtes que les entre-nœuds. *Rchb. exsicc.* 187!

β. *angustifolius.* Feuilles linéaires-cunéiformes, plus courtes que les entre-nœuds. *Th. angustifolius Pers. syn.* 2, *p.* 130. — *Rchb. exsicc.* 186!; *Billot, exsicc. n°* 828!

γ. *confertus.* Feuilles linéaires-cunéiformes, plus longues que les entre-nœuds, très-rapprochées et produisant souvent des faisceaux de feuilles à leur aisselle. *Th. nervosus Gay! in Endress, pl. pyr. exsicc. unio itin.* 1829; *Th. gratissimus L. Dufour!, pl. hisp. exsicc.; Th. Zygis Lapeyr. abr. pyr.* 339 (*non L.*).

Hab. Lieux secs et stériles. La var. α. commune dans presque toute la France. La var. β. à Haguenau; Montbrison; Mont-Louis; Malesherbes; dunes des côtes de l'ouest. La var. γ. commune dans les Pyrénées-Orientales, Canigou, col de Nouri, Cambredases; mont Ventoux, Aix, Sainte-Beaume près de Toulon, etc. ♃ Juillet-septembre.

Obs. — La var. γ est confondue par plusieurs auteurs avec le *Th. Zygis L.*; mais la plante linnéenne, qui croît en Espagne, en Italie, en Sicile, en Algérie, s'en distingue nettement par sa tige plus grosse, bien plus ligneuse, dressée; par ses feuilles bien plus étroites, linéaires, roulées en dessous par les bords, couvertes en dessus de glandes bien plus nombreuses et plus saillantes; enfin par son port qui est celui du *Th. vulgaris*.

Th. Chamædrys *Fries, nov.* 197; *Th. Serpillum Pers. syn.* 2, *p.* 130 (*non Fries*); *Th. Serpillum var.* β. *L. sp.* 825; *Th. Serpillum* α. *Chamædrys Koch, syn.* 641; *Cunila thymoides L. sp.* 31 *ex Benth.* — *Ic. Vaill. bot. tab.* 32, *f.* 7 *et* 9. *Fries, herb. norm.* 5, *n°* 6!; *Rchb. exsicc.* 189 *et* 188!; *Billot, exsicc. n°* 827! — Glomérules de fleurs très-fournis, dont les supérieurs rapprochés en épi ovale, et les inférieurs à paires écartées les unes des autres. Calice oblique sur le pédicelle, *à tube rétréci à la base.* Corolle une fois plus longue que le calice, à tube cylindrique. Feuilles plus grandes que dans les autres espèces, glabres ou très-velues sur les deux faces (*Th. lanuginosus Schk. handl. tab.* 164, *non Link*), non ciliées, *planes, ovales ou suborbiculaires, obtuses, brusquement contractées en pétiole, faiblement nerviées,* à paires très-écartées les unes des autres. Tiges allongées, *couchées, diffuses, très-grêles et radicantes seulement à la base,* peu rameuses; rameaux écartés les uns des autres, *non sériés, munis de deux à quatre rangées de poils.* — Plante de 1-3 décimètres; fleurs assez grandes, purpurines, rarement blanches. Elle diffère du *T. Serpyllum* par ses tiges en gazon lâche, couchées-ascendantes, jamais rampantes, moins rameuses, plus glabres, à ramaux à angles plus saillants et plus fortement pubescents; par ses feuilles à pétiole distinct et souvent cilié, munies de points plus nombreux sur la face inférieure; par ses verticilles de fleurs plus écartés.

Hab. Lieux secs et sablonneux; commun dans toute la France. La forme très-velue à Lyon, Mende, Mont-Louis. ♃ Juillet-septembre.

HYSSOPUS. (L. gen. 709.)

Calice tubuleux, obconique, nu à la gorge, à 15 stries, *à cinq dents presque égales, étalées et non disposées en deux lèvres.* Corolle bilabiée, à lèvre supérieure dressée, plane, bifide, à lèvre inférieure *à 3 lobes, dont le médian beaucoup plus grand* et échancré en cœur. Etamines 4, droites, divergentes ; anthères à deux loges, très-divergentes et *soudées au sommet.*

H. officinalis *L. sp.* 796 ; *Vill. Dauph.* 2, *p.* 365 ; *D C. fl. fr.* 3, *p.* 525. — *Ic. Lam. illustr. tab.* 502, *f.* 1 ; *Jacq. austr. tab.* 254. *Rchb. exs.* 1340! ; *Billot, exs. n°* 282! — Glomérules de fleurs sessiles ou brièvement pédonculés, rapprochés au sommet de la tige en épi étroit, unilatéral ; feuilles florales linéaires, obtusiuscules, les inférieures égalant les glomérules, les supérieures plus courtes ; bractéoles petites, linéaires, *mucronulées.* Calice fléchi sur le pédicelle, à tube *finement strié,* obconique un peu dilaté à la gorge, à dents *étalées, ovales-lancéolées, à peine nerviées, acuminées en une pointe fine et beaucoup plus courte que la dent.* Corolle à tube courbé-infléchi, égalant le calice, dilaté à la gorge. Etamines exsertes. Feuilles vertes, glabres ou pubescentes, *fortement ponctuées-glanduleuses sur les deux faces,* sessiles ou presque sessiles, uninerviées, planes, linéaires ou lancéolées, obtuses, portant souvent à leur aisselle un faisceau de feuilles plus petites. Tige ligneuse à la base, se divisant en rameaux nombreux, dressés, très-feuillés et très-brièvement pubescents. — Plante de 2-6 décimètres ; fleurs d'un bleu vif ou rarement blanches.

Hab. Rochers et lieux secs du midi ; Grenoble, Sisteron ; Grasse, Toulon ; Florac dans la Lozère ; Saint-Ambroix, Anduze dans le Gard ; Saint-Béat dans les Pyrénées ; Pau ; se retrouve çà et là dans le centre et le nord de la France, sur les murs en ruines, où il est probablement subspontané. ♃ Juillet-août.

H. aristatus *Godr. mém. soc. acad. Nancy,* 1850. — Glomérules de fleurs très-fournis, sessiles ou brièvement pédonculés, rapprochés au sommet de la tige en épi large, unilatéral, dense au sommet, souvent interrompu à la base ; feuilles florales ciliées, lancéolées, aiguës, brièvement mucronulées, toutes dépassant ou égalant les glomérules ; bractéoles de même forme, assez grandes, *terminées par une arête très-longue, fine, blanchâtre.* Calice fléchi sur le pédicelle, à tube *fortement strié,* violet, obconique, dilaté vers la gorge, à dents *lancéolées, élégamment nerviées en arcades dressées, terminées par une arête fine, rude et égalant presque la longueur de la dent.* Corolle à tube grêle, courbé-infléchi, plus long que le calice, dilaté à la gorge. Etamines exsertes. Feuilles d'un vert gai, glabres, *à peine glanduleuses en dessous, non ponctuées,* sessiles ou presque sessiles, uninerviées, planes, linéaires ou linéaires-lancéolées, obtuses, portant souvent à leur aisselle un faisceau de feuilles plus petites. Tige ligneuse à la base, se divisant en rameaux nombreux, dressés, très-feuillés, glabres, ou très-brièvement pubescents. — Plante de 4-5 décimètres; fleurs d'un bleu vif.

Hab. Rochers des Pyrénées-Orientales, aux bords du Tech, au-dessous de la Cassagne (*Reboud*). ♃ Juin-juillet.

TRIB. 4. MELISSEÆ *Benth. in DC. prodr.* 12, *p.* 150.— Corolle bilabiée. Etamines arquées-ascendantes convergentes au sommet sous la lèvre supérieure de la corolle; les étamines antérieures les plus longues; anthères toutes à deux loges, insérées plus ou moins obliquement sur un connectif dilaté à sa base.

SATUREIA. (L. gen. 707.)

Calice à tube *campanulé*, nu à la gorge, à 10 stries, à cinq dents presque égales et *non disposées en deux lèvres*. Corolle bilabiée, à lèvre supérieure dressée, *plane*, entière ou émarginée, à lèvre inférieure à 3 lobes presque égaux. Etamines 4, écartées à la base, convergentes au sommet sous la lèvre supérieure de la corolle; anthères à loges divergentes à la base, *distinctes au sommet*.

S. HORTENSIS *L. sp.* 795; *Vill. Dauph.* 2, *p.* 364; *DC. fl. fr.* 3, *p.* 523; *Benth. lab.* 352; *Bertol. fl. ital.* 6, *p.* 53. — *Ic. Lam. illustr. tab.* 504, *f.* 2. *F. Schultz, exsicc. n°* 1151!; *C. Billot, exsicc. n°* 829! — Glomérules de 2-5 fleurs, brièvement pédonculés; bractéoles courtes, subulées, velues. Calice à dents lancéolées, longuement subulées, ciliées. Akènes bruns, ovoïdes, très-finement chagrinés. Feuilles *molles, d'un vert-mat*, brièvement hérissées, uninerviées, fortement ponctuées-glanduleuses, linéaires, obtusiuscules, mutiques, atténuées en un court pétiole. Tige *herbacée*, dressée, très-rameuse; rameaux étalés, souvent rougeâtres, couverts de petit poils réfléchis. Racine annuelle, grêle, flexueuse. — Plante de 1-2 décimètres, très-odorante; fleurs roses ou blanches.

Hab. Moissons du midi de la France; Gap, Sisteron; Saint-Martin-d'Ardèche; Avignon, Fréjus, Sainte-Baume près de Toulon, Marseille; Saint-Ambroix dans le Gard; Saint-Préjet dans la Lozère; bas Languedoc, Montpellier; graviers de l'Ariége et de la Garonne, près Toulouse et Agen; Montauban, Moissac, Ste.-Urcisse. Naturalisé dans les jardins du centre et du nord de la France. ① Juillet-septembre.

S. MONTANA *L. sp.* 794; *Vill. Dauph.* 2, *p.* 364; *DC. fl. fr.* 3, *p.* 523; *Benth. lab.* 353; *Bertol. fl. ital.* 6, *p.* 54; *S. hyssopifolia Bertol. ann. di storia nat.* 1, *p.* 407. — *Ic. Sibth. et Sm. fl. græc. tab.* 543. *Endress, pl. pyr. exsicc. unio itin.* 1830. *Rchb. exsicc.* 1443!— Glomérules de 2-7 fleurs, pédonculés; bractéoles linéaires-lancéolées, acuminées, mucronées, ciliées. Calice à dents lancéolées, acuminées-subulées, étalées, ciliolées. Akènes bruns, ovoïdes-trigones, très-finement chagrinés. Feuilles *coriaces*, vertes et glabres, *luisantes*, uninerviées, rudes aux bords, ciliolées à la base, fortement ponctuées-glanduleuses, linéaires-lancéolées, longuement atténuées en coin à la base, sessiles ; les inférieures aiguës; les supérieures acuminées-mucronées. Tiges dressées ou ascendantes, *ligneuses à la base*, rameuses ; rameaux dressés, pubescents. — Plante de 2-4 décimètres, d'une odeur forte et agréable ; fleurs blanches ou roses.

Hab. Rochers, coteaux arides du midi ; Rabou, près de Gap ; Avignon ; mont Major, Grasse, Fréjus, Toulon, Marseille ; Mende, Nîmes, Montpellier ; Pyrénées orientales et centrales, etc., Pau. ♄ Juillet-août.

MICROMERIA. (Benth. lab. 568.)

Calice à tube étroit, *cylindracé*, ordinairement barbu à la gorge, à 13 ou 15 stries, à dents étalées, dont les inférieures plus profondes, *jamais disposées en deux lèvres*. Corolle bilabiée, à lèvre supérieure dressée, *plane*, entière ou émarginée, à lèvre inférieure à trois lobes presque égaux. Etamines 4, écartées à la base, convergentes au sommet sous la lèvre supérieure de la corolle ; anthères à loges divergentes à la base, *distinctes au sommet.*

M. GRÆCA *Benth.! lab.* 373 (*excl. var.* δ.) ; *Koch, syn.* 643 ; *Satureia græca L. sp.* 794 ; *D C. fl. fr.* 3, *p.* 524 ; *Lois. gall.* 2, *p.* 19 ; *Salis, fl. od. bot. Zeit.* 1834, *p.* 16 ; *Bertol. fl. ital.* 6, *p.* 45 ; *Satureia micrantha Linck et Hoffm. fl. port.* 1, *p.* 142 ; *Thymus virgatus Ten. syll.* 296. — *Ic. Sibth. et Sm. fl. græc. tab.* 542. *Soleir. exsicc.* 3256 ! — Glomérules de 2-10 fleurs, pédonculés, *tous inclinés du même côté ;* pédoncule commun bien plus court que les feuilles florales, portant à son sommet des bractéoles subulées. Calice *un peu incliné sur le pédicelle*, à dents dressées, subulées, ciliées. Akènes oblongs-trigones. Feuilles un peu fermes, brièvement hérissées, rudes, d'un vert-grisâtre, roulées en dessous par les bords, très-brièvement pétiolées ; les *inférieures ovales, très-caduques ; les moyennes et les supérieures elliptiques-lancéolées ou linéaires-lancéolées*, aiguës ou obtusiuscules. Tiges presque ligneuses à la base, dressées ou ascendantes, très-rameuses dès la base ; rameaux fermes, flexueux, souvent rougeâtres, couverts de poils réfléchis ou étalés. — Plante de 2-3 décimètres, très-aromatique ; fleurs petites, purpurines.

Hab. Rochers et coteaux arides ; Toulon ; Corse à Bonifacio et à Bastia. ♄ Juin-juillet.

M. JULIANA *Benth. lab.* 373 ; *Koch, syn.* 643 ; *Satureia juliana L. sp.* 793 ; *D C. fl. fr.* 3, *p.* 524 ; *Bertol. fl. ital.* 6, *p.* 43 ; *Guss. syn.* 2, *p.* 87. — *Ic. Sibth. et Sm. fl. græca, tab.* 540. — Glomérules de fleurs denses, très-brièvement pédonculés, *dressés, appliqués contre la tige* ; pédoncule commun bien plus court que les feuilles florales, portant à son sommet des bractéoles linéaires-subulées. Calice *dressé sur le pédicelle*, à dents dressées, subulées, ciliées. Akènes oblongs-trigones, lisses. Feuilles petites, ordinairement fasciculées aux nœuds, fermes, vertes en dessus, plus pâles en dessous, roulées en dessous par les bords, très-brièvement pétiolées; *les inférieures ovales, obtuses; les suivantes lancéolées; les supérieures linéaires.* Tiges ligneuses à la base, se divisant en rameaux dressés, raides, allongés, pubescents. — Plante de 2-3 décimètres, d'une odeur agréable ; fleurs petites, purpurines.

Hab. Coteaux arides ; Avignon. ♄ Juillet-août.

M. FILIFORMIS *Benth. lab.* 378, *et in D C. prodr.* 12, *p.* 220; *Thymus filiformis Ait. hort. Kew.* 2, *p.* 313; *Pers. syn.* 2, *p.* 131 ; *Salis, fl. od. bot. Zeit.* 1834, *p.* 17 ; *Cunila thymoides Gouan, herb. ex. Benth.* — Fleurs solitaires, ou très-rarement géminées à l'aisselle des feuilles supérieures, *toutes inclinées du même côté;* pédicelles capillaires, égalant les feuilles florales ou plus longs, portant à leur base des bractéoles subulées et très-petites, qui sans doute naissent d'un rudiment de pédoncule commun. Calice *incliné à angle droit sur le pédicelle,* à dents dressées, subulées, ciliées. Akènes oblongs-trigones, très-finement granuleux. Feuilles très-petites, un peu fermes, vertes en dessus, purpurines en dessous, roulées en dessous par les bords, subsessiles ; *les inférieures en cœur, obtusiuscules ; les supérieures lancéolées.* Tige ligneuse à la base, émettant des rameaux nombreux, dressés ou ascendants, *filiformes,* munis de très-petits poils réfléchis. — Plante de 3-8 centimètres ; fleurs très-petites, blanches ou plus rarement rougeâtres.

Hab. Corse, Ponte-di-Go'o. ♄ Juin.

CALAMINTHA. (Mœnch, meth. 408.)

Calice à tube *cylindracé,* ordinairement barbu à la gorge, à 13 stries, à limbe *disposé en deux lèvres,* dont la supérieure tridentée, étalée, et l'inférieure bifide. Corolle bilabiée, à lèvre supérieure dressée, *presque plane,* entière ou émarginée, à lèvre inférieure à trois lobes peu inégaux. Etamines 4, écartées à la base, convergentes au sommet sous la lèvre supérieure de la corolle ; anthères à loges divergentes à la base, *distinctes au sommet.*

Sect. 1. EUCALAMINTHA. — Fleurs disposées en glomérules rameux-dichotomes, corymbiformes. Calice à tube droit.

C. GRANDIFLORA *Mœnch, meth.* 408 ; *Gaud. helv.* 4, *p.* 86 ; *Koch, syn.* 643 ; *Benth. in D C. prodr.* 12, *p.* 228 ; *C. montana* β. *Lam. fl. fr.* 2, *p.* 396; *Melissa grandiflora L. sp.* 827 ; *Vill. Dauph.* 2, *p.* 369 ; *Thymus grandiflorus Scop. carn.* 1, *p.* 424 ; *D C. fl. fr.* 3, *p.* 562 ; *Bertol. fl. ital.* 6, *p.* 226 ; *Guss. syn.* 2, *p.* 99. — *Ic. Riv. monop. irreg. tab.* 46. *Rchb. exsicc.* 993 ! — Cymes axillaires pauciflores, unilatérales, très-finement pubescentes ; les inférieures pédonculées et néanmoins *plus courtes que la feuille florale.* Calice à la fin fléchi sur le pédicelle, à tube cylindrique-campanulé, non renflé à la maturité, muni de poils *inclus* à la gorge, à dents longuement ciliées ; les trois supérieures ovales acuminées, ascendantes; les inférieures plus longues, lancéolées-subulées, un peu infléchies. Corolle grande, purpurine, deux ou trois fois plus longue que le calice, à tube *arqué-ascendant*, brusquement élargi vers le milieu, à lobe moyen de la lèvre inférieure *en cœur renversé*. Akènes *ovoïdes*, noirs. Feuilles assez grandes, minces, d'un vert gai en dessus, plus pâles en dessous, toutes pétiolées ; les inférieures plus petites, en cœur ; les autres *ovales ou ovales-oblongues*, aiguës, arrondies ou cunéiformes à la base, *bordées de dents grandes, profondes et étalées*, dont la terminale plus large. Tiges dressées ou ascendantes, simples ou presque simples. Souche rampante, émettant de courts stolons.—Plante de 2-5 déc., pubescente ; fl. très-grandes.

Hab. Bois montagneux ; Dauphiné méridional ; Alpes de la Provence ; Lyon, au mont Pilat ; chaîne du Forez ; mont Mezin et mont Gerbier ; montagnes de la Haute-Loire, montagnes de la Lozère et du Cantal ; montagnes d'Aubrac ; l'Espérou, Pyrénées. ♃ Juillet-août.

C. OFFICINALIS *Mœnch, meth.* 409 ; *Koch, deutsch. fl.* 4, *p.* 318 (*excl. var.* β.); *Boreau !, not.* XXII ; *Jord. obs.* 4, *p.* 4, *t.* 1, *fig. A; C. sylvatica Bromfield, in engl. bot. suppl. tab.* 2897 ; *Benth. in D C. prodr.* 12, *p.* 228 ; *Melissa Calamintha L. sp.* 827 ; *Vill. Dauph.* 2, *p.* 369 ; *Godr. fl. lorr.* 2, *p.* 208. — *Rchb. exsicc.* 1444! ; *Schultz, exsicc. cent.* 4, *n°* 22! ; *C. Billot, exsicc. n°* 279 ! — Cymes axillaires lâches, unilatérales, hérissées de longs poils blancs ; les inférieures longuement pédonculées, *égalant la feuille florale*. Calice à la fin fléchi sur le pédicelle, à tube long, insensiblement élargi vers la gorge, non renflé à la maturité, muni à la gorge de poils *inclus*, à dents longuement ciliées, dont les trois supérieures lancéolées, acuminées, ascendantes, et les deux inférieures plus longues, linéaires-subulées, un peu infléchies. Corolle purpurine, deux ou trois fois plus longue que le calice à tube *arqué-ascendant*, insensiblement dilatée à partir du milieu, à lobe moyen de la lèvre inférieure *orbiculaire*. Akènes *subglobuleux*, bruns, maculés de blanc près de l'ombilic. Feuilles assez grandes, molles, d'un vert gai, pétiolées ; les inférieures presque orbiculaires, obtuses ; les autres *ovales*, aiguës, *bordées de dents de scie peu nombreuses, saillantes, étalées*. Tiges dressées, flexueuses, ordinairement peu rameuses ; rameaux étalés-dressés. Souche un peu rampante, émettant des stolons nombreux, allongés, radicants. — Plante de 4-6 décimètres, plus ou moins velue, exhalant une odeur douce et agréable ; fleurs de grandeur variable, mais généralement assez grandes.

Hab. Bois ombragés des coteaux calcaires de presque toute la France ; se retrouve en Corse. ♃ Juillet-août.

OBS. Nous avons rapporté cette plante au *Melissa Calamintha*, L., non-seulement parce que ces paroles de Linné : *pedunculis axillaribus dichotomis longitudine foliorum*, lui conviennent bien mieux qu'au *C. menthæfolia*, mais encore parce que le synonyme de Bauhin s'y rapporte positivement. Les auteurs français et italiens paraissent avoir confondu les deux espèces.

C. MENTHÆFOLIA *Host, austr.* 2, *p.* 129; *Boreau!, not.* XXII; *C. umbrosa Rchb. fl. excurs.* 329 (*non Melissa umbrosa Bieb.*); *C. ascendens Jord! obs.* 4, *p.* 8, *tab.* 1, *B*; *C. officinalis Benth. in DC. prodr.* 12, *p.* 228 (*non Mœnch*); *C. officinalis* β. *Koch, deutsch. fl.* 4, *p.* 319; *Melissa intermedia Lej. fl. Spa,* 2, *p.* 33; *Thymus Calamintha Sm. brit.* 641. — *Ic. engl. bot. tab.* 1676. *Billot, exsicc.* 280!— Cette plante tient le milieu entre les *C. officinalis* et *Nepeta*. Elle se distingue du premier par ses fleurs plus petites, en cymes ombelliformes, munies de poils très-courts; par son calice proportionnément moins long, évidemment renflé au-dessus de sa base à la maturité; par sa corolle moins longue relativement au calice, blanchâtre ou d'un lilas très-clair, à lobe moyen de la lèvre inférieure *émarginé;* par ses feuilles plus petites de moitié, plus obtuses, *très-superficiellement crénelées;* par sa tige non flexueuse, bien plus rameuse, à rameaux ascendants; par sa souche oblique, non rampante, émettant des jets non florifères, courts, étalés, peu nombreux; par son odeur forte et fétide. Elle se distingue du second, dont elle se rapproche par le port, par son calice muni à la gorge de poils *inclus,* à dents longuement ciliées; par sa corolle à gorge plus ouverte et plus brusquement dilatée; par ses akènes *subglobuleux;* par ses feuilles plus grandes. Ses cymes, toujours brièvement pédonculées et *plus courtes que la feuille florale,* la distinguent de tous les deux.

Hab. Lieux secs, coteaux; Lyon; le Vernet et Villefranche, dans les Pyrénées-Orientales; Clermont; Dordogne; Angers, Chalonnes, Thouaré; Cherbourg, Saint-Lô, Avranches, Valognes, Rouen, et probablement dans tout l'ouest de la France ♃ Juin-septembre.

C. NEPETA *Link et Hoffm. fl. port.* 1, *p.* 141; *Koch, syn.* 644; *Benth. in DC. prodr.* 12, *p.* 227; *Jord. obs.* 4, *p.* 12, *tab.* 2, *A*; *C. parviflora Lam. fl. fr.* 2, *p.* 396; *C. trichotoma Mœnch, meth.* 409; *Melissa Nepeta L. sp.* 828; *Melissa cretica All. ped.* 1, *p.* 39 (*non L. nec Lam.*); *Thymus Nepeta Sm. brit.* 642; *DC. fl. fr.* 3, *p.* 563.—*Ic. Engl. bot. tab.* 1414. *Soleir. exsicc. n°* 5145!; *Rchb. exsicc. n°* 745!; *Schultz, exsicc. n°* 1302!; *C. Billot, exsicc. n°* 281!—Cymes axillaires denses, unilatérales, pédonculées, *dépassant la feuille florale.* Calice dressé sur le pédicelle, même à la maturité, à tube cylindrique, renflé à la base à la maturité, muni à la gorge de poils *exsertes,* à dents très-brièvement ciliées, dont les trois supérieures très-courtes, lancéolées, aiguës, un peu ascendantes, et les deux inférieures plus longues, ovales, brusquement et longuement acuminées-subulées, porrigées. Corolle petite, d'un bleu clair, une fois plus longue que le calice, à tube *droit,* élargi insensiblement de la base au sommet, à lobe moyen de la lèvre inférieure large, *tronqué.* Akènes bruns, *ovoïdes!* Feuilles toujours petites, d'une consistance un peu ferme, plus ou moins munies de petits poils courbés-appliqués, d'un vert-grisâtre, toutes pétiolées, *ovales-rhomboïdales,* obtuses, *crénelées.* Tiges florifères couchées à la base, puis dressées, fermes, flexueuses, très-rameuses ; rameaux très-étalés à la base, ascendants. Souche courte, oblique, presque ligneuse, émettant des tiges non florifères courtes et étalées. — Plante de 4-6 décimètres, mollement pubescente, à odeur forte et un peu fétide ; fleurs petites.

Hab. Lieux secs et pierreux, surtout dans les terrains calcaires; Lyon; Joyeuse en Ardèche; Dauphiné méridional; commun dans toute la région méditerranéenne, les Cévennes, les Pyrénées, les vallées de l'Ariége et de la Garonne; tous les départements de l'Ouest, d'où il s'étend dans l'intérieur jusqu'à Poitiers, Tours, Angers; Orléans, Senlis et Villers-Cotterets (*Questier*), la Ferté-sous-Jouarre; Corse, Vico, Bastia, Calvi, Corté, etc. ♃ Juillet-août.

C. NEPETOIDES *Jord.! obs. 4, p. 16, t. 2, fig. B.*—Cymes axillaires très-lâches et très-ouvertes, unilatérales, longuement pédonculées, *dépassant la feuille florale.* Calice à la fin un peu oblique sur le pédicelle, à tube cylindrique-oblong, renflé au-dessus de la base à la maturité, muni à la gorge de poils *exsertes,* à dents très-brièvement ciliées, dont les trois supérieures très-courtes, lancéolées-aiguës, ascendantes, et les inférieures un peu plus longues, linéaires, acuminées, porrigées. Corolle petite, rose, une fois et demie aussi longue que le calice, à tube *un peu arqué, élargi assez brusquement vers son tiers supérieur,* à lobe moyen de la lèvre inférieure *échancré.* Akènes *ovoïdes,* d'un brun clair. Feuilles assez petites, un peu fermes, un peu velues, d'un vert gai en dessus, plus pâles en dessous, toutes pétiolées, *ovales,* aiguës ou obtuses, *dentées-en-scie.* Tiges nombreuses, couchées à la base, puis redressées, grêles, flexueuses, simples ou un peu rameuses; rameaux courts, étalés-dressés. Souche rampante. — Plante de 3-5 décimètres, mollement velue, à odeur assez agréable; fleurs petites. Elle se distingue des *C. officinalis* et *ascendens* par les cils courts qui bordent les dents inférieures du calice. Elle s'éloigne du *C. Nepeta* par ses cymes lâches, étalées, et non très-serrées, à pédoncules bien plus longs; par le tube de la corolle subitement renflé vers le haut; par les feuilles dentées-en-scie, et non crénelées; par la souche traçante.

Hab. Lieux secs et pierreux, bords des routes; Dauphiné méridional et Alpes de la Provence; Rabou près de Gap, Guillestre, la Grâve, Sisteron, Digne, Castellanne, Serres; Mende. ♃ Août-septembre.

C. GLANDULOSA *Benth. in DC. prodr. 12, p. 227; Melissa glandulosa Benth. lab. 387; Thymus glandulosus Requien! in ann. sc. nat. ser. 1, t. 5, p. 386; Dub. bot. 373; Thymus Nepeta clandestina Lois. gall. 2, p. 25.— Soleir. exsicc. 3145! F. Schultz, exsicc. n° 1304!* — Cymes axillaires petites, étalées, unilatérales, pédonculées, *égalant la feuille florale ou plus longues.* Calice très-petit, dressé sur le pédicelle même à la maturité, à tube cylindrique-campanulé, à la fin renflé vers son milieu, muni à la gorge de poils *exsertes,* à dents non ciliées, dont les trois supérieures courtes, lancéolées aiguës, étalées, écartées les unes des autres, non ascendantes, et les inférieures un peu plus longues, étroites, acuminées-subulées, porrigées. Corolle très-petite et dépassant à peine le calice, d'un violet pâle ou blanche. Akènes *oblongs*, bruns. Feuilles très-petites, presque glabres, fortement glanduleuses surtout en dessous, vertes en dessus, toutes pétiolées, *ovales*, acutiuscules, arrondies ou en coin à la base, *entières ou bordées de chaque côté de 2-3 dents superficielles et étalées*. Tiges *sousfrutescentes à la base*, ascendantes ou dressées, très-rameuses, rameaux ascendants, couverts, ainsi que toute la plante, d'une pubescence très-courte et réfléchie. — Plante de 3-4 décimètres; fleurs les plus petites du genre.

Hab. Corse, Calvi, Niolo. ♄ Août.

Sect. 2. Acinos *Mœnch, meth.* 407. — Fleurs portées sur des pédoncules simples, comprimés, ternés ou géminés à l'aisselle de chaque feuille florale. Calice à tube courbé.

C. alpina *Lam. fl. fr.* 2, *p.* 394; *Gaud. helv.* 4, *p.* 85; *Koch, syn.* 643; *Benth. in D C. prodr.* 12, *p.* 232; *Thymus alpinus L. sp.* 826; *Vill. Dauph.* 2, *p.* 357; *D C. fl. fr.* 3, *p.* 562; *Bertol. fl. ital.* 6, *p.* 215; *Acinos alpinus Mœnch, l. c.*; *Melissa alpina Benth. lab.* 390.—*Schultz, exsicc. n°* 321 !; *Rchb. exs.* 606! — Fleurs géminées ou ternées à l'aisselle des feuilles supérieures. Calice fléchi sur le pédoncule, souvent rougeâtre, hérissé de poils étalés et muni en outre d'un duvet fin, à tube courbé, renflé en avant au-dessus de la base, *contracté au-dessus du renflement*, à dents supérieures lancéolées, acuminées, étalées-dressées, toutes longuement ciliées. Corolle purpurine, à gorge brusquement élargie, à lobe moyen de la lèvre inférieure échancré. Akènes oblongs-trigones, noirs, maculés de blanc sur les côtés de l'ombilic. Feuilles glabres ou velues, assez fortement nerviées, toutes pétiolées, *ovales-rhomboïdales*, aiguës ou acuminées, *superficiellement dentées-en-scie* dans leur moitié supérieure. Tige *un peu ligneuse à la base*, à rameaux nombreux, *couchés, radicants* à la base, puis ascendants, flexueux, grêles, tantôt couverts d'une pubescence très-courte et réfléchie, tantôt munis de longs poils étalés. — Plante de 8-15 centimètres, gazonnante.

Hab. Commun sur toutes les hautes cimes du Jura, dans les Alpes du Dauphiné et dans les Pyrénées. ♃ Juillet-août.

C. Acinos *Clairv. in Gaud. helv.* 4, *p.* 84; *Benth. in D C. prodr.* 12, *p.* 230; *C. arvensis Lam. fl. fr.* 2, *p.* 394; *Thymus Acinos L. sp.* 826; *Melissa Acinos Benth. lab.* 389; *Acinos vulgaris Pers. syn.* 2, *p.* 131.—*Billot, exsicc. n°* 830!—Fleurs géminées ou ternées à l'aisselle des feuilles supérieures. Calice fléchi sur le pédoncule, hérissé de poils étalés, à tube courbé, renflé en avant au-dessus de la base, *contracté au-dessus du renflement*, à dents supérieures courtes, triangulaires, brusquement subulées, à la fin étalées. Corolle purpurine, petite, à gorge élargie, à lobe moyen de la lèvre inférieure échancré. Akènes oblongs-trigones, noirs, maculés de blanc sur les côtés de l'ombilic. Feuilles plus ou moins velues, fortement nerviées, toutes pétiolées, *ovales ou rhomboïdales*, aiguës ou obtuses, *superficiellement dentées-en-scie* dans leur moitié supérieure. Tige *entièrement herbacée*, rameuse dès la base; rameaux dressés ou ascendants, *non radicants*, couverts de poils réfléchis. — Plante de 1-3 décimètres.

Hab. Champs et lieux incultes; commun dans toute la France. (1) Juin-août.

C. corsica *Benth. in D C. prodr.* 12, *p.* 231; *Thymus corsicus Pers. syn.* 2, *p.* 131; *D C. fl. fr.* 5, *p.* 402; *Dub. bot.* 383; *Lois. gall.* 2, *p.* 24, *tab.* 9; *Bertol. fl. ital.* 6, *p.* 219 (*non Moris nec Viv.*); *Melissa microphylla Benth. lab.* 390. — *Soleir. exsicc.* 3143! — Fleurs solitaires ou géminées à l'aisselle des feuilles supérieures. Calice fléchi sur le pédoncule, muni de quelques poils étalés, à tube courbé, un peu enflé en avant au-dessus de la base, *non contracté au-dessus du renflement*, à dents supérieures lancéolées, acuminées, un peu étalées. Corolle purpurine, assez grande, à gorge brusquement élargie, à lobe moyen de la lèvre inférieure arrondi. Akènes... Feuilles petites, vertes, glabres ou velues, obscurément nerviées, toutes pétiolées, *suborbiculaires*, obtuses, quelquefois un peu en cœur à la base, *entières et entourées d'une bordure cartilagineuse*. Tiges *ligneuses*, très-rameuses, *entièrement couchées et radicantes*, à rameaux courts, ascendants, munis de poils étalés. — Plante de 1-10 centimètres.

Hab. Hautes montagnes de Corse, Coscione, Cagnone, Renoso. ♄ Juillet-août.

Sect. 3. Clinopodium *Benth. in D C. prodr.* 12, *p.* 232. — Fleurs disposées en glomérules rameux, dichotomes, corymbiformes, entourées d'un involucre formé de bractéoles sétacées. Calice à tube courbé.

C. Clinopodium *Benth. l. c.*; *Clinopodium vulgare L. sp.* 821; *D C. fl. fr.* 3, *p.* 557. — *C. Billot, exsicc. n°* 608! — Cymes multiflores, denses, hérissées de longs poils qui leur donnent un aspect plumeux. Calice dressé sur le pédicelle, à tube allongé, un peu renflé au-dessus de la base à la maturité, muni de quelques poils à la gorge, mais non barbu, à dents toutes longuement ciliées; les supérieures lancéolées, acuminées, étalées, écartées les unes des autres; les inférieures longuement subulées. Corolle purpurine, rarement blanche, deux ou trois fois plus longue que le calice. Akènes ovoïdes, bruns, maculés de blanc près de l'ombilic. Feuilles brièvement pétiolées, plus ou moins velues et même blanchâtres en dessous, ovales ou ovales-lancéolées, faiblement dentées-en-scie. Tiges dressées ou ascendantes, flexueuses, simples ou rameuses. — Plante de 3-6 décimètres.

Hab. Lieux incultes, buissons; commun dans toute la France. ♃ Juillet-août.

MELISSA. (L. gen. 728.)

Calice à tube *campanulé, plan en dessus*, un peu velu à la gorge, à 13 stries, à limbe *disposé en deux lèvres*, dont la supérieure ascendante et tridentée, et l'inférieure bifide. Corolle bilabiée, à lèvre supérieure dressée, *concave*, émarginée, à lèvre inférieure à trois lobes peu inégaux, à tube *dépourvu d'un anneau de poils*. Etamines 4, écartées à la base, convergentes au sommet sous la lèvre supérieure de la corolle; anthères à loges très-divergentes, *soudées au sommet*.

M. officinalis *L. sp.* 827; *DC. fl. fr.* 3, *p.* 564; *Gaud. helv.* 4, *p.* 91; *Koch, syn.* 645; *Salis, fl. od. bot. Zeit.* 1834, *p.* 18; *M. cordifolia Pers. syn.* 2, *p.* 132; *Viv. fl. cors. diagn. p.* 10; *M. altissima Sibth. et Sm. fl. græc. prodr.* 1, *p.* 423 *et fl. græc. tab.* 579.—*Rchb. exsicc.* 1237!— Cymes axillaires de 6-12 fleurs, brièvement pédonculées, unilatérales, plus courtes que les feuilles florales. Calice à la fin fléchi à angle droit sur le pédicelle, velu; lèvre supérieure large et plane, réticulée-veinée, à dents très-courtes, mucronées; lèvre inférieure à dents lancéolées, aristées. Corolle à tube un peu courbé. Akènes oblongs, bruns. Feuilles toutes pétiolées, ridées-en-réseau, d'un vert gai, ovales, largement crénelées, souvent en cœur à la base. Tiges dressées, très-rameuses; rameaux étalés. — Plante de 3-8 décimètres, d'une odeur très-agréable, tantôt munie de poils épars, tantôt très-velue (*M. hirsuta Hornem. hafn.* 2, *p.* 562); fleurs jaunes avant l'anthèse, puis blanches, quelquefois maculées de rose.

Hab. Bois et buissons, en Corse, à Bastia, Bonifacio. Se rencontre aussi çà et là en France et même dans le nord, dans les vignes et autour des habitations, mais paraît n'y être qu'à l'état subspontané. ♃ Juin-août.

HORMINUM. (L. gen. 730, excl. sp.)

Calice à tube *campanulé*, nu à la gorge, à 13 stries, à limbe *disposé en deux lèvres*, dont la supérieure tridentée, ascendante et l'inférieure bifide. Corolle bilabiée, à lèvre supérieure dressée, *concave*, émarginée, à lèvre inférieure à trois lobes courts, à tube *pourvu d'un anneau de poils*. Etamines 4, fertiles, écartées à la base, conniventes au sommet sous la lèvre supérieure de la corolle; anthères adhérentes par paire, à loges très-divergentes et *soudées à leur sommet*.

H. pyrenaicum *L. sp.* 831; *Gaud. helv.* 4, *p.* 92; *Koch, deutsch. fl.* 4, *p.* 328; *Benth. lab.* 727; *Melissa pyrenaica Willd. sp.* 3, *p.* 148; *Lapey. abr. pyr.* 340; *DC. fl. fr.* 3, *p.* 565; *Lois. gall.* 2, *p.* 25; *Dub. bot.* 374; *Melissa pyrenaica Caule brevi Plantaginis folio Magn. hort. monsp.* 133, *ic.* — *Ic. Jacq. hort. vind. tab.* 183. *Rchb. exsicc.* 746!; *Endress, unio itin.* 1831! — Fleurs portées sur des pédoncules simples, géminées ou ternées à l'aisselle de chaque bractée, formant par leur réunion un épi interrompu, égalant le reste de la tige ou plus long ; bractées ovales, acuminées, aiguës, réfléchies, plus courtes que les fleurs. Calice incliné sur le pédicelle, à la fin réfléchi, à tube violet, anguleux, atténué à la base, insensiblement dilaté jusqu'au sommet, à dents aristées. Corolle deux fois plus longue que le calice, à tube insensiblement dilaté de la base jusqu'à la gorge, à lèvre supérieure courte, à lèvre inférieure plus longue, à lobes arrondis, le médian émarginé. Akènes ovoïdes-trigones, chagrinés, bruns, bordés de blanc autour de l'ombilic. Feuilles presque toutes radicales, pétiolées, d'un vert pâle, à limbe orbiculaire ou ovale, presque en cœur à la base un peu prolongée sur le pétiole, largement crénelées; feuilles caulinaires nulles, ou au nombre de 1-3 paires, petites, sessiles, crénelées ou entières, apiculées. Tige dressée ou ascendante, simple, pubescente. Souche oblique, noire, écailleuse. — Plante de 1-2 décimètres; fleurs assez grandes, d'un bleu-violet.

Hab. Pelouses des Pyrénées, mont Cagire, Saint-Sauveur, Cauterets, vallée de Cambasque, mont Balour près des Eaux-Bonnes, vallée d'Aspe, pic de l'Hiéris, etc. ♃ Juin-juillet.

TRIB. 5. MONARDEÆ *Benth. lab. p.* 190. — Corolle bilabiée. Etamines 2, parallèles et placées sous la lèvre supérieure de la corolle.

ROSMARINUS. (L. gen. 38.)

Calice campanulé, nu à la gorge, à deux lèvres, dont la supérieure entière et l'inférieure bifide. Corolle bilabiée, à lèvre supérieure voûtée, comprimée latéralement, bifide, à lèvre inférieure trilobée. Etamines 2, à filets insérés sur la gorge de la corolle et *munis à leur base d'une petite dent; anthères à deux loges divariquées, confluentes et se confondant presque en une seule.*

R. OFFICINALIS *L. sp.* 33; *Vill. Dauph.* 2, *p.* 401; *DC. fl. fr.* 3, *p.* 506. — *Ic. Riv. monop. irr. tab.* 39. — Fleurs rapprochées au sommet de la tige et des rameaux ; bractées petites, blanches-tomenteuses, lancéolées, caduques. Calice blanchâtre-pulvérulent, à lèvre supérieure ovale, concave, à lèvre inférieure à deux lobes rapprochés, lancéolés. Corolle bleue, très-rarement blanche, une fois plus longue que le calice. Stigmate entier. Akènes bruns, obovés. Feuilles coriaces, persistantes, nombreuses, rapprochées, vertes et chagrinées en dessus, blanches et tomenteuses en dessous, roulées en dessous par les bords, sessiles, linéaires. Tige ligneuse, très-rameuse, dressée. — Plante de 6-10 décimètres, d'une odeur forte et agréable.

Hab. Lieux montagneux de la Provence, à Grasse, Fréjus, Toulon, Marseille; remonte la vallée du Rhône et se trouve à Villeneuve près d'Avignon, à Orange, Montélimart, Tournon ; Romans dans la Drôme; Languedoc; Roussillon; Pyrénées orientales et centrales ; rare sur les graviers de l'Ariége, de la Garonne et du Gers; Pau; Corse, à Calvi, Bastia, etc. ♄ Mars-mai.

SALVIA. (L. gen. 39.)

Calice campanulé, nu à la gorge, à 2 lèvres, dont la sup. entière ou 3-dentée et l'inf. bifide. Corolle bilabiée, à lèvre sup. voûtée, comprimée, émarginée ou entière, à lèvre inf. trilobée. Etamines fertiles 2 ; filets courts, insérés à la gorge de la corolle, *articulés au sommet avec un connectif filiforme et arqué ; celui-ci porte sur sa longue branche une loge oblongue et fertile de l'anthère,* et sur la branche courte la seconde loge plus petite, souvent stérile ou nulle.

a. *Tube de la corolle pourvu intérieurement d'un anneau de poils.*

S. officinalis *L. sp.* 34 ; *Vill. Dauph.* 2, *p.* 402 ; *D C. fl. fr.* 3, *p.* 507 ; *Koch, syn.* 637. — *Ic. Riv. monop. irr. tab.* 71 ; *Lam. illustr. tab.* 20, *f.* 1. *Rchb. exsicc.* 1912 ! — Fleurs brièvement pédicellées, 3 à 4 par glomérule ; bractées ovales acuminées, mucronées, à la fin caduques. Calice pubescent, à divisions toutes lancéolées, mucronées, pliées-carénées ; les deux inférieures plus profondes. Corolle violette, à lèvre supérieure presque droite, émarginée, *non contractée à la base,* à tube muni d'un anneau de poils *transversal.* Etamines à branche courte du connectif *portant une loge d'anthère insérée presque latéralement* au sommet. Stigmates inégaux. Feuilles d'un vert-blanchâtre, finement réticulées-rugueuses, plus ou moins pubescentes, finement crénelées ; les inférieures pétiolées, oblongues-lancéolées, quelquefois auriculées à la base ; les supérieures sessiles, acuminées, aiguës. Tige *suffrutescente à la base,* très-rameuse, à rameaux dressés. — Plante de 2-3 décimètres, à odeur forte et agréable.

Hab. Collines stériles de la région des oliviers ; remonte la vallée du Rhône jusqu'à Ampuis près de Vienne, et les vallées des Pyrénées-Orientales jusqu'à Fond-de-Comps ; Corse. ♄ Juin-juillet.

S. verticillata *L. sp.* 37 ; *D C. fl. fr.* 3, *p.* 511. — *Ic. Riv. monop. tab.* 60. *Rchb. exsicc.* 1682 ! ; *Schultz, exsicc. n°* 320 ! — Fleurs petites, assez longuem[t] pédicellées, nombreuses dans chaque glomérule dont les paires simulent des verticilles ; bractées petites, brunes, scarieuses, acuminées, réfléchies. Calice pubescent, à lèvre supérieure à 3 dents écartées, triangulaires, l'inférieure à 2 dents triangulaires, acuminées. Corolle violette, à lèvre supérieure courte, droite, *contractée à la base,* à tube muni d'un anneau de poils *oblique.* Etamines à connectif dont la branche courte *ne porte aucune loge d'anthère.* Stigmates égaux. Feuilles molles, vertes, mais plus pâles en dessous, pubescentes, pétiolées, ovales-en-cœur, aiguës, inégalement crénelées ; les inférieures munies de 2 petites oreilles. Tiges *entièrement herbacées,* dressées, rameuses. — Plante de 5-7 décimètres, fétide.

Hab. Bords des routes ; Forstfelden en Alsace, Arcueil près de Paris, à Toulon, Cévennes, localités où cette plante n'est peut-être que subspontanée, mais où elle se maintient depuis longtemps. ♃ Juillet-août.

b. *Tube de la corolle dépourvu d'un anneau de poils.*

S. Sclarea *L. sp.* 38; *Vill. Dauph.* 2, *p.* 405; *D C. fl. fr.* 3, *p.* 508; *Koch, syn.* 637. — *Ic. Poit. et Turp. fl. par. tab.* 38. — Fleurs grandes, brièvement pédicellées, 2-3 par glomérule; bractées grandes, *plus longues que le calice,* membraneuses, violacées au sommet, concaves, ciliées, *suborbiculaires-en-cœur* brusquement et finement acuminées, à la fin réfléchies. Calice pubescent-glanduleux, à lèvre supérieure *à 3 dents courtes, triangulaires, aristées, écartées les unes des autres,* la médiane plus courte; lèvre inférieure à 2 lobes lancéolés, aigus, aristés. Corolle d'un blanc lavé de violet, une fois plus longue que le calice, velue-glanduleuse, à tube égalant le calice, *brusquement dilaté au sommet et bossu en avant,* à lèvre supérieure très-grande, courbée en faux, bilobée au sommet. Stigmates *inégaux.* Akènes bruns marbrés, lisses et luisants. Feuilles fortement réticulées-bosselées, plus ou moins *pubescentes-laineuses,* ovales ou oblongues, souvent en cœur à la base, inégalement crénelées ou dentées, la plupart pétiolées; les inférieures obtuses. Tiges dressées, glanduleuses, et très-rameuses au sommet. — Plante de 4-8 décimètres, velue, très-odorante.

Hab. Coteaux secs et calcaires; répandu dans presque toute la France, mais plus commun dans le midi. ♃ Juin-juillet.

S. Æthiopis *L. sp.* 39; *Vill. Dauph.* 2, *p.* 405; *D C. fl. fr.* 3, *p.* 509; *Koch, syn.* 637. — *Ic. Jacq. austr. tab.* 211. *Rchb. exsicc.* 2180!; *Schultz, exsicc.* 912! — Fleurs brièvement pédicellées, 2-3 par glomérule; bractées grandes, *égalant le calice,* herbacées au sommet, velues-laineuses, *suborbiculaires-en-cœur,* brusquement et finement acuminées, à la fin *étalées-arquées en dehors, non réfléchies.* Calice laineux, à lèvre supérieure *trifide*, l'inférieure bifide, à lobes tous lancéolés, acuminés, aristés. Corolle blanche, une fois plus longue que le calice, munie de petits poils rougeâtres, à tube plus court que le calice, *brusquement dilaté au sommet et bossu en avant,* à lèvre supérieure fortement arquée, rétuse. Stigmates *un peu inégaux.* Akènes bruns, lisses. Feuilles fortement réticulées, un peu velue en dessus, *blanches-laineuses en dessous,* sinuées-dentées ou anguleuses-lobées, à lobes aigus; les inférieures grandes, pétiolées, ovales-en-cœur, aiguës; les supérieures sessiles, à sommet courbé en dehors. Tiges fortes, dressées, laineuses, très-rameuses supérieurement. — Plante de 3-6 décimètres, laineuse.

Hab. Bords des chemins, collines incultes; Dauphiné méridional, Gap, Briançon, Guillestre; Mende, Corsac et Florac dans la Lozère où il est commun; bois de Sallebouse dans le Vigan; en Auvergne au pied du Puy-de-Crouel, à Cœur et à Saint-Nectaire. ♃ Juin-juillet.

S. glutinosa *L. sp.* 37 *et Mant.* 2, *p.* 319; *Vill. Dauph.* 2, *p.* 404; *D C. fl. fr.* 3, *p.* 509; *Gaud. helv.* 1, *p.* 54; *Koch, syn.* 637. — *Ic. Riv. monop. irreg. tab.* 35. *Rchb. exsicc.* 747!;

F. Schultz, exsicc. nº 1130 ! — Fleurs grandes, assez longuement pédicellées, 2-3 par glomérule ; bractées *plus courtes que le calice*, herbacées, velues-glanduleuses, lancéolées, acuminées, *arrondies à la base, à la fin réfléchies*. Calice pubescent-glanduleux, à lèvre supérieure *entière et à bords réfléchis en dedans*, l'inférieure à 2 dents courtes et lancéolées. Corolle jaune, deux fois plus longue que le calice, pubescente-glanduleuse, à tube plus long que le calice, *dilaté seulement à la gorge, mais non bossu en avant*, à lèvre supérieure courbée en faux, bifide au sommet, portant à sa base, en outre des deux étamines normales, deux petites étamines rudimentaires et stériles. Stigmates *inégaux*. Akènes bruns, lisses. Feuilles d'un vert pâle, molles, *pubescentes*, pétiolées, ovales-hastées, en cœur à la base, acuminées, inégalement dentées-en-scie. Tige dressée, rameuse, velue, glutineuse au sommet. — Plante de 5-8 décimètres.

Hab. Lieux ombragés des forêts ; commun dans la chaîne du Jura ; Lyon à la Tête-d'Or ; montagnes du Dauphiné et de l'Ardèche, de la Lozère et du Gard ; Pyrénées-Orientales. ♃ Juin-juillet.

S. PRATENSIS *L. sp.* 35 ; *DC. fl. fr.* 3, *p.* 508. — *Ic. Engl. bot. t.* 153. *Fries, herb. norm. fasc.* 3, nº 10 ! ; *Billot, exsicc.* nº 607 ! — Fleurs généralement grandes, brièvement pédicellées, 2-3 par glomérule ; bractées *plus courtes que le calice*, herbacées, velues-glanduleuses, ovales, acuminées, *embrassantes, à la fin réfléchies*. Calice velu-glanduleux, à lèvre supérieure munie *de 3 petites dents subulées et conniventes*, dont la médiane plus courte, à lèvre inférieure à 2 lobes lancéolés, cuspidés. Corolle bleue, rarement rose ou blanche, deux ou trois fois plus longue que le calice, pubescente-glanduleuse, à tube dépassant le calice, *insensiblement dilaté vers le haut, non bossu en avant*, à lèvre supérieure *courbée en faux*, échancrée au sommet. Stigmates inégaux. Akènes bruns, lisses et luisants. Feuilles réticulées-bosselées, vertes, plus pâles et *pubescentes en dessous*, inégalement incisées-crénelées ; les inférieures pétiolées, ovales-lancéolées, en cœur à la base ; celles de la paire supérieure sessiles et embrassantes. Tige dressée ou ascendante, simple ou rameuse au sommet, peu feuillée. — Plante de 2-8 décimètres, odorante, velue, glanduleuse au sommet.

Hab. Commun dans les prairies de toute la France. ♃ Mai-juillet.

S. VERBENACA *L. sp.* 35 ; *Vill. Dauph.* 2, *p.* 404 ; *Desf. atl.* 1, *p.* 21 ; *DC. fl. fr.* 3, *p.* 511 ; *Dub. bot.* 360 ; *Bertol. fl. ital.* 1, *p.* 146 ; *Guss. syn.* 1, *p.* 23 ; *Benth. in DC. prodr.* 12, *p.* 294 (*non Mert. et Koch, nec Mutel*) ; *S. clandestina L. syst. veg. ed.* 12, *t.* 2, *p.* 66 ; *Thore, Chl. land.* 17 ; *St.-Am. fl. agen.* 11 ; *Mutel, fl. fr.* 3, *p.* 62 (*non L. sp.*). — *Ic. Barr. icon. tab.* 208. *Rchb. exsicc.* 2434 ! ; *Soleir. exsicc.* 3306 ! — Fleurs pédicellées, 2-3 par glomérule ; bractées *plus courtes que le calice*, herbacées, pubescentes ou velues, *semi-orbiculaires, en cœur* à la base, apiculées, *à la fin réfléchies*. Calice hérissé sur les nervures de poils quelquefois glanduleux, à lèvre supérieure *à 3 dents très-petites, rapprochées et convergentes,* l'inférieure à deux lobes lancéolés, cuspidés. Corolle petite, à peine plus longue que le calice, d'un pourpre clair et uniforme, à lèvre supérieure courte, *concave, non comprimée latéralement, droite si ce n'est au sommet qui est courbé* et émarginé. Stigmates *presque égaux.* Akènes bruns, très-finement ponctués. Feuilles un peu fermes, à peine bosselées, vertes sur les deux faces, *glabres en dessus, pubescentes en dessous* sur les nervures, toutes ovales ou ovales-oblongues, en cœur à la base, crénelées ou lobées-crénelées; les radicales longuement pétiolées; les caulinaires à paire inférieure *très-écartée des feuilles radicales;* les caulinaires supérieures sessiles et embrassantes. Tige dressée, mollement velue, peu rameuse. — Plante de 2-4 décimètres, à odeur faible.

Hab. Coteaux calcaires; assez commun dans l'ouest de la France; remonte la vallée de la Loire et de ses affluents jusqu'à Tours; commun dans toute la vallée de la Garonne et dans les vallées tributaires; peu commun en Provence; Cluny (Saône-et-Loire); Corse, à Bonifacio, Saint-Florent. ♃ Mai-août.

S. HORMINOIDES *Pourr. act. toul.* 3, *p.* 327; *S. multifida Sibth. et Sm. prodr. fl. græc.* 1, *p.* 16 *et fl. græc.* 1, *p.* 17, *tab.* 23; *Bertol. fl. ital.* 1, *p.* 149; *S. clandestina Vill. Dauph.* 2, *p.* 404; *Bertol. rar. ital. dec.* 2, *p.* 29; *D C. fl. fr.* 5, *p.* 395; *Dub. bot.* 360 (*excl. syn. fl. port.*); *Koch, syn.* 638; *Guss. syn.* 1, *p.* 23; *Benth. in D C. prodr.* 12, *p.* 294 (*non L. sp.*); *S. verbenaca Mert. et Koch, deustch. fl.* 1, *p.* 355 (*non L.*); *S. Sibthorpii Chaub.! exp. Morée, n°* 32 (*non Sm.*); *S. pallidiflora St.-Am.! fl. agen.* 10. — *Ic. Barrel. icon. tab.* 220. *F. Schultz, exsicc. n°* 914!; *Puel, herb. fl. local. France, n°* 4! — Fleurs pédicellées, 2-3 par glomérule; bractées *plus courtes que le calice,* herbacées, velues, *semi-orbiculaires, en cœur* à la base, apiculées, *à la fin réfléchies.* Calice hérissé sur les nervures de poils quelquefois glanduleux, à lèvre supérieure *à trois dents très-petites et écartées,* l'inférieure à deux lobes lancéolés cuspidés. Corolle une fois plus longue que le calice, pubescente, à lèvre superieure bleue, large, *courbée en faux dès la base, comprimée latéralement,* émarginée; lèvre inférieure à lobe moyen grand, concave, très-obtus, blanc. Stigmates *presque égaux.* Akènes noirs, lisses. Feuilles fermes, réticulées-bosselées, vertes, mais un peu plus pâles en dessous, glabres, velues ou blanches-tomenteuses, toutes lancéolées-oblongues, en cœur à la base, incisées-crénelées ou incisées-pennatifides, à lobes rapprochés et crénelés; les radicales pétiolées; les caulinaires *à paires également espacées sur la tige,* toutes sessiles et embrassantes si l'on en excepte la paire inférieure. Tige dressée ou ascendante, mollement velue, simple ou rameuse. — Plante de 2-6 décim., à odeur désagréable.

Hab. Collines sèches; Sisteron; Avignon; Montaud près de Salon, Marseille; Saint-Ambroix, Alais, Anduze, Pont-du-Gard, Manduel, Saint-Jean-du-Gard, Montpellier; Narbonne; Mende; commun à Moissac, Toulouse, Agen, Bordeaux, Socatz, Saint-Sever, Mont-de-Marsan; Auvergne, au pied du Puy-de-Corent; Corse, à Sartène et Calvi. ♃ Mai et de nouveau en septembre.

TRIB. 6. NEPETEÆ *Benth. lab. p.* 462.— Corolle bilabiée. Etamines 4, rapprochées, parallèles, placées sous la lèvre supérieure de la corolle ; les étamines postérieures les plus longues ; anthères toutes à deux loges divergentes.

NEPETA. (L. gen. 710.)

Calice tubuleux ou ovoïde, à 5 *dents de même forme*. Corolle bilabiée, à lèvre supérieure *plane, dressée, bifide*, à lèvre inférieure dont le lobe moyen est *orbiculaire et concave*, à tube à la fin fortement arqué en dehors. Etamines 4, ascendantes; anthères à deux loges très-divergentes et *s'ouvrant par une fente longitudinale commune*.

Sect. I. CATARIA *Benth. lab. p.* 476. — Calice tubuleux, courbé, oblique à la gorge, à dents inégales.

N. LANCEOLATA *Lam. fl. fr.* 2, *p.* 399; *DC. fl. fr.* 3, *p.* 526; *Lois.! gall.* 2, *p.* 8 (*non Salis*); *N. graveolens Vill. Dauph.* 2, *p.* 366; *Rchb. fl. excurs.* 317; *N. Nepetella All. ped.* 1, *p.* 37, *tab.* 2, *f.* 1 (*mala*); *Koch, syn.* 646 (*non L.*); *N. austriaca Host. austr.* 2, *p.* 154; *Nepeta n°* 2, *Gerard, gallo-prov.* 274. — *Ic. N. angustifolia Minor, hispanica Barr. icon.* 735 (*ex loco natali*); *Rchb. icon.* 6, *f.* 805. *Schultz, exsicc. n°* 1305!—Glomérules de 4 à 6 fleurs, brièvement pédonculés, dirigés du même côté, formant une grappe spiciforme, obtuse, interrompue à la base, assez dense au sommet; bractéoles un peu plus longues que les pédicelles, linéaires-subulées. Calice velu-laineux, à tube *oblong*, courbé, à dents inégales, *lancéolées, acuminées-subulées*. Corolle très-velue extérieurement, à tube *exserte, insensiblement dilaté de la base au sommet*. Stigmates *égaux*. Akènes noirs, oblongs-trigones, tuberculeux. Feuilles petites, étroites, réfléchies, réticulées-bosselées, *blanches ou cendrées en dessous*, plus ou moins couvertes d'un duvet court et appliqué, toutes brièvement pétiolées, *lancéolées ou linéaires-lancéolées*, en cœur ou tronquées ou atténuées à la base, assez profondément dentées ; les caulinaires obtuses. Tiges dressées ou ascendantes, rameuses, couvertes d'un duvet court, réfléchi. — Plante de 3-5 décimètres, très-odorante; fleurs ordinairement blanches.

Hab. Alpes du Dauphiné et de la Provence, Grenoble à Coranson et Champs, Rabou près de Gap, mont de Lans, Briançon, Sisteron, Die, mont Ventoux, Mourière et la Sainte-Baume près de Toulon ; Pyrénées, Bénasque, vallée d'Astos, Béost, etc. ♃ Juillet août.

N. NEPETELLA *L. sp.* 797; *Lam. dict.* 1, *p.* 710; *DC. fl. fr.* 3, *p.* 527; *Lois. gall.* 2, *p.* 9; *Rchb. fl. excurs.* 317 (*non All.*). — *Ic. Rchb. icon.* 3, *f.* 423. — Se distingue du *N. lanceolata*, auquel il ressemble beaucoup par ses feuilles, par les caractères suivants : Fleurs plus petites, en glomérules généralement plus fournis, mais plus lâches, plus écartés de l'axe, plus longuement pédonculés, formant une grappe plus allongée, atténuée et aiguë au sommet; calice non laineux, couvert d'un duvet court, à dents plus larges, plus courtes, *lancéolées, aiguës;* corolle plus petite, rougeâtre, plus brièvement velue, à tube plus grêle et *ne se dilatant que près de la gorge;* tige plus grêle et plus rameuse. Son inflorescence, sa corolle à tube *exserte*, le vestimentum de ses feuilles le distinguent de l'espèce suivante.

Hab. La Provence à Gemenos ! (*Castagne*). ♃ Juillet.

N. agrestis *Lois. nouv. not. p.* 25 *et gall.* 2, *p.* 8; *Benth. lab.* 479 *et* 736; *Bertol. fl. ital.* 6, *p.* 70; *N. lanceolata Salis, fl. od. bot. Zeit.* 1834, *p.* 16 (*non Lam.*); *N. pannonica Dub. bot.* 369 (*an L.?*).—*Soleir. exsicc.* 3347!—Glomérules de 3-5 fleurs, brièvement pédonculés, inclinés du même côté, formant une grappe spiciforme, allongée, étroite, aiguë, interrompue et lâche; bractéoles à peine plus longues que les pédicelles, linéaires-subulées. Calice pubescent, à tube *oblong*, courbé, à dents inégales, *lancéolées-aiguës.* Corolle brièvement pubescente, à tube *inclus, grêle et dilaté seulement vers la gorge.* Stigmates *inégaux.* Akènes bruns, oblongs-trigones, tuberculeux. Feuilles réfléchies, réticulées-rugueuses, *vertes et glabres sur les deux faces*, toutes brièvement pétiolées, *lancéolées*, en cœur ou tronquées à la base, assez profondément dentées. Tiges dressées, raides, simples ou rameuses, très-finement pubescentes.—Plante de 3-6 décimètres, un peu visqueuse; fleurs blanchâtres.

Hab. Les montagnes de la Corse, monts d'Oro, Casamaccioli, Campolite, bergeries d'Ascoutzela dans le Niolo. ♃ Juillet-août.

N. Cataria *L. sp.* 796; *Vill. Dauph.* 2, *p.* 365; *DC. fl. fr.* 3, *p.* 526; *Gaud. helv.* 4, *p.* 23; *Koch, syn.* 646; *N. vulgaris Lam. fl. fr.* 2, *p.* 398; *Cataria vulgaris Mœnch, meth.* 387.— *Ic. Fl. dan. tab.* 580; *Lam. ill. tab.* 502, *f.* 1.— Glomérules multiflores, serrés, brièvement pédonculés, formant une grappe spiciforme, obtuse, interrompue à la base, assez dense au sommet; bractéoles plus courtes que les calices, subulées. Calice velu, à tube *ovoïde*, un peu courbé, à dents inégales, *lancéolées, acuminées-subulées.* Corolle velue, à tube *inclus, dilaté seulement vers la gorge.* Stigmates *un peu inégaux.* Akènes bruns, ovoïdes-trigones, lisses. Feuilles molles et pubescentes, d'un vert gai en dessus, *plus pâles et même blanchâtres en dessous*, étalées; toutes assez longuement pétiolées, *en cœur ou ovales-en-cœur*, un peu prolongées sur le pétiole, bordées de larges crénelures mucronulées. Tiges dressées, pubescentes, simples ou rameuses. — Plante de 5-8 décimètres, odorante; fleurs blanches, ponctuées de rouge.

Hab. Bords des chemins, décombres; çà et là dans presque toute la France. ♃ Juin-août.

Sect. 2. ORTHONEPETA *Benth. lab.* 485. — Calice ovoïde, droit, non oblique à la gorge, à dents égales.

N. LATIFOLIA *D C. fl. fr.* 3, *p.* 528, *et* 5, *p.* 397; *Dub. bot.* 369; *Lois. gall.* 2, *p.* 9; *Benth. in D C. prodr.* 12, *p.* 386; *N. grandiflora Lapeyr. abr. pyr.* 329 (*non Bieb.*); *N. violacea Lapeyr. abr. pyr.* 329; *D C. fl. fr.* 5, *p.* 396, *ex loc. nat.* (*non Vill.*; *an L.?*). — *Ic. Lapeyr. fl. pyr. tab.* 119. *Endress, pl. pyr. exsicc. unio itin.* 1829! — Glomérules multiflores, denses, brièvement pédonculés, formant une longue grappe spiciforme, interrompue à la base; bractéoles plus courtes que les calices, linéaires-subulées. Calice pubescent, à tube ovoïde, à dents égales, souvent bleues, *triangulaires à la base, acuminées-subulées.* Corolle pubescente, à tube exserte, grêle, dilaté vers la gorge. Stigmates égaux. Akènes noirs, ovoïdes-trigones, muriquées au sommet. Feuilles pubescentes et vertes des deux côtés, grandes, ovales-lancéolées, un peu en cœur à la base, crénelées, sessiles ou les inférieures brièvement pétiolées. Tiges dressées, tétragones, déprimées sur les faces, simples ou un peu rameuses.— Plante de 8-12 déc., souvent un peu glanduleuse au sommet; fleurs bleues ou plus rarement rougeâtres.

Hab. Pyrénées orientales, Mont-Louis, la Cabanas, vallée d'Eynes, Formiguères dans le Capsir. ♃ Août-septembre.

N. NUDA *L. sp.* 797 *et mant. alt.* 416; *D C. fl. fr.* 3, *p.* 527; *Dub. bot.* 369; *Lois. gall.* 2, *p.* 9; *Koch, syn.* 640; *Gaud. helv.* 4, *p.* 25; *N. violacea Vill. Dauph.* 2, *p.* 367; *Scop. carn.* 1, *p.* 431 (*non L. nec D C.*); *N. pannonica Jacq. austr.* 2, *p.* 18, *tab.* 129; *N. paniculata Crantz, austr.* 270. *Ic. Barr. icon.* 601. — Glomérules pauciflores, brièvement pédonculés, formant au sommet de la tige et des rameaux des grappes spiciformes interrompues; bractéoles plus courtes que les calices, étroitement linéaires-subulées. Calice pubescent, à tube ovoïde, à dents égales, *linéaires, aiguës, scarieuses aux bords et ciliées.* Corolle petite, pubescente, à tube exserte, grêle, élargi seulement vers la gorge. Stigmates courts, presque égaux. Akènes bruns, ovoïdes-trigones, muriqués au sommet. Feuilles pubescentes, d'un vert gai en dessus, plus pâles et finement ponctuées en dessous, ovales ou lancéolées, en cœur à la base, crénelées, sessiles ou les inférieures brièvement pétiolées. Tiges dressées, tétragones avec les faces excavées, très-rameuses, paniculées au sommet. — Plante de 6-10 décimètres, d'une odeur désagréable; fleurs violettes ou blanches.

Hab. Alpes du Dauphiné, bois de Loubet et de la Crangette près de Gap, Suze, le Valgaudemard, mont Séuse, Champoléon; Pyrénées (*D C.*). ♃ août.

DRACOCEPHALUM. (L. gen. 729.)

Calice tubuleux, à 5 dents, *dont la supérieure est très-grande et d'une autre forme que les autres,* plus rarement toutes les dents sont semblables et disposées en deux lèvres. Corolle bilabiée, à lèvre supérieure *courbée en capuchon, concave, émarginée*, à lèvre inférieure dont le lobe moyen est très-grand, *plan, en cœur renversé*. Etamines 4, ascendantes, courbées au sommet; anthères à 2 loges très-divergentes et *s'ouvrant par une fente longitudinale commune*.

D. Ruyschiana *L. sp.* 820; *Vill. Dauph.* 2, *p.* 400; *DC. fl. fr.* 3, *p.* 567; *Dub. bot.* 374; *Koch, deutsch. Fl.* 4, *p.* 326; *Bertol. fl. ital.* 6, *p.* 233; *Gaud. helv.* 4, *p.* 97; *Ruyschiana spicata Mill. dict. n°* 1. — *Ic. Riv. monop. irr. tab.* 73; *Fl. dan. tab.* 121. *Rchb. exsicc.* 994 !; *Fries, herb. norm.* 4, *n°* 15 ! — Fleurs de grandeur moyenne, rapprochées en épi au sommet de la tige; bractées petites, *entières*, lancéolées, acuminées, brièvement ciliées. Calice pubérulent, strié, à segments inégaux, trinerviés, veinés en travers; le supérieur ovale, mucroné; les autres lancéolés. Corolle d'un beau bleu, à tube *droit*. Anthères barbues. Feuilles glabres ou seulement pubescentes aux bords, un peu fermes, d'un vert gai en dessus, d'un vert pâle et un peu ponctuées en dessous, roulées par les bords, étroites, linéaires-lancéolées, obtuses, *mutiques*, atténuées à la base, *toutes très-entières*. Tiges grêles, simples, dressées ou ascendantes. — Plante de 1-3 décimètres, presque glabre.

Hab. Hautes Alpes du Dauphiné, Lautaret, col de l'Arche, mont Bayard près de Gap; Pyrénées, fond de la vallée de Luttours, au-dessus de Cascadie de Pisse de Rose (*le Prevost et Mme Ricard*). ♃ Juillet-août.

D. austriacum *L. sp.* 829; *Vill. Dauph.* 2, *p.* 400; *DC. fl. fr.* 3, *p.* 566; *Dub. bot.* 374; *Gaud. helv.* 4, *p.* 96; *Koch, deutsch. fl.* 4, *p.* 325; *Ruyschiana laciniata Mill. dict. n°* 2.—*Ic. Riv. monop. irr. tab.* 74; *Jacq. ic. rar. tab.* 112.—Fleurs grandes, rapprochées en épi interrompu au sommet de la tige; bractées velues, *trifides*, à segments aristés. Calice velu, strié, à segments inégaux, trinerviés, veinés en travers; le supérieur plus grand, ovale, brièvement aristé; les autres linéaires, aigus, mucronés. Corolle d'un bleu-violet, à tube courbé sur le dos. Anthères velues. Feuilles un peu velues, d'un vert pâle, non ponctuées en dessous; les caulinaires *tri-quinquépartites*, à segments linéaires, plans, trinerviés, obtus, *aristés*. Tiges nombreuses, rameuses ou simples, velues, étalées. — Plante de 2-3 décimètres, velue.

Hab. Hautes Alpes du Dauphiné, montagne des Bourbes près de Digne, chemin de Gap à la Mure (*le Prevost et Mme Ricard*); montagne du Regnier en Provence; Pyrénées orientales, Fond-de-Comps (*Bentham*). ♃ Mai.

GLECHOMA. (L. gen. 714.)

Calice tubuleux, à 5 *dents de même forme*. Corolle bilabiée, à lèvre supérieure *plane, dressée, bifide*, à lèvre inférieure dont le lobe moyen est *plan et en cœur renversé*. Etamines 4, ascendantes; anthères rapprochées par paire, à loges divergentes et *disposées en croix, s'ouvrant chacune par une fente longitudinale distincte*.

G. hederacea *L. sp.* 807; *D C. fl. fr.* 3, *p.* 538; *Calamintha hederacea Scop. carn.* 1, *p.* 423; *Nepeta Glechoma Benth. lab.* 485. — *Ic. Lam. ill. tab.* 505. *Fries, herb. norm.* 11, *n°* 19! — Glomérules de 2-3 fleurs, très-brièvement pédonculés, tous dirigés du même côté, et se rencontrant à l'aisselle de presque toutes les feuilles; bractéoles très-courtes, sétacées. Calice à dents ovales, acuminées-sétacées. Corolle à tube obconique, très-velue à la base de la lèvre inférieure. Akènes bruns, lisses. Feuilles molles, ridées en réseau, d'un vert gai, plus ou moins velues, toutes pétiolées, réniformes-orbiculaires, en cœur à la base, bordées de larges crénelures. Tiges couchées, rampantes, émettant des rameaux nombreux, les uns fleuris et dressés, les autres stériles, couchés, souvent très-allongés.—Plante de 1-3 décimètres, polymorphe, très-odorante; fleurs d'un violet clair, plus rarement blanches, de grandeur variable.

α. *genuina.* Calice trois fois plus court que le tube de la corolle; plante presque glabre.

β. *hirsuta Godr. fl. lorr.* 2, *p.* 193. Calice plus long que la moitié du tube de la corolle; plante velue. *G. hirsuta Waldst. et Kit. pl. rar. hung.* 2, *p.* 124.

Hab. Vergers, prairies, bords des haies, commun dans toute la France. La var. β. dans les bois montagneux. ♃ Avril-mai.

Trib. 7. STACHYDEÆ *Benth. in DC. prodr.* 12, *p.* 407. — Corolle bilabiée. Etamines 4, parallèles et rapprochées sous la lèvre supérieure de la corolle; les antérieures les plus longues; anthères à loges plus ou moins divergentes.

A. *Calice ni enflé, ni bilabié, ouvert et à dents étalées à la maturité.*

† *Etamines exsertes.*

LAMIUM. (L. gen. 716.)

Calice campanulé, à 5 dents *non épineuses.* Corolle bilabiée, à lèvre supérieure *voûtée en casque,* à lèvre inférieure dont les lobes latéraux sont petits, tronqués ou dentiformes, rarement oblongs, et le lobe médian grand et rétréci à la base. Etamines 4, exsertes; anthères à deux loges opposées bout à bout et s'ouvrant par une fente longitudinale commune. Akènes *tronqués et glabres au sommet, trigones,* à *angles aigus.*

Sect. 1. Lamiopsis *Dumort. florul. belg.* 45. — Tube de la corolle dépourvu intérieurement d'un anneau de poils. Anthères barbues.

L. longiflorum *Ten.! fl. nap. prodr. p.* 34, *Fl. nap.* 5, *p.* 10, *tab.* 152, *et syll.* 285; *Guss. rar. p.* 233; *Benth. lab.* 610; *Bertol. fl. ital.* 6, *p.* 111; *L. lævigatum D C. fl. fr.* 3. *p.* 341; *Dub. bot.* 366; *Lois. gall.* 2, *p.* 11 (*non L.*); *L. pedemontanum*

Rchb. fl. exc. p. 322. — Glomérules de 3-5 fleurs, formant une grappe interrompue; bractéoles beaucoup plus courtes que le calice, subulées, un peu velues. Calice pubescent, à dents lancéolées, *brièvement acuminées-subulées, étalées.* Corolle très-grande, purpurine ou rarement blanche, à tube deux fois plus long que le calice, droit, fortement dilaté à la gorge; lèvre supérieure velue, *échancrée, à lobes entiers ou bidentés.* Akènes granuleux. Feuilles d'un vert gai, glabres ou pubescentes, *toutes pétiolées, ovales-en-cœur,* profondément et doublement crénelées. Tiges épaisses, dressées ou ascendantes, glabres. — Plante de 2-6 décimètres.

Hab. Alpes de la Provence; Saint-Auban, Coulebrousse près de Seyne, Colmars, mont Ventoux; Corse, monte di Cagno, Coscione. ♃ Juin-juillet.

L. corsicum *Godr. et Gren.* — Glomérules de 2-3 fleurs, un peu rapprochés au sommet des tiges; bractéoles nulles. Calice presque glabre, à dents lancéolées, *aiguës, étalées-dressées.* Corolle petite, blanche?, à tube plus long que le calice, grêle, droit, peu dilaté à la gorge; lèvre supérieure très-velue, *entière.* Akènes lisses. Feuilles glabres ou presque glabres, *toutes pétiolées, ovales-en-cœur,* profondément crénelées. Tiges grêles, flexueuses, diffuses, glabres. — Plante de 1-2 décimètres.

Hab. Corse, sommet du mont Ciuto dans le Niolo (*Bernard*). ♃.

L. amplexicaule *L. sp.* 809; *DC. fl. fr.* 3, *p.* 542; *Koch, deutsch. fl.* 4, *p.* 267; *Galeobdolon amplexicaule Mœnch, meth.* 393; *Pollichia amplexicaulis Willd. prodr. n°* 614. — *Ic. Engl. bot. tab.* 770. — Glomérules de 6 à 10 fleurs, formant une grappe interrompue; bractéoles nulles. Calice mollement velu, à dents lancéolées, *acuminées-subulées,* ciliées, *conniventes.* Corolle petite, purpurine, à tube trois fois plus long que le calice, droit, très-grêle, dilaté seulement à la gorge; lèvre supérieure très-velue, ovale, *entière;* dans les fleurs du printemps la corolle est souvent rudimentaire et incluse. Akènes lisses. Feuilles pubescentes; les inférieures pétiolées, orbiculaires-en-cœur, bordées de larges crénelures; feuilles supérieures plus grandes, *sessiles, embrassantes, réniformes, crénelées-lobées.* Tiges grêles, dressées ou ascendantes.— Plante de 5-20 centimètres.

Hab. Lieux cultivés, dans toute la France. ① Avril-octobre.

L. bifidum *Cyr. pl. rar. neap. fasc.* 1, *p.* 22, *tab.* 7; *Tenor, fl. nap.* 5, *p.* 11, *tab.* 153, *f.* 2; *Benth. lab.* 511; *Moris, stirp. sard. elench. fasc.* 2, *p.* 8; *Lois. nouv. not.* 25, *et gall.* 2, *p.* 11; *Dub. bot.* 366; *Guss. syn.* 2, *p.* 74; *Salis, fl. od. bot. Zeit.* 1834, *p.* 15; *Bertol. fl. ital.* 6, *p.* 118. — *Soleir. exsicc.* 3209! — Glomérules de 5-8 fleurs, rapprochés au sommet des tiges en une tête feuillée ou la paire inférieure écartée; bractéoles plus courtes que le calice, linéaires, velues, ciliées. Calice velu, à dents lancéolées, *acuminées-subulées, étalées.* Corolle blanche, à tube plus long que le calice, grêle et droit, brusquement dilaté à la gorge; lèvre supérieure velue, convexe, *bifide, à lobes obovés et étalés.* Akènes granuleux. Feuilles velues et souvent munies d'une ligne blanche; les radicales petites, longuement pétiolées, en cœur, obtuses, crénelées; les caulinaires plus grandes, ovales-en-cœur, incisées-dentées, à paires très-écartées; les supérieures *brièvement pétiolées, lancéolées, trifides, dentées,* rapprochées. Tiges glabres ou velues; la centrale dressée, les latérales ascendantes ou décombantes.—Plante de 1-3 décimètres. Varie à corolle rudimentaire incluse (*L. cryptanthum Guss. ind. sem. hort boccadif.* 1826, *p.* 6).

Hab. Corse, Vico, Buchouiano, Bastia, Porto-Vecchio, Bonifacio. ① Mars-avril.

L. HYBRIDUM *Vill. Dauph.* 1, *p.* 251; *Thuill. par.* 290; *D C. fl. fr.* 3, *p.* 541; *L. dissectum With. brit.* 527; *L. incisum Willd. sp.* 3, *p.* 89; *Fries, nov.* 193; *L. confertum Fries, summ.* 15 *et* 198; *L. rubrum minus foliis profundè incisis Tournef. inst.* 184.— *Ic. Engl. bot. tab.* 1933. *Rchb. exsicc.* 1446!; *Fries, herb. norm. fasc.* 10, *n°* 16!; *F. Schultz, exsicc. n°* 915!—Glomérules de 3-5 fleurs rapprochés au sommet des tiges en une tête feuillée; bractéoles plus courtes que le calice, subulées, ciliées. Calice un peu velu, à dents lancéolées, *acuminées-subulées, à la fin divariquées.* Corolle petite, purpurine, à tube plus court que le calice, grêle et droit, brusquement dilaté à la gorge; lèvre supérieure velue, convexe, *entière.* Akènes lisses. Feuilles pubescentes, toutes pétiolées; les inférieures petites, suborbiculaires, à peine en cœur, crénelées; les supérieures rapprochées, *brièvement pétiolées, décurrentes sur le pétiole, triangulaires-arrondies,* presque aiguës, souvent en coin à la base, *profondément incisées-crénelées.* Tiges couchées ou ascendantes, lisses. — Plante de 1-2 décimètres.

Hab. Lieux cultivés; çà et là dans toute la France, mais peu commun. ① Avril-mai.

Sect. 2. Lamiotypus *Dumort. l. c.*— Tube de la corolle pourvu intérieurement d'un anneau de poils. Anthères barbues.

L. PURPUREUM *L. sp.* 809; *D C. fl. fr.* 3, *p.* 541; *Koch, deutsch. fl.* 4, *p.* 265.— *Ic. Riv. monop. irr. tab.* 62, *f.* 2; *Engl. bot. tab.* 769. — Glomérules de 3-5 fleurs, rapprochés au sommet des tiges, la paire inférieure seule quelquefois écartée; bractéoles plus courtes que le calice, subulées, ciliées. Calice glabre ou peu velu, à dents lancéolées, longuement acuminées-subulées, à la fin divariquées. Corolle petite, purpurine, à tube plus long que le calice, *droit, étroit jusque sous la gorge dilatée brusquement,* muni intérieurement d'un anneau de poils *transversal;* lèvre supérieure brièvement velue, ovale, entière, *non carénée sur le dos; deux dents* de chaque côté à la base de la lèvre inférieure de la corolle. Feuilles d'un vert gai, velues, toutes pétiolées, en cœur, crénelées ou plus rarement incisées-crénelées (*L. purpureum* β. *decipiens Sonder in Koch, syn. p.* 649); les supérieures rapprochées, réfléchies. Tiges rudes sur les bords ; la centrale dressée ; les latérales ascendantes. — Plante de 1-2 décimètres.

Hab. Lieux cultivés, dans toute la France. ⓵ Avril-octobre.

L. maculatum *L. sp.* 809 ; *D C. fl. fr.* 3, *p.* 540 ; *Koch, deutsch. fl.* 4, *p.* 262 ; *L. hirsutum Lam. dict.* 3, *p.* 410 ; *L. lævigatum L. sp.* 808 (*non D C.*) ; *L. stoloniferum Lapeyr. abr. pyr.* 333 ; *L. album var.* β. *Poll. pal.* 2, *p.* 142, *L. grandiflorum Pourr. act. Toul.* 3, *p.* 322 ; *L. rubrum Wallr. Schred.* 300. — *Rchb. exsicc.* 742 *et* 843 ! ; *Billot, exsicc. n°* 435 ! — Glomérules de 3 à 5 fleurs, en grappe interrompue ; bractéoles très-petites ou nulles. Calice glabre ou velu, à dents lancéolées, longuement acuminées-subulées, ciliées, à la fin divariquées. Corolle grande, purpurine ou plus rarement blanche (*L. niveum Schrad. in Linnea*, 15, *p.* 94), à tube plus long que le calice, *courbé, resserré à la base, brusquement élargi-ventru au-dessus de la constriction, dépourvu de cran* et muni intérieurement d'un anneau de poils *transversal;* lèvre supérieure *doublement carénée sur le dos,* obtuse, crénelée ; *une seule dent* de chaque côté à la base de la lèvre inférieure. Feuilles pubescentes ou velues, souvent pourvues d'une tache blanche longitudinale ; les inférieures plus petites, longuement pétiolées, suborbiculaires-en-cœur, obtuses ; les moyennes ovales-en-cœur ; les supérieures moins longuement pétiolées, triangulaires, acuminées, tronquées à la base un peu prolongée sur le pétiole ; toutes doublement dentées. Tiges dressées ou ascendantes, glabres ou velues. — Plante de 2-6 décimètres. Le *L. Grenieri Mutel* est une monstruosité de cette plante, à lèvre inférieure presque avortée.

Hab. Haies, fossés ; commun dans presque toute la France. ♃ Avril-sept.

L. album *L. sp.* 809 ; *D C. fl. fr.* 3, *p.* 540 ; *Koch, deutsch. fl.* 4, *p.* 262. — *Ic. Lam. illustr. tab.* 506 ; *Engl. bot. tab.* 768. — Glomérules de 5-8 fleurs en grappe interrompue ; bractéoles petites, ciliées. Calice glabre ou velu, ordinairement maculé de noir à la base, à dents lancéolées, longuement acuminées-subulées, étalées. Corolle blanche, à tube égalant le calice, *courbé*, *resserré à la base, muni, au-dessus de la constriction et en avant, d'un cran à partir duquel il s'élargit peu à peu vers la gorge,* pourvu intérieurement d'un anneau de poils *très-oblique ;* lèvre supérieure très-velue, *doublement carénée sur le dos*, obtuse, dentée ; *deux dents* de chaque côté à la base de la lèvre inférieure. Feuilles velues, d'un vert gai, fortement et inégalement dentées avec la dent terminale plus longue, toutes pétiolées, en cœur, acuminées, les supérieures plus longuement. Tiges dressées ou ascendantes, velues.— Plante de 2-4 décimètres.

Hab. Haies, bords des chemins ; commun dans toute la France. ♃ Avril-mai.

Sect. 3. Galeobdolon *Benth. lab. p.* 515. — Tube de la corolle pourvu intérieurement d'un anneau de poils. Anthères glabres.

L. flexuosum *Ten. ! fl. nap.* 2, *p.* 19, *tab.* 52, *et Syll.* 287; *Bertol. fl. ital.* 6, *p.* 120; *L. Petitinum Gay, ined.—Ic. Rchb. icon. f.* 948. *Endress, pl. pyr. exsicc. unio itin.* 1831!; *Billot, exsicc. n°* 8:4!—Glomérules de 4-8 fleurs, rapprochés au sommet des tiges, la paire inférieure quelquefois écartée; bractéoles un peu plus courtes que le calice, linéaires, subulées au sommet, ciliées. Calice velu, à dents lancéolées, acuminées-spinuleuses, ciliées Corolle *blanche,* à tube court, inclus, resserré à la base, *muni, au-dessus de la constriction et en avant, d'un cran* au-dessus duquel le tube s'élargit jusqu'à la gorge, muni intérieurement d'un anneau de poils oblique; lèvre supérieure courbée, allongée, atténuée à la base, pubescente, entière; lèvre inférieure *à lobe médian en cœur renversé, à lobes latéraux recourbés et munis antérieurement d'une dent* mutique ou terminée par un filet. Feuilles molles, velues, souvent maculées de blanc, toutes pétiolées; les inférieures petites, ovales, presque en cœur à la base, aiguës; les moyennes et les supérieures tronquées ou arrondies à la base; toutes doublement dentées. Tiges décombantes, grêles, flexueuses, radicantes aux nœuds inférieurs, couvertes de poils mous réfléchis. — Plante de 3-6 décimètres.

Hab. Haies des Pyrénées-Orientales, Prats-de-Mollo, Perpignan et toute la plaine du Roussillon. ♃ Avril-juin.

L. Galeobdolon *Crantz, austr.* 262; *Benth. in D C. prodr.* 12, *p.* 512; *Galeopsis Galeobdolon L. sp.* 810; *Galeobdolon luteum Huds. angl.* 258; *D C. fl. fr.* 3, *p.* 555; *Cardiaca sylvatica Lam. fl. fr.* 2, *p.* 384; *Leomaris Galeobdolon Scop. carn.* 2, *p.* 409; *Pollichia Galeobdolon Willd. prodr. n°* 613. — *Ic. Riv. monop. irr. tab.* 20, *f.* 2; *Engl. bot. tab.* 787. *Rchb. exsicc.* 1680 *et* 1681! *Fries, herb. norm. fasc.* 2, *n°* 24! — Glomérules de 3 à 5 fleurs en grappe interrompue; bractéoles linéaires, spinuleuses au sommet, velues. Calice pubescent, à dents lancéolées, longuement subulées et spinuleuses au sommet. Corolle jaune, à tube court, égalant le calice, courbé, étroit dans sa moitié inférieure, dépourvu de cran, dilaté vers la gorge, pourvu intérieurement d'un anneau de poils très-oblique; lèvre supérieure courbée, allongée, atténuée à la base, longuement velue, entière, lèvre inférieure *à trois lobes lancéolés, entiers, aigus,* le terminal un peu plus grand. Feuilles molles, velues, souvent maculées de blanc, toutes pétiolées, ovales, un peu en cœur à la base, doublement dentées; les supérieures acuminées. Tiges les unes fleuries et dressées, les autres sans fleurs, couchées et même radicantes. — Plante de 3-6 décimètres.

Hab. Bois montagneux, dans toute la France. ♃ Mai-juin.

LEONURUS. (L. gen. 722.)

Calice tubuleux-campanulé, à 5 dents *épineuses.* Corolle bilabiée, à lèvre supérieure *un peu concave,* l'inférieure trilobée. Etamines,

4, exsertes ; anthères à 2 loges opposées bout à bout et s'ouvrant par une fente longitudinale commune. Akènes *tronqués et velus au sommet, trigones, à angles aigus.*

L. Cardiaca *L. sp.* 817 ; *D C. fl. fr.* 3, *p.* 553 ; *Koch, syn.* 658 ; *Cardiaca trilobata Lam. fl. fr.* 2, *p.* 383. — *Ic. Riv. monop. irreg. tab.* 20, *f.* 1 ; *Fl. dan. tab.* 727. — Glomérules de fleurs très serrés, sessiles, formant un long épi feuillé et interrompu; bractéoles courtes, sétacées. Calice velu, anguleux, très-ouvert, à dents triangulaires à la base et terminées par une longue pointe épineuse, les 3 dents supérieures dressées, les 2 inférieures réfléchies. Corolle très-velue, à tube plus long que le calice, resserré sous le milieu *et muni là d'un anneau de poils oblique.* Feuilles toutes longuement pétiolées, très-étalées, d'un vert foncé en dessus, pubescentes et blanchâtres en dessous; les inférieures *échancrées en cœur à la base, palmatipartites,* à segments munis de dents très-inégales et peu nombreuses; les feuilles supérieures cunéiformes à la base, trifides ou bidentées au sommet. Tige dressée, très-rameuse et très-feuillée. —Plante de 6-15 décimètres; fleurs rosées, beaucoup plus grandes que dans l'espèce suivante.

Hab. Haies, décombres, bords des routes; çà et là dans presque toute la France, si ce n'est toutefois dans la région méditerranéenne. ♃ Juin-août.

L. Marrubiastrum *L. sp.* 817; *D C. fl. fr.* 3, *p.* 554; *Chaiturus Marrubiastrum Rchb. fl. excurs.* 317 ; *Koch, syn.* 658. —*Ic. Jacq. austr. tab.* 405. — Glomérules de fleurs serrés, presque sessiles, formant un long épi feuillé et interrompu ; bractéoles nombreuses, sétacées. Calice brièvem[t] pubescent, anguleux, à dents dressées-étalées, triangulaires à la base, terminées par une longue pointe épineuse. Corolle pubescente, à tube un peu courbé, *plus court* que le calice, *dépourvu intérieurement d'un anneau de poils.* Feuilles toutes pétiolées, molles, pubescentes, d'un vert obscur en dessus, d'un vert-grisâtre en dessous ; les inférieures *ovales-arrondies, inégalement crénelées;* les moyennes ovales, aiguës, dentées; les supérieures lancéolées, atténuées aux deux extrémités. Tige dressée, rameuse. — Plante de 5-10 décimètres ; fleurs petites, blanchâtres.

Hab. Décombres, bords des rivières ; Alsace, à Colmar, Schlestadt, Ostheim, Guémar ; à Novéant et à Corny près de Metz ; à Seurre dans la Côte-d'Or ; Bourges, Angers, Chalonnes, Saumur, Nantes, etc. ♃ Juillet-août.

GALEOPSIS. (L. gen. 717.)

Calice tubuleux, à 5 dents *épineuses.* Corolle bilabiée, à lèvre supérieure *voûtée;* à lèvre inférieure trilobée et munie de deux plis dentiformes à la base du lobe médian. Étamines 4, exsertes ; anthères à *deux loges opposées bout à bout et s'ouvrant chacune par une valve placée transversalement.* Akènes *ovoïdes, arrondis au sommet.*

a. *Tige non gonflée sous les nœuds.*

G. angustifolia *Ehrh. herb.* 137; *Hoffm. deutsch. fl.* 2, *p.* 8; *Guss. pl. rar. p.* 237; *G. Ladanum Vill. Dauph.* 2, *p.* 386; *Sm. fl. brit.* 2, *p.* 628; *Godr. fl. lorr.* 2, *p.* 198 (*an L.?*). — *Ic. Engl. bot. tab.* 884. *Rchb. exsicc.* 1679! — Fleurs en glomérules *rapprochés et se confondant au sommet de la tige et des rameaux;* le glomérule inférieur *seul écarté* et pauciflore; bractées linéaires-subulées, épineuses, courbées en dehors, *plus longues que les calices;* feuilles florales très-étalées, linéaires ou linéaires-lancéolées, aiguës, peu ou pas dentées. Calice muni de poils courts, mous, appliqués, à tube élargi à la gorge à la maturité, à dents inégales, étroites, subulées-épineuses, à la fin étalées. Corolle de grandeur variable, à tube presque droit, 1–2 fois plus long que le calice ou quelquefois l'égalant, toujours très-élargi à la gorge, à lèvre supérieure fortement concave. Feuilles plus ou moins couvertes de poils mous et appliqués, allongées, oblongues-lancéolées ou linéaires-lancéolées, toujours *longuement cunéiformes à la base, acuminées, entières au sommet et à la base, bordées vers leur milieu de quelques dents très-écartées.* Tige dressée, ord[t] élancée, non gonflée sous les nœuds, à rameaux ascendants, décroissants vers le haut, donnant à la plante une forme pyramidale. — Plante de 2–4 déc.; fl. purpurines, rarem[t] blanches.

α. *genuina.* Dents du calice longuement subulées; plante verte.

β. *arenaria. Nob.* Dents du calice plus courtes; plante blanchâtre et parfois glanduleuse dans le haut. *G. canescens Schult. obs.* 108.

Hab. La var. α. est commune et paraît propre aux terrains calcaires; la var. β. dans les lieux sablonneux. (I) Juillet-septembre.

G. intermedia *Vill. prosp.* 21, *et Dauph.* 2, *p.* 387, *tab.* 9; *G. parviflora Lam. dict.* 2, *p.* 600; *DC. fl. fr.* 3, *p.* 544; *G. Ladanum Guss. pl. rar. p.* 236. — Fleurs en glomérules bien fournis, *tous écartés les uns des autres;* bractées linéaires, brièvement subulées-épineuses, appliquées, *plus courtes que les calices;* feuilles florales étalées ou réfléchies, lancéolées, dentées en scie. Calice visqueux, couvert de poils mous étalés et toujours entremêlés de poils glanduleux, à tube non élargi à la gorge à la maturité, à dents peu inégales, triangulaires, subulées-épineuses, à la fin dressées. Corolle toujours petite, à tube droit, égalant le calice ou le dépassant peu, moins brusquement et moins fortement élargi à la gorge que dans l'espèce précédente, à lèvre supérieure presque plane. Feuilles couvertes de petits poils appliqués, *ovales ou ovales-lancéolées, brusquement contractées en un court pétiole,* mais non arrondies à la base, non acuminées, *régulièrement dentées en scie.* Tige dressée, non gonflée sous les nœuds, rameuse; rameaux ascendants, formant une large panicule. — Plante de 1–3 décimètres; fleurs purpurines, rarement blanches.

Hab. Les Alpes du Dauphiné, Revel près de Grenoble, Rabou, Menteyer, Laus, etc.; Coulebrousse dans les Basses-Alpes; Espérou; Pyrénées, Mont-Louis. (I) Juillet-septembre.

Obs. — Il est probable que cette plante, comme l'avait pensé De Candolle (*fl. fr.* 3, *p.* 544), et comme le croit Gussone (*pl. rar. p.* 256), est le véritable *G. Ladanum* de Linné. La description du célèbre botaniste suédois, quoique bien courte, confirme cette manière de voir. Il dit en effet, et dans le *Flora suecica* et dans le *Species plantarum* : *verticillis omnibus remotis*, ce qui est vrai appliqué à la plante de Villars, et ce qui n'existe pas dans la plante d'Ehrbart. Wahlenberg (*fl. suec. p.* 570), donne à la plante de Suède des calices glanduleux, ce qui est rare dans le *G. angustifolia*, mais cela a toujours lieu dans le *G. intermedia*, et cette nouvelle circonstance vient encore à l'appui de notre opinion. Il n'y a rien d'étonnant du reste que nous retrouvions dans les hautes montagnes de France une plante qui croit dans les plaines de la Suède.

D'une autre part, Smith, possesseur de l'herbier de Linné, décrit évidemment (*fl. brit.* 2, *p.* 628), sous le nom de *G. Ladanum*, le *G. angustifolia*; mais il ajoute : *exemplaria linneana à nostratibus paululum discrepant foliis latioribus, omnibus æqualiter serratis, ferè ut in sequente* (*G. villosa Huds.*; *G. dubia Leers*). Ces caractères appartiennent à la plante de Villars et la comparaison de ses feuilles avec celles du *G. dubia* est très-exacte.

G. dubia *Leers, herb. p.* 133; *Godr. fl. lorr.* 2, *p.* 199; *G. villosa Huds. angl.* 256; *G. ochroleuca Lam. dict.* 2, *p.* 600; *DC. fl. fr.* 3, *p.* 543; *Koch, syn.* 651; *G. prostrata Vill. Dauph.* 2, *p.* 388; *G. cannabina Poll. pal.* 2, *p.* 149 (*non Gmel. nec Roth*). — *Ic. Riv. monop. irr. tab.* 24, *f.* 2. *Rchb. exsicc. n°* 234!; *Fries, h. norm. fasc.* 12, *n°* 33!; *Billot, exsicc. n°* 609! — Fleurs en glomérules *distincts*, mais les deux supérieurs ordinairement rapprochés; bractées petites, linéaires, épineuses au sommet, appliquées, *plus courtes que les calices;* feuilles florales étalées, lancéolées, atténuées aux deux bouts, dentées en scie. Calice couvert de poils mous étalés et la plupart glanduleux, à tube insensiblement élargi vers la gorge, à dents un peu inégales, lancéolées, brièvement épineuses, à la fin dressées. Corolle grande, à tube beaucoup plus long que le calice, élargi à la gorge, à lèvre supérieure concave. Feuilles mollement velues, presque tomenteuses en dessous, *lancéolées ou ovales-lancéolées, atténuées aux deux extrémités, régulièrement dentées en scie,* à nervures saillantes, rapprochées et parallèles. Tige dressée, non gonflée sous les nœuds, rameuse; rameaux étalés, décroissants vers le haut et formant une panicule pyramidale.— Plante de 1-3 décimètres; fleurs jaunes ou plus rarement purpurines panachées de jaune.

Hab. Moissons des terrains siliceux. ① Juillet-août.

G. pyrenaica *Bartl. ind. sem. h. gœtt.* 1848, *p.* 4, *et ann. sc. nat. sér.* 3, *t.* 11, *p.* 254.—*Billot, exs. n°* 831!—Fleurs en glomérules bien fournis, *tous distincts,* mais les deux supérieurs ord[t] rapprochés; bractées petites, lancéolées, épineuses au sommet, appliquées, *plus courtes que tes calices;* feuilles florales étalées, ovales, obtuses, régulièrement crénelées. Calice couvert de poils blancs appliqués et entremêlés de poils glanduleux, à tube mince, insensiblement élargi vers le haut, à dents un peu inégales, triangulaires, longuement subulées-épineuses, à la fin dressées. Corolle assez grande, à tube élargi à la gorge et dépassant le calice, à lèvre supérieure concave. Feuilles brièvement tomenteuses sur les deux faces, *ovales, obtuses, arrondies ou tronquées à la base, régulièrement crénelées.* Tige dressée, non gonflée sous les nœuds, rameuse ; rameaux ascendants, formant une large panicule. — Plante de 1-5 décimètres; fleurs purpurines.

Hab. Commun dans les Pyrénées-Orientales où il se rencontre dans les terrains siliceux; Port-Vendres, Cosperous, Banyuls-sur-Mer, Vernet, Olette, Mont-Louis; se retrouve, mais nain, dans les rocailles au col de Nourri. (1) Août-septembre.

b. *Tige gonflée sous les nœuds.*

G. Tetrahit *L. sp.* 810; *Vill. Dauph.* 2, *p.* 387 ; *D C. fl. fr.* 3, *p.* 544; *Tetrahit nodosum Mœnch, meth.* 395.— *Ic. Riv. monop. irr. tab.* 31 ; *Engl. bot. tab.* 207. *Fries, herb. norm. fasc.* 7, *n°* 8! — Calice hérissé au sommet, à nervures saillantes, à dents inégales, étroitement lancéolées, longuement subulées-épineuses. Corolle purpurine, rosée ou blanche, jamais jaune, à tube égalant le calice ou plus court, à lobe moyen de la lèvre inférieure presque carré, entier ou échancré-bifide (*G. bifida Bœnningh. fl. monast. p.* 178. *Schultz, exsicc. n°* 498!). Feuilles minces, vertes, dentées-en-scie, toutes pétiolées, *oblongues-lancéolées, acuminées, cunéiformes à la base.* Tige dressée, rameuse, gonflée et fortement hérissée sous les nœuds, plus ou moins munie dans le reste de son étendue de poils raides, articulés, dirigés en bas. — Plante de 2-5 décim.

Hab. Champs, haies, bois; commun dans toute la France. (1) Juillet-août.

G. sulfurea *Jord.! cat. de Dijon,* 1848, *p.* 19. — Calice hérissé au sommet, un peu glanduleux, à nervures saillantes, à dents subulées-épineuses presque dès la base. Corolle d'un jaune-pâle, à tube une fois plus long que le calice, à lobe moyen de la lèvre inférieure presque carré, dentelé. Feuilles minces, vertes, dentées, toutes pétiolées, *ovales, acuminées, élargies à la base qui est arrondie et presque tronquée.* Tige dressée, rameuse, gonflée et fortement hérissée sous les nœuds, munie dans le reste de son étendue de poils raides, articulés, dirigés en bas. — Plante de 3-6 décimètres. Se rapproche du *G. versicolor Curt.* par la couleur de ses fleurs, mais s'en distingue par ses fleurs moins ramassées au sommet des tiges, par ses feuilles qui ne sont jamais elliptiques, ni atténuées en coin à la base et par son port moins raide. Le *G. pubescens Bess.* dont il se rapproche par la forme des feuilles, s'en sépare par la couleur de ses fleurs et par la pubescence molle des tiges.

Hab. Bords des bois, fossés; Lyon, à la Tête-d'Or, à Charpennes; Dauphiné à Morestel, à Saint-Laurent-du-Pont, à la Grande-Chartreuse. (1) Août-septembre.

STACHYS. (L. gen. 719.)

Calice tubuleux-campanulé, à 5 *dents* épineuses. Corolle bilabiée, à lèvre supérieure *concave,* à lèvre inférieure trilobée. Etamines 4, exsertes, *à la fin déjetées en dehors;* anthères à 2 *loges opposées bout à bout et s'ouvrant par une fente longitudinale commune.* Akènes *arrondis au sommet.*

Sect. 1. ERIOSTACHYS *Benth. lab.* 534. — Bractéoles aussi longues ou presque aussi longues que le calice; tiges herbacées.

ST. GERMANICA *L. sp.* 812; *Vill. Dauph.* 2, *p.* 377; *D C. fl. fr.* 3, *p.* 549; *Lois. gall.* 2, *p.* 14; *Benth. lab. p.* 536; *Gaud. helv.* 4, *p.* 66; *Koch, syn.* 652; *St. tomentosa Gat. fl. Montaub. p.* 107; *St. lanata Crantz, austr.* 267 (*non Jacq.*). — *Ic. Jacq. austr. tab.* 319. *Rchb. exsicc.* 646!; *Billot, exs. n°* 612! — Fleurs presque sessiles, au nombre de 12 à 20 à l'aisselle de chaque feuille florale, formant un épi terminal allongé et interrompu; bractéoles linéaires-lancéolées, aiguës, laineuses. Calice *blanc-laineux*, obconique, à dents *inégales*, dressées, triangulaires, acuminées-mucronées. Corolle purpurine, laineuse extérieurement, une fois plus longue que le calice; tube pourvu intérieurement vers son milieu d'une dépression à laquelle correspond intérieurement un *anneau de poils transversal;* lèvre supérieure dressée, ovale, obtuse, entière, barbue au sommet; lèvre inférieure *égalant la supérieure*, à lobe médian le plus grand, émarginé. Akènes noirs, lisses. Feuilles épaisses, ridées en réseau, *couvertes d'un tomentum blanc abondant soyeux, lancéolées*, crénelées, un peu en cœur à la base; les inférieures pétiolées; les supérieures sessiles. Tiges dressées, simples ou peu rameuses, blanches-laineuses comme le reste de la plante. — Plante de 3-20 décimètres.

Hab. Coteaux secs et principalement calcaires; dans presque toute la France; à Bogomano en Corse. (2) Juillet-août.

ST. HERACLEA *All. ped.* 1, *p.* 31, *tab.* 84, *f.* 1; *D C. fl. fr.* 5, *p.* 401; *Lois.! gall.* 1, *p.* 15; *Ten. syll.* 291; *Guss. syn.* 2, *p.* 77; *Bertol. fl. ital.* 6, *p.* 152; *St. barbata Lapey. abr. pyr.* 336; *St. phlomoides Willd. enum. hort. ber. suppl.* 41; *St. betonicæfolia Pers. syn.* 2, *p.* 124; *St. barbigera Viv. fl. cors. diagn. app. alt. p.* 4. — Fleurs brièvement pédicellées, au nombre de trois à cinq à l'aisselle de chaque feuille florale, formant un épi interrompu souvent jusqu'au sommet; bractéoles linéaires-lancéolées, atténuées aux deux bouts, velues et longuement ciliées. Calice *velu-laineux et en outre pubescent glanduleux* sur les nervures, tubuleux-campanulé, à dents *égales*, à la fin étalées, ovales-lancéolées, acuminées-mucronées. Corolle purpurine, laineuse extérieurement, une fois plus longue que le calice; tube muni intérieurement d'un *anneau de poils oblique;* lèvre supérieure porrigée, obovée, obtuse, entière; lèvre inférieure *plus longue que la supérieure*, à lobe médian le plus grand, obové, entier ou crénelé. Akènes bruns, lisses. Feuilles molles, vertes en dessus, plus pâles en dessous, *velues*, crénelées; les inférieures longuement pétiolées, *lancéolées*, obtuses, inégalement en cœur à la base; les supérieures plus étroites et plus brièvement pétiolées. Tiges ascendantes, velues, simples ou peu rameuses. — Plante de 1-3 décimètres.

Hab. Coteaux secs, Provence, Grasse, Fréjus; Corse (*Viv.*); Pyrénées-Orientales, Prats-de-Mollo; Auvergne, Puy-Long, Cournon, Gannat; Issoudun; Chavannes dans le Cher (*Boreau*); Augoulin et la Rochelle, le Pin; Gaïx dans la montagne Noire; Charente-Inférieure. ♃ Juin-juillet.

St. alpina *L. sp.* 812; *Vill. Dauph.* 2, *p.* 378; *DC. fl. fr.* 3, *p.* 548; *Lois.! gall.* 2, *p.* 14; *Godr. fl. lorr.* 2, *p.* 201; *Koch, syn.* 652. — *Ic. Lapeyr. fl. pyr. tab.* 8. *Rchb. exsicc. n°* 1448!; *Billot, exsicc. n°* 613! — Fleurs presque sessiles, au nombre de 5 à 10 à l'aisselle de chaque feuille florale, formant un épi terminal très-interrompu; bratéoles linéaires-subulées, atténuées à la base, réfléchies, plus ou moins velues. Calice muni de longs poils et en outre de poils plus courts et glanduleux, campanulé, à dents *un peu inégales*, étalées, ovales, acuminées-mucronées. Corolle purpurine, tachée de blanc, laineuse extérieurement, plus longue que le calice; tube muni intérieurement d'un *anneau de poils oblique*; lèvre supérieure porrigée, obovée, obtuse, entière, barbue au sommet; lèvre inférieure *plus longue que la supérieure*, à lobe médian le plus grand, émarginé. Akènes gros, bruns, lisses. Feuilles vertes en dessus, plus pâles en dessous, *velues sur les deux faces*, fortement crénelées; les inférieures longuement pétiolées, *ovales-en-cœur*; les supérieures sessiles, lancéolées, acuminés. Tige dressée, velue, un peu glanduleuse au sommet, simple ou un peu rameuse. — Plante de 3-6 décimètres.

Hab. Bois des coteaux calcaires, dans presque toute la France. ♃ Juillet-août.

Sect. 2. Eustachys *Nob.* — Bractéoles nulles ou très-petites et dépassant à peine le pédicelle; tiges herbacées.

a. *Fleurs jamais jaunes.*

St. sylvatica *L. sp.* 811; *DC. fl. fr.* 3, *p.* 547; *Koch, syn.* 653. — *Ic. Riv. monop. irr. tab.* 26, *f.* 1; *Engl. bot. tab.* 416. — Fleurs brièvement pédicellées, très-étalées, au nombre de 2-3 à l'aisselle de chaque feuille florale, formant un *épi terminal* interrompu; bractéoles très-petites. Calice velu-glanduleux, campanulé, à dents égales, étalées, lancéolées, acuminées-mucronées. Corolle purpurine, striée de blanc, pubescente-glanduleuse extérieurement, une fois plus longue que le calice; tube contracté à la base, un peu ventru en avant au-dessus de la constriction, muni intérieurement d'un anneau de poils *oblique;* lèvre supérieure dressée, oblongue, obtuse, entière; lèvre inférieure un peu plus longue que la supérieure, à lobe médian le plus grand, émarginé. Akènes petits, noirs, tuberculeux. Feuilles molles, vertes, grandes, velues sur les deux faces, fortement dentées, *ovales-lancéolées, acuminées, profondément en cœur à la base, toutes longuement pétiolées,* si ce n'est les feuilles florales qui sont sessiles. Tiges grêles, dressées, simples, velues. Souche *vivace, rampante*, rameuse, émettant des jets souterrains. — Plante de 3-8 décimètres.

Hab. Bords des haies, bois humides; com. dans toute la France. ♃ Juin-août.

× **St. palustri-sylvatica** *Schiede, de pl. hybr.* 43; *St. ambigua Sm. in engl. bot. tab.* 2089; *Nolt. nov. fl. hols.* 53; *Fries, nov.* 194; *Koch, syn.* 653; *St. palustris* β. *ambigua Godr. fl. lorr.* 2, *p.* 202. — *Rchb. exsicc.* 324! — Tient à la fois par ses caractères des *St. palustris* et *sylvatica*. Il se distingue du premier par ses corolles d'un rouge plus foncé, à tube exserte; mais surtout par ses feuilles *pétiolées*, plus larges, en cœur à la base, plus fortement dentées, lancéolées, *acuminées*. Il se sépare du second par ses corolles moins foncées, par ses feuilles moins longuement pétiolées, bien plus étroites et plus longues proportionément, *jamais ovales-en-cœur*.

Hab. Çà et là au milieu des *St. palustris* et *sylvatica*; Alsace à Bouxweiller, Rouffach; Nancy; bords de l'Allier à Gondolle, Bellerive; Pau. ♃ Juin-août.

St. palustris *L. sp.* 811; *DC. fl. fr.* 3, *p.* 548; *Koch, syn.* 653.—*Ic. Riv. monop. irr. tab.* 26, *f.* 2; *Sturm, deutsch. fl. heft.* 18, *tab.* 12. — Fleurs sessiles, très-étalées, au nombre de 3 à 5 à l'aisselle de chaque feuille florale, formant *un épi terminal* interrompu; bractéoles très-petites. Calice velu-glanduleux, campanulé, à dents égales, étalées, triangulaires, longuement subulées, brièvement mucronées. Corolle purpurine maculée de blanc, plus rarement tout-à-fait blanche, pubescente-glanduleuse, une fois plus longue que le calice; tube contracté à la base, un peu ventru en avant au-dessus de la constriction, muni intérieurement d'un anneau de poils *transversal*; lèvre supérieure dressée, obovée, obtuse, entière; lèvre inférieure un peu plus longue que la supérieure, à lobe moyen le plus grand, entier. Akènes noirs, un peu tuberculeux. Feuilles molles, finement velues, vertes en dessus, quelquefois cendrées en dessous, finement dentées en scie, *oblongues-lancéolées, un peu en cœur à la base, sessiles.* Tiges dressées, simples ou pourvues de rameaux courts, hérissées sur les angles de poils raides réfléchis. Souche *vivace, rampante*. — Plante de 4-12 déc.

Hab. Bords des ruisseaux, prés et champs humides. ♃ Juin-août.

St. arvensis *L. sp.* 814; *DC. fl. fr.* 3, *p.* 551; *Lois. gall.* 2, *p.* 16; *Salis, fl. od. bot. Zeit.* 1834, *p.* 16; *Bertol. fl. ital.* 6, *p.* 157; *Glechoma Marrubiastrum Vill. Dauph.* 2, *p.* 371; *Cardiaca arvensis Lam. fl. fr.* 2, *p.* 383. — *Ic. Fl. dan. tab.* 587. *Fries, h. norm.* 4, *n°* 12!; *Billot, exsicc. n°* 66! — Fleurs brièvement pédicellées, *solitaires ou plus souvent géminées ou ternées à l'aisselle de presque toutes les feuilles*, très-étalées; bractéoles nulles. Calice hérissé, campanulé, à dents égales, étalées-dressées, lancéolées, aiguës, ciliées, terminées par une courte arête sétiforme et glabre. Corolle petite, d'un blanc-rosé, *dépassant à peine le calice*, à tube muni intérieurement d'un anneau de poils *transversal;* lèvre supérieure dressée, orbiculaire, obtuse, entière; lèvre inférieure un peu plus longue que la supérieure, à lobe médian le plus grand, un peu émarginé. Akènes petits, noirs, luisants, tuberculeux. Feuilles molles, d'un vert pâle, un peu velues, crénelées, *ovales-orbiculaires, obtuses, en cœur à la base, toutes pétiolées,* si ce n'est les feuilles florales supérieures. Tiges faibles, dressées ou décombantes, rameuses dès la base, hérissées. Racine *annuelle, pivotante et chevelue.* — Plante de 1-3 décimètres.

Hab. Champs sablonneux, dans presque toute la France et en Corse. (1) Juin-octobre.

St. marrubiifolia *Viv. fl. cors. diagn. app. p.* 2; *Lois. gall.* 2, *p.* 16; *Dub. bot.* 367; *Benth. lab.* 740; *Bertol. fl. ital.* 6, *p.* 155; *St. purpurea Ten. Syll.* 290; *St. Poiretii Ten. syll. add.* 538; *St. arvensis* γ *purpurea Poir. dict. p.* 7, 373.— Se distingue du précédent, par son calice bien plus velu, plus largement campanulé, *oblique à la gorge,* à dent médiane de la lèvre supérieure *oblongue-lancéolée, plus longue que les autres et du double plus large;* par sa corolle plus purpurine, beaucoup plus grande, *une fois plus longue que le calice;* par sa tige plus ferme, plus dressée. Son calice à dents *très-inégales,* un peu courbées en dehors, plus brièvement aristées, et sa corolle à lèvre supérieure *entière* distinguent nettement cette espèce du *St. hirta,* dont elle est aussi très-voisine.

Hab. La Corse. (1) Mai-juin.

St. corsica *Pers. syn.* 2, *p.* 124; *Viv. fl. cors. diagn. p.* 9; *D C. fl. fr.* 5, *p.* 400; *Dub. bot.* 367; *Lois. gall.* 2, *p.* 16; *Benth. lab.* 549; *Moris, stirp. sard. elench fasc.* 1, *p.* 36; *Salis, fl. od. bot. Zeit.* 1834, *p.* 16; *St. circinnata Mut. fl. fr.* 3, *p.* 33 (*non L'hér.*); *Glechoma grandiflora D C. fl. fr.* 3, *p.* 538.—*Ic. Rchb. icon. f.* 869. *Soleir. exsicc.* 3214! — Fleurs brièvement pédicellées, *solitaires ou géminées à l'aisselle des feuilles,* toutes penchées du même côté; bractéoles nulles. Calice hérissé, d'abord atténué à la base, puis accrescent et turbiné, très-ouvert, à dents presque égales, à la fin étalées, lancéolées, aiguës, mucronées. Corolle rose, *une ou deux fois plus longue que le calice;* tube muni intérieurement d'un anneau de poils *oblique;* lèvre supérieure dressée, ovale, émarginée; lèvre inférieure plus longue que la supérieure et dont le lobe médian est le plus grand et émarginé. Akènes bruns, granuleux. Feuilles molles, vertes, *ovales ou orbiculaires, en cœur à la base, arrondies au sommet, munies de 3-7 larges crénelures; les inférieures longuement, les supérieures plus brièvement pétiolées.* Tiges nombreuses, grêles, *couchées et radicantes* à la base, rameuses, hérissées de poils épars, longs, fins et étalés. — Plante de 5-20 centimètres.

α. *genuina.* Fleurs de 15 millimètres; feuilles grandes.

β. *micrantha Bertol. l. c.* Fleurs de 7-8 millimètres; feuilles petites ; tiges filiformes. *St. marrubiifolia pusilla Salis, fl. od. bot. Zeit.* 1834, *p.* 16 (*non Viv.*).

Hab. Corse; la var. α. aux monts d'Oro, Renoso, Coscione, Cagna, Grosso, dans le Niolo, vallée de Mollo, Campolite, Tretore, Ajaccio; la var. β. au cap Corse, mont de la Trinité près de Bonifacio, à l'île Rousse ♃? Juillet-août.

b. *Fleurs jaunes.*

St. hirta *L. sp.* 813; *D C. fl. fr.* 3, *p.* 550; *Desf. atl.* 2, *p.* 20; *Guss. pl rar.* 439; *Benth. lab.* 553; *Lois. gall.* 2, *p.* 15; *Dub. bot.* 367; *Moris, stirp. sard. elench. fasc.* 1, *p.* 36; *Bertol. fl. ital.* 6, *p.* 156; *St. divaricata Viv. fl. cors. diagn. app. p.* 3; *Sideritis Ocymastrum Gouan, hort. monsp.* 278.— *Ic. All. ped. t.* 2, *f.* 3 (*malè*); *Clus. hist.* 2, *p.* 42.— Fleurs brièvement pédicellées, géminées ou ternées à l'aisselle des feuilles; les fleurs supérieures rapprochées en épi; bractéoles très-petites, hérissées, sétacées. Calice hérissé, turbiné-campanulé, à dents égales, étalées, lancéolées, *très-aiguës, terminées par une arête ciliée aussi longue qu'elles.* Corolle jaunâtre, maculée de pourpre sur la lèvre inférieure, d'un tiers plus longue que le calice; tube muni intérieurement d'un anneau de poils *oblique;* lèvre supérieure étroite, dressée, *bifide,* à lobes linéaires, divariqués; lèvre inférieure à lobe médian ovale, émarginé. Akènes petits, bruns, tuberculeux. Feuilles molles, d'un vert gai, velues, *ovales-en-cœur,* obtuses, crénelées; les inférieures pétiolées; les moyennes et les sup. sessiles ou presque sessiles. Tiges dressées, ascendantes ou couchées, simples ou rameuses, couvertes de poils blancs étalés. Racine *annuelle.*—Plante de 1-4 déc.

Hab. Provence, Cannes, îles d'Hyères, île Sainte-Marguerite. ① Mai.

St. annua *L. sp.* 813; *D C. fl. fr.* 3, *p.* 551; *Benth. lab.* 554; *Koch, syn.* 653; *St. nervosa Gat. fl. Montaub.* 107; *Betonica annua L. sp. ed.* 1, *p.* 573. —*Ic. Jacq. austr. tab.* 360. *Rchb. exsicc.* 448!; *Billot, exs. n°* 833!— Fleurs brièvement pédicellées, très-étalées, ternées ou quaternées à l'aisselle des feuilles; bractéoles subulées, barbues. Calice velu et glanduleux, à dents très-longues, courbées en faux, *étroitement lancéolées-subulées, brièvement spinuleuses, mais velues jusqu'au sommet de l'épine.* Corolle d'un blanc-jaunâtre, une fois plus longue que le calice; tube muni intérieurement d'un anneau de poils *transversal;* lèvre supérieure dressée, oblongue, *entière, ondulée sur les bords,* lèvre inférieure à lobe médian très-large, ondulé-crénelé. Akènes noirs, finement alvéolés. Feuilles vertes, glabres ou peu velues, longuement ciliées sur le pétiole, *lancéolées-oblongues, atténuées à la base,* crénelées ou dentées, toutes pétiolées, si ce n'est les feuilles florales qui sont sessiles, plus étroites, entières, très-aiguës. Tige dressée, solitaire, divisée dès la base en rameaux allongés et étalés. Racine *annuelle.* — Plante de 1-3 décimètres.

Hab. Commun dans les champs calcaires et argileux. ① Juillet-octobre.

St. maritima *L. mant.* 82; *Gouan. fl. monsp.* 91; *Lam. fl. fr.* 2, *p.* 388; *DC. fl. fr.* 3, *p.* 549; *Benth. lab.* 554; *Lois.! gall.* 2, *p.* 15; *Dub. bot.* 367; *Bertol. fl. ital.* 6, *p.* 162; *Salis, fl. od. bot. Zeit.* 1834, *p.* 16; *Koch, syn.* 654. *Ic. Jacq. hort. vind. tab.* 70. *Rchb. exsicc.* 1914! — Fleurs brièvement pédicellées, géminées ou ternées à l'aisselle des feuilles florales, toujours rapprochées au sommet des tiges en épi dense ou rarement interrompu à la base; bractéoles très-petites, linéaires. Calice tomenteux, campanulé, à dents presque égales, dressées, *ovales-lancéolées, acuminées, très-aiguës et presque spinescentes au sommet velu.* Corolle petite, d'un jaune-pâle, d'un tiers plus longue que le calice; tube muni intérieurement d'un cercle de poils *transversal;* lèvre supérieure dressée, ovale, obtuse, *crénelée;* lèvre inférieure à lobe moyen à peine plus grand que les autres, obové, presque entier. Akènes noirâtres, très-finement alvéolés. Feuilles mollement velues, obtuses et finement crénelées; les inférieures *elliptiques-oblongues,* longuement pétiolées; les autres plus étroites, *cunéiformes à la base,* plus brièvement pétiolées. Tiges fleuries couchées ou ascendantes, entremêlées de tiges feuillées très-courtes, entièrement couvertes de poils mous, étalés-réfléchis. Souche *vivace.* — Plante de 1-2 décimètres.

Hab. La région méditerranéenne, Cannes, Fréjus, îles d'Hyères, Toulon, Marseille; Montpellier; Perpignan, Collioures; Corse à Fiumorbo, Bravoni, étang de Biguglia près de Bastia. ♃ Mai-juin.

St. recta *L. mant.* 82; *Benth. lab.* 556; *Koch, syn.* 654; *St. Sideritis Vill. Dauph.* 2, *p.* 375; *DC. fl. fr.* 3, *p.* 550; *St. procumbens Lam. fl. fr.* 2, *p.* 385; *St. Bufonia Thuill. par.* 295; *Betonica hirta Gouan, hort.* 276; *Sideritis hirsuta Gouan, fl. monsp.* 85.— *Ic. Jacq. austr. tab.* 359. *Schultz, exsicc.* 1133! — Fleurs très-brièvement pédicellées ou sessiles, étalées-dressées, au nombre de 3 à 5 à l'aisselle de chaque feuille florale, formant un épi ordinairement allongé et interrompu dans une grande partie de sa longueur; bractéoles courtes, sétacées. Calice velu, largement campanulé, à dents peu inégales, étalées-dressées, *ovales-lancéolées, terminées par une courte épine glabre.* Corolle d'un jaune pâle, marbrée de brun sur la lèvre inférieure, une ou deux fois plus longue que le calice; tube muni intérieurement d'un anneau de poils *oblique;* lèvre supérieure étroite, dressée, ovale, *entière;* lèvre inférieure à lobe médian grand, émarginé. Akènes bruns, finement alvéolés. Feuilles velues, vertes, crénelées, *non en cœur à la base;* les inférieures brièvement pétiolées, les supérieures sessiles. Tiges nombreuses, dressées ou ascendantes, simples ou un peu rameuses. Souche *vivace.* — Plante de 2-5 décimètres.

α. *genuina.* Feuilles ovales ou elliptiques; épi allongé et interrompu.

β. *angustifolia.* Feuilles linéaires-lancéolées, moins crénelées et même entières à la base; épi allongé, interrompu.

γ. *alpina*. Feuilles oblongues-lancéolées; épi court, épais, pas ou peu interrompu à la base.

Hab. La var. α. commune dans les lieux arides et pierreux. La var. β. principalement dans les lieux maritimes. La var. γ. dans les hautes Alpes du Dauphiné, Lautaret, mont Viso; Pyrénées, col de Tortès. ♃ Juin-août.

Sect. 3. ZIETENIA *Gled. act. berol.* 1766. — Bractéoles petites; tiges frutescentes, à rameaux souvent spinescents.

St. glutinosa *L. sp.* 813; *D C. fl. fr.* 3, *p.* 549; *Viv. fl. cors. diagn.* 9; *Benth. lab.* 564; *Moris, elench. fasc.* 1, *p.* 36; *Salis, fl. od. bot. Zeit.* 1834, *p.* 16; *Bertol. fl. ital.* 6, *p.* 167. *Soleir. exsicc.* 3192! — Fleurs brièvement pédicellées, solitaires à l'aisselle des feuilles; bractéoles linéaires, acuminées, mucronées, atténuées à la base, un peu plus courtes que le calice, caduques; feuilles florales supérieures petites, stériles. Calice glabre ou presque glabre, glanduleux, turbiné-campanulé, à dents presque égales, étalées, lancéolées, acuminées-spinuleuses. Corolle blanche, plus longue que le calice, à lèvre supérieure dressée, ovale, obtuse ou émarginée, à lèvre inférieure plus longue que la supérieure, à lobe moyen grand, obové. Akènes gros, obovés-orbiculaires, comprimés, noirs, lisses. Feuilles inférieures pétiolées, oblongues-spatulées, obtuses, un peu dentées, caduques; les moyennes et les supérieures sessiles, linéaires-lancéolées, aiguës, entières, glabres ou munies de quelques poils épars. Tiges dressées, frutescentes, très-rameuses, formant buisson, à rameaux devenant avec l'âge épineux au sommet. — Plante de 1-4 décimètres, glutineuse.

Hab. Corse, Ajaccio, Calvi, Bonifacio, Bastia, Corte. ♄ Juin.

BETONICA. (L. gen. 718.)

Diffère du genre *Stachys* par ses étamines *qui ne se déjettent pas en dehors après la fécondation;* par ses anthères à loges *parallèles ou presque parallèles;* enfin par son port.

B. Alopecuros *L. sp.* 811; *Vill. Dauph.* 2, *p.* 381; *DC. fl. fr.* 3, *p.* 547; *Bertol. fl. ital.* 6, *p.* 139 (*exclus. syn. Jacq.*); *Stachys Alopecuros Benth.! lab.* 531. — *Schultz, exsicc.* n° 1134! — Fleurs en épi terminal, dense, épais, multiflore, ovoïde ou oblong, obtus; le verticille inférieur quelquefois un peu écarté des autres; bractéoles lancéolées, acuminées-aristées, entières, plus courtes que le calice; feuilles florales inférieures en cœur, crénelées, sessiles, plus longues que les fleurs. Calice velu, *réticulé-veiné*, à dents ciliées, lancéolées, acuminées, terminées par une spinule jaunâtre. Corolle jaune; tube inclus, *muni intérieurement d'un anneau de poils oblique;* lèvre supérieure dressée, mais à bords réfléchis en dehors pendant l'anthèse, velue, ovale, *bilobée*, à lobes obtus; lèvre inférieure à lobe médian obové, un peu crénelé. Etamines atteignant seulement le milieu de la lèvre supérieure. Feuilles vertes et pubescentes en dessus, plus velues et plus pâles en dessous, ovales, profondément en cœur à la base, fortement dentées; les inférieures longuement pétiolées; les caulinaires à paires très-écartées; les supérieures sessiles. Tiges dressées ou ascendantes, simples, pubescentes. — Plante de 3-5 décimètres.

Hab. Hautes Alpes du Dauphiné, Grande-Chartreuse, Lautaret, Grandson; Pyrénées, pic de Monné, Cagire, l'Hiéris, Esquierry, Luchon, Goust, pic de Gère, etc. ♃ Juillet-août.

Obs. — Nous n'avons pas cité la figure que Boccone nous a laissée de cette plante (*Mus. di piant.* 2, *p.* 82, *tab.* 72), figure reproduite par Barrelier (*Ic.* 359); cependant c'est bien elle qu'ils ont voulu figurer, puisque le premier l'indique en Dauphiné et le second à la Grande-Chartreuse; mais ces figures sont mauvaises, en ce sens qu'elles donnent à notre plante une tige ramifiée au sommet et portant trois épis.

Nous n'avons pas non plus cité le synonyme de Jacquin, ni celui de Scopoli; c'est que la plante d'Autriche et de Carniole nous paraît différer de celle de France par les caractères suivants : épis plus grêles, plus lâches, cylindriques, habituellement interrompus à la base; feuilles florales inférieures petites, lancéolées, entières; calices couverts de poils plus longs; corolles plus petites, à lèvre supérieure rétrécie au sommet, divisée en deux lobes presque aigus, à lobe moyen de la lèvre inférieure plus étroit et arrondi au sommet; feuilles plus minces; tige plus grêle.

La figure que donne Scopoli de son *Sideritis Alopecuros* (*Carn.* 1, *p.* 415, *tab.* 28), représente assez bien les échantillons que nous possédons d'Autriche, et sa description s'y applique également. Il déclare du reste sa plante identique à celle de l'herbier de Jacquin. La plante d'Autriche pourrait dès lors recevoir le nom de *Betonica Jacquini*.

B. hirsuta *L. mant.* 248; *Vill. Dauph.* 2, *p.* 380; *DC. fl. fr.* 3, *p.* 546; *Gaud. helv.* 4, *p.* 61; *Bertol. fl. ital.* 6, *p.* 138; *Koch, syn.* 655; *B. Monnieri Gouan, illustr. p.* 36; *Stachys densiflora Benth. lab. p.* 532. — *Ic. Barrel. icon. f.* 340; *Rchb. icon. f.* 956. *Rchb. exsicc.* 449! — Fleurs en épi terminal, dense, multiflore, épais, globuleux ou ovale, très-obtus, non interrompu à la base; bractéoles lancéolées, acuminées-aristées, très-entières, égalant le calice; feuilles florales inférieures oblongues, sessiles. Calice une fois plus grand que dans le *B. officinalis*, velu au sommet, *réticulé-veiné*, à dents ciliées, lancéolées, acuminées, terminées par une spinule jaunâtre. Corolle grande, d'un pourpre vif; tube exserte, *sans anneau de poils;* lèvre supérieure porrigée, et restant droite pendant l'anthèse, non renversée par les bords, presque glabre, obovée, *entière ou à peine émarginée;* lèvre inférieure à lobe médian suborbiculaire, plan, émarginé. Etamines égalant presque la lèvre supérieure. Feuilles velues, oblongues, en cœur à la base, fortement crénelées, pétiolées; les caulinaires à paires très-écartées. Tiges dressées ou ascendantes, épaisses, simples, couvertes de poils jaunâtres réfléchis. — Plante de 1-2 décimètres.

Hab. Les Alpes du Dauphiné, Lautaret, Revel près de Grenoble, mont de Lans, mont Aurouse, Gap, mont Viso; mont Monnier; Pyrénées, Bagnères, Barèges, etc. ♃ Juillet-août.

B. officinalis *L. sp.* 810; *Vill. Dauph.* 2, *p.* 379; *DC. fl. fr.* 5, *p.* 545; *B. stricta Ait. Kew.* 2, *p.* 299; *B. hirta Leys. fl. hal. p.* 109 (*non Gouan*); *Stachys Betonica Benth. lab.* 532 (*non Scop.*). — *Ic. Lam. illustr. tab.* 507, *f.* 1; *Fl. dan. tab.* 726. *Rchb. exsicc.* 990! *Fries, herb. norm. fasc.* 2, *n°* 25! — Fleurs en épi terminal, ovoïde ou oblong, plus grêle que dans les espèces précédentes, et le plus souvent interrompu à la base; bractéoles ovales-lancéolées, aristées, plus courtes que le calice; feuilles florales inférieures linéaires-oblongues, atténuées à la base, sessiles. Calice plus ou moins velu, *non réticulé-veiné*, longuement cilié à la gorge, à dents triangulaires, longuement subulées, spinuleuses au sommet. Corolle purpurine, plus rarement blanche; tube exserte, *sans anneau de poils;* lèvre supérieure dressée, convexe au sommet, obtuse, *entière;* lèvre inférieure à lobe médian obové, un peu crénelé. Etamines n'atteignant pas le milieu de la lèvre supérieure. Feuilles vertes en dessus, plus pâles en dessous, plus ou moins velues; les inférieures ovales-oblongues, en cœur à la base, longuement pétiolées; les supérieures plus étroites et brièvement pétiolées; toutes crénelées. Tiges dressées ou ascendantes, grêles, simples, glabres ou velues. — Plante de 2-6 décimètres.

Hab. Commun dans toute la France. ♃ Juin-août.

BALLOTA. (L. gen. 720.)

Calice infundibuliforme, à 5 dents égales ou à 10 dents alternativement plus petites, *toutes pliées en long.* Corolle bilabiée, à lèvre supérieure concave, à lèvre inférieure trilobée. Etamines 4, exsertes; anthères à loges très-divergentes, *distinctes, s'ouvrant chacune par une fente longitudinale distincte.* Akènes trigones, *arrondis au sommet.*

B. fœtida *Lam. fl. fr.* 2, *p.* 381; *DC. fl. fr.* 3, *p.* 552; *Fries, nov.* 195, *et Summa Scand.* 198; *Nolte, nov. fl. hols. p.* 54; *Koch, deutsch. fl.* 4, *p.* 293; *B. nigra Sm. brit.* 635 *et auct. gall.* (*non L. fl. suec.*). — *Ic. Lam. illustr. tab.* 508, *f.* 1. *Fries, herb. norm. fasc.* 11, *n°* 18! — Fleurs sessiles, en glomérules pédonculés, inclinés du même côté et placés à l'aisselle des feuilles supérieures; bractéoles nombreuses, *molles, linéaires-subulées.* Calice pubescent, très-dilaté à la gorge, muni de 10 côtes saillantes et de 5 dents courtes, *arrondies, brièvement et brusquement acuminées en une pointe non épineuse.* Corolle rosée ou rarement blanche (*B. alba L. sp.* 814), pubescente sur la lèvre supérieure. Feuilles toutes pétiolées, molles, velues, ridées en réseau, largement ovales, crénelées. Tige *herbacée,* dressée ou ascendante, *tétragone,* rameuse. — Plante de 3-5 décimètres, fétide.

Hab. Bords des chemins, dans toute la France et en Corse. ♃ Juin-août.

B. spinosa *Link, handb. p.* 475; *Bertol. fl. ital.* 6, *p.* 175; *Benth. in DC. prodr.* 12, *p.* 521; *Molucella frutescens L. sp.* 821;

All. ped. 1, *p.* 33, *tab.* 2, *f.* 2; *DC. fl. fr.* 3, *p.* 556; *Dub. bot.* 364; *Lois. gall.* 2, *p.* 13; *Beringeria frutescens Rchb. fl. excurs.* 325. — Fleurs brièvement pédicellées, solitaires, géminées ou ternées à l'aisselle des feuilles, penchées d'un même côté; bractéoles 2 à 3, longues, étalées, subulées, *raides, épineuses,* placées à l'aisselle de chaque feuille florale et se trouvant même très-souvent à l'aisselle des feuilles stériles. Calice velu, à tube muni de 10 côtes saillantes, à limbe dilaté et très-étalé, à 5 dents ovales et *terminées par une longue pointe épineuse,* souvent entremêlées de dents plus petites. Corolle blanche, fortement laineuse sur la lèvre supérieure. Feuilles toutes pétiolées, molles, velues, ovales-rhomboïdales, munies de quelques dents profondes. Tige dressée ou ascendante, *frutescente, presque arrondie,* très-rameuse. — Plante de 1-3 décimètres.

Hab. Saint-Arnoux près de Grasse, Entrevaux dans les Basses-Alpes. ♄ Juin-juillet.

PHLOMIS. (L. gen. 725.)

Calice tubuleux, à 5 dents, membraneux entre les dents. Corolle bilabiée, à lèvre supérieure *voûtée en casque, courbée, comprimée latéralement,* à lèvre inférieure trilobée. Etamines 4, exsertes; anthères à deux *loges opposées bout à bout et s'ouvrant par une fente longitudinale commune.* Akènes trigones, *arrondis au sommet.*

P. Lychnitis *L. sp.* 819; *Vill. Dauph.* 2. *p.* 393; *Lam. fl. fr.* 2, *p.* 381; *DC. fl. fr.* 3, *p.* 555; *Lois. gall.* 2, *p.* 12; *Dub. bot.* 364; *P. fruticosa Lapeyr. abr. pyr.* 338, *et auct. gall.* (*non L.*). — *Ic. bot. magn. tab.* 999. — Fleurs en glomérules opposés à l'aisselle des feuilles florales et plus courtes qu'elles, à paires écartées; axe floral terminé par un bouquet de fleurs; bractéoles filiformes-subulées, *molles,* plus courtes que les calices, *couvertes de longs poils soyeux appliqués.* Calice longuement velu-soyeux, muni en outre entre les poils d'une pubescence étoilée, à dents courtes, brusquement subulées, *non spinuleuses, dressées.* Corolle grande, *jaune,* couverte de poils étoilés; lèvre supérieure un peu émarginée, barbue au sommet; lèvre inférieure à lobe médian en cœur renversé. Feuilles finement ridées, *très-entières,* vertes et pubescentes en dessus, blanches-tomenteuses en dessous; les inférieures *linéaires-oblongues, atténuées en pétiole;* les caulinaires de même forme, mais sessiles; les feuilles florales *très-dilatées à la base, brusquement et longuement acuminées.* Tiges *ligneuses* et nues à la base, à rameaux dressés, blancs-tomenteux.— Plante de 2-4 décimètres.

Hab. Coteaux calcaires de la région méditerranéenne, Toulon, Marseille, Montaud, Aix; Avignon, Orange; Anduze, Montpellier, Cette; Narbonne, Perpignan. ♄ Mai-juin.

P. Herba-venti *L. sp.* 819; *Vill. Dauph.* 2, *p.* 393; *Lam. fl. fr.* 2, *p.* 381; *DC. fl. fr.* 3, *p.* 556; *Lois.! gall.* 2, *p.* 13; *Dub. bot.* 364; *Bertol. fl. ital.* 6, *p.* 188. — *Ic. Lob. icon.* 532, *f.* 1; *Sibth. et Sm. fl. græc. tab.* 564. *Endress, pl. pyr. exsicc. unio itin.* 1829 !; *Billot, exsicc. n°* 614 ! — Fleurs en glomérules opposés à l'aisselle des feuilles supérieures et beaucoup plus courts qu'elles, à paires écartées; axe floral se terminant souvent par deux petites feuilles stériles; bractéoles filiformes-subulées, spinuleuses au sommet, *raides*, plus longues que le calice, *hérissées de longs poils étalés, tuberculeux à la base.* Calice hérissé sur les angles, couvert sur les faces de petits poils étoilés, à dents égales, brusquement *contractées en une pointe subulée et spinuleuse, très-étalées.* Corolle *purpurine*, rarement blanche, couverte extérieurement de poils étoilés; lèvre supérieure émarginée, non barbue; lèvre inférieure à lobe médian plane, ovale, un peu émarginé. Feuilles vertes, luisantes et souvent rudes en dessus, plus pâles et munies en dessous de poils rameux, à la fin un peu coriaces, *crénelées;* les inférieures *oblongues, obtuses, presque en cœur à la base*, longuement pétiolées; les moyennes lancéolées, plus brièvement pétiolées; les feuilles florales sessiles, *lancéolées.* Tige *entièrement herbacée*, dressée, hérissée, très-rameuse, à rameaux très-étalés et ascendants. — Plante de 2-6 décimètres, inodore.

Hab. Lieux incultes du midi; Montélimart, Nyons; Aix, Fréjus, Toulon, Marseille; Alais, Anduze, Saint-Ambroix, Manduel, Montpellier; Narbonne, île Sainte-Lucie, Sijean, le Boulou. ♃ Mai-juin.

† *Etamines incluses.*

SIDERITIS. (L. gen. 712.)

Calice tubuleux, à 5 dents *épineuses.* Corolle bilabiée, à lèvre supérieure presque plane, à lèvre inférieure trilobée. Etamines 4, courtes, incluses; anthères à deux loges opposées bout à bout et s'ouvrant par une fente longitudinale commune. Akènes *arrondis au sommet.*

S. ROMANA *L. sp.* 802; *Vill. Dauph.* 2, *p.* 372; *Desf. atl.* 2, *p.* 15; *DC. fl. fr.* 3, *p.* 529; *Salis, fl. od. bot. Zeit.* 1834, *p.* 16; *Guss. syn.* 2, *p.* 66; *Bertol. fl. ital.* 6, *p.* 84; *Koch, syn.* 656; *S. spathulata Lam. fl. fr.* 2, *p.* 377; *Burgsdorffia rigida Mœnch, meth.* 392. — *Ic. Cav. icon. tab.* 187. — Fleurs en grappe *interrompue*, plus ou moins longue et occupant souvent toute la longueur des rameaux; feuilles florales semblables aux feuilles caulinaires et *plus longues que les fleurs.* Calice velu, fortement nervié, à tube *bossu antérieurement à la base, à dents très-inégales;* la supérieure la plus grande, accrescente, *ovale;* les autres lancéolées; toutes terminées par une épine. Corolle petite, égalant le calice, *blanche*, à lèvre supérieure ovale, obtuse, ordinairement entière, à lèvre inférieure trifide, à lobe moyen plan, orbiculaire, entier. Feuilles velues; les inférieures atténuées en pétiole, les autres sessiles; toutes ovales-oblongues, obtuses, dentées dans leur moitié supérieure. Tiges *entièrement herbacées*, couvertes de poils étalés; la centrale dressée, les latérales couchées ou ascendantes. — Plante de 5-30 centimètres.

Hab. Champs de la région des oliviers; Valence, Montélimart; Avignon; Aix, Salon, Grasse, Fréjus, Toulon, Marseille; Alais, Anduze, Saint-Ambroix, Montpellier; Narbonne, Collioures, Port-Vendres; Corse, Calvi, Ajaccio, Bastia, Corté. Ⓘ Juillet-août.

S. HIRSUTA *L. sp.* 803; *Lam. dict.* 2, *p.* 169; *Lapey. abr. pyr.* 330; *Bertol. fl. ital.* 6, *p.* 86; *S. tomentosa Pourr. act. Toul.* 3, *p.* 328; *S. scordioides var. lanata et latifolia Benth. cat. pyr.* 121; *S. scordioides* δ. *hirsuta D C. fl. fr.* 3, *p.* 532; *Betonica hirta Gouan, hort. monsp.* 276 (*non Leys.*). — *Ic. Cav. icon. rar.* 4, *tab.* 302. — Fleurs en grappe *allongée*, *interrompue dans toute sa longueur;* bractées larges et presque aussi longues que les calices, semi-orbiculaires-en-cœur, dentées, *à dents à peine épineuses.* Calice très-velu, *non atténué à la base, à dents égales, lancéolées, dressées,* spinuleuses au sommet. Corolle petite, dépassant peu le calice, à lèvre supérieure *blanche,* dressée, *linéaire-oblongue* et fortement échancrée, à lèvre inférieure *jaune,* trifide, à lobe médian échancré. Feuilles plus ou moins velues, obovées-cunéiformes, *incisées-dentées dans tout leur pourtour;* les inférieures pétiolées; les supérieures sessiles. Tiges *ligneuses* et nues à la base, décombantes, rameuses, à rameaux couverts de poils longs, étalés. — Plante de 1-4 décimètres.

Hab. Lieux stériles de la région méditerranéenne; Avignon, Salon, Toulon, Marseille, Montpellier; les Alpines; Sijean, Narbonne, Perpignan, Collioures, Banyuls, Port-Vendres. ♄ Juillet-août.

S. SCORDIOIDES *L. sp.* 803 (*ex loco nat.*); *Vill. Dauph.* 2, *p.* 374; *Lam. dict.* 2, *p.* 169; *S. scordioides var.* β. *et* γ. *D C. fl. fr.* 3, *p.* 532; *S. hirsuta Gouan, hort. monsp.* 278 (*non L.*); *S. fruticulosa Pourr. act. Toul.* 3, *p.* 328. — Fleurs en grappe *allongée,* plus étroite que dans les autres espèces, *interrompue dans toute sa longueur.* Bractées larges, égalant le calice, semi-orbiculaires, incisées-dentées, à dents *épineuses* et plus longues que dans le *S. hirsuta.* Calice brièvement velu, non bossu à la base, campanulé, *à dents inégales, lancéolées, acuminées,* épineuses, *à la fin très-étalées.* Corolle dépassant peu le calice, *d'un jaune pâle uniforme,* à lèvre supérieure *linéaire-oblongue,* échancrée, à lèvre inférieure trifide, à lobe médian échancré. Feuilles petites, plus ou moins blanches-tomenteuses, linéaires-oblongues, cunéiformes à la base, *incisées-dentées.* Tiges *ligneuses* et nues à la base, dressées ou ascendantes, très-rameuses, à rameaux couverts de poils courts, crépus, presque appliqués. — Plante de 1-3 décimètres.

Hab. Coteaux du midi; Montpellier; Sijean, Narbonne, Prats-de-Mollo. ♄ Juin-juillet.

S. HYSSOPIFOLIA *L. sp.* 803; *D C. fl. fr.* 3, *p.* 532; *Gaud. helv.* 4, *p.* 27; *S. alpina Vill. Dauph.* 2, *p.* 373; *Pourr. act. Toul.* 3, *p.* 328; *S. pyrenaica Poir. diction. suppl.* 2, *p.* 383; *Benth. cat. pyren.* 121; *S. crenata Lapeyr. pl. pyren.* 331; *S. incana Gouan, illustr. p.* 36, *ex loco natali; D C. fl. fr.* 3, *p.* 531 (*non L.*); *S. scordioides Koch, syn.* 656 (*non L.*). — *Schultz, exsicc.* 1135! — Fleurs en grappe *courte, ovoïde ou oblongue, non interrompue ou à peine interrompue à la base;* bractées égalant le calice, ovales-lancéolées ou les supérieures orbiculaires, incisées-dentées, à dents *épineuses.* Calice pubescent ou velu, *atténué à la base, à dents égales, lancéolées, acuminées,* épineuses, *à la fin étalées-dressées.* Corolle dépassant peu le calice, *d'un jaune pâle,* souvent livide sur le milieu des lèvres, à lèvre supérieure *large, ovale-oblongue,* échancrée-bilobée, à lèvre inférieure trifide, à lobe médian concave et crénelé. Feuilles presque glabres ou velues, d'un vert gai, ovales, elliptiques, oblongues ou linéaires-lancéolées, obtuses, atténuées à la base, *entières ou munies de quelques dents superficielles au sommet.* Tiges *ligneuses* et nues à la base, ascendantes, très-rameuses, à rameaux plus ou moins munis de poils courts, crépus, presque appliqués et souvent disposés seulement sur deux faces. — Plante de 1-3 décimètres.

Hab. Les hauts pics du Jura; Lyon à la Tête-d'Or; les Alpes du Dauphiné; toute la chaîne des Pyrénées. ♄ Juillet-août.

MARRUBIUM. (L. gen. 721.)

Calice tubuleux, à 10 dents alternativement plus petites, ou plus rarement à 5 dents égales, *non épineuses.* Corolle bilabiée, à lèvre supérieure presque plane et bilobée; l'inférieure trilobée. Etamines 4, incluses; anthères à deux loges opposées bout à bout, s'ouvrant par une fente longitudinale commune. Akènes trigones, *tronqués au sommet.*

M. VULGARE *L. sp.* 816; *D C. fl. fr.* 3, *p.* 552; *Koch, syn.* 657. — *Ic. Lam. illustr. tab.* 508, *f.* 1. — Fleurs sessiles, en glomérules serrés, formant un long épi interrompu qui occupe presque toute la longueur des rameaux; bractéoles linéaires-subulées, courbées en crochet au sommet glabre. Calice tomenteux, fermé à la gorge par un anneau de poils, muni de 10 dents sétacées, crochues au sommet, étalées et alternativement plus petites. Corolle pubescente, petite, blanche, à tube courbé, resserré un peu au-dessus du milieu et muni en ce point d'un anneau de poils transversal; lèvre supérieure étroite, *divisée mais non jusqu'au milieu* en deux lobes parallèles et obtus; lèvre inférieure à lobe médian suborbiculaire, crénelé. Feuilles fortement ridées en réseau, blanchâtres et tomenteuses en dessous, ou quelquefois sur les deux faces (*M. apulum Ten. fl. nap.* 5. *p.* 16, *tab.* 154), *ovales-orbiculaires, inégalement crénelées;* les inférieures longuement pétiolées; les supérieures atténuées en pétiole court, ailé. Tige dressée, tomenteuse, très-rameuse et très-feuillée. — Plante de 3-6 décimètres, très-odorante.

Hab. Bords des routes, dans toute la France. ♃ Juillet-septembre.

M. Vaillantii *Coss. et Germ. in ann. sc. nat. ser.* 2, *t.* 20, *p.* 293, *tab.* 14 *et fl. par. p.* 333, *tab.* 21, α. — Cette plante a complétement l'inflorescence et les calices du *M. vulgare* dont elle n'est peut-être, suivant M. Bentham, qu'une forme monstrueuse; elle en diffère toutefois par la lèvre supérieure de la corolle *divisée au-delà du milieu* en deux lobes un peu écartés; par ses feuilles *cunéiformes, insensiblement atténuées en pétiole, incisées-palmées au sommet*, à lobes inégaux, entiers ou dentés.

Hab. Etrechy près d'Etampes, où MM. Cosson et Germain n'en ont trouvé que 3 pieds au milieu d'un grand nombre d'individus de *M. vulgare*. ♃ Juillet-septembre.

B. *Calice enflé, bilabié, à 3-4 lobes, ouvert à la maturité.*

MELITTIS. (L. gen. 731.)

Calice campanulé, membraneux, enflé, subbilabié, à lèvre supérieure bi-tridentée ou presque entière, l'inférieure bifide. Corolle bilabiée, à lèvre supérieure orbiculaire et presque plane, à lèvre inférieure trilobée. Etamines 4; anthères rapprochées par paire, à loges divergentes et disposées en croix, s'ouvrant chacune par une fente longitudinale distincte. Akènes trigones, arrondis au sommet.

M. Melissophyllum *L. sp.* 832; *D C. fl. fr.* 3, *p.* 565; *Koch, syn.* 648; *M. grandiflora Sm. brit. p.* 644. — *C. Billot, exsicc. n°* 434! — Fleurs très-grandes, pédicellées, unilatérales, solitaires, géminées ou ternées à l'aisselle des feuilles supérieures. Calice d'un vert pâle, à lèvre supérieure bi-tridentée ou entière souvent sur le même pied. Corolle pubescente, à tube droit, dilaté à la gorge. Akènes bruns, velus. Feuilles molles, ridées en réseau, pétiolées, ovales-lancéolées, arrondies ou en cœur à la base, crénelées. Tige dressée, simple ou rameuse. Souche épaisse, oblique. — Plante de 2-3 décimètres, élégante, longuement et mollement velue; fleurs blanches ou blanches-panachées de pourpre.

Hab. Bois des coteaux calcaires, plus rarement dans les terrains quartzeux; dans presque toute la France. ♃ Juin-août.

C. *Calice bilabié, à lèvres fermées à la maturité.*

SCUTELLARIA. (L. gen. 734.)

Calice court, à deux lèvres *entières* fermées après la floraison, muni sur le dos et à la base de la lèvre supérieure *d'une écaille saillante et transversale.* Corolle bilabiée, à tube *dépourvu d'un anneau de poils,* à lèvre supérieure concave et trifide, l'inférieure non divisée. Etamines 4, parallèles et rapprochées sous la lèvre supérieure de la corolle, à filets dépourvus d'appendice ; anthères à loges opposées bout à bout et s'ouvrant par une fente longitudinale commune. Akènes globuleux.

S. ALPINA *L. sp.* 834 ; *Vill. Dauph.* 2, *p.* 399 ; *All. ped.* 1, *p.* 39, *tab.* 26, *f.* 3 ; *D C. fl. fr.* 3, *p.* 572; *Gaud. helv.* 4, *p.* 98 ; *Bertol. fl. ital.* 6, *p.* 340 ; *Koch, syn.* 659. — Fleurs en *épi terminal d'abord court, dense et tétragone*, puis s'allongeant et interrompu ; bractées bien plus courtes que les fleurs, *membraneuses*, pellucides, purpurines ou pâles, *sessiles*, lancéolées, très-entières. Calice velu-glanduleux, à la fin réfléchi, égalant le pédicelle. Corolle purpurine, à tube *courbé à sa base, puis droit* et insensiblement dilaté à la gorge. Akènes grisâtres, granuleux. Feuilles pubescentes ou presque glabres, *ovales, obtuses, arrondies ou en cœur à la base, crénelées*, brièvement pétiolées, si ce n'est les supérieures qui sont sessiles et presque aiguës. Tiges décombantes, rameuses et même radicantes à la base ; rameaux tétragones, mollement velus. Souche ligneuse, dure, rameuse.— Plante de 1-2 décim., gazonnante.

Hab. Commun sur les coteaux calcaires des environs de Dijon, à Plombières, mont Afrique, carrière des Chartreux, Pommard, Meursault, Beaune ; Alpes du Dauphiné, Grande-Chartreuse, la Grâve, l'Echauda, l'Oisans, Gap, Embrun; toute la chaîne des Pyrénées. ♃ Juillet-août.

S. COLUMNÆ *All. ped.* 1, *p.* 40, *tab.* 84, *f.* 2 ; *D C. fl. fr.* 3, *p.* 571 ; *Bertol. fl. ital.* 6, *p.* 246.— *Billot, exsicc.* 436! — Fleurs en *épi terminal allongé, lâche, unilatéral ;* bractées petites, *herbacées*, lancéolées, atténuées à la base, très-entières, *la plupart brièvement pétiolées*. Calice velu-glanduleux, incliné à la maturité, à la fin très-grand et plus long que le pédicelle. Corolle purpurine, à tube *courbé en arc au-dessus de la base*, ascendant, dilaté vers la gorge. Akènes noirs, granuleux, munis de quelques poils courts étoilés. Feuilles minces, d'un vert gai en dessus, plus pâles en dessous, pubescentes, *crénelées ;* les infér. et les moyennes *ovales-en-cœur, obtuses, longuement pétiolées ;* les sup. lancéolées, presque tronquées à la base, plus brièvement pétiolées. Tiges dressées ou ascendantes, simples ou rameuses, pubescentes, glanduleuses au sommet. Souche grêle, oblique, rameuse. — Plante de 4-6 décimètres.

Hab. Entièrement naturalisé aux environs de Paris, aux bois de Boulogne, de Vincennes, de Meudon, dans la forêt de Dreux ♃ Juin-juillet.

S. HASTIFOLIA *L. sp.* 835 ; *Bast. fl. Maine-et-Loire, p.* 226 ; *D C. fl. fr.* 5, *p.* 403 ; *St.-Hil. not. Orléans,* n° 32; *Koch, deutsch. fl.* 4, *p.* 332 ; *Gaud. helv.* 4, *p.* 100 ; *Bertol. fl. ital.* 6, *p.* 242 ; *Cassida hastifolia Scop. carn.* 1, *p.* 430. — *Rchb. exsicc.* 47 ! ; *Fries, herb. norm. fasc.* 4, *n°* 15! ; *Schultz, exsicc. n°* 713! — Fleurs *en épi terminal, feuillé, unilatéral, peu allongé ;* deux petites bractéoles sétacées, pubescentes, insérées vers le milieu du pédicelle ; feuilles florales de plus en plus petites et toujours dépassées par les fleurs, lancéolées, *brièvement pétiolées*. Calice velu-glanduleux, réfléchi à la maturité, plus long que le pédicelle. Corolle violette, à tube *courbé en arc au-dessus de sa base*, ascendant, très-dilaté vers la gorge. Akènes bruns, fortement tuberculeux. Feuilles brièvement pétiolées, glabres ou presque glabres, *entières*, rudes aux bords; les inférieures courtes, *ovales-hastées, arrondies au sommet;* les caulinaires moyennes *lancéolées-hastées, à oreillettes obtuses ou aiguës et étalées horizontalement*. Tiges grêles, dressées ou ascendantes, simples ou rameuses vers la base, glabres ou pourvues au sommet d'une pubescence appliquée. Souche rampante, presque filiforme, très-rameuse. — Plante de 1-3 décimètres.

Hab. Lieux marécageux de la vallée de la Loire, à Orléans (*Auguste Saint-Hilaire*), Blois, Tours, Angers, Saumur, Saint-Maur, Chalonnes, Nantes; Chambard, Gien, Nevers; vallée du Rhône, à Irrour, Perrache, Couzon, Pierre-Bénite près de Lyon. ♃ Juillet-août.

S. galericulata *L. sp.* 835; *Vill. Dauph.* 2, *p.* 399; *DC. fl. fr.* 3, *p.* 574; *Koch, deutsch. fl.* 4, *p.* 331; *Gaud. helv.* 4, *p.* 99; *Cassida galericulata Scop. carn.* 1, *p.* 430. — *Ic. Engl. bot. tab.* 523. — Fleurs unilatérales, égalant les feuilles florales ou plus courtes, *non disposées en épi, mais solitaires à l'aisselle des feuilles le long des rameaux;* deux petites bractéoles sétacées à la base du pédicelle. Calice glabre, réfléchi à la maturité, plus long que le pédicelle. Corolle violette, à tube grêle, *courbé en arc au-dessus de sa base*, ascendant, insensiblement dilaté vers la gorge. Akènes bruns, tuberculeux. Feuilles brièvement pétiolées, *lancéolées-oblongues, en cœur à la base, jamais hastées, crénelées* et un peu rudes sur les bords. Tiges dressées ou ascendantes, simples ou rameuses. Souche rampante, très-grêle, rameuse. — Plante de 2-4 décimètres.

Hab. Lieux humides, bords des eaux ; commun dans toute la France, si ce n'est dans la région méditerranéenne. ♃ Juillet-août.

S. minor *L. sp.* 835 ; *D C. fl. fr.* 3, *p.* 674; *Koch, deutschl. fl.* 4, *p.* 333; *Cassida palustris minimo flore purpurascente Lindern, hort. als. p.* 216, *tab.* 9. — *Ic. Engl. bot. tab.* 524. *Rchb. exsicc.* 1537 ! — Se distingue du précédent aux caractères suivants : fleurs de beaucoup plus petites; calice hérissé de poils courts, non glanduleux ; tube de la corolle un peu ventru à la base, mais *droit;* feuilles plus petites, *entières ou munies à leur base d'une ou de deux dents de chaque côté ;* feuilles inférieures largement ovales; les supérieures lancéolées ; tiges plus grêles et bien plus courtes.

Hab. Lieux tourbeux, dans presque toute la France, mais bien moins commun que le précédent; manque dans la région méditerranéenne. ♃ Juill.-août.

BRUNELLA. (Tournef. inst. 1, p. 182, tab. 84.)

Calice tubuleux-campanulé, nervié, réticulé-veiné, *plan en dessus*, à deux lèvres dont la supérieure tronquée *dépourvue d'écaille, à trois dents courtes*, l'inférieure *bifide*. Corolle bilabiée, à tube *muni in-*

térieurement d'un anneau de poils, à lèvre supérieure voûtée en casque, comprimée latéralement, à lèvre inférieure trilobée. Etamines 4, parallèles et rapprochées sous la lèvre supérieure de la corolle, à filets munis sous le sommet d'un appendice; anthères à loges distinctes, divariquées, s'ouvrant chacune par une fente longitudinale distincte. Akènes oblongs.

B. HYSSOPIFOLIA *C. Bauh. pin.* 261 ; *Gouan, hort.* 295 ; *Lam. fl. fr.* 2, *p.* 366 ; *D C. fl. fr.* 3, *p.* 569 ; *Prunella hyssopifolia L. sp.* 837 ; *Vill. Dauph.* 2, *p.* 398 ; *All. ped.* 1, *p.* 35. — *Ic. Morison, hist. sect.* 11, *tab.* 5, *f.* 7. *Rchb. exsicc.* 2364 ! — Fleurs en épi dense, ovoïde ou oblong; bractées larges, réticulées, parcheminées au centre, suborbiculaires, brusquement acuminées, glabres, mais fortement ciliées. Calice brun, glabre ou un peu hérissé sur les côtes, cilié, à lèvre inférieure *divisée au-delà du milieu* en deux dents lancéolées, mucronées. Corolle violette, munie d'une ligne épaisse de poils sur le dos de la lèvre supérieure. Filets des étamines longues *munis vers le sommet d'une pointe subulée et courbée en arc* Feuilles *sessiles*, glabres, plus pâles en dessous, linéaires ou linéaires-lancéolées, toujours entières, rudes aux bords ; les inférieures atténuées à la base; les supérieures arrondies à la base. Tiges dressées, simples ou rameuses, munies sur les angles de poils ascendants appliqués. — Plante de 2-4 décimètres.

Hab. Gap, Digne, Sisteron; Grasse, Fréjus, Cannes, Hyères, Toulon, Marseille; Avignon; Joyeuse et Aubenas dans l'Ardèche; Saint-Ambroix, Alais, Anduze dans le Gard; Montpellier; Narbonne; Corse à Bastia. ♃ Mai-août.

B. VULGARIS *Mœnch, meth.* 414; *Prunella vulgaris L. sp.* 837 (*excl. var.* β.); *D C. fl. fr.* 3, *p.* 567; *Koch, syn.* 659. — *Ic. Fl. dan. tab.* 910 ; *Engl. bot. tab.* 961. — Fleurs en épi serré, globuleux ou oblong, ordinairement muni à sa base de deux feuilles opposées; bractées très-larges, parcheminées, réticulées, velues, suborbiculaires, brusquement acuminées, ciliées. Calice brun, glabre ou hérissé sur les côtes, cilié, à dents de la lèvre supérieure *écartées les unes des autres*, à lèvre inférieure *divisée jusqu'au milieu*. Corolle violette, munie d'une ligne de poils sur le dos de la lèvre supérieure. Filets des étamines longues *munis sous le sommet d'une pointe subulée et droite*. Feuilles *toutes pétiolées, si ce n'est la paire supérieure*, vertes en dessus, plus pâles en dessous, très-écartées, ovales ou oblongues, toujours arrondies à la base. Tiges ascendantes. Souche rampante. — Plante de 1-3 décimètres.

α. *genuina Godr. fl. lorr.* 2, *p.* 211. Feuilles toutes entières.

β. *pennatifida Godr. l. c.* Feuilles supérieures pennatifides, à lobes ascendants. *Prunella laciniata var.* γ. *L. sp.* 837 ; *Prunella pennatifida Pers. syn.* 2, *p.* 137.

Hab. Prés, bois; commun dans toute la France. ♃ Juin-août.

B. alba *Pall. ap. Bieb. taur.-cauc.* 2, *p.* 67; *Koch, syn.* 660. *Vaill. bot. par. tab.* 5, *f.* 1. — *Rchb. exsicc.* 1913 *et* 2179!; *Schultz, exsicc. n°* 500! — Se distingue : 1° du *B. vulgaris* par ses fleurs plus grandes, d'un blanc-jaunâtre, ou rarement purpurines; par les dents de la lèvre supérieure du calice plus grandes, plus profondes, *se recouvrant par les bords* et plus évidemment tronquées; par les filets des étamines munis sous le sommet *d'une pointe subulée et courbée en arc;* 2° du *B. grandiflora* par ses fleurs plus petites, en épi ordinairement pourvu de deux feuilles à sa base; par la lèvre inférieure du calice divisée jusqu'au milieu; par la présence *d'une pointe subulée et non d'un tubercule sous le sommet des étamines;* 3° de tous les deux par les dents de la lèvre inférieure du calice plus étroites, droites sur les bords et *insensiblement atténuées* en pointe sétacée et bordées de cils raides et longs; par ses feuilles plus oblongues; par son aspect plus velu.

α. *integrifolia Godr. fl. lorr.* 2, *p.* 211. Feuilles entières.

β. *pennatifida Koch, deutsch. fl.* 4, *p.* 336. Feuilles pennatifides. *Prunella laciniatia L. sp.* 837 (*excl. var.* β. *et* γ.); *Jacq. aust. tab.* 378.

Hab. Coteaux calcaires; dans presque toute la France, mais plus rare que le précédent. ♃ Juin-août.

B. grandiflora *Mœnch, meth.* 414; *DC. fl. fr.* 3, *p.* 568; *Prunella grandiflora Jacq. austr.* 4, *p.* 40, *tab.* 377; *Koch, syn.* 660; *Prunella vulgaris* β. *grandiflora L. sp.* 837. — *Ic. Riv. monop. irr. tab.* 29; *Fl. dan. tab.* 1933. *Rchb. exsicc.* 2544!; *Fries, herb. norm. fasc.* 4, *n°* 14! — Fleurs en épi serré, oblong, ordinairement dépourvu de feuilles à la base; bractées très-larges, parcheminées, réticulées, velues, suborbiculaires, brusquement acuminées, ciliées. Calice brun, velu à la base, cilié, à dents de la lèvre supérieure *écartées les unes des autres,* à lèvre inférieure *divisée jusqu'au tiers de sa longueur.* Corolle grande, purpurine, plus rarement blanche, munie sur le dos de la lèvre supérieure d'une faible ligne de poils. Filets des étamines longues *munis d'un tubercule sous le sommet.* Feuilles *toutes pétiolées, si ce n'est la paire supérieure,* écartées, d'un vert pâle, ovales-oblongues. Tiges ascendantes. Souche rampante. — Plante de 1-3 décimètres.

α. *genuina Godr. fl. lorr.* 2, *p.* 212. Feuilles entières, arrondies ou cunéiformes à la base.

β. *pennatifida Koch et Ziz, cat. palat.* 11. *Billot, exsicc. n°* 615! Feuilles pennatifides, à lobes ascendants.

γ. *pyrenaica Nob.* Feuilles hastées, à oreillettes saillantes et étalées horizontalement. *Prunella hastæfolia Brot. fl. lusit.* 1, *p.* 181; *Brunella pyrenaica maxima flore majore Tournef. inst.* 182. Ses corolles sont plus grandes que dans les deux variétés précédentes, la lèvre supérieure de la corolle est du double plus large, le tube est bien plus enflé à la gorge; la tige est plus droite; les feuilles moins nombreuses et plus écartées. Cette plante constitue peut-être une espèce distincte, mais nous en avons vu trop peu d'échantillons pour être certains de la constance de ses caractères distinctifs.

Hab. Lieux secs, dans toute la France; la var. γ. exclusivement dans les Pyrénées, Vernet, vallée du Lis, l'Hyéris, Pau, etc. ♃ Juin-août.

D. *Calice non enflé, bilabié, à lèvres ouvertes à la maturité.*

PRASIUM. (L. gen. 502.)

Calice campanulé, bilabié, à lèvre supérieure tridentée, à lèvre inférieure bifide. Corolle bilabiée, à lèvre supérieure concave, à lèvre inférieure trifide, à tube pourvu intérieurement d'un anneau de poils squammiformes. Etamines 4, rapprochées et parallèles sous la lèvre supérieure de la corolle ; anthères à deux loges divariquées. Akènes charnus, bacciformes, connés latéralement à leur base.

P. majus *L. sp.* 838; *DC. fl. fr.* 3, *p.* 403; *Desf. atl.* 2, *p.* 33; *Ten. syll.* 298; *Guss. rar.* 243; *Koch, deutsch. fl.* 4, *p.* 337; *Salis, fl. od. bot. Zeit.* 1834, *p.* 18; *Bertol. fl. ital.* 6, *p.* 258.— *Ic. Barrel. icon. tab.* 896. — Fleurs solitaires et axillaires, en grappe terminale feuillée et lâche; feuilles florales supérieures petites, entières, aristées, plus courtes que les fleurs. Calice pubescent-glanduleux, accrescent, à dents toutes aristées. Corolle blanche ou légèrement purpurine, dilatée à la gorge ; à lèvre supérieure oblongue, obtuse ; à lobe médian de la lèvre inférieure obové, entier. Akènes noirs, trigones, tronqués et pubescents au sommet. Feuilles pétiolées, glabres ou velues, vertes et luisantes en dessus, glaucescentes en dessous, ovales ou ovales-lancéolées, crénelées, tronquées ou en cœur à la base. Tige ligneuse, dressée, très-rameuse ; rameaux étalés. — Plante de 5-10 décimètres.

Hab. Corse, Bonifacio, Ajaccio. ♄ Mai-août.

Trib. 8. AJUGEÆ *Benth. in DC. prodr.* 12, *p.* 571. — Corolle subunilabiée, la lèvre supérieure étant très-courte ou bipartite. Etamines parallèles, exsertes ; les antérieures plus longues.

AJUGA. (L. sp. 785.)

Calice campanulé, à 5 dents. Corolle à tube *muni intér[t] d'un anneau de poils;* à lèvre supérieure *courte, émarginée ;* à lèvre inférieure allongée, trifide. Etamines 4, le plus souvent saillantes en avant de la lèvre supérieure; anthères à deux loges opposées bout à bout, s'ouvrant par une fente longitudinale commune.

Sect. 1. Bugula Tournef. tab. 98. — Fleurs en glomérules axillaires. Anneau de poils du tube de la corolle continu, écarté du point d'insertion des étamines.

A. reptans *L. sp.* 785; *DC. fl. fr.* 3, *p.* 512; *Koch, syn.* 661; *Bugula reptans Lam. fl. fr.* 2, *p.* 415. — *Ic. Lam. illustr. tab.* 501, *f.* 2. *Fries, herb. norm. fasc.* 9, *n°* 13! — Glomérules de 3-6 fleurs, formant une grappe *allongée, interrompue à la base;* feuilles florales sessiles, colorées de bleu ou de pourpre, ovales, obtuses, entières, insensiblement décroissantes; les inférieures *à paires écartées, les supérieures plus courtes que les fleurs.* Calice à dents velues, lancéolées, aiguës, égalant le tube. Corolle bleue, plus rarement blanche ou rose, à tube droit, cylindrique; lèvre inférieure à lobes écartés, le médian en cœur renversé. Feuilles radicales grandes, *persistantes,* étalées sur la terre, oblongues ou obovées, arrondies au sommet, entières ou faiblement sinuées-dentées, atténuées en pétiole allongé; les caulinaires peu nombreuses, plus brièvement pétiolées, à paires écartées. Tige dressée, simple, alternativement velue sur deux faces opposées, glabre sur les deux autres. Souche tronquée, émettant des stolons souvent très-allongés, ou dépourvu de ces organes (*A. alpina Vill. Dauph.* 2, *p.* 347, *non L. nec All.*) — Plante de 1-4 décimètres, peu velue.

Hab. Prairies, bois; commun dans toute la France. ♃ Mai-juin.

A. pyramidalis *L. sp.* 785; *Vill. Dauph.* 2, *p.* 348; *DC. fl. fr.* 3, *p.* 513; *Fries, nov.* 174; *Gaud. helv.* 4, *p.* 10; *Koch, syn.* 661; *Bertol. fl. ital.* 6, *p.* 7 (*non Bieb.*); *Bugula pyramidalis Mill. dict. n°* 3. — *Ic. Fl. dan. tab.* 185. *Rchb. exsicc.* 989!; *Fries, herb. norm. fasc.* 12, *n°* 34!; *Schultz, exsicc.* 714! — Glomérules de 3 fleurs, formant une grappe *courte, tétragone-pyramidale, dense et continue;* feuilles florales sessiles, herbacées ou purpurines, largement ovales, obtuses, entières ou faiblement sinuées, insensiblement décroissantes, *toutes une fois plus longues que les fleurs.* Calice à dents étroites, linéaires, aiguës, laineuses, plus longues que le tube. Corolle petite, d'un bleu pâle; tube allongé, grêle, cylindrique; lèvre inférieure à lobes non divergents, le médian tronqué. Feuilles radicales grandes, étalées en rosette appliquée sur la terre, *persistantes,* obovées, très-obtuses, faiblement sinuées, dentées ou même entières, atténuées en un court pétiole; les caulinaires rapprochées, sessiles, mais atténuées à leur base. Tige courte, dressée, simple, très-feuillée. Souche oblique, tronquée, sans stolons. — Plante de 5-12 centimètres, velue.

Hab. Alpes du Dauphiné, Gap, Plomb du Cantal, Puy-Mary; mont Dore; Pyrénées, Canigou, Mont-Louis, Saint-Sauveur, mont Lisey, Piquette d'Endretlitz, etc. ♃ Mai-juin.

A. genevensis *L. sp.* 785; *Vill. Dauph.* 2, *p.* 348; *DC. fl. fr.* 3, *p.* 513; *Bugula alpina All. ped.* 1, *p.* 45. — *Ic. Riv. monop. irr. tab.* 76. *Rchb. exsicc.* 2432!; *Schultz, exsicc.* 323! — Glomérules de 3-4 fleurs, formant une grappe *allongée, interrompue dans presque toute sa longueur;* feuilles florales sessiles, bleuâtres au sommet, les inférieures ovales et inégalement crénelées, les moyennes *trilobées, les supérieures plus courtes que les fleurs.* Calice velu-laineux, à dents inégales, lancéolées, aiguës, plus courtes que le tube. Corolle d'un bleu clair ou rose; tube allongé, cylindrique ; lèvre inférieure à lobes écartés, le médian en cœur renversé. Feuilles radicales dressées, *détruites au moment de la floraison;* les caulinaires inférieures petites, oblongues et longuement atténuées en coin, crénelées au sommet ; les supérieures plus courtes, mais beaucoup plus larges et plus fortement crénelées; toutes d'un vert-blanchâtre et très-velues. Tiges dressées, simples, velues tout autour. Souche très-courte, non rampante, toujours dépourvue de stolons.— Plante de 1 -3 décimètres, très-velue.

Hab. Coteaux secs; commun dans toute la France. ♃ Mai-juin.

Sect. 2. CHAMÆPITYS *Tournef. tab.* 98. — Fleurs solitaires ou géminées à l'aisselle des feuilles. Anneau de poils du tube de la corolle interrompu et placé au point d'insertion des étamines.

A. Chamæpitys *Schreb. unilab. p.* 24; *D C. fl. fr.* 3, *p.* 514; *Koch, syn.* 661 ; *Teucrium Chamæpitys L. sp.* 787 ; *Vill. Dauph.* 2, *p.* 351; *Bugula Chamæpitys All. ped.* 1, *p.* 46 ; *Chamæpitys trifida Dumort. fl. belg. p.* 42. — *Ic. Riv. monop. irr. tab.* 14. *Rchb. exsicc.* 2049 !; *Billot, exsicc.* 616!—Fleurs solitaires à l'aisselle des feuilles et formant une longue grappe feuillée, à la fin lâche à la base et qui occupe presque toute la longueur des rameaux. Calice velu, divisé jusqu'au milieu en 5 dents inégales, lancéolées, aiguës. Corolle jaune, à tube dépassant à peine le calice, à lèvre inférieure trilobée, à lobe moyen en cœur renversé. Feuilles velues, un peu visqueuses ; les inférieures linéaires-oblongues, *entières,* atténuées en pétiole ; les supérieures sessiles, *tripartites,* à segments linéaires obtus, entiers et divergents. Tiges *entièrement herbacées,* rameuses dès la base, couchées, diffuses, pourvues de poils tout autour, mais plus fortement sur deux faces. Racine longue, pivotante, grêle. — Plante de 5-15 centimètres.

Hab. Champs pierreux des terrains calcaires. ① Juin-octobre.

A. Iva *Schreb. unilab. p.* 25 ; *D C. fl. fr.* 3, *p.* 514 ; *Ten. syll.* 275 ; *Guss. syn.* 2, *p.* 53 ; *Bertol. fl. ital* 6, *p.* 14 ; *Teucrium Iva L. sp.* 787 ; *All. ped.* 1, *p.* 41 ; *Teucrium moschatum Lam. fl. fr.* 2, *p.* 409. —*Ic. Cav. icon. tab.* 120. *Soleir. exsicc.* 3085 !— Fleurs solitaires ou géminées à l'aisselle des feuilles, formant une longue grappe feuillée, à la fin lâche à la base et qui occupe presque toute la longueur des rameaux. Calice laineux, à dents lancéolées, obtusiuscules, plus courtes que le tube. Corolle purpurine ou d'un jaune doré (*A. pseudo-Iva Rob. et Cast.! in D C. fl. fr.* 5, *p.* 395), assez grande, à tube infundibuliforme, dépassant le calice, à lèvre inférieure dont le lobe médian très-grand, en cœur renversé. Feuilles toutes sessiles, uninerviées, très-velues sur les deux faces et d'un vert-grisâtre, linéaires ou linéaires-lancéolées, un peu atténuées inférieurement; *les inférieures et les moyennes munies de 2-4 dents vers le sommet; les supérieures entières.* Tige très-rameuse et *frutescente à la base;* rameaux couchés ou ascendants, très-feuillés et très-velus. Racine rameuse. — Plante de 5-15 centimètres, un peu musquée.

Hab. Coteaux de la région méditerranéenne; Grasse, Fréjus, Hyères, Toulon, Marseille, Istres, Montaud, Aix; Avignon; Uzès, Nîmes, Montpellier, Cette; Narbonne, île Sainte-Lucie; Corse, Saint-Florent, Ostriconi, Bonifacio, Torre-della-Lossa, île Rousse. ♃ Mai-juillet.

TEUCRIUM. (L. gen. 706.)

Calice tubuleux ou campanulé, à 5 dents dont la supérieure quelquefois plus large et disposée en forme de lèvre. Corolle à tube court, *dépourvu d'un anneau de poils,* à lèvre supérieure *bipartite,* de telle sorte que la corolle semble être unilabiée à 5 lobes. Etamines 4, sortant avec le style à travers la fente de la lèvre supérieure; anthères à deux loges opposées bout à bout et s'ouvrant par une fente longitudinale commune.

Sect. 1. TEUCRIS *Ging. in D C. prodr.* 12, *p.* 575. — Fleurs solitaires à l'aisselle des feuilles supérieures. Calice à 5 dents.

T. FRUTICANS *L. sp.* 787; *D C. fl. fr.* 3, *p.* 515; *Desf. atl.* 2, *p.* 3; *Dub. bot.* 362; *Lois. gall.* 2, *p.* 5; *Sibth. et Sm. fl. græc.* 6, *p.* 23, *tab.* 527; *Ten. syll.* 276; *Bertol. fl. ital.* 6, *p.* 18. — *Endress, pl. pyr. exsicc. unio itin.* 1829!; *Billot, exsicc.* 617! — Fleurs brièvement pédicellées, solitaires et axillaires, formant une grappe feuillée au sommet des rameaux; feuilles florales supérieures plus courtes que les fleurs. Calice blanc-tomenteux, à tube très-ouvert, à dents lancéolées, aiguës, *non aristées,* un peu plus longues que le tube. Corolle bleue, veinée, à lobe médian concave, oblong, rétréci à la base, pubescent sur la nervure médiane. Akènes bruns, pubescents, un peu ridés à la maturité. Feuilles d'un vert foncé et luisantes en dessus, *d'un blanc de neige ou jaunâtres en dessous,* toutes brièvement pétiolées, ovales ou oblongues, *entières.* Tige ligneuse, dressée, très-rameuse; rameaux étalés, blanchâtres. — Plante de 10-15 décimètres.

Hab. Banyuls-sur-Mer, à Canbonorat vers le cap Cerbère; Corse. ♄ Mai-juin.

T. PSEUDOCHAMÆPITYS *L. sp.* 787; *D C. fl. fr.* 3, *p.* 516; *Dub. bot.* 362; *Lois. gall.* 2, *p.* 5; *Castagne, cat. Mars. p.* 105; *Teucrium n°* 5 *Gerard, gall.-prov. p.* 277. — *Ic. Lob. icon.* 385, *f.* 1. — Fleurs assez longuement pédicellées, solitaires et axillaires, formant une longue grappe lâche, terminale, presque unilatérale; feuilles florales supérieures entières, beaucoup plus courtes que les fleurs. Calice brièvement velu-glanduleux, à tube très-ouvert, à dents triangulaires, *longuement acuminées-aristées*, une fois plus longues que le tube. Corolle blanche ou rougeâtre, à lobe médian concave, oblong, rétréci à la base, velu sur la nervure médiane. Akènes bruns, pubescents, ridés à la maturité. Feuilles d'un *vert-grisâtre*, velues et pubescentes, *tri-quinquepartites*, à segments linéaires, entiers ou trifides, roulés par les bords. Tiges frutescentes et rameuses à la base ; rameaux dressés, droits, simples, velus, très-feuillés. — Plante de 1-3 décimètres.

Hab. Fréjus, Saint-Louis près de Marseille. ♄ Mai.

Sect. 2. SCORDIUM *Benth. lab. p.* 678. — Fleurs en glomérules pauciflores, axillaires, non disposés en grappe ni en capitule. Calice à 5 dents.

T. BOTRYS *L. sp.* 786 ; *D C. fl. fr.* 3, *p.* 515; *Chamædrys Botrys Mœnch, meth.* 383.— *Rchb. exsicc.* 2050!; *Billot, exsicc. n°* 835!— Fleurs en glomérules de 2-3 fleurs, placés à l'aisselle des feuilles supérieures et unilatéraux. Calice pubescent-glanduleux, inséré obliquement sur le pédicelle, réticulé-veiné, bossu à sa base et en avant, à dents lancéolées, cuspidées. Corolle lilas, à lobes latéraux acuminés. Akènes bruns, alvéolés. Feuilles *toutes pétiolées*, velues-glanduleuses, molles, d'un vert sombre en dessus, plus pâles en dessous, *bipennatifides*, à segments oblongs, obtus. Tiges herbacées, simples ou rameuses; la centrale dressée, les latérales ascendantes. Racine *annuelle, pivotante, sans stolons.* — Plante de 1-2 décimètres.

Hab. Commun dans les champs pierreux et calcaires. ① Juillet-octobre.

T. SCORDIUM *L. sp.* 790 ; *D. C. fl. fr.* 3, *p.* 517 ; *T. palustre Lam. fl. fr.* 2, *p.* 411 ; *Chamædrys Scordium Mœnch, meth.* 384. — *Fries, herb. norm. fasc.* 1, *n°* 17!; *C. Billot, exsicc. n°* 438! — Fleurs géminées à l'aisselle des feuilles supérieures, unilatérales. Calice velu, inséré un peu obliquement sur le pédicelle, non réticulé, bossu à sa base et en avant, à dents lancéolées, acuminées. Corolle lilas, à lobes latéraux lancéolés. Akènes petits, bruns, ridés en réseau. Feuilles *toutes sessiles*, molles, velues, d'un vert cendré ou violet, oblongues, *profondément crénelées;* les caulinaires *arrondies à la base, non embrassantes*; les raméales *atténuées et entières dans leur moitié inférieure.* Tiges herbacées, ascendantes, flexueuses, radicantes à la base, très-feuillées, rameuses. Souche *grêle, rampante, rameuse, émettant des stolons munis d'appendices foliacés.* — Plante de 1-2 décimètres.

Hab. Prés humides, fossés, dans toute la France. ♃ Juin-août.

T. SCORDIOIDES *Schreb. unil. p.* 37 ; *Benth. lab.* 674; *Koch, deutsch. fl.* 4, *p.* 224 ; *Ten. syll.* 276 ; *Guss. syn.* 2, *p.* 58 ; *T. lanuginosum Hoffm. et Link, fl. port.* 1, *p.* 84, *tab.* 3.— *Soleir. exs.* 3257 ! — Se distingue du *T. Scordium* par ses feuilles caulinaires plus larges et moins longues, *échancrées en cœur à la base et em-*

brassantes; par ses feuilles raméales ovales, *élargies et arrondies à la base, crénelées sur tout leur pourtour et jamais cunéiformes à la base;* par ses tiges dressées, plus fermes; par ses *stolons munis d'appendices scarieux;* par son port plus raide.

Hab. Lieux humides et maritimes; Narbonne; Corse, à Bastia. ♃ Juin-septembre.

Sect. 3. Scorodonia *Adans. fam. p.* 188. — Fleurs solitaires à l'aisselle des bractées, disposées en grappe terminale. Calice bilabié.

T. Scorodonia *L. sp.* 789; *DC. fl. fr.* 3, *p.* 516; *T. sylvestre Lam. fl. fr.* 2, *p.* 412; *Scorodonia heteromalla Mœnch, meth.* 384. — *Rchb. exsicc.* 232!; *Fries, herb. norm. fasc.* 10, *n°* 15!; *Billot, exsicc. n°* 437! — Fleurs en grappe terminale allongée et unilatérale; bractées petites, ovales, acuminées, concaves, entières, beaucoup plus courtes que les fleurs. Calice *pubescent,* inséré obliquement, bossu à la base et en avant, à dents réticulées-veinées; la supérieure *suborbiculaire*, concave, les autres aristées. Corolle d'un jaune-verdâtre, à tube *une fois plus long que le calice,* à lobe médian ovale, concave. Akènes petits, bruns, lisses. Feuilles pétiolées, les inférieures assez longuement, toutes pubescentes, d'un vert gai en dessus, plus pâles en dessous, ridées en réseau, ovales ou ovales-oblongues, en cœur à la base, inégalement crénelées. Tige herbacée, dressée, pubescente, simple ou rameuse; rameaux étalés-dressés. Souche épaisse, rampante, émettant des stolons. — Plante de 3-5 décimètres.

Hab. Commun dans les bois de toute la France, et en Corse. ♃ Juin-septembre.

T. massiliense *L. sp.* 789; *DC. fl. fr.* 3, *p.* 519; *Dub. bot.* 362; *Lois.! gall.* 2, *p.* 6; *Salis, fl. od. bot. Zeit.* 1834, *p.* 13; *Moris, stirp. sard. elench. fasc.* 1, *p.* 36; *Bertol. fl. ital.* 6, *p.* 25; *T. odoratum Lam. fl. fr.* 2, *p.* 413; *Scorodonia cordata Mœnch, meth.* 385, *Teucrium n°* 6 *Gerard, gall.-prov.* 277, *tab.* 11. — *Ic. Jacq. vind. tab.* 94. *Soleir. exsicc.* 3261! — Fleurs en grappe terminale, allongée, lâche, unilatérale; bractées petites, ovales, concaves, entières, plus courtes que les fleurs. Calice *pubescent-glanduleux,* inséré obliquement, bossu à la base en avant, à dents réticulées-veinées; la supérieure grande, *en cœur,* mucronée, les autres aristées. Corolle petite, rose, à tube *inclus*, à lobe médian suborbiculaire, concave. Akènes petits, noirs, papilleux au sommet. Feuilles brièvement pétiolées, pubescentes-tomenteuses, grisâtres en dessous, réticulées-ridées, ovales ou oblongues, crénelées, arrondies, tronquées ou en cœur à la base. Tiges herbacées, dressées ou ascendantes, pubescentes, rameuses; rameaux étalés-dressés. Souche courte, rameuse. — Plante de 2-5 décimètres.

Hab. Iles d'Hyères; Corse, Calvi, Galésia, Sartène, Patriciale, cap Corse, Premelli, Vico, Bonifacio. ♃ Juin-juillet.

Sect. 4. CHAMÆDRYS *Dill. gen. tab.* 3. — Fleurs en glomérules pauciflores, disposées en grappe terminale. Calice à 5 dents.

T. Chamædrys *L. sp.* 790; *D C. fl. fr.* 3, *p.* 518; *T. officinale Lam. fl. fr.* 2, *p.* 414; *Chamædrys officinalis Mœnch, meth.* 383.— *Rchb. exsicc.* 231!; *Billot, exsicc. n°* 164! — Fleurs géminées ou ternées à l'aisselle des feuilles supérieures, formant une grappe *feuillée, assez dense, unilatérale, oblongue et peu allongée;* feuilles florales supérieures dentées ou entières, plus courtes que les fleurs. Calice rougeâtre, *pubescent,* un peu bossu à la base, à dents presque égales, lancéolées, acuminées, très-aiguës. Corolle purpurine, à lobe médian large, concave, *obové-cunéiforme.* Akènes petits, bruns, papilleux au sommet. Feuilles de consistance ferme, luisantes en dessus, d'un vert pâle et mat en dessous, *pubescentes;* les inférieures ovales ou lancéolées, atténuées en un court pétiole, *fortement crénelées;* les supérieures presque sessiles. Tiges nues et presque ligneuses à la base, couchées ou ascendantes, très-rameuses, gazonnantes; rameaux dressés, *velus.* Souche grêle, rampante, rameuse, émettant des stolons jaunes et filiformes. — Plante de 1-2 décimètres.

Hab. Bords des bois et coteaux calcaires, dans toute la France; Corse au mont Grosso. ♃ Juin septembre.

T. lucidum *L. sp.* 790; *Schreb. unil. p.* 33; *All. ped.* 1, *p.* 42, *tab.* 149; *D C. fl. fr.* 3, *p.* 518; *Dub. bot.* 362; *Lois. gall.* 2, *p.* 6; *Benth. lab.* 680; *Bertol. fl. ital.* 6, *p.* 28; *Chamædrys lucida Mœnch, meth.* 383; *Teucrium, n°* 9 *Gerard, gall.-prov. p.* 278. —*Ic. Magn. hort. tab.* 52. *Rchb. exsicc.* 2360!— Fleurs géminées ou ternées à l'aisselle des feuilles supérieures, formant une grappe *allongée, feuillée, lâche, unilatérale;* feuilles florales supérieures petites, elliptiques, presque entières, égalant les fleurs. Calice *glabre,* purpurin, un peu bossu à la base, à dents presque égales, trinerviées, lancéolées, aiguës. Corolle purpurine, à lobe médian *ovale,* obtus, concave. Akènes bruns, papilleux au sommet. Feuilles pétiolées, *glabres,* vertes et luisantes en dessus, plus pâles en dessous, ovales-rhomboïdales, entières à la base, *incisées-dentées dans leur moitié supérieure.* Tiges ascendantes, nues et très-rameuses à la base presque frutescente; rameaux dressées, flexueux, *glabres,* feuillés. Souche rampante, très-rameuse, émettant des stolons. — Plante de 3-5 décimètres.

Hab. Dauphiné et Alpes de la Provence; vallée de l'Arche, Saint-Paul, Barcelonnette, Digne, Colmars, Entrevaux, Marseille. ♃ Juillet-août.

T. flavum *L. sp.* 791; *Schreb. unil. p.* 34; *All. ped.* 1, *p.* 43; *D C. fl. fr.* 3, *p.* 519; *Desf. atl.* 2, *p.* 6; *Dub. bot.* 362; *Lois. gall.* 2, *p.* 6; *Benth. lab.* 681; *Ten. syll. p.* 276; *Salis, fl. od. bot. Zeit.* 1834, *p.* 15; *Koch, Deutsch. fl.* 4, *p.* 225; *Guss. syn.* 2, *p.* 56; *Bertol. fl. ital.* 6, *p.* 31; *Chamædrys flava Mœnch, meth.*

383.— *Ic. Riv. monop. irr. tab.* 10. *Rchb. exsicc.* 605! — Fleurs géminées ou ternées à l'aisselle des feuilles supérieures, formant une grappe *feuillée, interrompue à la base, unilatérale;* feuilles florales supérieures ovales, concaves, entières, plus courtes que les fleurs. Calice *pubescent-glanduleux,* un peu bossu à la base, à dents un peu inégales, lancéolées. Corolle d'un jaune-verdâtre, à lobe médian *suborbiculaire,* concave. Akènes bruns, lisses. Feuilles pétiolées, un peu épaisses, vertes et pubescentes en dessus, *pubescentes-veloutées et plus pâles en dessous,* largement ovales, obtuses, *crénelées, presque tronquées à la base;* les supérieures prolongées en coin sur le pétiole. Tiges nues et frutescentes à la base, rameuses; rameaux dressés, *cendrés-pubescents.* — Plante de 3-4 décimètres, à odeur forte.

Hab. Coteaux et rochers de la région méditerranéenne, Aix, Toulon, Montredon près de Marseille, îles Sainte-Marguerite; Manduel au bord du Gardon, Saint-Guillem-le-Désert, la Paillade, Ganges et pic Saint-Loup près de Montpellier; Narbonne; Corse, Calenzana, Bastia, Sartène, Bonifacio, Ajaccio. ♄ Juillet-août.

T. Marum *L. sp.* 788; *Schreb. unil. p.* 36; *DC. fl. fr.* 3, *p.* 516; *Dub. bot.* 363; *Lois. gall.* 2, *p.* 6; *Benth. lab.* 681; *Cambess. balear. p.* 121; *Salis, fl. od. bot. Zeit.* 1834, *p.* 15; *Moris, stirp. sard. elench. fasc.* 1, *p.* 36; *T. maritimum Lam. fl. fr.* 2, *p.* 414; *Chamædrys Marum Mœnch, meth.* 383.— *Ic. Riv. monop. irrig. tab.* 13. *Soleir. exsicc.* 3266!; *Billot, exsicc. n°* 618! — Fleurs géminées à l'aisselle des feuilles supérieures, formant une grappe *oblongue, ordinairement assez serrée, presque unilatérale;* feuilles florales toutes plus courtes que les fleurs et semblables aux feuilles caulinaires. Calice *velu,* un peu bossu à la base, à dents presque égales, lancéolées, brièvement acuminées. Corolle purpurine, à lobe médian *suborbiculaire,* concave. Akènes bruns, velus, apiculés. Feuilles brièvement pétiolées, petites, pubescentes et vertes en dessus, *blanches-tomenteuses en dessous,* ovales ou lancéolées, aiguës ou obtuses, *entières,* roulées en dessous par les bords. Tiges frutescentes, dressées, très-rameuses; rameaux dressés, *blanchâtres.* — Plante de 3-5 décimètres.

Hab. La région méditerranéenne; Montpellier; îles d'Hyères; Corse, Calvi, Ajaccio, Guagno, Sartène, Corté, Bastia, Vico, monte di Cagno, Bonifacio. ♄ Juin-juillet.

Sect. 5. Polium *Benth. lab.* 684. — Fleurs en capitules terminaux. Calice à 5 dents.

T. pyrenaicum *L. sp.* 791; *DC. fl. fr.* 3, *p.* 520; *Dub. bot.* 363; *Lapeyr. abr. pyr.* 327; *T. reptans Pourr. act. Toul.* 3, *p.* 330; *Polium pyrenaicum Mill. dict. n°* 6. — *Ic. Barr. icon. tab.* 1095. *Endress, pl. pyr. exsicc. unio itin.* 1830!; *Billot, exs.* 620! — Fleurs en capitules subglobuleux, denses, entourés de feuilles rapprochées; bractées petites, linéaires-spatulées, pétiolées, plus courtes que les fleurs. Calice *velu*, un peu bossu à la base, à dents un peu inégales, *triangulaires*, *acuminées-sétacées*. Corolle à lobes supérieurs purpurins, grands, largement *obovés-tronqués*, à lobe médian d'un blanc-jaunâtre, *ovale*, concave. Akènes bruns, ridés. Feuilles *brièvement pétiolées*, molles et ridées en réseau, *vertes et velues des deux côtés*, *suborbiculaires*, *profondément crénelées*, *un peu en coin et entières à la base*. Tiges nombreuses, nues, *couchées et radicantes* à la base, flexueuses, très-rameuses, feuillées et très-velues vers le sommet. Souche *rampante*. — Plante de 1-2 décimètres, gazonnante.

Hab. Rochers des Pyrénées, Arles, Ussat, Saint-Sauveur, l'Hiéris, Bagnères-de-Luchon, Esquierry, Eaux-Bonnes, Mauléon-Barousse, etc.; Alpes du Dauphiné, Grenoble, la Moucherolle. ♃ Juin-juillet.

T. montanum *L. sp.* 791; *DC. fl. fr.* 3, *p.* 620; *Koch, deutsch. fl.* 4, *p.* 226; *Gaud. helv.* 4, *p.* 20; *Polium montanum Mill. dict. n°* 1.—*Rchb. exsicc.* 447! — Fleurs en capitules serrés, déprimés, entourés de feuilles rapprochées; bractées linéaires-oblongues, atténuées à la base, plus courtes que les fleurs. Calice *glabre*, un peu bossu à la base, à dents *lancéolées*, *acuminées-subulées*. Corolle d'un blanc-jaunâtre, à lobes supérieurs *oblongs*, *obtus*, à lobe médian *oblong-obové*, concave. Akènes bruns, ridés au sommet. Feuilles de consistance ferme, vertes et luisantes en dessus, *blanches-tomenteuses en dessous*, roulées par les bords, *très-entières*, *linéaires-oblongues ou linéaires atténuées en un court pétiole*. Tiges nues et presque ligneuses à la base, nombreuses, *couchées en cercle sur la terre*, très-rameuses; rameaux filiformes, très-feuillés, velus-tomenteux. Souche *courte*, *rameuse*, *non rampante*. — Plante de 1 décimètre, d'une odeur agréable.

Hab. Coteaux calcaires, dans une grande partie de la France. ♃ Juin-août.

T. aureum *Schreb. unil. p.* 43; *Lapeyr. abr. pyr.* 327; *T. flavicans Lam. dict.* 2, *p.* 700; *DC. fl. fr.* 3, *p.* 521 (*excl. var.*); *T. tomentosum Vill. Dauph.* 2, *p.* 352 (*non Mœnch*, *nec Heyne*); *Polium aureum Mœnch, meth.* 385.—*Ic. Cav icon. rar. tab.* 117. *Endress, pl. pyr. exsicc. unio itin.* 1829!—Fleurs en capitules serrés, ovoïdes, solitaires ou agglomérés à l'extrémité des rameaux, toujours fortement velus-tomenteux, *à poils longs*, *étalés*, d'un jaune doré, plus rarement blancs (*T. gnaphalodes Vahl, symb.* 1, *p.* 41); bractées linéaires-spatulées, pétiolées, plus courtes que les fleurs. Calice campanulé, *couvert de poils longs étalés*, à dents saillantes, *carénées sur le dos*, *inégales*, *toutes aiguës; la supérieure large, lancéolée; les autres lancéolées*, *acuminées*. Corolle jaune ou blanche, rarement purpurine, à lobes supérieurs velus, *suborbiculaires*, à lobe médian *ovale-panduriforme*, *tronqué et auriculé à la base*. Etamines à filets *non tordus en spirale*. Style profondément bifide, à lobes divariqués. Akènes bruns, réticulés-excavés. Feuilles *tomen-*

teuses sur les deux faces; les supérieures souvent d'un jaune doré; les autres d'un vert-grisâtre en dessus, blanchâtres en dessous, à la fin roulées par les bords, *sessiles, oblongues, obtuses, crénelées, brièvement cunéiformes et entières à la base.* Tiges *ascendantes ou dressées,* ligneuses et nues à la base, flexueuses, très-rameuses; rameaux mollement cotonneux. Racine *verticale, rameuse.* — Plante de 1-2 décimètres, d'une odeur forte et agréable.

Hab. Dauphiné méridional et Alpes de la Provence, rochers des Arnauds, Saint-Géniès, sources de Vaucluse, mont Sainte-Victoire, Saint-Cyr, Sainte-Baume, Marseille; Mende; Ganges, Madières et Saint-Guilhem-le-Désert près de Montpellier; commun dans les Corbières; Pyrénées, Prats-de-Mollo, Villefranche, Prades, Ussat, Saint-Béat, etc. ♄ Juin-août.

T. Polium *L. sp.* 792 (*excl. var.* α.); *All. ped.* 1, *p.* 44; *Vill. Dauph.* 2, *p.* 351; *DC. fl. fr.* 3, *p* 521; *Bertol. fl. ital.* 6, *p.* 36; *T. pseudo-hyssopus Schreb. unil. p.* 35 (*non Salis*). — *Ic. Plenck, icon. pl. med. tab.* 481. — Fleurs en capitules serrés, ovoïdes ou globuleux, assez longuement pédonculés, disposés en grappe corymbiforme, *couverts d'un tomentum court, appliqué,* blanc ou rarement jaune; bractées linéaires-spatulées, pétiolées, plus courtes que les fleurs. Calice *brièvement tomenteux,* campanulé, à dents *courtes, planes, inégales; la supérieure ovale, obtuse; les autres lancéolées, brièvement acuminées, aiguës.* Corolle blanche ou purpurine, à lobes supérieurs pubescents, *ovales, obtus,* à lobe médian *ovale, tronqué à la base.* Etamines à filets *non tordus en spirale.* Style brièvement bifide, à lobes un peu inégaux. Akènes bruns, réticulés-excavés. Feuilles *brièvement tomenteuses, d'un vert cendré en dessus, blanches en dessous, sessiles,* à la fin roulées par les bords, *linéaires-oblongues, cunéiformes et entières à la base, crénelées dans leur moitié supérieure.* Tiges *ascendantes,* ligneuses, très-rameuses; rameaux blancs-tomenteux. — Plante de 1-2 décimètres, d'une odeur forte et agréable.

Hab. La région méditerranéenne, Marseille, Montaud près de Salon; Montpellier. ♄ Juin-août.

T. capitatum *L. sp.* 792 (*excl. var.*); *DC. fl. fr.* 3, *p.* 522; *Cambess. bal. p.* 122; *Moris, stirp. sard. elench. fasc.* 1, *p.* 36; *Bertol. fl. ital.* 6, *p.* 40 (*non Ten. nec All.*); *T. pseudo-hyssopus Salis, fl. od. bot. Zeit.* 1834, *p.* 15 (*non Schreb.*). — *Ic. Cav. icon. tab.* 119. *Soleir. exsicc.* 3260! — Fleurs en capitules plus petits que dans les espèces voisines, globuleux, pédonculés, *couverts d'un tomentum blanc, court, appliqué,* terminaux et axillaires le long des rameaux, formant par leur réunion des grappes oblongues; bractées linéaires-spatulées, atténuées à la base, plus courtes que les fleurs. Calice petit, anguleux au sommet, *brièvement tomenteux, blanc,* à dents *courtes, inégales, obtuses, concaves.* Corolle blanche ou rose, plus petite que dans le *T. Polium,* à lobes supérieurs *ovales, obtus,* pubescents, à lobe médian *suborbiculaire.* Etamines à filets *à la fin roulés en spirale.* Style brièvement bifide, à lobes inégaux. Akènes bruns, réticulés-excavés. Feuilles *brièvement tomenteuses sur les deux faces, d'un vert-grisâtre en dessus, blanches en dessous, sessiles,* petites, roulées par les bords, *linéaires, superficiellement crénelées au sommet.* Tiges *dressées,* ligneuses, très-rameuses; rameaux blancs, brièvement tomenteux. — Plante de 2-4 décimètres, à odeur agréable.

Hab. Corse, Valdanielo, Bonifacio, Guissaui, Niolo, Bastia, Corté, etc. ♄ Juin-août.

ESPÈCES EXCLUES.

Mentha piperita *L.* — Ne paraît pas être spontané en France.

Lycopus exaltatus *L.* — Indiqué par Lapeyrouse, sans doute par confusion avec le *L. europæus.*

Origanum heracleoticum *L.* — N'existe certainement pas en Lorraine, où on assure l'avoir trouvé.

Origanum Majorana *L.* — Nous n'avons pas pu constater sa présence en Corse.

Origanum smyrnæum *L.* — Viviani le signale à Corté en Corse; personne, à notre connaissance, ne l'y a retrouvé.

Thymus capitatus *Hoffm. et Link.* — Nous ne pensons pas que cette plante soit française.

Thymus masticbina *L.* — Indiqué par Tournefort dans le pays basque, où on ne l'a pas retrouvé; il croît en Espagne.

Micromeria marifolia *Benth.* (*Melissa fruticosa L.*). — Nous ne l'avons pas vu de France.

Calamintha patavina *Host.* — Nous n'avons pas constaté son existence dans la France méridionale.

Melissa cretica *L.* — Indiqué, sans doute par erreur, à Montpellier par Linné.

Salvia pyrenaica *L.* — N'a pas été retrouvé.

Salvia agrestis *Vill.* (*an L.?*). — Nous est inconnu.

Salvia sylvestris *L.* — Nous ne l'avons pas vu spontané de France.

Salvia horminum *L.* — Indiqué en Roussillon par Lapeyrouse.

Nepeta tuberosa *L.* — Pourret assure l'avoir trouvé au port de Paillères dans les Pyrénées.

Nepeta delphinensis *Mutel.* — Nous est inconnu.

Lamium Orvala *L.* — N'existe ni à Nantes, ni dans les Pyrénées, où on l'a indiqué.

Lamium Grenieri *Mutel.*— Monstruosité du *L. maculatum.*

Galeopsis pubescens *Bess.* — Nous n'avons pas vu cette plante de France, mais nous l'avons reçue de Carlsruhe et de Manheim ; elle se rencontrera peut-être en Alsace.

Stachys lanata *Jacq.* (*non Crantz*). — Presque naturalisé à Malesherbes et à Cour-Cheverni (Loir-et-Cher).

Sideritis perfoliata *L.* — N'a pas été retrouvé à Montpellier.

Sideritis montana *L.* — Nous n'avons pas pu constater son existence en France.

Marrubium supinum *L.* — Indiqué en Languedoc par Sauvages et Linné.

Marrubium hispanicum *L.*— Poiret le signale à Marseille, où on ne l'a pas revu.

Scutellaria albida *L.* — Saint-Amans le donne comme spontané à Agen.

Cleonia lusitanica *L.* — Nous ne pensons pas que cette plante soit française.

Teucrium resupinatum *Desf.* — N'existe certainement pas dans les Corbières.

XCII. ACANTHACÉES.

(Acanthaceæ R. Br. prod. p. 472.) (1)

Fleurs hermaphrodites, irrégulières, à préfloraison contournée. Calice à 4-5 divisions. Corolle gamopétale, hypogyne à 4-5 divisions, tubuleuse inférieurement, à limbe ordinairement bilabié, rarement presque régulière, à lèvre supérieure bilobée ou parfois presque nulle, à lèvre inférieure 3-lobée. Etamines insérées sur le tube de la corolle, ordinairement 4, didynames, avec ou sans rudiment d'une 5e, et plus rarement réduites à deux par l'avortement des 2 antérieures; anthères le plus souvent parallèles et égales, parfois inégales et superposées, ou enfin uniloculaires par avortement, à déhiscence longitudinale. Ovaire libre, à 2 carpelles, à 2 loges 2-4-ovulées ou pluriovulées. Ovules insérés sur le milieu de la cloison, bisériés, sessiles, entourés par un prolongement placentaire, pliés ou courbés (amphitropes, campulitropes). Style terminal, simple, filiforme; stigmate entier ou bifide. Fruit capsulaire, membraneux, coriace ou cartilagineux, biloculaire (rarement uniloculaire et indéhiscent par avortement d'une loge), à loges 1-4-ovulées ou pluriovulées, à 2 valves élastiques, entières ou bipartites et portant soudées à leurs parois les moitiés de la cloison divisée par son milieu. Graines dépourvues d'albumen. Embryon courbé, rarement droit; radicule descendante et centripète. — Cette famille est très-voisine de celle des Scrophulariacées dont elle diffère par les graines dépourvues d'albumen; par la placentation vers les bords internes formés par la division médiane de la cloison; par la direction de la radi-

(1) Auctore Grenier.

cule ; par la déhiscence élastique de la capsule ; enfin par le fréquent développement d'appendices placentaires. — Stipules nulles.

Obs. Cette famille doit faire suite à celle des Scrophulariacées.

ACANTHUS. (Tournef. inst. t. 80.)

Calice subbilabié, à 4 divisions inégales. Corolle à tube court et fermé par des poils, unilabiée, à lèvre inférieure unique 3-lobées. Etamines 4, didynames ; anthères uniloculaires, velues antérieurement. Stigmate bifide. Capsule ovale, à 2 loges contenant 1-2 graines.

A. mollis *L. sp.* 891 ; *D C. fl. fr.* 3, *p.* 493 ; *Dub. bot.* 378. — *Lam. ill. t.* 550, *f.* 2. *Endress, pl. exsicc. ann.* 1829 ! ; *Rchb. exsicc. n°* 1688 ! — Fleurs sessiles, disposées en long épi pubescent (3-6 décimètres), munies à la base de 3 bractées ; l'externe grande, blanche à la base, ovale-oblongue, dentée-épineuse, presque aussi longue que le calice qu'elle embrasse ; les 2 intérieures petites, linéaires, subépineuses. Calice fendu presque jusqu'à la base en deux lèvres ; la supérieure obovée-oblongue, concave, tridentée au sommet, enveloppant les étamines et simulant la lèvre supérieure de la corolle. Celle-ci de 4-6 centimètres de long, à lèvre inférieure obovée-trilobée, contractée en lame étroite dans sa moitié inférieure. Etamines 4 ; filets gros, lisses, éburnés, glabres, contournés en manivelle ; anthères laineuses antérieurement. Style grêle. Capsule ovoïde, très-glabre. Feuilles molles, glabres, ciliolées, de 25 à 50 centimètres de long, oblongues, irrégulièrement pennatiséquées, à divisions larges, lobées-dentées, mucronées et non épineuses, distinctes à la base et confluentes dans les 2/3 supérieurs de la feuille non épineuse. Tige simple, de 30 à 60 centimètres, avec l'épi qui la termine. — Fleurs blanches, de 5-6 centimètres de longueur.

β. *niger*. Feuilles subbipennatiséquées, à dents mucronées, subépineuses. *Soleirol exsicc. n°* 3482 !

Hab. Perpignan, Toulon, Hyères ; Corse, etc. ♃ Mai-juin.

ESPÈCE EXCLUE.

Acanthus spinosus *L.* — Indiqué par De Candole et Duby, dans la région méditerranéenne, où nous n'avons pu constater sa présence.

XCIII. VERBÉNACÉES.

(Verbenaceæ Juss. ann. mus. 7. p. 63.) (1)

Fleurs hermaphrodites, ordinairement irrégulières. Calice gamosépale, tubuleux, persistant, à 4-5 divisions. Corolle hypogyne, caduque, gamopétale, tubuleuse, à limbe ordinairement bilabié et à 5

(1) Auctore Grenier.

divisions. Etamines insérées sur le tube de la corolle, inégales, didynames par l'avortement de l'étamine supérieure, toutes fertiles, ou les deux supérieures stériles ; anthères biloculaires, s'ouvrant longitudinalement. Ovaire formé de 2-4 carpelles uni-bi-ovulés, soudés par la base en un ovaire 4-loculaire. Ovules dressés ou réfléchis. Style simple, terminal ; stigmate simple ou bifide. Fruit sec ou subdrupacé, se divisant ordinairement à la maturité en 4 carpelles distincts. Graines dressées. Albumen nul. Embryon droit. Radicule dirigée vers le hile. — Stipules nulles.

VERBENA. (Tournef. inst. t. 94.)

Calice tubuleux, à 4-5 dents. Corolle à tube cylindrique, droit ou arqué ; à limbe 5-fide, subbilabié et à divisions presque égales. Etamines 4, *incluses*, didynames, toutes fertiles ou les deux supérieures stériles. Fruit *capsulaire, se séparant en 2-4 carpelles uniloculaires.* Graines solitaires dans chaque loge.

V. officinalis *L. sp.* 29; *D C. fl. fr.* 3, *p.* 503; *Dub. bot.* 377. — *Ic. Lam. ill. t.* 17, *f.* 1. *C. Billot, exsicc. n°* 67 ! — Fleurs sessiles, disposées en épis grêles, allongés, interrompus, terminaux ; bractées ovales, acuminées, plus courtes que le calice. Celui-ci dressé, tubuleux, subtétragone, à dents courtes, ovales, aiguës. Corolle à tube cylindrique, un peu courbé, plus long que le calice, à lobes arrondis et presque tronqués. Fruit muni extérieurement de côtes longitudinales anastomosées au sommet. Feuilles rudes ; les inférieures pétiolées, oblongues-lancéolées ; les moyennes tripartites, à segments incisés et inégalement crénelés, le supérieur plus grand et rhomboïdal ; feuilles supérieures crénelées. Tige 4-angulaire, rude sur les angles, canaliculée sur 2 faces opposées, rameuse au sommet. — Fleurs petites, d'un lilas pâle.

β. *prostrata.* Tige étalée-couchée.

Hab. Bords des chemins et décombres ; la var. β. sables des environs de Bayonne. ♃ Juin-octobre.

VITEX. (L. gen. 790.)

Calice court, à 5 dents. Corolle à tube court, à limbe 5-fide et subbilabié, à lèvre inférieure munie d'une division moyenne *plus grande* que les deux latérales. Etamines 4, *saillantes*, didynames. Fruit *drupacé renfermant une pyrène dont le noyau est 4-loculaire.* Graines solitaires dans chaque loge.

V. Agnus-castus *L. sp.* 890 ; *D C. fl. fr.* 3, *p.* 502 ; *Dub. bot.* 377.— *Lam. ill. t.* 541, *f.* 1. *Billot, exs.* 836! ; *Rchb. exsicc.* 329! — Fleurs disposées en longs épis terminaux (5-20 cent.), verticillés et interrompus, formés par de petites grappes multiflores brièvement pédonculées, naissant à l'aisselle de bractées courtes et linéaires. Calice petit (2 millimètres), à dents très-courtes et linéaires. Corolle de 4-6 millimètres, bleue, violette ou rarement blanche. Feuilles ordinairement à 5 et rarement à 3 ou 7 folioles; celles-ci lancéolées, aiguës, presque très-entières, d'un vert obscur en dessus, blanches-tomenteuses en dessous, ainsi que les calices et les pédicelles. Arbrisseau de 1-2 mètres, à jeunes rameaux tétragones et tomenteux.

Hab. Banyuls-sur-Mer, Port-Vendres, Narbonne, Toulon et les côtes du Var. ♃ Juin-juillet.

ESPÈCE EXCLUE.

Verbena supina *L.* — Indiqué en Provence par Gérard, et dans les Pyrénées centrales par Lapeyrouse. Ces indications sont sans doute erronées, la dernière surtout. Cette espèce a pu être observée au port Juvénal près de Montpellier; mais à ce seul titre elle ne peut être rangée parmi les espèces françaises.

XCIV. PLANTAGINÉES.

(Plantagineæ Juss. gen. 89.) (1)

Fleurs hermaphrodites, plus rarement monoïques. Calice libre, persistant, à estivation imbricative; celui des fleurs mâles ou hermaphrodites quadrifide, à divisions plus ou moins inégales; celui des fleurs femelles à trois sépales presque unilatéraux. Corolle hypogyne, persistante, scarieuse, gamopétale, régulière, quadrifide, plus rarement trilobée, à estivation imbricative. Etamines 4, alternes avec les divisions de la corolle, hypogynes ou insérées sur le tube de la corolle; anthères introrses, biloculaires, s'ouvrant en long. Style unique, simple, terminal. Ovaire formé de deux feuilles carpellaires, supère, normalement biloculaire, à loges uni-pluriovulées, quelquefois subdivisées par une fausse cloison; ovules insérés sur la partie moyenne de la cloison ou sur les fausses cloisons. Le fruit est tantôt une capsule biloculaire, s'ouvrant en boîte de savonnette, tantôt il est osseux, indéhiscent, uniloculaire par avortement. Graines dressées lorsqu'elles sont solitaires, peltées lorsqu'elles sont en nombre multiple dans chaque loge. Embryon droit, fixé dans le centre d'un albumen charnu; cotylédons plans-convexes; radicule dirigée tantôt vers le hile, tantôt parallèlement au hile.

PLANTAGO. (L. gen. 142.)

Fleurs *hermaphrodites*, disposées en épi. Calice quadripartite. Corolle *tubuleuse*, à limbe à 4 divisions. Etamines 4, insérées sur le tube de la corolle. Capsule *membraneuse*, *s'ouvrant en boîte de savonnette*, *biloculaire*, à loges uni-pluriovulées, subdivisées quelquefois par une fausse cloison. Graines fixées au milieu de la cloison.

(1) Auctore Godron.

Sect. 1. Arnoglossum *Endl gen.* 548. — Tube de la corolle glabre et lisse; graines planes sur la face interne.

P. major *L. sp.* 163; *D C. fl. fr.* 3, *p.* 408 (*non Loureir. nec auct. ital.*).— *Ic. Fl. dan. tab.* 461. — Fleurs en épi allongé, cylindrique, atténué au sommet, glabre; bractées concaves, ovales, obtuses, carénées et vertes sur le dos, scarieuses sur les bords. Calice à segments ovales, obtus. Corolle à lobes ovales, obtus. Capsule ovoïde, à deux loges renfermant de chaque côté *quatre à huit graines* oblongues. Feuilles toutes radicales, *épaisses, coriaces*, étalées, largement ovales, entières ou faiblement sinuées-dentées, munies de 3-5 nervures convergentes, brusquement contractées en un pétiole assez long, large, dilaté à la base. Pédoncules radicaux dressés, arrondis ou comprimés, égalant les feuilles ou les dépassant peu, glabres ou munis de poils appliqués. Souche brune, épaisse, courte, munie de longues fibres radicales. — Plante de 1-3 décimètres.

Hab. Lieux incultes, bords des chemins; commun dans le nord et le centre de la France; rare dans le midi. ♃ Juillet-octobre.

P. intermedia *Gilib. pl. Europ.* 1, *p.* 125; *D C.! fl. fr.* 5, *p.* 376; *Dub. bot.* 392; *Boreau! fl. centr.* 2e *ed.* 2, *p.* 428 (*non Lapeyr.*); *P. major Bertol. fl. ital.* 2, *p.* 153; *Guss. syn.* 1, *p.* 195 (*non L.*) — *Schimper, exsicc. unio itin.* 1835, no 253! — Epi grêle, cylindrique, non atténué au sommet, glabre, lâche surtout à la base; bractées plus courtes que le calice, concaves, ovales, obtuses, carénées et vertes sur le dos, scarieuses aux bords. Calice à segments ovales, obtus. Corolle à lobes *lancéolés, aigus*. Capsule ovoïde, à 2 loges, renfermant de chaque côté *quatre à huit graines* oblongues. Feuilles toutes radicales, *minces et molles*, étalées, plus ou moins velues, ovales ou elliptiques, ordinairement bordées dans leur moitié inférieure de dents grandes et irrégulières, munies de 3-5 nervures convergentes, rétrécies, mais non brusquement, en un pétiole étroit, dilaté à la base. Pédoncules radicaux arqués-ascendants, arrondis ou comprimés, égalant les feuilles ou plus longs, velus. Souche brune, courte, munie de fibres radicales grêles. — Plante de 5-20 centimètres.

Hab. Lieux frais et sablonneux; commun dans le midi de la France et sur le littoral de la Corse; rare dans le reste de la France. ♃ Juin-octobre.

Obs. Le *P. minima D C.* nous paraît être la forme naine du *P. intermedia*.

P. Cornuti *Gouan!, illustr. p.* 6; *D C.! cat. hort. monsp. p.* 133, *et fl. fr.* 5, *p.* 376; *Dub. bot.* 392; *Koch, syn.* 686; *Bertol. fl. it.* 2, *p.* 152 (*non Jacq.*); *P. Gouani Gmel. syst.* 1, *p.* 251; *P. adriatica Bertol. amœnit. it.* 239; *Pollini, fl. ver.* 164; *P. asiatica Ledeb. fl. ross.* 3, *p.* 479 (*an L.?*); *P. altissima Lois. fl. gall. ed.* 1, *p.* 88 (*non L.*). — *Pl. maxima hispanica Corn. canad. p.* 163, *ic.*; *Pl. maxima tota glabra Magnol, bot.* 205. *Rchb. ex-*

sicc. 1552! — Epi allongé, cylindrique, atténué au sommet, souvent terminé par une pointe formée par l'axe de l'inflorescence, pourvu de fleurs stériles, un peu lâche surtout à sa base; bractées concaves, plus courtes que le calice, largement ovales, obtuses, noires sur le dos, scarieuses au bord. Calice à segments arrondis au sommet. Corolle à lobes *lancéolés, acuminés, aigus.* Capsule ovoïde, biloculaire; chaque loge renfermant *deux graines ovales, séparées par une cloison incomplète qui naît du milieu de la cloison principale.* Feuilles toutes radicales, *épaisses, charnues,* dressées, glabres, luisantes, parsemées de petites boursoufflures, elliptiques, entières, atténuées en un pétiole allongé et étroit, peu élargi à la base. Pédoncules radicaux dressés, allongés, raides, arrondis, striés, glabres ou pubescents inférieurement, beaucoup plus longs que les feuilles. Souche tronquée, épaisse, courte, donnant naissance tout autour à des fibres radicales nombreuses. — Plante de 2-6 décimètres.

Hab. Lieux humides et salés des côtes de la Méditerranée, depuis Aigues-Mortes jusqu'à Agde. ♃ Juillet-août.

P. MEDIA *L. sp.* 163; *D C. fl. fr.* 3, *p.* 409; *Dub. bot.* 392; *Koch, syn.* 686.— *Ic. Fl. dan. tab.* 581.—Epi oblong-cylindrique, obtus, assez dense, tacheté de blanc; bractées plus courtes que le calice, ovales, obtuses, vertes sur le dos, largement scarieuses et blanches sur les bords. Calice à segments arrondis. Corolle à lobes *ovales-oblongs, obtus.* Capsule ovoïde, biloculaire; chaque loge renfermant *une graine ovale.* Feuilles toutes radicales, peu épaisses, étalées en cercle sur la terre, vertes, brièvement velues sur les deux faces, ovales-lancéolées, entières ou sinuées-dentées, munies de 7-9 nervures convergentes, rétrécies en un pétiole court et large. Pédoncules radicaux arqués à la base, ascendants, arrondis, finement striés, mollement velus, beaucoup plus longs que les feuilles. Souche brune, munie de fibres radicales grêles.— Plante de 2-3 déc.

Hab Commun dans les prairies; paraît manquer sur tout le littoral méditerranéen. ♃ Mai juin.

Obs. Le *P. media* de Bertoloni nous semble être, d'après sa description, une plante différente de celle que nous venons de décrire et qui pourrait bien se rencontrer dans le Midi de la France. Elle se distingue du *P. media L.* par son épi aigu dans son jeune âge, pubescent; par ses bractées lancéolées, aiguës et à peine membraneuses aux bords; par les segments du calice aigus et par les lobes de la corolle acuminés; par les filets des étamines plus longs, rosés, pubescents; par la capsule ovale-oblongue, à 2 graines oblongues-elliptiques. Nous proposons de donner à cette plante le nom de *P. Bertolonii.*

P. BRUTIA *Ten.! fl. nap.* 3, *p.* 147, *tab.* 113 *et syll. p.* 70; *Bertol. fl. ital.* 2, *p.* 157. — Se distingue du *P. media L.* dont il est voisin, par les caractères suivants : épi plus court; bractées lancéolées, *aiguës*, vertes, à peine membraneuses aux bords, égalant le calice; corolle à lobes *lancéolés, aigus;* pédoncules radicaux plus grêles.

Hab. Hautes Alpes du Dauphiné, Lautaret. ♃ Juin.

Sect. 2. CORONOPUS *Tournef. inst.* 149. — Tube de la corolle velu ; graines planes sur la face interne.

P. Coronopus *L. sp.* 166 ; *D C. fl. fr.* 3, *p.* 417 ; *Dub. bot.* 390 ; *Lois. fl. gall.* 1, *p.* 100 ; *Koch, syn.* 689 ; *Coronopus hortensis Magn. bot.* 79. — *Ic. Fl. dan. tab.* 272. *Fries, herb. norm. fasc.* 1, *n°* 23 ! ; *Rchb. exsicc.* 1008 ! ; *Billot, exsicc. n°* 840 ! ; *F. Schultz, exsicc. n°* 509 ! — Epi grêle, cylindrique, assez dense, glabre ou pubescent ; bractées larges à la base et scarieuses aux bords, brusquement et longuement acuminées-subulées, égalant le calice ou plus longues, rarement plus courtes. Calice à lobes latéraux carénés sur le dos, *à carène relevée en aile membraneuse ciliée.* Corolle à lobes ovales, acuminés, aigus. Capsule petite, *ovoïde, obtuse,* triloculaire, chaque loge renfermant *deux graines petites, séparées par une fausse cloison* qui naît du milieu de la cloison principale. Feuilles toutes radicales, étalées en cercle ou dressées, d'un vert pâle, glabres ou ciliées, ou hérissées sur les deux faces, linéaires ou linéaires-lancéolées, pennatifides, bipennatifides ou simplement dentées, très-rarement entières ; dents ou lobes écartés les uns des autres, et toujours acuminés. Pédoncules radicaux étalés-ascendants ou plus rarement dressés, arrondis, non striés, dépassant les feuilles et souvent couverts de poils appliqués. Racine *bisannuelle, longue, pivotante.* — Plante de 3 à 30 centimètres, extrêmement polymorphe.

α. *vulgaris Nob.* Feuilles non charnues, à rachis étroit, linéaire, uninervié, à segments étroits, allongés ; pédoncules ascendants.

β. *latifolia D C. fl. fr.* 3, *p.* 417. Feuilles non charnues, ordinairement très-velues, à rachis large, linéaire-lancéolé, trinervié, à segments peu nombreux, courts, lancéolés, souvent dentés ou lobés ; pédoncules ascendants. *P. Columnæ Gouan, illustr.* 6.

γ. *maritima Nob.* Feuilles charnues, ciliées ou glabres, à rachis large, linéaire-lancéolé, trinervié, à segments étroits ; pédoncules dressés.

δ. *integrata Nob.* Feuilles charnues, ciliées ou glabres, étroites, linéaires, acuminées, entières ou à peine dentées.

Hab. Lieux sablonneux ; commun dans une grande partie de la France, mais surtout dans le midi et dans l'ouest. ② Juin-août.

P. crassifolia *Forsk. fl. ægypt. p.* 31 (*non Roth.*) ; *P. maritima Desf. atl.* 1, *p.* 138 ; *Delile !, fl. ægypt. p.* 6 ; *D C. fl. fr.* 3, *p.* 412 ; *Guss. pl. rar. p.* 74, *et syn.* 1, *p.* 198 (*non L.*) ; *P. teretifolia Sieb. pl. exs. ægypt.* ; *P. recurvata Koch, syn.* 689 (*non L.*). *Coronopus maritima major Magnol ! bot.* 79. — Epi grêle, cylindrique, lâche, mais à fleurs étroitement appliquées contre l'axe ; bractées largement ovales, obtuses ou obtusiuscules, concaves, non carénées sur le dos, d'un fauve clair, scarieuses aux bords, non saillantes avant l'anthèse, de moitié moins longues que le calice. Celui-ci à lobes latéraux presque entièrement scarieux, obtus, finement ciliés au sommet, carénés, *à carène verte, relevée en aile blanche membraneuse ciliée*. Corolle à lobes lancéolés, aigus. Capsule petite, *ovale, obtuse, apiculée*, biloculaire, à loge renfermant chacune *une graine* linéaire-oblongue. Feuilles toutes radicales, dressées ou étalées, droites ou arquées, ne noircissant pas par la dessiccation, *épaisses, charnues, demi-cylindriques, faiblement canaliculées en dessus*, glabres ou hérissées, entières, *munies de 3 nervures équidistantes*. Pédoncules radicaux dressés ou étalés, arrondis, non striés, plus longs que les feuilles, couverts de poils courts appliqués. Souche *souterraine*, épaisse, courte, écailleuse, *tronquée, émettant de longues fibres radicales*, simples, fasciculées, assez épaisses. — Plante de 1-3 décimètres.

Hab. Plages de la Méditerranée ; Aigues-Mortes, Pérols, Maguelonne, Cette, Narbonne, Collioures, Banyuls-sur-Mer, Marseille, Toulon, Ajaccio. ♃ Juillet-août.

P. MARITIMA *L. fl. succ. p.* 46; *Sm. fl. brit.* 1, *p.* 184 ; *Ledeb. fl. ross.* 3, *p.* 485 (*non Desf., nec Delile*); *P. graminea Lam. illustr. n°* 1685 ; *DC. fl. fr.* 3, *p.* 413. — *Rchb. exsicc. n°* 853 ! — Epi cylindrique, lâche à la base, à fleurs étroitement appliquées contre l'axe ; bractées lancéolées, aiguës ou obtuses, concaves, carénées, d'un vert-noirâtre sur le dos (à l'état sec), étroitement scarieuses aux bords, non saillantes avant l'anthèse, égalant le calice. Celui-ci à lobes latéraux largement scarieux, obtus, finement ciliés au sommet, carénés, à carène herbacée, tranchante et denticulée-ciliée, *mais non membraneuse-ailée*. Corolle à lobes lancéolés, aigus. Capsule *oblongue-conique, aiguë*, biloculaire ; *une graine* linéaire-oblongue dans chaque loge. Feuilles radicales, dressées, noircissant un peu par la dessiccation, *épaisses et charnues, courbées en gouttière, linéaires, atténuées au sommet et au-dessus de la base, glabres, pourvues de 3 nervures équidistantes*, entières ou munies de quelques dents coniques et plus ou moins saillantes. Pédoncules radicaux dressés, arrondis, non striés, plus longs que les feuilles ou les égalant, couverts d'une pubescence appliquée. Souche *souterraine*, charnue, mais non ligneuse, rameuse, à divisions grêles, mais épaissies et fortement écailleuses au sommet, *pourvues çà et là de fibres radicales* longues et simples. — Plante de 2-4 décimètres, gazonnante, variant beaucoup pour la largeur des feuilles. La forme qui ne produit que des feuilles très-étroites est le *P. Wulfenii Willd. enum. hort. Berol.* 1, *p.* 161.

Hab. Les lieux salés des côtes de l'Océan ; marais salés de l'Auvergne. ♃ Juin-septembre.

OBS. Linné, dans le *Species plantarum*, a évidemment confondu les deux *Plantago* que nous venons de décrire, du moins si l'on en juge par les synonymes cités. Il est douteux toutefois qu'il ait eu sous les yeux les deux espèces. Mais ce qui nous paraît certain, c'est que la plante qu'il a eue en vue dans le *Flora lapponica*, et dans le *Flora suecica*, est celle à laquelle nous avons conservé le nom de *P. maritima*. C'est la seule qui existe sur les côtes de Suède et de Laponie.

P. serpentina *Vill. prosp.* 19, *et Dauph.* 2, *p.* 304 (*non Koch*); *P. Wulfenii Mert. et Koch, deutsch. fl.* 1, *p.* 809 (*non Willd.*); *P. integralis Gaud.! helv.* 1, *p.* 403; *P. Coronopus* δ. *integralis D C.! fl. fr.* 5, *p.* 378; *P. maritima Koch, syn.* 688, *ex parte*; *P. n°* 658 *Hall. helv.* 293; *Coronopus serpentina Magnol! bot.* 79. — Epi cylindrique, plus ou moins allongé, dense; bractées épaisses, concaves, lancéolées, aiguës, à pointe un peu fléchie en dedans, vertes et carénées sur le dos, étroitement scarieuses et finement ciliées sur les bords, saillantes avant l'anthèse et dépassant un peu le calice pendant la floraison. Calice à lobes latéraux presque entièrement scarieux, obtus, finement ciliés au sommet, carénés, à carène herbacée, tranchante et denticulée et *non membraneuse-ailée*. Corolle à lobes lancéolés, aigus, apiculés. Capsule *oblongue-conique, aiguë*, biloculaire; *une graine* linéaire-oblongue dans chaque loge. Feuilles toutes radicales, dressées ou étalées, souvent flexueuses, d'un vert-glauque et conservant cette couleur par la dessiccation, *épaisses et coriaces, mais planes*, munies d'une bordure étroite et transparente, entièrement glabres ou bordées de cils courts et raides, plus rarement velues sur les deux faces, *pourvues de 3 nervures équidistantes, linéaires, atténuées aux deux extrémités*, entières ou quelques-unes munies d'un ou deux lobules linéaires, saillants et étalés. Pédoncules radicaux étalés, arrondis, non striés, plus longs que les feuilles, couverts de poils courts et appliqués. Souche *souterraine*, épaisse, ligneuse, écailleuse, rameuse, *se continuant en une racine dure, simple, pivotante*, qui, dans les échantillons âgés, atteint jusqu'à 3 et 4 décimètres de longueur sur un centimètre d'épaisseur, et ressemble à un serpent. — Plante de 1-4 décimètres.

Hab. Fissures des rochers calcaires et galets des rivières; Cévennes, Mende, Espérou : Chartreuse de Valborne, butte Saint-Pancrasse, Saint-Vérau, Quissac, Sauve, Fontange et Saint-Cheté dans le Gard ; Saint-Matthieu, Foudfroide et Montarnaud près de Montpellier; Narbonne; Avignon, Istres, Roquefavour, Aix, Digne. Torenc ; Dauphiné, Gap, Chaillol-le-Vieil, Mont-Dauphin, Grenoble ; Lyon ; Ornans et Tarcenay dans le Doubs ; Aurillac. ♃ Juillet-août.

P. alpina *L. sp.* 165: *D C. fl. fr.* 3, *p.* 413; *Dub. bot.* 391; *Lois. gall.* 1, *p.* 99; *Gaud. helv.* 1, *p.* 401; *Koch, syn.* 688; *P. ovina Vill. Dauph.* 2, *p.* 304. — *Ic. Jacq. hort. vind. tab.* 125. *C. Billot, exsicc. n°* 283! — Epi cylindrique-oblong, dense : bractées lancéolées, aiguës, vertes ou violettes sur le dos, scarieuses et finement ciliées aux bords, aussi longues que le calice, non saillantes avant l'anthèse. Calice à lobes latéraux carénés, à carène *non membraneuse-ailée*, pubescente. Corolle à lobes lancéolés, aigus. Capsule *ovoïde, obtuse*, biloculaire ; loges à *une seule graine* oblongue. Feuilles toutes radicales, dressées ou étalées, *molles, non charnues*, noircissant par la dessiccation, munies d'une bordure étroite et transparente, glabres, ou couvertes de poils appliqués (*P. incana Ram. in D C! fl. fr.* 3, *p.* 414), *pourvues de trois nervures dont les latérales plus rapprochées du bord que de la ner-*

vure dorsale, linéaires, atténuées aux deux extrémités, entières ou munies d'une ou deux petites dents. Pédoncules radicaux étalés, arrondis, non striés, grêles, plus longs que les feuilles, munis de poils fins appliqués. Souche *souterraine,* courte, obconique, écailleuse, brièvement rameuse, *se continuant en une racine pivotante,* grêle, longue et presque simple. — Plante de 4-15 centimètres.

Hab. Pâturages des montagnes ; Hautes Alpes du Dauphiné et de la Provence, Lantaret, Gap, le Graudson, Embrun, Seyne; Cantal, le Plomb, Puy-Mary, etc ; pic de Sancy dans les monts Dore ; Pyrénées, Pic-du-Midi, port de Bénasque, col de Tortès, port de la Picade, mont Lisey, port du Plan, etc. ♃ Juillet-août.

P. SUBULATA *L. sp.* 166 ; *Desf. atl.* 1, *p.* 138 ; *Guss. pl. rar. p.* 74, *et syn.* 1, *p.* 198 ; *Bertol. fl. ital.* 2, *p.* 172 ; *Rchb. fl. excurs.* 1, *p.* 396; *P. pungens Lap. abr.* 71, *et suppl.* 26; *Holosteum massiliense Bauh. pin.* 190. — *Ic. Lob. icon.* 438, *et advers.* 187. *Endress, exsicc. unio itin.* 1829 ! — Epi compacte, cylindrique-oblong ; bractées noirâtres par la dessiccation, lancéolées, aiguës, brièvement cuspidées, carénées sur le dos, finement denticulées sur les bords et sur la carène, non saillantes avant l'anthèse, égalant le calice. Celui-ci à lobes latéraux largement fauves-scarieux, carénés, à carène brune, ciliée, *non relevée en aile.* Corolle à lobes ovales, aigus, souvent ciliés à la base. Capsule *oblongue-conique, aiguë,* biloculaire ; *une graine* ovale-oblongue dans chaque loge. Feuilles naissant toutes d'une souche épigée, *raides et coriaces,* d'une teinte foncée, trinerviées *à nervures presque contiguës,* glabres ou ciliées de poils raides, persistantes, *linéaires, presque planes si ce n'est au sommet triquètre et muni d'une pointe subulée presque piquante.* Pédoncules dressés, assez épais, arrondis, non striés, ordinairement plus longs que les feuilles, couverts de petits poils ascendants. Souche ligneuse, très-rameuse, à divisions *épigées,* ordinairement allongées, *feuillées dans toute leur longueur.* — Plante de 5-15 centimètres, formant de larges gazons. Elle conserve ses caractères par la culture.

α. *genuina Nob.* Epi cylindrique-oblong.

β. *insularis Nob.* Epi ovoïde, pauciflore. *P. incana* β. *capitellata Salis, fl. od. bot. Zeit.* 1834, *p.* 12. — *Soleir. exsicc. n°* 3579 ! ; *Kralik, exsicc. n°* 752 !

Hab. Les rochers maritimes. La var. α. à Port-Vendres, Collioures; la Crau, Montaud, Marseille, Toulon. La var. β. en Corse, Pozzi du monte Renoso, monte d'Oro, chaîne du Niolo, monte Rotundo. ♃ Mai-juin.

P. CARINATA *Schrad. cat. hort. gœtt.* ; *Mert. et Koch, deutsch. fl.* 1, *p.* 810 ; *Lois. fl. gall.* 1, *p.* 100 ; *P. subulata Wulf. apud Jacq. coll.* 1, *p.* 204, *tab.* 10 ; *DC.! fl. fr.* 3, *p.* 415, *excl. var.* β. (*non L.*) ; *P. serpentina Koch, syn.* 688 (*non Vill.*) — Epi grêle, ovale, oblong ou cylindrique, un peu lâche ; bractées restant vertes par la dessiccation, lancéolées, acuminées et brièvement cuspidées, plus étroites, moins appliquées et bien plus finement denticulées sur les bords et sur la carène que dans le *P. subulata*, égalant le calice. Celui-ci à lobes latéraux presque entièrement blancs-scarieux, arrondis et ciliés au sommet, carénés, à carène verte et *relevée en une aile très-étroite, membraneuse et ciliée*. Corolle à lobes lancéolés, très-aigus, souvent ciliés à la base. Capsule *oblongue-conique*, *aiguë*, biloculaire ; *une graine* ovale-oblongue dans chaque loge. Feuilles naissant toutes d'une souche épigée, *un peu raides*, glabres ou velues, conservant leur couleur verte par la dessiccation, agglomérées au sommet des divisions de la souche, *filiformes-triquètres dans toute leur longueur, planes en dessus, carénées en dessous, calleuses et très-aiguës au sommet*. Pédoncules dressés ou ascendants, très-grêles, arrondis, non striés, ordinairement beaucoup plus longs que les feuilles, couverts de poils appliqués. Souche ligneuse, à divisions supérieures épigées, courtes, rapprochées, obconiques, écailleuses à la base, épaissies et *feuillées au sommet seulement*. — Plante de 2-15 centimètres, formant des gazons épais.

α. *genuina Nob*. Epi et feuilles allongés.

β. *depauperata Nob*. Epi ovoïde, pauciflore; feuilles courtes; plante naine. *P. capitellata Ram. in DC. fl. fr.* 3, *p*. 414.

Hab. Sur les rochers. Très-commun dans les Pyrénées-Orientales, Perpignan, Argelès-sur-Mer, Prades, Vernet, Olette, Mont-Louis, etc.; chaîne des Cévennes, Mende, l'Espéron, Hort-Diou, le Born, le Vigan, Alais, la Grand'-Combe, Anduze, Saint-Ambroix, etc.; Marseille; Tain et Montélimart, Lyon; Montbrison; çà et là dans l'ouest, Belle-Isle, Bayel et Arlac, Thouars, Angers, Châteaudun, etc. ♃ Juillet-septembre.

Sect. 5. Lagopus *Nob*. — Tube de la corolle glabre et lisse; graines canaliculées sur la face interne.

a. *Graines lisses.*

P. Lagopus *L. sp*. 165; *DC. fl. fr*. 3, *p*. 410; *Dub. bot*. 392; *Koch, syn*. 687; *Guss. syn*. 1, *p*. 196; *Bertol. fl. ital*. 2, *p*. 164; *P. arvensis Presl. fl. sicul*. 64; *P. intermedia Lapeyr. abr*. 69 (*non Gilib*.); *P. eriostachya Ten.! syll*. 71; *P. lusitanica L. sp*. 1667; *Brot. fl. lusit*. 1, *p*. 156; *Desf. atl*. 1, *p*. 135. — *Ic. Morison, hist*. 3, *sect*. 8, *tab*. 16, *f*. 3. — Epi serré, velu-soyeux, ovale ou ovale-oblong, globuleux dans les formes naines; bractées *lancéolées, acuminées*, scarieuses, munies d'une ligne noire sur le dos et au sommet de longs poils blancs ou fauves. Calice à segments latéraux *carénés, obtusiuscules*, très velus au sommet. Corolle à lobes étalés, ovales, acuminés, velus sur la nervure dorsale. Capsule petite, obovée, obtuse, biloculaire ; une graine *oblongue* dans chaque loge. Feuilles toutes radicales, étalées, velues ou presque glabres, lancéolées, mucronulées, insensiblement atténuées en pétiole, munies de dentelures écartées et de 3-5 nervures. Pédoncules radicaux ascendants, dépassant les feuilles, arrondis, *légèrement* *striés*, glabres ou munis de poils appliqués. Racine *annuelle*, divisée en fibres radicales nombreuses. Plante de 1-3 décimètres, polymorphe.

Hab. La région méditerranéenne; Perpignan, Narbonne, Agde, Cette, Montpellier, Aix, Marseille, Toulon, Avignon; remonte le Rhône jusqu'à Lyon; Corse, Saint-Florent, etc. (1) Mai-juin.

P. LANCEOLATA *L. sp.* 164; *DC. fl. fr.* 3, *p.* 409. — Epi serré, glabre, ovale, plus rarement oblong ou globuleux; bractées *largement ovales, longuement acuminées*, scarieuses, noirâtres et velues sur le dos. Calice à segments latéraux *carénés*, *acuminés en une pointe courte et obtusiuscule*, à carène velue. Corolle à lobes ovales acuminés, glabres. Capsule oblongue, obtuse, biloculaire; une graine *oblongue* dans chaque loge. Feuilles toutes radicales, ordinairement dressées, lancéolées, acuminées, atténuées en un pétiole grêle et long, munies de dentelures fines écartées et de 3-5 nervures. Pédoncules radicaux dressés ou ascendants, dépassant de beaucoup les feuilles, *munis de cinq sillons profonds*, glabres ou couverts de poils appliqués. *Souche courte et épaisse.* — Plante de 1-4 décimètres, polymorphe.

α. *genuina Nob.* Tige et feuilles glabres ou presque glabres; épi oblong.

β. *maritima Nob.* Tige munie de poils appliqués; feuilles étroites, couvertes de poils étalés; épi oblong.

γ. *montana Nob.* La forme précédente, mais plus grêle et à épi globuleux.

δ. *lanuginosa Koch, syn.* 686. Feuilles couvertes de longs poils laineux; épi ovale. *P. lanata Host, austr.* 1, *p.* 210 (*non alior.*); *P. eriophora Hoffm. et Link, fl. port.* 1, *p.* 423.

Hab. Commun dans les prairies de toute la France. La var. β. sur la plage d'Agde et de Montpellier. La var. γ. mont Dore, mont Sainte-Victoire, Canigou. La var. δ. Sables-d'Olonne et du Rhin. ♃ Avril-octobre.

P. ARGENTEA *Chaix in Vill. Dauph.* 1, *p.* 376, *et* 2, *p.* 302 (1786), *non Lam., nec Link, nec Desf.*; *P. Gerardi Pourret, act. Toul.* 3, *p.* 324 (1788); *P. Victorialis Poir. dict.* 5, *p.* 377 (1804); *DC. fl. fr.* 3, *p.* 410 (*quoad loc. nat. gall.*); *Dub. bot.* 392; *Lois. gall.* 1, *p.* 98; *Bertol. fl. ital.* 2, *p.* 160; *P. alpina Gouan, hort. monsp.* 70 (*non L.*); *P. angustifolia argentea è rupe Victoriæ Tournef. inst.* 127; *Garid. Aix*, 367. — *Ic. Gerard, gall.-prov.* 333, *tab.* 12. — Epi très-dense, subglobuleux, glabre; bractées *ovales, longuement acuminées, très-aiguës*, scarieuses, fortement colorées vers la base, glabres sur le dos. Calice à segments latéraux bruns, *carénés, obtus*, glabres. Corolle à lobes lancéolés, acuminés, très-aigus, glabres. Capsule ovoïde-oblongue, obtuse, biloculaire; une graine *linéaire-oblongue* dans chaque loge. Feuilles toutes radicales, d'un blanc-grisâtre, couvertes sur les deux faces de petits poils soyeux exactement appliqués, munies de 3-5 nervures, linéaires-lancéolées, longuement atténuées aux deux extrémités, terminées par un anneau étroit et obtus, entières ou presque entières. Pédoncules radicaux, grêles, dressés, élancés, raides, dépassant de beaucoup les feuilles, *faiblement striés*, munis de poils fins appliqués. Souche brune, *oblique, tronquée, munie de longues fibrilles radicales.* — Plante de 2-4 décimètres.

Hab. Rochers et broussailles des Alpes de la Provence et du Dauphiné; mont Sainte-Victoire; les Baux, Rabou, Lagarde et mont Seuze près de Gap; Cévennes à Campestre, Salvi, la Sérane. ♃ Juin-août.

P. albicans *L. sp.* 165; *Vill. Dauph.* 2, *p.* 303; *Desf. atl.* 1, *p.* 136; *D C.! fl. fr.* 3, *p.* 411; *Lois. gall.* 1, *p.* 99; *Dub. bot.* 391; *Guss. pl. rar.* 72 *et syn.* 1, *p.* 197; *Bertol. fl. ital.* 2, *p.* 166; *Boiss. voy. en Esp.* 2, *p.* 535. — *Ic. Sibth. et Sm. fl. græc. tab.* 145. — Epi lâche, allongé, cylindrique, interrompu à la base, velu; bractées concaves, *lancéolées, obtuses,* largement membraneuses aux bords, épaissies et herbacées sur le dos, munies au sommet d'un pinceau de longs poils. Calice à lobes latéraux *non carénés, obtus,* presque entièrement scarieux, herbacés et arrondis sur le dos, bordés de longs poils. Corolle à lobes ovales, brièvement acuminés, glabres. Capsule ovoïde, obtuse, biloculaire; une graine *ovale et luisante* dans chaque loge. Feuilles naissant d'une souche épigée, dressées ou étalées, obliques, molles, blanchâtres, laineuses, linéaires-lancéolées, acuminées, longuement atténuées à la base, trinerviées, un peu pliées en gouttière, ordinairement entières. Pédoncules dressés ou ascendants, arrondis, *non striés*, brièvement tomenteux, plus longs que les feuilles. *Souche très-rameuse, à divisions ligneuses, épigées,* grêles, écailleuses au sommet. — Plante de 2-4 décimètres, gazonnante.

Hab. Hyères, Marseille, Roquefavour; pic Saint-Loup, Saint-Guilhem-le-Désert, Béziers, Sainte-Lucie, Narbonne, Sijean, Perpignan, Casas-de-Pena. ♃ Mai-juin.

P. Bellardi *All. ped.* 1, *p.* 82, *tab.* 85, *f.* 3 (1785); *Guss. syn.* 1, *p.* 197; *Bertol. fl. ital.* 2, *p.* 167; *P. pilosa Pourr.! act. Toul.* 3, *p.* 324 (1788); *D C. fl. fr.* 3, *p.* 412; *Dub. bot.* 392; *Lois. gall.* 1, *p.* 99; *Koch, syn.* 687; *P. Holostea Lam. illustr.* n° 1667; *Desf. atl.* 1, *p.* 137. — *Soleir. exsicc.* 3576!; *Rchb. exsicc.* 629!; *Billot, exsicc.* 839! — Epi assez épais, continu, ovoïde ou oblong, velu; bractées étalées ou arquées en dehors, égalant le calice ou plus longues, concaves, *lancéolées, longuement acuminées, obtuses*, étroitement scarieuses sur les bords à la base, velues. Calice à lobes latéraux *non carénés, brièvement et brusquement acuminés,* scarieux si ce n'est sur le dos muni d'une bande herbacée étroite. Corolle à lobes lancéolés, acuminés, aigus, glabres. Capsule ovoïde, obtuse, biloculaire; une graine *ovale* dans chaque loge. Feuilles toutes radicales, dressées, velues, vertes, planes, trinerviées, linéaires-lancéolées, acuminées, obtuses, longuement atténuées à la base, entières ou rarement un peu dentelées au sommet. Pédoncules radicaux dressés ou étalés, arrondis, *non striés*, velus, égalant à peu près les feuilles. *Racine annuelle*, grêle, pivotante. — Plante de 3-10 centimètres.

Hab. Lieux sablonneux de la région méditerranéenne; Port-Vendres, Collioures, Céret, Narbonne; Marseille, Toulon, Hyères, Fréjus, Cannes; Corse, Bastia, Calvi, Ajaccio, Bonifacio. (1) Mai-juin.

b. *Graines rugueuses.*

P. FUSCESCENS *Jord.! obs. pl. France, fragm.* 3, *p.* 231, *tab.* 10, *f. A*; *P. sericea Bertol. fl. ital.* 2, *p.* 162 (*non Waldst. et Kit. nec Ruiz et Pav., nec Benth.*); *P. argentea Bell. app. in mem. acad. Tur.* 5, *p.* 221 (*non Lam., nec Vill., nec Desf.*). — Epi ovale ou oblong, un peu velu; bractées grandes, aussi larges que longues, ovales-orbiculaires, *brusquement terminées par une pointe courte et obtuse*, scarieuses et brunes sur les côtés, munies sur le dos d'une bande verte ou noire, pourvues vers le haut de longs poils mous. Calice à lobes latéraux fauves, *carénés*, presque aigus, ciliés. Corolle à lobes *lancéolés, acuminés, aigus*. Capsule grosse, oblongue, obtuse; une graine *oblongue* et fortement rugueuse dans chaque loge. Feuilles toutes radicales, dressées, d'un vert-grisâtre, couvertes sur les deux faces de petits poils mous blanchâtres et lâchement appliqués, munies de 5-7 nervures, planes, linéaires-lancéolées, longuement atténuées aux deux extrémités, terminées par un acumen étroit et obtus, entières ou bordées vers le haut de petites dents saillantes et écartées. Pédoncules radicaux dressés, assez épais, dépassant les feuilles, arrondis, non striés, munis surtout vers le haut de poils mous étalés ou appliqués. Souche brune, écailleuse, épaisse, obconique, pivotante, se continuant en une racine simple ou peu rameuse. — Plante de 2-3 décimètres.

Hab. Pâturages secs des hautes Alpes du Dauphiné, mont Vizo, Larche. ♃ Juillet-août.

P. MONTANA *Lam. illustr. n°* 1670; *D C. fl. fr.* 3, *p.* 410; *Dub. bot.* 392; *Lois. gall.* 1, *p.* 99; *Guss. pl. rar. p.* 71, *tab.* 13, *f.* 3; *Koch, syn.* 687; *P. alpina Vill. Dauph.* 2, *p.* 302; *Bertol. fl. ital.* 2, *p.* 163 (*non L., nec Gouan*); *P. atrata Hopp. tasch.* 85. — *Rchb. exsicc. n°* 437!; *Billot, exsicc. n°* 630!; *Schultz, exsicc. n°* 1315!—Epi ovale ou globuleux; bractées plus larges que longues, dépassant et *cachant la fleur*, orbiculaires, *terminées par une pointe courte et obtuse*, scarieuses et brunes sur les côtés, munies sur le dos d'une bande verte ou noire, velues au sommet. Calice à lobes latéraux *non carénés*, scarieux, obtus, barbus au sommet. Corolle à lobes *lancéolés, aigus*. Capsule ovale-oblongue, obtuse; une graine *linéaire-oblongue* et faiblement rugueuse dans chaque loge. Feuilles toutes radicales, étalées, noircissant par la dessiccation, glabres ou munies de quelques poils épars et étalés, pourvues de 3-5 nervures, planes, linéaires-lancéolées, acuminées, atténuées à la base, entières ou bordées vers le haut de quelques dents écartées. Pédoncules radicaux dressés ou étalés, égalant ou dépassant les feuilles, striés, glabres ou velus. Souche brune, écailleuse, obconique, se continuant en une racine un peu rameuse. — Plante de 4-12 centimètres.

Hab. Pâturages des montagnes; Alpes du Dauphiné, St.-Eynard et Grande-Chartreuse près de Grenoble, Mont-Seuse, Gap, Briançon, Embrun, etc.; Jura, la Dôle, le Reculet; Cévennes, la Serane; Pyrénées, Castanèze, etc. ♃ Juillet-août.

P. monosperma *Pourr. act. Toul.* 3, *p.* 325; *P. argentea Lam. illustr. n°* 1660; *Lapeyr. abr.* 70; *D C.! fl. fr.* 3, *p.* 411; *Dub. bot.* 392; *Lois. gall.* 1, *p.* 99 (*non Vill., nec Bell., nec Desf.*); *P. sericea Benth. cat. pyr.* 112 (*non Waldst. et Kit.*). — *Endress, exsicc. unio itin.* 1830! — Epi peu dense, subglobuleux, un peu velu; bractées plus larges que longues, suborbiculaires, *superficiellement émarginées avec une pointe très-courte et obtuse au fond de l'échancrure*, scarieuses sur les côtés, bordées de longs poils mous, munies sur le dos d'une bande verte et velue. Calice à lobes latéraux blancs, *carénés*, presque aigus, velus au sommet. Corolle à lobes *lancéolés, non acuminés, acutiuscules.* Capsule ovoïde, obtuse, biloculaire; une graine *ovale*, rugueuse dans chaque loge. Feuilles toutes radicales, étalées, *entièrement couvertes sur les deux faces de poils blancs-argentés*, trinerviées, linéaires-lancéolées, obtuses, un peu rétrécies vers la base, *non pétiolées*, entières, d'un vert-noirâtre sous les poils. Pédoncules radicaux étalés, dépassant les feuilles, arrondis, non striés, couverts de petits poils appliqués. Souche brune, épaisse, écailleuse, obconique, se continuant en une racine allongée, simple, pivotante. — Plante de 3-10 centimètres.

Hab. Lieux humides dans les Pyrénées élevées, Canigou, vallée d'Eynes et Serra de Bolquera près de Mont-Louis, Bénasque, Castanèze, etc. ♃ Juillet-août.

Sect. 4. Psyllium *Tournef. inst. t.* 49. — Tube de la corolle glabre et ridé en travers; graines canaliculées sur la face interne; plantes caulescentes.

P. Psyllium *L. sp.* 167; *D C. fl. fr.* 3, *p.* 378; *Dub. bot.* 391; *Lois.! gall.* 1, *p.* 101; *Koch, syn.* 689; *Bertol. fl. ital.* 2, *p.* 178; *Guss. syn.* 1, *p.* 201; *P. sicula Presl. delic. Prag.* 70. — *Soleir. exsicc.* 3577 *et* 3578.! — Epi ovale ou subglobuleux, pauciflore; bractées *conformes, lancéolées, acuminées en une pointe herbacée et obtuse.* Calice à segments *tous semblables, lancéolés, aigus.* Corolle à lobes étroitement lancéolés, finement acuminés. Capsule ovoïde, biloculaire; une graine petite, oblongue, luisante dans chaque loge. Feuilles opposées, fasciculées, linéaires ou linéaires-lancéolées, atténuées aux deux extrémités, obtusiuscules, planes, trinerviées, étalées ou arquées en dehors, ciliées à la base, rudes au toucher, entières ou munies de quelques dents étalées. Tige *herbacée*, dressée ou ascendante, fistuleuse, simple ou rameuse. — Plante de 1-3 décimètres, pubescente-glanduleuse.

Hab. La région méditerranéenne, Banyuls-sur-Mer, Narbonne, Cette, Montpellier, Aix, Marseille, Toulon, Fréjus, Cannes, Grasse; Corse, Aléria, Ajaccio, Calvi, Bastia. ① Juillet-août.

P. arenaria *Waldst. et Kit. rar. hung.* 51, *tab.* 51; *DC. fl. fr.* 3, *p.* 416; *Koch, syn.* 689; *P. indica L. sp.* 167? — *Schultz, exsicc. n°* 71 !; *Rchb. exsicc.* 255 !; *Billot, exsicc. n°* 629 ! — Epi ovale, dense; bractées inférieures ovales, acuminées en une longue pointe herbacée qui dépasse les fleurs; les supérieures *obovées, très-obtuses.* Calice à segments *dissemblables;* les antérieurs *spatulés, obtus;* les latéraux lancéolés, très-aigus. Corolle à lobes lancéolés, acuminés. Capsule ovoïde, biloculaire; une graine oblongue et luisante dans chaque loge. Feuilles opposées, fasciculées, très-allongées, linéaires, plus rarement presque filiformes, aiguës, entières ou faiblement dentelées. Tige *herbacée*, dressée, rameuse.— Plante de 1-3 décimètres, pubescente, peu glanduleuse.

Hab. Lieux sablonneux; commun dans le midi et l'ouest de la France; plus rare dans l'est et dans le nord. ① Juin-août.

P. Cynops *L. sp.* 167; *Desf. atl.* 1, *p.* 141; *DC. fl. fr.* 3, *p.* 416; *Dub. bot.* 391; *Loisl. gall.* 1, *p.* 101; *Koch, syn.* 690; *Bertol. fl. ital.* 2, *p.* 181; *P. suffruticosa Lam. fl. fr.* 2, *p.* 313; *P. genevensis Poir. dict.* 5, *p.* 390. — *Ic. Lob. icon. tab.* 437, *f.* 1. *Schultz, exsicc. n°* 921 ! — Epi ovoïde, dense; bractées inférieures lancéolées, acuminées en une longue pointe herbacée et obtuse; les supérieures *lancéolées, mucronées.* Calice à segments *dissemblables;* les antérieurs *largement ovales, obtus, mucronés;* les latéraux plus étroits, aigus, carénés, à carène bordée de soies raides. Corolle à lobes étroitement lancéolés, aigus. Capsule ovoïde-oblongue, biloculaire; une graine oblongue, assez grosse et d'un brun mat dans chaque loge. Feuilles opposées ou verticillées par trois, très-rapprochées sur les rameaux non florifères, étalées ou arquées en dehors, étroitement linéaires, triquètres et rudes au sommet, entières, souvent velues. Tige *frutescente*, très-rameuse, formant buisson. — Plante de 1-4 décimètres.

Hab. Lieux incultes; commune dans toute la région méditerranéenne; monte dans les Pyrénées-Orientales jusqu'au-dessus de Villefranche et du Vernet; bassin de la Garonne; se retrouve dans l'est de la France, à Valence, à Grenoble, à Doulcier dans le Jura; à Lyon; à Mende; à Beaune, Meursault, Saint-Aubin et Santenay dans la Côte-d'Or; Dauphiné, à la montée de Visil, etc. ♄ Juin-juillet.

LITTORELLA. (L. gen. 1328.)

Fleurs *monoïques.* Fleurs mâles solitaires au sommet d'un pédoncule axillaire; calice quadripartite; corolle tubuleuse, à limbe à 4 divisions; étamines 4, hypogynes. Fleurs femelles sessiles, géminées ou ternées à la base du pédoncule des fleurs mâles; calice à 3 sépales inégaux; corolle *urcéolée*, à 3-4 dents; capsule *osseuse*, *monosperme*, *indéhiscente*.

L. lacustris *L. mant.* 295; *D C. fl. fr.* 3, *p.* 417; *Koch, syn.* 685; *Plantago uniflora L. sp.* 167. — *Ic. Lam. illustr. tab.* 258. *Rchb. exsicc. n°* 455!; *Schultz, exsicc. n°* 719!; *C. Billot, exsicc. n°* 628! — Fleurs mâles portées sur de longs pédoncules radicaux nus ou pourvus vers leur milieu d'une bractée scarieuse et embrassante; segments du calice lancéolés, scarieux sur les bords; corolle plus longue que le calice, à tube cylindrique, glabre, à lobes courts, étalés, lancéolés; filets des étamines glabres, capillaires, 5-6 fois plus longs que la corolle, d'abord dressés, puis réfléchis. Fleurs femelles sessiles, entourées de 2-3 écailles blanches-scarieuses; style allongé, pubescent au sommet; fruit oblong. Feuilles toutes radicales, dressées ou arquées en dehors, charnues, coniques-subulées, élargies et canaliculées à la base. Souche grêle, blanche, longuement rampante, émettant à chaque nœud un faisceau de feuilles et des fibres radicales fasciculées. — Plante de 5-10 centimètres, glabre, vivant sous l'eau, mais ne fleurissant que sur le bord des mares, d'où l'eau s'est retirée; fleurs blanches.

Hab. Lacs et étangs dans presque toute la France, mais surtout dans les terrains siliceux. ♃ Mai-juillet.

ESPÈCE EXCLUE.

Plantago squarrosa *Murr.* — Subspontané au lazaret de Marseille.

XCV. PLUMBAGINÉES.

(Plumbagineæ Endl. gen. p. 348.) (1)

Fleurs hermaphrodites, régulières. Calice libre, ordinairement scarieux, gamosépale, tubuleux, persistant, inséré plus ou moins obliquement sur le pédicelle, à limbe tronqué-érodé ou à 5-10 lobes. Corolle hypogyne, à estivation tordue, à 5 pétales tantôt complétement libres et onguiculés, tantôt soudés et formant un tube étroit et anguleux, et un limbe quinquépartite. Etamines 5, opposées aux pétales ou aux lobes de la corolle, hypogynes ou insérées à la base des pétales; anthères introrses, biloculaires, s'ouvrant en long. Styles 5, libres ou plus ou moins longuement soudés, alternes avec les étamines. Ovaire supère, formé de 5 feuilles carpellaires, muni au sommet de 5 plis disposés en étoile, uniloculaire, uniovulé; ovule réfléchi, suspendu à l'extrémité d'un funicule, qui s'élève du fond de la loge. Le fruit est une utricule ordinairement membraneuse et pentagonale, renfermée dans le calice, indéhis-

(1) Auctore Godron.

cente ou s'ouvrant circulairement ou en 5 valves. Graine renversée. Embryon orthotrope, fixé dans le centre d'un albumen farineux; cotylédons plans; radicule dirigée vers le hile.

ARMERIA. (Willd. enum. hort. ber. 333.)

Calice à tube *muni de côtes*, à limbe divisé en 5 lobes. Corolle à pétales soudés en anneau à la base. Etamines *insérées à la base de la corolle*. Styles plumeux, *soudés à leur base;* stigmates filiformes. — *Scapes simples;* épillets à une bractée, réunis en capitule.

Sect. 1. ARMERIÆ VERÆ. — Feuilles linéaires.

A. MARITIMA *Willd. enum. hort. ber.* 1, *p.* 333; *Fries, fl. scan. p.* 46; *Ebel, prodr.* 25; *Wallr. Beitr. zur botan.* 1, *p.* 186; *Satice Armeria Sm. brit.* 341 (*non Scop.*); *Statice maritima Mill. dict. n°* 3; *Koch, syn.* 683; *Statice cæspitosa Poir. dict.* 7, *p.* 396 (*non Orteg.*). — *Ic. Engl. bot. tab.* 226. *Rchb. exsicc.* 1354!; *Fries, herb. norm.* 5, *n°* 12! — Capitules hémisphériques; involucre à folioles tri-quadrisériées; les extérieures *ovales*, *scarieuses et fauves aux bords*, *souvent prolongées en un acumen obtus;* les intérieures largement scarieuses aux bords et au sommet, mutiques; bractées égalant le fruit. Calice à tube égalant le pédicelle, obconique, plus ou moins velu, à *côtes aussi larges que les sillons*, à fossette basilaire presque latérale et obovée, à limbe égalant presque le tube, divisé en lobes ovales, acuminés, terminés par une arête *beaucoup plus courte que le limbe*. Fruit à sommet tronqué, à 5 côtes rayonnantes. Feuilles *conformes*, *planes*, molles, glabres ou pubescentes, régulièrement linéaires, *obtuses*, univerviées, non bordées. Scapes dressés, grêles, couverts de poils étalés ou rarement glabres. Souche très-rameuse, écailleuse. — Plante de 6-15 centimètres, gazonnante; fleurs lilas.

α. *genuina*. Tube du calice couvert de poils sur les côtes et dans les sillons. *A. maritima Boiss.! in D C. prodr.* 12, *p.* 677.

β. *Linkii*. Tube du calice velu sur les côtes, glabre dans les sillons. *A. pubescens Link, in rep. nat. cur. Berol.* 1, *p.* 180; *Boiss.! l. c. p.* 680; *A. expansa Wallr. Beitr. zur botan.* 1, *p.* 197; *Statice linearifolia Laterrade! fl. Bord. ed.* 2, *p.* 189 (*non Riedel*).

Hab. Rochers maritimes dans l'ouest. La var. α. commune sur les côtes de l'Océan. La var. β. à Bayonne, la Teste, Gajac, presqu'île de la Manche, Calais, etc. ♃ Juin.

A. RUSCINONENSIS *Gir. ann. sc. nat. sér.* 3, *t.* 2. *p.* 323; *Boiss.! in D C. prodr.* 12, *p.* 680.— *C. Billot, exsicc. n°* 838! — Capitules hémisphériques, peu denses; involucre à folioles bi-trisériées; les extérieures *ovales, scarieuses aux bords, obtuses, mais brusquement terminées par un acumen épais et assez long;* les intérieures plus scarieuses, obtuses, mutiques ou brièvement mucronées; bractées plus longues que le fruit. Calice à tube égalant le pédicelle, obconique, à côtes velues et *plus étroites que les sillons* glabres; fossette basilaire presque latérale, oblongue; limbe égalant le tube, à lobes triangulaires, acuminés, terminés par une arête scabre *aussi longue que le limbe*. Fruit à sommet conique, à 5 côtes rayonnantes. Feuilles *conformes, pliées-canaliculées*, fermes, glabres, linéaires, *atténuées au sommet presque aigu*, uninerviées, non bordées. Scapes dressés, courts, glabres. Souche dure, rameuse, écailleuse. — Plante de 6-10 centimètres; fleurs.......

Hab. Rochers maritimes; Port-Vendres, Banyuls-sur-Mer, Collioures. ♃ Mai-juin.

A. multiceps *Wallr. Beitrag. zur bot.* 1, *p.* 196; *A. juniperifolia Koch, in Fl. od. bot. Zeit.* 1823, *p.* 711 (*nec. alior.*); *A. Kochii Boiss.! in D C. prodr.* 12, *p.* 686; *Statice Armeria* γ. *pusilla Salis, fl. od. bot. Zeit.* 1834, *p.* 13. — *Soleir. exsicc.* 3555! — Capitules petits, hémisphériques, peu denses; involucre à folioles bisériées; les extérieures *plus petites que les autres, ovales, obtuses*, fauves, *à peine scarieuses aux bords*; les internes encore plus obtuses, mutiques, largement scarieuses; bractées égalant le fruit. Calice à tube deux fois plus long que le pédicelle, obconique, à côtes velues *et plus larges que les sillons* glabres; fossette basilaire oblique et ovale; limbe égalant le tube, à lobes courts et terminés par une petite arête *beaucoup plus courte que le limbe*. Fruit à sommet brièvement conique, à 5 côtes rayonnantes. Feuilles *conformes*, courtes, *planes*, un peu charnues, glabres ou un peu ciliées, linéaires, *mucronées*, obscurément uninerviées, étroitement cartilagineuses et transparentes aux bords. Scapes dressés, fins, flexueux, glabres. Souche dure, à divisions courtes, écailleuses. — Plante de 5-12 centimètres, formant de petits gazons très-serrés; fleurs lilas.

Hab. Les hautes montagnes de Corse, Monte-d'Oro, Coscione, Rotundo, Renoso, Campolite. ♃.

A. juncea *Girard, an. sc. nat. sér.* 3, *t.* 2, *p.* 324; *Boiss.! in D C. prodr.* 12, *p.* 679 (*non Wallr.*); *A. setacea Delile, ined.* — Capitules petits, hémisphériques, peu denses; involucre à folioles bisériées; les extérieures d'un fauve pâle, *presque entièrement scarieuses, lancéolées, acuminées en une pointe molle, égalant les folioles internes*; celles-ci très-obtuses et mutiques; bractées égalant le fruit. Calice à tube une fois plus long que le pédicelle ou l'égalant, obconique, très-velu sur les côtes et dans les sillons; les côtes *aussi larges que les sillons*; fossette basilaire presque latérale, elliptique; limbe égalant le tube, à lobes ovales, brusquement terminés par une arête *beaucoup plus courte que le limbe*. Fruit à sommet tronqué et brusquement apiculé, à 5 côtes rayonnantes. Feuilles *de deux formes*, uninerviées, brièvement ciliées; les extérieures *planes*, linéaires, un peu sinuées sur les bords; les intérieures plus étroites, *filiformes, canaliculées dans leur moitié inférieure; toutes aiguës.*

Scapes dressés, grêles et presque filiformes, glabres. Souche brune, rameuse. — Plante de 5-10 centimètres, formant de petits gazons très-denses ; fleurs roses.

Hab. Les montagnes du Vigan et de la Lozère, Saint-Guilhem-le Désert, Viols-le-Fort, Saint-Martin-de-Londre; Milhau. ♃ Juin-juillet.

A. majellensis *Boiss.! in D C. prodr.* 12, *p.* 685.— Capitules grands, hémisphériques ; involucre à folioles bisériées, d'un fauve pâle ; les extérieures *ovales ou lancéolées, acuminées-cuspidées, non scarieuses aux bords, égalant les internes ;* celles-ci étroitement scarieuses, très-obtuses, brièvement mucronées ; bractées égalant le fruit. Calice à tube plus long que le pédicelle, obconique, velu sur les côtes *plus étroites que les sillons* glabres ; fossette basilaire oblique, obovée; limbe égalant le tube, à lobes triangulaires, aigus, terminés par une arête *aussi longue que le limbe.* Fruit..... Feuilles *de deux formes,* glabres, un peu raides, étroitement cartilagineuses et transparentes aux bords ; les extérieures assez larges, étalées, linéaires, *obtuses,* trinerviées, *presque planes,* desséchées de bonne heure ; les intérieures bien plus étroites, *pliées-canaliculées, aiguës.* Scapes dressés, grêles, glabres. Souche ligneuse, épaisse, très-rameuse, écailleuse. — Plante de 1-2 déc.; fleurs roses.

Hab. Perpignan (*herb. Soyer-Willemet*), vallée d'Astos dans les Pyrénées. ♃.

Obs. La détermination de cette plante ne nous paraît pas douteuse ; nous avons pu la comparer aux échantillons mêmes de Leresche, sur lesquels M. Boissier l'a décrite.

Sect. 2. Armeriæ plantagineæ. — Feuilles linéaires-lancéolées.

A. plantaginea *Willd. enum. hort. berol.* 1, *p.* 334 ; *Lois. gall.* 1, *p.* 223 ; *Mert. et Koch, deutsch. fl.* 2, *p.* 486 ; *Boiss.! in D C. prodr.* 12, *p.* 683, *excl. var.* β. (*non Guss.*); *A. rigida Wallr. Beitr. zur bot.* 1, *p.* 199, *excl. var.* β. ; *A. arenaria Ebel, prodr. plumb. p.* 35; *Statice plantaginea All. ped.* 2, *p.* 90 ; *D C. fl. fr.* 3, *p.* 420; *Statice arenaria Pers. syn.* 1, *p.* 332.— *Ic. Engl. bot. tab.* 2928. *Rchb. exsicc.* 2371!; *Schultz, exsicc.* 507!; *C. Billot, exsicc. n°* 837 ! — Capitules globuleux, denses ; involucre à folioles externes *herbacées, très-saillantes dans le bouton, lancéolées, acuminées en une pointe qui souvent dépasse de beaucoup les fleurs* ; folioles internes ovales ou orbiculaires, scarieuses aux bords, mucronées ; gaîne allongée, trois fois plus longue que les capitules; bractées *un peu plus longues que le fruit.* Calice à tube égalant le pédicelle, obconique, muni de côtes velues *égalant les sillons* glabres ou quelquefois velus ; fossette basilaire, *oblique et elliptique;* limbe aussi long que le tube, à lobes lancéolés, aigus, *insensiblement atténués en arête aussi longue que le lobe.* Fruit à sommet conique, acuminé, à 5 côtes rayonnantes. Feuilles glabres, ou plus rarement finement ciliées, vertes, un peu fermes, *planes,* lancéolées ou linéaires-lancéolées, *acuminées,* longuement atténuées en pétiole, munies de 3-7 nervures et d'une bordure très-étroite et transparente. Scapes dressés, élancés, fermes, glabres. Souche rameuse, à divisions courtes et rapprochées. Racine très-longue, presque simple. — Plante de 2-5 décimètres, gazonnante; fleurs roses.

Hab. Lieux sablonneux. Commun dans tout l'ouest de la France et s'étend jusqu'à Soissons et Paris; se retrouve en Auvergne; dans les Pyrénées orient., à Mont-Louis, Olette, Collioures, Narbonne; Escandorgue près de Lodève; dans les Cévennes à Mende, l'Espérou; à Lyon; Montbrison; à Saint-Laurent dans l'Ain; en Dauphiné. ♃ Juillet-septembre.

A. BUPLEUROIDES *Godr. et Gren.; A. alliacea Mutel, fl. fr. 3, p. 86, f. 405 (excl. var. β.); Ebel, prodr. plumb. p. 32; A. rigida var. β. Wallr. Beitr. zur bot. 1, p. 200; Statice alliacea Willd. sp. 1, p. 1523; Lois. gall. 1, p. 223 (non Cav.).* — Se distingue du précédent, dont il est très-voisin, par ses capitules de moitié plus petits, moins globuleux; par son involucre pâle et dont les folioles externes *ne dépassent jamais les fleurs;* par son calice muni de côtes *plus étroites que les sillons,* à limbe divisé en lobes courts, triangulaires, *presque obtus, contractés brusquement en une arête plus longue que le lobe;* par ses corolles blanches; par ses feuilles d'un vert-glauque, onduleuses aux bords; par ses scapes plus grêles; par sa souche plus ligneuse.

Hab. Fréjus, Toulon, Marseille, mont Ventoux; Gap; Collioure. ♃ Juillet.

A. ALPINA *Willd. enum. hort. ber. 1, p. 333; Mert. et Koch, deutsch. fl. 2, p. 488; Ebel, prodr. plumb. p. 26; Wallr. Beitr. zur bot. 1, p. 198; Boiss.! in DC. prodr. 12, p. 680; Statice alpina Hoppe! in Koch, syn. 683; Statice Armeria Scop. carn. 1, p. 227 (non Sm.); Statice Armeria var. alpina DC. fl. fr. 3, p. 419; Gaud. helv. 2, p. 454; Statice montana Mill. dict. 4, p. 338 (non Raj.).—Ic. Sturm, deutsch. fl. heft. 51. Rchb. exsicc. 962!; F. Schultz, exsicc. n° 1311!* — Capitules grands, globuleux; involucre à folioles *toutes presque entièrement scarieuses* et fauves; les extérieures *ovales, concaves, un peu aiguës, toujours plus courtes que les fleurs*; les internes plus grandes que les externes, arrondies, mutiques; gaîne plus courte que le capitule; bractées *égalant le fruit.* Calice à tube une fois plus long que le pédicelle, obconique, muni de côtes velues et *plus étroites* que les sillons glabres; fossette basilaire *oblique, oblongue*; limbe égalant le tube, à lobes ovales, *acuminés en une arête plus courte que le lobe.* Fruit à sommet tronqué, brièvement apiculé, à 5 côtes rayonnantes. Feuilles glabres, un peu charnues, *planes,* linéaires-lancéolées, *non acuminées, obtusiuscules,* uninerviées, étroitement bordées. Scapes dressés, fermes et glabres. Souche ligneuse, courte, rameuse. Racine longue, rameuse inférieurement, à fibrilles radicales fasciculées. — Plante de 1-2 décimètres, gazonnante; fleurs roses, rarement blanches.

Hab. Hautes Alpes du Dauphiné, Revel et Beledone près de Grenoble, Lautaret, Galibier, col de l'Arche, col de la Coche, mont Viso; Pyrénées, val d'Eynes, Canigou, mont Laïd, pic de Triquemales, port d'Oo, Venasques, pic du Midi de Bigorre, Eaux-Bonnes, etc. ♃ Juillet-août.

A. PUBINERVIS *Boiss. in D C. prodr.* 12, *p.* 688.— Capitules grands, hémisphériques, denses ; involucre à folioles externes *plus petites que les autres, presque entièrement herbacées,* d'un jaune verdâtre, *lancéolées, aiguës;* les inférieures ovales, obtuses, largement scarieuses aux bords, mucronées ou mutiques; gaîne égalant le capitule ; bractées *vertes sur le dos, plus longues que le fruit.* Calice à tube plus long que le pédicelle, obconique, muni de côtes fines, alternativement velues et presque glabres, *plus étroites que les sillons* glabres; fossette basilaire *oblique, ovale;* limbe égalant le tube, à lobes courts, triangulaires, aigus, *terminés par une arête aussi longue que le lobe.* Fruit à sommet brièvement conique, à 5 côtes rayonnantes. Feuilles brièvement pubescentes sur les nervures et cela sur les deux faces, *planes,* linéaires-lancéolées, *acuminées, mucronées,* trinerviées, étroitement bordées. Scapes dressés, épais, flexueux, finement velus à la base ou entièrement glabres. Souche ligneuse, à divisions épaisses, courtes, écailleuses. — Plante de 2-4 décimètres; fleurs blanches.

Hab. Basses-Pyrénées; lac d'Estaës dans la vallée d'Aspe, lac de Yons, vallée d'Ossau (*Bernard*); environs de Bayonne (*ex Boissier*). ♃ Juin.

A. LEUCOCEPHALA *Koch, fl. oder bot. Zeit.* 1823, *p.* 712; *Ebel, prodr. plumb. p.* 29 ; *Boiss.! in D C. prodr.* 12, *p.* 686 ; *Statice leucantha Lois. nouv. not.* 13, *et gall.* 1, *p.* 223; *Dub. bot.* 1032 ; *Statice pubescens Salis, fl. od. bot. Zeit.* 1834, *p.* 13. — *Soleir. exsicc. n°* 15! — Capitules hémisphériques, peu denses ; involucre à folioles peu nombreuses ; les extérieures plus *petites que les autres, lancéolées, acuminées, aiguës,* fauves sur le dos, scarieuses aux bords; les internes grandes, pâles, ovales, obtuses, largement scarieuses aux bords, mucronées ou mutiques ; gaîne plus courte que le capitule ; bractées *vertes sur le dos, plus longue que le fruit.* Calice à tube égalant le pédicelle, obconique, muni de côtes velues *aussi larges* que les sillons glabres : fossette basilaire *oblique, ovale ;* limbe égalant le tube, à lobes triangulaires, aigus, *terminés par une arête aussi longue qu'eux.* Fruit à sommet brièvement conique, à 5 côtes rayonnantes. Feuilles finement pubescentes ou plus rarement glabres, un peu fermes, *planes,* uninerviées, linéaires-lancéolées, *mucronées,* étroitement bordées. Scapes dressés, grêles, pubescents ou glabres, plus ou moins élancés. Souche dure, brune, à divisions écailleuses, ne s'élevant pas de terre. — Plante de 1-2 décimètres ; fleurs blanches.

Hab. Toutes les montagnes de Corse. ♃ Juillet.

A. SOLEIROLII *Dub. bot.* 1232 (*sub Statice*)*; Salis, fl. oder bot. Zeit.* 1834, *p.* 13; *Ebel, prodr. plumb. p.* 43. — *Soleir. exsicc.* 3559 ! — Se distingue du précédent par ses capitules plus petits et moins fournis ; par les folioles de l'involucre moins nombreuses ; par ses bractées interflorales *non herbacées sur le dos;* par son calice à lobes plus courts, terminés par une arête *de moitié moins* *longue;* par sa corolle rougeâtre; par ses scapes plus grêles, plus élancés; par ses feuilles raides et fermes, dressées, un peu charnues, plus longuement et plus fortement atténuées vers la base; les extérieures *planes;* les intérieures *plus étroites, pliées-canaliculées, aiguës* et cartilagineuses au sommet; par sa souche dont les divisions sont plus longues, *s'élèvent au-dessus de terre,* portent au sommet des feuilles nombreuses, étroitem[t] imbriquées, et sont entièrement couvertes à leur base par les débris des anciennes feuilles, ce qui lui donne un port analogue à celui de l'espèce suivante.

Hab. Corse, Calvi et fort de Rivesalte. ♃ Juillet.

A. FASCICULATA *Willd. enum. hort. ber.* 1, *p.* 334; *Moris! elench. fasc.* 3, *p.* 10; *Ebel, prodr. plumb. p.* 42; *Wallr. Beitr. zur bot.* 1, *p.* 216; *Boiss.! in D C. prodr.* 12, *p.* 675; *Statice fasciculata Vent. hort. cels. tab.* 38; *D C. fl. fr.* 3, *p.* 420; *Dub. bot.* 389; *Lois gall.* 1, *p.* 224; *Bertol. fl. ital.* 3, *p.* 513; *Viv. fl. cors. diagn. p.* 4; *Salis, fl. oder bot. Zeit.* 1834, *p.* 12. — *Soleir. exsicc.* 3558!; *Kralik, exsicc. n°* 746!; *Schültz, exsicc. n°* 1312! — Capitules grands, hémisphériques; involucre à folioles très-nombreuses, brunes et luisantes; les extérieures *bien plus petites que les autres, ovales, aiguës ou obtuses, nullement scarieuses aux bords;* les intérieures grandes, très-obtuses, scarieuses aux bords et au sommet; gaîne égalant le capitule; bractées interflorales *très-petites, n'égalant pas le fruit, souvent nulles* (*A. pungens Rœm. et Schult. syst.* 6, *p.* 775?). Calice à tube égalant le pédicelle, obconique, velu sur les côtes *aussi larges* que les sillons glabres, *muni d'un éperon subulé* de moitié plus court que le pédicelle, contigu à cet organe et *creusé d'un long sillon à sa face interne;* limbe du calice plus court que le tube, à lobes triangulaires, *brièvement mucronés, non aristés.* Fruit à sommet conique, à 5 côtes rayonnantes. Feuilles glaucescentes, glabres, fermes et raides, uninerviées, linéaires-lancéolées, *acuminées, presque piquantes;* les extérieures planes, les intérieures plus étroites, *pliées-canaliculées.* Scapes dressés, fistuleux, fermes, glabres. Souche à divisions allongées, *s'élevant au-dessus du sol,* couvertes au sommet de feuilles étroitement imbriquées, dressées, et à la base de feuilles desséchées et courbées en dehors. Racine épaisse, ligneuse, fusiforme.—Plante de 2-5 décimètres; fleurs grandes, roses

Hab. Corse, Bonifacio, île de Cavallo, Ajaccio. ♃ Juin.

STATICE. (Willd. enum. hort. ber. p. 333.)

Calice à tube *pourvu de 5 angles,* à limbe 5-10-partite. Corolle à pétales libres ou soudés en anneau à la base, plus rarement soudés en tube. Etamines *insérées à la base de la corolle.* Styles glabres, *libres ou soudés seulement à la base;* stigmates filiformes-cylindriques. —*Scapes rameux;* épillets munis de 3 bractées et formant des épis.

Sect. 1. PTEROCLADOS *Boiss. in DC. prodr.* 12, *p.* 635.— Feuilles pennatinerviées. Scapes rameux, ailés au moins au sommet. Axe de l'inflorescence non prolongé au-delà de l'épi. Calice inséré non obliquement, à limbe très-dilaté, non aristé.

S. SINUATA *L. sp.* 396 (*excl. var.*); *Desf. atl.* 1, *p.* 276; *Bertol. fl. ital.* 3, *p.* 532 ; *Moris! elench. fasc.* 3, *p.* 10 ; *Guss. pl. rar.* 139, *et syn.* 1, *p.* 374, *et* 2, *p.* 807.— *Ic. Sibth. et Sm. fl. græc. tab.* 301 ; *Barrel. icon. tab.* 1124. *F. Schultz, exsicc.* n° 1315 ! — Fleurs en corymbes denses au sommet de la tige et des rameaux ; épillets tri-quadriflores, étroitemt imbriqués, formant des épis très-denses, courts, unilatéraux, étalés sur les rameaux qui les portent et formant avec eux un angle droit ; les ailes du rameau florifère prolongées au-devant de l'épi en un appendice coriace fortement nervié et dentelé, et sous l'épillet deux rangées de petites écailles lancéolées, acuminées-subulées, pectinées-ciliées ; bractée externe concave, inéquilatère, uninerviée, lancéolée-subulée, ciliée, plus courte que l'interne; celle-ci coriace, verte, munie sur le dos de deux fortes nervures velues, irrégulièrement dentée au sommet. Calice à tube grêle, très-finement pubescent sur les nervures, à limbe élargi, plissé, irrégulièrement crénelé, égalant presque le tube. Feuilles radicales en rosette, brièvement pétiolées, oblongues, sinuées-pennatifides, à lobes et à sinus arrondis, le lobe terminal acuminé, aigu et prolongé en une longue pointe capillaire. Scapes dressés ou ascendants, rameux au sommet, munis de 3-5 ailes foliacées, étroites, qui à chaque nœud se prolongent en autant d'appendices linéaires, aigus, entiers et finement cuspidés. Il existe en outre à chaque nœud, et en dedans des appendices, une écaille brune, membraneuse, acuminée-subulée. Souche très-courte, peu rameuse. Racine pivotante, allongée. — Plante de 1-3 décimètres, hérissée de poils épars insérés sur de petits tubercules ; fleurs grandes, bleues avec les pétales d'un jaune pâle.

Hab. Iles d'Hyères. ♃ Mai-juin.

Sect. 2. LIMONIUM *Nob.* — Feuilles pennatinerviées. Scapes et rameaux non ailés. Axes de l'inflorescence non prolongés au-delà de l'épi. Calice inséré un peu obliquement, non aristé.

S. LIMONIUM *L. fl. suec.* 99 ; *Sm. brit.* 1, *p.* 341 (*excl. var.* γ.); *Koch, syn.* 684; *Brebisson, fl. norm. ed.* 2, *p.* 209 (*non auct. austr.*); *S. Limonium scanica Fries, nov. mant.* 1, *p.* 10, *et mant.* 2, *p.* 17 ; *S. pseudo-limonium Rchb. cent.* 8. *p.* 6, *f.* 959 ; *S. Behen Drejer, fl. hafn. p.* 122 ; *Fries, summ. p.* 200. — *Ic. Engl. bot. tab.* 102. *Rchb. exsicc.* 963!; *Fries, herb. norm.* 10, *n°* 21 ! — Fleurs en panicule très-rameuse, *corymbiforme*, assez serrée, à rameaux *dressés, non flexueux;* épillets uni-biflores, *étroitement imbriqués*, formant des épis denses, unilatéraux, à la fin arqués en dehors, rapprochés au sommet des rameaux ; bractée externe ovale, mucronée, arrondie sur le dos, largement scarieuse sur les côtés, à peine plus courte que la moyenne; bractée interne *une fois plus longue* que l'externe, embrassant lâchement les fleurs, non carénée, obtuse, largement blanche-scarieuse au sommet et sur les bords. Calice à tube obconique, très-velu sur 2 nervures, à limbe bleuâtre, plus court que le tube, divisé en lobes triangulaires, obtus, apiculés. Feuilles *molles*, elliptiques-oblongues ou elliptiques, plus ou moins larges, obtuses ou aiguës, atténuées en un long pétiole, terminées par une longue pointe subulée qui part du sommet lui-même. Scapes dressés, *arrondis*, rameux dans leur moitié supérieure; rameaux stériles nuls. Souche épaisse, brune, à divisions courtes.— Plante de 1-3 décimètres, glabre; fleurs lilas.

Hab. Commun sur les rivages de l'Océan, depuis Dunkerque jusqu'à Bayonne. ♃ Juillet-août.

S. SEROTINA *Rchb. icon.* 8, *p.* 21, *f.* 998, *et fl. excurs. p.* 191; *S. Limonium Desf. atl.* 1, *p.* 273; *All. ped.* 2, *p.* 90; *Bertol. fl. ital.* 3, *p.* 514 (*excl. syn. plur.*); *Rchb. icon.* 8, *p.* 21, *f.* 997; *Guss. syn.* 1, *p.* 367 (*non L. fl. suec., nec auct. septentr.*); *S. Limonium* α. *genuina Boiss.! in DC. prodr.* 12, *p.* 644 (*excl. var.* β. *et* γ.); *S. Gmelini Koch, syn. p.* 684 (*non Willd.*). — *Rchb. exsicc.* 964, *et* 1516! (*sub S. scoparia*) — Fleurs en panicule grande et large, *non corymbiforme*, lâches, à rameaux *très-étalés, flexueux;* épillets uni-biflores, plus petits que dans l'espèce précédente, formant des épis moins denses, *moins évidemment imbriqués*, bien moins rapprochés au sommet des rameaux; bractée externe petite, carénée, mucronée, largem^t^ scarieuse sur les côtés, presque une fois plus courte que la moyenne; bractée interne *deux fois plus longue* que l'externe, embrassant lâchem^t^ les fleurs, non carénée, ordin^t^ échancrée au sommet largement scarieux. Calice à tube obconique, velu sur 2 nervures, à limbe bleuâtre, plus court que le tube, divisé en lobes lancéolés, aigus. Feuilles *coriaces*, d'un vert-glauque, oblongues-obovées ou lancéolées, obtuses ou aiguës, munies d'un mucron le plus souvent inséré un peu au-dessous du sommet, atténuées en un pétiole long et ferme. Scapes dressés, *arrondis*, rameux dans leur moitié supérieure; rameaux stériles nuls ou presque nuls. Souche brune, courte, à divisions écailleuses. Racine longue, rameuse, *ligneuse*.— Plante de 2-5 décimètres, glabre; fleurs lilas.

Hab. Très-commun sur les côtes de la Méditerranée, sur les bords des marais et dans les prairies salées; sur les côtes de l'Océan, à Bayonne. ♃ Août-septembre.

S. BAHUSIENSIS *Fries! nov. mant.* 1, *p.* 10, *et mant.* 2, *p.* 17 *et summ. p.* 200; *Boiss.! in DC. prodr.* 12, *p.* 644; *S. rariflora Drej.! fl. hafn. p.* 121; *Babingt. man. of british botany, p.* 261; *S. Limonium var.* γ. *Sm. brit.* 1, *p.* 341; *Limonium anglicum minùs floribus in spicis rariùs sitis Ray syn.* 202.— *Ic. Engl. bot.* 2917. *Rchb. exsicc.* 2200!; *Fries, herb. norm.* 11, *n°* 26! — Fleurs en panicule rameuse, *non corymbiforme*, très-lâche, à rameaux *éta-*

lés-dressés, non flexueux; épillets uni-biflores, *très-écartés les uns des autres,* formant des épis allongés, lâches, droits ou à peine arqués; bractée inférieure égalant presque la moyenne, large, suborbiculaire, un peu mucronée, carénée et verte sur le dos, scarieuse et fauve aux bords; bractée interne *une fois plus longue* que l'externe, embrassant lâchement les fleurs, très-obtuse, largement scarieuse et fauve ou rougeâtre au sommet. Calice à tube très-velu sur toutes les nervures, à limbe égalant presque le tube, divisé en lobes triangulaires, aigus. Feuilles *flexibles, un peu coriaces,* onduleuses aux bords, obovées-oblongues, obtuses, obscurément nerviées, terminées par une pointe subulée qui naît un peu au-dessous du sommet, atténuées en un pétiole comprimé latéralement. Scapes dressés, *anguleux,* souvent rameux dès la base; rameaux stériles nuls. Souche noire, simple ou brièvement rameuse. Racine un peu charnue, longue, pivotante, *fragile.* — Plante de 1-2 décimètres, glabre; fleurs assez grandes, lilas.

Hab. Brest et Vannes. ♃.

Sect. 3. Globulariastrum *Nob.* — Feuilles palmatinerviées. Scapes et rameaux non ailés. Axes de l'inflorescence non prolongés au-delà de l'épi. Calice inséré un peu obliquement, non aristé.

a. *Bractée externe herbacée sur le dos; l'interne étroitement scarieuse.*

1. *Peu ou pas de rameaux stériles; feuilles en rosette.*

S. ovalifolia *Poir. dict. suppl.* 5, *p.* 237; *Boiss.! in DC. prodr.* 12, *p.* 646; *S. hybrida Montagne! ann. soc. linn. Bord.* 1845, *p.* 67; *Lloyd! fl. Loire-Inf. p.* 211; *S. mucosa Salzmann! pl. ting. exsicc.* — *Ic. Mutel, fl. fr. tab.* 55, *f.* 408. *Welswitchii, iter lusit. n°* 42! — Fleurs petites, en panicule très-rameuse, *subcorymbiforme, aussi longue ou plus longue que le reste du scape,* à rameaux grêles, flexueux; épillets bi-triflores, agglomérés en épis *très-courts, denses, nombreux, dressés et rapprochés;* bractée externe *trois-quatre fois plus courte* que l'interne, ovale; bractée interne elliptique, très-obtuse, nerviée à la base, brune et *arrondie sur le dos,* étroitemt bordée d'une membrane fauve et scarieuse. Calice à limbe plus court que le tube, à lobes *oblongs, obtus.* Feuilles assez grandes, coriaces, *concaves,* onduleuses aux bords, munies de 3-5 nervures, obovées-spatulées, aiguës et terminées par une pointe fine, atténuées en un pétiole large, *concave,* enduit à sa base d'une sécrétion muqueuse. Scapes dressés-étalés. Souche courte, brune, écailleuse. Racine rameuse. — Plante de 1-3 décimètres.

Hab. Côtes de l'Océan; falaise de Carteret dans la presqu'île de la Manche, Vannes; presqu'île de Gâvres près de Lorient; bourg de Batz et le Croisic près de Nantes; île de Ré; Sables-d'Olonne. ♃ Juillet.

S. lychnidifolia *Gir.! ann. sc. nat. sér.* 2. *t.* 17, *p.* 18, *tab.* 3, *A; Lloyd! fl. Loire-Inf.* 211; *Boiss.! in DC. prodr.* 12, *p.* 646; *S. Willdenowiana Poir. dict. suppl.* 5, *p.* 236 (*non Lois.,* *nec Rchb.); S. auriculæfolia Benth. cat. pyr.* 123 (*non Vahl*); *S. auriculæ-ursifolia Pourr. act. Toul.* 3, *p.* 330 ; *Limonium lusitanicum auriculæ-ursifolio Tournef. inst.* 342.— *Endress, pl. pyr. exsicc. unio itiner.* 1830 ! — Se distingue du précédent, dont il a le port, aux caractères suivants : épillets du double plus gros, disposés en épis unilatéraux moins denses, *allongés*, *étalés-arqués en dehors*, formant une panicule pyramidale ou quelquefois corymbiforme ; bractée externe *deux fois plus courte* que l'interne, plus étroitement scarieuse dans son pourtour ; bractée interne *presque carénée sur le dos ;* feuilles glauques et comme poudreuses, à nervures latérales moins visibles. Ses feuilles larges, *concaves*, aiguës, et sa panicule le distinguent des espèces suivantes.

Hab. Les côtes de la Méditerranée, à l'île Sainte-Lucie près de Narbonne ; mais surtout les côtes de l'Océan ; à la Teste ; aux Sables-d'Olonne, à l'île d'Oleron ; à Careil, Pouliguen, le Croisic dans la Loire-Inférieure ; à Lorient, Saint-Malo, le mont Saint-Michel, Gâvres, à la falaise de Carteret et au hâvre de Saint-Germain dans la Manche. ♃ Juillet-septembre.

S. Dodartii *Gir.! ann. sc. nat. sér.* 2, *t.* 17, *p.* 36, *f.* 4, *B ; Lloyd! fl. Loire-Inf.* 211 ; *Boiss.! in DC. prodr.* 12, *p.* 648 ; *S. oleæfolia Willd. sp.* 1. *p.* 1525 ; *Griseb. spicil. fl. rum.* 2, *p.* 297 (*non Scop.*). — Fleurs en panicule très-rameuse, *oblongue*, lâche, flexueuse, *occupant les deux tiers ou les trois quarts supérieurs du scape*, à rameaux épais, étalés ; épillets bi-triflores, agglomérés en épis denses, épais, unilatéraux, *allongés, raides et dressés ;* bractée externe *une fois plus courte* que l'interne, ovale, un peu carénée ; l'interne elliptique, très-obtuse, nerviée, verte et *arrondie sur le dos,* étroitement blanche-scarieuse aux bords. Calice à limbe plus court que le tube, à lobes *très-courts, arrondis.* Feuilles coriaces, *planes*, uni-trinerviées, obovées-spatulées, arrondies au sommet mutique ou brièvement mucroné, atténuées en un pétiole court, *plan et large.* Scapes dressés ou étalés, fermes. Souche courte, brune, écailleuse. Racine grêle, très-longue, flexueuse, pivotante. — Plante de 1-3 décimètres.

Hab. Les côtes de l'Océan ; Quiberon, Saint-Gildas, Vannes, Avranches, Brest, Lorient, Cherbourg, Belle-Isle, le Croisic, Pornic et Pouliguen près de Nantes ; île de Noirmoutiers, Sables-d'Olonne, île de Ré, la Rochelle, Rochefort, Mortagne. ♃ Juillet-août.

S. occidentalis *Lloyd! fl. Loire-Inf.* 212 ; *Lejolis! ann. sc. nat. sér.* 3, *t.* 7, *p.* 229 ; *Boiss.! in DC. prodr.* 12, *p.* 648 ; *S. Dodartii* β. *humilis Gir. ann. sc. nat. sér.* 2, *t.* 17, *p.* 23 ; *S. Bubanii Gir. ann. sc. nat. sér.* 3, *t.* 2, *p.* 326 ; *S. dichotoma Mutel! fl. fr.* 3, *p.* 88, *et suppl. fin. p.* 171 (*non Cav.*) ; *S. lanceolata Rchb. icon. f.* 961 (*non Link et Hoffm.*) ; *S. spathulata Babingt. man. of brit. bot. p.* 261 (*non Desf.*). — *Endress, pl. pyr. exsicc. unio itin.* 1830 (*sub S. oleæfolia*)! — Fleurs en panicule très-rameuse, lâche, un peu flexueuse, *oblongue et naissant presque de la base du scape*, à rameaux grêles, dressés-ascendants ; épillets bi-triflores, agglomérés en épis *peu serrés*, *peu épais*, *unilatéraux*, *dressés;* bractée externe *une fois plus courte* que l'interne, ovale, aiguë ; l'interne obovée, très-obtuse, nerviée, verte et *arrondie sur le dos*, largement scarieuse et fauve aux bords Calice à limbe égalant le tube, à lobes *courts et arrondis*. Feuilles coriaces, *planes*, uni-trinerviées, lancéolées-spatulées, aiguës ou obtusiuscules, souvent munies au-dessous du sommet d'une petite pointe subulée, insensiblement atténuées en un pétiole long, *plan et large*. Scapes dressés ou étalés, fermes. Souche brune, ligneuse, très-rameuse, à divisions étalées. Racine forte, dure, rameuse. — Plante de 2-4 décimètres, se distinguant de la précédente, dont elle a le port, par sa grappe plus longue ; par ses épis bien moins serrés, généralement plus courts et plus étroits; par ses bractées plus scarieuses et plus brunes; par ses anthères ovales et non oblongues ; par ses feuilles proportionnément plus étroites, atténuées moins brusquement en un pétiole allongé.

Hab. Les côtes de l'Océan ; presqu'île de la Manche, Pontbail, Carteret, Jobourg, Flamanville, Cherbourg, Saint-Malo, Brest, le Conquet ; Loire-Inférieure, à Poulinguen, Pornic, Belle-Isle, île de Noirmoutiers, île de Ré, île d'Yeu; Biaritz et Bayonne. ♃ Juillet-septembre.

S. confusa *Godr. et Gren.; S. globulariæfolia D C.! fl. fr.* 5, *p.* 379 ; *Lois.! not. p.* 48, *et gall.* 1, *p.* 225; *Boiss.! in D C. prodr.* 12, *p.* 651, *ex parte* (*non Desf.!*). — *Ic. Boiss. voy. Espagn. tab.* 155, *f.* 6. *Endress, pl. pyr. exsicc. unio itin.* 1830 (*sub S. auriculæfolia* β. *laxiflora*) ! — Fleurs en panicule *oblongue*, un peu rameuse, lâche, *ordinairement plus courte que le reste du scape*, à rameaux courts, étalés-dressés ; épillets bi-triflores, courts et assez épais, faiblement arqués, peu écartés les uns des autres et formant des épis unilatéraux, *dressés*, *peu épais*, *plus ou moins lâches ;* bractée externe *deux fois plus courte* que l'interne, ovale, obtusiuscule ; bractée interne oblongue, brune et *carénée sur le dos*, bordée d'une membrane assez large, fauve et blanche, la partie brune prolongée en pointe qui n'atteint pas le sommet. Calice à limbe une fois plus court que le tube, à lobes *ovales-oblongs*, *obtus*, étalés. Feuilles un peu glauques, *planes*, coriaces, un peu ondulées aux bords, obscurément trinerviées, obovées-spatulées, presque aiguës, mucronées, atténuées en un pétiole *plan*. Scapes dressés, flexueux, souvent munis d'un ou deux rameaux stériles. Souche dure, brune, à divisions courtes et écailleuses. Racine rameuse. — Plante de 2-4 décimètres.

Hab. Arles et la Camargue; île Sainte-Lucie près de Narbonne ; Mecinaggio en Corse. ♃ Juillet-août.

Obs. — Le véritable *S. globulariæfolia* de Desfontaines paraît n'être connu que d'un petit nombre de botanistes. Nous en possédons des échantillons bien complets d'Hamman-es Skoutin, c'est-à-dire de la localité même où Desfontaines l'a recueilli, où Poiret l'a retrouvé depuis et décrit sous le nom de *S. ramosissima*. Nous avons vu également les trois échantillons, qui existent dans l'herbier même de Desfontaines au muséum de Paris, et qui s'accordent parfaitement avec ceux que M. Krémer nous a adressés de la localité classique. Nous sommes donc certains de bien connaître le *S. globulariæfolia Desf.* Cette plante diffère de celle que nous venons de décrire, et qui a été prise à tort par beaucoup d'auteurs français et étrangers pour la plante de Desfontaines, par les caractères suivants : panicule large, bien plus grande et bien plus rameuse, plus longue que le reste de la tige, très lâche, à rameaux bien plus allongés, plus flexibles, plus étalés ; épillets uni-biflores, formant des épis généralement plus lâches et plus longs ; bractée inférieure plus longue et plus étroite, une fois moins longue que l'interne, lancéolée, acuminée, à nervure dorsale prolongée jusqu'au sommet ; bractée interne brune et arrondie sur le dos, à partie brune acuminée et atteignant le sommet ; calice à tube plus grêle, à limbe profondément divisé en lobes lancéolés, presque aigus, à nervures plus épaisses et prolongées plus haut ; scape bien plus élevé et atteignant quelquefois près d'un mètre, très-rameux presque dès la base ; feuilles beaucoup plus grandes, atteignant jusqu'à 7 centimètres sur 2, à 3-5 nervures bien plus prononcées, non mucronées, plus oblongues et moins spatulées, atténuées en un pétiole plus court et plus large ; souche ligneuse, bien plus épaisse et formant des gazons serrés.

S. densiflora *Guss. prodr. suppl. p.* 86 (1832), *et syn.* 1, *p.* 367 (*non Girard*); *S. scopoliana Bertol.! fl. ital.* 3, *p.* 528; *S. oleæfolia Ten. syll. p.* 161 (*an Scop.?*); *S. oxylepis Boiss.! in DC. prodr.* 12, *p.* 647. — Fleurs petites, en panicule *oblongue*, rameuse, *plus courte que le reste du scape*, à rameaux étalés-dressés; épillets uni-biflores, droits, imbriqués, formant des épis unilatéraux, *denses*, *comprimés latéralement*, *dressés*, *rapprochés au sommet des rameaux ;* bractée externe *presque deux fois plus courte* que l'interne, ovale, aiguë ; bractée interne oblongue-elliptique, obtuse, brune et arrondie sur le dos, bordée d'une membrane fauve et blanche. Calice à limbe une fois plus court que le tube, à lobes *ovales*, *obtus*, étalés. Feuilles un peu glauques, peu coriaces, *planes*, un peu ondulées aux bords, trinerviées, obovées, spatulées, presque aiguës, mucronées, atténuées en un pétiole *plan*. Scapes dressés, flexueux, rameux supérieurement ; quelques-uns des rameaux inférieurs stériles. Souche ligneuse, brune, à divisions étalées, écailleuses. — Plante de 2-4 décimètres.

Hab. Corse (*ex Bertoloni*). ♃.

S. girardiana *Guss. syn.* 1, *p.* 368 ; *S. densiflora Gir.! ann. sc. nat. sér.* 2, *t.* 17, *p.* 25, *tab.* 3, *B* (1842); *Boiss.! in DC. prodr.* 12, *p.* 647 (*non Guss.*); *S. auriculæfolia DC. fl. fr.* 3, *p.* 421, *ex parte ; Griseb. spicil. fl. rum.* 2, *p.* 297 (*non Vahl*); *S. Willdenowii Lois.! gall.* 1, *p.* 224 (*non Poir.*). — *Ic. Rchb. icon. f.* 305. — Fleurs en panicule petite, *ovale ou oblongue*, rameuse, arquée et presque unilatérale, *égalant le reste du scape;* rameaux courts, très-étalés ; épillets ordinairement triflores, très-régulièrement imbriqués en épis *courts*, *ovales*, *épais*, *très-denses*, *étalés*, solitaires ou plus souvent rapprochés au nombre de 2-4 au sommet des rameaux ; bractée externe *une fois plus courte* que l'interne, ovale, obtuse ou finement mucronulée ; bractée interne largement obovée, très-obtuse et même échancrée, nerviée, verte et arrondie sur le dos, étroitement blanche-scarieuse aux bords. Calice à limbe plus court que le tube, à lobes *courts et semi-circulaires.* Feuilles petites, un peu épaisses, coriaces; *planes*, uninerviées, spatulées, aiguës, très-brièvement mucronées, brusquement rétrécies en un pétiole long et *plan*. Scapes dressés ou étalés, très-grêles, fermes, flexueux, sans rameaux stériles. Souche courte, petite, peu rameuse. Racine grêle, simple ou peu rameuse.— Plante de 1-2 décimètres.

Hab. Côtes de la Méditerranée, Hyères, Toulon, Arles, Aigues-Mortes, Maguelonne près de Montpellier, Cette, île Ste.-Lucie, Perpignan. ♃ Juillet-août.

S. DURIUSCULA *Gir.! ann. sc. nat. sér.* 3, *t.* 2, *p.* 327; *Boiss.! in D C. prodr.* 12, *p.* 652; *S. Willdenowiana Rchb. icon. f.* 293. — Fleurs en panicule large, très-lâche, très-rameuse, *toujours plus longue que le reste de la tige*, à rameaux fins, fermes, élastiques, allongés, étalés; épillets uni-biflores, très-écartés les uns des autres, formant de *longs épis très-lâches, étalés;* bractée externe *trois fois plus courte* que l'interne, lancéolée, aiguë; l'interne linéaire-oblongue, obtuse, brune et arrondie sur le dos, étroitement bordée de blanc, enveloppant étroitement les fleurs. Calice à tube grêle, à limbe une fois plus court que le tube, divisé profondément en lobes *linéaires-lancéolés*, *obtusiuscules*, à nervures saillantes et rougeâtres. Feuilles coriaces, *planes*, uninerviées, obovées-spatulées, largement arrondies au sommet, mutiques ou brièvement mucronulées, cunéiformes et atténuées à la base en un pétiole *caréné en dessous*. Scapes dressés, très-grêles, raides, rameux presque dès la base. Souche très-courte. Racine grêle, dure, flexueuse, un peu rameuse. — Plante de 1-4 décimètres.

Hab. Côtes de la Méditerranée; Toulon, Istres et Martigues en Provence; Maguelonne près de Montpellier, Cette, Narbonne et île Ste.-Lucie. ♃ Juillet-août.

2. Peu ou pas de rameaux stériles; feuilles éparses et imbriquées au sommet des divisions de la souche.

S. MINUTA *L. mant.* 59; *Lam. fl. fr.* 3, *p.* 65; *Poir.! dict.* 7, *p.* 405; *D C. fl. fr.* 3, *p.* 65; *Griseb. spicil. fl. rum.* 2, *p.* 298; *Boiss.! in D C. prodr.* 12, *p.* 655, *exclus. var.* δ. *et* β. (*non Guss.*); *S. Limonium var.* 3 *Gerard, gall.-prov.* 340. — *Ic. Bocc. sicul. tab.* 13, *f.* 3; *Rchb. icon. f.* 324 *et* 325. — Fleurs en panicule petite, ordinairement corymbiforme, égalant le reste du scape, à rameaux une ou plusieurs fois bifurqués, étalés, dressés; épillets uni-biflores, faiblement arqués, écartés les uns des autres, formant de petits épis lâches, étalés, unilatéraux; bractée externe trois fois plus courte que l'interne, petite, ovale, acuminée-mucronée et un peu étalée au sommet; bractée interne verte et un peu arrondie sur le dos, aiguë et souvent mucronée par le prolongement de la nervure dorsale, embrassant lâchement la fleur. Calice à tube pubescent, un peu courbé, grêle, à limbe très-saillant hors des bractées, *égalant le tube, à lobes lancéolés, apiculés, aigus*. Feuilles petites, coriaces, uninerviées, roulées en dessous par les bords, rugueuses, *oblongues-spatulées, rétuses et même un peu échancrées au sommet,* atténuées en un pétiole cunéiforme et plan. Scapes dressés, fins, flexueux, rudes, à rameaux inférieurs stériles peu nombreux, dressés, non flexueux en zigzag. Souche dure, ligneuse, très-rameuse, à divisions courtes, grêles tortueuses, couchées ou ascendantes, s'élevant hors de terre et couvertes de feuilles très-rapprochées, imbriquées, étalées ou réfléchies, non disposées en rosette. Racine longue, grêle, très-rameuse. — Plante de 5-15 centimètres, rude, mais non pubescente, gazonnante.

Hab. Toulon, Montredon près de Marseille. ♃ Juillet.

S. RUPICOLA *Badarro, in Rchb. fl. excurs.* 191; *S. tenuifolia Bert. in Coll. herb. pedem.* 4, *p.* 551; *Moris.! elench. fasc.* 2, *p.* 8 (*forma foliis angustis acutis*); *S. acutifolia Rchb. iconogr. f.* 374; *Bertol. fl. ital.* 3, *p.* 520; *L. oleæfolia var. pumila Bertol. l. c. p.* 516; *S. minuta Salis, fl. od. bot. Zeit.* 1834, *p.* 12; *Cambess. Balear. p.* 128; *Boiss. in DC. prodr.* 12, *p.* 655, *exclus. var.* β. *et* γ. (*non L.*). — Se distingue du précédent par sa panicule pauciflore, toujours très-petite, dont les rameaux sont plus divariqués et les articles plus courts et plus épais; par ses épillets plus petits, et en petit nombre sur chaque rameau; par sa bractée externe plus courte, appliquée même au sommet; par son calice à tube glabre, à limbe *de moitié plus court que le tube, à lobes oblongs, obtus;* par ses feuilles plus longues et plus étroites proportionnément, *linéaires-oblongues,* quelquefois très-étroites, *aiguës ou obtuses, jamais rétuses ou échancrées;* par ses scapes très-courts, plus fins, moins rameux, ordinairement lisses; par sa souche à divisions très-longues (1-3 décimètres), appliquées sur la terre, très-rameuses, très-feuillées et formant un gazon très-large et dense.

Hab. La Corse, à Bonifacio. ♃ Juillet.

3. *Rameaux inférieurs et moyens stériles.*

S. VIRGATA *Willd. enum. hort. berol.* 1, *p.* 336; *Boiss.! in DC. prodr.* 12, *p.* 654; *S. oleifolia Pourr. in DC. fl. fr.* 3, *p.* 422; *Sibth. et Sm. prodr. fl. græc.* 1, *p.* 212 (*non Scop.*); *S. reticulata Gouan, fl. monsp.* 231 (*non L.*); *S. viminea Schrad. cat. hort. Gœtt.; Griseb. spicil. fl. rum.* 2, *p.* 298; *S. Smithii Ten. fl. neap.* 3, *p.* 350, *tab.* 223; *Guss. syn.* 1, *p.* 370; *S. cordata Desf.! atl.* 1, *p.* 273 (*non L.*); *S. dichotoma Guss. prodr.* 1, *p.* 383 (*non Cav.*).—*Welwitschii iter lusit. n°* 44! — Fleurs en une panicule petite, très-lâche, ovale ou oblongue, un peu rameuse, beaucoup plus courte que le reste du scape, à rameaux fins, étalés; épillets bi-quadriflores, *courbés en arc,* très-écartés les uns des autres, et formant de longs épis très-lâches, unilatéraux, étalés; bractée externe *deux fois plus courte que l'interne,* lancéolée, aiguë, carénée; bractée interne verte et *carénée sur le dos,* obtuse, bordée de brun, enveloppant étroitement les fleurs. Calice à tube *courbé,* grêle, brièvement pubescent sur les côtes, à limbe une fois plus court que le tube, à lobes ovales et obtus, à nervures épaisses et rougeâtres. Feuilles un peu coriaces, uninerviées, planes ou un peu convexes en dessus, *glabres*, étroites, *oblongues-cunéiformes*, *arrondies au sommet ou rétuses*, insensiblement atténuées en un long pétiole. Scapes dressés, grêles, flexueux en zigzag, rameux presque dès la base; rameaux inférieurs et moyens stériles, raides, étalés, subulés au sommet. Souche dure, ligneuse, à divisions grêles, allongées, ascendantes et sortant de terre, couvertes de feuilles rapprochées, mais non disposées en rosette. Racine longue, dure, flexueuse, rameuse. — Plante de 1-4 décimètres, glabre.

α. *genuina*. Scapes lisses.

β. *tuberculata*. Scapes tuberculeux. *S. dubia Andrews in Guss. prodr. suppl. p.* 89; *S. dictyoclada var.* β. *Boiss. in D C. prodr.* 12, *p.* 654; *S. reticulata Lois.! gall.* 1, *p.* 224; — *Soleir. exsicc.* 3334!

Hab. Commun sur toutes les côtes de la Méditerranée. La var. β. en Corse, Bonifacio, St.-Florent, Macinaggio. ♃ Juillet-septembre.

S. **CORDATA** *Guss.! prodr. p.* 382, *et syn.* 1, *p.* 371; *Bertol. fl. ital.* 3, *p.* 521; *Boiss. in D C. prodr.* 12, *p.* 656 (*non Desf., an L.?*). — *Ic. Bocc. sicul. tab.* 34. — Fleurs bien plus petites que dans l'espèce précédente, en panicule oblongue, très-lâche, toujours plus courte que le reste du scape, à rameaux fins, étalés, flexueux; épillets uniflores, petits et grêles, *droits*, très-écartés les uns des autres, formant des épis lâches, unilatéraux et distiques, étalés; bractée inférieure *trois fois plus courte que l'interne*, ovale, aiguë; bractée interne verte et *un peu carénée sur le dos*, aiguë, largement bordée de fauve et de blanc sur les côtés mais non au sommet, enveloppant assez étroitement les fleurs. Calice à tube *droit*, grêle, un peu pubescent à la base, à limbe une fois plus court que le tube, à lobes oblongs, obtus, étalés. Feuilles coriaces, uninerviées, rugueuses et planes ou un peu convexes en dessus, roulées en dessous par les bords, *glabres*, étroites, *spatulées-cunéiformes*, *arrondies*, *rétuses ou échancrées en cœur au sommet*, insensiblement atténuées en pétiole. Scapes dressés, grêles, flexueux, lisses, rameux; rameaux inférieurs et moyens stériles, dressés, dichotomes, subulés au sommet, à mérithalles atténués à la base et comme articulés. Souche brune, rameuse, à divisions courtes, ne sortant pas de terre, feuillées au sommet. — Plante de 15-30 centimètres, glabre.

Hab. Ajaccio (*herb. Soyer et Mougeot*). ♃ Juillet-août.

S. **DICTYOCLADA** *Boiss.! in D C. prodr.* 12, *p.* 654 (*excl. var.*); *S. articulata* β. *strictissima Salzm. in Fl. od. bot. Zeit.* 1821, *p.* 108; *S. reticulata Salis, Fl. od. bot. Zeit.* 1834, *p.* 12 (*non L.*). — Fleurs en panicule rameuse, très-lâche, beaucoup plus courte que le reste du scape, à rameaux courts, fins, bifurqués, divariqués; épillets uniflores, *droits*, très-écartés les uns des autres et formant de petits épis très-lâches, unilatéraux, étalés; bractée externe petite, *quatre fois plus courte que l'interne*, ovale, aiguë; bractée interne brune et *arrondie sur le dos*, obtuse, bordée de blanc et de fauve sur les côtés, enveloppant étroitement les fleurs. Calice à tube *droit*, grêle et glabre; à limbe une fois plus court que le tube, à lobes ovales, obtus, étalés. Feuilles très-petites, coriaces, uninerviées, un peu épaisses et ordinairement rugueuses, *glabres*, étroites, *linéaires-oblongues, obtusiuscules*, insensiblement atténuées en pétiole cunéiforme et plan. Scapes dressés, grêles et raides, rudes-tuberculeux, flexueux en zigzag, pourvus presque dès la base de rameaux stériles nombreux, courts, simples ou bifurqués, subulés au sommet, simulant des articulations. Souche noire, dure, très-rameuse, à divisions grêles, s'élevant hors de terre, couvertes de feuilles rapprochées mais non disposées en rosette. — Plante de 1-2 décimètres, glabre, gazonnante,

Hab. La Corse, Bastia, Santa-Manca, Nonza, Saint Florent, cap Corse, îles Sanguinaires. ♃ Juillet-août.

S. pubescens *DC. fl. fr.* 5, *p.* 380; *Bertol.! fl. ital.* 3, *p.* 527; *Griseb. spicil. fl. rum.* 2, *p.* 298; *Boiss.! in DC. prodr.* 12, *p.* 655 (*non Mert. et Koch*). — *Ic. Bocc. sicul. tab.* 13, *f.* 2. — Fleurs en panicule subcorymbiforme, assez dense, beaucoup plus courte que le reste du scape, à rameaux plusieurs fois bifurqués, flexueux, étalés, à articles courts et égaux; épillets uni-biflores, *droits*, disposés en épis courts et rapprochés au sommet des rameaux; bractées pubescentes-veloutées; l'externe très-petite, *quatre fois plus courte que l'interne*, orbiculaire, mucronée; bractée interne grisâtre et *arrondie sur le dos*, obtuse et obtusément mucronée, étroitement scarieuse aux bords, embrassant lâchement les fleurs. Calice à tube droit, très-velu, à limbe plus court que le tube, à lobes ovales, obtus, étalés. Feuilles coriaces, roulées en dessous par les bords, *finement pubescentes sur les deux faces*, uninerviées, convexes en dessus, *spatulées, rétuses et même échancrées au sommet*, atténuées en un pétiole cunéiforme et plan. Scapes dressés, fins, pubescents, flexueux, rameux dès la base; rameaux stériles très-nombreux, très-rapprochés, flexueux en zigzag et plusieurs fois bifurqués, à articles courts, égaux, étalés. Souche ligneuse, tortueuse, très-rameuse, à divisions grêles, s'élevant hors de terre, couvertes au sommet de feuilles imbriquées, dressées ou réfléchies, non disposées en rosette. — Plante de 1-2 décimètres, pubescente, d'un vert-cendré.

Hab. Le littoral de la Provence; Antibes, Cannes, Fréjus, île Sainte-Marguerite, île de Lerins (*Duval*). ♃ Juin-juillet.

S. articulata *Lois.! gall. ed.* 1, *p.* 723, *et ed.* 2, *t.* 1. *p.* 225, *tab.* 6; *DC. fl. fr.* 5, *p.* 380; *Bertol. fl. ital.* 3, *p.* 522; *Moris, elench. fasc.* 1, *p.* 37; *Salis, fl. od. bot. Zeit.* 1834, *p.* 12;

Griseb. spic. fl. rum. 2, *p.* 297; *Boiss.! in D C. prodr.* 12, *p.* 654; *S. cordata All. ped.* 2, *p.* 90 (*non L., nec Guss., nec Desf.*). — *Soleir. exsicc.* 3556 *et* 3557 !; *Schultz exsicc. n°* 1313! — Fleurs en panicule oblongue, presque unilatérale, plus ou moins lâche, très-rameuse, beaucoup plus courte que le reste du scape, à rameaux une ou plusieurs fois bifurqués, tuberculeux, articulés, divariqués; épillets uni-biflores, *arqués*, très-écartés les uns des autres et formant des épis courts, pauciflores, unilatéraux, très-étalés, très-lâches, l'épi terminal plus long et distique; bractée externe très-petite, *quatre fois plus courte que l'externe*, ovale, aiguë; bractée interne d'un brun-noir et *arrondie sur le dos*, obtusiuscule, étroitement bordée de blanc, enveloppant lâchement les fleurs. Calice à tube *courbé*, grêle, faiblement pubescent à la base, à limbe plus court que le tube, à lobes lancéolés, presque aigus, étalés. Feuilles charnues, rugueuses en dessus, uninerviées, *glabres*, *oblongues-obovées*, *obtuses*, insensiblement atténuées en pétiole cunéiforme et plan. Scapes dressés, flexueux en zigzag, tuberculeux, très-fragiles, très-rameux dès la base, à rameaux stériles nombreux, plusieurs fois bifurqués, à articles courts, tuberculeux, épaissis au milieu, rétrécis aux deux bouts, divariqués, les terminaux subulés au sommet. Souche ligneuse, brune, à divisions très-courtes, rapprochées, sortant peu de terre, et couvertes au sommet de feuilles imbriquées. — Plante de 1-4 décimètres, glabre.

Hab. Littoral de la Corse; Ajaccio, îles Sanguinaires, Saint-Florent, Bonifacio, Calvi, Bastia, Sagone, cap Corse. ♃ Juillet-août.

b. *Bractée externe entièrement scarieuse; l'interne scarieuse dans son tiers supérieur.*

S. BELLIDIFOLIA *Gouan, fl. monsp.* 231; *D C. fl. fr.* 3, *p.* 421; *Lois.! gall.* 1, *p.* 224; *Dub. bot.* 388; *Pollin. fl. veron.* 1, *p.* 419; *Griseb. spicil. fl. rum.* 2, *p.* 297 *et* 299 (*nec alior.*); *S. caspia Willd. enum. hort. ber.* 1, *p.* 336; *Bertol. fl. ital.* 3, *p.* 530; *Boiss.! in D C. prodr.* 12, *p.* 660 (*ex parte*); *S. dichotoma Moris, elench. fasc.* 1, *p.* 37 (*non Cav. nec Dub.*); *S. reticulata Bieb. taur.-cauc.* 1, *p.* 251; *Ten. syll. p.* 161 (*non. L.*); *Limonium parvum Bellidis minoris folio Magnol, bot.* 155. — *Ic. Bocc. mus. tab.* 103; *Rchb. icon. f.* 335. *Endres, pl. pyr. exsicc. unio itin.* 1829 (*sub S. reticulata*)!; *Rchb. exsicc.* 1908!; *C. Billot, exsicc. n°* 446! — Fleurs petites, en panicule large, très-rameuse, à rameaux dichotomes, grêles, *divariqués*; épillets bi-triflores, droits, courts, imbriqués, *formant des épis courts, serrés et rapprochés au sommet des rameaux où ils forment de petits corymbes très-denses*; bractée externe entièrement blanche-scarieuse, presque deux fois plus courte que l'interne, orbiculaire, obtuse; bractée interne verte et arrondie sur le dos, obtuse, *blanche-scarieuse dans sa moitié supérieure*, embrassant lâchement les fleurs. Calice à tube court, pubescent, à limbe plus court que le tube, à lobes ovales, obtus, apiculés. Feuilles en rosette, molles, obovées-spatulées, mutiques ou mucronulées, atténuées en pétiole assez long et plan. Scapes *dressés ou étalés*, flexueux, ordinairement tuberculeux, très-rameux presque dès la base; rameaux inférieurs stériles peu nombreux, fins, à articles très-courts. Souche courte, ligneuse. Racine longue, dure, pivotante. — Plante de 1-4 décimètres, glabre.

Hab. Les côtes de la Méditerranée; Arles, Aigues-Mortes, Bellegarde dans le Gard, Montpellier, Cette, Frontignan, Agde; Sijean, Narbonne, île Sainte-Lucie, etc. ♃ Juillet-août.

Obs. Cette plante est certainement le *Limonium parvum Bellidis minoris folio* de Magnol, puisque c'est elle qui existe dans son herbier. Nous la possédons en outre des deux localités indiquées par cet auteur, c'est-à-dire de Pérols et de Maguelonne près de Montpellier. C'est par conséquent le *S. bellidifolia* de Gouan et de De Candole, et comme ce nom est de tous le plus ancien, nous avons cru devoir l'adopter, bien qu'il ait été donné depuis à des plantes bien différentes.

S. Dubyei *Godr. et Gren.; S. dichotoma Dub. bot.* 388; *Laterrade! fl. bord. ed.* 4 *p.* 295; *Mutel! fl. fr.* 3, *p.* 88 (*non Cav. nec Moris*); *S. reticulata Willd. sp.* 6, *p.* 785 (*non L.*). — Se distingue du précédent par sa panicule à rameaux très-allongés, *étalés-dressés et non divariqués;* par ses épillets plus gros, écartés les uns des autres, distiques et *disposés en épis allongés, lâches, flexueux, non agglomérés au sommet des rameaux;* par sa bractée inférieure bien plus longue, une fois plus courte que l'interne, lancéolée, aiguë; par sa bractée interne *membraneuse seulement dans son tiers supérieur*, plus évidemment ridée sur le dos; par son calice plus grand, à lobes plus aigus; par ses scapes *décombants, diffus*, à rameaux bien plus allongés.

Hab. Bayonne, la Teste, Vieux-Boucau. ♃ Juillet-août.

Sect. 4. Schizhymenium *Boiss. in D C. prodr.* 12, *p.* 665.— Feuilles pennatinerviées. Scapes et rameaux non ailés. Axes de l'inflorescence non prolongés au-delà de l'épi. Calice inséré non obliquement, à lobes prolongés en une arête fine et crochue au sommet.

S. echioides *L. sp.* 394; *Gouan, hort. monsp.* 157; *D C. fl. fr.* 3, *p.* 422; *Desf.! atl.* 1, *p.* 274; *Bertol. fl. ital.* 3, *p.* 524; *Moris, elench. fasc.* 1, *p.* 37; *Lois.! gall.* 1, *p.* 225; *Guss. syn.* 1, *p.* 373; *Boiss.! in DC. prodr.* 12, *p.* 665; *S. aspera Lam. fl. fr.* 3, *p.* 64; *S. aristata Sibth. et Sm. fl. græc.* 3, *p.* 92, *tab.* 299; *Limonium minus annuum bullatis foliis vel echioides Magnol, bot.* 157, *icon.* — *Ic. Gouan, illustr. tab.* 2, *f.* 4; *Barrel. icon. tab.* 806. — Fleurs en panicule large, très-rameuse, divariquée, plus longue que le reste du scape, à rameaux effilés, raides, fragiles, très-étalés, courbés en dehors; épillets 1-2-flores, un peu courbés, très-écartés les uns des autres et formant de longs épis très-lâches, unilatéraux ou distiques; bractée externe très-petite, cinq fois plus courte que l'interne, ovale, obtuse, blanche-scarieuse aux bords; bractée interne carénée et tuberculeuse sur le dos, obtuse, scarieuse et pupurine au sommet, enveloppant étroitement les fleurs. Calice à tube très-grêle, un peu courbé, muni de quelques poils fins appliqués, à limbe à peine exserte, deux fois plus court que le tube, d'abord tronqué, puis lacéré, mais toujours surmonté par 5 arêtes subulées, rouges, crochues au sommet. Feuilles en rosette petite et peu serrée, coriaces, tuberculeuses en dessus, lisses et souvent rougeâtres en dessous, obovées-cunéiformes, obtuses ou rétuses, ordinairement mucronées, atténuées en un court pétiole plan. Scapes dressés ou étalés, flexueux, ordinairement rudes-granulés, très-rameux presque dès la base. Racine grêle, flexueuse, pivotante ou un peu rameuse. — Plante de 5-20 centimètres, glabre.

Hab. Côtes de la Méditerranée; Cannes, Fréjus, Toulon, Marseille, Montaud près de Salon; Arles, Selleneuve et Maguelonne près de Montpellier, Cette; île Sainte-Lucie, etc. ① Mai-juin.

Sect. 3. MYRIOLEPIS *Boiss. in DC. prodr.* 12, *p.* 667. — Feuilles nulles ou uninerviées. Scapes et rameaux non ailés. Axes de l'inflorescence prolongés au-delà de l'épi. Calice inséré non obliquement, à lobes terminés par une arête fine et droite.

S. FERULACEA *L. sp.* 396; *Desf.! atl.* 1, 276; *Brot. fl. lusit.* 1, *p.* 490; *DC. fl. fr.* 5, *p.* 380; *Willd. sp.* 6, *p.* 795; *Bertol. fl. ital.* 3, *p.* 531; *Lois.! not.* 49, *et gall.* 1, *p.* 226; *Guss. syn.* 1, *p.* 374; *Boiss.! in DC. prodr.* 12, *p.* 668; *Limonium hispanicum multifido folio Tournef. inst.* 1, *p.* 342. — *Ic. Morison, hist.* 3, *sect.* 15, *tab.* 1, *f.* 23; *Mutel, fl. fr. f.* 421. *Welwitschii, iter lusit. n°* 43! — Fleurs disposées au sommet des rameaux en petits corymbes obliques, très-rameux et très-denses, tous tournés du même côté et formant par leur réunion une panicule oblongue et unilatérale; épillets uniflores, grêles, allongés, droits, insérés sur la moitié inférieure des ramuscules du corymbe qui se prolongent au-delà des points d'insertion des fleurs et se subdivisent en filaments articulés et presque couverts par des écailles; bractée externe une fois plus courte que l'interne, scarieuse, lancéolée, *terminée par une fine arête aussi longue qu'elle;* bractée interne verte et *carénée sur le dos*, obtuse, scarieuse dans son tiers supérieur, embrassant étroitement le calice qu'elle cache entièrement. Calice finement membraneux, à tube glabre, à limbe non évasé, à 5 dents *atténuées en une arête capillaire qui égale la longueur du tube.* Feuilles nulles. Scapes nombreux, ascendants ou décombants, grêles et raides, très-rameux presque dès la base; rameaux égaux, alternes-distiques, divisés en ramuscules nombreux, ténus, dressés, formés d'articles courts. Une écaille scarieuse, amplexicaule, lancéolée, terminée par une arête longue et fine existe à chaque nœud de la tige et de ses divisions. Souche ligneuse, courte, épaisse. Racine forte, brune, rameuse. — Plante de 1-4 décimètres, glabre; fleurs roses.

Hab. Ile Sainte-Lucie près de Narbonne. ♃ Août.

S. diffusa *Pourr. act. Toul.* 3, *p.* 330; *DC. fl. fr.* 3, *p.* 423; *Willd. sp.* 6, *p.* 794; *Lois.! gall.* 1, *p.* 225; *Boiss.! in DC. prodr.* 12, *p.* 668. — *Ic. Lam. illustr. tab.* 219, *f.* 3. *Endress, pl. pyr. exsicc. unio itin.* 1829! — Fleurs disposées au sommet des rameaux en épis courts, pauciflores, lâches, unilatéraux, arqués en dehors, dépassés par leur axe stérile au sommet, articulé et presque caché par des écailles; ces épis forment par leur réunion une grappe allongée, lâche et unilatérale; épillets uniflores, grêles, droits; bractée externe une fois plus courte que l'interne, scarieuse, lancéolée, *terminée par une très-courte arête;* bractée interne fauve et *arrondie sur le dos,* obtuse, très-étroitement bordée de blanc sur les côtés, mais non au sommet, enveloppant étroitement le calice qu'elle cache entièrement. Calice finement membraneux, à tube hispidule, à limbe non évasé, à 5 dents aiguës et *atténuées en une très-petite arête beaucoup plus courte que le tube.* Feuilles petites, étroitement linéaires, obtuses, planes, atténuées vers leur milieu, très-élargies en gaîne à la base. Scapes très-nombreux, filiformes, un peu raides, très-rameux presque dès la base; rameaux courts, dirigés du même côté, divisés à leur base en ramuscules arqués en dehors, distiques, formés d'articulations très-courtes, ovales-globuleuses. Une écaille membraneuse, lancéolée, brièvement aristée, existe à chaque nœud de la tige et de ses divisions. Souche ligneuse, à divisions courtes, écailleuses. Racine forte, rameuse. — Plante de 1-2 décimètres, glabre; fleurs roses.

Hab. Ile Sainte-Lucie près de Narbonne. ♃ Juillet-août.

LIMONIASTRUM. (Mœnch, meth. p. 432.)

Calice à tube *dépourvu de côtes,* à limbe très-petit, à 5 dents. Corolle hypocratériforme, à pétales soudés jusqu'à la gorge, à tube long, épaissi et glanduleux à la base, à limbe 5-partite. Etamines à filets *soudés au tube de la corolle jusqu'à la gorge.* Styles glabres, *soudés jusqu'au milieu;* stigmates filiformes-cylindriques. — *Tiges feuillées, rameuses;* épillets disposés en épis, à 3 bractées, dont la médiane subulée.

L. monopetalum *Boiss.! in DC. prodr.* 12, *p.* 689; *L. articulatum. Mœnch, meth.* 422; *Statice monopetala L. sp.* 296; *Lam. fl. fr.* 3, *p.* 65; *DC. fl. fr.* 3, *p.* 423; *Desf. atl.* 1, *p.* 277; *Bertol. fl. ital.* 3, *p.* 533; *Guss. syn.* 1, *p.* 374; *Limonium siculum Mill. dict.* n° 7. — *Ic. Bocc. sicul. tab.* 17. — Fleurs en panicule rameuse-dichotome, à rameaux nombreux, rapprochés, dressés; épillets uni-biflores, alternes, écartés les uns des autres, étroitement appliqués contre l'axe creusé et très-fragile à ses articulations; bractée externe embrassante et même engaînante à sa base, ovale, obtuse, faiblement mucronée, carénée, verte et glanduleuse sur le dos, étroitement scarieuse au sommet; bractée moyenne très-étroite, pliée en carène, finement cuspidée; bractée interne une fois plus longue que l'externe, enveloppant étroitement les fleurs, obtuse, scarieuse aux bords. Calice à tube grêle, membraneux, à limbe petit et à dents aiguës. Corolle à tube exserte, à limbe grand, très-étalé, à lobes obovés, tronqués. Feuilles glauques, charnues, linéaires-oblongues, atténuées en pétiole brièvement engaînant à la base, entièrement couvertes de petits tubercules blancs et déprimés. Tige frutescente, dressée ou ascendante, feuillée, très-rameuse. — Plante de 5-10 décimètres, glabre ; fleurs grandes et roses.

Hab. Ile Sainte-Lucie près de Narbonne. ♃ Juillet-août.

PLUMBAGO. (Tournef. inst. p. 140.)

Calice à tube glanduleux, *à 5 angles,* à limbe à 5 dents. Corolle hypocratériforme, à pétales soudés jusqu'à la gorge, à tube long, à limbe rotacé et quinquépartite. Etamines *libres, hypogynes.* Styles *soudés jusqu'au sommet ;* stigmates filiformes, glanduleux sur la face interne. — *Tiges rameuses, feuillées ;* fleurs en épis, à trois bractées.

P. EUROPÆA *L. sp.* 215 ; *DC. fl. fr.* 3, *p.* 424 ; *Desf. atl.* 1, *p.* 171 ; *Bertol. fl. ital.* 2, *p.* 431 ; *Guss. syn.* 1, *p.* 240. — *Ic. Columm. ecphr.* 1, *tab.* 161. — Fleurs rapprochées en épi court et dense au sommet de chaque rameau ; 3 bractées lancéolées aiguës placées sous chaque fleur et dont la médiane plus longue. Calice à tube cylindrique, puis oblong, finement strié en long, muni de soies courtes et glanduleuses au sommet, à limbe terminé par 5 dents courtes. Corolle à tube égalant le calice ou plus long, élargi au sommet, à limbe très-étalé, profondément divisé en lobes obovés, subémarginés au sommet. Fruit noir, dur, ovoïde-conique. Graine fauve, apiculée et noire au sommet. Feuilles vertes, plus pâles en dessous, rudes-spinuleuses en dessus et sur les bords, onduleuses ; les inférieures obovées, atténuées en pétiole ; les moyennes sessiles, embrassant la tige par 2 larges oreilles arrondies ; les supérieures lancéolées ou linéaires, aiguës, brièvement auriculées. Tige dressée, très-rameuse ; rameaux grêles, allongés, dressés, anguleux-striés. — Plante de 3-12 décimètres ; fleurs violettes.

Hab. Commun dans la région méditerranéenne. ♃ Juillet-août.

ESPÈCES EXCLUES.

STATICE PSILOCLADA *Boiss.* — A été indiqué à l'île Sainte-Lucie près de Narbonne, d'après un échantillon qui existe dans l'herbier général de Berlin. N'y a-t-il pas eu confusion avec notre *Statice confusa ?*

STATICE FURFURACEA *Rchb.* (*non Lag.*). — Est indiqué dans le midi de la France par Mutel, d'après Reichenbach.

XCVI. GLOBULARIÉES.

(Globulariæ D C. fl. fr. 3, p. 427.) (1)

Fleurs hermaphrodites, irrégulières, réunies en capitule très-dense, sur un réceptacle convexe et muni de paillettes. Calice gamosépale, à tube ordinairement fermé par des poils; limbe à 5 divisions plus ou moins inégales, ou bilabié. Corolle hypogyne, gamopétale, à tube cylindrique, à limbe bilabié; lèvre supérieure petite, ordinairement bipartite, ou indivise, rarement presque nulle; lèvre inférieure plus longue, tripartite, trifide ou tridentée. Etamines insérées au sommet du tube, exsertes, réduites à 4 par l'avortement de celle qui repose entre les 2 lobes de la lèvre supérieure; anthères bilobées, à lobes confluents au moment de l'anthèse, et s'ouvrant longitudinalement par une fente unique. Ovaire libre, uniloculaire, uniovulé. Ovule suspendu au sommet de la loge, réfléchi. Style simple, saillant; stigmate simple ou subémarginé-bifide. Fruit sec, à une graine, indéhiscent (akène), mucroné par la base persistante du style. Graine réfléchie. Embryon droit, dans un albumen charnu; radicule très-rapprochée du hile. — Stipules nulles.

GLOBULARIA. (L. gen. 112.)

Les caractères sont les mêmes que ceux de la famille, qui ne renferme que ce seul genre.

a. *Tiges herbacées.*

G. vulgaris *L. sp.* 139; *D C. fl. fr.* 3, *p.* 428; *Dub. bot.* 638. — *Ic. Lam. ill. t.* 56, *f.* 1; *J. Bauh. hist.* 3, *p.* 1, *p.* 13, *f.* 2. *Rchb. exsicc.* 1549!; *Schultz, exsicc.* 920!; *Billot, exsicc.* 626! — Fleurs réunies en capitule dense, entouré d'un involucre formé de 9-12 folioles embriquées, oblongues-acuminées, *poilues, ciliées,* plus courtes que les fleurs; réceptacle conique, *hérissé.* Calice pentagonal, très-velu extérieurement, fermé de poils à la gorge, divisé jusqu'au milieu en dents lancéolées-subulées ciliées. Corolle à tube plus long que le calice, *à lèvre supérieure courte et bifide,* à lèvre inférieure à 3 lobes allongés, linéaires. Capsule luisante, fusiforme, comprimée, acuminée. Feuilles radicales nombreuses, en rosette, coriaces, obovées, échancrées ou tridentées au sommet, du reste très-entières, atténuées en un pétiole canaliculé plus ou moins long; feuilles *caulinaires nombreuses, alternes, sessiles, lancéolées-aiguës,* bien plus petites que les radicales. Tiges herbacées, dressées, simples, *bien plus longues* que les feuilles. — Plante glabre; fleurs bleues, plus rarement blanches.

Hab. Coteaux stériles et peu élevés de presque toute la France. ♃ Avril-juin.

(1) Auctore Grenier.

G. NUDICAULIS *L. sp.* 140; *D C. fl. fr.* 3, *p.* 428; *Dub. bot.* 386; *Vill. Dauph.* 2, *p.* 297; *Lap. abr. pyr.* 58. — *Ic. Morison, hist.* 3, *sect.* 6, *t.* 15, *f.* 43; *Jacq. aust. t.* 230. — *F. Schultz, exsicc. n°* 1139!; *Rchb. exsicc. n°* 453!; *C. Billot, exsicc. n°* 627! — Fleurs réunies en capitule dense, muni d'un involucre à folioles imbriquées, ovales, *glabres*, plus courtes que les fleurs; réceptacle *glabre*. Calice *glabre extérieurement*, divisé dans son quart supérieur en dents lancéolées. Corolle à tube dépassant un peu le calice, *à lèvre supérieure nulle* ou représentée par 2 dents très-courtes, à lèvre inférieure à 3 lobes linéaires, aussi longs que le tube. Feuilles radicales nombreuses, en rosette, longues, obovées, entières ou subdentées au sommet, atténuées en un long pétiole; *les caulinaires nulles* ou quelquefois remplacées par 1-2 écailles. Tiges herbacées, courbées-ascendantes, simples, compressibles, *dépassant peu les feuilles*. — Plante glabre; fleurs bleues, plus grandes que celles du *G. vulgaris*.

Hab. Hautes Alpes du Dauphiné, Grande-Chartreuse, Saint-Nizier, la Moucherolle, Allevard, Charve au-dessus de Voreppe, col Golvert; Hautes-Pyrénées, sur toute la chaîne, Prats-de-Mollo, Saint-Béat, mont Labatsec, Font-de-Comps, Cambredases, Llaurenti, Tabe, Jisole, les Cougous, Endretlis, Mendibelsa (*Lap.*), les Eaux-Bonnes (*Grenier*), etc. ♃ Juin-août.

b. *Souches et tiges sousfrutescentes.*

G. CORDIFOLIA *L. sp.* 139; *D C. fl. fr.* 3, *p.* 426; *Dub. bot.* 386; *G. minima Vill. Dauph.* 2, *p.* 492.—*Ic. Lam. ill. t.* 56, *f.* 2; *Clus. hist.* 2, *p.* 5, *f.* 2. *Schultz, exsicc.* 329!; *Rchb. exsicc.* 454! — Fleurs en capitule dense, muni d'un involucre à folioles imbriquées, ovales, ciliées, hérissées à la base, plus courtes que les fleurs; réceptacle conique, *glabre*, à écailles lancéolées, coriaces, persistantes. Calice couvert de poils appliqués, divisé jusqu'au-delà du milieu en dents lancéolées-acuminées. Corolle quinquéfide, subbilabiée à divisions linéaires *presque égales;* les 2 supérieures un peu plus courtes, formant la lèvre supérieure, et les 3 autres la lèvre inférieure. Feuilles réunies en rosette à la base des pédoncules, charnues, brillantes, uninerviées, obcordées-cunéiformes, et s'atténuant insensiblement en pétiole à peu près de même longueur que le limbe; celui-ci entier, tronqué, en cœur ou tridenté au sommet. Tiges scapiformes *nues ou munies de* 1-2 *écailles*, et dépassant ordinairement les feuilles. Souche très-rameuse et ligneuse, *rampante et radicante*, *appliquée sur la terre*. — Fleurs d'un bleu-cendré.

β. *nana*. Feuilles plus étroites, souvent entières au sommet, pédoncules dépassant peu ou point les feuilles. *G. nana Lam. dict.* 2, *p.* 723; *D C. fl. fr.* 3, *p.* 429, *et ic. gall. t.* 3; *Dub. bot.* 386.

Hab. Sommets élevés du Jura, le Mont-d'Or, la Dôle, le Reculet; les hautes Alpes du Dauphiné, près de Grenoble, de Gap, etc.; la var. β. hautes montagnes de Provence, mont Ventoux, Toulon, etc.; Pyrénées orientales et centrales, de la vallée d'Eynes au Tourmalet et à la vallée d'Aspe. ♄ Mai-juillet

Obs. M. De Candole, dans le prodrome, affirme que le *G. punctata Lap.* n'est que notre var. β. *G. nana Lam.* M. Boubani au contraire pense que c'est une bonne espèce qui serait propre aux Pyrénées espagnoles. Dans cette dernière hypothèse la plante ne serait pas française et nous serait restée inconnue.

G. alypum *L. sp.* 139; *D C. fl. fr.* 3, *p.* 427; *Dub. bot.* 386. —*Ic. Garid. Aix, t.* 42; *Clus. hist.* 90, *fig. inf. Soleir. exs.* 3535! —Fleurs en capitule dense, muni d'un involucre à folioles très-nombreuses, imbriquées, ovales, presque arrondies et mucronées au sommet, scarieuses, glabres et ciliées aux bords; réceptacle *globuleux, poilu-hérissé,* couvert d'écailles molles, *linéaires-subulées, longuement hérissées, caduques.* Calice longuement barbu, divisé jusqu'au-delà du milieu en dents *linéaires-acuminées* et à peine visibles dans le faisceau de poils qui surmonte le tube du calice. Corolle *à lèvre supérieure extrêmement courte et bifide ; lèvre inférieure très-longue et tridentée.* Feuilles éparses sur toute la longueur des rameaux, oblongues, coriaces, épaisses, glauques ou d'un vert clair, parsemées sur les 2 faces de très-petits points brillants, uninerviées, entières ou bi-tridentées, mucronées, à peine pétiolées. Tiges ligneuses, de 2 à 5 décim., très-rameuses, *dressées.*— Petit arbrisseau, à écorce brunâtre, formant des buissons bas ; fleurs bleues, odorantes.

Hab. Toute la région méditerranéenne de Nice à Perpignan. ♄ Avril-juin.

TABLE

DES FAMILLES ET DES GENRES

DU DEUXIÈME VOLUME.

FIN DU DEUXIÈME VOLUME.

Besançon, imp. de DODIVERS et Ce, successeurs de L. De Sainte-Agathe,
Grande-Rue, 42.

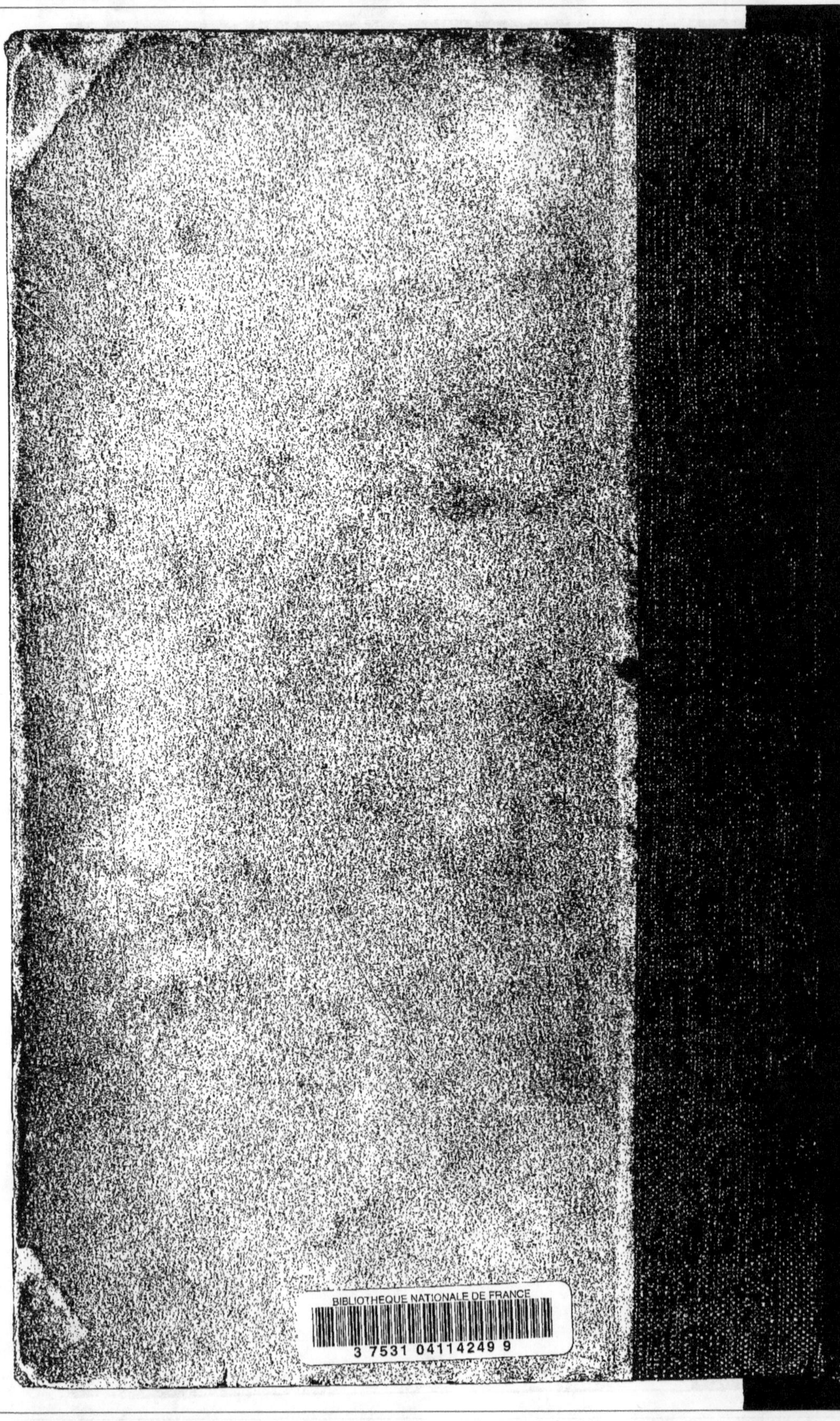
BIBLIOTHEQUE NATIONALE DE FRANCE
3 7531 04114249 9